科学出版社“十三五”普通高等教育本科规划教材

普通高等教育基础医学类系列教材

供基础、临床、预防、口腔、护理等医学类专业使用

生物化学与分子生物学

（第二版）

卜友泉　主编

科学出版社
北京

内 容 简 介

本教材包括五篇共二十一章内容。第一篇为生物大分子的结构与功能，包括蛋白质的结构与功能、核酸的结构与功能以及酶与维生素，共三章。第二篇为物质代谢及其调节，包括生物氧化、糖代谢、脂质代谢、氨基酸代谢、核苷酸代谢及物质代谢的联系与调节，共六章。第三篇为遗传信息传递及其调控，包括DNA的生物合成、RNA的生物合成、蛋白质的生物合成和基因表达及其调控，共四章。除上述三篇基本内容外，本教材还根据医学学习要求，设置了两篇专题内容。第四篇为生物化学专题，主要涉及器官和组织细胞的生物化学，包括肝的生物化学、血液的生物化学和细胞信号转导，共三章。第五篇为分子生物学专题，主要涉及分子医学相关内容，包括癌基因与抑癌基因、常用分子生物学技术、DNA重组与基因工程、基因诊断和基因治疗、组学，共五章。除绪论对全书内容做系统介绍外，各篇的首页均有引言，各章的开头也有内容提要，旨在帮助学生理解和掌握全篇的主要内容和各章的要点，每章后附参考文献和微课视频。

本教材可供基础、临床、预防、口腔、护理等医学类专业本科生使用。

图书在版编目(CIP)数据

生物化学与分子生物学 / 卜友泉主编. —2版. —北京：科学出版社，2020.11

ISBN 978-7-03-064972-0

Ⅰ. ①生… Ⅱ. ①卜… Ⅲ. ①生物化学②分子生物学 Ⅳ. ①Q5②Q7

中国版本图书馆CIP数据核字(2020)第072452号

责任编辑：闵 捷 / 责任校对：谭宏宇
责任印制：黄晓鸣 / 封面设计：殷 靓

科学出版社 出版
北京东黄城根北街16号
邮政编码：100717
http://www.sciencep.com

南京展望文化发展有限公司排版
广东虎彩云印刷有限公司印刷
科学出版社发行 各地新华书店经销

*

2014年2月第 一 版 开本：889×1194 1/16
2020年11月第 二 版 印张：28 1/4
2025年1月第十八次印刷 字数：910 000

定价：95.00元

(如有印装质量问题，我社负责调换)

《生物化学与分子生物学》
（第二版）
编委会

主　编

卜友泉

副主编

刘先俊　朱月春　曾凡才

编　委

（按姓氏汉语拼音排序）

卜友泉（重庆医科大学）
邓小燕（重庆医科大学）
雷云龙（重庆医科大学）
李　轶（重庆医科大学）
刘先俊（重庆医科大学）
杨银峰（昆明医科大学）
曾凡才（西南医科大学）
张春冬（重庆医科大学）
朱月春（昆明医科大学）
陈全梅（重庆医科大学）
蒋　雪（重庆医科大学）
李　梨（重庆医科大学）
刘　洋（重庆医科大学）
杨生永（重庆医科大学）
易发平（重庆医科大学）
张　莹（重庆医科大学）
朱慧芳（重庆医科大学）

前　言

生物化学与分子生物学是当今生命科学中进展最为迅速的一门学科，也是医学生必修的一门主干基础课程。本教材第一版于2014年出版。我们结合近几年本专业领域的一些新进展及本教材在教学中的使用情况，对第一版进行了较大幅度的勘误、修订和完善，编写了第二版。

本教材主要面向基础、临床、预防、口腔、护理等医学类专业本科生。编写指导思想是坚持“三基”（基本理论、基本知识、基本技能）和“五性”（思想性、科学性、启发性、先进性、实用性）。本教材的编写风格简明、严谨、科学，力争做到“学生好学，教师好教”。本教材既提供了学科核心基础知识要点，又紧跟最新前沿进展。力争不断优化，使之成为国内最优秀的以简明实用为突出特点的医学类生物化学与分子生物学教材。

与第一版相比，本版教材主要调整如下：① 根据全国科学技术名词审定委员会审定公布的生物化学与分子生物学及相关学科名词，使用规范术语；② 按照各种分子在细胞内的解离状态表示分子结构式，有助于学生理解分子在细胞内和体内的分子行为机制和功能；③ 增加了一些重要的“明星”分子和临床病例的介绍，尝试以分子和案例为主线贯穿各章，使各章前后衔接、有机融合，如胰岛素分子在蛋白质结构与功能、糖代谢、脂质代谢、细胞信号转导、DNA重组与基因工程等多章均有描述，糖尿病在物质代谢及其调节的各章中多次出现，腺苷脱氨酶缺乏引起的重症联合免疫缺陷疾病在核苷酸代谢、基因诊断和基因治疗两章均有描述；④ 对一些图的清晰度、美观度进行了调整，并保证图片的严谨、专业、无误；⑤ 增加了新进展和新知识的介绍，如基因组编辑技术、系统生物学等；⑥ 对核苷酸代谢、细胞信号转导、DNA的生物合成、癌基因和抑癌基因、基因诊断和基因治疗、组学等章节内容进行了较大修改调整；⑦ 每章提供重点、难点微课视频，尝试编写成一本数字化立体教材。

本教材各部分内容均由多年从事生物化学与分子生物学教学及科研的学术带头人和骨干教师执笔。各位编委团结合作，精益求精。但鉴于编者时间有限，书中如存在不妥之处，恳请同行专家、使用本教材的师生和其他读者批评、指正，以期日臻完善。读者如果在最新印次版本中发现错误，欢迎发送邮件至主编卜友泉电子邮箱：buyqcn@aliyun.com。

最后，我要向参与本教材编写的老师、参与校对的同学及对本教材给予支持的各位专家表示衷心感谢！

卜友泉

2019年5月于重庆

目　录

第二章 核酸的结构与功能 023

第三章 酶与维生素 043

第二篇 物质代谢及其调节

第四章 生物氧化 079

第五章　糖代谢　098

第六章　脂质代谢　125

第七章 氨基酸代谢 158

第八章 核苷酸代谢 181

第九章 物质代谢的联系与调节 194

第三篇 遗传信息传递及其调控

第十章 DNA的生物合成 209

第十一章 RNA的生物合成 227

第十二章 蛋白质的生物合成 248

第十三章　基因表达及其调控　271

第四篇　生物化学专题

第十四章　肝的生物化学　297

第十五章　血液的生物化学　314

第十六章 细胞信号转导 323

第五篇 分子生物学专题

第十七章 癌基因和抑癌基因 339

第十八章 常用分子生物学技术 351

绪　论

生物化学与分子生物学(biochemistry and molecular biology)是一门在分子水平上研究生命现象的科学,其核心在于从分子水平阐明生命活动的本质和规律。生命是物质的,包括人体在内的所有生物体都是由各种各样分子组成的,这正是生命得以存在的物质基础。重要的是,这些分子在生物体内不是静止不变的,而是处于动态变化之中。物质的动态变化则正是机体功能维持正常的重要机制。因此,生物化学与分子生物学的主要目的和任务就是去研究组成生物体的分子有哪些、这些分子的结构与功能如何、这些分子在体内的动态变化规律如何等,进而借此在分子水平上去揭示隐藏在其中的生命活动的本质和规律。

生物化学与分子生物学是在物理学、化学、生物学和医学发展到一定程度才出现的一门新兴的交叉学科,其中化学和生物学的交叉融合尤为重要。生物化学的诞生打破了传统生命学科的界限或壁垒,成为生命科学的共同语言和联系不同学科的纽带和桥梁。生物化学与分子生物学是目前自然科学中进展最迅速、最具活力的前沿领域,大量新的发现地不断涌现,并对生物医学其他学科均产生了革命性的影响。

在我国,生物化学和分子生物学在早期是自然科学理学门类中生物学一级学科中的两个独立的二级学科,但因为两者的密切关系,在20世纪90年代末期被调整合并为一个独立的二级学科,即生物化学与分子生物学。

第一节　生物化学与分子生物学的诞生与发展简史

一、诞生的科学背景

生物化学与分子生物学的诞生主要得益于19世纪化学、生物学和物理学的繁荣发展。

19世纪与20世纪之交,是化学发展突飞猛进的时期。从19世纪道尔顿(John Dalton)等的“原子-分子论”的提出到门捷列夫(Дми́трий Ива́нович Менделе́ев)“元素周期律”的发现,以及热力学、动力学及分析化学等的快速发展,化学理论体系的构成已较为完整,足以使致力于研究生命科学的科学家能运用化学原理和技术在分子水平上开展对生物体的研究,用化学的语言来描述生命活动过程。

与此同时,生物医学也得到了快速发展。例如,19世纪30年代施莱登(Matthias Jakob Schleiden)和施旺(Theodor Schwann)创立了细胞学说,1859年达尔文(Charles Robert Darwin)提出了进化论,1865年孟德尔遗传定律的阐明,等等。这些重大进展,使生物学不仅从原来的描述性学科发展成一门实验性的学科,生物学研究也从整体水平进入细胞和分子水平。

于是,在生命科学中,生物学、化学理论开始融合,生物化学这门新兴学科也由此应运而生。“生物化学(biochemistry)”这一术语较早可能在1882年就被人提出。但直到1903年,德国化学家卡尔·纽伯格(Carl Neuberg)才首次正式使用“生物化学”一词,尔后这一词被广泛接受,他也是早期的德语生物化学专业杂志 *Biochemische Zeitschrift*(后来更名为现在的 FEBS *Journal*)的首任主编,在生物化学发展早期做出了卓越的贡献。

另外,物理学在19世纪也得到了充分发展,20世纪初随着相对论与量子力学等重要理论的提出,物理学也达到了巅峰时代。这就促使一些著名物理学家把研究的对象从“非生命”转向“生命”。著名的量子物理学家薛定谔(Erwin Schrödinger)于1944年发表《生命是什么?》(*What is Life?*)一书,书中对生命进行了深入缜密的思考与讨论。这使得相当一部分物理学家和生物学家去研究生物大分子尤其是DNA和蛋白质的结构与功能,对分子生物学的诞生与发展起到了至关重要的推动作用。1938年,美国科学家瓦伦·韦弗(Warren Weaver)在其撰写的一份基金会报告中,首次提出并正式使用了“分子生物学(molecular biology)”这一术语。

二、早期发展阶段——叙述生物化学阶段

18世纪中叶至19世纪末是生物化学的初期阶段,也称为叙述生物化学或静态生物化学阶段,主要是一些化学家和生理学家对生物体各种组成成分的分离、纯化、结构及理化性质的研究。例如,对脂类、糖类及氨基酸的性质进行了较为系统的研究;发现了核酸;从血液中分离出了血红蛋白;证明了连接相邻氨基酸的肽键的形成;化学合成了简单的多肽;发现了酵母发酵产生醇和CO_2,酵母发酵过程中存在“可溶性催化剂”,奠定了酶学的基础;等等。尤为重要的是,在该时期,德国科学家爱德华·比希纳(Edward Buchner)于1896年发现无细胞发酵,这一发现彻底推翻了路易斯·巴斯德(Louis Pasteur)的“活力论”在生物医学领域的长期统治,解除了人们的思想禁锢,打开了现代生物化学的大门,促进了现代生物化学的繁荣发展。

三、繁荣发展时期——动态生物化学阶段

从20世纪初期开始,生物化学学科蓬勃发展,进入了动态生物化学阶段。该时期大量新发现不断涌现,基本建立了传统生物化学的知识理论体系,包括酶学、维生素、物质代谢等研究,酶学理论及各种物质代谢途径已基本阐明。例如,在营养方面,发现了人类必需氨基酸、必需脂肪酸及多种维生素;在内分泌方面,发现了多种激素,并将其分离、合成;在酶学方面,认识到酶的化学本质是蛋白质,酶晶体制备获得成功;在物质代谢方面,由于化学分析及同位素示踪技术的发展与应用,生物体内主要物质的代谢途径基本确定,包括糖代谢、脂肪酸β-氧化、尿素合成及三羧酸循环等。在生物能研究中,提出了生物能产生过程中的ATP循环学说。

四、里程碑式的转折——分子生物学时期

该时期的标志是作为遗传物质基础的DNA的双螺旋结构的阐明,这也是生物医学领域的一个里程碑式发现。核酸成为本时期研究的主旋律,以此为中心主要研究遗传信息流动的规律。1953年,弗朗西斯·克里克(Francis Crick)和詹姆斯·沃森(James Watson)提出DNA分子的双螺旋结构模型,该发现的重要之处在于其从结构角度阐释了DNA作为遗传物质的合理性,揭示了遗传的奥秘,使生物学在继施莱登和施旺创立的细胞学说之后第二次在分子水平得到统一。1958年,Crick进一步系统提出遗传信息流动的中心法则理论,勾勒出分子生物学的基本框架。随后的20年,大批科学家纷纷跟进,DNA复制的机制、转录和翻译的基本过程、基因表达调控的基本模式等重要理论均得以阐明。生物化学与分子生物学由此一举成为生命科学的领头前沿学科,对生物医学其他学科也均产生了革命性的影响。

五、我国科学工作者对近代生物化学与分子生物学的贡献

早在西方生物化学诞生之前,即公元前21世纪,我国人民已能造酒,这是我国古代用“曲”作“媒”(即酶)催化谷物淀粉发酵的实践。近代生物化学发展时期,我国生物化学家吴宪等在血液化学分析方面创立了血滤液的制备和血糖测定法;在蛋白质研究中提出了蛋白质变性学说。我国生物化学家刘思职在免疫化学领域用定量分析方法研究抗原抗体反应机制。中华人民共和国成立后,我国的生物化学迅速发展。1965年,我国科学家首先采用人工方法合成了具有生物活性的结晶牛胰岛素,解析了猪胰岛素的晶体结构;1981年,采用有机合成与酶促相结合的方法成功地合成了酵母丙氨酰tRNA。近年来,随着我国国力的不断增强,科研经费投入不断增加,一大批新一代的年轻科学家在生物化学与分子生物学领域开始崭露头角,做出了一些具有国际水平的新发现。

第二节 生物化学与分子生物学的主要内容

生物化学与分子生物学的研究内容主要集中在以下3个方面。

一、生物大分子的结构与功能

本部分内容主要包括蛋白质、核酸、酶等的结构与功能。

生命是以物质为基础的。组成生物体的化学成分包括无机物、有机小分子和生物大分子。无机物包括水和钾、钠、钙等常量元素以及铜、锌等微量元素所组成的化合物，均为人类正常结构与功能所必需的。有机小分子包括氨基酸、核苷酸、单糖、维生素等，与体内物质代谢等密切相关。生物大分子包括核酸、蛋白质、多糖、蛋白聚糖和复合脂类等。生物大分子种类繁多、功能各异、分子量大、结构复杂，但其结构有一定的规律性，都是由基本结构单位按一定顺序和方式连接而形成的多聚体。例如，由核苷酸作为基本组成单位，通过磷酸二酯键连接形成多核苷酸链——核酸；由氨基酸作为基本组成单位，通过肽键连接形成多肽链——蛋白质；聚糖也是由一定的基本单位聚合而成。生物大分子的重要特征之一是具有信息功能，由此也称为生物信息分子。

对生物大分子的研究，除了确定其一级结构(基本组成单位的种类、排列顺序和方法)外，更重要的是研究其空间结构及其与功能的关系。分子的结构是功能的基础，而功能则是结构的体现。生物大分子的功能还需要通过分子之间的相互识别和相互作用而实现。例如，蛋白质与蛋白质的相互作用在细胞信号转导中起重要作用；蛋白质与蛋白质、蛋白质与核酸、核酸与核酸的相互作用在基因表达调控中发挥着决定性作用。由此可见，分子结构、分子识别和分子的相互作用是执行生物大分子功能的基本要素，而这一领域的研究也是当今生物化学的热点之一。

二、物质代谢及其调节

本部分内容主要包括糖、脂质、氨基酸、核苷酸的代谢和代谢的相互联系及其调控。

生命是以物质为基础的，而物质又是运动的、变化的。生命体不同于无生命体，其基本特征是新陈代谢，体内陈旧的化学物质不断被新合成的物质所替代，物质分解与合成的同时往往又伴随着能量生成与消耗，从而推动生命活动的进行。每个个体一刻不停地与外环境进行物质交换，摄入养料排出废物，以维持机体内环境的相对稳定，从而延续生命。据估计，以60岁年龄计算，一个人在一生中与环境进行着大量的物质交换，约相当于60 000 kg水、10 000 kg糖类、600 kg蛋白质及1 000 kg脂类。体内各种物质代谢途径之间互相协调，同时又受到内外环境各种因素的影响，随时进行调节以达到动态平衡，以适应内外环境变化。因此，作为正常生命过程的必要条件，物质代谢发生紊乱可引起疾病。目前对生物体内的主要物质代谢途径已基本清楚，但仍有众多的问题有待探讨。例如，物质代谢的系统有序性调节的分子机制尚需要进一步阐明。此外，细胞信息传递参与多种物质代谢及与其相关的生长、增殖、分化等生命过程的调节。细胞信息传递的机制及网络也是近代生物化学研究的重要课题。

三、遗传信息传递及其调控

本部分内容主要包括DNA、RNA和蛋白质的生物合成、基因表达及其调控。

生物体在繁衍个体的过程中，其遗传信息代代相传，这是生命的又一重要特征。受精卵增殖、胚胎发育、个体成熟等都伴随着无数次细胞分裂增殖过程。每一次细胞分裂增殖都包含着细胞核内遗传物质的复制和表达。体内一刻不停地进行的物质代谢及正常生命活动的有序进行也正是遗传信息协调表达的结果。遗传信息传递涉及遗传、变异、生长、分化等诸多生命过程，遗传信息传递过程的异常也与遗传病、恶性肿瘤、心血管病等多种疾病的发病机制密切相关。遗传信息传递及其调控的研究在生命科学中的作用越来越重要。当前，虽然遗传的物质基础、遗传信息传递的基本过程已经基本清楚，但仍有大量问题。例如，真核生物细胞中非编码RNA的作用、人类基因组中大量的所谓“垃圾DNA”的功能、真核基因表达调控的详细分子机制等仍是今后相当长一段时期的研究前沿与热点。

本教材除了介绍上述三部分基本内容之外，编者还根据医学生的学习要求，设置了生物化学专题与分子生物学专题。生物化学专题主要涉及器官和组织细胞的生物化学，包括肝的生物化学、血液的生物化学和细胞信号转导。分子生物学专题主要涉及分子医学相关内容，包括癌基因与抑癌基因常用分子生物学技术、DNA 重组与基因工程、基因诊断与基因治疗及组学。

第三节　本学科与医学的关系

一、生物化学与分子生物学在现代生物医学中的重要性

生物化学与分子生物学是现代医学学科发展的重要基石，它为医学各学科从分子水平上研究正常和疾病状态时人体的结构与功能乃至疾病预防、诊断与治疗提供了理论与技术指导，为推动现代医学的革新与迅猛发展做出了重要贡献。生物化学与分子生物学作为当今生命科学中进展迅速的重要学科之一，它的理论和技术已渗透到生物学各学科乃至基础医学和临床医学的各个领域，使之产生了许多新兴的交叉学科，如分子遗传学、分子免疫学、分子微生物学、分子病理学和分子药理学等。生物化学与分子生物学已成为生物医学各学科之间相互联系与交流的共同语言。

随着近代医学的发展，生物化学与分子生物学的理念与技术越来越多地应用于疾病的预防、诊断和治疗，从分子水平探讨各种疾病的发生、发展机制及其治疗。例如，近年来对人们十分关注的心脑血管疾病、恶性肿瘤、代谢性疾病、免疫性疾病、神经系统疾病等重大疾病进行的分子水平的研究在疾病的发生、发展、诊断和治疗方面取得了长足的进步。疾病相关基因克隆、重大疾病发病机制研究、基因芯片在诊断中的应用、基因治疗及应用重组 DNA 技术生产蛋白质、多肽类药物等方面的深入研究，无不与生物化学与分子生物学的理论与技术相关。可以相信，生物化学与分子生物学的进一步发展将给临床医学的诊断和治疗带来全新的理念。

相反，现代医学又为生物化学与分子生物学的发展与革新提供了强大的动力。从分子水平上探讨各种疾病发生、发展机制的同时往往也推动了生物化学与分子生物学理论的不断深入和拓展，甚至催生出一些新的生物化学与分子生物学理论。

二、现代医学生学习生物化学与分子生物学的重要性

生物化学与分子生物学是医学生必修的主干基础课程之一。基础医学各学科主要是阐述人体正常、异常的结构与功能等，临床医学各学科则研究疾病发生、发展机制及诊断、治疗等。生物化学与分子生物学则着重于从分子水平阐述生命活动的本质和基本规律。因此，作为一名现代医学生，学习和掌握扎实的生物化学与分子生物学知识，除了理解生命现象的本质与人体正常生命活动过程的分子机制外，更重要的是为其他后续基础医学课程和临床医学课程的深入学习打下扎实的基础。

生物化学与分子生物学知识有关的诺贝尔奖具体见表 0-1(本章末二维码)。

(卜友泉)

※ 绪论数字资源

表 0-1
生物化学与分子生物学知识有关的诺贝尔奖列表

绪论
参考文献

第一篇

生物大分子的结构与功能

本篇主要讲述生物机体内重要生物大分子的结构与功能，包括蛋白质、核酸和酶等，共3章。

机体由数以亿万计的、分子量大小不等的分子组成。参与机体构成并发挥重要生理功能的生物大分子尽管分子很大，但通常都由一定的种类不多的小分子基本结构单位组成，并按一定的排列顺序和连接方式形成多聚体。

蛋白质是体内主要的生物大分子。机体的各项功能、各种性状都是由种类繁多的、特定的蛋白质分子来实现的。酶是一类具有催化功能的重要蛋白质分子，机体内几乎所有的化学反应都由特定的酶来催化，从而使机体的物质代谢得以顺利进行。

核酸是体内另一类重要的生物大分子，具有储存和传递遗传信息等功能。核酸和蛋白质两类生物大分子相互配合，使遗传信息得以表达，是生长、繁殖、物质代谢等生命现象的基础。

学习本篇内容时，应首先认识体内上述生物大分子的结构特性、功能，重点是结构与功能的关系，为后续内容的学习打下基础。

第一章

蛋白质的结构与功能

内容提要

蛋白质是细胞组分中含量最丰富、功能最多的生物大分子物质，也是生命活动的重要物质基础。人体内蛋白质约占固体成分的45%，其主要组成元素为碳、氢、氧、氮和硫。蛋白质的基本组成单位是氨基酸。参与人体蛋白质构成的基本氨基酸有20种，根据侧链性质分为非极性疏水性侧链氨基酸，极性中性侧链氨基酸，芳香族氨基酸，酸性氨基酸和碱性氨基酸。

氨基酸借助肽键连接成多肽链。多肽链是蛋白质分子的最基本结构形式。多肽链中氨基酸的组成排列顺序称为蛋白质的一级结构。蛋白质分子中的多肽链经折叠盘曲而具有一定的构象称为蛋白质的高级结构，又分为二、三、四级结构。二级结构是指肽链某一段主链骨架原子的相对空间位置，包括α-螺旋、β-折叠和β-转角。三级结构是指整条肽链中全部原子的相对空间位置，也就是整条肽链的三维结构。四级结构是由两条或两条以上的多肽链借助非共价键连接而成的结构。维持蛋白质空间结构的非共价键有氢键、离子键、疏水作用及范德瓦耳斯力。

蛋白质的结构与功能关系密切。蛋白质的一级结构是空间结构的基础，但一级结构并非决定空间结构的唯一因素，肽链的正确折叠和正确高级构象形成需要分子伴侣等分子参与。蛋白质的特定空间构象是其发挥生物活性的基础，也是其功能的直接体现。空间结构相似的蛋白质，其功能也相似；而功能不同的蛋白质，其空间构象也明显不同。若蛋白质的空间结构发生改变，则其功能也很可能随之改变。若蛋白质的折叠发生错误，尽管其一级结构不变，但蛋白质的构象发生改变，则仍可影响其功能，严重时可导致疾病，此类疾病称为蛋白质构象病。

蛋白质和氨基酸均具有两性电离等性质，但蛋白质作为高分子化合物，又有不同于氨基酸的性质，如胶体性质、变性、沉淀等。在实际工作中，常利用蛋白质理化性质的不同对其进行定性、定量分析或分离与纯化。

蛋白质(protein)是细胞组分中含量最丰富、功能最多的生物大分子物质，也是生命活动的重要物质基础。人体内蛋白质约占固体成分的45%，有十万余种。各种蛋白质的分子结构千差万别，从而决定了蛋白质功能的多样性，担负起参与并完成以复杂的物质代谢为基础的生命活动重任。生物体内的酶、若干凝血因子、抗体、肽类激素、转运蛋白、收缩蛋白、基因调控蛋白等都是蛋白质，但结构与功能截然不同。它们在物质代谢、血液凝固、机体防御、生长发育、物质转运、肌肉收缩、信号转导等方面发挥着不可替代的作用。蛋白质具有如此复杂重要的功能与蛋白质的结构关系密切。本章将主要阐述蛋白质的结构特征、蛋白质结构与功能的关系和蛋白质重要的理化性质。

第一节 蛋白质的分子组成

尽管蛋白质的种类繁多,结构各异,但元素组成相似,主要有碳(50%~55%)、氢(6%~7%)、氧(19%~24%)、氮(13%~19%)和硫(0~4%)。有些蛋白质还含有少量磷或金属元素铁、铜、锌、锰、钴、钼等,个别蛋白质还含有碘。

各种蛋白质的含氮量很接近,平均占16%。由于蛋白质是体内的主要含氮物,因此测定生物样品的含氮量就可按下式推算出蛋白质大致含量。

每克样品含氮克数×6.25×100=100 g样品中蛋白质含量(g)。

一、氨基酸

蛋白质的分子组成有其规律性,即由基本单位连接而成。氨基酸(amino acid)是组成蛋白质的基本单位。蛋白质受酸、碱或蛋白酶作用而水解产生游离氨基酸。存在于自然界中的氨基酸有300余种,但参与生物合成蛋白质的氨基酸一般有20种,通常是L-α-氨基酸[除甘氨酸(glycine,Gly)外]。它们在结构上有共同特点,即氨基都连接在与羧基相邻的α-碳原子上(图1-1)。在某些细菌和古细菌中还发现第21种(硒代半胱氨酸,selenocysteine,Sec,1986)和第22种(吡咯赖氨酸,pyrrolysine,Pyl,2002)氨基酸。生物界中也有D-氨基酸,大都存在于某些细胞产生的抗生素及个别植物的生物碱中。此外,哺乳类动物中也存在不参与蛋白质组成的游离D-氨基酸,如存在于脑组织中的D-丝氨酸和D-天冬氨酸。

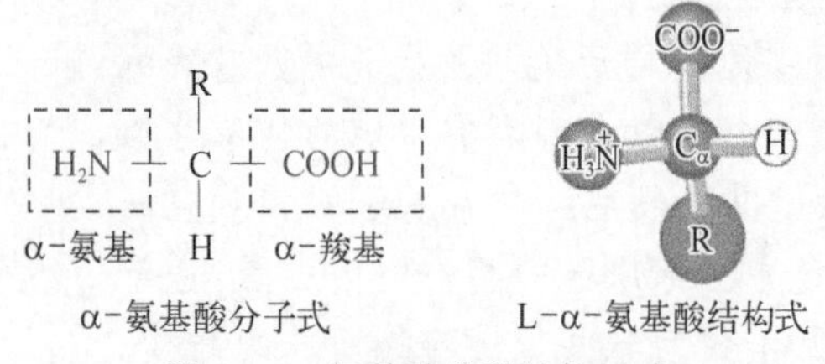

图1-1 氨基酸分子结构通式

(一)氨基酸的分类

组成蛋白质的20种基本氨基酸具有共同的核心结构,即氨基、羧基、氢原子连接于α-碳原子,而差异则全部体现在与α-碳原子相连的侧链R基团上。这些侧链R基团的结构及其化学性质各不相同,是形成蛋白质结构和功能多样性的基础。因此,侧链R基团的结构和理化性质也是氨基酸分类的主要依据之一。

根据侧链R基团的结构和理化性质,20种基本氨基酸可分成以下5类(图1-2)。

1. 非极性疏水性侧链氨基酸　这类氨基酸的侧链R基团为脂肪烃链,脂肪烃链属于非极性基团,具有大小不一的疏水性,在水溶液中的溶解度小于极性中性侧链氨基酸。

2. 极性中性侧链氨基酸　这类氨基酸的侧链上有羟基或巯基、酰胺基等极性基团,具有亲水性,但在中性水溶液中侧链R基团不解离,故呈电中性。

3. 芳香族氨基酸　这类氨基酸的侧链R基团含有苯环。其中苯丙氨酸属于非极性疏水性侧链氨基酸,酪氨酸和色氨酸属于极性中性侧链氨基酸。

4. 酸性氨基酸　这类氨基酸的R基团含有羧基,易解离出H^+而具有酸性。

5. 碱性氨基酸　这类氨基酸的R基团含有氨基、胍基或咪唑基。这些基团质子化而使分子带正电荷。

此外,在蛋白质翻译后的修饰过程中一些氨基酸残基被修饰,脯氨酸和赖氨酸可被修饰成羟脯氨酸和羟赖氨酸,它们存在于骨胶原和弹性硬蛋白质中。2个半胱氨酸通过脱氢后可以通过二硫键(disulfide bond)相结合,形成胱氨酸。蛋白质中有不少半胱氨酸以胱氨酸形式存在。蛋白质分子中氨基酸残基的某些基团还可被甲基化、甲酰化、乙酰化、异戊二烯化和磷酸化等。这些翻译后修饰,可改变蛋白质的溶解度、稳定性、亚细胞定位和与其他细胞蛋白质相互作用的性质等,体现了蛋白质生物多样性的一个方面。

(二)氨基酸的理化性质

1. 氨基酸两性解离和等电点　所有氨基酸都含有碱性的α-氨基和酸性的α-羧基,α-氨基可在酸性

中文名	英文名	英文缩写	符号	等电点(pI)	结构式
非极性疏水性侧链氨基酸					
甘氨酸	glycine	Gly	G	5.97	
丙氨酸	alanine	Ala	A	6.00	
缬氨酸	valine	Val	V	5.96	
亮氨酸	leucine	Leu	L	5.98	
异亮氨酸	isoleucine	Ile	I	6.02	
脯氨酸	proline	Pro	P	6.30	
甲硫氨酸	methionine	Met	M	5.74	
极性中性侧链氨基酸					
丝氨酸	serine	Ser	S	5.68	
苏氨酸	threonine	Thr	T	5.60	
半胱氨酸	cysteine	Cys	C	5.07	
天冬酰胺	asparagine	Asn	N	5.41	
谷氨酰胺	glutamine	Gln	Q	5.65	
芳香族氨基酸					
苯丙氨酸	phenylalanine	Phe	F	5.48	
色氨酸	tryptophan	Try	T	5.89	
酪氨酸	tyrosine	Tyr	Y	5.66	
酸性氨基酸					
天冬氨酸	aspartic acid	Asp	D	2.97	
谷氨酸	glutamic acid	Glu	E	3.22	
碱性氨基酸					
赖氨酸	lysine	Lys	K	9.74	
精氨酸	arginine	Arg	R	10.76	
组氨酸	histidine	His	H	7.59	

图 1-2 氨基酸的分类及结构

溶液中与质子(H^+)结合成带有正电荷的阳离子($—NH_3^+$),α-羧基可在碱性溶液中与 OH^- 结合,失去质子变成带负电荷的阴离子($—COO^-$),因此氨基酸是一种两性电解质,具有两性解离的特性。氨基酸的解离方式取决于其所处溶液的 pH。在某一 pH 的溶液中,氨基酸解离成阳离子和阴离子的趋势及程度相等,成为兼性离子,呈电中性,此时溶液的 pH 称为该氨基酸的等电点(isoelectric point,pI)(图 1-3)。

氨基酸的 pI 是由 α-羧基和 α-氨基的解离常数的负对数 pK_1 和 pK_2 决定的。pI 计算公式:$pI=1/2(pK_1+pK_2)$。例如,丙氨酸 $pK_1=2.34$,$pK_2=9.69$,$pI=1/2(2.34+9.69)=6.02$。若 1 个氨基酸有 3 个可解离基团,写出它们电离式后取兼性离子两边的 pK 值的平均值,即为此氨基酸的 pI 值。

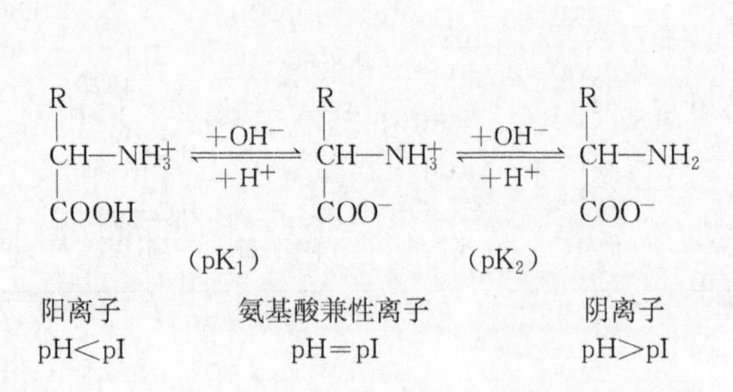

图 1-3 氨基酸的解离通式

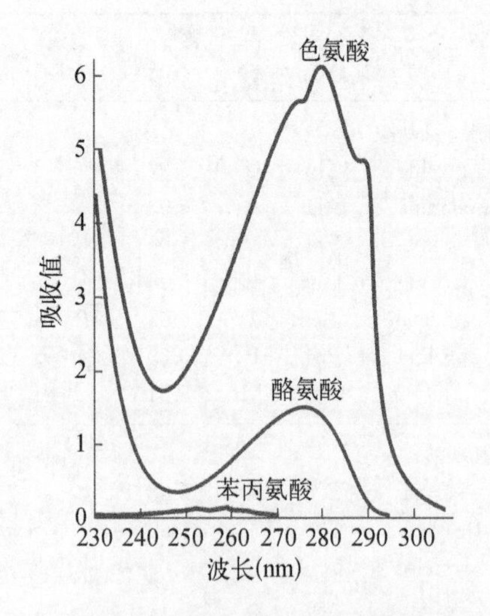

图 1-4 色氨酸、酪氨酸和苯丙氨酸的紫外吸收

2. 紫外吸收性质 色氨酸、酪氨酸和苯丙氨酸因含有共轭双键,可在波长 250～290 nm 光处有特征紫外吸收峰。在中性 pH 条件下,色氨酸、酪氨酸的最大吸收峰在 280 nm 处,而苯丙氨酸最大吸收峰在 260 nm 处(图 1-4)。由于色氨酸对 280 nm 光吸收的强度大约是酪氨酸和苯丙氨酸的 10 倍,因此色氨酸对蛋白质溶液在 280 nm 的吸光度贡献最大。又由于大多数蛋白质都含有芳香族氨基酸,所以测定蛋白质溶液280 nm 的光吸收值是分析溶液中蛋白质含量的快速简便方法。

3. 茚三酮反应(ninhydrin reaction) 氨基酸与茚三酮水合物共加热,茚三酮水合物可被还原,其还原物可与氨基酸加热分解产生的氨结合,再与另一分子茚三酮缩合成为蓝紫色的化合物,此化合物最大吸收峰在 570 nm 波长处。此吸收峰值的大小与氨基酸释放出的氨量成正比,因此可作为氨基酸定性和定量分析方法。

二、肽

(一) 肽

在蛋白质分子中,氨基酸之间通过肽键相连。肽键(peptide bond)是指由一个氨基酸的 α-羧基与另一个氨基酸的 α-氨基脱水缩合形成的酰胺键(图 1-5a)。这种由氨基酸通过肽键相连而形成的化合物称为肽(peptide)。肽中的氨基酸分子因脱水缩合而基团不全,被称为氨基酸残基(residue)(图 1-5b)。两个氨基酸脱水缩合形成二肽,这是最简单的肽。二肽通过肽键与另一分子氨基酸缩合生成三肽,继续依次生成四

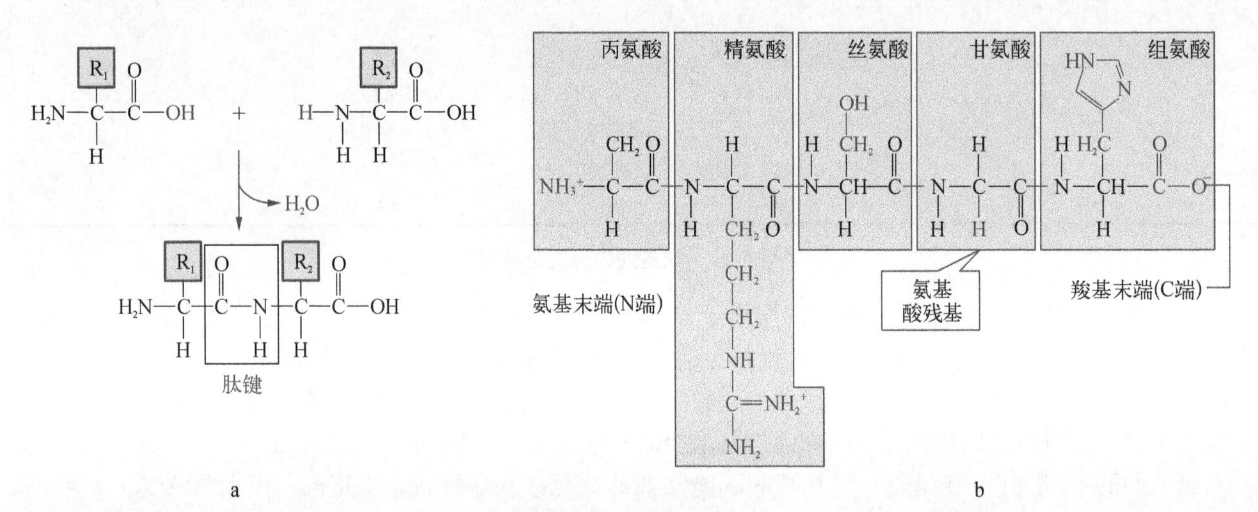

图 1-5 肽键和肽

a. 肽键;b. 氨基酸残基及肽链方向

肽、五肽……一般来说，含 2～20 个氨基酸残基的肽通常称为寡肽(oligopeptide)，而更多的氨基酸相连而成的肽称为多肽(polypeptide)。蛋白质就是由许多氨基酸残基组成的多肽。蛋白质和多肽在分子量上很难划出明确界限。在实际应用中，常把由 39 个氨基酸残基组成的促肾上腺皮质激素称作多肽，而把含有 51 个氨基酸残基、分子量为 5 733 Da 的胰岛素称作蛋白质。这似乎是习惯上的多肽与蛋白质的界限。多肽链有两端，有自由氨基的一端称氨基末端或 N 端(N - terminal)，有自由羧基的一端称为羧基末端(carboxyl terminal)或 C 端(图 1 - 5b)。从 N 端到 C 端定为多肽链的走向。

(二) 具有重要生物学功能的生物活性肽

人体内存在许多具有生物活性的低分子量的肽，有的仅三肽，有的属寡肽或多肽，其在代谢调节、神经传导等方面起着重要的作用。随着肽类药物的发展，许多化学合成或重组 DNA 技术制备的肽类药物和疫苗已在疾病预防和治疗方面取得成效。

1. *谷胱甘肽(glutathione，GSH)*　　是由谷氨酸(glutamic acid，Glu)、半胱氨酸和甘氨酸组成的三肽(图 1 - 6)。第一个肽键与一般不同，由谷氨酸的 γ -羧基与半胱氨酸的 α -氨基组成。

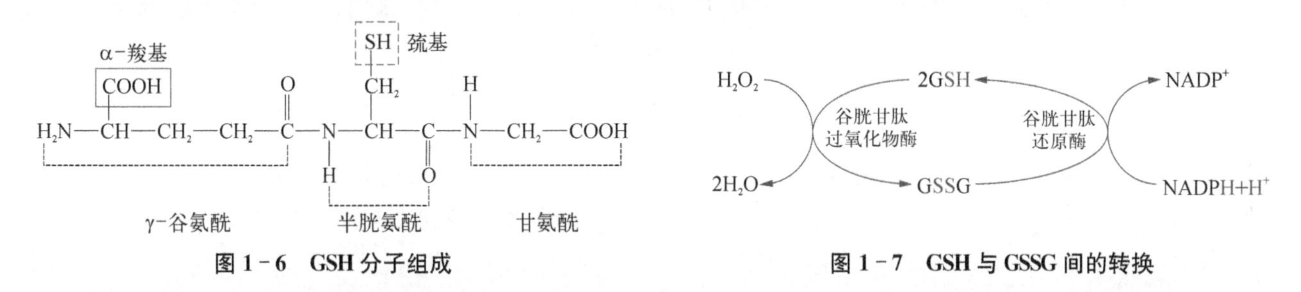

图 1 - 6　GSH 分子组成　　**图 1 - 7　GSH 与 GSSG 间的转换**

分子中半胱氨酸的巯基是该化合物的主要功能基团。GSH 的巯基具有还原性，可作为重要的还原剂保护体内蛋白质或酶分子中巯基免遭氧化，使蛋白质或酶处于活性状态。在谷胱甘肽过氧化物酶(glutathione peroxidase，GPx)的催化下，GSH 可还原细胞内产生的 H_2O_2，使其变成 H_2O，与此同时，GSH 被氧化成氧化型谷胱甘肽(GSSG)，后者在谷胱甘肽还原酶催化下，由 NADPH 提供还原氢，再被还原成 GSH(图 1 - 7)。此外，GSH 的巯基还有嗜核特性，能与外源的嗜电子毒物如致癌剂或药物等结合，从而阻断这些化合物与 DNA、RNA 或蛋白质结合，以保护机体免遭毒物损害。

2. *多肽类激素及神经肽*　　体内有许多激素属寡肽或多肽。例如，属于下丘脑-垂体-肾上腺皮质轴的催产素(9 肽)、加压素(9 肽)、促肾上腺皮质激素(39 肽)、促甲状腺素释放激素(3 肽)等。体内有一类在神经传导过程中起信号转导作用的肽类被称为神经肽(neuropeptide)。较早发现的有脑啡肽(5 肽)、β -内啡肽(31 肽)和强啡肽(17 肽)等。近年还发现孤啡肽(17 肽)，其一级结构类似于强啡肽。它们与中枢神经系统产生痛觉抑制有密切关系，因此很早就被用于临床的镇痛治疗。除此以外，神经肽还包括 P 物质(10 肽)、神经肽 Y 等。随着脑科学的发展，相信将发现更多的、在神经系统中起着重要作用的生物活性肽或蛋白质。

第二节　蛋白质的分子结构

蛋白质分子是由许多氨基酸通过肽键相连形成的生物大分子。人体内具有生理功能的蛋白质都有特定结构，即每种蛋白质都有其一定的氨基酸组成百分比和氨基酸排列顺序及肽链空间的特定排布位置。因此蛋白质分子结构能够真正体现蛋白质的个性，是每种蛋白质具有独特生理功能的结构基础。蛋白质的分子结构分成 4 个层次，即一级、二级、三级、四级结构，后三者统称为高级结构或空间构象(conformation)。蛋白质的空间构象涵盖了蛋白质分子中的每一原子在三维空间的相对位置，它们是蛋白质分子特有性质和功能的结构基础。由一条肽链形成的蛋白质只有一级、二级和三级结构，由两条或两条以上多肽链形成的蛋白质才可能具有四级结构。

一、蛋白质的一级结构

在蛋白质分子中,从 N 端至 C 端的氨基酸排列顺序称为蛋白质的一级结构(primary structure)。这种顺序由 DNA 中基因的碱基序列所决定。一级结构中的主要化学键是肽键。英国化学家弗雷德里克·桑格(Frederick Sanger)于 1953 年完成牛胰岛素的一级结构测定,牛胰岛素有 A 和 B 2 条多肽链,A 链有 21 个氨基酸残基,B 链有 30 个氨基酸残基。分子中有 3 个二硫键,1 个位于 A 链内,另外两个二硫键位于 A、B 两条链间(图 1-8)。

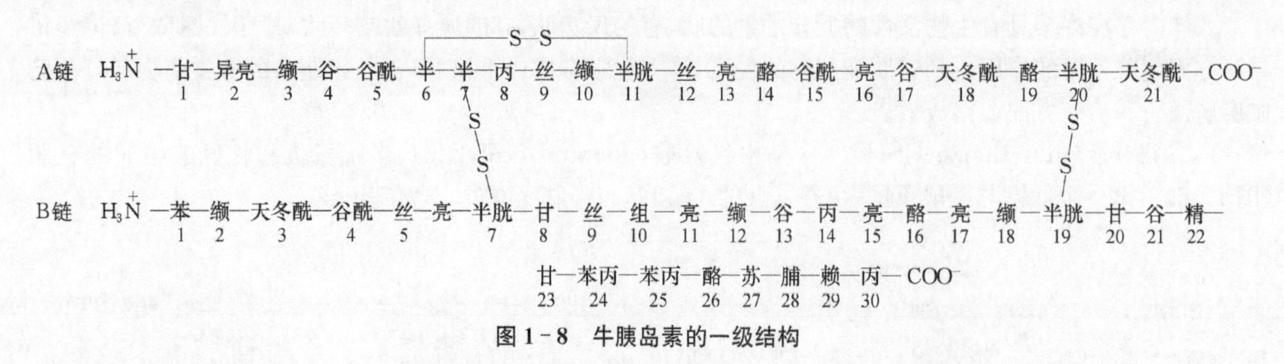

图 1-8 牛胰岛素的一级结构

一级结构是蛋白质空间构象和特异生物学功能的基础。随着蛋白质结构研究的深入,人们已认识到蛋白质一级结构并不是决定蛋白质空间构象的唯一因素。肽链的正确折叠和正确高级构象形成需要分子伴侣等的参与。

二、蛋白质的二级结构

蛋白质的二级结构(secondary structure)是指蛋白质分子中某一段肽链的局部空间结构,也就是该段肽链主链骨架原子的相对空间位置,并不涉及氨基酸残基侧链的构象。肽链主链骨架原子即 N(氨基氮)、C_α(α-碳原子)和 C_o(羰基碳)依次重复排列。蛋白质的二级结构仅涉及主链构象而不涉及 R 侧链的空间排布。

(一) 肽单元

20 世纪 30 年代末,L.Pauling 和 R.B.Corey 应用 X 线衍射技术研究氨基酸和寡肽的晶体结构,发现肽键与周围 6 个相关原子的关系,提出了肽单元概念。他们发现参与肽键的 6 个原子 $C_{\alpha1}$、C、O、N、H、$C_{\alpha2}$ 位于同一平面,$C_{\alpha1}$ 和 $C_{\alpha2}$ 在平面上所处的位置为反式构型,此同一平面上的 6 个原子构成了所谓的肽单元(peptide unit)(图 1-9)。

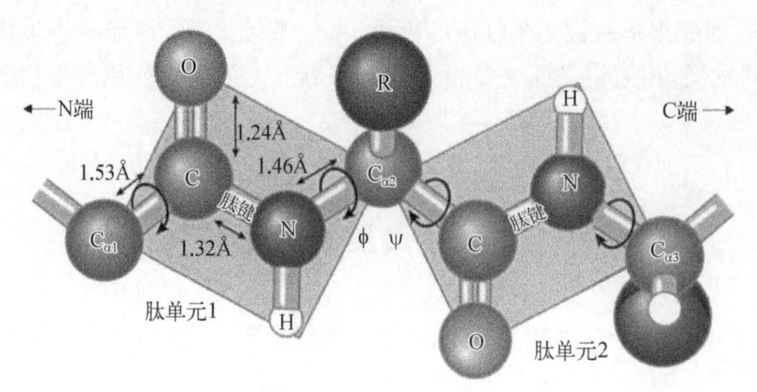

图 1-9 肽单元

其中肽键(C—N)的键长为 0.132 nm,介于 C—N 的单键长(0.149 nm)和双键长(0.127 nm)之间,所以有一定程度双键性能,不能自由旋转。而 C_α 分别与 N 和羰基碳相连的键都是典型的单键,可以自由旋转。也正由于肽单元上 C_α 原子所连的两个单键的自由旋转角度,决定了两个相邻的肽单元平面的相对空间位置。

（二）二级结构常见形式

由于侧链基团和肽链中氢及氧原子空间障碍的影响，主链上的 C_α—N 及 C_α—C 键虽可以旋转，但并不是完全自由的旋转，因而多肽链的构象受到一定限制，从而形成不同的二级结构。常见的二级结构包括α-螺旋(α-helix)、β-折叠(β-sheet)和β-转角(β-turn)等。稳定二级结构的化学键主要是氢键(hydrogen bond)，属于非共价键。氢键是指与电负性高的原子(如F、O、N等)键合的氢原子和另一电负性高的原子(如F、O、N等)上的孤对电子之间发生的较强的吸引作用。

1. α-螺旋　在α-螺旋结构(图1-10)中，多肽链的主链围绕中心轴做有规律的螺旋式上升，螺旋中从N端到C端的走向为顺时针方向，即右手螺旋。氨基酸侧链伸向螺旋外侧。每3.6个氨基酸残基螺旋上升一圈，螺距为0.54 nm。α-螺旋的每个肽键的N—H和第四个肽键的羰基氧形成氢键，氢键的方向与螺旋长轴基本平行。肽链中的全部肽键都可形成氢键，以稳固α-螺旋结构。

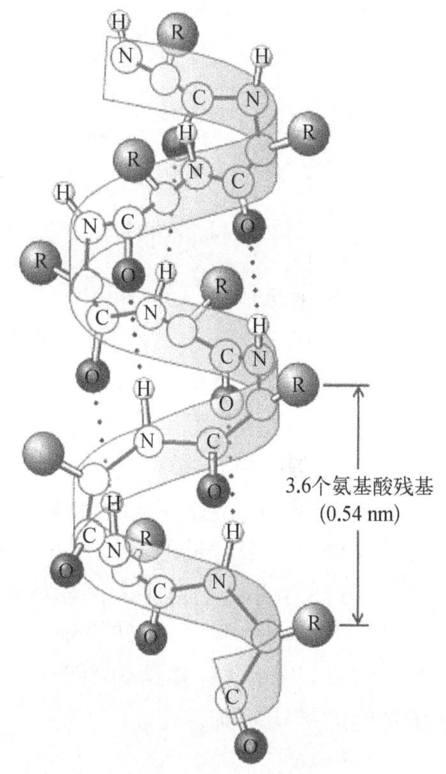

图1-10　α-螺旋

20种氨基酸均可参与组成α-螺旋结构，但是丙氨酸、谷氨酸、亮氨酸(leucine, Leu)和甲硫氨酸(methionine, Met)比甘氨酸、脯氨酸、丝氨酸(serine, Ser)和酪氨酸更常见。蛋白质表面存在的α-螺旋常具有两性特点，即由几个疏水氨基酸残基组成的肽段与亲水氨基酸残基组成的肽段交替出现，使之能在极性或非极性环境中存在。这种两性α-螺旋可见于血浆脂蛋白、多肽激素等。肌红蛋白和血红蛋白分子中，有许多肽链段落呈α-螺旋结构。毛发的角蛋白、肌肉的肌球蛋白及血凝块中的纤维蛋白，它们的多肽链几乎全长都卷曲呈α-螺旋。数条α-螺旋状的多肽链缠绕起来，形成缆索，从而增强了其机械强度，并具有可伸缩性(弹性)。

2. β-折叠　与α-螺旋的形状截然不同，β-折叠呈折纸状。在β-折叠结构(图1-11)中，多肽链充分伸展，每个肽单元以 C_α 为旋转点，依次折叠成锯齿状结构，氨基酸残基侧链交替地位于锯齿状结构的上下侧。所形成的锯齿状结构一般比较短，只含5～8个氨基酸残基，但两条以上肽链或一条肽链内的若干肽段的锯齿状结构可平行排列，两条肽链走向可相同，也可相反。走向相反时，两条反平行肽链的间距为0.70 nm，并通过肽链间的肽键羰基氧和亚氨基氢形成氢键从而稳固β-折叠结构，蚕丝蛋白几乎都是β-折叠结构，许多蛋白质既有α-螺旋又有β-折叠。

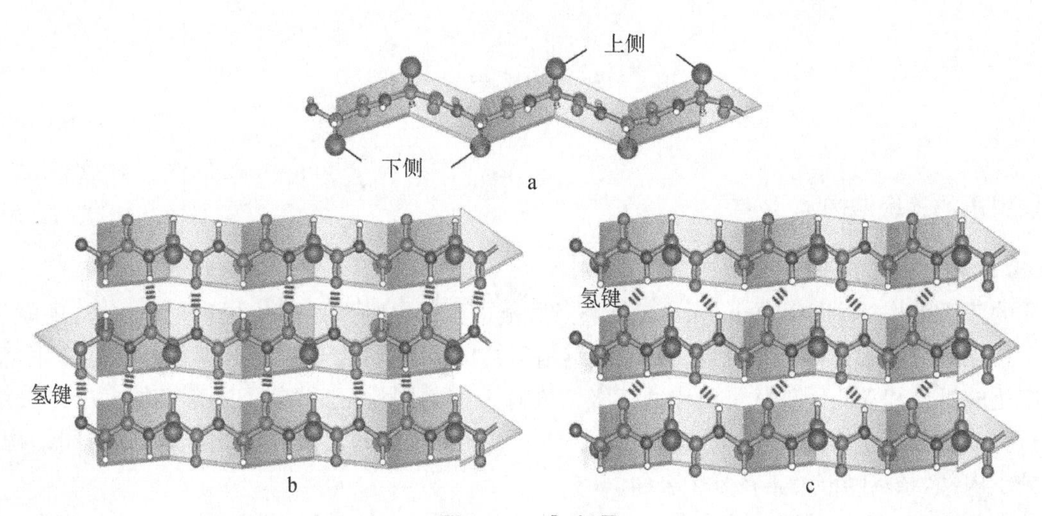

图1-11　β-折叠

a. 侧视图；b. 反平行β-折叠；c. 平行β-折叠

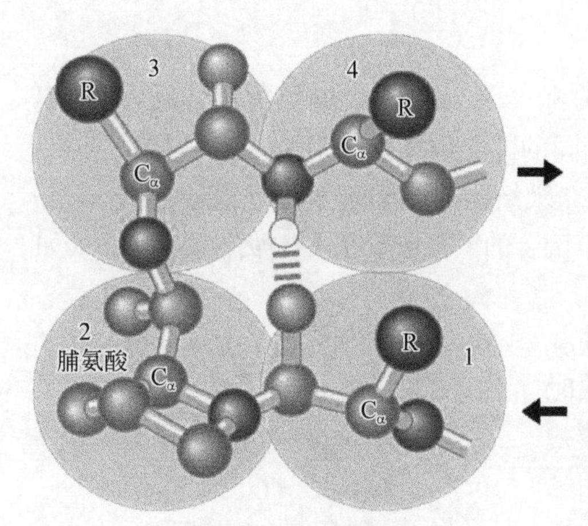

图 1-12 β-转角

3. β-转角 常发生于肽链进行 180°回折时的转角上。在β-转角中,伸展的肽链形成 U 形结构(图 1-12)。该结构通常由 4 个氨基酸残基组成,其第一个残基的羰基氧(O)与第四个残基的氨基氢(H)可形成氢键,起到稳定 β-转角的作用。β-转角的结构较特殊,第二个残基常为脯氨酸,其他常见残基有甘氨酸、天冬氨酸、天冬酰胺和色氨酸。

4. 其他 蛋白质分子中普遍存在一些没有确定规律性的肽链结构,这些区域通常参与二级结构的连接,或参与肽链折叠方向的改变。例如,大多数球状蛋白的二级结构中存在多个重复的 α-螺旋和 β-折叠,而这些重复结构之间的连接区域通常被描述为环状或卷曲状结构,有时被称为无规卷曲(random coil)。这些区域看似是随机、无序的,实际上它们是一些稳定、有序的非重复结构。

(三) 模体

在许多蛋白质分子中,可发现两个或多个具有二级结构的肽段,在空间上相互接近,形成一种有规则的二级结构组合模式(pattern),称为模体(motif),也称为超二级结构(super-secondary structure)。已知的有 αα、ββ、βαβ(图 1-13a)。一个模体往往有其特征性的氨基酸序列,并发挥特殊的功能。例如,在许多钙结合蛋白分子中通常有一个结合钙离子的模体,它由 α-螺旋-环-α-螺旋三个肽段组成(图 1-13b),在环中谷氨酸和天冬氨酸的亲水侧链通过氢键提供了结合钙离子的部位。近年发现的锌指结构也是一个常见的模体例子。它由 1 个 α-螺旋和 2 个反平行的 β-折叠组成(图 1-13c),形似手指,具有结合锌离子功能。该模体的 N 端有 1 对半胱氨酸残基,C 端有 1 对组氨酸残基,这 4 个残基在空间上形成一个洞穴,恰好容纳 1 个 Zn^{2+}。Zn^{2+} 可稳固模体中的 α-螺旋,使此 α-螺旋能镶嵌于 DNA 的大沟中,因此含锌指结构的蛋白质都能与 DNA 或 RNA 结合。可见,模体的特征性空间构象是其特殊功能的结构基础。

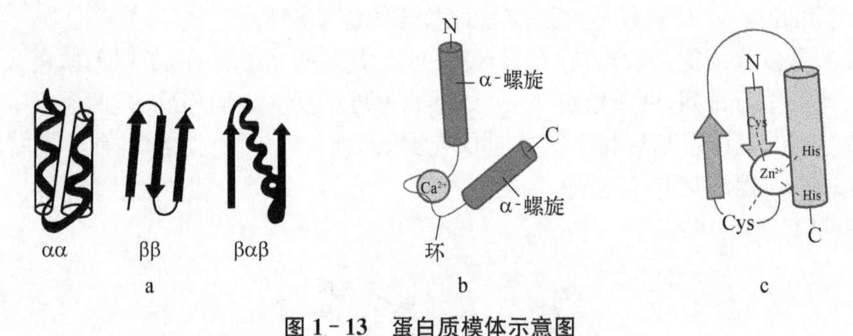

图 1-13 蛋白质模体示意图

a. 超二级结构的形式;b. 钙结合蛋白中结合钙离子的模体;c. 锌指结构

三、蛋白质的三级结构

(一) 蛋白质的三级结构及特点

蛋白质的三级结构(tertiary structure)是指整条肽链中全部氨基酸残基的相对空间位置,也就是整条肽链所有原子在三维空间的整体排布位置。在二级结构等结构基础上,由于侧链 R 基团的相互作用,整条肽链进行范围广泛的折叠和盘曲。球状蛋白质的三级结构有某些共同特征,即分子中含有的多个二级结构单元再进一步折叠成相对独立的三维空间构象,从而形成一个紧密包裹的、近球状或椭球状的空间结构,疏水侧链埋藏在分子内部,亲水侧链暴露在分子表面。

肌红蛋白是由 153 个氨基酸残基构成的单个肽链的蛋白质,含有 1 个血红素辅基。肌红蛋白分子中 α-螺旋占 75%,构成 8 个螺旋区,2 个螺旋区之间有一段无规卷曲,脯氨酸位于转角处。由于侧链 R 基团的相互作用，多肽链缠绕，形成一个球状分子(4.5 mm×3.5 mm×2.5 mm)，球表面主要有亲水侧链，疏水侧链则位于分子内部(图1-14)。所以，肌红蛋白有较好水溶性。

蛋白质三级结构的形成和稳定主要靠弱的非共价键——疏水作用、氢键、离子键和范德瓦耳斯力(van der Waals force)(图1-15)。疏水作用(hydrophobic interaction)是指疏水性的烃类或烃类样的基团在含水介质中形成分子间簇集的趋势。离子键(ionic bond)有时也称盐键，指带电离子之间的作用力，包括静电引力和静电斥力。此处所述离子键实际上与化学上严格的离子键概念有所不同，严格来讲应为静电作用(hydrophobic interaction)或离子相互作用(ionic interaction)。此外，属于共价键的二硫键对于维持蛋白质空间结构稳定也起重要作用。

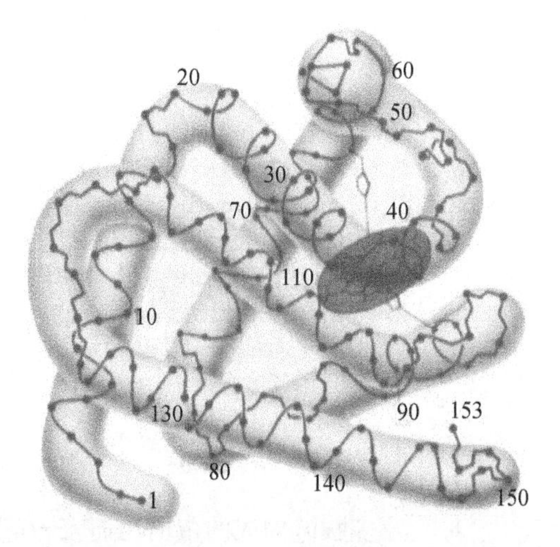

图1-14 肌红蛋白

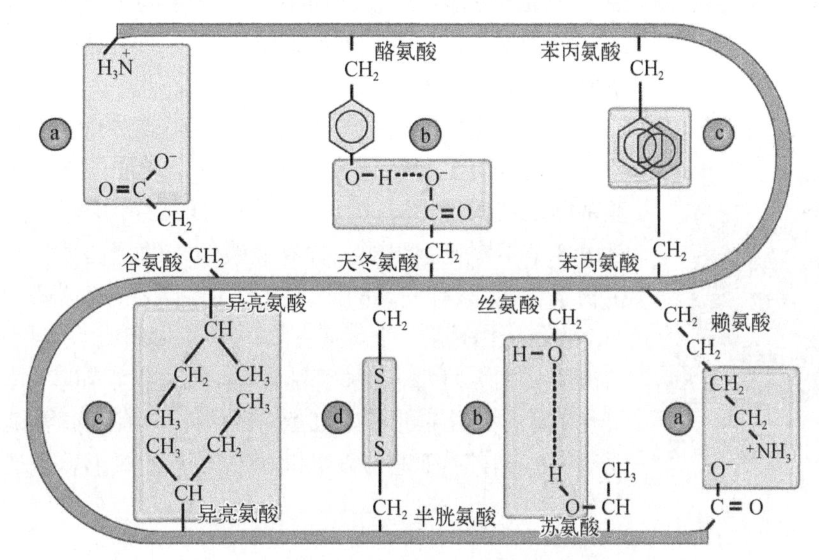

图1-15 肽链中氨基酸之间的相互作用

a. 离子键；b. 氢键；c. 疏水作用；d. 二硫键

(二) 结构域

分子量大的蛋白质三级结构常可分割成一个或数个球状或纤维状的区域，折叠得较为紧密，各行其功能，称为结构域(domain)。结构域与分子整体以共价键相连，具有相对独立的空间构象和生物学功能。同一蛋白质中的结构域可以相同或不同，不同蛋白质中的结构域也可以相同或不同。例如，纤连蛋白由两条多肽链通过近C端的2个二硫键相连而成，含有6个结构域，各个结构域分别执行一种功能，有可与细胞、胶原、DNA和肝素等配体结合的结构域(图1-16)。此外，一个配体也可与一个蛋白质分子中的多个结构域结合。结构域也可由蛋白质分子中不连续的肽段在空间结构中相互接近而构成。

(三) 分子伴侣

蛋白质空间构象的正确形成，除一级结构为决定因素外，还需要一类称为分子伴侣的蛋白质参与。分子伴侣(chaperon)是一大类参与肽链折叠、蛋白质空间构象形成的特殊蛋白质。它们相互之间没有关系，但具有的共同功能是帮助其他含蛋白的结构在体内进行非共价的组装或卸装，但不是这些结构在发挥其正常的生物功能时的永久组成成分。它通过提供一个保护环境从而加速蛋白质折叠成天然构象。分子伴侣广泛地存在于从细菌到人的生物体中，现已鉴定出来的分子伴侣主要属于3类高度保守的蛋白质家族：① 热激蛋白70(HSP70)；② 伴侣蛋白；③ 核素蛋白。分子伴侣作用机制参见“第十二章蛋白质的生物合成”。

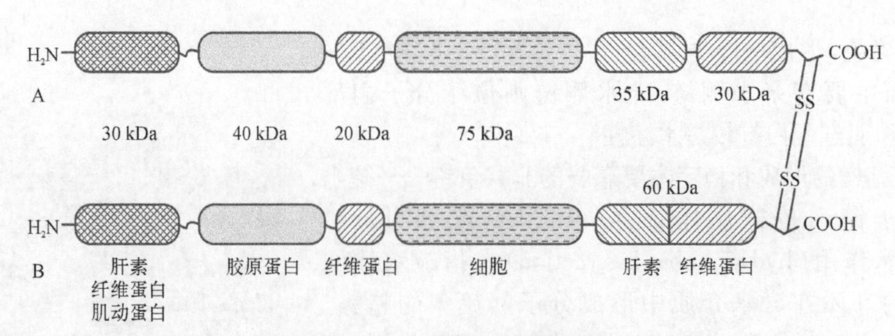

图 1-16 纤连蛋白分子结构域

四、蛋白质的四级结构

对一条多肽链构成的蛋白质而言，其空间构象只涉及二、三级结构。而体内有许多蛋白质的分子含有两条或两条以上多肽链，才能全面地执行功能。每一条多肽链都有其完整的三级结构，称为亚基(subunit)，亚基与亚基之间以非价键相连接，呈特定的三维空间排布。这种蛋白质分子中各个亚基的空间排布，亚基接触部位的布局与相互作用，称为蛋白质的四级结构(quaternary structure)。在四级结构中，各亚基间的结合力主要是氢键和离子键。

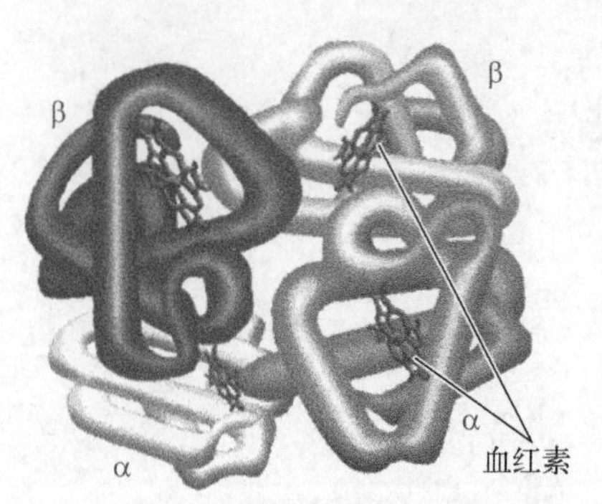

图 1-17 血红蛋白四级结构示意图

在蛋白质的四级结构中，若亚基分子结构相同，称为均一四级结构，如草斑纹病毒的外壳蛋白是由 2 120 个相同的亚基缔合成的多聚体；若亚基分子结构不相同，则称为非均一四级结构的蛋白质，如神经生长因子是由 3 个不同亚基组成。含有四级结构的蛋白质，单独的亚基一般没有生物学功能，只有完整的四级结构寡聚体才有生物学作用。

血红蛋白是由 2 个 α 亚基和 2 个 β 亚基组成的四聚体。两种亚基的三级结构颇为相似，且每个亚基都结合有 1 个血红素辅基(图 1-17)，4 个亚基通过 8 个离子键相连，形成血红蛋白四聚体，具有运输氧和 CO_2 功能。当每个亚基单独存在时，亚基与氧亲和力高，易于与氧结合，但难于与氧解离。

五、蛋白质的分类

(一) 根据蛋白质组成成分分类

除氨基酸外，某些蛋白质还含有其他非氨基酸组分，因此根据蛋白质组成成分的不同，蛋白质可分成单纯蛋白质(simple protein)和缀合蛋白质(conjugated protein)。前者只含氨基酸，而后者除蛋白质部分外，还含有非蛋白质部分，为蛋白质的生物活性或代谢所依赖。缀合蛋白质又称结合蛋白质，它的非蛋白质部分被称为辅基，绝大部分辅基通过共价键方式与蛋白质部分相连。构成蛋白质辅基的物质种类也很广，常见的有色素化合物、寡糖、脂类、磷酸、金属离子，甚至还有分子量较大的核酸。

(二) 根据其形状分类

一般来说，纤维状蛋白质形似纤维，其分子长轴的长度比短轴长 10 倍以上。纤维状蛋白质多数为结构蛋白质，较难溶于水，作为细胞坚实的支架或连接各细胞、组织和器官。大量存在于结缔组织中的胶原蛋白就是典型的纤维状蛋白质，其长轴为 300 nm，而短轴仅为 1.5 nm。球状蛋白质的形状近似于球形或椭圆形，多数可溶于水，许多具有生理活性的蛋白质如酶、转运蛋白、蛋白质类激素及免疫球蛋白等都属于球状蛋白质。

第三节 蛋白质结构与功能的关系

蛋白质特定的空间构象与其特殊的生物学功能关系密切。研究蛋白质结构与功能的关系，是从分子水平上认识生命的一个重要组成部分。

一、蛋白质一级结构与功能的关系

（一）蛋白质一级结构是空间构象的基础

20世纪60年代，Anfinsen在研究牛核糖核酸酶时已证实，蛋白质的功能与其三级结构密切相关，而特定三级结构是以氨基酸顺序为基础的。牛核糖核酸酶由124个氨基酸残基组成，有4对二硫键（Cys26和Cys84、Cys40和Cys95、Cys58和Cys110、Cys65和Cys72）（图1-18a）。用尿素（或盐酸胍）和β-巯基乙醇处理该酶溶液，尿素和β-巯基丁醇可分别破坏非共价键和二硫键，使其二、三级结构遭到破坏，但肽键不受影响，此时该酶活性丧失。核糖核酸酶中的4对二硫键被β-巯基乙醇还原成—SH后，若要再形成4对二硫键，从理论上推算有105种不同配对方式，只有与天然构象完全相同的配对方式，才能呈现酶活性。当用透析方法去除尿素和β-巯基乙醇后，松散的多肽链循其特定的氨基酸序列，又卷曲折叠成天然酶的空间构象，4对二硫键再正确配对，这时酶活性又逐渐恢复至原来水平（图1-18b）。该实验充分证明空间构象遭破坏的核糖核酸酶只要其一级结构未被破坏，就可能恢复到原来的三级结构，所以蛋白质一级结构是空间构象的基础。

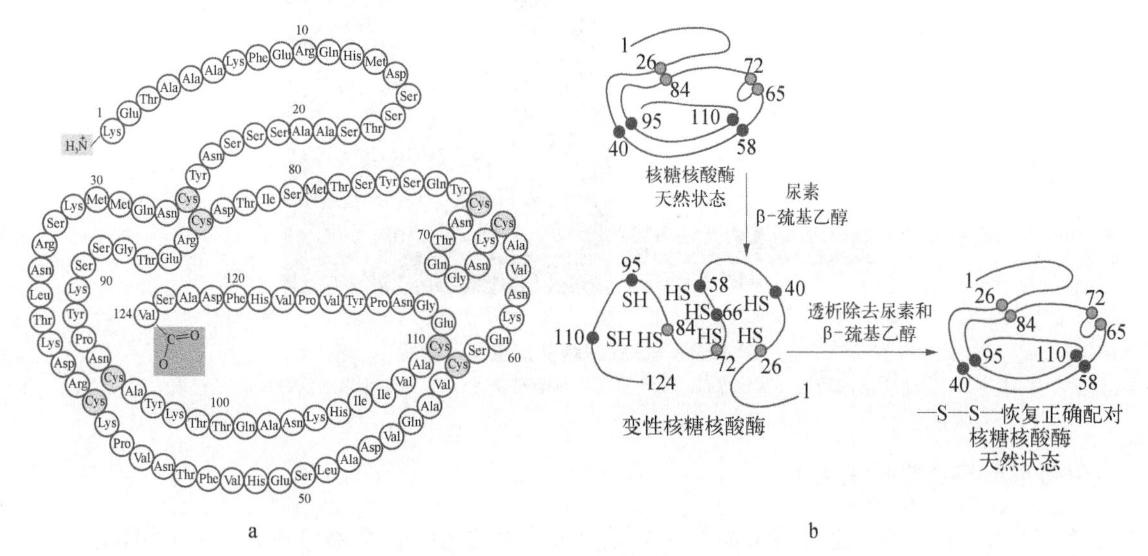

图1-18　牛核糖核酸酶一级结构与空间构象的关系

a. 牛核糖核酸酶的氨基酸序列；b. 尿素和β-巯基乙醇对核糖核酸酶的作用

（二）一级结构相似的蛋白质具有相似的空间构象和功能

大量的实验结果已证明，一级结构相似的多肽或者蛋白质具有相似的空间构象和功能。例如，不同哺乳动物的胰岛素分子结构都由A和B两条链组成，A链有21个氨基酸残基，B链有30个氨基酸残基。在不同哺乳动物比对中，胰岛素的51个氨基酸残基中仅有个别氨基酸有差异，且二硫键的配对和空间构象也极为相似，因而它们都执行着相同的调节糖代谢的功能。

（三）一级结构中关键部位的氨基酸残基的改变会引起蛋白质功能的异常

虽然不同哺乳动物胰岛素分子都具有22个恒定不变的氨基酸残基，都执行着相同的调节糖代谢的功能。但是，如果改变一级结构中关键部位的氨基酸残基，其功能就会发生改变。例如，去除牛胰岛素B链中第23～30位氨基酸残基，其降低血糖的功能就会下降85%；如果将A链C端的天冬酰胺去除，其活性则完全丧失。

镰状细胞贫血（sickle cell anemia）就是由血红蛋白β亚基多肽链中一个氨基酸残基发生改变导致的。这类患者血红蛋白（HbS）第六位密码子由正常的GAG突变为GTG（图1-19a），使其编码的β亚基多肽链N端第六位氨基酸由正常的谷氨酸变成了缬氨酸（valine，Val）（$\beta^{6Glu\rightarrow Val}$），因而谷氨酸的亲水侧链被缬氨酸的非极性疏水侧链所取代（图1-19b）。这样在β^{6Val}与β^{1Val}之间出现了因疏水作用而形成的局部结构。这一结构能使去氧HbS进行线性缔合，从而导致氧结合能力过低，溶解度下降，红细胞变成镰刀状。镰变红细胞使血黏性增加，不能像正常红细胞那样通过毛细血管，从而易导致微细血管栓塞，造成组织缺氧甚至坏死；同时镰变红细胞的变形能力降低，不易变形通过狭窄的毛细血管，受挤压时易破裂，从而导致溶血(图 1-19c)。这种基因突变引起蛋白质一级结构中的关键氨基酸发生改变，从而导致蛋白质功能障碍，出现相应临床症状的疾病，这种疾病称为分子病。

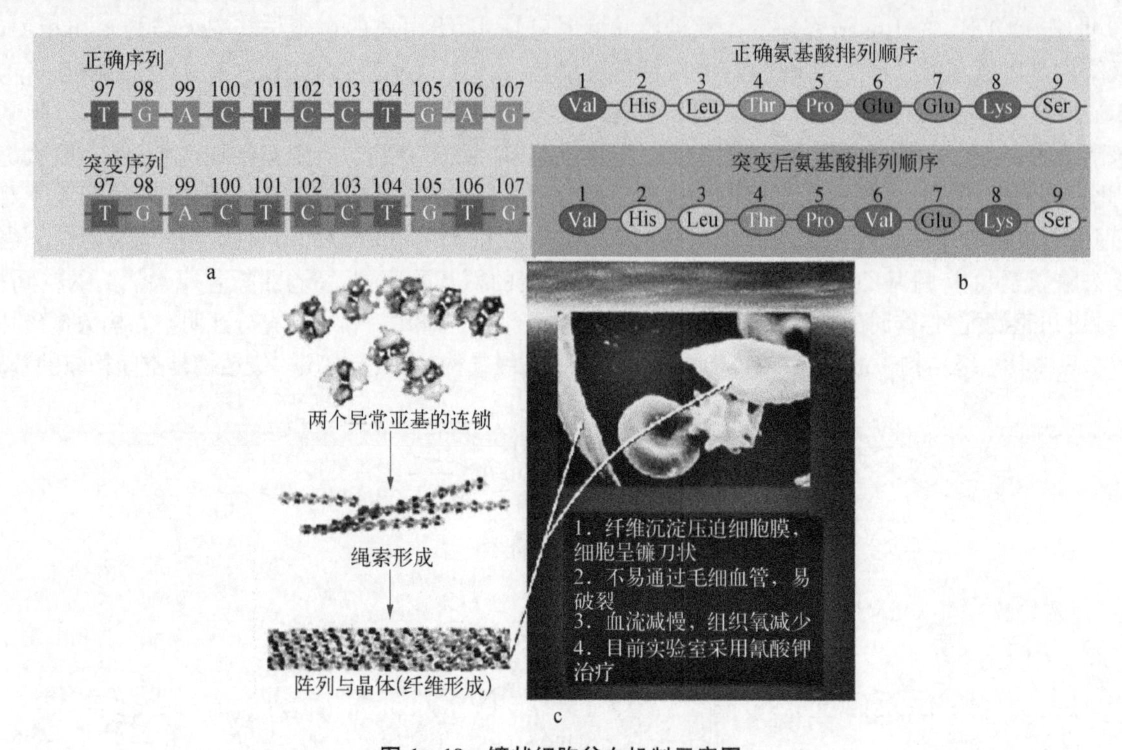

图 1-19 镰状细胞贫血机制示意图

a. HbS 的基因突变位点；b. HbS 的氨基酸序列改变；c. 镰状细胞贫血病理机制

二、空间构象与功能的关系

体内蛋白质所具有的特定空间构象都与其发挥特殊的生理功能有着密切的关系。例如，角蛋白含有大量 α-螺旋结构，其与富含角蛋白组织的坚韧性及弹性直接相关；而丝心蛋白分子中含有大量 β-折叠结构，致使蚕丝具有伸展和柔软的特性。下面以肌红蛋白和血红蛋白为例，阐明蛋白质空间结构和功能的关系。

(一) 肌红蛋白和血红蛋白结构

肌红蛋白(myoglobin, Mb)与血红蛋白(hemoglobin, Hb)都是含有血红素辅基的蛋白质。血红素是铁卟啉化合物(图 1-20)，它由 4 个吡咯环通过 4 个甲炔基相连成为一个环形，Fe^{2+} 居于环中。Fe^{2+} 有 6 个配位键，其中 4 个与吡咯环的 N 配位结合，1 个配位键和 Mb 的 93 位(F8)组氨酸残基结合，氧则与 Fe^{2+} 形成第 6 个配位键，接近第 64 位(E7)组氨酸。

Mb 是由一条多肽链构成的单链蛋白质，因而只具有三级结构(图 1-14)，它有 8 段 α-螺旋结构，分别称为 A 肽段、B 肽段、C 肽段、D 肽段、E 肽段、F 肽段、G 肽段及 H 肽段。整条多肽链折叠成紧密球状分子，氨基酸残基上的疏水侧链大都在分子内部，亲水侧链则在分子表面，因此其水溶性较好。Mb 分子内部有一个袋形空穴，血红素居于其中。血红素分子中的两个丙酸侧链以离子键形式与肽链中的两个碱性氨基酸侧链上的正电荷相连，加之肽链中的 F8 组氨酸残基还与 Fe^{2+} 形成配位结合(图 1-20)，所以血红素辅基与蛋白质部分结合稳定。

Hb 是由 4 条多肽链构成的蛋白质，因而具备四级结构，每个亚基结构中间有 1 个疏水局部，可结合 1 个血红素并携带 1 分子氧，因此 1 分子 Hb 共结合 4 分子氧。成年人红细胞中的 Hb 主要由两条 α 肽链和两条 β 肽链($\alpha_2\beta_2$)组成，α 肽链含 141 个氨基酸残基，β 肽链含 146 个氨基酸残基。Hb 各亚基的三级结构与 Mb 极为相似，其 4 个亚基通过离子键紧密结合，形成亲水的球状蛋白(图 1-17)。

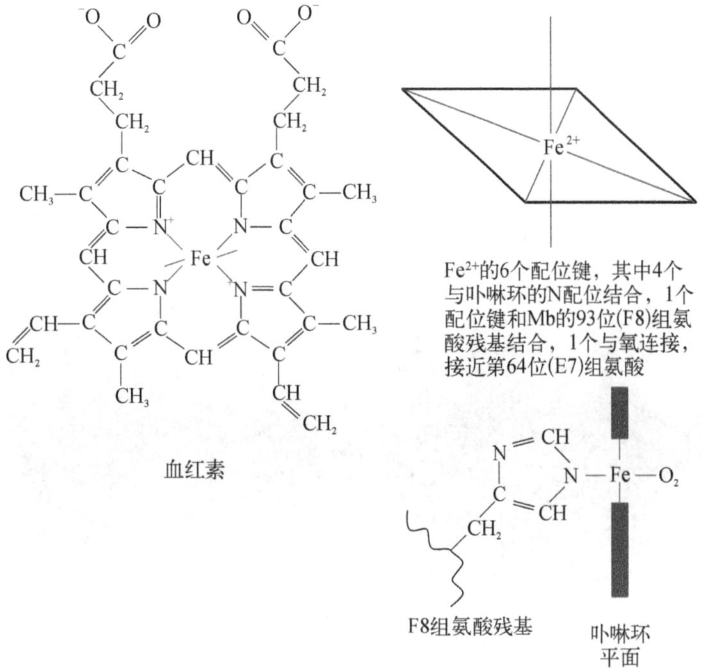

血红素

Fe^{2+}的6个配位键，其中4个与卟啉环的N配位结合，1个配位键和Mb的93位(F8)组氨酸残基结合，1个与氧连接，接近第64位(E7)组氨酸

F8组氨酸残基

卟啉环平面

图 1-20　血红素结构

（二）Hb的构象变化与结合氧

Hb和Mb都能可逆地与O_2结合，与O_2结合的Hb称为氧合血红蛋白（HbO_2），HbO_2占总Hb的百分数称氧饱和度。氧饱和度随氧分压的改变而变化。图1-21为Mb和Hb的氧解离曲线，前者为直角双曲线，后者为S形曲线。可见在低氧分压时，Mb与O_2的结合容易，而Hb与O_2的结合较难。只有在高氧分压状态时，Hb与O_2的结合才容易。这种Mb和Hb与O_2亲和力的差异，形成了一个可有效地将O_2从肺组织转运到肌组织的运输系统。

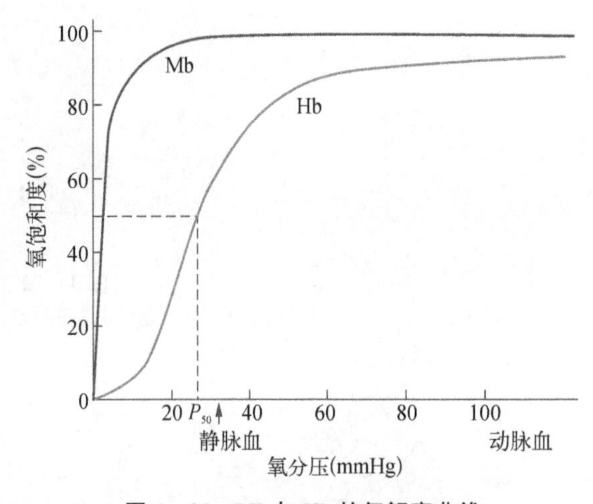

图 1-21　Mb与Hb的氧解离曲线

1 mmHg=133.322 Pa

Hb与O_2结合的S形曲线提示Hb的4个亚基与4个O_2结合时平衡常数并不相同，有4个不同的平衡常数。从S形曲线的后半部呈直线上升可看出，Hb最后一个亚基与O_2结合时其常数最大。根据S形曲线的特征可知，Hb中第一个亚基与O_2结合可促进第二、第三个亚基与O_2的结合，前3个亚基与O_2结合后又极大地促进了第四个亚基与O_2结合。这种一个亚基与其配体结合（Hb中的配体为O_2）后，能影响此寡聚体中另一亚基与配体结合的作用称为协同效应（cooperativity effect）。起促进作用的称为正协同效应（positive cooperativity）；反之，则为负协同效应（negative cooperativity）。

根据X射线衍射技术分析Hb和HbO_2结晶的三维结构图谱，佩鲁茨（Perutz）等认为Hb与O_2亲和力改变的特征与其亚基空间构象的改变有关。当Hb未结合O_2时，Hb的α_1/β_1和α_2/β_2呈对角排列，结构较为紧密，称为紧张态（tense state，T态），T态的Hb与O_2的亲和力小。随着亚基与O_2的结合，4个亚基羧基末端之间的离子键断裂，中央孔穴形成新的离子键（图1-22a），其二级、三级和四级结构也发生变化，使α_1/β_1和α_2/β_2的长轴形成15°的夹角（图1-22b），结构显得相对松弛，称为松弛态（relaxed state，R态），R态的Hb与O_2的亲和力大。T态转变成R态是逐个结合O_2而完成的，在去氧Hb中，Fe^{2+}半径比卟啉环中间的孔大，因此Fe^{2+}高出卟啉环平面0.075 nm，不能进入卟啉环的小孔。当第一个O_2结合到血红素上时，与Fe^{2+}形成配位键，使Fe^{2+}的半径变小落入卟啉环小孔内。这个结构改变引起F8组氨酸残基向卟啉环平面移动,同时带动附近肽段的移动[图1-23(本章末二维码)]。肽段的移动促使两个α亚基之间的离子键断裂,使亚基间结合松弛,从而促进第二个亚基与O_2结合。依此方式可影响第三、四个亚基与O_2结合,最后使4个亚基全处于R态(图1-24)。这种一个氧分子与Hb的一个亚基结合后,引起Hb其他亚基发生构象变化并提高其对氧的亲和力,称为别构效应(allosteric effect),也称变构效应。能引起蛋白质发生别构效应的物质称为别构效应剂(allosteric effector),O_2为Hb的别构效应剂。具有别构效应的蛋白质则被称为别构蛋白(allosteric protein)。别构效应不仅发生在Hb与O_2之间,一些酶与别构效应剂的结合,配体与受体结合也存在着别构效应,所以它具有普遍生物学意义。

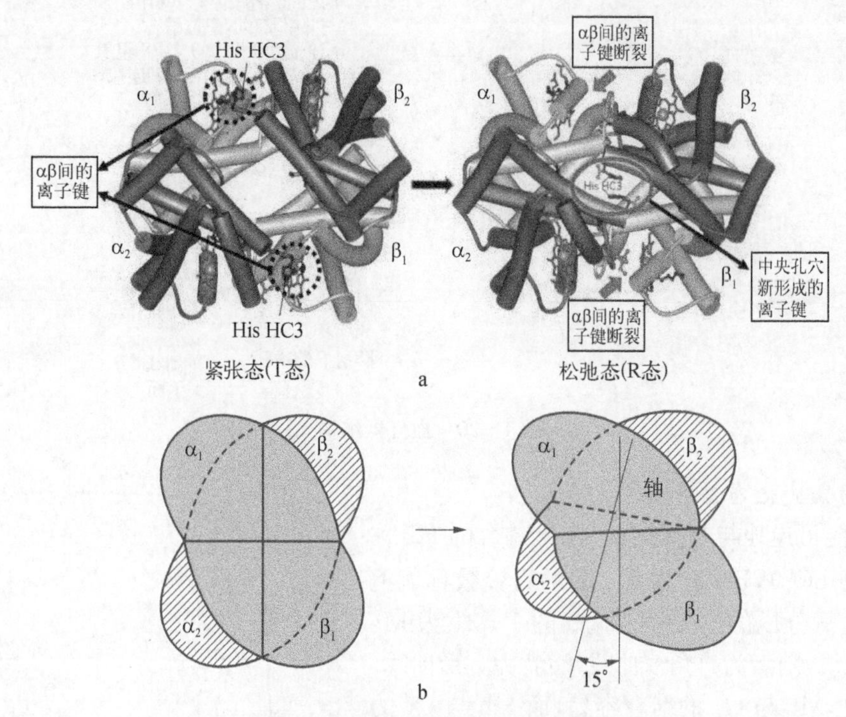

图1-22 Hb的T态和R态互变

a. Hb的α亚基和β亚基间离子键相互作用变化示意图;b. Hb的α_1/β_1和α_2/β_2长轴旋转

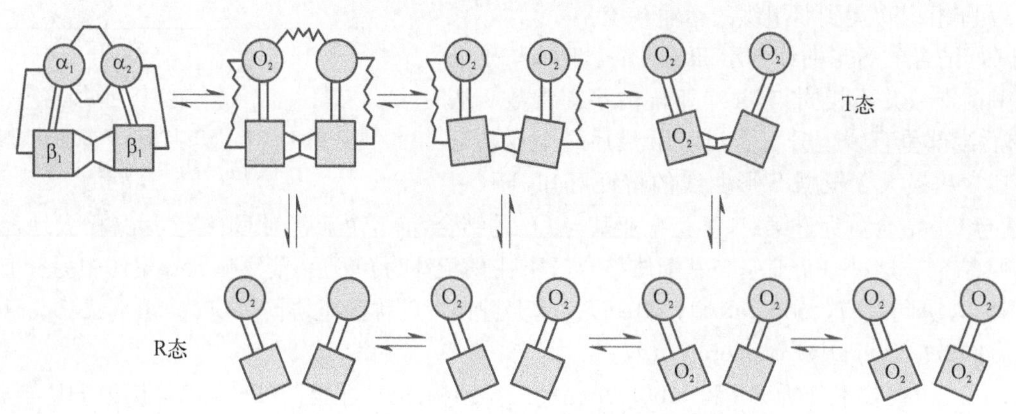

图1-24 Hb氧合与去氧构象转换示意图

(三)蛋白质构象改变与疾病

生物体内蛋白质的合成、加工和成熟是一个复杂的过程,其中多肽链的正确折叠对其正确构象的形成和功能的发挥至关重要。蛋白质折叠是指多肽链在核蛋白体上合成的同时或合成之后,根据热力学与动力学的原理,或在分子伴侣的辅助下,卷曲形成特定的三维结构或构象的过程。若蛋白质的折叠发生错误,尽管其一级结构不变,但空间构象发生改变,仍可影响其功能,严重时可导致疾病,有人将此类疾病称为蛋白质构象病(protein conformational disease)。有些蛋白质错误折叠后相互聚集,形成抗蛋白水解酶的淀粉样纤维沉淀，产生毒性而致病，病理改变表现为蛋白质淀粉样纤维沉淀，这类疾病包括阿尔茨海默病、纹状体脊髓变性病、亨廷顿病等。

朊病毒是引起牛海绵状脑病、人类克雅病的元凶，它是一组不能查到任何核酸、对各种理化作用具有很强抵抗力、传染性极强的蛋白质颗粒。朊病毒蛋白(prion protein，PrP)是一类高保守性的糖蛋白，由 17 种氨基酸、246 个分子组成，有两种形式(即细胞型 PrP^{c}和异常型 PrP^{sc})。正常细胞中细胞型 PrP^{c} 的结构以 α-螺旋为主，β-折叠仅占 11.9%，其水溶性强、对蛋白酶敏感。若细胞型 PrP^{c} 中的 α-螺旋转换成 β-折叠，则变成为异常型 PrP^{sc}，其结构中 β-折叠占 43%(图 1-25)。异常型 PrP^{sc}对蛋白酶不敏感，水溶性差，而且对热稳定，可以相互聚集，最终形成淀粉样纤维沉淀而致病。

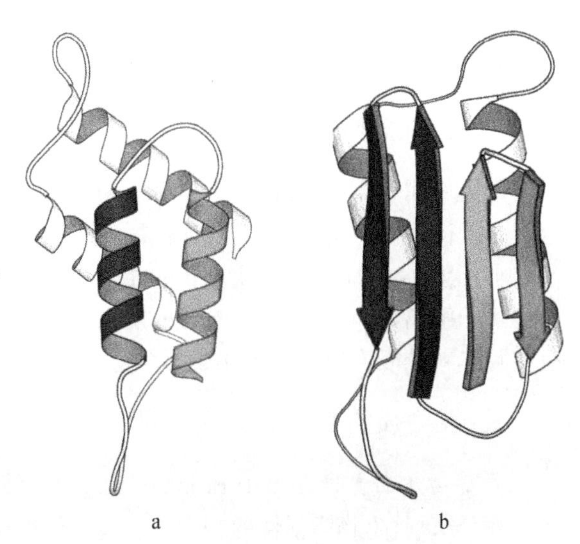

图 1-25　两种形式朊病毒蛋白结构示意图

a. 细胞型 PrP^{c}；b. 异常型 PrP^{sc}

第四节　蛋白质的理化性质

蛋白质既然是由氨基酸组成，其理化性质也与氨基酸相同或相关，如两性电离及等电点、紫外吸收、呈色反应等。但蛋白质又是生物大分子化合物，因而还具有一些氨基酸所没有的特殊性质，如胶体性质、变性、沉淀和凝固等。认识蛋白质在溶液中的性质对蛋白质分离、纯化及结构与功能的研究都至关重要。

一、蛋白质的两性电离

蛋白质分子除两端的氨基和羧基可解离外，氨基酸残基侧链中某些基团也可电离，如精氨酸残基的胍基、组氨酸残基的咪唑基、谷氨酸残基的 γ-羟基、天冬氨酸残基的 β-羧基、赖氨酸残基中的 ε-氨基等。这些基团在一定的溶液 pH 条件下可解离成带负电荷或正电荷的基团。因此蛋白质和氨基酸一样都是两性电解质。当蛋白质溶液处于某一 pH 时，蛋白质解离成正、负离子的趋势相等，即成为兼性离子，净电荷为零，此时溶液的 pH 称为蛋白质的等电点。当蛋白质溶液的 pH 大于等电点时，该蛋白质颗粒带负电荷，反之则带正电荷。

体内各种蛋白质的等电点不同，但大多数接近于 pH 5.0。所以在人体体液 pH 7.4 的环境下，大多数蛋白质解离成阴离子。少数蛋白质含碱性氨基酸较多，其等电点偏于碱性，被称为碱性蛋白质，如鱼精蛋白、组蛋白等。也有少数蛋白质含酸性氨基酸较多，其等电点偏酸性，称为酸性蛋白质，如胃蛋白酶和丝蛋白等。

二、蛋白质的紫外吸收

蛋白质分子中含有共轭双键的酪氨酸和色氨酸，因此在 280 nm 波长处有特征性吸收峰。在此波长范围下，蛋白质的 A_{280}(280 nm 的吸光度值)与其浓度成正比，因此可做蛋白质定量测定。

三、蛋白质的呈色反应

1. *茚三酮反应*　蛋白质经水解后产生的氨基酸也可发生茚三酮反应，详见本章第一节　蛋白质的分子组成。

2. *双缩脲反应*(biuret reaction)　指分子中含有两个或两个以上相邻肽键(—CONH—)的化合物，在碱性溶液中能与硫酸铜的 Cu^{2+} 反应生成紫红色络合物。蛋白质分子中含有许多肽键，因而也能进行双缩脲反应，而氨基酸无此反应。当蛋白质溶液中蛋白质的水解不断加强时，氨基酸浓度上升，其双缩脲呈色的深度就逐渐下降，因此双缩脲反应可检测蛋白质水解程度。

3. Folin-酚试剂反应　蛋白质中含有酚羟基的酪氨酸残基，在碱性条件下，能与酚试剂(磷钼酸与磷钨酸的混合物)反应生成蓝色化合物(钼蓝)。

四、蛋白质的胶体性质

蛋白质属于生物大分子之一，分子量相对较大，其分子的直径为1～100 nm，属胶体颗粒。因此，蛋白质溶液是胶体溶液，具有胶体溶液的性质。蛋白质颗粒表面大多为亲水基团，可吸引水分子，使颗粒表面形成一层水化膜，从而阻断蛋白质颗粒的相互聚集，防止溶液中蛋白质的沉淀析出。同时，蛋白质分子表面可电离基团的解离，使其颗粒表面带有一定量的同种电荷，分子间相互排斥，也可起稳定颗粒的作用。若去除蛋白质胶体颗粒表面电荷和水化膜两个稳定因素，蛋白质极易从溶液中沉淀析出。

五、蛋白质的变性、沉淀和凝固

1. 蛋白质的变性(denaturation)　指在某些理化因素的作用下，蛋白质特定的空间构象发生改变或破坏，从而导致其生物学活性的丧失和一些理化性质改变的现象。一般认为，蛋白质的变性主要发生二硫键和非共价键的破坏，没有肽键的破坏和氨基酸序列的改变。蛋白质变性后，其溶解度降低、黏度增加、结晶能力消失、生物活性丧失、易被蛋白酶水解等。

造成蛋白质变性的因素有多种，常见的有加热、乙醇等有机溶剂、强酸、强碱、重金属离子及生物碱试剂等。在临床医学上，变性因素常应用于消毒及灭菌。此外，防止蛋白质变性也是有效保存蛋白质制剂(如疫苗等)的必要条件。

去除变性因素后，有些变性程度较轻的蛋白质仍可恢复或部分恢复其原有的构象和功能，称为复性(renaturation)。如前所述(图1-18)，变性以后的牛核糖核酸酶溶液经透析方法去除变性剂尿素和β-巯基乙醇，其又恢复原有的构象和生物学活性。但是许多蛋白质变性后，空间构象严重被破坏，不能复原，称为不可逆性变性。

2. 蛋白质的沉淀　指蛋白质分子聚集而从溶液中析出的现象。已知蛋白质在水溶液中稳定的两大因素是表面电荷和水化膜，若去除这两个稳定因素，蛋白质便发生沉淀。常见的能使蛋白质发生沉淀的因素：① 高浓度盐溶液，如$(NH_4)_2SO_4$、NaCl、Na_2SO_4等；② 有机溶剂，如乙醇、甲醇、丙酮等；③ 酸试剂，如苦味酸、钨酸、三氯乙酸等；④ 重金属，如汞、铅、铜、银等。变性后的蛋白质由于疏水侧链暴露，肽链融合相互缠绕，从而易于聚集从溶液中沉淀。但是有时蛋白质发生沉淀，但并不变性。

3. 蛋白质的凝固(coagulation)　指蛋白质经强酸、强碱作用发生变性后，仍能溶解于强酸或强碱溶液中，若将pH调至等电点，则变性蛋白质立即结成絮状的不溶解物，此絮状物仍可溶解于强酸和强碱中，如再加热则絮状物可变成比较坚固的凝块，此凝块不易再溶于强酸和强碱中的现象。例如，鸡蛋煮熟后蛋清变成固体状，豆浆中加入少量氯化镁可变成豆腐。实际上凝固是蛋白质变性后进一步发展的不可逆的变化。

(蒋　雪)

※ 第一章数字资源

图1-23
血红素与O_2结合示意图

第一章
参考文献

微课视频1-1
蛋白质的高级结构

微课视频1-2
血红蛋白构象变化与结合氧

第二章

核酸的结构与功能

内容提要

核酸是生物大分子，包括DNA和RNA。核酸的基本组成单位是核苷酸，由碱基、戊糖和磷酸连接而成。DNA含β-D-2-脱氧核糖，碱基是A、T、C和G；RNA含β-D-2-核糖，碱基是A、U、C和G及稀有碱基。核糖或脱氧核糖与碱基通过糖苷键形成核苷，核苷和磷酸通过磷酸酯键形成核苷酸，核苷酸之间再以3′,5′-磷酸二酯键按照5′→3′方向连接形成核酸。

DNA的一级结构是指分子中核苷酸的排列顺序，二级结构是两条反向平行的多核苷酸链构成的右手双螺旋结构，两条链通过碱基互补配对（A—T，G—C）形成氢键。原核生物环状DNA的高级结构是超螺旋结构，真核生物线性DNA以核小体为基本组成单位逐级有序组装成染色体。DNA的基本功能是遗传物质的载体，是生物遗传信息复制的模板和基因转录的模板。

RNA包括编码RNA和非编码RNA。编码RNA仅包括mRNA，它是细胞中蛋白质生物合成的模板。真核生物成熟mRNA具有5′-端帽结构和3′-端多聚腺苷酸尾结构，并含有决定蛋白质中氨基酸排列顺序的三联体密码子。非编码RNA有组成性RNA和调控性非编码RNA、非编码小RNA和长链非编码RNA之分。tRNA和rRNA是体内重要的组成性非编码RNA。tRNA为蛋白质生物合成原料氨基酸的运载体。rRNA与核糖体蛋白结合形成的核糖体是蛋白质生物合成的场所。另外，还有其他类型的非编码RNA，多数参与基因表达调控等生物学过程。

核酸有紫外吸收特性，最大吸收峰在260 nm。DNA变性是DNA双螺旋解离成为两条单链的过程。50%的DNA双链解离成单链时的温度称为解链温度（T_m）。DNA复性是指分开的单链分子按照碱基互补配对原则重新形成双链的过程。DNA变性和DNA复性是核酸分子杂交的基础。

能水解核酸的酶称为核酸酶。其按底物不同分为脱氧核糖核酸酶和核糖核酸酶两类；依据酶切部位可分为内切酶和外切酶；限制性内切酶是DNA重组技术中重要的工具酶。

核酸（nucleic acid）是以核苷酸为基本组成单位的生物大分子物质，具有复杂的空间结构和重要的生物学功能。天然存在的核酸可分为脱氧核糖核酸（deoxyribonucleic acid，DNA）和核糖核酸（ribonucleic acid，RNA）两大类。真核生物的DNA存在于细胞核和线粒体内。DNA携带遗传信息，并通过复制的方式将遗传信息传代，是物种保持进化和世代繁衍的物质基础。一般而言，RNA是DNA的转录产物，存在于细胞质、细胞核和线粒体内，参与遗传信息的复制、调控和表达。在某些病毒中，RNA也可以作为遗传信息的携带者。无论是DNA还是RNA，其功能的发挥都与结构密切相关。

第一节 核酸的化学组成及一级结构

一、核酸的化学组成

核酸由碳、氢、氧、氮和磷 5 种元素组成。与蛋白质比较,核酸一般不含硫,但磷的含量较多且恒定。DNA 中的平均含磷量为 9.9%,RNA 中平均含磷量为 9.5%,故可测定核酸样品中的含磷量对核酸进行定量分析。

核酸的基本组成单位是核苷酸(nucleotide)。DNA 由脱氧核糖核苷酸(deoxyribonucleotide)组成,RNA 由核糖核苷酸(ribonucleotide)组成。核苷酸由碱基(base)、戊糖(pentose)和磷酸 3 部分连接而成,核苷则仅由碱基和戊糖组成。

核酸(DNA 和 RNA)⟶核苷酸→磷酸
核苷酸→脱氧核苷或核苷→碱基(嘌呤和嘧啶)
脱氧核苷或核苷→戊糖(脱氧核糖或核糖)

(一) 碱基

1. 常见碱基　构成核苷酸和脱氧核苷酸中的碱基均为含氮杂环化合物,有嘌呤(purine)和嘧啶(pyrimidine)两类。核酸中嘌呤碱主要是腺嘌呤(adenine,A)和鸟嘌呤(guanine,G);嘧啶碱主要是胞嘧啶(cytosine,C)、胸腺嘧啶(thymine,T)和尿嘧啶(uracil,U)(图 2-1)。DNA 和 RNA 中均含有腺嘌呤、鸟嘌呤和胞嘧啶,而尿嘧啶主要存在于 RNA 中,胸腺嘧啶主要存在于 DNA 中。换言之,DNA 分子中的碱基成分为 A、G、C 和 T,而 RNA 的碱基成分为 A、G、C 和 U。碱基的各个原子分别加以编号以便于区分。

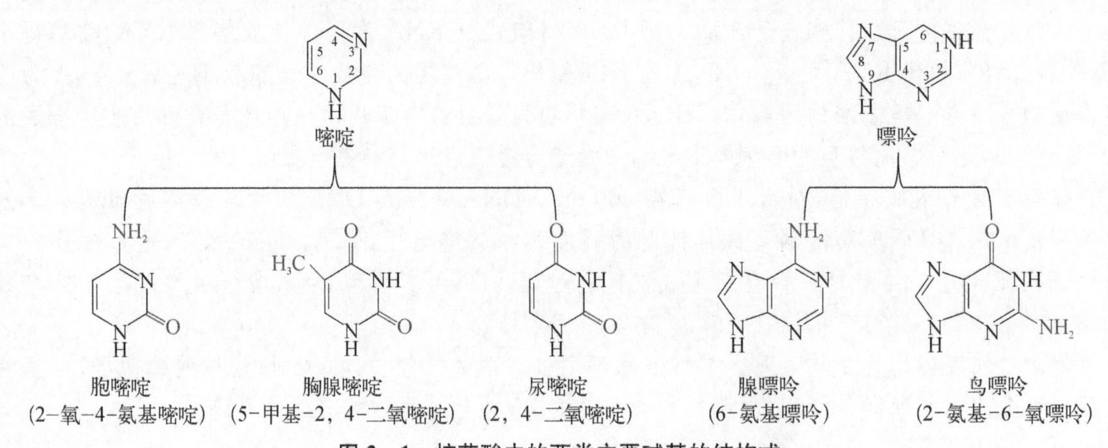

图 2-1　核苷酸中的两类主要碱基的结构式

构成核酸的 5 种基本碱基,因酮基或氨基均位于杂环上氮原子的邻位,可受介质 pH 的影响出现酮式-烯醇式(keto-enol)的互变异构或氨式-亚氨式(amino-imino)的互变异构[图 2-2(本章末二维码)]。这两类互变异构体既是 DNA 双链结构中氢键形成的重要结构基础,又是潜在的基因突变的结构基础。

两类碱基在杂环中均有交替出现的共轭双键,对 260 nm 左右波长的紫外光有较强的吸收能力。碱基这一特性已被广泛运用于核酸、核苷酸及核苷的定性和定量分析。

2. 稀有碱基及其他碱基衍生物　除以上 5 种基本碱基外,核酸分子中还含有一些含量较少的其他碱基,称为稀有碱基(unusual base)。稀有碱基种类很多,大多数是碱基环上某一位置的原子被一些化学基团(如甲基、甲硫基、羟基等)修饰后的衍生物,也有修饰戊糖或戊糖和碱基连接方式差异而形成的不同种类。

它们可看作基本碱基的化学修饰产物，因此也称为修饰碱基，如 5-甲基胞嘧啶等(图 2-3)。稀有碱基主要存在于 RNA 组分中，其中 tRNA 中含有较多的稀有碱基，高达 10%。核酸中碱基的甲基化过程发生在核酸大分子生物合成以后，对核酸的生物学功能具有极其重要的意义。

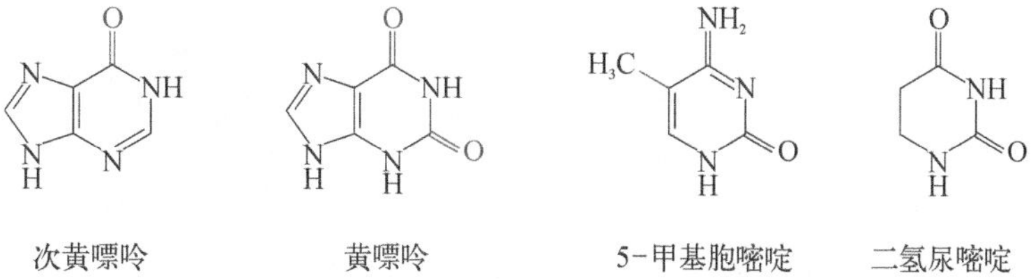

次黄嘌呤　黄嘌呤　5-甲基胞嘧啶　二氢尿嘧啶

图 2-3　常见稀有碱基

自然界中还存在其他碱基衍生物。嘌呤碱衍生物次黄嘌呤、黄嘌呤和尿酸是核苷酸代谢的产物。黄嘌呤甲基化衍生物茶碱(1,3-二甲基黄嘌呤)、可可碱(3,7-二甲基黄嘌呤)、咖啡因(1,3,7-三甲基黄嘌呤)分别存在于茶叶、可可、咖啡中，都有增强心脏活动的功能。

(二) 戊糖(核糖和脱氧核糖)

戊糖是构成核苷酸的另一种基本成分。DNA 和 RNA 两类核酸因所含戊糖不同而分类。DNA 中为 β-D-2-脱氧核糖(β-D-2-deoxyribose)，RNA 中则为 β-D-核糖(β-D-ribose)。某些 RNA 中含有少量 β-D-2-O-甲基核糖。核酸分子中的戊糖均为 β-呋喃型环状结构(图 2-4)。

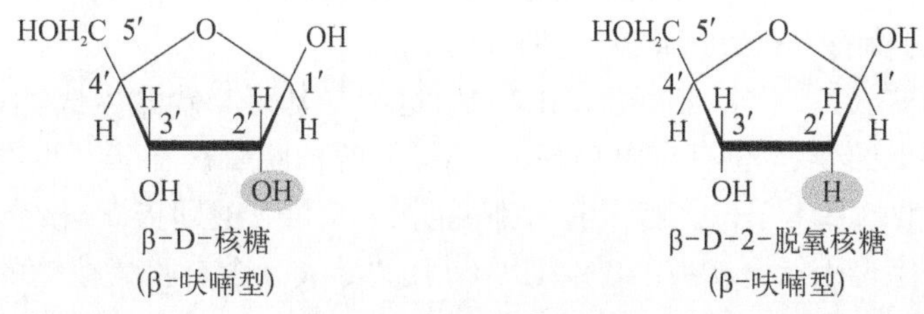

图 2-4　核糖与脱氧核糖

为了与碱基中的碳原子编号相区别，通常将核糖或脱氧核糖中碳原子标以 C-1′、C-2′……C-5′，如 C-1′表示戊糖的第一个碳原子。糖环中的 C-1′是不对称碳原子，是核糖或脱氧核糖与碱基连接形成核苷键的位置。脱氧核糖与核糖的差别只在于核糖中与 C-2′原子所连接的基团。核糖 C-2′原子连接的是羟基，而脱氧核糖 C-2′原子连接的是氢。这一差别使 DNA 在化学上比 RNA 稳定得多，从而自然被选择作为遗传信息的储存载体。

(三) 核苷

碱基与核糖或脱氧核糖通过糖苷键(glycosidic bond)缩合形成核苷或脱氧核苷。其连接方式是戊糖 C-1′的羟基与嘧啶碱第一位氮原子(N-1)或嘌呤碱第 9 位氮原子(N-9)上的氢脱水形成 β-N-糖苷键(β-N-glycosidic)。对于糖环而言，碱基可以有顺式(syn)和反式(anti)两种不同的空间构象。天然条件下，由于空间位阻效应，核糖或脱氧核糖的糖苷键处在反式构象上(图 2-5)。

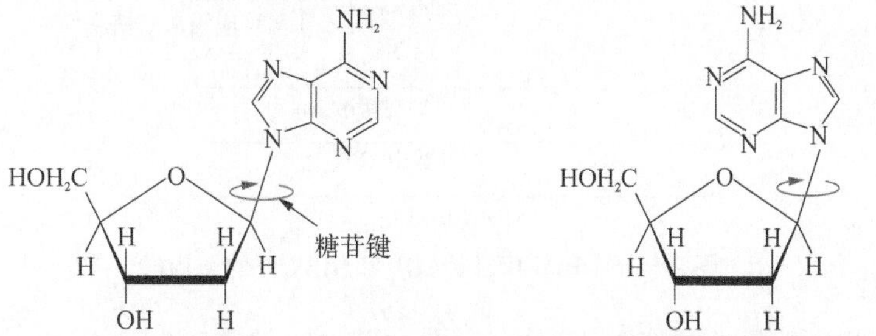

糖苷键

脱氧腺苷(反式)　脱氧腺苷(顺式)

图 2-5　核苷和脱氧核苷的顺式和反式结构

常见的核苷有腺嘌呤核苷(adenosine,简称腺苷),鸟嘌呤核苷(guanosine,简称鸟苷),胞嘧啶核苷(cytidine,简称胞苷)和尿嘧啶核苷(uridine,简称尿苷)。脱氧核苷有腺嘌呤脱氧核苷(deoxyadenosine,简称脱氧腺苷)、鸟嘌呤脱氧核苷(deoxyguanosine,简称脱氧鸟苷)、胞嘧啶脱氧核苷(deoxycytidine,简称脱氧胞苷)和胸腺嘧啶脱氧核苷(deoxythymidine,简称脱氧胸苷)(图 2-6)。

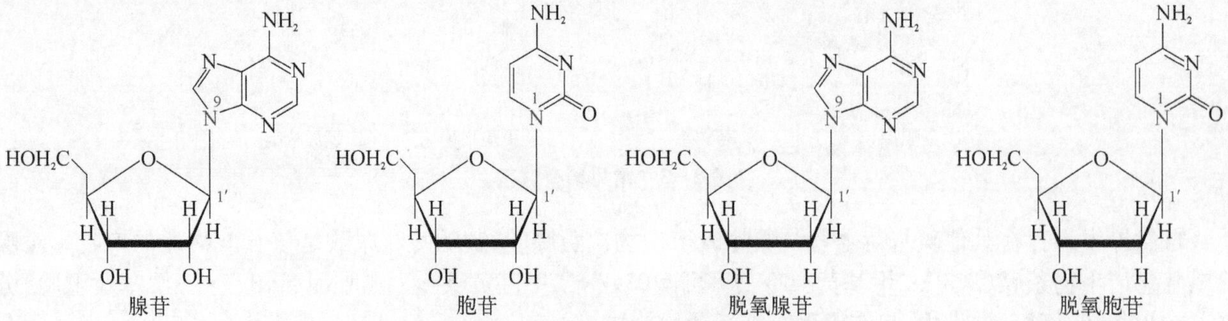

腺苷　胞苷　脱氧腺苷　脱氧胞苷

图 2-6　部分常见核苷和脱氧核苷的结构式

RNA 中不仅含有稀有碱基,还存在异构化的核苷。例如,tRNA 和 rRNA 中含有少量假尿嘧啶核苷(用 ψ 表示),在它的结构中戊糖的 C-1′不是与尿嘧啶的 N-1 相连接,而是与尿嘧啶的 C-5 相连接。

(四) 核苷酸

核苷酸是由核苷中戊糖的羟基与磷酸脱水缩合形成的磷酸酯。由核糖核苷生成的磷酸酯称为核糖核苷酸,由脱氧核糖核苷生成的磷酸酯称为脱氧核糖核苷酸。

核糖核苷戊糖环上的 2′、3′、5′位各有一个自由羟基,这些羟基可与磷酸生成酯,形成 3 种核苷酸。脱氧核糖核苷只在脱氧核糖环上的 3′、5′位有自由羟基,只能形成两种脱氧核苷酸。生物体内的核苷酸最多的是 5′-核苷酸,它们是组成核酸的基本单位。若没有特别说明,某某核苷酸即指 5′-核苷酸。

通常以碱基的第一个字母表示含相应的碱基,以小写的"d"表示含有脱氧核糖的核苷酸。根据包含的磷酸基团数目不同,核苷酸包括核苷一磷酸(nucleoside 5′- monophosphate,NMP)、核苷二磷酸(nucleoside 5′- diphosphate,NDP)和核苷三磷酸(nucleoside 5′- triphosphate,NTP);脱氧核苷酸包括脱氧核苷一磷酸(deoxynucleotide 5′- monophosphate,dNMP)、脱氧核苷二磷酸(deoxynucleotide 5′- diphosphate,dNDP)和脱氧核苷三磷酸(deoxynucleotide 5′- triphosphate,dNTP)。遇到具体的核苷酸,使用碱基首字母代替 N。例如,ADP 和 ATP 分别表示腺苷二磷酸和腺苷三磷酸,dCDP 和 dCTP 分别表示脱氧胞苷二磷酸和脱氧胞苷三磷酸。为区别 NTP 的磷酸根,将直接与戊糖 5′-羟基相连的磷酸基团定为 α-磷酸,其余两个磷酸基团从里到外依次称为 β-磷酸和 γ-磷酸。AMP、ADP 和 ATP 的结构式如图 2-7 所示。

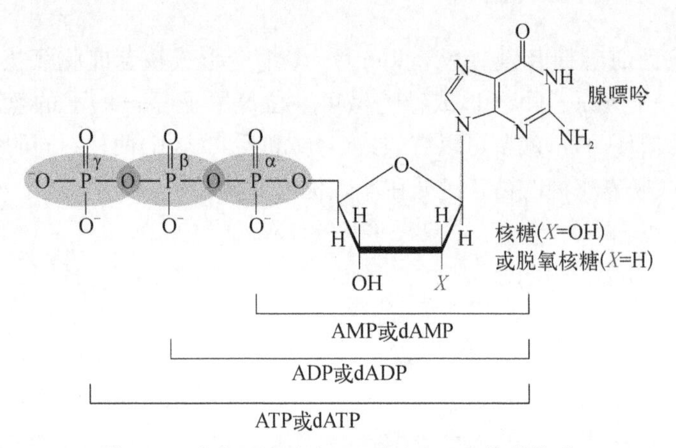

图 2-7　(d)AMP、(d)ADP 和(d)ATP 的结构式

此外,细胞内还有相当数量的核苷酸代谢中间物,如黄嘌呤核苷酸(xanthosine monophosphate,XMP)和肌苷一磷酸(inosine monophosphate,IMP),后者又称肌苷酸(参见第八章核苷酸代谢)。各种常见核苷酸结构式见图 2-8。核酸主要的含氮碱基、核苷和核苷酸的名称及代号见表 2-1。

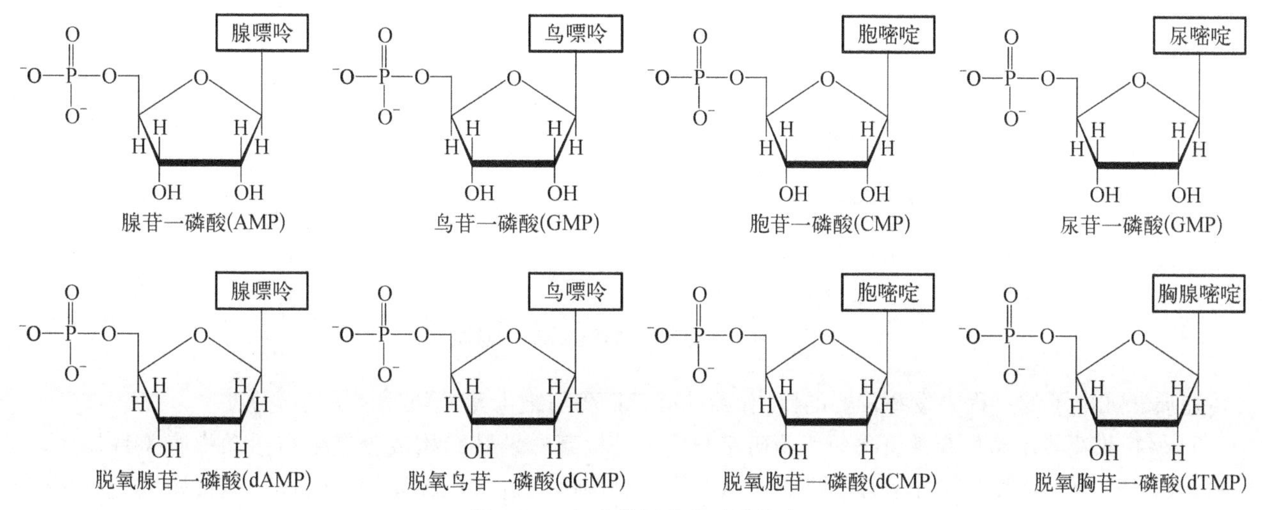

图 2-8 各种常见核苷酸结构式

表 2-1 核酸主要的含氮碱基、核苷和核苷酸的名称及代号

	碱 基	核 苷	5′-(脱氧)核苷酸
RNA	腺嘌呤(A)	腺苷	腺苷酸(AMP)
	鸟嘌呤(G)	鸟苷	鸟苷酸(GMP)
	胞嘧啶(C)	胞苷	胞苷酸(CMP)
	尿嘧啶(U)	尿苷	鸟苷酸(UMP)
DNA	腺嘌呤(A)	脱氧腺苷	脱氧腺苷酸(dAMP)
	鸟嘌呤(G)	脱氧鸟苷	脱氧鸟苷酸(dGMP)
	胞嘧啶(C)	脱氧胞苷	脱氧胞苷酸(dCMP)
	胸腺嘧啶(T)	脱氧胸苷	脱氧胸苷酸(dTMP)

注：核苷与核苷酸的名称均采用缩写形式，如腺苷代表腺嘌呤核苷，脱氧腺苷代表脱氧腺嘌呤核苷，腺苷酸代表腺苷一磷酸等。

（五）核苷酸的多种生理功能

在生物体内，核苷酸除了构成核酸大分子外，还会直接或以其他衍生物的形式参与多种生命活动，如参与各种物质代谢的调控和蛋白质功能的调节。

1. *参与体内的物质代谢* 在核酸合成中，ATP、GTP、CTP 和 UTP 是合成 RNA 的原料，dATP、dGTP、dCTP 和 dTTP 是合成 DNA 的原料。UTP 参与体内糖原的合成、CTP 参与磷脂的合成、GTP 参与蛋白质的生物合成、UDP 参与糖醛酸代谢、UDP 和 GDP 参与蛋白糖基化及 ATP 参与蛋白磷酸化等。

2. *NTP 作为细胞内化学能载体* NTP 的 α-磷原子和 β-磷原子之间、β-磷原子和 γ-磷原子之间通过磷酸酯键连接。在标准情况下，磷酸酯键水解可释放出大量的能量供机体利用，在细胞的能量代谢过程中起着非常重要的作用。ATP 是被细胞广泛使用的化学能载体（参见第四章生物氧化），GTP、CTP 和 UTP 也在一些特定的代谢反应中作为供能物质。

3. *环化核苷酸作为细胞内第二信使* 在动植物及微生物细胞中还普遍存在一类环化核苷酸，主要是 3′,5′-环腺苷酸（adenosine 3′,5′-cyclic monophosphate，cAMP）和 3′,5′-环鸟苷酸（guanosine 3′,5′-cyclic monophosphate，cGMP），其化学结构见图 2-9。二者不是核酸的组成成分，在细胞中含量很少，但作为激素的第二信使在细胞的代谢调节和跨膜信号转导中发挥重要作用（参见第十六章细胞信号转导）。

4. *核苷酸是重要辅酶的结构成分* 部分核苷酸或其衍生物是细胞内重要辅酶或辅基的结构成分，如辅酶Ⅰ（烟酰胺腺嘌呤二核苷酸，NAD^+）、辅酶Ⅱ（烟酰胺腺嘌呤二核苷酸磷酸，$NADP^+$）、黄素腺嘌呤二核苷酸（flavin adenine dinucleotide，FAD）及辅酶 A（coenzyme A，CoA）等，它们是生物氧化体系的重要成分，

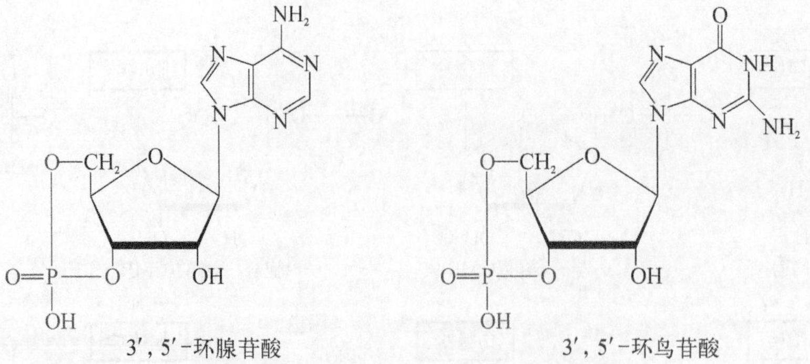

3′, 5′-环腺苷酸　　3′, 5′-环鸟苷酸

图 2-9　环腺苷酸和环化鸟苷酸结构

在传递质子或电子的过程中发挥重要的作用(参见第三章酶与维生素,第四章生物氧化)。

5. *核苷酸及其结构成分是重要的药物研究对象*　核苷酸及其结构成分在生命活动中有关键作用,如碱基、核苷、戊糖或其类似物都具有重要的药用价值。有些可通过干扰肿瘤细胞的核苷酸代谢、抑制核酸合成发挥抗肿瘤作用,如碱基的衍生物 6-巯基嘌呤和 5-氟尿嘧啶(5-fluorouracil, 5-FU),以及改变核糖结构的核苷类似物阿糖胞苷等(参见第八章核苷酸代谢)。有些可通过抑制病毒 DNA 的复制来治疗病毒感染性疾病,如治疗艾滋病的齐多夫定,以及通过抑制乙型肝炎病毒 DNA 的复制治疗乙型肝炎的鸟苷类似物、腺苷类似物、脱氧胸苷 L 型对映体及胞嘧啶衍生物等。此外,ATP 本身作为供能分子,也可以用于肝炎、心肌病等多种疾病的辅助治疗。

二、核酸的一级结构

(一) 核酸的一级结构

核酸是不分支的线性大分子,其中的磷酸基和戊糖构成核酸链的骨架,可变部分是碱基。核酸的一级结构是指构成 DNA 的脱氧核苷酸或构成 RNA 的核苷酸的排列顺序及连接方式。(脱氧)核苷酸之间的差异在于碱基的不同,故又称为碱基的排列顺序。DNA 和 RNA 对遗传信息的携带和传递就是通过其碱基序列多样性而实现的。

无论是核苷酸分子中的核糖还是脱氧核苷酸中脱氧核糖,它们 3′-自由羟基可与另一分子核苷酸的 5′-磷酸基团形成 3′,5′-磷酸二酯键。许多核苷酸通过 3′,5′-磷酸二酯键连接成多聚核苷酸(polynucleotide)链,即 RNA 链。许多脱氧核苷酸通过 3′,5′-磷酸二酯键连接成多聚脱氧核苷酸(polydeoxynucleotides)链,即 DNA 链。

多聚(脱氧)核苷酸链只能从它的 3′-自由羟基端得以延长,因此,DNA 链有 5′→3′的方向性,有 5′-端和 3′-端。5′-端含磷酸基团,3′-端含羟基。5′-端核苷酸戊糖基 DNA 的 5′位不再与其他核苷酸相连,3′-端核苷酸戊糖基的 3′位也不再与其他核苷酸相连。两个末端不同,生物学特性也有差异。不管是书写还是读向约定俗成为 5′→3′。

(二) 表示方法

DNA 单链的结构及表示方法由繁到简有结构式、线条式及字母式等很多种(图 2-10)。为了书写方便一般采用简化的方法。线条式表示法通常 5′-端写在左侧,用垂直线表示戊糖的碳链,碱基写在垂直线的上端,P 代表磷酸基团,垂直线间含 P 的斜线代表 3′,5′-磷酸二酯键。字母式表示法就是用碱基序列表示核酸的一级结构。单字母 A、T、C、G 表示核苷,P 表示磷酸基团,读向是 5′→3′,左侧为 5′-端,右侧为 3′-端。为了更加简便,P 通常也省去,这种表示方法最简单最实用,目前的科研文献一般都采用此法描述基因片段。双链 DNA 两条链为反向平行,同时描述两条链时必须注明每条链的走向。

单链 DNA 和 RNA 分子的大小常用核苷酸(nucleotide, nt)的数目表示,双链 DNA 则用碱基对(base pair, bp)或千碱基对(kilobase pair, kb)表示。小的核苷酸片段(<50 bp)常被称为寡核苷酸。自然界中的 DNA 和 RNA 的长度可以高达几十万个碱基,碱基排列方式不同,其携带的遗传信息不同。

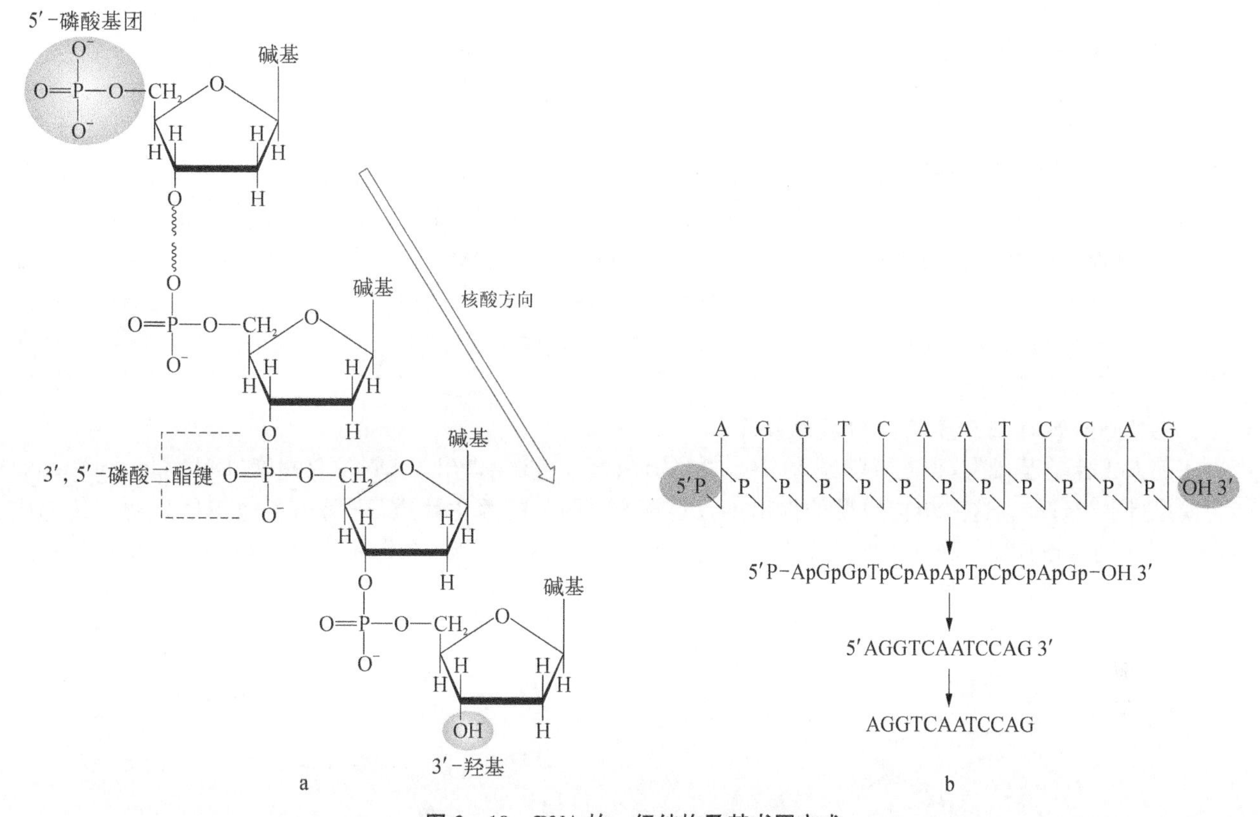

图 2-10　DNA 的一级结构及其书写方式

a. 多聚脱氧核苷酸链的化学结构式；b. 核酸一级结构书写方式

第二节　DNA 的空间结构与功能

在特定的环境条件下(pH、离子特性及离子浓度等)，DNA 链上的功能团可以产生特殊的氢键、离子相互作用、疏水作用及空间位阻效应等，从而使得 DNA 分子的各个原子在三维空间里具有了确定的相对位置关系，这称为 DNA 的空间结构。DNA 的空间结构主要包括二级结构和三级结构。

一、DNA 的二级结构

(一) DNA 双螺旋结构提出的主要依据

1. X 射线衍射数据　20 世纪 50 年代初，英国科学家莫里斯・威尔金斯(Maurice Wilkins)和罗莎琳德・富兰克林(Rosalind Franklin)发现不同来源的 DNA 纤维具有相似的 X 射线衍射图谱，这说明 DNA 可能有共同的分子模型。1951 年 11 月，Rosalind Franklin 获得了高质量的 DNA 分子 X 射线衍射照片[图 2-11(本章末二维码)]。衍射数据表明，DNA 含有两条或两条以上具有螺旋结构的多核苷酸链，而且沿纤维长轴有 0.34 nm 和 3.4 nm 两个重要的周期性变化。

2. Erwin Chargaff 对 DNA 碱基组成的研究　在 20 世纪 40 年代末至 50 年代初，美国生物化学家埃尔文・卡伽夫(Erwin Chargaff)等利用层析和紫外吸收光谱等技术研究 DNA 的化学组成时发现，所有 DNA 分子的碱基组成存在共同的规律。

(1) DNA 碱基组成具有种属特异性，即不同生物种属的 DNA 具有各自特异的碱基组成。例如，人、牛和大肠埃希菌(*E.coli*)的 DNA 组成比例是不一样的。一般不受年龄、生长状况、营养状况和环境等条件的影响。故生物体内的碱基组成与生物遗传特性有关。

(2) DNA 的碱基组成无组织器官特异性，即同一生物体的各种不同器官或组织的 DNA 碱基组成相似。例如，牛的胸腺、脾和精子等的 DNA 的碱基组成十分接近而无明显差别。

(3) 对于一个特定的生物体，DNA 分子中腺嘌呤和胸腺嘧啶的摩尔数相等，即 A=T；鸟嘌呤与胞嘧啶的摩尔数相等，即 G=C。因此，嘌呤碱的总数等于嘧啶碱的总数即 A+G=C+T。

DNA 碱基组成的这些规律称 Chargaff 法则(Chargaff's rules)(即夏格夫法则)。这一规则揭示了 DNA 分子中碱基 A 与 T、G 与 C 之间存在某种对应的关系，为 DNA 的双螺旋结构的提出提供了重要依据。

3. *DNA 碱基物化数据的测定*　DNA 中的 4 种碱基，嘌呤碱基比嘧啶碱基大，如果嘌呤碱与嘧啶碱配对，从几何大小和键长角来看是合适的。酸碱滴定也表明，DNA 中的磷酸基可滴定而碱基上的氨基不能滴定，这说明氨基可能与羧基氧原子之间形成了氢键。后来又证明腺嘌呤和胸腺嘧啶间可形成 2 个氢键；而鸟嘌呤和胞嘧啶之间可形成 3 个氢键。

(二) DNA 的 B 型双螺旋结构模型的要点

在前人工作的基础上，英国科学家 Watson 和 Crick 于 1953 年提出了 DNA 双螺旋(DNA double helix)结构模型(图 2-12)。这一结构模型的提出不仅能解释 DNA 的理化性质，还揭示了遗传信息稳定传递中 DNA 半保留复制的机制，确立了核酸作为信息分子的结构和物质基础，为揭示生物界遗传性状世代相传的分子奥秘做出了划时代贡献。

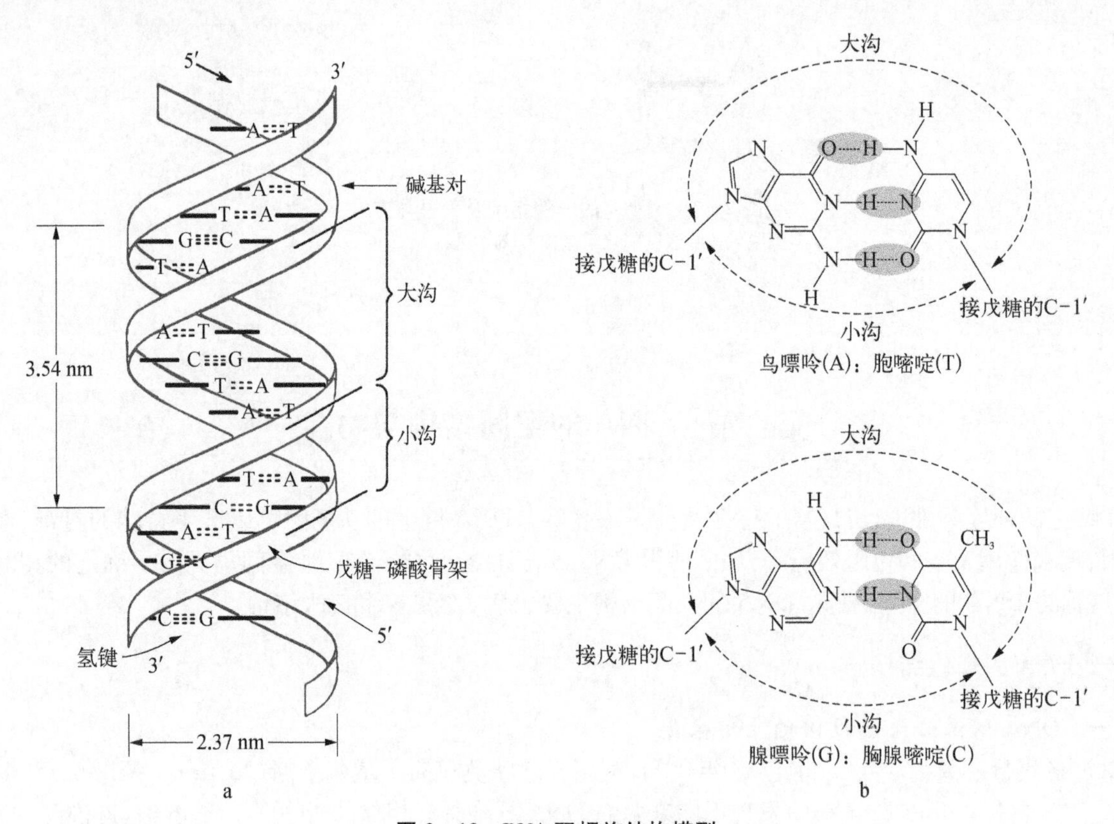

图 2-12　DNA 双螺旋结构模型

a. 双螺旋结构模型；b. A 与 T、G 与 C 碱基配对示意图

Watson 和 Crick 提出的 DNA 双螺旋结构模型有如下要点。

1. *DNA 具有反向平行的右手双螺旋结构*　DNA 分子由两条长度相同、方向相反的多聚脱氧核糖核苷酸链，平行围绕同一假想中心轴向右盘旋形成双股螺旋结构。两条链一条为 5′→3′走向，另一条为 3′→5′走向。亲水的脱氧核糖和磷酸交替相连形成的骨架作为主链位于螺旋外侧，而疏水的碱基对则朝向内侧(图 2-13)。双螺旋表面存在着一个较深的大沟(major groove)和一个较浅的小沟(minor groove)，每个碱基都会有一部分在此区域"暴露"出来。这些沟状结构与蛋白质和 DNA 的识别及结合有关，通过这样的相互作用实现对基因表达的调控。

2. DNA 双链之间形成了严格的碱基互补配对　DNA 中两条脱氧核苷酸链的反向平行特征及碱基的化学结构决定了两条链之间的特有相互作用方式：两条脱氧核糖核苷酸链通过内侧碱基之间的氢键连接在一起，使两链不至松散。碱基之间有严格的配对规律：A 与 T 配对，形成 2 个氢键；G 与 C 配对，形成 3 个氢键。这种配对关系称为碱基互补配对(complementary base pair)，因而每个 DNA 分子中的两条链互补。这个结构特点不仅解释了夏格夫法则，即在 DNA 分子中嘌呤碱基的总数和嘧啶碱基的总数相等，更重要的是，这一原则是 DNA 分子复制、转录及逆转录等过程的基础。

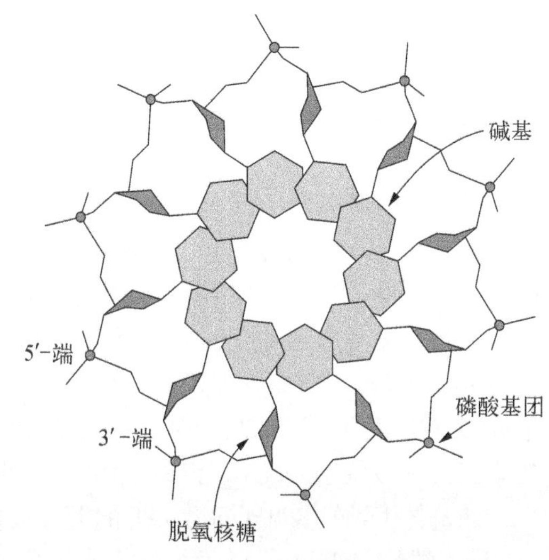

图 2-13　DNA 双螺旋结构俯视图
只显示了双链中的一条

3. 疏水力和氢键维系 DNA 双螺旋结构的稳定　DNA 双螺旋结构在生理状态下十分稳定，横向依靠两条链互补碱基间的氢键维系，纵向则靠碱基平面间的疏水性堆积力维持。氢键虽然是弱键，但大量氢键综合的作用力是很大的。DNA 分子中碱基的堆积可以使碱基缔合，称为碱基堆积力(base stacking force)。碱基层层堆积在 DNA 分子内部形成一个强大的疏水作用区，与介质中的水分子隔开，这更有利于互补碱基间形成氢键。此外，磷酸基的负电荷与介质中的阳离子的正电荷之间形成的离子键也参与维持双螺旋结构的稳定。从总能量意义上讲，纵向的碱基堆积力对于双螺旋结构的稳定性更重要。

4. 稳定的双螺旋结构的参数　螺旋直径为 2.37 nm，螺距为 3.54 nm。各碱基平面与螺旋长轴垂直，相邻碱基堆积距离为 0.34 nm，并有一个 36°的旋转夹角；因此，螺旋旋转一圈刚好包含了 10.5 个碱基(对)。

(三) DNA 双螺旋结构的多样性

DNA 双螺旋结构存在多样性(图 2-14)，DNA 的右手双螺旋结构不是自然界 DNA 唯一的存在方式。Watson 和 Crick 所描述 DNA 双螺旋结构称为 B 型 DNA。它是 DNA 在正常状态下的一种形式，是在相对湿度 92%时，析出的 DNA-钠盐纤维所呈现的构象，也是生物体内天然 DNA 的主要构象。

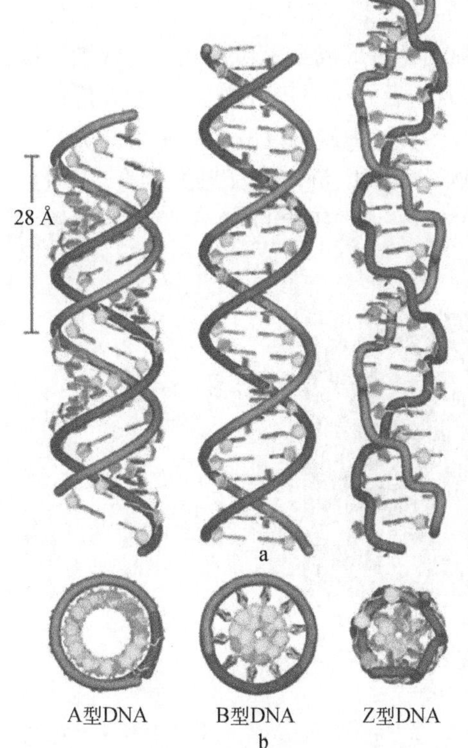

图 2-14　DNA 双螺旋结构的多态性
a. 侧面图；b. 横切面

不同环境下由于自身序列、温度、溶液的离子强度或相对湿度不同，DNA 螺旋结构的沟深浅、螺距、旋转角等都会发生一些变化。应用 X 射线衍射技术或配合电镜观察对 DNA 结构进一步研究发现 DNA 二级结构存在其他立体构象类型(表 2-2)。右手双螺旋 DNA 除 B 型外，还有 A 型、C 型、D 型及 E 型等。此外，研究人员还发现左手双螺旋 Z 型 DNA。Z 型 DNA 是 1979 年 Rich 等在研究人工合成的 CGCGCG 的晶体结构时发现的。Z 型 DNA 的特点是两条反向平行的多核苷酸互补链组成的螺旋呈锯齿形，其表面只有一条深沟，每旋转一周是 12 个碱基对。目前，在原核生物和真核生物 DNA 中均已发现 Z 型 DNA 构象。

表 2-2　3 种 DNA 的基本结构参数

类　型	旋转方向	螺旋直径(nm)	螺距(nm)	每圈碱基对数目	碱基对间垂直距离(nm)	碱基对与水平面倾角
A 型 DNA	右	2.55	2.53	11	0.23	19°
B 型 DNA	右	2.37	3.54	10.5	0.34	1°
Z 型 DNA	左	1.84	4.56	12	0.38	9°

(四) DNA 的多链结构

DNA 二级结构还存在三链螺旋 DNA 和四链体 DNA

[图 2-15(本章末二维码)]。DNA 双螺旋结构中除了 A—T、G—C 碱基对形成氢键外，核苷酸还能形成额外的氢键。在酸性溶液中，胞嘧啶的 N-3 原子被质子化，可以与已有的 G—C 碱基对中的鸟嘌呤的 N-7 原子形成氢键，同时胞嘧啶 C-4 位的氨基氢原子也可以与鸟嘌呤 C-6 位氧原子形成氢键。这类氢键是生物学家 Karst Hoogsteen 在 1959 年研究碱基对时发现的，故命名为 Hoogsteen 氢键。Hoogsteen 氢键的形成并不破坏原有碱基对中的 Watson-Crick 氢键，这样就形成了含有 3 个碱基的 $C^{+}GC$ 平面，其中 G—C 之间以 Watson-Crick 氢键结合，$C^{+}G$ 之间以 Hoogsteen 氢键结合。同理，DNA 也可以形成 $T^{+}AT$ 三碱基平面。研究表明，在多聚嘧啶和多聚嘌呤组成的 DNA 螺旋区段，若还有一条富含嘧啶或嘌呤的单链(它们的序列与多聚嘧啶或多聚嘌呤相似度极高)，并且环境条件为酸性时，可形成局部 3 股配对并互相盘绕的三股螺旋(triple helix)。其中两股的碱基按 Watson-Crick 配对，第三股多聚嘧啶或嘌呤通过 Hoogsteen 配对方式形成 $C^{+}GC$ 或 $T^{+}AT$ 的三链结构。三链结构存在于基因调控区和其他重要区域，通过 Hoogsteen 氢键结合的第三链一般位于 DNA 双链的大沟中，因此具有重要生理意义。

四链体 DNA 多见于富含 GT 的 DNA 序列。真核染色体 DNA 的 3′-端是一段高度重复富含 GT 的单链，称为端粒(telomere)。例如，人类染色体端粒区的保守碱基序列(TTAGGC)可达数十次乃至数百次重复。单链结构的端粒可以自身回折形成一种特殊的 G-四链结构(G-quadruplex)。这 G-四链结构的基本单元是由 4 个 G 通过 8 个 Hoogsteen 氢键形成的 G-平面(G-tetrad 或 G-quartet)。多个 G-平面的堆积使富含 G 的重复序列形成了 G-四链结构。G-四链结构可作为分子之间相互识别的元件之一，在基因转录和蛋白质生物合成等方面发挥着重要作用。

在生物体内，不同构象的 DNA 在功能上可能有所差异，对基因表达的调节和控制也非常重要。

二、DNA 的三级结构

生物界的 DNA 分子是巨大的信息高分子。不同来源的 DNA 分子大小不同。例如，大肠埃希菌染色体 DNA 约有 4.7×10^{6} 个碱基对，约 1.7 mm；人的体细胞含 46 条染色体，约 3×10^{9} 个碱基对 DNA 总长可达 2.0 m。DNA 的长度要求其必须形成紧密折叠扭转的复杂构象，才能够存在于小小的细胞核内。在细胞内，DNA 在双螺旋结构的基础上进一步盘曲形成更加复杂的结构称为 DNA 的三级结构。

(一) 原核生物 DNA 的超螺旋结构

绝大部分原核生物的 DNA 都是共价闭环 DNA(cccDNA)，再次螺旋化后形成致密超螺旋结构容纳于细胞内(图 2-16)。盘旋方向与 DNA 双螺旋方向相同为正超螺旋(positive supercoil)，相反则为负超螺旋(negative supercoil)；正超螺旋使双螺旋结构更紧密，双螺旋圈数增加，而负超螺旋可以减少双螺旋圈数。超螺旋是 DNA 三级结构的主要形式(图 2-17)。自然界的闭合双链 DNA 主要以负超螺旋形式存在，多扭成麻花状，如某些病毒、细菌质粒及线粒体的环状 DNA 分子等。线性 DNA 分子或环状 DNA 分子中一条链有缺口时均不能形成超螺旋结构。

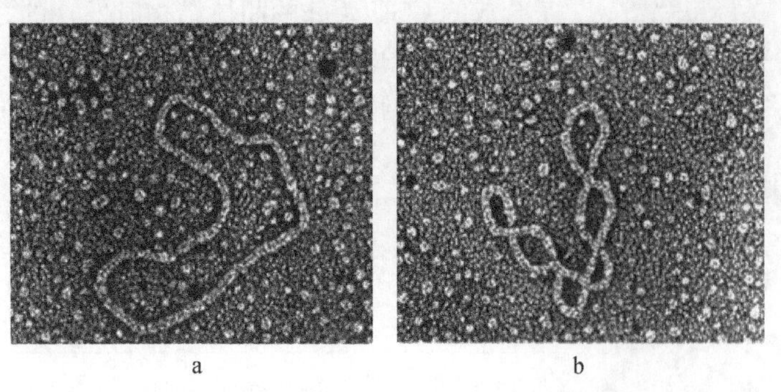

图 2-16 电子显微镜观察噬菌体 PM2 共价闭环基因组 DNA

a. 松弛态共价闭环 DNA；b. 超螺旋共价闭环 DNA

负超螺旋 DNA 是由两条链的缠绕不足引起，很容易解链，因此有利于 DNA 的复制、重组和转录。当 DNA 开始复制、重组或转录时，随着解链的深入，原来的负超螺旋会逐渐被消耗，并最终被正超螺旋所取代。

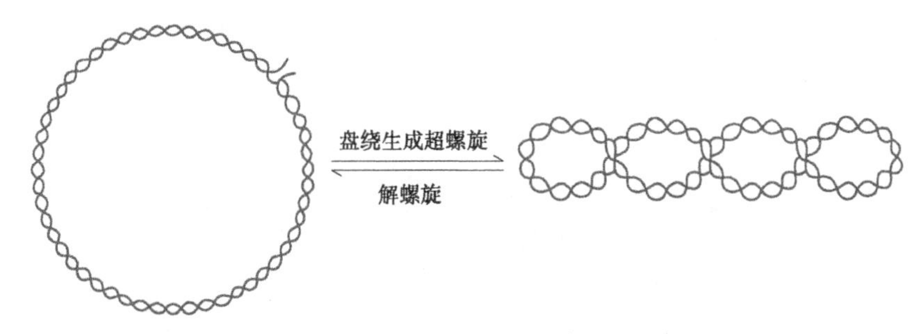

图 2-17　原核生物 DNA 的超螺旋结构

正超螺旋的出现会阻碍 DNA 的继续复制和转录，细胞内的拓扑酶，可及时清除正超螺旋（参见第十章 DNA 的生物合成）。

某些与碱基对差不多大小的多环芳香族分子（如溴化乙啶和吖啶橙）可以插入 DNA 的双螺旋两个相连的碱基对之间，促进产生正超螺旋。这些都是强烈的致癌试剂，很容易在 DNA 复制时诱发突变。

（二）真核生物 DNA 的高级结构

1. 核内染色体 DNA 的高级结构　在真核生物内，DNA 双链需进行一系列的盘绕、折叠和压缩，以非常致密的形式存在于细胞核内。真核细胞 DNA 与蛋白质结合以松散的染色质（chromatin）形式存在于细胞周期的大部分时间里，在细胞分裂期形成高度致密的染色体（chromosome）。

染色质与染色体都是 DNA 的高级结构形式，它们的基本结构单位都是核小体（nucleosome）。核小体主要由 DNA 和组蛋白构成（图 2-18）。大多数真核细胞中都含有 H_1、H_2A、H_2B、H_3 和 H_4 等 5 种不同的组蛋白。这 5 种组蛋白都是碱性蛋白，含有大量的赖氨酸和精氨酸残基，在生理条件下带正电荷，可促进组蛋白与带负电荷的 DNA 的糖-磷酸基团骨架的结合。各两分子的 H_2A、H_2B、H_3 和 H_4 构成扁平圆柱状八聚体的核心组蛋白，DNA 双螺旋链缠绕在这一核心上形成核小体核心颗粒（core particle）。两个核心颗粒之间再由一段 DNA（约 60 bp）和组蛋白 H_1 构成的连接区连接起来形成串珠样结构，可保护 DNA 不受核酸酶降解。

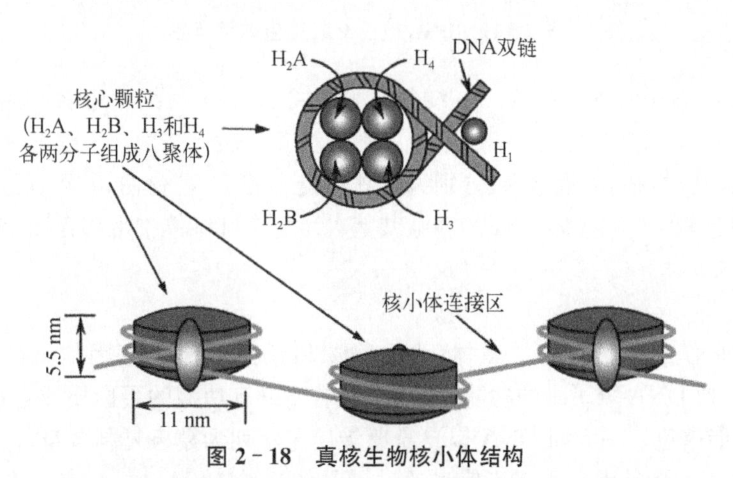

图 2-18　真核生物核小体结构

DNA 从形成基本单位核小体开始，开始经过几个层次折叠，在细胞分裂中期包装成最致密、高度组织有序的染色体，在光学显微镜下即可见到。DNA 包装成染色体经过以下几个层次：核小体是 DNA 在核内形成致密结构的第一层次，折叠使 DNA 的长度压缩了约 7 倍；第二层次的折叠是核小体卷曲（每周 6 个核小体）形成直径 30 nm、内径为 10 nm 的中空状螺线管（solenoid），在染色质和间期染色体中都可以见到，DNA 压缩 40～60 倍；中空螺线管进一步卷曲和折叠形成直径为 300 nm 超螺旋管纤维。之后，染色质纤维进一步压缩成染色单体，并在核内组装成染色体。在分裂期形成染色体的过程中，DNA 被压缩 8 000～10 000 倍，从而使约 2 m 长的 DNA 分子组装在直径只有数微米的细胞核中（图 2-19）。整个折叠和组装过程是在蛋白质参与的精确调控下实现的。

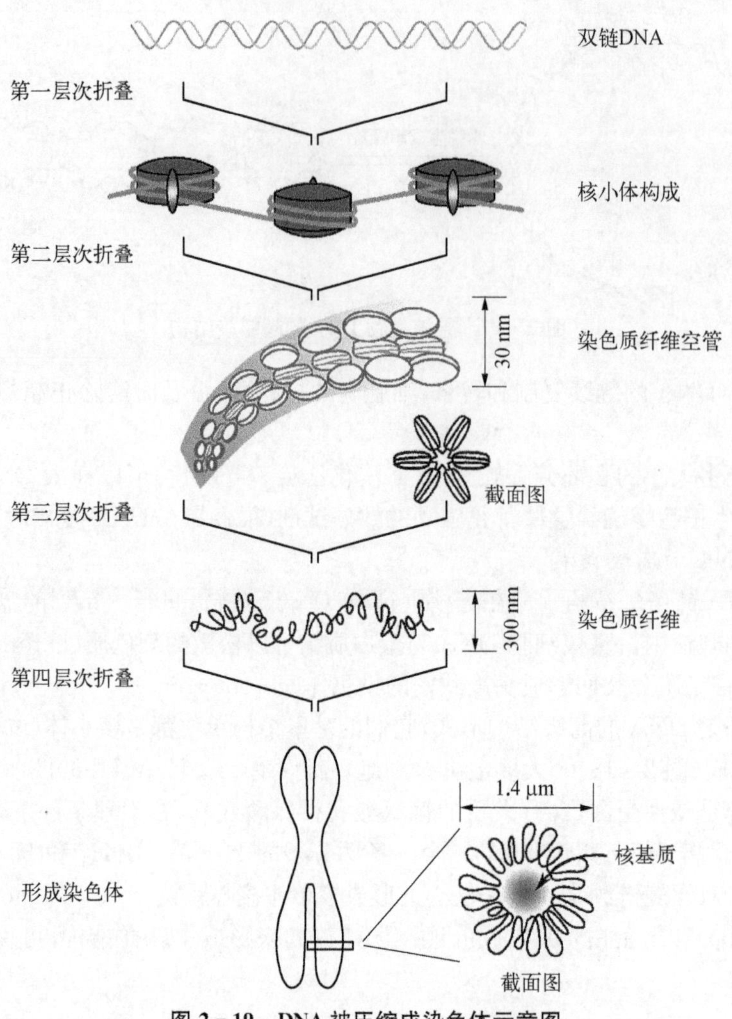

图 2－19　DNA 被压缩成染色体示意图

2. 线粒体和叶绿体 DNA 的高级结构　　线粒体和叶绿体是真核细胞中除细胞核外含有核酸的细胞器。线粒体及叶绿体 DNA 三级结构与细菌类似，是环状双链超螺旋结构。人线粒体 DNA(mitochondrial，mtDNA)含 16 569 个碱基对，共 37 个基因，分别编码呼吸链中的 13 种蛋白、2 个 rRNA 和 22 个 tRNA。植物叶绿体 DNA 大小差异较大(200 000～2 500 000 碱基对)，每个叶绿体中平均含 12 个叶绿体 DNA 分子。

三、DNA 的功能

DNA 的基本功能是作为遗传信息的载体，为生物遗传信息复制及基因信息的转录提供模板。基因(gene)从结构上定义是指 DNA 分子中的功能性片段，即能编码有功能的蛋白质或合成 RNA 所必需的完整序列，是核酸的基本功能单位。一方面 DNA 以自身遗传信息序列为模板复制自身将遗传信息保守地传给后代，即遗传；另一方面 DNA 将基因中的遗传信息通过转录传递给 RNA，再由 RNA 作为模板通过翻译指导合成各种有功能的蛋白质，确保细胞内生命活动的有序进行，即基因表达。

一个生物体的全部基因序列称为基因组(genome)。基因组包含了所有编码 RNA 和蛋白质的序列及所有的非编码序列，也就是 DNA 分子的全序列。各种生物的基因组大小、所含基因的种类和数量是不同的。一般情况下，生物越进化，遗传信息含量越大，基因组越复杂。绝大多数生物个体的基因组是 DNA。病毒基因组可以是 DNA(DNA 病毒)，也可以是 RNA(RNA 病毒)，但一般不共存。分析解剖基因组序列的结构特征有助于解读这些序列中包含的遗传信息，认识其生物学功能，以期最终认识所有生物的遗传本性(参见第二十一章组学)。

DNA 作为遗传信息的载体，它是生命遗传的物质基础，也是个体生命活动的信息基础。DNA 高度稳定，用来保持生物体系遗传的相对稳定性；同时，DNA 又表现出高度的复杂性，可以发生各种重组和突变，以适应环境的变迁，为自然选择提供机会。

第三节　RNA 的结构与功能

RNA 是生物体内的另一大类核酸，种类繁多，大小为几十个到几千个核苷酸。一般而言，RNA 是 DNA 的转录产物。大多数天然 RNA 以单链线性形式存在，但可通过链内的碱基互补配对形成局部的双螺旋结构。这种局部双螺旋区的碱基配对方式除了 A 与 U 与 G 与 C 标准配对外，还存在少量非标准配对，如 G 与 U 配对等，双链区不参加配对的碱基往往被排斥在双链外形成环状突起，这种短的双螺旋和环(loop)可形成茎-环结构(stem-loop structure)，又称发夹结构(hairpin structure)。茎-环结构是 RNA 中较为常见的二级结构形式，二级结构进一步折叠形成三级结构。RNA 只有在具有三级结构时才能成为有活性的分子。和 DNA 一样，RNA 在生命活动中发挥着重要作用。RNA 的种类、丰度、大小及空间结构都比 DNA 更具多样化，这与其功能多样性密切相关。

RNA 可分为编码 RNA 和非编码 RNA。编码 RNA(coding RNA，cRNA)是那些从基因组上转录而来、其核苷酸序列可以翻译成蛋白质的 RNA，仅有 mRNA 一种。非编码 RNA 不编码蛋白质。

非编码 RNA(non-coding RNA，ncRNA)可以按照表达丰度和功能不同分为两类：一类是确保实现基本生物学功能的 RNA，包括 tRNA、rRNA 等，它们的表达丰度相对恒定，故称为组成性非编码 RNA (constitutive non-coding RNA)；另一类是调控性非编码 RNA(regulatory non-coding RNA)，它们的丰度随外界环境(如应激等)和细胞性状(如生长发育分化、代谢活跃度等)而发生改变，在基因表达过程中发挥重要的调控作用。此外，根据其长度大小不同，非编码 RNA 又可分为非编码小 RNA(small non-coding RNA，sncRNA)、长链非编码 RNA(long non-coding RNA，lncRNA)，前者通常长度小于 200 nt，后者通常大于 200 nt。

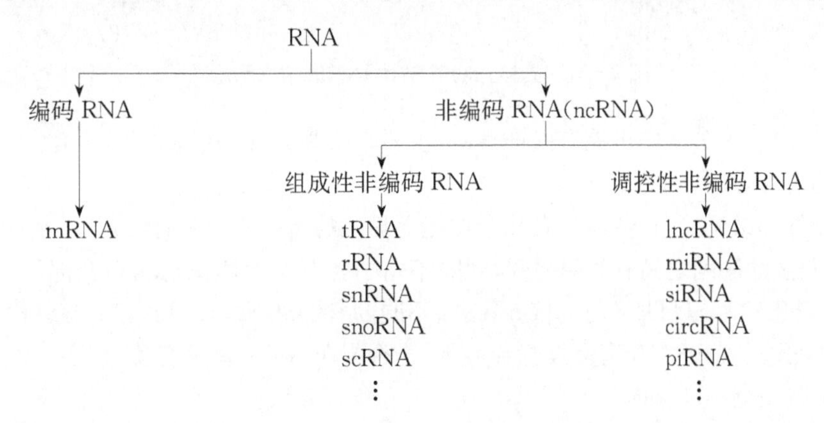

一、mRNA

遗传信息从 DNA 分子被抄录至 RNA 分子的过程称为转录。从 DNA 分子转录的 RNA 分子中，有一类可作为蛋白质生物合成的模板，决定着肽链的氨基酸排列顺序，相当于传递信息的信使，称为信使 RNA (messenger RNA，mRNA)。mRNA 在细胞内的含量很低，占总 RNA 的 2%～5%，但种类非常多，分子大小也不一，由几百至几千个核苷酸组成。细胞在发育的不同时期有不同种类的 mRNA。在各种 RNA 分子中，mRNA 的代谢活跃，更新迅速，半衰期最短，为几分钟到数小时，这是细胞内蛋白质生物合成速度的调控点之一。某些 mRNA 的平均寿命仅有 2～5 min，真核生物中的 mRNA 寿命较长，但一般也只有几小时或几天。原核生物和真核生物的 mRNA 结构不完全一样。

(一) 真核生物 mRNA 结构的特点

真核生物 mRNA 的初级产物比成熟 mRNA 大得多，而且其分子大小不一，因此称为核内不均一 RNA

(heterogeneous nuclear RNA,hnRNA)。hnRNA 在细胞内存在的时间较短,经过剪接编辑加工(去掉了内含子连接外显子)为成熟的 mRNA,并转移至细胞质中参与蛋白质的合成。所以,真核细胞 mRNA 的合成和表达发生在不同的空间和时间(参见第十二章蛋白质的生物合成)。

大部分真核生物成熟 mRNA 的 5′-端都以 7-甲基鸟嘌呤-三磷酸核苷(m^7GpppN)为起始结构,称为 5′-帽结构(5′-cap structure)。它由甲基化鸟苷酸经焦磷酸与 mRNA 的 5′-端核苷酸相连[图 2-20(本章末二维码)],形成 5′,5′-三磷酸键,而不是通常的 3′,5′-磷酸二酯键。与 5′-帽结构的鸟苷酸相邻的第一和第二核苷酸戊糖 C-2′原子上的羟基通常也会甲基化。原核生物 mRNA 没有这种结构。mRNA 的 5′-帽结构可以与一类称为帽结合蛋白(cap-binding protein,CBP)的分子结合形成复合体。这种复合体有助于维持 mRNA 的稳定性,协同 mRNA 从细胞核向细胞质的转运,在蛋白质生物合成过程中识别并结合核糖体,与翻译起始有关。

真核生物成熟 mRNA 的 3′-端有一段由 20～250 个腺苷酸连接而成的多聚腺苷酸结构,称为多聚腺苷酸尾[3′-polyadenylate tail,poly (A) tail]。多聚腺苷酸尾在细胞内以与多聚腺苷酸结合蛋白(polyA-binding protein,PABP)结合的形式存在,可增加 mRNA 的稳定性,维持 mRNA 作为翻译模板的活性。少数成熟 mRNA 没有多聚腺苷酸尾,如组蛋白 mRNA,它们的半衰期通常较短。

一条成熟的真核 mRNA 包括 5′-非翻译区、可读框和 3′-非翻译区。从成熟 mRNA 的 5′-帽结构到核苷酸序列中第一个 AUG(起始密码子)之间核苷酸序列称为 5′-非翻译区(5′-untranslated region,5′-UTR)。起始密码子(AUG)开始到终止密码子(UAA、UAG 或 UGA)之间的核苷酸序列称为可读框(open reading frame,ORF),也称开放阅读框,其决定多肽链的氨基酸序列。从 mRNA 可读框下游直到多聚腺苷酸尾的区域称为 3′-非翻译区(3′-untranslated region,3′-UTR)(图 2-21)。这些非翻译区通过与调控因子或非编码 RNA 的相互作用调控蛋白质的生物合成。

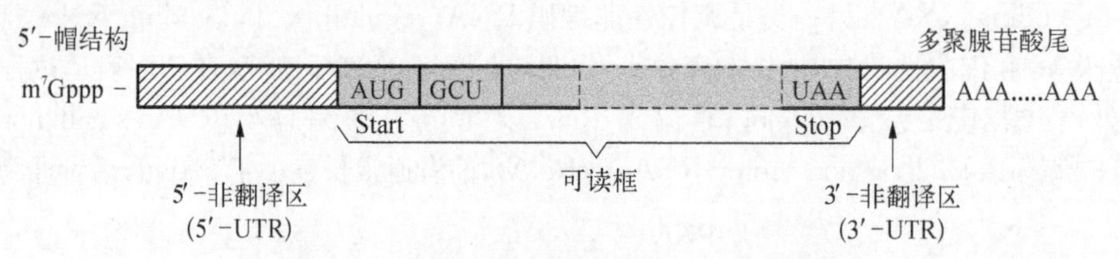

图 2-21　真核生物成熟 mRNA 的结构示意图

此外,真核成熟 mRNA 分子中可能有修饰碱基,主要是甲基化,如甲基化的腺苷酸 A^m 等。

(二) 原核生物 mRNA 结构的特点

原核生物的 mRNA 结构简单,往往含有几个功能上相关的蛋白质的编码序列,可翻译出几种蛋白质,称为多顺反子。在编码区的序列之间有间隔序列,间隔序列中含有核糖体识别和结合部位。在 5′-端和 3′-端也有非翻译区 5′-UTR 和 3′-UTR。与真核 mRNA 不同,原核 mRNA 5′-端无 5′-帽结构,3′-端一般无多聚腺苷酸尾。仅发现少数原核 mRNA 有多聚腺苷酸尾,与介导 mRNA 降解有关。此外,原核 mRNA 一般没有修饰碱基,其分子链完全不被修饰。

原核生物中 mRNA 转录后一般无须加工直接进行蛋白质翻译。mRNA 转录和翻译不仅发生在同一细胞空间,而且这两个过程几乎是同时进行的。原核生物的 mRNA 的半衰期比真核生物的要短得多,现在一般认为转录后 1 min,mRNA 已经开始降解。

二、tRNA

转运 RNA(transfer RNA,tRNA)的功能是在蛋白质生物合成过程中携带特定氨基酸,按照 mRNA 上的遗传密码的顺序将该特定的氨基酸运载到核糖体进行蛋白质的合成。tRNA 是分子量最小的核酸,已知的 tRNA 都是由 74～95 个核苷酸组成(约 25 kDa),占细胞中 RNA 总量的 10%～15%。细胞内 tRNA 的种类很多,细菌中有 30～40 种 tRNA,动物和植物中有 50～100 种 tRNA。蛋白质生物合成需要以 20 种基本氨基酸作为原料,每种氨基酸可以对应一种以上的 tRNA,而一种 tRNA 只能携带一种氨基酸。虽然各种 tRNA 的核苷酸顺序不尽相同,但它们具有相似和稳定的空间结构。

（一）一级结构

tRNA分子中通常含有10%～20%的稀有碱基，包括二氢尿嘧啶（dihydrouracil，DHU）、次黄嘌呤（hypoxanthine，I）和甲基化的嘌呤（mG^7/mA^7）等，这些稀有碱基都是tRNA转录后经酶促化学修饰生成。此外，tRNA内还含有一些稀有核苷，如胸腺嘧啶核糖核苷、假尿嘧啶核苷（pseudouridine，ψ）等。假尿嘧啶核苷中的糖苷键是嘧啶环中的5位碳原子而非通常的1位氮原子与戊糖的1′位碳原子之间形成的。

（二）二级结构

不同tRNA的二级结构相似，都呈三叶草形（图2-22a）。组成tRNA的核苷酸中存在一些能互补配对的区域，可形成局部的、链内的双螺旋结构。由于双螺旋结构所占比例较高，tRNA的二级结构十分稳定，由四臂四环组成。双螺旋区配对的序列构成了三叶草的叶柄（臂），不配对的突环区好像是三叶草的三片小叶（环）。

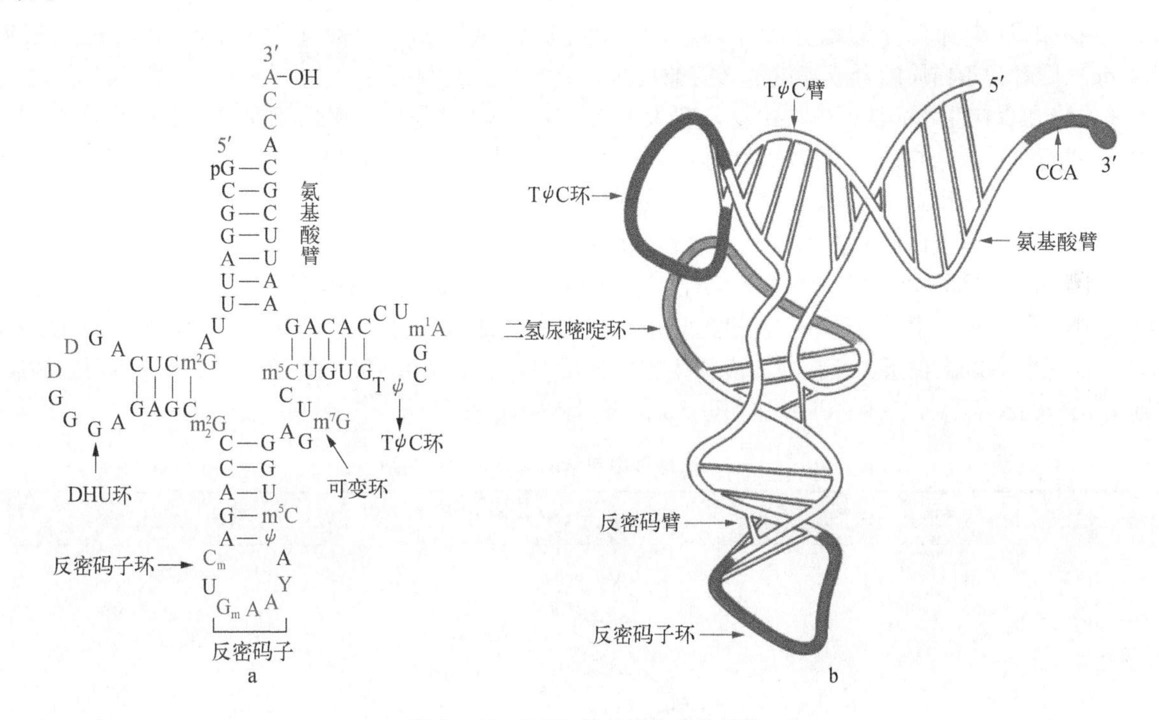

图2-22　tRNA的二级和三级结构

a. 酵母酪氨酸tRNA的二级结构；b. tRNA的倒L形三级结构

氨基酸臂（amino acid arm）由7对碱基组成，富含鸟嘌呤。所有tRNA的3′-端为一个含4个碱基的单链区-NCCA-OH，腺苷酸残基的羟基可与氨基酸α-羧基结合而携带氨基酸。

二氢尿嘧啶环（dihydrouridine loop，DHU环）由8～14个核苷酸组成，因含有2个稀有碱基二氢尿嘧啶（DHU）而得名。其通过3～4对碱基组成的双螺旋区（二氢尿嘧啶臂，D臂）与tRNA分子的其余部分相连。

反密码子环（anticodon loop）由7～9个核苷酸组成，环中部由3个核苷酸组成反密码子（anticodon）。IMP常出现于反密码子中。在蛋白质生物合成时，反密码子可通过碱基互补配对识别mRNA上相应的密码子。例如，携带酪氨酸的tRNA反密码子是GUA，可以与mRNA上编码酪氨酸的密码子UAC互补配对（图2-22a）。反密码环通过由5对碱基组成的双螺旋区（反密码臂）与tRNA的其余部分相连。

可变环（variable loop）由4～21个核苷酸组成，在不同tRNA分子中变化较大，又称为额外环。其大小往往是tRNA分类的重要指标。

TψC环含有7个核苷酸，大小相对恒定。几乎所有的tRNA在此环中都含TψC序列，TψC臂由5对碱基组成。

（三）三级结构

X射线衍射图分析表明，所有tRNA都有相似的倒L形的空间结构（图2-22b）。氨基酸臂和TψC臂的一个螺旋构成倒“L”的一横,D臂和反密码臂组成的螺旋构成倒“L”的一竖;D环与TψC环构成倒“L”的拐角;倒L的一端是3′-端CCA,另一端是反密码子,两端之间相距约7 nm。起始$tRNA^{fmet}$及酵母$tRNA^{Asp}$和$tRNA^{Arg}$等都有类似的倒L形三级结构,但L两臂夹角略有差别。稳定tRNA三级结构的力是某些碱基及稀有碱基之间产生的特殊氢键和碱基堆积力。

tRNA分子某些部位的核苷酸序列非常保守,如CCA(OH)、TψC、二氢尿嘧啶及密码子两侧的核苷酸等。这些保守序列位于tRNA的二级结构中的单链区,它们参与tRNA空间结构的形成及与其他RNA、蛋白质的相互作用。

三、rRNA

核糖体RNA(ribosomal RNA,rRNA)是细胞中含量最多的一类RNA,约占RNA总质量的80%以上。rRNA有确定的种类和保守的核苷酸序列。rRNA与核糖体蛋白(ribosomal protein)共同构成核糖体(ribosome),后者为蛋白质的合成提供了必需的场所。

原核生物和真核生物的核糖体均由易于解聚的大、小两个亚基组成。平时两个亚基分别游离存在于细胞质中,在进行蛋白质合成时聚合成为核糖体,蛋白质合成结束后又重新解聚。两个亚基所含rRNA和蛋白质的数量与种类各不相同。组成核糖体的蛋白质有数十种,大多是分子量不大的多肽类。原核细胞的核糖体中rRNA约占2/3,蛋白质约占1/3;而在真核细胞中它们各占1/2。

原核生物的rRNA共有5S、16S、23S三种(S是大分子物质在超速离心沉降中的一个物理学单位,可间接反映分子量的大小)。其中16S rRNA与20多种蛋白质构成核糖体的小亚基;大亚基则由5S rRNA及23S rRNA再加上30余种蛋白质构成。真核生物的核蛋白体小亚基由18S rRNA及30余种蛋白质构成;大亚基则由5S、5.8S及28S三种rRNA加上近50种蛋白质构成(表2-3)。

表2-3 核糖体中包含的rRNA和蛋白质

结构	组成	原核生物(大肠埃希菌)		真核生物(小鼠肝)	
示意图		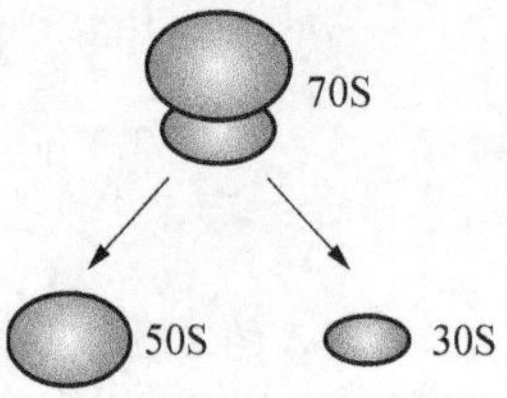 70S → 50S + 30S		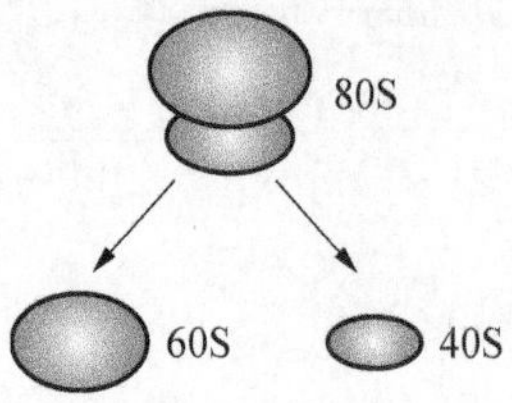 80S → 60S + 40S	
小亚基			30S		40S
	rRNA	16S	1 542个核苷酸	18S	1 874个核苷酸
	蛋白质	21种	占总重量的40%	33种	占总重量的40%
大亚基			50S		60S
	rRNA	23S	2 940个核苷酸	28S	4 718个核苷酸
		5S	120个核苷酸	5.85S	160个核苷酸
				5S	120个核苷酸
	蛋白质	31种	占总重量的30%	49种	占总重量的35%

各种rRNA的碱基序列已测定完成,并据此推测出了它们的空间结构,如真核生物18S rRNA的二级结构呈花状[图2-23(本章末二维码)],众多的茎环结构为核糖体蛋白的结合和组装提供了结构基础。原核生物的16S rRNA的二级结构与30S小亚基也极为相似。

四、非编码RNA

(一)组成性非编码RNA

除tRNA和rRNA外,真核细胞内还存在其他类型的组成性非编码RNA,这些RNA作为关键因子参与RNA的剪接和修饰、蛋白质的转运及基因表达的调控。

1. 催化小 RNA　也称为核酶(ribozyme),是细胞内具有催化功能的一类小分子 RNA 的统称,具有催化特定 RNA 降解的活性,在 RNA 合成后的剪接修饰中具有重要作用(参见第十一章 RNA 的生物合成)。

2. 核仁小 RNA(small nucleolar RNA,snoRNA)　定位于核仁,主要参与 rRNA 的加工。主要与 2′-O-核糖甲基化及假尿嘧啶化修饰有关。动物中 snoRNA 的数目可达 200 个,已知酵母中 snoRNA 在 25 种以上,估计总数达 70 个。此外,人们发现还有相当数量的 snoRNA 功能不明,这些 snoRNA 称为孤儿 snoRNA(orphan snoRNA)。

3. 核小 RNA(small nuclear RNA,snRNA)　研究比较清楚的 snRNA 有 5 种,分别称为 U1、U2、U4、U5 和 U6。它们均位于细胞核内,与多种蛋白形成复合体,识别 hnRNA 上外显子和内含子的接点,参与真核细胞 hnRNA 的内含子加工剪接(参见第十一章 RNA 的生物合成)。

4. 胞质小 RNA(small cytoplasmic RNA,scRNA)　存在于细胞质中,与 6 种蛋白质共同形成信号识别颗粒(signal recognition particle,SRP),引导含有信号肽的蛋白质进入内质网定位合成(参见第十二章蛋白质的生物合成)。

5. 端粒酶 RNA(telomerase RNA,TR or TERC)　充当真核生物染色体末端结构端粒复制的模板(参见第十章 DNA 的生物合成)。

(二) 调控性非编码 RNA

常见调控性非编码 RNA 有 lncRNA、miRNA、siRNA、piwi 互作 RNA(piwi interacting RNA,piRNA)和环状 RNA(circular RNA,circRNA)等(表 2-4)。

表 2-4　调控性非编码 RNA 的种类及生物学功能

种类	长度(nt)	来源	主要功能
lncRNA	>200	多种途径	调控基因表达等
miRNA	~20	含发卡结构的 miRNA 前体	基因沉默
siRNA	~20	长双链 RNA	基因沉默
piRNA	~20	长单链前体或起始转录产物等多途径	基因沉默
circRNA	长短不一	内含子的可变剪接	结合 miRNA,抑制 mRNA 降解

调控性非编码 RNA 参与转录调控、RNA 的剪切和修饰、mRNA 的稳定和翻译调控、蛋白质的稳定和转运、染色体的形成和结构稳定等细胞重要功能,进而调控胚胎发育、组织分化、器官形成等基本的生命活动,参与某些疾病(如肿瘤、神经系统疾病等)的发生和发展过程(参见第十三章基因表达及其调控)。

第四节　核酸的理化性质

一、核酸的一般理化性质

核酸是多元酸,具有较强的酸性。DNA 是线性大分子,呈纤维状,因此黏度极大,即使是极稀的 DNA 溶液,黏度也很大;RNA 分子短,无定形,呈粉末状,因此黏度较小。当 DNA 被加热或在其他因素作用下其螺旋结构转为无规则线团结构时,其黏度大为降低。所以黏度变小可作为 DNA 变性的指标。DNA 分子在机械力的作用下易发生断裂,因此提取完整的基因组 DNA 时,DNA 分子易发生断裂。核糖核酸酶在体内外广泛存在,故 RNA 在提取时易发生降解。核酸都是极性化合物,都微溶于水而不溶于乙醇、乙醚、氯仿等有机溶剂。核酸可溶于 10%左右的氯化钠溶液,但在 50%左右的乙醇溶液中溶解度很小,提取核酸时常利用这些性质。

二、核酸的紫外吸收性质

嘌呤、嘧啶是含有共轭双键的杂环分子。因此,碱基、核苷、核苷酸和核酸在紫外波段都有较强的吸收能力。在中性条件下,DNA 钠盐的紫外吸收在波长 260 nm 处有最大吸收值[图 2-24(本章末二维码)],其吸光度用 A_{260} 表示。A_{260} 是核酸的重要性质,可用于核酸的定性定量分析。DNA 钠盐的紫外吸收在 230 nm 处为吸收低谷。RNA 钠盐的紫外吸收光谱与 DNA 无明显区别。蛋白质的最大吸收峰在 280 nm 处,因此测定 A_{260}/A_{280} 的值可判断样品的纯度。纯 DNA 的 A_{260}/A_{280} 值为 1.8,纯 RNA 的 A_{260}/A_{280} 值为 2.0。样品中若含有杂蛋白及苯酚,则 A_{260}/A_{280} 值明显降低。不纯样品不能用紫外吸收法做定量测定。纯的样品可根据 A_{260} 推算出含量。通常 $A_{260}=1$ 相当于 50 μg/mL 双链 DNA、40 μg/mL 单链 DNA(或 RNA)或 20 μg/mL 寡核苷酸在 260 nm 波长处的吸光度值。这个方法既快速又准确且不会浪费样品。

三、DNA 的变性与复性

双螺旋结构的稳定依靠碱基堆积力和氢键的相互作用来维持。氢键是一种次级键,能量较低,容易受到破坏而使 DNA 双链分开。氢键的形成是自由能降低的过程,可以自发生成,适当条件下可使 DNA 恢复双螺旋结构。这使得 DNA 在生理条件下能够迅速分开和再形成,从而保证 DNA 生物学功能的行使。

DNA 变性(DNA denaturation)是指在某些物理因素(温度、pH、离子强度等)或化学因素(甲醇、乙醇、尿素等)的作用下,DNA 双链互补碱基对之间的氢键断裂,使双链解离为单链的过程。DNA 变性是二级结构破坏,双螺旋结构解体的过程,碱基之间的氢键断开,碱基堆积力遭到破坏,但不伴随共价键的断裂和核苷酸序列的改变。所以,DNA 的变性只改变其空间结构,不涉及一级结构的改变。这有别于 DNA 一级结构破坏引起的 DNA 降解过程。核酸降解的本质就是多核苷酸骨架上共价键(3′,5′-磷酸二酯键)的断裂。

DNA 变性常伴随一些理化性质的改变,如黏度下降,正旋光性下降和浮力、光密度增加等,尤其是光密度的改变。DNA 由双螺旋变为单链的过程中,有更多的共轭双键得以暴露,使得 DNA 在 260 nm 处的吸光度增加,这种现象称为增色效应(hyperchromic effect)。在 260 nm 波长下,单链 DNA 比双链 DNA 吸收高 12%~40%。增色效应是监测 DNA 变性的一个常用指标。

加热是实验室使 DNA 变性的常用方式之一。在加热条件下,DNA 的变性从开始解链到完全解链,是在一个相当狭窄的温度范围内完成的。如果以温度相对 A_{260} 值作图,所得曲线称为 DNA 解链曲线或熔解曲线(图 2-25a)。由双螺旋到变性状态之间的陡变区反映了双螺旋 DNA 中碱基对的破坏程度。在解链过程中,紫外光吸收值增加达到最大值一半时所对应的温度称为该 DNA 的解链温度(melting temperature, T_m)。在此温度时,有一半的双链 DNA 变成了单链 DNA。

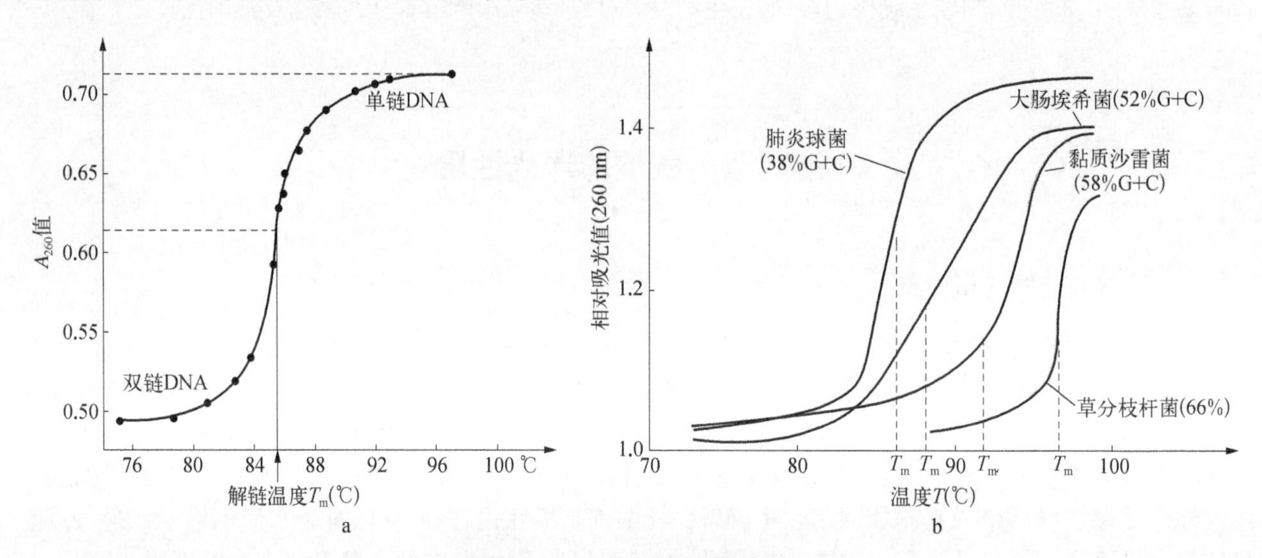

图 2-25 DNA 变性解链曲线

a. DNA 变性解链曲线及 T_m;b. 不同 G+C 含量 DNA 变性的 T_m

T_m 值与DNA的碱基组成和变性条件有关。特定DNA分子G+C含量越高，T_m 值越大；A+T含量越高，T_m 值越小(图2-25b)。这是因为G与C之间有3个氢键，比A与T之间多1个氢键。所以，解开G与C之间的氢键要消耗更多的能量。T_m 值还与DNA分子的长度有关，DNA分子越长，T_m 值越大。此外，介质中的离子强度也对 T_m 值产生一定影响。一般来说，在离子强度较低的介质中，DNA的 T_m 值较小，T_m 的范围也较窄；而在较高离子强度的介质中，情况则相反。因此DNA制剂不应保存在离子强度过低的溶液中。小于20 bp寡核苷酸片段的 T_m 值可用公式 $T_m=4(G+C)+2(A+T)$ 来估算，其中G、C、A和T是指寡核苷酸片段中所含相应碱基个数。

DNA的变性是可逆的。变性DNA在适当条件下，两条解离的互补链按照碱基互补配对原则重新形成双链并恢复原来的双螺旋结构过程称为DNA复性(DNA renaturation)。例如，热变性的DNA经过缓慢冷却后可以复性，这一过程也称为退火(annealing)。若DNA变性后，温度突然下调至4℃以下，复性则不能进行，这是保存变性状态DNA的良好办法[图2-26(本章末二维码)]。DNA复性后，不仅其生物活性和理化性质得以恢复，而且其紫外吸收值也随之变小，这种现象称为减色效应(hypochromic effect)。一般认为最适宜的复性温度比 T_m 约低25℃。在此温度下不规则的碱基配对不稳定，而规则的碱基配对较稳定。若给予足够的时间，DNA就有机会恢复到天然DNA的状态。

四、核酸分子杂交

复性的分子基础是碱基配对。因此，不同来源的核酸变性后，混合在一起，只要这些核酸分子存在一定的碱基互补配对的序列，就可形成杂化异源双链(heteroduplex)，这个过程称为核酸分子杂交(nucleic acid hybridization)。核酸分子杂交可发生在DNA与DNA、RNA与RNA和DNA与RNA之间。在此基础上建立的核酸分子杂交技术是分子生物学研究中常用技术之一，可以分析DNA片段在基因组中的定位、鉴定核酸分子之间的序列相似性、检测靶基因在待测样品中的存在与否及靶基因的表达等(参见第十八章常用分子生物学技术)。

第五节 核酸酶

核酸酶(nuclease)是指能够水解核酸的酶，属于磷酸二酯酶(phosphodiesterase, PDE)，可催化底物磷酸二酯键的水解。依据催化底物的不同，核酸酶可以分为脱氧核糖核酸酶(deoxyribonuclease, DNase)和核糖核酸酶(ribonuclease, RNase)。脱氧核糖核酸酶专一地催化DNA的水解，而核糖核酸酶专一地催化RNA的水解。有的核酸酶只水解单链核酸，有的只水解双链核酸，有的只水解DNA：RNA杂合双链核酸，还有些核酸酶专一性较低，既能作用于RNA又能作用于DNA。由于多核苷酸链内部每个磷酸基团涉及与两端的两个糖残基的C-3′和C-5′位的-OH形成磷酸二酯键，可在磷酸的3′-端或5′-端被水解，因而产物的3′-端或5′-端含有磷酸基。

核酸酶根据催化底物部位的不同，可以分为外切核酸酶(exonuclease)和内切核酸酶(endonuclease)。外切核酸酶是从核酸的末端开始，逐一水解核苷酸，使核酸降解。其根据作用的方向不同，又分为5′-外切核酸酶和3′-外切核酸酶，分别从核酸的5′-端和3′-端水解核苷酸。与DNA复制有关的DNA聚合酶往往都具有5′-外切核酸酶和3′-外切核酸酶活性，这种性质保证了DNA复制的准确性，并在DNA损伤的修复中具有重要的作用(参见第十章DNA的生物合成)。内切核酸酶只可以在DNA或RNA分子内部切断磷酸二酯键。有些内切核酸酶对有严格的序列依赖性，仅识别和切割核酸链中的特定核苷酸序列，称为限制性内切核酸酶。其中限制性内切核酸酶Ⅱ是DNA重组技术中不可缺少的工具(参见第十九章DNA重组与基因工程)。

(邓小燕)

※ 第二章数字资源

图 2-2
碱基的互变异构

图 2-11
DNA 湿纤维 X 射线衍射图

图 2-15
DNA 的多链螺旋结构

图 2-20
真核细胞 mRNA 5′-帽结构

图 2-23
rRNA 的二级结构

图 2-24
5 种碱基的紫外吸收光谱
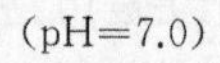
(pH=7.0)

图 2-26
核酸分子热变性和复性

第二章
参考文献

微课视频 2-1
核苷酸的结构

微课视频 2-2
核酸的结构与功能

第三章

酶与维生素

内容提要

细胞内新陈代谢依赖生物体内催化剂——酶的催化作用。作为一类具有催化功能的生物分子，酶的化学本质大多为蛋白质，少数为核酸。根据组成不同，酶分为单纯酶和缀合酶。单纯酶是仅由氨基酸残基组成的蛋白质；缀合酶除含有蛋白质外，还含有非蛋白质辅助因子。辅助因子主要是金属离子或小分子有机化合物，可分为辅基和辅酶。许多维生素在体内可转变成辅酶或辅基。在酶分子表面存在由酶的必需基团构成且依赖于酶分子整体构象的裂穴状活性中心，有精确的构象且具有柔性，可结合底物形成酶-底物复合物，并通过共价或非共价的作用降低活化能，把底物转变成产物。酶促反应具有高效、专一、不稳定和可调节的特点。

多种因素影响酶促反应速度，包括底物浓度、酶浓度、温度、pH、抑制剂和激活剂等。底物浓度对酶促反应速度的影响可用米氏方程描述：$V=\dfrac{V_m\times[S]}{K_m+[S]}$。酶促反应在最适pH、最适温度时活性最高。酶的抑制作用包括不可逆性抑制与可逆性抑制两种，后者又分为竞争性抑制、非竞争性抑制和反竞争性抑制。抑制剂不引起酶蛋白的变性。测定酶活性是测量酶量的简便方法。酶活性单位是衡量酶催化活力的尺度，以一定条件下单位时间内底物消耗量或产物生成量表示。

细胞通过调节酶活性和酶量来调节代谢速度。酶活性的调节属于快速调节，包括别构调节和共价修饰调节等。体内有些酶以无活性酶原形式存在，在需要发挥作用时才不可逆地转化为有活性的酶。同工酶指个体内催化相同化学反应，但酶蛋白的分子结构不同的一组酶。酶量调节属于慢速调节，包括酶蛋白生物合成及降解的调节。

根据所催化反应类型不同，酶分为氧化还原酶、转移酶、水解酶、裂合酶、异构酶、合成酶和易位酶七大类。酶的命名包括系统名称和推荐名称，并且可根据酶的系统分类法给定酶的编号。

酶与医学关系非常密切。许多疾病的发生发展与酶结构或活性的异常有关。测定血清酶可用于某些疾病的诊断。多数药物也可通过调节靶酶活性达到治疗目的。此外，酶可作为治疗药物，也可作工具酶或制备成固定化酶用于研究。

生物体内的新陈代谢过程是通过有序的、各种各样的化学反应来实现的。在生物体内，这些反应在极为温和的条件下高效、特异地进行，这依赖于生物体内存在的一类极为重要的生物催化剂(biocatalyst)——酶(enzyme)的催化作用。作为一类具有催化功能的生物分子，酶的化学本质大多为蛋白质，也有少数酶是核酸，如核酶(ribozyme)的化学本质就是RNA。酶参与催化的反应中，反应物被称为底物(substrate)，生成的具有特定结构的物质称为产物(product)。

早在2 000多年前，我国古人就已经利用微生物酶进行酿酒；现代自然科学对酶的研究得益于对“发酵机制”的研究,1857 年法国科学家路易斯·巴斯德(Louis Pasteur)提出发酵是酵母细胞生命活动的结果,1878 年爱德华·比希纳(Eduard Buchner)等利用酵母提取液实现了无细胞发酵,证实酵母中生物催化剂的存在,1926 年詹姆斯·B.萨姆纳(James B. Sumner)从刀豆中得到了脲酶(Urease)结晶并确定其化学本质为蛋白质,20 世纪 80 年代,托马斯·R.切赫(Thomas R. Cech)和西德尼·奥特曼(Sidney Altman)等发现了核酶;迄今已有十多位科学家因在酶学研究中做出了突出贡献而获得诺贝尔化学奖。

本章重点介绍酶的特性、结构、功能,以及酶促反应动力学、酶活性调节等,并对参与酶形成的各种维生素在酶活性维持中的关系做了简介。

第一节 酶的分子结构与功能

酶的化学本质为蛋白质。因此,酶与普通蛋白质一样,有相应的一、二、三级结构,部分酶还有四级结构。发挥催化作用只需要单一多肽链的酶,这种酶称为单体酶(monomeric enzyme)。发挥催化作用需要多个相同或不同多肽链以非共价键聚合成整体的酶,这种酶称为寡聚酶(oligomeric enzyme)。参与某一代谢途径的一组相关的酶称为多酶体系(multienzyme system)。有些催化相关代谢反应的酶彼此聚集结合在一起形成复合物,称为多酶复合物(multienzyme complex)。催化特定代谢反应的多个酶蛋白基因在进化过程中融合,最终仅表达为一条多肽链,却具有多种不同催化功能,这样的酶称为多功能酶(multifunctional enzyme)或串联酶(tandem enzyme)。多功能酶和多酶复合物这些结构形式有利于提高物质代谢速度和调节效率。

一、酶的分子组成

酶根据分子的组成可分为单纯酶(simple enzyme)和缀合酶。单纯酶是指仅有蛋白质组分的酶,如脲酶、淀粉酶、尿酸氧化酶、核糖核酸酶等。缀合酶也称结合酶,包括蛋白质部分和非蛋白质部分,其蛋白质部分称为酶蛋白(apoenzyme),非蛋白质部分称为辅助因子(cofactor)。酶蛋白与辅助因子结合形成的复合物称为全酶(holoenzyme)。缀合酶只有结合了辅助因子才有催化活性。

常见的酶辅助因子按化学本质可以分为无机金属离子和有机化合物两大类。金属离子是常见的酶辅助因子,包括 K^+、Na^+、Ca^{2+}、Cu^{2+}(Cu^+)、Zn^{2+}、Fe^{2+}(Fe^{3+})等。在全酶催化作用过程中,金属离子可以直接与酶蛋白结合后发挥作用或通过其他方式间接发挥作用。如果金属离子直接与酶蛋白紧密结合,在酶从组织细胞分离提取过程中,没有外加的络合剂竞争结合就不丢失,这类酶称为金属酶(metalloenzyme),如黄嘌呤氧化酶(xanthine oxidase)、超氧化物歧化酶(superoxide dismutase,SOD)等。如果金属离子虽为酶发挥活性所必需,但不直接与酶蛋白结合,而是底物必须与这些金属离子结合成复合物才能被酶识别,这类酶称为金属激活酶(metal-activated enzyme),如己糖激酶(hexokinase)、肌酸激酶(creatine kinase,CK)等。全酶中金属离子的作用机制很复杂,有的金属离子作为酶活性中心的催化基团直接参与传递电子等催化反应;有的金属离子与酶蛋白结合后稳定酶发挥其催化作用所需要的构象;有的金属离子结合在酶蛋白上,通过中和底物结合环境的负电荷,降低静电排斥力而促进对底物的结合;有的金属离子作为辅助底物,通过特定方式连接酶与底物,便于酶对底物的识别和发挥催化作用;尤其有些特殊的酶蛋白需要结合两个或者更多相同金属离子,但是所结合的金属离子起的作用不一定相同。例如,哺乳动物血浆中的芳香酯酶,每分子酶需要结合两个 Ca^{2+},但是两个 Ca^{2+} 的作用有差异。

酶的有机化合物辅助因子主要是一类化学性质较稳定的小分子物质,在酶发挥催化作用的过程中,其能够在不同酶或同一酶分子内的不同部位之间传递电子、质子或相应基团。需要有机小分子作为辅助因子的酶很多,但这些酶所需要的辅助因子种类却有限,主要是维生素或者其代谢转变生成的衍生物(参见本章第六节酶与生物医学的关系)。另外,某些醌类衍生物、卟啉衍生物等也是特殊氧化还原酶的辅助因子。

全酶中酶蛋白决定反应的特异性，辅助因子主要决定反应的类型。但酶蛋白决定了所需要的辅助因子，故实际上由酶蛋白决定酶促反应类型。按辅助因子与酶蛋白结合的紧密程度，或酶把底物转变成产物前后辅助因子自身结构是否发生变化，酶辅助因子可分为辅酶（coenzyme）与辅基（prosthetic group）两类。

辅酶和辅基同酶蛋白结合的紧密程度有明显差异。辅酶与酶蛋白结合疏松，在不改变酶蛋白的肽链结构且构象也无明显变化时，可通过透析（dialysis）或超滤（ultrafiltration）等物理方法除去辅酶，从而使全酶活性降低直到消失。与此相反，辅基则与酶蛋白结合紧密，在不显著改变酶构象及多肽化学结构的条件下，即使通过透析或超滤等物理方法有效地除去了剩余的辅助因子，全酶也不会失去活性。相应地，辅酶与酶蛋白的结合可逆性高，而辅基与酶蛋白的结合可逆性低，有些酶的辅基从全酶复合物中解离后，酶蛋白易发生变性而失去活性。

除了具有自催化作用的酶以外，其余的酶在发生催化作用前后数量和性质结构都不变，而在酶完成对底物的转化作用前后，辅酶和辅基自身结构变化明显不同。辅酶在全酶发挥催化作用的反应过程中，实际作为辅助底物接受质子或特定基团，故辅酶自身结构肯定会发生改变，且结构已被改变的辅酶需要与酶蛋白解离才能使酶蛋白重新结合另外相同的辅酶，再去催化相同的底物分子转化。在单一酶组成且与外界无物质交换的反应体系中，辅酶会随着酶促反应的进行不断被消耗，直到反应达到平衡；补充辅酶可继续生成产物。细胞膜系统的选择性透过作用限制了辅酶在胞内不同部位之间扩散转移。当代谢持续进行时，为了保持对应部位辅酶的有效供应，通常会存在特定的机制再生反应所需要的辅酶，使辅酶像酶一样循环使用，提高利用效率。与此相反，辅基虽然在酶催化底物转化的过程中，自身结构可能也会发生改变，但酶分子完成对底物分子的转化后，辅基的结构需要恢复原状，且不能同酶蛋白解离，从而才能使全酶再结合另外的底物，进行另一次反应。因此，在酶促反应过程中，辅基只在酶分子或多酶复合物内部转移对应基团或电子，在酶或多酶复合物完成对底物的转化作用前后，其不会被消耗，自身结构也要恢复原状。孤立化学反应体系中反应达到平衡后，补充辅基通常既不能提高酶促反应速度，又不能增加目标产物的生成。因此，辅基是有活性的酶必需的结构成分，而辅酶不是有活性的酶必需的结构成分。

二、酶的活性中心

酶通过催化循环持续发挥作用。组成酶分子的各种化学基团并不一定都直接参与酶的催化循环过程。酶分子整体构象中酶发挥活性所必需的基团称为酶的必需基团（essential group）。酶的某些必需基团在一级结构上可能相距很远，但在空间结构上彼此靠近，组成具有特定动态构象的局部空间结构，形状如口袋或裂穴，开口在酶分子表面或通过特定方式与外部环境相连通，能与外部的底物特异地结合并将底物转化为产物。此区域称为酶的活性中心或活性部位（active site）。缀合酶中，辅基常参与构成酶的活性中心。

酶活性中心的必需基团可按其作用分类。直接参与酶对底物的结合，使底物与特定构象状态的酶形成酶-底物复合物的必需基团称为底物结合基团（substrate binding group）。通过影响底物中某些化学键的稳定性或直接与底物发生化学反应，从而促进底物转变成中间产物或产物的必需基团称为催化基团（catalytic group）。活性中心的有些必需基团可同时具有这两方面的功能。另外，活性中心内有些必需基团不直接参与对底物的结合或催化作用，而是维持酶活性中心发挥作用所需要的精确构象，这类基团称为结构必需基团。组氨酸的咪唑基、丝氨酸的羟基、半胱氨酸的巯基等是构成酶活性中心的常见基团。

在酶分子活性中心以外，有一些基团是酶发挥活性所必需的，但其作用主要是维持酶分子整体及活性中心特有的空间构象，这类基团属于活性中心以外的结构必需基团（图 3－1）。即使在酶活性中心，部分氨基酸残基的作用也是维系活性中心的特殊几何构象而不是直接与底物接触或直接相互作用。

酶活性中心有精确构象，这种精确构象是酶发挥催化作用所必需的。但是，酶活性中心构象是动态结构，存在可变性即具有柔性（flexibility）。酶活性中心的柔性也是酶发挥催化作用所必需的，此观点最早由中国学者邹承鲁提出并证实。

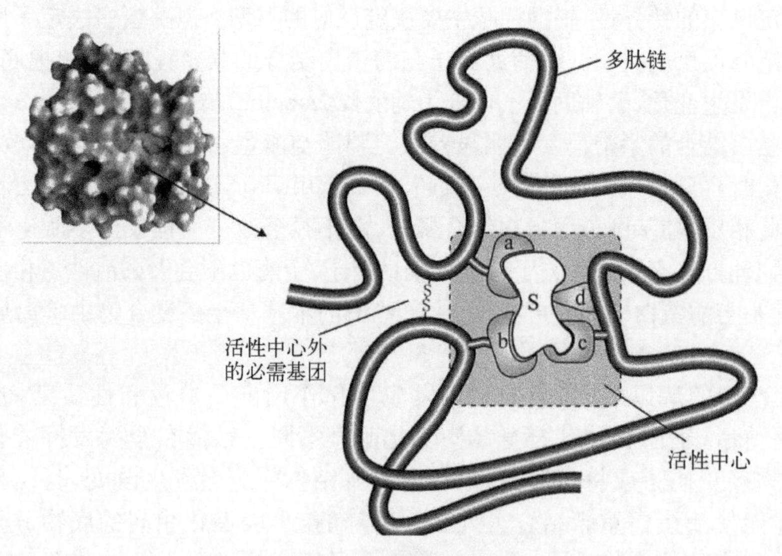

图 3-1 酶活性中心

S为底物分子;a,b,c为结合基团;d为催化基团

第二节 酶促反应的特点与机制

酶有常规化学催化剂的基本特点,在化学反应前后质和量都不改变,也不改变化学反应的平衡点,可以显著降低反应活化能。酶的化学本质是蛋白质,这使酶又有一般催化剂没有的生物大分子的特性及相应的特殊催化机制。

一、酶催化作用的特点

(一) 催化效率高

酶的催化作用在温和条件下可比普通化学催化剂高很多倍。例如,脲酶催化尿素的水解速度比 H^+ 催化作用高 7×10^6 倍。α-胰凝乳蛋白酶对苯甲酰胺的水解速度比 H^+ 的催化作用高 6×10^6 倍。另外,酶的这种高效催化作用是在常温常压条件下实现的,与常规的化学催化剂明显不同。在热力学允许的反应体系中,总有部分底物分子能量高于平均值。在反应的特定瞬间,达到或超过一定能量水平的活化分子可通过碰撞进行化学反应。反应物分子达到进行反应所需要的高能量活化状态时,其所具有的能量与分子平均能量的差值称为活化能(activation energy)。反应体系中活化分子越多,反应物之间发生碰撞的概率越大,反应速度越快。酶通过特有机制能比常规催化剂更有效地降低活化能,从而使底物只需要获得较少的能量便可进入活化状态并形成过渡态,使得酶催化作用比常规化学催化剂可高几个数量级。实际上,酶除了降低活化能加速反应以外,还通过底物在活性中心与氨基酸残基之间的特定作用控制底物取向以提高发生反应所需碰撞的频率、利用酶蛋白中氨基酸残基为催化基团与结合在活性中心的底物发生类似于分子内的反应等方式提高催化效率。酶通过复杂的机制使底物结合在酶活性中心后,能更高效率地形成过渡态和更高比例地转变成产物,从而实现高效的催化作用。

(二) 高度专一性

酶对所结合的底物具有明确选择性,且常只催化预定类型的化学反应,生成具有确定结构的产物。数量和种类有限的普通化学催化剂对反应物基本没有选择性,且常可以催化多种类型的化学反应;酶可选择性地作用于一种或具有某种化学键(官能团)的一类化合物,并催化某种既定类型化学反应生成对应产物。酶对所结合底物的选择性和生成确定结构或特征产物的性质称为酶的专一性或特异性(specificity)。不同酶的专一性差异大，酶有专一性是酶的普遍特征；专一性低的酶可以结合的底物也是有限的，在确定反应条件下产物结构特征也是预定的。酶的专一性是确认酶的基本标准，也是区分常规化学催化剂与酶的重要标志之一。酶的专一性可用动力学参数组合(k_2/K_m见本章第三节 酶促反应动力学)定量表示。此指标既可反映酶对不同底物的选择性高低，又可反映酶对此底物的催化效率，在酶分子工程中进行酶蛋白分子设计改造时，此指标是筛选符合要求突变体的主要依据。

酶的专一性可根据特定标准进行分类。酶的专一性通常按高低分成绝对专一性和相对专一性。也可以根据酶对底物的立体异构体有无选择性，或对底物的光学异构体有无选择性等对酶的专一性进行分类。

1. 绝对专一性和相对专一性

(1) 绝对专一性：有的酶只能作用于唯一结构的底物，催化其发生某种确定的反应生成相应产物，这种特异性称为绝对专一性(absolute specificity)。典型的具有绝对专一性的酶有脲酶(urease)、尿酸氧化酶和琥珀酸脱氢酶(succinate dehydrogenase)等。脲酶仅能催化尿素水解生成CO_2和NH_3，尿酸氧化酶仅能催化尿酸氧化生成过氧化氢和5-羟基异尿酸，琥珀酸脱氢酶只能催化琥珀酸脱氢生成延胡索酸。

(2) 相对专一性：有些酶对底物的选择性不高，可作用于具有相同官能团或化学键的某类化合物，但也只能催化特定类型的化学反应，其产物也具有可预知的结构特征，这种特异性称为相对专一性。例如，羧酸酯酶(carboxylic esterase)可水解短链羧酸酯生成对应羧酸和羟基化合物，但对成酯的羟基化合物选择性非常低。这类酶底物数量多，但都具有相同的羧酸酯键，根据底物可以预先确定产物结构。这种对特定化学键具有选择性的相对专一性，又称为化学键专一性(bond specificity)。磷酸酶(phosphatase)可水解磷酸基团和羟基化合物形成的磷酸单酯键；β-半乳糖苷酶(β-galactosidase)可水解半乳糖与相应化合物形成的β构型糖苷键。消化道蛋白酶可水解多种蛋白质，但通常只断裂肽链中特定氨基酸对应的肽键。这类酶对形成化学键的基团和所形成化学键类型都有选择性，也属于相对专一性。这种对成键基团和化学键都具有选择性的相对专一性，又称基团专一性(group specificity)。

2. 立体异构体专一性 生物体内有些物质存在立体异构体(stereoisomer)。绝大多数酶对底物的立体异构体具有明确的选择性，只能作用于立体异构体中的某一种，且生成的产物也只具有相应的某种立体结构。这种专一性称为立体异构体专一性(stereospecificity)。例如，丁烯二酸存在顺反两种立体异构体。延胡索酸酶仅催化反丁烯二酸(即延胡索酸)水化成苹果酸，对顺丁烯二酸则无作用；延胡索酸酶催化逆反应时，苹果酸脱水也只生成反丁烯二酸，而不生成顺丁烯二酸。显然，对于底物不具备立体异构体的酶，其专一性不能按此特征进行分类。

3. 光学异构体专一性 生物体内的糖、绝大部分氨基酸参与形成的物质都有光学异构体(optical isomer)。酶通常对底物的光学异构体有明显选择性，同时产物也会只具有某种光学活性构型，如乳酸脱氢酶(LDH)只能氧化L-乳酸生成丙酮酸，而不能作用于D-乳酸；LDH催化丙酮酸还原生成乳酸时，也只生成L-乳酸而不生成D-乳酸。L-谷氨酸脱氢酶只能催化L-谷氨酸脱氢生成α-酮戊二酸等产物或对应的逆反应。氨基酸酰化酶(amino acid acylase)只把L-氨基酸氨基酰化后生成的酰胺水解成氨基酸，不作用于D-氨基酸的酰化衍生物，但是此酶可作用于大多数L-氨基酸的此类衍生物。光学异构体或立体异构体都属于不同物质。因此，在生理条件下只能作用于唯一物质中的某种光学异构体的酶。例如，LDH既属于有光学异构体专一性，同时又有绝对专一性。而氨基酸酰化酶虽有光学异构体专一性，但底物有多种，属于相对专一性。显然，对于底物不具备光学异构体的酶，其专一性不能按此特征进行分类。

(三) 酶活性的可调节性

代谢过程通常会消耗能量或被代谢物。生物进化过程中存活的细胞都能通过调节代谢途径限速酶活性精确调节代谢速度，使其具有尽可能有效的能量利用机制和对外部环境变化的最快适应能力(参见第九章物质代谢联系与调节)。在体内，酶活性受多种因素包括生理和非生理因素的调节，以适应不断变化的内外环境和生命活动的需要。酶在物种进化过程中形成的区域化分布、多酶复合物和多功能酶及基因分化形成的同工酶等都为提高酶活性调控的效率提供结构基础。另外，代谢中间物通过对相关代谢途径限速酶活性的抑制与激活，也能调节代谢进行的速度。酶在激素等生理信号作用下发生共价修饰调节，通过对酶生物合成的诱导与阻遏等对酶量进行调节，也是一种效果更显著的调节方式。体内各种生理信号和代谢物，与不同代谢途径限速酶的复杂相互作用构成了体内酶活性调节和代谢调节的复杂网络。

(四) 不稳定性

酶的化学本质是蛋白质,其发挥活性依赖于其特有的动态构象。因此,酶只有在较温和条件下才能有效地发挥其催化作用,所有可改变蛋白质构象的物质和环境条件都对酶的活性有明显影响。溶液中的 pH、反应体系的温度、有机溶剂等常会改变酶活性。容易引起蛋白质变性的因素包括变性剂和物理因素,酶蛋白发生变性也可使酶失去活性。酶的稳定性通常较低,即使在最适宜的条件下储存,原有活性也会逐渐降低。但相同条件下不同酶的稳定性差异可能很大,最适储存条件可能会明显不同。多数酶在低温下稳定性好且冻干后可长时间保存。特殊的酶低温下稳定性好,但冻干后不一定适合长期保存。例如,苛求芽孢杆菌胞内尿酸氧化酶低温下在碱性溶液中保存稳定性最好,冻干后即使在−20℃条件下稳定性也会降低。

二、酶促反应的机制

(一) 酶-底物复合物的形成与诱导契合学说

普遍认为,多数酶促反应过程中,酶需要先与底物结合形成复合物,形成过渡态(transition state)后,转变为酶与产物的复合物,再释放产物,且酶分子恢复到未进行催化作用前的结构状态,使酶分子可以重新结合另外一分子底物,再进行另一次催化反应。此过程称为酶的催化循环(catalysis cycle),其中酶结合底物形成的复合物称为酶-底物复合物(enzyme-substrate complex,ES 复合物)。

酶与底物形成 ES 复合物的过程涉及酶与底物的识别等相互作用,这是酶具有专一性的关键原因之一。最早曾用锁与钥匙的关系来解释酶对底物的识别与结合,即锁钥学说(lock and key theory)。但越来越多研究证明,酶与底物结合过程不是锁与钥匙之间的那种机械关系;在酶与底物相互接近时,通过相互诱导、相互变形和相互适应,酶与底物相互结合形成 ES 复合物,此即诱导契合学说(induced-fit theory)(图 3-2)。在酶发挥催化作用过程中,酶构象发生改变以促进对底物的结合;底物在与酶相互作用时底物也会发生变形,处于能量较高的过渡态,易与酶活性中心的催化基团发生相互作用,这也是酶发挥作用依赖于活性中心构象柔性的原因所在。

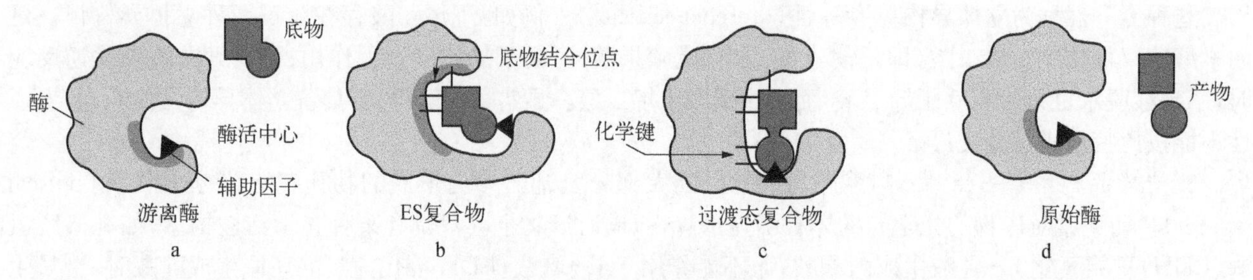

图 3-2 酶的诱导契合模型

a. 酶活性中心含有底物结合位点,也可能含有协助催化的辅助因子,形成 ES 复合物;b. 底物与底物结合位点的氨基酸残基形成化学键,引起酶活性中心构象变化;c. 底物进一步与酶活性中心的氨基酸残基和辅助因子形成化学键,形成过渡态复合物;d. 产物释放,酶恢复其原始构象

(二) 酶促反应的机制

酶高效率和高专一催化作用都以酶活性中心精确的动态构象为基础。酶主要通过下列方式与结合在活性中心的底物发生复杂的相互作用而实现催化作用。

1. 邻近效应与定向排列　在多分子反应中,反应物(底物)之间必须在正确的方向上发生碰撞才有可能形成具有所需要分子取向的过渡态。满足此要求的碰撞称为有效碰撞。酶将反应所需要的底物和辅助因子,按特定顺序和特定空间位置定向结合到酶的活性中心,使它们相互接近而获得有利于反应进行的正确定向。这种邻近效应与定向排列使分子之间反应类似于分子内的反应。分子内反应形成过渡态时熵减少很小,使分子内反应所需活化能明显低于分子之间反应所需的活化能,从而显著提高发生碰撞的概率。酶施加的这种定向效应可以大大提高有效碰撞的比例,使反应速度远高于自由分子间发生的双分子反应速度。

2. 多元催化　普通催化剂常仅有一种解离状态,只能进行酸催化或碱催化。酶是两性电解质,所含的多种功能基团具有不同的解离常数。即使同种基团在同一酶分子中处于不同的微环境,解离度也有差异。

因此，同一种酶常常兼有酸、碱双重催化作用。这种多种催化基团（包括辅酶或辅基）的协同催化作用可极大地提高催化效率。

3. *表面效应*　酶的活性中心多为内陷性的疏水"口袋"。疏水环境可排除水分子对酶和底物分子可反应基团的干扰性吸引或排斥，防止在底物与酶之间形成水化膜，有利于酶与底物的密切接触，并发生静电相互作用。底物和酶活性中心内相应基团的相互作用有利于稳定底物结构发生变化时形成的极性过渡态，进一步降低活化能。

4. *张力和变形作用*　酶活性中心的精确构象，可以使其通过特定位置基团，在不同方向对底物施加各种相互作用，从而使在酶作用下需要断裂的化学键拉伸或者扭曲变形，有利于形成和稳定对应过渡态。

5. *共价催化*　多数酶在发生催化作用过程中，底物和酶活性中心的催化基团或结合在活性中心的辅助因子发生直接的化学反应，形成特殊的共价结构的中间产物，再转变成终产物。这种方式特别有利于把多分子的反应转变成双分子的多步反应，尤其这种双分子反应发生在酶活性中心内，通过反应基团之间的邻近效应和正确取向作用等可以显著提高发生有效碰撞的概率，从而加快反应速度。通过多步共价催化反应将直接一步反应所需高活化能转变成多步的低活性能，这种方式对于生物体内需要消耗能量的多分子反应的催化作用非常显著。在某些酶促水解反应中，结合在酶活性中心的金属离子通过对水分子的络合和解离的促进，以类似于共价催化方式发挥加速反应过程的作用。

酶催化作用过程中通常是多种因素协调一致以提高酶的催化效率。酶作为大分子具有多种氨基酸残基，甚至结合有辅助因子，具备对底物施加多种影响的结构基础。酶催化作用正是多种催化机制的综合作用才有高效率和高专一性。

第三节　酶促反应动力学

酶促反应速度受到很多因素的影响，包括酶浓度、底物浓度、pH、温度、抑制剂、激活剂等。酶促反应动力学（kinetics of enzyme-catalyzed reaction）是一门以研究酶催化反应速度为基础的学科，同时也研究影响反应速度的各种因素。酶促反应动力学研究是酶学研究的最基本工作，具有重要的理论和实践意义。

化学反应速度指设定的反应体系中，反应物随时间逐渐减少的速度或者产物随时间逐步增加的速度。反应速度可用物质的量变化速度表示，单位常用 mmol/min、μmol/min 等；也可用物质浓度的变化速度表示。

简单酶促反应体系中底物和产物的浓度变化如图 3－3 所示。此变化曲线又称酶促反应进程曲线（progress curve）。在任何反应体系中，只有当反应物浓度有一定程度下降或者产物增加到检测限以上才可以测定其变化。反应物浓度下降会降低化学反应速度。因此，测定化学反应速度常测定初速度（initial rate）。初速度指在反应刚开始阶段，反应物消耗很少，其浓度变化对反应速度的影响可忽略不计，且逆反应也不明显，速度基本维持恒定的反应阶段内的平均速度（图 3－3）。这一段反应时间又称为初速度反应时段。一般以底物消耗小于 5%反应时段内的平均速度表示初速度；当底物浓度很高时，底物消耗比例很大的反应阶段的平均速度也可用于表示初速度。因此，反应物浓度低时测定初速度需要高灵敏度的定量方法。测定酶促反应初速度是目前研究酶催化动力学的基本策略。

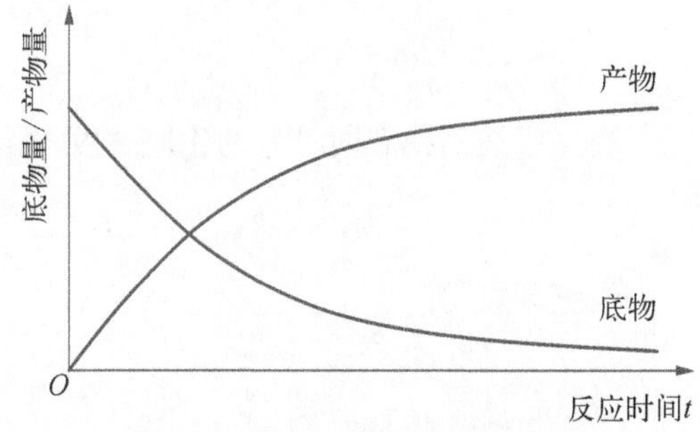

图 3－3　酶促反应进程曲线示意图

一、底物浓度对酶促反应速度的影响

酶促反应与无催化剂时的反应不同，其随底物浓度的变化存在明显的底物饱和现象。其他因素不变时，酶促反应速度随底物浓度的变化多呈双曲线形（图 3－4）。

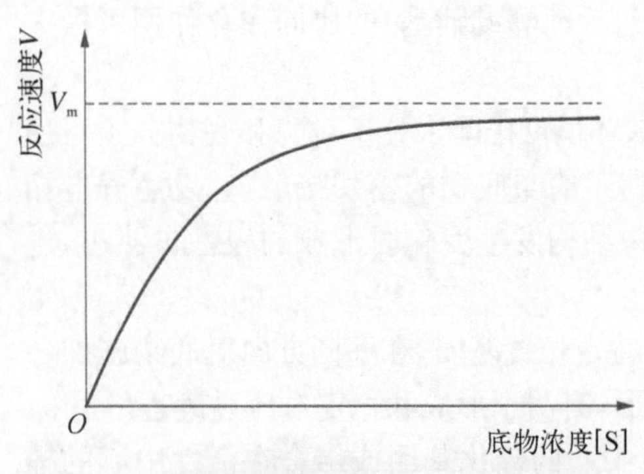

图 3-4 酶底物浓度对酶促反应速度的影响

在底物浓度较低时,反应速度随底物浓度的增加而增加,两者为线性关系,反应可近似为一级反应。随着底物浓度的进一步增高,反应速度不再与底物浓度成正比,而是缓慢增加。当底物浓度达到一定数值后,继续加大底物浓度,反应速度基本不再增加,反应可近似为零级反应。此现象即为酶促反应速度的底物饱和现象,酶的活性中心被底物全部结合。所有的酶均有底物饱和现象,但不同的酶达到饱和时所需的底物浓度不同。此现象可以用下列机制阐述。

(一) 酶促反应的中间产物学说和酶促反应动力学方程

酶促反应过程中酶与底物结合形成 ES 复合物,ES 复合物再分解为产物 P 和游离的酶,游离的酶再进入下一个催化循环,此即中间产物学说。

$$E + S \underset{k_{-1}}{\overset{k_1}{\rightleftharpoons}} ES \xrightarrow{k_2} E + P \quad (式 3-1)$$

化学反应动力学机制主要有快速平衡理论(fast equilibrium theory)和稳态假设(steady-state theory)两种。稳态假设应用最普遍。稳态假设认为,化学反应过程中,中间产物可快速生成且较慢地转变成产物。当反应进行到一定程度时,中间产物生成速度等于其转变成产物的速度,则中间产物浓度维持恒定。此观点可以用于所有中间产物,不依赖于中间产物的稳定性高低。酶促反应 ES 复合物应用此稳态假设可以推导酶促反应动力学方程,解释酶动力学的底物饱和现象。但应用此假设需要下列条件:① 酶促反应速度为初速度;② 底物浓度[S]远大于酶活性中心的总浓度[E],通常要求[S]>100×[E]。在此条件下,反应中游离酶的浓度为酶总浓度减去与中间产物结合的酶浓度。取 k_1 为游离酶与底物结合生成 ES 复合物的二级速度常数,k_{-1}为 ES 复合物解离成游离酶和底物的一级速度常数,k_2 为 ES 复合物分解生成产物的一级速度常数,具体见式 3-1。据质量作用定律,中间产物 ES 生成速度为

$$\frac{d[ES]}{dt} = k_1 \times ([E] - [ES]) \times [S] \quad (式 3-2)$$

ES 分解速度

$$\frac{d[ES]}{dt} = k_{-1} \times [ES] + k_2 \times [ES] \quad (式 3-3)$$

当反应达到稳态时,ES 的生成速度等于 ES 的分解速度,即

$$k_1 \times ([E] - [ES]) \times [S] = k_{-1} \times [ES] + k_2 \times [ES] \quad (式 3-4)$$

经整理可得

$$\frac{([E] - [ES]) \times [S]}{ES} = \frac{k_{-1} + k_2}{k_1} \quad (式 3-5)$$

令

$$K_m = \frac{k_{-1} + k_2}{k_1}$$

则式 3-5 转变成:$[E] \times [S] - [ES] \times [S] = K_m \times [ES]$

$$[ES] = \frac{[E] \times [S]}{K_m + [S]} \quad (式 3-6)$$

反应产物生成速度应该取决于其对应中间反应物浓度和相应反应速度常数。据式 3-1,令产物生成速

度为

$$V = k_2 \times [\mathrm{ES}]$$

代入式 3-6 得

$$V = \frac{k_2 \times [\mathrm{E}] \times [\mathrm{S}]}{K_\mathrm{m} + [\mathrm{S}]} \tag{式 3-7}$$

当底物浓度很高时，酶被底物饱和，相当于所有酶都与底物结合，即[ES]等于酶的总浓度[E]，则反应达最大速度。故最大反应速度为

$$V_\mathrm{m} = k_2 \times [\mathrm{ES}] = k_2 \times [\mathrm{E}] \tag{式 3-8}$$

将式 3-8 代入 3-7，得酶促反应的动力学方程为

$$V = \frac{V_\mathrm{m} \times [\mathrm{S}]}{K_\mathrm{m} + [\mathrm{S}]} \tag{式 3-9}$$

这是 1913 年 Leonor Michaelis 和 Maud Menten 提出的酶促反应动力学方程[经过后续完善才成为式 3-9 的形式，称为米氏方程(Michaelis-Menten equation)]。其中[S]为底物浓度，V 是不同[S]对应的酶促反应初速度，V_m为最大反应速度，与酶的总浓度成正比，K_m为米氏常数。酶的 K_m为设定反应体系中的特征常数。实践证实，绝大多数酶的动力学行为都可以用米氏方程式 3-9 描述，但也有特殊酶的动力学特点与此明显不同。动力学行为可以用米氏方程描述的酶又称为米氏酶。

(二) 用米氏方程解释酶促反应速度的底物饱和效应

(1) 当底物浓度很低时($[\mathrm{S}] \leqslant 0.1 \times K_\mathrm{m}$)，米氏方程可以简化为

$$V = \frac{V_\mathrm{m}}{K_\mathrm{m}} \times [\mathrm{S}] \tag{式 3-10}$$

米氏酶的 K_m和 V_m都和底物浓度无关，$V_\mathrm{m}/K_\mathrm{m}$为与底物浓度无关的常数。所以，底物浓度足够低时，酶促反应初速度与底物浓度成正比，此正比关系可以用于动力学法测定酶的底物量。

(2) 当底物浓度很高($[\mathrm{S}] \geqslant 10 \times K_\mathrm{m}$)时，米氏方程可以简化成 $V \approx V_\mathrm{m}$，反应速度达到最大速度，再增加底物浓度也不再增加反应速度，即酶被底物饱和，反应速度达到最大值。

(3) 当底物浓度和酶 K_m之间相差不大，即浓度处于相同数量级时，酶促反应初速度对底物浓度的响应接近于以最大反应速度为渐近线的双曲线形(图 3-4)。

(三) 米氏方程中动力学参数的意义

(1) 当反应初速度为最大反应速度一半时，米氏方程为

$$V = \frac{V_\mathrm{m}}{2} = \frac{V_\mathrm{m} \times [\mathrm{S}]}{K_\mathrm{m} + [\mathrm{S}]} \tag{式 3-11}$$

整理得 $K_\mathrm{m} = [\mathrm{S}]$。可见，$K_\mathrm{m}$数值上等于酶促反应速度为最大反应速度一半时的底物浓度，相当于维持酶活性中心有 50%比例被底物结合时所需的底物浓度。

(2) 由于 $K_\mathrm{m} = (k_2 + k_{-1})/k_1$，故当 $k_{-1} \gg k_2$，即反应达到稳态后，ES 复合物解离成 E 和 S 的速度大大超过其分解成 E 和产物 P 的速度时，k_2 对计算 K_m的贡献可忽略不计。按稳态反应的条件，此时 K_m值应近似等于 ES 复合物的解离常数 K_s。

$$K_\mathrm{m} = \frac{k_{-1}}{k_1} = \frac{[\mathrm{E}] \times [\mathrm{S}]}{[\mathrm{ES}]} = K_\mathrm{s} \tag{式 3-12}$$

在这种情况下，K_m值可用来表示酶对底物的亲和力。K_m值越大，则酶对底物的亲和力越小，需要很高浓度的底物才能使酶促反应达到饱和(最大反应速度)。K_m值越小，酶与底物的亲和力越高，不需要很高的

底物浓度便可使酶促反应轻易地达到最大反应速度。但有些酶的催化效率很高，k_2 值很大，此时 K_s 值和 K_m 值的含义不同，不能互相代替。

(3) 在给定条件下，K_m 是酶对其底物的特征常数，其主要取决于酶自身和底物结构，与酶和底物浓度都无关。但 K_m 明显受到反应环境(如温度、pH、离子强度)影响。常见酶 K_m 值分布范围很宽，为 10^{-6}～10^{-2} mol/L。相同底物不同的酶可能有不同的 K_m 值；相同酶对于不同底物的 K_m 值也可能不同。

(4) V_m 是酶完全被底物饱和时的反应速度，即最大反应速度。V_m 同酶浓度成正比而与底物浓度无关。如酶浓度已知，可从 V_m 计算 ES 复合物分解生成产物的一级速度常数(k_2)。例如，碳酸酐酶的某种同工酶，浓度为 10^{-6} mmol/L 的酶可在 1 s 内催化 CO_2 与 H_2O 反应生成 0.6 mol/L H_2CO_3，则每秒钟每分子酶可催化生成 6×10^5 分子的 H_2CO_3。

动力学常数 k_2 又称为转换数，相当于酶被底物完全饱和后单位时间内每个活性中心催化底物生成产物分子数。大多数酶对生理底物转换数为 $1\sim10^4$/s。

$$k_2=\frac{V_m}{[E]}=\frac{0.6\ \text{mol/(L}\cdot\text{s)}}{10^{-6}\ \text{mol/L}}=6\times10^{-5}/\text{s} \quad \text{(式 3-13)}$$

(5) 专一性常数 k_2/K_m：酶的专一性包含两方面内容，即选择特定底物和生成特定产物。米氏常数和 k_2 组成的复合参数(对于多底物酶有另外的组合方式)，正好可以反映单底物酶促反应这两方面的能力，故常被称为酶的专一性常数。另外，此组合参数还可以反映酶与底物之间发生碰撞时可生成产物的有效碰撞频率或酶的催化效率。因为酶与底物之间的碰撞为扩散控制，一般不会超过 10^9 数量级。最有效的酶也只能是每次碰撞都生成对应的产物，故多数酶催化过程中有效碰撞远低于此扩散控制上限。过氧化氢酶作用于过氧化氢生成水和氧的 K_m 为 25 mmol/L，k_2 为 1.0×10^7/s，对应的 k_2/K_m 为 4.0×10^8 mol/(L·s)；延胡索酸酶的 k_2/K_m 为 1.6×10^8 mol/(L·s)，乙酰胆碱酯酶的 k_2/K_m 为 1.5×10^8 mol/(L·s)，它们的催化效率都非常高。比较酶对不同底物的 k_2/K_m 有助于判断酶的生理底物。k_2/K_m 可用于筛选所设计作用于某个设定底物的高效酶突变体。对于确定量的酶，测定 k_2/K_m 可以间接比较酶的专一性和对不同底物的催化效率。

(四) 酶动力学参数的测定

据图 3-4 可知，酶促反应初速度随底物浓度变化的双曲线以 V_m 对应水平曲线为渐近线，而 K_m 在数值上等于初速度达到最大反应速度一半时的底物浓度。但从初速度随底物浓度变化曲线本身无法准确测得 V_m，也就无法可靠测定 K_m。用实验测定酶 V_m 值也不可能使用过高的底物浓度，因为底物浓度受到其溶解度限制，尤其底物浓度过高，对于某些酶容易出现高浓度底物对酶活性的抑制作用。目前最常用的方法是在与 K_m 接近的底物浓度范围内测定初速度，把米氏方程转变成对参数为线性的形式进行数据转换后作图或最小二乘拟合确定所需动力学参数。米氏方程可转变成下列形式进行数据分析(作图)测定参数。

1. Lineweaver - Burk 分析法　将米氏方程两边取倒数得对应双倒数方程：

$$\frac{1}{V}=\frac{K_m}{V_m}\times\frac{1}{[S]}+\frac{1}{V_m} \quad \text{(式 3-14)}$$

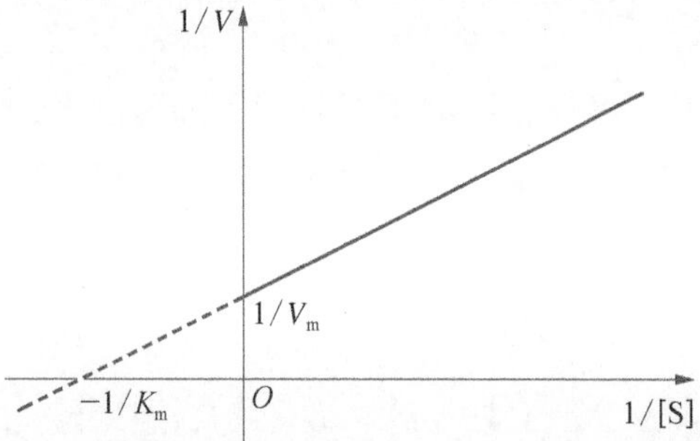

利用在给定底物浓度范围内的初速度，分别对底物浓度和初速度取倒数，再以 $1/V$ 为因变量对自变量 $1/[S]$ 作图或数据拟合(图 3-5)，可得一直线，其纵轴上的截距为 $1/V_m$，横轴上的截距为 $-1/K_m$，斜率为 K_m/V_m。此即双倒数分析法或 Lineweaver - Burk 分析法(林-贝分析法)，是测定酶动力学参数最常用的数据转换方法。此方法对低浓度底物下初速度误差很敏感，一般需底物浓度成等比数列分布在 K_m 两侧。

图 3-5　Lineweaver - Burk 作图(双倒数作图)

2. Hanes - Woolf 分析法、Eadie - Hofstee 分析法、积分法　具体见本章末二维码。

二、酶浓度对反应速度的影响

在酶促反应体系，当底物浓度大大超过酶的浓度而使酶被底物饱和时，反应速度接近于最大反应速度，且与酶的浓度成正比(图 3－6)。用高浓度底物测定酶活性时，底物消耗造成的浓度变化对初速度测定干扰很小，速度对酶量的线性响应范围宽，灵敏度和上限都高，有利于克服产物竞争性抑制的干扰。从式 3－7 可知，当[S]≫K_m时，式中 K_m可以忽略不计，其关系式可简化为 $V=k_c\times$[E](k_c为对应的比例系数)。在临床检验中常用此高浓度底物测定血清酶活性。但底物溶解度、底物抑制或成本等的限制可能使得所用底物浓度仅略大于酶 K_m，甚至小于酶 K_m。由米氏方程可知，只要定量方法灵敏度足够高，初速度测定足够准确、可靠，所得酶促反应初速度仍然和反应体系中的酶量成正比。初速度对酶量变化的线性响应特征和范围，是衡量酶活性测定方法可靠性的基本指标。

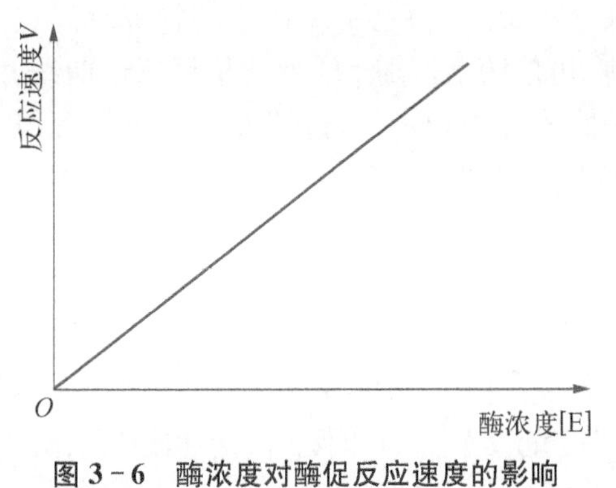

图 3－6 酶浓度对酶促反应速度的影响

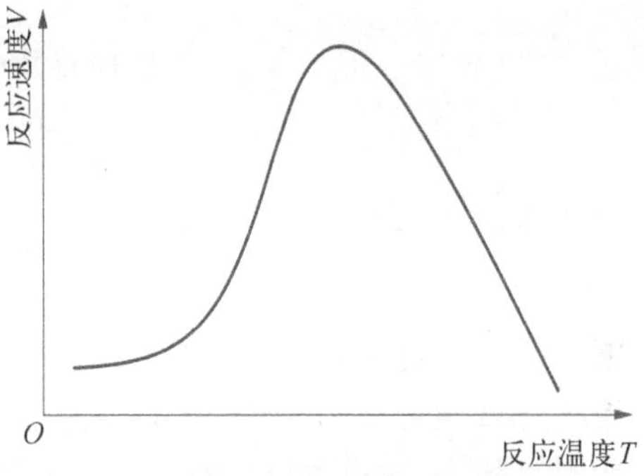

图 3－7 酶促反应速度随反应温度的变化

三、温度对反应速度的影响

温度每升高 10℃，化学反应速度可增加 1～2 倍。但酶是化学本质为蛋白质的生物催化剂，其活性受温度的双重影响。升高温度一方面可加快酶促反应速度，同时也造成酶变性失去活性的速度加快。当温度为 60℃以上时，大多数酶就开始发生快速变性，失去活性；温度达到 80℃时，酶的变性速度更快。在这两种相反效应的作用下，酶促反应速度在特定温度下可达到最大值。在其他条件固定时，酶促反应速度达到最快时的反应体系温度称为酶促反应的最适温度。在反应体系温度低于最适温度时，升高温度加快酶促反应速度的效应起主导作用，所以酶促反应速度随温度升高而升高；温度高于最适温度时，则因酶变性造成的酶活性降低起主要作用，使酶促反应速度随温度升高而降低(图 3－7)。哺乳动物组织来源的酶，最适温度为 35～40℃，接近于其体温。

测定酶促反应速度都需要一定时间，以生成足够的产物便于测定，而在这段反应时间内，稳定性低的酶已有一定比例失去活性。如果测定时间非常短，则酶可耐受较高的温度，最适温度就较高。相反，测定酶促反应速度的反应时间越长，最适温度就越低。因此，最适温度明显受到测定初速度所需要时间的影响，不是酶的特征常数。另外，酶蛋白在进化过程中，具有适应细胞生存环境的能力。来源于正常条件下在高温环境生长细胞的酶，其最适温度通常较高。例如，来源于嗜热杆菌的 *Taq* DNA 聚合酶，其最适温度在 74℃左右。在 95℃，此 *Taq* DNA 聚合酶的热变性失活半衰期也有 30 min，而普通的酶则小于 3 min。*Taq* DNA 聚合酶对高温的耐受能力使其成为 DNA 扩增的重要工具(参见第十八章常用分子生物学技术)。

多数酶在低温下活性都很低，但在低温下反应的酶转移到温度适宜条件下，又可以表现出很高的活性。可见这并不是低温造成酶变性，但也不是低温使酶活性降低或者失去活性。实际上，低温下化学反应活化能高且低温下酶分子的热运动和分子内化学键的振动速度都降低，造成酶把底物转化成产物的能力降低，也就是低温下酶的表观活性本来就低。另外，低温下酶发生变性失去活性的速度也降低，操作稳定性通常更好。因此，低温有利于长期保存酶制剂。由于低温下酶活性很低，临床上可用低温进行麻醉。动物细胞、菌种的长期保存通常应用低温或超低温。实验测定酶活性时，应严格控制反应体系温度，尤其样品从保存所用的低温下取出后应立即测定，以免酶在温度升高后的保存期内失去活性。但是，也有些酶在室温下的稳定性比低温下好。例如,细菌的谷氨酸脱羧酶在室温条件下稳定性比在0℃条件下好。

四、pH 对反应速度的影响

酶分子中极性基团的解离状态随反应体系 pH 的变化而变化。酶活性中心的某些必需基团往往需要处于特定的解离状态才最容易同底物结合,并具有最大催化效力。许多底物及辅助因子(如 ATP、NAD^+、CoA 等)也可解离,pH 的改变明显影响它们的解离状态,从而影响酶与它们的亲和力和催化效力。故 pH 的改变既影响酶对底物的结合,又影响酶的催化能力。另外,过酸或过碱条件下酶蛋白容易快速变性失去活性,并进一步发生不可逆变性。因此,在过酸或过碱条件下测定酶活性的反应时段内,酶蛋白可能已明显发生变性失活。pH 对酶必需基团及底物等解离状态和酶蛋白稳定性的影响,可使酶活性随 pH 变化呈钟罩形曲线;酶只有在特定的 pH 时活性才可达到最大,过酸或者过碱都可使酶活性降低(图 3-8)。酶催化活性最大时,反应体系的 pH 称为酶促反应的最适 pH。

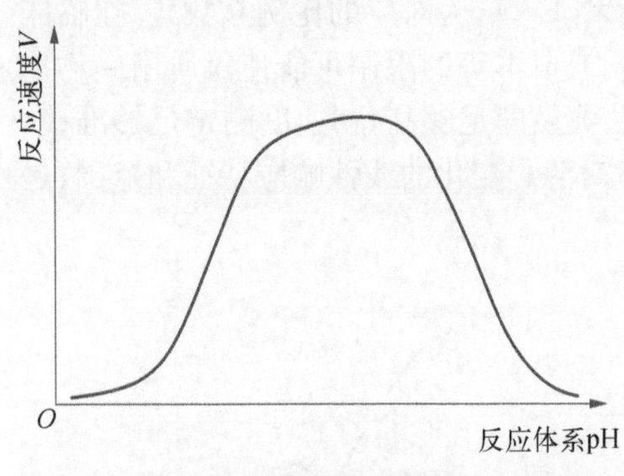

图 3-8　酶促反应速度随反应体系 pH 的变化

不同酶的最适 pH 一般不同。最适 pH 不是酶特征常数,它受底物种类与浓度、缓冲离子种类与浓度、酶的纯度等因素的影响。在进化过程中,酶蛋白具备在生理 pH 条件下尽可能发挥催化活性的能力。因此,不同来源的酶最适 pH 通常很接近其生理环境的 pH。例如,大多数来源于细胞液中的酶的最适 pH 接近中性;来源于动物胃组织的胃蛋白酶最适 pH 为 1.8。在测定酶的活性时,宜选最适 pH 以保证酶活性最高,从而提高测定灵敏度。

五、抑制剂对酶促反应速度的影响

凡能使酶的催化活性下降而不引起酶蛋白构象发生非常显著变化的化学物质称为酶的抑制剂(inhibitor)。酶抑制剂通常与酶活性中心或对应区域结合,甚至与必需基团形成共价键,从而抑制酶的催化活性。根据抑制剂与酶结合的紧密程度和相互作用的化学本质,酶的抑制作用分为不可逆性抑制(irreversible inhibition)和可逆性抑制(reversible inhibition)两类。

(一) 不可逆性抑制

抑制剂以共价键与酶必需基团结合,使酶失去活性,用透析、超滤等方法除去剩余抑制剂后,抑制效应不能逆转,这种抑制称为不可逆性抑制(irreversible inhibition),对应抑制剂为不可逆抑制剂(irreversible inhibitor)。酶分子上有很多种氨基酸残基,只有极少数才是必需基团。理论上,不可逆抑制剂的化学反应活性决定了其可以和酶分子上对应的一种或数种氨基酸残基发生化学反应,形成对应的共价修饰物。通常不可逆抑制剂至少可以同酶分子上的一类氨基酸残基发生反应。不可逆抑制剂根据对同一酶分子上不同氨基酸残基反应的选择性,可以分为专一性不可逆抑制剂(specific irreversible inhibitor)和非专一不可逆抑制剂(non-specific irreversible inhibitor)。酶的专一性不可逆抑制剂只和酶分子上的某种氨基酸残基发生修饰反应。例如,对巯基专一的不可逆抑制剂只和酶分子的半胱氨酸残基发生修饰反应。酶的非专一性不可逆抑制剂可和酶分子上的多种氨基酸残基发生修饰反应。例如,碘乙酰胺可以和同一酶分子上的氨基、巯基发生修饰反应。在考察不可逆抑制剂同混合蛋白质的作用时,有时将只作用于酶蛋白混合物中某种酶的不可逆抑制剂称为专一性不可逆抑制剂,可以作用于多种不同酶蛋白的不可逆抑制剂则为非专一性不可逆抑制剂;符合这种定义要求的不可逆抑制剂专一性更高。

日常生活中常见的酶不可逆抑制剂主要是造成人畜中毒的有机磷农药等毒物。敌百虫、敌敌畏等常见有机磷农药能够与乙酰胆碱酯酶活性中心丝氨酸残基的羟基通过共价键不可逆结合,使酶失去活性(图 3-9)。乙酰胆碱酯酶失活造成神经递质乙酰胆碱的积蓄,从而使哺乳动物出现迷走神经兴奋等相应的中毒症状。另一类典型的不可逆抑制剂是重金属离子。Hg^{2+} 和 Ag^+ 等与巯基的反应活性很高,所形成的化学键可达到共价键的牢固程度。低浓度重金属离子及 As^{3+} 可与酶分子的必需巯基不可逆结合,使酶失活

(图 3－10)。路易士气是一种含砷化合物,能抑制体内巯基酶活性而使人畜中毒,已被国际公约禁止使用。这些日常生活中可能接触的酶不可逆抑制剂毒性大,需要采用特殊药物防护和解毒。不可逆抑制剂可和酶蛋白分子上的特定氨基酸残基通过共价键不可逆结合,从而形成酶共价加合物(enzyme conjugate)。但有些特殊化合物可以和已被此类抑制剂修饰的酶蛋白加合物再发生反应,使酶蛋白恢复到原来未被修饰时的结构状态,同时恢复活性,这类化合物常用作解毒药。例如,解磷定可和有机磷农药修饰的乙酰胆碱酯酶发生反应,使磷酰基团同解磷定结合而酶蛋白恢复原有结构,从而解除有机磷农药对羟基酶的抑制作用,消除其毒性。二巯丙醇与重金属离子反应活性更高,也可以和重金属离子与酶蛋白巯基形成的加合物发生反应,释放酶分子中的游离巯基,使酶恢复原来的结构和活性,是重金属离子中毒时解毒的常用药。

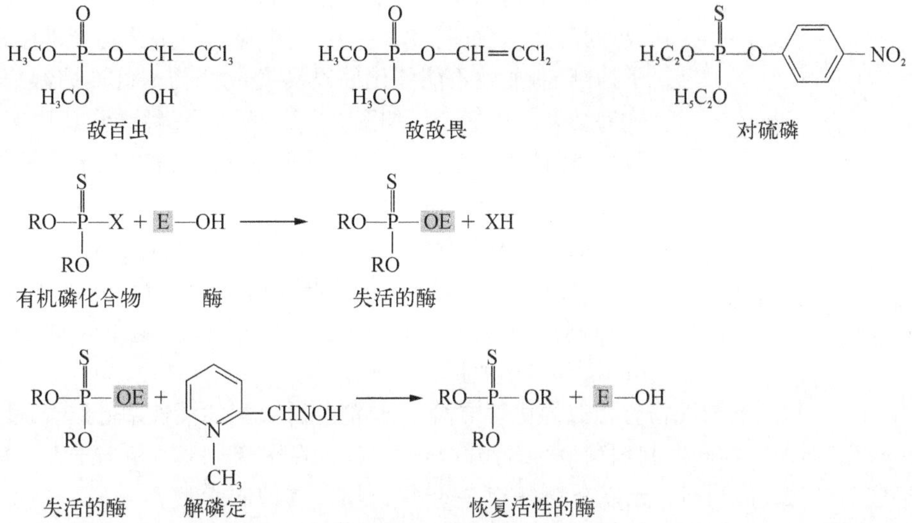

敌百虫　敌敌畏　对硫磷

有机磷化合物　酶　失活的酶

失活的酶　解磷定　恢复活性的酶

图 3－9　有机磷农药

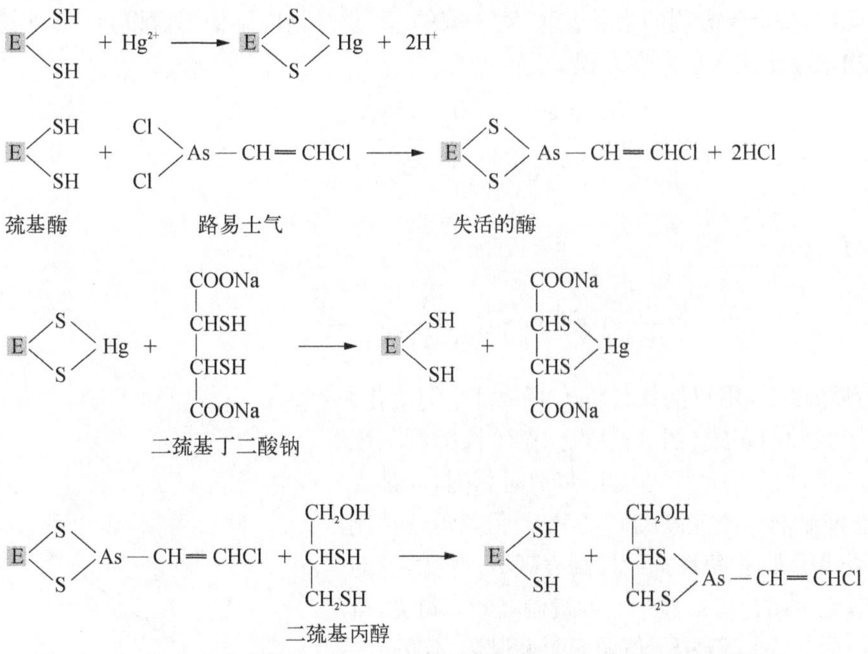

巯基酶　路易士气　失活的酶

二巯基丁二酸钠

二巯基丙醇

图 3－10　汞离子和砷化合物对巯基酶的抑制和药物的逆转作用

临床药物应用方面,青霉素的抗菌作用与其以不可逆抑制剂方式抑制转肽酶活性相关。细菌的细胞壁对维持细菌形态、抵御外界压力等方面起着重要作用,肽聚糖为其主要成分之一,而肽聚糖的生物合成需要转肽酶的参与。青霉素作为黏肽转肽酶的不可逆抑制剂抑制其酶活性,从而阻断黏肽的生物合成,使细菌细胞壁合成受到影响，并最终导致细菌发生自溶，菌体破裂死亡。

中国学者邹承鲁建立了分析不可逆抑制剂使酶失活动力学过程的方法，可用于研究酶必需基团种类和酶结构功能关系。对酶与底物相互识别机制、ES复合物结构等的研究有助于设计针对酶的活性中心必需基团的不可逆抑制剂。理想的不可逆抑制剂在体内也只作用于预期的靶酶，仅使靶酶失活，显示出非常高的专一性。这对控制体内致病细胞的繁殖，或者抑制不需要的代谢途径具有重要作用，是理想的药物开发策略。例如，有一种炔丙胺衍生物是针对人体单胺氧化酶的特异抑制剂，其在体内经过单胺氧化酶的作用生成高活性的不可逆抑制剂，只作用于靶酶，选择性高，在体内有控制血压的药理作用。

（二）可逆抑制

酶可逆抑制剂以非共价键与酶或ES复合物的特定区域可逆性结合成复合物，并使酶活性降低甚至消失；采用透析或超滤将未结合抑制剂除去，则抑制剂和酶蛋白复合物解离，同时酶活性逐步恢复。可逆抑制剂一般为完全抑制剂，即只要结合了抑制剂，酶就不能催化底物转变成产物。可逆抑制剂和各种结构形式酶结合的可能反应如图3-11所示(每种结合反应有对应的解离常数)。在抑制剂存在时，酶的米氏常数称为表观米氏常数，最大反应速度对应为表观最大反应速度。

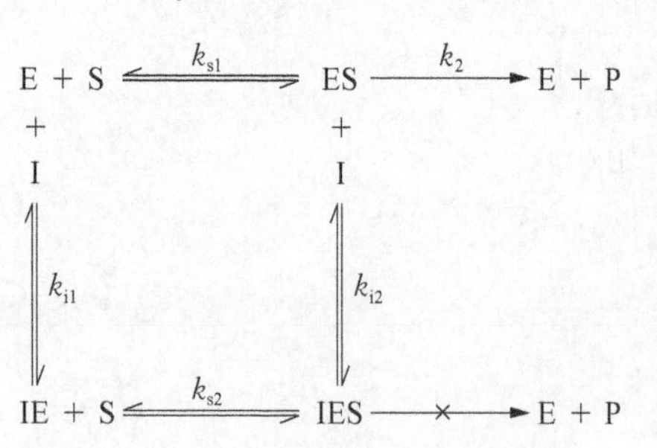

图3-11 可逆抑制剂与不同结构酶的可能结合反应

根据可逆抑制剂同各种结构形式酶结合及对酶表观动力学参数的改变，可逆抑制作用分为竞争性抑制(competitive inhibition)、非竞争性抑制(non-competitive inhibition)和反竞争性抑制(uncompetitive inhibition)3种主要类型。

1\. *竞争性抑制* 抑制剂与底物有相似的化学结构，但只能与游离酶的活性中心结合，酶结合该类型抑制剂后不能再结合底物，即底物同抑制剂竞争结合酶的活性中心。在图3-11中相当于$k_{s2}=0$，$k_{i2}=0$，即这类抑制剂不能形成酶-底物-抑制剂三元复合物(ESI三元复合物)，其抑制常数$k_i=k_{i1}$。此类抑制剂对酶的抑制程度既随抑制剂与酶的亲和力(k_i)升高而增加，又随抑制剂浓度与底物浓度的比例增加而增加。只要底物浓度足够高，理论上就可以消除这类抑制作用。

根据其结合机制，按米氏方程的推导方法，对于酶的ES复合物应用稳态假设，可以确定竞争性抑制剂存在时酶活性与底物浓度变化的动力学方程式为

$$V=\frac{V_m\times[S]}{K_m\times\left(1+\frac{[I]}{k_i}\right)+[S]} \quad (式3-15)$$

其双倒数方程式为

$$\frac{1}{V}=\frac{K_m}{V_m}\times\left(1+\frac{[I]}{k_i}\right)\times\frac{1}{[S]}+\frac{1}{V_m} \quad (式3-16)$$

在不同抑制剂浓度下，用双倒数分析$1/V$对$1/[S]$变化，可得到一簇相交于纵轴的直线(图3-12)。竞争性抑制剂浓度不同时，各直线在纵轴上的截距与无抑制剂时相同，即都为$1/V_m$，表明竞争性抑制剂不改变酶的表观V_m。但竞争性抑制剂使横轴上的截距减小，即竞争性抑制使酶表观K_m增大，这与抑制剂发挥作用时竞争结合酶活性中心的机制一致。可见，竞争性抑制的动力学特点是酶表观K_m值增大而表观V_m不变。

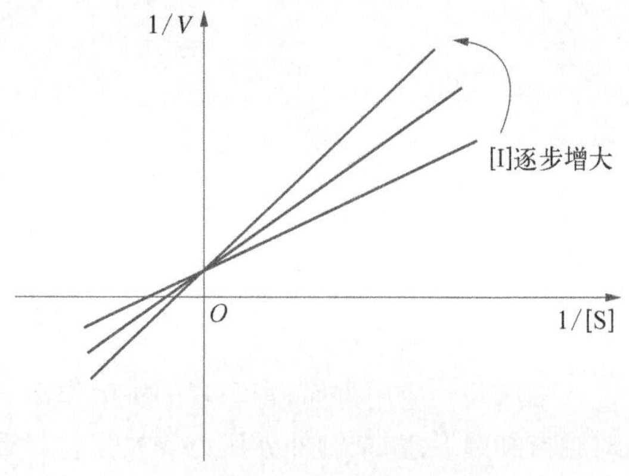

图3-12 竞争性抑制剂的双倒数作图

丙二酸对琥珀酸脱氢酶的抑制作用是竞争性抑制作用的典型代表。丙二酸与琥珀酸为结构相似的二羧酸，丙二酸对酶活性中心的亲和力远高于琥珀酸与酶的亲和力。当丙二酸的浓度仅为琥珀酸浓度的1/50时，酶活性就可被抑制50%；

在相同丙二酸浓度下，若增大琥珀酸的浓度，此抑制作用可减轻。

竞争性抑制剂是自然界最常见的酶抑制剂，其与底物在结构上的相似性有助于阐明酶与底物相互识别的机制，并帮助设计针对代谢途径限速酶的抑制剂类新药。例如，他汀类药物是一类抗高脂血症药物，其能竞争性抑制胆固醇生物合成的限速酶——β-羟-β-甲戊二酸单酰 CoA 还原酶（HMG-CoA 还原酶）的活性。又如，阿托伐他汀和普伐他汀，结构均类似于 HMG-CoA 还原酶的天然底物，其通过竞争该酶活性中心而抑制酶活性，从而抑制胆固醇合成，达到降低血浆中胆固醇水平的目的。

磺胺类药物也通过竞争性抑制发挥抑菌作用：细菌能够利用 GTP 从头合成四氢叶酸（tetrahydrofolic acid，FH_4）（图 3-13），其中 6-羟甲基-7,8-二氢蝶呤焦磷酸和对氨基苯甲酸生成 7,8-二氢叶酸这步反应由二氢蝶酸合酶（dihydropteroate synthase）催化。磺胺类药物与对氨基苯甲酸化学结构相似，可竞争二氢蝶酸合酶的活性位点，从而抑制 FH_4 的合成，干扰一碳单位代谢，进而干扰核酸合成，抑制细菌生长。

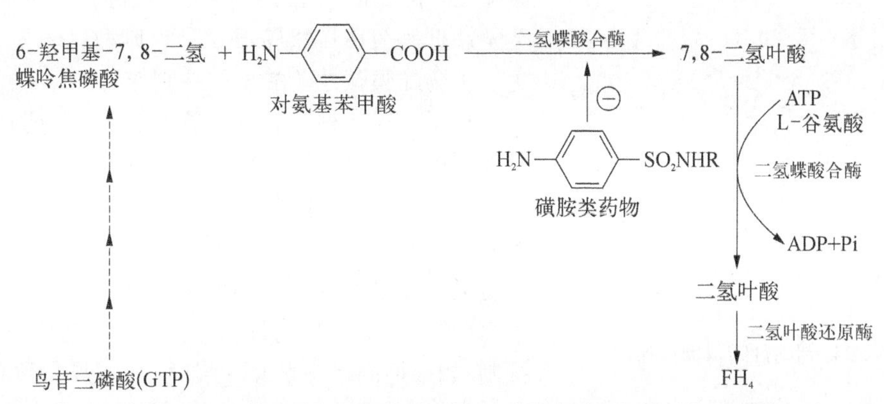

图 3-13 细菌从头合成 FH_4 的途径和磺胺类药物抑菌的作用机制

此外，抗代谢物也是竞争性抑制剂，抗代谢物是指抑制代谢途径限速酶的抑制剂。许多抗癌药，如甲氨蝶呤（methotrexate，MTX）、5-氟尿嘧啶、巯嘌呤（6-MP）等，都是酶的竞争性抑制剂，它们分别抑制 FH_4、脱氧胸苷酸及嘌呤核苷酸的合成，从而抑制肿瘤细胞的生长（参见第八章核苷酸代谢）。

2. 非竞争性抑制　　抑制剂与酶活性中心外的区域或基团结合，通过特定机制使结合在活性中心的底物不能转变成产物，但抑制剂同酶蛋白对应区域的结合不影响酶与底物的结合，酶和底物的结合也不影响抑制剂与酶分子对应部位的结合。即抑制剂以相同的亲和力与游离的酶及 ES 复合物结合，底物与抑制剂同酶分子的结合相互独立，可形成 ESI 三元复合物。在图 3-11 中相当于 $k_{i1}=k_{i2}$ 且 $k_{s1}=k_{s2}$。这种抑制作用称为非竞争性抑制作用，抑制程度与底物浓度无关，只取决于抑制剂同酶结合的亲和力。应用稳态假设可得出酶促反应速度同非竞争性抑制剂的关系和其双倒数方程：

$$\frac{1}{V}=\frac{K_m}{V_m}\times\left(1+\frac{[I]}{k_i}\right)\times\frac{1}{[S]}+\frac{1}{V_m}\times\left(1+\frac{[I]}{k_i}\right) \qquad \text{（式 3-17）}$$

以 $1/V$ 对 $1/[S]$ 进行双倒数分析（图 3-14），可得相交于横轴的一簇直线。非竞争性抑制剂使双倒数作图在纵轴上的截距均增大，表明酶表观 V_m 被非竞争性抑制剂降低。但是，抑制剂不改变双倒数分析在横轴上的截距，表明非竞争性抑制作用不改变酶的表观 K_m。因此，非竞争性抑制的动力学特点是只改变酶表观 V_m 而不改变酶表观 K_m；此类抑制作用的抑制效率不受底物浓度的影响，只取决于抑制剂与酶的亲和力。非竞争性抑制剂也比较常见，如哇巴因（ouabain，乌本箭毒苷）对细胞膜上 Na^+，K^+-ATP 酶的非竞争性抑制、酵母乙醇脱氢酶的产物乙醛对酶的抑制、D-苏糖-2,4-二磷酸对兔骨骼肌甘油醛-3-磷酸脱氢酶的抑制等。

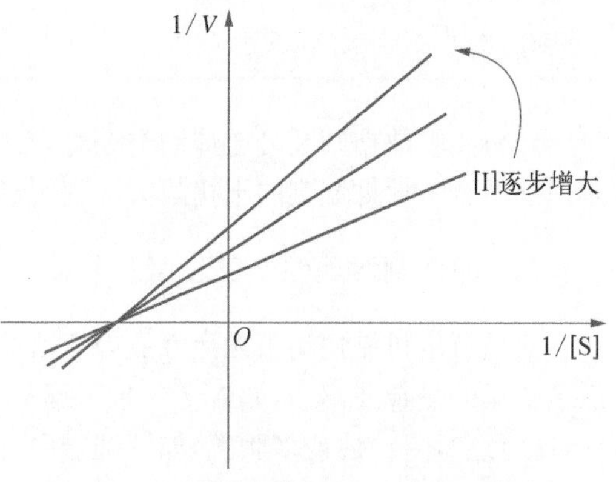

图 3-14 非竞争性抑制剂的双倒数作图

3. 反竞争性抑制　此类抑制剂只与ES复合物的特定空间部位结合，使ES复合物结合此类抑制剂后不能转变成产物，同时也抑制从ES复合物中解离出游离酶。在图3-15中对应于$k_{s2}=0$且$k_{i1}=0$。这种抑制作用称为反竞争性抑制作用，其抑制作用依赖于形成ESI三元复合物；抑制程度随底物浓度和抑制剂同酶的亲和力增加而增加。其双倒数动力学方程为

$$\frac{1}{V}=\frac{K_m}{V_m}\times\frac{1}{[S]}+\frac{1}{V_m}\times\left(1+\frac{[I]}{k_i}\right) \quad (式3-18)$$

用其双倒数方程作图可得到一簇平行直线(图3-15)。可见，反竞争性抑制作用以相同的比例降低酶的表观V_m和表观K_m值。在与外界有物质交换的体系，此类抑制剂的抑制效率最高。因此，反竞争性抑制剂在取得相同抑制程度时用量最少，相应可以尽可能降低药物的副作用，作为临床用药比其他可逆酶抑制剂有明显优势。反竞争性抑制剂在自然界很少见。典型代表为L-苯丙氨酸对兔子小肠黏膜碱性磷酸酶的抑制作用。

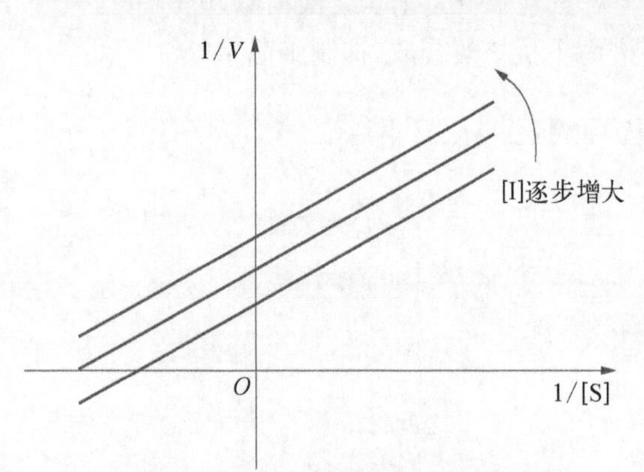

图3-15　反竞争性抑制剂的双倒数作图

除了上述3种主要的可逆抑制作用，还存在各种混合型的抑制作用。对于这些抑制作用，抑制剂同游离酶及ES复合物的亲和力不同，抑制剂对酶表观K_m和表观V_m的改变程度不同。其实，上述3种抑制作用可作为混合型抑制作用的特殊情况。如果抑制剂只与游离酶的活性中心结合，则属于竞争性抑制；如果抑制剂只与ES复合物结合，则属于反竞争性抑制；如果抑制剂以相同的亲和力与游离酶和ES复合物结合，则属于非竞争性抑制。另外，对于有些特殊的亲和力极高的抑制剂，虽然和酶蛋白的结合不通过共价键，但是其与酶蛋白结合非常紧密，形成的EI复合物已接近共价键的稳定程度，其抑制动力学与前述各类型都有一定差异。这种高亲和力抑制剂是目前设计开发酶抑制剂类药物的热点。3种可逆性抑制总结于表3-1。

表3-1　各种可逆性抑制特点的比较

作用特征	无抑制剂	竞争性抑制	非竞争性抑制	反竞争性抑制
结合I的酶	—	游离E	游离E,ES	ES
动力学参数的变化				
表观K_m	K_m	增大	不变	减小
表观V_m	V_m	不变	减小	减小
双倒数作图(林-贝氏作图)图形变化				
斜率	K_m/V_m	增大	增大	不变
纵轴截距	$1/V_m$	不变	增大	增大
横轴截距	$-1/K_m$	增大	不变	减小
直线间关系	—	交于纵轴	交于横轴	平行
抑制程度与底物浓度的关系	—	负相关	不相关	正相关

分析实验数据判断可逆抑制类型时，必须充分考虑测定误差对所得动力学参数可靠性的影响；实验误差对识别反竞争性抑制剂的干扰最大。利用经验规律辅助判断可提高判定可逆抑制剂的抑制类型的准确性。

六、激活剂对酶促反应速度的影响

通过特定机制使酶由无活性变为有活性或使酶活性增加的物质称为酶的激活剂(activator)。酶的激活剂最常见的是金属离子，如Mg^{2+}、K^{+}、Mn^{2+}等；少数为阴离子，如Cl^{-}等；也有许多有机化合物如胆汁酸盐等，甚至还有蛋白质或多肽类，如钙调蛋白(calmodulin)等。

有些酶没有激活剂，这些酶没有活性，即此激活剂是酶发挥催化作用必需的，称为必需激活剂，常见的金

属离子激活剂属于这类必需激活剂，它们与酶、底物或ES复合物结合，但在酶完成对底物的转化前后，自身结构性质无变化，实际上相当于金属离子辅助因子。例如，已糖激酶催化的反应中，Mg^{2+}与底物ATP结合生成Mg^{2} - ATP，后者作为酶的真正底物参加反应。钙调蛋白对于磷酸二酯酶、同工酶Ⅰ等也属于必需激活剂。有些酶在激活剂不存在时仍有一定的催化活性，这类激活剂称为非必需激活剂。非必需激活剂通过与酶或底物或ES复合物结合发挥作用，如Cl^{-}对淀粉酶的激活。

七、酶活性与酶活性单位

酶蛋白有多种生物活性，但最显著的是其加速化学反应的能力。因此，酶活性(enzyme activity)通常指酶对特定化学反应的催化能力，可以用测定酶促反应初速度来定量表示。测定适宜的反应条件下酶促反应初速度时段内，单位时间的底物消耗或产物生成量可表示酶活性。测定酶活性的目的通常有两类。一类是了解酶活性高低，从而推测对应化学反应可以达到的速度或者酶的催化能力；另一类是间接测定酶蛋白的含量。在生物组织样品中，酶蛋白的含量甚微，很难直接测定其蛋白质的含量，尤其同时存在多种其他蛋白质，将其分离后定量难度很大。但是，酶具有很高专一性的催化作用，这种活性是其他蛋白质没有的；在确定的测定条件下，酶促反应初速度同酶蛋白量成正比。因此，测定酶活性可以间接反映酶蛋白量。酶活性测定要求有适宜的反应条件，并保持影响酶促反应速度的各种因素应恒定。

测定酶活性的方法需要有足够高的灵敏度和测定上限，通常测定结果应该和酶量成正比。酶活性受许多因素影响。一般需要优化测定条件，使测定的酶活性尽可能不受其他酶或蛋白质干扰。应据反应时间选择反应的最适温度，据不同的底物和缓冲液选择反应的最适pH。为获取最高反应速度，在反应体系中应含有适宜的辅助因子、激活剂等。为方便定量测定或者减少干扰，有时酶样品需要进行适当的预处理。例如，红细胞中LDH的活力比血浆中酶活力高150倍，测定血清血浆LDH活性时，应去掉红细胞并防止溶血。测定酶活性时，为提高测定灵敏度和上限，通常需高于酶K_m值10倍以上的底物浓度，以使酶被底物饱和。有时受到底物溶解度或其自发分解、高浓度底物抑制、底物成本等因素的限制，只能使用较低的底物浓度。在常规大量重复测定过程中，只要有足够的定量灵敏度和可靠性，可用接近于酶K_m的底物浓度测定初速度。但是用低浓度底物测定初速度则上限较低，容易受到竞争性抑制剂的干扰。用数据拟合分析酶促反应动力学的过程可用低浓度底物测定酶活性以避免底物自发分解的干扰，其无底物溶解度和成本限制且测定上限非常高。这对于活性非常高的样品的常规大量重复测定有价值。测定酶活性还可利用低浓度底物时，酶活性同底物浓度的正比关系进行酶法分析测定底物量；此时应保持酶的足够浓度以提高灵敏度。

为了方便地表示酶活性高低，通常人为规定酶活性计量基数(单位)。酶活性单位指规定条件下，酶促反应在初速度反应时段内，单位时间(人为规定，可用s、min或h等)内生成一定量(人为确定，可用mmol、μmol等)产物或消耗一定量底物所需的酶量。为了统一标准，国际生化学会酶学委员会于1976年规定：在特定反应条件下，25℃每分钟催化1 μmol底物转化为产物所需酶量为一个国际单位(U)。1979年又推荐以催量单位(katal)表示酶活性。1催量(1 kat)是指在对应条件下，每秒钟使1 mol底物转化产物所需的酶量。这样U和kat之间关系为1 kat$=6.0\times10^{7}$ U。在基础研究中，研究者通常使用自定义的活性单位，使研究结果无法比较。因此，提倡尽可能使用相同的活性单位定义。

第四节　酶的调节

生物进化过程中，个体需精确调节自身代谢速度以保持内环境平衡和对外界环境变化的最快响应。调节体内各种代谢途径速度主要是调节其限速酶活性。改变原有酶的结构形式而改变其活性或改变酶含量是体内调节酶活性的两类主要方式。酶基因表现型的差别使相同功能的酶在不同的组织细胞之间表现出不同的动力学特点，使这些组织细胞有不同的代谢特征，有利于调节代谢速度。

一、酶活性的调节

(一) 酶的共价修饰调节

酶蛋白肽链上的一些基团在特定酶催化下可与某种化学基团发生共价结合而被修饰,连接在酶蛋白氨基酸残基上的特定化学基团,也可以通过在对应酶作用下与其他化合物反应而从酶蛋白上脱落。这两种相反变化都能改变酶的活性,此现象称为酶的共价修饰(covalent modification)或化学修饰(chemical modification)。在靶酶发生共价修饰或脱修饰过程中,靶酶由无活性(或低活性)转变成有活性(或高活性),或者由有活性(高活性)转变成无活性(低活性)。特定酶发生化学修饰产生的结构变化与酶活性变化之间的联系是确定的,但是不同的酶发生相同的修饰变化后活性的变化可以相反。

靶酶通过化学修饰调节活性时,发生修饰需要由特定酶催化,而脱修饰也需要不同的酶催化。细胞内所发生的修饰反应一般需要消耗能量,基本不可逆,而脱修饰反应通常也不可逆。激素可调控信号通路下游酶的共价修饰状态和活性。酶的共价修饰方式主要有磷酸化与去磷酸化、乙酰化与去乙酰化、甲基化与去甲基化、腺苷化与去腺苷化等。其中以磷酸化与去磷酸化修饰最为常见。酶的磷酸化修饰一般由激酶催化,由ATP或GTP供应亲水带负电荷的磷酸基团,以酯键连接在丝氨酸、苏氨酸或酪氨酸残基的羟基上,导致酶蛋白质的构象和活性发生改变;去磷酸化由磷蛋白磷酸酶催化水解去除磷酸根(图3-16)。两种类型的反应都基本不可逆。共价修饰是体内酶活性快速调节的另一重要方式,在特定生理信号启动后,快速调节相关代谢途径的限速酶活性,并存在明显的级联放大效应(cascade amplification),对靶酶活性的调节幅度很大,效果非常显著。因此,通过共价修饰调节靶酶活性的效率很高,属于快速粗犷型调节。

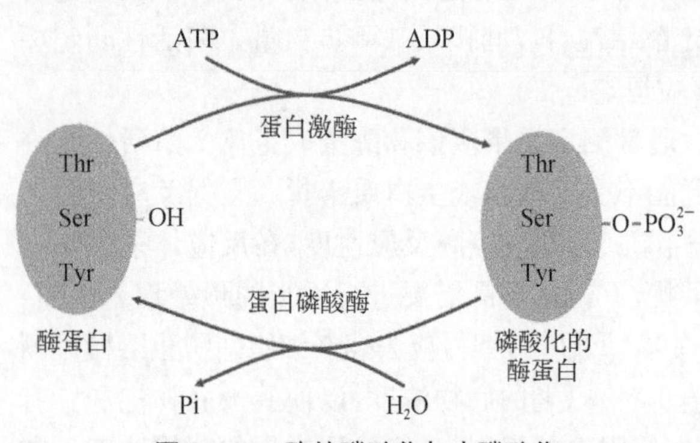

图3-16 酶的磷酸化与去磷酸化

(二) 别构酶与别构调节

血红蛋白是蛋白质功能受别构效应精确控制的典型代表,许多酶也具有类似的别构效应。体内一些代谢物可以与对应酶分子活性中心或活性中心以外的特定部位可逆性结合,使相邻的酶活性中心或者所结合的活性中心构象发生改变,并改变其催化能力,这种效应称为别构效应。酶分子上结合了特定代谢物可产生别构效应的部位称为别构部位(allosteric site),是类似于酶活性中心具有特定动态空间结构的裂穴状区域。对酶催化活性的这种调节方式称为别构调节(allosteric regulation)。可表现出别构效应的酶称别构酶(allosteric enzyme)。与酶蛋白对应部位结合后可产生别构效应的物质称别构效应剂(allosteric effector)或别构调节物(allosteric modulator)。有些酶底物本身也是别构效应剂。

多数别构酶为寡聚体。有的别构酶活性中心和别构部位在相同亚基上,也有的在不同亚基上。含催化部位的亚基称为催化亚基,含调节部位的亚基称为调节亚基。具有多个催化亚基的别构酶也有协同效应。别构效应如果使其他亚基对底物结合或催化能力增强则称正协同效应(positive cooperativity),别构效应如果使其他亚基对底物结合或催化能力降低则称负协同效应(negative cooperativity)。别构酶的动力学行为不同于米氏酶。米氏酶活性随底物浓度的变化呈双曲线形,而通常在别构效应剂存在时别构酶活性随底物浓度变化为S形曲线(图3-17),这是区分别构酶和米氏酶的重要特征。

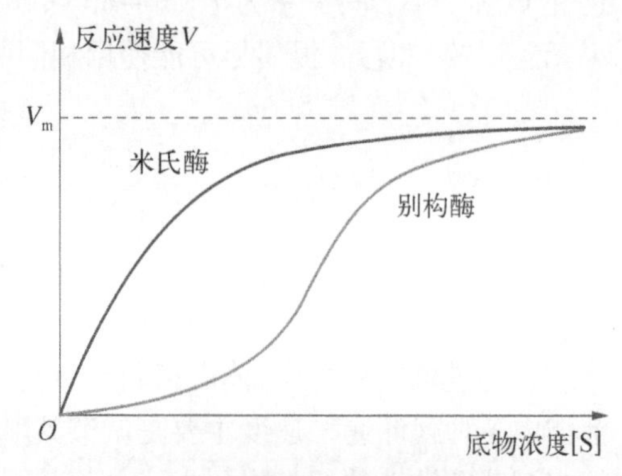

图3-17 别构酶和米氏酶活性对底物浓度的响应

如果某效应剂引起别构酶对底物催化能力增加,此效应称为别构激活效应;效应剂称为别构激活剂(allosteric activator);反之,降低催化能力者称为别构抑制剂(allosteric inhibitor)。例如,反映细胞内能量供求状态的ATP和ADP、AMP等是能量代谢途径限速酶的共同别构效应剂，可以同步调节相关代谢途径限速酶而产生不同的效应，从而使代谢途径整体保持一致，并符合生理需要。柠檬酸是三羧酸循环生成的第一个物质。ATP 和柠檬酸这两种物质增多通常对应能量供应富裕，故三羧酸循环需要降低速度。ATP 和柠檬酸是糖酵解途径限速酶磷酸果糖激酶-1 的别构抑制剂。ATP 和柠檬酸增多时，糖分解代谢途径受到抑制，抑制糖过度分解和丙酮酸生成过剩。ADP 和 AMP 是 ATP 供能代谢产物，其增多表明能量供应不足。ADP 和 AMP 是磷酸果糖激酶-1 的别构激活剂，这两种物质的增多可促进葡萄糖(glucose)的分解，从而增加 ATP 的供应。

通过别构效应调节酶活性最快速，但其调节效果通常较小，属于精细调节。生物进化过程中，相关代谢途径的代谢物可以相互作为对应代谢途径限速酶的别构效应剂，从而使相关的代谢途径具有协调一致的代谢速度。这些不同代谢途径的代谢物相互作为别构效应剂，可以使体内代谢途径构成相互调节的网络，使对应代谢途径步调一致，并尽可能有效地利用能量，避免无效循环或代谢物堆积造成浪费或不利于细胞生存。

(三) 酶原与酶原的激活

酶在组织之间和细胞内的不同部位之间呈现特性分布。有些定位在特定部位的酶在细胞内刚合成或刚分泌时没有活性，必须在对应生理环境下，得到相应信号启动，才被另外的蛋白酶专一性地水解一个或几个肽键，可以释放出对应的小肽，同时导致构象发生明显改变，形成对应的活性中心或使酶活性中心对外开放可以结合底物，使酶表现出活性。这种无活性的酶前体称作酶原(zymogen)。酶原转变成有活性酶的过程称为酶原激活(zymogen activation)。酶原激活过程实际上是酶活性中心形成或暴露的过程。

人体消化道的蛋白酶，在体内合成后以酶原形式分泌入消化道。胃蛋白酶、胰蛋白酶、糜蛋白酶、羧基肽酶、弹性蛋白酶在它们初分泌时都以无活性的酶原形式存在。在特定条件下通过特殊的高度专一的蛋白酶作用，水解掉一个或几个肽键，可以释放对应的小肽，使原来的酶原转化成有活性的酶。例如，胰蛋白酶原(trypsinogen)进入小肠后，在肠激酶的作用下，第 6 位赖氨酸残基与第 7 位异亮氨酸残基之间的肽键被水解切断，释放一个六肽，其余蛋白质部分的构象发生改变，形成酶的活性中心，从而成为有催化活性的胰蛋白酶(trypsin)[图 3-18(本章末二维码)]。

在血液中凝血系统的酶类都以酶原形式存在，它们的激活具有显著级联放大效应。它们只要受到外界信号刺激使少数凝血因子被激活，就可通过瀑布式的放大作用迅速使大量的凝血酶原转化为凝血酶，引发快速而有效的血液凝固。消化道内蛋白酶原的激活也有级联放大效应。胰蛋白酶原被肠激酶激活后，有活性的胰蛋白酶既可以自身激活，又可以激活糜蛋白酶原、羧基肽酶原 A 和弹性蛋白酶原，从而加速对食物的消化。

酶原的激活具有特殊的生理意义。酶原形式是物种进化过程中出现的一种自我保护现象。消化道内蛋白酶是一类相对专一性的酶，大多只有基团或化学键专一性，可以水解具有对应可接近肽键的相应蛋白质，包括组织细胞膜上的蛋白质。这些酶以酶原形式分泌，可以保护消化器官本身等组织细胞不受酶的水解破坏，而通过酶原激活保证酶在其对应的部位与需要其活性的环境发挥催化作用。例如，胰蛋白酶对其他蛋白酶的激活就是急性胰腺炎发生和发展的重要原因。另外，酶原相当于酶的储存形式，可在需要时快速启动使其发挥所需要的催化作用，以适应机体的需要，而基因转录生成所需的酶的时间一般为半小时。又如，凝血酶和纤维蛋白溶解类蛋白酶都是以酶原的形式在血液中循环，一旦需要时就会被相应的生理信号启动激活，快速转化为有活性的酶。相应地，酶原分泌储备和激活受到生理信号在时间和空间上的精确控制。但是，通过酶原激活方式调节这些特殊酶的活性高低时精确度比较低，属于粗犷型调节。在酶原激活过程中，有限数量的肽键选择性断裂，就使酶原转变成有活性的酶，这也是生物体内酶蛋白结构决定其功能的代表性实例。

二、酶含量的调节

(一) 酶蛋白合成的诱导与阻遏

细胞内蛋白质的合成能适应内外环境变化的需要。在某些底物、产物、激素、药物作用下，相关代谢途径限速酶可以启动合成或加速合成。在转录水平上促进酶蛋白生物合成的化合物称为诱导剂(inducer)，诱导剂诱发酶蛋白生物合成的作用称为诱导作用(induction)；可在转录水平上减少酶进行生物合成速度的物质称为阻遏物(repressor)。通常存在辅阻遏物(corepressor),辅阻遏物与无活性的阻遏蛋白结合,从而抑制基因的转录,此过程称为阻遏作用(repression)。诱导剂诱导酶蛋白生物合成涉及转录、翻译和翻译后加工等过程(参见第十三章基因表达及其调控),所以其效应出现较慢,一般需要半小时以上才能使酶活性发生显著改变。酶被诱导合成以后,在一定时间内都可以发挥作用。因此,酶的诱导与阻遏作用是对代谢的缓慢而长效的调节、对酶活性调节的精确程度和速度通常比别构效应低得多。相同个体内的同工酶针对相同刺激信号的响应,有的表达量升高而有的表达量降低;同工酶的结构有差异,即不同基因编码使得其具有被不同信号产生不同调节效应的结构基础。

(二)酶蛋白降解的调控

细胞内的蛋白质和酶都是机体的组成部分,都有一定的自我更新速度,发挥作用的时效通常有限。体内原来存在的酶蛋白被代谢分解一半所需要的时间称为其半衰期。细胞内各种酶的半衰期相差很大。通常认为在蛋白质 N 端特定区域的氨基酸序列中包含了决定其半衰期的结构信号。酶蛋白的降解主要通过不依赖 ATP 的溶酶体途径、依赖 ATP 的泛素-蛋白酶体途径(参见第七章氨基酸代谢)来完成。有些酶蛋白也可以在内质网等细胞器上依靠专一性蛋白酶部分降解,然后再进行彻底降解。改变酶分子的降解速度可调节细胞内酶的含量,这种调节作用主要由来自激素等的信号启动。

三、同工酶

同工酶(isoenzyme)是物种进化适应环境的产物。同工酶是指在同一个体内正常生理活动所需可催化相同化学反应但酶蛋白分子结构不同的一组酶,其理化性质乃至免疫学性质一般有差异。同工酶通常指由不同基因或等位基因编码的多肽链,或由同一基因转录生成但翻译有差异所得的不同多肽链组成的酶。翻译后经修饰生成的各种不同结构形式一般不作为同工酶。同工酶通常动力学特征不同,在个体内存在明显的组织特异性或不同亚细胞结构特异性分布。同工酶的组织或者细胞内定位通常和对应组织或者细胞区域的代谢途径的作用相一致,是适应对应组织细胞代谢需要的进化结果。不同物种中催化相同反应但是结构不同的酶称为同源酶(homological enzyme)。

同工酶在自然界很普遍。同工酶根据结构差异对应的结构层次,可以分成单体同工酶(monomeric isozyme)和寡聚体同工酶(oligomeric isozyme)。单体同工酶只有一条肽链,其差异只存在于多肽链的氨基酸序列。单体同工酶数目较少。红细胞磷酸酶、葡萄糖磷酸变位酶、碳酸酐酶、腺苷脱氨酶(adenosine deaminase,ADA)、腺苷酸激酶、甘油磷酸激酶等都是单体酶,但这些单体酶存在一级结构有差异的同工酶。寡聚体同工酶在亚基的种类或者结构上有差异,数量很多。由不同亚基组成的寡聚体称为杂化体。寡聚体同工酶主要是偶数亚基同工酶且亚基一般不多于 4 个。三亚基同工酶很少,如嘌呤核苷磷酸化酶。

乳酸脱氢酶(lactate dehydrogenase,LDH)同工酶为四亚基,CK 同工酶为二亚基。LDH 和 CK 都属于可形成杂化体的同工酶。LDH 亚基有两种:骨骼肌型(M 型)和心肌型(H 型)。这两型亚基能够以不同的比例任意混合,组成 5 种四亚基同工酶(图 3-19):LDH_1(H_4)、LDH_2(H_3M)、LDH_3(H_2M_2)、LDH_4(HM_3),LDH_5(M_4)。因分子结构差异,这 5 种同工酶具有不同的电泳速度(碱性条件下电泳速度由 5 到 1 递减),对同一底物有不同 K_m 值且单个亚基无活性。LDH 同工酶中这两种不同肽链的合成受不同基因的控制。不同组织器官合成这两种亚基的速度不同。因两种亚基可形成杂化体,LDH 的同工酶在不同组织器官中的含量与分布有明显差异[表 3-2(本章末二维码)]。

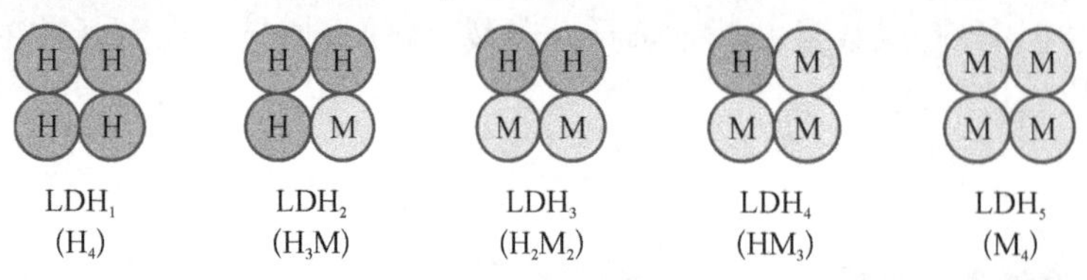

图 3-19 LDH 同工酶

CK 是二聚体酶,其亚基有肌型(M 型)和脑型(B 型)两种。脑中含 CK_1(BB 型);骨骼肌中含 CK_3(MM 型);CK_2(MB 型)仅见于心肌。心肌梗死后 6~18 h,CK 释放入血,而 LDH 的释放比 CK_2 迟 1~2 d

（图 3－20）。正常血浆 LDH_2 的活性高于 LDH_1，心肌梗死时可见 LDH_1 值大于 LDH_2 值。LDH 和 CK 同工酶的这种组织特异性分布和在相应病理状态下血清的特异性变化，使得血清 LDH 同工酶谱和 CK 同工酶谱常用于心肌梗死等的实验诊断。

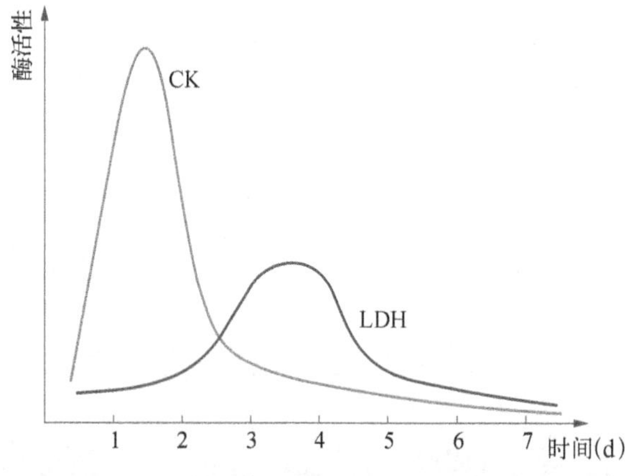

图 3－20　心肌梗死后血清中 CK 和 LDH 酶活性的变化

四、酶的区域化分布

代谢途径在特定组织细胞内能否进行主要取决于如下两方面的因素：有无所需要的酶活性和相应原料（底物）。在生物体内有些酶只存在于特定组织，而酶的这种组织特异性分布正是组织器官具有特定代谢途径而使其功能发生特化的物质基础。例如，生成尿素和酮体的关键酶主要在肝，使肝具有把氨代谢生成尿素和把乙酰 CoA 代谢生成酮体向外输出能源物质的特殊功能。肌肉中缺乏葡糖-6-磷酸酶，故肌肉糖异生不释放葡萄糖到血液。酶在胞内不同细胞器之间的特异分布，也是不同细胞器功能特化的基础。进行三羧酸循环和氧化磷酸化（oxidative phosphorylation）的酶只存在于线粒体。成熟红细胞没有线粒体，所以红细胞不能进行糖的有氧氧化代谢供能。酶在组织细胞间和细胞器之间的这种特异性区域化分布，为代谢速度的精确调节及组织器官代谢活动的分工和整体协调一致提供了结构基础。

第五节　酶的分类与命名

一、酶的分类

酶按照酶促反应类型或反应性质，可分为七大类。

1. 氧化还原酶（oxidoreductase）　催化底物进行氧化还原反应的酶类，如 LDH、琥珀酸脱氢酶、细胞色素氧化酶、过氧化氢酶、过氧化物酶等。

2. 转移酶（transferase）　催化某些特殊基团在不同底物分子之间进行转移或交换的酶类，如甲基转移酶、氨基转移酶、已糖激酶、磷酸化酶等。

3. 水解酶（hydrolase）　催化底物发生水解反应的酶类。实际上是需要水为底物的酶，如淀粉酶、蛋白酶、脂肪酶、磷酸酶等。

4. 裂合酶（lyase）　也称裂解酶，催化从底物移去一个基团并留下双键或其逆反应的酶类，如碳酸酐酶、醛缩酶、柠檬酸合酶等。

5. 异构酶（isomerase）　催化各种同分异构体间的相互转化的酶类，不涉及大基团在不同碳原子的转移，如磷酸丙糖异构酶、消旋酶等。

6. 连接酶（ligase）　催化两分子底物合成为一分子化合物，多数同时偶联有 ATP 的磷酸键断裂释放自由能的酶类，如谷氨酰胺合成酶等。此类酶以前也称合成酶。应注意，合成酶（synthetase）与合酶（synthase）不同，前者催化反应时需要 ATP，但后者不需要。

7. 易位酶（translocase）　催化离子或分子跨膜转运或在细胞膜内易位反应的酶如抗坏血酸铁还原酶。

除按上述大类将酶依次编号外，还需要根据酶所催化的化学键的特点和参加反应的基团不同，将每一大类又进一步分类。每种酶的分类编号均由 4 个数字组成，数字前冠以 EC（enzyme commission）（表 3－3）。编号中第一个数字表示该酶属于七大类中哪一类；第二个数字表示该酶属于哪一亚类；第三个数字表示亚-亚类；第四个数字是该酶在亚-亚类中的排序。

表3-3 酶的分类与命名举例

分类	编号	推荐名称	系统名称	催化反应
氧化还原酶	EC1.1.1.1	醇脱氢酶	乙醇：NAD^+氧化还原酶	乙醇＋NAD^+→乙醛＋NADH＋H^+
转移酶	EC2.6.1.2	谷丙转氨酶	谷氨酸：丙酮酸转氨酶	谷氨酸＋丙酮酸→丙氨酸＋α-酮戊二酸
水解酶	EC3.1.1.7	乙酰胆碱酯酶	乙酰胆碱水解酶	乙酰胆碱＋H_2O→胆碱＋乙酸
裂合酶	EC4.2.1.2	延胡索酸酶	延胡索酸水化酶	延胡索酸＋H_2O→苹果酸
异构酶	EC5.3.1.1	磷酸丙糖异构酶	磷酸丙糖异构酶	甘油醛-3-磷酸→磷酸二羟丙酮
连接酶	EC6.3.1.1	天冬酰胺合成酶	天冬氨酸：NH_3：ATP天冬酰胺合成酶	天冬氨酯＋ATP＋NH_3→天冬酰胺＋ADP＋Pi
易位酶	EC7.2.1.3	抗坏血酸铁还原酶	抗坏血酸：Fe^{3+}抗坏血酸铁还原酶	抗坏血酸＋Fe^{3+}→单脱氢抗坏血酸＋Fe^{2+}

二、酶的命名

酶在发现确认的过程中通常由发现者按自己的习惯进行命名。但是这样造成酶的名称不规范，相同的酶会有不同的名称，不同的酶有时又会有相同或者难以区分的名称。国际酶学委员会以酶的分类为依据，根据酶促反应所需要的底物、反应性质等，于1961年提出系统命名法。系统命名法规定催化某种确定反应的酶均有一个系统名称，它标明酶的所有底物与反应性质。底物名称之间以"："分隔。为了避免许多酶促反应是双底物或多底物反应，且许多底物的化学名称太长，造成酶的系统名称使用不方便，国际酶学委员会又从每种酶的原有习惯名称中选定一个简便实用的推荐名称。系统命名包含反应物和反应类型，用于描述物质代谢的连续酶促反应途径和代谢物的结构变化更方便。

第六节 酶与生物医学的关系

一、酶与疾病的发生、诊断和治疗

(一) 酶活性异常与疾病的发生

有些疾病的发生直接或间接地由酶活性异常引起。特定酶活性先天性缺乏、酶活性异常增高、酶活性抑制等都可以导致或加剧相应疾病的发生和发展。通常酶先天性缺乏导致了代谢缺陷，这类疾病又称为代谢缺陷病，已发现的有140多种。例如，酪氨酸酶缺乏引起白化病。苯丙氨酸羟化酶缺乏使苯丙氨酸和苯丙酮酸堆积，进一步造成对5-羟色胺的生成抑制，导致精神幼稚化。酶活性在特定组织细胞内的异常增高有时会使病情加重。例如，急性胰腺炎时，胰蛋白酶原在胰腺中被激活，造成胰腺组织被水解破坏。炎症反应可使弹性蛋白酶从浸润的白细胞或巨噬细胞中释放，进一步加重炎症反应，对组织产生破坏作用。酶活性受到抑制常见于中毒。例如，有机磷农药中毒、重金属盐中毒以及氰化物中毒等。

(二) 酶分布异常与疾病的诊断

许多组织器官的疾病表现为血液中相应酶活性谱的异常。造成这种异常的主要原因包括：① 某些组织器官的细胞受到损伤，使细胞膜通透性增高或者完整性丧失后，细胞内的某些酶被大量释放入血。例如，急性胰腺炎时血清和尿中淀粉酶活性升高；急性肝炎或心肌炎时血清转氨酶活性升高等。② 细胞的半衰期缩短或细胞的增殖增快，特异性分布在这些细胞内的标志酶释放入血。例如，前列腺癌患者可有大量酸性磷酸酶释放入血。③ 酶蛋白因诱导合成而增多。例如，巴比妥盐类或乙醇可诱导肝中的γ-谷氨酰转移酶生成增多。④ 血清中的酶不能正常清除，半衰期延长，引起血清酶的活性增高。⑤ 肝功能严重障碍时，某些酶合成减少，如血中凝血酶原、凝血因子Ⅶ等含量下降。测定血清中这些酶活性可辅助诊断疾病；酶相关测定占临床检验工作总量的25%，可见酶活性测定在实验诊断上有重要作用。

(三) 酶抑制剂与疾病的治疗

抑制细胞生长所需代谢途径限速酶的活性，可以抑制细胞生长，表现出抗菌、抗肿瘤作用。因此，很多酶抑制剂类药物可通过抑制生物体内的某些酶来达到治疗目的。抑制细菌中重要代谢途径中酶活性便可达到抑菌目的。磺胺类药物是细菌二氢叶酸合成酶的竞争性抑制剂。氯霉素可抑制某些细菌转肽酶的活性，从而抑制其蛋白质的合成。抑制肿瘤细胞内核苷酸的合成，可以有效抑制肿瘤的生长。例如，甲氨蝶呤、氟尿嘧啶、巯嘌呤等都是核酸代谢途径中相关酶的竞争性抑制剂。另外，当体内小分子物质的积累引发疾病或促进疾病的发展时，选择性清除血液中此类小分子物质是这类疾病治疗的关键策略或辅助治疗的重要策略。选择性作用于血液等混合物中的特殊小分子物质的理想药物是酶蛋白本身。天冬酰胺酶、ADA、尿酸氧化酶是酶类临床药物的典型代表。

二、酶在生物医学领域的应用

(一) 利用酶催化专一性进行高选择性定量分析

生物组织是多种生物化学物质的混合物，对生物组织样品中特殊物质的含量进行测定通常需要高选择性的方法。酶法分析即利用酶催化作用的专一性进行定量分析，可以分为测定酶底物量、酶抑制剂量、酶激活剂量、酶蛋白量等，这些技术在临床检验和基础研究中应用很广。

酶法分析测定底物量可测定静态底物量和动态底物量。

测定静态底物量又可用终点平衡法、动力学方法。测定静态底物量的终点平衡法是利用酶的专一性催化作用把酶底物完全转变成可方便测定的产物，或者利用酶促反应中指示底物的消耗同待测底物量之间的联系间接推算原有的底物总量。此终点平衡法应用最广，但分析工具酶消耗成本高且耗时。临床检验测定血糖常采用这种终点平衡法。动力学方法是利用酶促反应初速度同底物浓度成正比例关系测定初速度推算底物浓度，或者连续跟踪酶促反应过程后分析酶促反应过程预测终点的信号，间接推测初始底物浓度。这种测定初速度、测定酶底物量的动力学方法测定上限取决于酶的 K_m 值，这种方法干扰因素多，但快速且易自动化。分析酶促反应过程测定初始底物浓度的动力学方法理论上其工具酶消耗最少、效率高、测定范围比测定初速度的动力学方法宽、定量限优于测定初速度的动力学，但其主要适用于可连续跟踪反应过程的不可逆酶促反应。

测定动态底物量主要用于酶活性测定，又称酶偶联测定法。当待测靶酶的底物和产物都不能用常规方法简便测定时，用高活性的分析工具酶把不断生成的靶酶产物转变成容易测定的次级产物或偶联消耗指示底物，这样靶酶的产物就成了酶偶联反应体系的中间产物，通过测定反应达到稳态后指示底物消耗速度或者次级产物生成速度，可以推算靶酶促反应的速度。很多脱氢酶所催化的反应需要 NAD^+ 或 $NADP^+$ 作为辅酶。还原型辅酶(NADH 和 NADPH)在 340 nm 处有强吸收峰，而氧化型辅酶(NAD^+ 和 $NADP^+$)在此波长下的吸收非常微弱。利用此特性，将脱氢酶反应与待测靶酶的反应相偶联，可测定靶酶活性，这种方法测定酶活性已是常规技术。例如，测定谷丙转氨酶的活性可利用 LDH 为工具酶，于 340 nm 波长处检测 NADH 消耗速度，从而计算谷丙转氨酶的活性(图 3-21)。

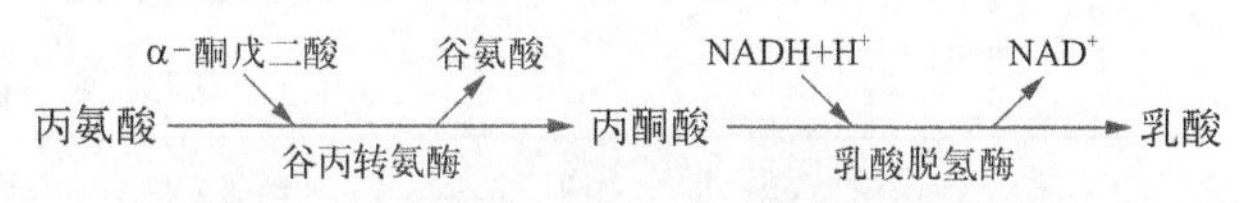

图 3-21 酶偶联法测定谷丙转氨酶活性原理

利用酶对可逆或不可逆抑制剂的敏感性，测定有无抑制剂时酶活性的差异可以间接确定抑制剂的含量。这种方法是目前有机磷农药测定的最简便方法。利用特定的酶或者其同工酶的特殊组织细胞分布，以及血清中这些酶活性的变化同疾病发生的关系，通过测定血清中这些酶的活性，间接确定酶蛋白的含量，可以反映原来存在这些酶的组织细胞膜的完整性，这对诊断这些组织器官的炎症等疾病非常有价值。例如，测定血清谷丙转氨酶活性可以用于肝炎的实验诊断。

(二) 酶蛋白作为药物用于临床治疗

酶是大分子物质，难以透过细胞膜。因此，酶作为药物直接应用相对较少，主要用于循环系统、消化系统等。例如，胃蛋白酶、胰蛋白酶、胰脂肪酶、胰淀粉酶等可助消化；胰蛋白酶、胰凝乳蛋白酶、溶菌酶、木瓜蛋白酶、菠萝蛋白酶等可用于外科扩创、化脓伤口的净化、浆膜粘连的防治和一些炎症的治疗；链激酶、尿激酶、纤溶酶等可用于防治血栓等，天冬酰胺酶可以用于治疗白血病，尿酸氧化酶用于治疗痛风，ADA 用于治疗对应先天性免疫缺陷综合征。

(三)酶作为工具用于科学研究和生产

1. 作为工具酶 除上述酶偶联测定法外,人们利用酶具有高度特异性的特点,将酶作为工具,在分子水平上对某些生物大分子进行定向的操作。最典型的例子是基因工程中应用的各种限制性内切核酸酶、连接酶及聚合酶链反应中应用的热稳定的 *Taq* DNA 聚合酶等。这些工具酶是当前以核酸为主要研究对象的分子生物学研究不能缺少的研究工具,也是分子生物学的基石。

2. 作为标记物 酶可以代替放射性核素与某些物质相结合,从而使该物质被酶标记。酶标记测定法可通过测定酶的活性来判断被标记酶蛋白量,间接确定与其定量结合的物质的存在和含量。这种方法具有相当高的灵敏性,同时又可避免应用放射性核素。酶联免疫吸附分析是此类应用的代表,其广泛用于生物医药的基础研究和临床检验。基于对特殊显色底物光谱性质的选择和特殊的数据分析方法,目前已可用常规酶标仪实现单通道两组分同步酶联免疫吸附分析,由此可将酶联免疫吸附分析的效率提高 1 倍;这种方法可能发展成为第二代的酶标记免疫分析技术。

3. 作为固定化酶(immobilized enzyme) 固定化酶是将水溶性酶经物理或化学方法处理后,成为不溶于水但仍具有酶活性的酶衍生物。固定化酶在催化反应中以固相状态作用于底物,并保持酶的高度特异性和催化的高效率。固定化酶的优点在于它的机械性强,可以作用于流动相中的底物,反应后可方便地与产物分离,易于使反应自动化和产物的回收。固定化酶稳定性较好,有利于储存。固定化酶可用作酶生物传感器,在药物及毒物分析中有重要应用。固定化酶也是绿色生物工艺制备药物合成关键中间体的重要技术。

4. 作为抗体酶 底物与酶的活性中心结合时底物发生形状改变,形成过渡态。如果将底物的过渡态类似物作为抗原,注入动物体内产生抗体,则抗体在结构上与过渡态类似物互相适应并可相互结合。该抗体便具有催化该过渡态反应的酶活性,当抗体与底物结合时,就可使底物转变为过渡态进而发生催化反应。人们将这种具有催化功能的抗体分子称为抗体酶(abzyme)。抗体酶是酶工程研究的前沿技术之一,有广泛的应用前景。

第七节 维生素与酶的辅助因子

维生素(vitamin)是维持机体正常生命活动所需的一类小分子有机化合物,在体内无法合成,或合成量很少,必须通过食物摄取,以满足机体需求(表 3-4)。维生素根据溶解度不同,分为水溶性维生素和脂溶性维生素两类。维生素及其衍生物常常参与形成酶辅助因子,在体内发挥着特殊重要的作用。

表 3-4 维生素一览表

分类	名称	别名	活性形式	功能	缺乏症	毒性
水溶性维生素	维生素 B_1	硫胺素	TPP	α-酮酸氧化脱羧酶辅酶	脚气病	无
	维生素 B_2	核黄素	FMN、FAD	多种氧化还原酶的辅基(传递氢/电子)	口角炎等	无
	维生素 PP	烟酸、烟酰胺	NAD^+、$NADP^+$	多种脱氢酶的辅酶(传递氢/电子)	糙皮病	无
	泛酸	遍多酸	CoA	酰基的载体	少见	无
	生物素	—	生物素	羧化酶的辅酶	少见	无
	维生素 B_6	吡哆醇、吡哆醛、吡哆胺	磷酸吡哆醛、磷酸吡哆胺	氨基酸脱羧酶和转氨酶的辅基,ALA合酶的辅基 ALA 合成酶的辅酶	少见	有
	叶酸	蝶酰谷氨酸	FH_4	一碳单位转移酶的辅酶	巨幼细胞贫血、胎儿脊柱裂和神经管缺陷	无
	维生素 B_{12}	钴胺素	甲钴胺素、5′-脱氧腺苷钴胺素	甲硫氨酸合成酶的辅酶、甲基丙二酰 CoA 变位酶的辅酶	巨幼细胞贫血等	无
	维生素 C	抗坏血酸	还原型抗坏血酸	羟化酶的辅酶、抗氧化、促进铁吸收	坏血病	无

续表

分类	名称	别名	活性形式	功能	缺乏症	毒性
脂溶性维生素	维生素 A	—	视黄醛、视黄醇、视黄酸	产生视觉、上皮组织维持及分化、促进生长、调节基因表达等	夜盲症、眼干燥症、生长迟缓	有
	维生素 D	胆钙化醇	1,25-$(OH)_2D_3$	调节钙磷代谢、调节基因表达	佝偻病（儿童）、软骨病（成人）	有
	维生素 E	生育酚	生育酚	抗氧化、促进血红素合成	溶血性贫血（少见）	无
	维生素 K	—	甲基萘醌	γ-谷氨酰羧化酶的辅酶、促进凝血	易出血	少见

一、水溶性维生素

水溶性维生素包括B族维生素和维生素C。水溶性维生素主要构成酶的辅助因子直接参与某些酶的催化作用。体内过剩的水溶性维生素可随尿排出体外，因此其在体内很少蓄积，一般不发生中毒现象。但任一维生素长期摄入过量也有可能造成中毒。正因为水溶性维生素在体内的储存很少，所以必须经常从食物中摄取。

（一）维生素 B_1

维生素 B_1 又名硫胺素(thiamine)，主要存在于酵母、瘦肉、豆类和种子外皮(如米糠)及胚芽中。维生素 B_1 被小肠吸收入血后经硫胺素焦磷酸激酶催化生成硫胺素焦磷酸(thiamine pyrophosphate，TPP)，TPP是维生素 B_1 的活化形式(图3-22)。

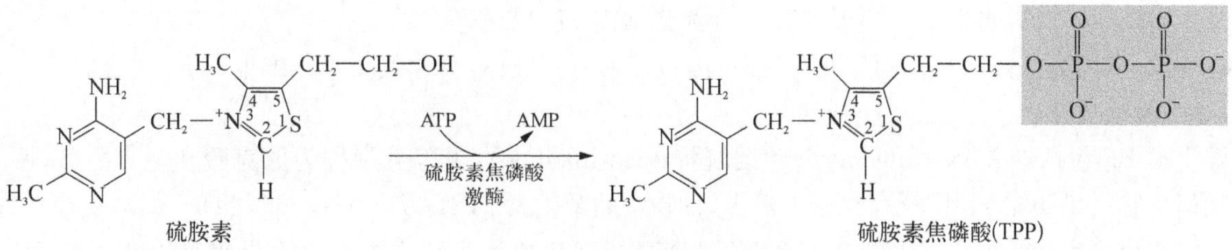

硫胺素　ATP　AMP　硫胺素焦磷酸激酶　硫胺素焦磷酸(TPP)

图3-22　维生素 B_1 及其活性形式

维生素 B_1 在体内供能代谢中具有重要的地位。其活化形式TPP是α-酮酸氧化脱羧酶多酶复合物的辅酶，参与线粒体内丙酮酸、α-酮戊二酸和支链氨基酸的α-酮酸的氧化脱羧反应，转移醛基。

维生素 B_1 缺乏时，丙酮酸的氧化脱羧反应发生障碍，血中丙酮酸和乳酸堆积，此时以糖有氧分解供能为主的神经组织供能不足，神经细胞膜髓鞘磷脂合成受阻，从而导致脚气病(beriberi)。严重者可发生水肿、心力衰竭。此外，维生素 B_1 缺乏时，丙酮酸的氧化脱羧反应受到影响，乙酰CoA的生成减少，从而影响了乙酰胆碱的合成，乙酰胆碱分解加强，影响神经传导。临床上主要表现为消化液分泌减少、胃蠕动变慢、食欲缺乏、消化不良等。

维生素 B_1 缺乏多见于乙醇中毒者，这是由于慢性乙醇中毒影响其他食物摄入时也可发生维生素 B_1 缺乏。维生素 B_1 氧化产物有荧光，可用于其定量分析。

（二）维生素 B_2

维生素 B_2 又名核黄素(riboflavin)，由5碳的核糖醇和7,8-二甲基异咯嗪构成，主要来源于奶制品、肝、蛋类和肉类等。维生素 B_2 异咯嗪环上的第一和第五位氮原子与活泼的双键连接，此两个氮原子可反复接受或释放氢，因而具有可逆的氧化还原性(图3-23)。还原型核黄素及其衍生物呈黄色，于450 nm处有吸收峰。核黄素虽然对热稳定，但对紫外线(ultraviolet，UV)敏感，易降解为无活性的产物。维生素 B_2 被小肠上段吸收后，在小肠黏膜黄素激酶的催化下转变成黄素单核苷酸(flavin mononucleotide，FMN)，FMN在焦磷酸化酶的催化下进一步形成FAD，FMN及FAD是维生素 B_2 的活性形式。

FMN和FAD是体内氧化还原酶(如脂酰CoA脱氢酶、琥珀酸脱氢酶、黄嘌呤氧化酶等)的辅基，参与氧

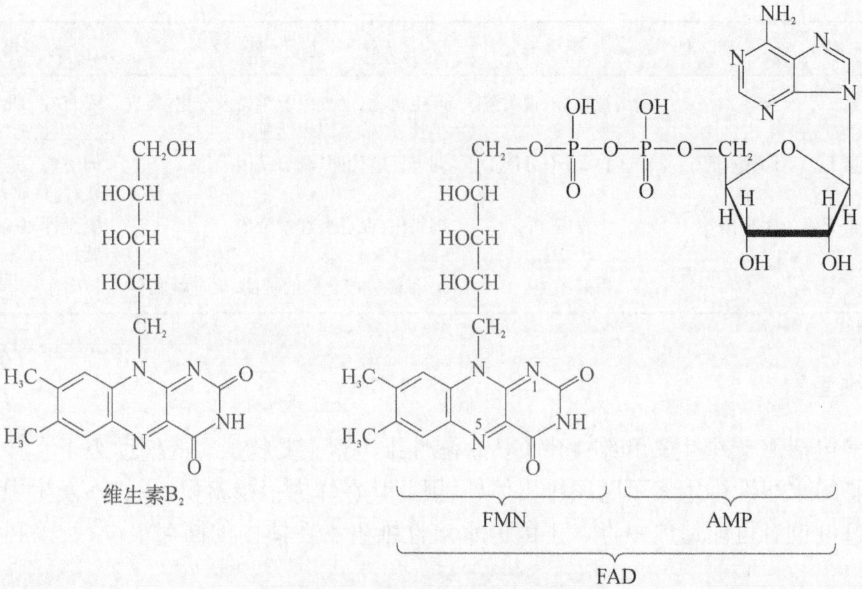

图 3-23 维生素 B_2 及其活性形式

化呼吸链、脂肪酸和氨基酸的氧化及三羧酸循环。FMN 和 FAD 的异咯嗪环的 N1 和 N5 可接受氢，进行可逆的加氢和脱氢反应，从而发挥传递氢和电子的作用。因维生素 B_2 又名核黄素，因此以 FMN 或 FAD 为辅基的酶或蛋白质又称为黄素酶(flavoenzyme)或黄素蛋白(flavoprotein)。

维生素 B_2 缺乏时，可引起口角炎、唇炎、阴囊炎、眼睑炎、畏光等。

在临床上，用光照疗法治疗新生儿黄疸时，因核黄素遭到破坏，会导致新生儿维生素 B_2 缺乏症。

(三) 维生素 PP

维生素 PP 包括烟酸(nicotinic acid)和烟酰胺(nicotinamide)，也曾分别称为尼克酸和尼克酰胺，两者均属吡啶衍生物。维生素 PP 广泛存在于自然界，食物中的维生素 PP 均以 NAD^+ 或 $NADP^+$ 的形式存在，体内色氨酸代谢也可生成维生素 PP(图 3-24)。NAD^+ 和 $NAPD^+$ 在小肠内被水解生成游离的维生素 PP 从而被吸收，在组织细胞中合成辅酶 NAD^+ 或 $NADP^+$。NAD^+ 和 $NADP^+$ 是维生素 PP 在体内的活性形式。

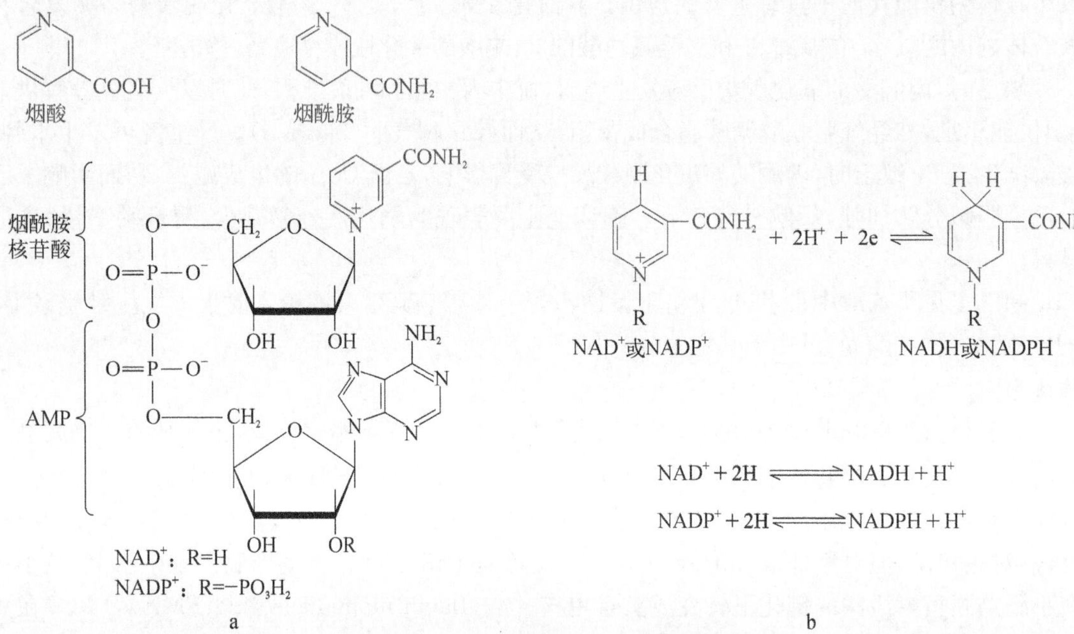

$$NAD^+ + 2H \rightleftharpoons NADH + H^+$$

$$NADP^+ + 2H \rightleftharpoons NADPH + H^+$$

图 3-24 维生素 PP 及其活性形式

a. 维生素 PP 及其活性形式；b. $NAD(P)^+$ 的加氢反应

NAD^+和$NADP^+$分子中的烟酰胺部分具有可逆的加氢及脱氢的特性，有传递氢和电子的功能，在体内是许多脱氢酶的辅酶，参与一系列生物氧化反应。烟酰胺环的五价氮原子，能接受$2H^+$中的双电子成为三价氮，为双电子传递体，同时芳环接受一个H^+进行加氢反应。由于此反应只能接受1个H^+和2个电子，游离出一个H^+在介质中，因此将还原型的NAD^+写为$NADH+H^+$（简写为NADH），还原型的$NADP^+$则写为$NADPH+H^+$（简写为NADPH）。

人类维生素PP缺乏症称为糙皮病（pellagra），主要表现有皮炎（dermatitis）、腹泻（diarrhea）及痴呆（dementia），分别累及皮肤、胃肠道和中枢神经系统。皮炎常对称地出现于暴露部位。因此，维生素PP又称抗糙皮病维生素。抗结核药物异烟肼的结构与维生素PP相似，两者有拮抗作用，长期服用异烟肼可能引起维生素PP缺乏。

（四）泛酸

泛酸（pantothenic acid）又称遍多酸，由二甲基羟丁酸和β-丙氨酸以酰胺键连接而成，因广泛存在于动、植物组织中而得名。泛酸在肠内被吸收后，经磷酸化并与半胱氨酸反应生成4-磷酸泛酰巯基乙胺，后者是CoA及酰基载体蛋白（acyl carrier protein，ACP）的组成部分，参与酰基转移反应。CoA和ACP是泛酸在体内的活性形式（图3-25）。

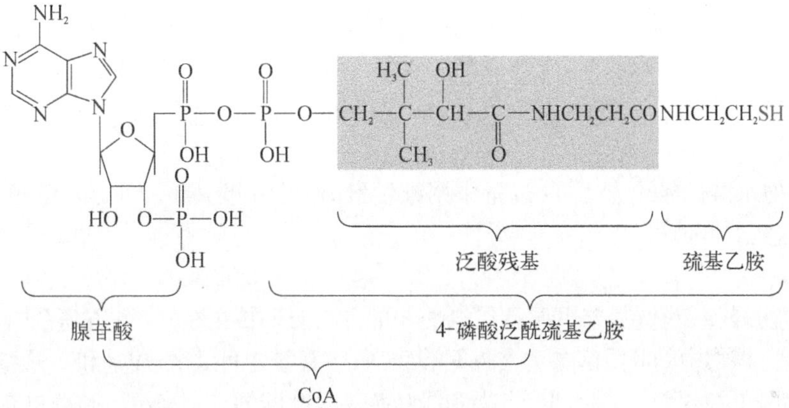

图3-25 泛酸及其活性形式

在体内，CoA及ACP构成酰基转移酶的辅酶，广泛参与糖、脂质、蛋白质代谢及肝的生物转化作用。有70多种酶需CoA及ACP。泛酸缺乏症很少见。

（五）生物素

生物素（biotin）是噻吩与尿素结合的骈环，带有戊酸侧链，广泛分布于酵母、肝、蛋类、花生、牛奶和鱼类等食品中，人体肠道菌也能合成。生物素为无色针状结晶体，耐酸不耐碱，氧化剂及高温可使其失活。生物素是体内多种羧化酶（如丙酮酸羧化酶、乙酰CoA羧化酶等）的辅基，参与CO_2固定过程，此过程又称羧化作用。在羧化酶全酶合成酶（holocarboxylase synthetase）的催化下，生物素与羧化酶蛋白中赖氨酸残基的ε-氨基以酰胺键共价结合，形成生物胞素（biocytin）残基，激活羧化酶（图3-26）。在ATP和Mg^{2+}参与下，生物胞素骈环的一个N原子结合CO_2生成N-羧基生物胞素，作为CO_2载体在羧化酶催化下使底物羧化。此外，生物素参与细胞信号转导和基因表达；使组蛋白生物素化，从而影响细胞周期、转录和DNA损伤的修复。

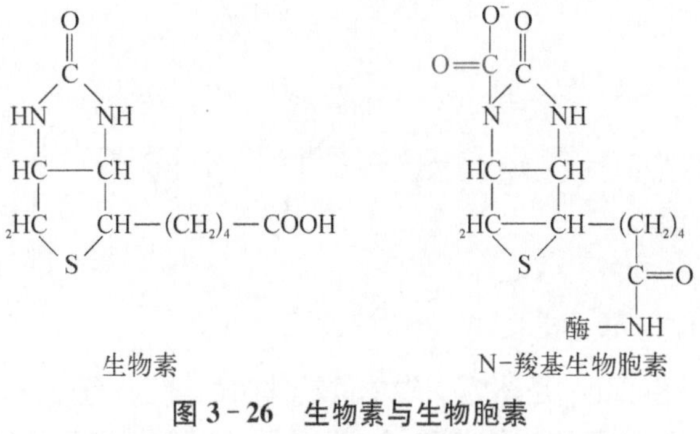

图3-26 生物素与生物胞素

生物素很少出现缺乏症。新鲜鸡蛋中有一种抗生物素蛋白（avidin），也称亲和素，其能与生物素结合成无活性且不易消化的复合物而不能被吸收，蛋清加热后这种蛋白则被破坏而失去作用。生物素与抗生物素蛋白的结合有很高亲和力，应用于生化实验技术。另外，长期使用抗生素可抑制肠道细菌生长，造成生物素的缺乏，主要症状是疲乏、恶心、呕吐、食欲缺乏、皮炎及脱屑性红皮病。

(六) 维生素 B_6

维生素 B_6 包括吡哆醇(pyridoxine)、吡哆醛(pyridoxal)和吡哆胺(pyridoxamine)，肝、鱼、肉类、全麦、坚果、豆类、蛋黄和酵母等食物均是维生素 B_6 的来源。在体内，维生素 B_6 的活化形式是磷酸吡哆醛和磷酸吡哆胺，两者可相互转变(图 3-27)。

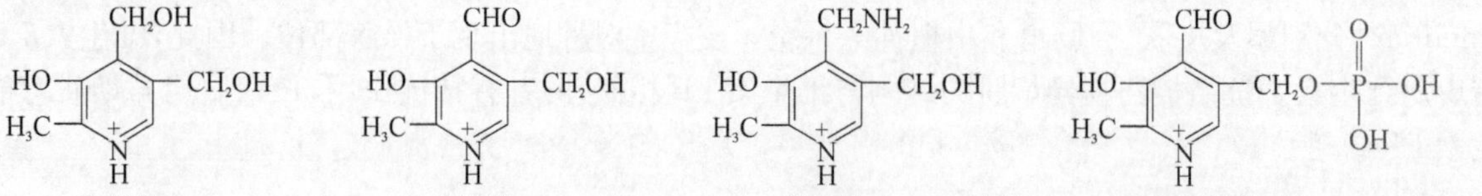

吡哆醇　吡哆醛　吡哆胺　磷酸吡哆醛

图 3-27　维生素 B_6 的结构

磷酸吡哆醛是体内百余种酶的辅酶，参与氨基酸脱氨与转氨作用、鸟氨酸循环、血红素的合成和糖原分解等，在代谢中发挥着重要作用。磷酸吡哆酸可以将类固醇激素-受体复合物从 DNA 中移去，终止这些激素的作用。

维生素 B_6 缺乏不多见，人类未发现维生素 B_6 缺乏的典型病例。异烟肼能与磷酸吡哆醛的醛基结合，使其失去辅酶作用，所以在服用异烟肼时，应补充维生素 B_6。此外，维生素 B_6 缺乏可增加人体对雌激素、雄激素、皮质激素和维生素 D 作用的敏感性，这对乳腺、前列腺和子宫的激素依赖性癌症的发展和预后可能具有重要意义。

维生素 B_6 与其他水溶性维生素不同，过量服用维生素 B_6 可引起中毒。日摄入量超过 200 mg 可引起神经损伤，表现为周围感觉神经病。

(七) 叶酸

叶酸(folic acid)由蝶呤、对氨基苯甲酸及谷氨酸 3 部分结合而成，又称蝶酰谷氨酸，因绿叶中含量十分丰富而得名(图 3-28)。植物中的叶酸多含 7 个谷氨酸残基，谷氨酸之间以 γ-羧基和 α-氨基连接形成 γ-多肽。仅牛奶和蛋黄中含蝶酰单谷氨酸。酵母、肝、水果和绿叶蔬菜是叶酸的丰富来源。肠菌也有合成叶酸的能力。

食物中的蝶酰多谷氨酸在小肠被黏膜上皮细胞分泌的蝶酰-L-谷氨酸羧基肽酶水解，生成蝶酰单谷氨酸。后者在小肠上段被吸收后，在小肠黏膜上皮细胞二氢叶酸还原酶的作用下生成二氢叶酸，进一步生成叶酸的活性型——5,6,7,8-四氢叶酸(tetrahydrofolic acid，FH_4)。含单谷氨酸的 N^5-甲基-FH_4 是叶酸在血液循环中的主要形式。在体内各组织中，FH_4 主要以多谷氨酸形式存在。

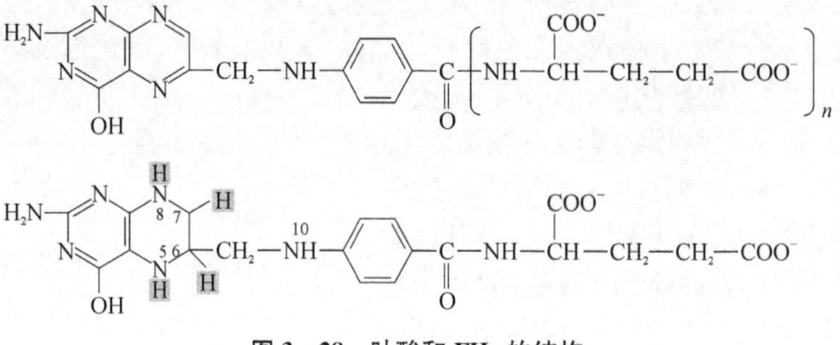

图 3-28　叶酸和 FH_4 的结构

$n=1\sim7$

FH_4 是体内一碳单位转移酶的辅酶，分子中 N^5、N^{10} 是一碳单位的结合位点。一碳单位在体内参与嘌呤、胸腺嘧啶核苷酸、丝氨酸、甲硫氨酸等多种物质的合成(参见第七章氨基酸代谢、第八章核苷酸代谢)。

叶酸缺乏时，DNA 合成受到抑制，骨髓幼红细胞 DNA 合成减少，细胞分裂速度降低，细胞体积变大，造成巨幼细胞贫血(megaloblastic anemia)。叶酸缺乏还可引起高同型半胱氨酸血症，增加动脉粥样硬化、血栓生成和高血压的危险性。叶酸缺乏也可引起 DNA 低甲基化，增加一些癌症(如结肠、直肠癌)的危险性。

因食物中叶酸含量丰富,肠道细菌也能合成,一般不发生缺乏症。孕妇及哺乳期妇女应适量补充叶酸。孕妇如果缺乏叶酸,可能造成胎儿脊柱裂和神经管缺陷。口服避孕药或抗惊厥药能干扰叶酸的吸收及代谢,长期服用此类药物时应考虑补充叶酸。

(八) 维生素 B_{12}

维生素 B_{12} 含有金属元素钴,又称钴胺素(cobalamine),是唯一含金属元素的维生素(图 3-29)。维生素 B_{12} 仅由微生物合成,酵母和动物肝含量丰富,不存在于植物中。维生素 B_{12} 分子中的钴能与—CN、—OH、—CH_3 或 5′-脱氧腺苷等基团连接,分别形成氰钴胺素、羟钴胺素、甲钴胺素和 5′-脱氧腺苷钴胺素,后两者是维生素 B_{12} 在体内的活性形式。

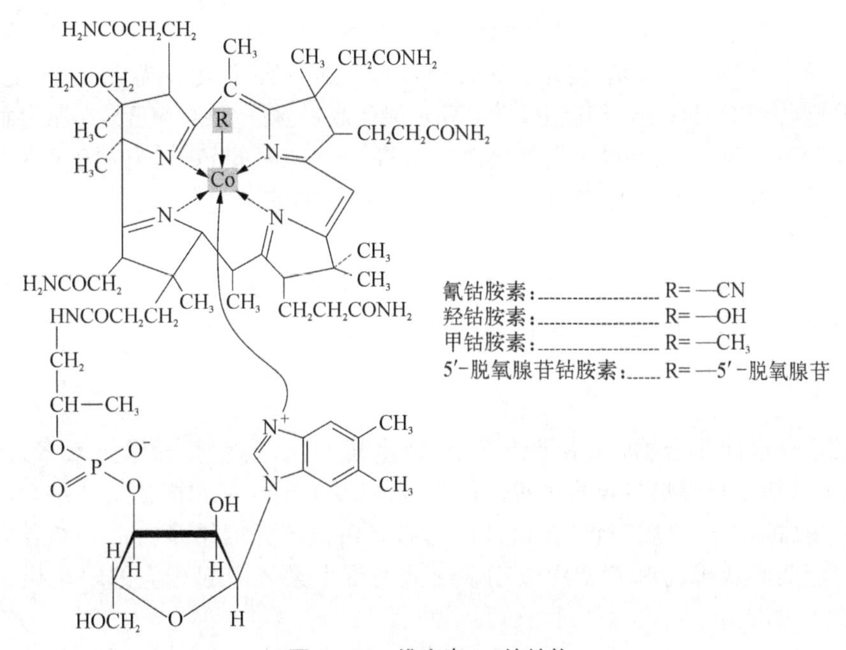

图 3-29　维生素 B_{12} 的结构

食物中的维生素 B_{12} 常与蛋白质结合存在,在胃酸和胃蛋白酶的作用下,维生素 B_{12} 得以游离并与来自唾液的亲钴蛋白结合。在十二指肠,亲钴蛋白-B_{12} 复合物经胰蛋白酶的水解作用游离出维生素 B_{12}。维生素 B_{12} 需要与由胃黏膜细胞分泌的内因子(intrinsic factor,IF)紧密结合生成 B_{12}-IF 复合物才能被回肠吸收。IF 是分子量为 50 kDa 的糖蛋白,只与活性形式的维生素 B_{12} 以 1∶1 结合。当胰腺功能障碍时,因 B_{12}-IF 复合物不能分解而排出体外,从而导致维生素 B_{12} 缺乏症。在小肠黏膜上皮细胞内,B_{12}-IF 复合物分解并游离出维生素 B_{12}。维生素 B_{12} 再与转钴胺素Ⅱ(transcobalamin Ⅱ)蛋白结合存在于血液中。B_{12}-转钴胺素Ⅱ复合物与细胞表面受体结合,进入细胞,在细胞内维生素 B_{12} 转变成羟钴胺素、甲钴胺素或进入线粒体转变成 5′-脱氧腺苷钴胺素。肝内还有一种转钴胺素Ⅰ,其可与维生素 B_{12} 结合而储存于肝内。

维生素 B_{12} 主要以两种不同的活性形式参与两个重要反应:① 甲钴胺素是甲硫氨酸合成酶的辅酶,催化同型半胱氨酸接受 $N^5-CH_3-FH_4$ 上的甲基生成甲硫氨酸,后者在腺苷转移酶的作用下生成活性甲基供体——S-腺苷甲硫氨酸。维生素 B_{12} 缺乏时,N^5-甲基-FH_4 上的甲基不能转移出去,一是引起甲硫氨酸合成减少,二是使叶酸"陷"于 N^5-甲基-FH_4 形式并不断累积,导致其他形式叶酸的水平降低,影响 FH_4 的再生,组织中游离的 FH_4 含量减少,一碳单位的代谢受阻,造成核酸合成障碍。故维生素 B_{12} 或叶酸缺乏可导致同型半胱氨酸水平升高。此外,S-腺苷甲硫氨酸作为甲基供体可参与胆碱和磷脂的生物合成。② 5′-脱氧腺苷钴胺素是 L-甲基丙二酰 CoA 变位酶的辅酶,催化甲基丙二酰 CoA 转变为琥珀酰 CoA。当维生素 B_{12} 缺乏时,L-甲基丙二酰 CoA 水平升高,大量堆积。L-甲基丙二酰 CoA 的结构与脂肪酸合成的中间产物丙二酰 CoA 相似,因此 L-甲基丙二酰 CoA 可影响脂肪酸的正常合成。

因维生素 B_{12} 广泛存在于动物食品中，正常膳食者一般不会缺乏。但萎缩性胃炎、胃全切患者或内因子的先天性缺陷者可因维生素 B_{12} 的严重吸收障碍而出现缺乏症。当维生素 B_{12} 缺乏时，核酸合成障碍，细胞分裂受阻，可导致恶性贫血(pernicious anemia)，表现为巨幼细胞贫血，故维生素 B_{12} 也称为抗恶性贫血维生素。同型半胱氨酸的堆积可造成高同型半胱氨酸血症，增加动脉硬化、血栓生成和高血压的危险性。维生素 B_{12} 缺乏可导致痴呆、脊髓变性等神经疾病，其原因是脂肪酸的合成异常，导致髓鞘质变性退化，从而引发进行性脱髓鞘。所以，维生素 B_{12} 具有营养神经的作用。

(九) 维生素 C

维生素 C 又称抗坏血酸(ascorbic acid)(图 3-30)，具有热不稳定性，呈酸性，广泛存在于新鲜蔬菜和水果中。维生素 C 极易从小肠吸收，主要存在形式是还原型抗坏血酸。

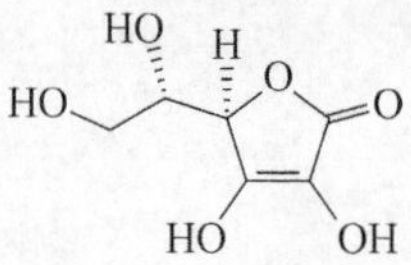

图 3-30 维生素 C 结构

维生素 C 是一些羟化酶的辅酶，作为抗氧化剂可直接参与体内氧化还原反应。维生素 C 能够保护巯基，使巯基酶的-SH 保持还原状态；在谷胱甘肽还原酶作用下，将 GSSG 还原成 GSH；在红细胞中，维生素 C 能使高铁血红蛋白(MHb)还原为血红蛋白(Hb)，恢复其运氧能力；小肠中的维生素 C 可将 Fe^{3+} 还原成 Fe^{2+}，有利于食物中铁的吸收；维生素 C 作为抗氧化剂，影响细胞内活性氧敏感的信号转导系统。此外，维生素 C 具有增强机体免疫力的作用。

我国建议成人每日维生素 C 的需要量为 60 mg。若每日摄取维生素 C 超过 100 mg，体内维生素 C 便可达到饱和，过量摄入的维生素 C 则随尿排出体外。

二、脂溶性维生素

脂溶性维生素是疏水性化合物，包括维生素 A、维生素 D、维生素 E 和维生素 K。脂溶性维生素的作用多种多样，除了直接参与影响特异的代谢过程外，它们多半还与细胞内核受体结合，影响特定基因的表达。脂溶性维生素常随脂类物质吸收，在血液中与脂蛋白或特异的结合蛋白相结合而运输，并在体内常有一定的储量。脂类吸收障碍和食物中长期缺乏此类维生素可引起相应的缺乏症，摄入过多可发生中毒。

(一) 维生素 A

维生素 A 是由 β-白芷酮环和两分子异戊二烯构成的多烯化合物，天然维生素 A 有维生素 A_1[视黄醇(retinol)]和维生素 A_2(3-脱氢视黄醇)。动物性食品如肝、肉类、蛋黄、乳制品、鱼肝油是维生素 A 的主要来源。

植物中不存在维生素 A，但含多种胡萝卜素，其中 β-胡萝卜素可在小肠黏膜由 β-胡萝卜素加氧酶作用下加氧断裂，生成 2 分子视黄醛，再经还原形成视黄醇，所以胡萝卜素又称维生素 A 原。

食物中视黄醇通常与脂肪酸结合以酯的形式存在，在小肠被水解为视黄醇和脂肪酸，吸收入小肠黏膜细胞内重新酯化，掺入乳糜微粒(CM)，通过淋巴转运至肝储存。当需要时，视黄醇从肝中释放入血，在血浆中与视黄醇结合蛋白(retinol binding protein，RBP)结合而被运输至肝外组织，与靶组织细胞表面的特异受体结合而被摄取。

细胞内醇脱氢酶催化视黄醇与视黄醛(retinal)之间的反应为可逆反应，视黄醛在视黄醛脱氢酶的催化下又不可逆地氧化生成视黄酸(retinoic acid)。视黄醇、视黄醛和视黄酸均为维生素 A 的活性形式(图 3-31)。

视黄醛与视蛋白结合发挥其视觉功能。在感受弱光或暗光的人视网膜杆状细胞内，全反式视黄醇被异构成 11-顺视黄醇，并进而氧化为 11-顺视黄醛。11-顺视黄醛作为光敏感视蛋白(opsin)的辅基与之结合生成视紫红质(rhodopsin)。当视紫红质感光时，11-顺视黄醛迅速地光异构为全反式视黄醛，并使视蛋白发生别构。视蛋白是 G 蛋白偶联跨膜受体，通过一系列反应产生视觉神经冲动。此后，视紫红质被分解，全反式视黄醛和视蛋白分离，从而构成视循环(图 3-32)。维生素 A 缺乏时，视循环的关键物质 11-顺视黄醛的补充不足，视紫红质合成减少，对弱光敏感性降低，暗适应时间延长，严重时会发生夜盲症。

视黄酸对基因表达具有调节作用。全反式视黄酸和 9-顺视黄酸是执行这一重要功能的关键物质，它们

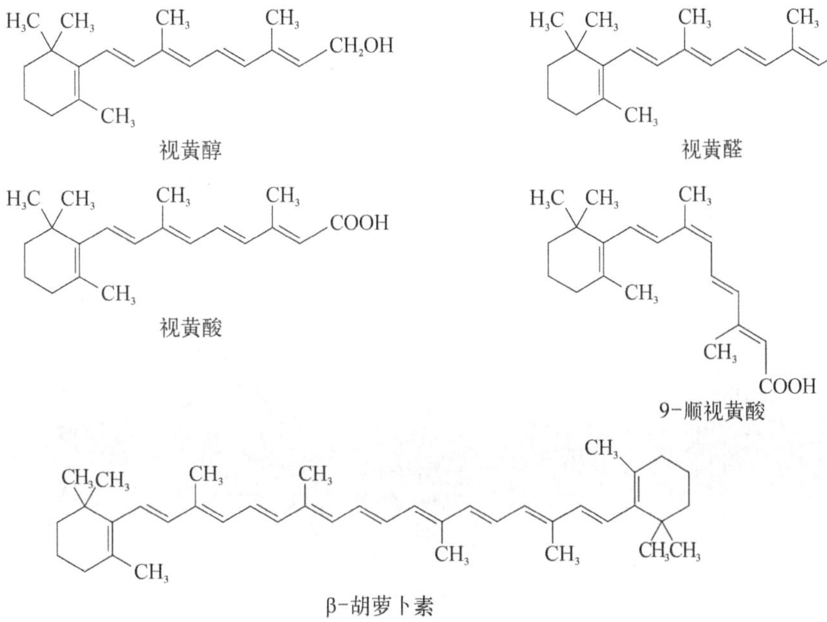

视黄醇 视黄醛

视黄酸 9-顺视黄酸

β-胡萝卜素

图 3-31 维生素 A 与 β-胡萝卜素结构

可通过核受体介导的信号转导途径(参见第十六章细胞信号转导),与靶细胞内的特异性核受体视黄酸受体(retinoic acid receptor,RAR)结合,视黄酸-RAR 复合物进一步与相应的 DNA 应答元件结合,调节某些基因的表达。视黄酸对于维持上皮组织的正常形态与生长分化具有重要的作用。维生素 A 缺乏可引起严重的上皮角化,眼结膜黏液分泌细胞的丢失与角化及糖蛋白分泌的减少均可引起角膜干燥,从而出现眼干燥症(xerophthalmia)。因此,维生素 A 又称抗干眼病维生素。

图 3-32 视循环

此外,维生素 A 和胡萝卜素在氧分压较低的条件下,能直接消灭自由基,起到抗氧化作用。

维生素 A 的过量摄入可引起维生素 A 中毒表现。

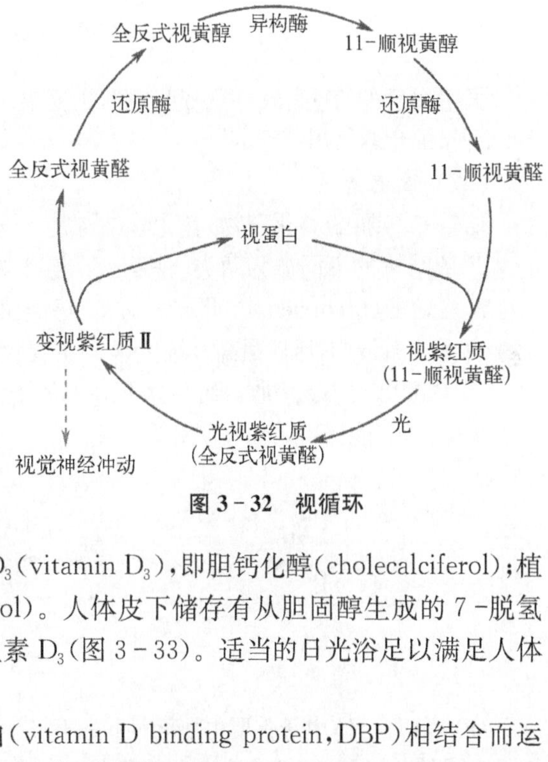

(二) 维生素 D

维生素 D 是类固醇衍生物。鱼油、蛋黄、肝富含维生素 D_3(vitamin D_3),即胆钙化醇(cholecalciferol);植物中含有维生素 D_2(vitamin D_2),即麦角钙化醇(ergocalciferol)。人体皮下储存有从胆固醇生成的 7-脱氢胆固醇,即维生素 D_3 原,其在紫外线的照射下,可转变成维生素 D_3(图 3-33)。适当的日光浴足以满足人体对维生素 D 的需要。

进入血液的维生素 D_3 主要与血浆中维生素 D 结合蛋白(vitamin D binding protein,DBP)相结合而运输。在肝微粒体 25-羟化酶的催化下,维生素 D_3 被羟化生成 25-羟维生素 D_3(25-OH-D_3)。25-OH-D_3 是血浆中维生素 D_3 的主要存在形式,也是维生素 D_3 在肝中的主要储存形式。25-OH-D_3 在肾小管上皮细胞线粒体 1α-羟化酶的作用下,生成维生素 D_3 的活性形式 1,25-二羟维生素 D_3[1,25-$(OH)_2$-D_3]。25-OH-D_3 和 1,25-$(OH)_2$-D_3 在血液中均与 DBP 结合而运输。

1,25-$(OH)_2$-D_3 的主要功能是调节钙磷代谢。它可通过促进小肠对钙的吸收、增加肾的重吸收等机制来调节维持血钙水平。它还可与靶细胞内特异的核受体结合而进入细胞核,调节钙结合蛋白(calbindin)等基因的表达。

当缺乏维生素 D 时,儿童可患佝偻病(rickets),成人可发生软骨病(osteomalacia)和骨质疏松症(osteoporosis)。因此,维生素 D 又称抗佝偻病维生素。此外,维生素 D 缺乏也与自身免疫性疾病的发生有关。

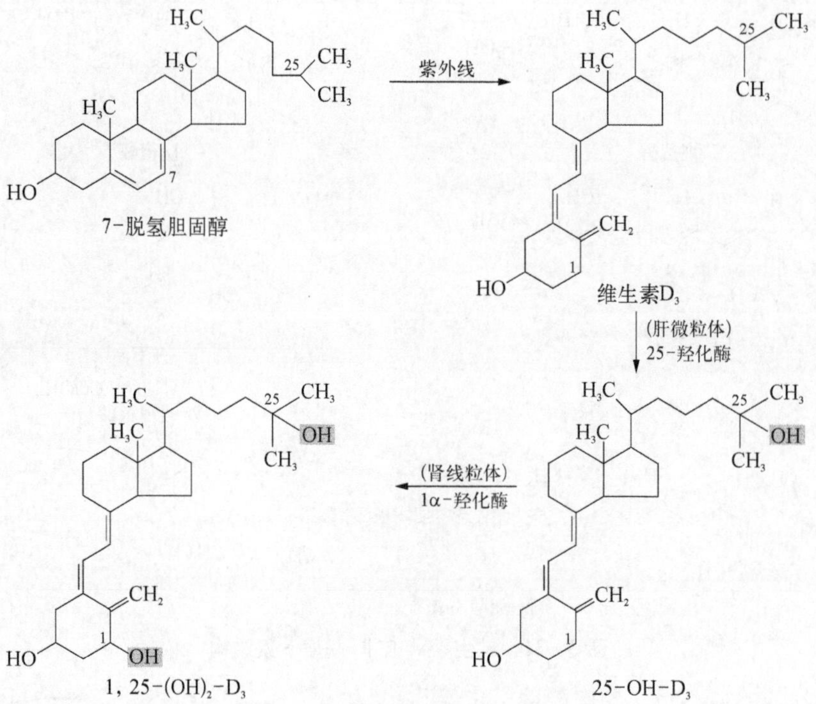

7-脱氢胆固醇

紫外线

维生素D_3

(肝微粒体)
25-羟化酶

25-OH-D_3

(肾线粒体)
1α-羟化酶

1,25-$(OH)_2$-D_3

图 3-33　维生素 D 及其活性形式

服用过量的维生素 D 可引起中毒,主要表现为高钙血症、高钙尿症、高血压及软组织钙化。但多晒太阳不会引起维生素 D 中毒。

(三) 维生素 E

维生素 E 属酚类化合物,其化学结构是 6-羟基苯并吡喃的衍生物,与动物生育相关,故又称生育酚。维生素 E 依结构的不同分为两类:其环 C2 连一烃链的为生育酚(tocopherol);侧链的 3′、7′、11′位上有双键的为生育三烯酚(tocotrienol)(图 3-34)。每类又根据甲基的数目、位置不同分为 α、β、γ 和 δ 4 种。自然界以 α-生育酚分布最广,活性最高。维生素 E 主要存在于植物油、油性种子和麦芽等。在正常情况下,20%～40%的 α-生育酚可被小肠吸收。维生素 E 在无氧条件下对热稳定,但对氧十分敏感,C6 的羟基极易被氧化,因而具有抗氧化作用,能保护其他物质免受氧化。

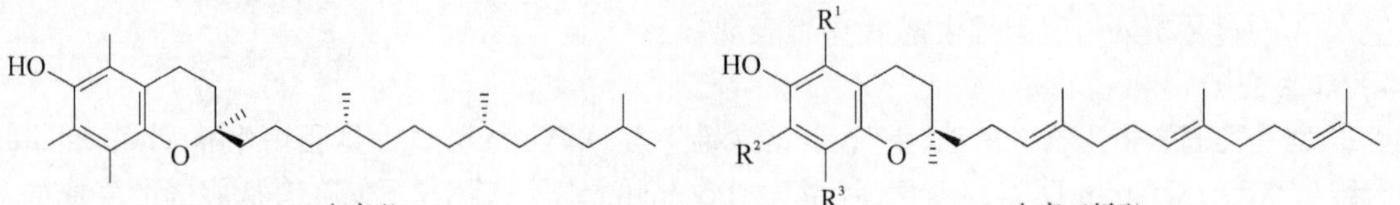

生育酚　　　生育三烯酚

图 3-34　维生素 E 结构

维生素 E 是体内最重要的脂溶性抗氧化剂;具有调节信号转导过程和基因表达的功能;维生素 E 能提高血红素合成的关键酶 δ-氨基酮戊酸合酶(δ-aminolevulinic acid synthase, ALA synthase)和 ALA 脱水酶的活性,促进血红素的合成。

维生素 E 一般不易缺乏,在严重的脂类吸收障碍和肝严重损伤时可引起缺乏症,表现为红细胞数量减少、脆性增加等溶血性贫血症,偶尔也可引起神经障碍。动物缺乏维生素 E 时其生殖器官发育受损甚至不育。临床上常用维生素 E 治疗先兆流产及习惯性流产。

人类尚未发现维生素 E 中毒症,即使一次服用高出常用量 50 倍的剂量,也尚未观察到中毒现象。

(四) 维生素 K

维生素 K 均是 2-甲基-1,4-萘醌的衍生物。广泛存在于自然界的维生素 K 有维生素 K_1 和维生素 K_2。维生素 K_1 又称植物甲基萘醌或叶绿醌(phylloquinone),主要存在于深绿色蔬菜(如甘蓝、菠菜、莴苣等)和植物油中。维生素 K_2 是肠道细菌的产物。维生素 K_3 是人工合成的水溶性甲基萘醌（menaquinone）（图 3－35），可口服及注射。

维生素K_1　　维生素K_2　　维生素K_3

图 3－35　维生素 K 结构

维生素 K 是多种 γ－谷氨酰羧化酶的辅酶，具有促进凝血作用；在骨代谢中也起着重要作用；此外，其对减少动脉钙化也具有重要意义。

维生素 K 缺乏的主要症状是易出血。引发脂类吸收障碍的疾病如胰腺疾病、胆管疾病及小肠黏膜萎缩或脂肪便等均可出现维生素 K 缺乏症。长期应用抗生素及肠道灭菌药也有引起维生素 K 缺乏的可能性。

（卜友泉，李铁）

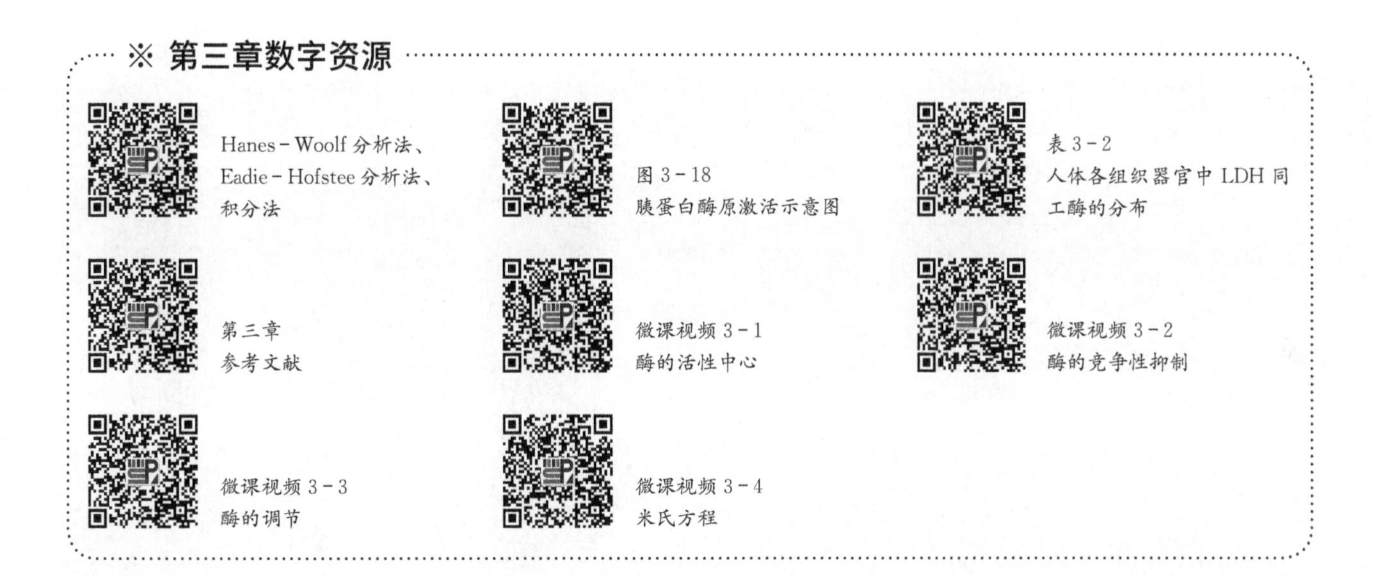

第二篇

物质代谢及其调节

生命的基本特征之一是生物体内各种物质按照一定规律不断进行新陈代谢，借此实现生物体与外界环境的物质交换、自我更新、维持机体内环境的相对恒定。物质代谢包括合成代谢与分解代谢，并伴随有多种形式的能量变化。这些代谢也处于动态平衡之中。通过物质的合成代谢完成“新物质”的合成，此过程通常需要能量(消耗能量)；而分解代谢往往是对“旧物质”的分解，此过程通常释放能量(产生能量)。此外，各类物质代谢之间有着广泛的联系，而且机体具有精确调节物质代谢的能力，以满足不同生理状态所需。若物质代谢及其调节发生了紊乱，则往往容易引发一些疾病。因此，物质代谢是医学生物化学的重要内容。

本篇主要讨论体内糖、脂质、氨基酸、核苷酸等物质的代谢过程及其调节机制，包括生物氧化、糖代谢、脂质代谢、氨基酸代谢、核苷酸代谢及物质代谢的相互联系与调节，共6章。在学习这一篇内容时，重点应注意掌握各类物质代谢的基本途径、关键酶与主要调节机制、重要生理意义、各类物质代谢的相互联系等，也需明确物质代谢的异常与疾病的关系。

第四章

生物氧化

内容提要

生物氧化是指物质在生物体内所发生的氧化反应，其重要意义是提供生物体生存和生长的能量，而能量生成与利用障碍与人类各种疾病的发生和发展密切相关。生物氧化根据其在细胞中的发生部位分为生成 ATP 的线粒体氧化体系和不生成 ATP 的非线粒体氧化体系。

本章将介绍生物氧化的概念、特点、参与生物氧化的酶类；重点阐述呼吸链的概念、NADH 氧化呼吸链和 $FADH_2$ 氧化呼吸链的组成及排列顺序、氧化磷酸化的概念、氧化磷酸化的调节及影响因素；介绍高能化合物与底物水平磷酸化的概念、ATP 循环；介绍线粒体外的 $NADH+H^+$ 经苹果酸-天冬氨酸穿梭或者 α-磷酸甘油穿梭进入线粒体的过程。此外，还介绍了微粒体单加氧酶系、过氧化物酶体氧化体系、体内反应活性氧类的产生和对细胞的影响及机体对其的清除。

生物氧化(biological oxidation)是指物质在生物体内进行的氧化，主要指糖、脂肪、蛋白质等营养物质在生物体活细胞内氧化生成 CO_2 和水并逐步释放能量的过程。因生物氧化过程是在组织细胞中进行，并消耗氧产生 CO_2，故又称细胞呼吸(cellular respiration)。

生物氧化根据其在细胞中的发生部位分为两大类：一是线粒体氧化体系，与 ATP 的生成密切相关；二是非线粒体氧化体系，与 ATP 生成无关，但具有其他功能。

在体内，生成 ATP 的生物氧化过程可大体分为 3 个阶段：① 营养物质在线粒体外分解为其基本单位(葡萄糖、脂肪酸、氨基酸等)，释能约低于总能量 1%，以热能散发。② 葡萄糖等基本单位分解为其相关代谢中间产物，进入线粒体，转变为乙酰 CoA。此过程释能约为总能量 1/3，经底物水平磷酸化(substrate-level phosphorylation)合成部分 ATP。③ 乙酰 CoA 经三羧酸循环脱羧、脱氢并经氧化磷酸化(oxidative phosphorylation)合成大量 ATP。因此，氧化磷酸化是体内生成 ATP 的最主要方式。

第一节　生物氧化概述

一、生物氧化的特点

物质在体内、外氧化的本质是相同的，均遵循氧化还原反应的一般规律，消耗氧、生成终产物(CO_2 和水)和释放能量数值均相同。但体外氧化(即燃烧)是物质中的氢、碳直接与空气中氧结合生成水及 CO_2，能量以光和热的形式瞬间释放。而生物氧化是体内进行的酶促反应，有以下的特点：① 氧化反应在近中性、体温、有水的温和环境中进行。② CO_2 由脱羧反应产生，水由底物脱下的氢(以 NADH 或 $FADH_2$ 的形式)经呼吸链逐步传递电子,最后与氧结合而生成。③ 能量逐步释放,利用率高,其中部分以 ATP 形式储存、转移和利用,部分以热能散发用于维持体温。④ 氧化速率受生理功能需要、体内外环境变化的调控。

二、参与生物氧化的酶类

生物氧化包括脱电子、脱氢、加氧等反应方式,其中以脱氢反应最常见。失去电子或氢原子的物质称为供电子体或供氢体,接受电子或氢原子的物质称为受电子体或受氢体。

生物氧化的反应是在一系列酶的催化下进行的,这些酶类可分为氧化酶类、脱氢酶类、加氧酶类和氢过氧化物酶类等。

(一) 氧化酶类

氧化酶(oxidase)能催化代谢底物脱氢,以氧为受氢体,产物为 H_2O 或 H_2O_2。

某些氧化酶(如细胞色素氧化酶等)催化底物脱氢,脱下的氢直接交给活化的氧生成 H_2O。此类酶多为含有铁、铜等金属离子的金属结合酶。

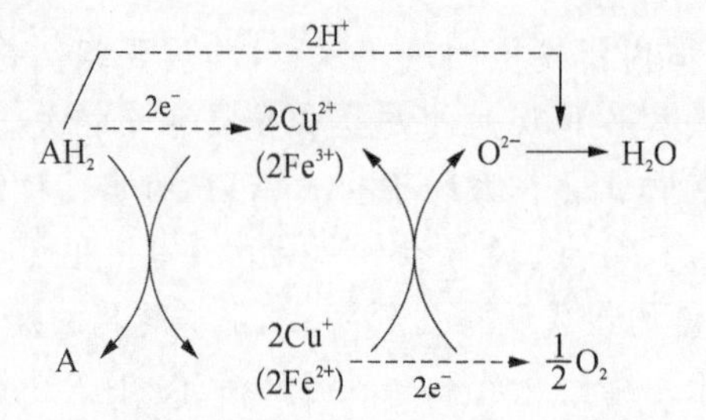

某些氧化酶(如氨基酸氧化酶、黄嘌呤氧化酶等)催化底物脱氢,脱下的氢经其辅基 FMN 或 FAD 传递给氧分子生成 H_2O_2。此类酶由于需要 FMN 或 FAD 为其辅基,又被称为黄素酶类。

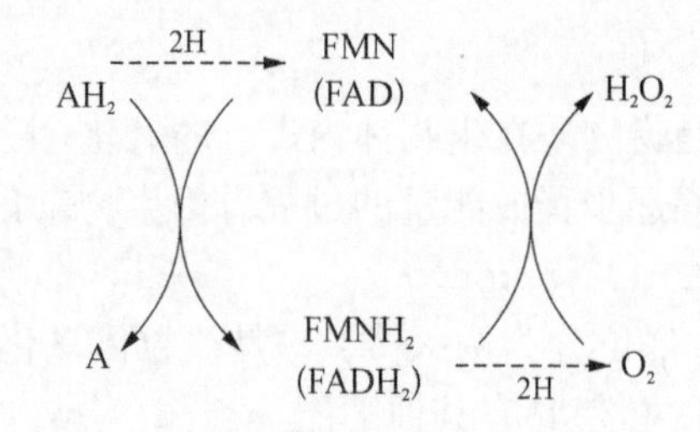

(二) 脱氢酶类

脱氢酶(dehydrogenase)能催化底物脱氢,但不以氧为直接受氢体,其直接受氢体为 NAD^+(或 $NADP^+$)、FMN(或 FAD)。其中 NAD^+、FAD 是连接代谢物与呼吸链的环节。脱氢酶是生物氧化最主要的酶类,如琥珀酸脱氢酶等。

2H
AH_2 → FMN (FAD) 或 NAD^+ ($NADP^+$)　BH_2
A　$FMNH_2$ ($FADH_2$) 或 $NADH+H^+$ ($NADPH+H^+$) → B
2H

(三) 加氧酶类

加氧酶(oxygenase)主要存在于微粒体,是催化向底物加氧原子反应的酶类。根据向底物分子中加入氧原子数目的不同,加氧酶可分为以下两种。

1. 单加氧酶(monooxygenase)　催化一个氧原子加到底物分子中,又称羟化酶(hydroxylase),如苯丙氨酸羟化酶等。

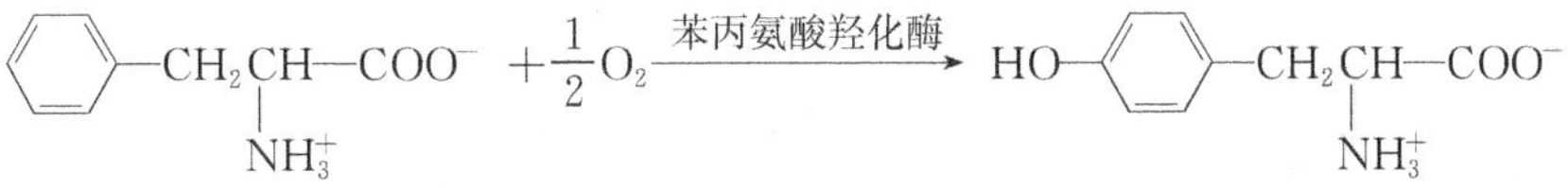

$$C_6H_5-CH_2CH(NH_3^+)-COO^- + \frac{1}{2}O_2 \xrightarrow{\text{苯丙氨酸羟化酶}} HO-C_6H_4-CH_2CH(NH_3^+)-COO^-$$

苯丙氨酸 酪氨酸

2. 双加氧酶(dioxygenase) 催化两个氧原子加到底物分子中，如色氨酸双加氧酶等。

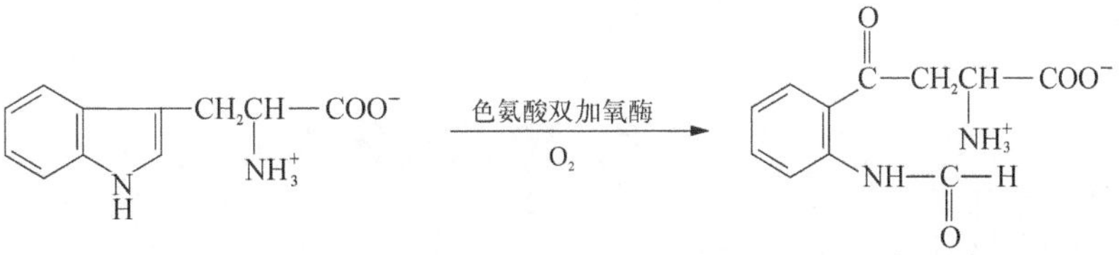

$$\text{色氨酸} \xrightarrow[O_2]{\text{色氨酸双加氧酶}} \text{N-甲酰犬尿氨酸}$$

色氨酸 N-甲酰犬尿氨酸

(四) 氢过氧化物酶类

氢过氧化物酶(hydroperoxidase)主要分布于过氧化物酶体，是催化有机过氧化物或过氧化氢还原的酶，前者为过氧化物酶(peroxidase)，如谷胱甘肽过氧化物酶；后者为过氧化氢酶(catalase)，又称触酶。其辅基均为铁卟啉。

$$2GSH + H_2O_2 \xrightarrow{\text{谷胱甘肽过氧化物酶}} GSSG + 2H_2O$$

$$2H_2O_2 \xrightarrow{\text{过氧化氢酶}} 2H_2O + O_2$$

三、生物氧化中 CO_2 的生成

生物氧化的终产物 CO_2 来自脱羧酶催化的有机酸脱羧基作用。根据脱去 CO_2 的羧基位置，脱羧反应可分为α-脱羧和β-脱羧；根据脱羧是否同时伴有脱氢反应，脱羧反应又可分氧化脱羧和单纯脱羧。

(一) α-脱羧

1. α-单纯脱羧 底物脱去α-羧基生成 CO_2，但不伴有脱氢的过程。

$$^-OOC-\overset{R}{\overset{|\alpha}{C}}H-NH_3^+ \xrightarrow{\text{氨基酸脱羧酶}} R-CH_2-NH_3^+ + CO_2$$

氨基酸 胺

2. α-氧化脱羧 底物脱去α-羧基生成 CO_2，同时伴有脱氢的过程。

$$CH_3-\overset{\alpha}{C}(=O)-COO^- + HS\text{-}CoA \xrightarrow[NAD^+ \rightarrow NADH+H^+]{\text{丙酮酸脱氢酶复合体}} CH_3CO\sim SCoA + CO_2$$

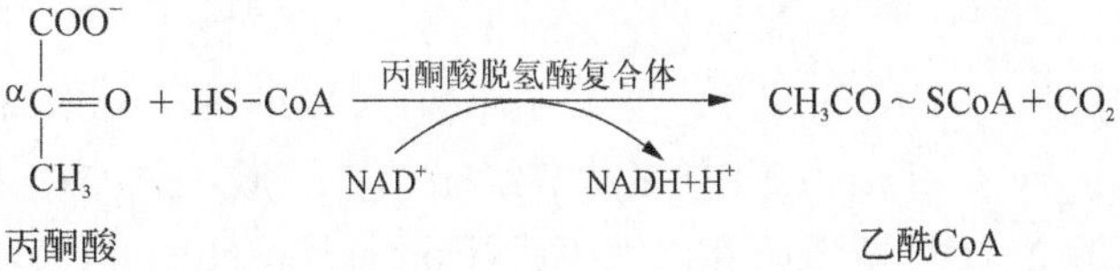

丙酮酸 乙酰CoA

(二) β-脱羧

1. β-单纯脱羧 底物脱去β-羧基生成 CO_2，但不伴有脱氢的过程。

$$^-OOC-\overset{\beta}{C}H_2-\overset{\alpha}{C}(=O)-COO^- \xrightarrow{\text{草酰乙酸脱羧酶}} CH_3-\overset{\alpha}{C}(=O)-COO^- + CO_2$$

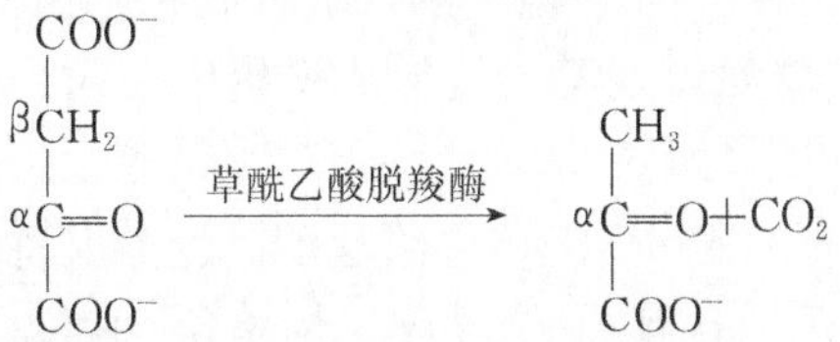

草酰乙酸 丙酮酸

2. β-氧化脱羧 底物脱去β-羧基生成 CO_2，同时伴有脱氢的过程。

$$\underset{\text{苹果酸}}{\begin{array}{l}COO^-\\ {}^{\beta}CH_2\\ {}^{\alpha}CH—OH\\ COO^-\end{array}} \xrightarrow[NADP^+ \quad NADPH+H^+]{\text{苹果酸酶}} \underset{\text{丙酮酸}}{\begin{array}{l}CH_3\\ {}^{\alpha}C=O\\ COO^-\end{array}} + CO_2$$

第二节 线粒体氧化体系

线粒体是细胞内的“动力工厂”。因为糖、脂肪及蛋白质分解代谢的最后阶段都是在线粒体内经三羧酸循环及呼吸链彻底氧化,产生 CO_2 和 H_2O 并释放出大量能量,能量的相当一部分以 ATP 形式保存下来。所以线粒体最主要的功能是氧化能源物质。

一、呼吸链

在线粒体内膜上,由传递氢或传递电子的多种酶与辅酶组成的复合体,按照一定顺序排列的连锁性电子传递链将代谢物脱下的氢传递给氧从而生成水,称为呼吸链(respiratory chain)。其中传递氢的酶或辅酶称为递氢体,传递电子的酶或辅酶称为递电子体,二者都有传递电子的作用($2H \rightleftharpoons 2H^+ + 2e^-$),故呼吸链也称电子传递链(electron transfer chain)。

(一) 呼吸链的组成

线粒体内膜经化学试剂处理及离子交换层析等方法分离纯化后可得到 4 种由递氢体和递电子体构成的复合体(表 4-1),其中复合体Ⅰ、复合体Ⅲ和复合体Ⅳ完全镶嵌在线粒体内膜中,复合体Ⅱ镶嵌在线粒体内膜的基质侧。复合体各组分相互协调,在两种游离物质辅酶 Q(coenzyme Q,CoQ 或 Q)和细胞色素 c (cytochrome c,Cyt c)的共同参与下,完成电子和氢的传递。

表 4-1 人线粒体呼吸链复合体

复合体	酶名称	多肽链数目	辅基
复合体Ⅰ	NADH-泛醌还原酶	43	FMN、铁硫簇
复合体Ⅱ	琥珀酸-泛醌还原酶	4	FAD、铁硫簇
复合体Ⅲ	泛醌-Cyt c 还原酶	11	血红素 b、血红素 c_1、铁硫簇
复合体Ⅳ	Cyt c 氧化酶	13	血红素 a、血红素 a_3、Cu_B、Cu_A

注:① CoQ 能在线粒体内膜中自由扩散,不是复合体成分;② Cyt c 是内膜外表面水溶性蛋白质,也不是复合体成分,可在复合体Ⅲ、复合体Ⅳ间移动,以传递电子。

1. 复合体Ⅰ(complex Ⅰ) 又称 NADH-泛醌还原酶(NADH-ubiquinone oxidoreductase),是跨线粒体内膜的复合体,分子量为 1 000 kDa,由 43 条多肽链组成,呈“L”形,卧臂位于内膜中,竖臂突入基质。复合体Ⅰ含有以 FMN 为辅基的 NADH 脱氢酶和以铁硫簇(iron-sulfur cluster)为辅基的铁硫蛋白(iron-sulfur protein),接受来自 $NADH+H^+$ 的电子并将其转移给泛醌。

氧化型 FMN 或 FAD 作为递氢体,其分子中的异咯嗪环可接受 1 个电子和 1 个质子生成半醌型 FMN 或 FAD 自由基($FMNH^\cdot$ 或 $FADH^\cdot$),再接受 1 个电子和 1 个质子生成还原型 $FMNH_2$ 或 $FADH_2$(图 4-1)。

铁硫蛋白由铁硫簇与肽链的半胱氨酸残基连接形成铁硫中心而得名。铁硫中心有 3 种类型(图 4-2):Fe-S、Fe_2S_2、Fe_4S_4,其中的铁离子可进行 $Fe^{3+} + e^- \rightleftharpoons Fe^{2+}$ 的可逆反应传递 1 个电子,故为单电子传递体。

复合体Ⅰ的作用是将电子从 $NADH+H^+$ 传递给泛醌。泛醌又称 CoQ,是一种含有脂溶性多异戊烯侧链的小分子醌类化合物,人的泛醌侧链含有 10 个异戊二烯单位,用 Q_{10} 表示。泛醌与蛋白质结合较为疏松,可在线粒体内膜中迅速扩散,故易与有关复合体(复合体Ⅰ、复合体Ⅱ、复合体Ⅲ)碰撞并通过氧化型与还原型互变而传递还原当量(图 4-3)。

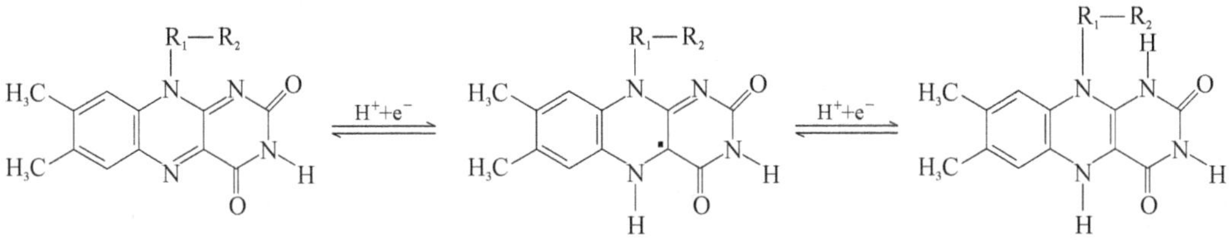

FMN或FAD　　FMNH˙或FADH˙　　$FMNH_2$或$FADH_2$

图 4-1　FMN 或 FAD 的氧化还原反应

R_1：$CH_2—CH(OH)—CH(OH)—CH(OH)—CH_2—O—$；$R_2$：FMN 为 AMP；FAD 为 ADP

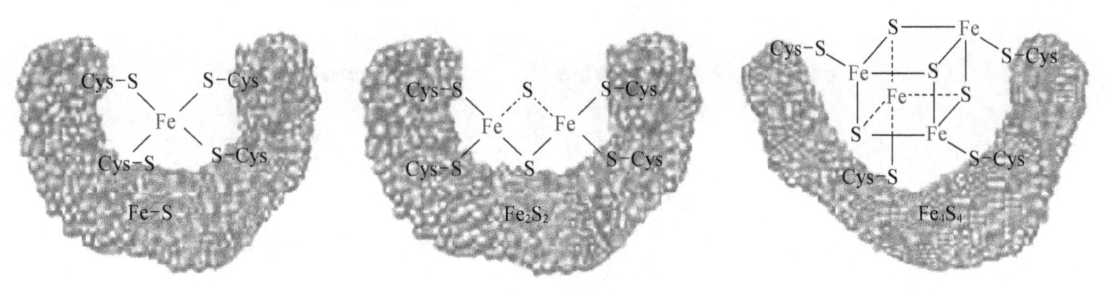

图 4-2　铁硫蛋白的 3 种铁硫中心

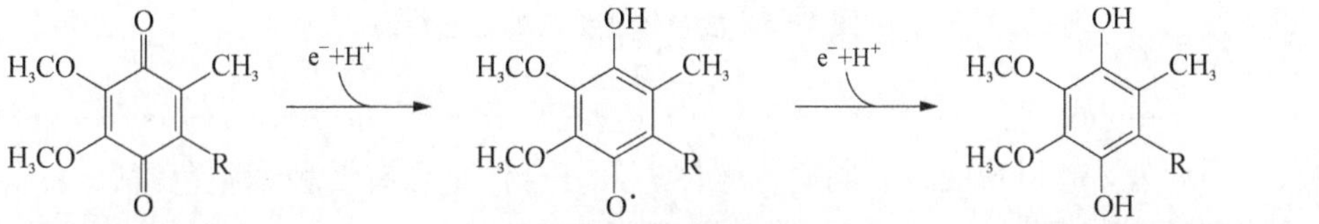

氧化型泛醌(Q)　　半醌型泛醌自由基(QH˙)　　还原型泛醌(QH_2)

图 4-3　泛醌的氧化还原反应

R：脂溶性多异戊烯侧链，即 $—(CH_2—CH=C(CH_3)—CH_2)_nH$，在人体 $n=10$

复合体Ⅰ传递电子、泵出质子的详细机制还不清楚。其可能的机制示意见图 4-4。竖臂中的 NADH 脱氢酶催化 $NADH+H^+$ 脱下 2 个氢原子交给辅基 FMN，生成 $FMNH_2$。$FMNH_2$ 先将 2 个电子传给 2 分子 Fe_2S_2，并把 2 个质子释放入基质，自身氧化为 FMN。2 分子 Fe_2S_2 将电子传递给 Q，1 分子 Q 又从基质摄取 2 个质子后还原成 QH_2。QH_2 经卧臂中的 2 分子 Fe_4S_4 传递此 2 个电子给另外一分子 Q，同时释放 2 个质子到膜间隙。Q 接收此 2 个电子，同时从基质捕获 2 个质子而还原成 QH_2。电子在 2 分子 Fe_4S_4 的传递过程中，复合体Ⅰ再把基质中 2 个质子泵(proton pump)出到膜间隙。上述过程表明，复合体Ⅰ作为质子泵，在

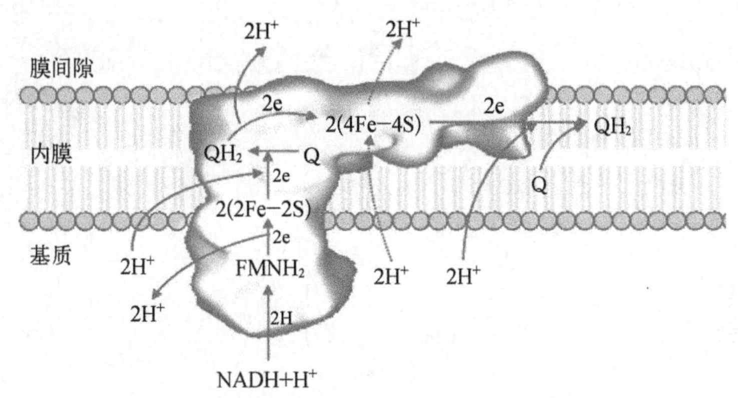

图 4-4　复合体Ⅰ传递电子、泵出质子的可能机制

传递 NADH＋H^+ 的 2 个电子过程中，共从基质转运 4 个质子到线粒体膜间隙。

2. 复合体Ⅱ(complex Ⅱ) 又称琥珀酸-泛醌还原酶(succinate-ubiquinone oxidoreductase)，由 4 个亚基组成，含铁硫蛋白，分子量为 140 kDa，为内膜基质侧的镶嵌蛋白，完整的复合体Ⅱ还包括三羧酸循环中使琥珀酸氧化为延胡索酸的琥珀酸脱氢酶。复合体Ⅱ可直接催化琥珀酸脱氢，脱下的 2 个氢被 FAD 接受，生成 $FADH_2$。$FADH_2$ 再经铁硫蛋白传递电子，然后传给 Q，质子则游离在内膜中(因电子传递过程释放的自由能不足以将质子泵出内膜)，最后 Q 接受 2 个质子生成 QH_2(图 4－5)。

此外，代谢途径中一些以 FAD 为辅基的脱氢酶，如线粒体的 α-磷酸甘油脱氢酶、脂酰 CoA 脱氢酶等，可以将相应底物脱下的 2 个电子和 2 个质子交给 FAD 生成 $FADH_2$，再由 $FADH_2$ 传递给 Q，生成 QH_2。

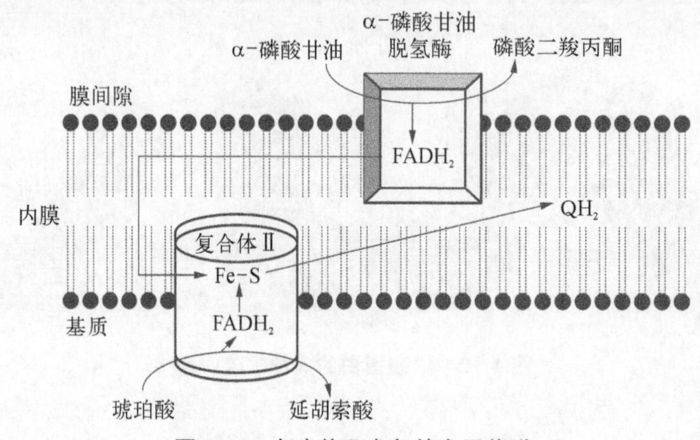

图 4－5 复合体Ⅱ参与的电子传递

3. 复合体Ⅲ(complex Ⅲ) 又称泛醌-Cyt c 还原酶(ubiquinone-cytochrome oxidoredutase)，是由 11 个亚基组成、分子量为 250 kDa 的跨膜同源二聚体。人复合体Ⅲ含有 3 种细胞色素(cytochrome，Cyt)和铁硫蛋白。3 种细胞色素分别是 Cyt b_{562}(辅基为高还原电位血红素 b_H)、Cyt b_{566}(辅基为低还原电位血红素 b_L)和 Cyt c_1(辅基为血红素 c_1)。

细胞色素是由 David Keilin 首先发现的一类含血红素样辅基的电子传递蛋白，通过血红素分子中 $Fe^{3+}+e^- \rightleftharpoons Fe^{2+}$ 的可逆反应传递电子，为单电子传递体。根据细胞色素吸收光谱和最大吸收波长的不同，可分为 a、b、c 3 类及不同亚类。其辅基血红素也相应分为血红素 a、血红素 b 和血红素 c。血红素 b 辅基为原卟啉Ⅸ，血红素 a 辅基含有聚异戊烯的侧链，而血红素 c 辅基的乙烯侧链则与蛋白质中半胱氨酸残基的巯基以共价键相连(图 4－6)。

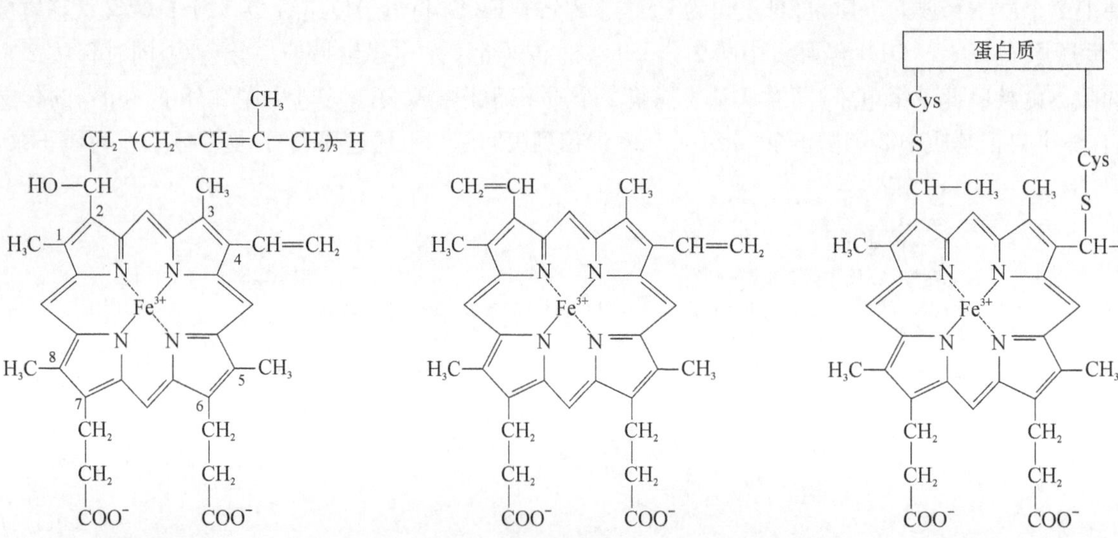

血红素a　　血红素b　　血红素c

图 4－6 细胞色素中 3 种血红素辅基的结构

复合体Ⅲ的作用是把 QH_2 的 2 个电子经铁硫蛋白传递给 Cyt c，其过程主要通过 Q 循环（Q cycle）完成。Q 循环是一个较为复杂的电子传递过程，2 分子 QH_2 将 2 个电子传递到 Cyt c 的同时，偶联泵出 4 个质子到膜间隙，又生成 1 分子 QH_2 和 1 分子 Q，故实际只氧化了 1 分子 QH_2。

Cyt c 是由一条肽链组成、分子量为 13 kDa、辅基为血红素 c 的水溶性球状蛋白。Cyt c 靠静电引力疏松地结合在线粒体内膜外表面，可沿外表面在复合体Ⅲ、复合体Ⅳ间滑动，依其血红素中 $Fe^{3+}+e^- \rightleftharpoons Fe^{2+}$ 的可逆反应把电子从 Cyt c_1 传递到复合体Ⅳ。

4. 复合体Ⅳ（complex Ⅳ）　又称 Cyt c 氧化酶（cytochrome c oxidase），是分子量为 200 kDa、由 13 个亚基组成的跨膜蛋白复合体，其中由线粒体基因编码的亚基Ⅰ、亚基Ⅱ和亚基Ⅲ是酶功能必不可少的，其余亚基则作为酶活性的调节基团起作用。亚基Ⅰ横跨线粒体内膜，含 Cyt a、Cyt a_3（辅基分别为血红素 a、血红素 a_3，因二者结合紧密，常写作 Cyt aa_3）和 Cu_B。Cyt a_3 与 Cu_B 共同构成使 O_2 还原为 H_2O 的活性中心。亚基Ⅱ含有 2 个与半胱氨酸的巯基相连接的 Cu_A，形成铜中心。蛋白结合的 Cu 可发生 $Cu^{2+}+e^- \rightleftharpoons Cu^+$ 的可逆反应，也属单电子传递体。亚基Ⅲ的功能主要与泵出质子有关。

复合体Ⅳ的功能是把 Cyt c 传递来的电子经 Cyt aa_3 传递给 O_2 从而生成水。其基本过程是：2 分子 Cyt c 先后把 2 个电子经 Cu_A 构成的铜中心传给 Cyt a，Cyt a 再传递电子到 Cyt a_3 - Cu_B 构成的活性中心，进而氧被还原成氧离子，并与从基质摄取的 2 个质子结合生成 1 分子水，同时把另外 2 个质子从基质泵出到膜间隙（图 4 - 7）。NADH+H^+ 或 $FADH_2$ 进入呼吸链传递的电子最后都经复合体Ⅳ传递后生成水。

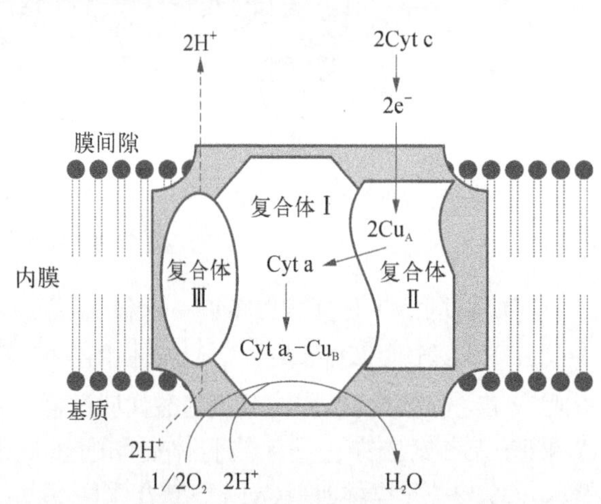

图 4 - 7　复合体Ⅳ的结构及传递电子、泵出质子的过程

呼吸链的 4 个复合体中，复合体Ⅰ、复合体Ⅲ、复合体Ⅳ均有质子泵的功能，它们在传递电子的同时把质子从基质泵出到膜间隙。每传递一对电子，它们分别向线粒体膜间隙泵出 4 个 H^+、4 个 H^+ 和 2 个 H^+。由于质子泵的作用，基质成为负电性空间，而膜间隙成为正电性空间，从而形成电化学梯度，蕴藏着电化学势能。此势能可部分用于合成 ATP，部分以热能形式散发，维持体温。

（二）呼吸链各组分的排列顺序

线粒体内膜中呼吸链的 4 种复合体均独立存在，并可在一定范围移动，CoQ 因呈脂溶性移动更活跃，Cyt c也可在内膜外表面移动。这种移动使它们可相互碰撞接触，形成连锁性氧化还原反应而成为呼吸链。呼吸链各组分的排列顺序通过综合分析以下 4 方面实验结果确定：① 测定呼吸链各组分的标准氧化还原电位，标准氧化还原电位是指在特定条件下，参与氧化还原反应的组分对电子的亲和力大小。电位高的对电子的亲和力强，易接受电子；相反，电位低的组分倾向于给出电子。呼吸链中电子应从电位低的组分向电位较高的组分进行传递（表 4 - 2）。② 体外将呼吸链组分拆开，通过各独立成员的体外重组来鉴定其排列顺序。③ 在底物存在时，利用特异的抑制剂阻断某一组分的电子传递，在阻断部位以前的组分处于还原状态，后面的组分处于氧化状态。根据各组分的氧化和还原状态吸收光谱的改变分析其排列顺序。④ 在无氧和缓慢给氧状态下，观察离体线粒体各组分吸收光谱的变化，分析各组分被氧化的顺序。综合分析上述 4 方面实验结果，确定呼吸链各组分的排列顺序及电子传递方向（图 4 - 8）。

表 4 - 2　呼吸链各电子传递体的标准氧化还原电位

氧化型/还原型	传递电子数	$E^{0'}$（V）*
$NAD^+/NADH+H^+$	2	−0.32
$FMN/FMNH_2$	2	−0.219
$FAD/FADH_2$	2	−0.219
$CoQ/CoQH_2$	2	0.060
Cyt b(Fe^{3+})/Cyt b(Fe^{2+})	1	0.100

续表

氧化型/还原型	传递电子数	$E^{0'}$ (V)*
Cyt $c_1(Fe^{3+})$/Cyt $c_1(Fe^{2+})$	1	0.220
Cyt $c(Fe^{3+})$/Cyt $c(Fe^{2+})$	1	0.254
Cyt $a(Fe^{3+})$/Cyt $a(Fe^{2+})$	1	0.290
Cyt $a_3(Fe^{3+})$/Cyt $a_3(Fe^{2+})$	1	0.550
$1/2O_2+2H^+/H_2O$	2	0.816

* $E^{0'}$表示在pH 7.0、温度为25℃、电子传递体浓度为1 mol/L时，测得的标准氧化还原电位(伏特,V)。

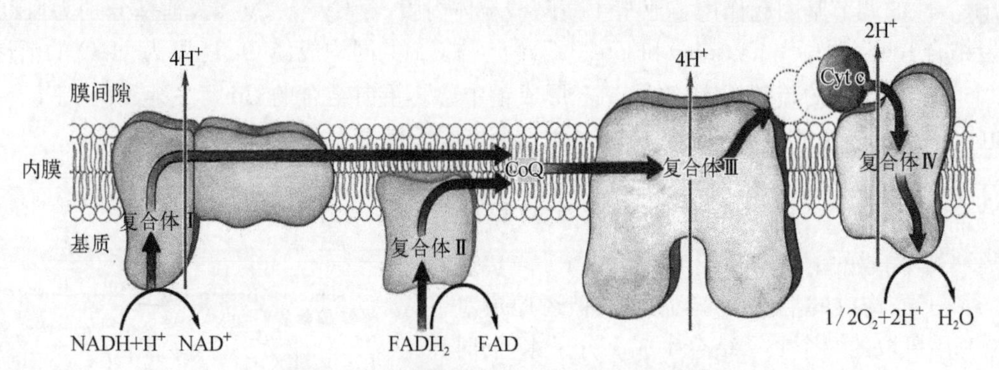

图4-8 线粒体呼吸链中各组分的排列顺序

呼吸链的电子传递有以下两个途径。

1. NADH氧化呼吸链　线粒体中由NADH＋H^+开始到生成H_2O的电子传递过程即为NADH氧化呼吸链。人体内糖、脂肪及氨基酸代谢过程中在线粒体生成的NADH＋H^+，以及胞质中NADH＋H^+经苹果酸-天冬氨酸穿梭进入线粒体后均通过此氧化呼吸链彻底氧化。其电子传递顺序是NADH→复合体Ⅰ→CoQ→复合体Ⅲ→Cyt c→复合体Ⅳ→O_2

2. $FADH_2$氧化呼吸链　琥珀酸、α-磷酸甘油(线粒体)、脂酰CoA等脱下的氢被直接或间接交给FAD并使之生成$FADH_2$，后者经电子传递生成H_2O的过程称为$FADH_2$氧化呼吸链，又称琥珀酸氧化呼吸链。其电子传递顺序是琥珀酸→复合体Ⅱ→CoQ→复合体Ⅲ→Cyt c→复合体Ⅳ→O_2

(三) 呼吸链超级复合物

2000年，科学家抽提牛心来源的线粒体上的膜蛋白，发现了呼吸链超级复合物，标志着对呼吸链的研究进入了新阶段。随着实验证据的不断发现，呼吸链超级复合物的存在逐步得到科学家们的认可。在正常生理条件下，线粒体呼吸链上各种复合物可以互相结合形成更高级的组合形式即超级复合物。在超级复合物中，复合物单体的数量可以发生变化，以形成不同组合形式的超级复合物。具有完整呼吸活性的呼吸链超级复合物又被称为呼吸体。

由于物种来源的不同，超级复合物的组成形式差异也很大。例如，酵母中最主要的形式为$Ⅲ_2Ⅳ_1$，牛心中主要是$Ⅰ_1Ⅲ_2Ⅳ_1$，而小鼠肝中则存在$Ⅰ_1Ⅱ_1Ⅲ_2Ⅳ_1$。甚至在同一个物种中，正常的生理条件下也同样存在不同组成形式的超级复合物。组合形式不同的超级复合物所适应的代谢通路也不尽相同。

现在的理论认为，在正常的生理条件下，多种超级复合物甚至是单独的复合物Ⅰ～Ⅳ都是有生理活性的。也就是说，虽然形成超级复合物可以有效地提高能量代谢效率，但并不是所有单独的复合物都会相互结合形成超级复合物，而是单独的呼吸复合物与各类超级复合物之间处于动态平衡当中。不同组成形式的超级复合物在线粒体上的存在比例会随着细胞状态的变化而不断调整，以满足细胞不同生长状态下特定的能量需求。

二、氧化磷酸化

氧化磷酸化是指在生物氧化过程中，代谢物脱氢生成的NADH＋H^+或$FADH_2$，经线粒体呼吸链传递电子并释放能量，驱动 ADP 磷酸化生成 ATP 的过程。氧化磷酸化的实质是呼吸链氧化过程释能和 ADP 磷酸化储能偶联进行的过程，故也称为偶联磷酸化(coupling phosphorylation)。氧化磷酸化是生物体内生成 ATP 的最主要方式，还有少量 ATP 是通过底物水平磷酸化产生。

(一) 氧化磷酸化的偶联部位

氧化磷酸化的偶联部位是指呼吸链的电子传递过程所释放出的能量足以使 ADP 磷酸化生成 ATP 的部位。根据 P/O 值和呼吸链组分传递电子过程中氧化还原的电位差可推算氧化磷酸化的偶联部位。

P/O 值是指每消耗 1 mol 氧原子所消耗无机磷的摩尔数，即合成 ATP 的摩尔数，其实质是电子传递过程中磷酸化的效率(或一对电子通过呼吸链传递给氧所生成的 ATP 数)。测出呼吸链各组分的 P/O 值，结合其标准氧化还原电位差可推算出大致的偶联部位(表 4-3)。

表 4-3　线粒体实验测得几种底物的 P/O 值

底　物	呼吸链的组成	P/O 值	生成 ATP 数
β-羟丁酸	$NAD^+ \rightarrow FMN \rightarrow Q \rightarrow Cyt \rightarrow O_2$	2.5	2.5
琥珀酸	$FAD \rightarrow Q \rightarrow Cyt \rightarrow O_2$	1.5	1.5
抗坏血酸	$Cyt \rightarrow Cyt\ aa_3 \rightarrow O_2$	0.88	1
Cyt c(Fe^{2+})	$Cyt\ aa_3 \rightarrow O_2$	0.61～0.68	1

近年的离体线粒体实验测得一对电子经 NADH 氧化呼吸链和琥珀酸氧化呼吸链传递，P/O 值分别为 2.5 和 1.5。也就是说，1 mol NADH 经过 NADH 氧化呼吸链平均可生成 2.5 mol ATP，而 1 mol $FADH_2$ 经琥珀酸氧化呼吸链平均可生成 1.5 mol ATP。

比较β-羟丁酸和琥珀酸、琥珀酸和抗坏血酸及抗坏血酸和 Cyt c(Fe^{2+})的呼吸链组成、P/O 值，可推测 ATP 的生成部位在 NADH ⟶Q(复合体Ⅰ)、Q ⟶Cyt c(复合体Ⅲ)和 Cyt aa_3 ⟶O_2(复合体Ⅳ)之间。

ADP 磷酸化生成每摩尔 ATP 需要 30.5 kJ(7.3 kcal)的能量，故氧化过程中释放的能量若大于 30.5 kJ，则有可能被用于合成 ATP，这可从氧化还原反应释放的自由能推测得到。在一个氧化还原反应中，标准自由能变化($\Delta G^{0'}$)和标准氧化还原电位变化($\Delta E^{0'}$)存在以下关系：

$$\Delta G^{0'} = -nF\Delta E^{0'} \qquad (式 4-1)$$

其中 n 是电子转移数，F 是法拉第常数[96.5 kJ/(mol・V)]。测得 NADH ⟶Q、Q ⟶Cyt c 和 Cyt aa_3 ⟶O_2 的 $\Delta G^{0'}$ 均大于 30.5 kJ/mol，故这 3 个部位可提供足够的能量用于合成 ATP。

(二) 氧化磷酸化的偶联机制

线粒体内膜内外的质子梯度蕴藏的电化学势能可转换给 ADP 和 Pi′使 ADP 生成 ATP，即氧化过程与磷酸化过程相偶联，这与线粒体内膜 ATP 合酶(ATP synthase)的结构、功能密切相关。

1. ATP 合酶　也称复合体Ⅴ(complex Ⅴ)，是由亲水部分 F_1 和疏水部分 F_o 两个功能结构域组装成的发动机样结构，以完成质子回流并驱动 ATP 合成。F_1 是首个被发现的氧化磷酸化必需因子。F_1 是外周膜蛋白，位于线粒体内膜的基质侧，呈颗粒状突起，可催化 ATP 合成。F_1 由 5 种亲水性亚基(α_3、β_3、γ、δ、ε)等组成，其中 α_3、β_3 相间排布成中空的六聚体，每组 αβ 可结合 1 分子 ATP，形成 αβ 功能单元。F_o 的下角字母“o”意为寡霉素敏感(oligomycin-sensitive)，即寡霉素能与之结合并抑制其功能。F_o 呈脂溶性，镶嵌于内膜中，由 3 种疏水性亚基(a、b_2、$c_{9\sim12}$)组成，形成跨内膜质子通道。c 亚基为脂蛋白，是 2 个 α-螺旋形成发夹样构象，9～12 个 c 亚基装配成对称的环状结构(又称 c 亚基环)，其基质侧连接 F_1 的 ε 亚基。a 亚基固定在 c 亚基环的外侧，具有 2 个互不相通的质子半通道：一个开口于基质，称为基质半通道(matrix half-channel)；另一个开口于膜间隙，称为胞质半通道(cytosolic half-channel)。2 个半通道正好分别与 c 亚基环中相邻的 2 个 c 亚基相通，构成 H^+ 回流通道。2 个 b 亚基锚定于 F_o 中 a 亚基和 F_1 的 δ 亚基，使 a、b_2 亚基和 α_3、β_3、δ 亚基组成稳定的定子部分。F_1 的 ε、γ 亚基形成中心轴，镶嵌入 $\alpha_3\beta_3$ 六聚体，γ 亚基为细长形 α-螺旋，一端可与 β 亚基疏松结合，另一端嵌入 c 亚基环状结构中并与之紧密结合，使 c 亚基环、ε 和 γ 亚基组成转子部分(图 4-9)。

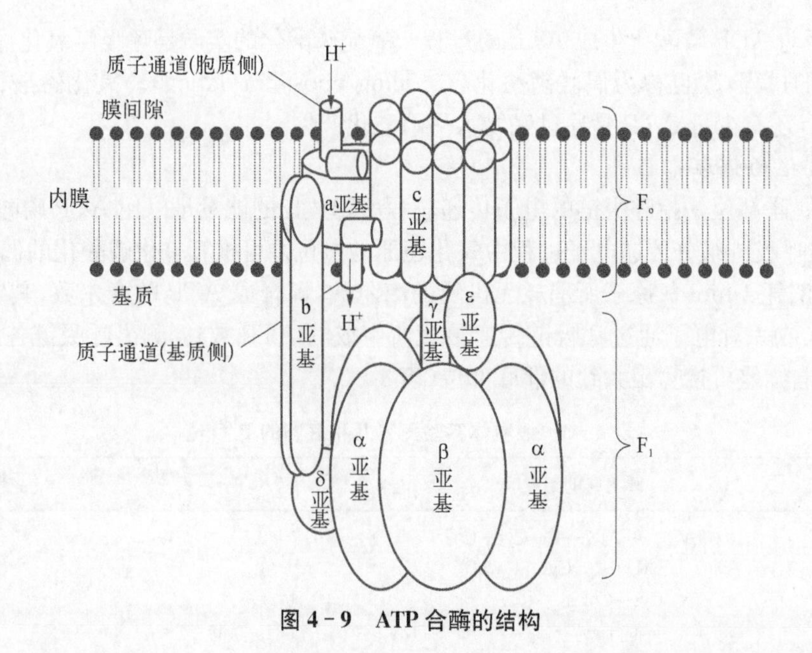

图 4-9　ATP 合酶的结构

2. 氧化磷酸化偶联的机制　1961 年英国科学家 Peter Mitchell 提出化学渗透假说(chemiosmotic hypothesis)来阐明氧化磷酸化机制。其认为呼吸链传递电子过程中,有质子泵功能的复合体Ⅰ、复合体Ⅲ、复合体Ⅳ把质子由基质泵入膜间隙,形成跨膜质子电化学梯度(H^+ 浓度梯度和跨膜电位差)并储存能量(平均电化学势能为 21.92 kJ/mol 质子);当质子顺浓度梯度经 ATP 合酶的通道回流到基质时释放的能量驱动 ATP 合酶催化 ADP 与 Pi 生成 ATP(图 4-10)。

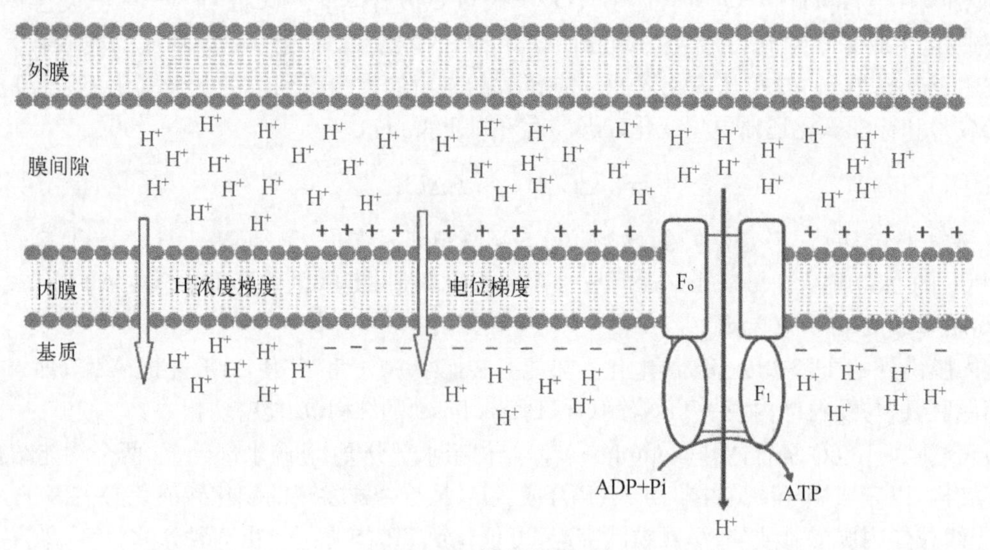

图 4-10　化学渗透假说

质子回流到基质如何驱动 ATP 合成? Paul Delos Boyer 通过同位素 ^{18}O 标记实验证实了 ATP 合酶 3 个 β 亚基的不同功能,于 1989 年提出 ATP 合成的可逆结合别构机制(binding change mechanism)。该机制认为质子回流所释放的能量驱动 γ 亚基在中央孔隙逆时针方向转动,并带动 β 亚基 3 种构象循环变化:松弛型构象(loose,L)有捕捉 ADP 和 Pi 能力;紧密型构象(tight,T)使结合的 ADP 和 Pi 合成 ATP;开放型构象(open,O)可释放出 ATP,之后,又自动恢复为 L。如此,因 γ 亚基转动引起 β 亚基发生 L→T→O→L…这样的规律性循环别构,使 ATP 不断合成[图 4-11(本章末二维码)]。

英国化学家 John Ernest Walker 于 1994 年在 0.28 nm 分辨率水平上获得牛心肌线粒体 ATP 合酶 F_1 的晶体结构,证明了 β 亚基 3 种构象及其循环别构过程,为 Paul Delos Boyer 的结合别构机制提供了结构基础。

三、氧化磷酸化的调节及影响因素

（一）氧化磷酸化的调节

1. ADP的浓度　　氧化磷酸化是机体生成ATP的最主要途径，机体通过调节氧化磷酸化速率来调控ATP的生成量，从而满足机体对能量的需要。ADP是调节机体氧化磷酸化速率的主要因素。当机体耗能增加时，ATP的利用增加，即ATP转化为ADP的速度增加，使ADP的浓度增加、ADP/ATP值增加。较高的ADP/ATP值可使$NADH+H^+$和$FADH_2$经呼吸链传递电子的速度加快，氧化磷酸化增加，从而使ATP合成加速。同时，ADP的浓度增加也加速了营养物质经三羧酸循环的分解，使$NADH+H^+$和$FADH_2$的产量增加。相反，机体耗能减少时，产生ADP减少，ATP则相对增多，ADP的浓度降低、ADP/ATP值下降，导致氧化磷酸化速率的下降。这种由于ADP/ATP值变化对氧化磷酸化的调节效应称为呼吸控制。

2. 激素调节　　甲状腺激素能刺激Na^+，K^+-ATP酶（钠泵）的合成，钠泵运转耗能可致ATP分解为ADP+Pi增多，ADP/ATP值上升，从而刺激氧化磷酸化增快。此外，甲状腺激素还诱导解偶联蛋白基因表达，使营养物质氧化所释能量以热能散发的部分增多，从而引起耗氧量和产热量均增加。因此，甲状腺功能亢进的患者基础代谢率增高，出现乏力、低热、怕热、易出汗等临床症状。

（二）某些化学试剂或药物对氧化磷酸化的影响

1. 呼吸链抑制剂　　可在特异部位阻断呼吸链的电子传递过程。鱼藤酮（rotenone）、异戊巴比妥（amytal）、粉蝶霉素A（piericidin A）等可结合复合体Ⅰ中铁硫蛋白，阻断其电子由NADH向CoQ传递。抗霉素A（antimycin A）能与复合体Ⅲ中的Cyt b结合，阻断CoQ到Cyt b间的电子传递。氰化物（cyanide，CN^-）、叠氮化物（azide，N_3^-）、CO、H_2S能抑制Cyt c氧化酶，其中CN^-、N_3^-能与复合体Ⅳ中的Cyt a_3紧密结合，阻断电子从Cyt a向Cyt a_3的传递，CO则可结合Cyt a_3，阻断电子传递给氧（图4-12）。

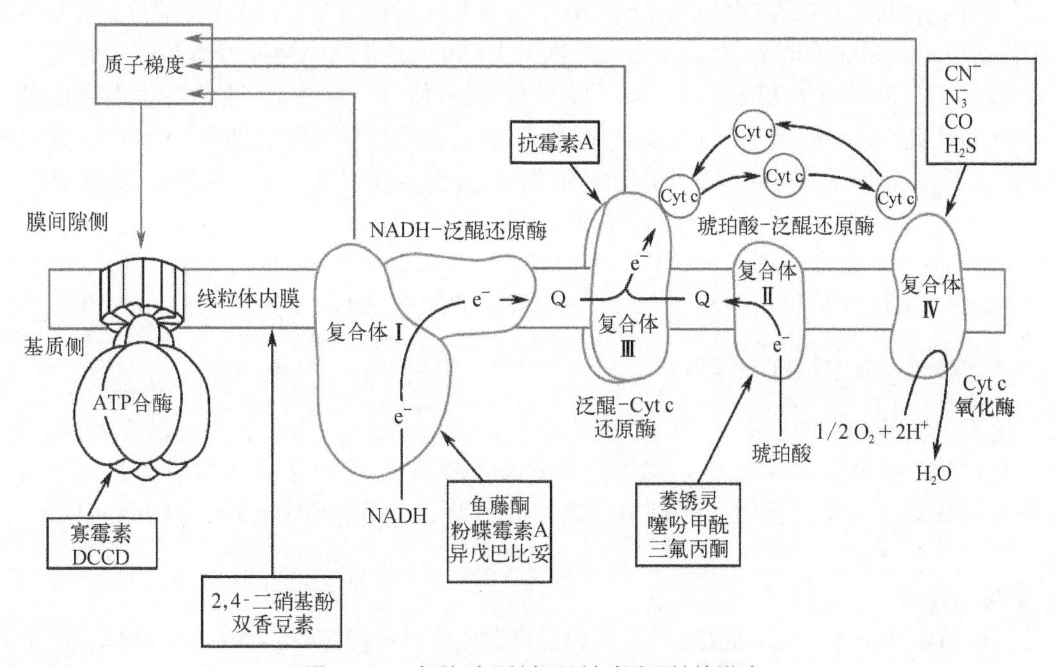

图4-12　各种呼吸链抑制剂对呼吸链的影响

这些呼吸链抑制剂皆可阻断呼吸链的电子传递，引起细胞呼吸窒息。某些工业生产的蒸气或粉末含有CN^-，苦杏仁、桃仁、白果（银杏）也含有一定的CN^-。若CN^-不慎进入体内，则可引起氰化物中毒。CO虽然可与Cyt c氧化酶中Fe^{2+}结合，抑制其转变为Fe^{3+}，但CO对血红蛋白铁的亲和力更高，这是CO中毒的主要原因。此外，在火灾事故中，由于装饰材料中的N和C经高温可形成CN^-，因此烧伤的伤员除因碳燃烧不完全造成CO中毒外，还存在CN^-中毒。此类抑制剂可使细胞内呼吸停止，与此相关的细胞生命活动停止，可迅速引起死亡。

2. 解偶联剂(uncoupler) 通过破坏电子传递过程中产生的跨内膜质子电化学梯度，使其储存能量不用于合成 ATP，而以热能的形式释放，从而导致呼吸链的电子传递过程与磷酸化过程相互分离。解偶联剂作用的基本机制是使质子不经过 ATP 合酶回流至线粒体基质来驱动 ATP 合成，而是通过其他途径进入基质，导致 ATP 合成减少或不能合成。2,4-二硝基苯酚(2,4-dinitrophenol,DNP)、双香豆素等为脂溶性物质，可在线粒体内膜中自由移动，可在膜间隙结合质子后穿过内膜到基质释出质子，从而破坏电化学梯度(图 4-12)。

哺乳动物和人体棕色脂肪组织细胞线粒体内膜含解偶联蛋白-1(uncoupling protein-1,UCP-1),UCP-1也称产热素(thermogenin)，它是由两个 32 kDa 亚基组成的二聚体。UCP-1 可被脂肪水解产生的游离脂肪酸活化，能将膜间隙质子转运回到基质，使线粒体膜间隙质子不经 ATP 合酶即回流至基质，因而 ATP 的生成受到抑制，质子梯度储存的能量以热量的形式散发，因此棕色脂肪组织是产热御寒的组织。某些早产儿及新生儿因 UCP-1 未发育成熟，遇冷难以维持正常体温使皮下脂肪凝固，从而导致硬化病。此外，游离脂肪酸增多也可促进质子经解偶联蛋白回流至线粒体基质。

3. ATP 合酶抑制剂 如寡霉素(oligomycin)和二环己基碳二亚胺(dicyclohexyl carbodiimide,DCCD)，二者均可结合 ATP 合酶的 F_o，阻断质子经 F_o 质子通道回流，从而抑制 ATP 合酶活性(图 4-12)。由于质子回流被抑制，线粒体内膜两侧的质子电化学梯度增高，从而可致呼吸链质子泵功能障碍，进而抑制呼吸链的电子传递。

(三) 线粒体 DNA 突变

线粒体 DNA(mitochondrial DNA,mtDNA)是人和动物细胞中唯一的核外 DNA，为封闭的双链环状结构，可编码呼吸链 4 个复合体中 13 个亚基及线粒体内 22 个 tRNA 和 2 个 rRNA。mtDNA 是裸露的，缺乏蛋白质保护和损伤修复体系，易受自身氧化磷酸化过程产生的氧自由基攻击，对药物、毒物、射线、微波、缺氧等因素作用较为敏感，故突变率远高于核 DNA。mtDNA 的突变可影响氧化磷酸化过程，使 ATP 生成减少而致病。耗能高的肌肉、脑、神经组织为 mtDNA 突变的多发性组织器官。mtDNA 的点突变可导致 Leber 遗传性视神经病(Leber's hereditary optic neuropathy,LHON)，患者双侧神经萎缩并伴其他神经、心血管、肌肉异常等症状。若 mtDNA 出现 2.0～7.0 kb 的大片段丢失，使 tRNA 及 4 个复合体蛋白质合成出现不同程度缺失等，则可引起 Kerans-Sayre 综合征，患者眼肌麻痹，合并色素性视网膜炎。mtDNA 突变还随年龄增长而呈渐进性积累，不断损伤氧化磷酸化而加速细胞衰老，甚至导致老年退行性病变，如脑黑质区细胞线粒体复合体Ⅰ和 tRNA 缺陷所致的帕金森病(Parkinson's disease)。

遗传性 mtDNA 疾病以母系遗传多见，因每个卵细胞中有几十万个 mtDNA 分子，而每个精子中只有几百个 mtDNA 分子，因此，受精卵 mtDNA 主要来自卵细胞，卵细胞 mtDNA 突变对疾病的发生影响较大。

四、ATP 在能量代谢中的核心作用

生物氧化不仅消耗 O_2，产生 CO_2 和 H_2O，更重要的是伴随着能量逐步产生释放或逐步被消耗利用。生物氧化过程中所释放的能量约 40%以化学能形式储存于 ATP 及其他高能化合物中，其中 ATP 是体内各种生命活动及代谢过程中主要供能的高能化合物。它在能量代谢及转换中处于十分重要的中心地位。

(一) 高能化合物

1. 高能键和高能化合物 高能键是指水解时可释放较大自由能(≥25 kJ/mol)的化学键，通常用“～”符号表示。含有高能键的化合物称为高能化合物。机体内高能化合物的种类有很多。其中含有高能磷酸键的化合物称为高能磷酸化合物(high energy phosphate compound)，如 1,3-双磷酸甘油酸、磷酸烯醇丙酮酸、磷酸肌酸(creatine phosphate,CP)、NTP(ATP、GTP、UTP、CTP)等；含有高能硫酸酯键的化合物称为高能硫酯化合物，如乙酰 CoA、琥珀酰 CoA 和脂酰 CoA 等。

ATP 是生物体内能量的直接供体，磷酸肌酸是骨骼肌、心肌和脑组织中能量的储存形式。体外实验中，在 pH 7.0、25℃条件下，每 1 mol ATP 水解生成 ADP+Pi 时释放的能量为 30.5 kJ/mol(表 4-4)，生成的 ADP 可再经磷酸化又转变为 ATP。

表 4-4 一些化合物释放的标准自由能

化合物	释放能量	
	kJ/mol	kcal/mol
磷酸烯醇丙酮酸	−61.9	−14.8
氨基甲酰磷酸	−51.4	−12.3
1,3-双磷酸甘油酸	−49.3	−11.8
磷酸肌酸	−43.1	−10.3
ATP→AMP+PPi	−32.2	−7.7
ATP→ADP+Pi	−30.5	−7.3
乙酰 CoA	−31.5	−7.5
ADP→AMP+Pi	−27.6	−6.6

2. ATP 的结构特性　ATP 是一分子腺嘌呤、一分子核糖和 3 个相连的磷酸基团构成的核苷酸(图 4-13)。在 ATP 分子中,从与腺苷基团相连的磷酸基团算起,3 个磷酸基团依次称为 α-磷酸基团、β-磷酸基团、γ-磷酸基团。

ATP 中 β-磷酸基团、γ-磷酸基团的酸酐键水解时释放的自由能比 α-磷酸基团的磷酸酯键水解时释放的自由能多得多。为什么 β-磷酸基团、γ-磷酸基团的酸酐键如此容易水解并释放大量的自由能呢?原因是 ATP 中酸酐键的共振稳定性小于磷酸酯键。造成酸酐键不稳定的重要因素是磷酸基团之间相邻的负电荷相互排斥。

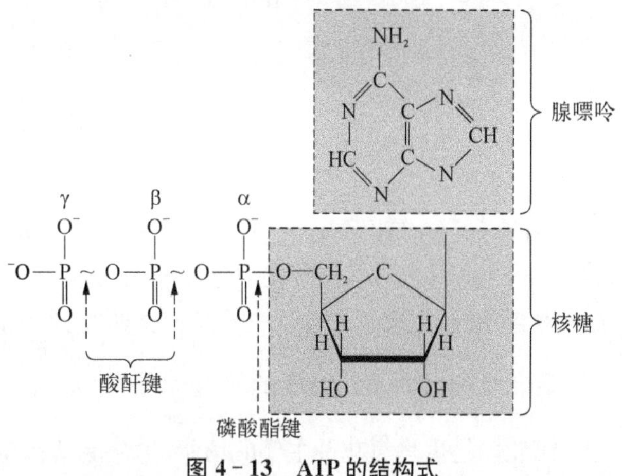

图 4-13 ATP 的结构式

(二) ATP 的生成

生物体内生成 ATP 的最主要方式是氧化磷酸化。此外,底物水平磷酸化反应也能生成少量 ATP。

代谢物在氧化分解过程中,有少数反应因脱氢或脱水而引起分子内能量重新分布,形成高能键,然后高能键裂解将能量转移给 ADP(或 GDP)并使其生成 ATP(或 GTP)的过程称底物水平磷酸化(substrate level phosphorylation)。例如,下述的反应:

$$\text{磷酸烯醇丙酮酸} + \text{ADP} \xrightarrow{\text{丙酮酸激酶}} \text{丙酮酸} + \text{ATP}$$

$$\text{琥珀酰 CoA} + \text{GDP} + \text{P}_i \xrightarrow{\text{琥珀酰 CoA 合成酶}} \text{琥珀酸} + \text{HSCoA} + \text{GTP}$$

氧化磷酸化产生 ATP 需要消耗氧,但底物水平磷酸化不消耗氧。因此,底物水平磷酸化对生物体产生 ATP 同样具有重要意义。

(三) 高能化合物的储存和利用

机体内能量利用、转移和储存依赖于各种 NTP 及磷酸肌酸,其中 ATP 是体内能量转换的核心,是能量利用、转移和储存的最主要形式(图 4-14)。

生命活动中所需能量主要由 ATP 提供,其他 NTP 也提供能量参与某些物质的代谢合成,如 UTP 参与糖原合成、CTP 参与磷脂合成、GTP 参与蛋白质生物合成。各种生命活动过程(生物大分子合成,葡萄糖、氨基酸、无机离子等主动跨膜转运,肌肉收缩,细胞间信息传递,产生生物电等)所需能量主要来自 ATP 的分解。

此外,骨骼肌、心肌和脑组织中高能键的能量储存形式为磷酸肌酸。ATP 充足时,通过肌酸激酶转移末端~P 给肌酸,生成磷酸肌酸;当机体需要时,可在肌酸激酶作用下,立即把~P 交给 ADP 生成 ATP,快速补充 ATP 的不足。

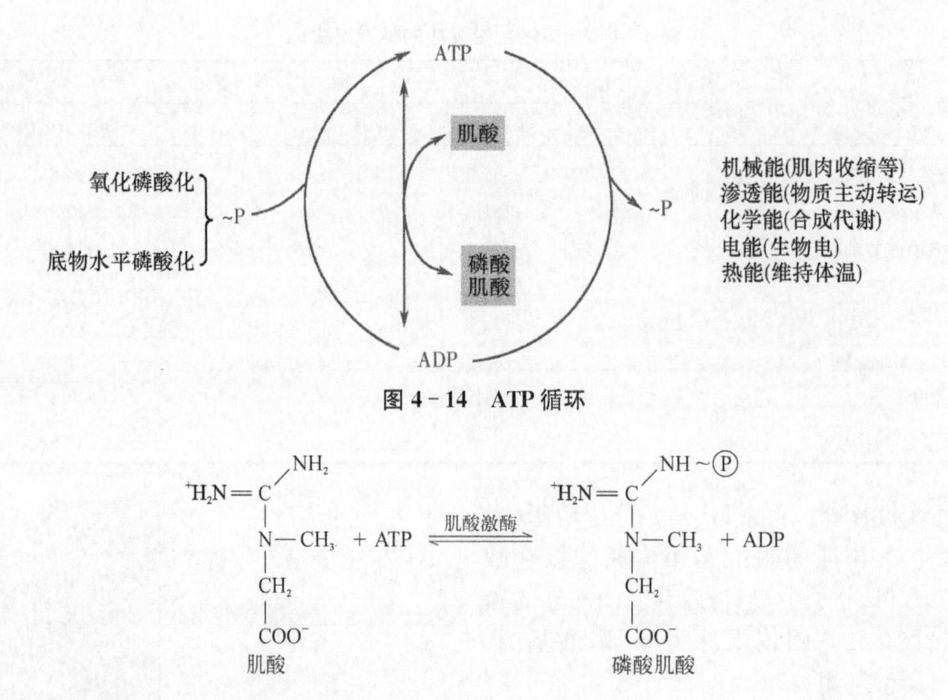

图 4-14 ATP 循环

由此可见，ATP 作为能量的载体，来源于营养物质的分解代谢，又在合成代谢等耗能过程中被利用。ATP 分子性质稳定，但寿命仅数分钟，不能储存于细胞中，而是通过 ATP - ADP 的不断循环，伴随着自由能的获得与释放，完成生命过程中的能量转换，满足生命过程需要。

五、线粒体内膜对物质的转运

线粒体是生物氧化最主要的场所，生命活动所需能量的 90%以上来源于此，被喻为“动力工厂”。线粒体由内、外两层膜构成。外膜的有孔蛋白形成膜通道，通透性较高。内膜向基质折叠突起形成嵴，为电子多的负电性空间，含有呼吸链和 ATP 合酶，也含三羧酸循环、脂酸β-氧化、氨基酸分解及线粒体本身 DNA、RNA 合成等代谢过程相关的多酶体系及转运蛋白体系，可以对物质进行选择性转运。内外膜之间为膜间隙(intermembrane space)，为质子多的正电性空间。

(一) 线粒体内膜转运蛋白

线粒体内膜通透性很低，通过内膜的特定转运载体实现对物质的严格选择性。例如，腺苷酸转运蛋白(adenine nucleotide transporter)或称 ATP - ADP 转位酶(ATP - ADP translocase)富含于线粒体内膜，是由 2 个 30 kDa 亚基组成的二聚体，含有腺苷酸结合位点。腺苷酸转运蛋白可按 1∶1 比例转运 ADP 进基质、ATP 出基质并穿出外膜到胞质供能。ATP 释能后变为 ADP，再经腺苷酸转运蛋白转运进入基质。磷酸盐转运蛋白(phosphate transporter)可转运无机磷酸进入基质，与 ADP 一起参与 ATP 合成。此外，肉碱转运蛋白(或脂酰肉碱转位酶)可转运脂酰基进入基质进行β-氧化。肝细胞鸟氨酸循环的完成需要线粒体内膜的碱性氨基酸转运蛋白转运瓜氨酸出基质、鸟氨酸入基质参与尿素合成。在柠檬酸-丙酮酸循环中，柠檬酸出基质、苹果酸和丙酮酸入基质也分别由相应的转运蛋白完成。存在于线粒体内膜的主要转运蛋白及功能见表 4-5(本章末二维码)。

(二) 线粒体外的 NADH+H^+ 转运进入线粒体

线粒体外产生的 NADH+H^+需进入线粒体后再经呼吸链进行氧化磷酸化。而 NADH+H^+不能自由进出线粒体内膜，按组织细胞的不同，NADH+H^+通过以下两种穿梭机制进入线粒体。

1. 苹果酸-天冬氨酸穿梭　代谢底物在肝、心肌等胞质中产生的 NADH+H^+(例如，糖酵解阶段中脱氢产生的 NADH+H^+)通过苹果酸-天冬氨酸穿梭(malate-aspartate shuttle)从线粒体外进到线粒体基质中(图 4-15)。该穿梭作用需要线粒体 2 种内膜转运蛋白(天冬氨酸-谷氨酸转运蛋白、α-酮戊二酸转运蛋白)和 4 种酶(胞质中的苹果酸脱氢酶、天冬氨酸转氨酶，线粒体基质中的苹果酸脱氢酶、天冬氨酸转氨酶)的协同参与。胞质中 $NADH+H^+$ 在苹果酸脱氢酶作用下使草酰乙酸还原为苹果酸，苹果酸被 α-酮戊二酸转运蛋白运入线粒体基质后，脱氢生成草酰乙酸和 $NADH+H^+$。$NADH+H^+$ 进入 NADH 氧化呼吸链。草酰乙酸在天冬氨酸转氨酶作用下转变为天冬氨酸，天冬氨酸则经内膜天冬氨酸-谷氨酸转运蛋白运出线粒体再转变成草酰乙酸。这一过程即是苹果酸-天冬氨酸穿梭。

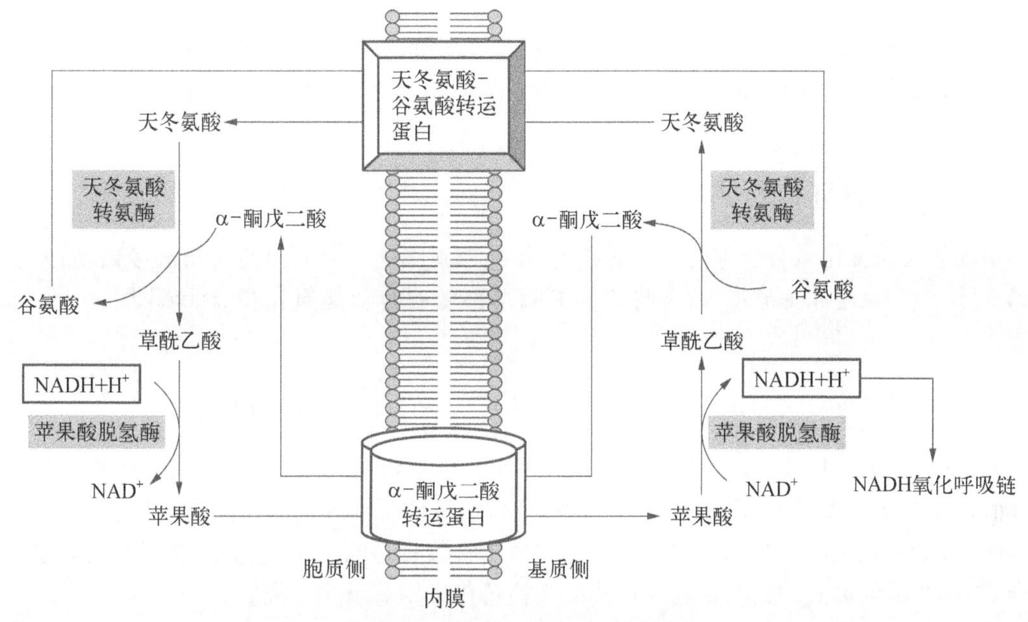

图 4-15 苹果酸-天冬氨酸穿梭机制

2. α-磷酸甘油穿梭　在脑、骨骼肌等胞质中所产生的 $NADH+H^+$ 经能自由通过线粒体外膜的 α-磷酸甘油将还原当量带入线粒体，然后在线粒体内膜上 α-磷酸甘油脱氢酶（辅基 FAD）作用下生成 $FADH_2$ 和磷酸二羟丙酮，$FADH_2$ 进入琥珀酸氧化呼吸链，磷酸二羟丙酮又回到胞质，经 α-磷酸甘油脱氢酶（辅基 NAD^+）作用被 $NADH+H^+$ 还原为 α-磷酸甘油，这一过程即是 α-磷酸甘油穿梭（α-phosphoglycerol shuttle）（图 4-16）。

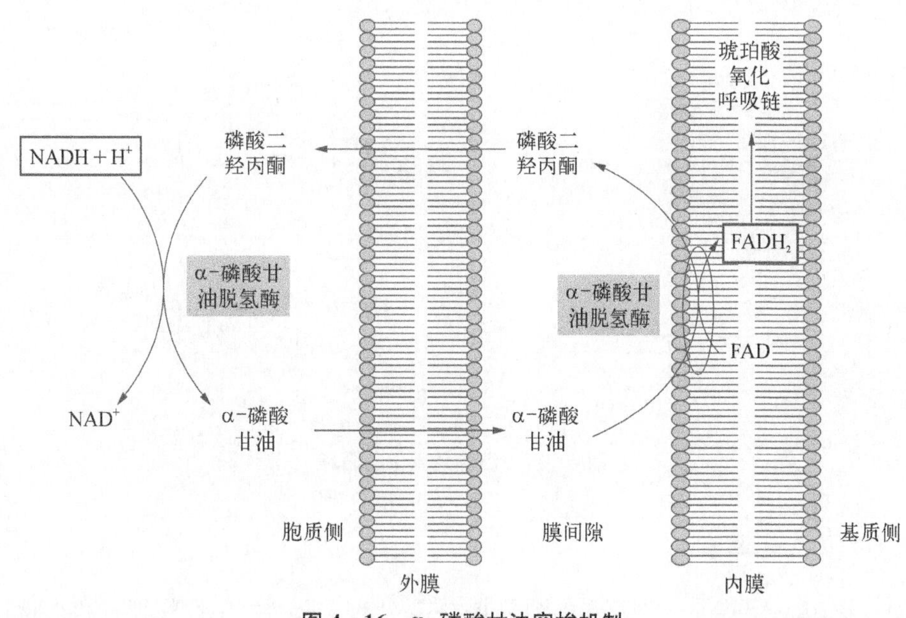

图 4-16 α-磷酸甘油穿梭机制

以上两种穿梭方式进入线粒体基质的产物不同，前者是 $NADH+H^+$，而后者是 $FADH_2$，因此它们所携带的氢和电子经不同的呼吸链传递，所产生的 ATP 数目也不相同。

第三节 非线粒体氧化体系

除线粒体外，细胞的微粒体等也是生物氧化的场所。其中的氧化酶类与线粒体不同，组成特殊的氧化体系。其特点是氧化过程不与ADP的磷酸化偶联，不能生成ATP，但在体内代谢物、药物和毒物的生物转化等方面有重要作用。

一、微粒体单加氧酶系

微粒体单加氧酶系催化氧分子中的一个氧原子，将其加到底物分子上而使底物被羟化，而另一个氧原子被 $NADPH+H^+$ 中的氢还原生成水，故又将单加氧酶系称为混合功能氧化酶(mixed function oxidase)，其催化的反应式如下：

$$RH+NADPH+H^++O_2 \xrightarrow{\text{单加氧酶系}} ROH+NADP^++H_2O$$

单加氧酶系由 $NADPH+H^+$、NADPH-细胞色素 P_{450} 还原酶(辅基FAD)、细胞色素 P_{450}(Cyt P_{450})及铁氧还蛋白(辅基 Fe_2S_2)组成。Cyt P_{450} 属于Cyt b类，富含于肝和肾上腺的微粒体中，因还原型Cyt P_{450} 与CO结合后在450 nm处有最大吸收峰而得名。人的单加氧酶有数百种同工酶，它们均参与类固醇激素、胆汁酸、胆色素的合成，以及维生素 D_3 羟化、药物和毒物的生物转化作用等反应过程。

NADPH-细胞色素 P_{450} 还原酶催化 $NADPH+H^+$ 向Cyt P_{450} 传递电子：$NADPH+H^+$ 首先将2个 H^+ 传给FAD生成 $FADH_2$，$FADH_2$ 再将电子交给铁氧还蛋白，铁氧还蛋白的1个电子使 $RH-P_{450}-Fe^{3+}$ 还原成 $RH-P_{450}-Fe^{2+}$，后者与 O_2 结合生成 $RH-P_{450}-Fe^{2+}-O_2$，然后再接收铁氧还蛋白的第2个电子生成 $RH-P_{450}-Fe^{2+}-O_2^{-\cdot}$，最后，1个氧原子使底物(R-H)羟化(R-OH)，另1个氧原子与来自 $NADPH+H^+$ 的质子生成 H_2O。此反应过程又称细胞色素 P_{450} 循环(cytochrome P_{450} cycle)(图4-17)，可产生超氧阴离子自由基($O_2^{-\cdot}$)。

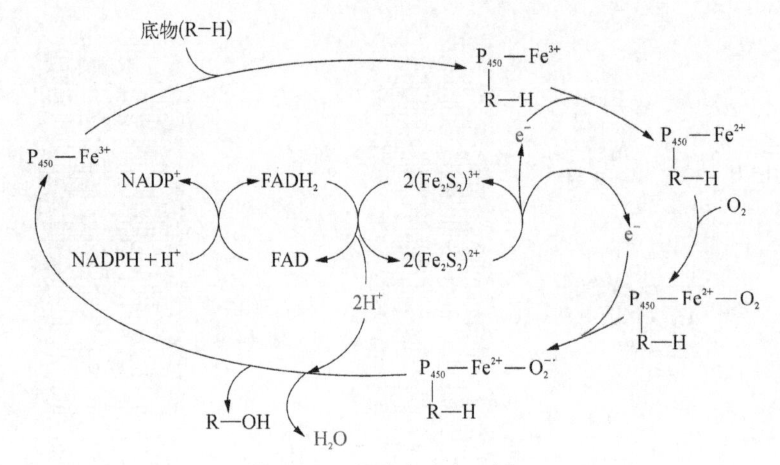

图4-17 细胞色素 P_{450} 循环

二、过氧化物酶体氧化体系

过氧化物酶体(peroxisome)是一种特殊的细胞器，主要分布于肝、肾、中性粒细胞和小肠黏膜等细胞中。氢过氧化物酶主要分布于过氧化物酶体，催化有机过氧化物或过氧化氢还原。过氧化物酶体的标志酶是过氧化氢酶，其作用是水解对细胞有毒性作用的过氧化氢。过氧化物酶体内含有的酶如黄嘌呤氧化酶、氨基酸氧化酶、醛氧化酶等，催化底物脱氢过程中生成 H_2O_2。

三、反应活性氧类的产生与消除

自由基(free radical)是指任何带未成对电子的原子、分子或基团，常见的有 $O_2^{-\cdot}$、羟自由基($HO^\cdot$)、烷自由基($RO^\cdot$)、氢过氧化物自由基($HO_2^\cdot$)、脂质过氧化自由基($LOO^\cdot$)等。活性氧类(reactive oxygen species，ROS)主要指 O_2 的单电子还原产物，包括 $O_2^{-\cdot}$、$HO^\cdot$、过氧化氢及其衍生的 $HO_2^\cdot$ 等。它们都具有活性高(其氧化性远大于 O_2)、反应性强、半衰期短、多引起过氧化反应等特点。

若 O_2 得到单个电子产生超氧阴离子，超氧阴离子部分还原生成 H_2O_2，H_2O_2 可再经还原反应生成 $HO^\cdot$。

$$O_2 \xrightarrow{e^-} O_2^{-\cdot} \xrightarrow{e^- + 2H^+} H_2O_2 \xrightarrow{e^- + H^+} HO^\cdot \xrightarrow{e^- + H^+} H_2O$$

$$(H_2O_2 \rightarrow H_2O)$$

H_2O_2 也有一定生理功能，如在粒细胞和吞噬细胞中，H_2O_2 可氧化杀死入侵的细菌；甲状腺细胞中产生的 H_2O_2 可使 $2I^-$ 氧化为 I_2，进而使酪氨酸碘化合成甲状腺激素等。H_2O_2 可被过氧化氢酶或过氧化物酶清除。过氧化氢酶存在于过氧化物酶体、胞质及微粒体中，含有 4 个血红素辅基，可将 H_2O_2 分解为 H_2O 和 O_2。

机体细胞中活性氧类的来源分为内源性和外源性。内源性活性氧类主要来自线粒体呼吸链，微粒体、过氧化物酶体也可产生少量的活性氧类。外源性因素如细菌感染、药物、紫外线或放射线等均可诱发活性氧类产生。

细胞内活性氧类水平的高低对机体有不同的作用。生理情况下，活性氧类维持在较为稳定的低水平，除了发挥抗感染作用外，还可作为信号分子参与多种细胞信号的传递，成为细胞启动多种生物学效应的必需分子。而当活性氧类产生过多，大量氧化中间产物堆积，使氧化程度超出氧化物的清除能力时，氧化和抗氧化失衡，从而导致 DNA、蛋白质等生物分子的氧化损伤，由此其成为衰老和某些疾病(如肿瘤、心脑血管疾病、糖尿病、神经退行性疾病等)的重要相关因素。

由于体内活性氧类的主要来源是 $O_2^{-\cdot}$，下面以 $O_2^{-\cdot}$ 为例介绍活性氧类在体内的产生、消除及其对机体的影响。

(一) $O_2^{-\cdot}$ 的产生及其对细胞的影响

1. 体内 $O_2^{-\cdot}$ 的产生　除了微粒体单加氧酶系等可产生 $O_2^{-\cdot}$ 外，线粒体呼吸链是机体产生 $O_2^{-\cdot}$ 的主要部位。线粒体呼吸链电子传递过程产生的半醌型泛醌自由基($QH^\cdot$)和半醌型泛醌阴离子自由基($Q^{-\cdot}$)是体内 $O_2^{-\cdot}$ 的主要来源之一，它们均可通过电子泄漏把一个电子泄漏给 O_2，使之变为 $O_2^{-\cdot}$。

$$QH^\cdot + O_2 \longrightarrow Q + O_2^{-\cdot} + H^+$$

$$Q^{-\cdot} + O_2 \longrightarrow Q + O_2^{-\cdot}$$

此外，呼吸链末端的细胞色素氧化酶从金属离子每次转移 1 个电子、通过 4 步单电子转移将氧彻底还原生成水，也会有少量氧接受电子被部分还原而生成 $O_2^{-\cdot}$ 和 H_2O_2。

在正常的生理情况下，有 1%～2%的氧消耗在线粒体生成活性氧类。在线粒体衰老或疾病时，$O_2^{-\cdot}$ 产生增多，而且 $QH^\cdot$ 或 $Q^{-\cdot}$ 还可把电子泄漏给 H_2O_2 而生成 $HO^\cdot$。

$$2QH^\cdot + H_2O_2 \longrightarrow 2Q + 2HO^\cdot + 2H^+$$

$$2Q^{-\cdot} + H_2O_2 \longrightarrow 2Q + 2HO^\cdot$$

除呼吸链外，细胞质中黄嘌呤氧化酶、微粒体中 NADPH -细胞色素 P_{450} 还原酶等催化的反应，需要以氧为底物，也可产生 $O_2^{-\cdot}$。在过氧化物酶体中，FAD 将从脂肪酸等底物获得的电子交给 O_2 可生成 H_2O_2 进而生成 $HO^\cdot$ 等。此外，细菌感染也可诱发生成 $O_2^{-\cdot}$。因为炎症时炎性细胞(巨噬细胞、中性粒细胞、单核细胞等)中的磷酸戊糖途径因细菌刺激而加速，产生大量 $NADPH + H^+$。同时，细菌激活炎性细胞质膜上的

NADPH 氧化酶，此酶可催化 $NADPH+H^+$ 与 O_2 生成 $O_2^{-\cdot}$：

$$NADPH+H^++2O_2 \xrightarrow{NADPH\text{氧化酶}} NADP^++2O_2^{-\cdot}+2H^+$$

2. $O_2^{-\cdot}$ 对机体细胞的影响　$O_2^{-\cdot}$ 可参与细胞的羟化反应，进而促进生物转化；黄嘌呤氧化酶、氨基酸氧化酶等参与有关物质代谢；吞噬细胞中 $O_2^{-\cdot}$ 有杀菌作用。此外，近年研究表明 TNF - α、IL - 1、IFN - γ 等细胞因子在与相应受体作用时刺激细胞生成的 $O_2^{-\cdot}$ 等活性氧类参与细胞因子介导的生物学效应。生长因子与具有酪氨酸激酶活性的受体结合时生成 $O_2^{-\cdot}$ 等活性氧类，它们在促有丝分裂信号转导过程中发挥重要的作用。TGF - β 参与的细胞生长抑制、细胞凋亡、细胞转化等生物学过程也与 $O_2^{-\cdot}$ 等活性氧类密切相关。

但 $O_2^{-\cdot}$ 大量产生或蓄积时可引起机体细胞的损伤。$O_2^{-\cdot}$ 等活性氧类对人体细胞的损伤包括对细胞膜、细胞核及细胞器的攻击。其中细胞膜因极富弹性和柔韧性，最容易受到 $O_2^{-\cdot}$ 等活性氧类的攻击而失去活性及其功能。$O_2^{-\cdot}$ 可迅速氧化一氧化氮(nitric oxide，NO)产生过氧亚硝酸盐，后者能使脂质氧化、蛋白质硝基化而损伤细胞膜和膜蛋白。$HO^\cdot$ 等可直接引起蛋白质、核酸等各种生物分子的氧化损伤而丧失功能，进而破坏细胞的正常结构和功能。$O_2^{-\cdot}$ 等活性氧类通过下列途径损伤细胞：① 引起细胞膜磷脂中不饱和脂肪酸氧化或过氧化，造成各种膜性损伤。② $O_2^{-\cdot}$ 可结合 DNA，使 DNA 变性、突变，与肿瘤等的发生有关。③ 破坏细胞内含巯基的蛋白和酶的结构，使其丧失活性。④ 氧化载脂蛋白及磷脂，导致胆固醇转运障碍，可引起动脉粥样硬化。⑤ 使吞噬细胞衰竭、死亡，加重炎症反应过程。⑥ 促进脂褐素(lipofuscin)生成：细胞膜及细胞质中过氧化脂质及其分解产生的丙二醛等低级醛类，与蛋白质、氨基酸、磷脂结合成的多聚体，称为脂褐素，难由细胞排出或降解而在细胞中堆积，使细胞功能下降。脂褐素若累积在皮肤则为老年斑。

(二) 机体对 $O_2^{-\cdot}$ 的清除

机体通过抗氧化酶及抗氧化剂可及时清除 $O_2^{-\cdot}$ 等活性氧类以维持细胞内 $O_2^{-\cdot}$ 等的稳定水平和动态平衡，既发挥 $O_2^{-\cdot}$ 等活性氧类的有利作用，又防止其对细胞的有害损伤。

$O_2^{-\cdot}$ 主要由 SOD、过氧化氢酶及过氧化物酶所催化的反应予以清除。SOD 有 Cu/Zn - SOD、Mn - SOD、Fe - SOD 三种，动物及人 Cu/Zn - SOD 主要在胞质，Mn - SOD 主要在线粒体，Fe - SOD 主要在微生物。Cu/Zn - SOD 催化的反应：

$$2O_2^{-\cdot}+2H^+ \xrightarrow{Cu/Zn-SOD} H_2O_2+O_2$$

反应生成的 H_2O_2 再被过氧化氢酶消除。

$$2H_2O_2 \xrightarrow{\text{过氧化氢酶}} 2H_2O+O_2$$

过氧化物酶主要是含硒的谷胱甘肽过氧化物酶，可去除细胞生长和代谢产生的 H_2O_2 和过氧化物(R—O—OH)，是体内防止活性氧类损伤的主要酶(图 4 - 18)。

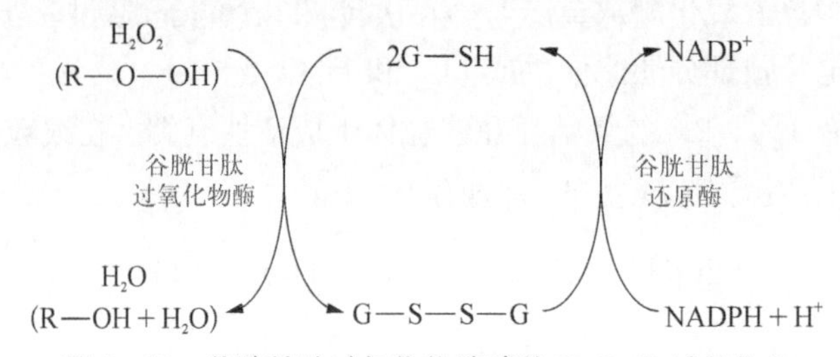

图 4 - 18　谷胱甘肽过氧化物酶清除 H_2O_2 和过氧化物

此外，维生素 E、维生素 C 和泛醌(QH_2)等小分子有机化合物也可消除 $O_2^{-\cdot}$、$HO^\cdot$ 或者 $LOO^\cdot$ 等。

维生素 E 的酚羟基极易脱氢而由酚变为醌型维生素 E 自由基(生育酚自由基，$Toc-O^\cdot$)：

$$Toc-OH+HO^\cdot \longrightarrow Toc-O^\cdot+H_2O$$

$$Toc-OH + LOO^{\cdot} \longrightarrow Toc-O^{\cdot} + LOOH$$

还原型维生素C(AH_2)的烯醇羟基易脱氢而成为氧化型(A)，同时可使GSSG还原为2GSH，使$HO^{\cdot}$或$Toc-O^{\cdot}$还原为H_2O或Toc-OH：

$$GSSG + AH_2 \longrightarrow 2GSH + A$$

$$2Toc-O^{\cdot} + AH_2 \longrightarrow 2Toc-OH + A$$

$$2HO^{\cdot} + AH_2 \longrightarrow 2H_2O + A$$

QH_2 主要清除 $O_2^{-\cdot}$ 及 $LOO^{\cdot}$：

$$2O_2^{-\cdot} + QH_2 \longrightarrow H_2O_2 + O_2 + Q$$

$$2LOO^{\cdot} + QH_2 \longrightarrow 2LOOH + Q$$

(李梨，朱月春)

※ 第四章数字资源

图4-11
ATP合酶β亚基的工作机制

表4-5
线粒体内膜的主要转运蛋白及功能

第四章
参考文献

微课视频4-1
呼吸链

微课视频4-2
氧化磷酸化

第五章

糖代谢

内容提要

糖是一大类有机化合物,化学本质是多羟醛、多羟酮类及它们的衍生物或多聚物,包括单糖、寡糖和多糖。糖是人类食物中的重要成分。糖最主要的生理功能是提供能量。人类食物中的主要糖是淀粉,淀粉经消化道α-淀粉酶等水解为葡萄糖,进而被机体吸收和代谢。葡萄糖的分解供能途径主要有两条:无氧条件下的无氧氧化和有氧条件下的有氧氧化。葡萄糖无氧氧化的产物是乳酸,其无氧氧化过程分为3个阶段:第一阶段是六碳的葡萄糖在消耗ATP的情况下被裂解为两分子三糖(丙糖磷酸),是无氧氧化过程的能量消耗阶段;第二阶段是醛被氧化为酸,同时通过底物磷酸化生成ATP,是无氧氧化过程中的能量释放和储存阶段;第三阶段是丙酮酸被还原为乳酸。虽然葡萄糖经无氧氧化后产生的能量不多(与有氧氧化比较),但它却是机体快速获取能量以及机体在缺氧条件下获取能量的重要途径;葡萄糖有氧氧化的产物是CO_2和H_2O,可产生大量的能量。有氧氧化分为4个阶段:第一阶段是在细胞质中将葡萄糖转变为丙酮酸;第二阶段是丙酮酸进入线粒体并氧化脱羧生成乙酰CoA;第三阶段是乙酰CoA进入三羧酸循环被彻底氧化分解,主要产生NADH、$FADH_2$和CO_2;第四阶段是NADH、$FADH_2$进入氧化呼吸链而释放能量。有氧氧化不仅是葡萄糖在体内分解供能的主要途径,也是机体获取能量的主要途径。此外,葡萄糖分解代谢的另外一条途径——磷酸戊糖途径,其主要生理意义不是产生ATP,而是为机体提供核糖-5-磷酸和$NADPH+H^+$等。糖原是动物体内的多糖,是葡萄糖的储存形式,糖原主要有肝糖原和肌糖原。肝糖原主要用于补充血糖,而肌糖原则供肌肉组织自身利用。糖原生成的原料是葡萄糖。体内的某些非糖物质如乳酸、甘油、大部分氨基酸等可在肝、肾等组织异生为葡萄糖或糖原,是空腹、饥饿状态下血糖的重要来源。血糖是指血液中的葡萄糖,正常情况下,血糖维持在相对恒定的水平,主要依靠多种激素如胰岛素、胰高血糖素等的调节来实现,同时,肝在调节血糖恒定中也有重要作用。血糖浓度异常包括高血糖和低血糖。糖耐量试验主要用于检查人体糖代谢调节功能。

糖是自然界存在的一大类有机化合物,是人类食物中的重要成分。由C、H、O所组成的多羟醛、多羟酮类以及它们的衍生物或多聚物(图5-1)。多数糖可表示为$C_x(H_2O)_y$,如葡萄糖[$C_6(H_2O)_6$]、[蔗糖$C_{12}(H_2O)_{11}$]。因此糖曾被称为碳水化合物(carbohydrate)。随后人们发现这并不确切,如非糖物质甲醛[$C_1(H_2O)_1$]、乙酸[$C_2(H_2O)_2$]等;有些糖类物质不能用$C_x(H_2O)_y$表示,如脱氧核糖[$CHOC_5H_{10}O_4$];有的糖类分子除含C、H、O外,还含S或N如氨基葡萄糖。事实上,没有任何一种糖可由碳、水化合而成,但习惯上这种称谓仍在使用。

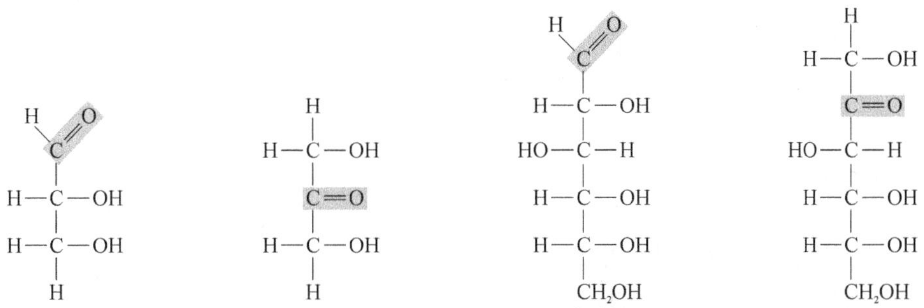

甘油醛 二羟丙酮 D-葡萄糖 D-果糖

图 5-1 糖的基本结构

第一节 概 述

一、糖的分类

根据糖能否被水解和水解后的产物情况，糖可分为单糖、寡糖和多糖 3 类。

1. 单糖 凡不能被水解为更小分子的糖。常见的单糖有葡萄糖、果糖、核糖、脱氧核糖等。

2. 寡糖 凡能水解为少数单糖分子的糖。常见的寡糖有蔗糖、乳糖等。

3. 多糖 凡能水解为多个单糖分子的糖。常见的多糖有淀粉、糖原、纤维素等。

二、糖的生理功能

糖是人类食物的主要成分，主要生理功能包括以下几项。

(1) 糖为生命活动过程提供能量。糖是人类主要的能源物质，人体所需能量的 50%～80%来自糖，这也是糖最主要的生理功能。

(2) 糖是机体重要的碳源。糖代谢的许多中间产物可为机体合成其他含碳化合物提供碳元素如氨基酸、脂肪酸等。

(3) 其他特定的生理功能，如构成结缔组织、软骨基质的蛋白聚糖；某些激素、免疫球蛋白、血型物质等体内具有特殊生理功能的糖蛋白含有糖；许多重要的生物活性物质含有糖的衍生物如 NAD^+、FAD、DNA、RNA 等。

三、糖的消化吸收

人类食物中的糖主要有淀粉、糖原、蔗糖、乳糖、葡萄糖等，以淀粉为主。另外，也含有大量纤维素，因人体内缺乏纤维素酶(或称 β-糖苷酶)而不能对其分解利用，因而纤维素对人类来说没有营养价值，大量纤维素在胃肠道反而还可能干扰营养物质的消化吸收。但纤维素有刺激胃肠蠕动的作用，能缩短肠内容物在肠道的停留时间，也是维持人类健康所必需的物质。此外，研究者还发现，食物中含一定量的纤维素有利于降低血胆固醇。

大分子的淀粉不能直接被人体吸收与利用，必须经过消化道水解酶的作用，变成小分子的葡萄糖等单糖才能被吸收、转运与利用。淀粉的消化主要通过来源于唾液、胰腺的 α-淀粉酶进行水解。

在人类，淀粉的消化从口腔开始，唾液中的 α-淀粉酶能将淀粉部分水解为 α-糊精等。但因食物在口腔停留时间很短，所以对淀粉的水解作用较小。当食物进入胃后，唾液淀粉酶受到胃酸的作用，很快失去活性，对淀粉的消化作用随即停止。因此，淀粉的消化主要是在小肠肠腔和肠黏膜上皮细胞表面进行的。

小肠是消化糖最重要的器官。小肠肠腔中含有来自胰腺的 α-淀粉酶，能将淀粉水解为 α-糊精及多种寡糖，后者进一步在小肠黏膜上皮细胞表面的多种酶作用下被水解为葡萄糖等单糖，接着被小肠黏膜上皮细胞吸收。

食物淀粉消化的基本过程如图5-2。

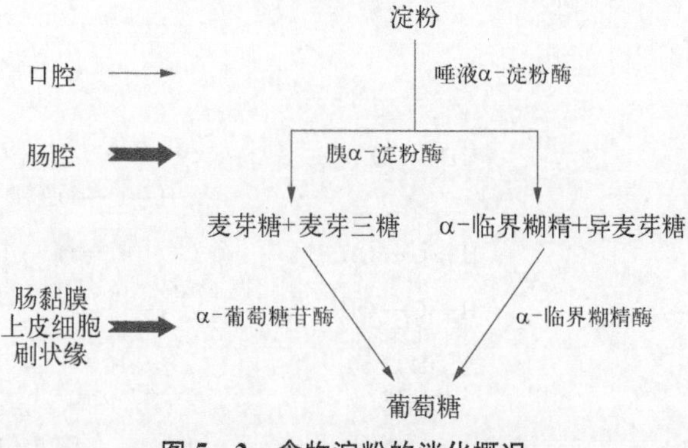

图5-2 食物淀粉的消化概况

食物中的其他糖如乳糖、蔗糖、麦芽糖等，可被小肠黏膜上皮细胞表面的相应酶水解为葡萄糖、半乳糖、果糖等单糖被吸收。若消化乳糖的乳糖酶缺乏，食用牛奶后则会发生乳糖消化吸收障碍，从而可引起腹胀、腹泻等症状。

小肠黏膜细胞对单糖的吸收是消耗能量的主动转运过程，吸收速度也不同，若以葡萄糖的吸收速度为100%，则各单糖的吸收速率为半乳糖(110%)＞葡萄糖(100%)＞果糖(43%)。

对葡萄糖的吸收是通过特定转运载体并伴有 Na^+ 转运的过程，该转运载体被称为 Na^+ 依赖性葡萄糖转运体，它除了在消化道葡萄糖吸收中发挥作用外，在肾小管上皮细胞的葡萄糖重吸收中也有重要作用。

四、糖代谢概况

通过小肠黏膜细胞吸收的单糖(主要是葡萄糖)，经门静脉系统通过肝而进入血液循环，运往全身各组织细胞。在肝内，各种单糖在相应酶的作用下可相互转化(图5-3)。

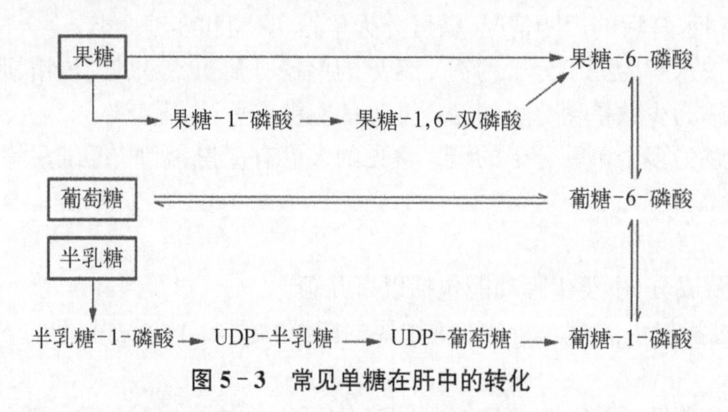

图5-3 常见单糖在肝中的转化

葡萄糖由血液进入各种组织细胞需借助于细胞膜上的葡萄糖转运蛋白(Glucose transporter，GLUT)。目前已经发现的GLUT有5种，它们存在于不同细胞膜上如GLUT-4主要存在于脂肪和肌肉组织。

进入细胞内的葡萄糖通过一系列复杂的化学反应进行糖代谢，包括合成代谢、分解代谢。分解代谢主要有以下几种途径。

(1) 氧供应充足时，葡萄糖经有氧氧化生成 CO_2 和 H_2O 并产生大量ATP。

(2) 缺氧时，葡萄糖经无氧氧化生成乳酸并产生少量ATP。

(3) 葡萄糖经磷酸戊糖途径代谢。

(4) 糖原的分解。

合成代谢主要有以下两种途径。

(1) 葡萄糖用于生成糖原储存在组织内如肝内或肌肉内。

(2) 有些非糖物质如乳酸、丙氨酸等经糖异生途径转变成葡萄糖或糖原。

第二节 糖的无氧氧化

在缺氧的情况下，葡萄糖或糖原经过一系列反应转变为乳酸并产生能量的过程称为糖的无氧氧化(anaerobic oxidation)。其中，葡萄糖生成丙酮酸(pyruvate)的途径称为糖酵解(glycolysis)。将丙酮酸还原为乳酸(lactate)的过程称为乳酸发酵，在某些微生物中，将丙酮酸转变为乙醇和 CO_2 的过程称为乙醇发酵。

糖酵解是生物界最古老、最普遍的一种供能方式，广泛存在于包括人类在内的动植物界和许多微生物体内；而且也是糖有氧氧化的前奏(图 5-4)。

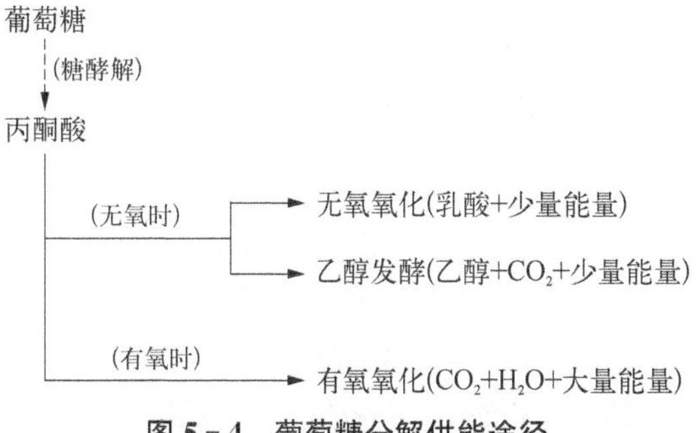

图 5-4 葡萄糖分解供能途径

一、糖无氧氧化的反应过程

糖无氧氧化的整个过程从葡萄糖起包括 11 步反应。通常分为 3 个阶段。糖无氧氧化在细胞质中完成，准确来讲，是在胞质溶胶中完成的，因为胞质溶胶是细胞质中除膜性细胞器和不溶性细胞骨架以外的可溶性部分。本教材后续提到其他在细胞质中进行的反应也实际上都是在胞质溶胶中进行的。

(一) 第一阶段：葡萄糖的裂解

糖无氧氧化的第一阶段是耗能的过程，通过对葡萄糖进行反复磷酸化，生成果糖-1,6-双磷酸，随后被裂解为 2 分子丙糖磷酸(即磷酸二羟丙酮和甘油醛-3-磷酸)。具体反应如下：

1. 葡萄糖磷酸化生成葡糖-6-磷酸　葡萄糖通过己糖激酶催化，由 ATP 提供磷酸基团(即消耗 1 分子 ATP)，形成葡糖-6-磷酸。磷酸化的葡萄糖含有带负电荷的磷酸基团，不能自由通过细胞膜而逸出细胞。该反应不可逆，也是糖酵解中的第一个限速反应。

己糖激酶专一性不强，葡萄糖、果糖、半乳糖等均可作为其底物，被磷酸化后生成相应的磷酸化己糖形式。哺乳动物的己糖激酶有 4 种同工酶，分别称为己糖激酶Ⅰ～己糖激酶Ⅳ。肝细胞中存在的是己糖激酶Ⅳ，特称为葡萄糖激酶。此酶的特点是对底物葡萄糖有严格专一性；对葡萄糖的亲和力低(葡萄糖激酶 K_m 约为 10 mmol/L，而己糖激酶 K_m 约为 0.1 mmol/L)；其活性受激素调控。这些特性使葡萄糖激酶在维持血糖浓度恒定和葡萄糖代谢中有重要的生理作用。

若从糖原起始，糖原被磷酸解生成葡糖-1-磷酸(此步不消耗 ATP，详见本章第四节糖原的生成与分解)，在磷酸葡糖变位酶作用下转变为葡糖-6-磷酸。

葡萄糖 → 葡糖-6-磷酸（ATP → ADP，Mg^{2+}，己糖激酶或葡萄糖激酶）

2. 葡糖-6-磷酸异构为果糖-6-磷酸　葡糖-6-磷酸在磷酸己糖异构酶作用下转变为果糖-6-磷酸，磷酸己糖异构酶催化的是可逆反应。

葡糖-6-磷酸 ⇌ 果糖-6-磷酸（磷酸己糖异构酶）

3. 果糖-6-磷酸磷酸化生成果糖-1,6-双磷酸　在磷酸果糖激酶-1 催化下，由 ATP 提供磷酸基团，果糖-6-磷酸被再次磷酸化生成果糖-1,6-双磷酸。该酶催化的反应不可逆，是糖酵解中的第二个限速反应。磷酸果糖激酶-1 是葡萄糖分解的主要限速酶。

$$Ⓟ\text{—O—CH}_2 \text{ (呋喃环) } CH_2OH \xrightarrow[\text{磷酸果糖激酶-1}]{ATP \quad ADP,\ Mg^{2+}} Ⓟ\text{—O—CH}_2 \text{ (呋喃环) } CH_2\text{—O—}Ⓟ$$

果糖-6-磷酸　　　　果糖-1,6-双磷酸

4. 果糖-1,6-双磷酸裂解为2分子丙糖磷酸　在醛缩酶作用下,将果糖-1,6-双磷酸裂解为磷酸二羟丙酮和甘油醛-3-磷酸即将双磷酸六碳糖裂解为2分子丙糖磷酸。醛缩酶催化的是可逆反应且更有利于逆反应,因此称为醛缩酶(或醇醛缩合酶)。

$$\begin{array}{c} CH_2OPO_3H_2 \\ | \\ C{=}O \\ | \\ HO{-}\overset{3}{C}{-}H \\ | \\ H{-}\overset{4}{C}{-}OH \\ | \\ H{-}C{-}OH \\ | \\ CH_2OPO_3H_2 \end{array} \underset{}{\overset{\text{醛缩酶}}{\rightleftharpoons}} \begin{array}{c} CH_2OPO_3H_2 \\ | \\ C{=}O \\ | \\ CH_2OH \end{array} + \begin{array}{c} CHO \\ | \\ CHOH \\ | \\ CH_2OPO_3H_2 \end{array}$$

果糖-1,6-双磷酸　　　　磷酸二羟丙酮　　甘油醛-3-磷酸

5. 丙糖磷酸的同分异构化　磷酸二羟丙酮和甘油醛-3-磷酸是同分异构体,在丙糖磷酸异构酶催化下可互相转变。

$$\begin{array}{c} CH_2OPO_3H_2 \\ | \\ C{=}O \\ | \\ CH_2OH \end{array} \overset{\text{丙糖磷酸异构酶}}{\rightleftharpoons} \begin{array}{c} CHO \\ | \\ CHOH \\ | \\ CH_2OPO_3H_2 \end{array}$$

磷酸二羟丙酮　　　　甘油醛-3-磷酸

通过以上过程,1分子葡萄糖(六碳)被裂解为2分子丙糖,共消耗了2分子ATP(2步磷酸化反应),若从糖原起始,则消耗1分子ATP(一步磷酸化反应消耗1分子ATP,另1个磷酸基团来源于无机磷酸),生成了2分子甘油醛-3-磷酸。

(二) 第二阶段:醛氧化为酸

第一阶段生成的甘油醛-3-磷酸通过反复的分子内部电子重排、能量重新分布而形成高能化合物,后者释放的能量可将ADP磷酸化为ATP(即底物磷酸化),最终,从甘油醛-3-磷酸变为丙酮酸。因此,该阶段是糖酵解的能量释放与储存阶段。第二阶段包括以下几步反应。

1. 甘油醛-3-磷酸氧化为1,3-双磷酸甘油酸　甘油醛-3-磷酸在甘油醛-3-磷酸脱氢酶(glyceraldehyde 3-phosphate dehydrogenase,GAPDH)的催化下进行脱氢氧化并消耗1分子无机磷酸而生成高能磷酸化合物1,3-双磷酸甘油酸,脱下的氢由NAD^+接受,生成1分子$NADH+H^+$,这是糖酵解中唯一一步生成还原性受氢体($NADH+H^+$)的反应。此反应是可逆反应。

$$\begin{array}{c} H \quad O \\ \diagdown \,/\!\!/ \\ C \\ | \\ CHOH \\ | \\ CH_2OPO_3H_2 \end{array} + NAD^+ + H_3PO_4 \overset{\text{甘油醛-3-磷酸脱氢酶}}{\rightleftharpoons} \begin{array}{c} O \\ /\!\!/ \\ C{-}O \sim PO_3H_2 \\ | \\ CHOH \\ | \\ CH_2OPO_3H_2 \end{array} + NADH + H^+$$

甘油醛-3-磷酸　　　　1,3-双磷酸甘油酸

2. 1,3-双磷酸甘油酸转变为甘油酸-3-磷酸　这是糖酵解中第一个产生ATP的反应。它利用1,3-

双磷酸甘油酸在磷酸甘油酸激酶的催化下，将高能磷酸键的能量转移给 ADP 而生成 1 分子 ATP 和甘油酸-3-磷酸。此反应是可逆反应。

$$\begin{array}{l} \quad O \\ \quad /\!\!/ \\ C-O\sim PO_3H_2 \\ | \\ CHOH \\ | \\ CH_2OPO_3H_2 \end{array} + ADP \underset{Mg^{2+}}{\overset{磷酸甘油酸激酶}{\rightleftharpoons}} \begin{array}{l} \quad O \\ \quad /\!\!/ \\ C-O^- \\ | \\ CHOH \\ | \\ CH_2OPO_3H_2 \end{array} + ATP$$

1,3-双磷酸甘油酸　　　　甘油酸-3-磷酸

3. *甘油酸-3-磷酸转变为2-磷酸甘油酸*　在磷酸甘油酸变位酶的催化下，甘油酸-3-磷酸转变为2-磷酸甘油酸。变位酶的作用一般是使底物中的某些化学基团在分子内进行转移。此反应是可逆反应。

$$\begin{array}{l} COO^- \\ | \\ CHOH \\ | \\ CH_2O-PO_3H_3 \end{array} \underset{Mg^{2+}}{\overset{磷酸甘油酸变位酶}{\rightleftharpoons}} \begin{array}{l} COO^- \\ | \\ CHO-PO_3H_2 \\ | \\ CH_2OH \end{array}$$

甘油酸-3-磷酸　　　　2-磷酸甘油酸

4. *2-磷酸甘油酸脱水生成磷酸烯醇丙酮酸*　在烯醇化酶的催化下，2-磷酸甘油酸在脱水过程中分子内部发生能量的重新分布而生成高能磷酸化合物——磷酸烯醇丙酮酸。此反应是可逆反应。

$$\begin{array}{l} COO^- \\ | \\ CHOPO_3H_2 \\ | \\ CHOH \end{array} \underset{Mg^{2+}或Mn^{2+}}{\overset{烯醇化酶}{\rightleftharpoons}} \begin{array}{l} COO^- \\ | \\ C-O\sim PO_3H_2 + H_2O \\ \| \\ CH_2 \end{array}$$

2-磷酸甘油酸　　　　磷酸烯醇丙酮酸

5. *磷酸烯醇丙酮酸转变为丙酮酸*　在丙酮酸激酶催化下，磷酸烯醇丙酮酸分子中高能磷酸键的能量转移给 ADP，生成 ATP 和丙酮酸。这是糖酵解过程中的第二次底物磷酸化。此反应是不可逆反应。

$$\begin{array}{l} COO^- \\ | \\ C-O\sim PO_3H_2 \\ \| \\ CH_2 \end{array} + ADP \xrightarrow[Mg^{2+},K^+]{丙酮酸激酶} \begin{array}{l} COO^- \\ | \\ C=O \\ | \\ CH_3 \end{array} + ATP$$

磷酸烯醇丙酮酸　　　　丙酮酸

以上两个阶段即完成了将葡萄糖转变为丙酮酸的过程，称为糖酵解。

（三）第三阶段：丙酮酸还原为乳酸

第三阶段仅一步反应即乳酸发酵。在 LDH 催化下，丙酮酸接受 $NADH+H^+$ 的氢被还原为乳酸。$NADH+H^+$ 来源于甘油醛-3-磷酸的脱氢反应（即第二阶段的第一步反应），生成的 NAD^+ 又可参与甘油醛-3-磷酸的脱氢，这是无氧状态下糖无氧氧化能继续进行的保证。由于糖无氧氧化中会生成 1 分子 $NADH+H^+$，但此处又消耗掉 1 分子 $NADH+H^+$，因此，糖无氧氧化中并无净还原性受氢体的生成。

此反应是可逆反应。

$$\begin{array}{l} COO^- \\ | \\ C=O \\ | \\ CH_3 \end{array} + NADH + H^+ \overset{LDH}{\rightleftharpoons} \begin{array}{l} COO^- \\ | \\ CHOH \\ | \\ CH_3 \end{array} + NAD^+$$

丙酮酸　　　　乳酸

糖无氧氧化的基本过程见图 5-5,其总反应如下:

$$C_6H_{12}O_6+2H_3PO_4+2ADP \longrightarrow 2C_3H_6O_3(乳酸)+2ATP$$

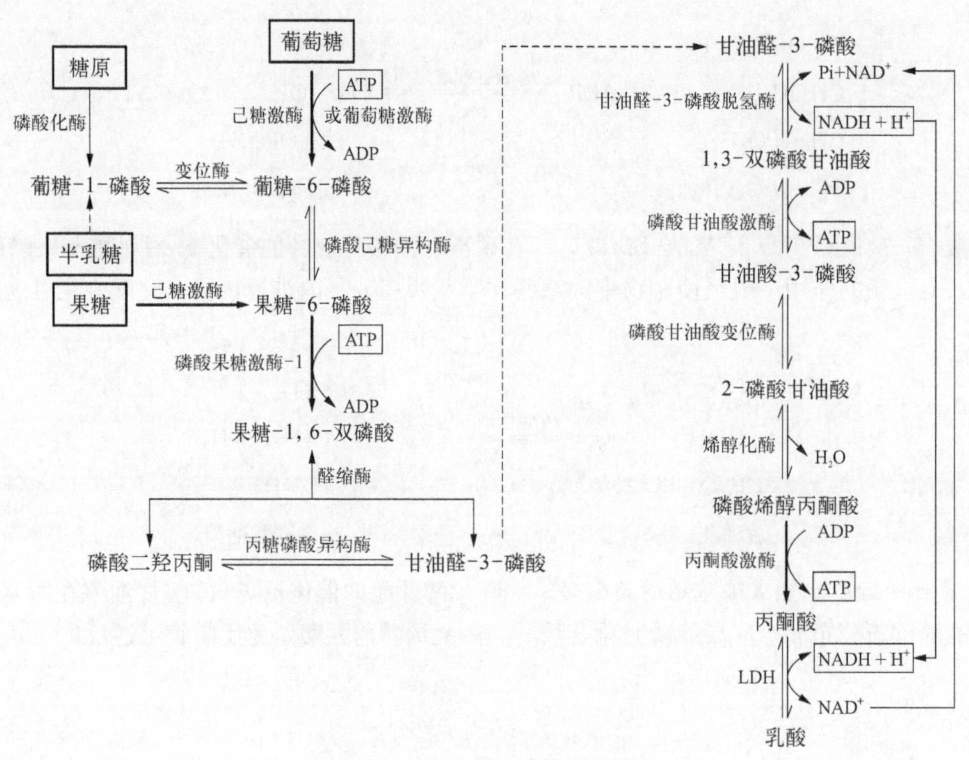

图 5-5 糖无氧氧化的基本过程

二、糖无氧氧化的特点总结

(1) 反应部位为细胞质,起始物是葡萄糖或糖原,终产物是乳酸。

(2) 无须氧的参与。

(3) 能量(ATP)通过底物磷酸化产生。产生位置:① 1,3-双磷酸甘油酸⟶甘油酸-3-磷酸;② 磷酸烯醇丙酮酸⟶丙酮酸,故产生4分子ATP;能量消耗情况是葡萄糖磷酸化与果糖-6-磷酸磷酸化(分别由ATP提供磷酸基)。由于1分子葡萄糖产生了2分子甘油醛-3-磷酸,因此,1分子葡萄糖可净生成2分子ATP,若从糖原开始,可净生成3分子ATP。

(4) 己糖激酶(或葡萄糖激酶)、磷酸果糖激酶-1和丙酮酸激酶是糖无氧氧化中的关键酶,其中,磷酸果糖激酶-1活性最低,是最重要的限速酶,对糖分解代谢速度起重要调节作用。

三、糖无氧氧化的调节

糖无氧氧化中大多数反应是可逆的。这些可逆反应的方向、速率通过相应底物、产物的浓度变化而控制。但对整个糖无氧氧化进行的方向与速率的控制是通过对催化3步不可逆反应的酶活性调节而实现,它们是己糖激酶(或葡萄糖激酶)、磷酸果糖激酶-1和丙酮酸激酶,其活性受别构效应物和激素的调节,以别构效应物的调节为主。

(一) 己糖激酶(或葡萄糖激酶)

在调节糖无氧氧化中,己糖激酶的重要性不及磷酸果糖激酶-1和丙酮酸激酶。己糖激酶主要受脂质代谢调控如乙酰CoA、脂肪酸可抑制己糖激酶活性。此外,葡糖-6-磷酸可反馈性抑制己糖激酶活性,但对葡萄糖激酶无抑制作用。

(二) 磷酸果糖激酶-1

调节糖无氧氧化最重要的方式是改变磷酸果糖激酶-1的活性,因此,磷酸果糖激酶-1的活性调节是糖无氧氧化最重要的调节点，其调节方式以别构调节为主。

磷酸果糖激酶-1是四聚体蛋白质，受多种别构效应剂的调节：ATP、柠檬酸是该酶的别构抑制剂；AMP、ADP、果糖-6-磷酸、果糖-1,6-双磷酸、果糖-2,6-双磷酸是别构激活剂。

磷酸果糖激酶-1有2个ATP结合位点：位于酶活性中心内的负责与底物ATP结合；位于活性中心外的(即调节中心)负责与别构效应剂ATP结合。前者与ATP亲和力高，后者与ATP亲和力低。因此，当ATP浓度低时，ATP与酶活性中心结合(ATP作为底物发挥作用)，保证酶促反应的进行；当ATP浓度高时，才会与活性中心外的调节中心结合，进而抑制酶活性。AMP、ADP可与ATP竞争结合酶活性中心外的调节中心，消除ATP的抑制作用。果糖-1,6-双磷酸是磷酸果糖激酶-1的催化产物，作为酶的别构激活剂比较少见，其目的是有利于糖的分解代谢。

果糖-2,6-双磷酸是磷酸果糖激酶-1最强的别构激活剂，在调节糖代谢中发挥重要的作用。其作用是与AMP一起消除ATP、柠檬酸等对酶的别构抑制作用，增强磷酸果糖激酶-1对底物果糖-6-磷酸的亲和力。果糖-2,6-双磷酸是由磷酸果糖激酶-2催化果糖-6-磷酸与ATP生成(磷酸化位置在果糖的C2位上)，同时，磷酸果糖激酶-2也具有催化果糖-2,6-双磷酸进行水解生成果糖-6-磷酸的作用(果糖双磷酸酶-2活性)，因此，磷酸果糖激酶-2是双功能酶。磷酸果糖激酶-2的活性受到别构效应(果糖-6-磷酸是其别构激活剂)和激素的双重调节。在糖供应充足时，果糖-6-磷酸激活双功能酶中的磷酸果糖激酶-2活性、同时抑制果糖双磷酸酶-2活性，从而有利于果糖-2,6-双磷酸的生成，后者激活磷酸果糖激酶-1活性，有利于葡萄糖转变为果糖-1,6-双磷酸，结果是促进糖无氧氧化进行；反之，当葡萄糖供应不足时，胰高血糖素等通过磷酸化使双功能酶中的磷酸果糖激酶-2活性受到抑制，同时激活果糖双磷酸酶-2，减少果糖-2,6-双磷酸量，进而抑制糖无氧氧化。

(三) 丙酮酸激酶

丙酮酸激酶的活性调节是调节糖无氧氧化第二个重要的调节点，受别构效应和共价修饰的双重调控。如果糖-1,6-双磷酸是丙酮酸激酶的别构激活剂，而胰高血糖素可抑制其活性。此外，在肝内，丙氨酸对丙酮酸激酶有别构抑制作用，而丙氨酸是糖异生的重要原料，此举有利于血糖的维持(参见本章第六节 糖异生)。

四、糖无氧氧化的生理意义

(一) 机体在缺氧情况下获取能量的快速方式

糖无氧氧化对于剧烈运动的骨骼肌在缺氧时快速获取能量尤为重要。当机体缺氧或剧烈运动时骨骼肌局部缺血缺氧，能量主要通过糖无氧氧化获得。

(二) 某些组织在生理或病理情况下的供能途径

少数组织即使是氧气供应充足时，仍主要靠糖无氧氧化供能如视网膜、睾丸、皮肤等；红细胞完全依赖糖无氧氧化供能；神经、骨髓、白细胞等代谢活跃的组织细胞，也常由糖无氧氧化提供部分能量。严重贫血、大量失血、呼吸障碍等病理情况下，糖无氧氧化是重要供能途径；肿瘤细胞以糖无氧氧化为主要供能途径等。

第二节 糖的有氧氧化

葡萄糖或糖原在有氧条件下彻底氧化成 H_2O 和 CO_2 并释放大量能量的反应过程称为有氧氧化(aerobic oxidation)。它是糖分解的主要方式，也是机体大多数组织细胞获取能量的主要方式。

一、有氧氧化的反应过程

葡萄糖有氧氧化的基本过程如图5-6所示，分为4个阶段。

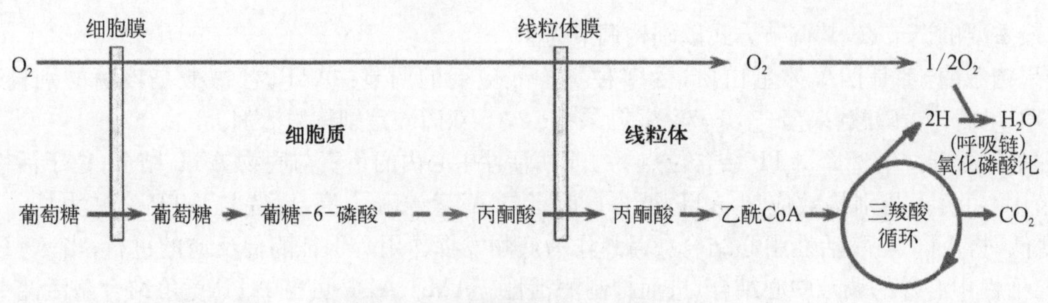

图 5-6 葡萄糖有氧氧化的基本过程

(一) 第一阶段:葡萄糖经过糖酵解转变为丙酮酸

此阶段的反应即为葡萄糖无氧氧化的前 10 步反应(糖酵解),终产物是丙酮酸。通过第一阶段,每分子葡萄糖可产生 2 分子丙酮酸、净生成 2 分子 ATP、2 分子($NADH+H^+$)。无 CO_2 的生成。

(二) 第二阶段:丙酮酸氧化脱羧转变为乙酰 CoA

在氧气供应充足时,细胞质中生成的丙酮酸进入线粒体,在丙酮酸脱氢酶复合体作用下进行氧化脱羧生成乙酰 CoA,其总反应式如下:

$$\text{丙酮酸} \xrightarrow[\text{丙酮酸脱氢酶复合体}]{NAD^+,\ HSCoA \qquad CO_2,\ NADH+H^+} \text{乙酰CoA}$$

丙酮酸脱氢酶复合体至少包括 3 种酶:丙酮酸脱氢酶、二氢硫辛酰胺转乙酰酶和二氢硫辛酰胺脱氢酶。参与的辅酶有硫辛酸、TPP、FAD、NAD^+ 和 CoA 共 5 种。丙酮酸脱氢酶复合体催化的反应包括 5 步(图 5-7)。

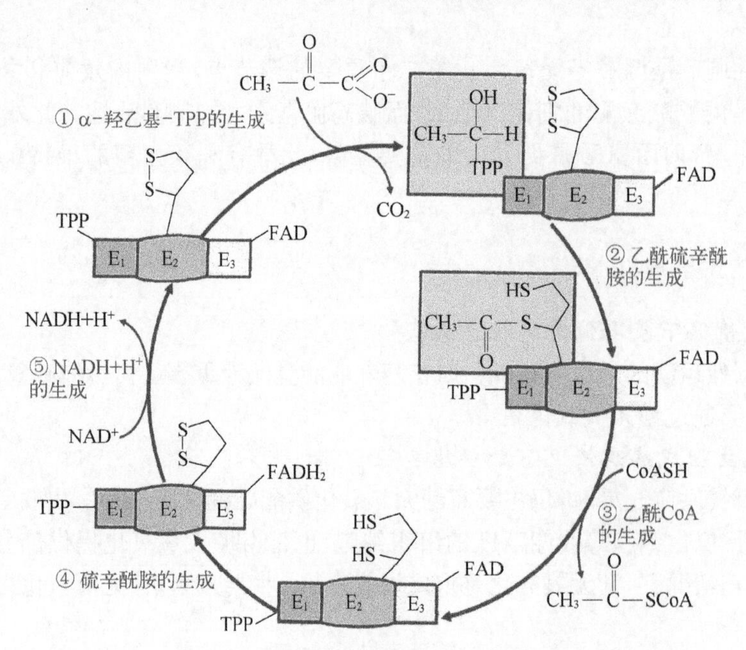

图 5-7 丙酮酸脱氢酶复合体作用机制

E_1、E_2、E_3 分别表示丙酮酸脱氢酶、二氢硫辛酰胺转乙酰酶、二氢硫辛酰胺脱氢酶

在整个反应过程中,中间产物并不离开酶复合体,使得反应能迅速完成且没有游离的中间产物。此外,整个反应是不可逆的。

经过第二阶段,1 分子葡萄糖可生成 2 分子乙酰 CoA,2 分子 CO_2 和 2 分子($NADH+H^+$)。

(三) 第三阶段:三羧酸循环

第二阶段在线粒体中产生的乙酰 CoA,通过进入三羧酸循环进一步代谢。

三羧酸循环(tricarboxylic acid cycle,TCA cycle)是线粒体内一系列酶促反应所构成的循环反应体系,由于其第一个中间产物是含有 3 个羧基的柠檬酸(citric acid),故也称柠檬酸循环(citric acid cycle)。三羧酸循环由 Hans Adolf Krebs 于 1937 年提出，也称为克雷布斯循环(Krebs 循环)。

三羧酸循环包括 8 步主要反应，其反应过程如下：

1. *乙酰 CoA 与草酰乙酸缩合生成柠檬酸* 在柠檬酸合酶的催化下完成，为不可逆反应。

$$\underset{\text{乙酰CoA}}{CH_3C(=O)\sim SCoA} + \underset{\text{草酰乙酸}}{O{=}C(COO^-)-CH_2-COO^-} + H_2O \xrightarrow{\text{柠檬酸合酶}} \underset{\text{柠檬酸}}{CH_2COO^- - HOC(COO^-) - CH_2COO^-} + \underset{\text{辅酶A}}{HSCoA}$$

2. *柠檬酸异构化为异柠檬酸* 在顺乌头酸酶的催化下，柠檬酸异构化为异柠檬酸。此反应为可逆反应。

$$\underset{\text{柠檬酸}}{COO^- - CH_2 - C(OH)(^-OOC) - CH_2 - COO^-} \xrightleftharpoons{\text{顺乌头酸酶}} \underset{\text{异柠檬酸}}{COO^- - CH(OH) - CH(^-OOC) - CH_2 - COO^-}$$

3. *第一次氧化脱羧* 异柠檬酸在异柠檬酸脱氢酶催化下氧化脱羧并转变为α-酮戊二酸，同时产生 1 分子 CO_2。脱下的 H 由 NAD^+ 接受，生成 $NADH+H^+$。此反应是不可逆反应。

$$\underset{\text{异柠檬酸}}{COO^- - CH(OH) - CH(^-OOC) - CH_2 - COO^-} \xrightarrow[\text{异柠檬酸脱氢酶}]{NAD^+ \;\; NADH+H^+ \;\; Mg^{2+} \;\; CO_2} \underset{\alpha\text{-酮戊二酸}}{COO^- - C{=}O - CH_2 - CH_2 - COO^-}$$

4. *第二次氧化脱羧* 在α-酮戊二酸脱氢酶复合体的催化下，α-酮戊二酸脱氢、脱羧生成琥珀酰 CoA，并产生 1 分子 CO_2 和 1 分子 $NADH+H^+$。α-酮戊二酸脱氢酶复合体与丙酮酸脱氢酶复合体类似。此外，还生成 1 个高能硫酯键。此反应是不可逆反应。

$$\underset{\alpha\text{-酮戊二酸}}{COO^- - C{=}O - CH_2 - CH_2 - COO^-} + NAD^+ + HSCoA \xrightarrow[\alpha\text{-酮戊二酸脱氢酶复合体}]{FAD\text{、硫辛酸、}TPP} \underset{\text{琥珀酰 CoA}}{O{=}C\sim SCoA - CH_2 - CH_2 - COO^-} + NADH + H^+ + CO_2$$

5. *底物磷酸化反应* 即高能化合物 GTP 的生成。在琥珀酰 CoA 合成酶(或称琥珀酸硫激酶)的催化下，琥珀酰 CoA 的高能硫酯键水解，释放的能量交给 GDP 而生成 GTP。GTP 可在二磷酸核苷激酶的催化下，将高能磷酸键转给 ADP 而生成 ATP。这是三羧酸循环中唯一一步底物磷酸化反应。此反应为可逆反应。

$$\underset{\text{琥珀酰 CoA}}{O{=}C\sim SCoA - CH_2 - CH_2 - COO^-} + Pi + GDP \xrightleftharpoons{\text{琥珀酰 CoA 合成酶}} GTP\,(\rightarrow ATP) + CoASH + \underset{\text{琥珀酸}}{CH_2 - COO^- \,|\, CH_2 - COO^-}$$

6. 琥珀酸脱氢生成延胡索酸　由琥珀酸脱氢酶催化,脱下的氢由 FAD 接受。此反应为可逆反应。

$$\begin{array}{l} CH_2-COO^- \\ | \\ CH_2-COO^- \end{array} + FAD \underset{}{\overset{\text{琥珀酸脱氢酶}}{\rightleftharpoons}} \begin{array}{l} HC-COO^- \\ \| \\ ^-OOC-CH \end{array} + FADH_2$$

琥珀酸　　　　延胡索酸

7. 延胡索酸加水生成苹果酸　此反应为可逆反应。

$$\begin{array}{l} HC-COO^- \\ \| \\ ^-OOC-CH \end{array} + H_2O \overset{\text{延胡索酸酶}}{\rightleftharpoons} \begin{array}{l} HO-CH-COO^- \\ \quad\;\; | \\ H-CH-COO^- \end{array}$$

延胡索酸　　　　苹果酸

8. 苹果酸脱氢生成草酰乙酸　此反应为可逆反应。

$$\begin{array}{l} HO-CH-COO^- \\ \quad\;\; | \\ H-CH-COO^- \end{array} + NAD^+ \overset{\text{苹果酸脱氢酶}}{\rightleftharpoons} \begin{array}{l} O=C-COO^- \\ \quad | \\ \;\; CH_2-COO^- \end{array} + NADH + H^+$$

苹果酸　　　　草酰乙酸

三羧酸循环的简要过程如图 5-8 所示。

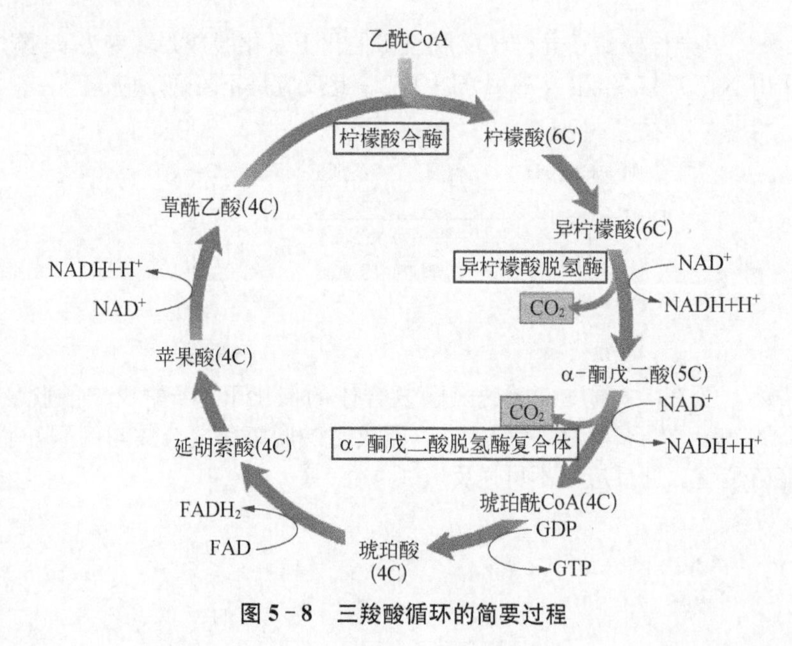

图 5-8　三羧酸循环的简要过程

三羧酸循环总结如下:

(1) 三羧酸循环的概念:乙酰 CoA 和草酰乙酸缩合生成含 3 个羧基的柠檬酸,反复地进行脱氢脱羧,又生成草酰乙酸,再重复循环的反应过程。

(2) 三羧酸循环的总反应式如下。

$$CH_3CO\sim SCoA + 3NAD^+ + FAD + GDP + Pi + 3H_2O \longrightarrow 2CO_2 + 3NADH + 3H^+ + FADH_2 + HSCoA + GTP$$

(3) 三羧酸循环的反应部位是线粒体。

(4) 三羧酸循环的要点:经过一次三羧酸循环可① 消耗 1 分子乙酰 CoA;② 经 4 次脱氢、2 次脱羧、1 次底物磷酸化;③ 生成 1 分子 $FADH_2$、3 分子 $NADH + H^+$、2 分子 CO_2、1 分子 GTP;④ 关键酶有柠檬酸合酶、α-酮戊二酸脱氢酶复合体、异柠檬酸脱氢酶。

(5) 柠檬酸合酶、α-酮戊二酸脱氢酶复合体和异柠檬酸脱氢酶催化的反应不可逆,从而保证三羧酸循环向一个方向进行。整个循环反应不可逆。

(6) 通过同位素标记发现，三羧酸循环产生的 CO_2 的碳直接来自草酰乙酸而不是乙酰 CoA，但三羧酸循环1 圈，实际上氧化了 1 分子乙酰 CoA。

(7) 三羧酸循环的中间产物：由于循环中的某些组分还可参与合成其他物质，而其他物质也可不断通过多种途径而生成中间产物，如草酰乙酸$\rightleftharpoons$天冬氨酸、α-酮戊二酸$\rightleftharpoons$谷氨酸、柠檬酸$\longrightarrow$脂肪酸、琥珀酰 CoA$\longrightarrow$卟啉等，所以，三羧酸循环组成成分处于开放和不断更新中。增加循环中的中间产物量，可加速三羧酸循环的进行。其中，草酰乙酸的量直接影响循环的速度，因此，不断补充草酰乙酸是使三羧酸循环得以顺利进行的关键。体内草酰乙酸的主要来源是丙酮酸羧化，此外也可经苹果酸脱氢产生。

丙酮酸 —(CO_2；丙酮酸羧化酶)→ 草酰乙酸 ←(苹果酸脱氢酶；NAD^+ → $NADH+H^+$)— 苹果酸

(8) 三羧酸循环的作用

1) 人体各组织产生的 CO_2 大部分是由三羧酸循环产生的。

2) 用于驱动呼吸链运行以产生 ATP 的还原型辅酶(NADH 和 $FADH_2$)大部分来源于三羧酸循环。

3) 三羧酸循环是糖、脂肪、氨基酸分解供能的共同代谢通路，也是糖、脂肪和氨基酸代谢联系的枢纽。

4) 三羧酸循环为生物合成提供前体物质。但应注意，三羧酸循环中只有一次底物磷酸化反应生成高能化合物，因此，三羧酸循环并不是释放能量、生成 ATP 的主要环节。

(四) 第四阶段：氧化磷酸化

糖有氧氧化的最后过程是氧化磷酸化，即前面 3 个阶段产生的 NADH 和 $FADH_2$ 通过呼吸链进行氧化生成 H_2O，同时释放的能量使 ADP 磷酸化生成 ATP。通常 1 分子 NADH 可生成 2.5 分子 ATP；1 分子 $FADH_2$ 可生成 1.5 分子 ATP。因此，1 分子葡萄糖彻底氧化后可生成的 ATP 数为 30 或 32 分子(图 5-9)，差异在于第一阶段在细胞质中产生的 NADH，需通过穿梭机制(参见第四章生物氧化)才能进入线粒体并通过呼吸链彻底氧化，其中，若通过苹果酸穿梭机制，细胞质中 1 分子 NADH 进入线粒体呼吸链后可生成 2.5 分子 ATP；若通过 α-磷酸甘油转运机制，细胞质中 1 分子 $FADH_2$ 进入线粒体呼吸链后可生成 1.5 分子 ATP。

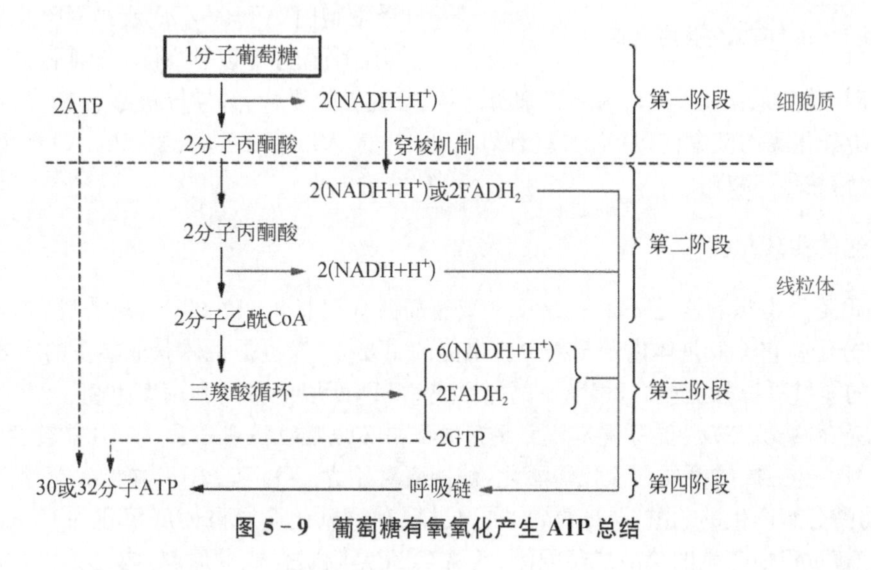

图 5-9 葡萄糖有氧氧化产生 ATP 总结

二、有氧氧化的调节

葡萄糖有氧氧化过程有 7 个关键酶，它们是己糖激酶(或葡萄糖激酶)、磷酸果糖激酶-1、丙酮酸激酶、丙酮酸脱氢酶复合体、柠檬酸合酶、异柠檬酸脱氢酶和 α-酮戊二酸脱氢酶复合体。对有氧氧化的调节主要通过对上述 7 个酶的调节来实现。

(一) 第一阶段

第一阶段包括对己糖激酶(或葡萄糖激酶)、磷酸果糖激酶-1、丙酮酸激酶的调节,与糖无氧氧化的调节相同。

(二) 第二阶段

第二阶段对丙酮酸脱氢酶复合体调节。它受别构调节和化学修饰两种方式进行快速调节。

1. 别构调节　乙酰CoA、NADH、ATP、脂肪酸等抑制此酶活性;而CoA、NAD^+、AMP、Ca^{2+}对此酶有激活作用。例如,饥饿时,大量利用脂肪可抑制糖的有氧氧化。

2. 化学修饰　丙酮酸脱氢酶复合体可在丙酮酸脱氢酶激酶的作用下进行磷酸化,酶活性由有活性变为无活性;在磷酸酶作用下,酶活性由无活性变为有活性。Ca^{2+}、丙酮酸可抑制丙酮酸脱氢酶激酶的活性;ATP、NADH、乙酰CoA可增强此酶活性。脂肪组织中,胰岛素可增强磷酸酶活性,促进糖有氧氧化。

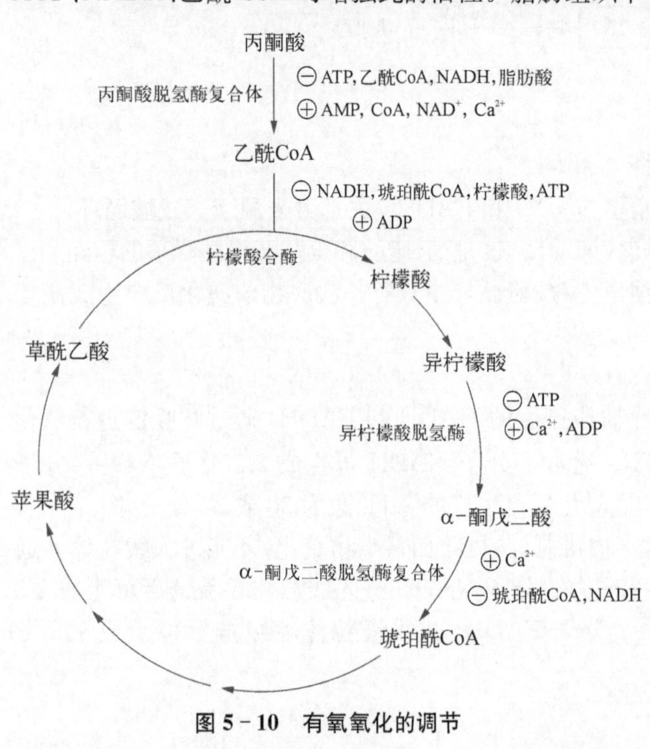

图5-10　有氧氧化的调节

(三) 第三阶段

第三阶段对三羧酸循环的3个关键酶(柠檬酸合酶、异柠檬酸脱氢酶和α-酮戊二酸脱氢酶复合体)进行调节,主要是后两个。异柠檬酸脱氢酶主要受细胞内$NADH/NAD^+$、ATP/ADP值变化的调节,α-酮戊二酸脱氢酶复合体的调节机制与丙酮酸脱氢酶复合体相似。柠檬酸合酶可受多种效应分子的调节(图5-10),值得注意的是,调节柠檬酸合酶活性并不一定都是调节三羧酸循环,因为合成的柠檬酸可被转移至细胞质用于脂肪酸的合成(参见第六章脂质代谢)。

此外,三羧酸循环的速度也受氧化磷酸化速率、脂质代谢等的影响。

总之,有氧氧化是机体获取ATP的主要方式,因此,对其的调节也是为了适应机体或组织对能量的需求:有氧氧化过程中大多数关键酶的活性都受细胞内ATP、ADP或AMP的浓度(比值)的影响,因而能得以协调。当细胞内ATP被消耗使ADP、AMP增高时,磷酸果糖激酶-1、丙酮酸激酶、丙酮酸脱氢酶复合体、异柠檬酸脱氢酶、α-酮戊二酸脱氢酶复合体及氧化磷酸化等均被激活,从而加速有氧氧化,补充ATP;反之,当细胞内ATP充足时,上述酶的活性均降低、氧化磷酸化亦减弱。

三、有氧氧化的生理意义

1. 糖有氧氧化是机体获取能量的主要途径　葡萄糖有氧氧化产生的ATP数目(30或32分子)远高于糖无氧氧化(2分子),它不仅是体内葡萄糖分解供能的主要方式,也是机体获取能量的主要途径。此外,由于有氧氧化产生的能量逐步分次释放,相当一部分形成ATP,所以能量的利用率也高。

2. 有氧氧化是体内糖、脂肪、蛋白质3种主要有机物相互转变的联系体系　凡能转变为糖有氧氧化途径中间物的物质都可经三羧酸循环和氧化磷酸化,被彻底氧化为CO_2和H_2O,并释放能量。例如,丙氨酸转变为丙酮酸、脂肪酸分解产生的乙酰CoA等,均是通过糖有氧氧化途径被彻底氧化为CO_2和H_2O,并释放能量。此外,糖分解过程中产生的磷酸二羟丙酮、乙酰CoA是脂肪合成的原料(参见第六章脂质代谢)、糖分解过程中产生的丙酮酸、草酰乙酸等α-酮酸是非必需氨基酸合成的原料等(参见第七章氨基酸代谢)。因此,糖有氧氧化过程能使糖类、脂类和蛋白质(氨基酸)代谢彼此有机地联系在一起。

四、巴斯德效应

巴斯德效应指糖有氧氧化抑制无氧氧化的现象。有氧时,$NADH+H^+$进入线粒体呼吸链被氧化,丙酮酸进入线粒体进一步氧化而不生成乳酸；缺氧时，NADH＋H^+由于进入线粒体呼吸链受阻而在细胞质浓度升高，丙酮酸作为氢接受体生成乳酸，同时 ADP 浓度升高，增强磷酸果糖激酶-1 和丙酮酸激酶活性使糖无氧氧化加强。

糖无氧氧化与有氧氧化的比较见表 5-1。

表 5-1 糖无氧氧化与有氧氧化的比较

	无氧氧化	有氧氧化
反应条件	在无氧条件下进行	在有氧条件下进行
反应部位	细胞质	细胞质和线粒体
反应基本过程	① 葡萄糖经糖酵解生成丙酮酸 ② 丙酮酸还原为乳酸	① 葡萄糖经糖酵解生成丙酮酸 ② 丙酮酸氧化脱羧生成乙酰 CoA ③ 乙酰 CoA 进入三羧酸循环 ④ 氧化磷酸化
终产物	乳酸	CO_2 和 H_2O
关键酶	己糖激酶、磷酸果糖激酶-1 和丙酮酸激酶	己糖激酶、磷酸果糖激酶-1、丙酮酸激酶、丙酮酸脱氢酶复合体、柠檬酸合酶、异柠檬酸脱氢酶、α-酮戊二酸脱氢酶复合体
ATP 生成方式	底物磷酸化	氧化磷酸化(为主)、底物磷酸化
1 分子葡萄糖分解产生的 ATP 数量	净生成 2 分子 ATP	净生成 30 或 32 分子 ATP
生理意义	① 是机体在缺氧情况下获取能量的有效方式 ② 是某些细胞在氧供应正常情况下的重要供能途径	① 是机体获得能量的主要方式 ② 是糖供能的主要途径 ③ 三羧酸循环是三大物质彻底氧化分解的共同通路 ④ 三羧酸循环是三大营养物质代谢相互联系的枢纽

第三节 磷酸戊糖途径

磷酸戊糖途径(pentose phosphate pathway)又称磷酸己糖支路或葡糖酸磷酸支路，是葡萄糖在体内分解的另一条途径。其功能与葡萄糖无氧氧化、有氧氧化不同，它的功能不是产生 ATP，而是产生细胞所需的具有特定生理功能的物质如 NADPH＋H^+、核糖-5-磷酸等。这条途径存在于肝、脂肪组织、骨髓、红细胞等多种组织细胞中。

一、磷酸戊糖途径的主要反应过程

磷酸戊糖途径在细胞质内进行，整个反应过程分为 2 个阶段：第一阶段是不可逆的氧化阶段，生成核糖-5-磷酸、NADPH＋H^+、CO_2；第二阶段是可逆的非氧化阶段，可转变为多种特定的糖。

(一) 第一阶段

(1) 葡糖-6-磷酸变为 6-磷酸葡糖酸内酯，生成 1 分子 NADPH＋H^+。

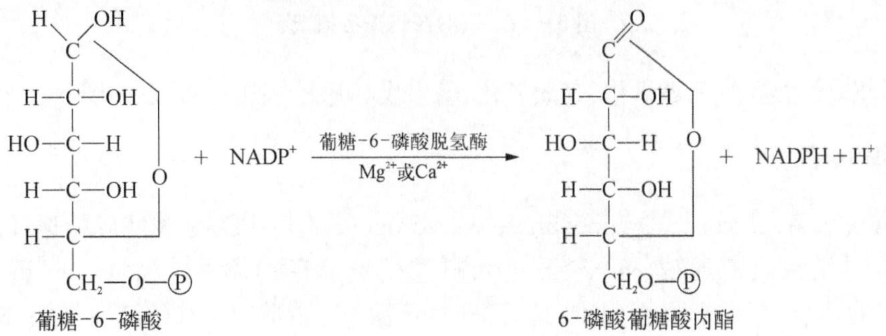

葡糖-6-磷酸 ＋ $NADP^+$ →(葡糖-6-磷酸脱氢酶；Mg^{2+}或Ca^{2+}) 6-磷酸葡糖酸内酯 ＋ NADPH＋H^+

葡糖-6-磷酸　　　　6-磷酸葡糖酸内酯

(2) 6-磷酸葡糖酸内酯被水解为6-磷酸葡糖酸。

6-磷酸葡糖酸内酯 + H_2O —内酯酶（Mg^{2+}、Mn^{2+}或Ca^{2+}）→ 6-磷酸葡糖酸

(3) 6-磷酸葡糖酸脱氢、脱羧生成核酮糖-5-磷酸，后者异构为核糖-5-磷酸。

6-磷酸葡糖酸 —6-磷酸葡糖酸脱氢酶（Mg^{2+}、Mn^{2+}或Ca^{2+}；$NADP^+$ → $NADPH + H^+$，CO_2）→ 核酮糖-5-磷酸 ⇌（5-磷酸核糖异构酶）核糖-5-磷酸

(二) 第二阶段

第二阶段主要是糖的互变，可生成多种其他形式的糖或转变为果糖-6-磷酸和甘油醛-3-磷酸(图5-11)。

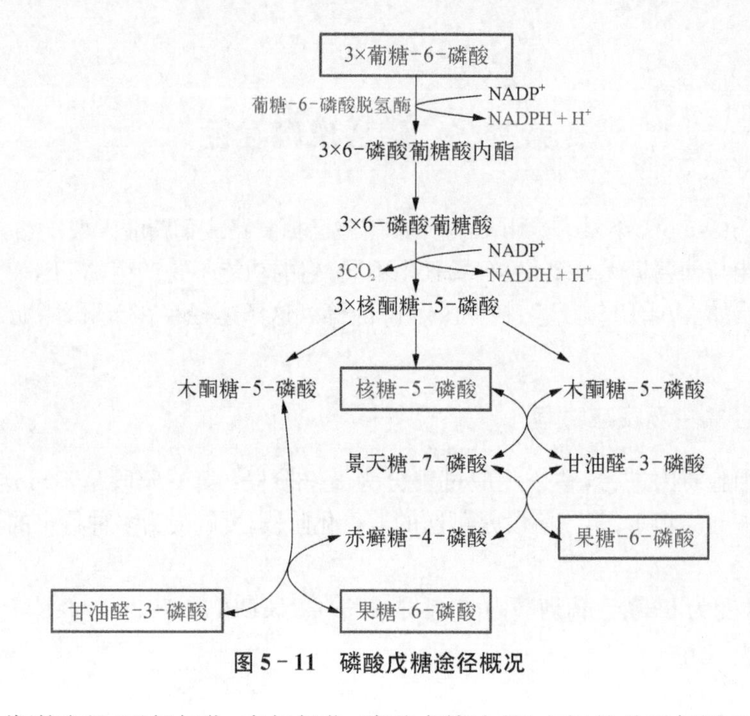

图5-11 磷酸戊糖途径概况

葡萄糖3条分解代谢途径(无氧氧化、有氧氧化、磷酸戊糖途径)之间的关系如图5-12所示。

二、磷酸戊糖途径的调节

葡糖-6-磷酸脱氢酶(glucose-6-phosphate dehydrogenase，G6PD)是磷酸戊糖途径的第一个酶，也是该途径的调节酶，其活性决定葡糖-6-磷酸进入磷酸戊糖途径的流量。葡糖-6-磷酸脱氢酶主要受$NADPH/NADP^+$的调节：$NADPH/NADP^+$值升高时，葡糖-6-磷酸脱氢酶的活性降低，磷酸戊糖途径受到

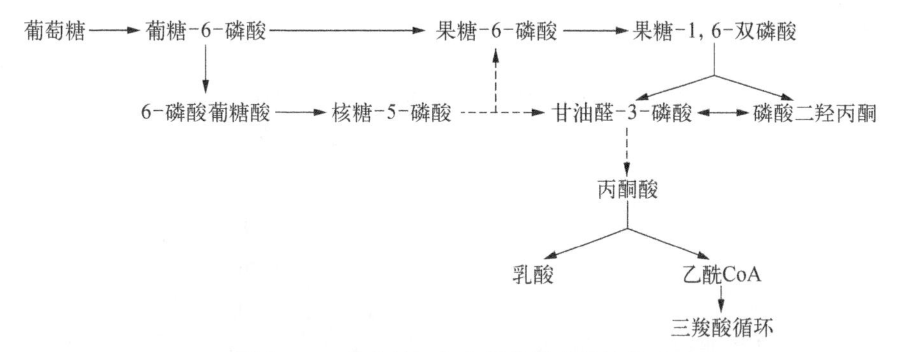

图 5-12 葡萄糖三条分解代谢途径的关系

抑制;反之,NADPH/$NADP^+$值降低时,葡糖-6-磷酸脱氢酶的活性升高,磷酸戊糖途径被激活。

三、磷酸戊糖途径的生理意义

(一)为核酸的生物合成提供核糖

核糖是核酸和游离核苷酸的组成成分,因此,磷酸戊糖途径合成的核糖-5-磷酸是核酸及游离核苷酸的合成原料(参见第八章核苷酸代谢)。体内核糖并不依赖从食物摄入,可从磷酸戊糖途径生成。人类大多数组织通过磷酸戊糖途径第一阶段获得核糖-5-磷酸,但肌肉组织因缺乏葡糖-6-磷酸脱氢酶,其核糖-5-磷酸的生成靠磷酸戊糖途径的第二阶段生成。

(二)提供NADPH作为供氢体参与多种代谢反应

NADPH与NADH不同,它携带的氢不是通过呼吸链的电子传递以释放能量,而是作为供氢体参与体内多种代谢反应。

1. *NADPH是体内许多合成代谢的供氢体*　在体内多数的合成代谢中,除消耗ATP供能外,还需NADPH提供还原氢如脂肪酸的合成、胆固醇的合成等。而糖无氧氧化、糖有氧氧化都不产生NADPH,因此,NADPH的主要来源是磷酸戊糖途径。

2. *NADPH参与体内的羟化反应*　羟化反应是单加氧酶系催化的反应,反应过程需要O_2,其中的一个氧原子掺入底物中形成羟基,另一个氧原子则氧化NADPH而生成水。体内的羟化反应有的参与生物合成;有的参与生物转化(参见第十四章肝的生物化学)。

3. *保护红细胞膜及含巯基的蛋白质*　NADPH是谷胱甘肽还原酶的辅酶,该酶催化GSSG还原为还原型谷胱甘肽,使还原型谷胱甘肽/GSSG的比值维持正常(约500∶1)。

谷胱甘肽是一个三肽,还原型谷胱甘肽(reduced glutathione,GSH)是体内重要的抗氧化剂,可以保护含有游离巯基的某些酶或蛋白质免受氧化剂尤其是过氧化物的损害。在红细胞中还原型谷胱甘肽更具有重要作用。它可以保护红细胞的完整性及血红蛋白的正常运氧供能。若葡糖-6-磷酸脱氢酶的功能缺陷,则使红细胞中NADPH不足,患者常在食用蚕豆后诱发溶血性贫血,称为蚕豆病(参见第十五章血液的生物化学)。

第四节 糖原的生成与分解

糖原(glycogen)是动物体内糖的储存形式,是机体能迅速动用的能源储备物质。从食物吸收的糖类物质,除一般消耗外,还可以糖原和脂肪的形式储存。其中,糖原仅占极小部分。糖原储备的意义在于可在机体急需葡萄糖时予以补充;而脂肪则不能(参见第六章脂质代谢)。糖原主要储存于肝(肝糖原)与肌肉(肌糖原)。肝糖原可迅速分解为葡萄糖,而肌糖原不能。因此,肝糖原是血糖的重要来源,但肌糖原主要供肌肉收缩的急需。肝糖原与肌糖原均可通过糖无氧氧化或有氧氧化进行分解。

一、糖原的结构

糖原一般是由几千个至几万个葡萄糖残基组成的分子量较大的物质，每 10～15 个葡萄糖残基借 α-1,4-糖苷键依次相连而形成许多短链(直链)，这些短链之间又借 α-1,6-糖苷键彼此相连(支链)，从而形成树状结构(图 5-13)。

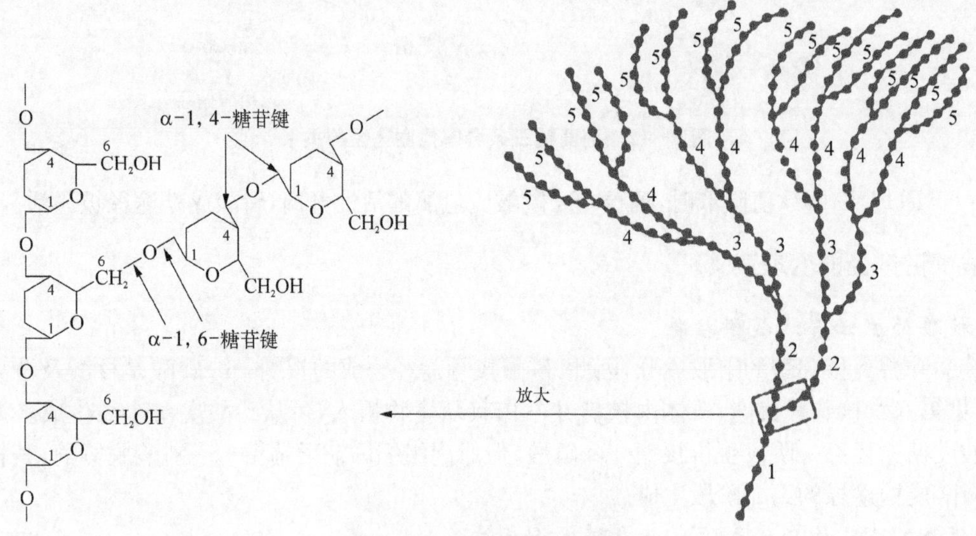

图 5-13 糖原的基本结构

二、糖原的生成

糖原的生成是指由葡萄糖生成糖原的过程。体内糖原生成的主要组织是肝和肌肉，生成原料是葡萄糖，生成所需的能量由 ATP 和 UTP 提供。糖原分子每增加 1 个葡萄糖单位，需消耗 2 个高能磷酸键(相当于 2 分子 ATP)。主要过程如下：

(1) 葡萄糖磷酸化为葡糖-6-磷酸。

$$\text{葡萄糖} \xrightarrow[\text{己糖激酶或葡萄糖激酶(肝)}]{\text{ATP} \quad \text{ADP}} \text{葡糖-6-磷酸}$$

(2) 葡糖-6-磷酸转变为葡糖-1-磷酸。

$$\text{葡糖-6-磷酸} \xrightleftharpoons{\text{磷酸葡萄糖变位酶}} \text{葡糖-1-磷酸}$$

(3) 葡糖-1-磷酸转变为尿苷二磷酸葡糖(UDPG)。

$$\text{葡糖-1-磷酸} + \text{UTP} \xrightleftharpoons{\text{UDPG 焦磷酸化酶}} \text{UDPG} + \text{PPi}$$

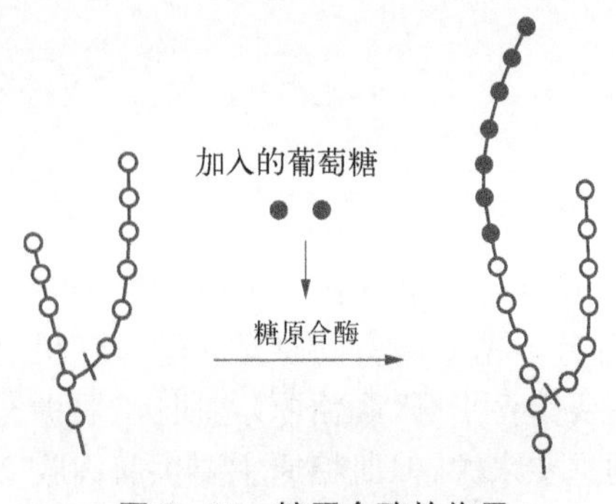

图 5-14 糖原合酶的作用

(4) 糖原分子中 α-1,4-糖苷键的生成：当有极微量小分子糖原存在时(作为引物)，在糖原合酶的催化下，UDPG 分子中的葡萄糖残基被转移到引物直链的末端，以 α-1,4-糖苷键相连，从而使含引物的直链不断延伸和加长(图 5-14)。

$$\text{糖原}_n + \text{UDPG} \xrightarrow{\text{糖原合酶}} \text{糖原}_{n+1} + \text{UDP}$$

(5) 糖原分子中 α-1,6-糖苷键的生成：当糖原分子中以 α-1,4-糖苷键相连的直链延长至 10～15 个葡萄糖残基时，分支酶即开始发挥作用，它催化直链末端含 6～7 个葡萄糖残基的一段糖链转移到相邻直链上去，并以 α-1,6-糖苷键相连，从而形成支链(图 5-15)。

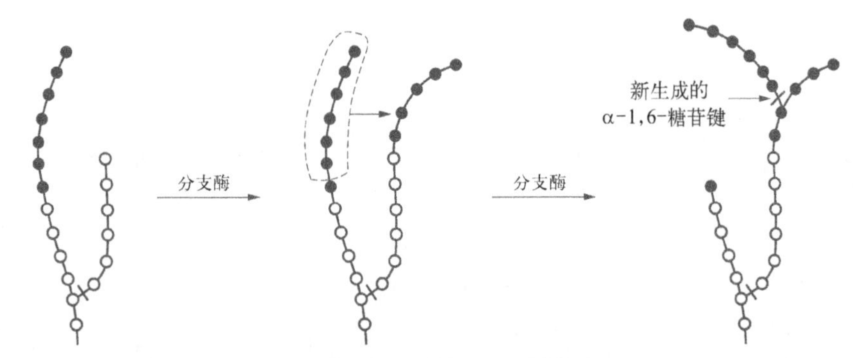

图 5-15　糖原生成中分支酶的作用

糖原生成中糖原引物的来源：机体内有一种特殊蛋白质，称为糖原蛋白(glycogenin)，可作为葡萄糖残基的受体，在 UDPG 提供葡萄糖残基和糖原起始合酶的作用下从头开始生成糖原的第一个葡萄糖残基，进而生成 1 小分子糖原作为引物。

糖原生成的过程总结见表 5-2。

表 5-2　糖原生成的过程总结

糖原生成	要　　点
主要组织	肝、肌肉
生成原料	葡萄糖
生成过程	以低分子量糖原为引物，逐渐增加葡萄糖残基数目
循环单位	UDPG(为糖原生成提供"活性葡萄糖")
能　耗	糖原每增加 1 个葡萄糖单位需消耗 2 分子 ATP
生理意义	① 葡萄糖的一种储存形式 ② 肝糖原分解产生的葡萄糖是空腹时血糖的重要来源 ③ 肌糖原是肌肉收缩时能迅速动用的能源物质

三、糖原分解

糖原分解一般是指肝细胞内肝糖原直接分解为葡萄糖的过程。因肌肉中缺乏葡糖-6-磷酸酶，肌糖原不能直接分解为葡萄糖。

肝糖原的分解过程与生成过程几乎由完全不同的酶体系所催化。糖原的分解过程如下。

(1) 糖原磷酸解：在糖原磷酸化酶的催化下，糖原首先被磷酸解(脱掉 1 个葡萄糖残基)而生成葡糖-1-磷酸；而糖原本身转变为减少 1 个葡萄糖残基的糖原。

$$\text{糖原}_{n+1} \xrightarrow[H_3PO_4]{\text{糖原磷酸化酶}} \text{糖原}_n + \text{葡糖-1-磷酸}$$

磷酸化酶只能作用于 α-1,4-糖苷键，不能水解 α-1,6-糖苷键。当糖原磷酸化酶逐步水解直链至距 α-1,6-糖苷键约 4 个葡萄糖残基时，糖原磷酸化酶不再起作用，转由脱支酶的作用，将直链所剩 4 个葡萄糖残基中的 3 个转移至另一支链上去，从而使 α-1,6-糖苷键分支点暴露出来，进一步在脱支酶的作用下，水解该 α-1,6-糖苷键而释放出一个游离葡萄糖分子。所以，在糖原磷酸化酶、脱支酶的共同作用下分解糖原，产物以葡糖-1-磷酸为主，也有少量游离葡萄糖(图 5-16)。

(2) 葡糖-1-磷酸转变为葡糖-6-磷酸。

(3) 葡糖-6-磷酸水解为葡萄糖：在葡糖-6-磷酸酶的作用下，葡糖-6-磷酸水解为游离葡萄糖。葡糖-6-磷酸酶主要存在于肝、肾，但肌肉中缺乏此酶，因此肝糖原可补充血糖，而肌糖原分解为葡糖-6-磷酸后仅供肌肉组织利用或进入糖无氧氧化或进入有氧氧化。

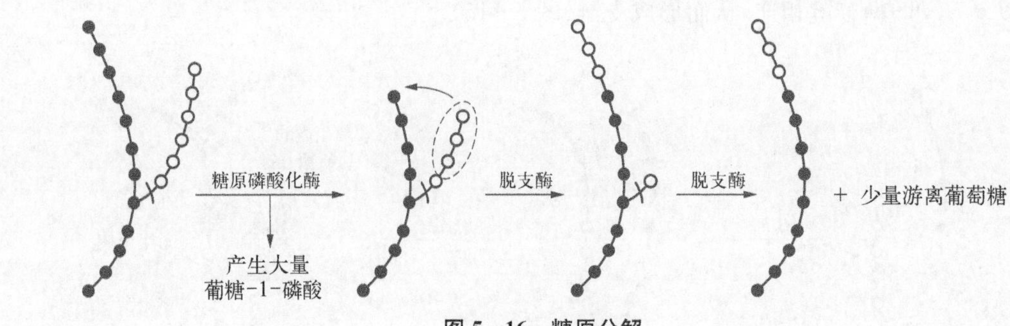

图 5-16 糖原分解

葡糖-6-磷酸是体内各种糖代谢途径的交汇点,它在肝内至少有5条去路;在绝大多数肝外组织,至少有4条去路。

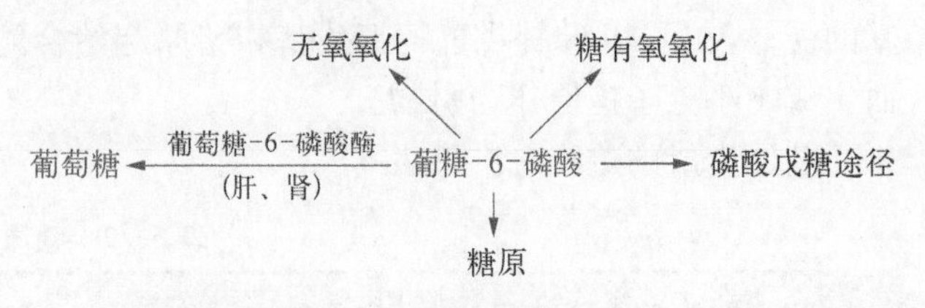

现将糖原生成和分解总结如图5-17所示。

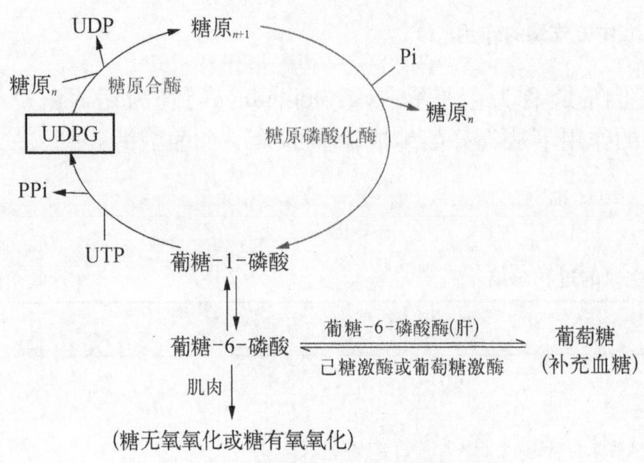

图 5-17 糖原生成与分解总结

四、糖原生成与分解的调节

糖原生成与分解实际上是通过两条不同途径完成的,有利于机体分别对其进行精细的调节。糖原生成途径活跃时,分解途径则被抑制,因此才能有效地生成糖原;反之亦然。具体的调节机制是通过对糖原生成过程的调节酶(糖原合酶)和分解过程的调节酶(糖原磷酸化酶)进行活性调节而实现,调节方式包括别构调节和共价修饰,以共价修饰为主。

(一) 别构调节

葡糖-6-磷酸可激活糖原合酶,促进糖原生成,同时抑制糖原磷酸化酶而阻止糖原分解;ATP、葡萄糖抑制糖原磷酸化酶活性,而AMP、Ca^{2+}可激活糖原磷酸化酶等(图5-18)。

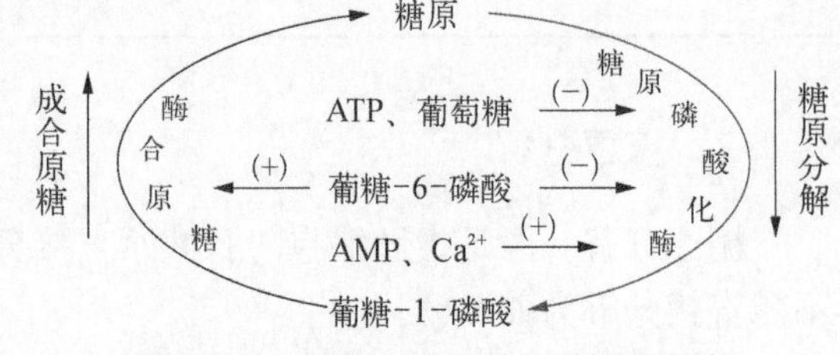

图 5-18 糖原生成与分解的别构调节

(二) 共价修饰

糖原合酶与糖原磷酸化酶均有两种形式存在即有(高)活性与无(低)活性形式,两种形式之间可通过磷酸化和去磷酸化而相互转变(图5-19)。

糖原合酶与糖原磷酸化酶的共价修饰均受激素的影响。胰高血糖素、肾上腺素、胰岛素等激素通过cAMP-蛋白激酶A(protein kinase A,PKA)途径(参见第十六章细胞信号转导),构成一个调节糖原生成与分解的控制系统(图5-20)。其中,肾上腺素主要影响肌糖原的代谢,而胰高血糖素主要影响肝糖原的代谢,胰高血糖素和肾上腺素均能通过抑制糖原合酶活性并同时提高糖原磷酸化酶活性,因而可抑制糖原生成而促进糖原分解;胰岛素的作用相反。

五、糖原贮积症

糖原贮积症(glycogen storage disease)是一类遗传性代谢病,其病因是先天性缺乏糖原代谢的相关酶类,导致患者某些组织器官中出现大量糖原堆积。根据所缺陷的酶种类不同,受累的器官部位也不同,糖原的结构亦有差异(表5-3),对健康的危害程度也不同。例如,缺乏肝糖原磷酸化酶时,婴儿仍可成长,肝糖原沉积导致肝大,并无严重后果。若葡糖-6-磷酸酶缺乏,则不能通过肝糖原和非糖物质补充血糖,后果严重。

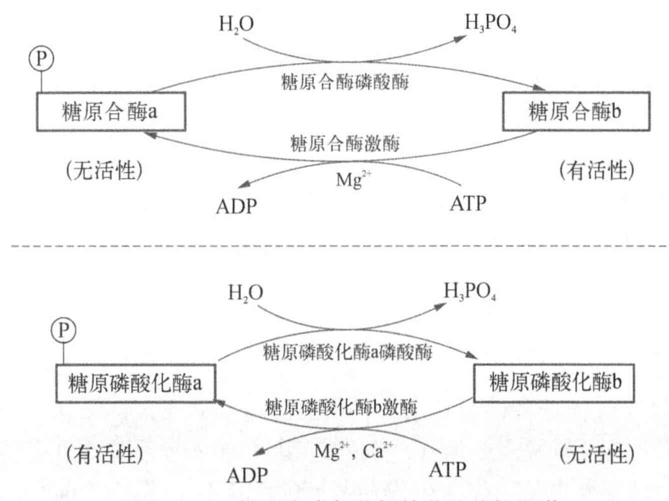

图 5-19 糖原生成与分解的共价修饰调节

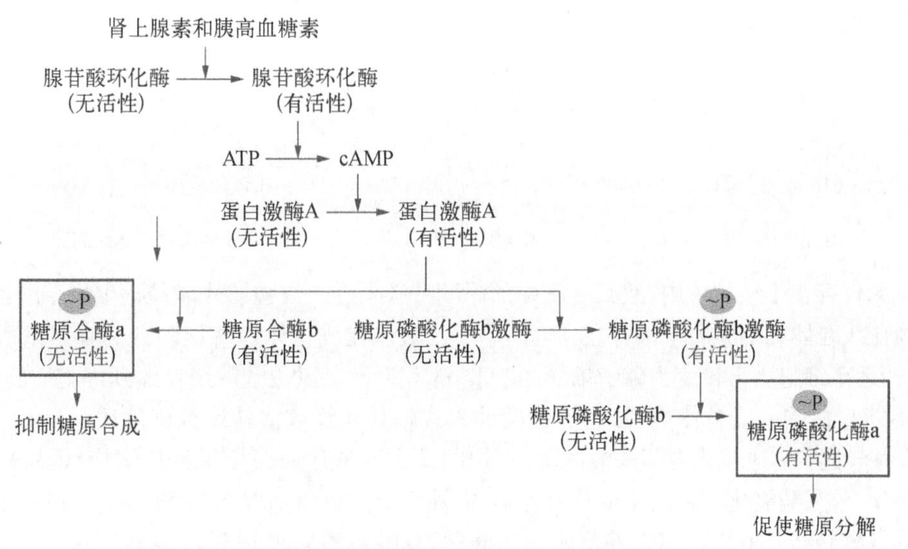

图 5-20 激素对糖原生成与分解的调节

溶酶体的α-葡糖苷酶可分解α-1,4-糖苷键和α-1,6-糖苷键，缺乏此酶使所有组织受损，患者常因心肌受损而猝死。

表 5-3 糖原贮积症分型

型别	缺陷的酶	受害器官	糖原结构
Ⅰ	葡糖-6-磷酸酶	肝、肾	正常
Ⅱ	溶酶体α-1,4-葡糖苷酶和α-1,6-葡糖苷酶	所有组织	正常
Ⅲ	脱支酶	肝、肌细胞	分支多，外周糖链短
Ⅳ	分支酶	肝、脾	分支少，外周糖链特别长
Ⅴ	糖原磷酸化酶	肌细胞	正常
Ⅵ	糖原磷酸化酶	肝	正常
Ⅶ	磷酸果糖激酶-1	肌细胞、红细胞	正常
Ⅷ	肝糖原磷酸化酶激酶	肝	正常

第五节　糖异生

从某些非糖化合物如有机酸(如乳酸、丙酮酸等)、甘油、生糖氨基酸等转变为葡萄糖或糖原的过程称为糖异生(gluconeogenesis)。糖异生的主要器官是肝、肾。正常情况下,肝的糖异生能力是肾的10倍,但长期饥饿时,肾的糖异生能力会大大增强。

一、糖异生的基本过程

丙酮酸生成葡萄糖的反应过程是多种糖异生原料所经历的部分或大部分相同过程。

在糖酵解中,由葡萄糖生成丙酮酸需经历10步反应,其中有7步反应是可逆的,但有3步反应不可逆(参见本章图5-5)。因此,糖异生中从丙酮酸生成葡萄糖的反应有7步反应催化的酶与糖酵解相同(即7步可逆反应),另3步不可逆反应由另外的反应和糖异生特有的关键酶来催化。

1. *丙酮酸转变为磷酸烯醇丙酮酸(丙酮酸羧化支路)*　包括2步反应:首先是丙酮酸羧化为草酰乙酸,后者再脱羧形成磷酸烯醇丙酮酸,共需消耗2分子ATP。

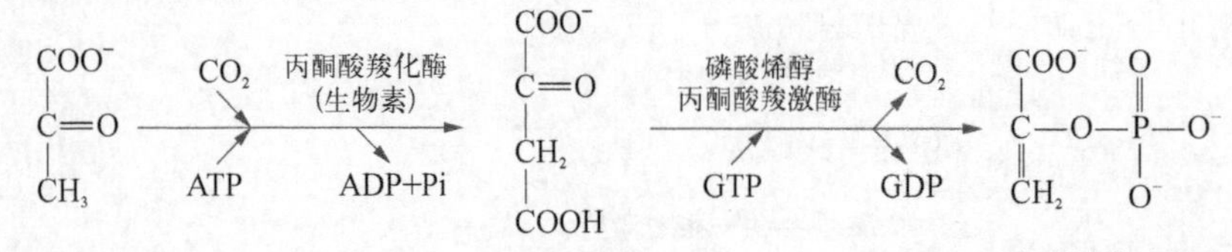

$$\underset{\text{丙酮酸}}{CH_3-CO-COO^-}\xrightarrow[CO_2+ATP\to ADP+Pi]{\text{丙酮酸羧化酶(生物素)}}\underset{\text{草酰乙酸}}{^-OOC-CO-CH_2-COOH}\xrightarrow[GTP\to GDP+CO_2]{\text{磷酸烯醇丙酮酸羧激酶}}\underset{\text{磷酸烯醇丙酮酸}}{CH_2=C(COO^-)-O-PO_3^{2-}}$$

丙酮酸羧化酶仅存在于线粒体内,故细胞质中的丙酮酸必须进入线粒体才能羧化生成草酰乙酸。而磷酸烯醇丙酮酸羧激酶在线粒体和细胞质中都存在,因此,草酰乙酸可在线粒体中直接转变为磷酸烯醇丙酮酸再进入细胞质;也可先转运至细胞质再转变为磷酸烯醇丙酮酸,这就涉及草酰乙酸从线粒体到细胞质的转运。

草酰乙酸不能直接透过线粒体内膜,需借助两种方式将其从线粒体转运到细胞质。

(1) 经苹果酸转运:由线粒体内苹果酸脱氢酶催化,草酰乙酸还原成苹果酸后运出线粒体,再经细胞质中苹果酸脱氢酶催化,苹果酸氧化而重新生成草酰乙酸,需注意此过程伴随着NADH从线粒体到细胞质的转运。

(2) 经天冬氨酸转运:由线粒体内谷草转氨酶催化,草酰乙酸转变成天冬氨酸后运出线粒体,再经细胞质中谷草转氨酶催化,天冬氨酸再恢复生成草酰乙酸,此过程并无NADH的伴随转运。

草酰乙酸通过哪一种方式转运,主要取决于不同糖异生原料对供氢体的需求。糖异生在细胞质阶段的后续反应中有一步还原反应,1,3-双磷酸甘油酸还原成甘油醛-3-磷酸,需NADH供氢。不同原料进行糖异生时,此供氢体的来源不同。例如,从乳酸开始糖异生时,所需的NADH来源于细胞质。乳酸脱氢生成丙酮酸时,已在细胞质中产生了NADH以供利用,所以草酰乙酸经由天冬氨酸方式运出线粒体。又如,从丙酮酸或生糖氨基酸开始糖异生时,所需的NADH必须由线粒体提供,这些NADH可来自脂肪酸β-氧化或三羧酸循环。此时草酰乙酸经由苹果酸方式运出线粒体,同时将线粒体内的NADH运至细胞质以供利用。

2. *果糖-1,6-双磷酸转变为果糖-6-磷酸*　由果糖双磷酸酶-1催化,水解掉果糖-1,6-双磷酸分子的1个磷酸基团而生成果糖-6-磷酸。

3. *葡糖-6-磷酸转变为葡萄糖*　由葡糖-6-磷酸酶催化,水解掉葡糖-6-磷酸分子的1个磷酸基团而生成葡萄糖。

糖异生的整个过程如图5-21所示。

二、不同物质的糖异生过程

(一) 乳酸异生为葡萄糖

乳酸→丙酮酸→(糖异生基本过程)→葡萄糖。

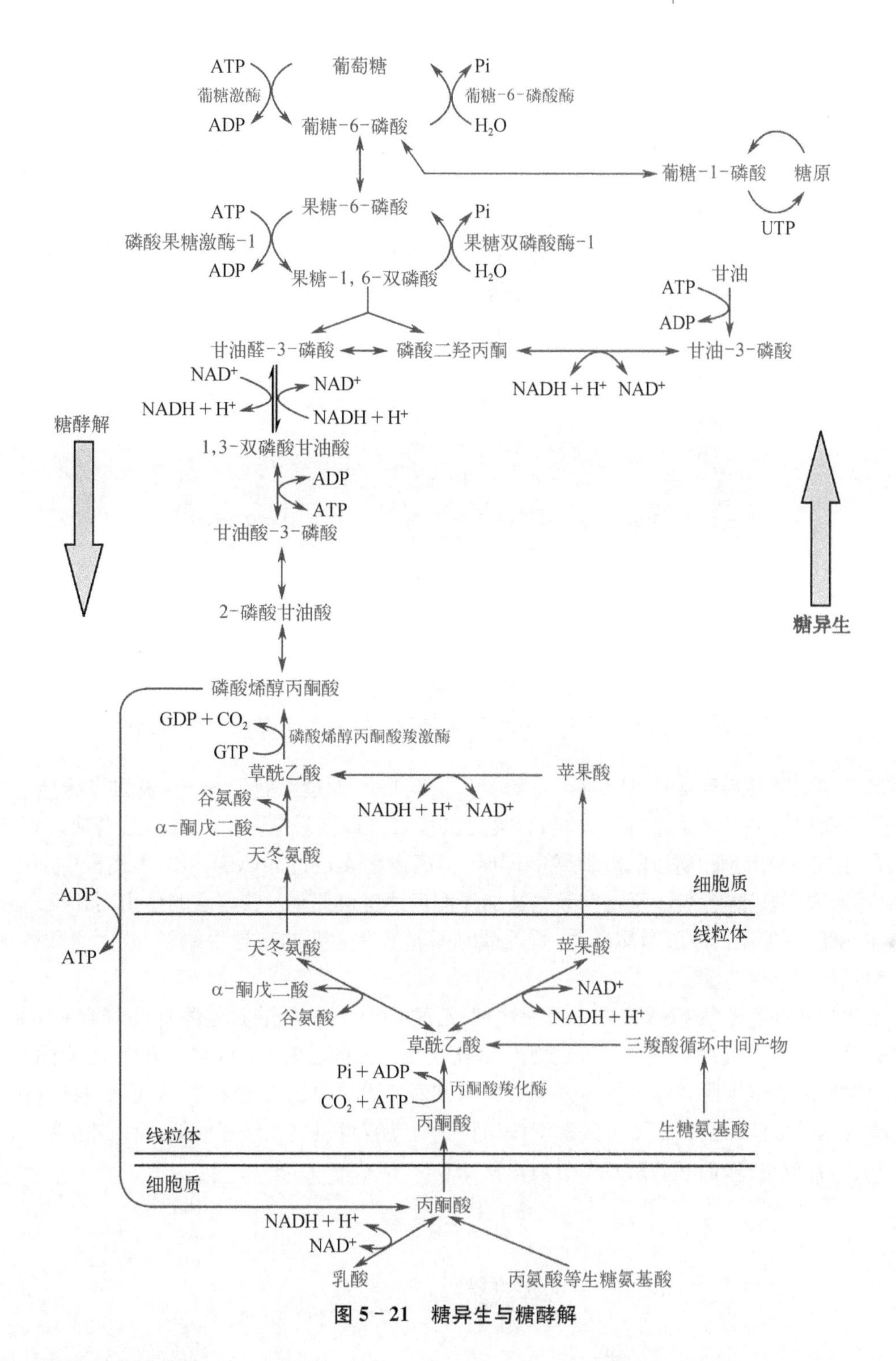

图 5-21 糖异生与糖酵解

(二) 甘油异生为葡萄糖

甘油→甘油-3-磷酸→磷酸二羟丙酮→甘油醛-3-磷酸……→葡萄糖。

(三) 生糖氨基酸

氨基酸经脱氨基(参见第七章氨基酸代谢)生成丙酮酸或三羧酸循环中间产物,经丙酮酸或草酰乙酸、糖异生基本过程等生成葡萄糖。

三、糖异生的调节

对糖异生的调节主要发生在果糖-6-磷酸与果糖-1,6-双磷酸间、丙酮酸与磷酸烯醇丙酮酸间,包括别构调节和激素调节两方面,以激素调节为主。

为了使糖异生与糖酵解协调进行,相应的别构效应剂对糖异生与糖酵解往往具有相反的调节效应。

1. 果糖-6-磷酸与果糖-1,6-双磷酸间的调节　如图5-22所示,其中果糖-2,6-双磷酸的水平是肝内糖异生或糖酵解的主要信号。前已述及(参见本章第二节糖的无氧氧化),果糖-2,6-双磷酸受磷酸果糖激酶-2双功能酶活性调节。如饥饿时,胰高血糖素升高,通过cAMP-PKA途径(参见第十六章细胞信号转导),使磷酸果糖激酶-2的激酶活性降低并使其磷酸酶活性升高,减少细胞内果糖-2,6-双磷酸量,从而促进糖异生并抑制糖酵解;进食时,体内胰岛素增加,使磷酸果糖激酶-2的激酶活性升高并使其磷酸酶活性降低,增加细胞内果糖-2,6-双磷酸量,从而促进糖酵解并抑制糖异生。

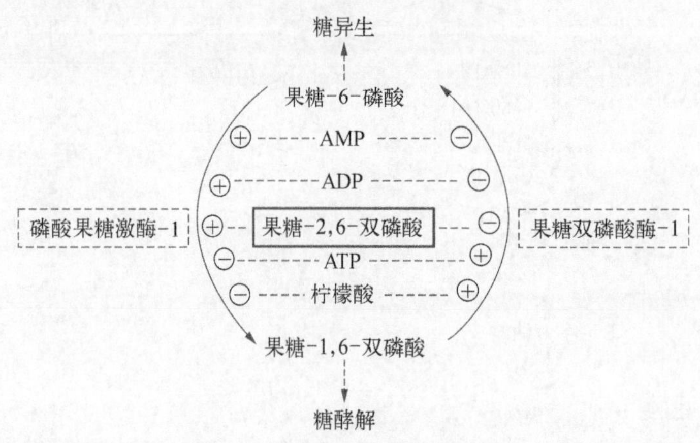

图5-22　糖异生的调节——果糖-6-磷酸与果糖-1,6-双磷酸间的调节

2. 丙酮酸与磷酸烯醇丙酮酸间的调节　如图5-23所示,通过果糖-1,6-双磷酸将糖异生的2个调控点联系起来并与糖酵解进行联系与协调。例如,胰高血糖素可抑制果糖-2,6-双磷酸合成,从而减少果糖-1,6-双磷酸的生成,进而降低丙酮酸激酶活性,同时,胰高血糖素通过cAMP-PKA途径(参见第十六章细胞信号转导)降低丙酮酸激酶活性,于是糖异生被加强而糖酵解被抑制。胰岛素的作用则相反。

在肝内,丙氨酸可抑制丙酮酸激酶活性,而饥饿时丙氨酸是主要的糖异生原料,故丙氨酸的这种抑制作用有利于生糖氨基酸异生为糖。

丙酮酸羧化酶必须有乙酰CoA存在才有活性,而乙酰CoA对丙酮酸脱氢酶有反馈抑制作用(参见本章第二节糖的有氧氧化),在饥饿时,脂酰CoA经β-氧化生成大量的乙酰CoA,它一方面抑制丙酮酸脱氢酶活性,阻止丙酮酸继续氧化(即阻止葡萄糖的分解);另一方面又激活丙酮酸羧化酶,从而加速糖异生。

磷酸烯醇丙酮酸羧激酶活性主要受激素调控如胰高血糖素可快速诱导磷酸烯醇丙酮酸羧激酶基因的表达,使该酶酶蛋白合成增多;而胰岛素的作用则相反(图5-23)。

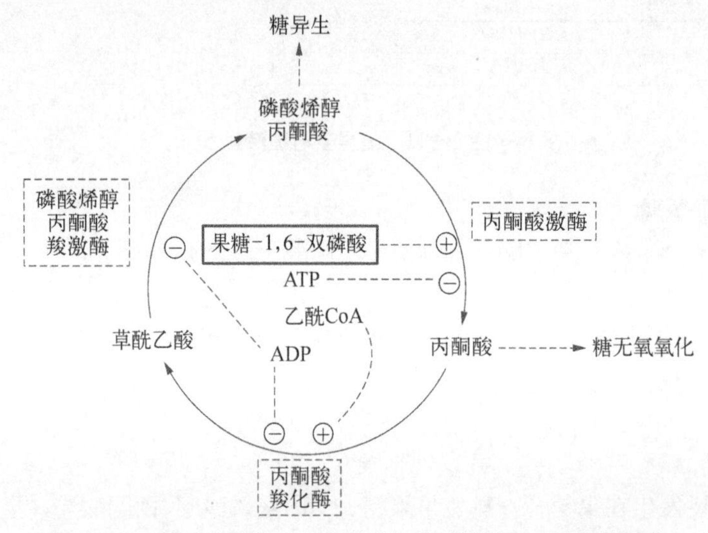

图5-23　糖异生调节——丙酮酸与磷酸烯醇丙酮酸间的调节

四、糖异生的生理意义

(一) 维持血糖浓度恒定

长时间空腹或饥饿时血糖的主要来源是糖异生(参见本章第七节血糖及其调节)。一般来说,饱食状态下,血糖的主要来源是食物糖类物质的消化吸收;短时间空腹时血糖的主要来源是肝糖原分解;而较长时间空腹或饥饿时血糖的主要来源是糖异生。

(二) 补充或恢复肝糖原储备

糖异生是补充或恢复肝糖原储备的重要途径,这在饥饿后进食更为重要。已经证实,进食特别是饥饿后进食,肝糖原的补充虽可通过 UDPG 的途径生成肝糖原,但更主要是葡萄糖先分解为丙酮酸、乳酸等三碳化合物,后者再通过糖异生转变为糖原,此称为糖原生成的三碳途径。

(三) 促进肾小管泌氨,调节酸碱平衡

正常情况下,肾糖异生能力仅有肝的 1/10 左右,但饥饿特别是长期饥饿时肾糖异生能力会明显增强,从而有利于肾小管泌氨和调节酸碱平衡。可能的机制是饥饿造成的酸中毒可诱导肾小管中磷酸烯醇丙酮酸羧激酶合成,从而增强糖异生作用,而 α-酮戊二酸作为糖异生原料被大量消耗后,促进谷氨酰胺分解为谷氨酸及谷氨酸生成 α-酮戊二酸的脱氨基反应(参见第七章氨基酸代谢),肾小管将氨分泌至管腔中与 H^+ 结合为 NH_4^+ 而排泄,这对于防止机体酸中毒有重要作用(图 5-24)。

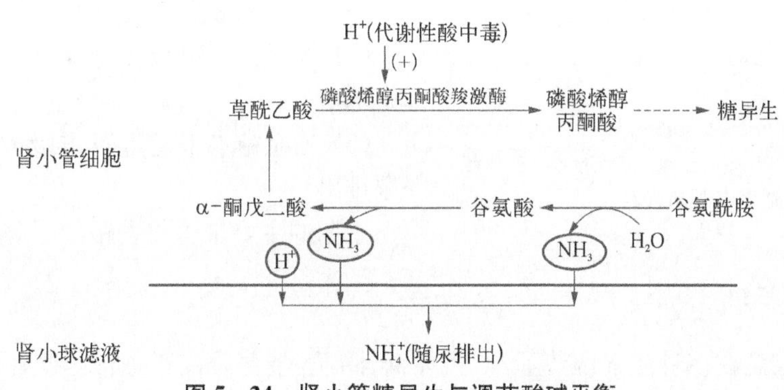

图 5-24 肾小管糖异生与调节酸碱平衡

(四) 促进乳酸的充分利用——乳酸循环

乳酸是机体糖分解过程的不完全分解产物,因此,乳酸会被机体再利用(如乳酸是糖异生重要的原料)。肌肉剧烈运动时(特别是氧供应不足时),会通过糖无氧氧化产生大量乳酸,但肌肉糖异生能力低(造成乳酸堆积,也是剧烈运动后肌肉酸痛的重要原因),所以肌肉中的乳酸会弥散至血液中,通过血液循环再入肝,在肝内异生为葡萄糖,后者释放入血后又可被肌肉摄取,以此构成了乳酸循环(lactate cycle),也称为 Cori 循环(图 5-25)。乳酸循环的生理意义在于避免乳酸损失及防止因乳酸堆积造成的酸中毒。

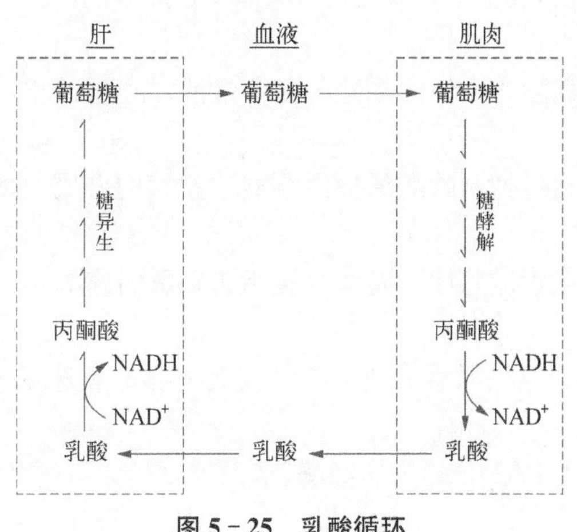

图 5-25 乳酸循环

第六节　血糖及其调节

一、血糖的来源与去路

血糖(blood sugar)通常指血液中的葡萄糖。正常情况下,血糖维持在相对恒定水平(3.9～6.1 mmol/L)。这是由于在多种激素作用下使血糖来源与去路达到平衡的结果。血糖的来源包括以下几种。

(1) 食物糖类物质如淀粉经消化吸收入血,这是血糖主要的来源。

(2) 肝糖原分解为葡萄糖。

(3) 肝等将某些非糖物质如乳酸、氨基酸等经糖异生转变为葡萄糖。

(4) 其他单糖转变为葡萄糖。

血糖去路包括以下几种。

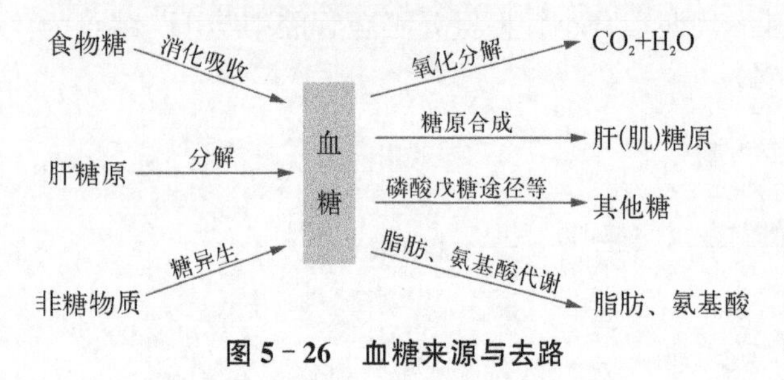

图 5-26　血糖来源与去路

(1) 氧化分解供能,这是血糖主要的去路。

(2) 生成肝糖原或肌糖原。

(3) 通过磷酸戊糖途径等转变为其他糖。

(4) 经脂肪、氨基酸代谢转变为非糖物质如脂肪、某些氨基酸。

(5) 当血糖水平超过肾重吸收能力(肾糖阈)后,可经尿排出。

血糖的主要来源与去路如图 5-26 所示。

二、血糖水平的调节

正常血糖保持恒定是在多种激素调节下,对机体糖、脂质、蛋白质代谢进行协调控制的结果,也是肝、肌肉、脂肪组织等多组织器官代谢协调的结果。机体的各种代谢及各器官之间这样精确协调,以适应能量、能源物质供求的变化。在此调节过程中,细胞水平的调节是最基本的调节方式和基础。调控血糖的激素主要有降低血糖的激素(胰岛素)和升高血糖的激素(胰高血糖素、肾上腺素、糖皮质激素等)。

(一) 胰岛素

胰岛素是体内唯一的降低血糖的激素,也是唯一同时促进糖原、脂肪、蛋白质合成的激素。胰岛素的分泌受血糖控制,血糖升高立即引起胰岛素分泌;血糖降低,胰岛素分泌即减少。胰岛素的作用机制有以下几点。

(1) 促进肌、脂肪组织等的细胞膜 GLUT 将葡萄糖转运入细胞。

(2) 通过增强磷酸二酯酶活性,降低 cAMP 水平,从而使糖原合酶活性增强、磷酸化酶活性降低,进而加速糖原生成、抑制糖原分解。

(3) 通过激活丙酮酸脱氢酶磷酸酶而使丙酮酸脱氢酶激活,加速丙酮酸氧化为乙酰 CoA,从而加快糖的有氧氧化。

(4) 抑制肝内糖异生。这是通过抑制磷酸烯醇丙酮酸羧激酶的合成及促进氨基酸进入肌组织并合成蛋白质,减少肝糖异生的原料。

(5) 通过抑制脂肪组织内的激素敏感性脂肪酶减缓脂肪动员的速率。

(二) 胰高血糖素

胰高血糖素是体内主要升高血糖的激素。血糖降低或血内氨基酸升高刺激胰高血糖素的分泌。胰高血糖素升高血糖的机制有以下几点。

(1) 经肝细胞膜受体激活依赖 cAMP 的蛋白激酶,从而抑制糖原合酶和激活糖原磷酸化酶,迅速使肝糖原分解,血糖升高。

(2) 通过抑制磷酸果糖激酶-2,激活果糖双磷酸酶-2,从而减少果糖-2,6-双磷酸的合成(后者是磷酸果糖激酶-1的最强的别构激活剂以及果糖双磷酸酶-1的抑制剂),进而使糖酵解被抑制,糖异生则加速。

(3) 促进磷酸烯醇丙酮酸羧激酶的合成;抑制肝L型丙酮酸激酶;加速肝摄取血中的氨基酸,从而增强糖异生。

(4) 通过激活脂肪组织内激素敏感性脂肪酶,加速脂肪动员,从而间接升高血糖水平。

胰岛素和胰高血糖素是调节血糖最主要的两种激素,也是调节三大营养物代谢最主要的两种激素。机体内糖、脂肪、氨基酸代谢的变化主要取决于这两种激素的比例。不同情况下这两种激素的分泌是相反的。引起胰岛素分泌的信号(如血糖升高)可抑制胰高血糖素分泌。反之,使胰岛素分泌减少的信号可促进胰高血糖素分泌。

(三) 糖皮质激素

糖皮质激素是引起血糖升高的另一种激素,其升高血糖的机制可能有以下两方面。

(1) 促进肌肉蛋白质分解,分解产生的氨基酸,转移到肝进行糖异生。

(2) 抑制肝外组织摄取和利用葡萄糖,抑制点为丙酮酸的氧化脱羧。

此外,在糖皮质激素存在时,其他促进脂肪动员的激素才能发挥最大的效果,这种协助促进脂肪动员的激素,可使得血中游离脂肪酸升高而间接抑制周围组织摄取葡萄糖。

(四) 肾上腺素

肾上腺素是强有力的升高血糖的激素,它主要在应激状态下发挥对血糖的调节作用。其作用机制是通过肝和肌肉的细胞膜受体结合,经cAMP-PKA途径(参见第十六章细胞信号转导),加速糖原分解并抑制糖原生成。在肝内,肝糖原分解为葡萄糖直接升高血糖;在肌肉内,肌糖原分解后经糖无氧氧化生成乳酸并通过乳酸循环间接升高血糖。

综上可见,激素对血糖浓度的调节作用以及在其控制下的细胞水平调节作用,不但多种多样,而且彼此关联,相互拮抗和制约。正常情况下,这些激素具有一定的独立性,但不能各行其是,需在中枢神经系统的统一支配下各自发挥作用,并且相互配合,彼此协调,从而使血糖维持在正常水平。

三、血糖水平异常

糖代谢障碍可引起血糖水平的异常,主要有以下3种情况。

(一) 高血糖

空腹血糖(fasting plasma glucose,FPG)浓度高于7.1 mmol/L称为高血糖。当血糖浓度超过了肾小管的重吸收能力(肾糖阈),则可出现糖尿。产生高血糖的常见原因有以下几种。

1. *生理性高血糖和糖尿* 如情绪激动,交感神经兴奋,肾上腺素分泌增加,从而使得肝糖原大量分解,引起高血糖或伴有糖尿;临床上静脉滴注葡萄糖速度过快,也可使血糖迅速升高甚至出现糖尿等。

2. *病理性高血糖和糖尿* 持续性高血糖或伴有糖尿。临床上,病理性高血糖和糖尿主要见于糖尿病,典型特征是空腹血糖与糖耐量试验异常。遗传性胰岛素受体缺陷也可引起病理性高血糖和糖尿,与糖尿病的临床表现相似。某些慢性肾炎、肾病综合征等引起肾小管对葡萄糖的重吸收能力降低也可导致糖尿,但血糖水平与糖耐量试验均正常。

(二) 低血糖

低血糖是指血糖浓度低于2.8 mmol/L。低血糖影响脑的正常功能,因为脑细胞所需要的能量主要来自葡萄糖的氧化。当血糖水平过低时,就会影响脑细胞的功能,从而出现头晕、倦怠无力、心悸等,严重时出现昏迷,称为低血糖休克。如不及时给患者静脉补充葡萄糖,可导致死亡。产生低血糖的常见原因有以下几种。

(1) 胰性(胰岛B细胞功能亢进、胰岛A细胞功能低下等)。

(2) 肝性(肝癌、糖原贮积病等)。

(3) 内分泌异常(垂体功能低下、肾上腺皮质功能低下等)。

(4) 肿瘤(胃癌等)。

(5) 饥饿或不能进食者等。

(三) 糖耐量试验

人体对摄入的葡萄糖具有很大的耐受能力的现象称为葡萄糖耐量或耐糖现象。糖耐量试验又称葡萄糖耐量试验,主要用于检查人体糖代谢调节功能的一种方法。正常人在一次摄入大量的葡萄糖后,通过各种调节机制特别是胰岛素的调节作用,血糖浓度仅暂时升高,约 1 h 后可恢复正常水平。给受试者服用或输入一定量的葡萄糖后,每隔一定时间测定血糖含量或尿糖,以时间对应血糖含量或尿糖含量画出曲线,即为葡萄糖耐量试验(曲线)。糖耐量试验对于糖尿病的诊断有重要的价值。

(刘先俊)

※ 第五章数字资源

第五章
参考文献

微课视频 5-1
糖酵解

微课视频 5-2
丙酮酸的分解去路

微课视频 5-3
三羧酸循环

微课视频 5-4
糖异生的生理意义

微课视频 5-5
血糖及其浓度调节

第六章

脂质代谢

内容提要

脂质包括脂肪(也称甘油三酯或甘油三酯)和类脂两类。脂肪由1分子甘油和3分子脂肪酸(简称脂酸)构成,是人体重要的营养素,主要功能是储能和供能。类脂包括磷脂和胆固醇,是生物膜的重要组成成分。

脂肪的供能:脂肪分解时产生甘油和脂肪酸。甘油经活化、脱氢后转变为磷酸二羟丙酮,后者可经糖异生为葡萄糖或分解供能;脂肪酸在细胞质中先活化为脂酰CoA,再进入线粒体通过β-氧化(脱氢、加水、再脱氢及硫解)分解为乙酰CoA,后者进入三羧酸循环被彻底分解。在肝内,乙酰CoA还可用于合成酮体,但肝不能利用酮体,需运至肝外组织氧化利用,长期饥饿时酮体是脑组织和肌肉的主要能源物质。脂肪的储能:肝、小肠和脂肪组织是脂肪合成的主要场所,以肝的合成能力最强。脂肪合成主要利用葡萄糖分解产生的乙酰CoA为原料先合成脂肪酸,再与甘油-3-磷酸结合为脂肪。

磷脂可分为甘油磷脂和鞘磷脂两大类,以甘油磷脂为主,其作为两性分子参与细胞膜的构成成分,并参与运输脂质。甘油磷脂合成以磷脂酸为前体,需CTP参与,甘油磷脂的降解是多种磷脂酶(phospholipase)(磷脂酶A、磷脂酶B、磷脂酶C和磷脂酶D)催化的水解反应。人体胆固醇的来源包括外源性(食物来源)和内源性(自身合成)。机体胆固醇的合成是以乙酰CoA为原料。胆固醇在体内可转化为胆汁酸、类固醇激素、维生素D_3等多种重要的生理活性物质,部分胆固醇也可经胆汁排入肠道。

血脂是血浆中脂质的总称,包括甘油三酯及少量甘油二酯(diacylglycerol,DAG)及甘油一酯(monoacylglycerol,MAG)、磷脂、胆固醇和胆固醇酯及游离脂肪酸。血脂不溶于水,在血液中以脂蛋白的形式运输(血浆脂蛋白)。按超速离心法可将血浆脂蛋白分为乳糜微粒(chylomicron,CM)、极低密度脂蛋白(very low density lipoprotein,VLDL)、低密度脂蛋白(low density lipoprotein,LDL)和高密度脂蛋白(high density lipoprotein,HDL)4类。乳糜微粒主要转运外源性甘油三酯和胆固醇,VLDL主要转运内源性甘油三酯,LDL主要将肝合成的内源性胆固醇转运至肝外组织,而HDL则参与胆固醇的逆向转运。血浆脂蛋白高于正常范围上限即为高脂血症。高脂血症可分为原发性和继发性两大类。

第一节 概　述

一、脂质及分类

脂质(lipid)是脂肪和类脂及其衍生物的总称,是一类不溶于水易溶于乙醚、氯仿等有机溶剂的生物分子,其元素组成主要是碳、氢、氧,有些还含有氮、磷及硫。

脂肪(fat)即甘油三酯(triglyceride,TG),是甘油的 3 个羟基和 3 个脂肪酸分子通过酯键连接生成的化合物,又称三酰甘油(triacylglycerol)。甘油三酯分子内的 3 个脂酰基可以相同,也可以不同。体内还存在少量含 1 个或 2 个脂肪酸的甘油酯,分别称为甘油一酯和甘油二酯。

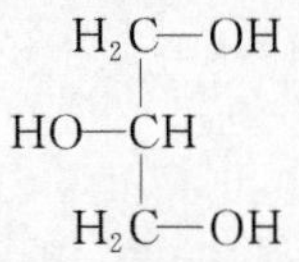

$H_2C—OH$
$HO—CH$
$H_2C—OH$

甘油

$H_2C—O—\overset{O}{\overset{\|}{C}}—(CH_2)_m—CH_3$
$H_3C—(CH_2)_n—\overset{O}{\overset{\|}{C}}—O—CH$
$H_2C—O—\overset{O}{\overset{\|}{C}}—(CH_2)_k—CH_3$

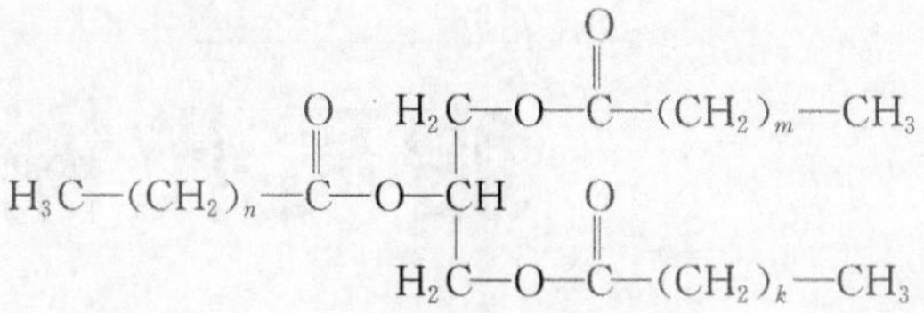

甘油三酯

天然甘油三酯中的脂肪酸大多是含偶数碳原子的长链脂肪酸,其中有饱和脂肪酸,以软脂酸和硬脂酸最为常见;也有不饱和脂肪酸,以软油酸、油酸和亚油酸为常见。人体能合成多数脂肪酸,只有亚油酸、亚麻酸和花生四烯酸在体内不能合成,必须从植物油摄取,称为人体必需脂肪酸(essential fatty acids)。脂肪酸的分类见表 6-1。

表 6-1 脂肪酸的分类

分类依据	分类	特点
按碳链长度分类	短链脂肪酸	碳链长度≤5
	中链脂肪酸	6<碳链长度<12
	长链脂肪酸	碳链长度≥13
按饱和度分类	饱和脂肪酸	碳链不含双键
	不饱和脂肪酸	单不饱和脂肪酸(碳链含 1 个双键)
		多不饱和脂肪酸(碳链含 2 个或 2 个以上双键)

类脂主要包括磷脂、糖脂、胆固醇及胆固醇酯(图 6-1)。磷脂和糖脂中除含有醇类、脂肪酸外,还含有其他成分。磷脂是含有磷酸的脂质;糖脂中含有糖基。

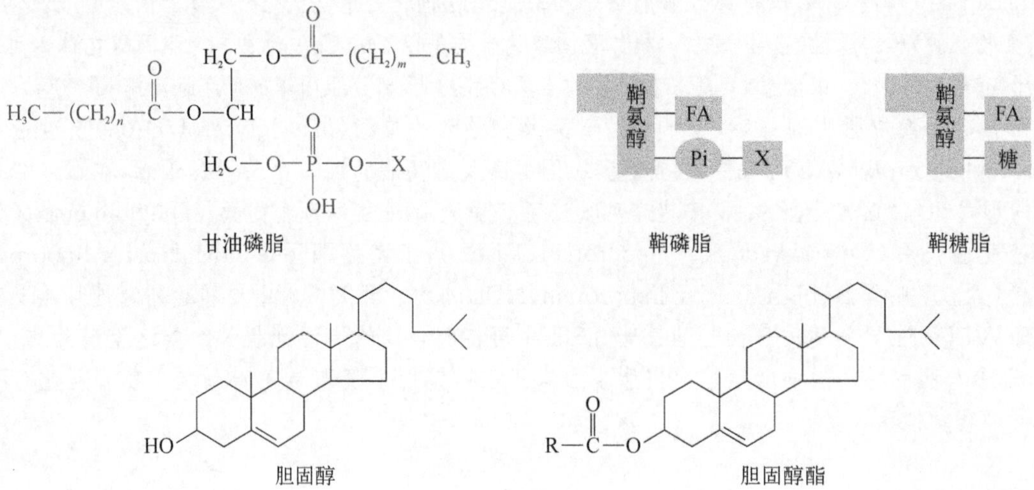

$H_2C—O—\overset{O}{\overset{\|}{C}}—(CH_2)_m—CH_3$
$H_3C—(CH_2)_n—\overset{O}{\overset{\|}{C}}—O—CH$
$H_2C—O—\overset{O}{\overset{\|}{P}}(OH)—O—X$

甘油磷脂

鞘氨醇 FA Pi X

鞘磷脂

鞘氨醇 FA 糖

鞘糖脂

HO

胆固醇

R—C(=O)—O

胆固醇酯

图 6-1 类脂的结构

二、脂质的分布与生理功能

正常人体按体重计含脂质 14%~19%,成年男子脂肪含量占体重的 10%~20%,女性稍高。肥胖者占比约为 32%,过度肥胖者占比可高达 60%。

人体内甘油三酯主要分布于脂肪组织。脂肪组织存在于皮下、肾周围、肠系膜、大网膜、腹后壁等处,故称这些部位为脂库。人体内脂肪含量受营养状况及运动等因素的影响变动很大,故又称为可变脂。

脂肪是机体重要的能源储备物质，具有储能与供能作用。脂肪含高比例的氢氧比，含氢多，脱氢机会多，产能必然多。每克脂肪彻底氧化可释放38.9 kJ的能量，而每克葡萄糖氧化仅释放17.2 kJ的能量，每克蛋白质氧化可释放23.4 kJ的能量。此外，脂肪密度低、体积小、含结合水少，故机体以脂肪作为能源物质的主要储存形式显得更为经济合理。

类脂是生物膜的重要成分。体内类脂的含量不受营养状况及机体活动的影响，故称固定脂或基本脂。生物膜主要由磷脂、胆固醇、蛋白质和少量的糖组成，磷脂是生物膜的结构基础。磷脂中不饱和脂肪酸有利于膜的流动性，饱和脂肪酸和胆固醇则有利于膜的刚性。膜上许多蛋白质与脂质结合而存在并发挥作用。

胆固醇除与磷脂及蛋白质共同组成各种生物膜外，还可以在体内转变为多种类固醇激素、维生素D_3及胆汁酸。磷脂分子中的花生四烯酸是合成前列腺素（prostaglandin，PG）及血栓噁烷等的原料。磷脂酰肌醇（phosphatidyl inositol）的一系列中间代谢产物是重要的信息物质。

脂质的分布及生理功能见表6－2。

表6－2　脂质的分布与生理功能

种　类	含量	主 要 分 布	生 理 功 能
脂肪（甘油三酯）	95%	脂肪组织如大网膜、皮下等、血浆	① 储能供能 ② 提供必需脂肪酸 ③ 促进脂溶性维生素吸收 ④ 起热垫作用 ⑤ 起保护垫作用 ⑥ 构成血浆脂蛋白
类脂（磷脂、胆固醇）	5%	生物膜、神经组织、血浆等	① 维持生物膜的结构和功能 ② 胆固醇可转变成胆汁酸、类固醇激素、维生素D_3等 ③ 构成血浆脂蛋白

三、脂质的消化吸收

（一）脂质的消化

膳食中的脂质主要为脂肪，此外还含有少量磷脂、胆固醇、胆固醇酯和脂肪酸等。脂质不溶于水，在肠液中成团存在而不利于消化酶的消化及肠壁对其的吸收。在小肠，脂质经胆汁中胆汁酸盐的作用乳化并分散为细小的微团后才能被消化酶消化，因此小肠是脂质消化的主要场所。胆汁酸盐（简称胆盐）是较强的乳化剂，能降低油与水相之间的界面张力，使不溶于水的脂质分散成水包油的细小微团，提高了溶解度，并增加了酶与脂质的接触面积而易被酶消化。

胰腺分泌到小肠中消化脂质的酶有胰脂酶、磷脂酶A_2、胆固醇酯酶及辅脂酶等。胰脂酶吸附在乳化的脂肪微团水油界面上，特异性催化甘油三酯的1、3位酯键水解，生成2－甘油一酯及2分子脂肪酸。在小肠内，胰脂酶的作用依赖于辅脂酶的存在，辅脂酶在胰腺腺泡中以酶原形式合成，随胰液分泌入十二指肠。进入肠腔后，其N端被胰蛋白酶作用切下一个五肽而被激活。辅脂酶本身不具脂肪酶活性，但它具有分别与脂肪和胰脂酶结合的结构域，一方面通过氢键与胰脂酶结合；另一方面通过疏水键与脂肪结合，结果使胰脂酶锚定于微团的水油界面上，增加其活性，促进脂肪水解，因此辅脂酶是胰脂酶作用的必需辅助因子。磷脂酶A_2催化磷脂第2位酯键水解，生成脂肪酸和溶血磷脂；胆固醇酯酶则催化胆固醇酯水解为胆固醇及脂肪酸。

（二）脂质的吸收

食物中的脂质在小肠经上述酶消化后，生成甘油一酯、脂肪酸、胆固醇及溶血磷脂等产物。在胆汁酸盐的帮助下，这些产物在十二指肠下段及空肠上段以不同方式被肠黏膜细胞吸收。甘油、短链（2～5C）及中链（6～12C）脂肪酸易被肠黏膜吸收，并直接进入门静脉。一部分未被消化的由短链及中链脂肪酸构成的甘油三酯，被胆汁酸盐乳化后也可被吸收，吸收后的这些甘油三酯在肠黏膜细胞内脂肪酶的作用下水解为脂肪酸和甘油，通过门静脉进入血液循环。长链脂肪酸（≥13 C）、甘油一酯及其他脂质消化产物与胆汁酸盐乳化成混合微团直接吸收入小肠黏膜细胞。在肠黏膜细胞中，长链脂肪酸在脂酰CoA合成酶催化下生成脂酰

CoA,进一步被转化为甘油三酯;溶血磷脂被转化为磷脂,胆固醇被转化为胆固醇酯。它们与载脂蛋白构成乳糜微粒通过淋巴最终进入血液(图 6-2),从而被其他细胞所利用。在肠黏膜细胞中由甘油一酯合成脂肪的途径称为脂肪合成的甘油一酯途径。

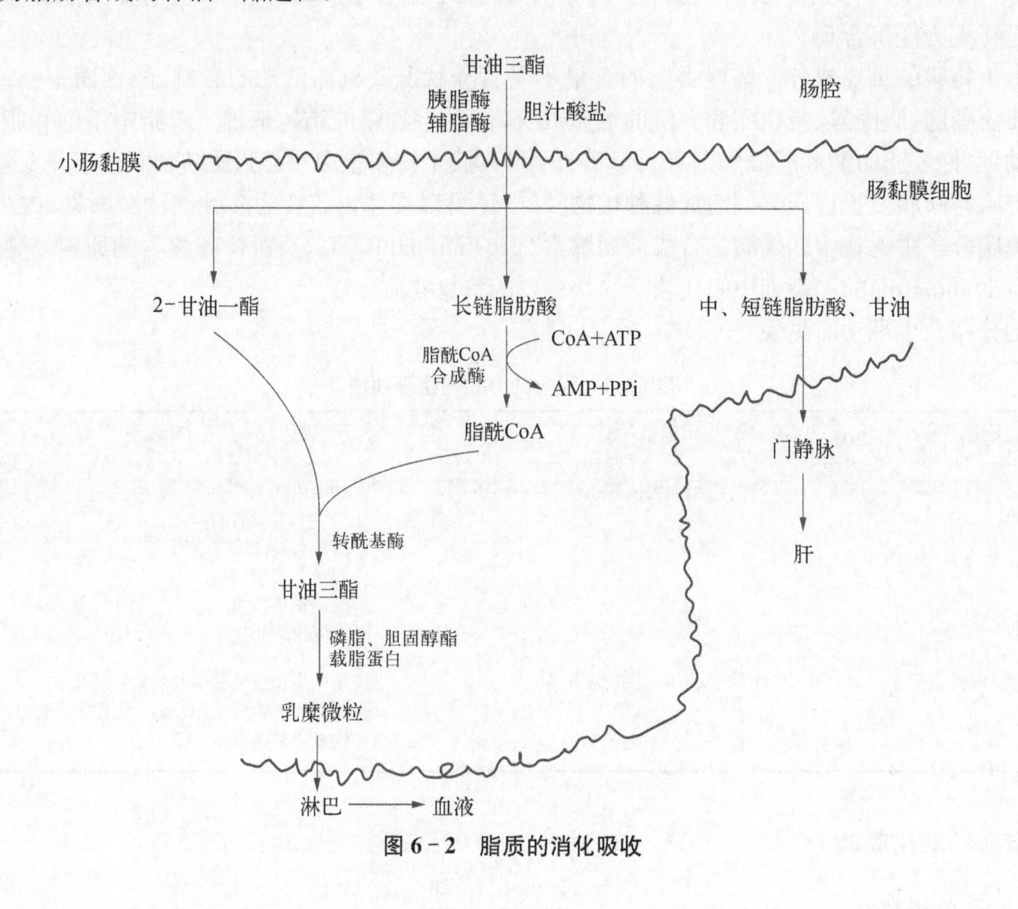

图 6-2 脂质的消化吸收

第二节 脂 肪 代 谢

人体内脂肪处于不断自我更新转变中。脂肪组织和肝内的脂肪有较高的更新率,黏膜和肌组织的更新率次之,皮肤和神经组织中的脂肪更新率较低。

一、脂肪分解代谢

(一)脂肪动员

脂肪动员(fat mobilization)指储存在白色脂肪细胞内的脂肪在一系列脂肪酶作用下,逐步水解,释放游离脂肪酸和甘油供其他组织细胞氧化利用的过程。

$$\text{甘油三酯} \xrightarrow[H_2O\ \ \ \ \text{脂肪酸}]{\text{甘油三酯脂肪酶}} \text{甘油二酯} \xrightarrow[H_2O\ \ \ \ \text{脂肪酸}]{\text{激素敏感性脂肪酶}} \text{甘油一酯} \xrightarrow[H_2O\ \ \ \ \text{脂肪酸}]{\text{甘油一酯脂肪酶}} \text{甘油}$$

脂肪动员受多种激素的调节。当禁食、饥饿或交感神经兴奋时,肾上腺素、去甲肾上腺素、胰高血糖素等分泌增加,作用于白色脂肪细胞膜受体,激活腺苷酸环化酶(adenylate cyclase,AC),使 ATP 环化转变为 cAMP,激活 cAMP 依赖性 PKA,使细胞质内脂滴包被蛋白-1(Perilipin-1)和激素敏感性脂肪酶(hormone sensitive lipase,HSL)磷酸化。磷酸化的 Perilipin-1 一方面激活甘油三酯脂肪酶(adipose triglyceride lipase，ATGL）；另一方面使因磷酸化而激活的激素敏感性脂肪酶转移至脂滴表面。脂肪在脂肪细胞内分解的第一步主要由脂肪组织甘油三酯脂肪酶催化，生成甘油二酯和脂肪酸。第二步主要由激素敏感性脂肪酶催化水解生成甘油一酯和脂肪酸。最后，在甘油一酯脂肪酶（monoacylglycerol lipase，MGL）的催化下，生成甘油和脂肪酸。所以，上述激素能够启动脂肪动员、促进脂肪水解为游离脂肪酸和甘油，称为脂解激素。而胰岛素、PGE_2 等能对抗脂解激素的作用，抑制脂肪动员，称为抗脂解激素。

激素敏感性脂肪酶由最早发现其受肾上腺素调节而得名，且最早认为激素敏感性脂肪酶主要催化甘油三酯水解，但后来发现激素敏感性脂肪酶能催化水解甘油三酯、甘油二酯及各种胆固醇酯，且其磷酸化激活后主要催化水解甘油二酯。脂肪组织甘油三酯脂肪酶则对甘油三酯有很高的底物特异性，催化甘油三酯水解。

脂肪细胞储存的脂肪经脂肪动员产生的甘油和游离脂肪酸被释放入血液。在血液中，甘油溶解于水，直接由血液运输至肝、肾、肠等组织被代谢；而游离脂肪酸不溶于水，在血液中与清蛋白结合而被运输至全身各组织，主要被心、肝、骨骼肌等摄取利用。此外，肝、骨骼肌、心肌等组织细胞内自身的甘油三酯也可在组织脂肪酶的作用下水解。组织脂肪酶存在于细胞溶酶体内，最适 pH 偏酸，其活性不受激素影响。上述组织中的脂肪被组织脂肪酶水解为甘油和脂肪酸后，被相应的组织细胞所利用。

（二）甘油的氧化分解

脂肪动员时的另一产物甘油在细胞内甘油激酶的催化下，与 ATP 作用生成甘油-3-磷酸，后者脱氢生成磷酸二羟丙酮。磷酸二羟丙酮可循糖分解代谢途径继续分解供能或经糖异生途径转变为葡萄糖或糖原（图 6-3）。

肝、肾及小肠黏膜细胞富含甘油激酶，而肌肉及脂肪细胞中此激酶活性很低，利用甘油的能力很弱。脂肪组织中产生的甘油主要经血液运输进入肝而进一步代谢。

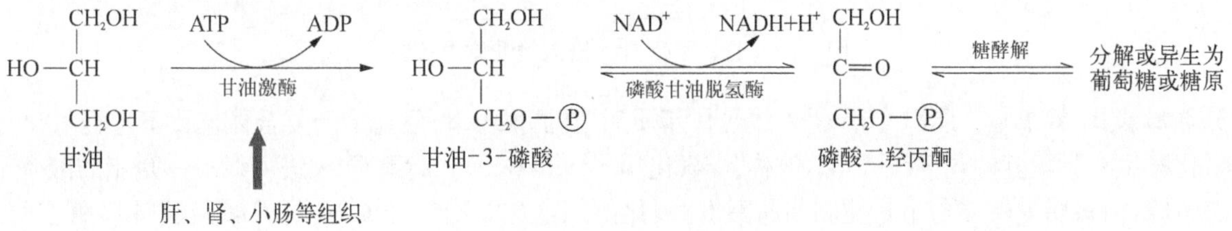

CH_2OH / HO—CH / CH_2OH（甘油）—ATP→ADP，甘油激酶（肝、肾、小肠等组织）→ CH_2OH / HO—CH / CH_2O—Ⓟ（甘油-3-磷酸）⇌ NAD^+→NADH+H^+，磷酸甘油脱氢酶 ⇌ CH_2OH / C=O / CH_2O—Ⓟ（磷酸二羟丙酮）⇌ 糖酵解 ⇌ 分解或异生为葡萄糖或糖原

图 6-3　甘油的利用

（三）脂肪酸氧化分解

游离脂肪酸（free fatty acid，FFA）是人及哺乳动物的主要能源物质，在供氧充足的条件下脂肪酸在体内被分解成 CO_2 和 H_2O，并产生大量能量。除脑组织和成熟红细胞外，大多数组织均能氧化脂肪酸，但以肝及肌肉组织最为活跃。

1. 脂肪酸活化　吸收进入细胞的脂肪酸在细胞质中由脂酰 CoA 合成酶（又称硫激酶）催化，ATP 提供能量，活化形成脂酰 CoA。

$$\text{R—COOH+ATP+HSCoA} \xrightarrow[Mg^{2+}]{\text{脂酰 CoA 合成酶}} \text{R—CO}\sim\text{SCoA+AMP+PPi}$$

脂酰 CoA 含有高能硫酯键，极性增强，易溶于水，性质活泼，代谢活性明显增强，更容易参加反应。反应过程中生成的 PPi 立即被细胞内焦磷酸酶水解，阻止了逆向反应的进行。1 分子脂肪酸活化成脂酰 CoA 实际上消耗了 2 个高能磷酸键。

2. 脂酰 CoA 转运入线粒体　脂肪酸活化在细胞质中进行，而催化脂肪酸氧化分解的酶系存在于线粒体基质中，活化的脂酰 CoA 必须进入线粒体才能分解。短链脂酰 CoA 可直接进入线粒体基质，而长链脂酰 CoA 不能直接透过线粒体膜，需肉碱（L-3-羟基-4-三甲基丁酸）载体转运才能进入线粒体基质。

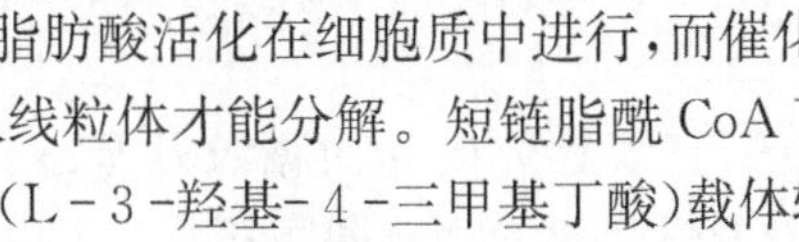

$$(CH_3)_3\overset{+}{N}—\overset{4}{C}H_2—\overset{3}{C}H(OH)—\overset{2}{C}H_2—\overset{1}{C}OO^-$$

肉碱

在位于线粒体外膜的肉碱脂酰转移酶Ⅰ催化下,脂酰基从 CoA 上转至肉碱的羟基上生成脂酰肉碱,后者通过线粒体内膜上载体的作用转运至线粒体基质,在位于线粒体内膜的肉碱脂酰转移酶Ⅱ催化下,脂酰基从肉碱转移至基质内的 CoA 分子上,并释放出肉碱。线粒体内膜上转运肉碱及脂酰肉碱的载体称肉碱-脂酰肉碱转位酶(图 6-4)。

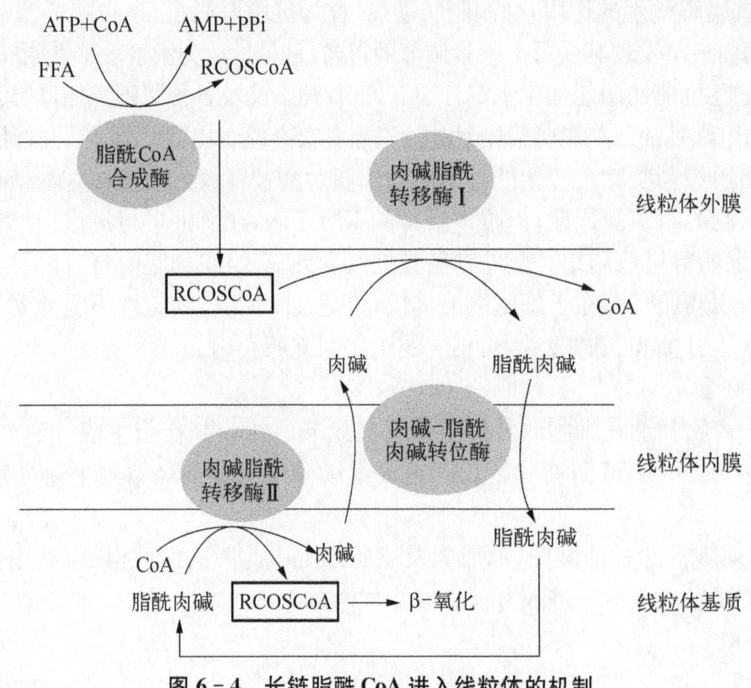

图 6-4 长链脂酰 CoA 进入线粒体的机制

3. 脂肪酸β-氧化 脂酰 CoA 进入线粒体基质后,在脂肪酸β-氧化多酶复合体催化下进行氧化分解,由于氧化发生在脂酰基的β-碳原子上,故称β-氧化(β-oxidation)。脂酰 CoA 进入线粒体是脂肪酸β-氧化的限速步骤,肉碱脂酰转移酶Ⅰ是控制脂肪酸β-氧化的限速酶。丙二酰 CoA 是肉碱脂酰转移酶Ⅰ的抑制剂;胰岛素能诱导乙酰 CoA 羧化酶使丙二酰 CoA 合成增加。在禁食、饥饿等使胰岛素分泌下降的情况下,丙二酰 CoA 合成降低,解除对肉碱脂酰转移酶Ⅰ的抑制,脂酰 CoA 进入线粒体氧化增加。相反,饱食后胰岛素分泌增加,丙二酰 CoA 合成增加,抑制肉碱脂酰转移酶Ⅰ,脂肪酸的β-氧化也被抑制。

脂肪酸β-氧化从脂酰基的β-碳原子开始,经过脱氢、加水、再脱氢及硫解 4 步连续反应,脂酰基断裂产生 1 分子乙酰 CoA 和 1 分子比原来少两个碳原子的脂酰 CoA,如此反复进行,直到脂酰 CoA 全部变成乙酰 CoA。

(1) 脱氢:由脂酰 CoA 脱氢酶催化,脂酰 CoA 的α-碳原子、β-碳原子上各脱去 1 个 H 原子,生成反Δ^2-烯酰 CoA。脱下的 2 个 H 由该酶的辅基 FAD 接受,生成 $FADH_2$。

(2) 加水:反Δ^2-烯酰 CoA 在Δ^2-烯酰 CoA 水化酶催化下,加 H_2O 生成 L(+)-β-羟脂酰 CoA。

(3) 再脱氢:反应由 L(+)-β-羟脂酰 CoA 脱氢酶催化,L(+)-β-羟脂酰 CoA 脱下 2 个 H,生成β-酮脂酰 CoA,脱下的 2 个 H 由该酶辅酶 NAD^+ 接受,生成 $NADH+H^+$。

(4) 硫解:在β-酮脂酰 CoA 硫解酶催化下,β-酮脂酰 CoA 在α-碳原子、β-碳原子之间断裂,加入 1 分子 HSCoA,生成 1 分子乙酰 CoA 和 1 分子比原来少两个碳原子的脂酰 CoA。

脂肪酸β-氧化的全过程见图 6-5。

脂肪酸β-氧化后生成的乙酰 CoA,在线粒体中与由糖及氨基酸代谢产生的乙酰 CoA 共同组成乙酰 CoA 池。乙酰 CoA 可进入三羧酸循环及氧化磷酸化被彻底氧化为 CO_2 及 H_2O,也可进一步转变为其他代谢中间产物。

偶数碳原子的脂肪酸链(天然存在的脂肪酸大多为偶数碳原子)经β-氧化后的最终产物是乙酰 CoA。在动物脂肪中含少量奇数碳原子的脂肪酸(占总脂肪酸的 1%~5%)。含奇数碳原子的脂肪酸氧化过程与偶

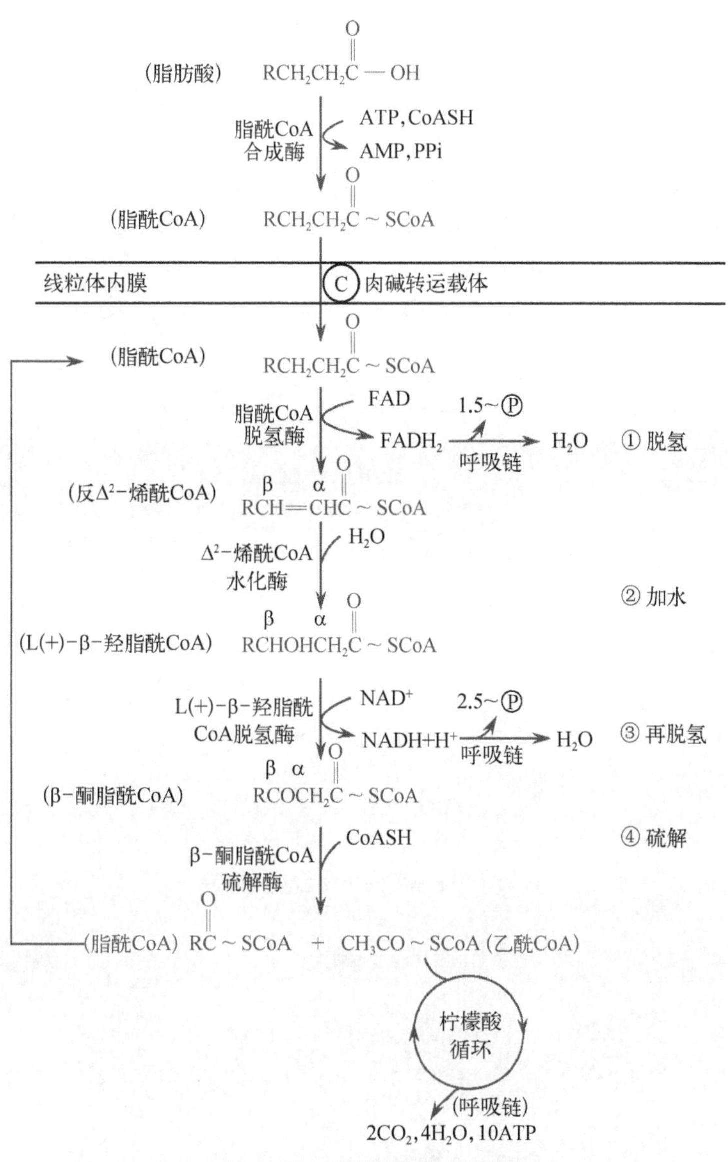

图 6-5　脂肪酸β-氧化过程

数碳原子脂肪酸相似，经β-氧化后，除产生大量乙酰 CoA 外，β-氧化的最终产物有 1 分子丙酰 CoA，后者通过羧化及异构酶的作用转变为琥珀酰 CoA 而进一步代谢。

4. 脂肪酸氧化时的能量生成　　脂肪酸氧化可为机体提供大量能量，现以 16C 软脂酸氧化为例加以说明。

1 分子 16C 软脂酸β-氧化需经 7 次循环，产生 8 分子乙酰 CoA，7 分子 $FADH_2$ 和 7 分子 $NADH+H^+$，氧化的总反应为

$$CH_3(CH_2)_{14}CO\sim SCoA+7HSCoA+7FAD+7NAD^+ +7H_2O \longrightarrow 8CH_3CO\sim SCoA+7FADH_2+7NADH+7H^+$$

8 分子乙酰 CoA 进入三羧酸循环和氧化磷酸化可生成 8×10＝80 分子 ATP，7 分子 $FADH_2$ 进入呼吸链产生 7×1.5＝10.5 分子 ATP；7 分子 $NADH+H^+$ 进入呼吸链产生 7×2.5＝17.5 分子 ATP，故 1 分子软脂酸彻底氧化共生成(8×10)＋(7×1.5)＋(7×2.5)＝108 分子 ATP。因软脂酸活化为脂酰 CoA 时消耗了 2 分子 ATP，故净生成 108－2＝106 分子 ATP。

5. 不饱和脂肪酸氧化　　体内脂肪酸约 50%以上为不饱和脂肪酸。不饱和脂肪酸β-氧化在线粒体中进行，氧化途径与饱和脂肪酸基本相同，其区别在于天然不饱和脂肪酸中的双键为顺式，且多在第 9 位，而烯脂酰 CoA 水化酶和羟脂酰 CoA 脱氢酶具有高度立体异构专一性，故不饱和脂肪酸的氧化除需β-氧化的全

部酶外，还需异构酶和还原酶的参加，使其转变为Δ^2反式构型，β-氧化才能继续进行。

(四) 酮体的生成及利用

酮体(ketone bodies)是乙酰乙酸(约占30%)、β-羟丁酸(约占70%)及丙酮(微量)3种物质的总称。它们是脂肪酸在肝进行正常分解代谢所产生的中间产物。

1. 酮体的生成　在心肌、骨骼肌等组织中，β-氧化产生的乙酰CoA经三羧酸循环和氧化磷酸化彻底氧化为CO_2和H_2O。而肝细胞中有活性较强的合成酮体的酶系，β-氧化反应生成的乙酰CoA，大都转变成为酮体，这是肝脂肪酸分解代谢的特点。合成酮体的原料是乙酰CoA，全过程在肝细胞线粒体内进行，共5步反应，需要4种酶催化(图6-6)，其中β-羟-β-甲戊二酸单酰CoA合酶(HMG-CoA合酶)为限速酶。具体过程如下：

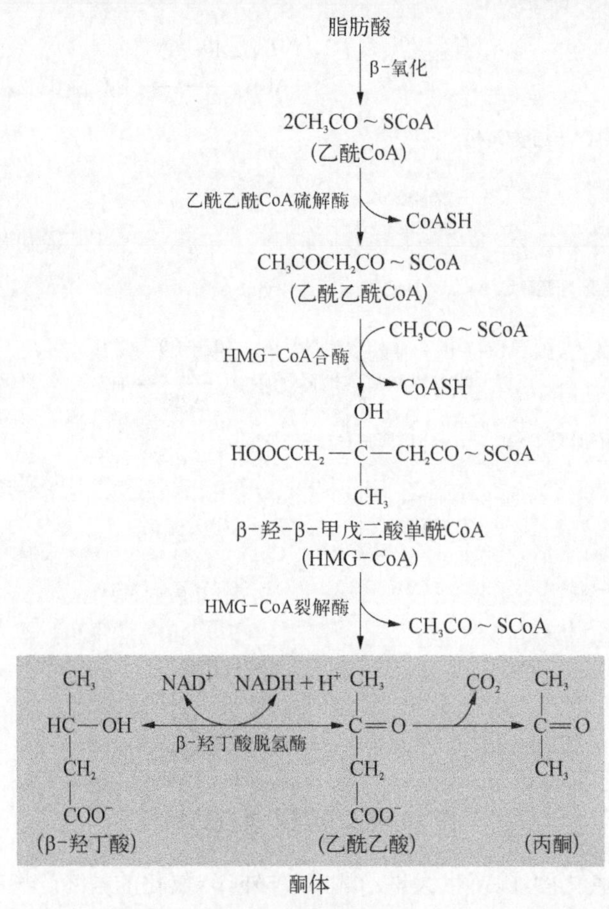

图6-6　酮体的生成

(1) 2分子乙酰CoA在乙酰乙酰CoA硫解酶催化下缩合为1分子乙酰乙酰CoA。

(2) 乙酰乙酰CoA在HMG-CoA合酶催化下，再与1分子乙酰CoA缩合生成β-羟-β-甲戊二酸单酰CoA(HMG-CoA)，并释放出1分子HSCoA，该反应为酮体生成的限速步骤。

(3) HMG-CoA再经裂解酶催化分解为乙酰乙酸和乙酰CoA；乙酰乙酸加氢还原为β-羟丁酸，有少量自发脱羧生成丙酮。产生的乙酰CoA可再用于酮体生成。

2. 酮体的利用　酮体中的β-羟丁酸可在β-羟丁酸脱氢酶的作用下生成乙酰乙酸，后者可经酶作用最终转化为乙酰CoA，乙酰CoA可进入三羧酸循环氧化供能，因此酮体可作为能源物质而被利用。但肝细胞内缺乏转化乙酰乙酸的酶类，故酮体在肝内生成后随血液运输到其他组织而被利用。丙酮产生的量很少，大部分随尿排出。丙酮容易挥发，如血液中丙酮浓度过高时，可从肺呼出。

肝外组织如脑、心、肾及骨骼肌线粒体中有活性很强的利用酮体的酶(图6-7)，它们可将酮体氧化利用。

3. 酮体生成的意义　酮体是脂肪酸在肝代谢的正常产物，是肝输出能源的一种形式。酮体分子量小、易溶于水，在血液中运输不需要载体，能通过血脑屏障及肌肉毛细血管壁，是肌肉尤其是脑组织的重要能量

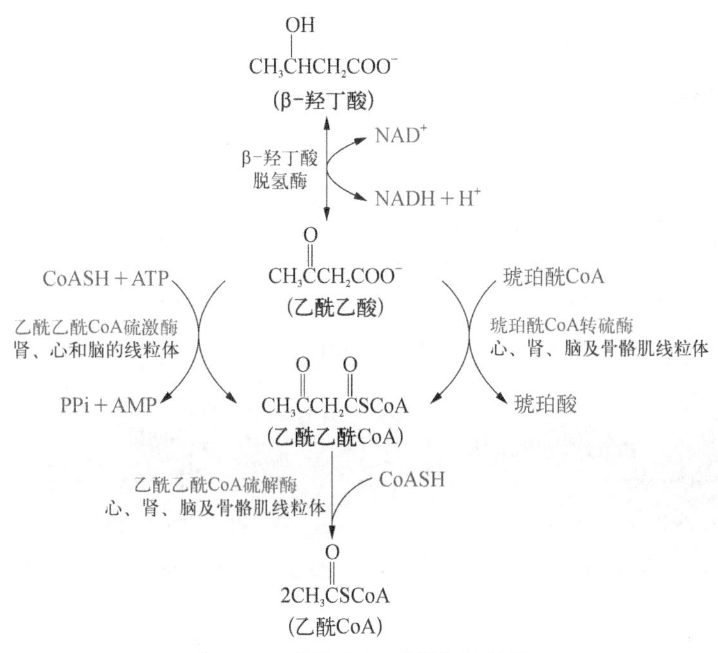

图 6-7　肝外组织对酮体的利用

来源。正常情况下，脂肪酸不易通过血脑屏障，脑组织主要利用血糖供能。长期饥饿或糖供应不足时，一方面肝外组织利用酮体氧化供能，减少了对葡萄糖的需求，保证了脑组织、红细胞等对葡萄糖的需要；另一方面酮体替代葡萄糖成为脑组织的能量来源，保证脑的正常功能。

正常情况下，肝内生成的酮体能被肝外组织及时氧化利用，血中酮体维持在 0.03～0.5 mmol/L(0.3～5 mg/dL)，其中乙酰乙酸约占 30%，β-羟丁酸约占 70%，丙酮量极微。但在长期饥饿、低糖饮食或糖尿病时，糖的供给不足或利用障碍，脂肪动员加强，肝中酮体生成过多，超过肝外组织的利用能力时，可引起血中酮体升高，从而造成酮血症。血中酮体经肾小球的滤过量超过肾小球的重吸收能力时，尿中出现酮体，称酮尿症。由于β-羟丁酸和乙酰乙酸是酸性物质，当其在血中浓度过高时可导致酮症酸中毒。

4. 酮体生成的调节　肝中酮体的生成量与糖的利用密切相关。首先，在饱食及糖利用充分的情况下，胰岛素分泌增加，抑制脂肪动员，进入肝内脂肪酸减少，酮体生成减少；其次，由于糖代谢旺盛，甘油-3-磷酸及 ATP 生成充足，进入肝细胞的脂肪酸主要用于酯化生成甘油三酯及磷脂；再次，糖代谢产生的乙酰 CoA 及柠檬酸是乙酰 CoA 羧化酶的别构激活剂，可促进丙二酸单酰 CoA 的合成，丙二酸单酰 CoA 是肉碱脂酰转移酶Ⅰ的抑制剂，阻止长链脂酰 CoA 进入线粒体进行β-氧化，从而有利于脂肪酸的合成。

相反，在饥饿、胰高血糖素等脂解激素分泌增加或糖尿病等糖的供应不足或利用受阻的情况下，脂肪动员加强，进入肝细胞脂肪酸增多，而此时肝内糖代谢受阻，甘油-3-磷酸及 ATP 减少，脂肪合成受抑制，脂肪酸进入线粒体β-氧化增强，酮体生成增多。

二、脂肪合成代谢

脂肪是机体储存能量的重要形式。机体可利用摄入的糖和脂肪酸等合成甘油三酯储存于脂肪组织，以作为"燃料"供机体的需要。

(一) 合成场所

肝、脂肪组织及小肠是人体合成甘油三酯的主要场所，以肝的合成能力最强。合成部位在细胞质。

肝细胞能合成脂肪，但不能储存脂肪。肝合成的脂肪与载脂蛋白、磷脂、胆固醇等生成 VLDL 被分泌至血液而运输至肝外组织(参见本章第五节血浆脂蛋白代谢)。若肝细胞合成的脂肪因营养不良、中毒、必需脂肪酸缺乏、胆碱缺乏或蛋白质缺乏等而不能形成 VLDL 分泌入血时，脂肪聚集在肝细胞中形成脂肪肝。

脂肪组织是机体合成脂肪的另一重要组织，它可利用乳糜微粒或 VLDL 中的脂肪酸合成脂肪，也可利用葡萄糖合成脂肪酸(参见下文脂肪酸合成)进而合成脂肪。脂肪细胞可以大量储存脂肪，是机体合成和储存脂肪的“仓库”。当机体需要能量时,这些储存的脂肪动员,产生的脂肪酸与甘油释放入血供心肌、骨骼肌、肝、肾等组织所需,因此,脂肪组织在脂肪代谢上具有重要地位。

小肠黏膜细胞合成脂肪主要利用食物脂肪的消化吸收产物再合成脂肪,以乳糜微粒的形式经淋巴进入血循环。

(二) 合成原料

合成脂肪的原料是甘油-3-磷酸和脂肪酸。

1. 甘油-3-磷酸(又称α-磷酸甘油) 来源有两方面。

(1) 葡萄糖分解产生:葡萄糖分解代谢产生的磷酸二羟丙酮在细胞质中磷酸甘油脱氢酶催化下还原为甘油-3-磷酸,此反应普遍存在于人体内各组织中,它是甘油-3-磷酸的主要来源。

$$\underset{\text{磷酸二羟丙酮}}{\begin{array}{l}CH_2OH\\ |\\ C{=}O\\ |\\ CH_2{-}O{-}Ⓟ\end{array}} + NADH + H^+ \xrightleftharpoons{\text{磷酸甘油脱氢酶}} \underset{\text{甘油-3-磷酸}}{\begin{array}{l}CH_2OH\\ |\\ CHOH\\ |\\ CH_2{-}O{-}Ⓟ\end{array}} + NAD^+$$

(2) 细胞内甘油再利用:肝、肾及小肠黏膜富含甘油激酶,该酶可催化来源于食物或体内的甘油形成甘油-3-磷酸。

$$\begin{array}{l}CH_2OH\\ |\\ CHOH\\ |\\ CH_2OH\end{array} \xrightarrow[ATP \quad ADP]{\text{甘油激酶}} \begin{array}{l}CH_2OH\\ |\\ CHOH\\ |\\ CH_2{-}O{-}Ⓟ\end{array}$$

脂肪组织及肌肉组织中甘油激酶活性很低,因而不能利用甘油来合成脂肪。

2. 脂肪酸 合成脂肪的脂肪酸来源包括以下3方面。

(1) 组织细胞以葡萄糖或氨基酸为原料合成(参见下文脂肪酸合成)。

(2) 乳糜微粒或VLDL中的脂肪分解产生。

(3) 食物脂肪经消化吸收提供(肠黏膜细胞)。

(三) 脂肪酸合成

1. 合成部位 人体内许多组织都能合成脂肪酸,肝是合成脂肪酸的主要场所。脂肪组织除可利用葡萄糖合成脂肪酸及脂肪外,更重要的是利用食物消化吸收的外源性脂肪酸和肝合成的脂肪酸合成脂肪并储存起来,以供机体饥饿时需要。

2. 合成原料 合成脂肪酸的原料是乙酰CoA、NADPH+H^+、HCO_3^-、ATP等。脂肪酸合酶系存在于细胞质,故脂肪酸合成的全过程在细胞质内进行。

合成脂肪酸的乙酰CoA主要来自糖分解代谢,部分来自某些氨基酸分解。生成乙酰CoA的反应主要发生在线粒体内,而乙酰CoA不能自由透过线粒体膜进入细胞质参与脂肪酸的合成。乙酰CoA通过间接穿梭方式以柠檬酸的形式将其乙酰基团从线粒体转运至细胞质,该转运方式也被称为柠檬酸-丙酮酸循环。在线粒体中乙酰CoA先与草酰乙酸合成柠檬酸,后者通过线粒体内膜上的载体转运到细胞质。在细胞质中,柠檬酸在柠檬酸裂解酶催化下裂解为乙酰CoA和草酰乙酸,乙酰CoA即可用于脂肪酸合成。而草酰乙酸则在苹果酸脱氢酶作用下还原为苹果酸,苹果酸可经线粒体内膜载体转运进入线粒体(次要),脱氢后生成草酰乙酸;也可在细胞质中由苹果酸酶催化氧化脱羧生成丙酮酸(主要)。此反应中脱下的氢由辅酶$NADP^+$接受生成NADPH+H^+,丙酮酸可通过载体转运入线粒体内羧化形成草酰乙酸,进而再与乙酰CoA结合生成柠檬酸参与乙酰CoA的转运,此外,丙酮酸也可氧化脱羧生成乙酰CoA(图6-8)。

NADPH+H^+主要来源于磷酸戊糖途径(图6-8)。

3. 参与脂肪酸合成的酶

(1) 乙酰CoA羧化酶:在脂肪酸合成过程中,仅有1分子乙酰CoA直接参与合成反应,其他乙酰CoA均需先羧化为丙二酰CoA(又称丙二酸单酰CoA)后才能进入脂肪酸合成途径。

乙酰CoA羧化酶催化乙酰CoA羧化为丙二酰CoA是脂肪酸合成的第一步反应,其反应如下:

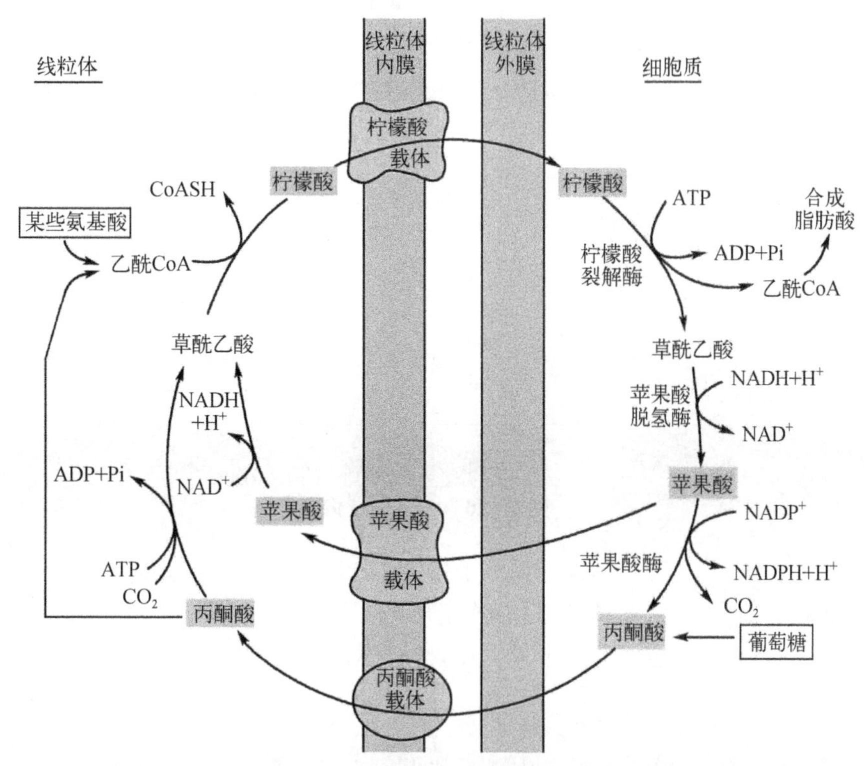

图 6-8 乙酰 CoA 的乙酰基团从线粒体向细胞质的穿梭转移

$$CH_3CO\sim SCoA + HCO_3^- + ATP \xrightarrow[\text{生物素},Mn^{2+}]{\text{乙酰 CoA 羧化酶}} \underset{|}{\overset{COO^-}{}}CH_2—CO\sim SCoA + ADP + Pi$$

乙酰 CoA　　　　　　　　　　　　　　　　　丙二酰 CoA

乙酰 CoA 羧化酶是脂肪酸合成途径中的限速酶，其辅基是生物素。该酶的活性可通过别构及化学修饰调节而改变。真核生物中乙酰 CoA 羧化酶有两种形式，一种是无活性单体，分子量约为 40 kDa；另一种是有活性的多聚体，通常由 10～20 个单体组成。柠檬酸、异柠檬酸可使该酶由无活性的单体聚合成有活性的多聚体，长链脂酰 CoA 则可使其解聚而失活，此为该酶的别构调节。此外，乙酰 CoA 羧化酶还可接受化学修饰调节，该酶可被磷酸化而失活，其磷酸化反应由一种依赖于 AMP 的蛋白激酶所催化。胰高血糖素及肾上腺素可激活该酶使其变成无活性的磷酸化形式，而胰岛素则可通过蛋白质磷酸酶的作用使磷酸化的乙酰 CoA 羧化酶去磷酸化而恢复活性（图 6-9）。

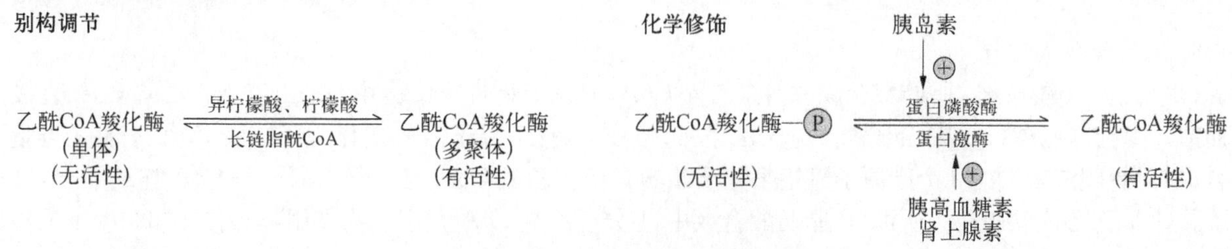

图 6-9 乙酰 CoA 羧化酶活性的调节

(2) 脂肪酸合酶系：从乙酰 CoA 和丙二酰 CoA 合成长链脂肪酸由脂肪酸合酶系催化完成。

参与软脂酸合成的蛋白质或酶统称为脂肪酸合酶(fatty acid synthase)，包括酰基载体蛋白(acyl carrier protein，ACP)、乙酰 CoA-ACP 转酰基酶(acetyl-CoA-ACP transacylase)(简称乙酰转移酶)、丙二酸单酰 CoA-ACP 转酰基酶(malonyl-CoA-ACP transacylase)(简称丙二酸单酰转移酶)、β-酮脂酰-ACP 合酶(β-ketoacyl-acp synthase)(简称 β-酮脂酰合酶)、β-酮脂酰 ACP 还原酶(β-ketoacyl ACP reductase)(简称 β-酮脂酰还原酶)、β-羟脂酰-ACP 脱水酶(β-hydroxyacyl-ACP dehydratase)(简称脱水酶)、烯脂酰-

ACP还原酶(enough - ACP reductase)(简称烯脂酰还原酶)及硫酯酶。脂肪酸合酶在细菌和植物体内以多酶复合物形式存在,但在哺乳动物则以多功能酶形式存在。

ACP是一个分子量为10 kDa的多肽,其辅基与CoA相同,为4′-磷酸泛酰氨基乙硫醇(图6-10),是脂肪酸合成过程中脂酰基的载体,脂肪酸合成的反应均在ACP的辅基上进行。

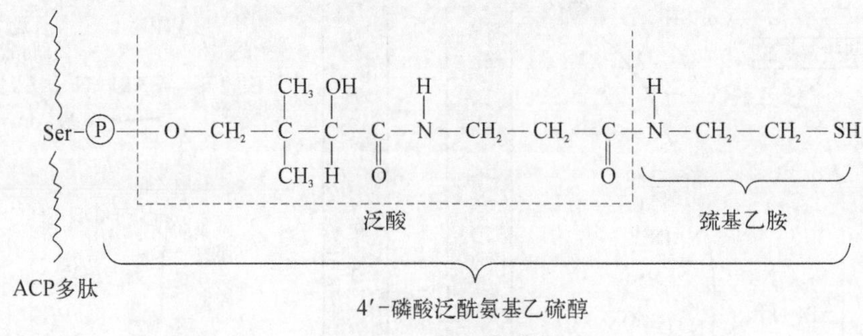

图6-10 ACP的结构

哺乳动物中脂肪酸合酶,其7种酶活性均在分子量为250 kDa的一条多肽链上,属于多功能酶。具有活性的酶是由两个完全相同的多肽链(亚基)首尾相连组成的二聚体,如二聚体解聚则酶活性丧失。二聚体的每一条链中含有7种酶的结构域,也都有一个ACP结构域(图6-11)。

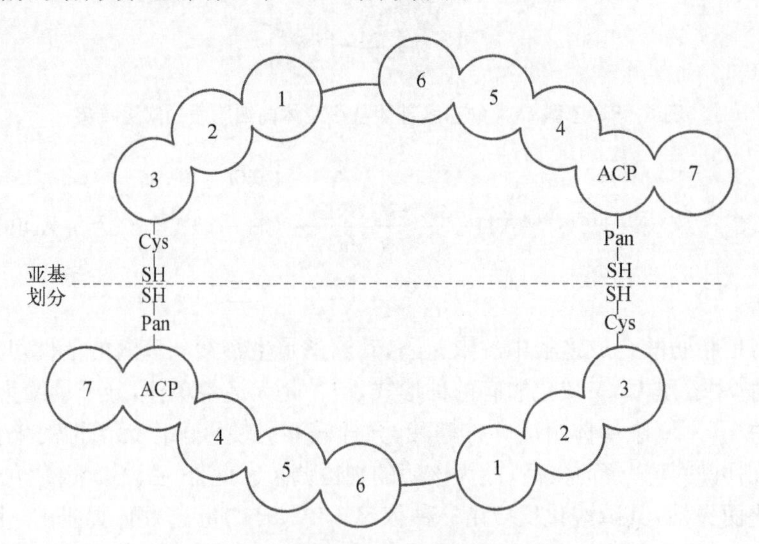

图6-11 哺乳动物脂肪酸合酶二聚体

1. 乙酰转移酶;2. 丙二酸单酰转移酶;3. β-酮脂酰合酶;4. β-酮脂酰还原酶;5. 烯脂酰还原酶;6. 脱水酶;7. 硫酯酶

4. 软脂酸合成过程

(1) 乙酰CoA羧化:脂肪酸合成原料是乙酰CoA,但一个脂肪酸长链并不是由若干个乙酰CoA直接缩合而成。参与软脂酸(16碳)合成的8分子乙酰CoA分子,有7分子需先羧化为丙二酰CoA才能参与脂肪酸合成,只有碳链末端的2个碳原子直接来源于乙酰CoA。乙酰CoA与7分子丙二酰CoA连续缩合,释放7分子CO_2而形成软脂酸。所以,在脂肪酸合成中,1分子乙酰CoA只起引物作用,而丙二酰CoA才是构成脂肪酸二碳单位的直接来源。

(2) 脂肪酸合成的步骤:包括酰基转移、缩合、还原、脱水、再还原等,循环1次脂肪酸链碳原子增加2个,经过7次循环,即可生成16碳的软脂酸[图6-12(本章末二维码)]。

软脂酸合成的总反应式为:

$$CH_3COSCoA + 7HOOCH_2COSCoA + 14NADPH + 14H^+ \longrightarrow CH_3(CH_2)_{14}COOH + 7CO_2 + 6H_2O + 8HSCoA + 14NADP^+$$

软脂酸合成总图见图6-13。

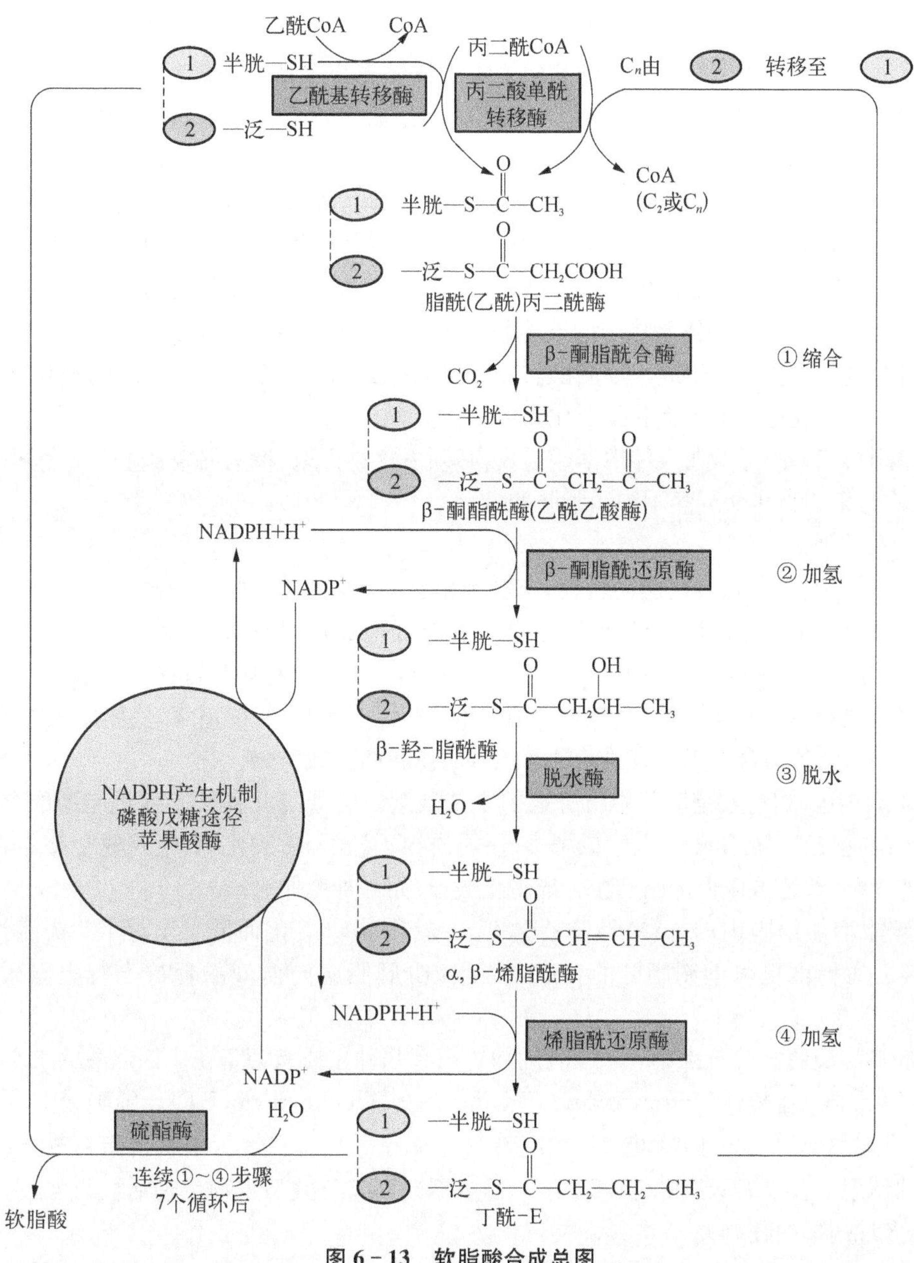

图 6-13　软脂酸合成总图

脂肪酸合成的过程不是β-氧化的逆过程，两过程在细胞定位、脂酰基携带者、质子受体/供体、水合或脱水反应等方面均有区别，具体参见表 6-3。

表 6-3　脂肪酸 β-氧化分解与脂肪酸合成的比较

	脂肪酸 β-氧化分解	脂肪酸的合成
存在部位	除脑组织外，以肝、肌肉最活跃	绝大多数组织
亚细胞部位	线粒体	细胞质
限速酶	肉碱脂酰转移酶Ⅰ	乙酰 CoA 羧化酶
受氢体/供氢体	FAD、NAD^+	NADPH
能量变化	产能	耗能
脂酰基载体	CoASH	ACP
ADP/ATP 值影响	比值高，促进反应	比值低，促进反应
柠檬酸激活作用	无	有
脂酰 CoA 抑制作用	无	有

5. 碳链延长或缩短　脂肪酸碳链缩短在线粒体中经过β-氧化完成，每一次β-氧化减少两个碳原子。脂肪酸碳链延长可由位于内质网和线粒体内的两个酶系催化完成。在内质网由碳链延长酶系催化，以丙二酰 CoA 为二碳单位供体，由 NADPH+H^+ 供氢，经缩合、加氢、脱水、再加氢等反应延长碳链，与细胞质中脂肪酸合成过程基本相同，但酰基载体不是 ACP 而是 CoA。在肝细胞内质网中一般以合成硬脂酸(18 碳)为主，在脑组织中可延长到 24 碳的脂肪酸。在线粒体内，软脂酸经脂肪酸延长酶系的作用，与乙酰 CoA 缩合逐步延长碳链，这一过程基本上是β-氧化的逆过程，每一次缩合反应可加入 2 个碳原子，一般可延长到 24(26 碳)的脂肪酸。

奇数碳原子的脂肪酸链合成是以丙二酰 CoA 作为引物，其余与软脂酸合成基本相同。

6. 不饱和脂肪酸合成　人体脂质中的不饱和脂肪酸有软油酸、油酸、亚油酸、亚麻酸和花生四烯酸等。前两种可在体内通过脱饱和作用生成。硬脂酸转变为油酸，软脂酸转变为软油酸。脱饱和作用主要在肝微粒体内由一种混合功能氧化酶即脱饱和酶催化完成。

亚油酸、亚麻酸、花生四烯酸在人体内不能合成，必须由食物摄取，称为必需脂肪酸。这些脂肪酸碳链上有多个双键，又称为多烯脂肪酸或多不饱和脂肪酸。

7. 脂肪酸合成的调节

(1) 代谢物的调节作用：进食高脂肪食物，或饥饿脂肪动员增强时，肝细胞内脂酰 CoA 增多，可别构抑制乙酰 CoA 羧化酶而抑制体内脂肪酸合成；进食糖类而糖代谢加强，NADPH 及乙酰 CoA 供应增多，有利于脂肪酸的合成，同时糖代谢加强使细胞内 ATP 增多，可抑制三羧酸循环中异柠檬酸脱氢酶，造成异柠檬酸和柠檬酸的堆积，柠檬酸经穿梭被转运出线粒体后，可别构激活乙酰 CoA 羧化酶，使脂肪酸合成增多。此外，大量进食糖类也能增强各种合成脂肪有关的酶活性从而使脂肪合成增强。

(2) 激素调节作用：胰岛素是调节脂肪合成的主要激素。它通过几种机制促进脂肪的合成：胰岛素能促进葡萄糖进入细胞分解，使乙酰 CoA 生成增多；还能诱导乙酰 CoA 羧化酶、脂肪酸合酶等的合成，从而使脂肪酸合成增加；胰岛素还可以促进脂肪酸合成磷脂酸，进而增加脂肪合成。

胰高血糖素能增加细胞内的 cAMP，使乙酰 CoA 羧化酶磷酸化而降低其活性，从而抑制脂肪酸的合成。此外，胰高血糖素也可抑制脂肪的合成，甚至减少肝脂肪向血液的释放。肾上腺素、生长素也有类似作用。

8. 多不饱和脂肪酸的重要衍生物　哺乳动物体内有几种主要来源于花生四烯酸的二十碳多不饱和脂肪酸衍生物，它们是 PG、血栓烷(thromboxane，TX)和白三烯(leukotriene，LT)。细胞膜上的磷脂含有丰富的花生四烯酸，当细胞受到一些外界刺激时，细胞膜中的磷脂酶 A_2 被激活，水解磷脂释放出花生四烯酸，后者在一系列酶的作用下合成 PG、TX 及 LT。这几种多不饱和脂肪酸衍生物生理活性很强，对细胞代谢调节有重要作用，与多种病理过程有关。

(1) PG：存在于动物和人体许多组织细胞的一种二十碳多不饱和脂肪酸(前列腺酸)衍生物，由一个五碳环和两条侧链构成，其结构如下：

9 8 6 5 3 1 COOH
10
CH$_3$
11 12 14 15 17 19 20

花生四烯酸

9 7 5 3 1 COOH R$_1$
10
CH$_3$ R$_2$
11 13 15 17 19 20

前列腺酸

按其五碳环上取代基团和双键位置的不同，可分为 9 型，分别命名为 PGA、PGB、PGC、PGD、PGE、PGF、PGG、PGH 及 PGI，体内 PGA、PGE、PGF 含量较多，PGI 又称前列环素。

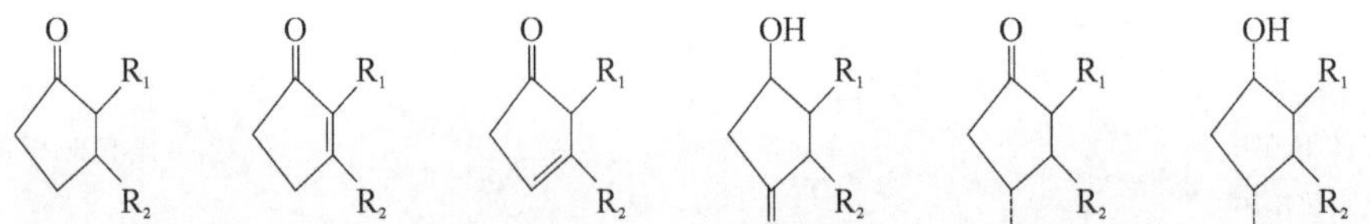

PGA　PGB　PGC　PGD　PGE　PGF

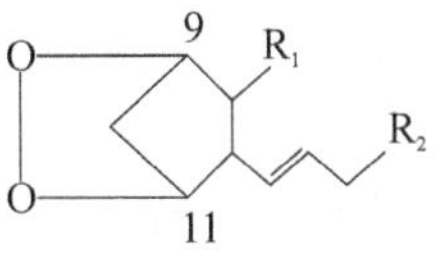

PGG 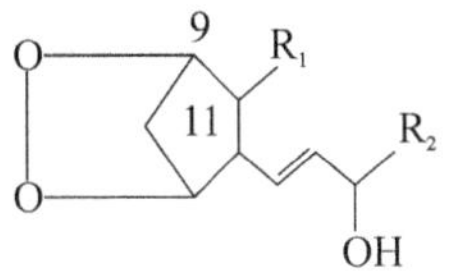　PGH 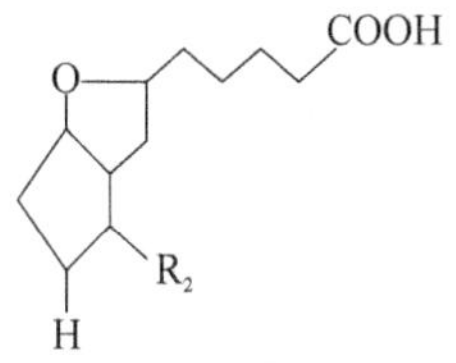　PGI

根据其 R_1 及 R_2 两条链中双键数目的多少，每型 PG 又分为 1、2、3 类（在字母的右下角表示）。

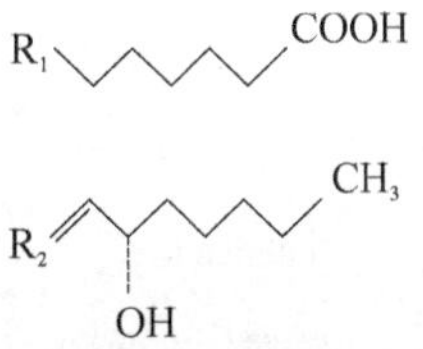

1类 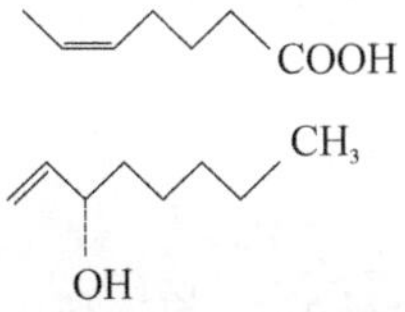　2类 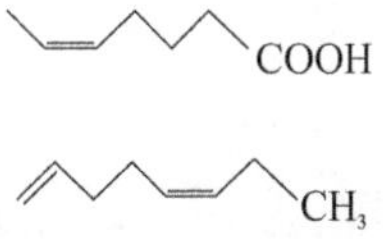　3类

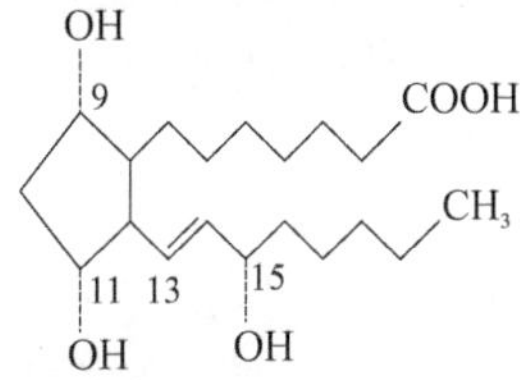

$PGF_1\alpha$　$PGF_2\alpha$

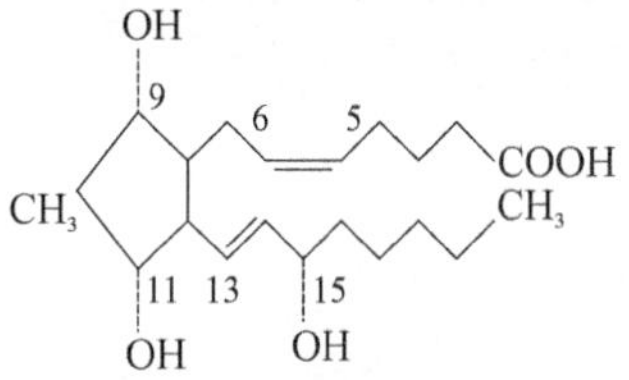

PG 的主要生理功能：PGE_2 是诱发炎症的主要因素之一，它能使局部血管扩张及毛细血管通透性增加，引起红、肿、热、痛等症状。PGE_2、PGA_2 能使动脉平滑肌舒张从而使血压下降；PGE_2、PGI_2 能抑制胃酸分泌，促进胃肠平滑肌蠕动。PGI_2 由血管内皮细胞合成，是使血管平滑肌舒张和抑制血小板聚集最强的物质。PGF_2 能使卵巢平滑肌收缩引起排卵，加强子宫收缩，促进分娩等。

(2) TX：也是二十碳多不饱和脂肪酸衍生物，与 PG 不同的是其五碳环为一个环醚结构所取代，血栓烷 A_2（TXA_2）是其主要活性形式，结构如下：

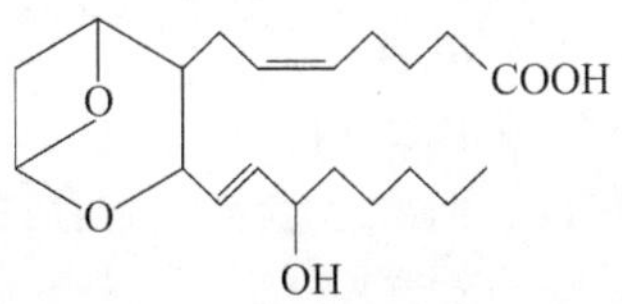

TXA_2

TXA_2 可由血小板产生，它能强烈地促进血小板聚集，并使血管收缩，是促进凝血及血栓形成的重要因素，前述 PGI_2 有很强的舒血管及抗血小板聚集作用，因此 PGI_2 与 TXA_2 的平衡是调节小血管收缩，血小板黏聚的重要因素，它们的代谢与心脑血管病有密切的关系。

(3) LT：是另一类二十碳多不饱和脂肪酸的衍生物，主要在白细胞内合成，LTA_4 结构如下：

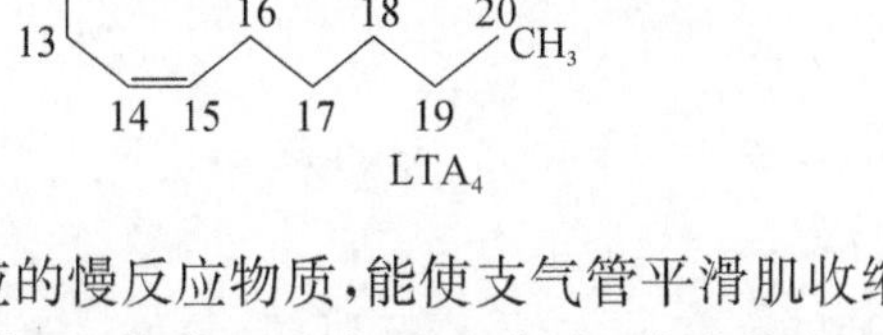

LTA_4

研究证明，LT 是一类过敏反应的慢反应物质，能使支气管平滑肌收缩，作用缓慢而持久。LT 还能调节白细胞的功能，促进其游走及趋化作用；能激活腺苷酸环化酶，使多核白细胞脱颗粒，促进溶酶体释放水解酶类，使炎症过敏反应加重。

(四) 甘油三酯合成过程

合成甘油三酯所需的3分子脂肪酸可以完全相同,也可以完全不同。这些脂肪酸需先活化为脂酰CoA(RCO～SCoA)。体内合成甘油三酯有两条途径。

1. 甘油一酯途径　　该途径的特点是以甘油一酯为起始物,在脂酰CoA转移酶催化下,加上两分子脂酰基,生成甘油三酯(参见本章第一节中脂质的消化吸收相关内容)。这是小肠黏膜细胞合成脂肪的主要途径。

$$R_2-\overset{O}{\overset{\|}{C}}-O-CH(CH_2OH)_2 + 2RCO\sim SCoA \xrightarrow{\text{脂酰CoA转移酶}} R_2-\overset{O}{\overset{\|}{C}}-O-CH(CH_2O-\overset{O}{\overset{\|}{C}}-R_1)(CH_2-O-\overset{O}{\overset{\|}{C}}-R_3) + 2HSCoA$$

甘油一酯　　　　　　　　　　　　甘油三酯

2. 甘油二酯途径(磷脂酸途径)　　该途径的特点是利用甘油-3-磷酸,在脂酰CoA转移酶催化下,加上2分子脂酰基生成磷脂酸。后者在磷脂酸磷酸酶作用下,水解脱去磷酸生成甘油二酯,再在脂酰CoA转移酶催化下,加上1分子脂酰基生成甘油三酯(图6-14)。这是肝细胞、脂肪组织等合成甘油三酯的主要途径。

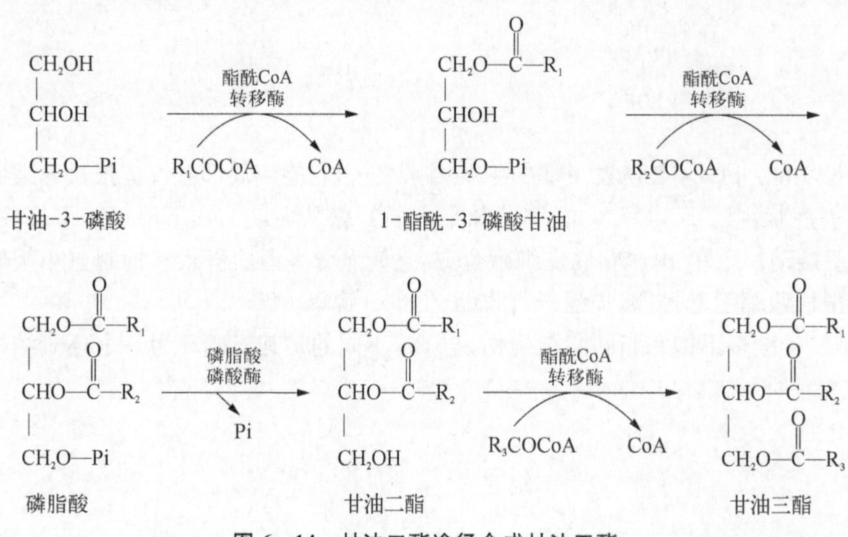

图6-14　甘油二酯途径合成甘油三酯

(五) 不同组织合成甘油三酯的特点

肝、脂肪组织和小肠是人体内合成甘油三酯的主要场所,但不同组织在合成时各有特点,总结如表6-4所示。

表6-4　不同组织合成甘油三酯的特点

组　织	小肠黏膜上皮细胞		肝	脂肪组织
	进餐后	空　腹		
合成途径	甘油一酯途径	甘油二酯途径	甘油二酯途径	甘油二酯途径
糖代谢生成甘油-3-磷酸	否	可	可	可
甘油生成甘油-3-磷酸	否	可	可	否
主要中间产物	甘油二酯	磷脂酸	磷脂酸	磷脂酸
脂肪可否储存	否	否	否	可
动员或分泌形式	乳糜微粒	VLDL	VLDL	游离脂肪酸+甘油
生理功能	合成外源性甘油三酯	合成内源性甘油三酯	合成内源性甘油三酯	合成、储存甘油三酯

第三节　磷 脂 代 谢

分子中含有磷酸的脂质称为磷脂(phospholipid)，磷脂分为甘油磷脂和鞘磷脂两大类。由甘油构成的磷脂称为甘油磷脂(glycerophospholipids)，由鞘氨醇(sphingosine)构成的磷脂称为鞘磷脂(sphingophospholipids)。体内含量最多的磷脂是甘油磷脂。

一、磷脂的结构、分类和功能

甘油磷脂的核心结构是甘油磷酸，分子中还含有脂肪酸、含氮化合物等。其基本结构如下：

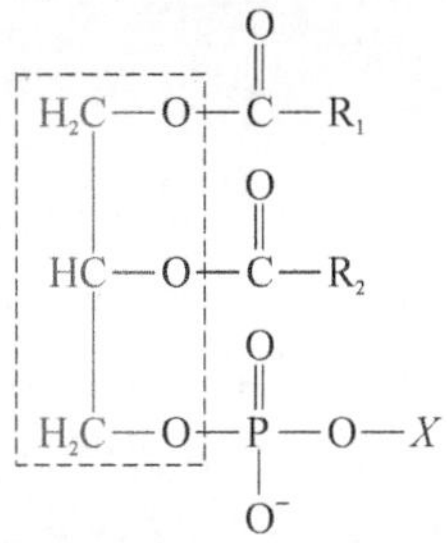

$$
\begin{array}{l}
H_2C-O-\overset{O}{\overset{\|}{C}}-R_1 \\
\;\;| \\
HC-O-\overset{O}{\overset{\|}{C}}-R_2 \\
\;\;| \\
H_2C-O-\underset{O^-}{\underset{|}{\overset{O}{\overset{\|}{P}}}}-O-X
\end{array}
$$

甘油磷脂

从结构式可见，在甘油磷脂分子中，甘油 C_1 位和 C_2 位上的羟基(—OH)都被脂肪酸酯化，通常 C_2 位的脂肪酸是花生四烯酸。C_3 位上的磷酸基团被其他羟基化合物酯化。*X* 通常为含氮化合物。根据与磷酸相连的 *X* 的不同，可将甘油磷脂分为以下类别(表 6-5)。

表 6-5　机体中重要的甘油磷脂

X—OH	*X*	甘油磷脂的名称
水	—H	磷脂酸
胆碱	$-CH_2CH_2N^+(CH_3)_3$	磷脂酰胆碱(卵磷脂)
乙醇胺	$-CH_2CH_2NH_3^+$	磷脂酰乙醇胺(脑磷脂)
丝氨酸	$-CH_2CHNH_2COOH$	磷脂酰丝氨酸
甘油	$-CH_2CHOHCH_2OH$	磷脂酰甘油
磷脂酰甘油	$-CH_2CHOHCH_2O-\underset{OH}{\underset{\mid}{\overset{O}{\overset{\|}{P}}}}-O-CH_2-CH(OCOR_2)-CH_2OCOR_1$	二磷脂酰甘油(心磷脂)
肌醇	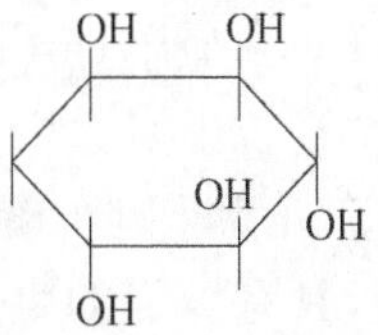 (肌醇环：OH OH OH OH OH)	磷脂酰肌醇

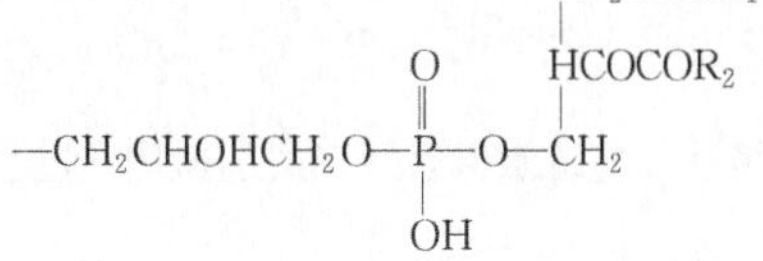

每一类磷脂又根据其脂肪酸的不同可分为若干种。各种甘油磷脂若脱去一个脂酰基(通常是 C_2 位上的脂酰基)则产生相应的溶血磷脂。

鞘磷脂以鞘氨醇或二氢鞘氨醇为基本骨架。鞘氨醇是一种 18C 长链不饱和氨基二元醇。分子中 C_1、C_2 和 C_3 位上分别有功能基团—OH、$—NH_2$、—OH。二氢鞘氨醇与鞘氨醇的区别是 18C 烃链中双键被氢饱和，两者结构如下：

$$CH_3-(CH_2)_{12}-CH-CH=CH-CHOH$$
$$\quad\quad\quad\quad\quad\quad\quad\quad\quad|$$
$$\quad\quad\quad\quad\quad\quad\quad\quad\quad CHNH_2$$
$$\quad\quad\quad\quad\quad\quad\quad\quad\quad|$$
$$\quad\quad\quad\quad\quad\quad\quad\quad\quad CH_2OH$$

鞘氨醇

$$CH_3-(CH_2)_{12}-CH-CH-CH-CHOH$$
$$\quad\quad\quad\quad\quad\quad\quad\quad\quad|$$
$$\quad\quad\quad\quad\quad\quad\quad\quad\quad CHNH_2$$
$$\quad\quad\quad\quad\quad\quad\quad\quad\quad|$$
$$\quad\quad\quad\quad\quad\quad\quad\quad\quad CH_2OH$$

二氢鞘氨醇

鞘氨醇 C_2 位上的氨基($-NH_2$)通过酰胺键结合脂酰基后生成神经酰胺即 N-脂酰鞘氨醇,C_1 位羟基($-OH$)再结合磷酸胆碱或磷酸乙醇胺,即成为鞘磷脂。

$$\overbrace{CH_3-(CH_2)_{12}-CH=CH-CHOH}^{\text{鞘氨醇}}$$
$$\quad\quad\quad\quad\quad\quad\quad|$$
$$\quad\quad\quad\quad\quad\quad\quad CHNH\overbrace{CO-(CH_2)_nCH_3}^{\text{脂酸}}$$
$$\quad\quad\quad\quad\quad\quad\quad|$$
$$\quad\quad\quad\quad\quad\quad\quad CH_2OH$$

神经酰胺

$$\overbrace{CH_3-(CH_2)_m-CH=CH-CH-OH}^{\text{鞘氨醇}}$$
$$\quad\quad\quad\quad\quad\quad\quad|$$
$$\quad\quad\quad\quad\quad\quad\quad CHNH\overbrace{CO(CH_2)_nCH_3}^{\text{脂酸}}$$
$$\quad\quad\quad\quad\quad\quad\quad|$$
$$\quad\quad\quad\quad\quad\quad\quad CH_2-O-X$$

鞘磷酯

甘油磷脂和鞘磷脂尽管在组成上有差别,但分子构型与电荷分布却十分相似。分子中均含有疏水的尾部和亲水的头部。甘油磷脂 C_1 和 C_2 位上的长链脂酰基是两个疏水的非极性尾,C_3 位上的磷酸含氮碱或羟基是亲水的极性头部;鞘磷脂分子中两条烃链是非极性尾,C_1 位上荷电的磷酸胆碱是极性亲水头部。这样的结构特点是使磷脂在水和非极性溶剂中都有很大的溶解度(两性化合物),能同时与极性或非极性物质结合,当它分散在水溶液中时亲水的极性头趋向于水相,而疏水尾则互相聚集,避免与水接触,形成稳定的微团或自动排列成双分子层(图 6-15)。最适于作为水溶性蛋白质和非极性脂质之间的结构桥梁,因而磷脂是构成生物膜及血浆脂蛋白的重要成分。

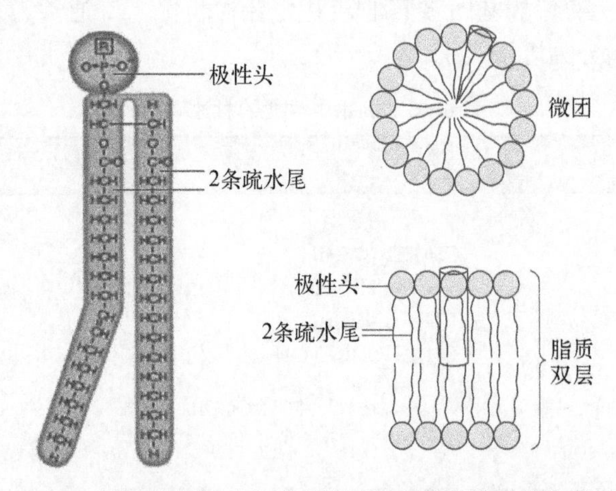

图 6-15 磷脂的极性头与疏水尾以及形成的微团或脂质双层

不同的磷脂还有一些特殊的功能,如磷脂酰肌醇及其衍生物参与细胞信号传导,肌醇三磷酸(inositol triphosphate,IP_3)和甘油二酯是胞内重要的信使分子;心磷脂(cardiolipin)是线粒体内膜和细菌膜的重要成分;二软脂酰胆碱(C_1、C_2 位上均为饱和的软脂酰基,C_3 位上是磷酸胆碱)是肺泡表面活性物质的重要成分,能保持肺泡表面张力,防止气体呼出时肺泡塌陷,早产儿由于这种磷脂的合成和分泌缺陷而易患呼吸窘迫综合征。血小板激活因子也是一种特殊的磷脂酰胆碱,具有极强的生物活性。此外,甘油磷脂分子上 C_2 位的脂酰基多为不饱和必需脂肪酸,因而存在于膜结构中的甘油磷脂还是必需脂肪酸储存库。

二、甘油磷脂的代谢

(一) 甘油磷脂的合成

1. 合成场所　全身各组织细胞内质网中均含有合成甘油磷脂的酶系,故各组织均可合成甘油磷脂,肝、肾、肠等组织中甘油磷脂合成均很活跃,尤以肝最强。

2. 合成原料 合成甘油磷脂需甘油、脂肪酸、磷酸盐、胆碱(choline)、丝氨酸、肌醇(inositol)等原料。甘油和脂肪酸主要由糖代谢转化而来,C_2 位上多为不饱和脂肪酸,主要是必需脂肪酸,需由食物提供。肌醇主要由食物提供,胆碱、乙醇胺(ethanola mine)可从食物摄取,也可由丝氨酸在体内转变生成。丝氨酸脱羧后生成乙醇胺,乙醇胺从 S-腺苷甲硫氨酸获得 3 个甲基生成胆碱。合成磷脂所需的能量主要由 ATP 提供,此外,还需 CTP 参加。

3. 合成过程 合成甘油磷脂有两条途径,一条是甘油二酯途径;另一条是 CDP-甘油二酯途径,磷脂酸是两条途径共同的起始反应物,每条途径特点如下:

(1) 甘油二酯途径:磷脂酰胆碱(phosphatidyl choline)和磷脂酰乙醇胺(phosphatidyl ethanola mine)主要通过此途径合成,这两类磷脂占血液及组织中磷脂的 75%以上。该途径的特点是参与合成的胆碱及乙醇胺等需先活化为 CDP-胆碱或 CDP-乙醇胺(图 6-16a),再转移到甘油二酯分子上(图 6-16b)。

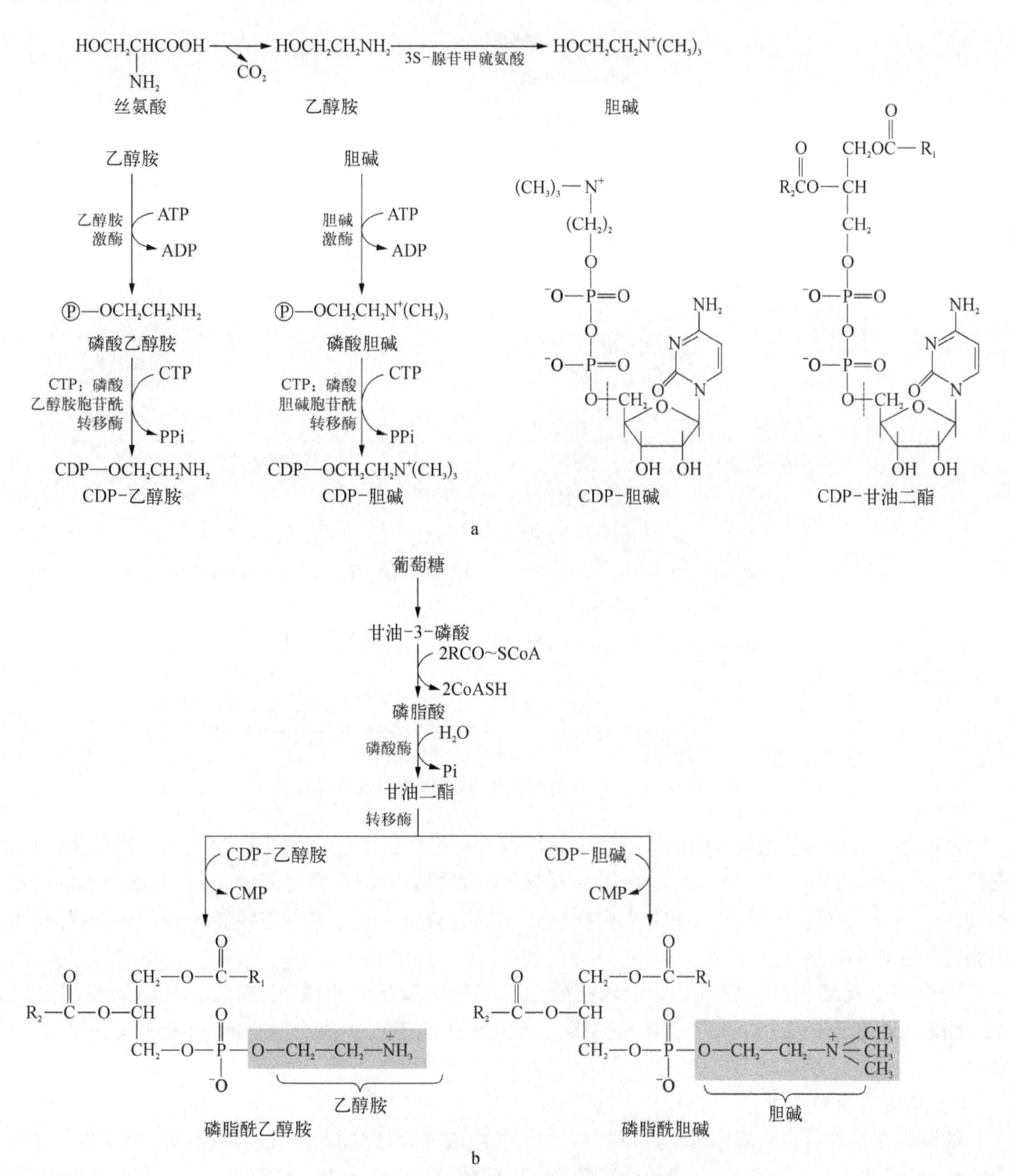

图 6-16 甘油磷脂合成的甘油二酯途径

a. CDP-乙醇胺和 CDP-胆碱的生成;b. 甘油二酯途径合成甘油磷脂

磷脂酰胆碱是真核生物细胞膜含量最丰富的磷脂，在细胞增殖和分化过程中具有重要作用，对维持正常细胞周期具有重要意义，其代谢异常与一些疾病如癌症、阿尔茨海默病和脑卒中等的发生密切相关。

(2) CDP-甘油二酯途径：磷脂酰肌醇、磷脂酰丝氨酸(phosphatidyl serine)和心磷脂由此途径合成。该途径的特点是磷脂酸先与CTP在磷脂酰胞苷转移酶的催化下，生成CDP-甘油二酯，后者再分别与肌醇、丝氨酸及磷脂酰甘油反应，生成相应的磷脂(图6-17)。

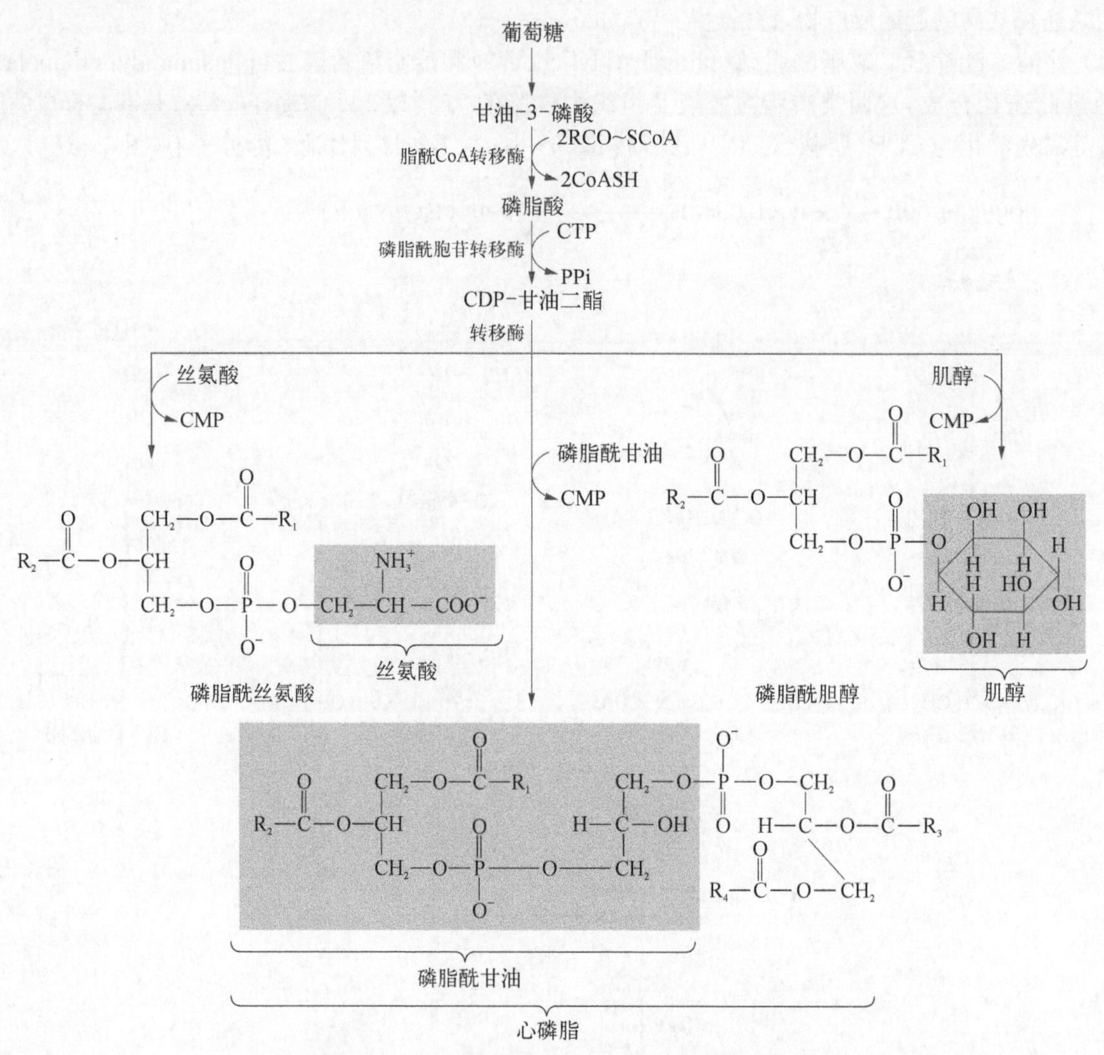

图6-17 甘油磷脂合成的CDP-甘油二酯途径

甘油磷脂合成在内质网膜外侧面进行。细胞质存在一类促进磷脂在细胞内膜之间交换的蛋白质，称磷脂交换蛋白(phospholipid exchange protein)。其催化不同种类磷脂在膜之间的交换，使新合成的磷脂转移至不同细胞器膜上，更新膜磷脂。例如，在内质网合成的心磷脂可通过这种方式转至线粒体内膜，构成线粒体内膜特征性磷脂。

Ⅱ型肺泡上皮细胞可合成由2分子软脂酸构成的特殊磷脂酰胆碱，生成的二软脂酰胆碱是较强乳化剂，能降低肺泡表面张力，有利于肺泡扩张。新生儿肺泡上皮细胞合成二软脂酰胆碱障碍会引起肺不张。

(二) 甘油磷脂的分解

甘油磷脂在多种磷脂酶的作用下，水解为它们的各组成成分，此过程即甘油磷脂的分解。生物体内有多种磷脂酶，根据其作用部位的不同，分为磷脂酶 A_1、磷脂酶 A_2、磷脂酶 B_1、磷脂酶 B_2、磷脂酶C、磷脂酶D等(图6-18)。各种磷脂酶的作用特点参见表6-6。

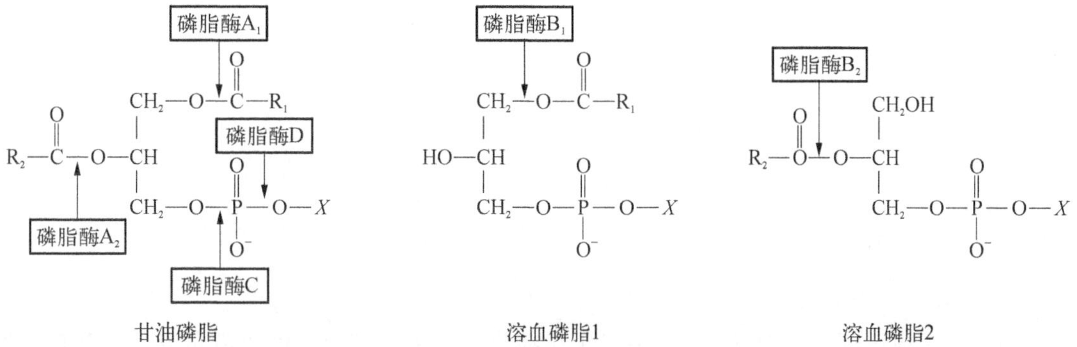

磷脂酶A_1 磷脂酶A_2 磷脂酶C 磷脂酶D 磷脂酶B_1 磷脂酶B_2

甘油磷脂 溶血磷脂1 溶血磷脂2

图 6-18 各种磷脂酶的作用

表 6-6 磷脂酶的特点

种类	作用部位	产物	主要来源
磷脂酶 A_1	1 位酯键	溶血磷脂 2、脂肪酸	动物细胞溶酶体中，蛇毒及某些微生物
磷脂酶 A_2	2 位酯键	溶血磷脂 1、多不饱和脂肪酸（大多为花生四烯酸）	动物细胞膜及线粒体
磷脂酶 B_1	溶血磷脂 1 位酯键	甘油磷酸胆碱、脂肪酸	—
磷脂酶 B_2	溶血磷脂 2 位酯键	甘油磷酸胆碱、多不饱和脂肪酸（大多为花生四烯酸）	—
磷脂酶 C	3 位磷酸酯键	甘油二酯、磷酸胆碱或磷酸乙醇胺等	细胞膜及某些细菌
磷脂酶 D	磷酸取代基间酯键	磷脂酸、含氮碱	—

甘油磷脂水解的一些产物有较强的生物活性，如磷脂酰胆碱被磷脂酶 A_2 水解后生成溶血磷脂酰胆碱 1，表面活性较强，能使红细胞膜等膜结构破坏，引起溶血或细胞坏死。溶血磷脂酰胆碱 1 经磷脂酶 B_1 作用脱去 C_1 位的脂肪酸后，转变为甘油磷酸胆碱，即失去溶解细胞膜的作用。甘油磷脂水解产物甘油、脂肪酸、磷酸、胆碱、乙醇胺等可分别进行相关合成、分解代谢。

三、神经鞘磷脂的合成与分解

人体内含量最多的鞘磷脂是神经鞘磷脂（sphingomyelin），其由神经酰胺（ceramide）和磷酸胆碱组成，下面简要介绍神经鞘磷脂的合成与分解代谢。

（一）神经鞘磷脂的合成

1. 合成场所　全身各组织细胞内质网中含有合成神经鞘氨醇的酶，故各组织均能合成神经鞘磷脂，以脑组织最为活跃。

2. 合成原料　以软脂酰 CoA 和丝氨酸为基本原料，同时需要磷酸吡哆醛、NADPH 和 FAD 等辅酶的参与。

3. 合成过程　软脂酰 CoA 和丝氨酸在鞘氨醇合成酶系的催化下先合成鞘氨醇，鞘氨醇再在脂酰基转移酶的催化下，其氨基与脂酰 CoA 进行酰胺缩合，生成神经酰胺，再由 CDP-胆碱供给磷酸胆碱，即生成神经鞘磷脂。

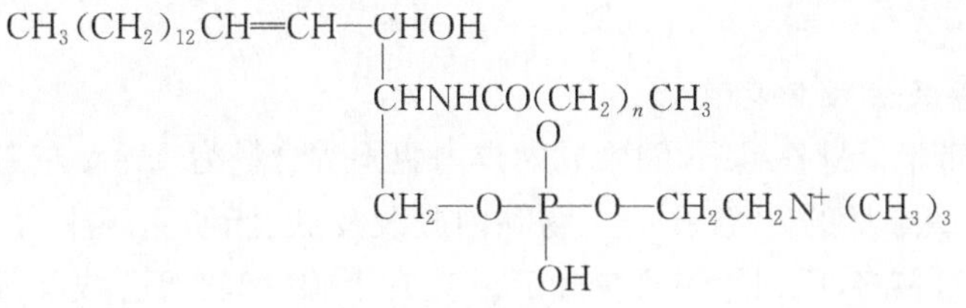

$$CH_3(CH_2)_{12}CH{=}CH{-}CHOH$$
$$CHNHCO(CH_2)_nCH_3$$
$$CH_2{-}O{-}P(=O)(OH){-}O{-}CH_2CH_2N^+(CH_3)_3$$

神经鞘磷脂

（二）神经鞘磷脂的分解代谢

水解神经鞘磷脂的酶是鞘磷脂酶，属磷脂酶 C 类，它催化神经鞘磷脂的磷酸酯键，水解产物为磷酸胆碱和神经酰胺。鞘磷脂酶存在于脑、肝、肾等细胞溶酶体中，如先天缺乏此酶，神经鞘磷脂则不能降解而在细胞内堆积,可引起肝大、脾大及中枢神经系统退行性变等鞘磷脂沉积病。

第四节 胆固醇代谢

一、胆固醇的结构与功能

(一) 胆固醇化学结构和性质

胆固醇(cholesterol)是重要的类脂之一,最初是从动物胆石中分离出来的含有羟基的固体醇类化合物,故称为胆固醇,属于固醇类化合物的代表。固醇类化合物具有环戊烷多氢菲的共同结构(图 6-19),不同固醇的区别在于碳原子数及取代基不同。

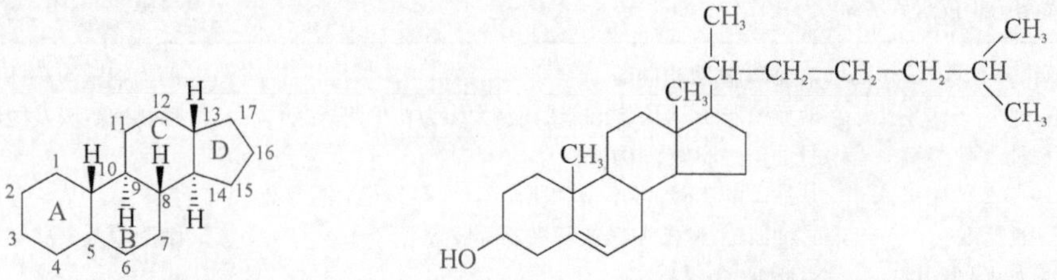

环戊烷多氢菲　　胆固醇(动物固醇,27C)

图 6-19 环戊烷多氢菲与胆固醇的结构

植物中不含胆固醇,以β-谷固醇含量最多。酵母中含麦角固醇,它是维生素 D 的前体,细菌不含固醇类化合物。植物β-谷固醇与麦角固醇的结构如图 6-20 所示。

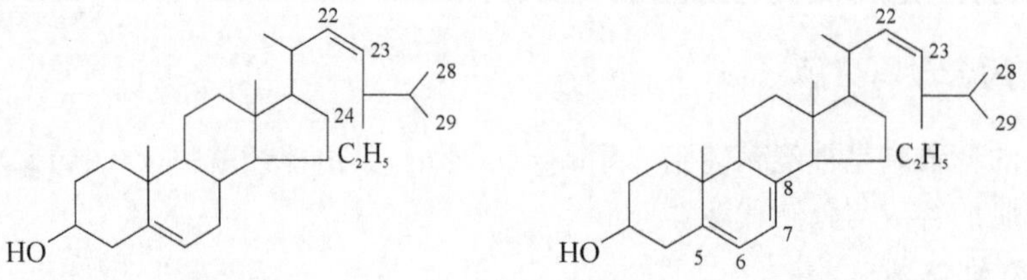

植物β-谷固醇 (29C)　　麦角固醇 酵母(28C)

图 6-20 植物β-谷固醇与酵母麦角固醇的结构

胆固醇含 27 个碳原子,其 C_3 位上的羟基可与脂肪酸以酯键相连形成胆固醇酯,未与脂肪酸结合者称为游离胆固醇(图 6-1)。

胆固醇 27 个碳原子形成的烃核及侧链都是非极性的,虽只有 3 位上的羟基是极性的,仍有弱两性分子的性质。

(二) 胆固醇体内分布及生理功能

人体内胆固醇广泛分布于全身各组织,健康成人体内胆固醇含量为 140 g 左右,其中 25%分布在脑及神经组织。胆固醇约占脑组织重量的 2%,肝、肾、肠等内脏及皮肤、脂肪组织中含有的胆固醇为组织重量的 0.2%~0.5%,其中肝内含量较多,肌肉组织含量较低。在肾上腺、卵巢等合成类固醇激素的内分泌腺中,胆固醇含量可达 1%~5%。胆固醇在组织中一般以非酯化的游离状态存在于细胞膜中,但在肾上腺、血浆及肝中,大多数胆固醇与脂肪酸结合为胆固醇酯。

胆固醇在体内有重要的生理功能。胆固醇是生物膜的重要组成成分,由于它是两性分子,其 3 位羟基极性端指向膜的亲水界面,疏水的母核及侧链具有一定刚性深入膜双脂层,对控制生物膜的流动性具有重要作用。胆固醇又是合成胆汁酸、类固醇激素及维生素 D_3 等重要生理活性物质的原料。

（三）胆固醇消化吸收

人体内的胆固醇可由机体自身合成，成人每日合成 1 g 左右，其余均从食物中摄取，主要来自动物内脏、蛋类、奶油及肉类。

食物胆固醇多为游离胆固醇，10%～15%为胆固醇酯，后者需经胰腺分泌的胰胆固醇酯酶水解生成游离胆固醇后方能吸收。影响胆固醇吸收的因素很多，胆汁酸是维持胆固醇吸收的主要因素，胆汁酸缺乏时，明显降低胆固醇的吸收。许多因素能促使胆汁酸排出体外，造成胆汁酸缺乏，显著减少胆固醇吸收，乃至降低血中胆固醇。食物中的纤维素、果胶、植物固醇及某些药物，如考来烯胺等有降低血脂的作用，这与它们能在消化道中与胆汁酸结合，促使其从粪便排出，从而减少胆固醇吸收有关。

二、胆固醇的合成与转化

（一）胆固醇生物合成

1. 合成场所　成年动物除脑组织及成熟红细胞外，几乎全身各组织细胞均可合成胆固醇。肝合成胆固醇的能力最强（占体内胆固醇合成量的 70%～80%），小肠次之，合成量占总合成量的 10%。胆固醇合成酶系存在于细胞质及滑面内质网膜上，胆固醇合成主要在细胞的这两个部位进行。

2. 合成原料　乙酰 CoA 是合成胆固醇的碳源。每合成 1 分子胆固醇需 18 分子乙酰 CoA，36 分子 ATP 及 16 分子 $NADPH+H^+$，它们分别提供碳源、能量及还原反应所需的氢。乙酰 CoA 来自葡萄糖、脂肪酸及某些氨基酸在线粒体内的分解代谢，与草酰乙酸缩合生成柠檬酸，间接穿梭转运至细胞质。$NADPH+H^+$ 主要来自细胞质中磷酸戊糖代谢途径。糖是合成胆固醇原料乙酰 CoA 的主要来源，故高糖饮食的人也可能出现血浆胆固醇增高的现象。

3. 合成过程　胆固醇合成过程有近 30 步酶促反应，可概括为以下 3 个阶段。

（1）第一阶段——甲羟戊酸合成：在细胞质中，两分子乙酰 CoA 在硫解酶催化下，缩合成乙酰乙酰 CoA，然后在 HMG－CoA 合酶催化下，再与 1 分子乙酰 CoA 缩合生成 HMG－CoA，以上反应与肝内生成酮体的前几步相同。HMG－CoA 再在 HMG－CoA 还原酶催化下，由 $NADPH+H^+$ 供氢生成甲羟戊酸（MVA），催化此反应的 HMG－CoA 还原酶是胆固醇合成的限速酶。

（2）第二阶段——鲨烯生成：MVA 在 ATP 供能条件下，先经磷酸化，再脱羧、脱羟基而生成为 5 碳的异戊烯焦磷酸。异戊烯焦磷酸异构化为二甲丙烯焦磷酸。二甲丙烯焦磷酸与异戊烯焦磷酸缩合成 10 碳中间物，然后再与 5 碳的异戊烯焦磷酸合成为 15 碳的中间物焦磷酸法尼酯。2 分子焦磷酸法尼酯通过缩合，还原生成 30 碳的多烯烃——鲨烯。

（3）第三阶段——形成胆固醇：鲨烯与细胞质中固醇载体蛋白结合进入内质网，经加氧酶、环化酶等催化的多步反应，先环化成羊毛固醇，再经过一系列氧化、脱羧、还原等反应，脱去 3 分子 CO_2，形成 27 碳的胆固醇。

胆固醇合成基本过程如图 6－21 所示。

4. 胆固醇酯化　细胞内和血浆中的游离胆固醇都可以被酯化成胆固醇酯，但不同部位催化胆固醇酯化的酶及反应过程不同。

（1）细胞内胆固醇的酯化：组织细胞内的游离胆固醇可在脂酰 CoA 胆固醇脂酰转移酶（ACAT）的催化下，接受脂酰 CoA 的脂酰基形成胆固醇酯。

（2）血浆内胆固醇的酯化：血浆中卵磷脂在卵磷脂－胆固醇酰基转移酶（lecithin－cholesterol acyltransferase，LCAT）的催化下，其第 2 位碳原子的脂酰基（多为不饱和脂酰基）转移至第 3 位羟基上生成胆固醇酯及溶血磷脂酰胆碱。LCAT 由肝实质细胞合成，合成后分泌入血，在血浆中发挥催化作用。

（二）胆固醇合成的调节

HMG－CoA 还原酶是胆固醇合成的限速酶，各种因素可通过对该酶活性的影响来调节胆固醇的合成速率。此外，HMG－CoA 还原酶活性具有昼夜节律性，午夜最高，中午最低。

1. 激素调节　胰岛素和胰高血糖素可以酶化学修饰的方式调节 HMG－CoA 还原酶的活性。HMG－

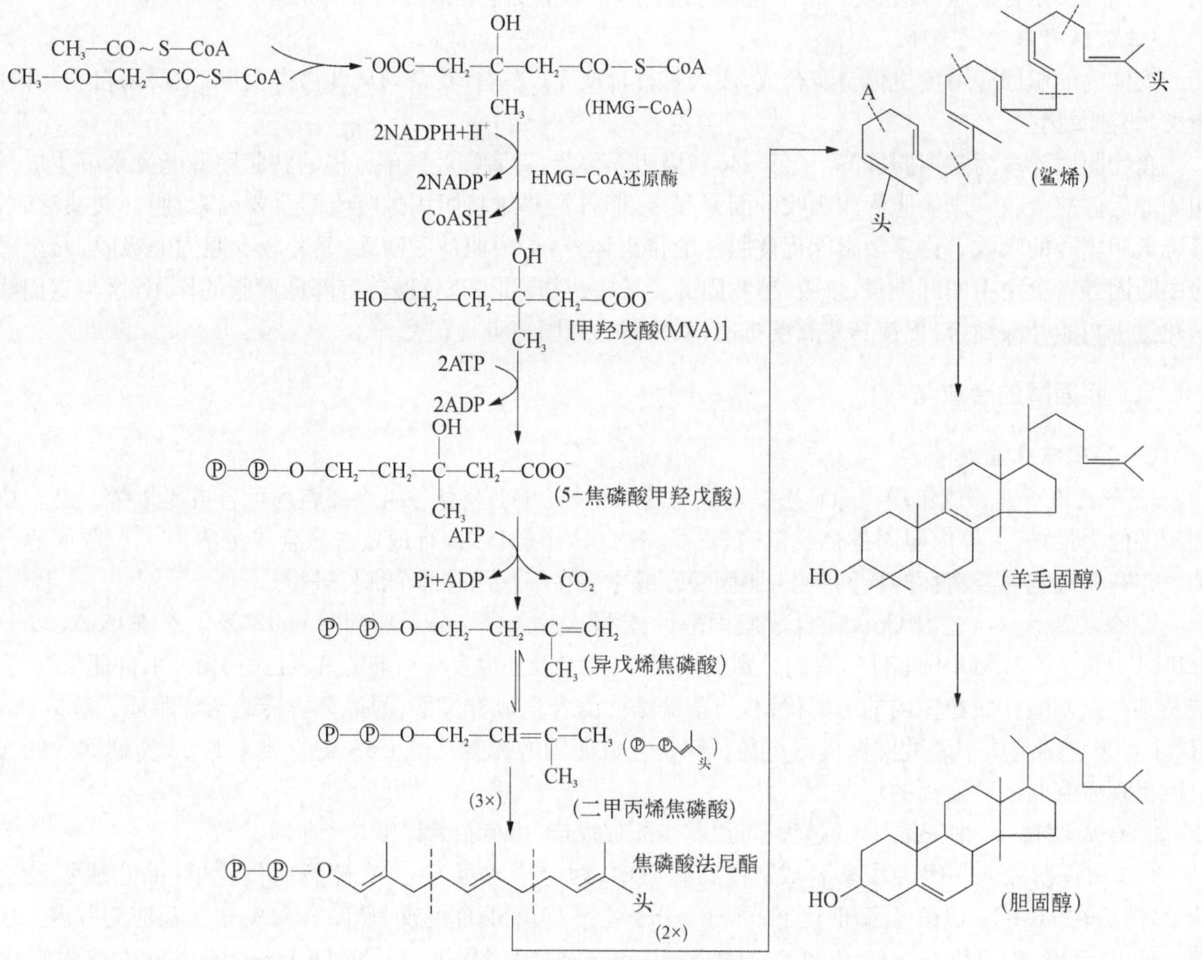

图 6-21 胆固醇的生物合成

CoA 还原酶有磷酸化和去磷酸化两种形式，前者无活性，后者有活性。胰高血糖素通过第二信使 cAMP 激活蛋白激酶，加速 HMG-CoA 还原酶磷酸化而失活，从而减少胆固醇合成；胰岛素则促进该酶的去磷酸化作用，使酶活性增加；并能诱导 HMG-CoA 还原酶的合成，因而胰岛素能促进胆固醇的合成。甲状腺素亦可促进该酶的合成，使胆固醇合成增多，但同时又促进胆固醇转变为胆汁酸，增加胆固醇的转化，后者作用强于前者，故当甲状腺功能亢进时，患者血清胆固醇含量反而下降。

2. 饥饿与饱食　饥饿与禁食可使肝 HMG-CoA 还原酶合成减少，酶活性降低，也引起乙酰 CoA、ATP、NADPH＋H^+ 不足，故可抑制肝内胆固醇合成。而肝外组织合成减少不多。相反，高糖、高饱和脂肪等饮食后肝 HMG-CoA 还原酶活性增加，胆固醇合成也增加。

3. 食物胆固醇　可反馈阻遏 HMG-CoA 还原酶的合成，从而使胆固醇合成下降；反之，降低食物胆固醇的量，则可解除胆固醇对此酶合成的阻遏作用，使其合成增加，但食物胆固醇不能阻遏小肠黏膜细胞合成胆固醇。此外，胆固醇的一些衍生物还能直接抑制 HMG-CoA 还原酶活性。

（三）胆固醇在体内的转化与排泄

胆固醇的母核——环戊烷多氢菲在体内不能被降解，但其侧链可被氧化、还原为其他含环戊烷多氢菲母核的生理活性化合物，参与体内的代谢调节或排出体外。胆固醇的主要转化有以下三种。

1. 合成胆汁酸　在肝内转化为胆汁酸是体内胆固醇的主要代谢去路。正常人每日合成的胆固醇总量中约有 40%在肝内转变为胆汁酸，大部分胆汁酸以胆汁酸盐的形式随胆汁排入肠道(参见第十四章肝的生物化学)。还有一部分胆固醇可与胆汁酸盐结合形成混合微团内直接随胆汁排出。进入肠道的胆固醇可随同食物被吸收，未被吸收的部分(约占 50%的胆固醇)可以原形或经肠道细菌还原为粪固醇后随粪便排出。

2. 合成类固醇激素　胆固醇是肾上腺皮质激素、雌激素、孕激素、雄激素等类固醇激素的前体(表 6-7)。

表 6-7　胆固醇转化的类固醇激素

器　　官		合成的类固醇激素
肾上腺	皮质球状带	醛固酮
	皮质束状带	皮质醇
	皮质网状带	雄激素
睾丸	间质细胞	睾酮
卵巢	卵泡内膜细胞	雌二醇、孕酮
	黄体	雌二醇、孕酮

3. 合成维生素 D_3　维生素 D_3 可以由食物供给，也可在体内合成。皮肤中的胆固醇经酶促氧化生成 7-脱氢胆固醇，在紫外线照射下，可形成维生素 D_3。维生素 D_3 经肝细胞微粒体 25-羟化酶催化生成 25-OH-D_3，后者经血浆转运至肾，再经 1 位羟化形成具有生理活性的 1,25-二羟维生素 D_3[1,25-$(OH)_2$-D_3]，1,25-$(OH)_2$-D_3 具有调节钙磷代谢的作用(图 6-22)。

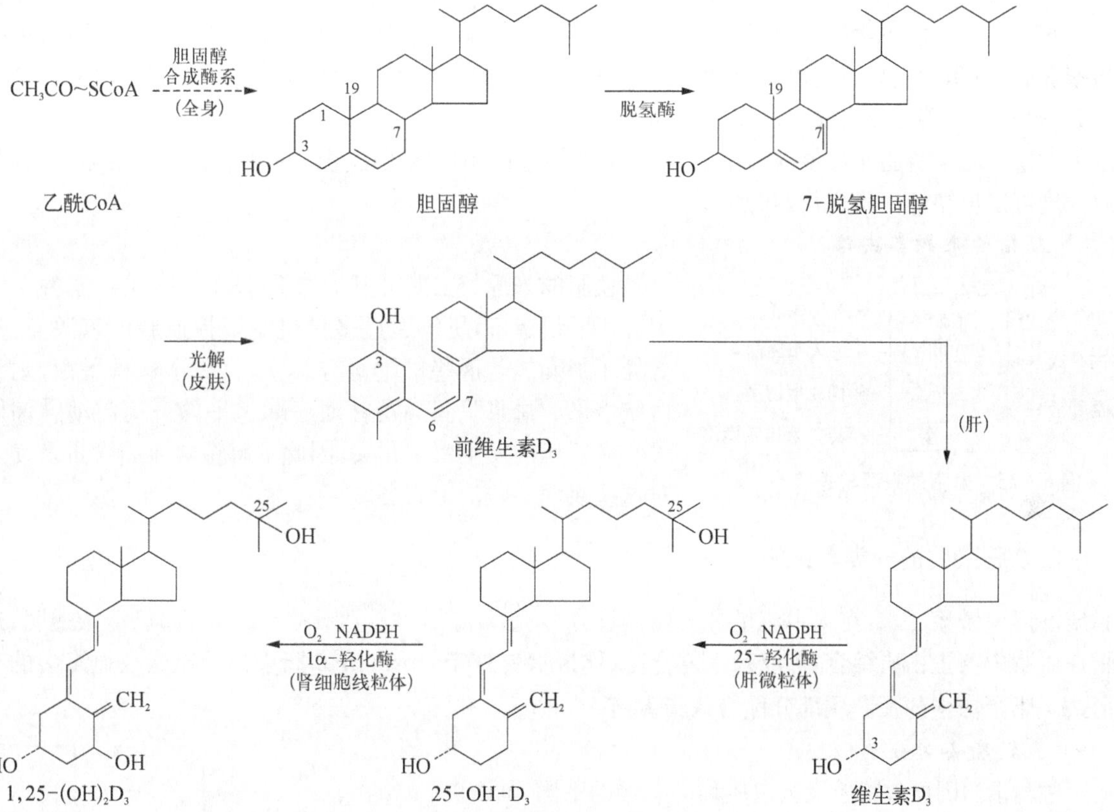

图 6-22　1,25-$(OH)_2D_3$ 的合成

第五节　血浆脂蛋白代谢

一、血脂

(一) 血脂的组成与含量

血浆中所含的脂质统称血脂，包括甘油三酯、磷脂、胆固醇和胆固醇酯及游离脂肪酸。正常成年人空腹 12～14 h 血脂的组成及含量见表 6-8。

表 6-8 正常成人空腹 12～14 h 血脂的组成及含量

脂 类	含 量		空腹时主要来源
	mg/mL	mmol/L	
脂质总量(总脂)	400～700(500)	—	—
甘油三酯	10～150(100)	0.11～1.69(1.13)	肝
胆固醇			
总胆固醇	100～250(200)	2.59～6.47(5.17)	肝
胆固醇酯	70～250(200)	1.81～5.17(3.75)	肝
游离胆固醇	40～70(55)	1.03～1.81(1.42)	肝
磷脂			
总磷脂	150～250(200)	48.44～80.73(64.58)	肝
卵磷脂	50～200(100)	16.1～64.6(32.3)	肝
神经磷脂	50～130(70)	16.1～42.0(22.6)	肝
脑磷脂	15～35(20)	4.8～13.0(6.4)	肝
游离脂肪酸	5～20(15)	—	脂肪组织

注：表中括号内的数值为均值。

由表 6-8 可见，血脂含量波动范围较大，其原因是血脂水平受膳食、年龄、性别及代谢等因素影响。食用高脂膳食后，血脂含量短时间内大幅度上升，通常在进食 3～6 h 后逐渐趋于正常，故测定血脂时，需在空腹 12～14 h 后采血，才能比较可靠地反映血脂水平。

血脂含量只占全身脂质总量的一小部分，但外源性和内源性脂质都需经过血液转运于各组织之间，因此血脂的含量可以反映体内脂质代谢的情况。

(二) 血脂的来源与去路

血脂的来源与去路可概括如下(图 6-23)：

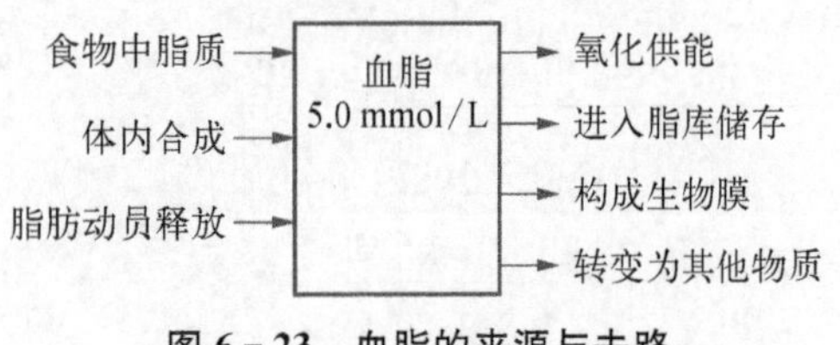

图 6-23 血脂的来源与去路

正常情况下，机体通过多种机制调控血脂的来源与去路，使之处于平衡。若这些机制稍有改变，打破了这种平衡，则会影响血脂水平。血浆胆固醇及甘油三酯水平的升高与动脉粥样硬化等心血管病的发生密切相关，因此了解正常血脂含量及动态变化对这些疾病的防治很有必要。

二、血浆脂蛋白的分类与结构

脂质不溶或微溶于水，在水中应呈乳浊液，但正常人血浆脂质含量达 500 mg/dL，却仍清澈透明，这是因为血脂在血浆中与蛋白质结合，形成亲水复合体，称为脂蛋白(lipoprotein)，脂蛋白是血脂在血浆中的存在及运输形式。脂蛋白中的蛋白质部分称为载脂蛋白。

(一) 血浆脂蛋白分类

血浆中脂蛋白因所含脂质及蛋白质种类和量的不同，其密度、颗粒大小、表面电荷及免疫性等均有所差异，一般用超速离心法和电泳法可分别将血浆脂蛋白分为 4 类。

1. *超速离心法* 各种脂蛋白含脂质及蛋白质各不相同，因而其密度也各不相同。在一定密度的盐溶液中进行超速离心时，各种脂蛋白由于密度不同而表现出不同的浮沉状态而被分离，据此将血浆脂蛋白分为 4 类：即乳糜微粒(CM)、VLDL、LDL 和 HDL(图 6-24a)。4 种脂蛋白的密度大小依次为 CM＜VLDL＜LDL＜HDL。

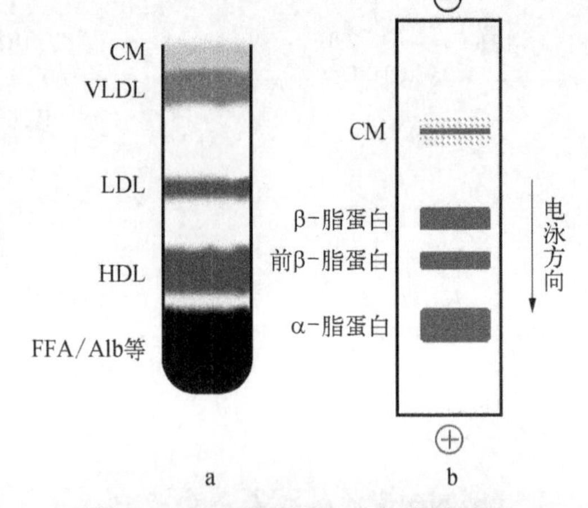

图 6-24 血浆脂蛋白的分类示意图

a. 血浆脂蛋白超速离心法分类；b. 血浆脂蛋白电泳法分类

2. *电泳法* 依据各种脂蛋白中载脂蛋白不同，其表面电荷差异，在电场中有不同的迁移率，采用电泳法可将血浆脂蛋白分为 4 类：即 CM、β-脂蛋白(相当于 LDL)、前 β-脂蛋白(相当于

VLDL)及α-脂蛋白(相当于HDL)(图6-24b)。4种脂蛋白电泳速率的大小为CM＜β-脂蛋白＜前β-脂蛋白＜α-脂蛋白。这4种脂蛋白与血清蛋白质的电泳时对应的蛋白质带为：α-脂蛋白相当于α_1-球蛋白位置，前β-脂蛋白相当于α_2-球蛋白位置，β-脂蛋白相当于β-球蛋白位置，而CM则留在原点几乎不动(图6-25)。

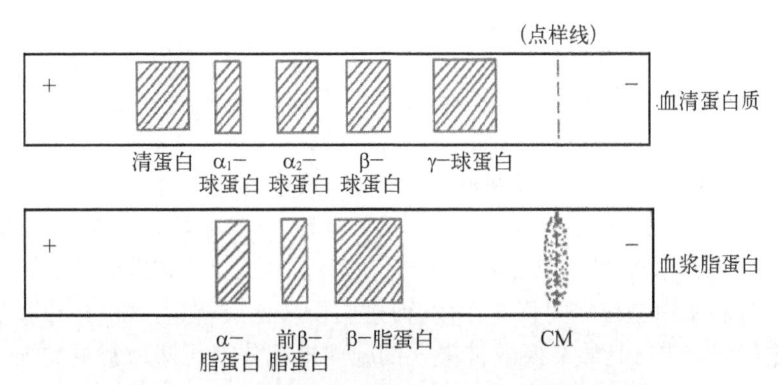

图6-25　血浆脂蛋白与血清蛋白的电泳比较示意图

(二) 血浆脂蛋白的化学组成

血浆脂蛋白主要由载脂蛋白和脂质组成，各种脂蛋白的蛋白质和脂质组成比例及含量相差很大。CM含甘油三酯最多，可达80%～95%，蛋白质仅占1%～2%。VLDL中含甘油三酯多达50%～70%，蛋白质含量占5%～10%；LDL中含胆固醇及胆固醇酯最多，为45%～50%，蛋白质含量为20%～25%，HDL含蛋白质最多，约占50%。表6-9介绍了血浆脂蛋白的分类、性质、组成及功能。

表6-9　血浆脂蛋白的分类、性质、组成及功能

	CM	VLDL	LDL	HDL
密度	＜0.95	0.95～1.006	1.006～1.063	1.063～1.210
组成				
脂质	98%～99%	90%～95%	75%～80%	50%
蛋白质	1%～2%	5%～10%	20%～25%	50%
载脂蛋白组成	ApoB48、ApoE、ApoAⅠ、ApoAⅡ、ApoAⅣ、ApoCⅠ、ApoCⅡ、ApoCⅢ	ApoB100、ApoCⅠ、ApoCⅡ、ApoCⅢ、ApoE	ApoB100	ApoAⅠ、ApoAⅡ
合成部位	小肠黏膜细胞	肝细胞	血浆	肝、肠、血浆等
功能	转运外源性甘油三酯与胆固醇	转运内源性甘油三酯与胆固醇	转运内源性胆固醇(肝→肝外)	逆向转运胆固醇(肝外→肝)

(三) 血浆脂蛋白结构特点

血浆中各种脂蛋白的结构基本相似，均为球状颗粒，不同脂蛋白颗粒大小不同。颗粒内核由疏水性较强的甘油三酯和胆固醇酯组成，内核外包裹着由磷脂、游离胆固醇等两性分子及极性强的载脂蛋白。外层两性分子的亲水极性基团朝外，突入周围水相中；其非极性的疏水基团向内与内部的疏水基团相容，从而使脂蛋白颗粒能够稳定地悬浮于水溶性的液相之中(图6-26)。CM与VLDL主要以甘油三酯为内核，LDL及HDL则主要以胆固醇酯(CE)为内核。HDL的蛋白质/脂质值最高，故大部分表面被蛋白质分子所覆盖，并与磷脂交错穿插。

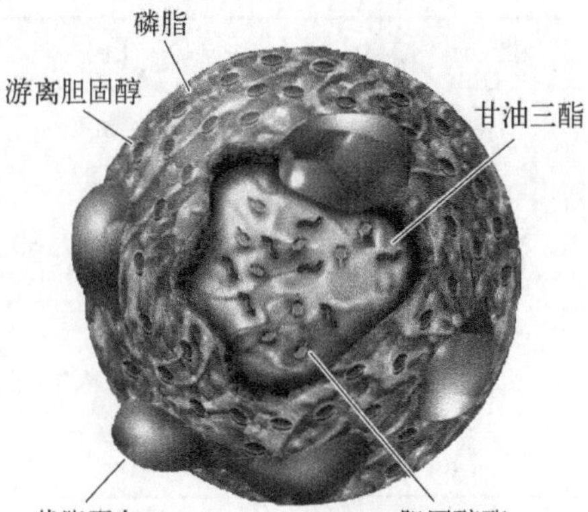

图6-26　脂蛋白结构示意图

三、载脂蛋白及其功能

血浆脂蛋白中的蛋白质部分称为载脂蛋白(apolipoprotein，Apo)。迄今已从人血浆中分离出20余种载脂蛋白,主要有 ApoA、ApoB、ApoC、ApoD、ApoE 5 类,其中 ApoA 又分为 ApoAⅠ、ApoAⅡ、ApoAⅣ和 ApoAⅤ;ApoB 分为 ApoB100 和 ApoB48;ApoC 分为 ApoCⅠ、ApoCⅡ、ApoCⅢ及 ApoCⅣ等亚类。每种脂蛋白含有多种载脂蛋白,但多以某一种为主,且各种载脂蛋白之间维持一定比例。例如,HDL 主要含 ApoAⅠ及 ApoAⅡ;LDL 几乎只含 ApoB100;VLDL 除含 ApoB100 外,还有ApoCⅠ、ApoCⅡ、ApoCⅢ及 ApoE;CM 含 ApoB48、ApoC 族和 ApoA 族,而不含 ApoB100。现已了解人几种主要载脂蛋白的基因结构,染色体定位及氨基酸序列。已证明 ApoB100 是由 4 536 个氨基酸残基构成的单链多肽,分子量为 510 kDa。

载脂蛋白是决定脂蛋白结构、功能和代谢的主要因素,其重要功能有:① 参与脂蛋白的合成和分泌。② 作为高度疏水性脂质的增溶剂,使脂质有可能在血液中运输。③ 协同调节脂蛋白代谢酶活性;如ApoAⅠ能激活 LCAT,ApoAⅡ能激活肝脂肪酶(hepatic lipase,HL),ApoAⅣ能辅助激活脂蛋白脂肪酶(lipoprotein lipase,LPL)等。④ 介导脂蛋白颗粒之间相互作用,促进脂质转化或转运。⑤ 介导脂蛋白颗粒与细胞膜上脂蛋白受体结合,使之与细胞进行脂质交换或被摄入细胞内进行分解代谢。常见的人主要血浆载脂蛋白的分布及功能见表 6-10。

表 6-10 人主要血浆载脂蛋白的分布及功能

载脂蛋白	分布	主要功能
ApoAⅠ	HDL,CM	激活 LCAT,识别 HDL 受体
ApoAⅡ	HDL	稳定 HDL 结构,激活 HL
ApoAⅣ	HDL,CM	辅助激活 LPL
ApoB100	VLDL,LDL	识别 LDL 受体
ApoB48	CM	促进 CM 合成
ApoCⅠ	CM,VLDL,LDL	激活 LCAT
ApoCⅡ	CM,VLDL,LDL	激活 LPL
ApoCⅢ	CM,VLDL,LDL	抑制 LPL,抑制肝 ApoE 受体
ApoD	HDL	转运胆固醇酯
ApoE	CM,VLDL,LDL	识别 LDL 受体

注:HL 为肝脂肪酶;LPL 为脂蛋白脂肪酶;LCAT 为卵磷脂-胆固醇脂酰转移酶。

四、血浆脂蛋白的功能和代谢

(一) 血浆脂蛋白代谢中的主要酶

在血浆脂蛋白代谢过程中,有 3 种酶起重要作用(脂蛋白代谢的 3 种调节酶),它们是 LPL、HL 和 LCAT,3 种调节酶的特性见表 6-11。

表 6-11 脂蛋白代谢的 3 种调节酶特性

调节酶	LPL	HL	LCAT
底物	甘油三酯(CM、VLDL)	甘油三酯(CM、VLDL、HDL)	卵磷脂、胆固醇(LDL)
分布	心、脂肪、骨骼肌、乳腺	肝实质细胞	肝实质细胞合成,分泌入血
合成部位	实体组织	肝细胞	肝细胞
作用部位	毛细血管内皮细胞表面	肝血窦内皮细胞	血浆
激活剂	ApoCⅡ	不需要 ApoCⅡ激活	ApoAⅠ
抑制剂	游离脂肪酸、鱼精蛋白、ApoCⅢ	不被鱼精蛋白、ApoCⅢ抑制	—
主要功能	水解 CM、VLDL 中甘油三酯,产物是脂肪酸、甘油	水解 CM、VLDL 中甘油三酯,产物是脂肪酸、甘油	催化卵磷脂 2 位脂酰基转移至胆固醇上,产物是溶血卵磷脂与胆固醇酯

(二) 血浆脂蛋白代谢

1. CM 是运输外源性甘油三酯和胆固醇的主要形式。CM 的功能是运输外源性甘油三酯至骨骼肌、心肌、脂肪组织以及运输外源性胆固醇至肝,由小肠黏膜细胞合成,在血浆中转化为 CM 残粒并在肝内清除。

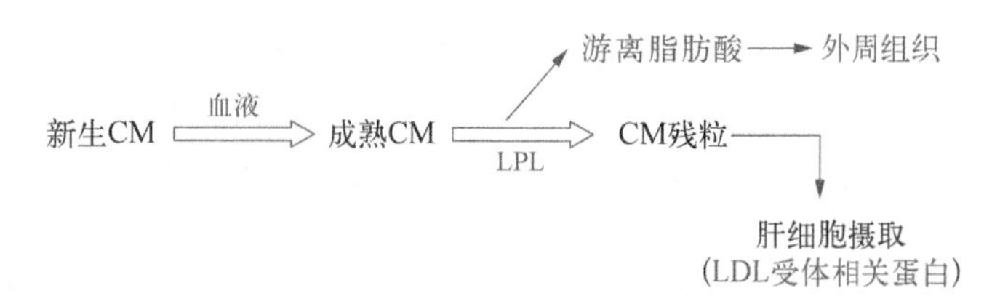

食物中的脂肪在肠道被分解为甘油一酯和脂肪酸，被小肠黏膜细胞吸收后在细胞内重新酯化，合成甘油三酯，同时肠黏膜细胞能合成载脂蛋白 ApoB48 和 ApoA，连同合成及吸收的磷脂及胆固醇，在高尔基体内将脂质和载脂蛋白组装成 CM，经淋巴进入血液循环。

进入血液循环的新生 CM 很快从 HDL 获得 ApoC 及 ApoE，并将部分 ApoAⅠ、ApoAⅡ、ApoAⅣ转移给 HDL，形成成熟的 CM。成熟的 CM 流经毛细血管时与附在血管壁上的 LPL 接触，CM 中的 ApoCⅡ激活肌肉、心脏及脂肪等组织毛细血管内皮细胞表面的 LPL。LPL 使 CM 中的甘油三酯和磷脂逐步水解，产生甘油、脂肪酸和溶血磷脂等。在 LPL 的反复作用下，CM 内核的甘油三酯 90%以上被水解，释放出的脂肪酸被心脏、肌肉、脂肪组织等肝外组织所摄取和利用。CM 表面的 ApoAⅠ、ApoAⅡ、ApoAⅣ、ApoC 等连同表面的磷脂及胆固醇离开 CM 颗粒，参与形成新生的 HDL；同时，CM 接受血浆中 HDL 和 LDL 中的胆固醇酯。随着 CM 颗粒内核的甘油三酯被水解和交换，成熟的 CM 颗粒逐渐变小，转变为富含胆固醇酯、ApoB48 及 ApoE 的 CM 残粒。CM 残粒与肝细胞膜 ApoE 受体结合并被肝细胞摄取代谢。CM 残余颗粒在肝细胞内与细胞溶酶体融合，载脂蛋白被水解为氨基酸，胆固醇酯被水解为胆固醇和脂肪酸，进而被肝利用和分解(图 6-27)。正常人 CM 在血浆中代谢迅速，半衰期为 5～15 min，故正常人空腹血浆中不含 CM。

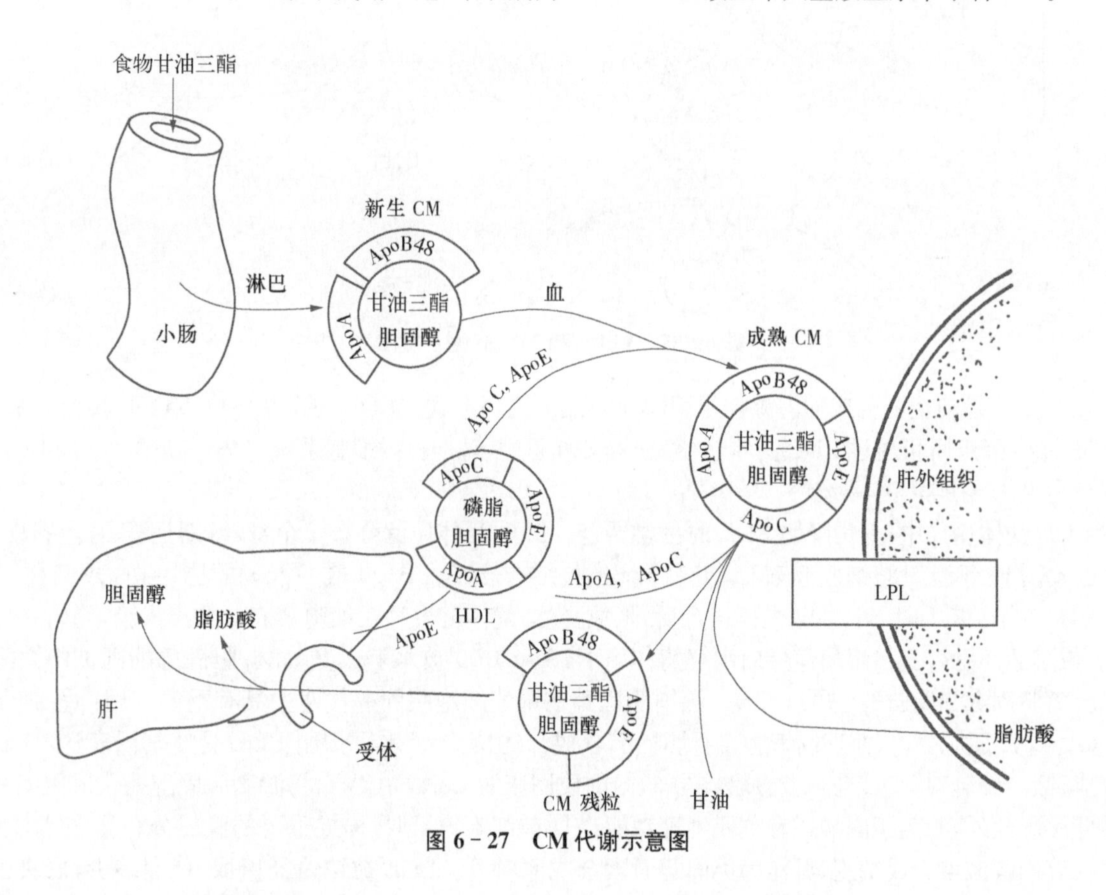

图 6-27 CM 代谢示意图

2. VLDL 是运输内源性甘油三酯的主要形式，大部分在肝细胞合成，小肠细胞也能合成少量。VLDL 在血浆中代谢形成中间密度脂蛋白(IDL)，大部分 IDL 继续分解代谢转变成 LDL 颗粒，小部分被肝细胞摄取。

肝细胞可利用糖，也可利用食物及脂肪动员获得的脂肪酸合成甘油三酯，加上 ApoB100、ApoE 及磷脂、胆固醇等合成 VLDL。

VLDL 由肝和小肠合成后进入血循环，从 HDL 获得胆固醇酯和 ApoC。其中 ApoCⅡ激活肝外组织毛细血管内皮细胞表面的 LPL，进而水解 VLDL 中的甘油三酯。在 LPL 的作用下 VLDL 逐步被脂解。与此同时，VLDL 表面的 ApoC、磷脂及胆固醇向 HDL 转移，ApoB100 保留在颗粒中。在胆固醇酯转移蛋白(cholesterol ester transfer protein，CETP)的催化下，VLDL 中的甘油三酯与 HDL 中的胆固醇酯发生相互交换，随着脂解和交换的进行，VLDL 中的甘油三酯逐渐减少，其密度逐渐加大，胆固醇酯、ApoB100、ApoE 的含量相对增加，VLDL 转变为 IDL。大部分 IDL 继续代谢转变为 LDL，少部分被肝细胞摄取。VLDL 在血浆中的半衰期为 6～12 h(图 6-28)。

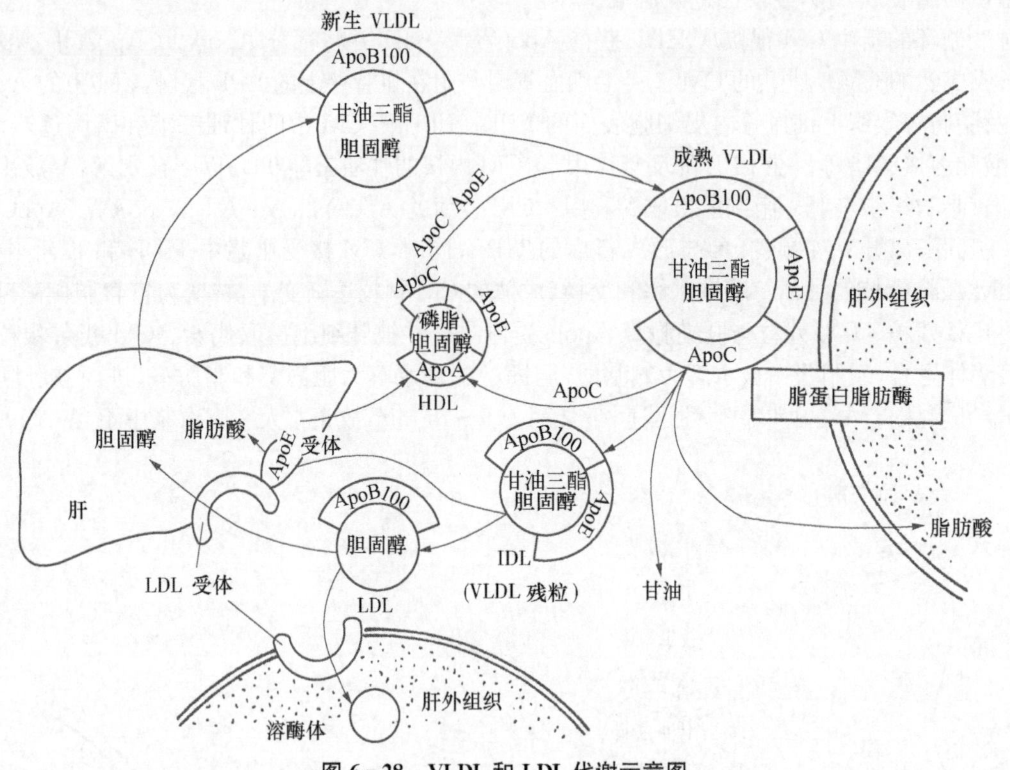

图 6-28 VLDL 和 LDL 代谢示意图

3. LDL　是转运肝合成的内源性胆固醇及其酯的主要形式。LDL 在血浆中由 VLDL 转变而来。

血浆 LDL 降解既可通过 LDL 受体途径完成，又可通过单核-吞噬细胞系统完成。其中 2/3 经 LDL 受体途径，1/3 经单核-吞噬细胞系统。

在 LDL 受体途径中，肝是降解 LDL 的主要器官。LDL 受体广泛分布于全身，特别是肝、肾上腺皮质、卵巢、睾丸、动脉壁等组织的细胞膜表面，能特异识别、结合含 ApoB100 或 ApoE 的脂蛋白，故又称 ApoB/ApoE 受体。当血浆 LDL 与 LDL 受体结合后，形成受体-配体复合物在细胞膜表面聚集成簇，经内吞作用进入细胞，与溶酶体融合。在溶酶体蛋白水解酶作用下，ApoB100 被水解成氨基酸；胆固醇酯则被胆固醇酯酶水解成游离胆固醇和脂肪酸(图 6-29)。游离胆固醇在调节细胞胆固醇代谢上具有重要作用：① 抑制内质网 HMG-CoA 还原酶，从而抑制细胞自身胆固醇合成。② 从转录水平抑制 LDL 受体基因表达，抑制受体蛋白合成，减少细胞对 LDL 进一步摄取。③ 激活内质网脂酰 CoA，ACAT，将游离胆固醇酯化成胆固醇酯在细胞质储存。此外，游离胆固醇还有重要生理功能：① 被细胞膜摄取，构成重要的膜成分。② 在肾上腺、卵巢及睾丸等固醇激素合成细胞，可作为类固醇激素合成原料等。LDL 被该途径摄取、代谢多少，取决于细胞膜上受体多少。肝、肾上腺皮质、性腺等组织 LDL 受体数目较多，故摄取 LDL 亦较多。

除 LDL 受体代谢途径外，血浆中的 LDL 约有 1/3 被清除细胞即吞噬细胞直接吞噬后清除，与 LDL 受体介导无关。LDL 在血浆中的半衰期为 2～4 d。

4. HDL　主要功能是逆向转运胆固醇，即从肝外组织将胆固醇转运到肝从而进行代谢。HDL 由肝和小肠黏膜细胞合成，以肝为主，在血浆中代谢转变后，主要在肝降解。

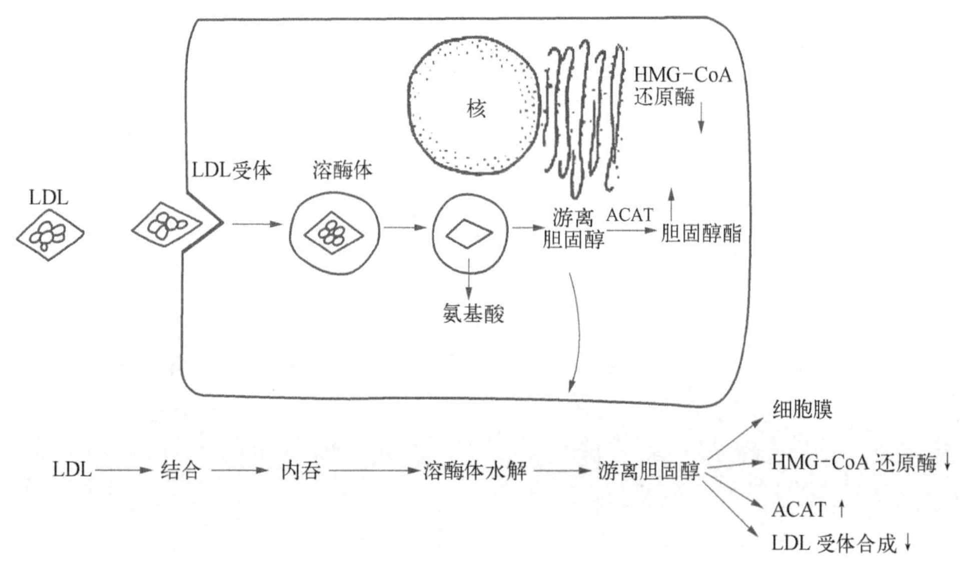

图 6-29 LDL 受体代谢途径

HDL 按其密度大小可分为 HDL_1、HDL_2 和 HDL_3。HDL_1 仅在高胆固醇膳食诱导后才在血浆中出现，未进食高胆固醇膳食时，正常人血浆中，仅含 HDL_2 和 HDL_3，现将 HDL_2 和 HDL_3 的合成和转变介绍如下。

在肝细胞内，磷脂、少量胆固醇及 ApoA、ApoC、ApoE 组成新生 HDL，小肠黏膜细胞合成的新生 HDL 除脂质外仅含 ApoA，入血后再获得 ApoC、ApoE。新生 HDL 呈盘状双脂层结构，在肝和小肠细胞合成后分泌入血。血浆中新生 HDL 还有一来源，即在 CM 和 VLDL 中的甘油三酯水解时，其表面的 ApoAⅠ、ApoAⅡ、ApoAⅣ及磷脂、胆固醇脱离 CM 和 VLDL 后，亦可在血浆中形成新生 HDL。

新生 HDL 在 LCAT 催化下，颗粒表面卵磷脂的 2 位脂酰基转移到胆固醇 3 位羟基生成溶血卵磷脂及胆固醇酯，此过程消耗的卵磷脂及游离胆固醇不断从细胞膜、CM 及 VLDL 得到补充。在 LCAT 的作用下，生成的胆固醇酯转运入 HDL 核心，新生 HDL 在 LCAT 的反复作用下酯化胆固醇进入 HDL 内核逐渐增多，使双脂层的盘状 HDL 被逐步膨胀为单脂层的球状 HDL，同时其表面的 ApoC 及 ApoE 又转移到 CM 及 VLDL 上，最后新生 HDL 转变为成熟的密度较高的 HDL_3。

HDL_3 在 LCAT 的作用下胆固醇酯化继续增加，再接受 CM 及 VLDL 水解过程中释放出的磷脂、ApoAⅠ、ApoAⅡ等转变为密度较小、颗粒较大的 HDL_2。HDL_2 在 HL 作用下，其中磷脂及甘油三酯水解，胆固醇含量又相对增加，HDL_2 即转变为 HDL_3。

HDL 主要在肝降解，成熟的 HDL 与肝细胞膜 HDL 受体结合，然后被肝细胞摄取，其中的胆固醇可用于合成胆汁酸或直接随胆汁排出体外。HDL 在血浆中的半衰期为 3～5 d。

研究表明，血浆中胆固醇酯 90%以上来自 HDL，其中约 70%的胆固醇酯在 CETP 作用下由 HDL 转移至 VLDL 及 LDL 后被清除，10%则通过肝的 HDL 受体清除(图 6-30)。

综上所述，HDL 在 LCAT、ApoAⅠ及 CETP 等的作用下，从外周组织细胞表面摄取胆固醇，经过颗粒内胆固醇酯化和颗粒间脂质交换，最终将胆固醇从肝外组织转运到肝进行代谢。机体通过 HDL 逆向转运胆固醇的机制，便将外周组织衰老细胞膜中的胆固醇运到肝代谢并清除出体外，避免了胆固醇在局部组织细胞中的大量堆积。

HDL 也是 ApoCⅡ的储存库，当 CM 及 VLDL 进入血液后，需从 HDL 获得 ApoCⅡ以激活 LPL，CM 及 VLDL 中的甘油三酯才能水解，之后 ApoCⅡ又回到 HDL。

五、血浆脂蛋白代谢异常

(一) 高脂血症

空腹血脂高于正常参考值的上限称为高脂血症(hyperlipidemia)。临床上常见高甘油三酯血症和高胆固醇血症，由于血脂在血浆中以脂蛋白形式运输，实际上高脂血症也可认为就是高脂蛋白血症(hyperlipoproteinemia)。

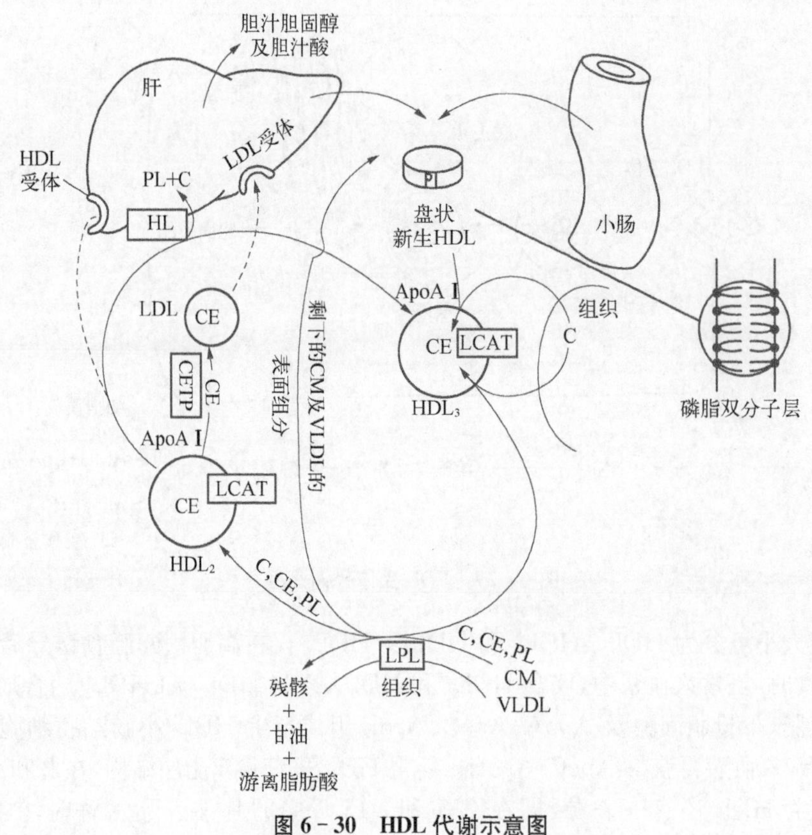

图 6-30 HDL 代谢示意图

PL 为磷脂;C 为胆固醇;CE 为胆固醇酯

高脂蛋白血症是由血中脂蛋白合成与清除平衡紊乱所致。

高脂蛋白血症的诊断标准因不同地区、膳食、年龄、劳动状况、测定方法的差异而有所不同。一般以成人空腹 12～14 h 血浆甘油三酯超过 2.26 mmol/L(200 mg/dL),胆固醇超过 6.21 mmol/L(240 mg/dL),儿童胆固醇超过 4.14 mmol/L(160 mg/dL)为高脂蛋白血症标准。

世界卫生组织(World Health Organnization,WHO)建议将高脂蛋白血症分为六型,各型高脂蛋白血症的血浆脂蛋白变化及血脂变化参考表 6-12。

表 6-12 各型高脂蛋白血症的血浆脂蛋白变化及血脂变化

分型	血浆脂蛋白变化	血脂变化	
Ⅰ	CM 增高	甘油三酯↑↑↑	胆固醇↑
Ⅱa	LDL 增加	胆固醇↑↑	
Ⅱb	LDL 和 VLDL 同时增加	胆固醇↑↑	甘油三酯↑↑
Ⅲ	IDL 增加	胆固醇↑↑	甘油三酯↑↑
Ⅳ	VLDL 增加	甘油三酯↑↑	
Ⅴ	VLDL 及 CM 同时增加	甘油三酯↑↑↑	胆固醇↑

高脂蛋白血症可分为原发性和继发性两大类。继发性高脂蛋白血症继发于其他疾病如糖尿病、肾病和甲状腺功能减退等。原发性高脂蛋白血症是原因不明的高脂蛋白血症,其中有的是遗传性缺陷。

(二) 动脉粥样硬化

动脉粥样硬化(atherosclerosis,AS)是指一类动脉壁的退行性病理变化,是心脑血管疾病的病理基础,其确切病因至今尚未完全明了且发病机制十分复杂。

1. LDL 和 VLDL 具有致 AS 作用 AS 的病理基础之一是大量脂质沉积于动脉内皮下基质,被平滑肌、巨噬细胞等吞噬形成泡沫细胞。血浆 LDL 水平升高往往与 AS 的发病率呈正相关。

2. HDL 具有抗 AS 作用　血浆 HDL 浓度与 AS 的发生呈负相关。

(三) 遗传性缺陷

已发现脂蛋白代谢调节酶如 LPL 及 LCAT，载脂蛋白如 ApoCⅡ、ApoB、ApoE、ApoAⅠ、ApoCⅢ，脂蛋白受体如 LDL 受体等的遗传缺陷，都能引起血浆脂蛋白的代谢异常，并导致高脂蛋白血症。

(刘先俊)

※ 第六章数字资源

图 6-12
脂肪酸合成的基本过程

第六章
参考文献

微课视频 6-1
脂肪的分解代谢

微课视频 6-2
甘油磷脂的代谢

微课视频 6-3
胆固醇的代谢

微课视频 6-4
脂蛋白的代谢

第七章

氨基酸代谢

内容提要

氨基酸具有重要的生理功能，在机体的物质代谢和能量代谢中具有重要意义。蛋白质在体内的代谢状况可通过氮平衡衡量。蛋白质的营养价值主要取决于食物蛋白质中营养必需氨基酸的种类、数量和比例。机体需要而又不能自身合成，必须由食物提供的氨基酸称为营养必需氨基酸。

体内氨基酸的来源有食物蛋白质的消化吸收、组织蛋白质的降解及体内合成的非必需氨基酸。食物蛋白质的消化主要在小肠进行，由多种蛋白水解酶和肽酶协同完成，水解生成的氨基酸和小肽通过相应的转运蛋白或γ-谷氨酰基循环吸收。未被消化的蛋白质和未被吸收的氨基酸在肠道中可发生腐败。体内蛋白质的降解主要有不依赖ATP的溶酶体途径、依赖ATP的泛素-蛋白酶体途径两种方式。外源性和内源性的氨基酸共同构成氨基酸代谢库，参与体内代谢。

氨基酸脱去氨基可生成相应α-酮酸。氨基酸脱氨基作用的方式有转氨基、氧化脱氨基和联合脱氨基等，以联合脱氨基最为重要。α-酮酸是氨基酸的碳骨架，部分可用于合成非必需氨基酸，有些可转变成丙酮酸和三羧酸循环的中间产物而异生为糖，有些可转变成乙酰CoA而生成脂质及氧化分解供能。由此可见，氨基酸、糖及脂质代谢在体内有着广泛的联系。

氨是有毒物质。体内氨的来源有氨基酸脱氨基作用及胺类物质分解、肠道吸收、肾小管分泌。血液中的氨以丙氨酸和谷氨酰胺两种形式运输。大部分氨在肝经鸟氨酸循环合成尿素而解氨毒，少部分氨以铵盐形式从肾排出或合成谷氨酰胺、非必需氨基酸或其他含氮化合物。鸟氨酸循环受多种因素调节。肝功能严重损伤时可产生高血氨症和肝性脑病。

体内某些氨基酸通过代谢可转变成生理活性物质，或产生特殊的化学基团。例如，氨基酸脱羧基作用生成的胺类物质在体内具有重要生理功能；一碳单位代谢是联系氨基酸与核苷酸代谢的枢纽；含硫氨基酸代谢可为机体提供活性甲基和活性硫酸根，参与体内重要物质的合成；芳香族氨基酸参与儿茶酚胺、黑色素等物质的代谢。

蛋白质是生物体重要的组成成分和生命活动的物质基础。蛋白质代谢在生命活动过程中占据着重要地位，包括分解代谢和合成代谢。蛋白质的生物合成将在第三篇遗传信息传递及调控中专列一章介绍（参见第十二章蛋白质的生物合成）。蛋白质分解生成的氨基酸具有重要的生理功能，在机体的物质代谢和能量代谢中具有重要意义。氨基酸是蛋白质的组成单位。除了作为蛋白质合成的原料外，许多氨基酸在机体代谢过程中还能以各种方式转变，生成具有重要生理功能的含氮化合物，如儿茶酚胺、嘌呤、嘧啶等，也可产生一些重要的化学基团。有些氨基酸本身具有特殊的生理功能，如甘氨酸参与生物转化作用等。氨基酸还可氧化分解供能。氨基酸在体内的代谢包括分解代谢和合成代谢，本章主要讨论分解代谢。

第一节 蛋白质的营养作用

一、氮平衡

氮平衡(nitrogen balance)是指每日氮的摄入量与排出量之间的关系,是反映体内蛋白质代谢状况的一项指标。蛋白质的含氮量平均约为16%。摄入氮主要来源于食物中的蛋白质,主要用于体内蛋白质的合成;而排出氮主要来源于粪便和尿液中的含氮化合物,主要是体内蛋白质分解代谢的终产物。因此,测定摄入食物中的含氮量与排泄物中的含氮量之间的关系可以基本反映体内蛋白质合成与分解代谢的状况。人体氮平衡有3种情况,即氮的总平衡、氮的正平衡及氮的负平衡。

氮的总平衡,即摄入氮=排出氮,反映体内蛋白质合成与分解处于动态平衡,即氮的收支平衡,见于营养正常的成人。正常成人不再生长,每日进食的蛋白质主要用于维持组织结构、功能蛋白质更新。

氮的正平衡,即摄入氮>排出氮,反映体内蛋白质合成大于分解,以满足生长发育的需要,儿童、孕妇及康复期的患者属于此种情况。

氮的负平衡,即摄入氮<排出氮,反映体内蛋白质合成小于分解,见于饥饿、严重烧伤、消耗性疾病或长期营养不良等患者。

当正常成人食用不含蛋白质的膳食约8 d后,每日排出的氮量逐渐趋于恒定,此时每公斤体重每日排出的氮量约为53 mg,故一位60 kg体重的成人每日蛋白质的最低分解量约为20 g。由于食物蛋白质和人体蛋白质组成的差异,不可能全部被利用,为维持氮的总平衡,成人每日蛋白质的最低生理需要量为30～50 g。要长期保持氮的总平衡,我国营养学会推荐成人每日蛋白质需要量为80 g。

二、蛋白质的营养价值

营养学上把机体需要而又不能自身合成,必须由食物提供的氨基酸称为营养必需氨基酸(nutritionally essential amino acid)。人体内营养必需氨基酸有8种,它们是缬氨酸、异亮氨酸、亮氨酸、苯丙氨酸、甲硫氨酸、色氨酸、苏氨酸、赖氨酸。其余12种氨基酸可以在人体内合成,称为营养非必需氨基酸(nutritionally non-essential amino acid)。合成酪氨酸需要消耗苯丙氨酸,合成半胱氨酸需要消耗甲硫氨酸,酪氨酸和半胱氨酸通过消耗营养必需氨基酸而间接依赖食物供给。如果膳食中提供了足够的酪氨酸和半胱氨酸,则人体对苯丙氨酸和甲硫氨酸的需要可分别减少50%和30%。

蛋白质的营养价值(nutrition value)是指食物蛋白质在体内的利用率,其高低主要取决于食物蛋白质中必需氨基酸的种类、数量和比例。一般来说,含营养必需氨基酸种类多、数量足的蛋白质营养价值高,反之则营养价值低。

将几种营养价值较低的蛋白质混合食用,彼此间营养必需氨基酸可以得到互相补充,从而提高蛋白质的营养价值,这种作用称为食物蛋白质的互补作用(complementary action)。例如,谷类蛋白质含赖氨酸较少而含色氨酸较多,豆类蛋白质含赖氨酸较多而含色氨酸较少,两者混合食用即可提高营养价值。某些疾病情况下,为了保证患者氨基酸的需要,可进行混合氨基酸输液。

第二节 蛋白质的消化、吸收与腐败

一、蛋白质的消化

食物蛋白质的消化、吸收是体内氨基酸的主要来源。同时,消化过程还可消除食物蛋白质的抗原性,避免引起过敏、毒性反应。食物蛋白质需经消化道中一系列酶促反应，分解为小肽和氨基酸才能被吸收。唾液中没有水解蛋白质的酶，故食物蛋白质的消化自胃开始，主要在小肠中进行。

胃肠道中的蛋白水解酶根据对蛋白质水解的部位可分为内肽酶和外肽酶。内肽酶特异地水解肽链内部的肽键；外肽酶则特异地水解肽链末端的肽键，自肽链 N-末端(称氨肽酶)或 C-末端(称羧肽酶)的氨基酸开始水解肽链，每次水解掉一个氨基酸残基(图 7-1)。这些蛋白水解酶对不同氨基酸组成的肽键具有一定的专一性(表 7-1)。

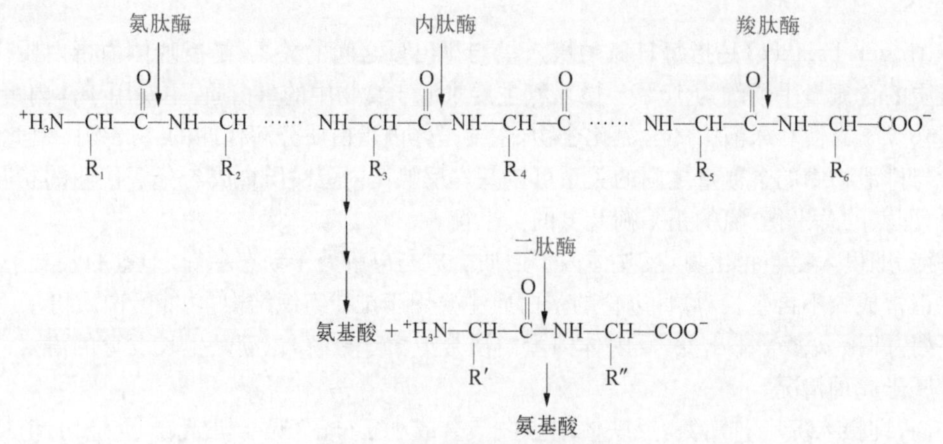

图 7-1 蛋白水解酶作用示意图

表 7-1 蛋白水解酶作用的专一性

蛋白水解酶	专 一 性	
内肽酶		
胃蛋白酶	R_3=色氨酸、苯丙氨酸、酪氨酸、丙氨酸、甲硫氨酸、亮氨酸侧链	R_4=任何氨基酸侧链
胰蛋白酶	R_3=精氨酸、赖氨酸侧链	R_4=任何氨基酸侧链
糜蛋白酶	R_3=苯丙氨酸、酪氨酸、色氨酸侧链	R_4=任何氨基酸侧链
弹性蛋白酶	R_3=脂肪族氨基酸侧链	R_4=任何氨基酸侧链
外肽酶		
氨肽酶	R_1=任何氨基酸侧链	R_2=除脯氨酸外任何氨基酸侧链
羧肽酶 A	R_5=任何氨基酸侧链	R_6=除精氨酸、赖氨酸、脯氨酸外任何氨基酸侧链
羧肽酶 B	R_5=任何氨基酸侧链	R_6=精氨酸、赖氨酸侧链

注：R_1～R_6 参见图 7-1。

(一) 胃中的消化

食物蛋白质进入胃后，经胃蛋白酶作用水解生成多肽和少量氨基酸。胃黏膜主细胞合成分泌胃蛋白酶原，经胃酸激活或胃蛋白酶自身催化作用，去除 N-末端 42 个氨基酸残基后转变成有活性的胃蛋白酶。胃蛋白酶的最适 pH 为 1.5～2.5。酸性胃液可使蛋白质变性，有利于蛋白质的水解。胃蛋白酶对肽键的特异性较低，主要水解由芳香族氨基酸、亮氨酸或甲硫氨酸残基等所形成的肽键。胃蛋白酶还具有凝乳作用，可使乳汁中的酪蛋白与 Ca^{2+} 形成凝乳块，使乳汁在胃中的停留时间延长，有利于乳汁中蛋白质的消化。

(二) 小肠中的消化

食物在胃中的停留时间较短，因此食物蛋白质在胃中的消化是不完全的。蛋白质的消化主要在小肠进行。胃中消化不完全及未被消化的蛋白质进入小肠，由胰腺及肠黏膜细胞分泌的多种蛋白水解酶和肽酶协同作用，进一步水解成小肽和氨基酸。

1. 胰液蛋白酶及其作用　进入小肠的蛋白质消化主要靠胰液中的蛋白酶完成，这些酶最适 pH 为 7.0 左右，包括胰蛋白酶、糜蛋白酶、弹性蛋白酶及羧肽酶 A 和羧肽酶 B。蛋白质在胰液蛋白酶作用下最终产物为氨基酸和一些寡肽。

胰腺细胞最初分泌的各种蛋白酶和肽酶都是以酶原的形式分泌到十二指肠，之后被肠激酶激活。肠激酶也是一种蛋白水解酶，由十二指肠黏膜细胞分泌，特异地作用于胰蛋白酶原，从其 N－末端水解掉 1 分子六肽，生成有活性的胰蛋白酶。胰蛋白酶的自身催化作用较弱，但能迅速激活糜蛋白酶原、弹性蛋白酶原及羧肽酶原（图 7－2）。胰液中各种蛋白酶均以酶原的形式存在，同时胰液中还存在胰蛋白酶抑制剂，这样能保护胰腺组织免受蛋白酶的自身消化。

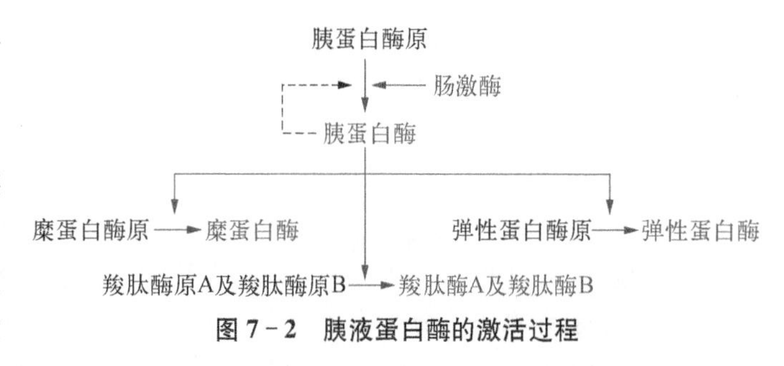

图 7－2　胰液蛋白酶的激活过程

2. *小肠黏膜细胞寡肽酶的作用*　蛋白质经胃液和胰液中各种酶消化，产物仅 1/3 为氨基酸，2/3 为寡肽。寡肽的水解主要在小肠黏膜细胞进行。小肠黏膜细胞存在着寡肽酶（如氨肽酶、二肽酶）。氨肽酶从氨基末端逐个水解出氨基酸，剩下的二肽再经二肽酶水解，最终水解成氨基酸。

食物蛋白质在胃和小肠中各种酶的协同作用下，消化效率很高，95％的食物蛋白质可被完全水解成氨基酸和少量的二肽和三肽，从而直接被机体吸收。

二、氨基酸的吸收

氨基酸的吸收主要在小肠进行。食物蛋白质消化水解生成的氨基酸和小肽，通过主动转运机制被吸收，转运的方式主要有以下两种方式。

（一）转运蛋白

已知体内至少有 7 种转运蛋白参与氨基酸和小肽（主要是二肽、三肽）的转运。这些转运蛋白包括中性氨基酸转运蛋白、碱性氨基酸转运蛋白、酸性氨基酸转运蛋白、亚氨基酸转运蛋白、β－氨基酸转运蛋白、二肽转运蛋白及三肽转运蛋白。这些转运蛋白能与氨基酸或小肽和 Na^+ 结合形成三联体复合物，将氨基酸或小肽和 Na^+ 同向转运入细胞内，Na^+ 则借钠泵排出细胞外，并消耗 ATP。

某些氨基酸由于在结构上有一定的相似性，它们共用同一种转运载体，在吸收过程中彼此竞争。转运蛋白吸收氨基酸的方式不仅存在于小肠黏膜细胞，还存在于肾小管细胞、肌细胞等的细胞膜上。小肽转运载体主要分布于小肠近端，故肽吸收入细胞甚至先于游离氨基酸。

（二）γ－谷氨酰基循环

小肠黏膜细胞、肾小管细胞和脑组织吸收氨基酸还可通过 γ－谷氨酰基循环（γ－glutamyl cycle）进行。此循环由 Meister 提出，故也称 Meister 循环。其反应过程是首先通过细胞内 GSH 的水解，释放出 γ－谷氨酰基，再从细胞外结合 1 分子氨基酸转运至胞内，然后再进行 GSH 的合成，由此构成一个循环[图 7－3（本章末二维码）]。

催化上述反应的各种酶中，γ－谷氨酰基转移酶是关键酶，位于细胞膜上，其余的酶均存在于细胞质中。此循环每转运 1 分子氨基酸需消耗 3 分子 ATP，均用于 GSH 的再合成。γ－谷氨酰基循环对不同种类氨基酸的转运活性有所不同，对谷氨酰胺、半胱氨酸及一些中性氨基酸的转运活性最高，而对天冬氨酸、某些支链氨基酸及芳香族氨基酸则活性较差，对脯氨酸完全不起作用。

三、蛋白质的腐败作用

肠道细菌对肠道中未被消化的蛋白质及未被吸收的氨基酸的分解作用称为腐败作用（putrefaction）。实际上，腐败作用是肠道细菌本身的代谢过程，以无氧分解为主。腐败作用的产物大多数对机体有害，如胺、氨、酚、吲哚及硫化氢等，但也有小部分产物对人体具有一定的营养作用，如脂肪酸及维生素等。

（一）胺类物质的生成

未被消化的蛋白质经肠道细菌蛋白酶的作用水解生成氨基酸，氨基酸再在细菌氨基酸脱羧酶作用下脱去羧基生成胺类（amines）。例如，组氨酸、赖氨酸、色氨酸、酪氨酸及苯丙氨酸脱羧基分别生成相应的组胺、尸胺、色胺、酪胺及苯乙胺。这些腐败产物大多有毒，组胺和尸胺有降低血压的作用，酪胺有升高血压的作用。这些有毒物质通常经肝生物转化作用转化为无毒形式排出体外。酪胺和苯乙胺若不能在肝中及时转化，则易进入脑组织，分别经 β－羟化酶作用生成 β－羟酪胺和苯乙醇胺。它们的分子结构与脑内的神经递质儿茶酚胺相似,故称假神经递质(false neurotransmitter)。假神经递质增多时,可竞争性干扰脑内儿茶酚胺的合成及作用,阻碍神经冲动传递,引起大脑产生异常抑制。这可能是肝性脑病发生的原因之一。

(二) 氨的生成

未被吸收的氨基酸在肠道细菌作用下,通过脱氨基作用生成氨(ammonia),这是肠道氨的重要来源之一。此外,肠道氨的另一来源是血液中的尿素渗入肠道,经肠道细菌尿素酶水解而生成氨。肠道内产生的氨可进入血液,成为血氨的来源之一。降低肠道的 pH 可减少氨的吸收。

(三) 其他有害物质的生成

除胺类和氨外,通过腐败作用还可产生其他有害物质,如酪氨酸可产生苯酚、甲苯酚;色氨酸可产生吲哚、甲基吲哚,导致粪便臭味;半胱氨酸可分解产生 H_2S,导致消化吸收不良、腹胀等。

正常情况下,腐败作用产生的有害物质大部分随粪便排出体外,只有小部分被吸收入血液,经肝的生物转化而解毒,故不会发生中毒现象。但习惯性便秘、肠梗阻、蛋白质食用过量或消化吸收障碍者体内腐败产物吸收增加,严重时可产生中毒现象。

第三节　氨基酸的一般代谢

一、组织蛋白质的降解

体内的蛋白质处于不断合成与降解的动态平衡。正常情况下,成人体内的蛋白质每日有 1%~2%被降解,其中主要是肌肉蛋白质。特殊生理情况下的组织如妊娠期间的子宫、严重饥饿和长期大量体能消耗下的骨骼肌组织等,其组织蛋白质会发生快速降解。蛋白质降解产生的氨基酸,75%~80%又被重新利用合成新的蛋白质,其余 20%~25%机体不予储存,全部进入氨基酸代谢库,参加氨基酸的分解与转化代谢。

(一) 蛋白质降解速率

蛋白质降解速率可用半衰期(half life,$t_{1/2}$)表示,即指蛋白质降解到其原浓度一半所需要的时间。蛋白质降解速率随生理需要而变化,在各种蛋白质之间有很大差异。细胞内必要的结构蛋白寿命都比较长,而负责细胞特殊应变的调节蛋白寿命往往比较短。例如,肝中大部分蛋白质的 $t_{1/2}$ 为 1~8 d,人血浆蛋白质的 $t_{1/2}$ 约为 10 d,结缔组织中的一些蛋白质的 $t_{1/2}$ 可达 180 d 以上,眼晶体蛋白质的 $t_{1/2}$ 更长。体内许多关键酶的 $t_{1/2}$ 都很短,如 HMG-CoA 还原酶的 $t_{1/2}$ 为 0.5~2 h。有些调控基因表达和细胞间信息传递的蛋白因子的 $t_{1/2}$ 仅在分秒之间。细胞内蛋白质寿命与其结构相关。通常认为,蛋白质 N 端特定区域的氨基酸序列中包含了决定其半衰期的结构信号。

(二) 真核细胞蛋白质降解途径

细胞内蛋白质的降解也是通过一系列蛋白酶和肽酶完成的。蛋白质被蛋白酶水解成肽,肽被肽酶降解成游离氨基酸。真核细胞内蛋白质的降解主要有两条途径:一条是蛋白质通过不依赖 ATP 的溶酶体途径降解;另一条是蛋白质通过依赖 ATP 的泛素-蛋白酶体途径降解。

1. 不依赖 ATP 的溶酶体途径　溶酶体是细胞内的消化器官,其内含有多种酸性蛋白水解酶,又称组织蛋白酶,最适 pH 为 5 左右。这些蛋白酶对所降解的蛋白质选择性较差,主要降解外源性蛋白、膜蛋白和胞内长寿命蛋白。蛋白质通过此途径降解,不需要消耗 ATP。

2. 依赖 ATP 的泛素-蛋白酶体途径　广泛存在于细胞核和细胞质内,主要降解异常蛋白质和短寿命蛋白质。整个降解过程在碱性(pH 7.8)条件下进行。此途径需要泛素(ubiquitin,Ub)、蛋白酶体(proteasome)和 ATP 的参与。

泛素是一种由 76 个氨基酸残基组成的小分子蛋白质,分子量为 8.5 kDa,因其广泛存在于真核细胞而得名。泛素介导的蛋白质降解过程是一个复杂的过程。首先泛素与被选择降解的靶蛋白形成共价连接,使其带上泛素标记并被激活,然后蛋白酶体特异性识别泛素标记的蛋白质并将其降解,泛素的这种标记作用称为泛素化。靶蛋白的泛素化包括3种酶参与的3步反应，消耗ATP(图7-4)。一种蛋白质的降解需进行多次泛素化反应，形成聚泛素链。聚泛素链如同贴在靶蛋白上的“死亡”标签。标签有长有短，酵母细胞中一般是4聚泛素链，哺乳动物中一般为6或7聚泛素链。其后，聚泛素化蛋白质在蛋白酶体降解，产生一些7～9个氨基酸残基组成的寡肽，寡肽进一步水解生成氨基酸。

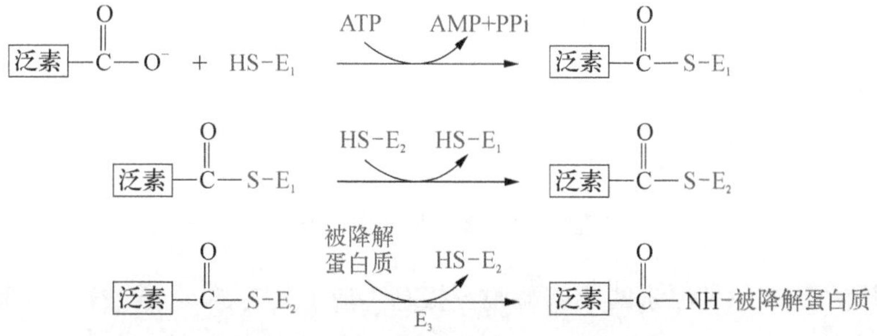

$$\boxed{\text{泛素}}-\overset{O}{\overset{\|}{C}}-O^- + HS-E_1 \xrightarrow{ATP \quad AMP+PPi} \boxed{\text{泛素}}-\overset{O}{\overset{\|}{C}}-S-E_1$$

$$\boxed{\text{泛素}}-\overset{O}{\overset{\|}{C}}-S-E_1 \xrightarrow{HS-E_2 \quad HS-E_1} \boxed{\text{泛素}}-\overset{O}{\overset{\|}{C}}-S-E_2$$

$$\boxed{\text{泛素}}-\overset{O}{\overset{\|}{C}}-S-E_2 \xrightarrow[E_3]{\text{被降解蛋白质} \quad HS-E_2} \boxed{\text{泛素}}-\overset{O}{\overset{\|}{C}}-NH-\text{被降解蛋白质}$$

图7-4　蛋白质降解的泛素化反应

E_1为泛素激活酶；E_2为泛素结合酶；E_3为泛素蛋白连接酶

蛋白酶体存在于细胞核和细胞质内，数量多。蛋白酶体是1个26S的蛋白质复合物，由1个20S的核心颗粒(core particle，CP)和2个19S的调节颗粒(regulatory particle，RP)组成(图7-5)。核心颗粒是由4个环(2个α环和2个β环)组成的圆柱体，中心是空腔。2个α环分别位于圆柱体的上下两端，2个β环则夹在2个α环之间。每个α环由7个α亚基组成，每个β环由7个β亚基组成。核心颗粒是蛋白酶体的水解核心，活性位点位于2个β环上，β环7个亚基中有3个亚基具有蛋白酶活性，可催化不同蛋白质降解。2个19S的调节颗粒分别位于柱形核心颗粒的两端，形成空心圆柱的帽盖。每个调节颗粒由18个亚基组成，其中某些亚基识别、结合待降解的聚泛素化蛋白质，有6个亚基具有ATP酶活性，与蛋白质的去折叠、解聚合有关。

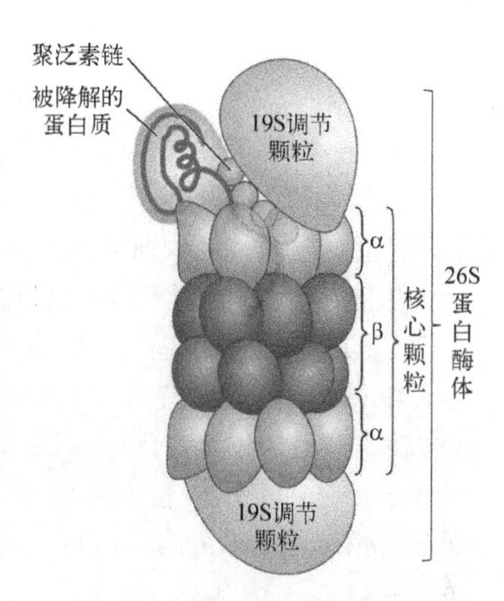

图7-5　蛋白酶体结构示意图

二、氨基酸代谢库

食物蛋白质经消化而被吸收的氨基酸(外源性氨基酸)与体内组织蛋白质降解产生的氨基酸及体内合成的非必需氨基酸(内源性氨基酸)混合在一起，分布于体内各处，参与体内氨基酸的代谢，称为氨基酸代谢库(amino acid metabolic pool)。氨基酸代谢库通常以游离氨基酸总量计算。氨基酸不能自由通过细胞膜，所以其在体内的分布是不均一的，肌肉中的氨基酸占代谢库的50%以上，肝中约占10%，肾中占4%，血浆中占1%～6%。消化吸收的大多数氨基酸如丙氨酸和芳香族氨基酸等主要在肝中分解，而支链氨基酸主要在骨骼肌中分解。

体内氨基酸的主要功能是合成蛋白质和多肽，也可转变成其他含氮化合物。正常人尿中排出的氨基酸极少，每日约有1 g。各种氨基酸具有共同的结构特点，因而代谢途径有共同之处。但不同氨基酸由于结构的差异，代谢方式也有各自不同之处。体内氨基酸代谢的概况见图7-6。

三、氨基酸的脱氨基作用

氨基酸脱去氨基生成相应α-酮酸的过程，称为氨基酸脱氨基作用。这是氨基酸的主要分解代谢途径。氨基酸的脱氨基作用在体内大多数组织中均可进行。氨基酸可以通过多种方式脱去氨基，如转氨基、氧化脱氨基和联合脱氨基等，其中以联合脱氨基最为重要。

(一) 转氨基作用

1. 转氨基作用与转氨酶　转氨基作用(transamination)是指在转氨酶(transaminase)催化下，α-氨基

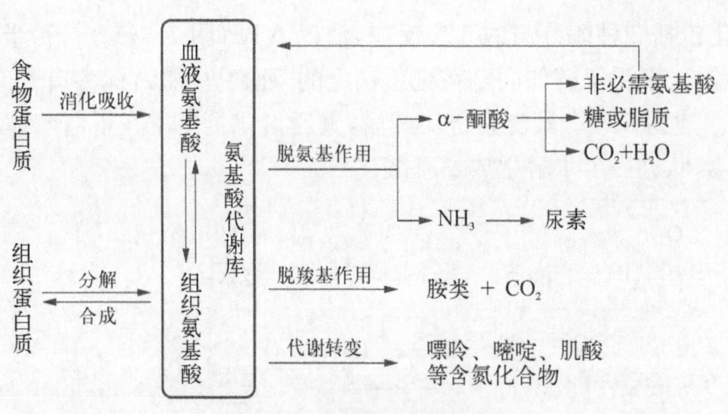

图 7-6　氨基酸代谢概况

酸的氨基转移到α-酮酸上，结果是原来的氨基酸脱去氨基生成了相应的α-酮酸，而原来的α-酮酸则转变成相应的氨基酸。

$$\mathrm{H{-}\overset{\displaystyle R_1}{\underset{\displaystyle COO^-}{C}}{-}NH_3^+} + \mathrm{\overset{\displaystyle R_2}{\underset{\displaystyle COO^-}{C}}{=}O} \xrightleftharpoons{\text{转氨酶}} \mathrm{\overset{\displaystyle R_1}{\underset{\displaystyle COO^-}{C}}{=}O} + \mathrm{H{-}\overset{\displaystyle R_2}{\underset{\displaystyle COO^-}{C}}{-}NH_3^+}$$

这是一种体内普遍存在的脱氨基方式，但转氨基过程中没有游离氨的生成。转氨基作用的平衡常数接近于1，反应可逆。因此，转氨基作用既是氨基酸的分解代谢过程，又是体内某些氨基酸（营养非必需氨基酸）合成的重要途径。除个别氨基酸如赖氨酸、苏氨酸等外，体内大多数氨基酸都可以参与转氨基作用。除了α-氨基外，氨基酸侧链末端的氨基如鸟氨酸的δ-氨基也可通过转氨基作用脱去。

转氨酶也称为氨基转移酶（aminotransferase），广泛分布于体内各组织中，具有底物专一性，不同氨基酸与α-酮酸之间的转氨基作用只能由专一的转氨酶催化。体内存在着多种转氨酶，其中以L-谷氨酸和α-酮酸的转氨酶最为重要。例如，丙氨酸转氨酶（alanine transaminase，ALT）[又称谷丙转氨酶（glutamic pyruvic transaminase，GPT）]和天冬氨酸转氨酶（aspartate aminotransferase，AST）[又称谷草转氨酶（glutamic oxaloacetic transaminase，GOT）]在氨基酸代谢中最为活跃，它们在体内广泛存在，但在各组织中含量不同（表7-2）。

$$\underset{\text{谷氨酸}}{\mathrm{H{-}\overset{\displaystyle COO^- \atop \displaystyle (CH_2)_2}{\underset{\displaystyle COO^-}{C}}{-}NH_3^+}} + \underset{\text{丙酮酸}}{\mathrm{\overset{\displaystyle CH_3}{\underset{\displaystyle COO^-}{C}}{=}O}} \xrightleftharpoons{\text{ALT}} \underset{\alpha\text{-酮戊二酸}}{\mathrm{\overset{\displaystyle COO^- \atop \displaystyle (CH_2)_2}{\underset{\displaystyle COO^-}{C}}{=}O}} + \underset{\text{丙氨酸}}{\mathrm{H{-}\overset{\displaystyle CH_3}{\underset{\displaystyle COO^-}{C}}{-}NH_3^+}}$$

$$\underset{\text{谷氨酸}}{\mathrm{H{-}\overset{\displaystyle COO^- \atop \displaystyle (CH_2)_2}{\underset{\displaystyle COO^-}{C}}{-}NH_3^+}} + \underset{\text{草酰乙酸}}{\mathrm{\overset{\displaystyle COO^- \atop \displaystyle CH_2}{\underset{\displaystyle COO^-}{C}}{=}O}} \xrightleftharpoons{\text{AST}} \underset{\alpha\text{-酮戊二酸}}{\mathrm{\overset{\displaystyle COO^- \atop \displaystyle (CH_2)_2}{\underset{\displaystyle COO^-}{C}}{=}O}} + \underset{\text{天冬氨酸}}{\mathrm{H{-}\overset{\displaystyle COO^- \atop \displaystyle CH_2}{\underset{\displaystyle COO^-}{C}}{-}NH_3^+}}$$

表 7-2　正常成人各组织中 ALT 及 AST 活性(U/g)

组　织	ALT	AST	组　织	ALT	AST
心	7 100	156 000	肺	700	10 000
肝	44 000	142 000	脾	1 200	14 000
肾	19 000	91 000	胰腺	2 000	28 000
骨骼肌	4 800	99 000	血清	16	20

正常时，转氨酶主要存在于细胞内，其在血清中的活性很低。当某种原因使细胞膜通透性增高或细胞破裂时，大量转氨酶从细胞内释放入血，造成血中转氨酶活性明显升高。例如，急性肝炎患者血清ALT活性明显上升；心肌梗死患者血清AST活性显著升高。临床上以此作为疾病诊断和预后的参考指标之一。

2. 转氨基作用机制　转氨酶的辅酶都是维生素 B_6 的磷酸酯，即磷酸吡哆醛，它结合于转氨酶活性中心赖氨酸残基的ε-氨基上。在转氨基过程中，磷酸吡哆醛先从氨基酸接受氨基转变成磷酸吡哆胺，同时氨基酸转变成相应的α-酮酸，磷酸吡哆胺进一步将氨基转移给另一种α-酮酸，使后者接受氨基生成相应的氨基酸，同时磷酸吡哆胺又转变为磷酸吡哆醛。磷酸吡哆醛与磷酸吡哆胺的这种相互转变，起着传递氨基的作用。

（二）氧化脱氨基作用

催化氨基酸氧化脱氨基作用的酶有两类：L-谷氨酸脱氢酶和氨基酸氧化酶。

1. L-谷氨酸脱氢酶　L-谷氨酸的氧化脱氨基反应由L-谷氨酸脱氢酶（L-glutamate dehydrogenase）催化完成。L-谷氨酸脱氢酶（辅酶是 NAD^+ 或 $NADP^+$）催化L-谷氨酸脱氢生成不稳定的亚氨基酸，然后水解生成α-酮戊二酸和氨。反应可逆。

$$\underset{\text{谷氨酸}}{H-\overset{COO^-}{\underset{COO^-}{\overset{|}{\underset{|}{\overset{(CH_2)_2}{\overset{|}{C}}}}}}-NH_3^+} \xrightleftharpoons[NAD(P)^+ \quad NAD(P)H+H^+]{\text{L-谷氨酸脱氢酶}} \overset{COO^-}{\underset{COO^-}{\overset{|}{\underset{|}{\overset{(CH_2)_2}{\overset{|}{C}}}}}}=NH_2^+ \underset{-H_2O}{\overset{+H_2O}{\rightleftharpoons}} \underset{\alpha\text{-酮戊二酸}}{\overset{COO^-}{\underset{COO^-}{\overset{|}{\underset{|}{\overset{(CH_2)_2}{\overset{|}{C}}}}}}=O} + NH_3$$

L-谷氨酸脱氢酶是一种别构酶，由6个相同的亚基聚合而成，每个亚基的分子量为56 kDa。已知GTP和ATP是此酶的别构抑制剂，而GDP和ADP是别构激活剂。因此当体内能量不足时，谷氨酸加速氧化脱氨，对机体的能量代谢起着重要的调节作用。

转氨基作用使许多氨基酸的氨基转移给α-酮戊二酸生成L-谷氨酸。L-谷氨酸是哺乳动物组织中唯一能以相当高的速率进行氧化脱氨基反应的氨基酸，脱下的氨进一步代谢后排出体外。L-谷氨酸脱氢酶广泛存在于肝、肾、脑组织中，它与转氨酶的协同作用（联合脱氨基作用），几乎可催化所有氨基酸的脱氨基作用，对体内营养非必需氨基酸的合成起着重要作用。

2. 氨基酸氧化酶　在肝肾组织中还存在氨基酸氧化酶，属黄素蛋白酶类，其辅基是FMN或FAD。黄素蛋白将氨基酸氧化成α-亚氨基酸，再加水分解成相应的α-酮酸，并释放 NH_4^+，分子氧再直接氧化还原型的黄素蛋白，生成 H_2O_2，H_2O_2 被过氧化氢酶裂解成氧和 H_2O。过氧化氢酶存在于大多数组织中。氨基酸氧化酶在体内分布不广，活性不高，对脱氨作用并不重要。

$$\text{氨基酸}+FMN+H_2O \longrightarrow \alpha\text{-酮酸}+FMNH_2+NH_4^+$$

$$FMNH_2+O_2 \longrightarrow FMN+H_2O_2$$

（三）联合脱氨基作用

氨基酸的转氨基作用虽然在生物体内普遍存在，但转氨基作用只是将氨基酸分子中的氨基转移给α-酮戊二酸或其他α-酮酸，并没有真正脱氨。体内实现真正意义上的脱氨基主要是通过联合脱氨基作用完成。

机体中大多数氨基酸释放氨基是通过转氨基偶联谷氨酸氧化脱氨基进行联合脱氨基作用。α-氨基酸先与α-酮戊二酸进行转氨基作用，生成相应的α-酮酸及L-谷氨酸，然后L-谷氨酸在L-谷氨酸脱氢酶作用下，经氧化脱氨基作用生成α-酮戊二酸并释放出游离的氨，即转氨基作用与L-谷氨酸氧化脱氨基作用偶联实现氨基酸的脱氨基作用，称为转氨脱氨作用，又称联合脱氨基作用（图7-7）。

上述联合脱氨基作用的全过程是可逆的，故这一过程既是氨基酸脱氨基的主要方式，又是体内合成非必需氨基酸的主要途径。由于L-谷氨酸脱氢酶在肝、肾、脑组织中活性最强，因此，该方式的联合脱氨基作用主要在肝、肾、脑组织中进行得比较活跃。

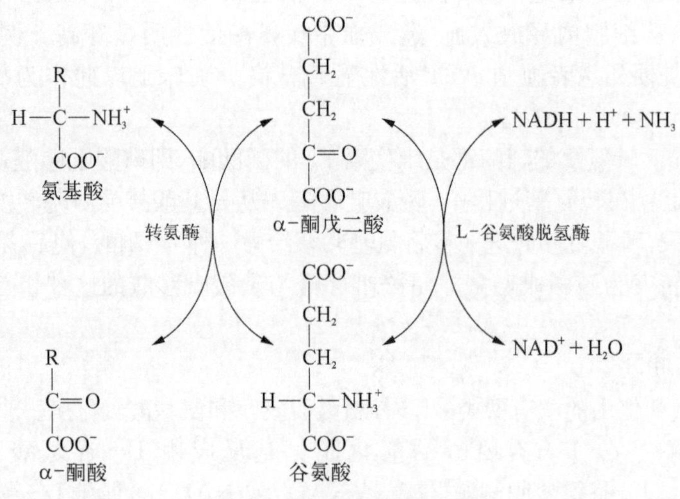

图 7-7 联合脱氨基作用

（四）非氧化脱氨基作用

某些氨基酸可进行非氧化脱氨基作用，主要在微生物体内进行，动物体内也存在，但不普遍。例如，丝氨酸在丝氨酸脱水酶催化下脱水脱氨基，生成丙酮酸和氨；天冬氨酸在天冬氨酸酶催化下直接脱氨基，生成延胡索酸和氨；半胱氨酸在脱硫化氢酶催化下脱去 H_2S 后再水解脱氨基，生成丙酮酸和氨。

四、α-酮酸的代谢

氨基酸脱氨基后生成的碳骨架即α-酮酸(α-keto acid)，其可以进一步代谢，在体内主要有以下 3 条代谢去路：

（一）可被彻底氧化分解并提供能量

α-酮酸在体内可通过三羧酸循环与生物氧化体系被彻底氧化生成 CO_2 和 H_2O，同时释放能量以供机体生理活动的需要。可见，氨基酸也是一类能源物质。

（二）经氨基化生成营养非必需氨基酸

转氨基作用和氧化脱氨基作用都是可逆的，通过其逆反应可使α-酮酸经氨基化而生成相应的氨基酸。这是机体合成营养非必需氨基酸的重要途径。这些α-酮酸也可来自糖代谢和三羧酸循环的产物。例如，丙酮酸、α-酮戊二酸、草酰乙酸分别转变成丙氨酸、谷氨酸和天冬氨酸。

（三）可转变成糖或脂质

在体内，α-酮酸可以转变成糖或脂质。营养学研究发现，用不同的氨基酸饲养人工造成糖尿病的犬时，大多数氨基酸可使尿中葡萄糖的排出增加，少数几种可使葡萄糖及酮体的排出同时增加，而亮氨酸和赖氨酸只能使酮体的排出增加。用同位素标记氨基酸的实验也证明上述研究结果是正确的。因此，依据转化产物的不同，可将氨基酸分为 3 类：在体内可以转变成糖的氨基酸称为生糖氨基酸(glucogenic amino acid)；能转变成酮体的氨基酸称为生酮氨基酸(ketogenic amino acid)；既能转变成糖又能转变成酮体的氨基酸称为生糖兼生酮氨基酸(glucogenic and ketogenic amino acid)(表 7-3)。

表 7-3 氨基酸生糖及生酮性质的分类

类　别	氨 基 酸
生糖氨基酸	甘氨酸、丙氨酸、丝氨酸、缬氨酸、组氨酸、精氨酸、半胱氨酸、脯氨酸、谷氨酸、谷氨酰胺、天冬氨酸、天冬酰胺、甲硫氨酸
生酮氨基酸	亮氨酸、赖氨酸
生糖兼生酮氨基酸	异亮氨酸、苯丙氨酸、酪氨酸、苏氨酸、色氨酸

各种氨基酸脱氨基后产生的α-酮酸结构差异很大，其代谢途径也不尽相同。但这些转变过程所涉及

的中间产物不外乎是乙酰 CoA(生酮氨基酸)、丙酮酸及三羧酸循环的中间代谢物,如 α-酮戊二酸、琥珀酰 CoA、延胡索酸、草酰乙酸等(生糖氨基酸)。通过这些中间产物使 α-酮酸纳入糖代谢途径或脂肪(或酮体)代谢途径。例如,丙氨酸脱去氨基生成丙酮酸,后者可转变成葡萄糖,所以丙氨酸是生糖氨基酸;亮氨酸经过一系列代谢转变生成乙酰 CoA 和乙酰乙酰 CoA,它们可进一步转变成酮体或脂肪,所以亮氨酸是生酮氨基酸;苯丙氨酸与酪氨酸经代谢转变可生成延胡索酸和乙酰乙酸,所以这两种氨基酸是生糖兼生酮氨基酸。

综上所述,氨基酸的代谢与糖和脂肪的代谢密切相关。氨基酸可转变成糖和脂肪;糖也可转变成脂肪和一些非必需氨基酸的碳骨架部分。由此可见,三羧酸循环是物质代谢的总枢纽,通过它可使糖、脂肪酸及氨基酸完全氧化,也可使其彼此相互转变,构成一个完整的代谢体系。

第四节 氨的代谢

氨具有毒性,脑组织对氨的作用尤为敏感。体内的氨主要在肝合成尿素而解毒。人在正常情况下,血氨的浓度很低。严重肝病患者尿素合成功能降低,血氨增高,引起脑功能紊乱,常与肝性脑病的发病有关。

一、体内氨的来源

(一) 氨基酸脱氨及胺类物质分解产生的氨

氨基酸脱氨基产生的氨是体内氨的主要来源。胺类物质的分解也可以产生氨。

(二) 肠道细菌腐败作用及尿素分解产生的氨

肠道吸收的氨有两个来源,即蛋白质和氨基酸在肠道细菌作用下产生的氨及尿素渗入肠道经细菌尿素酶水解产生的氨。肠道产氨量较多,每日约 4 g。肠道腐败作用增强时,产生氨的量增多。肠道内产生的氨是血氨的来源之一。NH_3 比 NH_4^+ 易于穿过细胞膜而被吸收入细胞。NH_3 与 NH_4^+ 的相互转变受肠液 pH 的影响。肠液 pH>6 时,NH_3 大量扩散入血;肠液 pH<6 时,NH_4^+ 以铵盐形式排出体外。临床上对于高血氨患者应用弱酸性透析液做结肠透析,而禁止用碱性肥皂水灌肠,就是为了减少 NH_3 的吸收。

(三) 肾小管上皮细胞谷氨酰胺水解产生的氨

谷氨酰胺在谷氨酰胺酶的催化下水解生成谷氨酸和氨,这部分氨分泌到肾小管管腔中,主要与尿中的 H^+ 结合成 NH_4^+,以铵盐的形式随尿排出体外,这对调节机体的酸碱平衡起着重要作用。酸性尿有利于肾小管细胞中的氨扩散入尿,而碱性尿可妨碍肾小管细胞中 NH_3 的分泌,这些氨部分进入血液,成为血氨的另一个来源。因此,临床上对肝硬化腹水患者不宜使用碱性利尿药,以免血氨升高。

二、氨的转运

氨是有毒物质,各组织中产生的有毒氨如何以无毒的方式经血液运输到肝合成尿素或转运到肾以铵盐的形式排出体外?现已知,氨在血液中主要是以丙氨酸和谷氨酰胺两种形式转运。

(一) 葡萄糖-丙氨酸循环

肌肉中的氨基酸经转氨基作用将氨基转给丙酮酸,生成丙氨酸,丙氨酸经血液运送到肝。在肝中,丙氨酸通过脱氨基作用生成丙酮酸和氨。氨用于合成尿素,丙酮酸则经糖异生生成葡萄糖。葡萄糖由血液运送到肌肉组织,通过糖酵解转变成丙酮酸,后者再接受氨基而生成丙氨酸。如此,丙氨酸和葡萄糖在肌肉和肝之间反复进行氨的转运,故将这一过程称为葡萄糖-丙氨酸循环(glucose - alanine cycle)(图 7 - 8)。这个循环使肌肉中的氨以无毒的丙氨酸形式运往肝,同时又使肝为肌肉提供了葡萄糖。

(二) 谷氨酰胺的运氨作用

谷氨酰胺是另一种转运氨的形式,它主要从脑、肌肉等组织向肝或肾运氨。脑和肌肉等组织中,氨与谷氨酸在谷氨酰胺合成酶的催化下生成谷氨酰胺,并由血液运送到肝或肾。而肝、肾组织中存在的谷氨酰胺酶

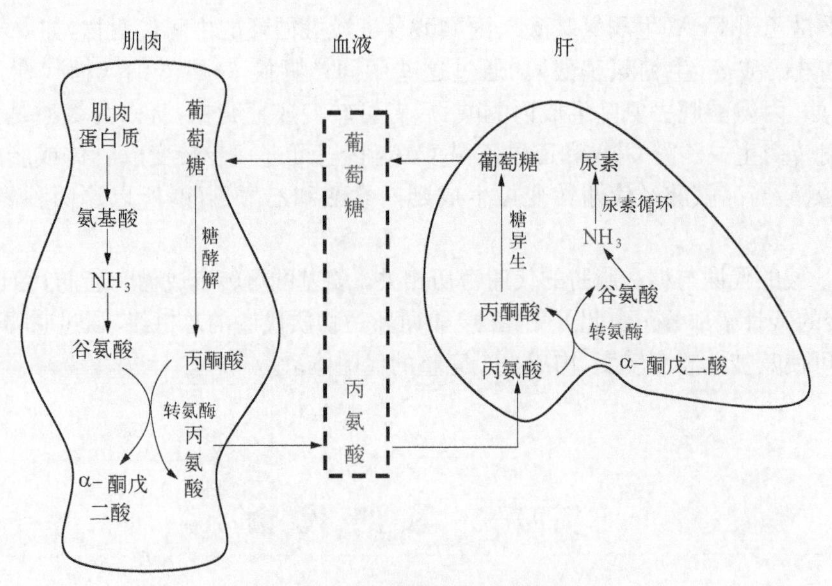

图7-8　葡萄糖-丙氨酸循环

可将谷氨酰胺水解成谷氨酸和氨。谷氨酰胺的合成与分解是由两种不同的酶催化的不可逆反应，其合成需要消耗ATP。

$$\underset{\text{谷氨酸}}{\begin{matrix}COO^-\\|\\(CH_2)_2\\|\\HCNH_3^+\\|\\COO^-\end{matrix}} + NH_3 \underset{\text{谷氨酰胺酶}}{\overset{ATP\quad\text{谷氨酰胺合成酶}\quad ADP+Pi}{\rightleftharpoons}} \underset{\text{谷氨酰胺}}{\begin{matrix}CONH_2\\|\\(CH_2)_2\\|\\HCNH_3^+\\|\\COO^-\end{matrix}} + H_2O$$

谷氨酰胺既是氨的解毒产物，又是氨的储存及运输形式。谷氨酰胺在脑组织固定氨和转运氨的过程中起着重要作用。临床上，氨中毒患者可服用或输入谷氨酸盐以降低氨的浓度。

此外，机体合成蛋白质所需的天冬酰胺可以由谷氨酰胺提供其酰胺基，使天冬氨酸转变成天冬酰胺。正常细胞能够合成足量的天冬酰胺以满足蛋白质的合成需要，但白血病细胞却不能或很少能合成天冬酰胺，必须依靠血液从其他器官运输而来。因此，临床上应用天冬酰胺酶使天冬酰胺水解成天冬氨酸，从而减少血中天冬酰胺浓度，达到治疗白血病的目的。

$$\underset{\text{天冬酰胺}}{\begin{matrix}CONH_2\\|\\CH_2\\|\\HCNH_3^+\\|\\COO^-\end{matrix}} \xrightarrow[H_2O\qquad NH_3]{\text{天冬酰胺酶}} \underset{\text{天冬氨酸}}{\begin{matrix}COO^-\\|\\CH_2\\|\\HCNH_3^+\\|\\COO^-\end{matrix}}$$

三、体内氨的去路

(一) 合成尿素

正常情况下体内的氨主要在肝中合成尿素，再经肾从尿中排出体外，这是体内氨的主要代谢去路。正常成人排出的尿素占排氮总量的80%～90%，可见肝在氨解毒中起着重要作用。

1. *尿素合成机制的鸟氨酸循环学说*　动物实验与临床观察证明，肝是合成尿素的最主要器官。肾及脑等其他组织虽然也能合成尿素，但合成量甚微。

肝如何合成尿素？早在1932年，德国科学家Hans Krebs和Kurt Henseleit根据一系列实验，首次提出了鸟氨酸循环(ornithine cycle)学说，又称尿素循环(urea cycle)或Krebs-Henseleit循环。这是第一条被发现的循环代谢途径。Krebs一生中提出了两个循环学说(鸟氨酸循环和三羧酸循环),为生物化学的发展做出了重要贡献。

鸟氨酸循环学说的实验依据如下：通过组织切片技术,将大鼠肝的薄切片放在有氧条件下与铵盐混合,保温数小时后,铵盐的含量减少,而尿素生成增多。在此切片中,分别加入多种可能有关的化合物,并观察它们对尿素生成速度的影响,发现鸟氨酸、瓜氨酸或精氨酸能够大大加速尿素的合成。根据这3种氨基酸的结构推断,它们彼此相关,即鸟氨酸是瓜氨酸的前体,瓜氨酸是精氨酸的前体。另外,当大量鸟氨酸与肝切片及 NH_4^+ 保温时,可观察到瓜氨酸的积存。此外,早已证实肝含有精氨酸酶,此酶能催化精氨酸水解生成鸟氨酸及尿素。基于以上事实,Krebs和Henseleit提出了肝中合成尿素的鸟氨酸循环学说(图7-9),即：第一,鸟氨酸与氨及 CO_2 结合生成瓜氨酸;第二,瓜氨酸再接受1分子氨而生成精氨酸;第三,精氨酸水解产生尿素,并重新生成鸟氨酸。接着,鸟氨酸参与第二轮循环。在这个循环过程中,鸟氨酸所起的作用与三羧酸循环中草酰乙酸所起的作用类似。20世纪40年代,用同位素标记的 $^{15}NH_4^+$ 或含 ^{15}N 的氨基酸饲养大鼠,发现随尿排出的尿素含有 ^{15}N,但鸟氨酸中不含 ^{15}N。用含 ^{14}C 标记的 $H^{14}CO_3^-$ 和鸟氨酸与大鼠肝匀浆保温,生成的尿素含有 ^{14}C。由此进一步证实了尿素可由氨及 CO_2 合成。

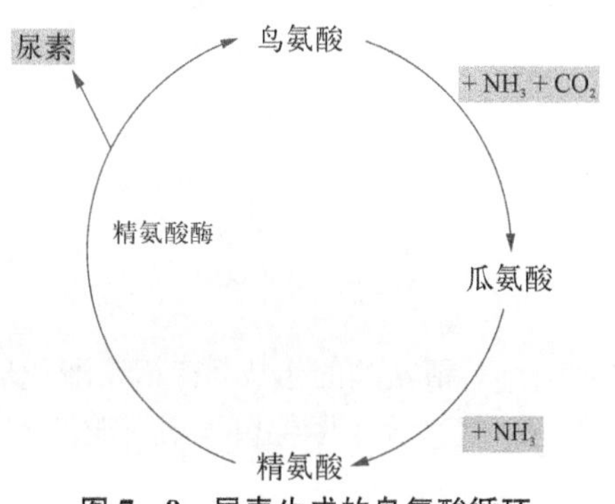

图7-9　尿素生成的鸟氨酸循环

2. 肝中合成尿素的详细步骤　尿素合成的全过程可分为两个阶段,即线粒体阶段和胞质阶段,总共5步反应：① 氨基甲酰磷酸的合成;② 瓜氨酸的合成;③ 精氨酸代琥珀酸的生成;④ 精氨酸的生成;⑤ 精氨酸水解生成尿素。详细反应过程如下：

(1) 氨基甲酰磷酸的合成：氨基甲酰磷酸合成酶-Ⅰ(carbamoyl phosphate synthetase-Ⅰ,CPS-Ⅰ)在 Mg^{2+}、N-乙酰谷氨酸存在时,催化 NH_3、CO_2、H_2O 和ATP缩合生成氨基甲酰磷酸。

$$NH_3+CO_2+H_2O+2ATP \xrightarrow[\text{N-乙酰谷氨酸},Mg^{2+}]{\text{CPS-Ⅰ}} H_2N-\overset{\overset{\displaystyle O}{\|}}{C}-O\sim PO_3^{2-}\ +2ADP+Pi$$

$$CH_3-\overset{\overset{\displaystyle O}{\|}}{C}-NH-\underset{\underset{\displaystyle \underset{\displaystyle COO^-}{|}}{\displaystyle CH_2-CH_2}}{\overset{\overset{\displaystyle COO^-}{|}}{C}}-H$$

N-乙酰谷氨酸

此反应不可逆,消耗2分子ATP。CPS-Ⅰ是鸟氨酸循环启动的关键酶,此酶需要别构激活剂N-乙酰谷氨酸存在时才能被激活,N-乙酰谷氨酸可诱导酶的构象改变,从而增加酶对ATP的亲和力。CPS-Ⅰ和N-乙酰谷氨酸都存在于肝细胞线粒体中。氨基甲酰磷酸是高能化合物,性质活泼,易与鸟氨酸反应生成瓜氨酸。

(2) 瓜氨酸的合成：在鸟氨酸氨基甲酰转移酶催化下,氨基甲酰磷酸将氨基甲酰部分转移到鸟氨酸上,生成瓜氨酸和磷酸。此反应不可逆。催化该反应的酶也存在于肝细胞线粒体中。

$$\underset{\text{鸟氨酸}}{NH_3^+-(CH_2)_3-CH(NH_3^+)-COO^-} + \underset{\text{氨基甲酰磷酸}}{NH_2-C(=O)-O\sim PO_3^{2-}} \xrightarrow[\searrow H_3PO_4]{\text{鸟氨酸氨基甲酰转移酶}} \underset{\text{瓜氨酸}}{NH_2-C(=O)-NH-(CH_2)_3-CH(NH_3^+)-COO^-}$$

(3) 精氨酸代琥珀酸的生成：瓜氨酸在线粒体合成后，随即被转运到线粒体外，在胞质精氨酸代琥珀酸合成酶的催化下，瓜氨酸与天冬氨酸反应生成精氨酸代琥珀酸，此反应也需要 ATP 供能。天冬氨酸提供了尿素分子中的第二个氮原子。精氨酸代琥珀酸合成酶是尿素合成的限速酶。

$$\underset{\text{瓜氨酸}}{H_2N-C(=O)-NH-(CH_2)_3-CH(NH_3^+)-COO^-} + \underset{\text{天冬氨酸}}{{}^+H_3N-CH(COO^-)-CH_2-COO^-} \xrightarrow[ATP \rightarrow H_2O,\ AMP+PPi]{\text{精氨酸代琥珀酸合成酶},\ Mg^{2+}} \underset{\text{精氨酸代琥珀酸}}{H_3N^+-C(=N-CH(COO^-)-CH_2-COO^-)-NH-(CH_2)_3-CH(NH_3^+)-COO^-}$$

(4) 精氨酸的生成：在精氨酸代琥珀酸裂解酶的催化下，精氨酸代琥珀酸裂解生成精氨酸和延胡索酸。产物精氨酸分子中保留了来自游离 NH_3 和天冬氨酸分子中的氮。

$$\underset{\text{精氨酸代琥珀酸}}{NH_3^+-C(=N-CH(COO^-)-CH_2-COO^-)-NH-(CH_2)_3-CH(NH_3^+)-COO^-} \xrightarrow{\text{精氨酸代琥珀酸裂解酶}} \underset{\text{精氨酸}}{NH_2-C(=NH_2^+)-NH-(CH_2)_3-CH(NH_3^+)-COO^-} + \underset{\text{延胡索酸}}{{}^-OOC-CH=CH-COO^-}$$

此步反应生成的延胡索酸可经三羧酸循环的中间步骤转变为草酰乙酸，后者与谷氨酸进行转氨基作用，又可重新生成天冬氨酸，而谷氨酸的氨基可来自体内多种氨基酸。由此可见，体内多种氨基酸的氨基可通过天冬氨酸的形式参与尿素合成。

(5) 尿素的生成：精氨酸在精氨酸酶的催化下水解生成尿素及鸟氨酸。鸟氨酸通过线粒体内膜上载体的转运再进入线粒体，参与新一轮鸟氨酸循环。

$$\underset{\text{精氨酸}}{NH_2-C(=NH_2^+)-NH-(CH_2)_3-CH(NH_3^+)-COO^-} \xrightarrow[H_2O]{\text{精氨酸酶}} \underset{\text{尿素}}{NH_2-C(=O)-NH_2} + \underset{\text{鸟氨酸}}{NH_3^+-(CH_2)_3-CH(NH_3^+)-COO^-}$$

尿素作为代谢终产物，是中性、无毒、水溶性很强的物质，由血液运输至肾，从尿中排出。以上 5 步尿素合成反应可归结为下面的总反应式：

$$2NH_4^+ + CO_2 + 3ATP + H_2O \longrightarrow \text{尿素} + 2ADP + 4Pi + AMP + 2H^+$$

尿素生物合成过程及其在细胞中的定位总结于图 7－10。尿素合成场所在肝细胞线粒体和胞质中。尿素分子中的两个氮原子，一个来自氨，另一个来自天冬氨酸，而天冬氨酸又可由其他氨基酸通过转氨基作用而生成。因此，尿素分子中两个氮原子的来源虽然不同，但都直接或间接来自各种氨基酸。此外，尿素合成是一个耗能的过程，每合成 1 分子尿素需要消耗 4 个高能磷酸键。

3. 鸟氨酸循环的 NO 支路　20 世纪 90 年代初，研究发现在一氧化氮合酶（nitric oxide synthase,

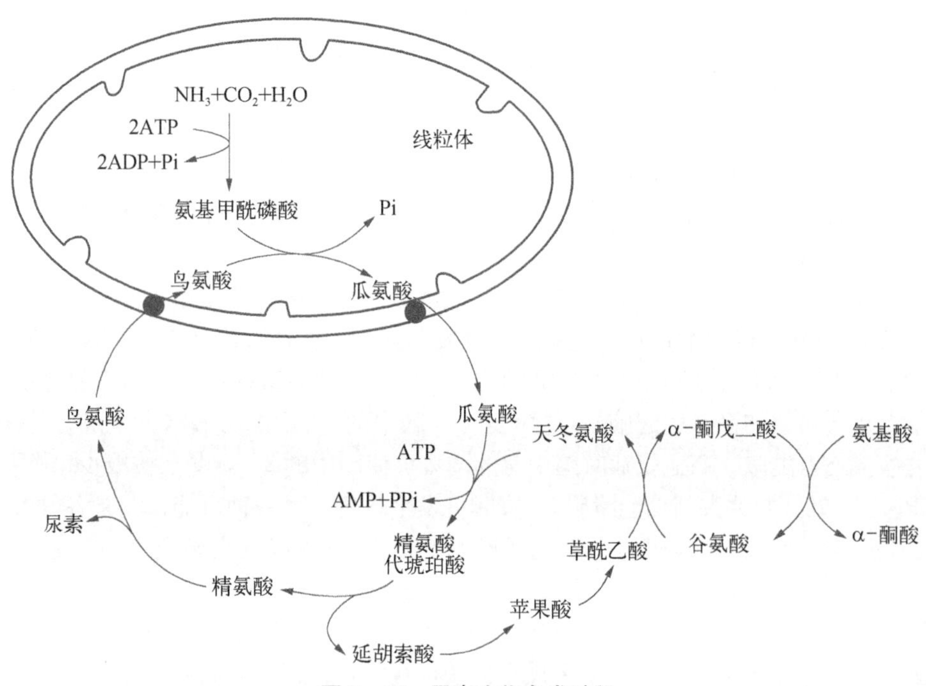

图 7-10　尿素生物合成过程

NOS)催化下少量精氨酸可在鸟氨酸循环中直接被氧化生成瓜氨酸，同时产生 NO，使天冬氨酸携带的氨基最终不形成尿素，而是生成 NO，因此称为鸟氨酸循环的 NO 支路。此条支路处理氨的数量有限，远不如生成尿素那样多，但是其产物 NO 具有重要的生理作用。NO 是在体内发现的第一个气体性信息分子，1992 年被美国 *Science* 杂志评选为明星分子。现已证实，NO 作为一种重要的信号转导分子，参与体内多种病理生理过程，如神经传导、血压调控、平滑肌舒张等。

$$\underset{\text{精氨酸}}{\begin{array}{c} NH_2 \\ | \\ C{=}NH_2^+ \\ | \\ NH \\ | \\ (CH_2)_3 \\ | \\ H{-}C{-}NH_3^+ \\ | \\ COO^- \end{array}} + O_2 \xrightarrow[NADPH+H^+ \quad NADP^+]{NOS} \underset{\text{瓜氨酸}}{\begin{array}{c} NH_2 \\ | \\ C{=}O \\ | \\ NH \\ | \\ (CH_2)_3 \\ | \\ H{-}C{-}NH_3^+ \\ | \\ COO^- \end{array}} + NO$$

4. *尿素合成的调节*　机体能及时、充分地解除氨毒，与肝中尿素合成是否正常密切相关。尿素合成的速度可受多种因素的调节。

(1) CPS-Ⅰ的调节：CPS-Ⅰ是鸟氨酸循环启动的关键酶，而 N-乙酰谷氨酸是 CPS-Ⅰ的别构激活剂。N-乙酰谷氨酸是由谷氨酸和乙酰 CoA 经 N-乙酰谷氨酸合成酶催化而生成。精氨酸是 N-乙酰谷氨酸合成酶的激活剂，精氨酸浓度增高时，加速尿素合成。因此，临床上用精氨酸治疗高血氨症。

值得提出的是，除了线粒体中存在 CPS-Ⅰ，以氨为氮源，催化合成氨基甲酸磷酸，并进一步参与尿素合成外，在胞质中还存在氨基甲酰磷酸合成酶-Ⅱ(carbamoyl phosphate synthetase-Ⅱ，CPS-Ⅱ)，它以谷氨酰胺的酰胺基为氮源，催化合成氨基甲酰磷酸，并进一步参与嘧啶的合成(参见第八章核苷酸代谢)。两种酶催化合成的产物虽然相同，但它们是两种不同性质的酶，其生理意义也不相同：CPS-Ⅰ参与尿素的合成，这是肝细胞独特的一种重要功能，是细胞高度分化的表现，因而 CPS-Ⅰ的活性可作为肝细胞分化程度的指标之一；CPS-Ⅱ参与嘧啶核苷酸的从头合成，与细胞增殖过程中核酸的合成有关，因而它的活性可作为细胞增殖程度的指标之一。

实验证明，当肝细胞再生时，线粒体中鸟氨酸氨基甲酰转移酶活性降低，而细胞质中天冬氨酸氨基甲酰转移酶活性增高,即尿素合成减少,嘧啶合成增加。当细胞再生完成后,鸟氨酸氨基甲酰转移酶活性重新增高,而天冬氨酸氨基甲酰转移酶活性降低。由此可见,上述两种氨基甲酰转移酶的活性对调节尿素合成与核酸合成起着重要协同调节作用。

(2) 精氨酸代琥珀酸合成酶的调节：参与尿素合成的酶系中,精氨酸代琥珀酸合成酶的活性最低,是尿素合成启动后的限速酶,可调节尿素合成的速度。

(3) 食物蛋白质的影响：尿素合成受食物蛋白质的影响。正常人高蛋白膳食时,尿素合成速度加快;低蛋白膳食时,则尿素合成速度减慢。

5. 高血氨症和氨中毒　肝合成尿素是维持血氨浓度的关键。肝功能受损害或尿素合成相关酶存在遗传性缺陷如鸟氨酸氨基甲酰转移酶缺陷时,尿素合成发生障碍,使血氨浓度升高,称为高血氨症(hyperammonemia)。常见临床症状包括呕吐、厌食、间歇性共济失调、嗜睡甚至昏迷等。高血氨症引起脑功能障碍的生化机制可能是由于血氨增高时引起脑氨增多,氨可与脑中的α-酮戊二酸结合生成谷氨酸,氨也可与谷氨酸进一步结合生成谷氨酰胺。高血氨症时脑中氨的增多可使脑中的α-酮戊二酸减少,导致三羧酸循环受抑制,脑中 ATP 生成降低,导致大脑功能障碍,严重时可发生昏迷。另一种可能机制是谷氨酸和谷氨酰胺增多,渗透压增大引起脑水肿。肝性脑病的生化机制较为复杂,血氨浓度升高导致氨中毒是其重要发病机制之一。

(二) 其他去路

1. 合成谷氨酰胺　氨与谷氨酸在谷氨酰胺合成酶催化下,合成无毒的谷氨酰胺。

2. 合成非必需氨基酸及其他含氮化合物　氨通过α-酮酸的氨基化可以合成营养非必需氨基酸,或者合成其他含氮化合物。

3. 形成铵盐从肾排出体外　肾小管分泌的氨与尿中的 H^+ 结合成 NH_4^+,以铵盐的形式随尿排出。

体内氨的来源与去路总结见图 7-11。

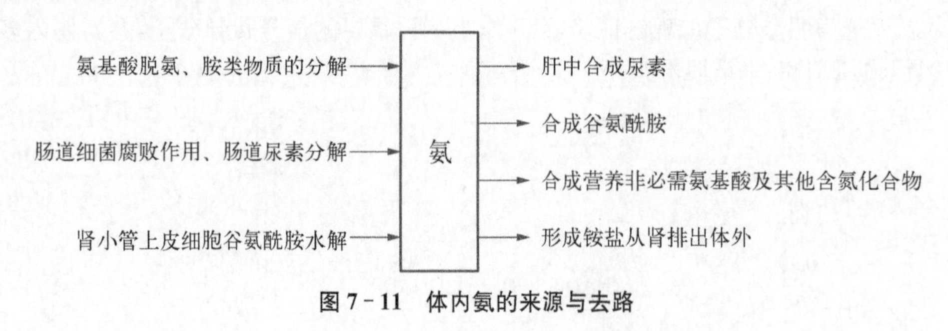

图 7-11　体内氨的来源与去路

第五节　氨基酸的分类代谢

氨基酸的代谢除共有代谢途径外,因其侧链不同,某些氨基酸还有其特殊的代谢特点和途径,并具有重要的生理意义。本节将对几种重要的氨基酸代谢途径进行描述,首先介绍氨基酸的脱羧基作用、一碳单位代谢,然后介绍含硫氨基酸代谢、芳香族氨基酸代谢及支链氨基酸代谢。

一、氨基酸的脱羧基作用

有些氨基酸在体内相应的氨基酸脱羧酶(decarboxylase)催化下,脱去羧基生成相应的胺类物质,称脱羧基作用。催化这类反应的脱羧酶特异性较强,其辅酶是磷酸吡哆醛。氨基酸脱羧基作用并非氨基酸分解代谢的主要途径,其产物胺类含量虽然不高,但具有重要的生理功能。然而,胺若在体内蓄积,会引起神经和心血管系统功能紊乱。体内广泛存在单胺氧化酶,能将胺氧化为相应的醛、NH_3 和 H_2O_2,醛再进一步氧化为羧酸,后者从尿液中排出,或氧化成 CO_2 和 H_2O,从而避免胺类在体内蓄积。

$$^{-}OOC—\underset{}{\overset{R}{\overset{|}{C}}}H—NH_3^+ \xrightarrow[\text{脱羧酶}]{-CO_2} R—CH_2—NH_3^+ \xrightarrow[\text{单胺氧化酶}]{O_2,\ H_2O \ \to\ H_2O_2,\ NH_3} RCHO \xrightarrow{+1/2\ O_2} RCOO^-$$

氨基酸　　　　胺　　　　醛　　　　羧酸

下面列举几种氨基酸脱羧基产生的重要胺类物质。

(一) γ-氨基丁酸

谷氨酸脱羧基生成γ-氨基丁酸(γ-aminobutyric acid,GABA),催化此反应的酶是谷氨酸脱羧酶,此酶在脑、肾组织中活性很高,因而GABA在脑组织中浓度较高。GABA的降解首先通过转氨基作用生成琥珀酸半醛,然后再转变为琥珀酸,通过三羧酸循环彻底氧化分解。

$$\text{谷氨酸} \xrightarrow[\searrow CO_2]{\text{谷氨酸脱羧酶}} \gamma\text{-氨基丁酸}$$

GABA是中枢神经系统抑制性神经递质,对中枢神经具有抑制作用。临床上常用维生素B_6治疗妊娠呕吐及小儿抽搐,可加强脱羧酶活性,增加GABA生成,以抑制神经过度兴奋。

(二) 组胺

组氨酸在组氨酸脱羧酶催化下,脱羧基生成组胺(histamine)。组胺在体内分布广泛,乳腺、肺、肝、肌肉及胃黏膜中含量较高,主要存在于肥大细胞中。

$$\text{组氨酸} \xrightarrow[\searrow CO_2]{\text{组氨酸脱羧酶}} \text{组胺}$$

组胺是一种强烈的血管舒张剂,能增加毛细血管的通透性。创伤性休克或炎症病变部位可有组胺的释放。组胺可使平滑肌收缩,引起支气管痉挛从而导致哮喘。组胺还可以促进胃蛋白酶原及胃酸的分泌,可被用于研究胃活动。组胺可经氧化或甲基化被灭活。

(三) 5-羟色胺

色氨酸先经色氨酸羟化酶作用生成5-羟色氨酸,再脱羧生成5-羟色胺(5-hydroxytryptamine,5-HT)。

$$\text{色氨酸} \xrightarrow{\text{色氨酸羟化酶}} \text{5-羟色氨酸} \xrightarrow[\searrow CO_2]{\text{5-羟色氨酸脱羧酶}} \text{5-羟色胺}$$

5-羟色胺在体内分布广泛,神经组织、胃肠、血小板、乳腺细胞等都可以生成5-羟色胺。脑内的5-羟色胺作为神经递质,具有抑制作用。现已知中枢神经系统有5-羟色胺能神经元。在外周组织,5-羟色胺具有强烈的血管收缩作用。

5-羟色胺降解的主要途径是经单胺氧化酶作用生成5-羟色醛,再进一步氧化生成5-羟吲哚乙酸随尿排出。恶性肿瘤和嗜银细胞瘤患者尿中5-羟吲哚乙酸的排出量明显升高。

(四) 多胺

多胺(polyamine)是指含有多个氨基的化合物。某些氨基酸在体内经脱羧基作用可以产生多胺。例如,精氨酸水解生成的鸟氨酸经脱羧基作用生成腐胺(putrescine),然后腐胺又可转变成精脒(spermidine)和精胺(spermine)。腐胺、精脒和精胺统称为多胺。鸟氨酸脱羧酶是多胺合成的限速酶。多胺生成的过程如下:

$$\text{鸟氨酸} \xrightarrow[\searrow CO_2]{\text{鸟氨酸脱羧酶}} {}^{+}H_3N—(CH_2)_4—NH_3^+\ (\text{腐胺})$$

$$\text{S-腺苷甲硫氨酸} \xrightarrow[\searrow CO_2]{\text{S-腺苷甲硫氨酸脱羧酶}} \text{腺苷}—\overset{CH_3}{\overset{|}{S^+}}—(CH_2)_3—NH_3^+\ (\text{脱羧基S-腺苷甲硫氨酸})$$

$$\text{腐胺}+\text{脱羧基S-腺苷甲硫氨酸}\xrightarrow[\text{腺苷—S—CH}_3]{\text{丙胺转移酶}}{}^{+}H_3N-(CH_2)_4-{}^{+}NH_2-(CH_2)_3-NH_3^{+}\ (\text{精脒})$$

$$\text{精脒}+\text{脱羧基S-腺苷甲硫氨酸}\xrightarrow[\text{腺苷—S—CH}_3]{\text{丙胺转移酶}}{}^{+}H_3N-(CH_2)_3-{}^{+}NH_2-(CH_2)_4-{}^{+}NH_2-(CH_2)_3-NH_3^{+}\ (\text{精胺})$$

精胺和精脒是调节细胞生长的重要物质。凡生长旺盛的组织，如胚胎、再生肝、生长激素作用的细胞及癌瘤组织等，鸟氨酸脱羧酶的活性和多胺的含量都有所增加。多胺促进细胞增殖的机制可能与其稳定细胞结构、促进核酸和蛋白质的生物合成有关。在体内多胺小部分氧化为 NH_3 及 CO_2，大部分多胺与乙酰基结合随尿排出。目前临床上把测定患者血或尿中多胺的水平作为肿瘤辅助诊断及观察病情变化的生化指标之一。

二、一碳单位代谢

(一) 一碳单位与 FH_4

某些氨基酸在分解代谢过程中产生的含有一个碳原子的有机基团，称为一碳单位(one carbon unit)，又称一碳基团(one carbon group)。其主要包括甲基($—CH_3$)、亚甲基(甲烯基，$—CH_2—$)、次甲基(甲炔基，$—CH=$)、甲酰基($—CHO$)、亚氨甲基($—CH=NH$)等。CO_2 不属于一碳单位。

一碳单位不能游离存在，需要与 FH_4 结合而转运和参与代谢。因此，FH_4 是一碳单位的运载体。一碳单位通常是结合在 FH_4 分子的 N^5、N^{10} 位上。哺乳类动物体内，FH_4 是由叶酸经二氢叶酸还原酶催化，通过两步还原反应而生成。FH_4 的化学结构及其生成反应如下：

$$H_2N\text{-蝶啶环(5,6,7,8-四氢)}-CH_2-\overset{10}{N}H-C_6H_4-\overset{O}{\overset{\|}{C}}-NH-\overset{COO^-}{\overset{|}{C}H}-CH_2-CH_2-COO^-$$

5,6,7,8-FH_4

$$\text{叶酸}\xrightarrow[\text{NADPH+H}^+\ \ \text{NADP}^+]{\text{二氢叶酸还原酶}}\text{二氢叶酸}\xrightarrow[\text{NADPH+H}^+\ \ \text{NADP}^+]{\text{二氢叶酸还原酶}}FH_4$$

(二) 一碳单位的来源、转换

一碳单位主要来源于丝氨酸、甘氨酸、组氨酸和色氨酸的分解代谢。其中，丝氨酸和甘氨酸生成 N^5,N^{10}-亚甲基-FH_4($N^5,N^{10}—CH_2—FH_4$)，组氨酸生成 N^5-亚氨甲基-FH_4($N^5—CH=NH—FH_4$)，N^5,N^{10}-次甲基-FH_4($N^5,N^{10}=CH—FH_4$)，色氨酸生成 N^{10}-甲酰-FH_4($N^{10}—CHO—FH_4$)。

$$\text{丝氨酸}+FH_4\xrightarrow[H_2O]{\text{丝氨酸羟甲基转移酶}}N^5,N^{10}\text{-亚甲基-}FH_4+\text{甘氨酸}$$

$$\text{甘氨酸}+FH_4\xrightarrow[\text{NAD}^+\ \ \text{NADH+H}^+]{\text{甘氨酸裂解酶}}N^5,N^{10}\text{-亚甲基-}FH_4+CO_2+NH_3$$

$$\text{组氨酸}\longrightarrow\text{亚氨甲基谷氨酸}\xrightarrow[FH_4\ \ \text{谷氨酸}]{\text{亚氨甲基转移酶}}N^5\text{-亚氨甲基-}FH_4\xrightarrow[NH_3]{}N^5,N^{10}\text{-次甲基-}FH_4$$

$$\text{色氨酸}\xrightarrow[\text{犬尿氨酸}]{}\text{甲酸}\xrightarrow[FH_4\ \ ATP\ \ ADP+Pi]{N^{10}\text{-CHO-}FH_4\text{合成酶}}N^{10}\text{-甲酰-}FH_4$$

不同形式的一碳单位，碳原子的氧化状态不同。它们可以通过氧化还原反应而彼此转变，分别由不同的酶催化(图 7-12)。但是，N^5-甲基-FH_4 的生成是不可逆的。

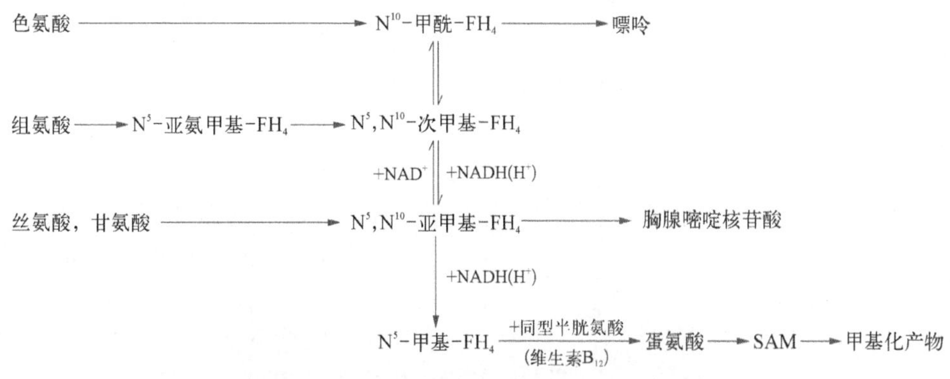

图 7-12　不同形式一碳单位的相互转变

（三）一碳单位的功能

一碳单位在核酸的生物合成中具有重要作用，可作为嘌呤和嘧啶的合成原料。一碳单位代谢是氨基酸代谢与核苷酸代谢相互联系的重要途径。一碳单位代谢障碍或 FH_4 不足时，会引起巨幼红细胞性贫血等疾病。一碳单位还参与体内许多重要化合物的合成和修饰，如 N^5 -甲基- FH_4 通过 S-腺苷甲硫氨酸向许多化合物提供甲基。

临床上应用磺胺类药物可抑制细菌合成叶酸，从而抑制细菌生长。抗癌药物甲氨蝶呤因其结构与叶酸相似，能竞争性地抑制二氢叶酸还原酶的活性，使 FH_4 合成减少，进而抑制体内核苷酸的合成，起到抗肿瘤的作用。

三、含硫氨基酸代谢

含硫氨基酸包括甲硫氨酸、半胱氨酸和胱氨酸。这 3 种氨基酸的代谢是相互联系的，甲硫氨酸可以转变为半胱氨酸和胱氨酸，半胱氨酸和胱氨酸之间可以相互转变，但后两者都不能转变为甲硫氨酸。甲硫氨酸是营养必需氨基酸。

（一）甲硫氨酸的代谢

1. 甲硫氨酸与转甲基作用　　甲硫氨酸分子中含有 S-甲基，在腺苷转移酶的催化下与 ATP 反应生成 S-腺苷甲硫氨酸(S-adenosyl methionine，SAM)。S-腺苷甲硫氨酸中的甲基称为活性甲基，S-腺苷甲硫氨酸为活性甲硫氨酸。

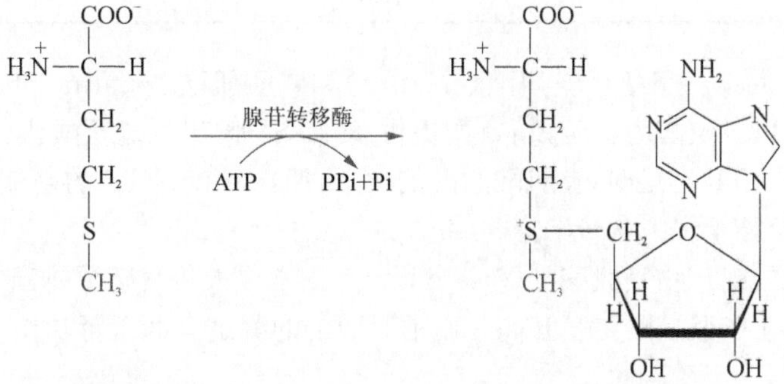

腺苷转移酶

ATP　PPi+Pi

甲硫氨酸　　S-腺苷甲硫氨酸

S-腺苷甲硫氨酸是体内最重要、最直接的甲基供体，参与体内多种转甲基作用。S-腺苷甲硫氨酸中的活性甲基在不同的甲基转移酶催化下，通过转甲基作用可生成多种含甲基的生理活性物质，如肾上腺素、胆碱、肉碱、肌酸等。甲基化作用是体内具有广泛生理意义的重要代谢反应。据统计，体内约有 50 余种物质需要 S-腺苷甲硫氨酸提供甲基，生成甲基化合物。

2. 甲硫氨酸循环　　甲硫氨酸活化生成 S-腺苷甲硫氨酸，S-腺苷甲硫氨酸通过转甲基作用，将甲基转移给甲基接受体，其本身转变为 S-腺苷同型半胱氨酸，后者脱去腺苷生成同型半胱氨酸，同型半胱氨酸

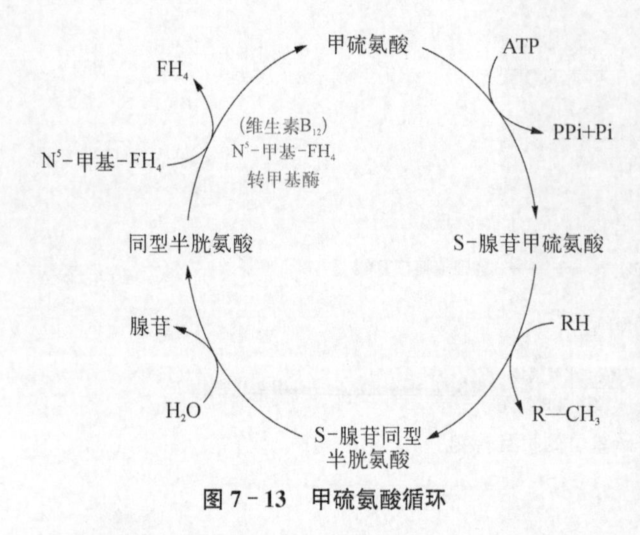

图 7-13 甲硫氨酸循环

可接受 N^5-甲基-FH_4 上的甲基，重新生成甲硫氨酸，形成一个循环过程，称为甲硫氨酸循环(methionine cycle)(图 7-13)。

甲硫氨酸循环的生理意义：此循环可为体内广泛的甲基化反应提供甲基，N^5-甲基-FH_4 可看作体内甲基的间接供体；通过此循环 N^5-甲基-FH_4 释放出甲基，可使 FH_4 再生；此循环可减少体内甲硫氨酸的消耗，反复利用以满足机体甲基化的需求。

在甲硫氨酸循环反应中，虽然同型半胱氨酸接受甲基后能生成甲硫氨酸，但同型半胱氨酸在体内不能合成，只能由甲硫氨酸通过该循环转变而来，故甲硫氨酸不能在体内合成，必须从食物中摄取。

值得注意的是，由 N^5-甲基-FH_4 提供甲基使同型半胱氨酸转变成甲硫氨酸的反应是目前已知体内能利用 N^5-甲基-FH_4 的唯一反应。催化此反应的酶是 N^5-甲基-FH_4 转甲基酶，其辅酶是维生素 B_{12}。维生素 B_{12} 缺乏时，N^5-甲基-FH_4 上的甲基不能转移给同型半胱氨酸，这不仅影响甲硫氨酸的生成，同时也妨碍 FH_4 的再生，使一碳单位代谢障碍，导致核酸合成障碍，从而影响细胞分裂。因此，维生素 B_{12} 缺乏可引起巨幼红细胞性贫血；同时同型半胱氨酸在血中浓度升高，可能是动脉粥样硬化和冠心病的独立危险因素。

体内同型半胱氨酸主要通过两条途径进行代谢：一是甲基化途径，约 50%的同型半胱氨酸经甲硫氨酸循环的甲基化反应生成甲硫氨酸；二是转硫途径，另约 50%的同型半胱氨酸经转硫途径与丝氨酸缩合成胱硫醚，此过程需要维生素 B_6 依赖的胱硫醚-β-合酶催化，胱硫醚又可水解为半胱氨酸和同型丝氨酸，半胱氨酸可进一步代谢为硫酸盐经肾排出。科学家们正试图用转硫途径等多种手段降低血中同型半胱氨酸浓度，达到预防心血管疾病等的作用。高同型半胱氨酸血症的原因、机制及所致疾病见表 7-4。

表 7-4 高同型半胱氨酸血症的原因、致病机制及所致疾病

病　因	致 病 机 制	所 致 疾 病
遗传性疾病	损伤血管内皮细胞	心脏病
B 族维生素缺乏	促进血小板激活	脑卒中
(叶酸、维生素 B_6、维生素 B_{12})	增强凝血功能	静脉栓塞
雌激素缺乏	促进血管平滑肌增殖	反复流产
吸烟	细胞毒作用	阿尔茨海默病
咖啡摄入过度	刺激 LDL 氧化	新生儿缺陷、神经管缺陷

3. 甲硫氨酸为肌酸合成提供甲基　肌酸(creatine)和磷酸肌酸(creatine phosphate)是能量储存与利用的重要化合物。肌酸是以甘氨酸为骨架，精氨酸提供脒基，S-腺苷甲硫氨酸供给甲基而合成。肝是合成肌酸的主要器官。当体内 ATP 富足时，在肌酸激酶催化下，肌酸接受 ATP 的高能磷酸基团形成磷酸肌酸。磷酸肌酸在心肌、骨骼肌及脑组织中含量丰富。

肌酸和磷酸肌酸代谢的终产物是肌酸酐(creatinine)。正常成人每日随尿排出的肌酸酐量恒定。肾功能障碍时，肌酸酐排泄受阻，血中肌酸酐浓度升高。血中肌酸酐的测定有助于肾功能不全的诊断。肌酸的代谢见图 7-14。

(二) 半胱氨酸的代谢

1. 半胱氨酸与胱氨酸的互变　半胱氨酸含有巯基(—SH)，胱氨酸含有二硫键(—S—S—)，两者可以通过氧化还原反应而互变。

$$\underset{\text{半胱氨酸}}{2\begin{array}{c}CH_2SH\\|\\HCNH_3^+\\|\\COO^-\end{array}} \underset{+2H}{\overset{-2H}{\rightleftharpoons}} \underset{\text{胱氨酸}}{\begin{array}{ccc}CH_2 & -S-S- & CH_2\\| & & |\\HCNH_3^+ & & HCNH_3^+\\| & & |\\COO^- & & COO^-\end{array}}$$

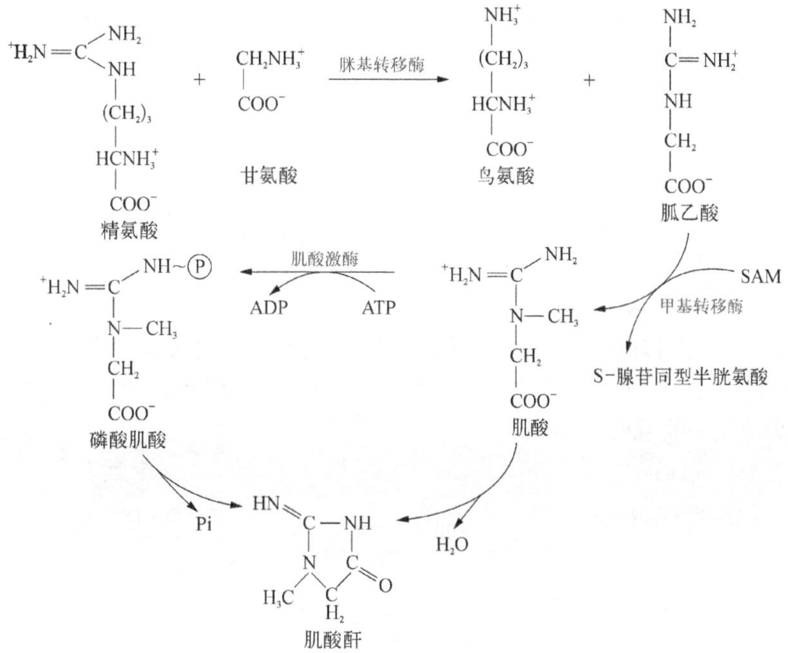

图 7-14　肌酸的代谢

蛋白质分子中两个半胱氨酸残基之间形成的二硫键对维持蛋白质空间结构的稳定性具有重要作用。体内许多重要酶的活性均与其分子中半胱氨酸残基上的巯基直接有关，故有巯基酶之称。有些毒物如芥子气、重金属盐等能与酶分子的巯基结合而抑制酶活性，从而发挥其毒性作用。二巯基丙醇可以使结合的巯基恢复原来状态，所以有解毒作用。体内存在的还原型谷胱甘肽能保护酶分子上的巯基，因而对维持巯基酶活性和红细胞膜的稳定性有重要意义。

2. *牛磺酸的生成*　牛磺酸(taurine)是由半胱氨酸代谢转变而来。在体内半胱氨酸先氧化成磺酸丙氨酸，再经磺酸丙氨酸脱羧酶催化，脱去羧基生成牛磺酸。

$$\underset{\text{半胱氨酸}}{H-\overset{CH_2SH}{\underset{COO^-}{C}}-NH_3^+} \xrightarrow{3[O]} \underset{\text{磺酸丙氨酸}}{H-\overset{CH_2SO_3^-}{\underset{COO^-}{C}}-NH_3^+} \xrightarrow[CO_2]{\text{磺酸丙氨酸脱羧酶}} \underset{\text{牛磺酸}}{\overset{CH_2SO_3^-}{CH_2NH_3^+}}$$

牛磺酸具有广泛的生物学功能。牛磺酸是结合胆汁酸的组成成分。现发现脑组织中含有较多的牛磺酸，婴幼儿脑中含量尤高。它可能具有促进婴幼儿脑细胞功能的发育、提高神经传导和视觉功能等作用。它还可能是一种中枢神经系统抑制性神经递质。

3. *硫酸根的代谢*　含硫氨基酸氧化分解均可产生硫酸根，半胱氨酸是体内硫酸根的主要来源。半胱氨酸可直接脱去巯基和氨基，生成丙酮酸、NH_3 和 H_2S。H_2S 经氧化生成 H_2SO_4。体内的硫酸根一部分以无机盐形式随尿排出，另一部分则由 ATP 活化生成活性硫酸根，即 3′-磷酸腺苷-5′-磷酸硫酸(3′-phospho-adenosine-5′-phospho-sulfate，PAPS)，反应过程如下：

$$ATP+SO_4^{2-} \xrightarrow{-PPi} \underset{\text{腺苷-5'-磷酸硫酸}}{AMP-SO_3^-} \xrightarrow{+ATP} \underset{\text{PAPS}}{3'-PO_3H_2-AMP-SO_3^-} + ADP$$

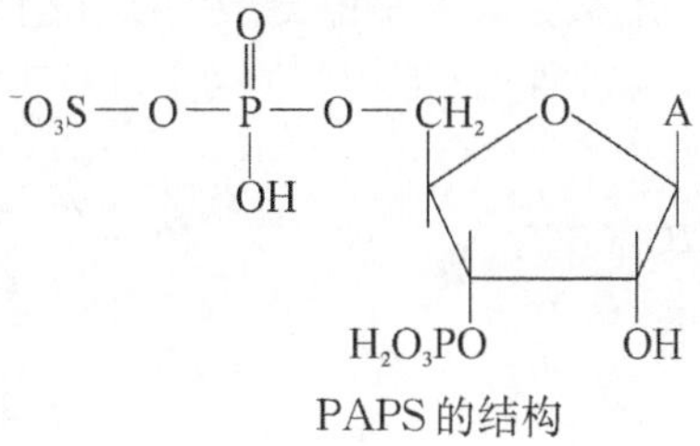

PAPS 的结构

PAPS化学性质活泼,可使某些物质形成硫酸酯,在肝的生物转化作用中有重要作用。例如,类固醇激素可形成硫酸酯而被灭活,一些外源性酚类化合物也可以形成硫酸酯而排出体外。此外,PAPS还可参与硫酸角质素及硫酸软骨素等分子中硫酸化氨基糖的合成。

四、芳香族氨基酸代谢

芳香族氨基酸包括苯丙氨酸、酪氨酸和色氨酸。苯丙氨酸和色氨酸是营养必需氨基酸。酪氨酸可由苯丙氨酸羟化生成,增加酪氨酸的摄入可以减少苯丙氨酸的消耗。

(一)苯丙氨酸和酪氨酸的代谢

1. 苯丙氨酸的代谢　正常情况下,苯丙氨酸在体内的主要代谢途径是在苯丙氨酸羟化酶催化下经羟化作用生成酪氨酸。此反应不可逆,因而酪氨酸不能转变为苯丙氨酸。苯丙氨酸羟化酶主要存在于肝中,是一种单加氧酶,辅酶是四氢生物蝶呤。

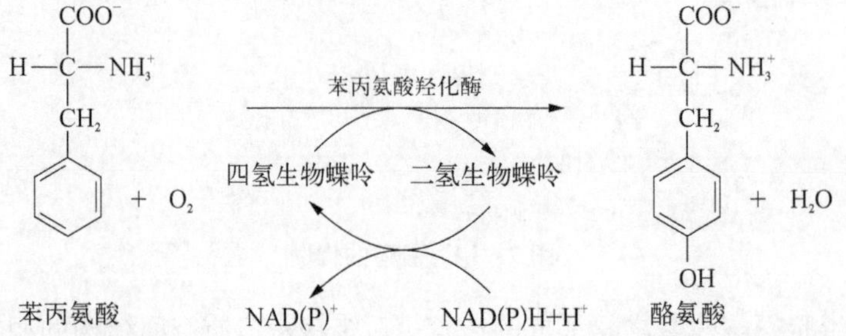

苯丙氨酸 + O_2 —苯丙氨酸羟化酶(四氢生物蝶呤→二氢生物蝶呤;$NAD(P)H+H^+$→$NAD(P)^+$)→ 酪氨酸 + H_2O

苯丙氨酸除了能转变成酪氨酸外,正常人体内少量苯丙氨酸可经转氨酶催化生成苯丙酮酸。先天性苯丙氨酸羟化酶缺陷的患者,苯丙氨酸不能正常地转变成酪氨酸,堆积的苯丙氨酸经转氨基作用大量生成苯丙酮酸,后者进一步转变成苯乙酸和苯乳酸等产物,并从尿中排出,临床上称为苯丙酮尿症(phenyl ketonuria, PKU)。苯丙酮酸的堆积对中枢神经系统有毒性作用,使脑发育障碍,患儿智力低下。有此遗传病的患儿体内酪氨酸代谢正常,如能早期发现该病并严格控制膳食中苯丙氨酸的含量,可使症状缓解并能控制其发展。

2. 酪氨酸的代谢　不同组织催化酪氨酸羟化反应的酶不同。肾上腺髓质和神经组织中的酪氨酸羟化酶是一种不依赖Cu^{2+},以四氢生物蝶呤为辅酶的单加氧酶。酪氨酸经酪氨酸羟化酶作用,生成3,4-二羟苯丙氨酸(简称多巴)。在多巴脱羧酶的催化下,多巴脱羧基生成多巴胺。多巴胺是一种重要的神经递质,帕金森病患者多巴胺生成减少。在肾上腺髓质,多巴胺在多巴胺β-羟化酶催化下,其侧链的β-碳原子再次被羟化,生成去甲肾上腺素,后者经转甲基酶催化,由S-腺苷甲硫氨酸提供甲基,使去甲肾上腺素甲基化生成肾上腺素。多巴胺、去甲肾上腺素、肾上腺素统称为儿茶酚胺,即含邻苯二酚的胺类。酪氨酸羟化酶是儿茶酚胺合成的限速酶,受终产物的反馈调节。

酪氨酸代谢的另一条途径是合成黑色素。在皮肤黑色素细胞中催化酪氨酸羟化反应的酶是一种依赖Cu^{2+}的酪氨酸酶,反应的产物也是多巴。在黑色素细胞中,多巴经氧化、脱羧等反应转变成吲哚醌,吲哚醌可聚合生成黑色素。先天性酪氨酸酶缺陷的患者,黑色素合成障碍,皮肤、毛发等发白,故得名为白化病(albinism)。白化病患者对光敏感,易患皮肤癌。

酪氨酸还可在酪氨酸转氨酶的催化下,生成对羟苯丙酮酸,后者经氧化酶催化生成尿黑酸,最终转变成延胡索酸和乙酰乙酸,二者分别沿糖和酮体代谢途径进行代谢。因此,苯丙氨酸和酪氨酸是生糖兼生酮氨基酸。体内尿黑酸分解代谢的酶先天性缺陷时,尿黑酸的分解受阻,大量尿黑酸排入尿中,经空气氧化使尿呈现黑色,称为尿黑酸尿症(alkaptonuria)。

酪氨酸还参与甲状腺激素的合成。甲状腺激素是酪氨酸的碘化衍生物。甲状腺激素有两种:3,5,3′-三碘甲腺原氨酸(T_3)和3,5,3′,5′-四碘甲腺原氨酸(即甲状腺素,T_4),它们具有调节能量代谢等重要作用。

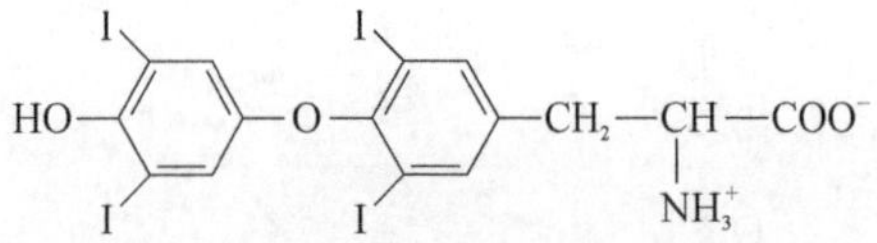

甲状腺素(T_4)

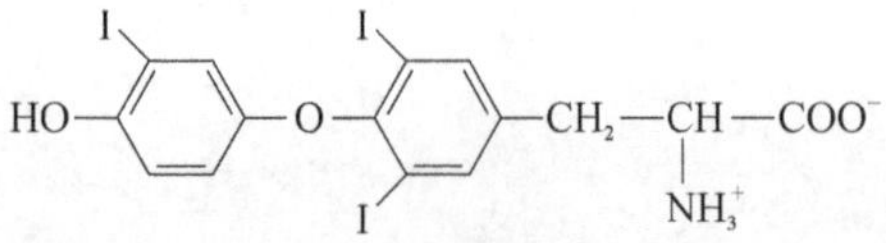

3,5,3′-三碘甲腺原氨酸(T_3)

苯丙氨酸和酪氨酸的代谢见图 7-15。

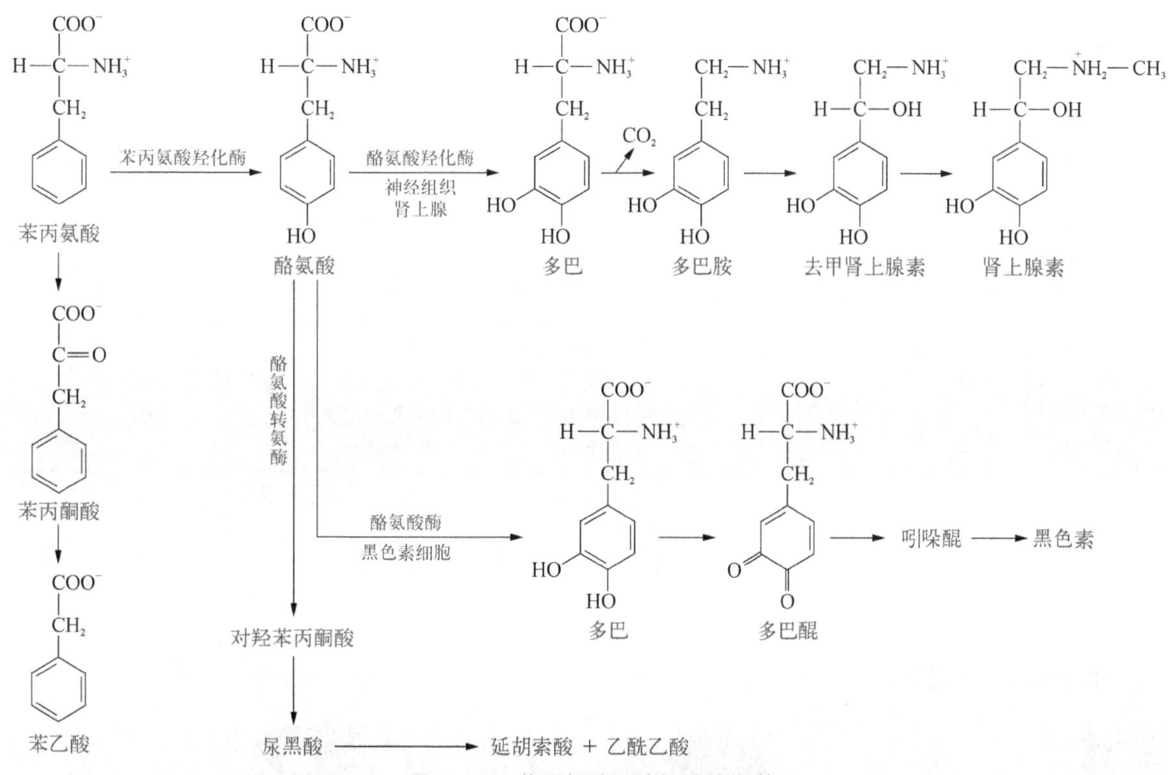

图 7-15 苯丙氨酸和酪氨酸的代谢

(二) 色氨酸的代谢

色氨酸除生成 5-羟色胺外，在肝中色氨酸通过色氨酸加氧酶的作用生成甲酸，后者可产生 N^{10}—CHO—FH_4。色氨酸分解可产生丙酮酸与乙酰乙酰 CoA，故色氨酸是一种生糖兼生酮氨基酸。此外，少部分色氨酸还可转变为维生素 PP，这是人体合成维生素的一个特例，但合成量很少，不能满足机体的需要。

五、支链氨基酸代谢

支链氨基酸包括亮氨酸、异亮氨酸和缬氨酸，它们都是营养必需氨基酸。这 3 种氨基酸分解代谢的开始阶段基本相同，即首先经转氨基作用生成各自相应的 α-酮酸，再逐步转变成相应的 α,β-烯脂酰 CoA，然后分别进入各自的分解代谢途径，缬氨酸分解产生琥珀酰 CoA，亮氨酸产生乙酰 CoA 及乙酰乙酰 CoA，异亮氨酸产生乙酰 CoA 及琥珀酰 CoA。所以，缬氨酸是生糖氨基酸，亮氨酸是生酮氨基酸，异亮氨酸是生糖兼生酮氨基酸(图 7-16)。

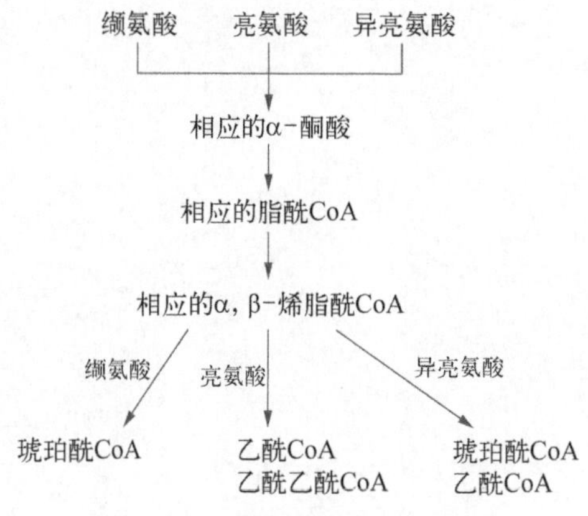

图 7-16 支链氨基酸的分解代谢

肌肉组织是体内支链氨基酸分解代谢的主要场所。3 种支链氨基酸经转氨基作用生成的相应 α-酮酸，大部分运往肝等组织加以利用，肌肉组织仅部分利用来作为能源物质。临床上给肝功能不良者输入支链氨基酸相应的 α-酮酸，在体内经转氨基作用可生成支链氨基酸，同时抑制 NH_3 的释放，有利于降低血氨。正常人血中支链氨基酸含量与芳香族氨基酸中苯丙氨酸和酪氨酸含量有一定的比例关系，称为支/芳比，比值波动范围为 2.5～3.5。当比值低于 2 时，有可能产生肝性昏迷，此时给患者输入以支链氨基酸为主的氨基酸制剂，能达到一定的治疗效果。

综上所述，各种氨基酸除了作为合成蛋白质的原料外，还可以转变成多种重要的含氮生理活性物质或产生一些重要的化学基团。表7-5列举了一些氨基酸衍生的化合物。

表7-5 氨基酸衍生的化合物

氨基酸	衍生的化合物(生理功能)
天冬氨酸、谷氨酰胺、甘氨酸	嘌呤碱(含氮碱基、核酸成分)
天冬氨酸、谷氨酰胺	嘧啶碱(含氮碱基、核酸成分)
谷氨酸	γ-氨基丁酸(神经递质)
组氨酸	组胺(血管舒张剂)
半胱氨酸	牛磺酸(结合胆汁酸成分)
鸟氨酸、甲硫氨酸	精胺、精脒(细胞增殖促进剂)
甘氨酸	卟啉化合物(血红素、细胞色素)
甘氨酸、精氨酸、甲硫氨酸	肌酸、磷酸肌酸(能量储存)
苯丙氨酸、酪氨酸	儿茶酚胺、甲状腺激素、黑色素(神经递质、激素、皮肤色素)
色氨酸	烟酸、5-羟色胺(维生素、神经递质)
精氨酸	一氧化氮(细胞信号转导分子)

(李 梨)

※ 第七章数字资源

图7-3
γ-谷氨酰基循环

第七章
参考文献

微课视频7-1
转氨基作用

微课视频7-2
氨的代谢

微课视频7-3
尿素的合成

微课视频7-4
一碳单位代谢

第八章

核苷酸代谢

内容提要

核苷酸具有重要的生物学功能，其主要功能是作为核酸合成的原料，还作为能量货币参与需能反应、作为辅酶或辅基的成分、参与酶活性的调节、参与细胞内信号转导、转变为特殊的活化中间物参与体内物质合成。膳食来源的核酸和核苷酸绝大多数在消化吸收过程中被降解。机体内的核苷酸主要靠自身细胞合成，不依赖食物供给。核酸和核苷酸都不是必需营养物质。

核苷酸的合成代谢包括从头合成与补救合成两种途径。从头合成途径是指以简单前体分子(如核糖磷酸、氨基酸、一碳单位及 CO_2 等)为原料，经过一系列酶促反应来合成核苷酸的过程。合成过程复杂，反应步骤多，需要消耗大量的原料和能量。补救合成途径则是利用体内核苷酸降解产生的游离碱基或核苷，经过简单的反应来生成核苷酸。合成过程较为简单，节省能量及减少氨基酸消耗，且为脑等组织所必需。

体内核苷酸的分解代谢类似于食物中核酸在体内的分解。在人体内，嘌呤核苷酸分解代谢的终产物是尿酸，嘧啶核苷酸分解代谢的终产物是β-氨基酸、CO_2 及 NH_3。

核苷酸代谢在体内受到严格的调节。核苷酸代谢紊乱可导致疾病。核苷酸抗代谢物可抑制核苷酸合成，是常用的抗肿瘤药物。

核苷酸在体内分布广泛，具有重要的生物学功能，为多种生命活动所必需。① 作为合成核酸的主要原料，参与细胞内核酸的生物合成。这是核苷酸最主要和最为基本的功能。其中，4 种 NTP(即 ATP、GTP、CTP 和 UTP)是合成 RNA 的原料，4 种 dNTP(即 dATP、dGTP、dCTP 和 dTTP)是合成 DNA 的原料。② 充当能量货币，参与细胞内各种需能反应。例如，ATP 在细胞的能量代谢过程中起着非常重要的作用。它作为细胞内的通用能量货币，是机体能量生成和利用的中心，为机体的活动及各种化学反应提供能量。除 ATP 外，其他形式的核苷酸也可以供能，如蛋白质合成过程中需要 GTP 供能。③ 作为辅酶或辅基的成分。例如，NAD^+、$NADP^+$、FAD、CoA 等的分子结构中都含有腺苷酸，这些分子作为一些酶的辅酶或辅基，在生物氧化体系及物质代谢过程中都起着极为重要的作用。④ 参与酶活性的调节。例如，AMP、ADP、ATP 等是多种代谢途径的关键酶的别构效应剂；ATP 还可以为大量关键酶的磷酸化共价修饰提供磷酸基团。⑤ 参与细胞内信号转导。例如，cAMP 和 cGMP 作为多种肽类激素和儿茶酚胺类激素的第二信使，通过激活相应的下游蛋白激酶，调节多种代谢过程；GTP/GDP 则能够调节 G 蛋白的活性，从而参与 G 蛋白偶联受体介导的信号转导过程。⑥ 转变为一些特殊的活化中间物，参与体内某些物质的合成。例如，糖原合成时，葡萄糖需要先与 UTP 反应转变为其活性形式 UDP-葡萄糖；磷脂合成时，磷脂酸或乙醇胺被转变为活化中间物 CDP-甘油二酯或 CDP-乙醇胺。

膳食来源的核酸和核苷酸绝大多数都在消化吸收过程中被降解。机体内的核苷酸主要靠自身细胞合成，不依赖食物供给，所以核酸和核苷酸不是必需营养物质。

膳食来源的核酸大部分以核酸-蛋白质复合物形式存在，在消化道被消化分解为蛋白质和核酸。进入小肠后，核酸被核酸酶(nuclease)水解为寡核苷酸和部分单核苷酸。寡核苷酸再经磷酸二酯酶作用水解为单核苷酸。单核苷酸进一步经核苷酸酶(nucleotidase)水解为核苷和磷酸。核苷可进一步分解为碱基和戊糖。分解核苷的酶有两类：一类是核苷酶(nucleosidase)，主要存在于微生物和植物，将核糖核苷分解为碱基与核糖，但对脱氧核糖核苷不起作用；另一类是核苷磷酸化酶(nucleoside phosphorylase)，存在比较广泛，催化核苷发生磷酸解反应，产物是碱基和1-磷酸戊糖。核苷和游离碱基在小肠经被动扩散吸收。小肠黏膜上皮细胞含有完善的嘌呤降解酶系，可将膳食中的嘌呤碱基直接转变为终产物尿酸，然后经血到肾，由尿排出。与之相反，嘧啶碱基在小肠黏膜上皮细胞内则不被降解，而是经补救合成途径被重新利用，因此膳食添加尿苷可用于治疗嘧啶核苷酸合成缺陷。膳食核苷酸也会被部分通过胃肠道的细菌降解为 CO_2。

核苷酸代谢是指核苷酸在体内合成、分解及相互转变的过程。人体内的核苷酸主要是嘌呤核苷酸和嘧啶核苷酸，因此可分为嘌呤核苷酸代谢和嘧啶核苷酸代谢，又分别包括合成代谢和分解代谢。

体内核苷酸的主要来源是细胞自身的内源性合成。在细胞增殖活跃、更新快的组织中，核苷酸合成尤其旺盛。无论是嘌呤核苷酸还是嘧啶核苷酸，都有两种不同的合成代谢途径：从头合成途径(de novo synthesis pathway)与补救合成途径(salvage synthesis pathway)。从头合成途径是指以简单前体分子(如核糖磷酸、氨基酸、一碳单位及 CO_2 等)为原料，经过一系列酶促反应来合成核苷酸的过程。此合成过程复杂，反应步骤多，需要消耗大量的原料和能量。从头合成途径主要存在于肝，其次是小肠黏膜及胸腺。补救合成途径则无须从头合成碱基，而是主要利用体内核苷酸降解产生的游离碱基或核苷，经过简单的反应过程来生成核苷酸。与从头合成途径相比，补救合成过程较为简单，消耗ATP少，且可节省一些氨基酸的消耗。在正常情况下，从头合成途径占优势，补救合成途径又可反馈抑制从头合成途径。补救合成途径具有重要的生理意义：① 可以节省能量及减少氨基酸的消耗；② 对某些缺乏从头合成途径的组织细胞如脑、骨髓、红细胞和多形核白细胞而言，补救合成更为重要，若这些组织因遗传缺陷导致缺乏补救合成的酶，则会导致遗传性代谢疾病。

体内核苷酸的分解代谢类似于食物中核酸在体内的分解过程。在高等动物中，核酸经核酸酶分解为核苷酸。核苷酸再经核苷酸酶及核苷磷酸化酶的作用，逐级水解成磷酸、戊糖、1-磷酸戊糖和碱基。碱基可通过补救合成途径，被再利用合成核苷酸，也可以继续进行分解代谢。在人体内，嘌呤核苷酸分解代谢的终产物是尿酸，嘧啶核苷酸分解代谢的终产物是β-氨基酸、CO_2 及 NH_3。

核苷酸代谢在体内受到严格的调节。核苷酸代谢紊乱可导致疾病。

第一节　嘌呤核苷酸的代谢

嘌呤核苷酸的代谢包括嘌呤核苷酸的合成与嘌呤核苷酸的分解。

一、嘌呤核苷酸的合成

(一) 嘌呤核苷酸的从头合成

1. 合成原料　包括甘氨酸、天冬氨酸、谷氨酰胺、CO_2、一碳单位和核糖-5-磷酸等。放射性同位素示踪实验表明，嘌呤环中各原子的来源如图8-1所示。

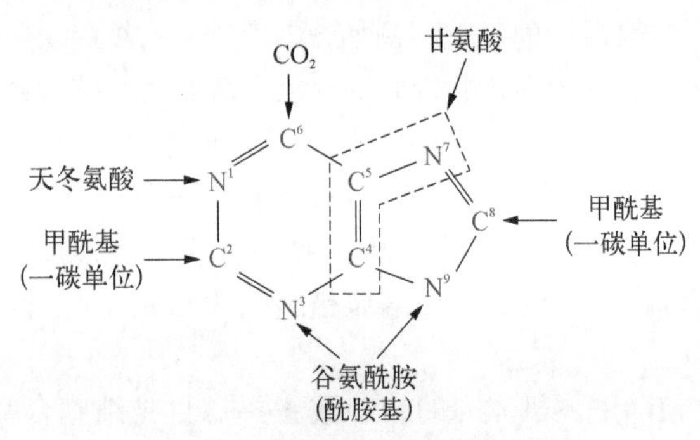

图8-1　嘌呤环中各原子的来源

2. 合成过程　嘌呤核苷酸的从头合成是以甘氨酸等简单前体分子为原料，在核糖-5-磷酸基础上，经一系列酶促反应逐步合成嘌呤环的代谢过程。此合成过程分为两个阶段：第一阶段是合成嘌呤核苷酸的共同前体IMP，第二阶段是IMP分别转变为AMP和GMP。所有反应在细胞质中完成。

第一阶段包括 11 步反应。

首先，来自磷酸戊糖途径的核糖-5-磷酸，反应生成 5-磷酸核糖-1-焦磷酸(5-phosphoribosyl-1-pyrophosphate，PRPP)，该反应由 PRPP 合成酶(PRPP synthetase)[或称核糖磷酸焦磷酸激酶(ribose-phosphate pyrophosphokinase)]催化，由 ATP 提供磷酸(图 8-2)。PRPP 是核苷酸合成代谢过程中的一种重要分子，它是嘌呤核苷酸、嘧啶核苷酸的从头合成及补救合成过程中核糖-5-磷酸的供体。

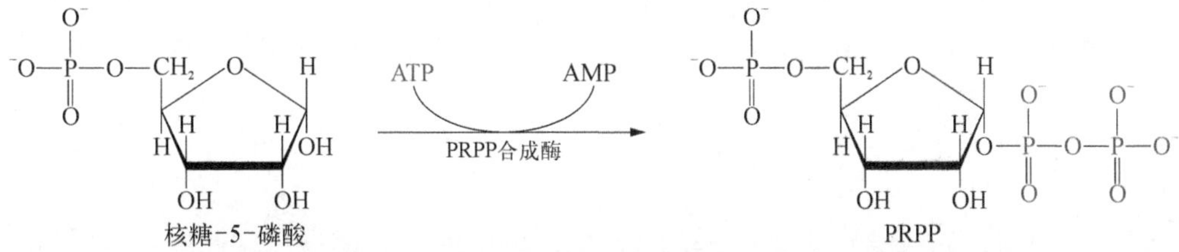

ATP　AMP
PRPP合成酶
核糖-5-磷酸　PRPP

图 8-2　PRPP 的合成

然后，以 PRPP 为基础，经过 10 步反应，合成 IMP(图 8-3)。参与的酶分别是 PRPP 酰胺转移酶(PRPP amido transferase，又称酰胺磷酸核糖转移酶或谷氨酰胺-PRPP 酰胺转移酶)、甘氨酰胺核苷酸合成酶、甘氨

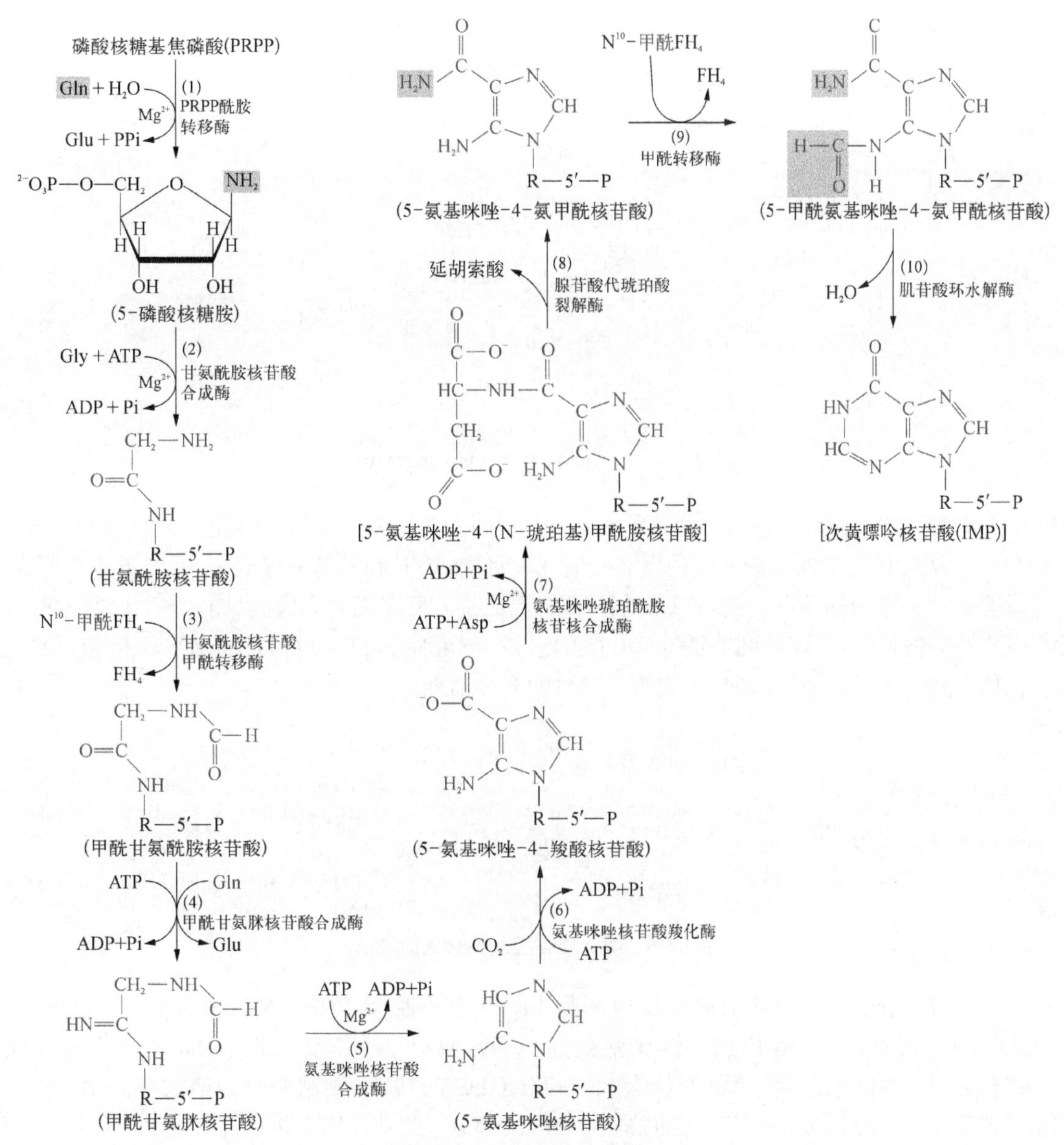

图 8-3　IMP 的从头合成

酰胺核苷酸甲酰转移酶、甲酰甘氨脒核苷酸合成酶、氨基咪唑核苷酸合成酶、氨基咪唑核苷酸羧化酶、氨基咪唑琥珀酰胺核苷酸合成酶、腺苷酸代琥珀酸裂解酶、甲酰转移酶和肌苷酸环水解酶。在原核生物,每一步反应均由一个独立的酶蛋白催化。真核生物反应过程有3个不同的具有多种酶活性的多功能酶参与：甘氨酰胺核苷酸合成酶、甘氨酰胺核苷酸甲酰转移酶和氨基咪唑核苷酸合成酶;氨基咪唑核苷酸羧化酶和氨基咪唑琥珀酰胺核苷酸合成酶;甲酰转移酶和肌苷酸环水解酶。

第二阶段包括4步反应(图8-4)。IMP转变为AMP需要两步反应,由腺苷酸代琥珀酸合成酶和腺苷酸代琥珀酸裂解酶催化完成。IMP转变为GMP也需要两步反应,由IMP脱氢酶和GMP合成酶催化完成。

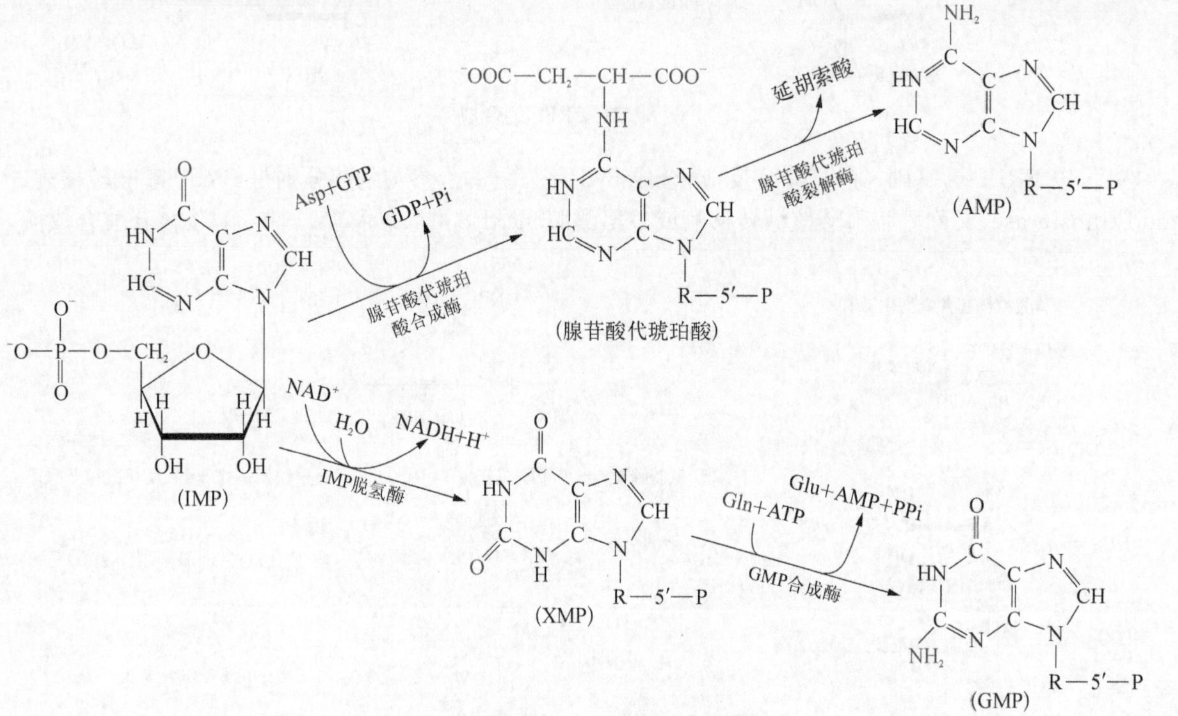

图8-4 IMP转变为AMP和GMP

AMP和GMP再经磷酸化可转变为ADP和GDP,后两者再经磷酸化则可转变为ATP和GTP。

3. 调节　嘌呤核苷酸的从头合成过程需要消耗大量的ATP和氨基酸等原料,因此机体对嘌呤核苷酸的从头合成有着严格精密的调节。这种精密的调节主要是通过反馈机制完成的(图8-5)。通过调节IMP、ATP和GTP对酶的抑制,不仅可调节嘌呤核苷酸的总量,还可使ATP和GTP的水平保持相对平衡,从而既满足了机体对核苷酸的需要,又避免了物质和能量的多余消耗。

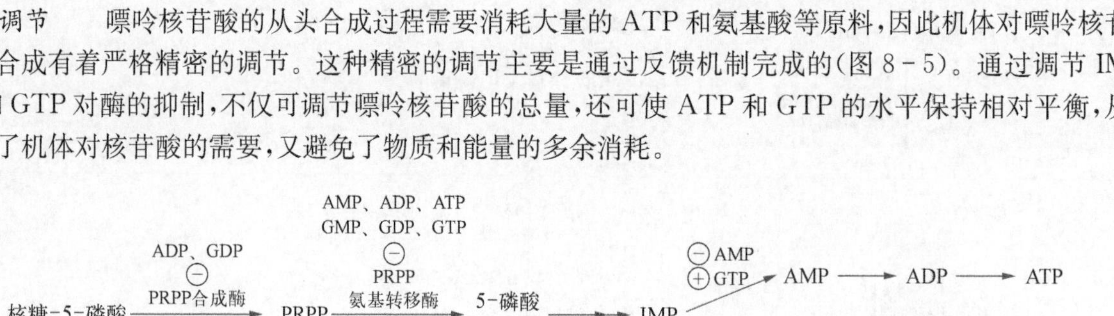

图8-5 嘌呤核苷酸从头合成的调节

在第一阶段中,主要调控催化前两步反应的是PRPP合成酶和PRPP酰胺转移酶。PRPP合成酶受ADP和GDP的反馈抑制。PRPP酰胺转移酶受到ATP、ADP、AMP及GTP、GDP、GMP的反馈抑制。ATP、ADP和AMP结合酶的第一个抑制位点,而GTP、GDP和GMP则结合酶的第二个抑制位点。因此,IMP的生成速率受腺嘌呤和鸟嘌呤核苷酸的独立且协同的调节。此外,PRPP可别构激活PRPP酰胺转移酶。

在第二阶段中,从IMP向AMP和GMP的转变也受到反馈抑制调节。GMP反馈抑制IMP向AMP或

GMP 转变的环节，这样可以避免生成过多 GMP；而 AMP 反馈抑制 IMP 转变为腺苷酸代琥珀酸，从而防止生成过多的 AMP。此外，AMP 和 GMP 的合成也要保持平衡，因为二者都由 IMP 转变而来。因此二者有交叉促进作用，即 GTP 可以加速 IMP 向 AMP 转变，而 ATP 则可促进 IMP 向 GMP 的转变。

（二）嘌呤核苷酸的补救合成途径

嘌呤核苷酸的补救合成是指组织细胞利用游离的嘌呤碱基或核苷重新合成嘌呤核苷酸的过程。嘌呤核苷酸的补救合成主要是回收利用游离的碱基。用于补救合成的嘌呤碱基包括腺嘌呤、鸟嘌呤及次黄嘌呤。在磷酸核糖供体 PRPP 的参与下，经腺嘌呤磷酸核糖转移酶（adenine phosphoribosyl transferase，APRT）催化，腺嘌呤接受磷酸核糖，转变为 AMP；而经次黄嘌呤-鸟嘌呤磷酸核糖转移酶（hypoxanthine-guanine phosphoribosyl transferase，HGPRT）催化，鸟嘌呤或次黄嘌呤则分别转变为 GMP 和 IMP。此外，腺苷和脱氧鸟苷可以分别在腺苷激酶和脱氧鸟苷激酶的催化下，磷酸化转变为 AMP 和 dGMP。

$$\text{腺嘌呤} + \text{PRPP} \xrightarrow{\text{APRT}} \text{AMP} + \text{PPi}$$

$$\text{次黄嘌呤/鸟嘌呤} + \text{PRPP} \xrightarrow{\text{HGPRT}} \text{IMP/GMP}$$

$$\text{腺苷/脱氧鸟苷} + \text{ATP} \xrightarrow{\text{腺苷激酶/脱氧鸟苷激酶}} \text{AMP/dGMP} + \text{ADP}$$

细胞内代谢产生的游离嘌呤碱基，70％～90％经补救途径被重新利用，而不是被降解或排出体外。因此，HGPRT 缺陷的莱施-奈恩综合征患者，因嘌呤碱基不能有效回收利用，从而转向分解途径，故可观察到尿中氧化嘌呤如尿酸、次黄嘌呤和黄嘌呤排出大量增加。

※ 知识拓展

莱施-奈恩综合征

莱施-奈恩综合征（Lesch－Nyhan syndrome）是 *HGPRT* 基因缺陷引起的遗传性代谢病。1964 年由 Lesch M 和 Nyhan WL 报道。患者表现出脑发育不全、智力低下和严重痛风的症状。重症病例中还常出现攻击和破坏行为，如患者常常咬伤自己的嘴唇、手和足趾，故又称“自毁性综合征”。患者寿命一般不超过 20 岁。

1. 发病分子机制　病因为 *HGPRT* 基因缺陷。*HGPRT* 基因位于染色体 Xq26.1，故该病属于伴 X 染色体连锁隐性遗传疾病。HGPRT 是嘌呤核苷酸补救合成途径的重要酶，该酶的缺陷使得鸟嘌呤和次黄嘌呤不能通过补救合成途径合成核苷酸。因为脑组织缺乏嘌呤核苷酸从头合成的酶系，故而补救合成途径对其至关重要。因此，*HGPRT* 基因缺陷对脑组织影响最为严重，可导致脑合成嘌呤核苷酸能力低下，从而造成中枢神经系统发育不良。*HGPRT* 基因缺陷还可导致细胞内的嘌呤不能通过补救合成途径利用，继而引发大量嘌呤分解，产生大量的代谢产物——尿酸。尽管基因缺陷明确，但 *HGPRT* 基因缺陷导致神经系统病变的机制仍不甚清楚。

2. 分子诊断　实验室检查可见各种体液中的尿酸含量都明显增高，尿酸/肌酐值也上升，尿中常可发现橘红色的尿酸结晶或尿路结石。

3. 治疗方法　目前，科学家正研究通过基因工程的方法把 *HGPRT* 基因转移到患者的细胞中，达到治疗该病的目的。

二、嘌呤核苷酸的分解

在嘌呤核苷酸的分解过程中，腺苷需先经 ADA 脱氨转变为肌苷再分解，而尿苷则可直接分解。*ADA* 基因缺陷可导致重症免疫缺陷（severe combined immunodeficiency，SCID）。次黄苷和尿苷经磷酸解反应产生的核糖-1-磷酸和嘌呤碱基可在磷酸核糖变位酶的催化下转变为核糖-5-磷酸，重新用于核苷酸从头合成或进入糖代谢途径。嘌呤核苷酸分解产生的嘌呤碱基，既可以经嘌呤核苷酸补救合成途径被重新利用，又可进一步氧化分解。在人等灵长类动物体内，嘌呤碱基最终转变为尿酸（图 8-6）。但在其他物种，尿酸则可进一步经尿酸氧化酶等催化，转变为水溶性好的尿囊素、尿囊酸甚至尿素排出体外。嘌呤核苷酸分解代谢主要在肝、小肠和肾中进行，这些组织器官中的黄嘌呤氧化酶活性较高。

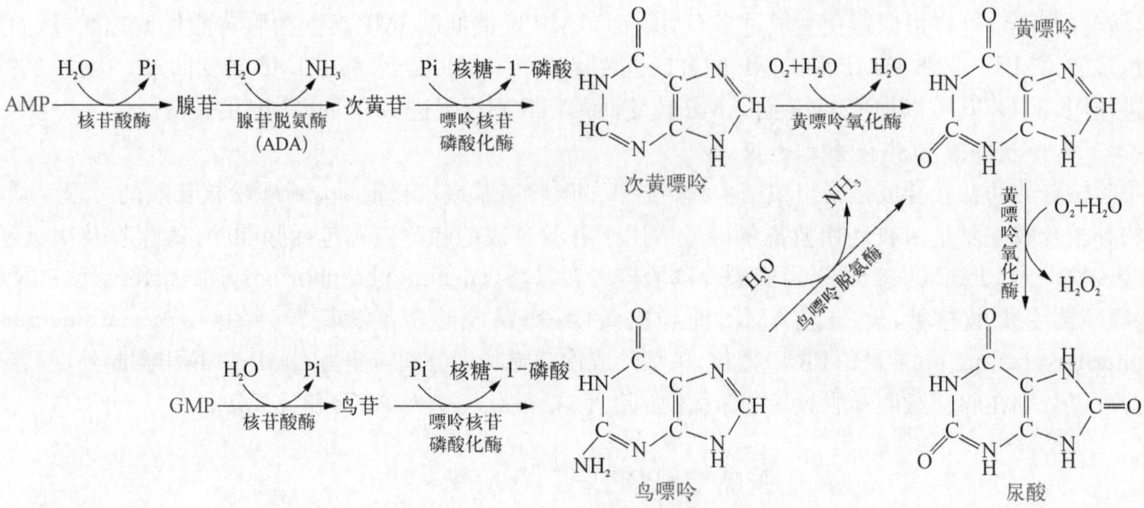

图 8-6 嘌呤核苷酸的分解代谢

※ 知识拓展

ADA 缺乏症

ADA 缺乏症是 *ADA* 基因缺陷引起的常染色体隐性遗传代谢病。患者表现为严重联合免疫功能低下，是重症联合免疫缺陷(SCID)疾病的一个亚型，故又特称为腺苷脱氨酶缺乏引起的重症联合免疫缺陷(severe combined immunodeficiency due to adenosine dea minase deficiency，ADA-SCID)。

1. 发病分子机制　　*ADA* 基因位于染色体 20q12-q13.11，该酶在体内催化腺嘌呤核苷和脱氧腺嘌呤核苷转化为肌苷和脱氧肌苷。*ADA* 基因缺陷造成该酶活性下降或消失，从而导致腺嘌呤核苷酸尤其 dATP 的蓄积。dATP 是脱氧核苷酸生成关键酶即核糖核苷酸还原酶的别构抑制剂，可导致脱氧核苷酸合成锐减，从而阻碍 DNA 合成。ADA 主要在淋巴细胞表达，其缺陷可导致免疫细胞分化增殖障碍，胸腺萎缩，T 细胞和 B 细胞功能不足，细胞免疫和体液免疫反应均下降甚至死亡，即严重联合免疫缺陷。

2. 分子诊断　　实验室检查可见红细胞 dATP 升高、血和尿脱氧腺苷升高、红细胞 ADA 活性极低。红细胞 dATP 水平检测可用于评估疾病严重程度和治疗效果。

3. 治疗方法　　包括骨髓移植和基因治疗等。

尿酸(uric acid)是弱二元酸。在强碱条件下，其可形成完全解离的尿酸盐离子。在生理 pH 条件下，尿酸可形成单次解离的尿酸盐(urate)。尿酸及尿酸盐在水中的溶解度极低，约 0.6 mg/100 mL(20℃)。正常人体内尿酸总量约为 1 200 mg，每日产生约 750 mg，排出 500～1 000 mg。人体内尿酸 80%来源于内源性嘌呤代谢，20%来源于富含嘌呤或核酸蛋白食物。人体在正常情况下，尿酸约 70%经肾脏排泄，其余由粪便和汗液排出。正常人体内血清尿酸浓度在一个较窄的范围内波动。血清尿酸水平的高低受种族、饮食习惯、区域和年龄等多重因素影响。正常男性为 150～380 mmol/L(2.5～6.4 mg/dL)，正常女性为 100～300 mmol/L(1.6～5.0 mg/dL)。

体内尿酸主要以单钠盐的形式存在。其在体液内的溶解度极低，仅 6～7 mg/100 mL。当其在血液或滑囊液中的浓度达到饱和状态或超过某临界值时，极易形成结晶，并沉积在关节、肾脏和皮下等部位，引发急、慢性炎症和组织损伤，形成痛风(gout)。运动时这些组织容易发生缺氧，出现糖酵解加速和乳酸产生增多，从而引起 pH 降低。因此，运动、饮酒、应激、局部损伤等都可诱发这些部位的尿酸钠结晶沉积并引起急性炎症发作。微小的尿酸钠结晶表面可吸附 IgG，并在补体参与下诱发多形核白细胞的吞噬作用。结晶被吞噬后可促使白细胞膜破裂，释放各种炎症介质，如白三烯 B_4(LTB_4)和糖蛋白等化学趋化因子及溶酶体和细胞质中的各种酶，从而使组织发生炎症反应。

痛风与嘌呤代谢紊乱和(或)尿酸排泄减少所致的血清尿酸浓度超过参考值上限的高尿酸血症(hyperuricemia)直接相关，两者都属于代谢性风湿病范畴，是同一疾病的不同阶段。高尿酸血症是痛风的前期，临床上仅 5%～15%的高尿酸血症患者最终发展为痛风。

别嘌呤醇(allopurinol)是临床上用于痛风和高尿酸血症治疗的药物(图 8-7)。它是黄嘌呤氧化酶的抑制剂。别嘌呤醇口服进入体内后，2 h 之内几乎全部主要被乙醛脱氢酶催化转变为其活性形式即别黄嘌呤(alloxanthine)或称羟嘌呤醇(oxypurinol)，18～30 h 后被肾脏分泌除去。别黄嘌呤也是黄嘌呤氧化酶的抑制剂，它能与酶的活性中心紧密结合，强烈抑制其活性，有效地抑制尿酸产生。此外，抑制黄嘌呤氧化酶还可导致次黄嘌呤水平升高，后者与 PRPP 经补救途径生成 IMP，IMP 及进一步转变生成的 AMP 和 GMP 可反馈抑制限速酶 PRPP 酰胺转移酶，从而又抑制嘌呤合成。

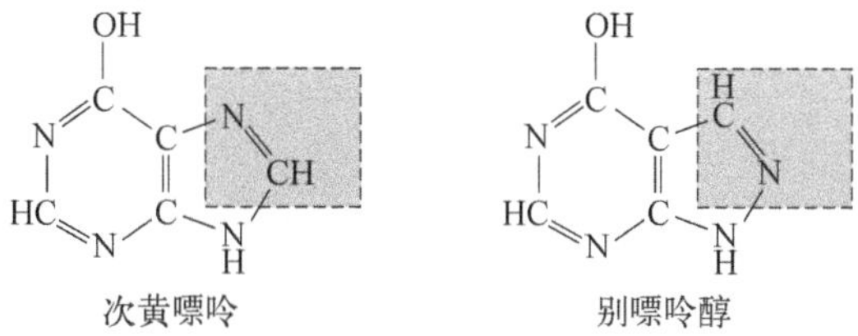

次黄嘌呤　　别嘌呤醇

图 8-7　别嘌呤醇和次黄嘌呤的结构

第二节　嘧啶核苷酸的代谢

与嘌呤核苷酸代谢一样，嘧啶核苷酸代谢也包括其合成与分解。

一、嘧啶核苷酸的合成

(一) 嘧啶核苷酸的从头合成途径

1. 合成原料　包括天冬氨酸、CO_2、谷氨酰胺和核糖-5-磷酸等。同位素示踪实验表明，构成嘧啶环的原子来源如图 8-8 所示。

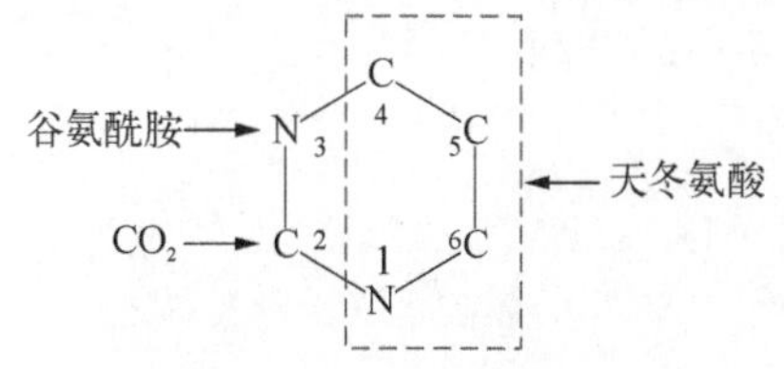

图 8-8　嘧啶环中的原子来源

2. 合成过程　与嘌呤核苷酸相比，嘧啶核苷酸的从头合成比较简单。但与嘌呤核苷酸在 PRPP 的基础上合成嘌呤环不同，嘧啶核苷酸的从头合成是先合成嘧啶环，然后再与 PRPP 的磷酸核糖基结合生成嘧啶核苷酸。首先合成的是 UMP，再通过一系列反应生成 CTP。反应在细胞质和线粒体中进行。

UMP 的合成包括 6 步反应(图 8-9)。

(1) CO_2 与谷氨酰胺在 CPS-Ⅱ的催化下生成氨基甲酰磷酸(carbamoyl phosphate)，氨基甲酰磷酸也是尿素合成的原料，但该酶与尿素合成中位于线粒体的 CPS-Ⅰ有所不同(表 8-1)。

表 8-1　两种 CPS 的比较

	CPS-Ⅰ	CPS-Ⅱ
部位	肝线粒体	细胞质(所有细胞)
氮源	NH_3	谷氨酰胺
功能	合成尿素	合成嘧啶
激活剂	N-乙酰谷氨酸	PRPP

(2) 氨基甲酰磷酸与天冬氨酸反应，由 ATCase 催化，生成氨基甲酰天冬氨酸(carbamoyl aspartate)，此反应为嘧啶核苷酸合成的限速步骤，ATCase 是限速酶，受产物的反馈抑制，该反应不消耗 ATP，由氨基甲酰磷酸水解供能。

(3) 氨基甲酰天冬氨酸脱水、分子内重排形成具有嘧啶环的二氢乳清酸(dihydroortate)，由二氢乳清酸酶(dihydroorotase)催化完成。

(4) 在二氢乳清酸脱氢酶(dihydroorotate dehydrogenase)催化下，二氢乳清酸氧化生成乳清酸(orotate)，在真核生物中，此酶含 FMN 和非血红素 Fe^{2+}，位于线粒体内膜的外侧面，泛醌为电子受体。细菌等少数生物则以 NAD^+ 或延胡索酸为电子受体。嘧啶核苷酸合成中的其余 5 种酶均存在于细胞质中。

(5) 磷酸核糖转移酶催化乳清酸与 PRPP 反应，生成乳清酸核苷酸(orotidine-5′-monophosphate,

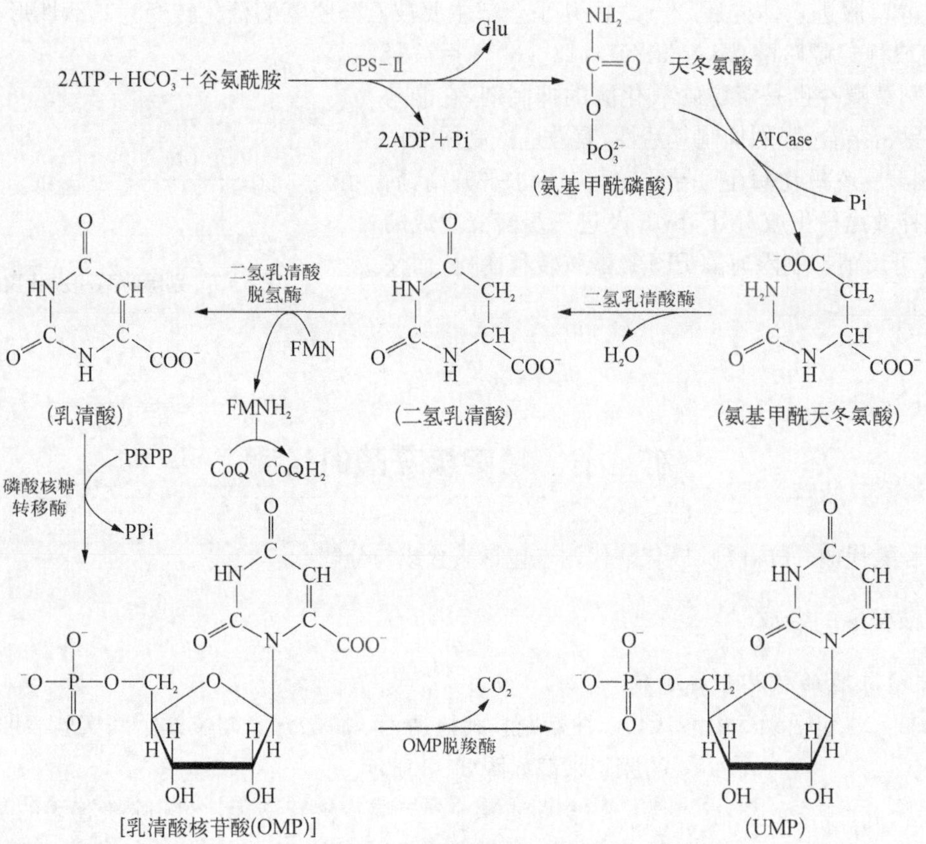

图 8-9 UMP 的从头合成

OMP),由 PRPP 水解供能。

(6) 由 OMP 脱羧酶(OMP decarboxylase)催化 OMP 脱羧生成 UMP。

哺乳动物的嘧啶核苷酸从头合成酶系是多功能酶的典型范例。前 3 步反应由一个多功能酶催化完成,含有 CPS-Ⅱ、ATCase 和二氢乳清酸酶 3 种酶活性,位于分子量约为 210 kDa 的同一多肽链上。后两步反应由另一个多功能酶催化完成,含有乳清酸磷酸核糖转移酶和 OMP 脱羧酶酶活性,也位于同一条多肽链上,该双功能酶又称为 UMP 合成酶(UMP synthetase,UMPS)。这些多功能酶作用的中间产物并不释放到介质中,而在连续的酶间移动,这保证了嘧啶核苷酸的高效、均衡合成,而且可防止细胞中其他酶的干扰。

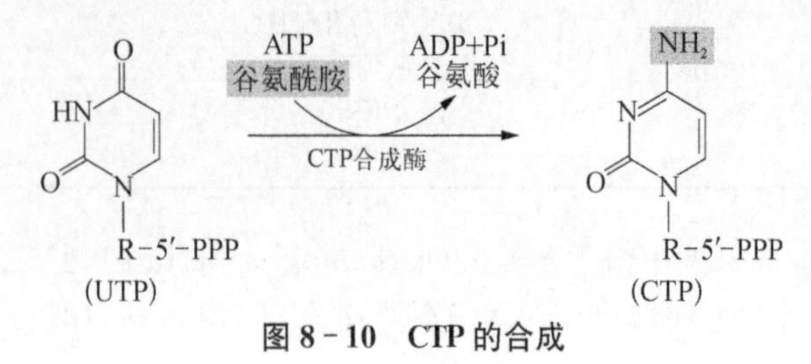

图 8-10 CTP 的合成

UMP 合成之后,在 UMP 激酶的作用下,磷酸化生成 UDP。UDP 在 UDP 激酶的作用下,生成 UTP。最后,UTP 在 CTP 合成酶(CTP synthetase)的催化下加氨生成 CTP(图 8-10)。在动物体内,氨基由谷氨酰胺提供,在细菌则直接由 NH_3 提供。此反应消耗 1 分子 ATP。

UMP 可进一步转变为 dTMP。UMP 磷酸化生成 UDP,UDP 进一步被还原为 dUDP,dUDP 去磷酸化转变为 dUMP。dUMP 在胸苷酸合酶(thymidylate synthase)的作用下,以 N^5,N^{10}-甲烯 FH_4 为甲基供体,甲基化生成 dTMP(图 8-11)。

3. 调节 嘧啶核苷酸从头合成的调节主要也是通过反馈抑制的方式(图 8-12)。在动物细胞中,嘧啶核苷酸的合成主要由 CPS-Ⅱ 调控。产物 UMP、UDP 和 UTP 可以抑制其活性,从而减少嘧啶核苷酸的生成。而 ATP 和 PRPP 为其激活剂,可加强嘧啶核苷酸的生成。在细菌中,ATCase 是嘧啶核苷酸从头合成的主要调节酶。ATCase 受 ATP 的别构激活,而 CTP 为其别构抑制剂。

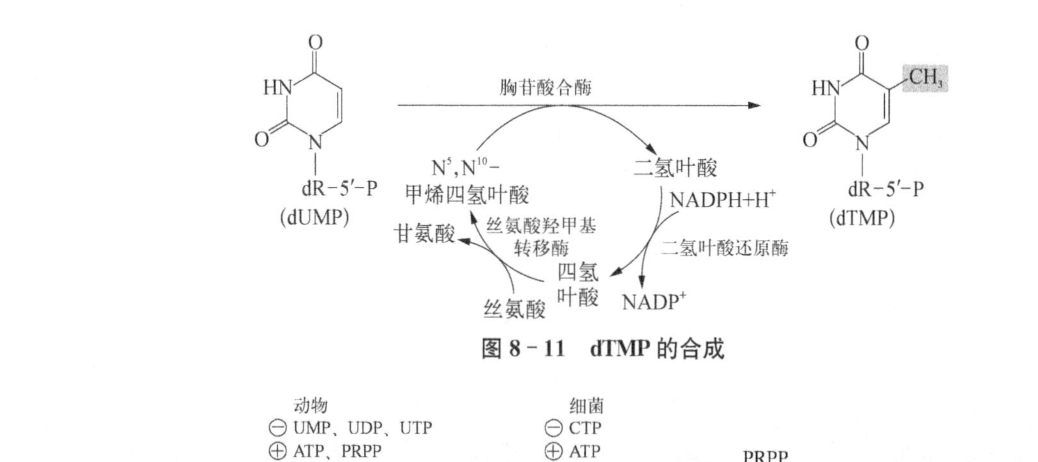

图 8-11　dTMP 的合成

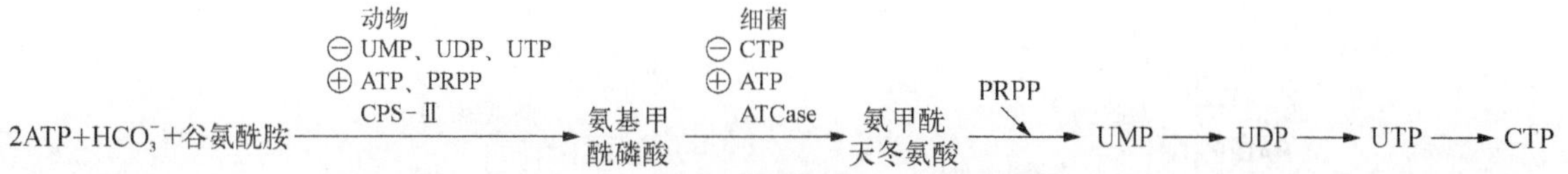

动物：⊖ UMP、UDP、UTP；⊕ ATP、PRPP；CPS-Ⅱ
细菌：⊖ CTP；⊕ ATP；ATCase

$2ATP+HCO_3^-$+谷氨酰胺 $\xrightarrow{CPS-Ⅱ}$ 氨基甲酰磷酸 $\xrightarrow{ATCase}$ 氨甲酰天冬氨酸 $\xrightarrow{PRPP}$ UMP → UDP → UTP → CTP

图 8-12　嘧啶核苷酸从头合成的调节

※ 知识拓展

乳清酸尿症

乳清酸尿症(orotic aciduria)以尿中乳清酸排泄过量为特征的一种病症，主要包括Ⅰ型乳清酸尿症和Ⅱ型乳清酸尿症。

1. 发病分子机制　Ⅰ型乳清酸尿症是一种常染色体隐性遗传病，是由嘧啶核苷酸合成代谢中的 UMP 合成酶基因缺陷引起，该基因位于染色体 3q13。UMP 合成酶基因缺陷会影响嘧啶核苷酸合成，从而导致血中嘧啶合成过程中间产物乳清酸堆积，UMP 合成减少，CTP 和 dTMP 的合成也随之减少，RNA 和 DNA 合成原料不足。患者主要表现为尿中排出大量乳清酸、生长迟缓和巨幼细胞贫血。

Ⅱ型乳清酸尿症是由尿素循环中的酶缺陷导致的尿素循环障碍引起。尿素循环为机体清除氨的主要途径，共包括 5 个酶促反应，其中任何一种酶缺陷均可导致尿素循环障碍，而以鸟氨酸氨基甲酰转移酶缺陷最为多见，为伴性显性遗传方式。其临床特征为高氨血症并发乳清酸尿症。患者摄食高蛋白质食物可诱发症状。

此外，伴随瑞氏综合征(Reye syndrome)的乳清酸血症，则可能是因为线粒体严重受损，不能利用氨甲酰磷酸，后者转而在细胞质中经嘧啶合成途径生成大量乳清酸。

2. 分子诊断　乳清酸尿症的主要特征是尿中乳清酸水平很高。而尿素循环障碍引起的乳清酸尿症患者除了尿中乳清酸水平高以外，还出现尿素障碍导致的血氨水平很高即高血氨症及血尿素氮水平降低。

3. 治疗方法　Ⅰ型乳清酸尿症，临床上可应用 CMP 和 UMP 治疗，以降低尿乳清酸和贫血；也可用尿苷治疗，即通过补救合成途径，经自身核苷酸激酶催化尿苷来合成 UMP，而合成的 UMP 又可反馈抑制 CPS-Ⅱ活性，从而抑制嘧啶核苷酸的从头合成，减少乳清酸等中间产物的蓄积，取得良好疗效。2015 年 9 月，美国食品药品监督管理局(Food and Drug Administration，FDA)批准尿苷三乙酸酯(uridine triacetate)用于遗传性乳清酸尿症的治疗。

(二) 嘧啶核苷酸的补救合成

与嘌呤核苷酸补救合成不同，嘧啶核苷酸的补救合成主要是回收利用核苷。

在 ATP 参与下，尿苷和胞苷经尿苷-胞苷激酶(uridine-cytidine kinase)催化，磷酸化转变为 UMP 和 CMP；胸苷激酶(thymidine kinase)则催化脱氧胸苷转变为 dTMP。其中胸苷激酶的活性与细胞增殖状态密切相关，其在正常肝中活性低，再生肝中活性升高，而恶性肿瘤中也有明显升高，并与肿瘤的恶性程度有关。

$$\text{尿苷/胞苷}+ATP \xrightarrow{\text{尿苷-胞苷激酶}} UMP/CMP+ADP$$

$$\text{脱氧胸苷}+ATP \xrightarrow{\text{胸苷激酶}} dTMP+ADP$$

此外，嘧啶磷酸核糖转移酶能以尿嘧啶、胸腺嘧啶和乳清酸作为底物，与 PRPP 反应，生成相应的嘧啶核苷酸，但对胞嘧啶不起作用。

$$\text{嘧啶}+PRPP \xrightarrow{\text{嘧啶磷酸核糖转移酶}} \text{嘧啶核苷酸}+PPi$$

二、嘧啶核苷酸的分解代谢

与嘌呤核苷酸分解代谢终产物尿酸的低水溶性不同，嘧啶核苷酸分解代谢的终产物是高度水溶性的β-丙氨酸、β-氨基异丁酸、CO_2 及 NH_3(图 8-13)。

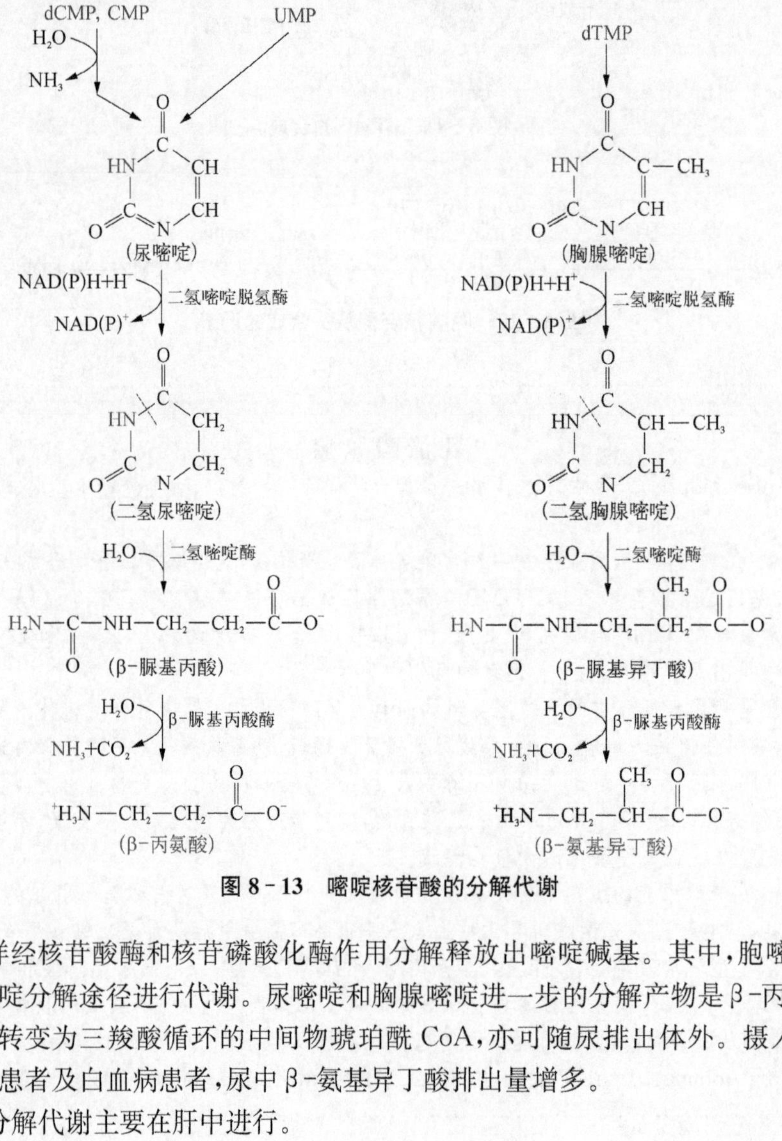

图 8-13 嘧啶核苷酸的分解代谢

嘧啶核苷酸同样经核苷酸酶和核苷磷酸化酶作用分解释放出嘧啶碱基。其中，胞嘧啶需脱氨基转变为尿嘧啶，然后经尿嘧啶分解途径进行代谢。尿嘧啶和胸腺嘧啶进一步的分解产物是β-丙氨酸和β-氨基异丁酸，后两者可进一步转变为三羧酸循环的中间物琥珀酰 CoA，亦可随尿排出体外。摄入含 DNA 丰富的食物、经放疗或化疗的患者及白血病患者，尿中β-氨基异丁酸排出量增多。

嘧啶核苷酸的分解代谢主要在肝中进行。

第三节 脱氧核糖核苷酸与核苷三磷酸的合成

一、脱氧核糖核苷酸的合成

核糖核苷酸与脱氧核糖核苷酸在分子结构的差别上主要体现在戊糖环上的第二位碳原子，脱氧核糖核苷酸比核糖核苷酸少了一个氧原子。因此，通过从头合成途径与补救合成途径生成的核糖核苷酸，脱去氧原子就可以生成相应的脱氧核糖核苷酸。

除了 dTMP 是由 dUMP 转变而来以外，其他脱氧核糖核苷酸都是在 NDP 水平上由核糖核苷酸还原酶(ribonucleotide reductase，RRM)催化生成。

$$\mathrm{NDP} \xrightarrow[\text{核糖核苷酸还原酶}]{\mathrm{NADPH+H^+} \to \mathrm{NADP^+}} \mathrm{dNDP} + \mathrm{H_2O}$$

该反应机制比较复杂，核糖核苷酸还原酶在催化反应的过程中需要用到硫氧还蛋白(thioredoxin)。该蛋白是一种生理性还原剂，由 108 个氨基酸残基组成，分子量约为 12 kDa，含有一对相邻的半胱氨酸残基。具体反应过程为在核糖核苷酸还原酶的催化下，NDP 被还原为 dNDP，同时硫氧还蛋白中半胱氨酸残基的巯基被氧化为二硫键。然后在硫氧还蛋白还原酶(thioredoxin reductase)催化下，由 NADPH 供氢，二硫键又被还原为巯基(图 8－14)。因此，在该反应中，NADPH 是 NDP 还原为 dNDP 的最终还原剂。

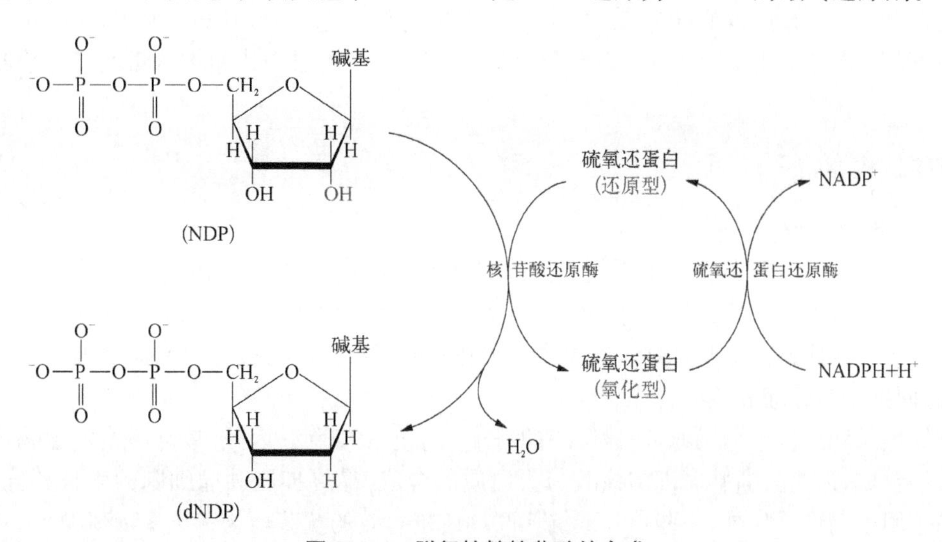

图 8－14　脱氧核糖核苷酸的合成

dNDP 可进一步磷酸化生成 dNTP，dNTP 是 DNA 合成的原料。因此，在 DNA 合成旺盛、分裂速度较快的细胞中，核糖核苷酸还原酶体系活性较强。

二、核苷三磷酸的合成

在从头合成或补救合成生成的所有核苷酸中，除了 CTP 是 NTP 的形式之外，其余的都是 NMP 的形式。但是作为合成核酸的原料，无论是 DNA 还是 RNA，核苷酸都必须是三磷酸的形式。因此，这些刚合成的 NMP 都必须转变成 NTP。NMP 在碱基特异的核苷一磷酸激酶的作用下磷酸化生成 NDP。NDP 在核苷二磷酸激酶的作用下磷酸化生成 NTP。尽管该反应可逆，但由于细胞内 ATP/ADP 值相对较高，驱动反应向右，净生成 NTP/dNTP。

$$\mathrm{(d)NMP + ATP} \xrightleftharpoons{\text{核苷一磷酸激酶}} \mathrm{(d)NDP + ADP}$$

$$\mathrm{(d)NDP + ATP} \xrightleftharpoons{\text{核苷二磷酸激酶}} \mathrm{(d)NTP + ADP}$$

第四节　核苷酸代谢疾病和抗代谢物

一、核苷酸代谢疾病

核苷酸代谢疾病是由核苷酸代谢紊乱所导致的疾病。核苷酸代谢紊乱的主要原因是其代谢过程中相关酶基因缺陷引起的酶异常，酶的异常导致核苷酸代谢中间物或产物量的异常，进而累及相应的组织器官，由此引发各种疾病。核苷酸代谢疾病基本上都属于遗传代谢病。

核苷酸代谢酶异常通常是酶基因缺陷即基因突变导致酶活性降低或完全丧失，但有时酶基因突变反而导致酶活性过强，如PRPP合成酶Ⅰ活性过强症。绝大多数核苷酸代谢酶缺陷属于常染色体隐性遗传。其他物质代谢紊乱也会引发核苷酸代谢紊乱，如尿素循环中的酶缺陷在导致尿素循环障碍的同时还会引发Ⅱ型乳清酸尿症。

近年来，不断有新的核苷酸代谢酶缺陷被发现，其数量一直呈缓慢但稳步上升趋势。迄今，已经报道有30多种嘌呤和嘧啶核苷酸代谢酶的异常。有些酶异常影响相对较小，并不引发疾病。但有些酶的异常会导致严重甚至致命的结果。目前，已知至少有10种酶异常导致10种嘧啶核苷酸代谢疾病，19种酶异常导致26种嘌呤核苷酸代谢疾病。

核苷酸代谢疾病的分子诊断通常是采用高效液相色谱(high performance liquid chromatography, HPLC)和液相色谱-质谱/质谱联用(LC-MS/MS)等技术检测血和尿中代谢物含量及基因诊断技术检测酶基因的异常等。

二、核苷酸抗代谢物

(一) 抗代谢物的概念

抗代谢物(antimetabolite)是指能够干扰或抑制细胞内正常代谢物的作用，进而影响生物体内正常代谢的一类人工合成或天然存在的化合物。这类物质通常与其干扰的代谢物的结构类似。核苷酸抗代谢物通常是一些参与核苷酸合成代谢的嘌呤、嘧啶、氨基酸和叶酸等的类似物，能够干扰或抑制细胞内正常核苷酸代谢物的作用，进而抑制核苷酸和核酸合成。

肿瘤细胞的生长和分裂十分迅速，对核苷酸的需求高于正常细胞。因此，核苷酸抗代谢物通过阻断肿瘤细胞中核苷酸的合成，进而阻断肿瘤细胞核酸与蛋白质的合成，最终抑制肿瘤细胞的生长和分裂，起到抗肿瘤的作用。除了用于癌症治疗外，一些核苷酸抗代谢物还是有效的抗菌药物和抗病毒药物。

(二) 常见的核苷酸抗代谢物

常见的核苷酸抗代谢物主要有以下5种(图8-15)。

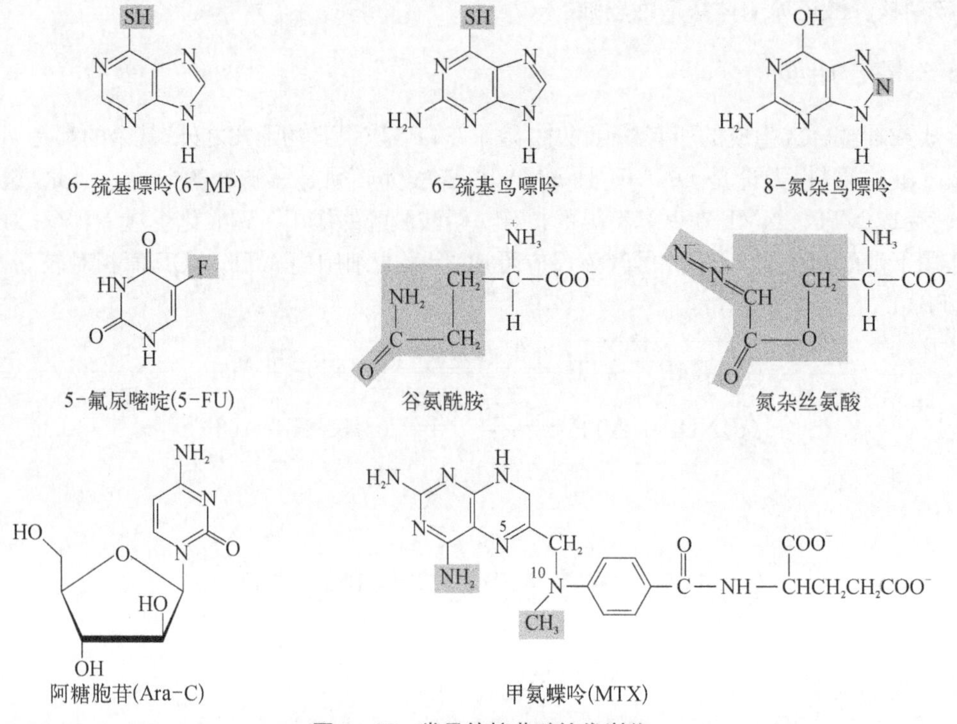

图8-15 常见的核苷酸抗代谢物

1. 嘌呤类似物　包括6-巯基嘌呤(6-mercaptopurine)、6-巯基鸟嘌呤(6-mercaptoguanine)和8-氮杂鸟嘌呤(8-azaguanine)等。它们在细胞内首先经补救途径转变为相应的核苷酸类似物，然后通过3种方式抑制嘌呤核苷酸的合成：抑制 IMP 向 AMP 和 GMP 的转变、抑制 HGPRT 酶活性而阻断嘌呤核苷酸的补救合成，以及反馈抑制 PRPP 酰胺转移酶的活性。

2. 嘧啶类似物　主要有 5 - 氟尿嘧啶、5 - 氟胞嘧啶（5 - fluorocytosine）和 5 - 氟乳清酸，但以 5 - 氟尿嘧啶最为常用。5 - 氟尿嘧啶在细胞内被转变为 3 种主要的活性代谢物，即氟脱氧尿嘧啶核苷一磷酸（fluorodeoxyuridine monophosphate，FdUMP）、氟脱氧尿嘧啶核苷三磷酸（fluorodeoxyuridine triphosphate，FdUTP）及氟尿嘧啶核苷三磷酸（fluorouridine triphosphate，FUTP）。FdUMP 抑制胸苷酸合酶，从而抑制 dTMP 的合成（图 8 - 11）。FUTP 作为 RNA 合成的原料，掺入 RNA 分子中，破坏 RNA 的加工修饰和功能。FdUTP 则作为 DNA 合成的原料，掺入 DNA 分子中，引发无效或错误的 DNA 切除修复（因此时细胞内 FdUTP/dTTP 浓度比过高），最终导致 DNA 链断裂和细胞死亡。

3. 叶酸类似物　包括氨基蝶呤（aminopterin）、甲氨蝶呤和甲氧苄啶（trimethoprim）等。在嘌呤核苷酸从头合成途径中，嘌呤环中的 C - 8 和 C - 2 分别由 N^{10}-甲酰- FH_4 和 N^5，N^{10}-次甲基- FH_4 提供，后两者在提供一碳单位后转变为 FH_4。在 dUMP 转变为 dTMP 的反应中，胸腺嘧啶环上的甲基由 N^5，N^{10}-亚甲基 FH_4 提供，后者转变为二氢叶酸。此处生成的二氢叶酸则需要在二氢叶酸还原酶的作用下重新被还原生成 FH_4，从而再次运载一碳单位参与上述反应（图 8 - 11）。人体自身不能从头合成叶酸，必须从食物等外源途径摄取，但抑制二氢叶酸还原酶会造成 FH_4 缺乏，从而导致核苷酸合成抑制，进而抑制细胞的核酸合成及快速增殖。氨基蝶呤和甲氨蝶呤是哺乳动物二氢叶酸还原酶的抑制剂，可抑制肿瘤细胞的快速恶性增殖，临床上用于多种癌症的化疗。细菌自身能够利用外源小分子从头合成二氢叶酸，再转变为 FH_4。甲氧苄啶是细菌二氢叶酸还原酶的抑制剂，能抑制细菌的叶酸合成，进而抑制细菌的核酸合成及分裂增殖，是一种抑菌药。

4. 核苷类似物　主要有齐多夫定（azidothymidine，AZT）、阿糖胞苷（cytarabine 或 cytosine arabinoside，Ara - C）和双脱氧肌苷（didanosine，ddI）。作为核苷类似物，它们在体内可通过补救途径分别转变为相应的核苷酸，然后掺入正在合成的 DNA 链中，抑制链的延伸。其中 AZT 和 ddI 能够有效地阻断人类免疫缺陷病毒（human immunodeficiency virus，HIV）的反转录，已成为治疗艾滋病的一种药物，而阿糖胞苷主要用于急性白血病的治疗。

5. 谷氨酰胺类似物　包括氮杂丝氨酸（azaserine）、6 - 重氮 - 5 - 氧正亮氨酸（6 - Diazo - 5 - oxo - L - norleucine，ODN）等，含有重氮基团，属于重氮化合物。它们的结构与谷氨酰胺类似。核苷酸合成代谢有多个酶以谷氨酰胺为底物，包括 PRPP 酰胺转移酶、FGAM 合成酶、鸟苷酸合成酶、CPS - Ⅱ 和 CTP 合成酶。上述谷氨酰胺类似物可以进入这些酶的活性中心并与之共价结合，从而抑制酶活性，并由此抑制核苷酸的合成，发挥抗肿瘤和抗菌作用。

（卜友泉）

※ 第八章数字资源

第八章
参考文献

微课视频 8 - 1
嘌呤核苷酸代谢

微课视频 8 - 2
嘧啶核苷酸代谢

第九章

物质代谢的联系与调节

内容提要

体内各种物质代谢既相互联系，又相互制约，具有整体、统一有序、可调节、合理等特点，既能满足正常生长发育的需求，又能适应机体内外环境改变的需求。

糖、脂肪、蛋白质等营养素在氧化供能上可通过中间代谢产物相互联系、相互制约。它们的共同中间产物是乙酰CoA，最终代谢通路是三羧酸循环，产生能量主要通过氧化磷酸化。一般情况下，供能以糖、脂肪为主，并尽量节约蛋白质的消耗以满足机体需求。

体内的物质代谢受到中枢神经系统、激素及细胞三级水平的精细调节。神经系统是调节的主导，其通过内分泌腺或内分泌细胞间接调节代谢，也可直接对组织、器官施加影响，进行整体调节，从而使机体代谢处于相对稳定状态。激素水平调节通过激素与靶细胞受体特异结合，将激素信号转化为细胞内一系列化学反应，最终表现出激素的生物学效应。细胞水平调节是最基本、最原始的调节方式，其调节主要通过改变关键酶活性来实现，神经和激素水平的调节最终都是要通过细胞水平来实现。酶活性的调节既可通过改变现有酶分子的结构，又可通过改变酶的含量完成。前者较快，后者缓慢而持久。酶结构调节包括酶的别构调节和酶蛋白的化学修饰调节，二者相辅相成。

由于细胞分化、结构不同及功能差异，机体各个组织、器官有独特的代谢方式。肝是调节和联系全身器官的代谢中心，从肠道吸收进入人体的营养素，几乎都是经肝的处理和中转；各器官所需的营养素大多也是通过肝的加工或转变，有的代谢产物还需通过肝解毒和排出。

生物体的生存和健康有赖于其机体不断地与外界进行物质交换。食物中的糖、脂及蛋白质经消化吸收进入体内，在细胞内进行分解代谢提供能量，以满足生命活动的需要；同时也可通过合成代谢转变成机体自身的蛋白质、脂质、糖类，以参与机体的构成。机体这种和环境之间不断进行的物质交换，即物质代谢。物质代谢是生命的本质特征，也是生命活动的物质基础。

第一节　物质代谢的特点

一、整体性

食物中的糖、脂质、蛋白质、水、无机盐、维生素等成分，经消化吸收进入机体后的代谢不可能是彼此孤立的，而是同时进行且彼此互相联系，或相互转变，或相互依存，从而构成统一的整体。例如，进食后，摄入体内的葡萄糖增加，此时除糖原合成加强外，糖的分解代谢亦加强，释放能量增多，以保证糖原、脂肪、蛋白质等物质合成的能量；同时糖原分解、脂肪动员和蛋白质分解过程受到抑制。

二、代谢调节

机体的各种物质代谢千变万化，错综复杂。但机体存在精细的调节机制来不断调节各种物质代谢的强度、方向和速度以适应内外环境的不断变化，保持机体内外环境的相对恒定及动态平衡。代谢调节普遍存在于生物界，是生物的重要特征，是生命在进化过程中逐步形成的一种适应能力。

三、各组织、器官物质代谢各具特色

由于各组织、器官分化不同，所含酶系的种类和含量各有差异，因而形成各组织、器官各具特色的代谢特点。例如，肝是维持血糖恒定的重要器官，它不仅能进行糖异生，还能进行糖原的合成和分解。又如，肝只能进行酮体的合成，却不能利用酮体；肝糖原的分解可以作为血糖的补充来源，而肌糖原分解却只能分解供能，而不能作为血糖的补充。这种物质代谢的组织特异性，对理解有关疾病的生化机制十分重要。

四、各种代谢物均具有共同的代谢池

无论是体外摄入的营养物还是体内各组织细胞的代谢物，在进行中间代谢时，不分彼此，共同构成了物质代谢池，分布于全身各处进行代谢。以氨基酸代谢池为例，无论是由食物消化吸收的氨基酸，还是由机体自身组织蛋白降解产生的氨基酸，或者机体自身合成的营养非必需氨基酸，均可在氨基酸代谢池中混为一体，参与各种组织的代谢。

五、ATP 是机体储存能量及消耗能量的共同形式

ATP 是一切生命活动所需能量的直接利用形式。糖、脂及蛋白质在体内分解氧化释出的能量，主要储存在 ATP 的高能磷酸键中。体内其他的高能化合物，如磷酸肌酸、琥珀酰 CoA、NTP 等均需要转化为 ATP 进行利用。生命活动如生长、发育、繁殖、运动等所涉及的蛋白质、核酸、多糖等生物大分子的合成，肌肉收缩，神经冲动的传导，以及细胞渗透压及形态的维持均直接利用 ATP 供能。ATP 犹如一种能量货币，是能量交换的媒介，简化了细胞中复杂的能量循环。

六、NADPH 是合成代谢所需的还原当量

许多参与氧化分解代谢的脱氢酶常以 NAD^+ 为辅酶，而参与还原合成代谢的还原酶则多以 NADPH 为辅酶，提供还原当量。例如，葡萄糖经磷酸戊糖途径生成的 NADPH 既可为乙酰 CoA 合成脂酸提供还原当量，又可为乙酰 CoA 合成胆固醇提供还原当量。

七、代谢途径的多样性

体内的物质代谢通常是由一系列酶促反应组成。代谢途径有以下几种。

1. *直线途径*　一般指从起始物到终产物的整个反应过程中无代谢支路，如糖酵解、DNA 的生物合成等。

2. *分支途径*　一般是指代谢物可通过某个共同中间产物进行代谢分支途径，产生两种或更多种产物。例如，以葡糖-6-磷酸为分支点的糖代谢，葡糖-6-磷酸可以进入糖酵解，也可进入磷酸戊糖途径，还可以进入糖原合成途径。又如，糖酵解产生的丙酮酸，在相对缺氧时被还原为乳酸，在有氧条件下则氧化脱羧生成乙酰 CoA。

3. *循环途径*　循环中的中间产物可以反复生成，反复利用，使生物体能经济高效地进行代谢变换，而且循环反应可以从任一中间产物起始或终止，从而可大大提高代谢变化的灵活性，如三羧酸循环、鸟氨酸循环。

第二节　物质代谢的相互联系

一、能量代谢的相互联系和制约

三大营养物糖、脂质及蛋白质可在体内氧化分解供能。虽然它们在体内分解氧化的代谢途径各不相同，但它们的共同中间产物是乙酰 CoA，最终分解机制是三羧酸循环，产生能量主要通过氧化磷酸化，释出的能量均需转化为 ATP 形式储存。

从能量供应的角度看，这三大营养素可以互相代替，互相制约。一般情况下，人体摄取的食物中糖类含量最多，人体所需能量的 50%～70%由糖提供，糖是体内的“燃烧材料”；其次是脂肪，摄入量虽然不多，为 10%～40%，但因其含水少，便于储存，故脂肪是生物体内的“储存材料”；蛋白质虽然也能氧化分解提供能量，但机体尽可能节约蛋白质的消耗，因为蛋白质是机体的“建筑材料”，其是参与细胞的最重要组成部分。糖、脂质、蛋白质分解代谢有共同的通路，所以任一供能物质的分解代谢占优势，常能抑制和节约其他供能物质的降解。例如，脂肪分解增强、生成的 ATP 增多，ATP/ADP 值增高，可别构抑制糖分解代谢中的限速酶即磷酸果糖激酶-1 的活性，从而抑制糖分解代谢。相反，若供能物质不足，体内 ATP 减少，ADP 积存增多，则可别构激活磷酸果糖激酶-1，加速体内糖的分解代谢。

二、代谢过程中间产物的相互联系

体内糖、脂质、蛋白质和核酸等的代谢不是彼此独立，而是相互关联的。它们通过共同的中间代谢物(即两种代谢途径汇合时的中间产物)，三羧酸循环和生物氧化等联成整体。三大营养物之间还可以互相转变，当一种物质代谢障碍时可引起其他物质代谢的紊乱，如糖尿病时糖代谢的障碍，可引脂质代谢、氨基酸代谢甚至水盐代谢的紊乱。

(一) 糖代谢与脂质代谢的相互联系

1. 糖可转变为脂肪　当摄入的糖量超过体内能量消耗时，除合成少量糖原储存外，生成的柠檬酸及 ATP 可别构激活乙酰 CoA 羧化酶，使由糖代谢而来的大量乙酰 CoA 得以羧化成丙二酰 CoA，进而合成脂酸及脂肪储存于脂肪组织中。这就是摄取不含脂肪的高糖膳食过多可使人肥胖及血甘油三酯升高的原因。

2. 脂肪中的甘油部分可转变为糖　当大量脂肪分解时，在肝、肾、肠等组织中甘油激酶的作用下，甘油转变成甘油-3-磷酸，后者通过糖异生转变生成葡萄糖；但脂酸不能在体内转变为糖，因为脂酸分解生成的乙酰 CoA 不能转变为丙酮酸。所以脂肪只有甘油部分可转变为糖。

3. 脂肪的分解代谢受糖代谢的影响　糖代谢的正常进行是脂肪分解代谢顺利进行的前提。因为脂酸氧化的产物乙酰 CoA 必须与草酰乙酸缩合成柠檬酸后进入三羧酸循环才能彻底氧化，而草酰乙酸主要靠糖代谢产生的丙酮酸羧化生成。当饥饿、糖供给不足或糖代谢障碍时，脂肪作为主要的供能物质大量动员，脂酸β-氧化加强，由于缺乏糖代谢产生的草酰乙酸，乙酰 CoA 不能有效地进入三羧酸循环而合成大量酮体，造成血酮体升高，产生高酮血症。

(二) 糖代谢与氨基酸代谢的相互联系

(1) 体内蛋白质中的 20 种氨基酸，除生酮氨基酸(亮氨酸、赖氨酸)外，都可通过脱氨作用生成相应的α-酮酸。这些α-酮酸可转变成某些中间代谢物如丙酮酸、草酰乙酸、α-酮戊二酸等，循糖异生途径转变为糖。例如，精氨酸、组氨酸及脯氨酸均可通过转变成谷氨酸进一步脱氨生成α-酮戊二酸，经草酰乙酸转变成磷酸烯醇丙酮酸，再循糖酵解逆行途径转变成糖。

(2) 糖可以转变为非必需氨基酸：糖代谢的一些中间代谢物，如丙酮酸、α-酮戊二酸、草酰乙酸等也可氨基化生成某些非必需氨基酸。但苏氨酸、甲硫氨酸、赖氨酸、亮氨酸、异亮氨酸、缬氨酸、苯丙氨酸及色氨酸等8种必需氨基酸不能由糖代谢中间物转变而来，必须由食物供给，这就是食物中的蛋白质不能被糖替代，而蛋白质却能替代糖和脂肪供能的重要原因。

（三）脂质代谢与氨基酸代谢的相互联系

1. 蛋白质可以转变为脂肪　无论是生糖、生酮氨基酸（亮氨酸、赖氨酸），还是生糖兼生酮氨基酸（异亮氨酸、苯丙氨酸、色氨酸、酪氨酸、苏氨酸），分解后均生成乙酰 CoA，后者经还原缩合反应可合成脂酸进而合成脂肪，即蛋白质可转变为脂肪。

2. 氨基酸可作为合成磷脂的原料　丝氨酸脱羧可变为胆胺，胆胺经甲基化可变为胆碱。丝氨酸、胆胺及胆碱分别是合成丝氨酸磷脂、脑磷脂及卵磷脂的原料。此外，乙酰 CoA 也可合成胆固醇以满足机体的需要。

3. 脂肪的甘油部分可变为非必需氨基酸　脂酸类不能转变为氨基酸，仅脂肪的甘油部分可通过生成磷酸甘油醛，生成某些非必需氨基酸的相应α-酮酸，再转变为非必需氨基酸。

（四）核酸与氨基酸代谢的相互关系

（1）氨基酸是体内合成核酸的重要原料：体内合成嘌呤、嘧啶核苷酸需要以氨基酸作为重要原料，核苷酸再进一步合成核酸（RNA、DNA）。例如，嘌呤核苷酸的合成需甘氨酸、天冬氨酸、谷氨酰胺及一碳单位；嘧啶核苷酸的合成需以天冬氨酸、谷氨酰胺及一碳单位为原料。

（2）合成核苷酸所需的磷酸核糖由磷酸戊糖途径提供。

糖、脂质、氨基酸代谢途径间的相互联系见图9-1。

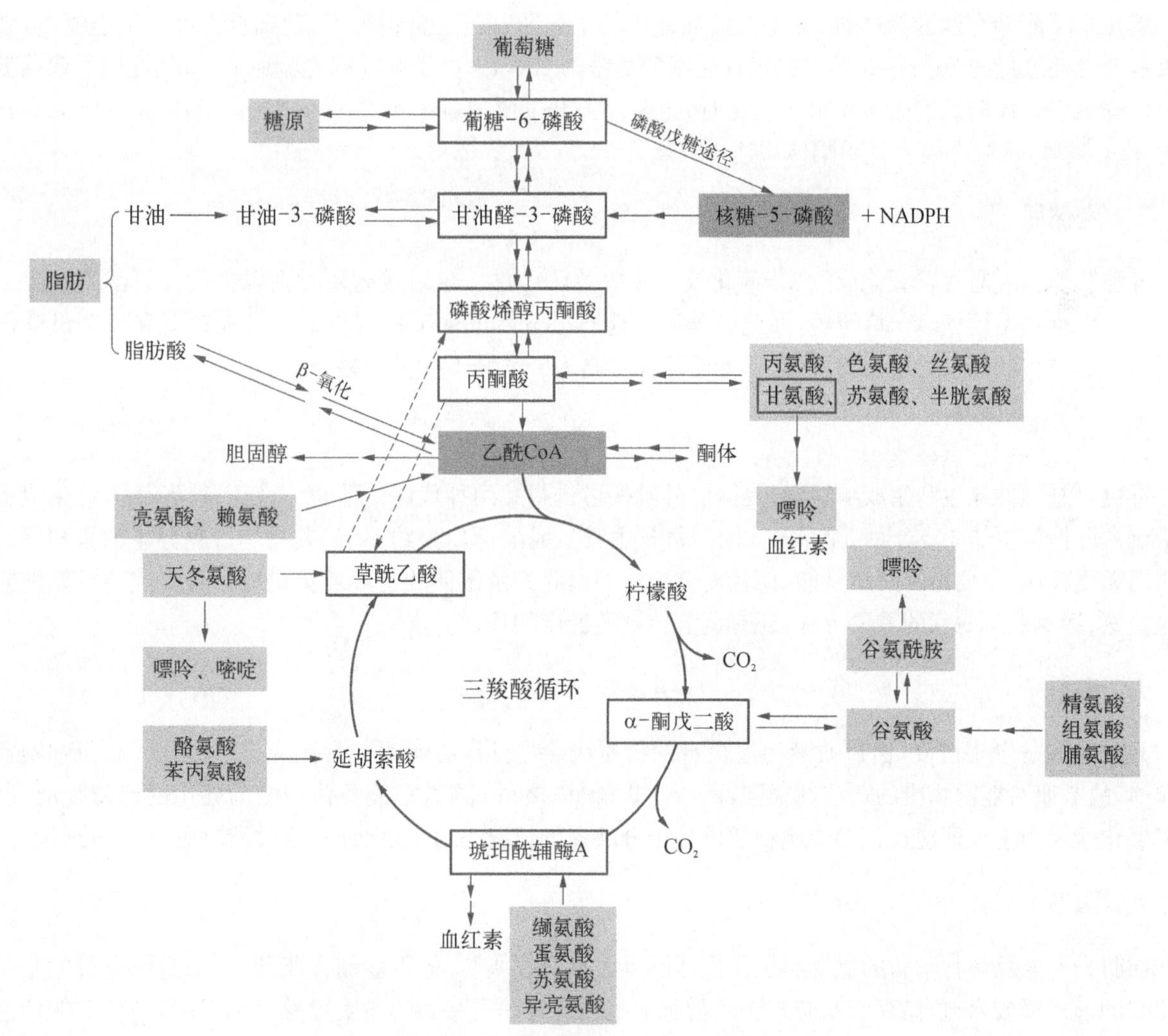

图9-1　糖、脂质、氨基酸代谢途径间的相互联系

第三节　组织、器官的代谢特点及联系

机体各组织、器官的代谢由于细胞分化和结构不同及功能差异而各具特色，但它们并非孤立地进行，而是通过血液循环及神经系统联成统一整体。

一、肝

肝是机体物质代谢的枢纽，是人体的“中心生化工厂”。它的耗氧量占全身耗氧量的20%。它不仅在糖、脂质、蛋白质、水、盐及维生素代谢中均具有独特而重要的作用，还有监控和调节血液的化学组成的功能。以糖代谢为例，肝合成及储存的糖原可达肝重的10%，约150 g，而肌肉储存糖原量仅占肌肉组织的1%，脑及成熟红细胞则无糖原储存；肝还具有很强的糖异生能力，可使氨基酸、乳酸、甘油等非糖物质转变为糖，以保证机体对糖的需要，而肌肉无相应酶体系，缺乏此能力。此外，肝具有葡糖-6-磷酸酶，可使储存的糖原分解为葡萄糖释放入血维持血糖含量恒定，而肌细胞缺乏此酶，因而肌糖原不能分解成葡萄糖。

二、脑

脑几乎不能储存能源物质，但却是机体耗能大的主要器官。正常情况下，葡萄糖为唯一供能物质，其耗氧量占全身耗氧量的20%～25%。脑每日耗用葡萄糖约100 g。由于脑组织无糖原储存，其耗用的葡萄糖随时由血糖供应。长期饥饿而血糖供应不足时，主要以由肝生成的酮体作为能源物质。饥饿3～4 d后每日耗用约50 g酮体，饥饿2周后耗用酮体可达100 g。

三、骨骼肌

骨骼肌静息时通常以氧化脂酸(β-氧化及三羧酸循环)为主，在剧烈运动时则以糖的无氧酵解产生乳酸为主。肌细胞缺乏葡糖-6-磷酸酶，因此肌糖原不能直接分解成葡萄糖提供血糖。在禁食和长期饥饿情况下，骨骼肌蛋白被降解，通过丙氨酸-葡萄糖循环等机制为肝糖异生提供原料。

四、肾

肾也可进行糖异生和生成酮体，它是除肝外唯一可进行此两种代谢的器官。在正常情况下，肾生成葡萄糖量仅占肝糖异生的10%，而饥饿5～6周后每日由肾生成的葡萄糖约40 g，几乎与肝糖异生的量相等。肾髓质因无线粒体，主要由糖酵解供能，而肾皮质则主要由脂酸及酮体的有氧氧化供能。肾生成的谷氨酰胺不仅是储氨、运氨及解氨毒的重要方式，还有调节体液酸碱度的作用。

五、心肌

心的功能是泵出血液，通过血液沟通全身的物质代谢，所以，心肌对能量供应是敏感的。心肌细胞富含线粒体，故心肌对能源物质的适应性很强，可依次以酮体、乳酸、游离脂酸及葡萄糖为耗用的能源物质，并以有氧氧化途径为主。即使在很多能源物质供给十分缺乏的情况下，仍能保证心肌收缩时对ATP的需求。

六、脂肪

脂肪是合成及储存脂肪的重要组织。虽然肝可大量合成脂肪，但不能储存脂肪，肝细胞内合成的脂肪以VLDL的形式释放入血，储存到脂肪组织。脂肪细胞还含有动员脂肪的激素敏感甘油三酯脂肪酶，能使储存的脂肪分解成脂酸和甘油释入血循环以供机体其他组织对能源物质的需要。

七、成熟红细胞

红细胞能量主要来自葡萄糖的无氧氧化。成熟红细胞没有线粒体，因此不能进行糖的有氧氧化，也不能利用脂酸及其他非糖物质，每日消耗 30 g 葡萄糖。

不同组织器官的代谢、代谢中间物及代谢终产物通过血液循环、神经系统及激素的调节构成统一整体(表 9-1)。

表 9-1 重要器官及组织氧化供能的特点

器官组织	特有的酶	功能	主要代谢途径	主要代谢物	主要代谢产物
肝	葡萄糖激酶，葡糖-6-磷酸酶，甘油激酶，磷酸烯醇丙酮酸羧激酶	代谢枢纽	糖异生，脂酸β-氧化，糖有氧氧化，酮体生成	葡萄糖，脂酸，乳酸，甘油，氨基酸等	葡萄糖，VLDL，HDL，酮体
脑	—	神经中枢	糖有氧氧化，氨基酸代谢	葡萄糖，氨基酸，酮体	CO_2，H_2O，NH_3
肌肉	LPL，呼吸链的各种酶(丰富)	收缩	糖无氧氧化，有氧氧化，脂酸β-氧化	脂酸，葡萄糖，酮体	乳酸，CO_2，H_2O
肾	甘油激酶，磷酸烯醇丙酮酸羧激酶	排泄尿液	糖异生，糖无氧氧化，酮体生成	脂酸，葡萄糖，乳酸，甘油	葡萄糖
心	LPL，呼吸链的各种酶(丰富)	泵出血液	有氧氧化	乳酸，葡萄糖，VLDL	CO_2，H_2O
脂肪组织	LPL，激素敏感脂肪酶	储存及动员脂肪	酯化脂酸，脂解	VLDL，CM	游离脂酸，甘油
红细胞	缺乏糖和脂肪酸的有氧氧化呼吸链的各种酶(无线粒体)	运输氧	糖无氧氧化	葡萄糖	乳酸

注：LPL 为脂蛋白脂肪酶。

第四节 代谢调节

正常情况下，机体各种物质代谢及代谢途径是井然有序、相互联系、相互协调地进行的，以适应内外环境的不断变化，保持机体内环境的相对恒定及动态平衡。这是因为机体有一套完整而精细的调节系统。对于高等生物而言，该系统分为 3 个水平层次：① 细胞水平调节，即通过细胞内代谢物浓度的变化对酶的活性及含量进行调节。② 激素水平调节，即通过分泌的激素可对其他细胞发挥代谢调节作用。③ 整体水平调节，即在中枢神经系统的控制下，或通过神经纤维及神经递质对靶细胞直接发生影响，或通过某些激素的分泌来调节某些细胞的代谢及功能，并通过各种激素的互相协调而对机体代谢进行综合调节。在代谢调节的三级水平中，细胞水平调节是基础，激素及神经对代谢的调节都是通过细胞水平的调节实现的。

一、细胞水平的代谢调节

细胞是组成组织及器官的最基本功能单位。细胞水平调节是代谢调节的最原始调节，也称为初始调节。细胞水平调节的调控点是细胞中催化代谢反应的酶，特别是各代谢途径的关键酶。

(一) 细胞内酶的隔离分布

代谢途径有关酶类常常组成酶体系，分布于细胞的某一区域或亚细胞结构中。例如，糖无氧氧化酶系、糖原合成及分解酶系、脂酸合成酶系均存在于细胞胞质溶胶中，三羧酸循环酶系、脂酸β-氧化酶系则分布于线粒体内，而核酸合成酶系绝大部分集中于细胞核内(表 9-2)。

表 9-2 部分代谢途径(多酶体系)在细胞内的分布

代谢途径	酶分布	代谢途径	酶分布
糖无氧氧化	胞质溶胶	脂酸合成	胞质溶胶
三羧酸循环	线粒体	胆固醇合成	内质网，胞质溶胶

续表

代谢途径	酶分布	代谢途径	酶分布
磷酸戊糖途径	胞质溶胶	磷脂合成	内质网
糖异生	胞质溶胶	核酸(DNA 和 RNA)合成	细胞核
糖原合成	胞质溶胶	蛋白质合成	内质网,胞质溶胶
糖原分解	胞质溶胶	多种水解酶	溶酶体
脂酸 β-氧化	线粒体	尿素合成	胞质溶胶,线粒体
氧化磷酸化	线粒体		

酶在细胞内的隔离分布使有关代谢途径分别在细胞不同区域内进行,这样不致使各种代谢途径互相干扰。例如,脂酸的合成是以乙酰 CoA 为原料在胞质溶胶内进行,而脂酸 β-氧化生成乙酰 CoA 则是在线粒体内进行,这样,二者不致互相干扰导致乙酰 CoA 的无意义循环。

(二) 关键酶活性的调节

机体内的代谢途径是由一系列酶催化的化学反应,其速度和方向是由催化限速步骤或关键步骤的酶活性来决定。每一个代谢途径中,至少有一个限速反应(rate-limiting reaction)或限速步骤(rate-limiting step),该反应的速度不是由细胞内底物浓度高低所限制,而仅是由细胞内催化该反应的酶活性高低所限制,即受限于酶(enzyme-limited)。该反应通常是放能、不可逆反应,是代谢途径中反应速度最慢的步骤。催化此类限速反应的酶,称为限速酶(rate-limiting enzyme)。代谢途径中的关键步骤,或称决定性步骤或定向步骤(co mmitted step)则是指一旦该步骤的反应开始,相应的代谢途径必定执行完毕,生成终产物,一般不会"返回",通常位于代谢的关键分支点。限速步骤和关键步骤在一个代谢途径中可能相同,也可能不同。催化限速步骤和关键步骤的酶通常都是代谢调节的靶点,受到细胞内和细胞外各种因素的调节,统称为调节酶(regulatory enzyme),有时也称为关键酶(key enzyme)。此类酶蛋白的半衰期一般都较短。因此,调节某些关键酶或调节酶的活性是细胞代谢调节的一种重要方式。表 9-3 列出一些重要代谢途径的关键酶或调节酶。

表 9-3 某些重要代谢途径的关键酶或调节酶

代谢途径	关键酶	代谢途径	关键酶
糖原合成	糖原合酶	三羧酸循环	柠檬酸合酶
糖原分解	磷酸化酶		异柠檬酸脱氢酶
糖酵解	己糖激酶		α-酮戊二酸脱氢酶
	磷酸果糖激酶-1	糖异生	丙酮酸羧化酶
	丙酮酸激酶		磷酸烯醇丙酮酸羧激酶
脂酸合成	乙酰 CoA 羧化酶		果糖双磷酸酶-1
			葡糖-6-磷酸酶
胆固醇合成	HMG-CoA 还原酶	酮体生成	HMG-CoA 合成酶

按调节的快慢可分为快速调节及慢速调节两类。快速调节主要是通过改变酶的分子结构,从而改变其活性来调节酶促反应的速度。快速调节主要有 3 种机制:① 酶原激活;② 别构调节;③ 共价修饰调节。这部分内容已在"第三章第四节酶的调节"中讨论。一些重要代谢途径中的别构酶及其效应剂见表 9-4。酶的共价修饰主要有磷酸化/去磷酸化、乙酰化/去乙酰化、甲基化/去甲基化、腺苷化/脱腺苷化及—SH 与—S—S—互变等,其中磷酸化/去磷酸化在代谢调节中最为多见(表 9-5)。

表 9-4 一些代谢途径中的别构酶及其效应剂

代谢途径	别构酶	别构激活剂	别构抑制剂
三羧酸循环	柠檬酸合酶	AMP	ATP,长链脂酰 CoA
	异柠檬酸脱氢酶	AMP,ADP	ATP
	α-酮戊二酸脱氢酶	Ca^{2+}	NADH,琥珀酰 CoA

续表

代谢途径	别　构　酶	别构激活剂	别构抑制剂
糖异生	丙酮酸羧化酶	乙酰 CoA，ATP	AMP
糖原分解	磷酸化酶 b	AMP，葡糖-1-磷酸，Pi	ATP，葡糖-6-磷酸
脂酸合成	乙酰 CoA 羧化酶	柠檬酸，异柠檬酸	长链脂酰 CoA
氨基酸代谢	谷氨酸脱氢酶	ADP，GDP	GTP，ATP，NADH
嘌呤合成	PRPP 酰胺转移酶	PRPP	AMP，GMP
嘧啶合成	CPS-Ⅱ	ATP	UMP，UDP，UTP
核酸合成	脱氧胸苷激酶	dCTP，dATP	dTTP

表 9-5　酶促共价修饰对酶活性的调节

酶	化学修饰类型	酶活性改变
糖原磷酸化酶	磷酸化/去磷酸化	激活/抑制
磷酸化酶 b 激酶	磷酸化/去磷酸化	激活/抑制
糖原合酶	磷酸化/去磷酸化	抑制/激活
丙酮酸激酶	磷酸化/去磷酸化	抑制/激活
磷酸果糖激酶	磷酸化/去磷酸化	抑制/激活
HMG-CoA 还原酶	磷酸化/去磷酸化	抑制/激活
HMG-CoA 还原酶激酶	磷酸化/去磷酸化	激活/抑制
乙酰 CoA 羧化酶	磷酸化/去磷酸化	抑制/激活
激素敏感性脂肪酶	磷酸化/去磷酸化	激活/抑制

慢速调节则是通过改变细胞内酶含量而达到改变代谢的方向和速度，即通过改变酶的合成或降解速度而实现的，一般需数小时或几天才能实现。这部分内容已在“第三章第四节酶的调节”中已有简要的叙述，关于酶蛋白合成的调节参见“第十三章基因表达及其调控”，酶蛋白降解的调控见“第七章第三节氨基酸的一般代谢”。

二、激素水平的代谢调节

激素水平的代谢调节是高等动物体内代谢调节的重要方式，激素作用有较高的组织特异性和效应特异性，不同激素可作用于不同组织产生不同的生物学效应。激素与特定的靶细胞的特异受体结合，通过一系列细胞信号转导，将激素的信号传送至细胞内，发挥代谢调节作用。

激素种类很多，可按照其溶解性质简单分为水溶性激素和脂溶性激素两类。其结合的受体不同，信号转导途径也有所不同(参见第十六章细胞信号转导)。

(一) 水溶性激素

水溶性激素包括胰岛素和生长激素等多肽或蛋白质类激素及肾上腺素等儿茶酚胺类激素。它们都是水溶性的大分子，难以越过脂质双层构成的细胞膜。其受体属于细胞表面受体(或称膜受体)，是存在于细胞膜上的跨膜糖蛋白。这类激素作为第一信使分子与相应的靶细胞膜受体结合后，将信息跨膜传递到细胞内，再通过第二信使等将信号逐级放大，产生显著代谢效应。

(二) 脂溶性激素

脂溶性激素包括类固醇激素、甲状腺素、1,25$(OH)_2$-D_3 及视黄酸等。这些激素多属于脂溶性分子，可透过脂质双层细胞质膜进入细胞，与相应的细胞内受体结合。大多数细胞内受体位于细胞核内，与相应激素特异结合形成激素受体复合物后，作用于 DNA 的特定序列即激素应答元件(hormone response element，HRE)，改变相应基因的转录，促进(或阻遏)蛋白质或酶的合成，调节细胞内酶含量，从而调节细胞代谢。有些细胞内受体位于细胞质，与激素结合激活后则可进入核内，作用于激素应答元件，调节相应基因表达发挥代谢调节作用。

三、整体水平的代谢调节

在人类生活过程中，其内外环境不断变化，这就需要机体在神经系统主导下，调节激素释放，并通过激素整合不同组织器官的各种代谢，以适应环境改变，从而维持内环境的相对恒定。现以饱食、空腹、饥饿及应激等为实例说明整体物质代谢的调节。

(一) 饱食

1. 混合膳食　通常情况下，人体摄入的膳食为混合膳食，经消化吸收后的主要营养物质以葡萄糖、氨基酸和CM形式进入血液，体内胰岛素水平中度升高，机体主要分解葡萄糖为各组织器官供能。未被分解的葡萄糖，一部分在胰岛素的作用下合成肝糖原和肌糖原储存；另一部分在肝内转换为丙酮酸、乙酰 CoA，合成甘油三酯，以 VLDL 形式运输到脂肪等组织储存。吸收的甘油三酯大部分被运输到脂肪组织、肌肉组织等转换、储存或利用，少部分经肝转换为内源性甘油三酯。

2. 高糖膳食　人体摄入高糖膳食后，体内胰岛素水平明显升高，胰高血糖素降低。食物消化吸收而来的葡萄糖除为各组织器官供能外，在胰岛素作用下，少部分在骨骼肌合成肌糖原，在肝合成肝糖原和甘油三酯，后者运输到脂肪等组织储存；大部分葡萄糖直接被运输到脂肪组织、骨骼肌等转换成甘油三酯等非糖物质储存或利用。

3. 高脂膳食　高脂膳食后，人体内胰岛素水平降低，胰高血糖素水平升高。在胰高血糖素作用下，肝糖原分解补充血糖，供给脑组织等。肌组织氨基酸分解、转化，生成丙酮酸运输到肝作为糖异生原料合成葡萄糖，供应血糖及肝外组织。食物消化吸收而来的甘油三酯主要运输到脂肪和肌组织等储存或利用。脂肪组织一方面在接受消化吸收而来的甘油三酯，另一方面也在部分水解脂肪生成脂肪酸，运送到其他组织。肝利用脂肪酸生成酮体，供应肝外组织利用。

4. 高蛋白膳食　高蛋白膳食后，人体内胰岛素水平中度升高，胰高血糖素水平也升高。在两者协同作用下，肝糖原分解补充血糖，供给脑组织等。食物消化吸收而来的氨基酸主要在肝通过糖异生途径生成葡萄糖，供应脑组织及其他肝外组织；少部分氨基酸可以转化为乙酰 CoA，合成甘油三酯，供应脂肪组织等；还有少部分氨基酸直接运送到骨骼肌。

(二) 空腹

空腹通常指餐后 12 h 以后，此时体内胰岛素水平降低，胰高血糖素水平升高。事实上，在胰高血糖素作用下，餐后 6～8 h 肝糖原即开始分解补充血糖，主要供应脑，兼顾其他组织需要。餐后 16～24 h，尽管肝糖原分解仍可持续进行，但由于肝糖原即将耗竭，能用于分解的糖原已经很少，所以肝糖原分解水平较低，主要依靠肝糖异生补充血糖。同时，脂肪动员中度增加，释放脂肪酸以供应肝、肌肉等组织利用。肝氧化脂肪酸产生酮体，供肝外组织利用。骨骼肌在接受脂肪组织输出的脂肪酸同时，部分氨基酸分解以补充肝糖异生的原料。

(三) 饥饿

在病理状态(如昏迷、食管及幽门梗阻等)或特殊情况下不能进食时，若不能及时治疗或补充食物，则机体物质代谢在整体调节下发生一系列的变化。

1. 短期饥饿　通常指 1～3 d 未进食。这时肝糖原显著减少，血糖趋于降低，引起胰岛素分泌减少和胰高血糖素分泌增加。这两种激素的增减可引起一系列的代谢改变。

(1) 蛋白质分解加强：释放入血的氨基酸量增加，肌蛋白质分解的氨基酸大部分转变为丙氨酸和谷氨酰胺释放入血循环。饥饿第 3 天，肌组织释出丙氨酸占输出总氨基酸的 30%～40%。

(2) 糖异生作用增强：饥饿 2 d 后，肝糖异生和酮体生成明显增加，此时肝糖异生速度约为 150 g 葡萄糖/d。肝是饥饿初期糖异生的主要场所，约占 80%，其中 30%来自乳酸，10%来自甘油，其余 40%来自氨基酸。另一小部分(约 20%)则在肾皮质中进行。

(3) 脂肪动员加强，酮体生成增多：血浆甘油和游离脂酸含量升高，脂肪组织动员出的脂酸约 25%在肝内生成酮体。此时脂酸和酮体成为心肌、骨骼肌和肾皮质的重要燃料，少量酮体可被大脑利用。

(4) 组织对葡萄糖的利用降低：心、骨骼肌及肾皮质摄取和氧化脂酸及酮体的量增加，从而会减少这些组织对葡萄糖的摄取及利用。饥饿时脑对葡萄糖的利用亦有所减少，但饥饿初期大脑仍以葡萄糖为主要能源物质。

总之，饥饿时的主要能量来源是储存的蛋白质和脂肪，其中脂肪占能量来源的 85%以上。如此时输入葡萄糖，不但可减少酮体的生成，降低酸中毒的发生率，而且可减少体内蛋白质的消耗。每输入 100 g 葡萄糖约可节省 50 g 蛋白质的消耗，这对不能进食的消耗性疾病患者尤为重要。

2. 长期饥饿　通常指未进食 3 d 以上，通常在饥饿 4～7 d 后机体就发生与短期饥饿不同的代谢改变。

(1) 脂肪动员进一步加强，肝生成大量酮体，脑组织利用酮体增加，超过葡萄糖，占总耗氧量的 60%。

(2) 肌组织以脂酸为主要能源，以保证酮体优先供应脑组织。

(3) 肌蛋白质分解减少，肌组织释出氨基酸减少，乳酸和丙酮酸成为肝糖异生的主要来源。

(4) 肾糖异生作用明显增强，每日约生成 40 g 葡萄糖，占饥饿晚期糖异生总量一半，几乎与肝相等。

(5) 因肌蛋白分解减少，负氮平衡有所改善。

(四) 应激

应激(stress)是人体受到一些异乎寻常的刺激，如创伤、剧痛、冻伤、缺氧、中毒、感染及剧烈情绪激动等所做出一系列反应的"紧张状态"。应激状态时，交感神经兴奋，肾上腺髓质及皮质激素分泌增多，血浆胰高血糖素及生长激素水平增加，而胰岛素分泌减少，从而引起一系列代谢改变。

1. 血糖升高　交感神经兴奋引起的肾上腺素及胰高血糖素分泌增加，进而可激活磷酸化酶而促进肝糖原分解，同时肾上腺皮质激素及胰高血糖素又可使糖异生加强，不断补充血糖，加上肾上腺皮质激素及生长素使周围组织对糖的利用降低，均可使血糖升高。这对保证大脑、红细胞的供能有重要意义。

2. 脂肪动员增强　血浆游离脂酸升高，成为心肌、骨骼肌及肾等组织主要能量来源。

3. 蛋白质分解加强　肌组织释出丙氨酸等氨基酸增加，同时尿素生成及尿氮排出增加，呈负氮平衡。

总上述可见，应激时糖、脂质、蛋白质代谢特点是分解代谢增强，合成代谢受到抑制，血液中分解代谢中间产物如葡萄糖、氨基酸、游离脂酸、甘油、乳酸、酮体、尿素等含量增加。应激时机体的代谢改变见表 9-6。

表 9-6　应激时机体的代谢改变

内分泌腺或组织	代谢改变	血中含量
胰岛 A 细胞 胰岛 B 细胞	胰高血糖素分泌增加 胰岛素分泌抑制	胰高血糖素↑ 胰岛素↓
肾上腺髓质 肾上腺皮质	去甲肾上腺素及肾上腺素分泌增加 皮质醇分泌增加	肾上腺素↑ 皮质醇↑
肝	糖原分解增加 糖原合成减少 糖异生增强 脂肪酸 β-氧化增加 酮体生成增加	葡萄糖↑ 酮体↑
肌肉组织	糖原分解增加 葡萄糖的摄取利用减少 蛋白质分解增加 脂肪酸 β-氧化增强	乳酸↑ 葡萄糖↑ 氨基酸↑
脂肪组织	脂肪动员加强 葡萄糖摄取及利用减少 脂肪合成减少	游离脂肪酸↑ 甘油↑

(五) 代谢综合征

代谢综合征(metabolic syndrome，MS)是多种代谢成分异常积聚发生在某一个体的异常病理生理现象，这些异常包括糖尿病或糖调节异常、高血压、血脂紊乱、全身或腹部肥胖、脂肪肝、高胰岛素血症伴胰岛素抵抗、微量白蛋白尿、高纤溶酶原激活抑制物、高尿酸血症等。MS 是一组复杂的代谢紊乱症群，以肥胖、高血压、糖代谢及血脂异常等为主要临床表现。超重和肥胖在 MS 发生、发展中起着决定性的作用。中华医学会糖尿病学分会建议的诊断代谢综合征标准为具备以下 4 项中的 3 项或全部：① 超重和(或)肥胖，体重指数(BMI)≥25.0 kg/m^2。② 高血糖，空腹血糖≥6.1 mmol/L(110 mg/dL)和(或)餐后 2 h 血糖(2-hour postprandial blood glucose，2 h PG)≥7.8 mmol/L(140 mg/dL)和(或)已确诊糖尿病并治疗者。③ 高血压，收缩压/舒张压(SBP/DBP)≥140/90 mmHg 和(或)已确诊高血压并治疗者。④ 血脂紊乱,空腹血甘油三酯≥1.7 mmol/L(110 mg/dL)和(或)空腹血 HDL-C<0.9 mmol/L(35 mg/dL)(男)[空腹血 HDL-C<1.0 mmol/L(39 mg/dL)(女)]。

BMI 的计算是用体重(kg)除以身高(m)平方得出的数字,是目前国际上常用的衡量人体胖瘦程度及是否健康的一个标准。

$$BMI = 体重(kg) \div 身高^2(m)$$

1. 肥胖　是多种因素引起的进食行为和能量代谢调节的紊乱症,与遗传、膳食结构和体力活动等多种因素有关。肥胖者常表现胰岛素分泌及功能异常和糖脂代谢的紊乱。肥胖主要分为单纯性肥胖和继发性肥胖两类。

单纯性肥胖是指并非由于其他疾病或医疗的原因,仅仅是由于能量摄入超过能量消耗而引起的肥胖。单纯性肥胖主要与遗传、社会环境、个人心理及运动相关。继发性肥胖是指继发于其他疾病或医疗原因而引起的肥胖。常见原因有以下两种。

(1) 神经-内分泌性因素:由神经-内分泌系统疾病引起的肥胖,实际上是内分泌疾病的结果,如成人的皮质醇增多症和甲状腺功能减退。

(2) 医源性因素:有些患者既没有引起肥胖的原发疾病,又不是单纯性肥胖,他们的肥胖是因为服用了某些药物,一般把这种肥胖称为医源性肥胖。能够引起医源性肥胖的药物包括糖皮质激素(泼尼松或地塞米松等)、三环类的抗抑郁药物、胰岛素等。另外,颅脑手术如果影响到下丘脑,也可以引起肥胖。

2. 糖尿病　是一种以血糖升高为特征的疾病症候群,目前临床分为 1 型糖尿病和 2 型糖尿病两种类型。1 型糖尿病原名胰岛素依赖型糖尿病,是各种原因使体内胰岛素绝对不足而造成,多发生在儿童和青少年,一般起病较急,容易发生酮症酸中毒。2 型糖尿病是指多种原因使体内胰岛素生物效应降低而导致的血糖升高,好发于成年人,占糖尿病患者 90%以上。2 型糖尿病患者体内产生胰岛素的能力并未完全丧失,有的患者体内胰岛素产生过多,但胰岛素抵抗作用使患者体内的胰岛素处于相对缺乏。胰岛素是一种以促进组织合成代谢为主的激素,也是体内唯一能降低血糖的激素。胰岛素绝对或相对缺乏可导致机体血糖升高,从而引起一系列代谢紊乱。

(1) 糖尿病代谢紊乱变化

1) 肌肉组织:葡萄糖、氨基酸和脂肪酸进入肌细胞减少,糖原合酶活性减弱,糖原合成减少而肌糖原分解加强,肌糖原减少或消失;肌肉蛋白质分解加强,细胞内钾释放增加,均可加重肌肉的功能障碍,从而表现为肌无力、体重下降。同时,胰岛素和生长激素对促进蛋白质合成具有协同作用,生长激素促进合成代谢所需要的能量也依赖于胰岛素可促进物质的氧化产生。因而缺乏胰岛素,即使体内生长素水平较高,仍可引起儿童生长迟缓。

2) 脂肪组织:由于摄取葡萄糖受限,由葡萄糖代谢生成的乙酰 CoA、NADPH 减少,乙酰 CoA 羧化酶不被激活,所以脂肪酸和甘油三酯的形成减少;又由于胰岛素/胰高血糖素值降低,胰岛素的抗脂解作用减弱,使脂肪分解作用加强,从而引发体重减轻,大量游离脂肪酸入血。

3) 肝组织:由于胰岛素缺乏,葡萄糖激酶和糖原合酶的活化受限,使糖原合成减少,但肝糖原分解和糖异生加强,使肝释放出大量葡萄糖,加重血糖水平的升高。同时来自脂肪组织的大量脂肪酸和甘油入肝一部分酯化成甘油三酯,并以 VLDL 的形式释放入血,造成高 VLDL 血症;此外,LPL 的活性依赖胰岛素/胰高血糖素的值高,而糖尿病时此比值低下,LPL 活性降低,VLDL 和 CM 难从血浆中清除,因此除 VLDL 进一步升高外,还可以出现高 CM 血症。另一部分脂肪酸氧化分解,使乙酰 CoA 增多,因其不能彻底氧化,进而合成胆固醇和酮体增多。上述代谢变化反映在血液中则表现为高脂血症,包括高甘油三酯、高胆固醇、高 VLDL 的糖尿病性Ⅳ型高脂蛋白血症

4) 血糖浓度增高,超出肾糖阈时葡萄糖排入尿液形成尿糖。肾滤液中的葡萄糖作为渗透性利尿剂,抑制水的重吸收,从而可导致多尿,进而使血容量减少、机体脱水。脱水又刺激下丘脑口渴中枢,导致口渴多饮。

（2）糖尿病急重症——酮症酸中毒：胰岛素功能丧失或降低后，葡萄糖不能得到有效利用，故而引起体内储存的脂肪的分解加快以提供燃料，此时脂肪酸成为除脑组织之外的所有组织的主要能量来源。脂肪分解加快将导致肝中有机酸即酮体生成。肝生成酮体过多，超过肝外组织氧化利用的能力，而使血中酮体升高出现酮血症。酮体中的乙酰乙酸和β-羟丁酸为酸性物质，故血液中酮体升高可使血液 pH 降低，导致酸中毒，即酮症酸中毒。同时，酮体通过尿液排出，即导致酮尿。酮体带负电荷，因此，机体排出酮体的同时，会导致体内电解质的丢失。电解质紊乱可引起患者腹痛、呕吐，腹痛、呕吐又可加剧电解质的丢失，引起细胞脱水，如不及时治疗最终导致患者出现昏迷甚至死亡。

（蒋 雪）

※ 第九章数字资源

第九章
参考文献

微课视频 9-1
物质代谢的调节

第三篇

遗传信息传递及其调控

生命活动是以物质和物质的变化为基础。物质在生物体内的动态变化不仅推动和伴随着能量的产生和消耗，而且还推动和伴随着遗传信息的传递或流动。

遗传信息的流动或传递规律遵循中心法则(central dogma)。中心法则最早由DNA双螺旋的发现者之一Crick于1958年提出，后经不断补充完善，形成以下框架。

DNA复制 DNA 转录 逆转录 RNA复制 RNA 翻译 蛋白质

中心法则主要包括3方面内容。第一，DNA作为遗传信息的载体，通过复制，将遗传信息代代相传。第二，基因作为负载特定遗传信息的DNA片段，经过转录和翻译过程，会表达有功能的产物(蛋白质或RNA)，蛋白质是生命活动的主要执行者。这是最早由Crick提出的描述遗传信息流动的中心法则的基本内容。第三，在病毒中，遗传信息还可以从RNA到DNA，即逆转录；从RNA到RNA，即RNA复制。这是对中心法则的发展与补充。

本篇就是以中心法则为主线，重点讨论遗传信息的传递及其调节。其包括DNA的生物合成、RNA的生物合成、蛋白质的生物合成及基因表达及其调控。学习本篇时，要注意遗传信息传递过程(复制、转录和翻译)的基本规律和特点、参与的成分及重要的蛋白质或酶、原核生物与真核生物特点的比较、基因表达调控的基本规律等。各章内容之间有着密切关联，学习时要善于对比联系。

第十章

DNA 的生物合成

内容提要

DNA 是生物体的主要遗传物质，通过 DNA 的复制，子代细胞才能获得和亲代细胞完全相同的遗传信息。DNA 复制遵循半保留复制、双向复制与半不连续复制 3 个基本规律，还具有需要引物和高保真性两个特点。

半保留复制是 DNA 复制的基本方式，基本过程是在 DNA 聚合酶的作用下以亲代 DNA 分子为模板，沿 5′→3′方向合成新的 DNA 分子。复制过程中，一条新链的合成方向与模板解链方向相同能连续复制，称为前导链；另一条新链的合成方向与模板解链方向相反，不能连续复制，称为后随链。后随链存在不连续的 DNA 片段，称为冈崎片段。

复制过程需要多种酶和蛋白质的参与，其中最重要的是 DNA 聚合酶。原核生物 DNA 复制过程包括起始、延长和终止 3 个阶段。起始阶段主要通过拓扑酶、解旋酶、单链 DNA 结合蛋白及引物酶的作用解开双链 DNA、催化形成引发体并合成引物；延长阶段主要是在模板链的指导下，由 DNA 聚合酶催化新链生成；终止阶段需要将引物切除，填补引物切除后留下的空缺，并由 DNA 连接酶将冈崎片段连接起来，最终形成完整的双链 DNA。真核生物 DNA 复制主要发生在细胞周期的 S 期，其单个复制子的复制过程和原核生物相似，复制终止阶段需要端粒酶参与，以保持染色体结构的稳定和完整。

在某些 RNA 病毒中存在逆转录酶，能以病毒 RNA 为模板合成 DNA，称为逆转录。通过逆转录，病毒的遗传信息能整合到宿主细胞染色体 DNA 上，这与病毒致癌的机制有关。逆转录的发现表明某些生物体内 RNA 同样具有储存遗传信息的功能，这补充和发展了分子生物学中心法则。

多种理化因素的作用及复制过程中出现的错误均可导致 DNA 分子发生损伤，也称为突变。突变可分为碱基的错配、缺失、插入和重排等类型。在长期的进化过程中，生物形成了自己的 DNA 修复系统，能及时纠正和修复细胞内发生的 DNA 损伤。DNA 修复的方式主要有直接修复、切除修复、双链断裂修复和损伤跨越修复等。

DNA 是生物体或细胞内的主要遗传物质，其生物合成主要涉及 3 种情况。第一是 DNA 复制（DNA replication），能以亲代 DNA 为模板合成与其碱基序列完全相同的子代 DNA，从而使子代细胞获得与亲代完全相同的遗传信息。第二是逆转录（reverse transcription），能以 RNA 为模板合成 DNA，从而将病毒等生物的遗传信息以单链 RNA 的形式转化为双链 DNA。第三是 DNA 修复合成，内因及外因可能会导致 DNA 损伤，生物体有一系列的修复机制能及时识别 DNA 的损伤并加以修复，DNA 损伤修复也需要 DNA 的重新合成。

DNA 复制是指以亲代 DNA 为模板合成子代 DNA 的过程。原核生物和真核生物 DNA 复制的基本原理和过程大致相同，细节上有所差别。DNA 复制机制的认识更多是来源于对原核生物的研究，真核生物复制过程中的很多细节尚未完全阐明，所以本章重点讨论原核生物 DNA 复制的过程。

第一节 DNA 复制的基本规律

尽管不同生物基因组大小不同、结构上存在差异，复制上各有特点，但所有生物的基因组在复制过程中都要遵循以下 3 个基本规律。

一、半保留复制

在研究 DNA 复制方式的初期，人们提出了 3 种可能的方式，即全保留、半保留和混合式(图 10－1)。最后，通过实验证实了 DNA 复制的方式是半保留复制。

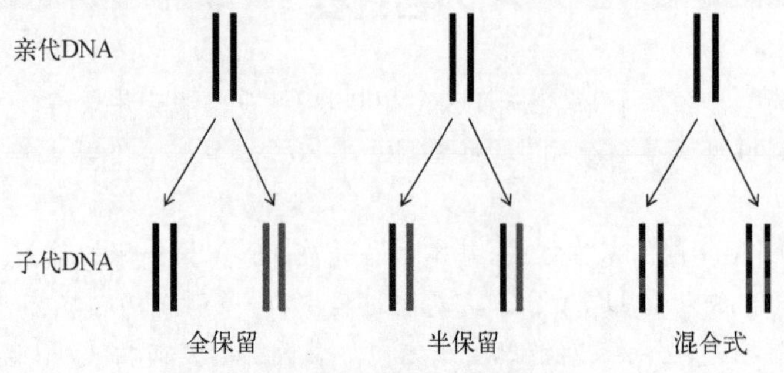

图 10－1 DNA 复制的 3 种可能方式

半保留复制(semi-conservative replication)是指 DNA 复制时亲代 DNA 的两条链解开，以每条链分别作为模板按碱基互补配对规则合成新链，从而形成两个碱基序列和亲代完全相同的子代 DNA 分子，每一个子代 DNA 分子都包含一条亲代链和一条新合成的链(图 10－2)。

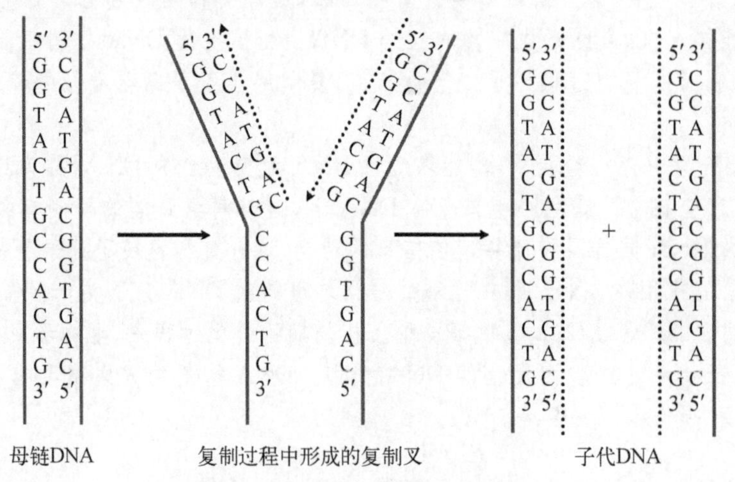

图 10－2 DNA 半保留复制示意图

1958 年，Matthew Messelson 和 Franklin Stahl 通过实验证实了半保留复制假说。他们将细菌放在以 $^{15}NH_4Cl$ 为唯一氮源的培养液中培养若干代，得到所有氮均为 ^{15}N 的 DNA 分子，因其密度较高，通过密度梯度离心法分离，^{15}N－DNA 的条带位于离心管靠下的位置。然后，将含 ^{15}N－DNA 的细菌转入含 $^{14}NH_4Cl$ 的培养液培养一代及数代，提取子一代及子二代的 DNA 进行密度梯度离心分析，结果如图 10－3 所示。

实验结果显示，培养一代后的 DNA 分子其密度介于 ^{15}N－DNA 和 ^{14}N－DNA 之间，说明复制产生的两个 DNA 分子中都有一条链是 ^{15}N－DNA 单链，另一条是 ^{14}N－DNA 单链，即杂合的 DNA。培养第二代，得到等量的杂合 DNA 和 ^{14}N－DNA。继续培养，杂合 DNA 的含量呈几何级数减少。这一实验结果符合半保

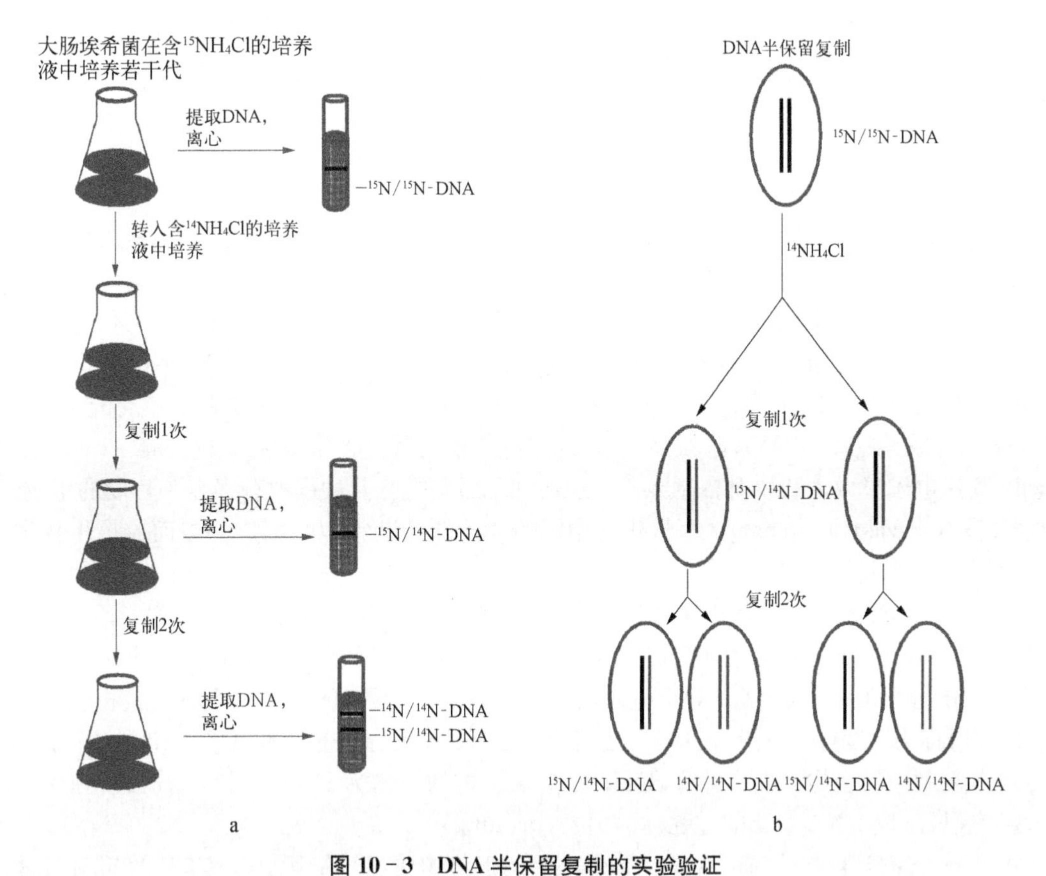

图 10－3 DNA 半保留复制的实验验证

a. ^{15}N 标记 DNA 在含 $^{14}NH_4Cl$ 的环境中复制的实验结果；b. DNA 半保留复制的理论结果

留复制的假说，证实了 DNA 的复制方式为半保留复制。这种复制方式的意义在于，能使亲代 DNA 所含的信息以极高的准确度传递给子代 DNA 分子，体现了生物遗传过程的相对保守性。

二、双向复制

复制是从 DNA 分子上特定位点开始，这一位点称为复制起始点(replication origin)。原核生物只有一个复制起始点，真核生物有多个复制起始点，这样能加快真核生物基因组 DNA 复制的速度。复制起始点富含 AT 序列，易于 DNA 双链解开，启动复制过程。

DNA 双链从复制起始点向两个方向解开，复制沿两个方向同时进行，称为双向复制(bidirectional replication)。解开的两条模板单链和尚未解旋的 DNA 双链模板形成叉状结构，称为复制叉(replication fork)，又称为生长叉(growing fork)，具体如图 10－4 所示。含有一个复制起始点的一个完整 DNA 分子或

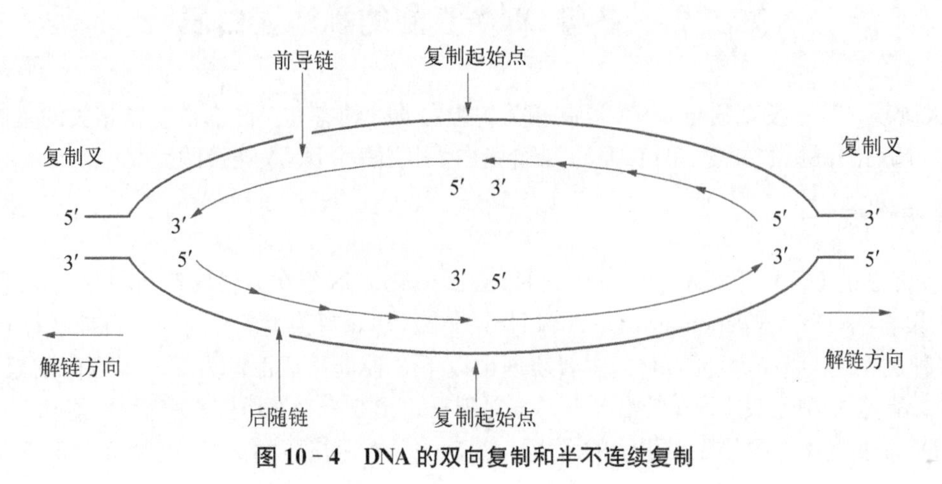

图 10－4 DNA 的双向复制和半不连续复制

DNA 分子上的某段区域被看作一个独立复制单元,称为复制子(replicon)。质粒、细菌染色体和噬菌体等通常只有一个复制起始点,因而其 DNA 分子就构成一个复制子;真核生物染色体有多个复制起始点,所以含有多个复制子。

三、半不连续复制

DNA 分子在复制过程中会产生两条 DNA 新链,其合成方向是 5′→3′。新链和模板链之间是反向平行的关系,所以在复制过程中一条新链的合成方向与复制叉前进的方向相同,能连续合成;而另一条新链的合成方向与复制叉前进方向相反,合成是不连续、分段进行的,这种复制方式称为半不连续复制(semi-discontinuous replication)。能连续合成的链称为前导链(leading strand),不能连续合成的链称为后随链(lagging strand),见图 10-4。后随链在合成过程中必须待模板 DNA 解开足够的长度才能合成新链,所以其复制方式是先合成一些短的 DNA 片段,然后再通过连接酶将其连接形成完整的长链。1968 年,日本学者 Reji Okazaki 利用电子显微镜和放射自显影技术观察到了后随链复制过程中有多个小片段的生成,后人将其命名为冈崎片段(Okazaki fragment)。真核生物中冈崎片段的长度为 100～200 bp,而原核生物中冈崎片段的长度为 1 000～2 000 bp。

DNA 复制除需要遵循以上 3 个基本规律之外,还表现出以下两个特点:

1. *复制需要引物* DNA 聚合酶不能将两个游离的脱氧单核苷酸直接连接起来,所以 DNA 新链的合成必须从已有核酸片段的 3′-端开始。DNA 复制过程中先要以模板链的某一段区域为模板生成一段核酸单链,这一单链片段称为引物(primer),在其 3′-羟基端上由 DNA 聚合酶催化脱氧单核苷酸逐个加入使新链延长。原核 DNA 复制中的引物为小片段的 RNA,而真核生物的引物为 DNA-RNA 片段。在引物酶的催化下,以 DNA 为模板生成 RNA 引物的过程称为引发(priming)。

2. *DNA 复制的高保真性* DNA 是生物体主要的遗传物质,DNA 复制需具有高度准确性才能使子代细胞获得与亲代完全相同的遗传性状,这对保持物种的稳定性具有非常重要的意义。DNA 复制的保真性主要通过以下 3 种机制维持:① 在半保留复制过程中,DNA 聚合酶对底物(即 dNTP)有严格的选择性,新链的合成严格遵守碱基互补配对规则,即 G 和 C 以 3 个氢键、A 和 T 以 2 个氢键配对,错配碱基之间难以形成氢键。② DNA 聚合酶具有 3′→5′方向外切核酸酶的活性,能及时辨认并切除复制过程中出现的错配碱基,对复制错误进行矫正。③ 细胞内存在错配修复机制,作为最后一道防线,专门修复 DNA 分子复制中出现的异常错配核苷酸,及时加以纠正。

当然,由于生物特别是真核生物基因组中碱基数目庞大,通过以上机制还是不可避免地在基因组 DNA 复制过程中会出现一定比例的碱基错配,复制的误差率为 10^{-11}～10^{-7}。这一现象,使子代在继承亲代遗传性状的同时,还会出现一些个体的差异,这也是生物进化的分子基础。

第二节 参与 DNA 复制的酶和蛋白质

目前,在大肠埃希菌中发现的与 DNA 复制相关的蛋白质大约有 30 种,真核生物相关的蛋白质更多。主要有 DNA 聚合酶、拓扑酶、解旋酶、单链 DNA 结合蛋白、引物酶和 DNA 连接酶。

一、DNA 聚合酶

参与 DNA 复制的 DNA 聚合酶是由 Arthur Kornberg 于 1958 年在大肠埃希菌中首次发现的,属于依赖 DNA 的 DNA 聚合酶(DNA-dependent DNA polymerase),常简写为 DNA-pol。目前在原核及真核生物中都发现了多种类型的 DNA 聚合酶,它们主要表现出以下 3 种催化活性:① 5′→3′方向的聚合酶活性,催化 3′,5′-磷酸二酯键的形成,使 DNA 链沿 5′→3′方向延长。② 5′→3′外切核酸酶活性,能从 5′→3′方向水解核酸单链,在 DNA 复制中主要用于对引物的水解。③ 3′→5′外切核酸酶活性,能从 3′→5′方向将复制过程中错配的脱氧核苷酸水解，具有校正修复的功能。

原核生物的DNA聚合酶有3种(表10-1)：DNA聚合酶Ⅰ、DNA聚合酶Ⅱ和DNA聚合酶Ⅲ。DNA聚合酶Ⅰ是所有生物DNA聚合酶的原型，具有上述3种催化活性，在DNA复制过程中主要用于填补引物切除后留下的空隙。DNA聚合酶Ⅰ由一条含928个氨基酸残基的多肽链构成，分子量为109 kDa，由18个α-螺旋区组成。蛋白酶能将其水解为大小两个片段，大片段保留了5′→3′方向的聚合酶活性和3′→5′外切核酸酶活性，称为Klenow片段(Klenow fragment)，其是基因工程中常用的一种工具酶；小片段具有5′→3′外切核酸酶活性。DNA聚合酶Ⅱ也只有一条多肽链，分子量为120 kDa，具有5′→3′方向的聚合酶活性和3′→5′外切核酸酶活性，它在大肠埃希菌DNA复制中的作用尚不明确，可能主要参与DNA的校正修复过程。DNA聚合酶Ⅲ是DNA复制中起主要作用的酶，分子量大约为1 000 kDa，由9种亚基组成，有核心聚合酶和全酶两种形式。全酶由核心聚合酶(core polymerase)、钳载复合物(clamp-loading complex)和β-滑动钳(β-sliding clamp)组成。核心聚合酶包括α、ε和θ亚基，主要作用是合成DNA；钳载复合物亚基组成为$\tau/\gamma_3\delta\delta'$，也称γ-复合物(γ-complex)，其负责将β-滑动钳装载至引物与模板连接处；β-滑动钳由两个β亚基组成，为环状六角星结构，在DNA复制过程中，它像一个钳子，环绕夹住DNA模板链，向前滑动，从而使DNA聚合酶稳定地结合在DNA模板上，确保了核心DNA聚合酶催化连续反应的能力(图10-5)。DNA聚合酶Ⅲ活性高于其他DNA聚合酶，每分钟大约能催化10^5次聚合反应。

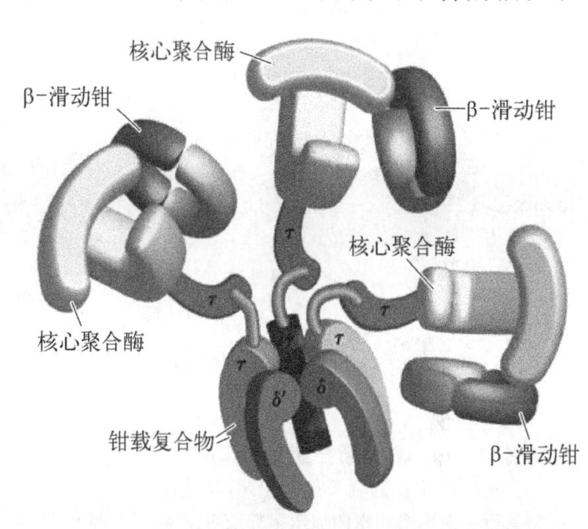

图10-5 大肠埃希菌DNA聚合酶Ⅲ分子结构模型

表10-1 原核生物的DNA聚合酶

DNA聚合酶	功　能
DNA聚合酶Ⅰ	填补缺口，校正修复
DNA聚合酶Ⅱ	尚不明确，可能参与DNA的修复
DNA聚合酶Ⅲ	催化链的延长，复制中主要的酶

在真核生物中发现的DNA聚合酶大约有15种，其中主要的有α、β、γ、δ、ε 5种。在链的延长过程中起主要作用的是DNA聚合酶δ，它主要参与冈崎片段的延长及前导链的合成；DNA聚合酶β主要参与DNA的损伤与修复；DNA聚合酶ε主要参与DNA的校正修复；DNA聚合酶γ主要参与线粒体DNA的复制。

阿糖胞苷在体内能转变为阿糖胞苷三磷酸(Ara-CTP)，Ara-CTP能竞争性抑制DNA聚合酶，从而抑制DNA合成，因而阿糖胞苷具有抗病毒、抗肿瘤的作用。

二、拓扑酶

DNA拓扑异构酶(DNA topoisomerase)简称为拓扑酶，可改变DNA分子的拓扑性质。拓扑是指物体或图像做弹性位移而又保持物体不变的性质，所有DNA的拓扑性相互转换均需DNA链暂时断裂和再连接。复制过程中，DNA分子每复制10 bp，未解开的双螺旋就会绕其长轴旋转一周，产生正超螺旋。随着复制叉的不断前行，DNA分子将变得更加正超螺旋化，DNA链将会出现缠绕、打结等现象，复制也无法继续进行。这时就需要拓扑酶来发挥作用，它能在DNA复制过程中消除DNA复制时局部双链解开产生的应力，将DNA转变为负超螺旋，理顺DNA链。

拓扑酶的作用特点是既能切断3′,5′-磷酸二酯键，使DNA超螺旋在解旋过程中不至于缠绕打结，又能在适当的时候重新形成3′,5′-磷酸二酯键，封闭切口。原核及真核生物的拓扑酶均分为拓扑酶Ⅰ和拓扑酶Ⅱ。拓扑酶Ⅰ能切断DNA双链中的一股，使DNA在解链过程中不至于发生缠绕打结，适当时候又能封闭切口，其作用不需要消耗ATP；拓扑酶Ⅱ也称DNA促旋酶(DNA gyrase)，可切断处于正超螺旋的DNA双

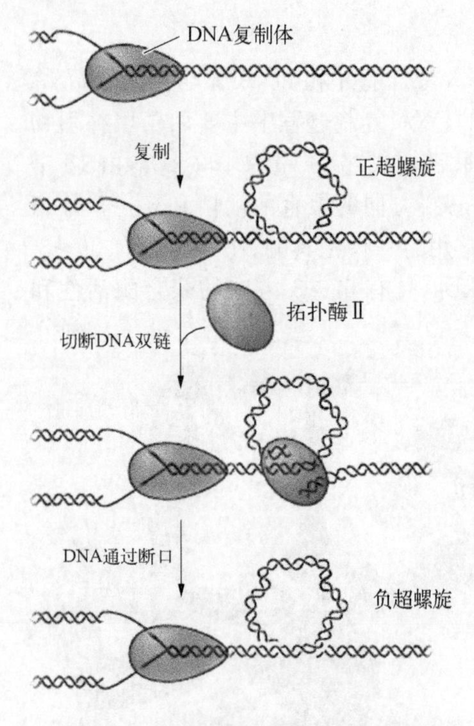

图 10-6 DNA拓扑酶Ⅱ的作用

当正超螺旋在复制叉前累积时，拓扑酶会将其迅速地除去。本图显示拓扑酶Ⅱ除去由复制叉产生的正超螺旋，将未复制的双链DNA中的一部分通过位于未复制区域的双链断口可以消除正超螺旋。但需注意，拓扑酶Ⅰ也能消除复制叉产生的正超螺旋

链，通过切口消除应力使超螺旋松弛，利用ATP提供的能量使松弛的DNA转变为负超螺旋，双链切口也会被拓扑酶Ⅱ重新封闭(图10-6)。

拓扑酶也是抗癌药物作用的靶点，拓扑酶抑制剂能阻断拓扑酶与DNA的作用，阻止DNA链的重新组装，引起DNA双链的断裂。拓扑酶Ⅰ抑制剂代表药物有喜树碱(camptothecin，CPT)类化合物等。拓扑酶Ⅱ抑制剂代表药物有依托泊苷(etoposide)等。

三、解旋酶

大肠埃希菌中的DnaB蛋白又称为解旋酶(helicase)，其主要作用是利用ATP提供的能量解开DNA双螺旋，形成单链作为DNA复制的模板。在大肠埃希菌中所发现的与复制相关的蛋白质被命名为DnaA、DnaB、DnaC…Dna*X*等，DNA解链除了需要DnaB蛋白外，还需要DnaA蛋白和DnaC蛋白的协同作用。

四、单链DNA结合蛋白

单链DNA结合蛋白(single-stranded DNA binding protein，SSB)对单链DNA有较高亲和力，能特异地结合到解开的DNA单链模板上，保持单链模板的稳定性。复制中的两条单链模板是由一个双链DNA分子解链后形成的，两者为互补链，碱基完全配对，因此很容易重新结合形成双链结构。另外，出现的单链DNA分子有可能会被细胞内的核酸酶误认为是损伤的DNA而被水解，通过SSB及时结合到解开的单链模板上能避免以上两种情况的发生，从而保持单链模板的稳定。在真核生物中，复制蛋白A(replication protein A，RPA)也会结合到单链DNA模板上，保持模板的稳定。

五、引物酶

DNA聚合酶不能催化两个游离单脱氧核苷酸之间形成3′，5′-磷酸二酯键，因此，在DNA新链合成之前需要先合成一小段RNA片段作为引物，其长度为10～200个核苷酸。引物的形成需由引物酶(primase)催化完成，原核生物中的引物酶又称为DnaG蛋白，真核生物DNA聚合酶α的一个亚基就具有引物酶的活性。

六、DNA连接酶

双链DNA分子中一条单链上的断裂部位，称为切口(nick)，它不涉及核苷酸的缺失或双链的断开。DNA连接酶(DNA ligase)能利用ATP提供的能量，将双链DNA分子中出现的单链切口连接起来。DNA复制过程中，后随链的合成是不连续的。因此，冈崎片段之间会存在很多的切口，需要DNA连接酶将冈崎片段连接形成完整的长链，最后才能复制出完整的双链子代DNA分子(图10-7)。

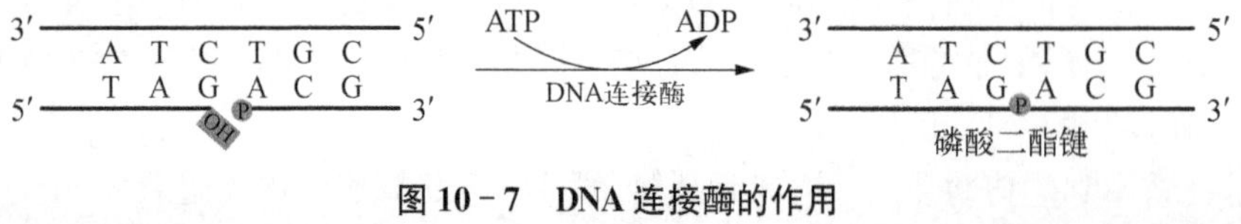

3′ A T C T G C 5′
5′ T A G A C G 3′ (OH P)
ATP → ADP DNA连接酶
3′ A T C T G C 5′
5′ T A G A C G 3′
磷酸二酯键

图 10-7 DNA连接酶的作用

DNA连接酶不仅在复制中发挥作用，在DNA损伤修复、重组等生理过程中也是必不可少的，也是基因工程中一种重要的工具酶。

DNA复制过程中还需要其他多种蛋白质的参与，以上介绍的6种是最主要的，其名称和功能总结如表10-2。

表10-2 参与原核生物DNA复制的主要酶类和蛋白质

名　称	作　用
DNA聚合酶	合成DNA链、切除引物、校正修复
拓扑酶	松解超螺旋，理顺DNA链
解旋酶(DnaB蛋白)	解开双螺旋
单链DNA结合蛋白(SSB)	稳定单链模板
引物酶(DnaG蛋白)	合成引物
DNA连接酶	连接冈崎片段

除了需要以上的酶和蛋白质，DNA复制过程需要以DNA作为模板，亲代DNA必须解链成单链DNA分子才能指导新链的合成。此外，DNA复制还需要原料dNTP，即dATP、dGTP、dCTP和dTTP。

第三节　DNA复制的过程

原核生物和真核生物单个复制子的复制过程大致相似，都分为起始、延长、终止3个阶段，在原核和真核生物中起始和终止阶段差异较大。

一、原核生物DNA的复制

(一)起始

起始是复制过程中较复杂的一个阶段，需要多种蛋白质的参与(表10-3)。这一阶段是在复制起始点附近将DNA双链解开，形成复制叉，催化引物的生成。

表10-3 参与大肠埃希菌DNA复制起始的主要蛋白质分子

名　称	作　用
DnaA蛋白	辨认复制起始点
解旋酶(DnaB蛋白)	解开双螺旋
DnaC蛋白	协助解旋酶
引物酶(DnaG蛋白)	合成引物
单链DNA结合蛋白(SSB)	稳定单链模板

1. *复制起始点和DNA解链*　DNA分子不是从任何一个部位都可开始复制，而是从DNA分子上特定位点开始复制，这一位点称为复制起始点(replication origin)，常用ori表示。原核生物只有一个复制起始点，真核生物有多个复制起始点。

大肠埃希菌染色体DNA上有一个固定的复制起始点，称为oriC，长度为245 bp，包括上游的富含AT的DNA解旋元件(DNA unwinding element，DUE)和下游的DnaA蛋白结合位点(图10-8)。DnaA蛋白是一种ATP酶，能识别下游的重复序列单链并与之结合，并通过其具有的ATP酶活性水解其结合的ATP，引起上游的富含AT区解链(A与T配对只有2个氢键，故易解链)。在DnaC蛋白的协助下，解旋酶(DnaB蛋白)被招募至解链区并与解开的单链DNA结合，解旋酶沿着5′→3′方向进一步解开DNA双螺旋链，扩大解链区域。解旋酶在复制起始区的装载是原核生物起始的关键步骤，位于复制叉的所有其他蛋白质都直接或间接与DnaB蛋白相连。

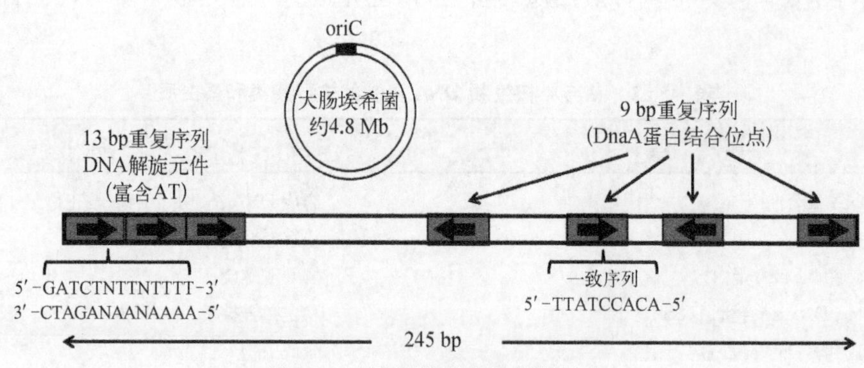

图 10-8 大肠埃希菌复制起始点

DNA 链解开后，SSB 及时与解开的单链结合并使之稳定，DNA 拓扑酶Ⅱ则负责缓解因解链导致的复制叉前方形成的拓扑应力。

2. 引发体与 RNA 引物　解旋酶招募引物酶(DnaG 蛋白)，形成一个包含引物酶(DnaG 蛋白)和解旋酶等蛋白质的复合物，负责合成短片段 RNA 引物，故而该复合物也称为引发体(primosome)。引发体中的引物酶在适当位置，以单链 DNA 为模板，NTP 为原料，按 5′→3′方向催化合成一短链 RNA 引物。

(二) 延长

新合成的引物和解旋酶被 DNA 聚合酶Ⅲ的钳载复合物识别，从而在每一个引物处组装形成滑动钳，DNA 聚合酶Ⅲ启动前导链的合成。在 DNA 聚合酶Ⅲ的催化下，根据模板碱基序列的指导，沿 5′→3′方向将 dNTP 以 dNMP 的方式逐个连接到引物或延长中的子链上(图 10-9)。在合成的两条新链中前导链是连续合成，后随链则是分段不连续合成。后随链的合成是在 DNA 模板解开足够长度后，先由引物酶催化合成一小段 RNA 引物，然后 DNA 聚合酶Ⅲ催化合成冈崎片段。当后一个冈崎片段合成到前一个冈崎片段的 RNA 引物处，延长反应停止，DNA 聚合酶Ⅲ从 DNA 模板上解离下来。

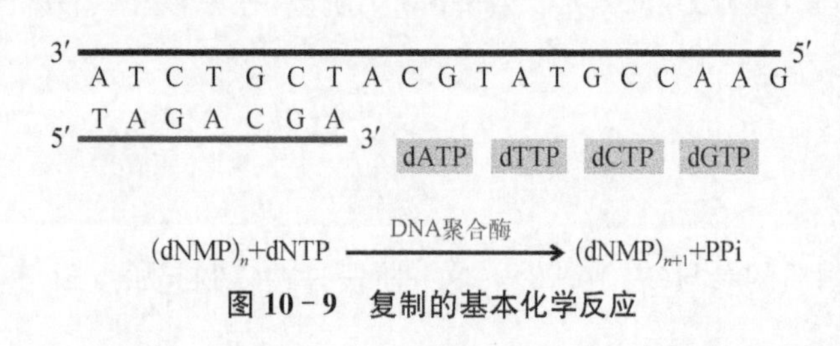

图 10-9 复制的基本化学反应

DNA 聚合酶Ⅲ全酶包含 3 个核心聚合酶，在复制过程中一个用于连续合成前导链，另两个则交替循环用于后随链上冈崎片段的合成，后随链的模板形成环状结构将两个 DNA 合成点拉近，由此高效地同时催化前导链和后随链的合成(图 10-10)。

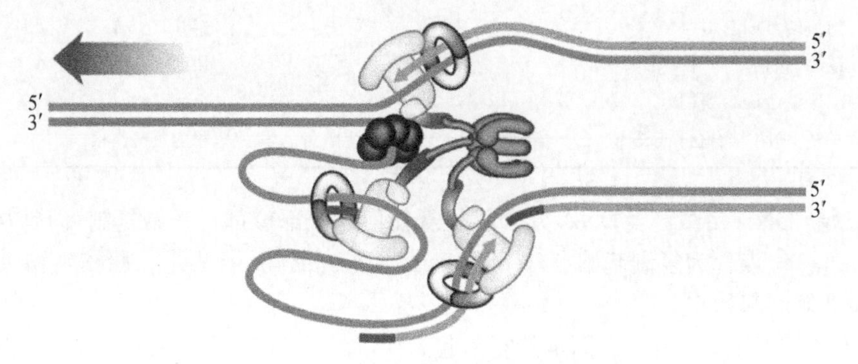

图 10-10 前导链与后随链的同时合成

DNA 复制的速度相当迅速，大肠埃希菌基因组大小约有 3×10^6 bp，其复制起始点只有一个，复制一代大约需要 30 min。人类基因组大小约为 3×10^9 bp，如果也是只有一个复制起始点，按相同的速度复制一次大约需要 150 h。实际上，真核生物每个染色体上都有多个复制起始点，可以同时开始复制，因而其基因组的复制也能在短时间内完成。

(三) 终止

复制的终止包括切除引物、填补空缺和连接切口。大肠埃希菌基因组复制的终点是在复制起始点对侧的终止区域内。由于原核生物基因组DNA是环状结构，在大肠埃希菌基因图上(100等份图)，82等分位点上为复制起始点oriC，32等分位点上为复制终止点，刚好把环状DNA分为两个半圆。从复制起始点开始，通过双向复制，两个复制叉在终止点汇合，形成两个环状DNA分子，分别被分配到两个子代细胞中。

由于复制具有半不连续性，后随链上会出现很多不连续的冈崎片段，每个冈崎片段的前端都有一小段RNA引物。在链的延长过程中，当后一个冈崎片段合成到前一个冈崎片段的RNA引物处时，由DNA聚合酶Ⅰ接替DNA聚合酶Ⅲ，以其5′→3′外切核酸酶活性切除RNA引物并以5′→3′方向聚合酶活性将缺口填补起来。DNA聚合酶Ⅰ只能将DNA延长，冈崎片段之间的切口最终需由DNA连接酶催化连接，才能形成完整的双链DNA(图10-11)。

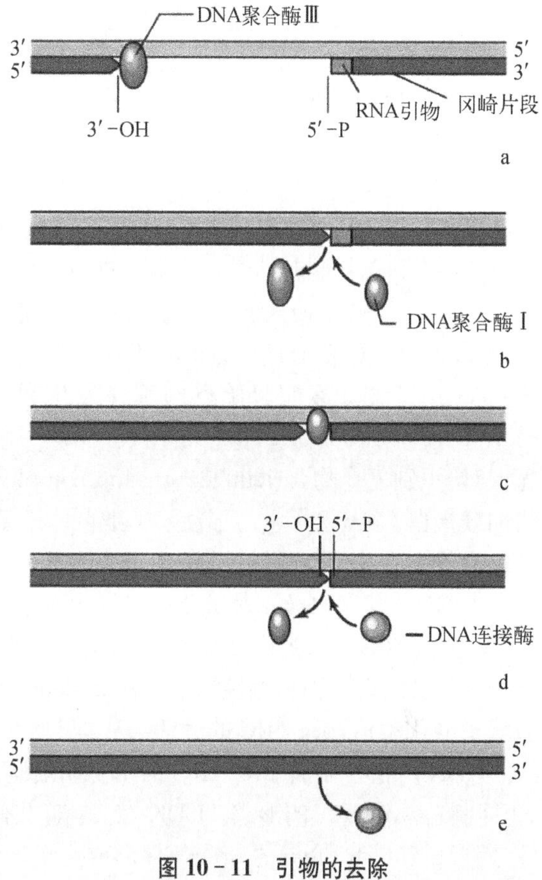

图10-11　引物的去除

a. DNA聚合酶Ⅲ合成冈崎片段；b. 冈崎片段合成到前一个冈崎片段的引物处时，由DNA聚合酶Ⅰ接替DNA聚合酶Ⅲ；c. DNA聚合酶Ⅰ切除RNA引物并填补缺口；d. DNA连接酶连接单链切口；e. DNA连接酶脱离，合成出完整的双链DNA

大肠埃希菌染色体DNA复制终止于终止区。其终止区含有多个特殊的Ter位点，Ter位点可与Tus蛋白结合。当两个复制叉在终止区相遇时，DNA复制即停止。最后复制完成的两个子代环状双链DNA是以连环体的形式锁在一起，在分配给两个子代细胞之前还需通过拓扑酶Ⅳ切割去环化将两个环状DNA分开。

原核生物DNA复制的要点小结参见图10-12。

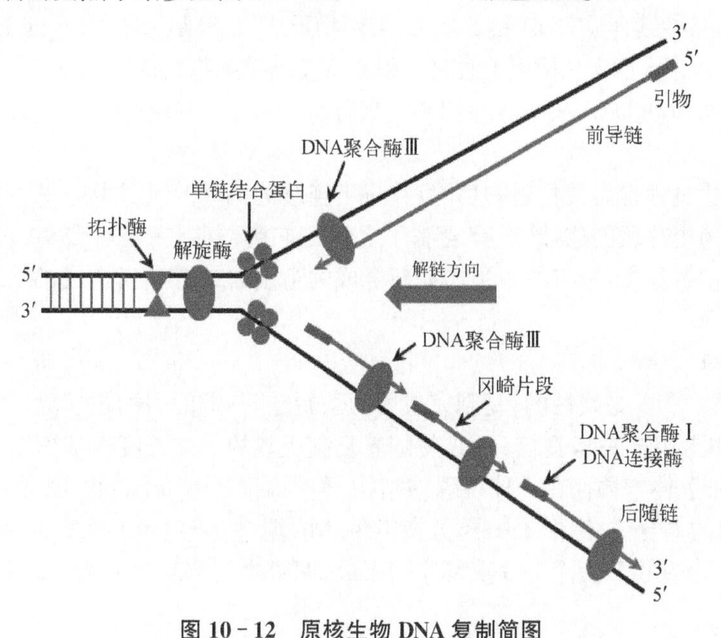

图10-12　原核生物DNA复制简图

二、真核生物DNA的复制

真核生物与原核生物DNA复制的基本原理非常相似，但具体过程要复杂得多。首先，真核生物每条染色体上平均有几百个复制起始点,会形成多个复制子,而各个复制子的复制并不同步。其次,真核生物细胞生长有明显的时相划分,分为 G_1、S、G_2、M 四期,DNA 的复制在 S 期进行,每个细胞周期 DNA 只复制一次。细胞周期的进程受到细胞周期蛋白(cyclin)、细胞周期蛋白依赖激酶(cyclin dependent kinase,CDK)等多种物质的精确调控。

(一) 起始

真核生物 DNA 复制从多个起始点启动复制过程,在每个起始点也会形成两个移动方向相反的复制叉。真核生物 DNA 复制起始主要分两步进行,复制起始位点的选择和激活。

1. 复制起始点的选择　真核生物复制起始点比大肠埃希菌的 oriC 短。酵母 DNA 复制起始点含 11 bp富含 AT 的核心序列,即 A(T)TTTATA(G)TTTA(T),称为自主复制序列(autonomous replication sequence,ARS)。复制起始点的选择发生在细胞周期的 G_1 期,这一阶段主要进行前复制复合物(pre-replicative complex,pre-RC)的组装。pre-RC 由 4 类蛋白质组成,依次在每个基因复制位点进行组装。首先,起始识别复合物(origin recognition complex,ORC)识别并结合复制起始点。其次,ORC 募集两种解旋酶加载蛋白 Cdc6 和 Cdt1。最后,小染色体维系蛋白(mini-chromosome maintenance protein,MCM)被募集到复合物上,pre-RC 最终形成。

2. DNA 复制起始点的激活　发生在细胞周期进入 S 期以后。pre-RC 中的 MCM 具有解旋酶活性,MCM 被其他的一些蛋白质激活后会将起始点附近 DNA 母链解开,细胞周期由 G_1 期进入 S 期。在 S 期,pre-RC 被周期蛋白依赖性激酶(cyclin dependent kinase,CDK)和 DDK(Dbf4-dependent kinase)两种蛋白激酶磷酸化激活,pre-RC 的激活会募集 DNA 聚合酶和其他复制蛋白在复制起始点组装并启动复制。

CDK 严格控制着 pre-RC 的形成和激活,有两方面的功能:① 激活 pre-RC,启动 DNA 的复制。② 抑制新 pre-RC 的形成。CDK 在 G_1 期没有活性,在细胞周期的其他阶段均有活性,因而 pre-RC 仅在 G_1 期形成。CDK 介导的 pre-RC 形成是真核生物基因表达调控的一个关键环节。

3. 引物的合成　真核生物的 DNA 聚合酶 α 具有引物酶的活性,能以解开的一段 DNA 为模板,合成一段为 8～10 个核苷酸的 RNA。然后,引物酶的活性转变为 DNA 聚合酶的活性,以合成好的 RNA 3′-OH 端为起点合成一段 15～30 个核苷酸的 DNA,从而形成 RNA-DNA 引物。

(二) 链的延长

DNA 聚合酶 α 不具备持续合成 DNA 链的能力,当引物形成后,复制因子 C(replication factor C,RFC)结合到引物-模板结合处,DNA 聚合酶 α 从模板上脱离。RFC 促使增殖细胞核抗原(proliferation cell nuclear antigen,PCNA)形成闭合环形的可滑动 DNA 夹子,然后 DNA 聚合酶 δ 结合到滑动夹子上,完成新链的延伸。

(三) 终止

真核 DNA 复制终止过程也需要将引物切除,并将不连续的冈崎片段连接起来。不同于原核生物的是,真核 DNA 复制不仅有冈崎片段的连接,还有复制子之间的连接;复制完成后 DNA 随即与组蛋白组装成染色体。在真核 DNA 复制过程中,原有的组蛋白和新合成的组蛋白结合到新生成的 DNA 链上,DNA 合成后立即组装成核小体。

(四) 端粒与端粒酶

此外,由于真核生物 DNA 是线性的,复制完成后两条新链 5′-端的引物被切除,DNA 聚合酶无法填补留下的缺口。如果这一问题无法解决,真核 DNA 将随着复制次数的增加长度逐渐缩短。实际上这一情况不会发生,因为在真核生物染色体末端存在一种特殊的结构,称为端粒(telomere)。其是由许多富含 TG 的重复序列及相关蛋白质组成的复合体,像帽子一样盖在染色体两端,使染色体 DNA 末端膨大成粒状,因而得名"端粒"。端粒 DNA 的 3′-端由数百个 TG 重复序列组成,四膜虫的重复序列为-TTGGGG-;人的重复序列为-TTAGGG-。

端粒酶(telomerase)是真核生物特有的催化端粒合成的酶,是一种由 RNA 和蛋白质组成的复合物(ribonucleoprotein),用于维持染色体端粒结构的完整。其蛋白质部分包括端粒酶逆转录酶(telomerase reverse transcriptase,TERT)等多种蛋白质,端粒酶包含的 RNA 即端粒酶 RNA,属于非编码 RNA,含有一段短的约相当于 1.5 kb 的端粒重复序列(人的相应序列为 5′-CUAACCCUAA-3′),该序列与端粒 3′-端的单链DNA序列互补配对。TERT含有RNA结合结构域，借此与端粒酶RNA结合。TERT又具有逆转录酶活性。因此，端粒酶通过其端粒酶RNA与端粒3′-端的单链DNA互补结合，并凭借其TERT的逆转录酶活性，以端粒酶RNA为模板，以dNTP为原料，将端粒序列延长。端粒酶使用一种特别的滑移机制，每合成一段端粒序列，就滑移到端粒的新的末端，再次启动端粒序列合成，通过不断重复这一过程而将端粒末端的一条突出的单链DNA延长。当将其延长至足够的长度后，即可作为合成一个新的冈崎片段的模板，合成相应的后随链，最终将端粒DNA的两条链都进行延长(图10-13)。端粒酶正是通过这一特别的机制巧妙地解决了线性DNA的末端复制问题。

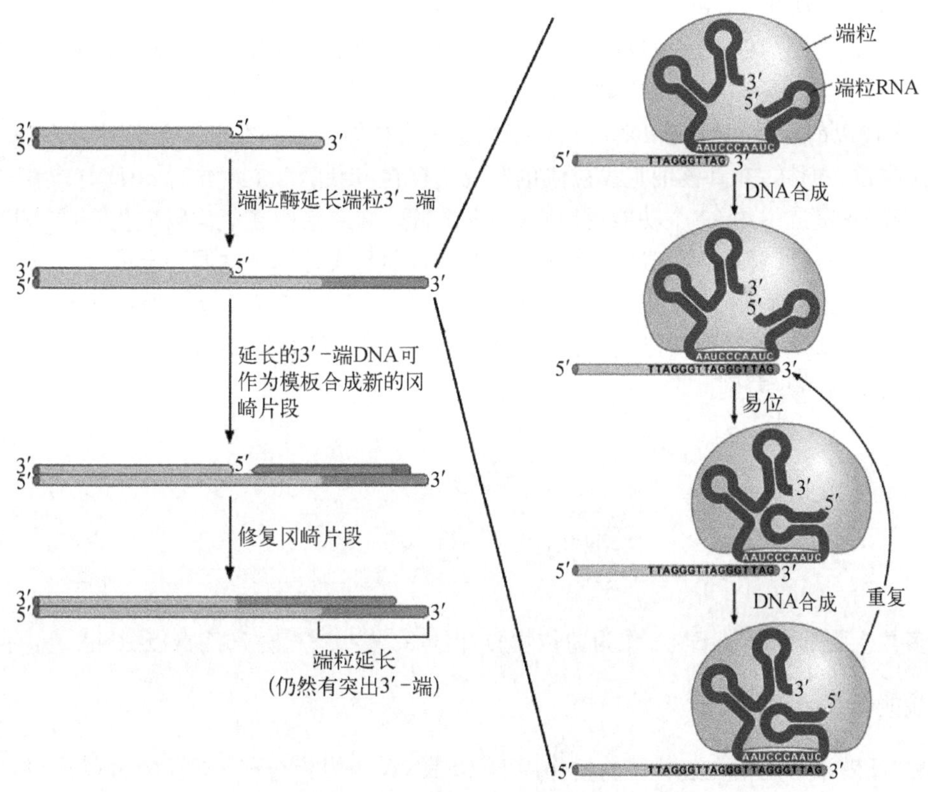

图10-13 人端粒延长机制及端粒酶结构

端粒在维持染色体的稳定性和DNA复制的完整性方面有着重要的作用。端粒重复序列的长度随着细胞分裂次数和年龄的增加而缩短，从而引起染色体稳定性下降，导致细胞衰老。研究发现，体外培养的细胞随着传代次数的增加，端粒长度是逐渐缩短的。适度的端粒酶活性对于细胞的正常增殖非常重要，在增殖活跃的肿瘤细胞中发现端粒酶的活性增高。因此，对于端粒和端粒酶的研究，在解释衰老及肿瘤等疾病发病机制方面有重要意义。

真核生物与原核生物DNA复制的比较见表10-4。

表10-4 真核生物与原核生物DNA复制的比较

	真核生物	原核生物
复制起始点	很多(可多达千个)	一个
复制起始点序列特征	富含AT序列	3个串联重复序列与5个反向重复序列
引物酶活性	DNA聚合酶α	DnaG
解链酶活性	DNA聚合酶δ	DnaB
引物长度	短	长
冈崎片段长度	短	长
延长冈崎片段填补空隙	DNA聚合酶ε	DNA聚合酶Ⅰ
主要复制酶	DNA聚合酶δ	DNA聚合酶Ⅲ
复制速度	慢	快
DNA损伤修复	DNA聚合酶β	DNA聚合酶Ⅰ

三、其他 DNA 复制方式

生物体还存在其他的复制方式,如噬菌体 DNA 复制方式为滚环复制(rolling circle replication)、真核生物线粒体 DNA 为 D-环复制(D-loop replication)。

滚环复制是某些低等生物的复制方式。例如,大肠埃希菌噬菌体 φX174 的感染型为单链 DNA,感染细菌以后,病毒在细菌中的复制型是双链环状 DNA,复制方式为滚环复制。真核生物线粒体 DNA(mitochondrial DNA,mtDNA)的复制方式为 D-环复制,DNA 聚合酶 γ 是线粒体催化 DNA 进行复制的 DNA 聚合酶。mtDNA 为闭合双链环状 DNA,第一个引物以内环为模板延伸,至第二个复制起始点时,又合成另一个反向引物,以外环为模板进行反向的延伸。最后完成两个双链环状 DNA 的复制。两条链的复制不是同时进行的,复制中会出现字母 D 的形状,因而得名。

20 世纪 50 年代以前,我们只知道 DNA 存在于细胞核染色体。后来在细菌染色体外发现了能进行自我复制的 DNA,如质粒。同样,在真核细胞线粒体也发现了存在 mtDNA。人类的 mtDNA 约 16 600 bp,已知有 37 个基因。编码呼吸链中约 90 个功能蛋白中的 13 个,这 13 个蛋白在氧化磷酸化合成 ATP 的过程中都起着关键性的作用,另外还编码 2 个 rRNA 和 22 个 tRNA,参与线粒体蛋白质的合成。

mtDNA 容易发生突变,且损伤后修复较困难。mtDNA 的突变与衰老等自然现象有关,也与一些疾病的发生有关。所以 mtDNA 的突变与修复成为医学研究上引起广泛兴趣的问题。mtDNA 翻译时,使用的遗传密码和通用的密码有一些差别。

第四节 逆转录

自然界大多数生物都以双链 DNA 作为遗传物质,但也有某些噬菌体和病毒以 RNA 为遗传物质。

一、逆转录的概念及过程

逆转录又称"反转录",是指在逆转录酶的作用下,以 RNA 为模板合成 DNA 的过程,因其与转录过程刚好相反,故称为逆转录。逆转录酶(reverse transcriptase)是 1970 年由 Howard Temin 和 David Baltimore 在 RNA 病毒中发现的,该酶有 3 种催化活性:① 依赖 RNA 的 DNA 聚合酶(RNA dependent DNA polymerase,RDDP)活性。② 核糖核酸酶 H(RNase H)活性。③ 依赖 DNA 的 DNA 聚合酶活性。

首先,逆转录病毒感染宿主细胞后,以病毒的 RNA 为模板、4 种 dNTP 为原料,在逆转录酶 RDDP 的作用下合成 DNA 互补链,这条以 RNA 为模板生成的 DNA 链称为互补 DNA(complementary DNA,cDNA),它与模板形成 RNA/DNA 的杂化双链。其次,通过逆转录酶 RNase H 将杂化双链中的 RNA 链水解。再次,以剩下的 DNA 单链为模板,合成第二条 DNA 互补链,从而形成双链 DNA 分子(图 10-14)。RNA 病毒在细胞内复制产生的双链 DNA 被称为前病毒(provirus),它保留了 RNA 病毒的全部遗传信息。前病毒既可以在细胞内独立繁殖,也可以整合到宿主细胞的 DNA 分子中,随着宿主细胞的 DNA 一起进行复制和表达,最终在宿主细胞中表达出病毒的遗传信息。

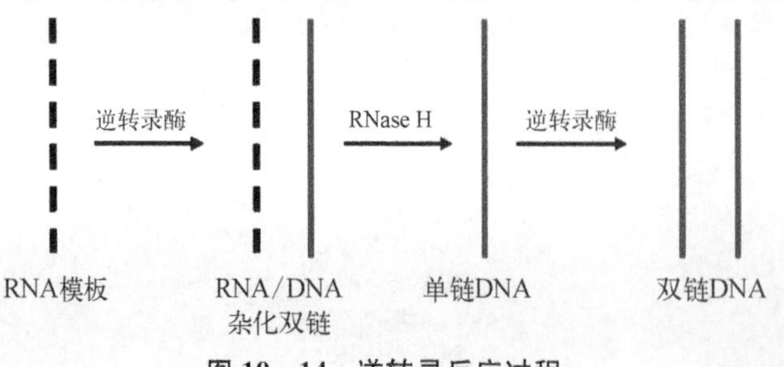

图 10-14 逆转录反应过程

二、逆转录的意义

（一）逆转录的发现是对分子生物学中心法则的补充和发展

传统的中心法则认为 DNA 处于生命活动的中心位置，具有储存和表达遗传信息的功能，而 RNA 主要在遗传信息的表达过程中发挥作用。逆转录作用说明，在某些生物体内 RNA 同样具有储存遗传信息的功能。

（二）逆转录的发现对病毒致癌机制的研究有极大的推动作用

研究发现，多数肿瘤病毒均为逆转录病毒，人们逐渐认识到很多肿瘤的发生与逆转录作用有关。肿瘤病毒正是通过逆转录的方式在宿主细胞中表达出病毒癌基因的相关信息，从而导致细胞发生恶性转化。

（三）逆转录酶是基因工程等分子生物学技术中常用的工具酶

逆转录酶是基因工程中一种重要的工具酶。逆转录能以 mRNA 为模板合成与其序列互补的双链 DNA，即 cDNA，既保留了基因完整的编码序列，又能使基因长度大大缩短。因此，逆转录是基因工程中获取目的基因的一种重要方法。

第五节 DNA 的损伤和修复

在遗传信息传递过程中，DNA 复制的保真性是维持物种稳定的主要因素。然而，在生物体的生存过程中，细胞基因组 DNA 时刻受到来自体内、外环境中各种因素的影响，难以避免遭受不同程度的 DNA 损伤。不过在生物进化过程中，生物体内细胞已形成自己的 DNA 损伤修复系统，可随时修复受损的 DNA，以恢复 DNA 的正常结构，保持细胞的正常功能。但是，这种修复有可能不完全，导致 DNA 发生突变，这也正是生物进化的分子基础。突变与修复之间的良好平衡是维持生物物种稳定性和多样性的关键。

一、DNA 损伤

DNA 损伤（DNA damage）通常泛指各种体内外因素所导致的 DNA 结构的破坏或异常，常见的 DNA 损伤形式包括 DNA 中碱基的损伤、DNA 链骨架的损伤（如 DNA 单链或双链断裂）、DNA 链内交联或 DNA 与蛋白质交联、DNA 复制时碱基错配等。

（一）DNA 损伤的因素

1. 内源性因素

（1）DNA 复制错误：DNA 正常复制过程，按照 Watson－Crick 碱基配对规则，一般都是 A 与 T、G 与 C 进行碱基配对。但是，此过程由于碱基的异构互变，4 种 dNTP 浓度失调等均可导致碱基的错配。虽然绝大多数错配的碱基会在复制过程中被 DNA 聚合酶即时校对纠正，但依然会出现极少数"漏网之鱼"。

（2）DNA 自身的不稳定性：是最常见的 DNA 自发性损伤因素。当 DNA 所处环境的 pH 降低或温度升高时，水分子进攻 DNA 分子上的糖苷键，从而使碱基从核糖上断裂下来，导数碱基的丢失或脱落，其中最为常见的是脱嘌呤。此外，含有氨基的碱基还可自发脱氨基转变为另一种碱基，如 A 和 C 经过脱氨基反应分别转变为 I（次黄嘌呤）和 U。

（3）机体代谢过程中产生的活性氧：机体代谢过程中产生的活性氧类可以直接作用于碱基修饰，如修饰鸟嘌呤产生 8－氧鸟嘌呤，修饰胸腺嘧啶产生胸腺嘧啶乙二醇。

2. 外源性因素 最常见导致 DNA 损伤的体外因素主要包括物理因素、化学因素等，这些因素导致 DNA 损伤的机制各不相同。

（1）物理因素：包括紫外线、电离辐射（ionizing radiation，IR）等。例如，α 粒子、β 粒子、X 射线、γ 射线等属于电离辐射。电离辐射可直接破坏 DNA 分子化学键，使 DNA 单链或双链断链，或使 DNA 链发生交联。同时，电离辐射还可诱导细胞内的自由基反应，以间接作用方式损伤 DNA 分子。紫外线和波长长于紫外线的电磁辐射属于非电离辐射。特别是低波长紫外线的照射，其可使DNA分子同一条链内相邻的两个胸腺嘧啶碱基(T)以共价键连接起来形成胸腺嘧啶二聚体结构(TT)(图10－15)，这是紫外线照射导致DNA损伤的最常见类型。紫外线照射还可导致CT和CC等嘧啶二聚体的形成。这些二聚体的形成会影响DNA的双螺旋结构，使复制和转录过程均受到严重影响。此外，紫外线还会诱导DNA与其结合的蛋白质之间形成共价交联，或者引起DNA单链或双链的断链。

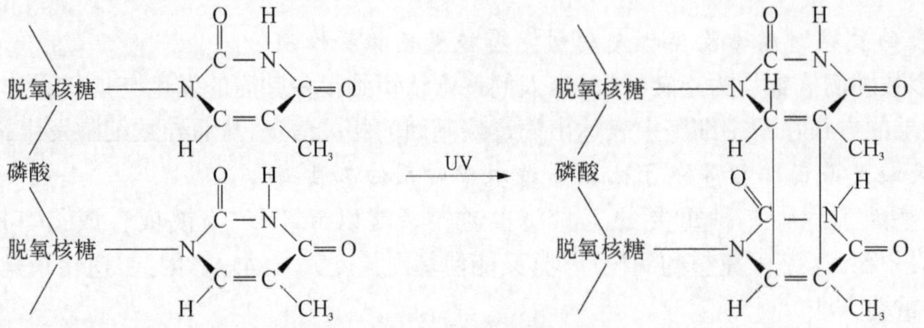

图10－15 嘧啶二聚体的形成

(2) 化学因素：能引起DNA损伤的化学物质种类繁多，按其作用机制的不同可分为自由基、碱基类似物、碱基修饰物和嵌入染料。例如，电离辐射可产生氢自由基(H·)和羟自由基(·OH)，氢自由基则具有极强的还原性，而羟自由基具有极强的氧化性，它们可与DNA分子的碱基、核糖和磷酸基发生反应，引起DNA的结构改变和功能异常；碱基类似物5－溴尿嘧啶和2－氨基嘌呤可替代正常碱基掺入DNA分子中，引起特定碱基的改变；烷化剂作为碱基修饰剂可通过修饰DNA链中碱基的某些基团而改变其配对性质，进而改变DNA结构；亚硝酸盐对碱基有脱氨基的作用，能使腺嘌呤脱氨后变为次黄嘌呤，不再与胸腺嘧啶配对，转而与胞嘧啶配对；黄曲霉毒素能加剧脱嘌呤反应，使DNA链上的碱基丢失；溴化乙啶、吖啶橙等染料可直接插入DNA分子碱基对中，极易造成DNA的两条链错位，在DNA复制过程中往往引发核苷酸的缺失或插入，导致移码突变。这些能引起DNA发生突变的化学物质称为化学诱变剂，化学诱变剂大多是致癌物。

化学物质通过损伤DNA，一方面可能会导致疾病，如肿瘤的发生；另一方面也可通过人为造成DNA损伤，导致细胞死亡，用于肿瘤等疾病的治疗。例如，烷化剂是第一个用于肿瘤治疗的化疗药物。它通过直接与DNA分子内鸟嘌呤的N－7位和腺嘌呤的N－3位连接，或是在DNA和蛋白质之间形成交联，影响DNA的复制和转录，导致细胞结构破坏而死亡，从而起到抗肿瘤作用(图10－16)。

- DNA损伤的因素
  - 内源性因素：DNA复制错误、DNA自身的不稳定性、机体代谢过程中产生的活性氧等
  - 外源性因素
    - 物理因素
      - 电离辐射：α粒子、β粒子、X射线、γ射线等
      - 紫外线
    - 化学因素
      - 自由基：氢自由基、羟自由基等
      - 碱基类似物：5－溴尿嘧啶、2－氨基嘌呤等
      - 碱基修饰物：亚硝酸盐、烷化剂等
      - 嵌入染料：溴化乙啶、吖啶橙等

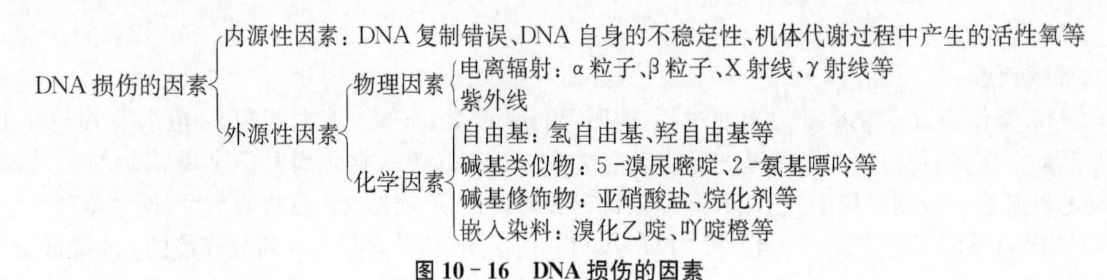

图10－16 DNA损伤的因素

(二) DNA损伤的类型

不同因素可造成不同损伤，一般根据受损部位不同，DNA损伤可分为DNA碱基损伤和DNA链的损伤两大类型。

DNA碱基损伤包括碱基丢失、碱基转换、碱基修饰、碱基交联和碱基错配5种亚型。碱基丢失以脱嘌呤最常见，如黄曲霉毒素能加剧脱嘌呤反应，导致肿瘤。碱基转换为含有氨基的碱基自发进行脱氨基反应，如亚硝酸能加剧此类反应。碱基修饰由烷化剂、活性氧类直接修饰DNA上碱基所致。紫外线照射所致嘧啶二聚体的形成即为碱基交联。碱基错配指碱基类似物的掺入或碱基修饰剂改变碱基性质，导致DNA序列的错误配对。

DNA链的损伤分为3类：① 链断裂，包括单链断裂和双链断裂。DNA链断裂往往由电离辐射和化学

试剂所致，其中双链断裂是最严重的一类损伤。② DNA链的交联，如顺铂和丝裂霉素C可导致DNA发生链间交联(DNA interstrand cross-linking)。链间交联是指双链DNA分子一条链上的碱基与另一条链上的碱基以共价键结合。如果DNA分子同一条链中的两个碱基以共价键结合，则称为DNA链内交联(DNA intrastrand cross-linking)。低波长紫外线照射形成的嘧啶二聚体是DNA链内交联最典型的例子。③ DNA与蛋白质之间的交联：甲醛和紫外线可诱导DNA与其结合蛋白质之间发生共价交联，称为DNA-蛋白质交联(DNA protein cross-linking)。

上述DNA损伤可导致DNA模板发生各种变化，如DNA插入、DNA缺失、DNA链的断裂等甚至影响到染色体的高级结构，从而造成某些基因信息的异常或丢失，进一步影响基因表达产物的量与质，最后导致细胞功能出现不同程度的改变。

二、DNA损伤应答

细胞在内外环境的各种因素作用下，胞内基因组DNA不可避免会遭受到不同程度的损伤。但是生物在长期进化过程中，已形成多种保护性的DNA损伤应答(DNA damage response)机制。细胞会动用各种修复系统，将损伤尽可能修复，同时也可能会做出其他损伤应答。例如，激活损伤监察机制，阻止细胞周期的进行，为细胞争取修复损伤的时间；或者因为DNA损伤过于严重而难以修复，真核细胞激活凋亡机制，促使损伤细胞发生凋亡。此外，如果细胞做出的反应不及时或者程度不够，还可导致受损细胞向衰老和癌变方向发展。

原核细胞和真核细胞的DNA损伤应答机制具体见本章末二维码。

三、DNA修复

在长期的进化过程中，无论是低等生物还是高等生物都形成了自己的DNA修复系统，能及时纠正和修复细胞内发生的DNA损伤。DNA修复(DNA repair)的方式主要有直接修复(direct repair)、切除修复(excision repair)、双链断裂修复(double-strand break repair)和损伤跨越修复(damage bypass repair)等。值得注意的是，一种DNA损伤可通过多种途径修复，而一种修复途径也可同时参与多种DNA损伤的修复过程。

(一) 直接修复

直接修复是最简单、最直接的DNA修复方式，其通过直接作用于受损的DNA，恢复其原有结构。

1. 嘧啶二聚体的直接修复　光修复系统是一种直接修复，主要通过DNA光裂合酶(DNA photolyase)的催化作用打开嘧啶二聚体，恢复DNA的正常结构。DNA光裂合酶的作用分为两步。

(1) 光裂合酶直接识别并结合DNA链上的嘧啶二聚体，使其翻转而落入酶的活性中心。这一步不需要光。

(2) 酶的辅助因子吸收到光能后被激活，通过$FADH^-$释放出的高能电子将嘧啶二聚体之间的共价键断开。这一步需要蓝光或近紫外光(300～500 nm)。一旦嘧啶二聚体被直接修复，光裂合酶即与DNA解离。光裂合酶广泛存在于细菌、古菌和大多数真核生物中，但是包括人在内的哺乳动物却没有此酶。嘧啶二聚体的损伤还可通过切除修复机制得以修复。

2. 烷基化碱基的直接修复　有一类特异的烷基转移酶能将烷基从核苷酸上转移到自身的肽链上，修复DNA的同时自身发生不可逆转的失活，因此它是一种自杀酶(suicide enzyme)。例如，人类O^6-甲基鸟嘌呤-DNA甲基转移酶能将DNA分子中甲基化的鸟嘌呤O^6位的甲基转移到酶自身的半胱氨酸残基上，使鸟嘌呤恢复正常结构。

3. 单链断裂的直接修复　通过DNA连接酶催化，但裂口必须正好是DNA连接酶的底物，即缺口处5′-磷酸基团与3′-羟基正好相邻。DNA连接酶将裂口催化形成磷酸二酯键后修复。

(二) 切除修复

切除修复是生物界最普遍的一种DNA损伤修复方式。切除修复需要先切除损伤的碱基或核苷酸，然后重新合成正常的核苷酸，最后通过连接酶进行连接。切除修复依据识别损伤机制的不同分为碱基切除修复

(base excision repair,BER)和核苷酸切除修复(nucleotide excision repair,NER)两种类型。两者的主要差别是损伤识别机制不同,前者是直接识别受损的碱基,后者是识别损伤对DNA双螺旋结构造成的扭曲。此外,还有一种可看作是碱基切除修复的特殊形式的修复方式,它主要用来修复DNA复制过程中产生的碱基错配,因此被称为错配修复(mismatch repair,MMR)。

1. 碱基切除修复　最初的切点是β-N-糖苷键,适用于修复较轻的碱基损伤,催化切除反应的酶是DNA糖苷酶。基本过程包括以下4步。

(1) 识别水解:DNA糖苷酶特异性识别DNA中已受损的碱基,将其水解去除,产生一个无碱基位点。

(2) 切除:在此位点的5′-端,无碱基位点由内切核酸酶将DNA的磷酸二酯键切开,同时去除剩余的磷酸核糖部分。

(3) 重新合成:DNA聚合酶在缺口处以另一条链为模板合成互补序列填补缺口。

(4) 重新连接:由DNA连接酶将切口重新连接,完成DNA修复。有研究发现,烷化剂诱导的DNA损伤模型中,若该细胞表达野生型p53则能被有效修复,若p53突变或缺失,其修复速度显著降低。这提示抑癌蛋白p53在哺乳动物细胞中参与调控碱基切除修复。

2. 核苷酸切除修复　比碱基切除修复更复杂,它主要修复DNA结构已发生扭曲并影响到DNA复制的损伤,如紫外线照射形成的嘧啶二聚体可使DNA发生大约30°的弯曲。核苷酸切除修复虽然比碱基切除修复更复杂,但修复过程与碱基切除修复相似。核苷酸切除修复起始切点是损伤部位附近的3′,5′-磷酸二酯键。首先,由一个酶系统识别DNA损伤部位;其次,在损伤部位两侧切开DNA链,去除两个切口之间的一段受损的寡核苷酸;再次,在DNA聚合酶作用下,以另一条链作为模板,重新合成一段新的DNA,填补缺损区;最后由连接酶重新连接,完成损伤修复。核苷酸切除修复不仅能够修复基因组中的损伤,而且还能够修复那些正在转录的基因模板链上的损伤,这称为转录偶联修复(transcription-coupled repair,TCR),不过此修复是由RNA聚合酶负责识别损伤部位。

核苷酸切除修复是DNA损伤修复的一种普遍形式,它并不局限于某种特殊原因造成的损伤、能一般性地识别和纠正DNA链及DNA双螺旋结构的变化,修复系统能够使用相同的机制和一套修复蛋白质去修复一系列性质各异的损伤。

3. 碱基错配修复　错配是指非Watson-Crick碱基配对。碱基错配修复是维持细胞中DNA结构完整和稳定的重要方式,主要负责纠正以下几个错误:① 复制与重组中出现的碱基配对错误;② 因碱基损伤所致的碱基配对错误;③ 碱基插入;④ 碱基缺失。从低等生物到高等生物,自然界均拥有保守的碱基错配修复机制,这是生物体内最后一条防线,进而保持DNA复制的忠实性。

(三) DNA双链断裂修复

双链DNA分子中一条链的断裂,可被模板依赖的DNA修复系统修复,一般不会给细胞带来严重后果。然而,DNA分子的双链断裂是一种致死性最强的损伤。为了克服这种对生物生存造成威胁的损伤,在生物的进化过程中逐渐形成了非同源末端连接(non-homologous end joining, NHEJ)修复和同源重组(homologous recombination,HR)修复两种机制来修复这种DNA双链断裂的损伤。

1. 非同源末端连接修复　是指电离辐射等因素使细胞内DNA发生双链断裂,在无同源序列的情况下,细胞内相关修复蛋白将DNA断裂末端直接连接修复。这种修复机制速度快、效率高,但在修复过程中,DNA双链断裂处经常会插入或丢失若干核苷酸,是一种有差错的修复方式,有较高的致变性。非同源末端连接重组修复既是DNA损伤的一种方式,又可以被看作是一种生理性的DNA重组策略,将原来并未连在一起的基因片段连接产生新的组合,如B细胞的受体基因、T细胞的受体基因、免疫球蛋白基因的构建与重排等,这种基因重排在生物体还是比较常见的。

2. 同源重组修复　是指利用同源重组的原理,在DNA复制过程中,以另一个没有损伤的同源DNA分子作为修复的模板,对双链断裂DNA进行忠实性的修复。同源重组修复是一种无差错的修复方式。其原理参见“第十九章DNA重组与基因工程”。

(四) 损伤跨越修复

当DNA双链发生大范围的损伤时,DNA损伤部位失去了模板作用,或复制叉内DNA已发生解链,无法利用互补链作为修复的模板，这将致使修复系统无法通过上述方式进行有效修复。此时，细胞可以诱导应急途径，通过跨过损伤部位先进行复制，再设法修复损伤部位。根据损伤部位跨越机制的不同，损伤跨越修复又被分为重组跨越（recombinational bypass）和跨损伤合成（translesion synthesis）两种修复类型。这两种类型损伤跨越修复的共同点为先不管损伤，而是先想方设法完成复制。

1. *重组跨越*　当DNA链的损伤较大，致使损伤链不能作为模板复制时，细胞利用同源重组的方式，将DNA模板进行重组交换，以克服损伤造成的复制障碍，而随后的相关修复酶根据碱基配对将缺口填补上，故此途径仍可视为一种无差错修复系统。

在大肠埃希菌中，还有某些新的机制，当复制进行到损伤部位时，DNA聚合酶Ⅲ停止移动，并从模板上脱离下来，然后在损伤部位的下游约1 000 bp处重新启动复制，从而在子链DNA上产生一个缺口。RecA重组蛋白将另一条健康母链上对应的序列重组到子链DNA的缺口处填补。重组跨越解决了有损伤的DNA分子的复制问题，但是我们要注意到，这种损伤是保留着的，并没有真正地被修复，只是转移到了另一个新合成的子代DNA分子上，由细胞内其他修复系统来后续修复。

2. *跨损伤合成*　当DNA双链发生大片段、高频率的损伤时，大肠埃希菌可以紧急启动应急修复系统，诱导产生新的DNA聚合酶（DNA聚合酶Ⅳ或DNA聚合酶Ⅴ），替换原有的DNA聚合酶Ⅲ，在子链上随机插入核苷酸使复制继续，越过损伤部位之后，这些新的DNA聚合酶完成使命后从DNA链上脱离，再由原来的DNA聚合酶Ⅲ继续复制。因为诱导产生的这些新的DNA聚合酶活性低，识别碱基的精确度差，一般无校对功能，所以这种合成跨越损伤复制过程的出错率会大大增加，是大肠埃希菌SOS反应（SOS修复）的一部分。这也是机体的一类应急和宽容的自救措施。

此外，对于受损的DNA分子，除了启动上述诸多的修复途径以修复损伤之外，细胞还可以通过其他的一些途径将损伤的危害降至最低。例如，通过活化的细胞周期检查点机制延迟或阻断细胞周期进程，为损伤修复提供充足的时间，使细胞能够安全进入新一轮的细胞周期。与此同时，细胞还可以激活凋亡机制，诱导严重受损的细胞凋亡，在整体上维持生物体基因组的稳定。

四、DNA的突变

绝大多数DNA损伤可得到有效修复。若不能得到有效修复，则可能导致基因突变（mutation）、细胞衰老死亡及疾病的发生。DNA的突变通常是指DNA碱基序列的改变或异常。遗传学上广义的突变概念还包括细胞或个体遗传性状的改变。

（一）突变的意义

（1）突变在生物界普遍存在，是生物进化的分子基础。

（2）只有基因型改变的突变可形成DNA分子的多态性。

（3）致死性的突变可导致细胞和个体的死亡。

（4）突变是某些疾病的发病基础。

（二）突变的类型及其后果

根据碱基序列发生改变的方式不同，DNA突变可分为点突变和移码突变。

1. *点突变（point mutation）*　是指DNA分子单一位点碱基对的替换改变。这种改变又可以分为转换和颠换两种形式。转换是指同类碱基T和C或者A和G之间的互换；颠换是指嘌呤和嘧啶这种不同类碱基之间的互换。一般而言，颠换导致的遗传后果比转换更严重。

DNA点突变的后果与其在DNA上的位置相关。如果点突变的位置在基因组的"垃圾"DNA区域或在基因的内含子上，可能不会有任何后果；如果点突变的位置在基因的调控区域，可能会改变基因表达水平；如果点突变发生在基因的编码区，则会有以下3种结果。

（1）同义突变（synonymous mutation）：又称沉默突变（silent mutation），这类突变不会引起氨基酸种类的改变。此类突变多发生在遗传密码的第三位。

（2）错义突变（missense mutation）：这类突变会导致多肽链中一种氨基酸残基取代另一种氨基酸残基。这种改变可能对所编码蛋白质的功能不产生影响（中性的）或者影响很小，也可能产生严重后果，如镰状细胞贫血等分子病。还存在一种特殊的错义突变形式，即终止密码子突变为编码氨基酸的密码子，将导致合成的多肽链被延长，这可能会导致所编码蛋白质功能发生改变。错义突变多发生在遗传密码子的第一位。

(3) 无义突变(nonsense mutation)：突变导致编码某种氨基酸的密码子变成了终止密码子，引起肽链合成提前终止。无义突变的后果取决于突变前该蛋白的功能的重要性和突变后合成的截短多肽所具有的功能。

2. 移码突变(frameshift mutation)　是指编码蛋白质的基因编码区发生非3的整倍数核苷酸的缺失或插入。由于编码区中3个相邻的核苷酸依次作为密码子，这种突变将导致缺失或插入点下游的密码子重新编码，使该编码区指导合成的多肽中氨基酸序列组成发生根本性的变化。移码突变的后果取决于突变前该蛋白的功能重要性和突变后合成的新蛋白质的功能。

五、DNA损伤修复与疾病

生命个体在生长过程中，细胞DNA难免会遭受不同程度的损伤，但由于生物体内存在DNA损伤修复系统，一般不会造成严重后果。DNA损伤的后果主要取决于DNA损伤的程度和细胞自身具有的修复能力。DNA损伤程度主要受外界因素控制，而细胞自身修复能力却有个体差异，甚至有一些个体的细胞DNA损伤修复系统存在不同程度的缺陷。因此，DNA损伤及其修复缺陷与肿瘤、衰老等的发生密切相关。

DNA损伤可导致原癌基因激活，也可使抑癌基因失活。先天性DNA损伤修复系统缺陷患者容易发生恶性肿瘤。参与DNA损伤修复的基因是一类典型的抑癌基因，其失活可导致恶性肿瘤发生(参见第十七章癌基因和抑癌基因)。例如，人类遗传性非息肉性结直肠癌(hereditary non-polyposis colorectal cancer，HNPCC)患者的抑癌基因*MLH1*和*MSH2*存在突变，而*MLH1*基因和*MSH2*基因的产物是参与错配修复的蛋白。抑癌基因*BRCA1*和*BRCA2*是参与修复DNA双链断裂损伤的重要基因，其失活可导致乳腺癌和卵巢癌等恶性肿瘤。

人类遗传性着色性干皮病(xeroderma pigmentosum，XP)的发病是由DNA损伤核苷酸切除修复系统的XP类基因(如*XPA*、*XPB*基因等)缺陷所致。XP患者的皮肤对阳光敏感，照射后可出现红斑、水肿，继而出现色素沉着、干燥、角化过度，最终导致黑色素瘤、鳞状上皮癌及棘状上皮瘤等瘤变。

AT是一种主要累及神经系统和免疫系统的常染色体隐性遗传病，表现为共济失调、毛细血管扩张、鼻窦和呼吸道反复感染。该病是由DNA损伤应答通路中的关键基因ATM基因缺陷所致。AT患者的肿瘤发病率很高。

(杨生永，曾凡才)

※ 第十章数字资源

原核细胞和真核细胞的DNA损伤应答机制

第十章参考文献

微课视频10-1中心法则

微课视频10-2参与DNA复制的酶和蛋白

微课视频10-3原核生物DNA复制过程

微课视频10-4端粒与端粒酶

微课视频10-5逆转录

第十一章

RNA 的生物合成

内容提要

RNA 的生物合成包括转录和 RNA 复制两种方式。

转录是 DNA 指导的 RNA 合成，即以 DNA 为模板合成 RNA。转录的反应体系包括 DNA 模板、4 种 NTP 原料、RNA 聚合酶和一些蛋白质因子等。与 DNA 复制不同，转录是分段不连续、有选择性的。DNA 双链中作为转录模板的链称模板链，与其互补的另一条链称编码链。原核生物的 RNA 聚合酶只有一种，全酶形式由 5 种亚基组成($\alpha_2\beta\beta'\sigma\omega$)，$\alpha_2\beta\beta'\omega$ 为核心酶，σ 亚基主要参与转录起始。真核生物 RNA 聚合酶主要有 3 种：① RNA 聚合酶Ⅰ，转录产物为 45S rRNA 前体，进一步加工修饰生成 28S、5.8S 和 18S rRNA。② RNA 聚合酶Ⅱ，主要转录成熟 mRNA 的前体、lncRNA、miRNA、多数 snRNA 等。③ RNA 聚合酶Ⅲ，主要负责转录 tRNA、5S RNA 和部分 snRNA 等。RNA 聚合酶通过结合到基因的启动子上启动转录。启动子是指通常位于基因转录起始位点上游、能够与 RNA 聚合酶和其他转录因子结合并进而调节其下游目的基因转录起始和转录效率的一段 DNA 序列。启动子是转录调控的关键部位。原核生物的启动子包含典型的−35 bp 处的 TTGACA 序列和−10 bp 处的 TATAAT 保守序列。真核生物的 3 种 RNA 聚合酶分别使用 3 种不同类型的启动子。

转录过程分为 3 个阶段：起始、延长和终止。原核生物的 RNA 聚合酶以全酶结合到模板启动子上起始转录，起始阶段完成后 σ 因子脱落；在延长阶段，核心酶按照 5′→3′方向延长 RNA 链；最后，原核生物通过依赖 ρ 因子与非依赖 ρ 因子两种机制终止转录。

转录的初级产物需要加工修饰，其中尤以真核生物 mRNA 前体的加工修饰较为复杂。真核生物基因多为断裂基因，由若干外显子和内含子序列交替排列组成。真核生物 mRNA 前体的加工修饰主要包括：① 5′-端形成特殊的帽结构；② 3′-端加多聚腺苷酸尾；③ 剪接去除内含子相应序列，拼接外显子相应序列。mRNA 还可以通过选择性剪接和 RNA 编辑等机制增加其多样性。

在生物界，RNA 的合成包括转录(transcription)和 RNA 复制(RNA replication)两种方式。转录是 DNA 指导的 RNA 合成过程，即以 DNA 为模板合成 RNA 的过程，也就是把 DNA 的核苷酸序列(原件)“抄录”为 RNA 的核苷酸序列(副本或抄本)，这是生物体内 RNA 合成的主要方式。本章主要介绍转录。RNA 复制是 RNA 指导的 RNA 合成过程，即以 RNA 为模板合成 RNA 的过程，常见于以 RNA 为遗传物质的 RNA 病毒。转录是基因表达为蛋白质产物的首要步骤，转录的产物——RNA 包括 mRNA、tRNA 和 rRNA 等，其中 mRNA 把遗传信息从染色体内储存的状态“抄录”出来，作为蛋白质合成的直接模板，而 tRNA 和 rRNA 不用作蛋白质合成的模板，但通过转运氨基酸和组成核糖体等机制参与蛋白质的生物合成(见第十二章蛋白质的生物合成)。

在遗传信息传递过程中，转录和复制是两种不同的生物学过程，两者既有不同，又有诸多相似之处(表 11-1)。

表 11-1　复制和转录的比较

	复　制	转　录
定义	以 DNA 为模板合成 DNA 的过程	以 DNA 为模板合成 RNA 的过程
相同点	都是酶促的核苷酸聚合过程 都是以 DNA 为模板 都是以核苷酸为原料 合成方向都是 5′→3′	核苷酸之间都以磷酸二酯键相连 都服从碱基配对规则 产物都是很长的多核苷酸链
不同点	模板：DNA 两股单链都可作为模板 原料：4 种 dNTP(dATP、dGTP、dCTP、dTTP) 配对：G ≡ C、A ═ T 酶：DNA 聚合酶、拓扑酶、DNA 连接酶等 产物：子代双链 DNA 引物：需要短 RNA 片段作为引物 方式：半保留复制、双向复制、半不连续复制	仅一股 DNA 单链即模板链被转录 4 种 NTP(ATP、GTP、CTP、UTP) G ≡ C、A ═ T、A ═ U RNA 聚合酶 mRNA、tRNA、rRNA 等 不需要引物

第一节　转录的概念及其反应体系

转录是以 DNA 双链中的一股单链为模板，以 4 种 NTP 为原料，按照碱基配对规则，由 RNA 聚合酶(RNA polymerase，RNA pol)催化合成 RNA 的过程。转录属于酶促反应，转录的反应体系包括 DNA 模板、4 种 NTP 原料、RNA 聚合酶和一些蛋白质因子等。

一、转录的模板

复制和转录的模板都是 DNA，但两者的目的截然不同，故在模板的利用方式上也截然不同。复制是为了保留物种的全部遗传信息，所以，基因组 DNA 全长均需复制，并且在每次细胞分裂时进行且只进行一次，以确保将一份完整的遗传信息传递给子代。然而，转录是为了将基因组 DNA 中的功能性遗传信息抄录出来，表达为有特定功能的 RNA 或蛋白质分子，所以转录是有选择性地抄录基因组 DNA 的特定部分，是不连续的。在不同类型的细胞、不同的生理或病理条件下，被转录的基因及转录的水平或效率高低明显不同，可以说是"按需选择性转录"；另外，在庞大的细胞基因组 DNA 链上，也并非任何区段都可以被转录，尤其对于真核生物基因组 DNA 来讲，有不少区域是不被转录的。而对于被转录的 DNA 分子双链来讲，也只有一股链作为模板指导转录，另一股链则不被转录，而且不同基因转录时使用的模板链并非总是在同一单链上(图 11-1)。

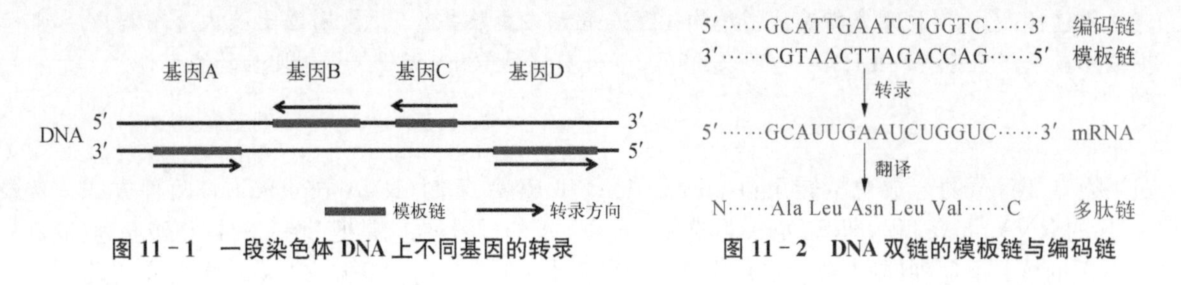

图 11-1　一段染色体 DNA 上不同基因的转录　　图 11-2　DNA 双链的模板链与编码链

DNA 双链中，转录时直接作为模板按照碱基配对规则指导 RNA 合成的一股单链，称为模板链(template strand)，或称 Watson 链。相对的另一股单链虽不作为转录的直接模板，但因其序列与模板链序列互补，故其碱基序列与新合成的 RNA 链一致(只是 T 被 U 取代)，也就是说新合成的 RNA 链实际上抄录了这条链的序列。若转录产物是 mRNA，则可用作蛋白质翻译的模板，按照遗传密码规则进一步决定所合成蛋白质的氨基酸序列，所以与模板链相对应这股单链就被称为编码链(coding strand)，也称正义链或有意义链(sense strand)，或称 Crick 链(图 11-2)。相应地，模板链则又可称为负链或反义链(antisense strand)。转录总是从 5′→3′方向进行 RNA 合成，所以转录总是沿着模板链 3′→5′方向进行。文献刊出的 DNA 序列，为避免烦琐和便于查对遗传密码，一般只写出编码链。

二、RNA 聚合酶

催化转录的酶是 RNA 聚合酶，也称依赖 DNA 的 RNA 聚合酶(DNA - dependent RNA polymerase)。RNA 聚合酶无须引物即可直接启动 RNA 链的合成。它以 DNA 为模板，以 4 种 NTP(ATP、GTP、CTP、UTP)为底物或 RNA 合成的原料，Mg^{2+} 等金属离子参与，催化完成下述反应：

$$NTP + (NMP)_n \rightarrow (NMP)_{n+1} + PPi$$

RNA　　延长的 RNA

(N 代表 A、G、C、U)

RNA 合成的化学机制与 DNA 复制合成相似。RNA 聚合酶通过在 RNA 的 3′- OH 端加入核苷酸延长 RNA 链而合成 RNA。3′- OH 在反应中是亲核基团，攻击进入的 NTP 的 α 磷酸基团，形成3′,5′-磷酸二酯键，同时释放 1 分子焦磷酸，焦磷酸进一步水解产生 2 分子无机磷酸，水解产生的能量推动反应进行。

各种细胞内 RNA 合成的速度通常为 6～100 个核苷酸/s，远低于 DNA 复制速度的 200～1 000 个核苷酸/s。

(一) 原核生物的 RNA 聚合酶

原核生物中只有一种 RNA 聚合酶，它兼有催化合成 mRNA、tRNA 和 rRNA 的功能。原核生物 RNA 聚合酶具有很高的保守性，在组成、分子量及功能上都很相似。目前研究得比较透彻的是大肠埃希菌 RNA 聚合酶，其分子量约为 480 kDa，由 5 种亚基(α、β、β′、ω 和 σ)组成。各亚基性质及其功能见表 11 - 2。

表 11 - 2　大肠埃希菌 RNA 聚合酶各亚基的性质和功能

亚　基	基　因	分子量(Da)	亚基数目	功　　能
α	*rpo A*	36 511	2	决定哪些基因被转录
β	*rpo B*	150 618	1	与转录全过程有关(催化)
β′	*rpo C*	155 613	1	结合模板 DNA(解链)
ω	*rpo D*	32 000～92 000	1	辨认起始点
σ	*rpo Z*	9 000	1	酶的组装和调节作用

$\alpha_2\beta\beta'\omega$ 亚基组成核心酶(core enzyme)，核心酶加上 σ 亚基称为全酶(holoenzyme)。体外转录实验(含有模板、酶和底物 NTP 等)证明，核心酶已经能够催化 NTP 按模板的指引合成 RNA。但合成的 RNA 没有固定的起始位点。若加入含有 σ 亚基的全酶，则转录能在特定的起始点开始。可见，σ 亚基的功能是辨认转录起始位点。因此，活细胞的转录起始是需要全酶的，而转录延长阶段则仅需核心酶。

现已发现多种 σ 亚基，通常根据其分子量大小命名区别。其中最常见就是典型的 σ^{70}(分子量约 70 kDa)，在大肠埃希菌中绝大多数启动子可被含有 σ^{70} 因子的全酶识别并激活。

其他原核生物的 RNA 聚合酶，在结构和功能上均与大肠埃希菌的 RNA 聚合酶相似。原核生物的 RNA 聚合酶都受一种抗生素特异性抑制。利福霉素类抗生素如利福平(rifampicin)是用于抗结核菌治疗的药物，它能专一性地结合 RNA 聚合酶的 β 亚基从而抑制转录。

(二) 真核生物的 RNA 聚合酶

真核生物中已发现主要有 3 种 RNA 聚合酶，分别称为 RNA 聚合酶Ⅰ、RNA 聚合酶Ⅱ、RNA 聚合酶Ⅲ，三者的亚细胞定位、结构、理化性质和功能均有所不同。

RNA 聚合酶Ⅱ是真核生物 3 种 RNA 聚合酶中研究最为深入的酶，也是真核生物中最重要、最活跃的 RNA 聚合酶，它位于核质，负责转录细胞内的大多数基因，包括几乎所有蛋白质编码基因(线粒体内的少量蛋白除外)，转录产物主要为成熟 mRNA 的前体即 mRNA 前体，进一步加工修饰为成熟 mRNA 并输送给细胞质中的核糖体,作为蛋白质合成的模板。此外,RNA 聚合酶还负责转录一些非编码 RNA 基因,催化合成 lncRNA、miRNA、多数 snRNA 基因等。

与 RNA 聚合酶Ⅱ不同,RNA 聚合酶Ⅰ和 RNA 聚合酶Ⅲ转录的基因不编码蛋白质。RNA 聚合酶Ⅰ位于核仁,负责转录串联排列的 5.8S、18S 和 28S rRNA 的基因,转录产物为 45S rRNA 前体,经进一步加工修饰生成 28S、5.8S 和 18S rRNA。RNA 聚合酶Ⅲ位于核质,主要负责转录 tRNA 和 5S RNA 的基因,转录产物包括 tRNA、5S rRNA,此外还催化合成部分 snRNA 等小分子转录产物。

α-鹅膏蕈碱(α-amanitin)是一种来源于有毒蘑菇的环八肽毒素,是真核生物 RNA 聚合酶的特异性抑制剂,3 种真核生物 RNA 聚合酶对其敏感性有所不同(表 11-3)。

表 11-3　真核生物 RNA 聚合酶的种类和性质

种　类	定位	负责转录的主要基因	主要转录产物	对 α-鹅膏蕈碱敏感性
RNA 聚合酶Ⅰ	核仁	5.8S、18S 和 28S rRNA 的基因	5.8S、18S 和 28S rRNA	不敏感
RNA 聚合酶Ⅱ	核质	编码蛋白质基因、lncRNA 的基因、miRNA 的基因	mRNA、lncRNA、miRNA	敏感
RNA 聚合酶Ⅲ	核质	tRNA 基因、5S rRNA 的基因	tRNA、5S rRNA	中度敏感

与原核生物的 RNA 聚合酶类似,真核生物的 3 种 RNA 聚合酶也均由多个亚基组成,且其序列具有一定的同源性或保守性。譬如,细菌 RNA 聚合酶的两个大亚基(β 和 β′),与酵母 RNA 聚合酶Ⅱ的两个大亚基(RPB1 和 RPB2)是同源的;其 α 和 ω 亚基又分别与酵母 RNA 聚合酶Ⅱ的亚基 RPB3/RPB11 和 RPB6 是同源的。细菌 RNA 聚合酶核心酶的结构与酵母 RNA 聚合酶Ⅱ的核心酶也很相似。但真核生物 RNA 聚合酶中没有细菌 RNA 聚合酶中 σ 因子的对应物,因此必须借助各种转录因子参与启动转录起始。

真核生物的 RNA 聚合酶Ⅱ含有 11 个亚基。最大的两个亚基分子量分别为 150 kDa 和 190 kDa,与细菌的 β 亚基和 β′亚基具有同源性。与原核生物不同的是,真核生物 RNA 聚合酶Ⅱ的最大亚基的羧基末端有一段由酪氨酸-丝氨酸-脯氨酸-苏氨酸-丝氨酸-脯氨酸-丝氨酸(Tyr-Ser-Pro-Thr-Ser-Pro-Ser)(YSPTSPS)7 个氨基酸组成的共有序列重复片段尾巴,称为羧基末端结构域(carboxyl-terminal domain, CTD)。CTD 尾巴的长度约是 RNA 聚合酶Ⅱ其他部分长度的 7 倍。RNA 聚合酶Ⅰ和 RNA 聚合酶Ⅲ没有 CTD。所有真核生物的 RNA 聚合酶Ⅱ都具有 CTD,只是不同生物种属共有序列的重复程度不同。例如,酵母 RNA 聚合酶Ⅱ的 CTD 有 27 个重复共有序列,哺乳动物 RNA 聚合酶Ⅱ的 CTD 有 52 个重复共有序列。CTD 对于维持细胞的活性是必需的。CTD 上的酪氨酸、丝氨酸和苏氨酸可被蛋白激酶作用发生磷酸化。体内外实验证实,CTD 的磷酸化在转录起始和延长过程中起着非常重要的作用。

另外,真核生物如人的线粒体还存在有一种特殊的单亚基的 RNA 聚合酶,主要负责线粒体 DNA 的转录。近年来,在真核生物中还鉴定了两种新的 RNA 聚合酶,即 RNA 聚合酶Ⅳ和 RNA 聚合酶Ⅴ,其结构与 RNA 聚合酶Ⅱ非常相似,目前发现两者仅存在于植物,主要负责转录参与基因沉默调节的 siRNA。

三、RNA 聚合酶结合到基因的启动子上启动转录

(一) 启动子的概念

转录是不连续、分区段进行的,每一个区段可以视为一个转录单位(transcription unit)(图 11-1)。一个转录单位就是包括转录起始、延长和终止信号在内的一段 DNA 区域。因此,RNA 聚合酶如何寻找到每个待转录单位的起始位点是启动转录的关键。

DNA 模板上转录开始的位点称为转录起始位点(transcription start site, TSS),方便起见,通常将转录起始位点的核苷酸或碱基位置设定为+1,上游和下游的核苷酸或碱基序数则相应地分别用负数和正数表示。启动子(promoter)则是指通常位于基因转录起始位点上游、能够与 RNA 聚合酶和其他转录因子结合并进而调节其下游目的基因转录起始和转录效率的一段 DNA 序列。因此,启动子是转录调控的关键部位。

对启动子的研究,常采用一种巧妙的方法即 RNA 聚合酶保护法:先把一段基因分离出来,然后和提纯的 RNA 聚合酶混合,再加进外切核酸酶作用一定时间后,DNA 链受到外切核酸酶水解,生成游离核苷酸。

但是有一段 40～60 bp 的 DNA 片段是完整的。这表明这段 DNA 因与 RNA 聚合酶结合而受到保护。受保护的 DNA 位于结构基因的上游，所以这一被保护的 DNA 片段就是被 RNA 聚合酶辨认和识别的区域，并在这里准备开始转录，该区域就是核心启动子区域。

因为原核生物和真核生物的 RNA 聚合酶结构不同，所以两者的基因启动子的特征也有所不同，这也决定了两者的转录过程和转录调控机制有所差异。

（二）原核生物基因启动子的特征

原核生物的绝大多数基因按照功能相关性成簇地串联排列于染色体上，共同组成一个转录单位，即操纵子(operon)（参见第十三章基因表达及其调控）。也就是说，一个操纵子通常包括多个编码蛋白的结构基因及其上游的启动子等调控序列（对于原核生物基因来讲，因启动子隶属于操纵子的一部分，故多又被称为启动序列）。

对大量的原核生物基因操纵子中的启动序列进行序列分析发现，其具有明显的特征：含有高度保守的共有序列(consensus sequence)。如图 11－3 所示，其典型的共有序列主要是位于转录起始位点（即＋1）上游－35 bp处的 TTGACA 和－10 bp 处的 TATAAT。－10 区的共有序列是 1975 年由 David Pribnow 首次发现，故又称为 Pribnow 框(Pribnow box)。转录起始位点（＋1）即第一个核苷酸通常为腺嘌呤核苷酸。

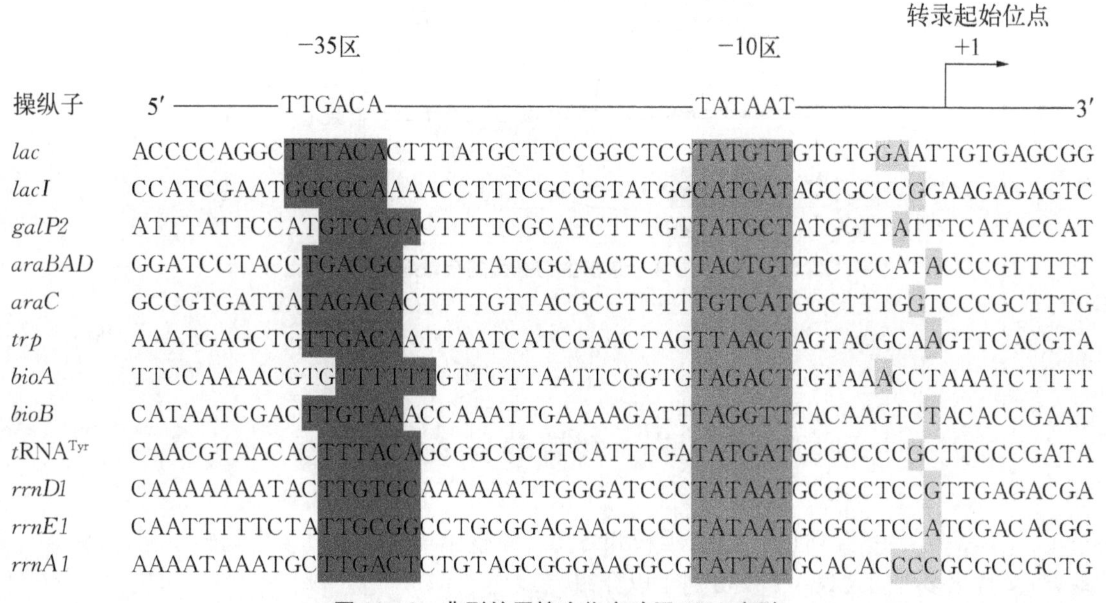

图 11－3　典型的原核生物启动子 DNA 序列

一般来讲，启动子的相应序列与一致性序列越接近，其启动子活性越高，就能够在一定的时间内起始合成更多的 RNA，基因的转录水平或效率就越高。在一些转录水平非常高的 rRNA 基因的启动子中，往往在其更上游的－60～－40 bp 还存在有一种额外的能够与 RNA 聚合酶 α 亚基的 CTD 结合的上游启动子元件，这就能进一步增强 RNA 聚合酶与启动子的结合而确保高水平的转录。

RNA 聚合酶全酶中的 σ 因子分别通过其分子结构中的一段"螺旋-转角-螺旋"模体和另一段 α-螺旋区与待转录基因启动子区的－35 区和－10 区结合。σ 因子与－35 区的结合主要是简单地使 RNA 聚合酶能相对固定地结合在启动子区，而 σ 因子与－10 区的结合则在启动转录方面起着尤为重要的作用，譬如导致－10 区附近的 DNA 双螺旋解开并使解开的单链固定进而启动转录（图 11－4）。

（三）真核生物基因启动子的特征

与原核生物相比，真核生物的启动子区域更为复杂。如前所述，真核生物有 3 种 RNA 聚合酶，分别转录不同类型的基因。因此，可据此将真核生物基因的启动子分为 3 类，即Ⅰ型启动子、Ⅱ型启动子和Ⅲ型启动子，分别对应 RNA 聚合酶Ⅰ、RNA 聚合酶Ⅱ和 RNA 聚合酶Ⅲ。这 3 种类型启动子的特征各不相同，其中以 RNA 聚合酶Ⅱ的启动子即Ⅱ型启动子最为复杂（参见本章第三节转录后的加工，第十三章基因表达及其调控）。

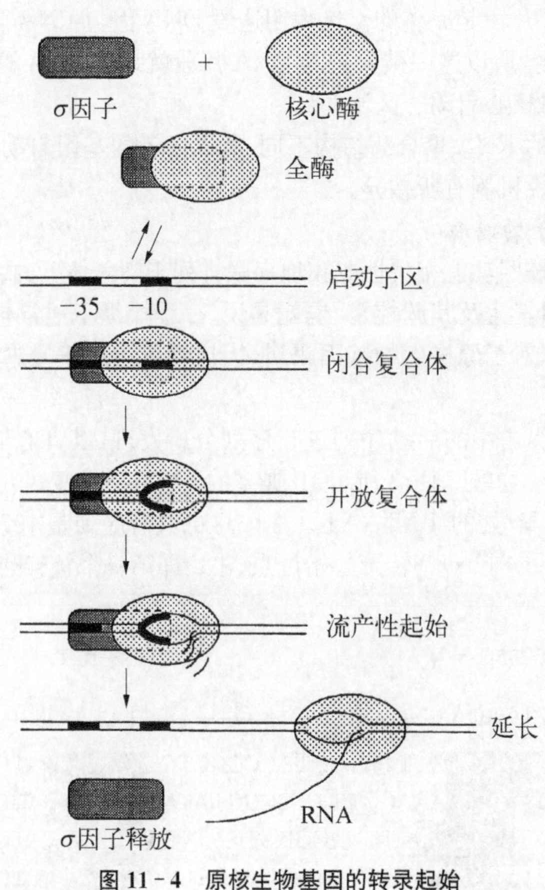

图 11-4 原核生物基因的转录起始

第二节 转录的基本过程

转录过程可大致分为 3 个阶段：起始、延长和终止。原核生物转录与真核生物转录相比，转录过程既有相似的地方，又有很多不同之处。下文分别予以介绍。

一、原核生物转录的基本过程

(一) 转录起始阶段

转录起始阶段的关键是 RNA 聚合酶识别并结合待转录基因的启动子从而启动转录，这也正是转录调控的关键步骤。起始阶段可分为以下 3 个步骤。

第一步，闭合复合体(closed complex)形成。σ 因子与核心酶结合组装为 RNA 聚合酶全酶，在 DNA 模板上以反复结合又解离的方式快速滑行，识别结合至待转录基因的启动子区域，首先形成闭合复合体。此时 RNA 聚合酶全酶中的 σ 因子通过其"螺旋-转角-螺旋"模体直接与启动子区中的 −35 区结合，使 RNA 聚合酶能相对固定地结合在启动子区。闭合复合体中的 DNA 片段仍保持双螺旋结构状态(图 11-4)。

第二步，闭合复合体转变为开放复合体(open complex)。该过程中，RNA 聚合酶全酶中的 σ 因子通过其分子结构中的一段 α-螺旋区与启动子区的 −10 区结合发生相互作用，导致 −10 区至转录起始位点附近的一段约 13 bp(−11～+2)长的 DNA 双螺旋被解开并处于稳定的单链状态，使模板链暴露。同时，RNA 聚合酶的结构发生不可逆的自发性构象变化，闭合复合体由此转变为开放复合体。开放复合体中的局部 DNA 双螺旋被解开后形似泡状(图 11-5)，故被形象地称为转录泡(transcription bubble)，它比复制起始中形成的复制叉小得多。转录泡在转录起始后的延长过程中仍然存在。

第三步，RNA合成的有效起始完成。与复制起始不同，转录起始不需要引物。起始的第一和第二个核苷酸进入RNA聚合酶的活性中心后，在RNA聚合酶催化下发生聚合反应生成磷酸二酯键就可以直接连接起来。转录起始的第一个核苷酸的5′-三磷酸基团会一直保留在RNA分子中直至转录结束。有趣的是，在真正进入延长阶段之前，会经历一个流产性起始(abortive initiation)过程。在该过程中，RNA聚合酶仍然保持结合在启动子区，通过拉取转录起始位点附近模板链上游的片段来合成一些长度小于10个核苷酸的RNA分子，这些短的RNA分子会从RNA聚合酶上脱落，但RNA聚合酶不会从模板上脱离，而是重新合成RNA。一旦RNA聚合酶成功地合成了超过10个核苷酸的RNA，就会"成功地逃离"启动子，形成一个稳定的包括RNA聚合酶、DNA模板和延长中的RNA链的三重复合体(图11-5)。RNA聚合酶离开启动子的这一分子行为被称启动子清除(promoter clearance)或启动子逃离(promoter escape)。此时转录起始才算真正完成，并转入延长阶段。

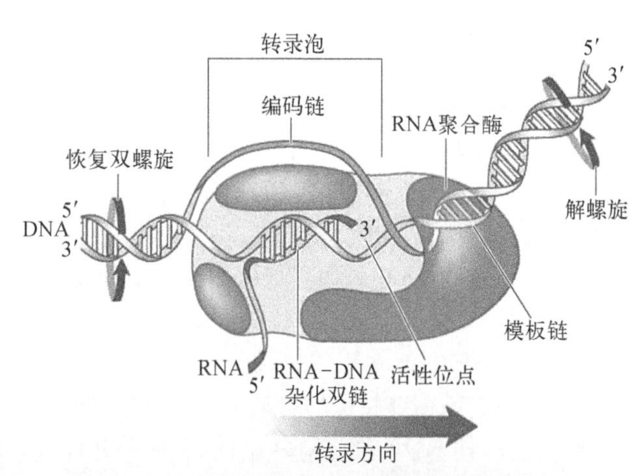

图11-5 大肠埃希菌RNA聚合酶催化的转录过程

起始阶段完成后，σ因子从RNA聚合酶上脱落，仅留下核心酶。脱落后的σ因子可反复使用，参与形成另一全酶。

(二) 转录延长阶段

在转录延长阶段，位于"酶-DNA-RNA"三重复合体中的核心酶，以解开的DNA双链中的模板链为模板，按照碱基互补配对规则，以4种NTP为合成原料，催化核苷酸聚合反应，使RNA链不断延长。原核转录的延长速度为50～90个核苷酸/s。RNA新链合成的方向是5′→3′，与模板DNA的模板链的方向相反，而与编码链的方向一致。需要注意的是，当遇到模板为A时，转录产物加入的是U而不是T。因此，转录延长过程中存在3种碱基配对方式，且其稳定性依次为G≡C>A═T>A═U。G≡C配对有3个氢键，最稳定；A═T配对主要在DNA双链形成，A═U配对只在DNA-RNA杂化双链或RNA分子上形成，是3种配对中稳定性最低的。

在转录过程中，转录泡前方的DNA不断进入转录复合体并被解链，而转录复合体通过后，DNA双链会重新形成双螺旋。转录复合体覆盖约30 bp的DNA，DNA解链范围约17 bp。而新合成的RNA链又和DNA双链中的模板链配对形成长约8 bp的RNA-DNA杂化双链。随着RNA链的不断合成延长，RNA的5′-端部分则不断脱离模板链并向转录复合体外伸展。

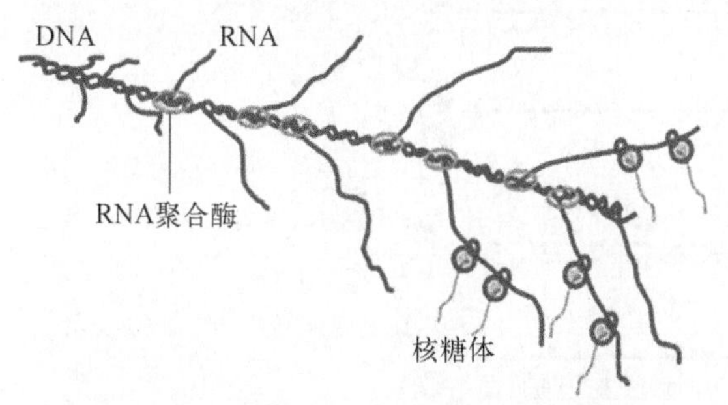

图11-6 原核生物转录与翻译同时进行

在电子显微镜下观察原核生物的转录可以看到，在同一DNA模板上，有多个转录过程同时在进行。并且一条mRNA链上也有多个核糖体正在进行下一步的蛋白质合成过程，可见转录尚未完成，翻译已在进行(图11-6)。因此，对于原核生物来讲，转录和翻译是紧密偶联，几乎同时进行的。而真核细胞有核膜结构存在，故而将转录和翻译分隔在细胞核和细胞质中进行。

为了保证遗传信息从DNA到RNA的准确传递，RNA聚合酶在转录时也会对延长的新链行使两种校读功能。第一，RNA聚合酶可在其活性中心通过逆反应重新引入焦磷酸，从而移除错误掺入的核苷酸，这种校读机制称为焦磷酸解编辑(pyrophosphate editing)；第二，RNA聚合酶可以后退一个或多个核苷酸单位，切除包含错误的RNA序列，这种校读机制称为水解编辑(hydrolytic editing)。然而，尽管有上述校读机制，转录的精确度(掺入1万个核苷酸出现1个错误)仍远低于复制的精确度(掺入1 000万个核苷酸出现1个错误)。因为转录合成的RNA仅仅旨在"抄录"遗传物质DNA中的序列信息，一个基因可以转录产生许多RNA拷贝，而且 RNA 在细胞内很快会被降解和替代，所以转录产生错误 RNA 对细胞的影响远比复制产生错误 DNA 对细胞的影响小。

放线菌素 D(actinomycin D)是一种源于土壤的链霉菌属细菌中分离出来的放线菌素类多肽类抗生素，能抑制原核生物和真核生物的 RNA 链的延长。该分子的平面结构部分可以插入至含有连续 G ═ C 碱基配对的 DNA 双螺旋内部，改变 DNA 的结构，从而阻止 RNA 聚合酶沿着 DNA 模板的移动。放线菌素 D 是发现最早的具有抗癌作用的抗生素，作为化疗药物使用，但也是一种致癌剂。它也是一种常用的分子生物学研究试剂；另一种有机化合物吖啶(acridine)，其结构与放线菌素 D 的平面结构部分相似，通过类似的机制抑制 RNA 合成。

(三) 转录终止阶段

与转录起始需要特殊的启动子序列类似，转录终止也主要是由被转录基因末端的一些特殊的 DNA 序列信号所引发，使 RNA 聚合酶离开 DNA 模板并释放合成的 RNA 链。这些引发转录终止的 DNA 序列信号就称为终止子(terminator)。原核生物的转录终止机制包括依赖 ρ 因子与不依赖 ρ 因子两种，前者需要一种 ρ 因子蛋白参与，而后者则不需要，这两种终止机制分别使用不同的终止子。

1. 依赖 ρ 因子的转录终止　在依赖 ρ 因子的转录终止中，终止子通常是包含有一段富含 CA 的称为 rut(rho utilization)位点(rut site)的序列。含有 rut 位点序列的 RNA 转录产物可招募 ρ 因子。ρ 因子是由 6 个相同亚基组成的环状蛋白质，能与离开 RNA 聚合酶的单链 RNA 结合。ρ 因子还具有 ATP 酶活性和解旋酶活性。ρ 因子在特定位点与 RNA 转录产物结合后沿着 RNA 链向下游移动直至转录复合物。ρ 因子引发转录终止的详细机制目前仍不太清楚。但最新的研究结果提示，ρ 因子极有可能是通过引发 RNA 聚合酶的构象改变而导致延长复合物停止并进而解体，ρ 因子的解旋酶活性也可使 RNA 链从 DNA 模板单链上分开而得以释放(图 11 - 7a)。

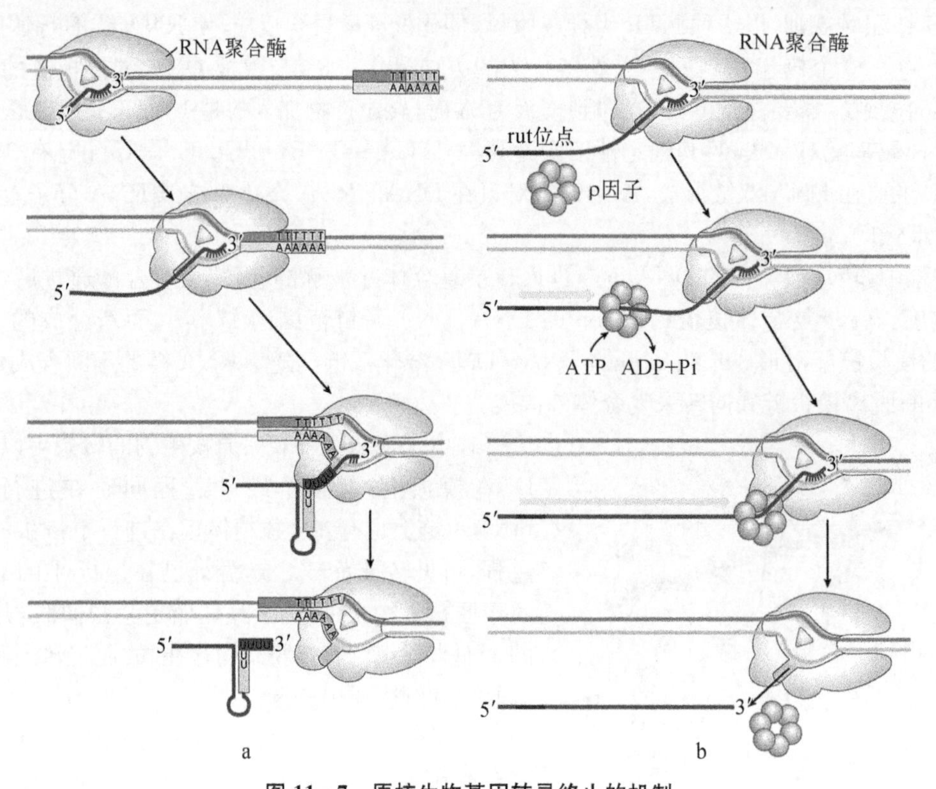

图 11 - 7　原核生物基因转录终止的机制

a. 不依赖 ρ 因子的转录终止；b. 依赖 ρ 因子的转录终止

2. 不依赖 ρ 因子的转录终止　在不依赖 ρ 因子的转录终止中，其终止子含有两段特殊的序列元件：约 20 bp 长的反向重复序列和紧随其后的连续的约 8 个 A=T 碱基对。这段终止子序列一旦被转录为 RNA 单链后，反向重复序列即可通过链内形成碱基互补配对形成茎-环(stem-loop)结构，或称发夹结构(hairpin

structure)。这种发夹结构的形成可破坏随后的延长复合物中 RNA－DNA 杂化双链中的 A ═U 碱基配对(注意,A ═U 配对是最弱的碱基配对),也可破坏转录产物 RNA 与 RNA 聚合酶的相互作用,从而促进 RNA 的释放和延长复合物的解体(图 11－7b,图 11－8)。

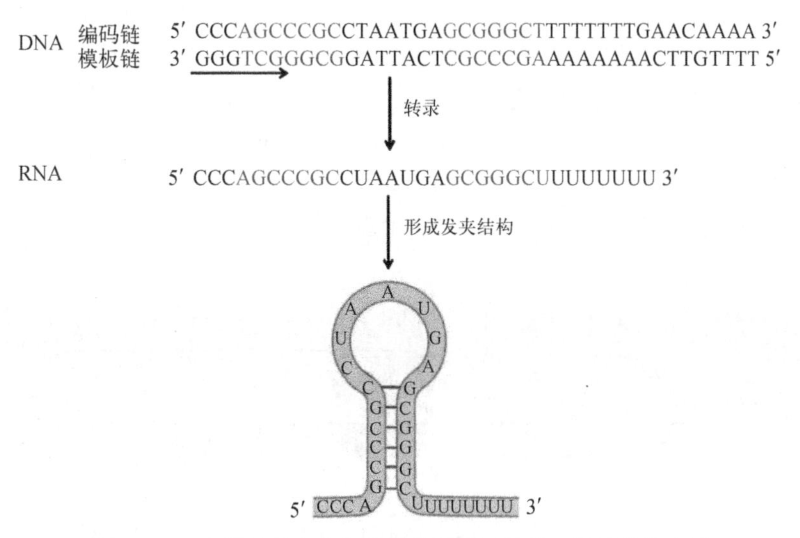

图 11－8　大肠埃希菌色氨酸操纵子的不依赖 ρ 因子的终止子

二、真核生物转录的基本过程

真核生物与原核生物转录的基本过程和机制大致相同,但更为复杂(表 11－4)。真核生物和原核生物的 RNA 聚合酶种类不同,结合模板的特性不一样。原核生物 RNA 聚合酶可直接结合 DNA 模板,而真核生物 RNA 聚合酶需与辅助因子结合后才结合模板,所以两者的转录起始过程有较大区别。原核生物没有核膜,其转录和翻译同步进行,而真核生物的转录与翻译分别在细胞核和细胞质中进行,大部分的真核生物 RNA 需要经过加工修饰后才能成为成熟 RNA。

表 11－4　原核生物与真核生物转录的不同点

	原 核 生 物	真 核 生 物
酶的种类	1 种 RNA 聚合酶	3 种 RNA 聚合酶:Ⅰ、Ⅱ、Ⅲ
机　制	转录过程和机制相对简单	更为复杂,需要多种转录因子参与
转录与翻译	转录和翻译同步进行	转录与翻译分别在细胞核与细胞质进行
加工修饰	tRNA 和 rRNA 转录后需加工修饰 mRNA 一般不需要转录后的加工修饰	tRNA 和 rRNA 转录后需加工修饰 mRNA 需要复杂的转录后加工修饰

真核生物有 3 种 RNA 聚合酶(Ⅰ、Ⅱ和Ⅲ),分别使用 3 种不同类型的启动子,转录不同类型的基因。RNA 聚合酶Ⅰ和 RNA 聚合酶Ⅲ主要分别介导 *rRNA* 基因和 *tRNA* 基因的转录,涉及基因种类很少,其转录过程相对较为简单。RNA 聚合酶Ⅱ则负责几乎所有蛋白质编码基因的转录,涉及基因种类繁多且其转录水平在细胞内受到精确控制,故其转录过程非常复杂。

此处仅介绍 RNA 聚合酶Ⅱ介导的转录过程。

(一) 起始阶段

原核生物的转录起始只需要一个额外的起始因子即 σ 因子,但真核生物的转录起始尤其是 RNA 聚合酶Ⅱ介导的转录起始往往需要更多的起始因子参与,这些起始因子就是后面述及的通用转录因子。在体外,通过转录因子和 RNA 聚合酶Ⅱ可以从一个 DNA 模板上起始有效的转录。

1. *RNA 聚合酶Ⅱ识别的Ⅱ型启动子的特征*　典型的Ⅱ型启动子通常位于基因转录起始位点的上游,其长度一般约 2 kb,含有很多特殊的短的 DNA 序列,称为顺式作用元件(cis-acting element)。这些各种各样的顺式作用元件能够特异性地与不同的转录因子结合,从而调节转录起始(参见第十三章基因表达及其调控)。

Ⅱ型启动子组成较为复杂，可以大致分为核心启动子(core promoter)、近端启动子(proximal promoter)和远端启动子(distal promoter)3个区域。其中，核心启动子是指RNA聚合酶精确起始转录所需要的最少的一段DNA，长度约40个核苷酸，能与RNA聚合酶和通用转录因子(general transcription factor)结合；近端启动子和远端启动子位于核心启动子区域的上游和更上游区域，主要含有能够与各种特异性转录因子(specific transcription factor)结合的顺式作用元件，主要参与调控不同细胞类型或不同生理/病理条件下各种基因的特异性转录(参见第十三章基因表达及其调控)。RNA聚合酶Ⅱ识别使用的典型的核心启动子中常见的保守性序列组件有TFⅡB识别组件(TFⅡB recognition element，BRE)、TATA框(TATA box)、起始序列/起始子(initiator sequence，Inr)和下游启动子组件(downstream promoter element，DPE)。通常的核心启动子只含有这4个组件中的2个或3个。每一个组件的共有序列和与其结合的通用转录因子参见图11-9。

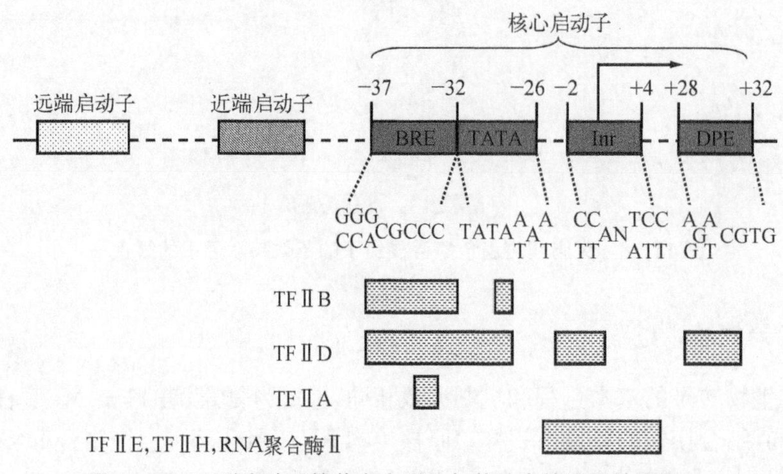

图11-9　Ⅱ型启动子的共有序列和与其结合的通用转录因子

2. 与核心启动子结合的通用转录因子　RNA聚合酶Ⅱ在启动转录时，需要一些称为转录因子的蛋白质因子参与才能形成具有活性的转录复合体。转录因子是指直接结合或间接作用于基因启动子、形成具有RNA聚合酶活性的动态转录复合体的蛋白质因子，包括通用转录因子、特异性转录因子等。

所有RNA聚合酶转录起始都需要的转录因子称为通用转录因子(general transcription factors)或基本转录因子(basal transcription factors)。相应于真核生物RNA聚合酶Ⅰ、RNA聚合酶Ⅱ、RNA聚合酶Ⅲ的通用转录因子，分别称为转录因子Ⅰ(transcription factor Ⅰ，TFⅠ)、转录因子Ⅱ(transcription factor Ⅱ，TFⅡ)、转录因子Ⅲ(transcription factor Ⅲ，TFⅢ)。TFⅡ包括TFⅡA、TAⅡB、TFⅡD、TFⅡE、TFⅡF和TFⅡH，它们在生物进化中高度保守，其功能多已基本清楚(表11-5)。其中，TFⅡD是一个分子量很大的多亚基蛋白复合体，包括TATA结合蛋白(TATA binding protein，TBP)和8～10个TBP相关因子(TBP associated factor，TAF)，前者能与核心启动子中的TATA框结合，后者辅助TBP-DNA结合。

表11-5　参与RNA聚合酶Ⅱ转录的TFⅡ

转录因子	亚基数量	分子量(kDa)	功　　能
TFⅡD	TBP(1)	38	结合TATA框
	TAF(11)	14～213	辅助TBP-DNA结合；识别其他核心启动子序列元件
TFⅡA	3	11,19,35	稳定TFⅡB和TBP与启动子的结合
TFⅡB	1	35	结合TBP；招募RNA聚合酶Ⅱ-TFⅡF复合物
TFⅡE	2	34,57	招募TFⅡH；具有ATP酶和解旋酶活性
TFⅡF	2	30,74	与RNA聚合酶Ⅱ紧密结合；与TFⅡB结合
TFⅡH	11	35～89	解开启动子区DNA双螺旋(解旋酶活性)；使RNA聚合酶Ⅱ的CTD磷酸化(激酶活性)；招募核苷酸切除修复蛋白

3. *真核生物转录起始的基本过程*　真核生物RNA聚合酶不与DNA分子直接结合，而需依靠众多的转录因子。通用转录因子的作用与原核生物的σ因子类似，它们帮助RNA聚合酶结合到启动子上并解开DNA双链，帮助RNA聚合酶从启动子上逃离而开始延长阶段。

首先，TFⅡD中的TBP识别并结合于核心启动子区的TATA框，TFⅡD中的TAF有多种，在不同基因或不同状态下与TBP做不同搭配以辅助TBP-DNA结合。然后，TFⅡB与TBP结合，TFⅡB也能与DNA结合，TFⅡA能够稳定已与DNA结合TFⅡB-TBP复合体。TFⅡB-TBP复合体再与由RNA聚合酶Ⅱ和TFⅡF组成的复合体结合，TFⅡF的作用是通过与RNA聚合酶Ⅱ一起与TFⅡB相互作用，降低RNA聚合酶Ⅱ与DNA非特异性部位的结合，协助RNA聚合酶Ⅱ靶向结合启动子。最后，TFⅡE和TFⅡH加入，形成闭合复合体，装配完成，这就是转录起始前复合体(pre-initiation complex，PIC)(图11-10)。

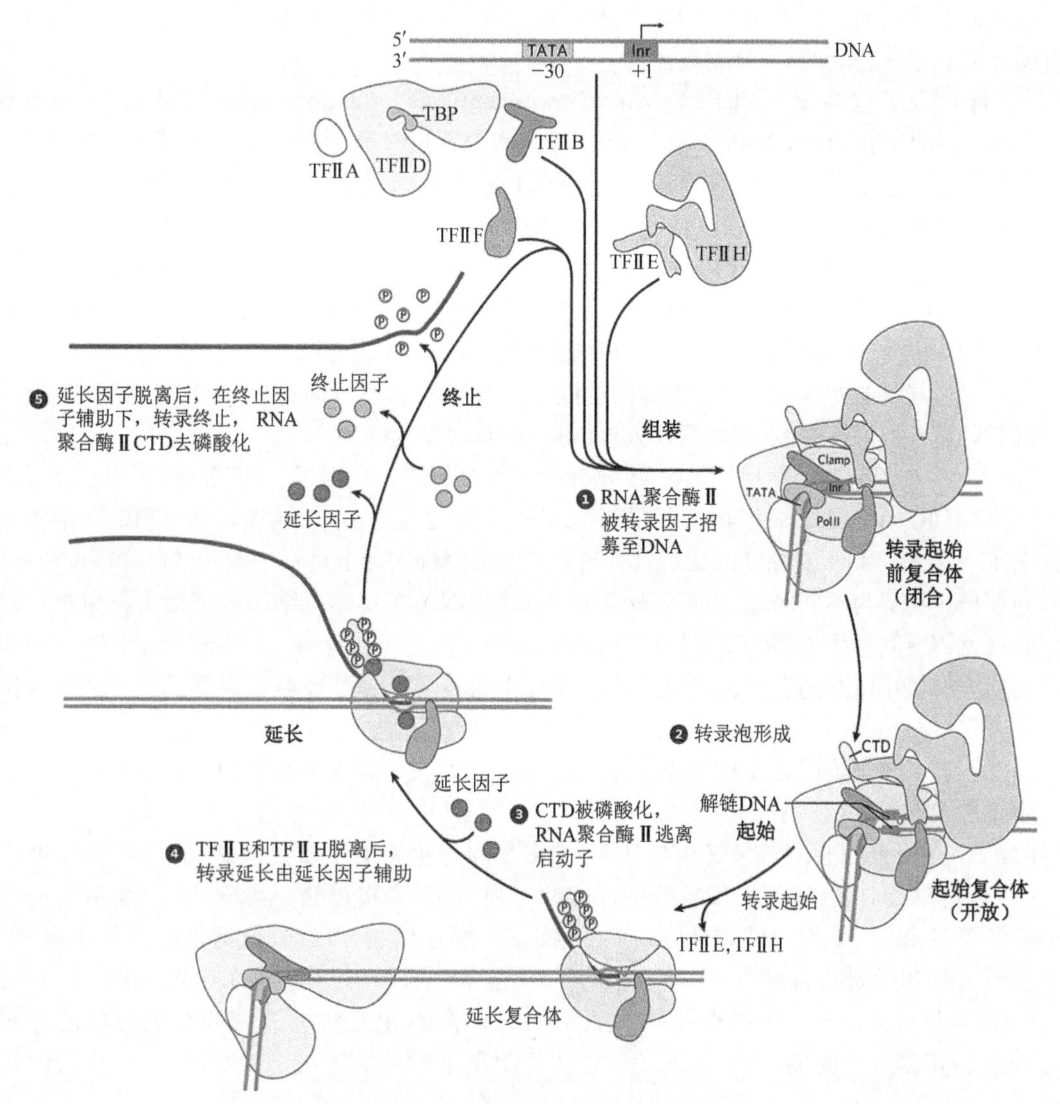

图11-10　真核生物转录起始前复合体的形成及转录过程

TFⅡH具有解旋酶活性，能使转录起始位点附近的DNA双螺旋解开，使闭合复合体成为开放复合体，启动转录。TFⅡH还具有激酶活性，它的一个亚基能使RNA聚合酶Ⅱ的CTD磷酸化，磷酸化位点为CTD尾巴中重复序列的Ser5。CTD磷酸化能使开放复合体的构象发生改变，启动转录。CTD磷酸化在转录延长期也很重要，而且影响转录后加工过程中转录复合体和参与加工的酶之间的相互作用。当合成一段含有60～70个核苷酸的RNA时，TFⅡE和TFⅡH相继释放，RNA聚合酶Ⅱ逃离启动子，进入转录延长期(图11-10)。此后，大多数的转录因子都会脱离转录起始前复合物。

需要注意的是，上述主要描述的是在体外条件下RNA聚合酶Ⅱ从一条裸露的DNA模板起始转录所需的条件。但实际上,在体内条件下,细胞内的真实情况要更为复杂,细胞内高水平的、受调节的转录还需要额外的大量转录调节蛋白尤其是特异性转录因子及中介蛋白复合体(mediator complex)的参与。特异性转录因子主要结合核心启动子上游或远距离的近端和远端启动子及增强子中的DNA调控组件而发挥作用。而中介蛋白复合体则是介于转录因子与RNA聚合酶Ⅱ基础转录机器之间的连接桥梁,它是由大约30个蛋白质组成的多蛋白复合体。此外,真核细胞的基因组DNA高度包装压缩在核小体和染色质内部,因此还需要一些染色质或核小体修饰因子参与(参见第十三章基因表达及其调控)。这也是真核基因转录与原核生物转录的一个显著不同之处。

(二) 延长阶段

一旦RNA聚合酶Ⅱ逃离启动子进入延长阶段后,RNA聚合酶Ⅱ脱落其大部分起始因子如通用转录因子和中介蛋白,取而代之的是延长因子和RNA加工酶或因子。这些因子或酶在延长阶段被先后依序招募至RNA聚合酶Ⅱ大亚基羧基端的CTD尾巴上。

被招募的延长因子包括P-TEFb(positive transcription elongation factor)、SPT5(suppressor Ty5 homolog)、ELL(eleven-nineteen lysine-rich leukemia)和TFⅡS等,它们可刺激延长,抑制转录暂停。P-TEFb的作用尤为重要,它由细胞周期素T和CDK9组成,有激酶活性,它经转录激活因子招募至RNA聚合酶Ⅱ后,即可磷酸化RNA聚合酶Ⅱ的CTD尾巴的Ser2。P-TEFb还可磷酸化激活延长因子SPT5、招募延长因子TAT-SF1及磷酸化转录停顿因子NELF(negative elongation factor)和DSIF(DRB sensitivity inducing factor)。通过上述多种机制,P-TEFb最终激活并使转录延长高效进行。TFⅡS和ELL则具有抑制RNA聚合酶Ⅱ转录暂停的作用。此外,TFⅡS还能够激发RNA聚合酶Ⅱ(非活性位点的部分)固有的核糖核酸酶活性,通过局部的有限的RNA降解而去除错误加入的碱基,即促进RNA聚合酶Ⅱ的校对作用。这类似于原核基因转录过程中的水解编辑(hydrolytic editing)校读机制。

被招募的RNA加工酶或因子包括加帽酶、剪接因子和多聚腺苷化因子。这些酶或因子在转录的延长和终止过程中先后与RNA初级转录产物的不同部位结合,分别对其进行5′-端加帽、剪接和3′-端多聚腺苷化加工修饰(图11-11)。因此,真核基因的转录和转录后加工修饰实际上是一个紧密偶联和高度协调的过程。

此外,与原核生物更为不同的是,由于真核生物基因组DNA在双螺旋结构的基础上与组蛋白组成核小体高级结构,这就需要其他因子[如FACT(facilitates chromatin transcription)]在转录延长过程中不断拆卸RNA聚合酶前方的核小体并随后再次组装。所以真核生物转录延长过程可以观察到核小体的移位和解聚现象。

需要注意的是,真核细胞因有核膜将转录和翻译分割,所以没有转录与翻译同步的现象。

(三) 终止阶段

真核生物RNA聚合酶Ⅱ的转录终止与其3′-端多聚腺苷化加工修饰紧密偶联。当RNA聚合酶Ⅱ转录到达一个基因的末端时,会遇到一段特殊的保守性序列,该序列在被转录为RNA后会引发一些酶和蛋白因子与该段RNA结合,从而引发转录终止和3′-端多聚腺苷化加工修饰,包括初级转录产物3′-端序列的切除、许多腺嘌呤碱基被添加到其3′-端、被切除3′-端序列的降解及随后的转录终止(图11-11)。该段RNA序列的典型特征是有一个高度保守的AAUAAA序列,也被称为多聚腺苷酸加尾信号或加尾信号,通常出现在被切割点上游的10～30 nt处,在被切割点下游的20～40 nt处还有一段富含G和U的序列。

参与这一转录终止和多聚腺苷化加工修饰的酶和蛋白质因子包括切割和聚腺苷酸化特异因子(cleavage and polyadenylation specificity factor,CPS-F)、切割刺激因子(cleavage stimulatory factor,CstF)及多聚腺苷酸聚合酶[poly(A)polymerase,PAP]等。其中,CPS-F与CstF首先分别与上述RNA中的AAUAAA信号序列和富含G和U的序列结合,进而引发内切核酸酶和PAP等的结合。内切核酸酶从切割位点处切开RNA链。PAP则催化多聚腺苷化加尾反应,它以ATP为原料,与常规的RNA合成类似,但其特殊之处在于不需要模板。因此,真核生物mRNA的多聚腺苷酸尾巴序列[poly(A)]是经加工修饰生成的,相应的DNA模板链上并没有与之互补的多聚胸苷酸序列[poly(dT)]。多聚腺苷酸尾合成后,多聚腺苷酸尾结合蛋白与之结合,多聚腺苷酸尾结合蛋白能控制多聚腺苷酸尾的长度。

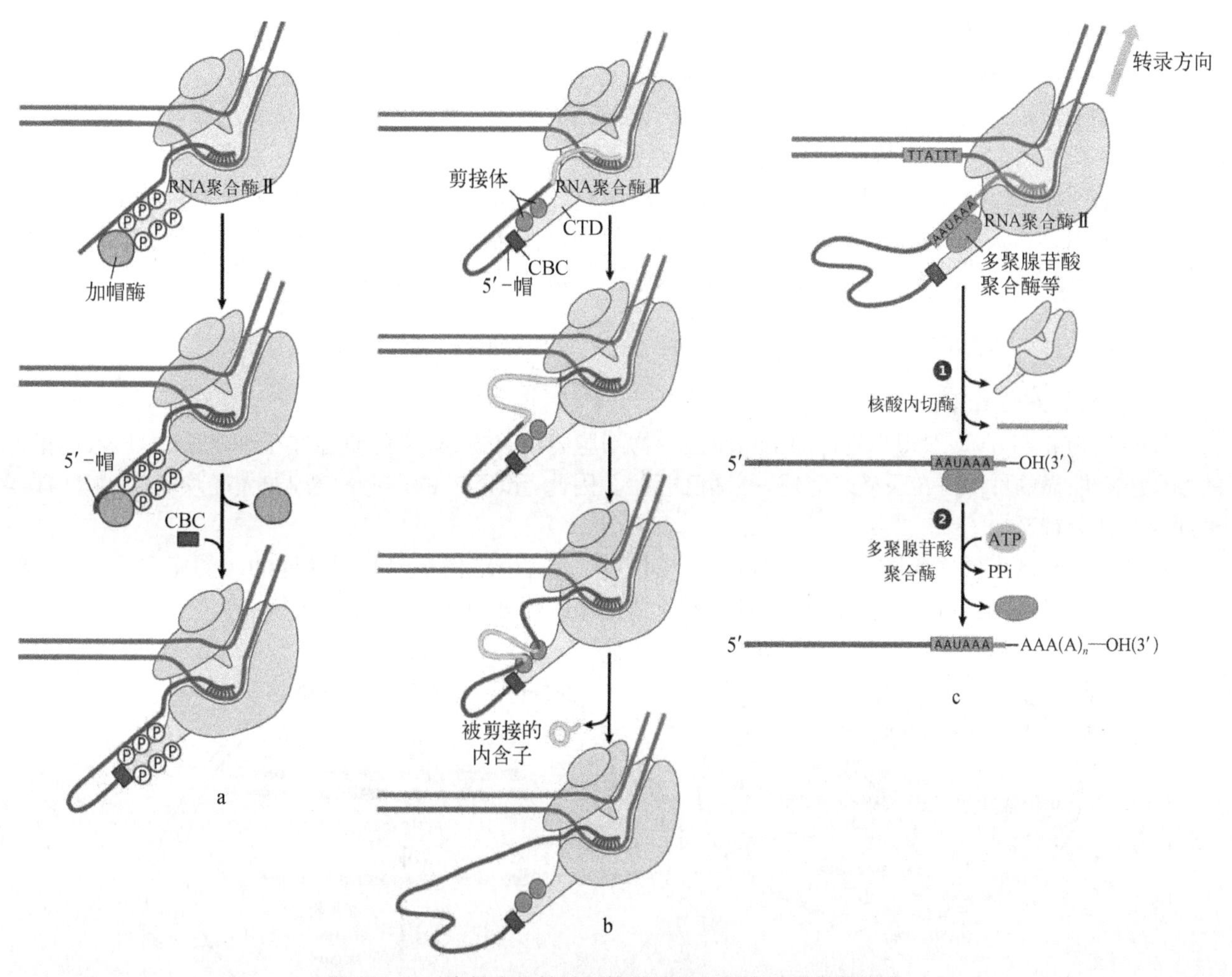

图 11-11 真核生物转录与转录后加工修饰过程紧密偶联

a. 转录起始后的5′-端加帽；b. 转录延长中的剪接；c. 转录终止阶段的3′-端多聚腺苷化加尾；b图和c图中为简便起见，CTD尾巴的磷酸化略去未显示，其中CBC为帽结构复合体

值得注意的是，RNA聚合酶Ⅱ并不是在RNA被切割和多聚腺苷酸化时就立刻终止转录。它会继续转录从而合成一段RNA链。这一段RNA分子不进行5′-端加帽和3′-端多聚腺苷化修饰，会被一些核糖核酸酶(如Xrn2)识别并迅速降解。目前认为，可能正是这些核糖核酸酶对该段RNA的快速降解从而迫使RNA聚合酶Ⅱ离开DNA模板，最终导致转录终止。

当RNA聚合酶Ⅱ完成一个基因的转录后，它会离开DNA模板，可溶性磷酸酶会去除其CTD尾巴上的磷酸基团。去磷酸化且只有完全去磷酸化的RNA聚合酶Ⅱ才能再次在待转录基因的启动子区域起始转录，其CTD尾巴在转录过程中会被再次磷酸化。这也就是说，RNA聚合酶Ⅱ的CTD尾巴的磷酸化/去磷酸化修饰在整个转录过程中发生周期性改变。

第三节 转录后的加工

在细胞内，刚刚转录生成的RNA产物即初级转录产物(primary transcript)往往还需要经过进一步的加工修饰，成为成熟的具有功能的RNA，这一过程称为转录后加工(post-transcriptional processing)。常见的加工类型包括：① 剪切(cleavage)及剪接(splicing)，剪切是指剪去部分序列；剪接是指剪切后又将某些片段连接起来。② 末端添加，如tRNA的3′-端添加CCA 3个核苷酸。③ 碱基修饰，在碱基上发生化学修饰反应，如tRNA分子中稀有碱基的形成(尿苷变成假尿苷)。需要注意的是，有些初级转录产物如RNA聚合酶

Ⅱ催化合成的RNA前体的加工修饰实际上是与转录延长和终止过程是紧密偶联的，并非真正的“转录后”。但为了学习理解方便，一并放在本节予以叙述。

在原核生物和真核生物中，不同的RNA分子，其加工过程往往有所不同。在原核生物，其mRNA一经转录通常立即进行翻译(除少数例外)，一般不进行转录后加工；但其tRNA和rRNA基因的转录产物则都需要经过一系列加工修饰，rRNA与某些tRNA的编码序列还往往串联排列为一个转录单位被转录。真核生物rRNA和tRNA的加工过程与原核生物有些相似；但mRNA前体则需经过复杂的加工过程才能成为有活性的成熟mRNA。加工主要在细胞核内进行，也有少数反应在细胞质中进行。

一、mRNA的转录后加工

(一) 原核生物mRNA的加工

原核生物mRNA一般很少进行加工。原核生物细胞内没有核膜，染色质存在于细胞质中，转录与翻译的场所没有明显的屏障。转录尚未完成，翻译已开始。因此，mRNA的寿命短暂，如大肠埃希菌mRNA半衰期仅为几分钟。

原核生物转录生成的mRNA属于多顺反子mRNA，即几个结构基因利用共同的启动序列及共同的终止信号，经转录生成的mRNA分子可编码几种不同的蛋白质(图11-12)。

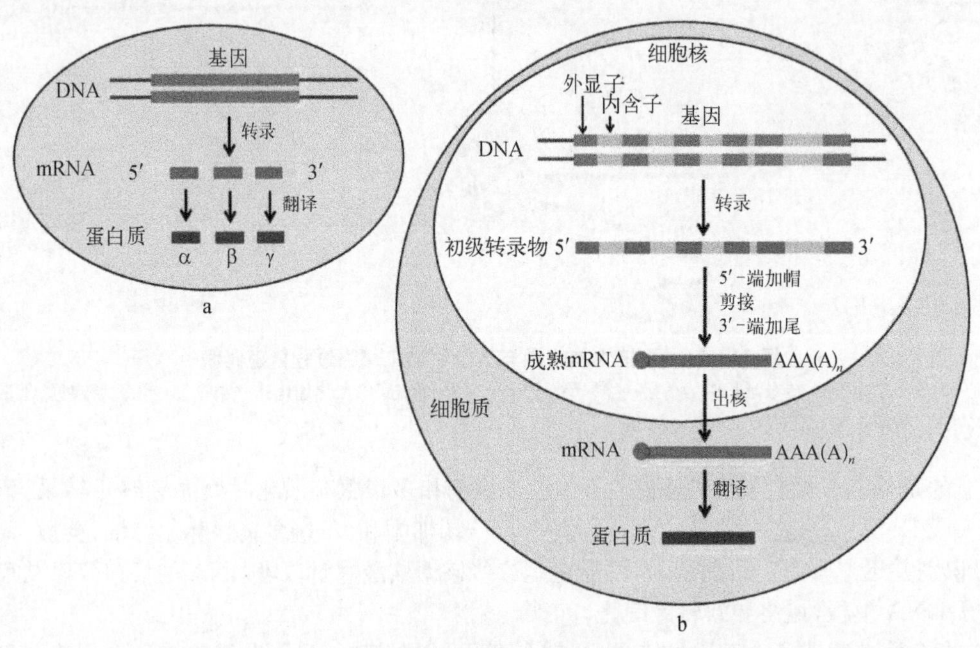

图11-12　原核生物与真核生物的mRNA加工修饰

a. 原核生物；b. 真核生物

(二) 真核生物mRNA的加工

真核生物编码蛋白质的基因以单个基因作为转录单位，其转录产物为单顺反子mRNA(monocistron mRNA)，即一个mRNA通常仅编码一种蛋白质。真核生物首先转录出的初级转录物称为mRNA前体(precursor mRNA，pre-mRNA)。mRNA前体需要经过复杂的加工过程才能成为成熟mRNA，然后从细胞核被转运到细胞质，并作为模板指导蛋白质的翻译。mRNA前体有时也被称为hnRNA，但实际上hnRNA是一个集合名词，指的是存在于细胞核内，经转录生成的一类不稳定、分子量大小不均一的RNA，包括了mRNA前体和其他的snRNA等。

真核生物mRNA前体的加工包括以下几个方面。

1. mRNA前体在5′-端加帽结构　绝大多数真核mRNA的5′-端均具有帽结构，它是经特定的酶加工修饰形成的(图11-13)。该5′-帽结构不仅可保护mRNA避免受细胞内核酸酶的降解，而且在随后招募核糖体并继而启动翻译的过程中也具有重要作用。

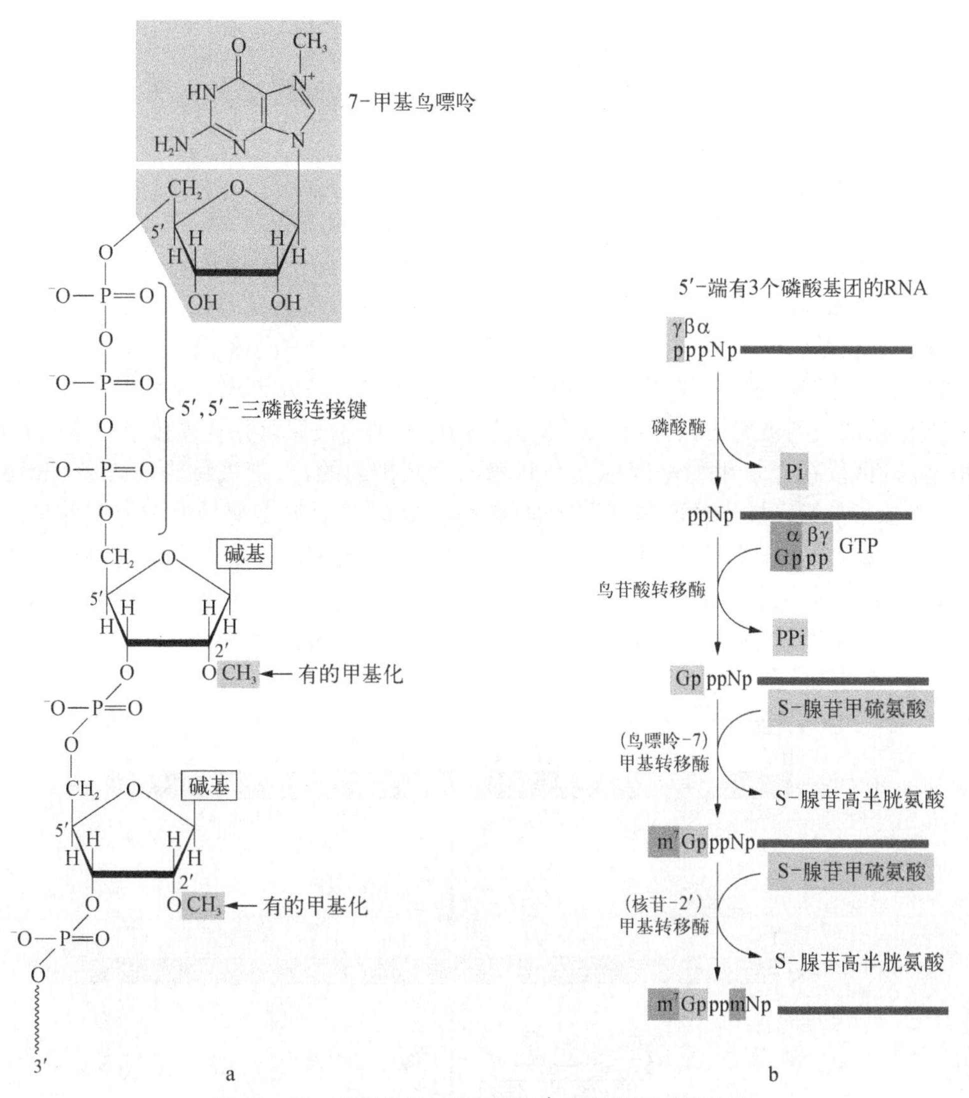

图 11-13　真核生物 mRNA 的 5′-帽结构及形成过程

加帽修饰发生在转录起始向转录延长的转换阶段。在转录起始阶段，RNA 聚合酶Ⅱ的 CTD 尾巴的 Ser5 位点发生磷酸化修饰，从而使其得以摆脱多数通用转录因子，离开启动子进入延长阶段，并招募相应的加帽酶，由此对新合成 RNA 分子的 5′-端进行加帽修饰，此时 RNA 聚合酶Ⅱ催化合成新生 RNA 长度一般约 25 个核苷酸(图 11-11)。

加帽修饰主要包括 3 步酶促反应。首先，由磷酸酶催化水解脱去转录产物的 5′-端第一个核苷酸的γ-磷酸。然后，由鸟苷酸转移酶催化，GTP 参与，将一分子 GMP 转移至转录产物的 5′-端，与第一个核苷酸的β-磷酸以"5′,5′-"方式连接(注意此处的连接方式不是常见的"3′,5′-")。最后，由甲基转移酶催化，由 S-腺苷甲硫氨酸提供甲基，使新加入的 GMP 中鸟嘌呤的 N^7 处甲基化；m^7Gppp 之后的原有的 5′-端第一或第二位核苷酸的核糖，有时也可进一步被甲基化修饰。最常见的帽结构可简写为 m^7GpppNp (图 11-13)。

加帽修饰完成后，加帽酶离开帽结构，帽结构与帽结合复合体(cap-binding complex，CBC)结合。CBC 则会进一步参与 mRNA 前体的加工和成熟 mRNA 转运至胞质的过程。

2. *mRNA 前体在 3′-端特异性位点断裂并加上多聚腺苷酸尾*　除组蛋白 mRNA 外，真核生物 mRNA 在 3′-端都有一个 80～250 个腺苷酸残基构成的多聚腺苷酸即多聚腺苷酸尾结构。大多数已研究过的基因中，都没有相应的 3′-端多聚胸苷酸序列，说明多聚腺苷酸尾不是由模板转录而来。转录最初生成的 3′-端也长于成熟 mRNA。现在已经知道，mRNA 前体生成后，在 CPS-F、内切核酸酶和多聚腺苷酸聚合酶等多种蛋白质因子和酶的参与下，由内切核酸酶在 3′-端的特异性位点切割、由 PAP 催化在断裂点末端加上多聚腺苷酸尾,这一过程与转录终止几乎是同时进行的(图 11-11)。

多聚腺苷酸尾的长度很难确定,因其长度随 mRNA 的寿命而缩短,而且都经过提取阶段才进行测定,能否准确地从数量方面反映体内情况是个问题。随着多聚腺苷酸尾的缩短,翻译的活性也下降。因此推测,多聚腺苷酸尾的长短和有无是维持 mRNA 作为模板的活性及增加 mRNA 本身稳定性的重要因素。

3. mRNA 前体的剪接

(1) 断裂基因:早期对于原核生物基因的研究发现,多肽链的氨基酸序列与相应编码基因的 DNA 核苷酸序列是共线性对应的(图 11-11),这使人们早期一直认为基因的序列信息是连续的、不间断的。然而,1977 年,Phillip Sharp 和 Richard Roberts 发现,真核生物的绝大多数蛋白编码基因并非如此。通过比较典型的真核生物蛋白编码基因的 DNA 序列、其初级转录物 mRNA 前体的序列及经过转录后加工生成的成熟 mRNA 序列可以发现,基因中的 DNA 模板序列虽然可以被完整转录并出现于初级转录物 mRNA 前体中,但经加工后一些区段的序列被剪切除去,而另一些区段的序列则仍被保留并被连接组成成熟 mRNA 的完整序列,而这两类序列区段在真核生物基因中又是间隔地交互排列的,分别被称为内含子(intron)和外显子(exon)。因此,外显子是指真核生物断裂基因中被转录的、在转录后加工剪接时被保留并最终呈现于成熟 RNA 中的 DNA 片段。内含子则是指真核生物断裂基因中被转录的、但在转录后加工剪接时被除去的 DNA 片段。初级转录物 mRNA 前体并不能作为蛋白质合成的直接模板,只有成熟 mRNA 的序列才真正作为模板用于蛋白质的合成,也就是说真核生物基因中编码蛋白质的信息是不连续的、断裂的(图 11-11,图 11-14)。

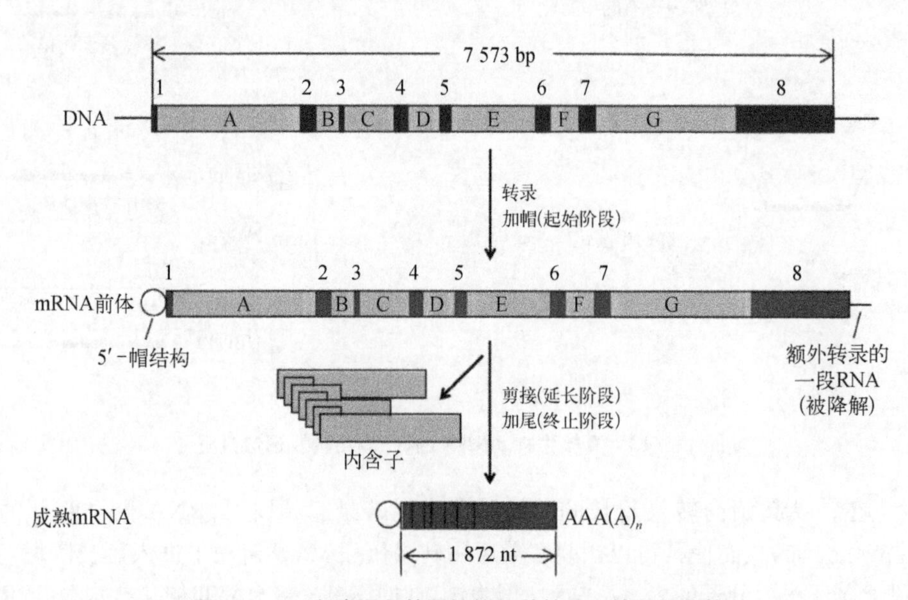

图 11-14 卵清蛋白基因结构及其转录和转录后修饰

真核生物基因大多具有明显的断裂性特点,由若干外显子(被转录并呈现在 RNA 终产物上)和内含子(仅呈现在 RNA 初级产物上并被除去)序列交替排列组成,因此称为断裂基因(split gene)。脊椎动物细胞内绝大多数蛋白质编码基因含有内含子,只有少数基因不含内含子,如组蛋白基因就没有内含子。有些低等真核生物的蛋白质编码基因也缺乏内含子,如酿酒酵母的许多基因都没有内含子。第一个被详细研究的断裂基因是鸡的卵清蛋白基因,其全长为 7.5 kb,含有 8 个外显子和 7 个内含子(图 11-14)。

(2) mRNA 前体的剪接:所谓 mRNA 前体的剪接是指去除 mRNA 前体即初级转录产物上和内含子对应的序列,把外显子对应的序列连接为成熟 mRNA 的过程。mRNA 前体的剪接发生在转录延长阶段,转录延长因子 P-TEFb 将 RNA 聚合酶Ⅱ的 CTD 尾巴的 Ser2 位点磷酸化,并募集剪接相关因子,从而启动剪接反应。

mRNA 前体中内含子序列与外显子序列的邻接区域的序列非常保守,这些序列指明了剪接应该在何处进行。内含子的两个末端边界及紧邻外显子的边界分别称为 5′剪接位点和 3′剪接位点。在内含子中,离 3′剪切位点 20~50 bp 处还有一段短的保守序列,称为分支点,其中有一个 A 是不变的(图 11-15)。因为内含子序列不负责编码氨基酸，故其相应的序列保守性尤为明显。大部分内含子是以GU开始，以AG结束，称为“GU-AG剪接规则”。

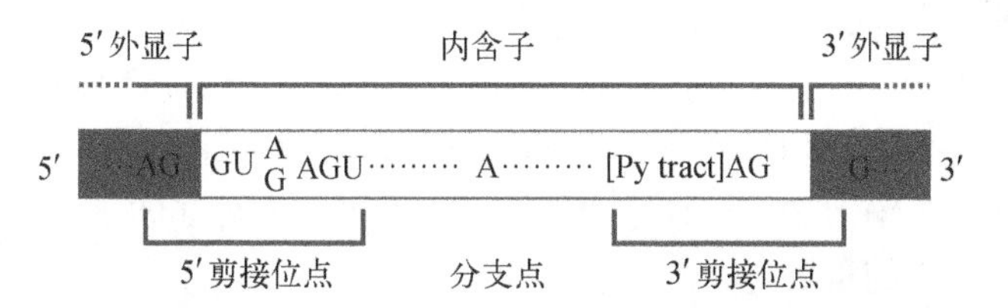

图11-15　内含子与外显子交界处的核苷酸序列

本图显示的共有序列是人类的情况，Py tract代表多聚嘧啶区

剪接是由两步连续的转酯反应完成的(图11-16)。第一步转酯反应是由分支点保守的腺苷酸的2′-OH引发的。它作为亲核基团，攻击5′剪接位点中保守的鸟苷酸的磷酰基团，导致该位点磷酸二酯键断开；同时，游离出来的5′磷酸又与分支点保守腺苷酸的2′-OH形成一个磷酸二酯键相连。第二步转酯反应则是由新游离出来的5′外显子序列的3′-OH引发的。它作为亲核基团攻击3′剪接位点的中保守的鸟苷酸的磷酰基团，导致攻击位点磷酸二酯键断开，使内含子序列以带分支的套索(lariat)形式结构被释放出去并迅速降解；同时，一个新的磷酸二酯键形成使两个相邻的外显子序列链接起来。

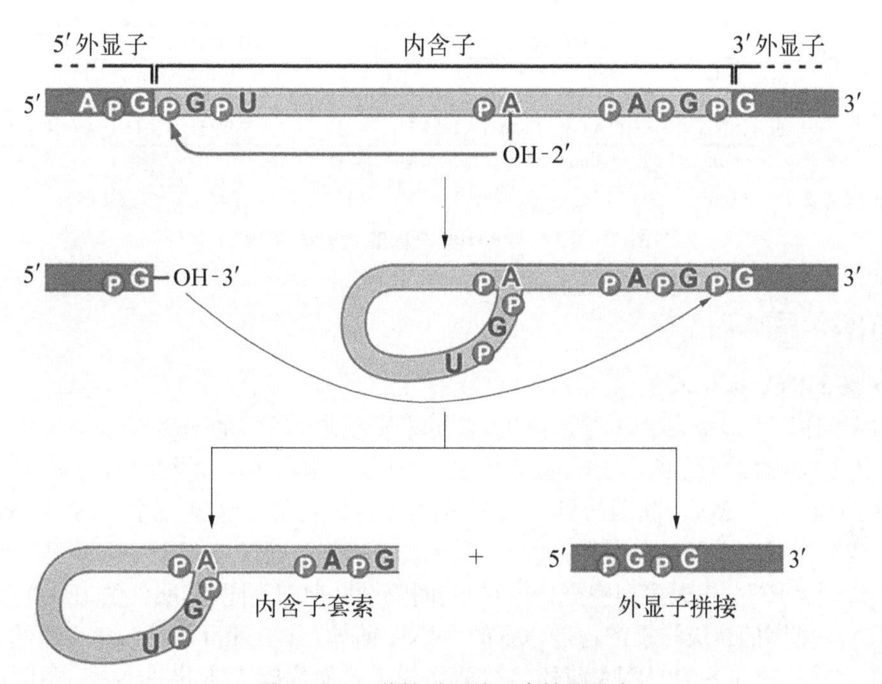

图11-16　剪接过程的两步转酯反应

剪接的两步转酯反应是由剪接体(spliceosome)介导执行的。剪接体包含约150种蛋白质和5种snRNA，大小与核糖体相近。snRNA通常由100～300个核苷酸组成，因其尿嘧啶含量丰富，故以U作为命名，已发现有U_1、U_2、U_3、U_4、U_5、U_6和U_7等。参与剪接体组成的主要是U_1、U_2、U_4、U_5和U_6。每种snRNA都分别与几种核内蛋白质形成RNA-蛋白质复合物，称为小分子核糖核蛋白(small nuclear ribonucleoprotein，snRNP)。剪接体就是由这些snRNP形成的巨型复合体。在剪接过程中，剪接体组成是动态的，不同的snRNP在不同时间进出剪接体，行使其特定的功能。剪接体中的RNA成分在剪接反应中也起重要作用，如U_1和U_2 snRNA中的序列可分别与hnRNA中5′剪接位点和分支点的序列通过互补碱基配对发生相互作用。

4. 选择性剪接(alternative splicing)　或称可变剪接，是指一个mRNA前体通过不同的剪接方式(主要是选择不同的剪接位点组合)产生不同的mRNA剪接变体(splicing variants)的过程。据估计，人类基因组中约90%以上的蛋白质编码基因可通过选择性剪接产生多种不同的mRNA剪接变体，从而编码产生不同的多肽链或蛋白质。因此，mRNA前体的选择性剪接极大地增加了mRNA和蛋白质的多样性及基因表达的复杂程度。例如,降钙素基因,同一 mRNA 前体分子在甲状腺和脑中分别通过不同的剪接方式,生成两种不同的成熟 mRNA,最终分别产生两种分子量大小和氨基酸残基序列不同的异构体即降钙素和降钙素基因相关肽(calcitonin gene related peptide,CGRP)[图 11-17(本章末二维码)]。

5. RNA 编辑(RNA editing)——是指在初级转录物上增加、删除或置换某些核苷酸而在 RNA 水平上使遗传信息发生改变的过程。它可以使 RNA 序列不同于基因组模板 DNA 的序列,也可能会进一步影响到编码蛋白质的氨基酸序列。RNA 编辑是一种细胞内改变 RNA 序列的分子机制,广泛存在于多种生物基因的转录后加工过程中,是基因调控的重要方式之一。

mRNA 分子生成后,其序列可以通过 RNA 编辑而发生改变。例如,人类基因组上只有一个 *ApoB* 基因,转录后可发生 RNA 编辑,编码产生的载脂蛋白 B 有两种形式,一种是 ApoB100(分子量为 513 kDa),由肝细胞合成;另一种是 ApoB48(分子量为 250 kDa),由小肠黏膜细胞合成。这两种 ApoB 都是由 *ApoB100* 基因产生的 mRNA 编码的。一种胞嘧啶核苷脱氨酶(cytosine deaminase)只在小肠黏膜细胞中发现,它能与 *ApoB100* 基因产生的 mRNA 的编码第 2 153 位氨基酸的密码子(CAA 编码 Gln)结合,使其中的 C 转变为 U,从而使原来的 CAA 转变为终止密码子 UAA,使翻译提前终止,产物由原来的分子量为 513 kDa 的 ApoB100(存在于肝脏)变成分子量为 250 kDa 的 ApoB48(存在于小肠)(图 11-18)。因此,ApoB48 实际上是 ApoB100 氨基端那部分的肽链。RNA 编辑的加工方式大大增加了 mRNA 的遗传信息容量。

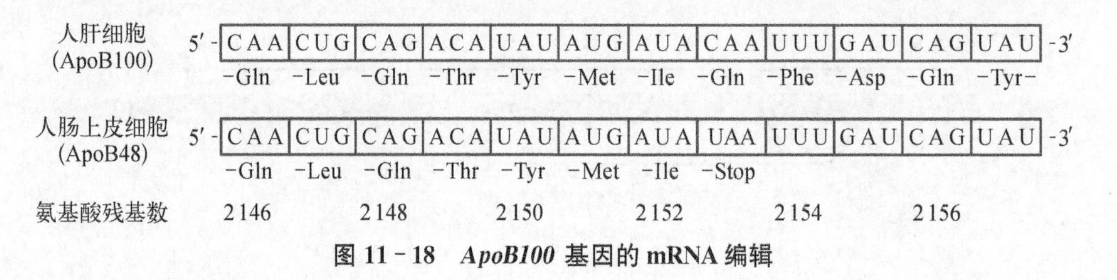

图 11-18 *ApoB100* 基因的 mRNA 编辑

二、rRNA 的转录后加工

(一) 原核生物 rRNA 的加工

原核生物基因组往往有多个 *rRNA* 基因拷贝,以便转录合成足够多的 rRNA 以满足核糖体组装的需要(rRNA 组分通常约占核糖体总质量的 2/3)。以代表性的大肠埃希菌为例,一个细胞内的核糖体数量为 7 000~70 000 个,其基因组有 7 个 *rRNA* 基因拷贝。每个 *rRNA* 基因拷贝都包括一个 16S rRNA、23S rRNA 和 5S rRNA 及一个或多个 tRNA 的编码序列,这些序列又被一些能被转录的间隔序列隔开。对于这 7 个不同的 *rRNA* 基因来讲,其 rRNA 编码序列完全相同,但其间隔区序列则不同,其所含的 tRNA 序列也不同。

原核生物 *rRNA* 基因的初级转录产物是 30S 的 rRNA 前体,分子量为 2.1×10^6 Da,约含 6 500 个核苷酸,5′-端为$_{ppp}$A。这种长的 30S 的 rRNA 前体经过剪切加工才能形成成熟的 rRNA。不同原核生物 rRNA 前体的加工过程并不完全相同,但基本过程类似(图 11-19)。大致包括 3 步:首先,30S 的 rRNA 前体中的一些碱基和核糖的 2′-OH 经酶催化发生甲基化修饰,甲基化反应由 S-腺苷甲硫氨酸作为甲基供体,一些尿嘧啶碱基则经酶催化转变为假尿嘧啶或双氢尿嘧啶;然后,经内切核酸酶如核糖核酸酶Ⅲ(RNaseⅢ)、核糖核酸酶 P(RNase P)和核糖核酸酶 E(RNase E)剪切释放出相应的 rRNA 和 tRNA 前体,其中 RNase P 属于核酶;最后,经各种特异性核酸酶作用最终生成成熟的 16S rRNA、23S rRNA 和 5S rRNA。

(二) 真核生物 rRNA 的加工

真核细胞内的核糖体数量比原核细胞更多,如一个典型的哺乳动物细胞一般含有 10^7 个核糖体。因此,真核生物的 *rRNA* 基因的拷贝数比原核生物更多。以人类细胞为例,其核糖体包含 18S、28S、5.8S 和 5S 四种 rRNA。其中 18S、5.8S 和 28S *rRNA* 基因位于一个转录单位中,其拷贝数约为 200 个,这些转录单位拷贝串联成簇排列在一起,彼此又被不能转录的间隔序列(gene spacer)分开,集中分布在 5 个不同染色体(13、14、15、21 和 22 号)的核仁组织区。这些转录单位经 RNA 聚合酶Ⅰ转录生成 45S rRNA 前体后,再经加工修饰生成成熟的 18S、28S 和 5.8S rRNA(图 11-20)。人类的 5S *rRNA* 基因独立存在,其拷贝数更是多达约

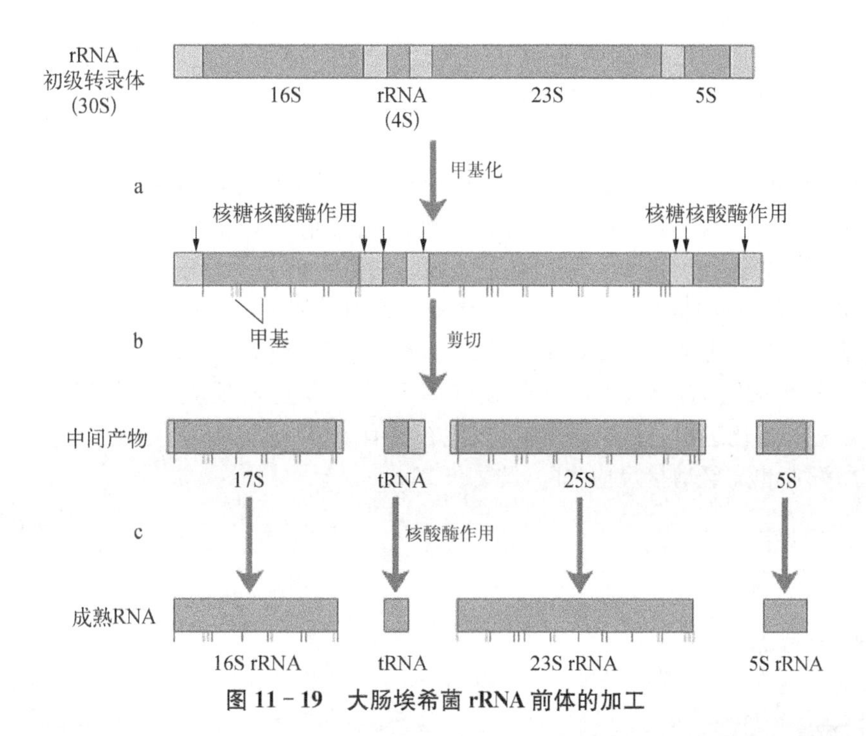

图 11－19　大肠埃希菌 rRNA 前体的加工

1 000 个，以串联成簇方式集中位于 1 号染色体(1q42－43)。5S *rRNA* 基因由 RNA 聚合酶Ⅲ负责转录合成 5S rRNA，一般不需要额外的加工修饰。

与原核生物类似，真核生物的 rRNA 前体需要先经甲基化等碱基修饰，然后再被核酸酶剪切。但与原核生物不同的是，真核生物 rRNA 前体的转录、加工修饰和核糖体组装紧密偶联，同时在核仁进行。在核仁中，哺乳动物的 45S rRNA 前体刚刚合成就立即与 90S 核糖体前体复合物结合，rRNA 前体的加工修饰与核糖体组装在该复合物中紧密偶联、同时进行。最后，组装形成的成熟的核糖体 60S 大亚基和 40S 小亚基被转运至细胞质(图 11－20)。

此外，与原核生物的 rRNA 加工修饰不同的是，真核生物 rRNA 前体的甲基化、假尿苷酸化(pseudouridylation)修饰需要 snoRNA 参与。snoRNA 长 60～300 nt，系由其他基因的内含子区域转录产生。每种 snoRNA 与 4～5 种蛋白质或酶可形成小核仁核糖核蛋白颗粒(small nucleolar ribonucleoprotein particle，snoRNP)。每种 snoRNA 都含有一段 10～21 nt 的序列，其能与相应的 rRNA 中的一段序列完全互补，从而引导 snoRNP 中的蛋白或酶执行相应的碱基修饰等反应。

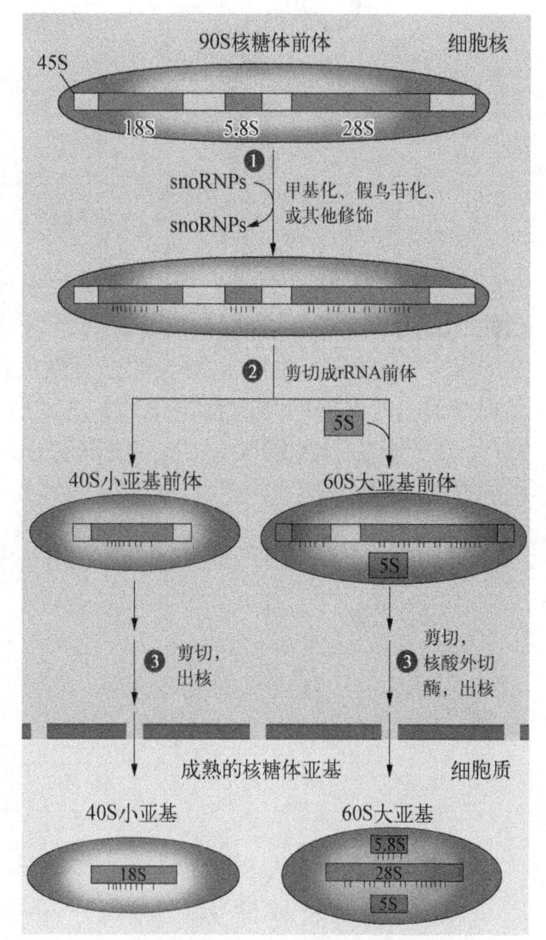

图 11－20　哺乳动物 rRNA 的加工

三、tRNA 的转录后加工

原核生物如大肠埃希菌的基因组 *tRNA* 基因共有约 80 个。原核 *tRNA* 基因大多串联成簇存在，或者与 *rRNA* 基因或蛋白编码基因组成混合转录单位。如前所述，有些原核生物的 tRNA 是与其 rRNA 一起作为一个完整的转录单位被转录，先生成 30S 的 rRNA 前体，再经加工修饰生成成熟的 tRNA。

真核生物 *tRNA* 基因的数目则更多，如人类基因组含有 513 个 *tRNA* 基因，也呈串联成簇方式存在。真核生物 *tRNA* 基因则由专门的 RNA 聚合酶Ⅲ转录，初级转录产物为 4.5S tRNA 或稍大的 tRNA 前体，约 100 nt，经加工修饰生成的成熟 tRNA 分子为 4S，70～80 nt。

原核生物与真核生物 tRNA 前体的加工修饰过程和机制基本相同。主要包括：① 由内切核酸酶 RNase P 切除 tRNA 前体 5′-端的一段 RNA；② 由外切核酸酶如核糖核酸酶 D(RNase D)切去 tRNA 前体 3′-端的一段序列；③ 由 tRNA 核苷酸转移酶催化合成一段三核苷酸序列即-CCA，并将其加至 tRNA 的 3′-端，该反应为 tRNA 前体加工所特有，所有的真核 tRNA 前体和一些不含该-CCA 序列的原核 tRNA 前体均需要该加工步骤，但有些原核 tRNA 前体本身含有-CCA 序列故无须此加工步骤；④ 核苷酸碱基的化学修饰，包括甲基化(tRNA 甲基转移酶催化某些嘌呤生成甲基嘌呤，如 G→^{m}G 或 A→^{m}A)、脱氨(如 A 脱氨成为 I)、转位(U 被去除并被重新移至核糖的 C-5 生成假尿嘧啶即 U→ψ)及还原反应(某些 U 还原为二氢尿嘧啶即 DHU)等，均由特定的酶催化进行，且这些修饰均发生在所有 tRNA 的一些特定位点；⑤ 有些真核 tRNA 前体中还含有内含子序列，也需经剪接反应去除(图 11-21)。

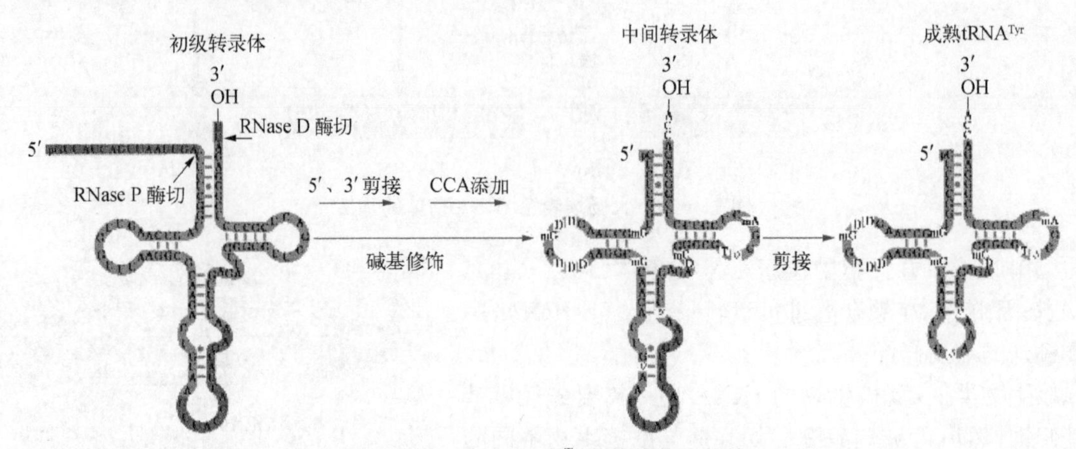

图 11-21 酵母 tRNA^{Tyr}前体的加工修饰

上面述及的内切核酸酶 RNase P 在所有生物中广泛存在，由蛋白质和 RNA 组成，其中 RNA 组分为酶活性所必需。1983 年，美国科学家 Sidney Altman 和 Norman Pace 等发现，在某些条件下，细菌的 RNase P 中的 RNA 自身无须蛋白质组分参与，就能在正确的位点催化 tRNA 前体 5′-端的切割，RNase P 的蛋白质成分则在细胞内起着明显的稳定 RNA 或协助 RNA 发挥催化功能的作用。因此 RNase P 被视为催化性 RNA，属于核酶。该 RNase P 核酶能识别 tRNA 前体的三维空间结构及-CCA 序列，故而能切除各种 tRNA 中的 5′-端序列。

四、RNA 的自我剪接和催化功能

具体见章末二维码。

第四节 RNA 的复制

绝大多数生物的基因组是 DNA，只有少数病毒的基因组是 RNA。以 RNA 作为基因组的病毒称为 RNA 病毒。这类病毒，除逆转录病毒外，在宿主细胞都是以病毒的 RNA 单链为模板合成 RNA，这种依赖 RNA 的 RNA 合成称为 RNA 复制(RNA replication)。

一、RNA 复制的模板和酶

从感染 RNA 病毒的细胞中可以分离出由病毒 RNA 编码的 RNA 复制酶(RNA replicase)，又称 RNA

依赖的 RNA 聚合酶(RNA - dependent RNA polymerase,RDRP)。RNA 复制酶只特异性识别和复制病毒 RNA,不能以 DNA 为模板合成 RNA,也不能以宿主 RNA 为模板进行复制。RNA 复制的反应机制与依赖 DNA 的 RNA 合成即转录是相似的,合成的方式也是从 5′→3′。RNA 复制酶以病毒 RNA 单链为模板,在有 4 种 NTP 和 Mg^{2+} 存在时合成与模板性质相同的互补 RNA。病毒的全部遗传信息(包括合成病毒外壳蛋白质和各种有关酶的信息)均储存在其基因组 RNA 中,基因组 RNA 复制就是以病毒全长 RNA 分子为模板在真核细胞中合成一套同样的 RNA 分子。因此,用 RNA 复制产物去感染细胞,能产生正常的 RNA 病毒。

二、RNA 病毒的种类及其复制方式

具体见章末二维码。

(卜友泉,朱慧芳)

※ 第十一章数字资源

图 11 - 17
大鼠降钙素基因转录产物的选择性剪接

RNA 的自我剪接和催化功能

RNA 病毒的种类及其复制方式

第十一章
参考文献

微课视频 11 - 1
转录的概念和反应体系

微课视频 11 - 2
大肠埃希菌 RNA 聚合酶的结构和功能

微课视频 11 - 3
启动子

微课视频 11 - 4
原核生物转录起始过程

微课视频 11 - 5
mRNA 的加工

第十二章

蛋白质的生物合成

内容提要

蛋白质的生物合成，也称翻译，是生物细胞以 mRNA 为模板，将 mRNA 分子中 4 种核苷酸序列解读为蛋白质氨基酸序列的过程。蛋白质生物合成体系由氨基酸、RNA（包括 mRNA、tRNA 和 rRNA）、蛋白质因子（包括酶）、供能物质（ATP 和 GTP）、无机离子（Mg^{2+} 和 K^{+}）等组成。20 种氨基酸是翻译的原料。mRNA 是翻译的直接模板，其上的遗传密码指导多肽链的合成，决定氨基酸组成顺序。tRNA 是氨基酸的转运工具，氨基酸和相应的 tRNA 结合生成活化的氨基酰-tRNA，按照 mRNA 的遗传密码，将氨基酸逐个转运至核糖体上，以进行多肽链的合成。rRNA 和多种蛋白质组成的核糖体是蛋白质合成的场所，其上有 mRNA、氨基酰-tRNA 和肽链附着的位置。

氨基酰-tRNA 转运到核糖体相应位置合成肽链。肽链合成过程分为起始、延长和终止 3 个阶段。在延长阶段，肽链每经历进位、成肽和转位 3 个步骤，便增加一个氨基酸残基，直至终止密码子出现使肽链合成停止。GTP 和 ATP 为蛋白质生物合成提供能量。新合成的蛋白质一般需要经过一定的加工修饰，并靶向运输到合适部位，才能发挥正常的生物学功能。常见的翻译后加工修饰包括肽段切除、共价修饰、水解修饰、肽链折叠等。蛋白质的生物合成受到多种药物和生物活性物质的干扰和抑制，大多数抗生素通过抑制蛋白质合成而发挥抗菌的作用。

蛋白质是遗传信息表现的功能形式，是生命活动的执行者，它赋予细胞乃至个体的生物学功能和表型。蛋白质的生物合成受细胞内 DNA 的指导，生物细胞以 mRNA 为直接模板合成多肽链的过程，称为蛋白质的生物合成(protein biosynthesis)。在这一过程，mRNA 的核苷酸序列“语言”被转换为蛋白质的氨基酸序列“语言”，故又称为翻译(translation)。

第一节　蛋白质生物合成体系

蛋白质生物合成的早期研究是在原核生物大肠埃希菌的无细胞体系中进行的，因而对大肠埃希菌的蛋白质合成了解最透彻。真核生物的蛋白质合成与大肠埃希菌许多相似之处，但也存在诸多差异。蛋白质生物合成体系高度复杂而精确，以 mRNA 为模板，合成的场所是核糖体（rRNA 和多种蛋白质组成的复合物），合成的原料是氨基酸，反应所需能量由 ATP 和 GTP 提供，另外还涉及几十种蛋白质因子（包括氨基酰-tRNA 合成酶、转肽酶、起始/延长/释放因子等）和无机离子（Mg^{2+} 和 K^{+}）。

一、蛋白质合成的直接模板

DNA 的碱基序列决定了 mRNA 的核苷酸序列，而 mRNA 的核苷酸序列指导合成多肽链的氨基酸顺序，因此，mRNA 是蛋白质合成的直接模板。遗传信息从 mRNA 到蛋白质之间的转换是靠遗传密码(genetic code)来实现的。从数学的排列组合来看，mRNA 含有 4 种核苷酸，组成蛋白质的氨基酸有 20 种，因此要满足编码 20 种氨基酸的要求，至少需要 3 个核苷酸对应一个氨基酸，可能的密码数就是 $4^3=64$ 种。20 世纪 60 年代中期，Marshall Warren Nirenberg、Har Gobind Khorana 和 Robert William Holley 3 位美国科学家共同揭示了与 20 种氨基酸对应的 64 个密码子，分享了 1968 年诺贝尔生理学或医学奖。

遗传密码字典(图 12-1)详细记载着 mRNA 的核苷酸序列如何解读成蛋白质的氨基酸序列。遗传密码的确切定义可归纳如下：在 mRNA 的编码区(可读框)，每 3 个相邻的核苷酸为一组，代表某种氨基酸或肽链合成的终止信号。这种三联体形式的核苷酸序列被称为密码子，也称为三联体密码子(triplet codon)。这 64 个密码子不仅翻译为 20 种氨基酸，还包含翻译的起始和终止位置。肽链合成的终止密码子包括 UAA、UAG 和 UGA，它们不翻译为任何氨基酸，作为多肽链延伸的终止信号，也称为无义密码子。剩余的 61 个密码子代表氨基酸，其中密码子 AUG 不仅代表甲硫氨酸，若它位于 mRNA 起始部位，还是肽链合成的起始密码子。从 mRNA 的 5′-端起始密码子 AUG 到 3′-端终止密码子之间的核苷酸序列，称为可读框。

第二碱基

第一碱基	U	C	A	G	第三碱基
U	UUU (Phe/F)苯丙氨酸	UCU (Ser/S)丝氨酸	UAU (Tyr/Y)酪氨酸	UGU (Cys/C)半胱氨酸	U
	UUC (Phe/F)苯丙氨酸	UCC (Ser/S)丝氨酸	UAC (Tyr/Y)酪氨酸	UGC (Cys/C)半胱氨酸	C
	UUA (Leu/L)亮氨酸	UCA (Ser/S)丝氨酸	UAA 终止	UGA 终止	A
	UUG (Leu/L)亮氨酸	UCG (Ser/S)丝氨酸	UAG 终止	UGG (Trp/W)色氨酸	G
C	CUU (Leu/L)亮氨酸	CCU (Pro/P)脯氨酸	CAU (His/H)组氨酸	CGU (Arg/R)精氨酸	U
	CUC (Leu/L)亮氨酸	CCC (Pro/P)脯氨酸	CAC (His/H)组氨酸	CGC (Arg/R)精氨酸	C
	CUA (Leu/L)亮氨酸	CCA (Pro/P)脯氨酸	CAA (Gln/Q)谷氨酰胺	CGA (Arg/R)精氨酸	A
	CUG (Leu/L)亮氨酸	CCG (Pro/P)脯氨酸	CAG (Gln/Q)谷氨酰胺	CGG (Arg/R)精氨酸	G
A	AUU (Ile/I)异亮氨酸	ACU (Thr/T)苏氨酸	AAU (Asn/N)天冬酰胺	AGU (Ser/S)丝氨酸	U
	AUC (Ile/I)异亮氨酸	ACC (Thr/T)苏氨酸	AAC (Asn/N)天冬酰胺	AGC (Ser/S)丝氨酸	C
	AUA (Ile/I)异亮氨酸	ACA (Thr/T)苏氨酸	AAA (Lys/K)赖氨酸	AGA (Arg/R)精氨酸	A
	AUG (Met/M)甲硫氨酸(起始)	ACG (Thr/T)苏氨酸	AAG (Lys/K)赖氨酸	AGG (Arg/R)精氨酸	G
G	GUU (Val/V)缬氨酸	GCU (Ala/A)丙氨酸	GAU (Asp/D)天冬氨酸	GGU (Gly/G)甘氨酸	U
	GUC (Val/V)缬氨酸	GCC (Ala/A)丙氨酸	GAC (Asp/D)天冬氨酸	GGC (Gly/G)甘氨酸	C
	GUA (Val/V)缬氨酸	GCA (Ala/A)丙氨酸	GAA (Glu/E)谷氨酸	GGA (Gly/G)甘氨酸	A
	GUG (Val/V)缬氨酸	GCG (Ala/A)丙氨酸	GAG (Glu/E)谷氨酸	GGG (Gly/G)甘氨酸	G

图 12-1 遗传密码字典

遗传密码具备以下基本特点。

1. 方向性　翻译时遗传密码的阅读方向与 mRNA 核苷酸序列方向一致，起始密码子总是位于编码区的 5′-端，而终止密码子位于 3′-端，必须按照 5′→3′方向逐一读码。

2. 连续性　按 5′→3′方向，从 mRNA 上起始密码子开始，按一定的读码框架连续读下去，直至遇到终止密码子为止。密码子之间及密码子内部既无间隔又无交叉。因此，若可读框中插入或删除一个核苷酸，就会使该位点以后的读码发生错误，出现移码突变(frameshift mutation)，最终改变编码的氨基酸排列顺序，产生异常蛋白质。

3. 简并性　64 个密码子中有 61 个编码氨基酸，而氨基酸只有 20 种，因此有的氨基酸可由多个密码子编码。同一个氨基酸有两个或更多密码子的现象称为密码子的简并性。对应于同一种氨基酸的一组密码子称为简并性密码子或同义密码子。只有色氨酸和甲硫氨酸仅有一个密码子。遗传密码的简并性往往表现在密码子的第三位碱基上，即密码子的专一性主要是由头两个碱基决定，这样可以减少有害突变，有利于维持物种的稳定性。同义密码子中每个密码子使用的频率有所不同,即翻译过程对密码子的使用有偏爱性。

4. 通用性　　从细菌到人类,使用同一套遗传密码。但遗传密码的通用性中仍有个别例外,如终止密码子 UGA 和 UAG 还分别是新发现的天然氨基酸硒代半胱氨酸和吡咯赖氨酸的密码子;在某些原核生物中,密码子 GUG 和 UUG 也可作为起始密码子。另外,线粒体和叶绿体具有相对独立的密码系统。例如,在线粒体 DNA 中,AUA、AUG 和 AUU 都为起始密码子;AUA 也可作为甲硫氨酸的密码子;UGA 不再是终止密码子,而编码色氨酸;AGA 和 AGG 不是精氨酸的密码子,而是终止密码子。

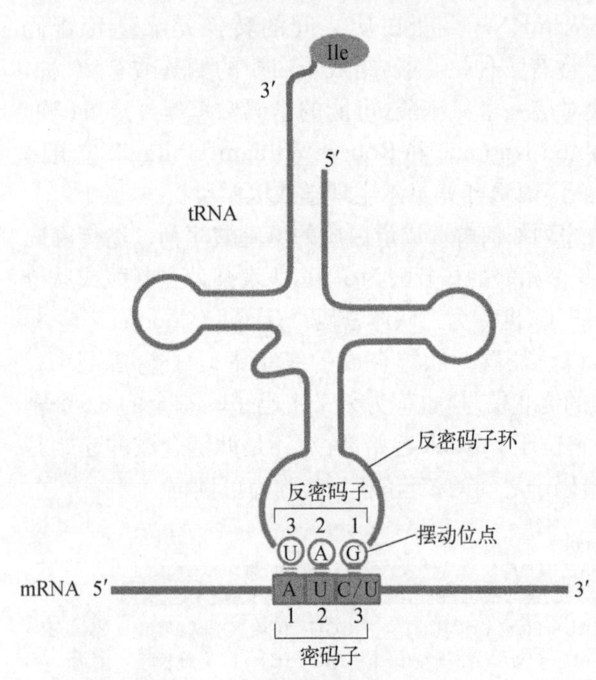

图 12-2　mRNA 密码子与 tRNA 反密码子的摆动配对

携带异亮氨酸(Ile)的 tRNA 的反密码子的第一位碱基 G 可识别 mRNA 密码子第三位碱基 C 或 U

5. 摆动性　　mRNA 上的密码子与 tRNA 上的反密码子(anti-codon)之间的配对有时并不严格遵守常见的碱基配对规律,这一现象称为摆动性。tRNA 反密码子中除 A、U、G、C 4 种碱基外,还经常在第一位出现次黄嘌呤(inosine,I)。tRNA 上的反密码子与 mRNA 的密码子呈反向配对关系,其中反密码子的第一位碱基与密码子第三位碱基的配对可以在一定范围内变动。例如,G 可以和 U 或 C 配对,U 可以和 A 或 G 配对,I 可以和 U、C、A 配对(图 12-2)。配对的摆动性主要是由 tRNA 反密码子环的空间结构决定的,反密码子 5′-端的碱基(即第一位碱基)处于倒 L 形结构的顶端,受到的碱基堆积力的束缚较小,因此有较大的自由度。摆动配对使密码子与反密码子的相互识别具有灵活性,可使一种 tRNA 识别 mRNA 的 1～3 种简并性密码子。

二、转运氨基酸的工具

mRNA 的遗传密码与对应的氨基酸并无直接的相互作用,蛋白质的生物合成是一组携带氨基酸的 tRNA 逐一识别 mRNA 上的密码子并按密码子的排列顺序将氨基酸相互连接的过程。每一种氨基酸都至少对应一个特定的 tRNA。作为搬运氨基酸的工具,tRNA 还凭借自身的反密码子与 mRNA 上的密码子通过碱基互补配对作用相互识别,使不同氨基酸按照密码子决定的顺序合成多肽链,所以 tRNA 起着适配器(adaptor)的作用,即 mRNA 密码子的排列顺序通过 tRNA 转换成多肽链中氨基酸的排列顺序。

(一) 氨基酸的活化——氨基酰-tRNA 的生成

在 ATP 和酶存在的条件下,tRNA 与相应氨基酸结合成为氨基酰-tRNA。在蛋白质分子中,氨基酸之间借由 α-氨基与 α-羧基相互连接形成肽键。但氨基与羧基的反应性不强,必须经过活化(activation)获得能量才能彼此相连。氨基酸的 α-羧基活化及其活化后与相应的 tRNA 的结合过程,都是由氨基酰-tRNA 合成酶(aminoacyl-tRNA synthetase)催化的。形成氨基酰-tRNA 有两方面意义:① 氨基酸与 tRNA 分子的结合使得氨基酸本身被活化,利于后续的肽键形成反应。② tRNA 可以携带氨基酸到 mRNA 的指定部位,使氨基酸能掺入多肽链合适的位置。

1. 氨基酰-tRNA 合成酶催化氨基酸活化的步骤　　氨基酸的活化分为两个步骤。

第一步是氨基酰-tRNA 合成酶识别它所催化的氨基酸及另一底物 ATP,在该酶的催化下,氨基酸的羧基与 AMP 的磷酸基以酸酐键相连,从而获得一个高能磷酸键,变成活化氨基酸,形成氨基酰-AMP,同时释放出一分子焦磷酸(pyrophosphoric acid,PPi)。这时,氨基酰-AMP 仍然紧密地与酶分子结合。

$$\text{氨基酸} + \text{ATP} \rightarrow \text{氨基酰-AMP} + \text{PPi} \quad (\text{式 } 12-1)$$

第二步是活化氨基酸转移到 tRNA 分子上,与 tRNA 的-CCA 中腺苷酸所含的核糖 3′位的游离羟基以高能酯键结合，形成相应的氨基酰-tRNA。

$$氨基酰\text{-}AMP + tRNA \rightarrow 氨基酰\text{-}tRNA + AMP \quad (式 12-2)$$

氨基酰-tRNA合成酶催化的总反应式如下式：

$$氨基酸 + tRNA + ATP \rightarrow 氨基酰\text{-}tRNA + AMP + PPi \quad (式 12-3)$$

伴随着焦磷酸被焦磷酸酶水解成2个自由磷酸分子，上述反应趋向于完全向生成氨基酰-tRNA的方向进行。氨基酰-tRNA的合成伴随着肽链合成的起始、延长阶段而不断进行。每个氨基酸活化需净消耗2个高能磷酸键，氨基酸与tRNA之间形成的高能酯键对于蛋白质合成中肽键的形成十分重要。

2. *氨基酰-tRNA合成酶的作用特点* 氨基酰-tRNA合成酶存在于胞质溶胶中，它们对tRNA和氨基酸的识别都具有专一性。每一个氨基酰-tRNA合成酶可识别一个特定的氨基酸和与此氨基酸对应的tRNA分子，其中对氨基酸的识别特异性非常高，这是保证遗传信息准确翻译的关键因素。而该酶对tRNA识别的特异性较低，识别一组同工tRNA。tRNA的氨基酸臂处于酶活性部位，与ATP结合部位邻近。通过与酶分子的结合，tRNA 3′-端的氨基酸臂的CCA有较大的构象变化，这种构象变化似乎可使末端的AU配对解链，有利于末端碱基与酶分子相互作用(图12-3)。

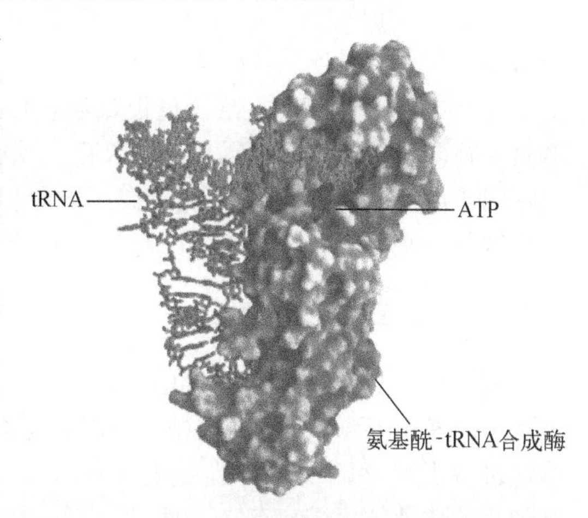

图12-3 tRNA与氨基酰-tRNA合成酶的结合

氨基酰-tRNA合成酶能够纠正错配的氨基酰-tRNA。在氨基酰-tRNA合成酶分子中有两个活性部位：① 酶活性部位，酶活性部位能从多种氨基酸中选出与其对应的一种专一氨基酸，若是正确的tRNA，氨基酰-tRNA合成酶的构象则会改变，使tRNA对酶相关位点的结合更加稳定，迅速氨酰化；若是错误的tRNA，酶的构象则不发生改变，从而增加了tRNA在结合氨基酸之前从酶表面解离的机会。② 校正部位，校正部位可水解错配的氨基酰-tRNA的磷酸酯键，将错误结合的氨基酸释放，tRNA再与正确配对的氨基酸结合。酶活性部位和校正部位的共同作用保证了遗传信息能在核酸和蛋白质之间正常沟通，可使翻译的错误频率小于万分之一。

3. *氨基酰-tRNA的写法* 是用三字母缩写代表已结合的氨基酸残基，tRNA右上角的三字母缩写代表tRNA的结合特异性，有时也可略去右上角的缩写。例如，Ala-$tRNA^{Ala}$、Met-$tRNA_i^{Met}$、Met-$tRNA_e^{Met}$、fMet-$tRNA^{fMet}$(右下角的i和e分别代表起始tRNA和延长tRNA)。

密码子AUG编码甲硫氨酸，同时也可作为起始密码子。与甲硫氨酸结合的tRNA，在原核生物中有两种形式：Met-$tRNA^{Met}$和具有起始功能的N-甲酰甲硫氨酰-tRNA(fMet-$tRNA^{fMet}$)，f表示结合到起始tRNA上的甲硫氨酸被甲酰化，原核生物的起始因子只能辨认甲酰化的甲硫氨酰tRNA，即fMet-$tRNA^{fMet}$。fMet-$tRNA^{fMet}$的生成是一碳化合物转移和利用过程之一，在转甲酰酶催化下，甲酰基从N^{10}-甲酰FH_4(N^{10}-CHO-FH_4)转移到甲硫氨酸的α-氨基上。真核生物中也有Met-$tRNA_i^{Met}$和Met-$tRNA_e^{Met}$，对这两种甲硫氨酰-tRNA的识别是由参与蛋白质合成的起始因子和延长因子决定，起始因子识别Met-$tRNA_i^{Met}$，在起始密码子处就位，参与起始复合物的形成；延长因子识别Met-$tRNA_e^{Met}$，掺入肽链，为延伸中的多肽链添加甲硫氨酸。

(二) tRNA反密码子与mRNA密码子相互识别

每一种氨基酸能有2～6种tRNA与之结合，已发现的tRNA超过80种。在书写时，将所转运的氨基酸写在tRNA的右上角，如$tRNA^{Ser}$表示转运丝氨酸的tRNA。携带相同氨基酸而反密码子不同的一组tRNA称为同工tRNA(isoacceptor tRNA)，根据它们在细胞内的含量分为主要tRNA和次要tRNA，前者的反密码子可识别mRNA中的高频率密码子。所有tRNA都有相同的二级结构(三叶草形)和三级结构(倒L形)。tRNA分子上与蛋白质生物合成有关的位点至少有4个，分别是3′-端-CCA上的氨基酸臂、氨基酰-tRNA

合成酶识别位点、核糖体识别位点及反密码子位点。

1. *氨基酸臂* tRNA 分子 3′-端-CCA 为氨基酸结合位点，在特异的氨基酰-tRNA 合成酶的作用下，活化的氨基酸的羧基可连接到 3′-端腺苷的 3′-OH 上，形成氨基酰-tRNA。氨基酸臂负责携带特异的氨基酸。

2. *氨基酰-tRNA 合成酶识别位点* 氨基酰-tRNA 合成酶催化生成氨基酰-tRNA，该反应需要氨基酸和 tRNA，另由 ATP 提供氨基酸活化所需能量。一种氨基酰-tRNA 合成酶可以识别携带相同氨基酸的 tRNA(最多达 6 个)。

3. *核糖体识别位点* tRNA 起着连接多肽链和核糖体的作用，tRNA 分子结构中的 TψC 环负责与核糖体的 rRNA 识别结合，而多肽链通过连接在 tRNA 的氨基酸臂上而暂时结合在核糖体的正确位置上，直至合成终止后多肽链才从核糖体上脱落下来。

4. *反密码子位点* 翻译过程氨基酸的正确加入，需靠 mRNA 上的遗传密码与 tRNA 上的反密码子以碱基互补配对辨认。反密码子环中央存在反密码子，负责对 mRNA 上密码子进行识别与配对(图 12-2)。反密码子由 3 个核苷酸组成，与密码子方向相反，基本上遵守碱基配对规则与密码子之间形成氢键，但其第一位碱基与密码子第三位碱基配对呈现出摆动性。

三、多肽链合成的场所

核糖体(ribosome)也称核蛋白体，是由 rRNA 和蛋白质组成的复合体。作为蛋白质合成的装配机，核糖体是 tRNA、mRNA 和蛋白质相互作用的场所。核糖体是一种无膜的细胞器，呈椭圆形。生物体细胞内核糖体数量相当多，每个原核细胞约有 2×10^4 个核糖体，而每个真核细胞所含核糖体的数目达到 $10^6\sim10^7$。原核细胞的核糖体可游离存在，也可与 mRNA 结合形成串珠状的多聚核糖体。真核细胞核糖体分为两类：一类与内质网结合，形成粗面型内质网，参与白蛋白、胰岛素等分泌蛋白质的合成；另一类游离存在，主要参与细胞内固有蛋白质的合成。不管是原核细胞还是真核细胞，核糖体均由大、小两个亚基构成，而每个亚基由几十种蛋白质和数种 rRNA 组成。例如，原核细胞核糖体的 30S 小亚基含有 21 种蛋白质和 16S rRNA，50S 大亚基含 34 种蛋白质、5S rRNA 和 23S rRNA。真核细胞核糖体的 40S 小亚基含有 30 多种蛋白质和 18S rRNA，60S 大亚基含有 50 多种蛋白质、5S rRNA 和 28S rRNA。哺乳类核糖体的 60S 大亚基中还有 5.8S rRNA。

作为蛋白质合成的场所，核糖体在翻译过程中发挥着众多重要作用。目前所知核糖体的小亚基主要参与 mRNA 及 tRNA 结合的识别作用；大亚基含有 tRNA 结合位点，并具有转肽酶及 GTP 酶的活性，主要参与肽链延伸过程(图 12-4)。此外，核糖体上还有很多与起始因子、延长因子、释放因子及与各种酶相结合的位点。至此，不难看出核糖体是名副其实的蛋白质合成的工厂。核糖体在蛋白质生物合成中具有以下作用：① 有容纳 mRNA 的通道，只允许单链 RNA 通过，防止翻译过程中链内配对的发生。② 能够结合起始因子、延长因子、终止因子等参与蛋白质合成的因子。③ 具有结合 tRNA 的部位，分别是结合氨基酰-tRNA 的氨基酰位点(aminoacyl site，A 位)和结合肽酰-tRNA 的肽酰基位点(peptidyl site，P 位)。另外，原核细胞核糖体还具有空载 tRNA 的排出位点(exit site，E 位)。④ 具有转肽酶活性，催化肽键生成。⑤ 具有延长因子依赖的 GTP 酶活性，能为成肽反应提供能量。

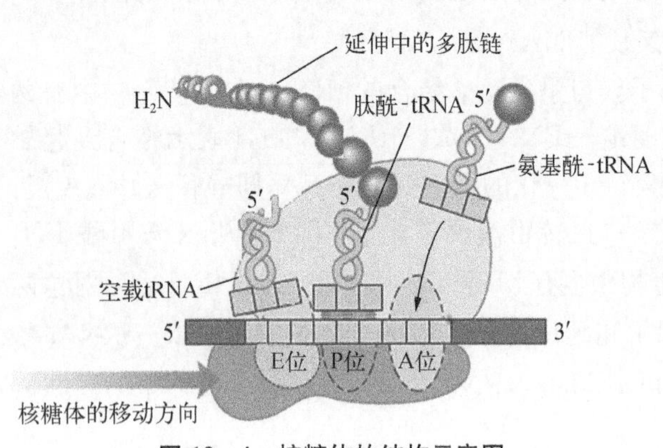

图 12-4 核糖体的结构示意图

四、其他：蛋白质因子等

蛋白质生物合成除了需要 RNA、氨基酸和酶以外，还需要多种蛋白质因子、供能物质(ATP 和 GTP)和无机离子(Mg^{2+} 和 K^+)。这些蛋白质因子包括起始因子(initiation facor，IF)、延长因子(elongation factor，

EF)和释放因子(releasing factor,RF)(表 12-1)。这些蛋白质因子均在蛋白质翻译过程中临时性与核糖体发挥作用,之后会从核糖体复合物中解离出来。

表 12-1　参与蛋白质生物合成的各种蛋白质因子

	原核生物	真核生物
起始因子	3 种(IF-1、IF-2、IF-3)	10 余种(至少包含 eIF1-9)
延长因子	3 种(EF-Tu、EF-Ts、EF-G)	3 种(eEF-1α、eEF-1βγ、eEF-2)
释放因子	3 种(RF-1、RF-2、RF-3)	1 种(eRF)

注: IF 为起始因子;EF 为延长因子;RF 为释放因子。

第二节　蛋白质生物合成过程

蛋白质生物合成的过程相当复杂,从氨基端(N 端)向羧基端(C 端)进行,大致包括以下三个过程: ① 氨基酸活化为氨基酰-tRNA;② 活化的氨基酸转运至核糖体;③ 活化的氨基酸在核糖体上进行缩合反应合成肽链。前两个过程是蛋白质生物合成的准备阶段(参见本章第一节　蛋白质生物合成体系),第三个过程则是蛋白质生物合成的中心环节,包括肽链合成的起始、肽链的延长和肽链合成的终止与释放。

一、原核生物蛋白质生物合成过程

原核生物蛋白质生物合成与真核生物有许多相似之处。以氨基酰-tRNA 形式存在的活化氨基酸,在核糖体上缩合成肽,整个过程划分为起始、延长和终止 3 个阶段。

(一) 起始阶段

蛋白质合成的起始并不是从 mRNA 的 5′-端第一个核苷酸开始的。许多原核生物的 mRNA 分子往往是多顺反子(polycistron),即同一 mRNA 编码功能相关的多条肽链。在翻译时,每个多肽链都有各自的起始密码子与终止密码子,决定其合成的起始和终止位置。那么原核细胞中的核糖体是如何对 mRNA 分子内如此众多的起始密码子 AUG 进行识别的? 在 20 世纪 70 年代初期,澳大利亚学者夏因(John Shine)和达尔加诺(Lynn Dalgarno)发现,在原核生物 mRNA 上起始密码子 AUG 上游的 5′-端大约 10 个核苷酸处,存在一段由 4～9 个核苷酸组成的富含嘌呤碱基的序列,命名为 Shine-Dalgarno 序列(SD 序列)(图 12-5a)。SD 序列正好与核糖体 30S 小亚基内部的 16S rRNA 3′-端的一段富含嘧啶碱基的序列互补识别,从而使 mRNA 与小亚基结合,因此 SD 序列又称为核糖体结合位点(ribosomal binding site,RBS)(图 12-5b)。紧

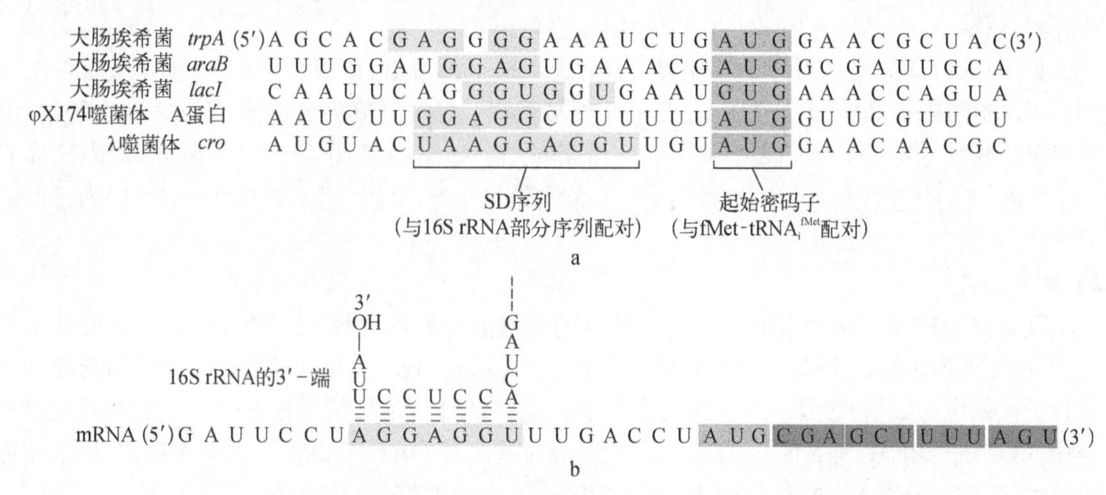

图 12-5　原核生物 mRNA 的 SD 序列

a. 5 种 mRNA 的 SD 序列;b. SD 序列与 16S rRNA 的 3′-端富含嘧啶的序列互补

邻SD序列的小段核苷酸又可被核糖体小亚基蛋白 rpS-1 辨认结合,从而协助 mRNA 的起始密码子 AUG 对准核糖体的 P 位。因此,原核生物通过以下两种相互作用确定蛋白质合成的起始部位:① mRNA 的 5′-端 SD 序列与 16S rRNA 3′-端序列的配对。② mRNA 上起始密码子 AUG 与 fMet-tRNA^{fMet} 的反密码子相互识别。

在原核生物蛋白质生物合成的起始阶段,核糖体的大、小亚基,mRNA 和 fMet-tRNA^{fMet} 共同构成翻译起始复合物(translational initiation complex)。这一过程还需要起始因子(表 12-2)、GTP 和 Mg^{2+} 参与。起始阶段可分为 3 个步骤。

表 12-2 参与蛋白质生物合成的起始因子

起始因子	生物学功能
原核生物	
IF-1	与 30S 小亚基 A 位结合,阻止氨基酰-tRNA 进入
IF-2	具有 GTP 酶活性,促进 fMet-tRNA^{fMet} 与 30S 小亚基结合
IF-3	与 30S 小亚基结合,促进大、小亚基分离,增加 fMet-tRNA^{fMet} 对 P 位的特异性
真核生物	
eIF-1	相当于原核生物的 IF-1
eIF-2	一种 GTP 结合蛋白,促进 Met-tRNA$_i^{Met}$ 与 40S 小亚基结合
eIF-2B	结合 40S 小亚基,促进大、小亚基分离
eIF-3	结合 40S 小亚基,促进大、小亚基分离;使 eIF-4F-mRNA 与 40S 小亚基结合
eIF-4A	有 RNA 解螺旋酶活性,解开 mRNA 二级结构,使其与 40S 小亚基结合;作为 eIF-4F 复合物的一部分
eIF-4B	结合 mRNA,促进其扫描定位起始密码子 AUG
eIF-4E	结合 mRNA 5′-帽结合;作为 eIF-4F 复合物的一部分
eIF-4G	结合 eIF-4E、eIF-3 和 PABP;作为 eIF-4F 复合物的一部分
eIF-5	促进各种起始因子从 40S 小亚基上脱落
eIF-6	促进无活性的 80S 核糖体解离为 40S 小亚基和 60S 大亚基

注:PABP 为多聚腺苷酸结合蛋白。

1. 核糖体大、小亚基分离　IF-3 首先结合到核糖体 30S 小亚基上,可能在其与 50S 大亚基的界面上,故能促进核糖体大、小亚基的解离,使核糖体 30S 小亚基从不具有活性的 70S 核糖体释放出来。IF-1 与小亚基的 A 位结合则能加速这种解离,避免起始氨基酰-tRNA 与 A 位的提早结合,同时也有利于 IF-2 结合到小亚基上。

2. 30S 起始复合物的形成　核糖体 30S 小亚基可与 mRNA 及 fMet-tRNA^{fMet} 分别结合。mRNA 与核糖体小亚基的结合可能是蛋白质合成的限速步骤,IF-3 起辅助作用。通过 mRNA 5′-端的 SD 序列与小亚基中 16S rRNA 3′-端的互补序列结合,这样 30S 小亚基在 mRNA 上的结合位置正好使小亚基上的 P 位对准起始密码子 AUG。在 IF-2 参与下,fMet-tRNA^{fMet} 借助其反密码子与起始密码子配对,进入 P 位,与 GTP 共同形成 fMet-tRNA^{fMet}-IF-2-GTP 中间复合物。

3. 70S 复合物的形成　30S 起始复合物一经形成,IF-3 即脱落,以便核糖体大、小亚基重新结合形成 70S 核糖体,释放出 IF-1,最后 IF-2 的 GTP 酶活性被激活,水解 GTP 释放能量,IF-2 随之脱落,最终形成完整的翻译起始复合物(即 70S 核糖体-fMet-tRNA^{fMet}-mRNA)(图 12-6)。至此,P 位已被 fMet-tRNA^{fMet} 占据,空着的氨基酰位(A 位)准备接受一个能与第二个密码子配对的氨基酰-tRNA,为多肽链的延伸做好了准备。

(二) 延长阶段

延长阶段是将 mRNA 的遗传密码转变为多肽链的氨基酸序列的过程,由进位、成肽及转位 3 个步骤构成循环,每次循环即向多肽链中掺入一个氨基酸。当新的氨基酰-tRNA 进入核糖体 A 位(即与起始密码子紧邻的密码子被相应的氨基酰-tRNA 上的反密码子识别并结合),延长反应便开始了。延长反应需要 70S 起始复合物、氨基酰-tRNA、延长因子、GTP 和 Mg^{2+} 参与。此时 fMet-tRNA^{fMet} 占据核糖体 P 位,空着的 A 位将接纳新的氨基酰-tRNA。根据 mRNA 上的遗传密码,相应的氨基酸不断被特异的 tRNA 运至 A 位,形成肽键。同时,核糖体从 mRNA 的 5′-端向 3′-端不断移位推进翻译过程。

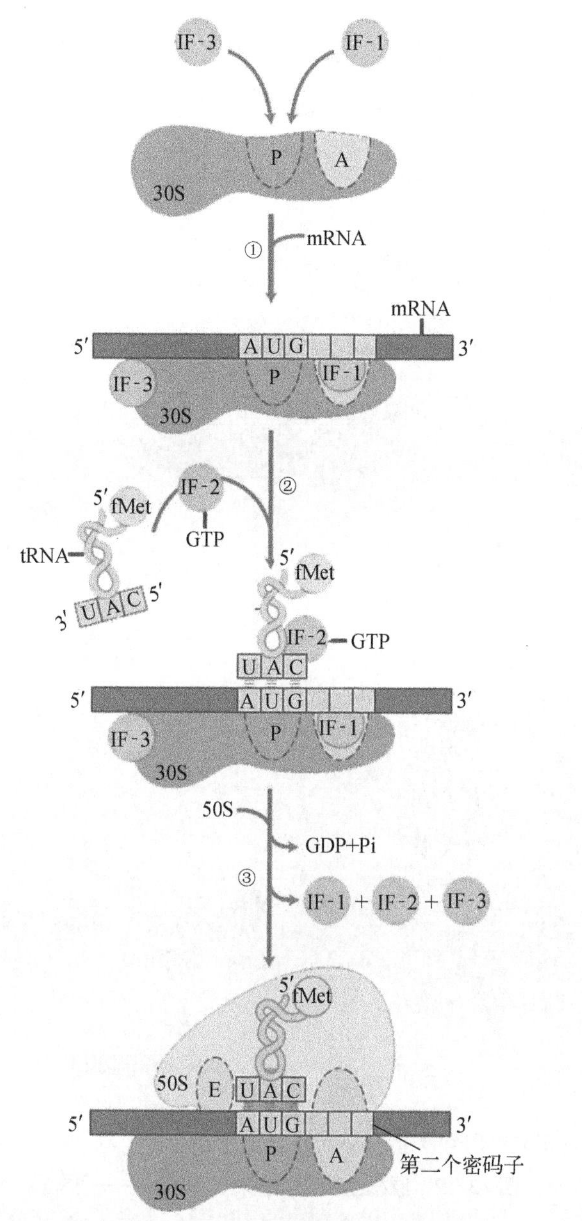

图 12－6　原核生物蛋白质合成的起始

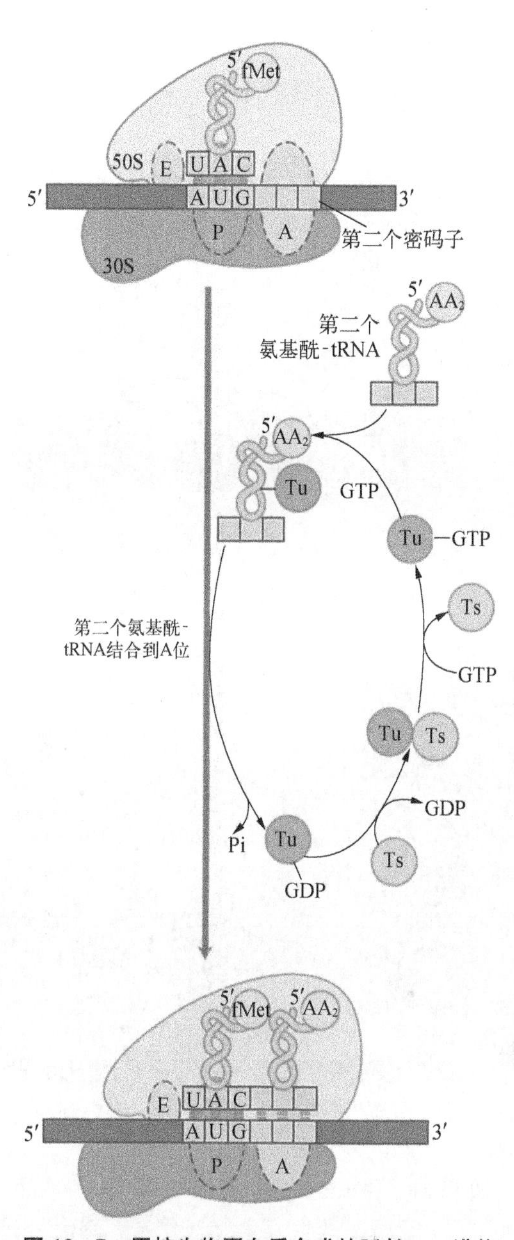

图 12－7　原核生物蛋白质合成的延长——进位

1\. 进位或注册　与 A 位上的 mRNA 密码子相对应的氨基酰- tRNA 进入 A 位，此步骤需要 GTP、Mg^{2+}、延长因子 EF－Tu 和 EF－Ts(图 12－7)。EF－Tu 与 GTP、氨基酰- tRNA 结合形成复合物，运达至 A 位。随后氨基酰- tRNA 的反密码子与 mRNA 第二个密码子结合，伴随着 GTP 分解，EF－Tu 以 EF－Tu－GDP 复合物形式离开核糖体。另一个延长因子 EF－Ts 催化 GTP 置换 GDP 再生成 EF－Tu－GTP 复合物，为结合下一个氨基酰- tRNA 作准备。因此 EF－Tu 的作用是促进氨基酰- tRNA 与 A 位结合，而 EF－Ts则促进 EF－Tu 的再利用。

2\. 成肽　此时 P 位和 A 位分别结合着 fMet－$tRNA^{fMet}$和氨基酰- tRNA，在转肽酶(transpeptidase)催化下，fMet－$tRNA^{fMet}$的甲酰甲硫氨基酰从 P 位转移到 A 位的氨基酰- tRNA 的 α-氨基上形成第一个肽键，此步骤需要 Mg^{2+}和 K^{+}(图 12－8)。值得一提的是，核糖体 50S 大亚基本身就具有转肽酶活性，涉及 23S rRNA和 5 种蛋白质成分，其中 23S rRNA 相当于核酶。转肽酶活性位于 P 位和 A 位的连接处，靠近 tRNA 的氨基酸臂。成肽后 A 位结合二肽酰- tRNA，P 位则保留空载的 tRNA。

3\. 转位　转位酶(translocase)即 EF－G 和 GTP 结合到核糖体上，通过催化 GTP 分解供能，促使核糖体向 mRNA 的 3′-端移动相当于一个密码子(3 个核苷酸)的距离，使下一个密码子准确定位在 A 位。原来

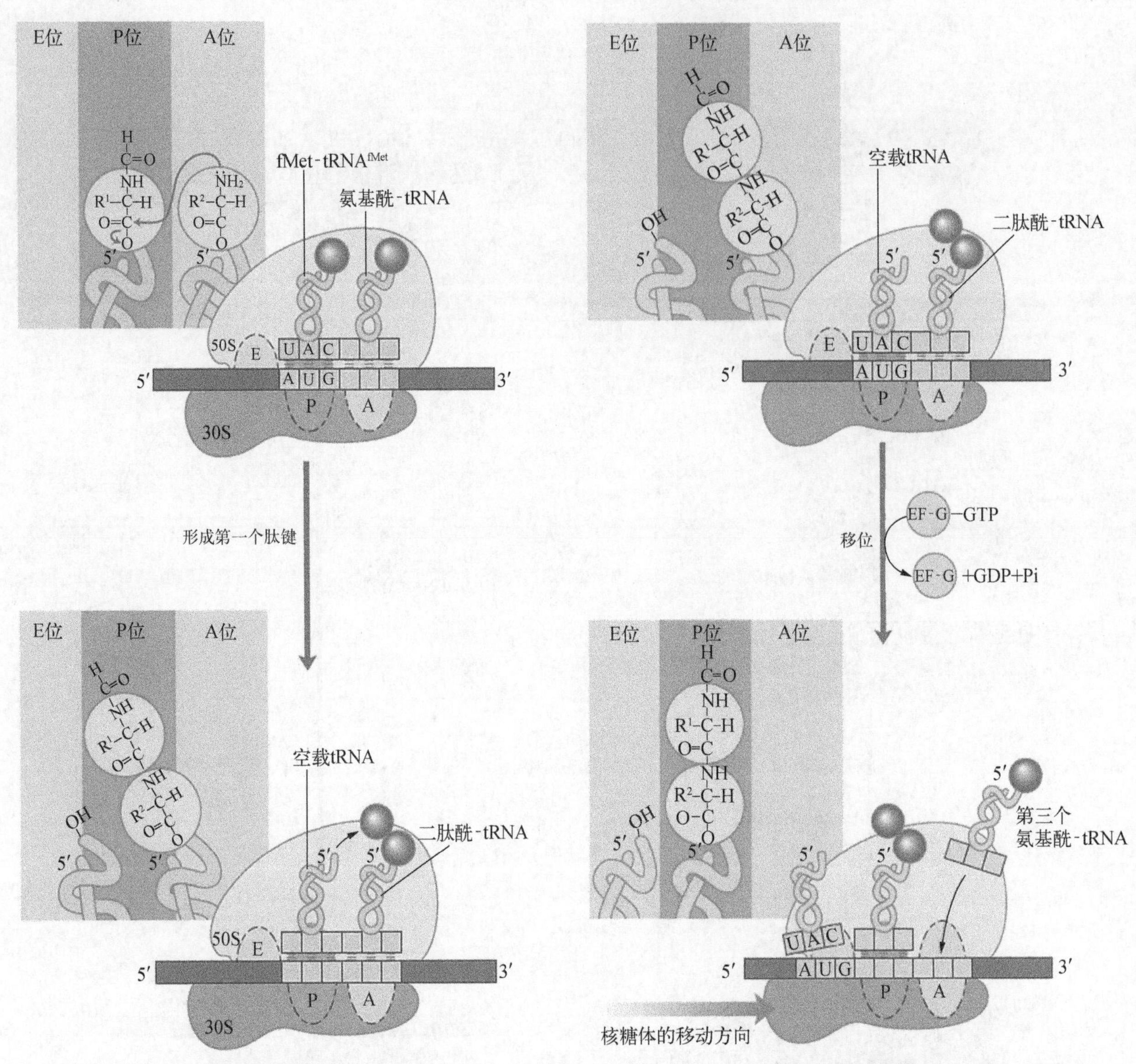

图 12-8 原核生物蛋白质合成的延长——成肽　　**图 12-9 原核生物蛋白质合成的延长——转位**

在P位上的空载tRNA移位到E位,之后从E位排出。原来在A位上的二肽酰-tRNA移位到P位,空出的A位准备接受第三个氨基酰-tRNA。此步骤需要Mg^{2+}。随后,通过"进位-成肽-转位"循环,核糖体依次沿5′→3′方向阅读mRNA遗传密码,肽链不断从N端向C端延长(图12-9)。

GTP的水解在翻译过程中具有重要作用,在肽链延长阶段,每生成1个肽键,都需要水解两分子GTP(进位与转位各水解1个GTP)获得能量,即消耗两个高能磷酸键。具有GTP酶活性的EF-Tu和EF-G均属于G蛋白家族,这些蛋白结合GTP后与核糖体作用,激活GTP酶活性,水解GTP为GDP。而它们结合GDP后,变成无活性的构象,与核糖体分离。考虑到氨基酸活化生成氨基酰-tRNA已消耗了2个高能磷酸键,所以蛋白合成过程中,每生成1个肽键,至少消耗4个高能磷酸键。

(三)终止阶段

细胞内通常没有识别3个终止密码子的tRNA,因此当核糖体A位出现终止密码子,即转入终止阶段。终止阶段涉及合成好的肽链被水解释放,以及核糖体与tRNA从mRNA上脱落下来。这个过程需要终止密码子和释放因子参与,并且还需要核糖体释放因子(ribosome releasing factor,RRF)帮助核糖体与mRNA的解离。

在大肠埃希菌中,当mRNA上的终止密码子(UAA、UAG或UGA)移至核糖体的A位时,释放因子识别终止密码子，并进入 A 位与之结合。其中，RF-1 识别 UAA 和 UAG；RF-2 识别 UAA 和 UGA；RF-3 不识别终止密码，其作用是刺激 RF-1 和 RF-2 的活性。当释放因子与 A 位终止密码子识别结合后，核糖体的转肽酶活性将转变成酯酶活性，水解 P 位上的肽酰-tRNA 中连接 tRNA 和肽链之间的酯键，多肽链得以释放。随后释放因子、mRNA 和 tRNA 纷纷脱离核糖体，核糖体分解为大、小亚基，重新进入核糖体循环（图 12-10）。

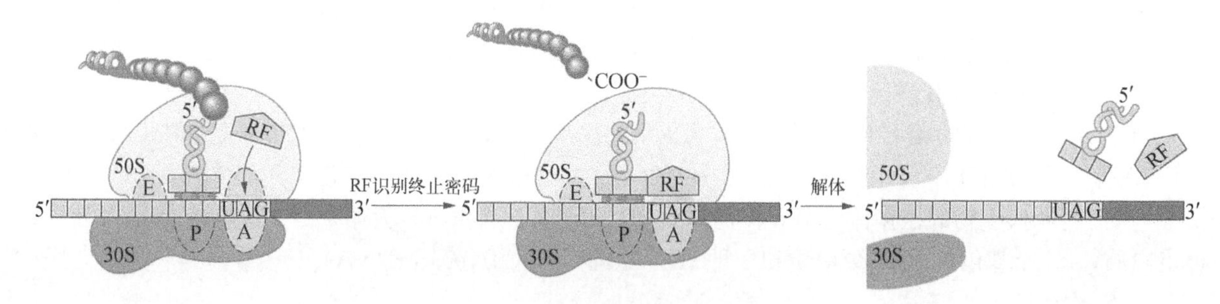

图 12-10　原核生物蛋白质合成的终止

在细胞内合成蛋白质时，通常一个 mRNA 分子同时附着 10～100 个核糖体，即形成 mRNA 和多个核糖体的“念珠状”聚合物，称为多聚核糖体(polyribosome)（图 12-11）。多聚核糖体中的核糖体数量视其所附着的 mRNA 大小而定。例如，血红蛋白珠蛋白链的 mRNA 分子较小，只能附着约 5 个核糖体；肌球蛋白多肽链(重链)的 mRNA 较大，可附着约 60 个核糖体。这些核糖体依次结合起始密码子并沿 5′→3′方向读码移动，同时进行肽链合成，而脱落下来的亚基又可重新投入核糖体循环的翻译过程。这样可大大提高翻译效率，每个核糖体每秒钟可翻译约 40 个密码子，即每秒钟可以合成一条由 40 个氨基酸残基组成的多肽链，以氨基酰-tRNA 合成酶为主的保真系统确保了高效快速合成多肽的错误频率低于万分之一。更重要的是，多核糖体可减轻细胞核的负荷，减少基因拷贝数，减轻基因转录的压力。

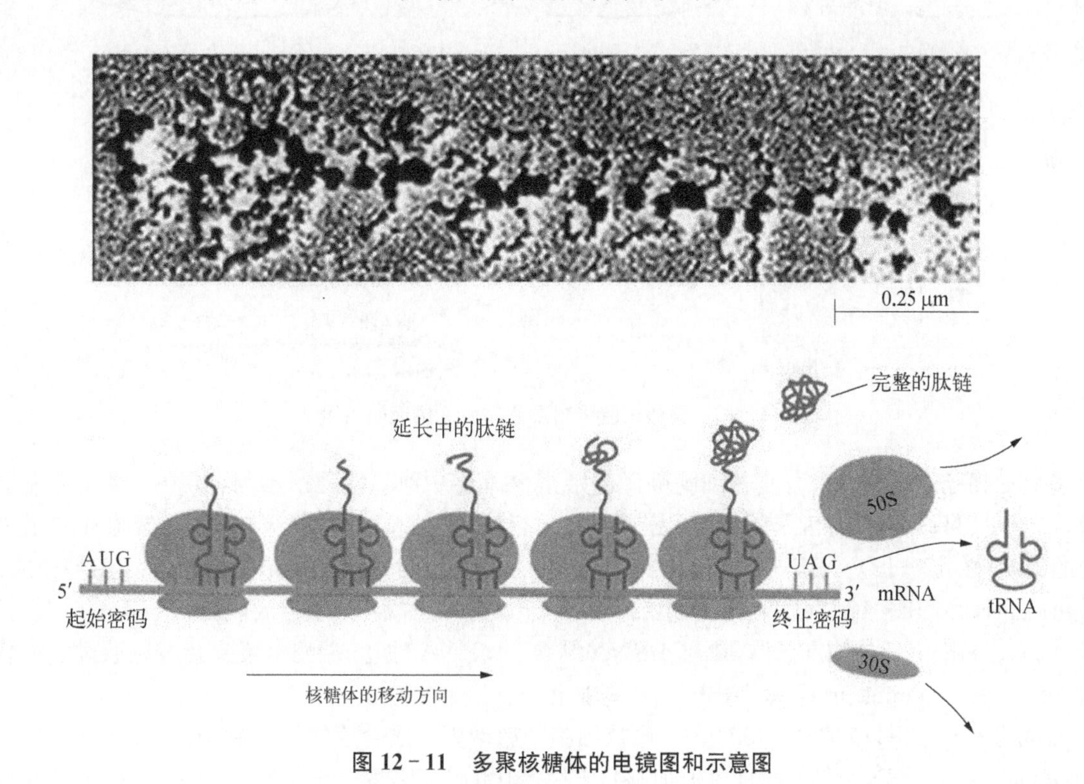

图 12-11　多聚核糖体的电镜图和示意图

二、真核生物蛋白质生物合成的过程

真核生物蛋白质生物合成机制与原核生物相似，也可分为起始、延长和终止 3 个阶段，但真核生物蛋白质合成过程涉及更多的蛋白质因子和更复杂的步骤,其主要特点体现在以下几方面。

(1) 翻译和转录不偶联:真核生物的 mRNA 前体在细胞核内合成,之后经加工修饰为成熟的 mRNA,再从核内转运至细胞质,加入蛋白质合成过程。而原核生物的翻译与转录是偶联的,其 mRNA 常在自身合成尚未结束时,已被利用,开始翻译。

(2) mRNA 具有独特之处:真核生物的 mRNA 含有 7 甲基鸟苷形成的 5′-帽和多聚腺苷酸尾,是单顺反子(monocistron),只含一条多肽链的遗传信息,合成蛋白质时只有一个起始密码子和一个终止密码子,无 SD 序列。而原核生物的 mRNA 为多顺反子,对应多条肽链的遗传信息,含有多组起始密码子和终止密码子,但没有 5′-帽与多聚腺苷酸尾的类似结构。另外,起始密码子上游存在 SD 序列。

(3) 核糖体构成不同:真核生物的核糖体为 80S 核糖体,包含 40S 小亚基和 60S 大亚基。40S 亚基含 18S rRNA 和 33 种蛋白质,60S 亚基包含 49 种蛋白质和 3 种 rRNA(即 5S rRNA、28S rRNA 和 5.8S rRNA)。而原核生物的核糖体为 70S 核糖体,包含 30S 小亚基和 50S 大亚基。30S 亚基含 16S rRNA 和 21 种蛋白质,50S 亚基包含 36 种蛋白质和 3 种 rRNA(即 5S rRNA、23S rRNA)。

(一) 起始阶段

真核细胞与原核细胞蛋白质合成的主要差别在起始阶段。真核细胞翻译起始阶段大致分为 4 个步骤(图 12-12):80S 核糖体的大、小亚基解离;起始氨酰- tRNA 与小亚基结合;mRNA 在小亚基上定位结合;核糖体大、小亚基结合。与原核生物的差异主要体现在以下几方面。

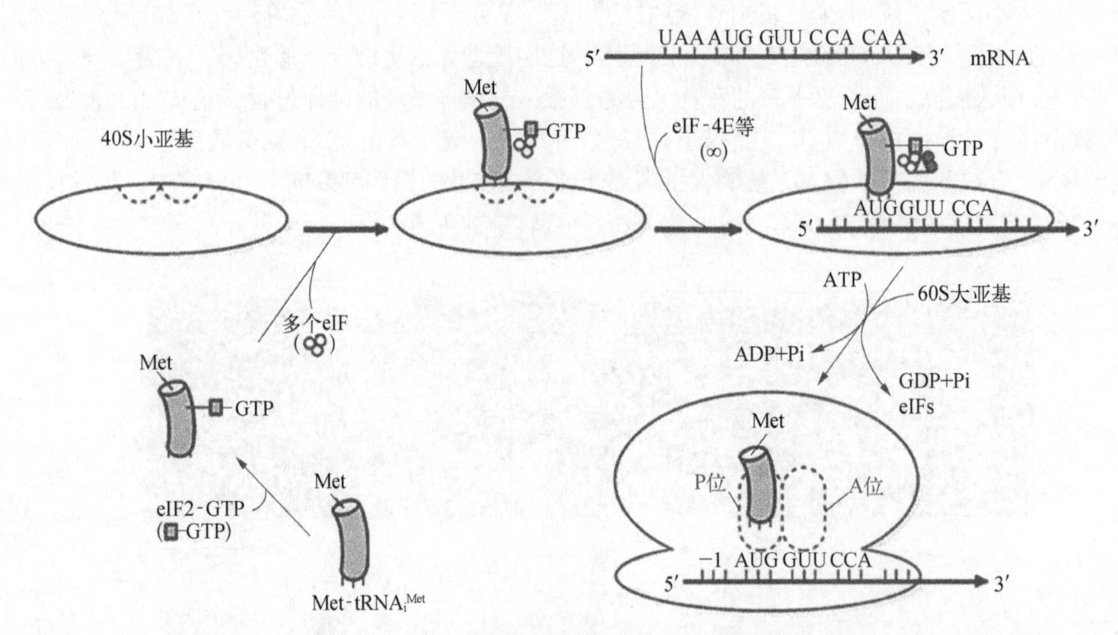

图 12-12 真核细胞蛋白质生物合成的起始阶段

1. *更多起始因子参与反应* 真核细胞翻译起始至少需要 9 种起始因子参与,其中一些起始因子含有多种亚基,迄今我们只知道部分因子的功能(表 12-2)。真核 mRNA 5′-帽和 3′-端的多聚腺苷酸尾参与起始复合物的形成(图 12-13)。eIF-4F 又称为帽结合蛋白(cap binding protein,CBP),由多亚基构成,包含 eIF-4A、eIF-4E 和 eIF-4G。eIF-4F 通过 eIF-4E 与 mRNA 的 5′-帽结合后,在 eIF-3 参与下,寻找起始密码子 AUG。eIF-4G 是锚定蛋白,参与 mRNA 结合。mRNA 的 3′-端的多聚腺苷酸尾通过多聚腺苷酸结合蛋白[poly (A) binding protein,PABP]与小亚基相连。

2. *起始氨基酰- tRNA 不需要甲酰化* 原核细胞中启动蛋白质合成的氨基酰- tRNA 是甲酰化的甲硫氨酰- tRNA(即 fMet-$tRNA^{fMet}$),而真核生细胞是未甲酰化的甲硫氨酰- tRNA(即 Met-$tRNA_i^{Met}$),发挥着启动作用。Met-$tRNA_i^{Met}$、eIF-2 和 GTP 形成三元复合物,随后结合到 40S 小亚基的 P 位,形成四元复合物。

3. *起始氨基酰- tRNA、小亚基和 mRNA 结合顺序不同* 在原核细胞中,mRNA 首先与小亚基结合,

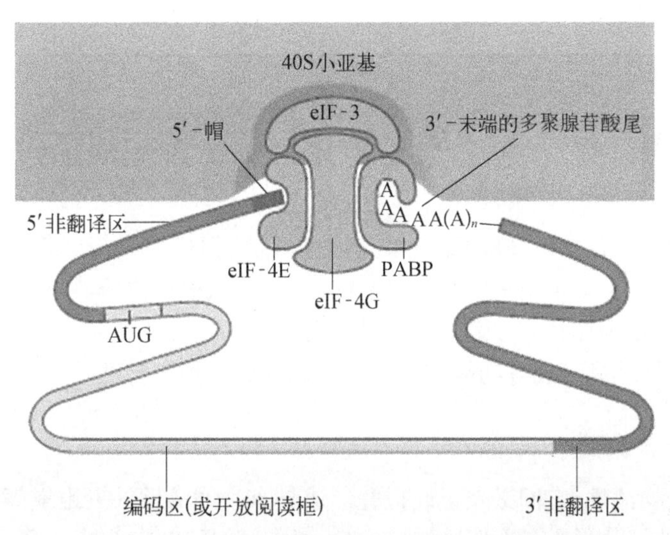

图 12-13　mRNA 的 5′-帽、多聚腺苷酸尾参与真核生物蛋白质生物合成的起始

随后 fMet-tRNA^{fMet}才加入其中。而在真核细胞中，Met-tRNA$_i^{Met}$先结合小亚基形成复合物，该复合物在 eIF-4E 等起始因子的帮助下再与 mRNA 的 5′-端结合。结合了 mRNA 后，由 ATP 水解供能，小亚基开始向 3′-端移动至第一个 AUG。

4. 寻找起始密码子的方式不同　　原核细胞依赖 mRNA 的 SD 序列来识别起始密码子 AUG。在真核细胞中，mRNA 5′-帽在此过程中发挥重要作用，它通过帽结合蛋白结合到小亚基上。随后在 eIF-4A 和 eIF-4B 的协助下，由 ATP 水解供能，小亚基开始向 3′-端移动扫描。当小亚基的 P 位移动至第一个 AUG（通常最靠近 5′-端的 AUG 就是起始密码子），使起始密码子 AUG 与结合在 P 位上的 Met-tRNA$_i^{Met}$ 的反密码子相互识别结合，进而形成起始复合物前体。

（二）延长阶段

真核细胞与原核细胞肽链延长过程基本相同。真核细胞的延长因子 eEF-1α 和原核细胞中的 EF-Tu 相似，具有 GTP 酶活性，它可与 GTP 结合形成 eEF-1α-GTP 复合物，将氨基酰-tRNA 运至核糖体 A 位。水解 GTP 后，eEF-1α 以 eEF-1α-GDP 形式离开核糖体。真核细胞的 eEF-1βγ 和原核细胞的 EF-Ts 相似，它催化 GTP 置换 eEF-1α-GDP 中的 GDP，使 eEF-1α-GTP 再生，参与下一轮反应。而 eEF-2 则与原核细胞中的EF-G一样，具有转位酶活性，催化肽酰-tRNA 移位（表 12-3）。

表 12-3　参与蛋白质生物合成的延长因子

延长因子	生物学功能
原核生物	
EF-Tu	具有 GTP 酶活性，促进氨基酰-tRNA 进入 A 位
EF-Ts	催化 EF-Tu-GTP 复合物的再形成
EF-G	具有转位酶活性，催化 GTP 分解供能，促使肽酰-tRNA 由 A 位移至 P 位
真核生物	
eEF-1α	具有 GTP 酶活性，促进氨基酰-tRNA 进入 A 位
eEF-1βγ	催化 eEF-1α-GTP 复合物的再形成
eEF-2	具有转位酶活性，催化 GTP 分解供能，促使肽酰-tRNA 由 A 位移至 P 位

（三）终止阶段

真核细胞终止密码子被同一种释放因子识别。真核细胞只有释放因子 eRF，它可识别 3 种终止密码子，其作用需要 GTP，但 eRF 没有与 GTP 结合的位点，需要其他蛋白质因子协助才能使多肽链释放。原核细胞含有 3 种释放因子（即 RF-1、RF-2 和 RF-3），分别识别不同的终止密码。

此外，哺乳动物类等真核生物线粒体具有一套独立的蛋白质合成体系，用于合成线粒体的某些多肽。该体系类似于原核生物蛋白质合成体系。

第三节　蛋白质的翻译后加工及靶向输送

尽管翻译过程中遗传密码仅指导20种氨基酸合成多肽链，但研究发现成熟蛋白质含有上百种氨基酸，它们均是在20种氨基酸基础上衍生出来的。更重要的是，最初从核糖体释放出来的多肽链一般不具备生物活性。因此，新生多肽链从核糖体释放后需要经历翻译后加工的过程才能变为成熟蛋白质。另外，在细胞质合成的蛋白质还必须准确地达到其发挥功能的亚细胞区域或分泌到细胞外。

一、蛋白质的翻译后加工

新生肽链并不具有生物活性，它们必须正确折叠形成具有生物活性的三维空间结构，有的需形成必需的二硫键，有的需经过亚基的聚合形成具有四级结构的蛋白质。除此以外，许多蛋白质在翻译后还需经过蛋白水解作用切除一些肽段或氨基酸，或对某些氨基酸残基的侧链基团进行化学修饰等处理后才能成为有活性的成熟蛋白质。这一过程称为翻译后加工(post-translational processing)。

新生肽链的加工修饰有些在肽链合成过程中进行，即共翻译(co-translational)，但绝大多数发生在肽链合成完成后，即翻译后(post-translational)，故一般都统称为翻译后加工。

(一) 一级结构的加工修饰

在蛋白质一级结构层次进行的加工主要有肽链的氨基或羧基末端的水解切除、前体蛋白质的水解加工、氨基酸残基的共价化学修饰等。这些加工修饰可以直接控制蛋白质的活性，对蛋白质在细胞内发挥生物学功能具有重要作用。

1. 肽链的氨基或羧基末端的水解切除　　在蛋白质合成过程中，新生肽链的N端氨基酸总是甲硫氨酸(真核生物)或甲酰甲硫氨酸(原核生物)。真核细胞中大部分新生肽链的N端甲硫氨酸残基由特异的蛋白水解酶切除。原核细胞中约半数成熟蛋白质的N端经脱甲酰基酶切除N-甲酰基而保留甲硫氨酸，剩余半数被氨基肽酶(aminopeptidase)水解而去除N-甲酰甲硫氨酸。有些情况下，C端的氨基酸残基也可被酶切除。

2. 肽链中肽键的水解　　某些无活性的蛋白质前体可在特定蛋白酶的作用下切除部分肽段，生成具有活性的蛋白质或多肽。真核细胞分泌型蛋白和跨膜蛋白的前体的N端都有一段由13～36个氨基酸残基(以疏水氨基酸残基为主)组成的肽段——信号肽(signal peptide)，这些信号肽在蛋白质成熟过程中需要被切除。无活性的酶原转变为有活性的酶，常需要去掉一部分肽链。例如，细胞在合成胰岛素时，先合成其前体分子——前胰岛素原(preproinsulin)，前胰岛素原的N端为信号肽，引导其靶向运输到粗面型内质网腔。在内质网腔中，前胰岛素原的信号肽被切除，并形成3个二硫键后，变为胰岛素原(proinsulin)。胰岛素原由3个串联的区域组成，C端21个氨基酸为A链，N端30个氨基酸为B链，两部分之间由C肽连接，故C肽又称为连接肽。胰岛素原被运输至高尔基复合体，特异性肽酶切除C肽，A链和B链借助于二硫键形成共价交联的活性胰岛素(图12-14a)。活性胰岛素含有3个二硫键，其中2个二硫键在A链和B链之间形成，另一个二硫键则在A链内部形成。有的多肽链经水解可以产生数种小分子活性肽。例如，由脑垂体产生的鸦片促黑皮质素原(pro-opiomelano-cortin，POMC)，经水解产生9种活性肽(图12-14b)，包括促肾上腺皮质激素(corticotropin，ACTH)、α-促黑激素(melanocyte-stimulating hormone，α-MSH)、β-促黑激素(melanocyte-stimulating hormone，β-MSH)、γ-促黑激素(melanocyte-stimulating hormone，γ-MSH)、β-促脂解素(lipotropin，β-LT)、γ-促脂解素(lipotropin，γ-LT)、β-内啡肽(β-endorphin)、甲硫脑啡肽(met-enkephalin)、促皮质素样中叶肽(corticotropic-like intermediate lobe peptide，CLIP)。

3. 氨基酸残基的共价化学修饰　　是对蛋白质进行共价加工的过程，由专一的酶催化，特异性地在蛋白质的一个或多个氨基酸残基上以共价键方式加上相应的化学基团或分子。修饰的位置包括蛋白质的N端、C端和氨基酸残基的侧链基团。这种翻译后修饰不仅大大增加了蛋白质中氨基酸的类别，而且也使蛋白质的结构与功能更为复杂和多样化，它对于调节蛋白质的溶解度、活性、稳定性、亚细胞定位及介导蛋白质之间

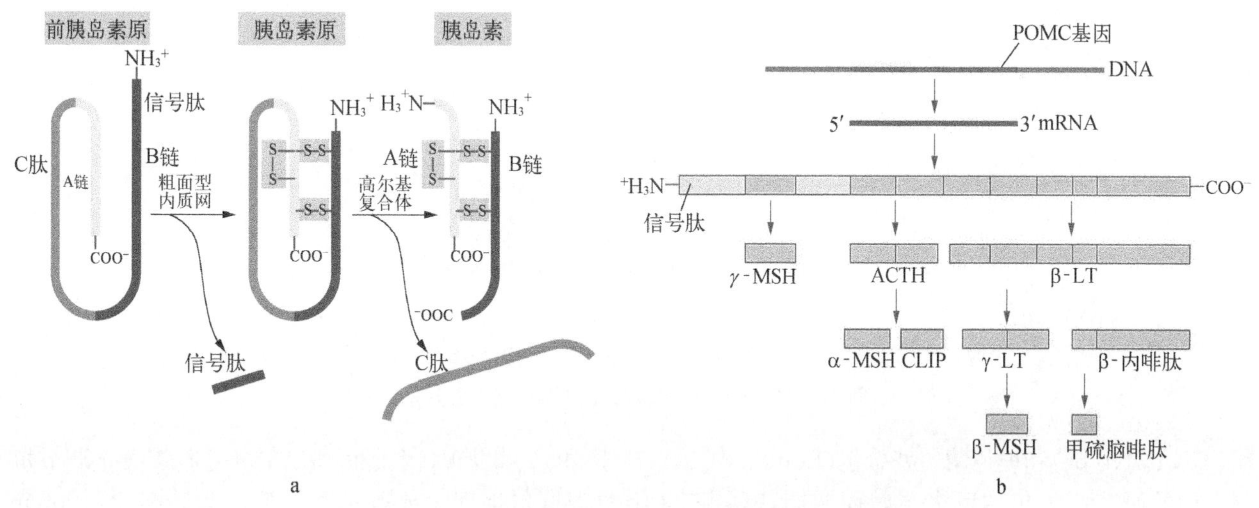

图 12-14 前胰岛素原和鸦片促黑皮质素原的水解修饰

a. 前胰岛素原的水解修饰;b. 鸦片促黑皮质素原的水解修饰

的相互作用均具有重要作用。尤其值得注意的是,氨基酸残基的共价化学修饰是对蛋白质的功能或活性进行快速调节的一种重要方式。

尽管蛋白质的翻译后化学修饰种类异常繁多,但目前机制相对清楚的仅仅是其中的一小部分。常见的修饰有羟基化、糖基化、羧基化、磷酸化、乙酰化、甲基化、脂基化、泛素化和类泛素化等。

(1) 羟基化:结缔组织的蛋白质(如胶原蛋白)常含有羟脯氨酸和羟赖氨酸,但这两种氨基酸并无对应的遗传密码。在内质网腔内,脯氨酰羟化酶和赖氨酰羟化酶分别将新生肽链中的脯氨酸和赖氨酸残基羟化,进而衍生出羟脯氨酸和羟赖氨酸残基。羟化作用有助于维持胶原蛋白螺旋结构的稳定。

(2) 糖基化:大多数膜蛋白和分泌蛋白均是糖蛋白,它们是在多肽链合成中或在合成之后与单糖或寡糖链以共价键连接而成,这个过程发生在细胞的内质网或高尔基体中,由糖基转移酶催化。糖基可连接在丝氨酸、苏氨酸或羟赖氨酸的羟基上,形成O-连接寡糖;也可连接在天冬酰胺残基的酰胺上,形成N-连接寡糖(图 12-15)。糖基化具有多种形式,可在同一条肽链上的同一位点连接上不同的寡糖,也可在不同位点上连接上寡糖。糖蛋白中的糖链具有多种生物学功能,如参与肽链的折叠和缔合、参与糖蛋白的转运和分泌、参与分子识别和细胞识别。

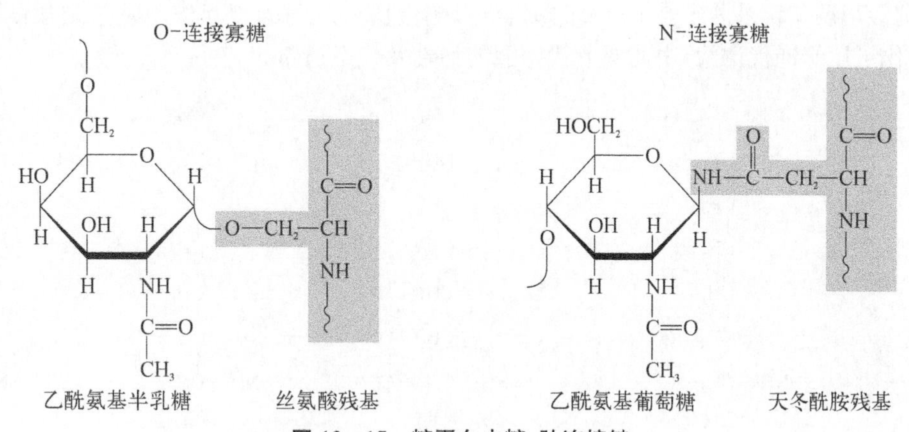

图 12-15 糖蛋白中糖-肽连接键

(3) 羧基化:一些蛋白质的谷氨酸和天冬氨酸可发生羧化作用,此过程由羧化酶催化。例如,凝血酶原合成后其谷氨酸残基被羧化为γ-羧基谷氨酸(图 12-16),后者可与 Ca^{2+} 螯合,进而与磷脂连接,参与凝血酶原的激活过程。

(4) 磷酸化:蛋白质的磷酸化修饰是最常见的翻译后化学修饰方式。这种修饰方式由埃德温·克雷布

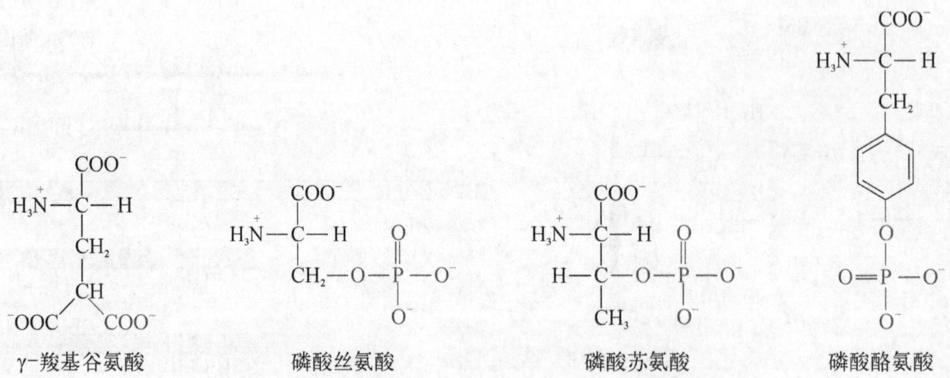

γ-羧基谷氨酸　磷酸丝氨酸　磷酸苏氨酸　磷酸酪氨酸

图 12-16　羧基化和磷酸化修饰的氨基酸残基

斯(Edwin Krebs)和埃德蒙·费希尔(Edmond Fischer)于 1955 年发现,两人也因其在蛋白质磷酸化调节机制方面的研究所做出的巨大贡献而共同获得 1992 年的诺贝尔生理学或医学奖。蛋白质磷酸化(protein phosphorylation)是由蛋白激酶催化完成,该酶将 ATP 或 GTP 的 γ 位磷酸基转移到底物蛋白的丝氨酸、苏氨酸或酪氨酸残基上(图 12-16)。在磷酸化反应中,蛋白质氨基酸侧链由于加入了一个带有强负电的磷酸基团而发生了酯化作用,从而改变了蛋白质的构象、活性及其与其他分子相互作用的性能。蛋白质去磷酸化(protein dephosphorylation)是由蛋白质磷酸酶催化完成,该酶将磷酸基从蛋白质上除去。大部分细胞中至少有 30%的蛋白质被可逆的磷酸化和去磷酸化修饰所调控,蛋白质磷酸化或去磷酸化修饰通过调节底物蛋白质的酶活性或其他活性、改变其亚细胞定位、改变其与其他蛋白质或生物分子的相互作用,进而在细胞信号转导、神经活动、肌肉收缩及细胞增殖、分化和凋亡等生理和病理过程中均起重要作用。例如,激素等细胞外信号分子与受体结合后,可激活细胞内蛋白激酶,后者可磷酸化细胞内一系列底物蛋白,从而引发一系列生物学效应。

(5) 乙酰化:蛋白质乙酰化(protein acetylation)是指在组蛋白乙酰转移酶(histone acetyltransferase, HAT)的催化下,将乙酰基团转移到底物蛋白的赖氨酸残基侧链上的过程。乙酰 CoA 是乙酰基团的供体。当底物蛋白发生乙酰化修饰时,乙酰化会中和赖氨酸残基的正电荷,从而影响底物蛋白的构象和功能(图 12-17)。同样,蛋白质乙酰化也是可逆的。蛋白质去乙酰化(protein deacetylation)是由组蛋白去乙酰化酶(histone deacetylase, HDAC)催化完成的(图 12-18)。存在乙酰化修饰的蛋白质主要有组蛋白、转录因子 p53 和 E2F1 等。目前认为,组蛋白的乙酰化主要参与染色质结构的重塑和转录激活,而转录因子等非组蛋白的乙酰化则参与调节转录因子与 DNA 的结合、影响蛋白质之间的相互作用及蛋白质的稳定性。近年来,也发现乙酰化可以修饰代谢酶,由此调节代谢酶的活性及代谢通路。

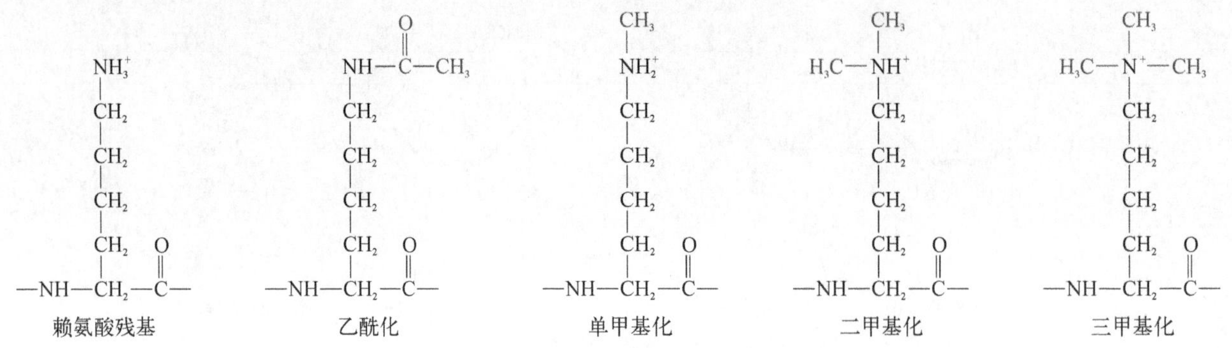

图 12-17　赖氨酸残基的乙酰化和甲基化修饰

(6) 甲基化:蛋白质甲基化(protein methylation)是指在甲基转移酶催化下,甲基由 S-腺苷甲硫氨酸转移至相应蛋白质的过程。甲基虽然不能明显改变整个氨基酸的电荷,只是替代了氨基上的氢原子,但却减少了氢键的形成数量,而且甲基的加入增加了空间阻力,进而影响底物与蛋白质的相互作用。催化蛋白质甲基化的酶是甲基转移酶,包括蛋白质赖氨酸甲基化酶(protein lysine methyltransferase, PKMT)和蛋白质精氨

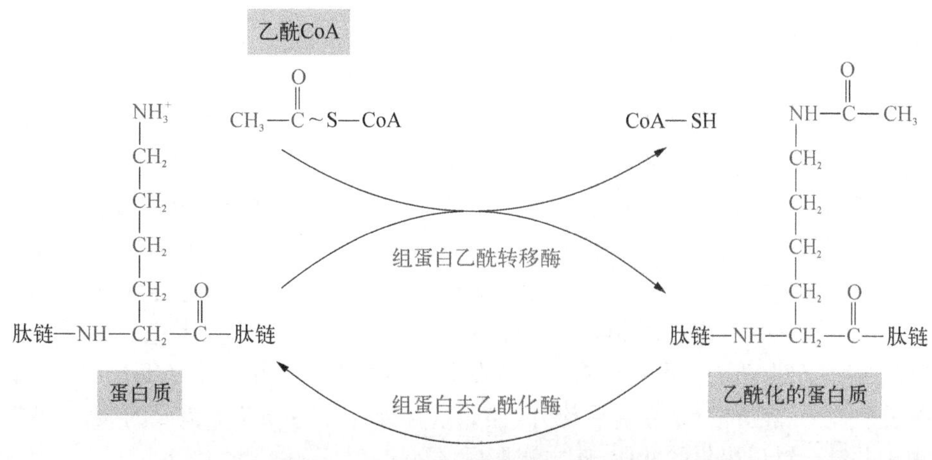

图 12-18　蛋白质乙酰化和去乙酰化

酸甲基化酶(protein arginine methyltransferase,PRMT),分别催化底物蛋白在赖氨酸或精氨酸侧链氨基上进行的甲基化(图 12-17)。另外,也有在天冬氨酸或谷氨酸侧链羧基上进行甲基化形成甲酯的形式,由其他酶催化完成。与磷酸化和乙酰化修饰不同,蛋白质的甲基化修饰的可逆性在研究早期存在较大争议。但近年来陆续发现,细胞内确实有相应的去甲基化酶催化去甲基化过程,如赖氨酸特异性去甲基化酶 LSD1 以及可以将甲基化的精氨酸转化为瓜氨酸的肽酰精氨酸脱亚氨酶-4(peptidyl arginine dei minase-4,PADI-4)等。蛋白质甲基化修饰可产生多种不同的效应,包括影响蛋白质之间的相互作用、蛋白质和 RNA 之间的相互作用、蛋白质的定位、RNA 加工、细胞信号转导等。例如,组蛋白甲基化可影响异染色质形成、基因印记和转录调控。组蛋白 H3K9、H3K27 和 H4K20 的甲基化与染色体的钝化过程有关;而 H4K9 的甲基化可能与大范围的染色质水平的抑制有关;H3K4、H3K36 和 H3K79 位点的甲基化与染色体转录激活过程有关;组蛋白 H3R2、H3R4、H3R17 和 H3R26 位点精氨酸甲基化修饰可以增强转录。

(7) 脂基化(lipidation):是在酶的催化下,疏水性的脂肪酸或类异戊二烯基团(isoprenoid group)被共价连接至蛋白质分子上的过程。这些疏水性基团通常与蛋白质分子中半胱氨酸残基侧链基团中的巯基通过共价键相连。常见的脂基化修饰包括棕榈酰化(palmitoylation)、法尼基化(farnesylation)和四异戊二烯化(geranylgeranylation)等,分别由棕榈酸酰基转移酶(palmitoyl acyltransferase,PAT)、法尼基转移酶(farnesyl transferase)和四异戊二烯转移酶(geranylgeranyl transferase)催化完成。值得注意的是,脂基化基本上都是不可逆过程,只有棕榈酰化修饰是可逆的。棕榈酸和半胱氨酸残基之间的硫酯键可以被硫酯酶(thioesterase)催化破坏。脂基化引入了疏水性基团,因此这能够增强蛋白质在细胞膜上的亲和性,有些蛋白质分子常同时发生棕榈酰化和法尼基化修饰,可使其与生物磷脂膜具有更好的相溶性,将蛋白质锚定在细胞膜上。此外,被脂基化修饰的蛋白质分子在介导细胞信号转导方面尤其具有重要作用。脂基化异常与肿瘤等疾病的发生发展密切相关,法尼基转移酶和棕榈酰基转移酶的靶向抑制剂对肿瘤细胞的生长具有明显的抑制作用。

(8) 泛素化(ubiquitination):是指在特定酶的催化下,泛素分子被共价连接在蛋白质分子上的过程。泛素(ubiquitin,Ub)是一种由 76 个氨基酸残基组成的小分子蛋白质,其中包括 7 个赖氨酸残基,其C端的甘氨酸可与底物蛋白质的赖氨酸残基(K)形成异肽键(Isopeptide bond),从而引起底物蛋白质泛素化。泛素的 K11、K29、K48 和 K63 等均可参与形成泛素分子之间的异肽键,从而形成泛素链。泛素化存在 3 种不同的修饰类型:单泛素化(mono ubiquitination),即单个泛素分子结合到底物蛋白质上;多个单泛素化(multiple monoubiquitination),即底物蛋白质的多个赖氨酸残基被多个单泛素分子标记;多聚泛素化(poly ubiquitination),即由数个泛素分子形成的泛素链与底物蛋白质特异性结合。目前研究主要集中在 K48 和 K63 参与的泛素化修饰。例如,与底物蛋白质分子 K48 结合的多聚泛素链(Ub^{K48})(泛素分子数目多于 4 个)将通过泛素-蛋白酶体途径介导底物蛋白质降解,而与底物蛋白质分子 K63 结合的多聚泛素链(Ub^{K63})通过调节蛋白的功能活性状态、亚细胞定位等来参与 DNA 损伤修复、炎症反应、胞吞作用等过程。泛素化也是一种可逆的共价修饰过程,去泛素化(deubiquitination)是由去泛素化酶(deubiquitinating enzyme)催化完成。

(9) 类泛素化:具体见章末二维码。

(二) 蛋白质空间构象的形成

1. 新生肽链的折叠　肽链在合成时,还未折叠的肽段有许多疏水基团暴露在外,具有分子内或分子间聚集的倾向,使蛋白质不能形成正确空间构象。这种结构混乱的肽链集合体产生过多对细胞有致命的影响。实际上,细胞中大多数天然蛋白质折叠都不是自发完成的,其折叠过程需要其他酶或蛋白质的辅助,这些辅助性蛋白质可以指导新生肽链按特定方式正确折叠,它们被称为分子伴侣(molecular chaperone)。

目前对分子伴侣参与蛋白质折叠的作用机制已经有所认识。分子伴侣的主要作用是:① 封闭待折叠肽链暴露的疏水区段;② 创建一个隔离的环境,可以使肽链的折叠互不干扰;③ 促进肽链折叠和去聚集;④ 遇到应激刺激,使已折叠的蛋白质去折叠。许多分子伴侣是 ATP 酶,能提供水解 ATP 产生的自由能。分子伴侣可逆地与未折叠肽段的疏水部分结合随后松开,如此重复进行可防止发生错误的聚集,使肽链正确折叠。分子伴侣也可识别并结合错误聚集的肽段,使之解聚后,再诱导其正确折叠。

细胞内分子伴侣可分为两大类,一类为核糖体结合性分子伴侣,包括触发因子和新生链相关复合物;另一类为非核糖体结合性分子伴侣,包括 HSP、伴侣蛋白等。鉴于篇幅所限,此处仅以 HSP、伴侣蛋白为例,简要介绍它们在多肽链折叠中的作用。此外,真核生物的肽链折叠机制尚有待阐明,故此处仅以大肠埃希菌中的两种常见的折叠为例予以介绍。

(1) 热激蛋白(heat shock protein,HSP):亦称为热休克蛋白,属于应激反应性蛋白,高温刺激可诱导其合成。在蛋白质翻译后加工过程中,HSP 可促进需要折叠的肽链折叠为有天然空间构象的蛋白质。各种生物都有相应同源蛋白质,以大肠埃希菌为例。

大肠埃希菌中参与蛋白质折叠的 HSP 包括 HSP70、HSP40 和 Grp E。HSP70 由 *Dna K* 基因编码,故 HSP70 又被称为 Dna K 蛋白。它有两个功能域(图 12-19,图见本章末二维码):一个是 N 端的 ATP 酶结构域,能结合和水解 ATP;另一个是 C 端的肽链结合结构域。辅助肽链折叠需要这两个结构域的相互作用及 HSP40(亦称 Dna J)和 Grp E 辅助。在 ATP 存在下,Dna J 和 Dna K 的相互作用可抑制肽链的聚集,Grp E 则作为核苷酸交换因子控制 Dna K 的 ATP 酶活性。

HSP 促进肽链折叠的基本过程称为 HSP70 反应循环,其具体步骤如图 12-19 所示(具体见本章末二维码)。首先,Dna J 与未折叠或部分折叠的肽链结合,将肽链导向 Dna K-ATP 复合物,激活 Dna K 的 ATP 酶,使 ATP 水解,形成稳定的 Dna J-Dna K-ADP-肽链复合物。接着,在 Grp E 的作用下,ATP 与 ADP 交换,复合物解离,释放出完全折叠的蛋白质或部分折叠的肽链,其中部分折叠的肽链可进入新一轮 HSP70 反应循环,最后完全折叠。

人类的 HSP 蛋白家族可存在于细胞质、内质网腔、线粒体、细胞核等部位,涉及多种细胞保护功能。例如,使线粒体和内质网蛋白质保持未折叠状态而转运、跨膜,再折叠成功能构象;通过上述类似机制,避免或消除蛋白质变性后因疏水基团暴露而发生的不可逆聚集,以利于清除变性或错误折叠的肽链中间物。

(2) 伴侣蛋白:具体见章末二维码。

2. 二硫键的形成和脯氨酸处的正确折叠　参与组成肽链的 20 种氨基酸中,有一些结构特殊的氨基酸如半胱氨酸、脯氨酸对蛋白质正确空间构象的形成非常重要。含有这些氨基酸残基的肽链的正确折叠除了需要分子伴侣以外,还需要折叠酶的参与。

折叠酶包括蛋白质二硫化物异构酶(protein disulfide isomerase,PDI)和肽酰-脯氨酸顺反异构酶(peptidyl-prolyl cis-trans isomerase,PPI)。PDI 可促进天然二硫键的形成或催化错配的二硫键断裂形成正确的二硫键连接(图 12-20a),从而帮助肽链内或肽链之间二硫键的正确形成,使蛋白质形成热力学稳定的天然构象。多肽链中肽酰-脯氨酸之间形成的肽键存在顺式构型和反式构型(图 12-20b),导致空间构象的明显差异。PPI 可促进上述顺反构型之间的转换,使多肽在各脯氨酸弯折处形成正确折叠。脯氨酰异构化是蛋白质折叠的限速步骤,因此 PPI 是蛋白质空间构象形成的限速酶。

3. 亚基聚合和辅基连接　生物体内的功能蛋白质许多是由两条以上肽链构成的蛋白质。多聚体的肽链之间通过非共价键维持一定空间构象,有些还需与辅基连接才能形成具有活性的蛋白质。由两条以上肽

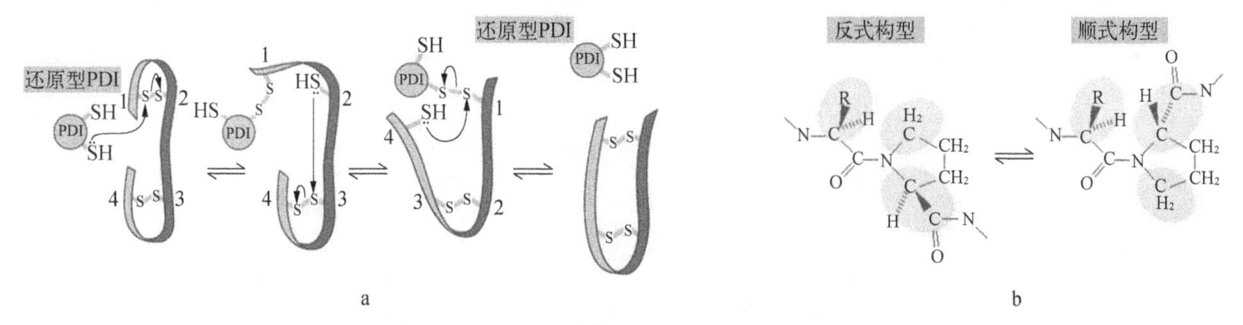

图 12 - 20　折叠酶催化多肽链的折叠

a. 蛋白质二硫化物异构酶催化的反应；b. 肽酰-脯氨酸顺反异构酶催化的反应

链构成的蛋白质的各个亚单位相互聚合时所需要的信息蕴藏在肽链的氨基酸序列之中，而且这种聚合过程往往又有一定顺序，前一步骤常可促进后一聚合步骤的进行。成人血红蛋白由两条α链、两条β链及4个血红素分子组成。合成好的α链从核糖体上自行释放，与尚未从核糖体释放的β链相连，然后一并离开核糖体，形成游离的αβ二聚体。此二聚体再与线粒体内生成的两个血红素结合，形成半分子血红蛋白，两个半分子血红蛋白相互结合才形成有功能的血红蛋白分子(包含4条肽链和4个血红素分子)。

二、蛋白质的靶向输送

无论是原核还是真核生物，在核糖体上合成的蛋白质需定向输送到合适部位才能行使生物学功能。蛋白质合成后在细胞内被定向输送到其发挥作用部位的过程称为蛋白质的靶向输送(protein targeting)或蛋白质分选(protein sorting)。

大肠埃希菌的新生蛋白质一般靠扩散作用分布到它们的目的地，一部分仍停留在细胞质，一部分则被送到内膜、外膜或内膜与外膜之间的空隙，还有一部分被分泌到胞外。例如，内膜含有与能量代谢和营养物质转运相关的蛋白；外膜含有促进离子和营养物质进入细胞的蛋白；在内膜与外膜的间隙中含有各种水解酶及与营养物质结合的蛋白。

此处重点关注的是真核生物蛋白质的靶向输送。真核生物合成的蛋白质按照亚细胞定位，大致可分为胞质溶胶蛋白、质膜蛋白、细胞器蛋白、核蛋白和分泌型蛋白。蛋白质分选大致有两条途径：一条称为胞质溶胶分选途径(cytosolic sorting branch)，在游离核糖体上合成的蛋白质一部分携带着定位信号被运输到线粒体、细胞核和过氧化物酶体；另一部分缺乏定位信号的蛋白则滞留在胞质溶胶中；另一条称为粗面型内质网分选途径(rough ER sorting branch)，在结合核糖体上合成的蛋白质将继续在粗面型内质网进行分选，决定其成为膜蛋白(分别定位于细胞膜、内质网膜和高尔基体膜)、内质网蛋白、高尔基体蛋白、溶酶体蛋白或分泌蛋白(图 12 - 21)。值得一提的是，在内质网进行分选的蛋白质有的就停留在内质网膜上或内质网腔中，更多的蛋白将被输送至高尔基体继续进行修饰和分选。

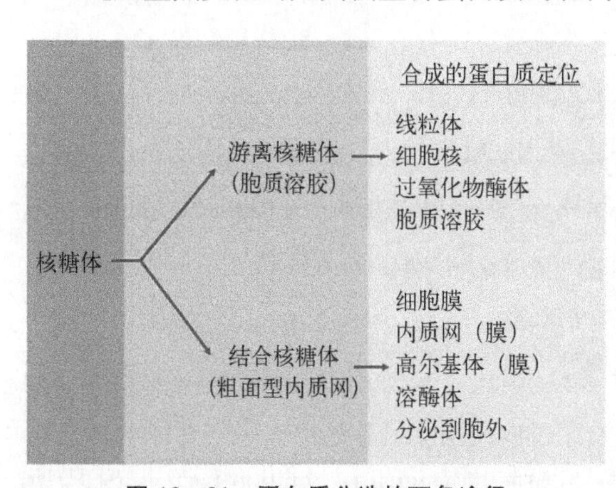

图 12 - 21　蛋白质分选的两条途径

蛋白质的靶向输送尽管比较复杂，但可用一个比较简单的模式来解释。需要运输的蛋白质含有“地址”信息，也就是分选信号(一段氨基酸序列或某种修饰)(表 12 - 4)，其可引导蛋白质转移到细胞的适当靶部位。这类序列统称为信号序列(signal sequence)，是决定蛋白质靶向输送特性的最重要元件。这些序列有的在肽链的N端，有的在C端，有的在肽链内部；有的输送完成后切除，有的保留。另外，蛋白质的转运方式可分为两大类：一类是细胞内的蛋白质合成与转运同时发生，即翻译转运同步；另一类是蛋白质从核糖体上释放后才发生转运，属翻译后转运。

表 12-4 蛋白细胞亚组分分选信号

蛋 白 种 类	信 号 序 列	结 构 特 点
分泌型蛋白	信号肽	15～30 个氨基酸,位于 N 端,中间为疏水性氨基酸
核蛋白	核定位信号	4～8 个氨基酸组成,位于内部,含脯氨酸、赖氨酸和精氨酸,典型序列为 K-K/R-X-K/R
内质网蛋白	内质网滞留信号	C 端的赖氨酸-天冬氨酸-谷氨酸-亮氨酸(Lys-Asp-Glu-Leu 即 KDEL)
核基因组编码的线粒体蛋白	前导肽	20～35 个氨基酸,位于 N 端
溶酶体蛋白	溶酶体靶向信号	6-磷酸甘露糖
过氧化物酶体蛋白	过氧化物酶体基质靶向序列(PTS)	PTS1：C 端的丝氨酸-赖氨酸-亮氨酸 PTS2：N 端的 9 个氨基酸残基构成的序列
细胞膜蛋白 内质网膜蛋白	信号肽、转运终止序列、内部插入序列	转运终止序列和内部插入序列均为疏水性肽段

(一) 胞质溶胶分选途径引导细胞器蛋白的转运

在胞质溶胶中,游离核糖体上合成的蛋白质借助胞质溶胶分选途径进行转运,这属于翻译后转运。含有信号序列的蛋白质将转运至线粒体、细胞核和过氧化物酶体,成为细胞器蛋白;不含信号序列的蛋白质将滞留在胞质溶胶中,成为胞质溶胶蛋白。

线粒体蛋白质的靶向输送、细胞核蛋白质的靶向输送、过氧化物酶体蛋白质的靶向输送具体见本章末二维码。

(二) 粗面型内质网分选途径引导含有信号肽的蛋白质的转运

在粗面型内质网上,结合核糖体上合成的蛋白质的 N 端通常有信号肽(signal peptide)结构。信号肽具有以下特点(图 12-22)：① 通常位于肽链的 N 端;② 包含 12～35 个氨基酸残基;③ 它的 N 端通常是甲硫氨酸残基;④ 含有 6～12 个由疏水性氨基酸组成的疏水核心区;⑤ 近 N 端的区域通常携带净正电荷;⑥ C 端有一个可被信号肽酶(signal peptidase)裂解的位点,酶切位点上游的第一个和第三个氨基酸残基常为丙氨酸这样偏小的中性氨基酸。这些蛋白质在信号肽的引导下通过粗面型内质网分选途径进行转运,可以是翻译后转运,也可以是翻译转运同步。它们首先转运至内质网腔,有部分会留在此处,成为内质网蛋白质;但大部分会转运至高尔基体继续分选。当然,有些蛋白质不用进入内质网腔,而是直接转运并定位在内质网膜上,成为内质网膜蛋白。

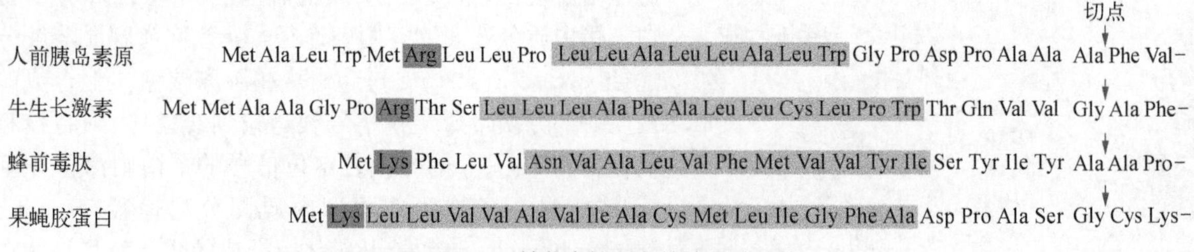

图 12-22 某些真核蛋白的信号肽结构

疏水氨基酸残基以浅蓝色底纹标记,碱性氨基酸以深蓝色底纹标记

1. 蛋白质由信号肽引导转运至内质网腔　大多数蛋白质穿过内质网膜入腔的过程属于翻译与转运同步,由其信号肽引导这个转运过程。信号肽可以被细胞质中的信号识别颗粒(signal recognition particle,SRP)所识别,后者是由 7S RNA(包含 300 个核苷酸)和 6 种不同的多肽链组成的 RNA-蛋白质复合体。SRP 有两个功能域,一个功能域用以识别信号肽,结合含有疏水核心的信号肽使其不能折叠而能穿越内质网;另一个功能域干扰氨基酰-tRNA 和肽酰-tRNA 的反应,以暂停或减缓多肽链的延长,避免延长的多肽发生错误折叠。

含有信号肽的多肽的翻译转运过程如下(图 12-23)：① 核糖体上开始合成多肽。② N 端的信号肽序列首先被合成出来。③ SRP 立即识别新生信号肽,随即结合到核糖体上,此时新生肽链的延长暂时终止或延长速度大大降低。④ 内质网膜上有 SRP 受体,亦称为 SRP 对接蛋白(docking protein)。借此受体,SRP-核糖体复合体被引导到内质网膜上;同时在内质网膜上,肽转位复合物(peptide translocation complex)形成跨内质网膜的蛋白质通道，正在合成的肽链穿过内质网膜孔进入内质网腔。⑤ SRP 脱离信号肽和核糖体后继续识别其他信号肽，肽链继续延长直至完成。⑥ 信号肽在内质网腔内被信号肽酶切除。⑦ 肽链在内质网中折叠形成最终构象。⑧ 核糖体大小亚基解聚，重新参与新生肽链的合成。

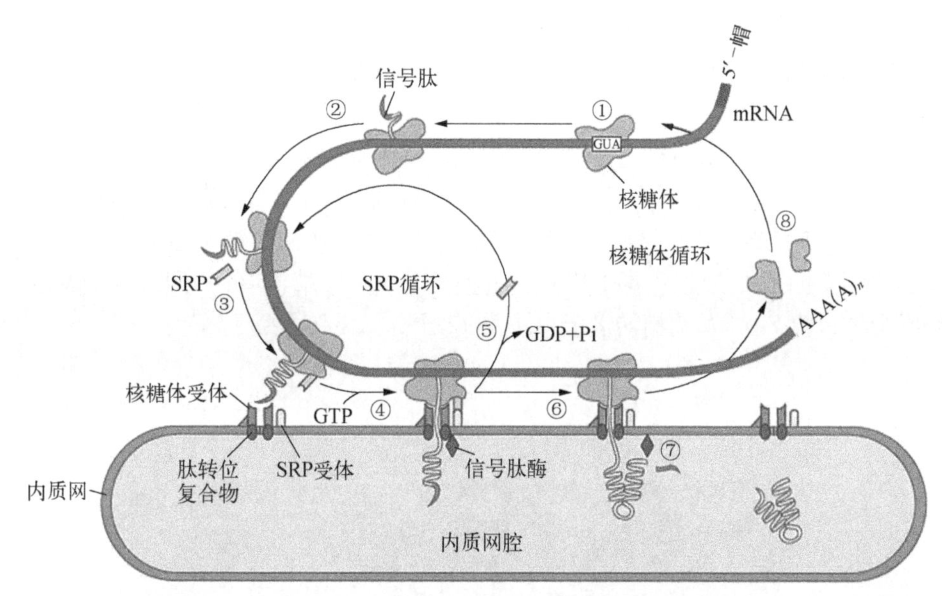

图 12-23　含有 N 端信号肽的蛋白质转运至内质网腔的过程

随着信号肽被切除，进入内质网腔的新生蛋白质将进行折叠、形成二硫键及进行糖基化修饰变成糖蛋白。寡糖通常以 N-连接寡糖的方式与蛋白质的天冬酰胺残基共价连接形成糖蛋白。只有少数 O-连接的糖蛋白会出现在内质网，它们更多地出现在高尔基复合体和胞质溶胶。

2. *蛋白质从内质网腔转运至高尔基复合体*　在内质网腔加工修饰之后的蛋白质随着内质网膜"出芽"形成的囊泡转移至高尔基复合体(图 12-24)。在高尔基复合体中，未糖基化的蛋白质将进行 O-连接的糖基化修饰，而 N-连接的糖蛋白将在此得到进一步修饰。高尔基复合体同样会对蛋白质进行分选，如分泌型蛋白和溶酶体蛋白。

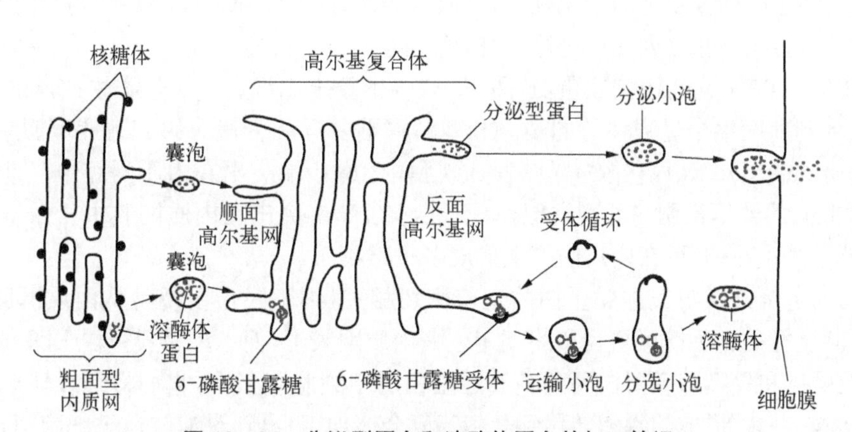

图 12-24　分泌型蛋白和溶酶体蛋白的加工转运

3. *分泌型蛋白的加工转运*　分泌型蛋白含有信号肽，通过上述过程，进入内质网腔后再转运至高尔基复合体。最后在高尔基复合体中被包装进分泌小泡，转运至细胞膜，再分泌到细胞外(图 12-24)。

4. *溶酶体蛋白的加工转运*　溶酶体蛋白的靶向输送与分泌型蛋白类似(图 12-24)。在高尔基复合体中，N-连接的糖蛋白中寡糖的甘露糖被磷酸化为 6-磷酸甘露糖，这种 6-磷酸甘露糖糖基化修饰是蛋白质靶向输送到溶酶体的信号。后续转运过程如下：① 高尔基复合体膜上存在对应的受体通过识别 6-磷酸甘露糖信号结合这类糖蛋白，并在高尔基复合体的反面上形成运输小泡。② 该运输小泡中的一种水解酶(hydrolase)去除6-磷酸甘露糖信号中的磷酸基。③ 受体重新回到高尔基复合体。④ 运输小泡继续将蛋白质输送到溶酶体,使其成为溶酶体蛋白。

5. 定位于内质网的蛋白质C端含有滞留信号序列　　内质网中含有多种帮助新生肽链折叠成天然构型的蛋白质,如分子伴侣等。与分泌型蛋白一样,需要停留在内质网中执行功能的蛋白质先经粗面型内质网上的附着核糖体合成并进入内质网腔,然后随囊泡输送到高尔基复合体。由于内质网定位的蛋白质肽链的C端含有滞留信号序列(KDEL),在高尔基复合体上中的内质网蛋白质通过这一滞留信号序列与内质网上相应受体结合,随囊泡输送回内质网。

6. 膜蛋白的定位需要转运终止序列或内部插入序列　　内质网膜蛋白的肽链并不完全进入内质网腔,而是锚定在内质网膜上,其跨膜形式有多种,分为Ⅰ型、Ⅱ型、Ⅲ型和Ⅳ型(图12-25)。Ⅰ型跨膜蛋白(如LDL受体)可跨膜1次,其N端在内质网腔内;Ⅱ型跨膜蛋白(如去唾液酸糖蛋白受体)可跨膜1次,其C端在内质网腔内;Ⅲ型跨膜蛋白(如细胞色素P450)与Ⅰ型类似,但N端没有信号肽;Ⅳ型跨膜蛋白可跨膜多次,如G蛋白偶联受体跨膜7次,葡萄糖转运蛋白跨膜12次。

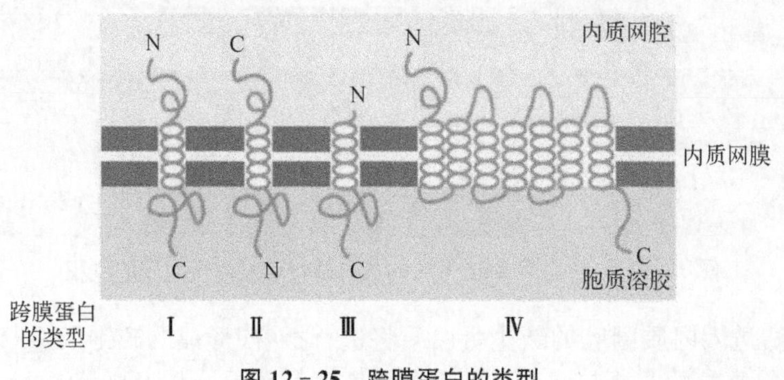

图12-25　跨膜蛋白的类型

不同类型的跨膜蛋白转运机制不尽相同。例如,Ⅰ型跨膜蛋白靶向输送至内质网膜的过程与分泌蛋白类似,经历了图12-23描述的第1步到第6步,它们部分穿过内质网膜,其信号肽被切除掉,其N端突出朝向内质网腔。最关键的是,这类蛋白质含有一段高度疏水的转运终止序列(stop-transfer sequence)。转运终止序列的N端在内质网腔内,而C端在胞质溶胶中。一个转运终止序列形成蛋白质的单次跨膜区段(即跨膜结构域)。当转运终止序列被膜上通道识别时,该通道侧面有一条不断打开和关闭的"门缝"允许疏水性序列进入脂质双分子层,转运终止序列便通过这条"门缝",进入内质网膜,与脂质双分子层结合,从而使肽链不再向内质网腔内转移,形成一次跨膜的膜蛋白[图12-26(本章末二维码)]。这类蛋白质的C端位于胞质溶胶中,而C端的延伸与前面整个过程保持同步。Ⅱ型跨膜蛋白没有可切除的N端信号肽,但含有内部插入序列(internal insertion sequence),它像"锚"一样插入膜中,其C端突出在内质网腔中。Ⅲ型跨膜蛋白也没有N端信号肽,因此它的转运机制与Ⅱ型类似,只不过它的N端突出在内质网腔中。Ⅳ型跨膜蛋白有多个内部插入序列和转运终止序列,可在内质网膜上形成多次跨膜。

内质网膜蛋白的定位方式与其他膜蛋白的定位密切相关,细胞膜蛋白便是从内质网膜蛋白转运而来。诸如细胞色素P450这样的Ⅲ型跨膜蛋白最终就定位在内质网膜上,而Ⅰ型跨膜蛋白LDL受体、Ⅱ型跨膜蛋白去唾液酸糖蛋白受体和Ⅳ型跨膜蛋白葡萄糖转运蛋白属于细胞膜蛋白,它们将继续转运至细胞膜。这些膜蛋白随着内质网膜"出芽"形成的囊泡转移到高尔基复合体加工,再随囊泡转运至细胞膜,最终与细胞膜融合而成为细胞膜蛋白,此时膜蛋白的N端朝向细胞外,C端朝向胞质溶胶。

第四节　蛋白质的生物合成与医学

生物体蛋白质的合成和加工是一个十分复杂的过程,任何一个环节发生错误都可能发生疾病。蛋白质的生物合成对细胞的存活和增殖不可或缺，因此很多抗生素及一些毒素或生物活性物质正是通过干扰原核生物或真核生物的蛋白质生物合成而发挥其作用。

一、蛋白质生物合成与疾病发生

细胞内蛋白质合成的直接信息模板是 mRNA，mRNA 的序列信息则“抄录”自基因组 DNA。因此，基因编码区如果发生突变，就有可能造成蛋白质一级结构中关键氨基酸残基的改变，造成蛋白质结构和功能异常，进而发生疾病。镰状细胞贫血是首例被报道的分子病，它是由于编码人的血红蛋白 β 亚基基因出现单个碱基突变，导致 β 亚基第 6 位氨基酸残基由谷氨酸改变为缬氨酸，从而造成血红蛋白结构异常。蛋白质生物合成过程的异常与一些疾病也密切相关。例如，总体来讲，恶性肿瘤细胞的蛋白质合成速率明显高于正常细胞。

此外，多肽链的正确折叠对蛋白质形成正确的空间构象和执行功能也至关重要。因此，蛋白质合成后的加工修饰如蛋白质折叠异常，会导致蛋白质空间构象异常，进而也可引起如阿尔茨海默病、帕金森病等这些蛋白质空间构象病。

二、蛋白质生物合成的干扰和抑制

蛋白质生物合成是许多药物和毒素的作用靶点。这些药物或毒素可以通过阻断真核或原核生物蛋白质合成体系中某组分的功能，从而干扰和抑制蛋白质生物合成过程。真核生物与原核生物的翻译过程既相似又有差别，这些差别在临床医学中有重要应用价值。例如，抗生素能杀灭细菌但对真核细胞无明显影响，因此可以以蛋白质生物合成所必需的关键组分作为研究新的抗菌药物的靶点。某些毒素也作用于基因信息传递过程，对毒素作用原理的了解，不仅能研究其致病机制，还可从中发现寻找新药的途径。

（一）抗生素

抗生素（antibiotics）是一类由某些真菌、细菌等微生物产生的代谢产物，可抑制或杀灭其他微生物。对宿主无毒性的抗生素可用于预防和治疗感染性疾病。抗生素的杀菌作用有两方面：一是破坏细菌细胞壁，引起溶菌；二是抑制核酸和蛋白质的生物合成。常用抗生素的作用位点、原理及应用见表 12－5。

表 12－5　常用抗生素的作用位点、原理及应用

抗生素	作用位点	作用原理	应用
伊短菌素、密旋霉素	原核、真核核糖体小亚基	阻碍翻译起始复合物的形成	抗病毒药
四环素、土霉素	原核核糖体小亚基	抑制氨基酰-tRNA 与小亚基结合	抗菌药
链霉素、新霉素、潮霉素	原核核糖体小亚基	改变构象引起读码错误、影响肽链延长	抗菌药
氯霉素、林可霉素、红霉素	原核核糖体大亚基	抑制肽酰转移酶、阻断肽链延长	抗菌药
嘌呤霉素	原核、真核核糖体	使肽酰基转移到它的氨基上后脱落	抗肿瘤药
放线菌酮	真核核糖体大亚基	抑制肽酰转移酶、阻断肽链延长	医学研究
夫西地酸、微球菌素	EF－G	抑制 EF－G、阻止转位	抗菌药
壮观霉素	原核核糖体小亚基	阻碍小亚基变构、阻止转位	抗菌药

1. 抑制肽链合成起始的抗生素　伊短菌素（edeine）和密旋霉素（pactamycin）引起 mRNA 在核糖体上错位而阻碍翻译起始复合物的形成，对所有生物的蛋白质合成均有抑制作用。伊短菌素还可以影响起始氨基酰-tRNA 的就位和 IF－3 的功能。晚霉素（eveninomycin）结合于 23S rRNA，阻止 fMet－$tRNA^{fMet}$ 的结合。

2. 抑制肽链延长的抗生素

（1）干扰进位的抗生素：四环素（tetracycline）和土霉素（terramycin）特异性结合 30S 亚基的 A 位，抑制氨基酰-tRNA 的进位。粉霉素（pulvomycin）可降低 EF－Tu 的 GTP 酶活性，从而抑制 EF－Tu 与氨基酰-tRNA 结合；黄色霉素（kirromycin）阻止 EF－Tu 从核糖体释出。

（2）引起读码错误的抗生素：氨基糖苷（aminoglycoside）类抗生素能与 30S 亚基结合，影响翻译的准确性。例如，链霉素（streptomycin）与 30S 亚基结合，改变 A 位上氨基酰-tRNA 与其对应的密码子配对的精

确性和效率，使氨基酰-tRNA 与 mRNA 错配；潮霉素 B(hygromycin B)和新霉素(neomycin)能与 16S rRNA 及 rpS12 结合，干扰 30S 亚基的解码部位，引起读码错误。这些抗生素均能使延长中的肽链引入错误的氨基酸残基，改变细菌蛋白质合成的忠实性。

(3) 影响成肽的抗生素：氯霉素(chloramphenicol)可结合核糖体 50S 亚基，阻止由肽酰转移酶催化的肽键形成；林可霉素(lincomycin)作用于 A 位和 P 位，阻止 tRNA 在这两个位置就位而抑制肽键形成；大环内酯类(macrolide)抗生素如红霉素(erythromycin)能与核糖体 50S 亚基中肽链排出通道结合，阻止新生肽链从核糖体大亚基中排出，从而阻止肽键的进一步形成；嘌呤霉素(puromycin)的结构与酪氨酰-tRNA 相似，在翻译中可取代酪氨酰-tRNA 而进入核糖体 A 位，中断肽链合成；放线菌酮(cycloheximide)可特异性抑制真核生物核糖体肽酰转移酶的活性。

(4) 影响转位的抗生素：夫西地酸(fusidic acid)、硫链丝菌肽(thiostrepton)和微球菌素(micrococcin)可抑制 EF-G 的酶活性，阻止核糖体转位。壮观霉素(spectinomycin)结合核糖体 30S 亚基，可阻碍小亚基变构，抑制 EF-G 催化的转位反应。

(二) 细菌毒素和植物毒素

能抑制人体蛋白质合成的天然蛋白质常见的是细菌毒素如白喉毒素与植物毒素如蓖麻蛋白。

1. 白喉毒素(diphtheria toxin)　白喉杆菌产生的白喉毒素是真核细胞蛋白质合成的抑制剂，它具有 NAD^+：白喉酰胺 ADP-核糖基转移酶活性，白喉毒素由 A、B 两条多肽链组成，两者通过二硫键相连。A 链起催化作用，B 链可与细胞表面的特异受体结合，帮助 A 链进入细胞。在 A 链的催化作用下，真核细胞延长因子 eEF-2 通过其组氨酸咪唑基上的 N 原子与 NAD^+ 中核糖的 1 位 C 原子相互作用生成 eEF-2-核糖-ADP，称为白喉酰胺。eEF-2 因发生这种共价修饰而失活，无法促进转位，因而抑制真核细胞蛋白质合成。白喉毒素的催化效率极高，几微克毒素足以致命，给予烟酰胺可拮抗其作用。

2. 蓖麻蛋白(ricin)　该蛋白也由 A、B 两条多肽链组成，两者通过二硫键相连。A 链具有 N-糖苷酶活性，B 链是凝集素，可与细胞膜上含乳糖苷的糖蛋白(或糖脂)结合，帮助 A 链进入细胞。链间的二硫键在细胞内被还原，脱离的 A 链与真核细胞核糖体 60S 大亚基结合，切除其 28S rRNA 的 4 324 位腺苷酸，间接抑制 eEF-2 的作用，阻碍肽链的延长。蓖麻蛋白毒性很强，是等重量氯化钾毒性的 6 000 倍，曾被用作生化武器，对某些动物体来说，每公斤仅 0.1 μg 便足以致死。

(张　莹)

※ 第十二章数字资源

类泛素化

图 12-19
HSP70 辅助肽链折叠

伴侣蛋白

线粒体蛋白质的靶向输送、细胞核蛋白质的靶向输送、过氧化物酶体蛋白质的靶向输送

图 12-26
内质网膜蛋白的转运过程

第十二章
参考文献

微课视频 12-1
蛋白质生物合成体系

微课视频 12-2
蛋白质生物合成过程

第十三章

基因表达及其调控

内容提要

基因是能够表达蛋白质或 RNA 等具有特定功能产物、负载遗传信息的基本单位，是染色体或基因组的一段 DNA 序列。与原核基因相比，真核基因结构的突出特点是其不连续性，称为断裂基因。基因组是指细胞或者生物体的一整套完整单倍体遗传物质的总和。病毒和原核生物的基因组相对较小，结构紧凑；真核生物基因组结构庞大，不被转录的区域远远超过被转录的区域，且含有大量的重复序列。

基因表达就是基因负载的遗传信息转变生成具有生物学功能产物的过程。基因表达具有时间特异性和空间特异性的特点，分为组成性表达和适应性表达。基因表达的精确调控在生物体适应环境、细胞分化与个体发育、疾病发生发展中具有重要作用。

原核基因表达调控机制相对简单，主要在转录起始以操纵子模式进行调控。大肠埃希菌乳糖操纵子(*lac* operon)包含 3 个串联排列的结构基因和操纵元件、启动序列、调节基因和 CAP 结合位点，通过协调阻遏蛋白负性调节和 CAP 正性调节来控制操纵子的表达。

真核基因表达调控更为复杂，包括染色质水平、转录水平、转录后加工、翻译水平、翻译后加工等多个步骤，其中转录起始是关键环节。染色质水平涉及组蛋白修饰、染色质重塑和 DNA 甲基化等表观遗传调节。转录水平主要涉及多种转录因子与基因调控区的顺式作用元件的相互作用。miRNA、siRNA 和 lncRNA 等非编码 RNA 在基因的表达调控中也具有重要作用。

细胞内蕴藏着整套的遗传信息，它决定了生物个体的遗传和表型。人类基因组约有 5.8 万个基因。这些基因首先转录形成 RNA，mRNA 经过翻译形成具有各种功能的蛋白质或者多肽。基因表达主要涉及转录和翻译的过程，基因表达调控也是主要在这两个过程进行调节。基因表达调控是在细胞生物学、分子生物学及分子遗传学研究基础上逐步发展起来的领域。对基因表达调控的深入研究可以认识人类如何从一个只有一套遗传信息的受精卵细胞逐步发育成为具有不同形态和功能的多细胞、多组织和多器官的复杂个体。同样也是我们逐步认识同一个体中不同组织细胞虽然具有相同的遗传信息却产生各自特异蛋白质的原因。此外，还可以阐明生物体怎样通过不断调控各种基因的表达来适应不同生存环境的规律。基因表达调控的异常与各种疾病的发生发展存在着密切联系。

第一节 基因与基因组

一、基因

(一) 基因的概念

生物性状的遗传规律早在19世纪60年代已经被奥地利遗传学家格雷戈尔·约翰·孟德尔(Gregor Johann Mendel)认识。1909年,丹麦生物学家维尔赫姆·路德维希·约翰逊(Wilhelm Ludwig Johannsen)根据希腊文"给予生命"之义,创造了"基因"一词,代替了G.Mendel的"遗传因子",但是基因的本质和机制在20世纪后半叶的分子生物学时代才真正得以认识。

基因的现代分子生物学概念是:基因(gene)是能够表达蛋白质或RNA等具有特定功能产物的遗传信息的基本单位,是染色体或基因组的一段DNA序列。但对RNA作为遗传信息载体的RNA病毒而言则是一段RNA序列。

基因命名遵循一定规则。给细菌基因命名时,前面用小写的三字母缩写表示该基因编码产物参与的生物学过程,后面紧跟着一个大写字母来和其他参与该生物学过程的基因作区分。此外,后面还可加数字来表示突变位点。所有的字母和数字均以斜体表示。例如,*leuA* 基因表示参与亮氨酸生物合成途径的基因之一,而 *leuA273* 基因表示该基因第273位碱基突变后的基因型。相应地,细菌蛋白质缩写与基因缩写相似,只是蛋白质缩写不用斜体,且第一个字母要大写。例如,*rpoB* 基因编码RNA聚合酶β亚基,对应的蛋白质缩写为RpoB。给脊椎动物基因命名时,不同种属基因名称保持与人类同源基因相同,通常将基因名称简写为3~8个字母,蛋白质名称与之相同,但两者在不同物种中的表示方式略有差异。例如,表13-1中,人类基因缩写和蛋白质缩写均要求大写,并且基因缩写要以斜体表示;小鼠和大鼠基因缩写要求斜体和首字母大写,蛋白质缩写只要求大写。

表13-1 人、小鼠和大鼠基因名称和蛋白质名称(以 *sonic hedgehog* 基因为例)

种 属	基 因 缩 写	蛋 白 质 缩 写
人	*SHH*	SHH
小鼠	*Shh*	SHH
大鼠	*Shh*	SHH

(二) 基因的功能

DNA是基因的物质基础,所以基因的功能实际上是DNA的功能。基因的功能包括:① 利用4种碱基的不同排列荷载遗传信息。② 通过复制将遗传信息稳定、忠实地遗传给子代细胞;同时为了适应环境变化,生物体的遗传性和变异性同时存在。变异性即基因突变也是普遍存在的自然现象。③ 作为基因表达的模板,表达为RNA和(或)蛋白质产物。

根据基因表达产物有否或不同,可分为:① 结构基因(structural gene),表达产物为蛋白质但不参与调节其他基因表达。② 调节基因(regulatory gene),表达产物为蛋白质且参与调节其他基因表达。③ *RNA* 基因(RNA gene),表达产物为非编码RNA如tRNA、rRNA、lncRNA和miRNA等。④ 假基因(pseudogene),与正常基因序列非常相似但已失活,不能表达功能产物(蛋白质或RNA)。

(三) 基因的结构

对一个基因的完整描述不仅应包括它的被转录区,同时也应包括它的调控区。因此,广义上讲,基因的序列包括两部分:一是通常所说的基因自身的序列,即从转录起始位点开始到转录终止位点结束的作为转录模板的被转录区域;二是其调控区序列,如启动子、增强子等。一般来讲,调控区序列位于基因转录起始位点的上游。

1. *原核生物基因的结构*　原核生物中，绝大多数基因按功能相关性成簇地串联排列于染色体上，共同组成一个转录单位——操纵子。操纵子也是原核生物基因表达的协调控制单位，其被转录区包括功能上相关的几个结构基因前后相连成串，位于上游的调控区序列（包括启动序列、操纵元件及其他调节序列）同时调控下游的多个结构基因的表达。图 13－1 是原核生物操纵子的典型结构。

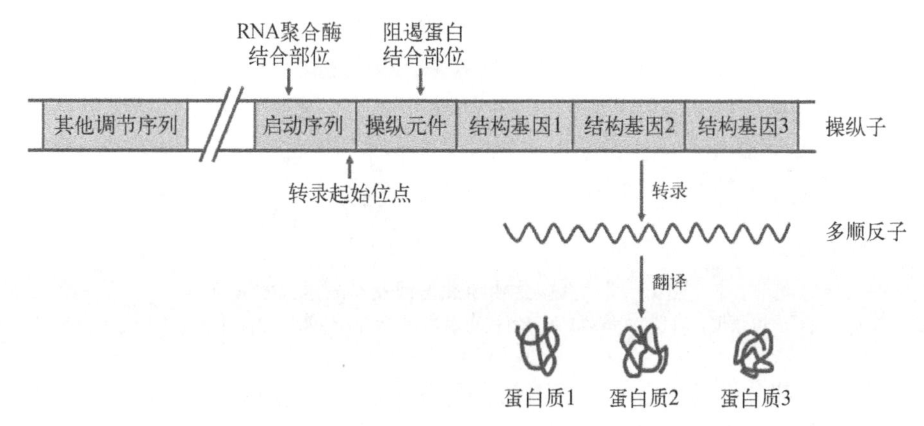

图 13－1　操纵子的典型结构及其表达调控

双斜线表示其他调节序列在不同操纵子中的位置不同

（1）启动序列：即启动子，具有方向性，一般位于结构基因转录起始位点的上游。不同基因间的启动序列上存在一定保守性。启动序列本身不在 RNA 产物中出现，仅提供转录起始信号。大肠埃希菌启动序列的长度为 40～60 bp，至少包括了 3 个功能区，一是转录起始起点，即＋1 位碱基。二是位于－10 bp 区的 RNA 聚合酶核心酶结合部位，有着“TATAAT”的共有序列，亦称为 Pribnow 框。三是位于－35 bp 区的 RNA 聚合酶 σ 亚基识别部位，共有序列是“TTGACA”。尽管存在着上述共有序列，但原核生物的启动序列间可存在较大差异。启动序列越接近共有序列，起始转录的作用越强，此类启动序列称为强启动序列，反之为弱启动序列。例如，λ 噬菌体的 PL、PR 及 T7 噬菌体的 P_{T7} 是强启动子，而 *lac* 操纵子的 P_{lac} 是弱启动子。

（2）终止序列：出现在操纵子中成簇串联排列的最后一个结构基因中。在依赖 ρ 因子的转录终止中，终止序列是位于结构基因下游近 3′-端的一段富含 CA 的序列，该序列通过招募 ρ 因子来终止转录；在不依赖 ρ 因子的转录终止中，终止序列包含一段富含 GC 的回文序列和一段富 U 区，前者对应转录出具有发夹结构的 RNA 区段，后者使 RNA 与模板链的结合不稳定，进而终止转录。

（3）操纵元件（operator）：又称操纵序列或操纵基因，是一些启动序列邻近部位的一小段特定序列，可被具有抑制转录作用的阻遏蛋白识别并结合，通常与启动序列有部分重叠。

（4）其他调节序列：除了启动序列和操纵元件，操纵子还含有其他调节序列。例如，位于启动序列上游的编码阻遏蛋白的调节基因，产生的阻遏蛋白将结合操纵元件来阻止转录。另外，在前已述及的原核基因的弱启动子附近常有一些特殊的 DNA 序列，某些具有转录激活作用的正调控蛋白可以识别并结合这种 DNA 序列，加快转录的启动。

2. *真核生物基因的结构*　与原核生物相比较，真核生物编码蛋白质的基因最突出的特点是其不连续性，称为断裂基因。如图 13－2 所示，如果将成熟的 mRNA 分子序列与其基因编码序列比较，可以发现并不是全部的基因序列都保留在成熟的 mRNA 分子中，有一些区段被剪接去除了。在基因序列中，与成熟 mRNA 分子相对应的序列称为外显子，即真核生物断裂基因中被转录的、在转录后加工剪接时被保留并最终呈现于成熟 RNA 中的 DNA 片段。内含子是位于外显子与外显子之间不出现在成熟 mRNA 中的序列，即真核生物断裂基因中被转录的、但在转录后加工剪接时被除去的 DNA 片段。外显子与内含子相间排列，共同组成真核生物基因的被转录区。每个基因的内含子的数目比外显子要少 1 个。内含子和外显子同时出现在最初合成 mRNA 前体中，在合成后被剪接。例如，全长为 7.5 kb 鸡卵清蛋白基因有 8 个外显子和 7 个内含子，最初合成的 RNA 前体与相应的基因是等长的，内含子序列被切除后的成熟 mRNA 分子的长度仅为 1.8 kb。在不同的基因中外显子的数量不同，少则数个，多则数十个。外显子的数量是描述基因结构的重要特征之一。

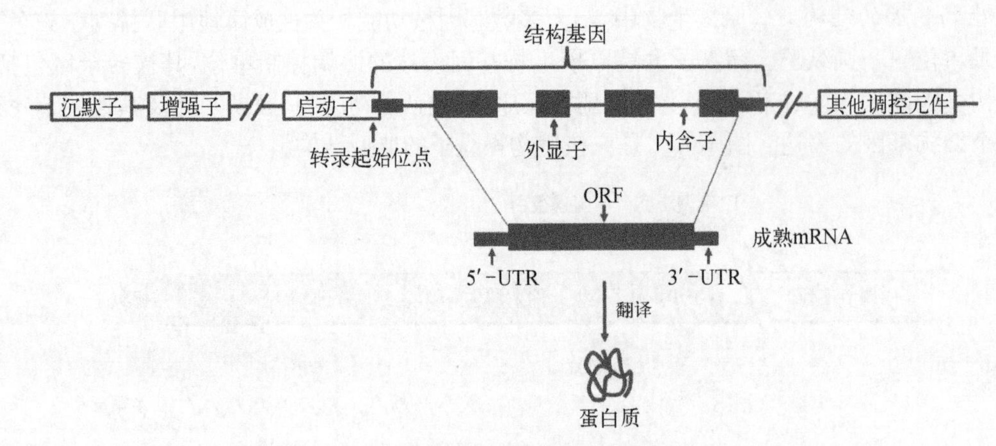

图 13-2 真核生物断裂基因及其表达调控

ORF：可读框；UTR：非编码区；双斜线表示增强子和其他调控元件的位置不固定

高等真核生物中绝大部分编码蛋白质的基因都有内含子，只有组蛋白编码基因例外。此外，编码 rRNA 和个别 tRNA 的基因也都有内含子。低等真核生物的内含子分布差别很大，有的酵母的基因较少有内含子，有的则较常见。原核生物的结构基因基本没有内含子。病毒的基因常与宿主基因的结构特征相似。感染细菌的病毒(噬菌体)的基因与细菌基因的结构特征相似，基因是连续的；而感染真核细胞的病毒的基因具有某些真核生物基因结构特征，少量的基因也由于含有内含子而间断。病毒基因由于基因组大小的限制，有的还存在着重叠编码，以便更为有效地利用基因序列。

真核生物基因的调控序列较原核生物更为复杂，迄今了解仍很有限，包括启动子、增强子和沉默子等(图 13-2)。

(1) 启动子：大部分真核生物基因的启动子位于其基因序列转录起始位点的上游，启动子本身通常不被转录；但有些启动子(如编码 *tRNA* 基因的启动子)的 DNA 序列位于转录起始位点的下游，这些 DNA 序列可以被转录。

真核生物主要有 3 类启动子(图 13-3)，分别由细胞内 3 种不同的 RNA 聚合酶识别启动。① Ⅰ型启动子：由 RNA 聚合酶Ⅰ识别。Ⅰ型启动子富含 GC 碱基对，包括核心元件(core element)和上游调控元件(upstream control element，UCE)两部分，前者位于－45～＋20 bp，转录起始的效率很低，后者位于－156～－107 bp，增强转录的起始。两个元件之间的距离非常重要，距离过远或过近都会降低转录起始效率。具有Ⅰ型启动子的基因主要是编码 rRNA 的基因。② Ⅱ型启动子：由 RNA 聚合酶Ⅱ识别。Ⅱ型启动子通常是由核心启动子、近端启动子和远端启动子组成。核心启动子常见的保守性序列组件有 TFⅡB 识别组件、TATA 框、起始序列/起始子和下游启动子等。其中 TATA 框位于转录起始位点上游－25 bp 处，其核心序

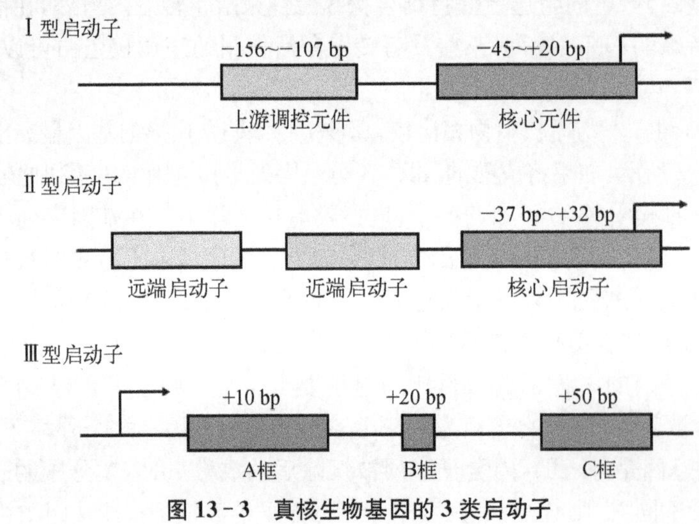

图 13-3 真核生物基因的 3 类启动子

列是 TATA(A/T)A(A/T),决定着 RNA 合成的起始位点。但有些基因并不含有 TATA 框,如管家基因(housekeeping gene)和同源盒基因(homeobox genes,一类与发育相关的基因)。具有Ⅱ型启动子的基因主要是编码蛋白质(mRNA)的基因和一些小 *RNA* 基因。③ Ⅲ型启动子:由 RNA 聚合酶Ⅲ识别。Ⅲ型启动子的位置较独特,如 tRNA 基因的启动子,包括 A 框、B 框和 C 框 3 部分,分别位于+10～+20 bp 和+50～+60 bp 两个区域。Ⅲ型启动子基因主要编码 5S rRNA、tRNA、U6 snRNA 等 RNA 分子。

(2) 增强子(enhancer):是可以增强真核生物基因启动子转录的特异 DNA 序列,是真核生物基因中最重要的调控序列,决定着每一个基因在细胞内的表达水平。增强子位置灵活,可位于启动子的任何方向和任何位置,大部分位于上游,有的位于下游,距离所调控基因近者达几十个碱基对,远者则可达几千个碱基对。不同的增强子序列结合不同的调节蛋白。

(3) 沉默子(silencer):是对基因转录起阻遏作用的特异 DNA 序列,属于负性调控元件。一些调节蛋白结合到沉默子时,便能够抑制基因的转录。

(4) 其他调控元件:有绝缘子(insulator)、位点控制区(locus control region,LCR)、核基质结合区(matrix attachment region,MAR)等。绝缘子也称为边界元件(boundary element),位于基因或基因位点的两侧,它通过结合蛋白质阻断增强子对基因的激活作用,而且只对处于其边界另一侧的增强子有抑制作用。当绝缘子置于增强子和启动子之间时,绝缘子将抑制增强子对基因的激活作用;绝缘子并不抑制位于启动子下游的另一个增强子对同一基因的激活作用;同样也不能抑制增强子对另一基因的作用。LCR 是真核细胞中能够远程调控相关基因表达的 DNA 序列,具有组织特异性和拷贝数依赖性。LCR 是由多序列元件组成,某些元件具有启动子、增强子、绝缘子等的特点,LCR 很可能通过染色质重塑,控制大量调节蛋白的结合而调控基因的表达。MAR 是存在于真核细胞染色质中的一段与核基质或核骨架特异结合的 DNA 序列,富含碱基 A 和 T。MAR 能使染色质形成独立的环状结构,通过调节蛋白将启动子和增强子等锚定在核基质上,调节基因的表达,而且通过 MAR 形成的环状结构使得此功能区域具有位置独立效应,能独立进行表达。此外,MAR 还具有调节染色质的构象、参与 DNA 复制等功能。

二、基因组

基因组(genome)是指细胞或者生物体的一整套完整单倍体遗传物质的总和。1920 年德国科学家 Hans Winkler 首先使用"基因组"这一概念,用"gene"和"chromosome"两个词组合来描述生物的全部基因和染色体。人类基因组包含了细胞核染色体(常染色体和性染色体)DNA 及线粒体 DNA 所携带的所有遗传物质。不同的生物体基因组的大小和复杂程度各不相同。表 13－2 列出了具有代表性的原核生物和真核生物 DNA 分子的大小。不同生物基因组所携带的遗传信息量有着巨大差别,其结构和组织形式也各有特点。

表 13－2　不同生物体 DNA 的比较

	大小(kb)	编码蛋白基因数	双螺旋线性长度(m)	染色体数	染色体(拷贝数)	形　状
病毒						
噬菌体 φX174	5.4	11	0.000 001 8	—	—	线性单链
原核生物						
大肠埃希菌	4 600	4 400	0.001 36	1	1	环状
真核生物						
酿酒酵母	12 100	5 800	0.000 34	17	1 或 2	线性
黑腹果蝇	180 000	14 700	0.014	4	2	线性
人	3 200 000	20 000	1.2	22+X,Y	2	线性

(一) 病毒基因组的结构特点

1. 病毒基因组大小差异较大　　病毒的基因组很小,但不同病毒基因组相差较大。如乙肝病毒 DNA 只有 3 kb 大小,能编码 4 种蛋白质;痘病毒的基因组有 300 kb,可以编码几百种蛋白质,包括病毒复制所需要的酶及核苷酸代谢相关的酶等,因此痘病毒对宿主的依赖性较乙肝病毒小得多。

2. *有的病毒基因组是DNA，而有的病毒基因组是RNA* 每种病毒只含有一种核酸，DNA或RNA，两者不共存于同一种病毒中。基因组为DNA的病毒称为DNA病毒，基因组为RNA的病毒称为RNA病毒。病毒基因组DNA或RNA可以是单链结构，也可以是双链结构，可以是闭环分子，也可以是线性分子。例如，乳头瘤病毒是一种闭环的双链DNA；腺病毒则是线性的双链DNA；脊髓灰质炎病毒是一种单链RNA病毒；呼肠孤病毒是双链RNA病毒。大多数DNA病毒基因组是双链DNA分子，大多数RNA病毒基因组是单链RNA分子。

3. *多数RNA病毒的基因组是由连续的核糖核酸链组成，但有些RNA病毒基因组由数条不连续的RNA链组成* RNA病毒基因组可以由不相连的几条RNA链组成，如流感病毒的基因组是由8条RNA分子构成，每个RNA分子都含有编码蛋白质分子的信息；呼肠孤病毒的基因组是由10条不相连的双链RNA片段构成，同样每段RNA分子都编码一种蛋白质。截至目前，尚未在DNA病毒中发现类似情况。

4. *病毒基因组存在着基因重叠* 弗雷德里克·桑格(Frederick Sanger)1977年研究φX174噬菌体时发现了重叠基因。φX174感染大肠埃希菌后可合成11个蛋白质分子，总分子量为250 kDa左右，相当于6 078个核苷酸所容纳的信息量。而该病毒DNA本身只有5 375个核苷酸，最多能编码总分子量为200 kDa的蛋白质分子，由此发现了基因重叠现象。病毒基因组大小十分有限，因此在进化过程中形成了基因重叠编码现象，即同一DNA片段可以是两种甚至3种蛋白质分子的部分编码区，换句话说，两种不同蛋白质的编码区有一部分是共用的。这样的重叠编码机制提高了病毒基因组的编码能力。

病毒基因组不仅存在着结构基因的重叠，也存在着编码区和调控区的重叠。乳头瘤病毒是一类感染人和动物的病毒，基因组约为8.0 kb，其中不翻译的部分约为1.0 kb，该区域同时作为其他基因表达的调控区。

5. *病毒基因组的大部分区域是编码蛋白质的，只有极小部分不被翻译* φX174噬菌体中不翻译的DNA部分只有217个核苷酸(总长5 375 nt)，所占比例不到5%。不翻译的DNA序列通常是基因表达的调控区，如RNA聚合酶结合位点、转录的终止信号及核糖体结合位点等。

6. *有的病毒基因可以转录生成多顺反子mRNA* 病毒基因组中有的功能相关的基因或*rDNA*基因(转录生成rRNA的基因)可以形成一个转录单元。它们可被一起转录成为多顺反子mRNA，然后再加工成为编码各种蛋白质的mRNA模板。例如，腺病毒晚期基因编码病毒的12种外壳蛋白，转录时是在一个启动子的作用下生成多顺反子mRNA，然后再加工成各种mRNA，编码病毒的各种外壳蛋白。

7. *除逆转录病毒外，病毒基因组都是单倍体* 每个基因只有一个拷贝，即在病毒颗粒中只出现一次。逆转录病毒基因组有两个拷贝。

8. *噬菌体基因是连续的，而真核细胞病毒的基因是不连续的* 除了正链RNA病毒外，感染真核细胞的病毒基因都是先转录成mRNA前体，再经加工切除内含子成为成熟的mRNA。由于基因重叠现象，某一基因的内含子或其中的一部分可以是另一个基因的外显子。

(二) 原核生物基因组的结构特点

原核生物的基因组较小，对其结构和功能的认识远较真核生物深入。原核生物基因组DNA虽然与蛋白质结合，但并不形成真正的染色体结构，因此人们只是习惯上称之为染色体DNA。原核生物的基因组主要是染色体DNA，有的还含有质粒等其他携带遗传物质的DNA。

原核生物基因组的结构具有以下特点：① 基因组较小，基因组中很少有重复序列；② 编码蛋白的基因多为单拷贝基因，但编码rRNA的基因是多拷贝基因；③ 编码蛋白的基因在基因组中所占的比例约为50%；④ 许多编码蛋白的结构基因在基因组中以操纵子为单位排列。

1. *原核生物基因以操纵子方式组构* 操纵子是原核生物基因表达的协调控制单位，包括启动序列、操纵元件和结构基因等。启动序列是基因转录调控中RNA聚合酶识别位点及其周围的序列。操纵元件并非结构基因，而是一段能被阻遏蛋白识别和结合的特异DNA序列。操纵子结构中，数个功能上有关联的结构基因串联排列，共同构成信息编码区。这些结构基因共用一个启动序列和一个转录终止信号序列，因此转录合成时仅产生一条mRNA长链，编码几种不同的蛋白。这种mRNA分子携带了几个多肽链的编码信息，被称为多顺反子mRNA(polycistron mRNA)。

原核生物所完成的生命活动不仅仅是简单的基因组复制，还有复杂的代谢活动，即获得外界环境的营养成分，产生能量并合成自身生长所需的材料（核苷酸、氨基酸等）。原核生物需要根据外界环境的变化，调控自身的酶系统的组成及功能，调整细胞内某些蛋白质的数量，适应环境的变化（如高温、渗透压改变等）。

2. 原核生物中的质粒 DNA　质粒（plasmid）是细菌细胞内一种自我复制的环状双链 DNA 分子，能够稳定、独立地存在于宿主染色体外，并传递到子代，不整合到宿主染色体 DNA 上。质粒的分子量一般为 1～300 kb，小型质粒的长度一般为 1.5～15 kb。质粒常含有抗生素抗性基因，经过人工改造后的质粒 DNA 是重组 DNA 技术中常用的载体。

质粒只有在宿主细胞内才能完成自己的复制，一旦离开宿主就无法复制和扩增。质粒对宿主细胞的生存不是必需的，宿主细胞离开了质粒依旧能够存活。尽管质粒不是细菌生长、繁殖所必需的物质，但它所携带的遗传信息能赋予细菌特定的遗传性状，如耐药性质粒带有耐药基因，可以使宿主细菌获得耐受相应抗生素的能力；一些人类致病菌的毒力基因亦存在于质粒中，如炭疽杆菌中编码炭疽毒素的基因。

（三）真核生物基因组的结构特点

真核生物的基因组比较庞大，并且不同生物种间差异很大。真核生物基因组具有以下特点：① 真核生物基因结构庞大，如人的基因组大小及所含基因数远远超过大肠埃希菌基因组。② 真核基因转录产物为单顺反子，即一个编码基因转录生成一个 mRNA 分子，经翻译生成一条多肽链。③ 真核基因组含有大量的重复序列，重复序列或集中成簇，或散在分布于基因间。④ 真核基因中不被转录的区域远远超过被转录的区域。基因两侧的不被转录的序列往往是基因表达的调控区。在基因内部有内含子、外显子之分，因此真核基因是不连续的。

1. 人类基因组 DNA 的组成　人类基因组 DNA 主要是指核基因组 DNA，广义讲也包括线粒体基因组 DNA（图 13-4）。

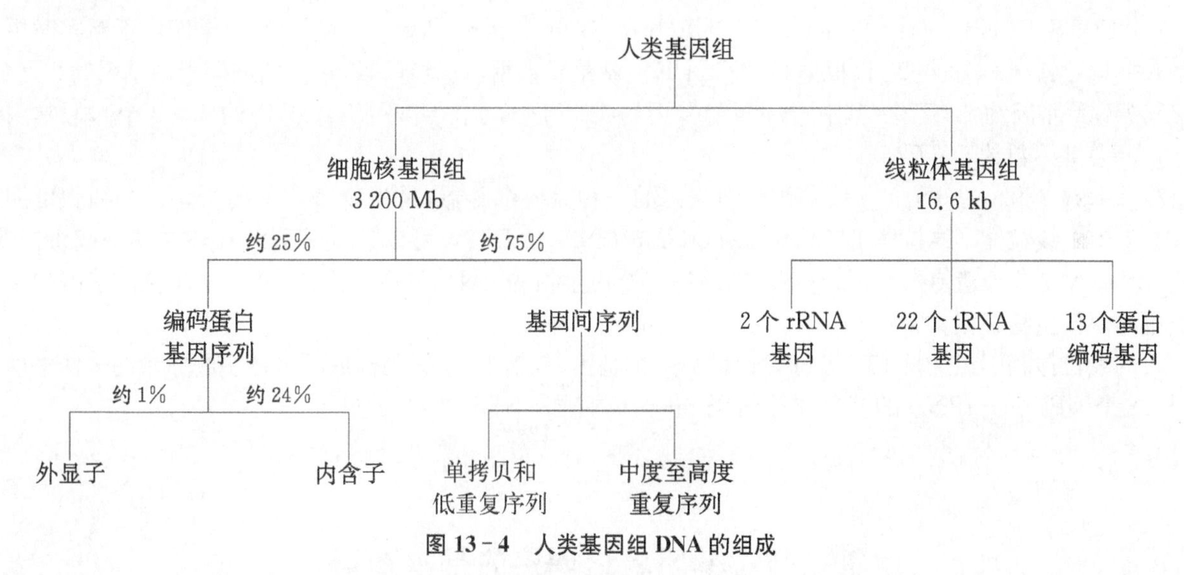

图 13-4　人类基因组 DNA 的组成

2. 人类基因组中存在大量重复序列　人类基因组存在着大量重复序列（repetitive sequence），约占人基因组的 50%，其中 60%～80% 是中度、高度重复序列。

按照 DNA 序列复性的动力学性质不同，可将重复序列分为 4 种。① 高度重复序列（highly repetitive sequence）：有数千到几百万个拷贝，重复单位长 6～200 bp，复性速度快。② 中度重复序列（moderately repetitive sequences）：拷贝数为 10 到几千个，重复单位平均长约 300 bp，复性速度中等。③ 低度重复序列（lowly repetitive sequence）：拷贝数为 2～10 个，复性速度慢。④ 单拷贝序列（single copy sequence）或单一序列（unique sequence）：基因组中仅只有 1 个拷贝，复性速度慢。需要注意的是，多数基因如编码蛋白基因、非编码 *RNA* 基因等为单拷贝序列，但非基因序列也有单一序列，而有些基因也有多个拷贝数，如人 *rRNA* 基因就是以长约 44 kb 的串联重复单元存在于多处染色体，每处 150～200 个拷贝。

按照重复序列的分布方式，则分为串联重复和散在重复序列。

(1) 串联重复序列(tandem repeats):约占人基因组的 8%。串联重复序列分为 3 种:① 卫星 DNA (satellite DNA),属于高度重复序列,重复单位长度不一。总量可占总基因组的 10%以上,主要分布于染色体着丝粒和异染色质区,一般不被转录,如 α 卫星 DNA。因其碱基组成中 GC 含量少,在氯化铯密度梯度离心后形成的与主体 DNA 不同的"卫星"带而得名。② 小卫星 DNA(minisatellite DNA),重复单位长 6~60 bp,串联重复 6~100 次以上,主要包括高可变小卫星 DNA 和端粒两个家族。小卫星可变的串联重复次数造成许多等位基因,故又称可变数目串联重复(variable number tandem repeat,VNTR),可作为遗传标记。③ 微卫星 DNA(microsatellite DNA):重复单位长 2~6 bp,串联重复 10~60 次,在法医遗传学和遗传系谱学中常被称为短串联重复(short tandem repeat,STR)。它大多由复制滑动而产生,在整个基因组中分布广且密度高,其多态性可作为遗传标记,在遗传图和物理图的研究中是非常有用的工具。

(2) 散在重复序列(interspersed repeats):约占人基因组的 45%,也称散在核元件(interspersed nuclear element),主要是可移动位置的转座元件(transposable element)(参见第十九章 DNA 重组和基因工程)。主要有:① 短散在重复序列(short interspersed nuclear element,SINE):或称短散在核元件,占人基因组的约 13%,属于非 LTR 逆转录转座子,重复单元长约 100 bp,拷贝数 40 万~100 万,如最为典型的 Alu 家族。SINE 含有内部启动子,可被 RNA 聚合酶Ⅲ转录为非编码 RNA,参与调节基因表达。② 长散在重复序列(long interspersed nuclear element,LINE):或称长散在核元件,约占人基因组的 21%,也属于非 LTR 逆转录转座子,重复单元长 200~800 bp,拷贝数约 30 万。例如,常见的 LINE-1,编码表达内切酶和逆转录酶,使 SINE 和某些 mRNA 拷贝反转座。③ LTR 逆转录转座子:重复单位长约 1 kb,拷贝数 5 万~20 万,如人内源性逆转录病毒(endogenous retroviruses,ERV),约占人基因组的 8%。④ DNA 转座子:重复单位长约 250 bp,拷贝数 20 万。

关于人类基因的数目,Ensembl(https://www.ensembl.org/)、CCDS(https://www.ncbi.nlm.nih.gov/projects/CCDS/CcdsBrowse.cgi)和 GENCODE(http://www.gencodegenes.org/)等数据库均不断实时更新且略有差异。截至 2019 年 5 月,根据 GENCODE 网站最新数据,人类基因组包含的编码蛋白基因约 2 万个,非编码 *RNA* 基因约 2.3 万个(其中 *lncRNA* 基因约 1.6 万个,小非编码 *RNA* 基因约 7 000 个),假基因约 1.4 万个,总基因数约 5.8 万个。

3. 线粒体 DNA 的结构　线粒体是细胞内的一种重要细胞器,是生物氧化的场所。一个细胞可拥有数百至上千个线粒体。线粒体 DNA(mitochondrial DNA,mtDNA)可以独立编码线粒体中的一些蛋白质,因此 mtDNA 是核外遗传物质。mtDNA 的结构与原核生物的 DNA 类似,是环状分子。线粒体基因的结构特点也与原核生物相似。

人的线粒体基因组全长 16 569 bp,共编码 37 个基因,包括 13 个编码构成呼吸链多酶体系的一些多肽的基因、22 个编码 mt-tRNA 的基因、2 个编码 mt-rRNA(16 S 和 12 S)的基因。

第二节　基因表达调控的基本知识

一、基因表达的概念

基因表达(gene expression)是指基因负载的遗传信息转变生成具有生物学功能产物的过程,包括基因的激活、转录、翻译及相关的加工修饰等多个步骤或过程。在一定的调节机制控制下,大多数基因经历基因激活、转录及翻译等过程,产生具有特定生物学功能的蛋白质或者 RNA 分子,赋予细胞或者个体一定的功能或形态表型。并非所有基因的表达都产生蛋白质,rRNA、tRNA 编码基因转录产生 RNA 的过程也属于基因表达。

不同生物的基因组含有不同数量的基因。细菌的基因组约含有 4 000 个基因;多细胞生物的基因数达万个;人类基因组约含有 5.8 万个基因。在某一特定时间或生长阶段,基因组中只有一小部分基因处于表达状态。例如，大肠埃希菌通常只有约5%的基因处于高水平转录活性状态，其余大多数基因不表达，或者表达水平很低。基因表达水平的高低不是固定不变的。例如，大肠埃希菌中与细菌蛋白质生物合成有关的延长因子编码基因大多数情况下表达十分活跃，而参与DNA损伤修复有关的基因却很少表达；但在紫外线照射引起DNA损伤时，DNA损伤修复相关的蛋白表达变得异常活跃。因此，生物体中某种功能的基因产物在细胞中的数量会随时间和环境而改变。

二、基因表达的特点

基因表达具有时间特异性及空间特异性的特点。

（一）时间特异性

基因的表达按一定的时间顺序发生，即根据功能需要，某一特定基因的表达严格按特定的时间顺序发生，称为基因表达的时间特异性（temporal specificity）。例如，噬菌体、病毒或细菌侵入宿主后，呈现一定的感染阶段。随感染阶段发展、生长环境变化，这些病原体及宿主的基因表达都有可能发生改变，有的基因开启，有的基因关闭。

多细胞生物基因表达的时间特异性又可称为阶段特异性。一个受精卵含有发育成为一个成熟个体的全部遗传信息，在个体发育分化的各个阶段，各种基因的表达极为有序。一般在胚胎时间基因开放的数量最多，随着分化发展，细胞中某些基因关闭，某些基因开放。胚胎发育不同阶段、不同部位的细胞中开放的基因及其开放的程度不一样，合成蛋白质的种类和数量都不相同，显示出基因表达调控在空间和时间上极高的有序性，从而逐步形成形态与功能各不相同、极为协调、巧妙有序的组织脏器。

（二）空间特异性

多细胞生物个体在某一特定生长发育阶段，同一基因在不同的组织器官表达不同，称为基因表达的空间特异性（spatial specificity）。例如，编码胰岛素的基因只在胰岛B细胞中表达，从而指导生成胰岛素；编码肌浆蛋白的基因在成纤维细胞和成肌细胞中几乎不表达，而在肌原纤维中高水平表达。细胞特定的基因表达状态决定了这个组织细胞特有的形态和功能。基因表达伴随时间顺序所表现出的这种分布上的差异，实际上是由细胞在器官的分布决定的，所以空间特异性又称细胞特异性或组织特异性。

三、基因表达的方式

生物体只有适应环境才能生存。当周围的营养、温度、湿度、酸度等条件变化时，生物体就要改变自身基因表达状况，以调整体内执行相应功能蛋白质的种类和数量，从而改变自身的代谢、活动等以适应环境。根据基因表达随环境变化的情况，可以大致分成两类。

（一）组成性表达

组成性表达（constitutive expression）是指在一个生物个体的几乎所有组织细胞中和所有时间阶段都持续表达的基因，其表达水平变化很小且较少受环境变化的影响。这类基因表达产物通常是细胞或生物体整个生命过程中都持续需要而必不可少的，因此，这类基因可称为管家基因（housekeeping gene）。这些基因可看成是细胞的基本表达。例如，糖酵解中的甘油醛-3-磷酸脱氢酶（glyceraldehyde-3-phosphate dehydrogenase，GAPDH）和参与细胞骨架组成的β-肌动蛋白（β-actin）的基因。管家基因的表达水平受环境因素影响较小，而且在生物体各个生长阶段的大多数或几乎所有组织中持续表达或变化很小。组成性基因表达只受启动序列或启动子与RNA聚合酶相互作用的影响，而不受其他机制的调节。但实际上，组成性基因表达也并非一成不变，其表达强弱也受一定机制调控。

（二）适应性表达

适应性表达（adaptive expression）是指受特定环境信号刺激后表达水平发生变化的一类基因表达，随环境条件变化，基因表达水平增高的现象称为诱导（induction），这类基因称为可诱导基因（inducible gene）；相反，随环境条件变化，基因表达水平降低的现象称为阻遏（repression），相应的基因称为可阻遏基因（repressible gene）。诱导和阻遏现象在生物界普遍存在，是生物体适应环境的基本途径。例如，DNA损伤情况下，一些DNA损伤修复基因就会被激活，也就是被诱导，其表达产物参与DNA修复。又如，当细菌培养基中色氨酸供应充分时，细菌体内与色氨酸合成有关的基因的表达就会被抑制，也就是被阻遏。

在一定机制控制下，功能上相关的一组基因无论其为何种表达方式，均需协调一致、共同表达，即协调表达，对这种表达的调节称为协调调节(coordinate regulation)。无论是原核生物还是真核生物，基因的协调调节都存在。原核生物在外界生存环境发生变化时，改变基因表达的情况以适应环境变化。例如，当有充足的葡萄糖时，细菌就可以利用葡萄糖作为能源和碳源，不必去合成利用其他糖类的酶类；当外界没有葡萄糖时，细菌就要适应环境中存在的其他糖类(如乳糖、半乳糖等)，激活能利用这些糖的基因的表达以满足生长需要。内环境保持稳定的高等哺乳类动物，也要经常改变基因的表达以适应环境。例如，与适宜温度下生活的动物相比，在适应冷或热环境下生活的动物的肝合成蛋白质的能力明显不同。因此，基因表达调控是生物适应环境、维持生长和增殖、维持细胞分化和个体发育所必需的。

四、基因表达调控的生物学意义

(一) 生物体调节基因表达以适应环境、维持生长和增殖

生物体所处的内、外环境是在不断变化的。所有生物的所有活细胞都必须对内、外环境的变化做出适当反应，以使生物体能更好地适应变化的环境状态。生物体这种适应环境的能力总是与某种或某些蛋白质的功能有关。细胞内某些功能蛋白质的有或无、多或少的变化则由编码这些蛋白质的基因表达与否、表达水平高低等状况决定。通过一定程序调控基因的表达，可使生物体表达出合适的蛋白质，以便更好地适应环境，维持生长。

生物体调节基因表达、适应环境是普遍存在的。原核生物、单细胞生物调节基因的表达就是为适应环境、维持生长和细胞分裂。例如，当葡萄糖供应充足时，细菌中与葡萄糖代谢有关的酶编码基因表达增强，其他糖类代谢有关的酶编码基因关闭；当葡萄糖耗尽而有乳糖存在时，与乳糖代谢有关的酶编码基因则表达，此时细菌可利用乳糖作为碳源，维持细胞生长和增殖。高等生物也普遍存在适应性表达方式。经常饮酒者体内乙醇脱氢酶活性较高，即与相应基因表达水平升高有关。

(二) 生物体调节基因表达以维持细胞分化与个体发育

在多细胞生物中，基因表达调控的意义还在于维持细胞分化与个体发育。在多细胞个体生长、发育的不同阶段，细胞中的蛋白质种类和含量变化很大；即使在同一生长发育阶段，不同组织器官内蛋白质分布也存在很大差异，这些差异是调节细胞表型的关键。例如，果蝇幼虫(蛹)最早期只有一组“母亲效应基因”(maternal effect genes)表达，使受精卵发生头尾轴和背腹轴固定，以后三组“分节基因”(segmentation genes)顺序表达，控制蛹的“分节”发育过程，最后这些“节”分别发育为成虫的头、胸、翅膀、肢体、腹及尾等。高等哺乳动物的细胞分化，各种组织、器官的发育都是由一些特定基因控制的。当某种基因缺陷或表达异常时，则会出现相应组织或器官的发育异常。

基因组研究表明：酵母转录因子/基因数大致为300/5 800，果蝇约为1 000/14 700，线虫约为1 000/20 000，人约为3 000/20 000。这提示生物物种越高级，基因表达调节越精细、复杂。基因表达具有种属特异性、组织细胞特异性和发育阶段特异性。基因是否表达，表达的量、时间和部位，同细胞结构与功能的需求和内外环境的变化相适应。生物体具有极其严密的基因表达时空秩序，无比精巧和复杂的基因表达调控机制。在人类基因组计划完成后，研究细胞核染色质DNA/RNA/蛋白质相互作用和基因表达(激活/阻遏)调控，已成为生命科学关注的焦点。生物遗传、生长、发育、增殖、分化、衰老与退变的奥秘及其相关疾病的防治均有望从中获得解答。

(三) 基因表达调控的异常在疾病发生发展过程中起重要作用

基因表达水平的变化(过量表达或表达量不足)，在一些疾病的发生发展中起重要作用。例如，在癌症的发生发展过程中，大量基因的表达水平均出现异常升高或降低。例如，原癌基因*C-MYC*的异常扩增可造成其基因表达水平升高，而C-MYC以转录因子的形式参与很多癌基因的表达调控。这些原癌基因的表达异常促进了癌症的发生发展。又如，转录因子*TBX5*基因突变可以引起Holt-Oram综合征(或称心手综合征)，患者表现为以房间隔缺损为主的心脏异常和上肢不同部位、不同程度的畸形。

第三节　原核基因表达调控

一、原核基因表达调控的特点

（一）原核基因表达的调控机制相对简单

原核生物由于没有细胞核、亚细胞结构及其基因组结构要比真核生物简单得多，基因表达的调控机制相对简单，大多数基因在需要时被打开，不需要时被关闭。

（二）原核基因表达调控呈现多级调控，但主要在转录水平

原则上讲，原核生物基因的表达也受到多级调控，如转录水平、翻译水平及RNA、蛋白质的稳定性等，但其表达调控的关键主要发生在转录水平，尤其是转录起始。

原核生物基因启动序列具有两个共有序列，即－10区的TATAAT框和－35区的TTGACA框。这些共有序列中的任一碱基突变或变异都会影响RNA聚合酶与启动序列的结合及转录起始。若某基因启动序列与该共有序列越一致，则基因的转录活性越强；反之，基因的转录活性越弱。

操纵元件与启动序列毗邻或接近，其DNA序列常与启动序列交错、重叠，它们是原核生物阻遏蛋白的结合位点。操纵元件结合阻遏蛋白时会阻碍RNA聚合酶与启动序列的结合，或使RNA聚合酶不能沿DNA向前移动，阻遏转录，介导负性调节。原核生物操纵子调节序列中还有一种特异DNA序列可结合激活蛋白，结合后RNA聚合酶活性增强，使转录激活，介导正性调节。

此外，σ因子决定RNA聚合酶识别特异性。原核生物仅含有一种RNA聚合酶，但其中σ因子不同。核心酶参与转录延伸，全酶负责转录起始。在转录起始阶段，σ因子识别特异启动序列，不同的σ因子决定特异基因的转录激活，决定*mRNA*基因、*rRNA*基因和*tRNA*基因的转录。

（三）操纵子调控模式在原核生物基因表达调控中具有普遍性

除个别基因外，原核生物绝大多数基因按功能相关性成簇地串联、密集于染色体上，共同组成一个转录单位——操纵子，如*lac*操纵子、色氨酸操纵子（*trp* operon）等。操纵子是原核生物基因表达的协调控制单位，包括结构基因、启动序列、操纵元件等。操纵子调控模式在原核生物基因调控中具有较普遍的意义。一个操纵子只含一个启动序列及数个可转录的结构基因。通常，这些结构基因为2～6个，有的多达20个以上，在同一启动序列控制下，可转录出多顺反子mRNA。原核生物基因的协调表达就是通过操纵子模式调控功能相关基因的表达来完成的。

（四）原核基因表达调控以负性调控比较常见

原核基因调控主要受到阻遏蛋白的负性调控，有的也受到激活蛋白的正性调控。当阻遏蛋白与操纵元件结合或解聚时，就会发生特异基因表达的阻遏或去阻遏。

二、转录水平的调节——操纵子调控模式

操纵子机制在原核基因表达调控中具有普遍意义。大多数原核生物的多个功能相关基因串联在一起，依赖同一调控序列对其转录进行调节，使这些相关基因实现协调表达。以大肠埃希菌的*lac*操纵子为例介绍原核生物的操纵子调控模式。乳糖代谢酶基因的表达特点是在环境中没有乳糖时，这些基因处于关闭状态；只有当环境中有乳糖时，这些基因才被诱导开放，合成代谢乳糖所需要的酶。*lac*操纵子是最早发现的原核生物转录调控模式。

（一）*lac*操纵子的结构

大肠埃希菌的*lac*操纵子含有Z、Y和A 3个结构基因，分别编码β-半乳糖苷酶（β-galactosidase）、通透酶（permease）和乙酰转移酶（transacetylase）。β-半乳糖苷酶基因长3 510 bp，编码含1 170个氨基酸、分子量为135 kDa的多肽，可编码以四聚体形式组成有活性的β-半乳糖苷酶，主要催化乳糖分解为半乳糖和

葡萄糖，其次还可催化乳糖转变为别乳糖(图 13-5)；通透酶基因长 780 bp，编码由 260 个氨基酸组成、分子量30 kDa的通透酶，促使环境中的乳糖进入细菌；乙酰转移酶基因长 825 bp，编码含 275 个氨基酸、分子量为 32 kDa的乙酰转移酶，以二聚体活性形式催化半乳糖的乙酰化。乙酰转移酶基因 5′侧具有大肠埃希菌核糖体结合位点(ribosome binding site，RBS)特征的 SD 序列，因而当 *lac* 操纵子开放时，核糖体能结合在转录产生的 mRNA 上。由于 Z、Y、A 3 个基因头尾相接，上一个基因的翻译终止密码子靠近下一个基因的翻译起始密码子，因而同一个核糖体能沿此转录生成的多顺反子 mRNA 移动，在翻译合成了上一个基因编码的蛋白质后，不从 mRNA 上掉下来而是继续沿 mRNA 移动合成下一个基因编码的蛋白质，依次合成基因群所编码的所有蛋白质。

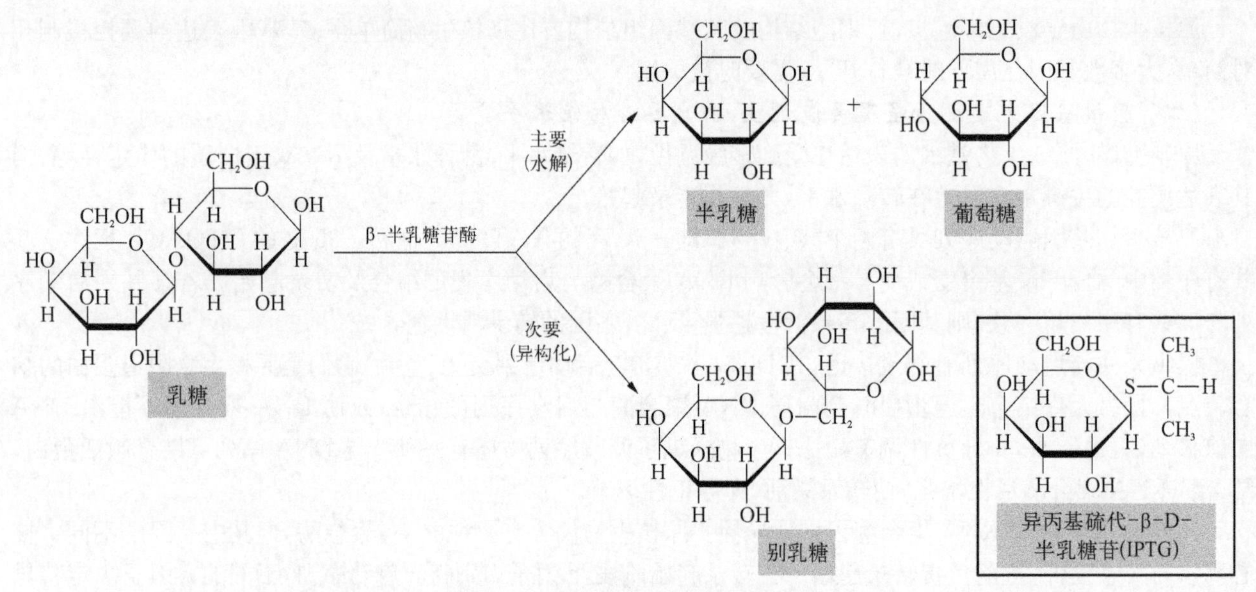

图 13-5　β-半乳糖苷酶催化的反应

大肠埃希菌的 *lac* 操纵子除了含有 Z、Y 和 A 3 个结构基因外，其上游依次含有一个操纵元件 O、一个启动序列 P 及一个调节基因 *I*。操纵元件 O 是阻遏蛋白结合部位，与启动序列有部分重叠；启动序列 P 是 RNA 聚合酶结合部位；调节基因 I 具有独立的启动序列(P_I)，编码一种阻遏蛋白，该阻遏蛋白与操纵元件 O 结合，操纵子受阻遏而处于关闭状态。另外，在启动序列 P 上游(靠近启动序列)还有一个分解代谢物基因激活蛋白(catabolite gene activator protein，CAP)结合位点，受到 CAP 的正性调控。操纵元件 O、启动序列 P、调节基因 *I* 和 CAP 结合位点共同构成 *lac* 操纵子的调控区，3 个酶的编码基因即由同一个调控区调节，实现基因产物的协调表达(图 13-6)。

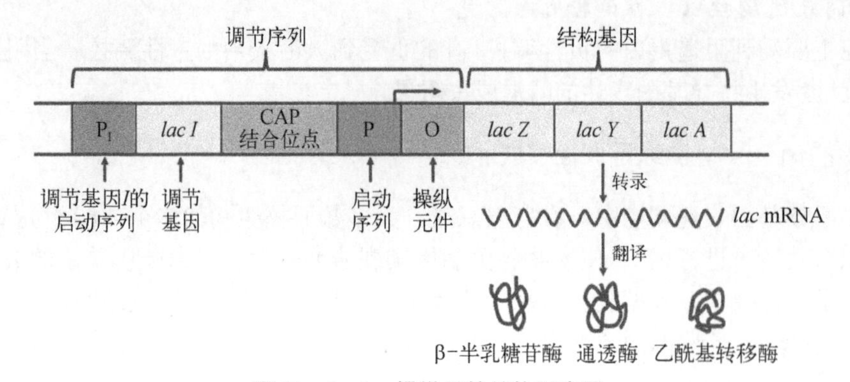

图 13-6　*lac* 操纵子的结构示意图

(二) *lac* 操纵子受到阻遏蛋白和 CAP 的双重调控

1. 阻遏蛋白的负性调节　　在没有乳糖存在时，*lac* 操纵子处于阻遏状态。此时，*I* 基因在 P_I启动序列作用下表达，阻遏蛋白与操纵元件结合，阻遏 RNA 聚合酶与启动序列结合，抑制转录启动(图 13-7a、

图 13－7b）。阻遏蛋白的阻遏作用并非绝对，因为阻遏蛋白偶尔会与操纵元件解聚，从而导致结构基因偶尔被转录。因此，每个细胞中通常会有极少量（1～5 个）β－半乳糖苷酶和通透酶的表达，称为渗透表达或基础表达。

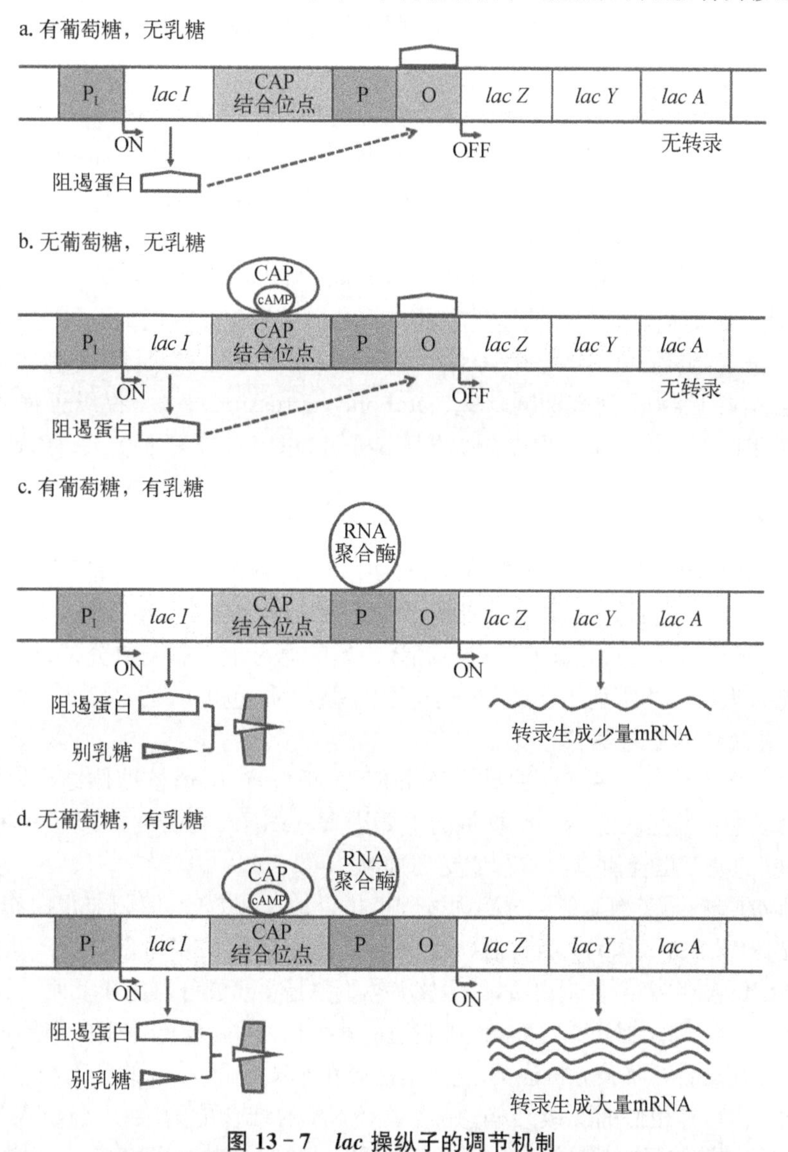

图 13－7　*lac* 操纵子的调节机制

a. 当有葡萄糖而无乳糖时，CAP 不能发挥作用，阻遏蛋白封闭转录；b. 当无葡萄糖且无乳糖时，CAP 发挥作用，阻遏蛋白封闭转录；c. 当有葡萄糖且有乳糖时，去阻遏，但 CAP 不能发挥作用，*lac* 操纵子表现出极弱的转录活性；d. 当无葡萄糖而有乳糖时，去阻遏，并且 CAP 发挥作用，*lac* 操纵子表现出极强的转录活性

当有乳糖存在时，*lac* 操纵子可被诱导。需要注意的是，真正的诱导物并非乳糖，而是别乳糖。乳糖经通透酶协助转运进入细胞，再经细胞内渗透表达的少量 β－半乳糖苷酶催化转变成别乳糖。别乳糖作为诱导物，与阻遏蛋白结合，使阻遏蛋白构象变化，进而与操纵元件的亲和力降低，导致阻遏蛋白与操纵元件解离，RNA 聚合酶则与启动序列结合，结构基因转录，这时 β－半乳糖苷酶的表达升高约 1 000 倍（图 13－7d）。除别乳糖外，一些其他的半乳糖苷物质如异丙基硫代－β－D－半乳糖苷（isopropylthio－β－D－galactoside，IPTG）也能与阻遏蛋白结合，也是 *lac* 操纵子的诱导物（图 13－5）。因为 IPTG 不是 β－半乳糖苷酶的底物，所以不被细菌分解，非常稳定，诱导作用很强，能够持续地诱导 *lac* 操纵子中 β－半乳糖苷酶等结构基因的大量表达。IPTG 主要作为一种工具试剂用于实验室诱导基因表达。

2. CAP 的正性调节　分解代谢物基因激活蛋白 CAP 是同二聚体，在其分子内有 DNA 结合区及 cAMP 结合位点。当没有葡萄糖时，cAMP 浓度增高，cAMP 与 CAP 结合，引起 CAP 构象变化使其激活，这时 CAP－cAMP 复合物结合在启动序列附近的 CAP 结合位点，增强 RNA 聚合酶与启动序列的结合，使结构基因的转录水平提高约 50 倍(图 13-7d)。当有葡萄糖存在时,cAMP 浓度降低,CAP-cAMP 复合物减少,与 *lac* 操纵子的结合也随之减少,因此结构基因表达下降(图 13-7c)。

由此可见,对 *lac* 操纵子来说,CAP 是正性调节,阻遏蛋白是负性调节。两种调控机制根据存在的碳源性质及水平协调调节 *lac* 操纵子的表达。

3. 协调调节　阻遏蛋白负性调节与 CAP 正性调节两种机制协调合作:当阻遏蛋白封闭转录时,CAP 对 *lac* 操纵子不能发挥作用(图 13-7b);但是如果没有 CAP 来加强转录活性,即使阻遏蛋白从操纵元件上解聚,*lac* 操纵子仍几乎无转录活性(图 13-7c)。可见,两种机制相辅相成、互相协调、相互制约。野生型 *lac* 操纵子的启动序列作用很弱,所以 CAP 是必不可少的。

lac 操纵子的负性调节能很好地解释在单纯乳糖存在时,细菌是如何利用乳糖作为碳源的。然而,细菌生长环境是复杂的,倘若有葡萄糖或葡萄糖/乳糖共同存在时,细菌首先利用葡萄糖才是最节能的。这时,葡萄糖通过降低 cAMP 浓度,阻碍 cAMP 与 CAP 结合而抑制 *lac* 操纵子转录,使细菌只能利用葡萄糖。葡萄糖对 *lac* 操纵子的阻遏作用称为分解代谢物阻遏(catabolic repression)。*lac* 操纵子强的诱导作用既需要乳糖又需要缺乏葡萄糖(图 13-7d)。*lac* 操纵子协调调节机制如图 13-7 所示。

三、翻译水平的调节

一般而言,原核生物的基因表达调控主要在转录水平上,这种调控方式显然更符合生物界的"经济"原则。但在 mRNA 被转录出来之后,再从翻译水平给予调控,作为转录水平调控的补充。与转录类似,翻译一般在起始和终止阶段受到调节,尤其是起始阶段。翻译起始的调节主要靠调节分子,调节分子可直接或间接决定翻译起始位点能否为核糖体所利用。调节分子可以是蛋白质,也可以是 RNA。

(一) 调节蛋白对翻译水平的调控

翻译调控的方式是多方面的。调节蛋白结合于 mRNA 靶位点,阻遏核糖体结合,妨碍 mRNA 的翻译。此外,mRNA 的寿命或稳定性是决定翻译产物量的重要因素;mRNA 自身的二级结构也可以影响翻译的进行;还有细胞内氨基酸的缺乏也会使蛋白质合成受到抑制。

有些 mRNA 编码的蛋白质产物本身可对翻译过程产生反馈调节效应,即调节蛋白作用于自身 mRNA,抑制自身的翻译过程,这种调节方式称为自我控制(autogenous control)。核糖体蛋白质合成的自身调节就是一个经典的调控范例。核糖体含有 70 余种蛋白质,其中核糖体蛋白是主要成分,有 50 多种,其余的是聚合酶亚基及其辅助因子。这些蛋白质合成的协同调控才能使细胞适应其生长条件。核糖体蛋白都具有调控蛋白的作用,在核糖体中直接与 rRNA 相结合。实验分析证实,这些蛋白质在 mRNA 上结合的序列与它们同 rRNA 所结合的序列有很大的同源性,且具有相似的二级结构;只是对 rRNA 的结合能力大于 mRNA。当细胞内有游离的 rRNA 存在时,新合成的核糖体蛋白就首先与它结合,进而启动核糖体的装配完成,使翻译继续进行;但是只要 rRNA 的合成减少或停止,游离的核糖体蛋白就开始积累,它们就会与自身的 mRNA 结合,阻断自身的翻译,同时也阻断同一顺反子 mRNA 其他核糖体蛋白编码区的翻译,使核糖体蛋白的合成及 rRNA 的合成几乎同时停止。不过 rRNA 的合成是在转录层次上的调控,而核糖体蛋白的合成是在翻译层次上的调控。

(二) 反义 RNA 对翻译水平的调控

一些细菌和病毒中还存在一类调节基因,能够转录产生反义 RNA(antisense RNA)。反义 RNA 含有与特定 mRNA 翻译起始部位互补的序列,通过与 mRNA 结合阻断 30S 小亚基对起始密码子的识别及与 SD 序列的结合,抑制翻译起始。这种调节称为反义控制(antisense control)。反义 RNA 的调节作用具有非常重要的理论意义和实际意义。

第四节　真核基因表达调控

原核细胞的基因表达调控机制已经十分复杂,但与之相比,真核生物的基因组结构要复杂得多,加之个体内细胞间广泛存在的信号通信网络，其基因表达调控的多样性和复杂性远非原核生物所能比拟。

一、真核基因表达调控的特点

多细胞真核生物的基因表达调控具有以下特点：① 人类的编码序列仅占基因组 1%，剩余 99%的序列的功能至今还不清楚，可能参与基因表达调控；② 真核生物 DNA 在细胞核内与多种蛋白质构成染色质，这种复杂的结构直接影响着基因表达；③ 真核生物编码蛋白质的基因是断裂基因，转录后需要剪接去除内含子，这就增加了基因表达调控的层次；④ 真核细胞的转录和翻译分别发生在细胞核和细胞质，因此转录与翻译产物的分布、定位等环节均可被调控；⑤ 真核生物 mRNA 是单顺反子(monocistron)，即一个基因转录生成一条 mRNA，许多功能相关蛋白，即使是一种蛋白质的不同亚基也将涉及多个基因的协调表达；⑥ 真核细胞内主要有 3 种 RNA 聚合酶，各自对应一套转录体系；⑦ 真核生物的遗传信息不仅存在于核 DNA 上，还存在于线粒体 DNA 上，核内基因与线粒体基因的表达调控既相互独立又需要协调；⑧ 真核基因表达调控以正性调节为主导，多种正性调节元件和正性调节蛋白的不同组合可提高基因表达调控的特异性和精确性。

真核基因表达的调控过程较原核生物要复杂许多(图 13－8)，包括了染色质水平，转录水平，转录后加工、修饰及转运，翻译水平，翻译后加工等多个环节的调控。上述每个环节都可以对基因表达进行干预，从而使得基因表达调控呈现出多层次和综合协调的特点。与原核基因表达调控一样，转录起始阶段也是真核基因表达调控较为关键的环节。

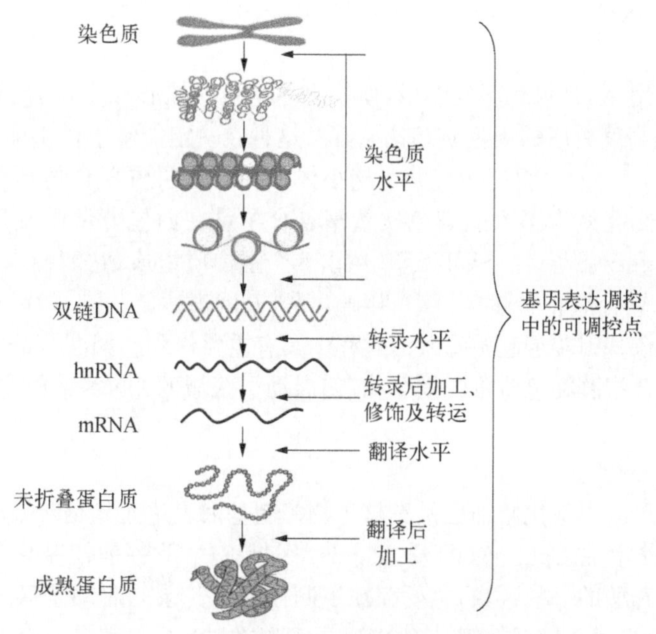

图 13－8　真核生物基因表达调控的可能环节

二、染色质水平的调节

在染色质或 DNA 水平上，基因表达的调节涉及多种机制，包括染色质结构的调节(如组蛋白修饰或染色质重塑)、染色体数目的改变(如染色质丢失或增加)、DNA 甲基化修饰、基因拷贝数的改变(如基因扩增或缺失)、基因重排等。其中，染色质的组蛋白修饰、DNA 甲基化修饰等不涉及 DNA 碱基序列的变化，并且这种修饰模式还可以通过细胞分裂传递给子代细胞，因此也称为表观遗传调节(epigenetic regulation)，其是当前生物医学研究的前沿和热点之一。

此处主要介绍染色质结构的调节、DNA 甲基化修饰这些表观遗传调节在基因表达调控中的作用及其机制。

(一) 染色质结构的调节

DNA 与组蛋白在细胞核内组装形成染色质结构，这不但使 DNA 得到有效压缩以适应细胞核的大小，而且也限制了其他分子如基因调节蛋白对DNA的易接近性。因此,真核基因要表达,染色质结构必须从致密变为松散,染色质DNA暴露出来,一些转录调节蛋白才能与之结合从而有效起始转录。染色质结构的改变可以说是真核基因表达开启或关闭的必经步骤和关键环节。

染色质结构的调节主要包括以下两方面。

1. 组蛋白修饰　核小体是染色质的基本构成单位。在核小体中,4种组蛋白(H2A、H2B、H3和H4各两分子)组成八聚体,外面盘绕着DNA双螺旋链。每个组蛋白的氨基端都会伸出核小体外,形成组蛋白的尾巴,这些尾巴可以形成核小体间相互作用的纽带,同时也是组蛋白修饰的位点。

组蛋白修饰的常见形式包括乙酰化与去乙酰化、甲基化与去甲基化、磷酸化与去磷酸化等,以前两种最为常见。修饰位点主要是组蛋白中富含的赖氨酸、精氨酸、组氨酸等带正电荷的碱性氨基酸残基。这种共价修饰均有相应的酶催化完成,如乙酰化与去乙酰化分别由组蛋白乙酰转移酶与组蛋白去乙酰基酶催化完成;而组蛋白的甲基化与去甲基化则由相应的甲基化酶与去甲基化酶催化完成。

不同组蛋白的不同氨基酸残基可发生不同的共价修饰,对染色质结构的调节效应也有所不同。一般来说,乙酰化修饰使紧凑的核小体结构变得松散,有利于转录因子与DNA的结合,从而激活基因的转录;而去乙酰化修饰的作用则相反。

组蛋白修饰在真核基因转录起始的激活过程中具有重要作用。如图13-9a所示(本章末二维码),转录激活因子与基因调控区的DNA结合后,通过结合招募组蛋白乙酰转移酶,使组蛋白发生乙酰化修饰,从而改变核小体的结构,使启动子区域的DNA暴露出来,促进转录因子结合和转录起始前复合体形成,最终使转录起始激活完成。

2. 染色质重塑　利用ATP水解释放能量,使核小体组蛋白核心改变位置,暂时脱离DNA,或使核小体核心沿DNA滑动,促进高度有序的染色质结构松开。这种在一定能量下核小体移动或改组的过程称为染色质重塑(chromatin remodeling)。而那些有助于核小体移动的蛋白质复合物则称为核小体重塑复合物或染色质重塑复合物。目前研究最为深入的染色质重塑复合物是在面包酵母中发现的SWI/SNF(switching inhibition and sucrose nonfermenter)。SWI/SNF约由8个蛋白质组成,它能使组蛋白八聚体沿DNA分子侧移,使转录因子和RNA聚合酶Ⅱ能够与DNA接触,促进基因表达。

染色质重塑同样在真核基因转录起始的激活过程中具有重要作用。如图13-9b所示(本章末二维码),转录激活因子也可通过结合招募染色质重塑复合物,使启动子区域的DNA暴露出来,促进转录起始前复合体形成而激活转录起始。

(二) DNA的甲基化修饰

在染色质水平上,DNA的甲基化修饰也是真核生物控制基因表达尤其是转录起始激活的重要机制。

DNA的甲基化主要发生在CpG岛(CpG islands)区域。CpG岛是指基因组DNA中长度为300～3 000 bp的富含CpG二核苷酸的一些区域,主要存在于调控基因转录的启动子区。约有60%以上基因的启动子区域含有CpG岛。CpG中胞嘧啶的第五位碳原子可以在DNA甲基转移酶(DNA methyltransferase)的作用下被甲基化修饰为5-甲基胞嘧啶;而相应的去甲基化酶(demethylase)则负责去除甲基。

启动子区中CpG岛的甲基化可抑制基因转录,而CpG岛甲基化水平的降低是基因转录激活所必需的。在各种组织都表达的基因(如管家基因)的调控区多呈低甲基化;在组织中低表达的基因多呈高甲基化。目前认为,甲基化影响基因表达的机制主要有:① DNA的甲基化影响DNA特异序列与转录因子的结合;② DNA高甲基化促进染色质形成致密结构,不利于基因表达。

三、转录水平的调控

与原核生物一样,真核基因表达调控的关键也是在转录水平,并且主要是在转录起始。但与原核生物不同的是,真核基因转录水平的调控涉及位于基因转录调控区的各种顺式作用元件与大量转录因子的相互作用。

(一) 顺式作用元件与基因转录调控区

顺式作用元件(*cis*-acting element)是指位于DNA中的一些能够调节相邻基因转录的特殊的序列。

“*cis*”是拉丁语，意为“同一侧的”。也就是说，顺式作用元件与其调控的基因位于同一条 DNA 链上，顺式作用元件通常位于基因转录调控区。转录因子正是通过与顺式作用元件结合而调控基因转录。基因转录调控区包括启动子、增强子和沉默子等，它们各自包含的顺式作用元件及结合的转录因子也有所不同。

1. *启动子*　如前所述，真核基因的启动子主要有 3 类，分别是Ⅰ型启动子、Ⅱ型启动子和Ⅲ型启动子（图 13－3）。其中Ⅱ型启动子结合 RNA 聚合酶Ⅱ，主要负责转录真核生物几乎所有蛋白质编码基因，故Ⅱ型启动子的结构尤其复杂。Ⅱ型启动子可以大致分为核心启动子、近端启动子和远端启动子 3 部分区域。

核心启动子是指 RNA 聚合酶精确起始转录所需要的最少的一段 DNA，长度约 40 个核苷酸，能与 RNA 聚合酶和通用转录因子结合从而起始转录。因此，不同基因的核心启动子包含的顺式作用元件的种类和数量基本相同。例如，典型的 TATA 框[TATA(A/T)A(A/T)]通常位于转录起始位点上游－25 bp 区域，与通用转录因子 TFⅡD 结合，控制转录起始的准确性及频率，其序列的完整与准确对维持启动子的功能是必需的。

近端启动子和远端启动子位于核心启动子区域的上游和更上游区域，主要含有能够与各种特异性转录因子结合的顺式作用元件，这些顺式作用元件主要参与调控不同细胞类型或不同生理/病理条件下各种基因的特异性转录。因此，不同基因的近端启动子和远端启动子，尤其是远端启动子区域，包含的顺式作用元件的种类差别很大。

在近端启动子区域，常见的顺式作用元件如典型的 GC 框(GGGCGG)和 CAAT 框(GCCAAT)，它们通常位于转录起始位点上游－110～－30 bp 区域。与 GC 框结合的转录因子是 Sp1，与 CAAT 框特异性结合并刺激基因转录的转录因子至少发现有两个，一个是 CAAT 结合转录因子(CAAT - binding transcription factor，CTF)，另一个是 CAAT/增强子结合蛋白(CAAT/enhancer binding protein，C/EBP)。这些转录因子通过调节通用转录因子与 TATA 框的结合、RNA 聚合酶与启动子的结合及转录起始复合物的形成，从而协助调节基因的转录效率。

2. *增强子*　是一种位于核心启动子之外、离转录起始位点较远的位置上(1～30 kb，通常是在其上游)的调控序列。其长度约 200 bp，可使基因转录效率提高 100 倍或更多。增强子常和远端启动子区域交错覆盖或连续。尤为独特的是，增强子发挥作用往往不依赖于其所在的位置或方向，即能够在相对于启动子的任何方向和任何位置(上游或下游)上都发挥作用，因为染色体 DNA 可以通过卷曲折叠，使得结合到启动子和增强子上的转录因子之间可以相互作用。

增强子的功能及其作用特征如下：

(1) 增强子与被调控基因位于同一条 DNA 链上。

(2) 它往往含有多个密集排列的顺式作用元件，是组织特异性转录因子的结合部位，在各种基因的组织或时间特异性转录调控中具有重要作用。

(3) 增强子不仅能够在基因的上游或下游起作用，而且还可以远距离实施调节作用(通常情况为 1～4 kb)，甚至可以调控 30 kb 以外的基因。

(4) 增强子作用与序列的方向性无关。将增强子的方向倒置后依然能起作用，方向倒置后的启动子就不能起作用。

(5) 增强子需要有启动子才能发挥作用，没有启动子存在，增强子不能表现活性。但增强子对启动子没有严格的专一性，同一增强子可以影响不同类型启动子的转录。

3. *沉默子*　是一类基因表达的负性调控元件，当其结合特异蛋白因子时，对基因转录起阻遏作用。沉默子与增强子类似，其作用亦不受序列方向的影响，也能远距离发挥作用，并可对异源基因的表达起作用。

(二) 反式作用因子与转录因子

反式作用因子(*trans*-acting factor)是指能够通过直接结合或间接作用于 DNA 或 RNA 核酸分子，对基因表达发挥不同调节作用(激活或抑制)的各类蛋白分子。“*trans*”是拉丁语，与“*cis*”意思相反，意为“不在同一侧的”。也就是说，反式作用因子的编码基因与其调控的基因是不同的，两者往往相距很远或在不同的染色体 DNA 上。

1. *转录因子*(transcription factor)　是能够直接结合或间接作用于靶基因启动子、促进转录起始前复合体形成的蛋白因子。绝大多数真核细胞的转录因子都属于反式作用因子,它由相应的编码基因表达后进入细胞核,通过与其靶基因启动子或增强子区域的特异的顺式作用元件识别、结合(即DNA-蛋白质相互作用),从而激活靶基因的转录,这种调节方式称为反式调节。真核生物转录调控的基本方式就是依赖反式作用因子与顺式作用元件的识别与结合,即通过DNA-蛋白质相互作用实施调控。并不是所有真核转录调节蛋白都起反式作用,有些基因产物可特异识别、结合自身基因的调节序列,调节自身基因的开启或关闭,这就是顺式调节作用,具有这种调节方式的调节蛋白称为顺式作用因子(*cis*-acting factor)(图13-10)。

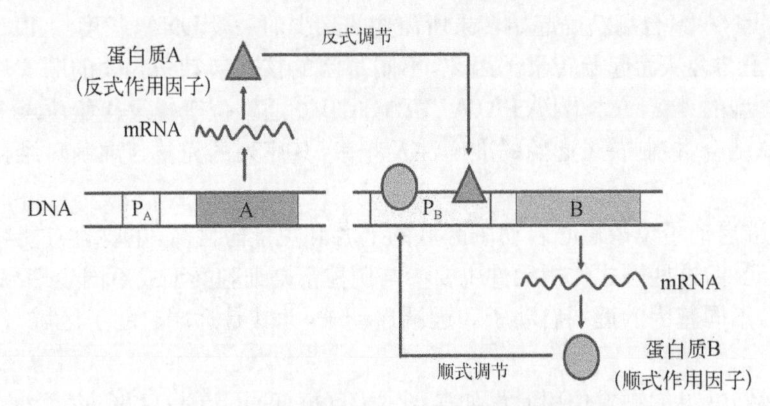

图13-10 反式作用因子与顺式作用因子

A、B为结构基因;P_A、P_B为启动子

(1) 转录因子的分类:按照功能特性,可将转录因子分为通用转录因子(general transcription factors)、特异转录因子(special transcription factors)等。

1) 通用转录因子:是RNA聚合酶介导基因转录时所必需的一类辅助蛋白质,帮助聚合酶与启动子结合并起始转录。与作用于特定基因的调节蛋白不同,通用转录因子对于所有基因都是必需的,没有组织或时间特异性。通用转录因子主要与核心启动子区域的顺式作用元件结合。相应于真核生物RNA聚合酶Ⅰ、RNA聚合酶Ⅱ、RNA聚合酶Ⅲ的通用转录因子分别称为TFⅠ、TFⅡ、TFⅢ。例如,通用转录因子TFⅡD能与核心启动子中的TATA框结合。

2) 特异转录因子:为个别基因转录所必需,决定该基因的时间、空间特异性表达。此类特异转录因子有的起转录激活作用,有的起转录抑制作用。前者称转录激活因子(transcription activators),后者称转录抑制因子(transcription inhibitors)。特异性转录因子主要与近端和远端启动子及增强子区域的顺式作用元件相结合,如能与GC框结合的转录因子Sp1以及能与CAAT框特异性结合并刺激基因转录的转录因子C/EBP。

在不同的组织或细胞中,各种特异转录因子的含量、活性和分布明显不同,正是这些组织特异性的转录因子决定着基因的时间、空间特异性表达。细胞分化和组织发育也主要通过关键的特异转录因子的作用而实现。例如,2006年,日本科学家山中伸弥(Shinya Yamanaka)采用4个关键转录因子OCT3/4、SOX2、c-MYC和KLF4,使终末分化的皮肤成纤维细胞重编程转变成为类似于胚胎干细胞样的具有多向分化能力的细胞,称为诱导多能干细胞(induced pluripotent stem cell,iPS cell);该研究获得2012年诺贝尔生理学或医学奖。此外,细胞内外的各种刺激因素也是通过影响这些特异转录因子的活性而调节特定基因的表达。在缺氧状态下,细胞会诱导激活特异转录因子即缺氧诱导因子-1(hypoxia-Inducible Factor-1,HIF-1)以应对缺氧状态。而在DNA损伤等条件下,细胞会诱导激活特异转录因子p53以应对DNA损伤。

(2) 转录因子的结构特点:大多数转录因子是DNA结合蛋白,至少包括DNA结合域和转录激活结构域两个不同的结构域;此外,很多转录因子还包含一个介导蛋白质-蛋白质相互作用的结构域,最常见的是二聚化结构域。

1) DNA结合域(DNA binding domain,DBD):常见的主要有3个。① 螺旋-环-螺旋(helix-loop-helix,HLH):由两个α-螺旋和中间的一个环组成,其中一个α-螺旋的N端富含碱性氨基酸残基;HLH模体通常以二聚体形式存在，而且两个α-螺旋的碱性区之间的距离正好相当于DNA一个螺距(3.4 nm)，从而使两个α-螺旋刚好分别嵌入DNA的大沟中。② 锌指模体(zinc finger motif)：是一类含锌离子的形似手指的模体，通常由23个氨基酸残基组成，形成1个α-螺旋和2个反向平行的β-折叠的二级结构。每个β-折叠上有一个半胱氨酸残基，而2个α-螺旋上有两个组氨酸或半胱氨酸残基。这4个氨基酸残基与二价锌离子之间形成配位键。整个蛋白质分子可有多个这样的锌指重复单位，每个单位可将其指部伸入DNA双螺旋的大沟内。③ 碱性亮氨酸拉链(basic leucine zipper，bZIP)：该结构的特点是蛋白质分子的肽链上每隔6个氨基酸就有一个亮氨酸残基，结果导致这些亮氨酸残基都在α-螺旋的同一个方向出现。两个相同结构的两排亮氨酸残基就能以疏水键结合成二聚体，该二聚体的N端肽段富含碱性氨基酸残基，可借其正电荷与DNA双螺旋链上带负电荷的磷酸基团结合(图13-11)。

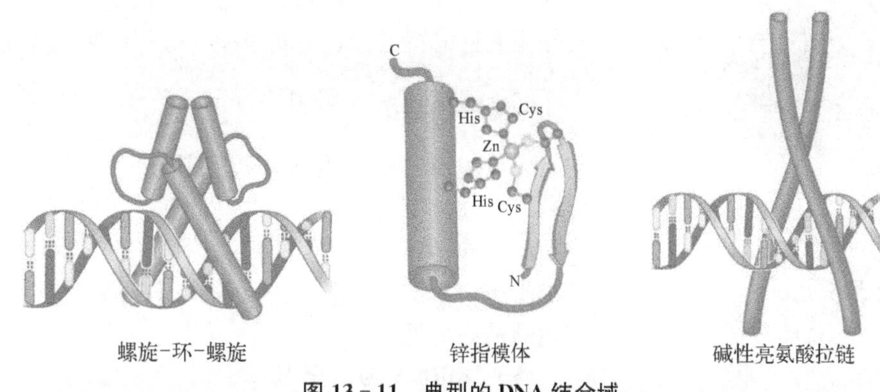

图13-11　典型的DNA结合域

2) 转录激活结构域(transcription activating domain，TAD)：常见的有3个。① 酸性激活结构域(acidic activation domain)：是一段富含酸性氨基酸的保守序列，常形成带负电荷的β-折叠，通过与TFⅡD的相互作用协助转录起始前复合体的组装，促进转录。例如，酵母转录因子GAL4的转录激活结构域。② 谷氨酰胺富含结构域(glutamine-rich domain)：其N端的谷氨酰胺残基含量可高达25%左右，通过与GC框结合发挥转录激活作用。③ 脯氨酸富含结构域(proline-rich domain)：其C端的脯氨酸残基含量可高达20%～30%，可通过与CAAT框结合来激活转录。

3) 二聚化结构域：是介导蛋白质-蛋白质相互作用的结构域。

2. 其他转录调节蛋白　有的转录调节蛋白质，不能与DNA直接结合，但可以与序列特异性转录因子通过蛋白质-蛋白质相互作用而发挥作用，称为辅助转录因子，包括具有增强转录激活的辅激活物(coactivator)和阻碍基因转录激活的辅阻遏物(corepressor)。例如，中介蛋白复合物(mediator complex)，或称中介体，是由20～30种多肽构成的复合体，它是介于转录因子与RNA聚合酶Ⅱ基础转录机器之间的连接桥梁。几乎所有RNA聚合酶Ⅱ参与的基因表达都需要中介体的调节。作为增强转录激活的辅激活物，中介体一方面可促进通用转录因子TBP和TFⅡB与核心启动子区结合；另一方面可激活TFⅡH的激酶活性，后者使RNA聚合酶Ⅱ的CTD结构域磷酸化，起始转录。

(三) 转录激活的调节机制

一般来讲，真核基因的转录调节是正性调节。也就是说，基因只有被激活才被转录，否则就处于不表达的被抑制状态。真核基因转录调节的关键节点是转录起始的激活，该步骤的关键是完成转录起始前复合体的装配，转录起始前复合体的装配速度决定着基因转录水平的高低。这不仅涉及染色质结构的活化，还需要大量转录因子、中介体复合物等的参与；不仅涉及各种转录因子之间及其与RNA聚合酶之间的蛋白质-蛋白质相互作用，还涉及转录因子与基因调控区的顺式作用元件之间的蛋白质-DNA相互作用。因为RNA聚合酶Ⅱ主要负责转录真核生物几乎所有的蛋白质编码基因，故其转录起始调控机制尤为复杂，下面就以RNA聚合酶Ⅱ为例介绍。

如图13-12所示，RNA聚合酶Ⅱ介导的转录起始激活的基本调节机制：首先，在各种体内外因素刺激条件下，通过细胞信号转导途径，细胞内相应的特异转录因子(多为转录激活因子)被激活，被激活的转录

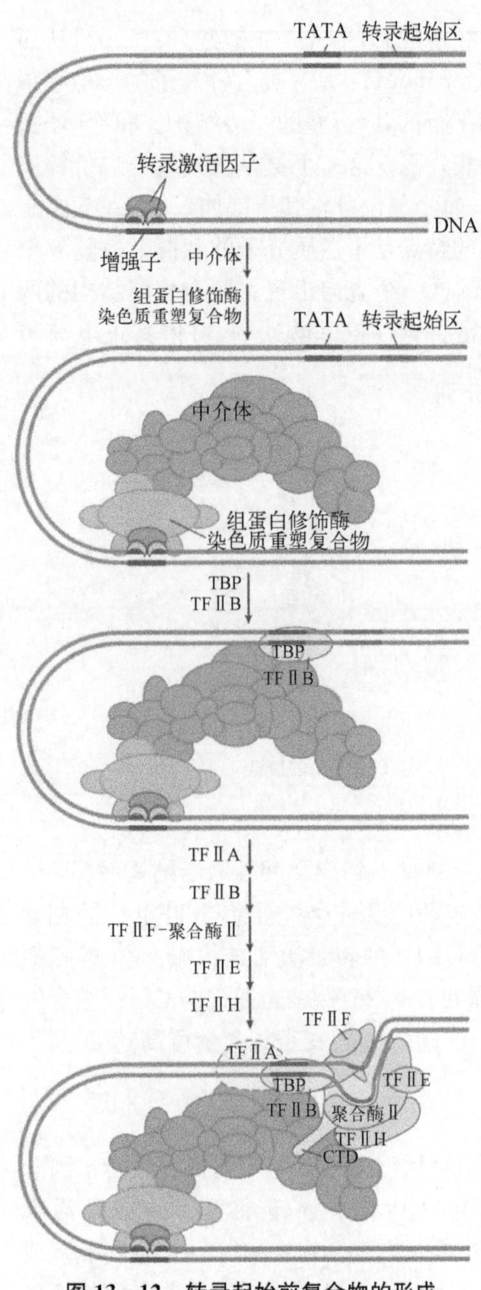

图 13-12 转录起始前复合物的形成

激活因子特异性地与位于增强子区域中的相应的顺式作用元件结合;其次,转录激活因子进一步募集组蛋白修饰酶如组蛋白乙酰化酶、染色质重塑因子使染色质结构活化以开放转录,转录激活因子同时还招募形成中介体;再次,中介体促使通用转录因子 TBP 和 TFⅡB 与核心启动子区域的 TATA 框等顺式作用元件结合,紧接着 RNA 聚合酶Ⅱ和其他通用转录因子进一步结合,最终使转录起始前复合体装配完成。

总体来看,转录起始的调节源于细胞内外各种因素对特异转录因子的激活,正是特异转录因子的激活启动了后续一系列的事件并最终完成基因转录起始的激活。因此,特异转录因子与其顺式作用元件的特异结合在转录调控过程起关键作用。

四、转录后水平的调控

真核生物的基因表达调控在转录后水平不同于原核生物。这一方面是由于两者的转录产物的剪接、修饰等成熟加工过程有很大的差异;另一方面是由于真核生物的 RNA 产物需要被运送至细胞质中去执行功能,其稳定性及其降解过程都可以影响基因表达的最终结果。

(一) mRNA 的稳定性

mRNA 是蛋白质合成的模板,因此它的稳定性将直接影响到基因表达最终产物的数量,是转录后对基因表达进行调控的一个重要因素。真核生物 mRNA 分子的半衰期差别很大,有的 mRNA(如编码β-珠蛋白的 mRNA)可长达数十小时甚至数十小时以上,而有的 mRNA 则只有几十分钟或更短。一般而言,半衰期短的 mRNA 多编码调节蛋白,因此这些蛋白质的水平可以随着环境的变化而迅速变化,达到调控其他基因表达的目的。

影响细胞内 mRNA 稳定性的因素很多,主要有下面几点。

1. *5′-端的帽结构可以增加 mRNA 的稳定性* 该结构使 mRNA 免于在 5′-外切核酸酶的作用下被降解,从而延长了 mRNA 的半衰期。此外,帽结构还可以通过与相应的帽结合蛋白结合而提高翻译的效率,并参与 mRNA 从细胞核向细胞质的转运。

2. *3′-端的多聚腺苷酸尾结构防止 mRNA 降解* 多聚腺苷酸尾及其结合蛋白可以防止 3′-外切核酸酶的降解,增加 mRNA 的稳定性。如果 3′-端多聚腺苷酸被去除,mRNA 分子将很快降解。此外,3′-端多聚腺苷酸尾结构还参与了翻译的起始过程。实验证明,mRNA 的细胞质定位信号有些也位于 3′-非翻译序列上。组蛋白质 mRNA 没有 3′-多聚腺苷酸尾的结构,但它的 3′-端会形成一种发夹结构,使其免受核酸酶的攻击。一些 mRNA 的 3′-非翻译区存在一个长度约为 50 个核苷酸的 AU 富含序列(AU - rich sequence, ARE)区,其可以与 ARE 结合蛋白质结合,促进多聚腺苷酸核酸酶切除多聚腺苷酸尾,使 mRNA 降解。因此,含有 ARE 区的 mRNA 通常都不稳定。

RNA 无论是在核内进行加工、由细胞核转运至细胞质,还是在胞质内停留(至降解),都是通过与蛋白质结合成核蛋白颗粒(ribonucleoprotein, RNP)的形式进行的。mRNA 运输、在细胞质内的稳定性等均与这些蛋白质有关。

所有类型的 RNA 分子中,mRNA 寿命最短。mRNA 稳定性是由合成速率和降解速率共同决定的。大多数高等真核细胞 mRNA 半衰期较原核长,一般为几个小时。mRNA 的半衰期可影响蛋白质合成的量,通过调节某些 mRNA 的稳定性，即可使相应蛋白质合成量受到一定程度的控制。例如，mRNA 5′-端的帽结构和 3′-端的多聚腺苷酸尾结构的删除可直接影响 mRNA 的稳定性。

蛋白质产物也可调节 mRNA 的稳定性，如转铁蛋白受体(transferrin receptor，TfR)mRNA 的降解速率受细胞质内某些蛋白质成分的调节，并与 mRNA 自身结构有关。当细胞内铁足量时，TfR mRNA 降解速度加快，致使 TfR 水平很快下降。当细胞内铁不足时，TfR mRNA 稳定性增加，受体蛋白合成增多。TfR mRNA 稳定性的调节取决于 mRNA 分子中特定的重复序列，它位于 3′- UTR，称为铁反应元件(iron response element，IRE)。每个 IRE 大约长 30 bp，可形成柄-环结构，环上有 5 个特异的核苷酸，并富含 AU 序列。当铁浓度高时，AU 富含序列通过目前尚不得知的机制促进 TfR mRNA 降解；当铁浓度下降时，一种 IRE 结合蛋白(IRE - binding protein，IRE - BP)通过识别环的特异序列及柄的二级结构结合 IRE。IRE - BP 的结合可能破坏了某些降解 TfR mRNA 的机制，使 TfR mRNA 的寿命延长。这一发现提示，其他稳定性可调节的 mRNA 可能也含有与特异蛋白质相互作用的反应元件，致降解速度变慢。

(二) 非编码小分子 RNA 的调节

与原核基因表达调节一样，某些小分子 RNA 也可调节真核基因表达。这些 RNA 都是非编码 RNA。除了在前几章谈到过的具有催化活性的 RNA(核酶)、snRNA 及 snoRNA 以外，目前人们广泛关注的非编码 RNA 有 miRNA 和 siRNA，可以引起转录后基因沉默，这将在真核基因表达的非编码 RNA 部分再做阐述。

(三) 其他

此外，真核基因转录后调节还有选择性剪接、RNA 编辑等机制，这可以产生不同的 mRNA 剪接变体等，可以说其是对 mRNA 一级结构或序列的调节(参见第十一章 RNA 的生物合成)。

五、翻译水平和翻译后水平的调节

蛋白质生物合成过程复杂，涉及众多成分。通过调节许多参与成分的作用而使基因表达在翻译水平及翻译后阶段得到控制。在翻译水平，目前发现的一些调节点主要在起始阶段和延长阶段，尤其是起始阶段。例如，对翻译起始因子活性的调节、Met - $tRNA^{Met}$与小亚基结合的调节、mRNA 与小亚基结合的调节等。其中，通过磷酸化作用改变翻译起始因子活性这点备受关注。mRNA 与小亚基结合的调节对某些 mRNA 的翻译控制也具有重要意义。

(一) 翻译起始因子活性的调节

蛋白质合成速率的快速变化在很大程度上取决于起始水平，通过磷酸化调节翻译起始因子(eukaryotic initiation factor，eIF)的活性对起始阶段有重要的控制作用。

1. *eIF - 2α 的磷酸化抑制翻译起始* eIF - 2α 亚单位的磷酸化可阻碍 eIF 的正常运行，从而抑制蛋白质合成的起始。eIF - 2α 亚单位的磷酸化由特异性的蛋白激酶催化。在病毒感染的细胞中，细胞抗病毒机制之一即是通过双链 RNA(double-strand RNA，dsRNA)激活一种蛋白激酶，使 eIF - 2α 磷酸化，从而抑制蛋白质合成的起始。

2. *eIF - 4E 及 eIF - 4E 结合蛋白的磷酸化激活翻译起始* 帽结合蛋白 eIF - 4E 与 mRNA 帽结构的结合是翻译起始的限速步骤，磷酸化修饰及与抑制物蛋白的结合均可调节 eIF - 4E 的活性。磷酸化的 eIF - 4E 与帽结构的结合力是非磷酸化的 eIF - 4E 的 4 倍，因而可提高翻译的效率。胰岛素及其他一些生长因子都可增加 eIF - 4E 的磷酸化从而加快翻译，促进细胞生长。同时，胰岛素还可以通过激活相应的蛋白激酶而使一些与 eIF - 4E 结合的抑制物蛋白磷酸化，磷酸化的抑制物蛋白会与 eIF - 4E 解离，激活 eIF - 4E。

(二) RNA 结合蛋白的调节

所谓 RNA 结合蛋白(RNA binding protein，RBP)是指那些能够与 RNA 特异序列结合的蛋白质。基因表达的许多调控环节都有 RBP 的参与，如前述转录终止、RNA 剪接、RNA 转运、RNA 胞质内稳定性控制及翻译起始等。铁蛋白相关基因的 mRNA 翻译调节就是 RBP 参与基因表达调控的典型例子。

如前所述，IRE - BP 作为特异 RNA 结合蛋白，在调节 TfR mRNA 稳定性方面起重要作用。同时，它还能调节另外两个铁代谢有关的蛋白质的合成，这两种蛋白质是铁蛋白和 ALA 合酶。铁蛋白与铁结合，是体内铁的储存形式,ALA 合酶是血红素合成的限速酶。与 TfR mRNA 不同,IRE 位于铁蛋白及 ALA 合酶 mRNA 的 5′- UTR,而且无 AU 富含区,不促进 mRNA 降解。当细胞中铁浓度低时,IRE - BP 处于活化状态,结合 IRE 而阻碍 40S 小亚基与 mRNA 5′-端起始部位结合,抑制翻译起始;铁浓度高时,IRE - BP 不能与 IRE 结合,两种 mRNA 的翻译起始可以进行。

(三) 蛋白质的降解和翻译后修饰调节

新合成蛋白质的半衰期长短是决定蛋白质生物学功能的重要影响因素。因此,通过对新生肽链的水解和运输,可以控制蛋白质的浓度在特定的部位或亚细胞器保持在合适的水平。此外,许多蛋白质需要在合成后经过特定的修饰才具有功能活性。通过对蛋白质的可逆磷酸化、甲基化、酰基化修饰,可以达到调节蛋白质功能的作用,其是基因表达的快速调节方式。

六、非编码 RNA 与真核基因表达调控

RNA 一度被认为是 DNA 和蛋白质之间的"过渡",但越来越多的证据表明,RNA 在生命过程中扮演的角色远比我们早先设想的更为重要。近年来发现,除了 rRNA 和 tRNA 之外,细胞中还存在大量的其他非编码 RNA,即不作为模板编码生成蛋白质或肽的 RNA 分子,它们在基因表达调控等过程中起重要作用。这些非编码 RNA 包括有核酶、snRNA、snoRNA、miRNA、siRNA、lncRNA 等。它们在 RNA 转录、转录后加工、转运、mRNA 的稳定性及 mRNA 翻译等过程参与基因的表达调控。

(一) miRNA 在基因表达调控中的作用

微 RNA(micro RNA,miRNA)是一大家族,属于小分子非编码单链 RNA,长度约 22 个碱基,由一段具有发夹环结构的前体加工后形成。编码 miRNA 的基因与编码蛋白质的基因一样,转录合成是由 RNA 聚合酶Ⅱ负责催化的。

它们在细胞内首先形成长度为 70～90 个核苷酸长的单链 RNA 前体,再经一种称为 Dicer 酶的核糖核酸酶进行剪切后形成。这些成熟的 miRNA 与其他蛋白质一起组成 RNA 诱导的沉默复合体(RNA - induced silencing complex,RISC),通过与其靶 mRNA 分子的 3′- UTR 互补匹配,再以目前尚不清楚的机制抑制该 mRNA 分子的翻译(参见第十八章常用分子生物学技术)。

最早被确认的 miRNA 是 1993 年在线虫中发现 lin - 4。这种单链 RNA 的表达具有阶段性,通过碱基配对的方式结合到靶 mRNA lin - 14 的 3′- UTR,从而抑制 lin - 14 的翻译,但并不影响其转录。2000 年,另一促进线虫幼虫向成虫转变的基因 let - 7 被发现,它的转录产物为 21 个碱基长的 RNA 分子,也具有明显的阶段表达特异性,对线虫的发育具有重要的调控作用。

miRNA 具有一些鲜明的结构与功能特点:① 其长度一般为 21～24 个碱基,个别在 20 个碱基以下;② 在不同生物体中普遍存在,包括线虫、果蝇、家鼠、人及植物等;③ 其序列在不同生物中具有一定的保守性,但是尚未发现动植物之间具有完全一致的 miRNA 序列;④ 其表达具有明显的时间特异性和组织特异性;⑤ *miRNA* 基因以单拷贝、多拷贝或基因簇等多种形式存在于基因组中,而且绝大部分位于基因间隔区。miRNA 的广泛性和多样性提示它们可能具有非常重要的生物学功能。

(二) siRNA 在基因表达调控中的作用

小干扰 RNA(small interfering RNA,siRNA)是细胞内的一类双链 RNA,在特定情况下通过一定酶切机制,转变为具有特定长度(21～23 个碱基)和特定序列的小片段 RNA。

双链 siRNA 参与 RISC 组成,与特异的靶 mRNA 完全互补结合,导致靶 mRNA 降解,阻断翻译过程。这种由 siRNA 介导的基因表达抑制作用被称为 RNA 干扰(RNA interference,RNAi)。

RNA 干扰实际上是通过降解特异 mRNA、在转录后水平发生的一种基因表达调节机制,是生物体本身固有的一种对抗外源基因侵害的自我保护现象。它能识别、清除外源双链 RNA 或同源单链 RNA,提供了一种防御外源核酸入侵的保护措施。同时,由于外源双链 RNA 导入细胞后也可以引起与双链 RNA 同源的 mRNA 降解,进而抑制其相应的基因表达,RNA 干扰又被作为一种新技术广泛应用于功能基因组研究中。通常认为,siRNA 及其介导的 RNA 干扰具有很高的特异性,但也有报道显示 siRNA 序列中一个或几个碱基的改变并不影响 siRNA 的活性。

siRNA 和 miRNA 都属于非编码小分子 RNA，它们具有一些共同的特点：均由 Dicer 酶切割产生；长度都在 22 个碱基左右；都与 RISC 形成复合体，与 mRNA 作用而引起基因沉默。它们之间的差异见表 13-3。

表 13-3　siRNA 和 miRNA 的比较

	siRNA	miRNA
前体	内源或外源长双链 RNA	内源发夹环结构的 RNA
结构	双链分子	单链分子
与靶 mRNA 结合	完全互补配对	不完全互补配对
作用方式	通过降解 mRNA 来抑制基因表达	通过阻止翻译来抑制基因表达
生物学效应	抑制转座子活性和病毒感染	发育过程的调节

（三）lncRNA 在基因表达调控中的作用

lncRNA 是一类转录物长度超过 200 个核苷酸的 RNA 分子，不直接参与基因编码和蛋白质合成，但可在表观遗传水平、转录水平和转录后水平调控基因表达。尽管我们目前对 lncRNA 的种类、数量、功能的认知都不明确，但 lncRNA 在很多生命活动中发挥了举足轻重的作用，与机体的生理和病理过程具有密切的关系，因此对 lncRNA 的研究成为当今分子生物学最热门的前沿研究领域之一。

（张莹，卜友泉）

※ 第十三章数字资源

图 13-9
染色质结构的调节

第十三章
参考文献

微课视频 13-1
lac 操纵子的结构

微课视频 13-2
lac 操纵子的调节机制

微课视频 13-3
非编码 RNA 与真核基因表达调控

微课视频 13-4
真核生物转录起始的调节

第四篇

生物化学专题

前3篇内容从分子水平阐述了构成机体主要的生物大分子的结构与功能，重要的物质代谢及其调节，以及遗传信息的传递。这是生物化学与分子生物学的最基本的核心内容。

本篇是在上述3篇基本内容的基础上，进一步在细胞、组织或器官层面系统地分析细胞对体内外各种信号做出应答的分子机制，以及肝和血液分别作为机体重要的组织器官发挥其功能的分子基础。其包括肝的生物化学、血液的生物化学和细胞信号转导3章。

本篇的内容，应作为对本科生的基本要求进行讲授。学习时，仍应注重基本名词概念的掌握，同时也需注意运用所学的前面3篇内容的基本理论知识。

第十四章

肝的生物化学

内容提要

肝是人体中最大的实体器官，几乎参与了体内各类物质的代谢，是人体物质代谢的枢纽。肝具有的双重血液供应、丰富血窦和两条输出通路等特有形态结构和化学组成，是其执行多样生理功能的保障。在糖代谢中肝的主要作用是通过糖原合成、糖原分解和糖异生作用维持血糖恒定。肝分泌的胆汁酸能乳化脂质，促进其消化吸收。肝是酮体生成的主要场所，还是人体合成胆固醇的主要器官。在蛋白质代谢中肝除了合成自身所需要的蛋白质外，还合成如血浆清蛋白、凝血酶原、纤维蛋白原及多种载脂蛋白等。肝在蛋白质代谢中的一个重要功能是将有毒的氨通过鸟氨酸循环合成无毒的尿素。肝在维生素的吸收、运输、代谢转变及储存方面都起着重要作用。各种类固醇激素和抗利尿激素、甲状腺素、胰岛素等激素，在发挥作用后主要也在肝内灭活。

非营养性物质在肝内经过反应，溶解度增加，容易排出体外的过程称为生物转化作用。生物转化的第一相反应包括氧化、还原、水解反应，第二相反应是各种结合反应。生物转化的反应特点有：① 多样性；② 连续性；③ 解毒与致毒双重性。影响生物转化的因素有年龄、疾病、性别、药物等。

胆汁是肝细胞分泌的黄色液体，主要成分是胆汁酸盐。胆汁酸按结构分为游离型和结合型两类。根据来源不同其又可分为初级胆汁酸和次级胆汁酸两类。肝细胞以胆固醇为原料合成胆汁酸是肝清除胆固醇的主要方式，其限速酶是7α-羟化酶。进入肠道的胆汁酸约95%被重吸收回到肝，再排入肠道，构成胆汁酸肠肝循环，其生理意义是使有限的胆汁酸满足生理需要。胆汁酸的主要生理作用是降低油、水界面的表面张力，促进脂质消化吸收，还可防止胆结石形成。

胆色素是体内铁卟啉化合物分解代谢终产物的总称，包括胆红素、胆绿素、胆素原类和胆素类，正常时主要随胆汁排泄。人体内胆红素主要由血红蛋白分解产生，主要在肝内代谢。肝摄取的胆红素，在肝细胞内与Y蛋白和Z蛋白结后，运送到内质网，在葡糖醛酸基转移酶催化下与葡糖醛酸基结合生成结合胆红素，后随胆汁分泌进入肠道。在肠道细菌作用下胆红素逐步被还原成胆素原类，最后氧化成胆素类。凡能引起胆红素生成过多，或使肝细胞对胆红素摄取、结合、排泄过程障碍及影响肠道排泄胆红素的因素，均可使血胆红素浓度增高，此称为高胆红素血症。高胆红素血症可致皮肤、疏松结缔组织等黄染，从而发生黄疸。临床将黄疸分为溶血性黄疸、肝细胞性黄疸和阻塞性黄疸3类。近来发现，胆红素具有抗氧化作用。

正常人肝重1～1.5 kg，占体重的2.5%，是人体内最大的实质性器官。肝几乎参与了体内各类物质的代谢，是人体内物质代谢的枢纽，生命活动重要的器官之一。在人体生命活动中，肝不但在糖、脂质、蛋白质三大物质的消化、吸收、排泄等方面都发挥着重要作用，而且还与非营养物质的生物转化、胆汁酸的代谢、胆色素的代谢密切相关。本章主要阐述肝在生物转化、胆汁酸和胆色素代谢中的作用。

肝特有的形态结构和化学组成是其执行繁多生理功能的物质基础。肝具有肝动脉和门静脉双重血液供应,肝动脉可给肝细胞提供充足的氧,保证各种代谢反应正常进行;门静脉可将由消化系统吸收的大量营养物质运送到肝,为肝执行多种生理功能提供丰富的物质保障。肝细胞具有丰富的血窦,细胞膜通透性也比其他组织细胞大,保障了血液在肝内流速缓慢,肝细胞与血液接触时间长、接触面积大,有利于进行充分的物质交换。肝具有两条输出通路:一条是肝静脉,其与体循环相连,可将肝内的代谢产物运输到其他组织利用,或排出体外;另一条是胆道系统,肝通过胆道系统与肠道沟通,实现将肝分泌的胆汁酸排入肠道,帮助脂质消化吸收,同时也排出了一些代谢产物或毒物。

肝细胞有比其他组织细胞多的线粒体、内质网、微粒体及溶酶体等亚细胞结构,为肝进行活跃的生物氧化、蛋白质合成、生物转化等代谢提供了结构保证。已知肝细胞内酶的种类有数百种,有些是肝细胞特有,如酮体和尿素合成需要的酶系几乎仅存在于肝;有些酶在其他组织含量极少,在肝细胞内活性最高,如脂肪酸合酶系、胆固醇、磷脂合成需要的各种酶类等,这一切与这些物质主要在肝内代谢相适应,是肝进行各类物质代谢的结构和物质保障。

第一节　肝在物质代谢中的作用

肝在物质代谢中的作用主要体现在糖、脂质、蛋白质三大物质的代谢方面,另外还体现在维生素、激素等代谢方面。

一、糖代谢

肝在糖代谢中的主要作用是通过调节肝糖原合成与分解及糖异生的速度维持血糖浓度恒定,确保全身各组织,尤其是大脑的能量供应,是调节血糖浓度恒定的主要器官。饱食后血糖浓度有升高趋势,肝利用血糖合成糖原,储存糖。肝糖原可达 75～100 g,约占肝重的 5%;同时过多的糖在肝内还能转变为脂肪。此外,肝还能够通过加速磷酸戊糖途径,增加血糖的去路,维持血糖恒定。相反空腹时血糖浓度趋于降低,肝通过增强糖原分解,在其特有的葡糖-6-磷酸酶作用下将糖原分解成葡萄糖,补充血糖。空腹 12 h 左右肝糖原几乎耗尽,此时肝通过加强糖异生作用,把甘油、乳酸、氨基酸等非糖物质转变成葡萄糖,维持血糖的正常水平,保证脑等重要组织的能量供应。肝还能将果糖及半乳糖转化为葡萄糖,作为血糖的补充来源。肝细胞严重损伤时,肝调节血糖的能力下降,空腹时易发生低血糖,进食后又易出现短暂性高血糖。临床通过糖耐量试验,主要是半乳糖耐量试验和血乳酸测定可观察肝糖原生成及糖异生是否正常。

此外,肝细胞在糖代谢方面的功能还体现在以下 3 方面:① 通过磷酸戊糖途径生成磷酸核糖,为核酸合成提供原料。同时,还为肝细胞合成脂肪酸、胆固醇提供 NADPH。② 利用糖加强糖原合成,避免过多消耗氨基酸,保证蛋白质合成,或转变成其他含氮生理活性物质。③ 通过糖醛酸途径生成尿苷二磷酸葡糖醛酸(uridine 5′-diphospho-glucuronic acid,UDPGA)基,为肝生物转化的结合反应提供葡糖醛酸基,处理体内的非营养物质。

肝储存糖原量有限,当大量葡萄糖进入肝,可转化成脂肪或胆固醇,并与磷脂和各种载脂蛋白一起合成 VLDL。肝细胞内糖容易转变为脂肪,因为肝是人体内将糖转变成脂肪的主要场所。

二、脂质代谢

肝在脂质的消化、吸收、分解、合成及运输等方面均起着重要作用。肝分泌的胆汁酸可将食物中的脂质乳化,有助于脂质和脂溶性维生素的消化吸收。肝胆疾患时脂质消化吸收障碍,可出现厌油腻食物、脂肪泻等症状。

肝也是脂肪、脂肪酸、磷脂、胆固醇等各种脂质和血浆脂蛋白合成的主要场所。人体内脂肪酸和脂肪主要在肝细胞合成，其合成能力是脂肪组织的9～10倍，合成后主要通过VLDL运输到全身，供其他组织利用。肝还是人体合成胆固醇能力最强的器官，占全身合成胆固醇总量的80%以上。肝合成的胆固醇在血液中主要以LDL形式运输。肝细胞把胆固醇转变成胆汁酸盐是体内胆固醇的主要去路。合成胆汁酸还可以防止血胆固醇过高。肝还合成分泌LCAT，催化血液中游离的胆固醇酯化成胆固醇酯。肝也是合成磷脂和脂蛋白的重要器官，各种磷脂与其他脂质和载脂蛋白一起在肝内形成VLDL、HDL，将脂质运输至全身各组织。肝内磷脂合成与三脂酰甘油的合成和转运密切相关，肝功能受损，磷脂合成障碍，将致VLDL合成障碍，使肝内脂肪不能正常转运出肝，堆积形成脂肪肝。脂肪肝形成的另一原因是肝内脂肪合成增加。

脂肪酸氧化分解的主要场所在肝，肝细胞活跃的β-氧化为自身提供了充足的能量。肝还是人体合成酮体的主要场所。在空腹或饥饿状态下，酮体是脑、心、肾、骨骼肌等肝外组织良好的能源物质。

三、蛋白质代谢

肝内蛋白质代谢极为活跃，更新速度较快，半衰期为10 d左右(肌肉蛋白质为180 d)。肝除了能合成自身所需要的蛋白质，还合成和分泌90%以上的血浆蛋白质，肝合成的蛋白质占机体蛋白质总量的15%。除γ-球蛋白外，几乎所有血浆蛋白，尤其是清蛋白、凝血因子、纤维蛋白原及ApoA、ApoB、ApoC、ApoE等多种载脂蛋白都在肝内合成。成人每日合成约12 g清蛋白，占肝合成蛋白质总量的1/4。肝内合成清蛋白与其他分泌蛋白的合成过程相似，首先合成前清蛋白原，经翻译后修饰加工剪切掉信号肽，转变为清蛋白原，再进一步加工成由550个氨基酸残基组成、分子量为69 kDa的成熟清蛋白。血浆清蛋白分子量小，含量多，是维持血浆胶体渗透压的主要成分。严重肝损害患者常出现水肿，主要原因是清蛋白合成减少，血浆胶体渗透压不能维持所致。患者同时还会出现清蛋白与球蛋白比值(A/G)下降，甚至倒置，临床将其作为肝病诊断的辅助指标之一。患者凝血酶原等合成减少将出现凝血功能障碍，发生出血。肝癌细胞甲胎蛋白基因失去阻遏，血浆中会出现甲胎蛋白，检测其含量有助于诊断肝癌。

在蛋白质分解代谢方面，肝重要的功能是将氨基酸分解代谢产生的氨合成尿素解氨毒。肝功能严重受损时，肝合成尿素障碍，血氨过高可发生肝昏迷。合成尿素消耗了呼吸性H^+和CO_2，故鸟氨酸循环不仅解除了氨的毒性，在维持机体酸碱平衡中还具有重要作用。肝也是胺类物质解毒的重要器官，肠道腐败作用产生的芳香胺类有毒物质吸收入血后主要在肝内进行生物转化。肝功能不全，或门静脉侧支循环形成时，这些芳香胺类物质可不经处理就进入神经组织，通过β-羟化生成假神经递质苯乙醇胺和β-羟酪胺，抑制脑细胞功能，促进肝性脑病的发生。血浆蛋白质分解代谢也主要在肝中进行。肝细胞表面特异受体可识别铜蓝蛋白、α_1-抗胰蛋白酶等血浆蛋白质，再经胞饮作用吞入细胞，被溶酶体蛋白酶降解。

四、维生素代谢

肝在维生素的吸收、储存、转化等方面都具有重要的作用。肝是体内储存维生素A、维生素K、维生素E、维生素B_{12}等的主要场所，其中维生素A占体内总含量的95%，因此用动物肝治疗夜盲症有较好疗效。肝还直接参与β-胡萝卜素(维生素A原)转变为维生素A，维生素D_3转变为25-羟维生素D_3，维生素B_2转变成FMN、FAD，维生素PP转变成NAD^+、$NADP^+$，泛酸合成CoA，维生素B_6合成磷酸吡哆醛，以及将维生素B_1合成TPP等多种维生素参与组成的辅酶，在体内物质代谢中起着重要作用。严重肝病变会影响维生素K的利用，易出现出血倾向。

五、激素代谢

激素发挥作用后降解或失去活性的过程称为激素的灭活。肝在激素代谢中的主要作用是参与激素的灭活和排泄，如雌激素、醛固酮可在肝内与葡糖醛酸基或硫酸等结合而灭活；抗利尿激素可在肝内水解灭活。如果肝功能受损害，肝对这些激素的灭活能力下降，使其体内水平升高，可出现男性乳房发育、肝掌、蜘蛛痣及水钠潴留等症状。多种蛋白类、多肽类激素也主要在肝内灭活，如甲状腺素在肝细胞内经脱碘、去氨基，与葡糖醛酸基结合而失去活性；在肝内胰岛素分子中二硫键断裂形成A、B两条链，再经胰岛素酶水解，严重肝病时其灭活作用减弱，可造成血胰岛素含量增高。

第二节 肝的生物转化作用

一、概念

生物转化(biotransformation)是指机体将一些极性或水溶性较低、不容易排出体外的非营养物质进行化学转变,从而增加它们的极性或水溶性,使其容易排出体外的过程。能够进行生物转化的器官有肝、肾、胃、肠、肺、皮肤及胎盘等,其中肝是生物转化的重要器官。在肝细胞微粒体、胞液、线粒体等亚细胞部位存在丰富的生物转化酶类,能有效地处理体内的非营养物质。

人体内的非营养物质根据来源不同可分为内源性和外源性两大类。内源性非营养物质包括激素、神经递质等体内生理活性物质的代谢产物,以及氨、胆红素等代谢终产物。外源性非营养物质包括药物、食品添加剂(色素、防腐剂等)、环境污染物和植物性食物中的天然化合物,这些外源物质也称异生物质(xenobiotics)。此外,还有肠道下段细菌作用于未消化的蛋白质产生的腐败产物氨、吲哚、硫化氢等。这些非营养物质既不是构成组织细胞的原料,也不能氧化供能,往往水溶性差,难以排泄,需要先进行生物转化作用处理后增加其水溶性,机体才能将它们排出,同时生物转化也会改变其毒性或生理活性。

生物转化的重要生理意义在于有利于机体处理非营养物质。通过对非营养物质进行生物转化,使其生物学活性降低或丧失,同时增加了这些物质的溶解度,使之容易随胆汁、粪便或尿液排出。通过生物转化使非营养物质对机体的代谢和功能不造成影响,无疑对机体起着明显的保护作用,是生命体适应环境、赖以生存的有效措施。

二、生物转化反应的类型

生物转化的反应多样、复杂,包含多种化学反应类型。肝内生物转化主要有氧化、还原、水解与结合等反应类型。根据反应过程中是否有其他化合物参与可将生物转化反应归纳为两相反应。第一相反应主要包括氧化、还原、水解 3 类反应,有些非营养物质经过一相反应后就能从排泄器官排出;另一些非营养物质经一相反应后水溶性仍然较差,必须与葡糖醛酸基、硫酸等水溶性较强的物质结合,进一步增加其溶解度才能排出体外,这些结合反应即为生物转化的第二相反应。体内各种非营养物质通过第一相、第二相反应的共同作用最终都能排出体外。

(一) 第一相反应——氧化、还原、水解反应

进入体内的大多数药物、毒物等可以通过肝细胞生物转化的第一相反应将其非极性基团转化为极性基团,利于排泄。

1. 氧化反应　是生物转化第一相反应中最主要的反应类型,肝细胞线粒体、微粒体及胞液中均含有参与反应的各种氧化酶系。

(1) 单加氧酶系(monooxygenase):在生物转化的氧化反应中占有重要的地位,其催化的反应可概括为

$$RH + O_2 + NADPH + H^+ \longrightarrow ROH + NADP^+ + H_2O \qquad (式 14-1)$$

单加氧酶系直接激活氧分子,使一个氧原子加到产物分子中,故称单加氧酶系。反应中氧分子的一个氧原子加入产物分子,生成羟基类化合物;另一个氧原子则使 NADPH 氧化生成水,即一分子氧发挥了两种功能,故此酶又称为混合功能氧化酶(mixed function oxidase)。单加氧酶系存在于肝细胞微粒体,故又称为微粒体单加氧酶系。反应还需要细胞色素 P_{450} 和 NADPH 参与。

单加氧酶系的主要生理意义是可参与多种药物和毒物的生物转化,使其羟化后增强药物或毒物的水溶性,利于排出体外。此外,单加氧酶系还参与了体内多种生物活性物质的羟化反应,如维生素 D_3 的 25 位羟化,才能转变成为具有生物活性的 1,25-$(OH)_2D_3$、胆固醇转变成胆汁酸的多步羟化反应也由该酶系催化完成。

参与生物转化的单加氧酶系特异性较差，可催化多种化合物进行氧化反应。苯巴比妥类药物可诱导单加氧酶系的合成，所以长期服用此类药物的患者对异戊巴比妥、氨基比林类药物的转化及耐受能力可同时增强。

(2) 单胺氧化酶：存在于肝细胞线粒体，属于黄素酶类。各种单胺氧化酶可催化胺类物质氧化脱氨生成相应的醛类化合物：

$$RCH_2NH_2 + O_2 + H_2O \longrightarrow RCHO + NH_3 + H_2O_2 \qquad (式\ 14-2)$$

肠道腐败作用产生的组胺、酪胺、尸胺、腐胺等胺类物质都可以经此类反应转化排出。

(3) 脱氢酶类：肝细胞质含有以 NAD^+ 为辅酶的醇脱氢酶、醛脱氢酶，可分别催化细胞内醇或醛脱氢氧化成相应的醛或酸，最终可转变成 CO_2、H_2O。

$$\underset{乙醇}{CH_3CH_2OH} \xrightarrow{醇脱氢酶} \underset{乙醛}{CH_3CHO} \xrightarrow{醛脱氢酶} \underset{乙酸}{CH_3COOH} \longrightarrow CO_2 + H_2O$$

人体内 90%～98%的乙醇被直接运送到肝，通过醇脱氢酶氧化成乙醛，并进一步氧化为乙酸。肝内存在多种氧化乙醇的酶，主要是醇脱氢酶(alcohol dehydrogenase，ADH)和醛脱氢酶(aldehyde dehydrogenase，ALDH)。醇脱氢酶是分子量为 40 kDa 的含锌结合蛋白，由 2 个亚基组成。人体内参与乙醇代谢的醇脱氢酶主要有 3 种：ADH－Ⅰ对醇反应的 K_m 值为 0.1～1.0 mmol/L，具有很高的亲和力；ADH－Ⅱ在乙醇浓度很高时才充分发挥作用(K_m 值较高，34 mmol/L)，低乙醇浓度时其活性只有 ADH－Ⅰ的 10%；而 ADH－Ⅲ对乙醇的亲和力最小，K_m 值更大($>$1 mol/L)。除醇脱氢酶和醛脱氢酶外，肝内还有微粒体乙醇氧化系统(microsomal ethanol oxidizing system，MEOS)。MEOS 代谢乙醇总量的 50%。MEOS 是乙醇－P_{450} 单加氧酶，产物是乙醛，只有当血液乙醇浓度很高时才起作用。MEOS 可增加肝对氧和 NADPH 的消耗、催化脂质过氧化产生羟乙基自由基，同时使乙醇不能氧化利用，其产物羟乙基自由基可进一步促进脂质过氧化，产生肝损害。

人肝细胞内醛脱氢酶活性最高，有 3 种同工酶。人体内存在正常纯合子、无活性纯合子、两者的杂合子 3 型 *ALDH* 基因。东亚地区人 3 种同工酶分布比例是 45∶10∶45。无活性纯合子型表现完全缺乏 ALDH 活性；杂合子型显示酶活性部分缺乏。当饮入少量乙醇(0.1 g/kg 体重)，无活性纯合子型机体血中乙醛浓度明显升高，杂合子型机体血中乙醛浓度升高不明显。当饮入中等量乙醇时(0.8 g/kg 体重)，正常纯合子型机体血中乙醛浓度升高不明显，无活性纯合子、杂合子两型机体血中乙醛浓度都明显升高。东亚地区人群有 30%～40%的人 *ALDH* 基因有变异，部分 ALDH 活性低下者可出现饮酒后乙醛在体内蓄积，从而引起血管扩张、面部潮红、心动过速、脉搏加快等反应。乙醛对人体有毒，人 ALDH 缺乏能引起肝损害。

2. 还原反应　肝细胞微粒体存在的还原酶类主要有硝基还原酶类和偶氮还原酶类。硝基还原酶催化硝基苯多次加氢还原成苯胺，偶氮还原酶催化偶氮苯还原生成苯胺。

$$\underset{硝基苯}{C_6H_5-NO_2} \xrightarrow{硝基还原酶} \underset{亚硝基苯}{C_6H_5-NO} \xrightarrow{硝基还原酶} \underset{羟氨基苯}{C_6H_5-NHOH} \xrightarrow{硝基还原酶} \underset{苯胺}{C_6H_5-NH_2}$$

$$\underset{偶氮苯}{C_6H_5-N=N-C_6H_5} \xrightarrow{偶氮还原酶} \underset{二氢偶氮苯}{C_6H_5-NH-NH-C_6H_5} \xrightarrow{偶氮还原酶} \underset{苯胺}{C_6H_5-NH_2}$$

硝基还原酶类和偶氮还原酶类均属于黄素酶类，反应需要 NADPH 及还原型细胞色素 P_{450} 供氢，产物是胺。氯霉素等少数物质能进行还原反应，此外，催眠药三氯乙醛也可以经肝还原成三氯乙醇，从而失去催眠作用。

3. 水解反应　酯酶、酰胺酶及糖苷酶等是肝细胞微粒体和胞液含有的水解酶类，可分别催化各种酯类、酰胺类及糖苷类化合物水解。通过水解反应，这些物质的生物学活性减弱或丧失，如阿司匹林(乙酰水杨酸)、普鲁卡因、利多卡因等药物的转化。

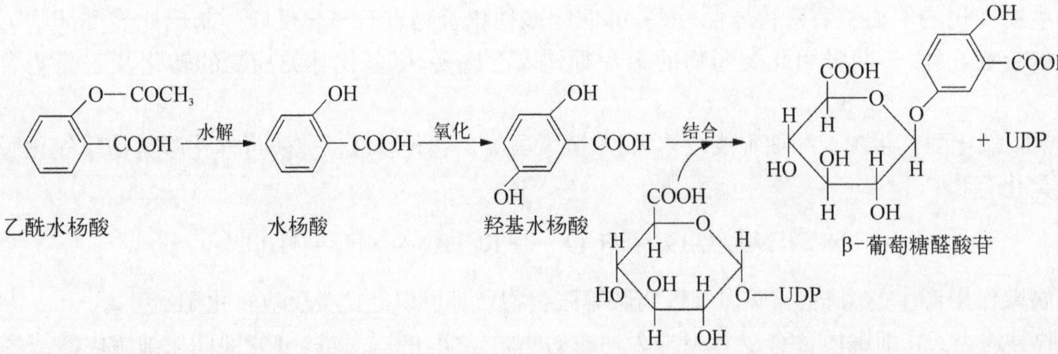

乙酰水杨酸 —水解→ 水杨酸 —氧化→ 羟基水杨酸 —结合→ β-葡萄糖醛酸苷 + UDP

(二) 第二相反应——结合反应

凡含有羟基、羧基或氨基的非营养物质，或在体内被氧化成含有羟基、羧基等功能基团的非营养物质均可在肝内进行结合反应处理。结合反应是体内最重要、最普遍的生物转化方式，可在肝细胞的微粒体、胞液和线粒体内进行。非营养物质在肝内与某种极性较强的物质结合，既增强了水溶性，又掩盖了分子原有的功能基团，一般具有解毒功能，且容易排出体外。某些非营养物质可直接进行结合反应，有些则需要先经生物转化的第一相反应后再进行结合反应。根据所结合的物质不同可将结合反应分为多种类型。

1. 葡糖醛酸基结合反应　是最重要、最普遍的结合反应。葡糖醛酸基的供体为 UDPGA。在肝细胞微粒体 UDP-葡糖醛酸基转移酶催化下，葡糖醛酸基被转移到醇、酚、胺、羧酸类化合物的羟基、氨基或羧基上形成相应的葡糖醛酸基苷。类固醇激素、胆红素、氯霉素、吗啡、苯巴比妥类药物等均可通过此类结合反应进行生物转化。用葡醛内酯等葡糖醛酸基类制剂治疗肝病的原理就是通过增强患者肝生物转化功能，达到多排泄非营养物质的目的。

$$\text{R—OH+UDPGA} \xrightarrow{\text{UDP-葡糖醛酸基转移酶}} \text{R—O—葡糖醛酸基苷+UDP}$$

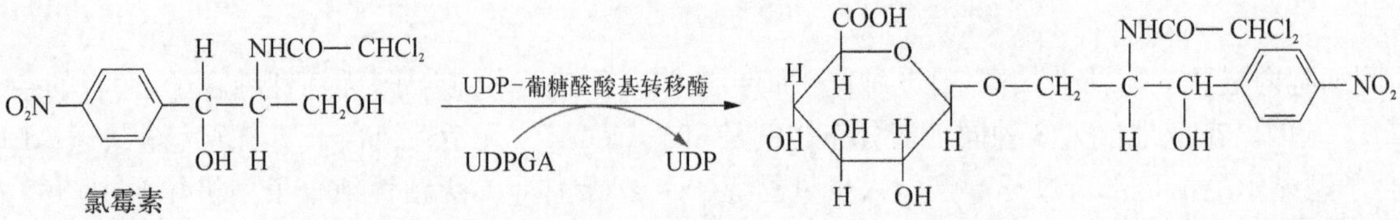

氯霉素 + UDPGA —UDP-葡糖醛酸基转移酶→ 葡糖醛酸基-O-氯霉素 + UDP

2. 硫酸结合反应　存在于肝细胞质的磺基转移酶(也称硫酸转移酶)能催化 3′-磷酸腺苷-5′-磷酸硫酸(PAPS)中的硫酸根转移到类固醇、醇、酚或芳香胺等非营养物质的羟基上，生成硫酸酯类化合物，使这些物质的水溶性增强，利于排出体外，如雌酮与硫酸结合而灭活。

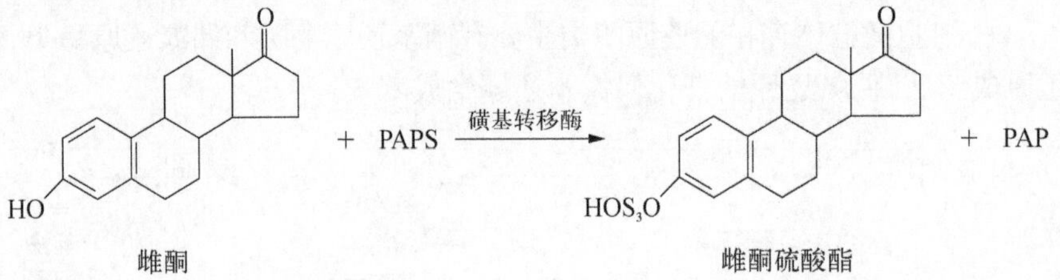

雌酮 + PAPS —磺基转移酶→ 雌酮硫酸酯 + PAP

3. GSH 结合反应　体内许多物质能与 GSH 结合进行生物转化反应，如一些致癌物、抗癌药物、环境污染物等。GSH 结合反应是细胞自我保护的重要反应，由谷胱甘肽硫转移酶(glutathione S-transferase, GST)催化完成。

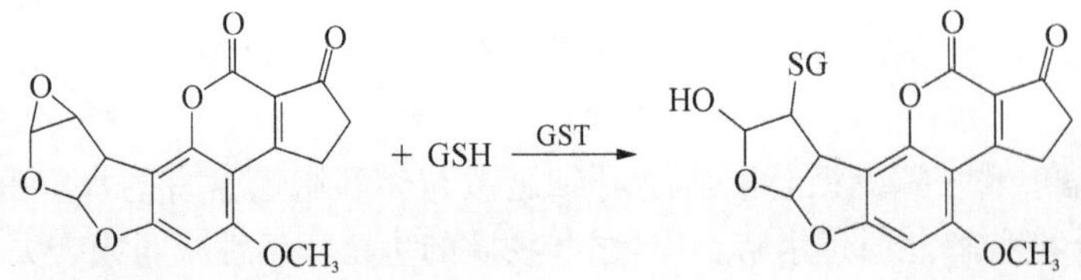

黄曲霉素 B_1-8,9-环氧化物 + GSH —GST→ 谷胱甘肽结合产物

4. 乙酰基结合反应　在肝细胞乙酰转移酶催化下，由乙酰 CoA 提供乙酰基，苯胺等芳香胺类化合物可乙酰化，生成相应的乙酰衍生物，如磺胺类药物、异烟肼（抗结核药）均可通过乙酰基结合反应失去药理作用。

$$H_2N-C_6H_4-SO_2NHR + CH_3CO{\sim}SCoA \xrightarrow{\text{乙酰转移酶}} CH_3CO-NH-C_6H_4-SO_2NHR + HS{\sim}CoA$$

磺胺　乙酰CoA　N-乙酰磺胺　CoA

5. 甘氨酸结合反应　某些药物、毒物的羧基可与 CoA 结合形成酰基 CoA，后者再由酰基 CoA：氨基酸 N-酰基转移酶催化与甘氨酸结合生成相应的结合产物，如马尿酸的生成。

$$C_6H_5-COOH \xrightarrow{CoASH} C_6H_5-CO{\sim}SCoA \xrightarrow{NH_2CH_2COOH} C_6H_5-CONHCH_2COOH$$

苯甲酸　苯甲酰CoA　马尿酸

6. 甲基结合反应　肝细胞中含有多种甲基转移酶，催化含有羟基、巯基或氨基的化合物发生甲基化反应，增强水溶性。活性甲基供体为 S-腺苷甲硫氨酸。例如，维生素 PP（尼克酰胺）甲基化生成 N-甲基尼克酰胺；儿茶酚-O-甲基转移酶（catechol-O-methyltransferase，COMT）催化儿茶酚和儿茶酚胺的羟基甲基化，生成有活性的儿茶酚化合物。COMT 也参与生物活性胺如多巴胺类的灭活等。

$$(HO)_2C_6H_3-R \xrightarrow{SAM} (H_3CO)(HO)C_6H_3-R$$

儿茶酚　O-甲基儿茶酚

肝细胞参与生物转化的酶类可总结于表 14-1。

表 14-1　肝细胞参与生物转化的酶类

酶　类	亚细胞部位	辅酶或结合物
第一相反应		
氧化酶类		
单加氧酶类	内质网	NADPH、O_2
单胺氧化酶	线粒体	黄素辅酶
脱氢酶类	线粒体或细胞质	NAD
还原酶类	内质网	NADH 或 NADPH
水解酶类	细胞质或内质网	
第二相反应		
UDP-葡糖醛酸基转移酶	内质网	UDPGA
磺基转移酶	细胞质	PAPS
谷胱甘肽硫转移酶（GST）	细胞质与内质网	GSH
乙酰转移酶	细胞质	乙酰 CoA
酰基转移酶	线粒体	甘氨酸
甲基转移酶	细胞质与线粒体	S-腺苷甲硫氨酸

三、生物转化的特点

体内生物转化反应有以下特点。

1. 连续性　一种物质往往需要几种生物转化反应连续进行才能达到转化的目的，如阿司匹林往往先水解成水杨酸后再经结合反应才能排出体外。

2. 多样性　即同一种或同一类物质可以通过多种反应进行生物转化，如阿司匹林既可以经过水解反应进行生物转化，又可与葡糖醛酸基或甘氨酸结合。

3. 解毒和致毒性　一般情况下非营养物质经生物转化后其毒性均降低，甚至消失，所以曾将生物转化作用称为生理解毒。但少数物质经生物转化后毒性反而增强，或由无毒转变成有毒、有害物质。例如，香烟中苯并芘在体外无致癌作用，进入人体后经生物转化生成了7,8-二羟-9,10-环氧-7,8,9,10-四氢苯并芘，后者可与DNA分子中的鸟嘌呤碱基的2位氨基结合，诱发DNA突变而致癌。但当此类环氧化物继续转化，经结合、水化等反应，生成的产物则失去致癌性，易随尿排出。因此，生物转化的结果具有解毒或致毒的双重性，不能简单地将生物转化作用一概认为是解毒过程。许多致癌物质在体内存在多种转化方式。例如，黄曲霉素 B_1 一方面可通过生物转化反应显示出致癌作用，另一方面也可以通过生物转化作用发生解毒。

很多有毒物质进入人体后可迅速集中在肝内进行解毒，但肝内毒物聚集过多也容易使肝中毒。

四、影响生物转化作用的因素

体内外诸多因素都会影响和调节肝的生物转化作用，主要是年龄、疾病、药物、营养状况、性别、食物、遗传等。

1. 年龄　不同年龄的人群生物转化作用的能力有明显的差别。新生儿和儿童生物转化的能力比成人低。新生儿因肝生物转化酶系发育不全，对药物及毒物的转化能力弱，因此容易发生药物及毒素中毒。老年人因肝血流量和肾的廓清速率下降，使血浆药物的清除率降低，药物在体内的半衰期延长，常规剂量用药后可发生药物作用蓄积，药效增强，副作用也增大。例如，老年人对氨基比林、保泰松等药物的转化能力较青壮年明显低。所以，临床上很多药物使用时都要求儿童和老人慎用或禁用，对新生儿及老年人的用药量较青壮年少。

2. 疾病　肝是生物转化的主要器官，肝损伤将严重影响肝的生物转化作用。肝病变时，肝微粒体单加氧酶系、UDP-葡糖醛酸基转移酶活性都显著降低。例如，严重肝病时微粒体单加氧酶系活性可降低50%，此时肝血流量也减少，影响肝生物转化的功效。这一切都会使患者对许多药物及毒物的摄取、转化作用明显减弱，容易在体内积蓄，造成中毒，因此对肝病患者用药要特别慎重。

3. 药物　许多药物或毒物可诱导参与生物转化酶的合成，使肝生物转化能力增强，此现象被称为药物代谢酶的诱导。例如，长期服用苯巴比妥可诱导肝微粒体单加氧酶系的合成，使机体对苯巴比妥类催眠药的转化能力增强，产生耐药性。另外，在临床治疗过程中还可以利用药物的诱导作用增强对某些药物的代谢，达到解毒的目的，如服用地高辛的同时用一点苯巴比妥可以减少地高辛的中毒。苯巴比妥还可诱导肝微粒体UDP-葡糖醛酸基转移酶的合成，临床上用其治疗新生儿黄疸，以增加机体对游离胆红素的生物转化能力，减少高胆红素的毒性。

多种物质在体内生物转化常由同一酶系催化，当同时服用多种药物时可出现竞争，使各种药物生物转化作用相互抑制，所以同时服用多种药物时应注意。例如，保泰松可抑制双香豆素类药物的代谢，二者同时服用时保泰松可使双香豆素的抗凝作用加强，易发生出血现象。

4. 营养状态　摄入蛋白质可以增加肝重量和肝细胞酶整体活性，提高肝生物转化的效率。饥饿数天(7 d)后，肝GST参加的生物转化反应降低，其作用受到明显的影响。大量饮酒，因乙醇氧化为乙醛、乙酸，再进一步氧化成乙酰CoA，产生NADH，使细胞内 NAD^+/NADH值降低，从而减少UDP-葡萄糖转变成UDPGA，影响肝内葡糖醛酸基参与的结合反应。

5. 性别　对某些非营养物质的生物转化作用存在明显的性别差异。例如，女性体内醇脱氢酶活性常高于男性，女性对乙醇的代谢处理能力比男性强。氨基比林在女性体内半衰期是10.3 h，而在男性体内的半衰期则是13.4 h，这说明女性对氨基比林的转化能力比男性强。妊娠晚期妇女体内许多生物转化酶活性都下降，故生物转化能力普遍降低，而妊娠期妇女清除抗癫痫药的能力则是升高的。

6. 食物　不同食物对生物转化酶活性的影响不同，有的可以诱导生物转化酶系的合成，有的则能抑制生物转化酶系的活性。例如，烧烤食物、萝卜等含有微粒体单加氧酶系诱导物；食物中黄酮类成分可抑制单加氧酶系活性；葡萄、柚汁可抑制细胞色素 P_{450} 3A4的活性，可通过避免激活黄曲霉素 B_1 而起抗肿瘤作用。

7. 遗传　生物转化存在明显的个体差异，所以同一物质不同人的转化速度可以不同。例如，细胞色素

P_{450}2D6(CYD6)参与异喹胍等约25%的临床药物的生物转化，其基因多态性存在种族和个体差异，因此其酶活性也不同，对药物的代谢速度也明显不同。

第三节　胆汁与胆汁酸的代谢

一、胆汁

胆汁(bile)是肝细胞分泌的黄色液体，正常成人每日分泌胆汁300～700 mL，经肝胆管进入胆囊储存，胆囊将其浓缩后，再经胆总管排泄至十二指肠，参与食物消化和吸收。肝细胞刚分泌出的胆汁称为肝胆汁，呈金黄色、清澈透明、有黏性和苦味。在胆囊中肝胆汁部分水和其他成分被吸收，并掺入黏液，使胆汁的密度增大，浓缩成为胆囊胆汁，颜色加深为棕绿色或暗褐色。胆汁的固体成分主要是胆汁酸盐，此外还有胆固醇、胆色素等代谢产物和药物、毒物、重金属盐等排泄物(表14－2)。肝细胞分泌胆汁具有双重功能：既可作为消化液促进脂质消化和吸收，又可作为排泄液将胆红素等代谢产物排入肠腔，随粪便排出体外。

表14－2　正常人胆汁的化学组成百分比

	肝胆汁	胆囊胆汁
比　重	1.009～1.013	1.026～1.032
pH	7.1～8.5	6.9～7.7
水	96～97	80～86
总固体	3～4	14～20
胆汁酸盐	0.2～2	1.5～10
胆色素	0.05～0.17	0.2～1.5
无机盐	0.2～0.8	0.5～1.1
黏蛋白	0.1～0.9	1～4
总脂质	0.1～0.5	1.8～4.7
胆固醇	0.05～0.17	0.2～0.9
磷　脂	0.05～0.08	0.2～0.5

二、胆汁酸代谢

(一)胆汁酸分类

胆汁酸(bile acid)是胆汁中的主要固体成分。肝细胞以胆固醇为原料，经过复杂的化学反应转变为胆汁酸，其是胆固醇在体内主要的代谢产物，胆汁酸代谢途径也是排泄胆固醇的重要途径。

胆汁酸按结构分为游离胆汁酸(free bile acid)和结合胆汁酸(conjugated bile acid)两大类。游离胆汁酸包括胆酸、鹅脱氧胆酸、脱氧胆酸和石胆酸4种。游离胆汁酸24位羧基分别与甘氨酸或牛磺酸结合生成各种结合胆汁酸。结合胆汁酸的水溶性较游离胆汁酸高，在有酸或Ca^{2+}存在的情况下更稳定，不容易沉淀。

胆汁酸按来源分为初级胆汁酸(primary bile acid)和次级胆汁酸(secondary bile acid)两大类。肝细胞直接合成的胆汁酸称为初级胆汁酸，包括胆酸和鹅脱氧胆酸两类，以及它们分别与甘氨胆酸或牛磺胆酸结合所形成的甘氨胆酸、牛磺胆酸、甘氨鹅脱氧胆酸及牛磺鹅脱氧胆酸4种结合型初级胆汁酸。初级胆汁酸在肠道被细菌作用，第7位α-羟基脱氧所生成的胆汁酸称为次级胆汁酸，包括胆酸脱氧所生成的脱氧胆酸和鹅脱氧胆酸脱氧所生成的石胆酸两类。人胆汁以结合胆汁酸为主，成人胆汁甘氨胆酸与牛磺胆酸的比例为3∶1。

初级胆汁酸和次级胆汁酸都能与 Na^+ 或 K^+ 结合形成胆汁酸盐，简称为胆盐(bile salt)。

各种胆汁酸的结构见图 14-1、图 14-2。

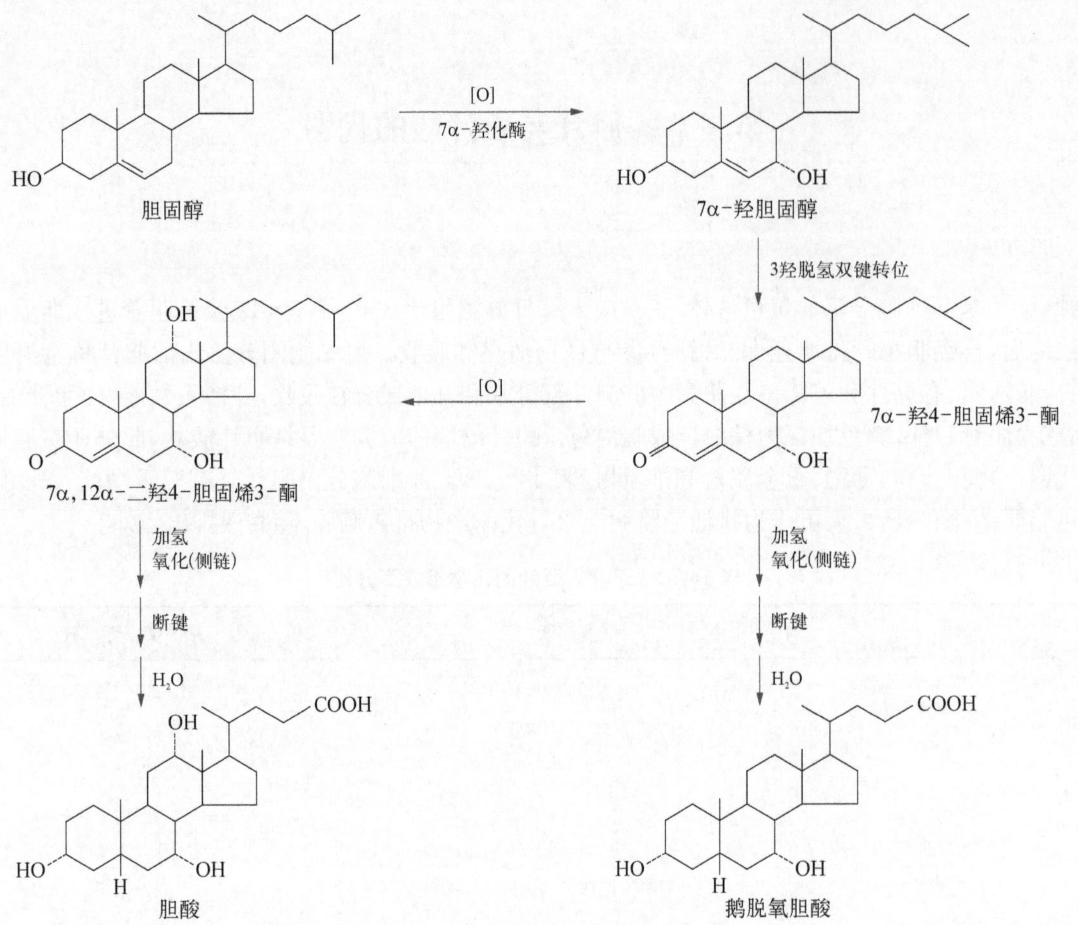

胆固醇 →([O] 7α-羟化酶)→ 7α-羟胆固醇 →(3羟脱氢双键转位)→ 7α-羟4-胆固烯3-酮 →([O])→ 7α,12α-二羟4-胆固烯3-酮 →(加氢 氧化(侧链) 断键 H_2O)→ 胆酸

7α-羟4-胆固烯3-酮 →(加氢 氧化(侧链) 断键 H_2O)→ 鹅脱氧胆酸

图 14-1 初级胆汁酸生成的基本步骤

(二) 胆汁酸代谢

1. 初级胆汁酸的生成 肝细胞微粒体将胆固醇转变为初级胆汁酸(图 14-1)的过程很复杂，需要经过羟化、侧链氧化、异构化、加水等多步酶促反应才能完成。

(1) 羟化：胆固醇首先在 7α-羟化酶催化下转变为 7α-羟胆固醇，再羟化 12 位碳。

(2) 侧链氧化：27 碳的胆固醇经过断裂可生成含 24 个碳的胆烷酰 CoA，反应需要 CoA 和 ATP。

(3) 异构化：胆固醇第 3 位 β 羟基经差向异构反应转变为 α-羟基。

(4) 加水：通过加水去掉 CoA，形成胆酸与鹅脱氧胆酸。

胆酰基 CoA 与鹅脱氧胆酰基 CoA 再分别与甘氨酸或牛磺酸结合，形成甘氨胆酸、牛磺胆酸、甘氨鹅脱氧胆酸及牛磺鹅脱氧胆酸 4 种结合型初级胆汁酸(图 14-2)。

在胆汁酸合成的过程中，7α-羟化酶是胆汁酸合成的限速酶，属微粒体单加氧酶系，受胆汁酸浓度负反馈调节。甲状腺素可促进 7α-羟化酶的 mRNA 合成，从转录水平调节胆汁酸的合成。甲状腺素还可通过激活胆汁酸侧链氧化酶系，加速初级胆汁酸的合成，所以甲状腺功能亢进患者常表现血清胆固醇浓度偏低，甲状腺功能低下患者则呈现血清胆固醇偏高。维生素 C 能促进这步羟化反应。

2. 次级胆汁酸的生成和胆汁酸肠肝循环 初级胆汁酸生成后，随胆汁分泌进入肠道。部分结合胆汁酸在肠道下段受细菌作用先脱去甘氨酸或牛磺酸转变成游离胆汁酸，再脱去第 7 位 α-羟基转变成次级胆汁酸(图 14-3)，即胆酸转变为脱氧胆酸，鹅脱氧胆酸转化为石胆酸。

肠道内的各种胆汁酸约 95%被肠壁重吸收进入血液，经门静脉再回到肝。结合胆汁酸主要在回肠以主动转运方式重吸收，游离胆汁酸则在小肠各部位及大肠经被动重吸收方式进入肝。重吸收进入肝的游离胆

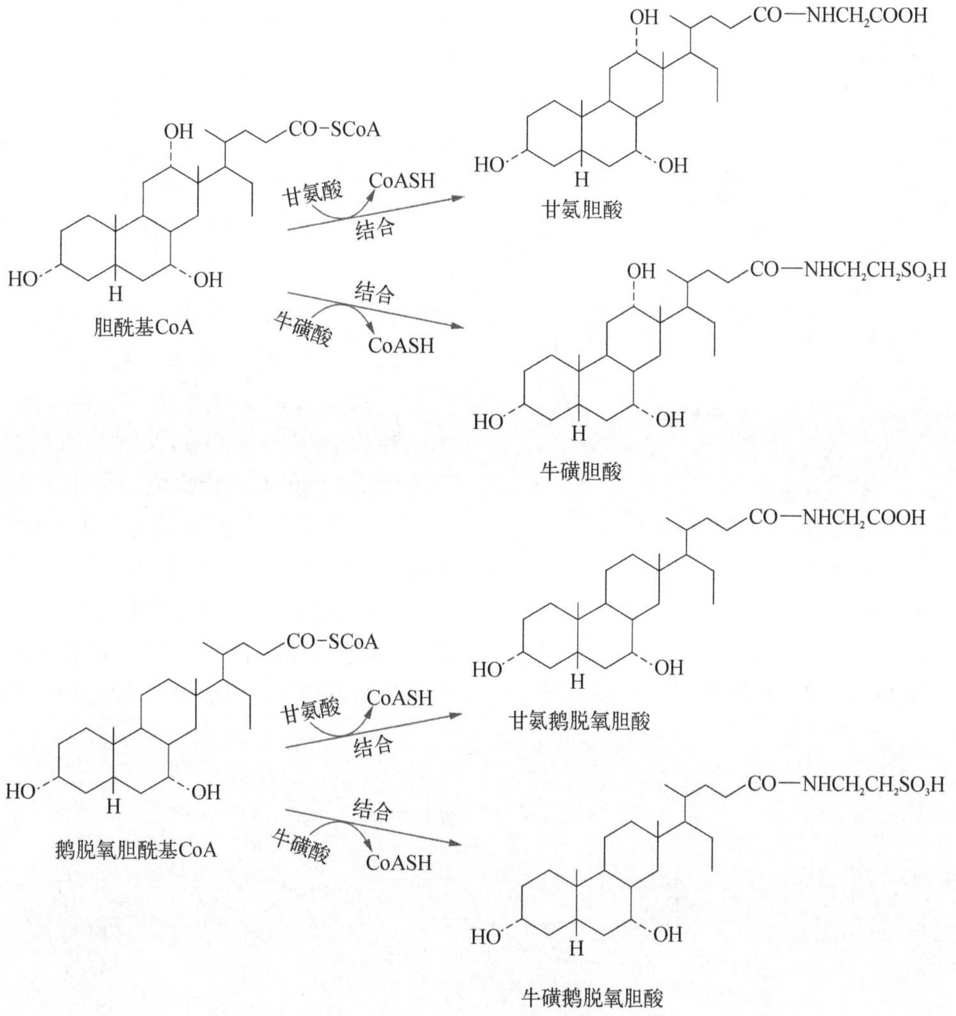

图 14-2　结合胆汁酸的生成

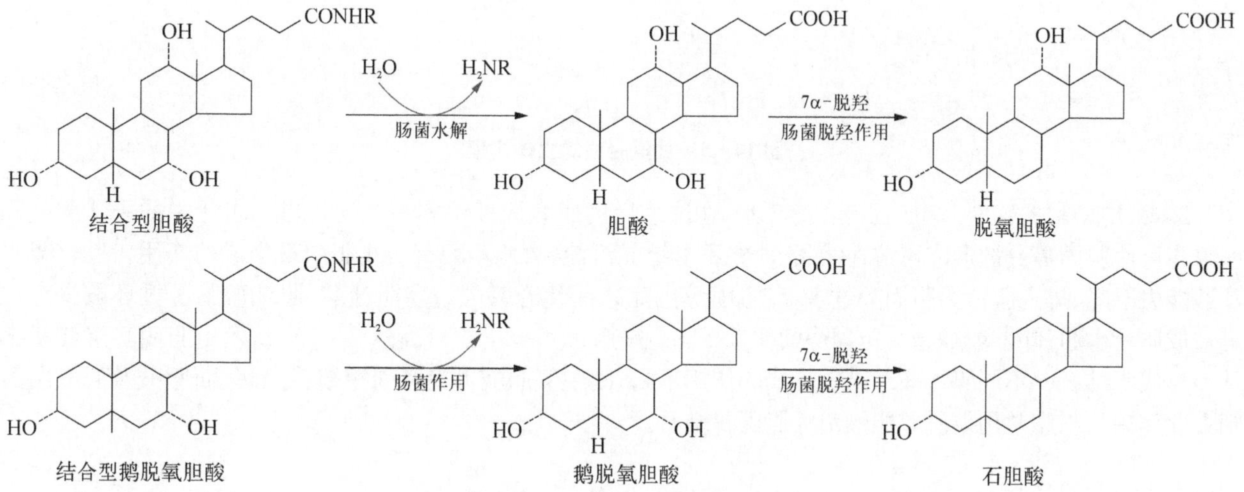

图 14-3　次级胆汁酸的生成

汁酸可重新转变为结合胆汁酸，并同肝新合成的胆汁酸一起再次排入十二指肠，此过程称为胆汁酸肠肝循环（图 14-4）。

胆汁酸肠肝循环的生理意义在于使有限的胆汁酸反复利用，满足机体对胆汁酸的需要。人体每日需要

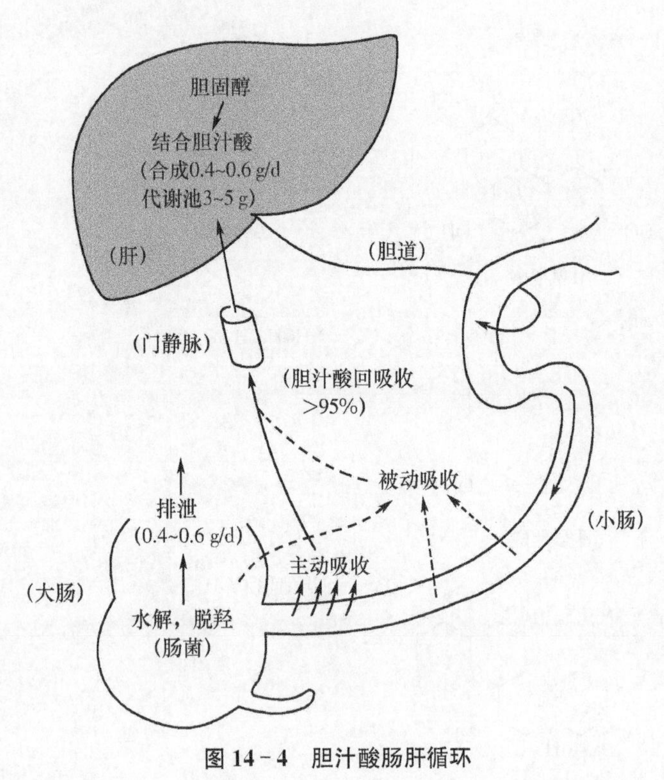

图 14-4 胆汁酸肠肝循环

16～32 g胆汁酸乳化脂质，而正常人体胆汁酸代谢池仅有3～5 g，供需矛盾十分突出。机体依靠每餐后进行2～4次胆汁酸肠肝循环，弥补了胆汁酸合成量不足，使有限的胆汁酸代谢池胆汁酸能够最大限度地发挥作用，以维持脂质食物消化吸收的正常进行，故胆汁酸肠肝循环具有重要的生理意义。若因腹泻或回肠大部切除等破坏了胆汁酸肠肝循环，一方面会影响脂质的消化吸收；另一方面胆汁中胆固醇含量相对增高，处于饱和状态，极易形成胆固醇结石。

(三) 胆汁酸的生理功能

1. 促进脂质消化吸收　　胆汁酸分子既含有亲水的羟基、羧基或磺酸基，又含有疏水的烃核和甲基。两类性质不同的基团恰恰位于胆汁酸环戊烷多氢菲核的两侧，使胆汁酸立体构型既具有亲水侧面，赋予胆汁酸的亲水性，又具有疏水侧面，赋予胆汁酸的亲脂性(图14-5)，是较强的表面活性剂，能降低油水界面的表面张力，促进脂质乳化成3～10 μm的细小微团，增加脂质与消化酶及肠壁的接触面积，加速脂质消化吸收。

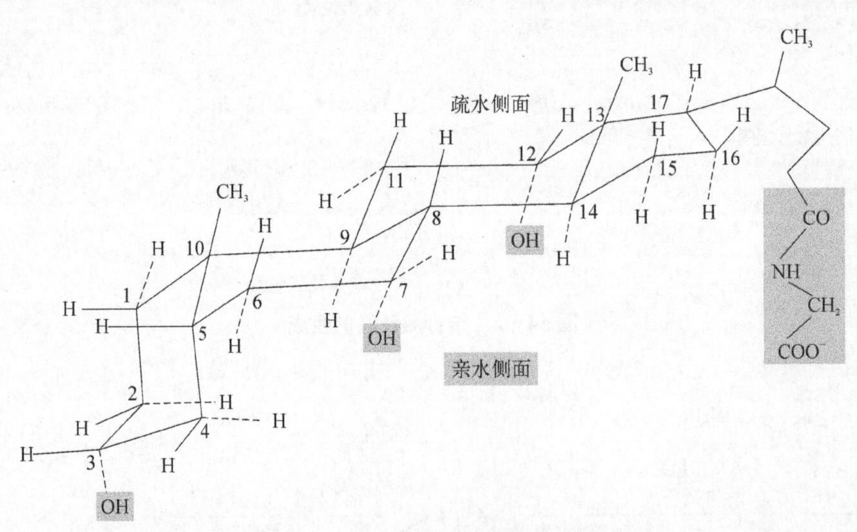

图 14-5 甘氨胆酸的立体构型

2. 防止胆结石生成　　胆固醇难溶于水，在浓缩后的胆囊胆汁中容易沉淀析出。胆汁中的胆汁酸盐和卵磷脂可使胆固醇分散形成可溶性微团，使之不易结晶沉淀，故胆汁酸有防止胆结石生成的作用。肝合成胆汁酸能力下降、排入胆汁的胆固醇过多(高胆固醇血症)、消化道丢失过多胆汁酸、胆汁酸肠肝循环减少等均可造成胆汁中胆汁酸、卵磷脂与胆固醇的比例下降(小于10∶1，正常可高达2∶1)，易发生胆固醇沉淀析出从而形成胆结石。不同胆汁酸对结石形成的作用不同，鹅脱氧胆酸可使胆固醇结石溶解，而胆酸及脱氧胆酸则无此作用。临床常用鹅脱氧胆酸治疗胆固醇结石。

第四节　胆色素代谢与黄疸

胆色素(bile pigment)是体内铁卟啉化合物分解代谢的终产物，包括胆绿素(biliverdin)、胆红素

(bilirubin)、胆素原(bilinogen)、胆素(bilin)等。体内的铁卟啉化合物主要包括血红蛋白、肌红蛋白、细胞色素类、过氧化氢酶及过氧化物酶等。胆色素中最重要的是胆红素，所以胆色素的代谢主要指胆红素代谢。胆红素呈金黄色，是胆汁的主要色素。肝在胆色素代谢中起着重要作用。近年来发现，胆红素具有抗氧化作用，可抑制亚油酸和磷脂的氧化，其作用甚至优于维生素 E。

一、胆红素的生成与转运

(一) 胆红素的生成

体内各种铁卟啉化合物在肝、脾、骨髓等组织代谢产生胆红素，成人每日可产生胆红素 250～350 mg，其中大约 80%由衰老红细胞释放的血红蛋白产生，小部分来自造血过程中红细胞过早破坏，其他少量胆红素由肌红蛋白、细胞色素类、过氧化氢酶及过氧化物酶等非血红蛋白铁卟啉化合物分解代谢产生。

衰老红细胞被肝、脾、骨髓组织中单核吞噬细胞识别并吞噬、破坏，释放出的血红蛋白被分解为珠蛋白和血红素。珠蛋白进一步分解为氨基酸供组织细胞再利用，或参与体内氨基酸代谢。血红素则由吞噬细胞内微粒体血红素加氧酶(heme oxygenase，HO)催化形成胆绿素，释放出 CO 和 Fe^{3+}。Fe^{3+} 可被细胞再利用，CO 则可排出体外。胆绿素进一步在胞质溶胶胆绿素还原酶(辅酶为 NADPH)催化下还原为胆红素(图 14-6)。体内胆绿素由于还原酶活性较高，一般不会发生胆绿素堆积，进入血液。

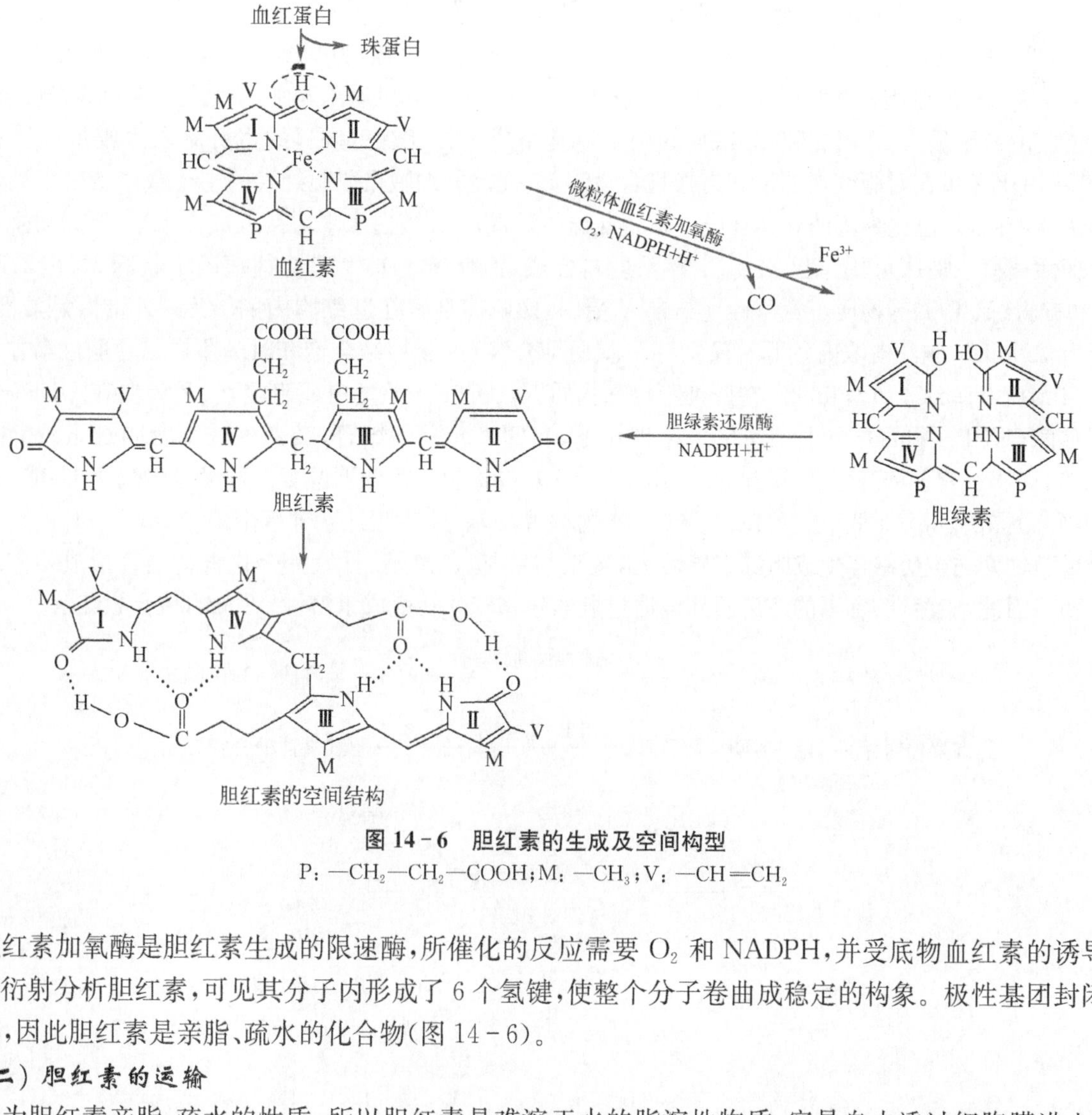

图 14-6　胆红素的生成及空间构型

P：$-CH_2-CH_2-COOH$；M：$-CH_3$；V：$-CH=CH_2$

血红素加氧酶是胆红素生成的限速酶，所催化的反应需要 O_2 和 NADPH，并受底物血红素的诱导。用 X 射线衍射分析胆红素，可见其分子内形成了 6 个氢键，使整个分子卷曲成稳定的构象。极性基团封闭在分子内部，因此胆红素是亲脂、疏水的化合物(图 14-6)。

(二) 胆红素的运输

因为胆红素亲脂、疏水的性质，所以胆红素是难溶于水的脂溶性物质，容易自由透过细胞膜进入血液。在血液中，胆红素主要与血浆清蛋白(小部分与 α_1-球蛋白)结合形成胆红素-清蛋白复合物运输。这种结合的意义在于一方面增加胆红素的水溶性，便于运输；另一方面也限制了胆红素自由透过各种生物膜，减少其对组织细胞的毒性作用。胆红素-清蛋白复合物不能透过肾小球基底膜，即使血浆中胆红素含量增加，尿液检测也是阴性。胆红素-清蛋白复合物中的胆红素称为游离胆红素或未结合胆红素、血胆红素。

正常人血浆胆红素含量为 3.4～17.1 μmol/L(0.2～1 mg/dL)。每分子清蛋白可结合两分子胆红素，100 mL血浆中的清蛋白能结合 25 mg 胆红素，故血浆清蛋白结合胆红素的潜力很大，足以阻止胆红素进入组织细胞产生毒性作用。但某些有机阴离子，如胆汁酸、脂肪酸、磺胺类药物、水杨酸等可与胆红素竞争结合清蛋白，使得未与清蛋白结合的胆红素浓度增加，增加其透入细胞的可能性。这些胆红素可与脑基底核的脂质结合，干扰脑正常功能，造成胆红素脑病(或称核黄疸)。新生儿由于血脑屏障不健全，过多的游离胆红素很容易进入脑组织，发生胆红素脑病，因此新生儿必需慎用上述药物。

二、胆红素在肝中的转变

肝细胞对胆红素的代谢是多方位、非常全面的，包括摄取、转化和排泄 3 方面作用。

1. 肝细胞对胆红素的摄取　胆红素-清蛋白复合物随血液循环到肝，很快与清蛋白分离，被肝细胞摄取。注射具有放射性的胆红素后大约 18 min 就有 50%的胆红素从血浆中清除，说明肝细胞摄取胆红素的能力很强。肝能迅速从血浆中摄取胆红素是因为肝细胞含有两种载体蛋白，即 Y 蛋白和 Z 蛋白，它们能特异地结合包括胆红素在内的有机阴离子，主动将其摄入细胞内。胆红素与 Y 蛋白和 Z 蛋白结合后，以胆红素- Y 蛋白、胆红素- Z 蛋白形式运送至肝内质网继续代谢。肝细胞摄取胆红素是可逆、耗能的过程，当肝细胞处理胆红素的能力下降或者胆红素生成量超过肝细胞处理胆红素能力时，已进入肝细胞的胆红素可返流入血，使血液中胆红素浓度增高。

Y 蛋白由分子量为 22 kDa 和 27 kDa 的两个亚基组成，属于碱性蛋白，约占肝胞质溶胶蛋白质总量的5%。Y 蛋白比 Z 蛋白对胆红素的亲和力强且含量多，因此是肝细胞摄取胆红素的主要载体蛋白。Y 蛋白也是一种诱导蛋白，苯巴比妥可诱导其合成。新生儿出生 7 周后 Y 蛋白水平才接近成人水平，所以新生儿容易发生生理性黄疸。临床可用苯巴比妥诱导 Y 蛋白合成，治疗新生儿生理性黄疸。甲状腺素、溴酚磺酸钠(BSP)和靛青绿(ICG)等物质可竞争性地结合 Y 蛋白，影响胆红素在肝细胞内的转运。Z 蛋白是酸性蛋白，分子量为 12 kDa。胆红素浓度较低时优先与 Y 蛋白结合，当 Y 蛋白结合饱和时 Z 蛋白结合胆红素才增多。

2. 肝细胞对胆红素的转化　在肝细胞滑面内质网，胆红素- Y 蛋白或胆红素- Z 蛋白在 UDP -葡糖醛酸基转移酶(UDP - glucuronyl transferase)催化下，与葡糖醛酸基结合，转变生成结合胆红素(conjugated bilirubin)，即胆红素葡糖醛酸酯(bilirubin glucuronide)，或称胆红素葡糖醛苷。葡糖醛酸基由 UDP -葡糖醛苷(UDPGA)提供，每分子胆红素可以结合 2 分子葡糖醛酸基，生成胆红素葡糖醛酸二酯(图 14 - 7)。此外，还有少量胆红素与硫酸结合生成胆红素硫酸酯，甚至与甲基、乙酰基、甘氨酸等化合物结合形成相应的胆红素结合物。因此，脂溶性、有毒的游离胆红素通过肝的生物转化转变成水溶性、无毒的结合胆红素。

胆红素＋UDP -葡糖醛酸 —UDP -葡糖醛酸基转移酶→ 胆红素葡糖醛酸一酯＋UDP

胆红素葡糖醛酸一酯＋UDP -葡糖醛酸 —UDP -葡糖醛酸基转移酶→ 胆红素葡糖醛酸二酯＋UDP

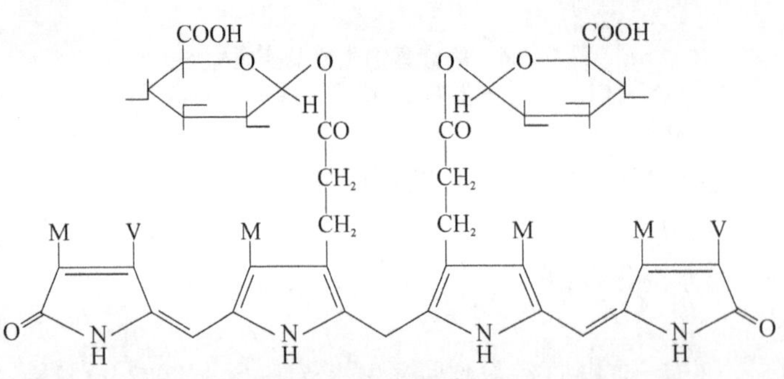

图 14 - 7　胆红素葡糖醛酸酯的生成及结构

M：$-CH_3$；V：$-CH=CH_2$

结合胆红素水溶性强，不容易通过细胞膜和血脑屏障，不易造成组织中毒，是胆红素在体内解毒的重要方式。结合胆红素易随胆汁排入小肠继续代谢，也容易透过肾小球基底膜从尿中排出。

3. 肝细胞对胆红素的排泄　结合胆红素在肝细胞滑面内质网生成后，随胆汁排出肝。肝毛细胆管内结合胆红素的浓度远高于肝细胞的浓度，故肝细胞排出胆红素是逆浓度梯度的耗能过程，也是肝处理胆红素的薄弱环节，容易发生障碍。胆红素排泄障碍，结合胆红素就可以返流入血，使得血液中结合胆红素浓度增高。

糖皮质激素不但能诱导 UDP-葡糖醛酸基转移酶的生成，促进胆红素与葡糖醛酸结合，而且对结合胆红素的排泄也有促进作用，因此高胆红素血症可用糖皮质激素治疗。

三、胆红素在肠道的变化和胆色素肠肝循环

结合胆红素随胆汁排入肠道后，在回肠下段和结肠的细菌作用下先将葡糖醛酸基去掉，转变为游离胆红素，再逐步加氢还原成为无色的胆素原(bilinogen)，包括中胆素原(mesobilirubinogen)、粪胆素原(stercobilinogen)和尿胆素原(urobilinogen)等。这些胆素原中的 80%随粪便排出体外，其中的粪胆素原在肠道下段遇到空气，被氧化为棕黄色的粪胆素(stercobilin)，粪胆素是粪便颜色的主要来源。正常成人每日从粪便排出的胆素原总量为 40～280 mg。胆道完全梗阻时，结合胆红素不能排入肠道，不能形成胆素原及粪胆素，导致粪便呈灰白色，临床称陶土样便。婴儿肠道细菌少，未被细菌作用的胆红素可随粪便直接排出，粪便可呈胆红素的橙黄色。肠道内胆色素代谢的过程概括为图 14-8(本章末二维码)。

生理情况下肠道内的胆素原 10%～20%被重吸收入血，经门静脉回到肝。重吸收的胆素原约 90%又以原形随胆汁排入肠道，形成胆素原肠肝循环。其余 10%的胆素原可从肝进入体循环，再经肾小球滤出，随尿液排出，称为尿胆素原。正常成人每日从尿液排出尿胆素原 0.5～4.0 mg。尿胆素原与空气接触后被氧化成尿胆素(urobilin)，尿胆素是尿液的主要色素。临床将尿液中胆红素、胆素原、胆素称为尿三胆，作为肝功能检查的指标之一。

体内胆色素代谢的全过程总结见图 14-9。

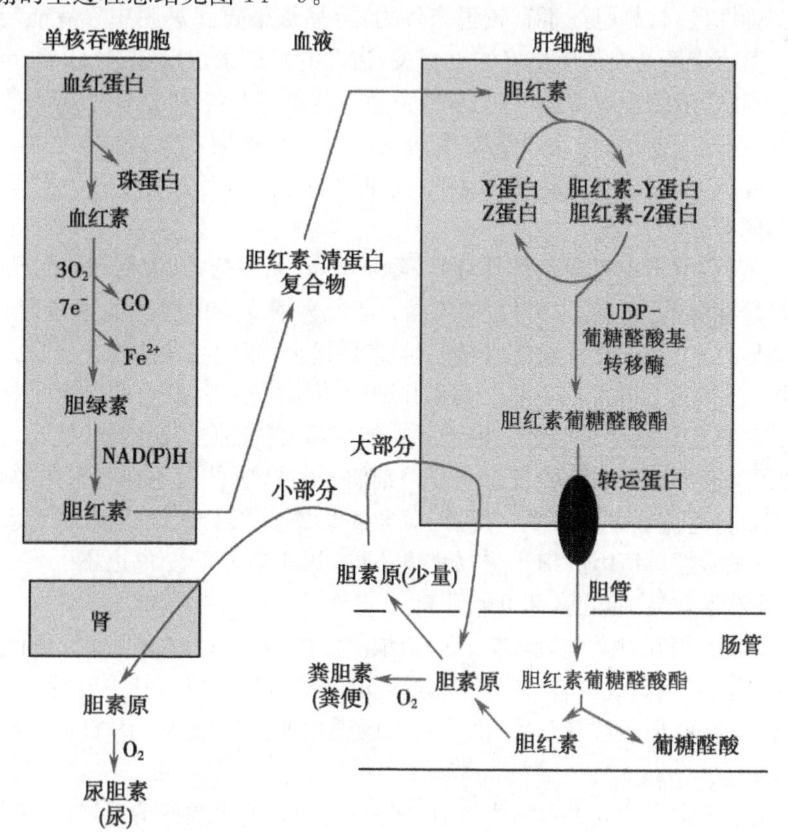

图 14-9　胆红素的生成与胆素原的肠肝循环

四、血清胆红素与黄疸

正常人血清胆红素可分为两大类：未经肝细胞结合、转化、未结合葡糖醛酸基的胆红素称为未结合胆红素；经过肝细胞转化、与葡糖醛酸基或其他物质结合的胆红素称为结合胆红素。由于两类胆红素的结构和性质的差异，其与重氮试剂反应的结果也不相同。结合胆红素分子内没有氢键，能直接、快速地与重氮试剂反应，产生紫红色偶氮化合物，因此称为直接反应胆红素或直接胆红素。未结合胆红素分子内有氢键，需要加入乙醇或尿素，破坏氢键后才能与重氮试剂反应生成紫红色偶氮化合物，即与重氮试剂反应间接阳性，称为间接反应胆红素或间接胆红素。两类胆红素性质和名称的区别见表 14－3。

表 14－3　两种胆红素性质和名称的区别

	结合胆红素	未结合胆红素
其他名称	直接胆红素、肝胆红素	间接胆红素、血胆红素、游离胆红素
与葡糖醛酸基是否结合	结合	未结合
重氮试剂反应	迅速、直接反应阳性	慢、间接反应阳性
水中溶解度	大	小
透过细胞膜的能力	小	大
对脑的毒性作用	小	大
随尿排出	能	不能

血清胆红素总量为 3.4～17.1 μmol/L(0.2～1 mg/dL)，其中约 80％是未结合胆红素。胆红素生成过多或肝细胞对胆红素摄取、转化和排泄能力下降等因素均可使血中胆红素含量增多，从而形成高胆红素血症(hyperbilirubinemia)。胆红素呈金黄色，血中浓度过高可扩散入组织，造成组织黄染，称为黄疸(jaundice)。巩膜、皮肤因含有较多弹性蛋白，与胆红素有较强亲和力，容易被染黄。黏膜中含有能与胆红素结合的血浆清蛋白，也能被黄染。黄疸程度与血清胆红素浓度相关，当血清胆红素浓度超过 34.2 μmol/L(2 mg/dL)时，肉眼可见巩膜、皮肤、黏膜等组织明显黄染，称为显性黄疸。若血清胆红素在 34.2 μmol/L(2 mg/dL)以下，此时虽然血清胆红素浓度超过正常值，但肉眼观察不到巩膜或皮肤黄染，称为隐性黄疸。黄疸是一种临床体征，许多疾病都可以引起黄疸。凡是能够引起胆红素代谢障碍的各种疾病均可引起黄疸，黄疸在临床上根据形成原因、发病机制不同可分为 3 类。

1. *溶血性黄疸*　又称为肝前性黄疸。蚕豆病、输血不当、某些药物、毒物等原因导致红细胞大量破坏，胆红素产生过多，超过肝细胞的处理能力时，血中未结合胆红素增高所引起的黄疸称为溶血性黄疸。其特征为血清总胆红素、游离胆红素增高，粪便颜色加深，尿胆素原增多，尿胆红素阴性。

2. *肝细胞性黄疸*　又称为肝源性黄疸。其由肝细胞功能受损害，肝对胆红素的摄取、转化、排泄能力下降导致，从而使血中游离胆红素相对增多。由于肝功能障碍，结合胆红素生成减少，进入肠道的胆红素减少，粪便颜色变浅；如果病变导致肝细胞肿胀而压迫毛细胆管或造成肝内毛细胆管阻塞，使已生成的结合胆红素不能流入肠道，则部分返流入血，血中结合胆红素含量也增加，结合胆红素能通过肾小球滤过，故尿胆红素检测呈阳性反应。肝细胞性黄疸因肝细胞受损程度不同，尿胆素原的变化也不一定。所以肝细胞性黄疸的特点是血中未结合胆红素、结合胆红素都可能升高。

3. *阻塞性黄疸*　又称肝后性黄疸，胆结石、胆道蛔虫或肿瘤压迫等多种原因可引起胆红素排泄通道阻塞，使胆小管或毛细胆管压力增高或破裂，结合胆红素逆流入血引起黄疸。其主要特征是血中结合胆红素升高，未结合胆红素无明显改变；尿胆红素阳性；由于排入肠道的胆红素减少，生成的胆素原也减少，粪便的颜色变浅，大便甚至呈灰白色。

表 14－4 归纳总结了正常人和 3 类黄疸患者血、尿、粪便中胆色素改变情况，临床常用于鉴别诊断。

表 14－4　正常人和 3 类黄疸患者血、尿、粪胆色素改变

指　标	正　常	溶血性	肝细胞性	阻塞性
血清胆红素				
总量	<1 mg/dL	>1 mg/dL	>1 mg/dL	>1 mg/dL
结合胆红素	0～0.8 mg/dL	—	↑	↑↑
游离胆红素	<1 mg/dL	↑↑	↑	
尿三胆				
尿胆红素	—	—	++	++
尿胆素原	少量	↑	不一定	↓
尿胆素	少量	↑	不一定	↓
粪便				
粪便颜色	正常	深	变浅或正常	完全阻塞时陶土色
粪胆素原	40～280 mg/24 h	↑	↓或—	↓或正常

（刘　洋）

※ 第十四章数字资源

图 14－8
胆素原与粪胆素的生成

第十四章
参考文献

微课视频 14－1
生物转化

微课视频 14－2
胆色素代谢与黄疸

微课视频 14－3
胆汁与胆汁酸代谢

第十五章

血液的生物化学

内容提要

血液是一种具有黏滞性的循环于心血管系统中的流动组织。血液由有形的红细胞、白细胞和血小板及无形的血浆组成。血浆的化学成分中，除水分外，以血浆蛋白为主，并含有电解质、营养素、酶类、激素类、胆固醇和其他重要组成部分。血浆中的蛋白质多在肝合成，是血浆的主要固体成分，种类繁多，其中既有单纯蛋白质如清蛋白，又有结合蛋白如糖蛋白、脂蛋白。血浆中的蛋白质具有多种重要的生理功能。

成熟红细胞无线粒体，因此不能进行糖的有氧氧化，故以糖无氧氧化为主要供能途径，产生的能量维持红细胞膜和血红蛋白的完整性及正常功能。此外，糖无氧氧化过程中还可产生2,3-双磷酸甘油酸(2,3-bisphosphoglycerate,2,3-BPG)，称为2,3-BPG支路。红细胞内2,3-BPG的浓度可以调节血红蛋白的携氧功能。未成熟红细胞能利用琥珀酰CoA、甘氨酸和铁离子合成血红素。而铁的运输与储存也是机体新陈代谢的重要内容。白细胞的糖代谢也很活跃。NADPH氧化酶递电子体系在白细胞的杀菌过程中起重要作用。

血液是流动在心脏和血管内的不透明红色液体，主要成分为血浆(plasma)和血细胞，属于结缔组织。血液中含有无机盐、氧、细胞代谢产物、激素、酶和抗体等，有营养组织、调节器官活动和防御有害物质的作用。因为血液取材方便，通过血液中某些代谢物浓度的变化，可反映体内的代谢状况，因此与临床医学有着密切的关系。本章将从生物化学角度阐述以下3方面的问题：血液的化学成分、红细胞代谢和白细胞代谢。

第一节　血液的化学成分

一、概述

血液由血浆和血细胞组成。血浆内含血浆蛋白(清蛋白、球蛋白和纤维蛋白原)、脂蛋白、无机盐、氧、激素、酶、抗体和细胞代谢产物等。血细胞有红细胞、白细胞和血小板。血小板破裂时，会使血浆中水溶性的纤维蛋白原和血细胞等发生凝固，剩余的淡黄色透明液体就称为血清(serum)。

正常成人的血液约占体重的8%，含水量为77%～81%，比重为1.050～1.060，pH为7.40±0.05，渗透压在37℃约为770 kPa(310 mOsm/L)。

血液的功能由血细胞和血浆体现，有运输、防御、调节体温、调节渗透压和酸碱平衡4个功能。红细胞主要功能是运进O_2运出CO_2；白细胞的主要功能是杀灭细菌、抵御炎症、参与体内免疫发生过程；血小板主要在体内发挥止血功能。血浆的功能主要为营养、运输、缓冲、形成渗透压、参与免疫、参与凝血和抗凝血。

人体血液中所有不同的血细胞，都是来自肝、骨髓和胸腺里的多能干细胞及定向干细胞。ABO血型是人类的主要血型，可分为A型、B型、AB型及O型，另外还有Rh血型、MNSSU血型、P型血和D缺失血型等极为稀少的10余种血型系统。因为人体的生理变化和病理变化往往引起血液成分的改变，所以血液成分的检测有重要的临床意义。

二、血浆

血浆呈淡黄色(因含有胆红素)，相当于结缔组织的细胞间质。血浆的主要作用是运载血细胞，运输维持人体生命活动所需的物质和体内产生的废物等。血浆的化学成分中，水分占90%～92%，其他10%以血浆蛋白为主，并含有电解质、营养素、酶类、激素类、胆固醇和其他重要组成部分。血浆的各种化学成分常在一定范围内动态波动，其中以葡萄糖、蛋白质、脂肪和激素等的浓度最易受营养状况和机体活动状态的影响，而无机盐浓度的变动范围较小。血浆的理化特性相对恒定是机体内环境稳态的重要表现。

(一) 血浆的基本成分

血浆占全血容积的55%～60%。血浆的固体成分可分为无机物和有机物。无机物以电解质为主，如Na^+、K^+、Ca^{2+}、Mg^{2+}及Cl^-、HCO_3^-、HPO_4^{2-}和SO_4^{2-}等，它们在维持血浆晶体渗透压、酸碱平衡及神经肌肉的兴奋性方面起重要作用。有机物包括蛋白质、非蛋白质含氮化合物、糖及脂质等，其中非蛋白质含氮化合物包括尿素、胆酸、肌酐、尿酸、胆红素和氨等，这类物质中的氮总量称为非蛋白质氮(non-protein nitrogen，NPN)。正常人血尿素氮约占NPN的1/2(表15-1)。当患者肾功能不全时，由于肾小球滤过率下降，这些含氮的代谢终产物如尿素、肌酐、尿酸等在体内堆积，使血中NPN的含量显著升高，称为氮质血症(azotemia)。各种肾病迁延不愈，晚期可发生肾损害，血中含氮产物排泄障碍，遂蓄积于血液中，血中尿素氮、肌酐均超过正常范围，这一时期为氮质血症期或称尿毒症前期。其发生主要是由肾排泄功能障碍和体内蛋白质分解增加(如感染、中毒、组织严重创伤等)所致。在这个时期，氮质血症进行性加重，严重时可出现尿毒症。

表15-1 血浆成分

离子	浓度(mmol/L)	有机物	浓度(mmol/L)
Na^+	136.00～145.00	葡萄糖	3.60～6.10
K^+	3.50～5.00	乳酸	0.40～1.80
Ca^{2+}	2.10～2.60	丙酮酸	0.07～0.11
Mg^{2+}	0.60～1.00	尿素	3.50～9.00
Cl^-	100.00～110.00	尿酸	0.18～0.54
HCO_3^-	24.00～28.00	肌酐	0.06～0.13
HPO_4^{2-}	1.10～1.50	氨基酸	2.30～4.00
SO_4^{2-}	0.30～0.60	氨	0.02～0.06
		脂质	5.50～6.00(g/L)
		甘油三酯	1.00～1.30(g/L)
		胆固醇	1.70～2.10(g/L)

正常人在一个较短的时间里大量进食高蛋白食物，虽然肾功正常，但短时间内不能迅速地排出过多的氮质，则会出现一过性的氮质血症。另外，肾病综合征水肿、尿少的患者也可出现一过性的氮质血症，当应用利尿剂后，尿量增加，血尿素氮亦会随之降为正常。

(二) 血浆蛋白质

血浆的固体成分主要是蛋白质，浓度为60～80 g/L，种类繁多，其中既有单纯蛋白质如清蛋白，又有结合蛋白质如糖蛋白、脂蛋白。

最初用盐析法只是将血浆蛋白分为清蛋白和球蛋白，后来用分段盐析法可将其细分为清蛋白、拟球蛋白、优球蛋白和纤维蛋白等组分。用醋酸纤维薄膜电泳法可将其分为5条区带，而用分辨力较高的聚丙烯酰胺凝胶电泳法则可将其分为34条区带。等电聚焦电泳与聚丙烯酰胺凝胶电泳组合的双向电泳法分辨力更高,可将血浆蛋白分成100余种。临床较多采用简便快速的醋酸纤维薄膜电泳法。

通常按来源、分离方法和生理功能将血浆蛋白质分类。分离蛋白质的方法包括电泳法和超速离心法,电泳是最常用方法。血浆蛋白质包含纤维蛋白原,血清蛋白质则没有。用醋酸纤维薄膜在pH 8.6的巴比妥缓冲液中电泳可将血清蛋白质分成5条区带:清蛋白(albu min)、α_1-球蛋白、α_2-球蛋白、β-球蛋白和γ-球蛋白(图15-1)。其中,清蛋白是人体血浆中最主要的蛋白质,占血浆总蛋白的50%以上。肝每日合成12 g清蛋白,以前清蛋白形式合成。正常清蛋白与球蛋白的浓度比值(A/G)为(1.5~2.5):1。

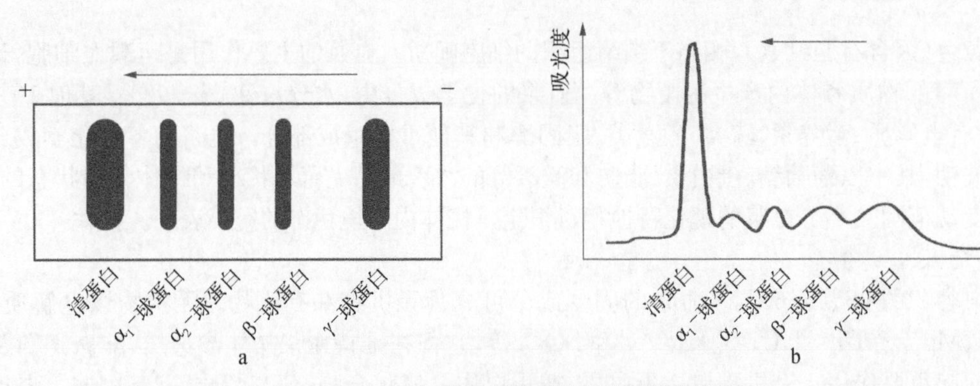

图15-1 血清蛋白质醋酸纤维薄膜电泳法

a. 5条区带的位置;"+"为正极,"−"为负极,箭头方向为电泳方向;b. 各区带蛋白质对应的吸光度值

按生理功能可将血浆蛋白分为载体蛋白、免疫防御系统蛋白、凝血和纤溶蛋白、蛋白酶抑制剂、激素和参与炎症应答的蛋白。

血浆蛋白质的性质有以下几点。

(1) 绝大多数血浆蛋白质在肝合成,如清蛋白、纤维蛋白原,少量蛋白质由其他组织细胞合成。

(2) 血浆蛋白质的合成场所一般位于膜结合的多核蛋白体上。进入血浆前,在肝细胞内经历从粗面内质网到高尔基复合体,再抵达质膜分泌入血的过程。

(3) 除清蛋白外,几乎所有血浆蛋白均为糖蛋白。它们含有N-连接或O-连接的糖链,发挥重要作用。

(4) 许多血浆蛋白呈现多态性,如ABO血型及转铁蛋白、免疫球蛋白等均具有多态性。研究血浆蛋白的多态性对遗传学、人类学和临床医学均有重要意义。

(5) 循环过程中,每种血浆蛋白均有自己特异的半衰期,如正常成人清蛋白的半衰期为20 d。

(6) 在急性炎症或某些组织损伤时,某些血浆蛋白水平会增高,称为急性期蛋白质(acute phase protein, APP),包括C反应蛋白、α_1-酸性蛋白、α_1-抗胰蛋白酶和纤维蛋白原等。这些蛋白质的血浆浓度在炎症、创伤、心肌梗死、感染、肿瘤等情况下显著上升,这提示APP在人体炎症反应中起一定作用。故其可以作为监测患者是否有伴随失水及血容量变化的指标。此外,在急性期,血中清蛋白、转铁蛋白等浓度降低。

血浆蛋白的功能有以下几点。

1. *维持血浆正常的pH*　蛋白质是两性电解质,血浆蛋白盐与相应蛋白质形成缓冲对,参与维持正常血浆pH。

2. *维持胶体渗透压*　正常人血浆胶体渗透压取决于血浆蛋白质的摩尔浓度,其中清蛋白能最有效地维持血浆胶体渗透压,这是因为清蛋白的分子量小(约为69 kDa),在血浆内的含量大、摩尔浓度高,加之在生理pH条件下,其电负性高,能使水分子聚集在分子表面。当血浆蛋白浓度(尤其清蛋白)过低时,血浆胶体渗透压下降,可导致组织水肿。血浆清蛋白含量降低的主要原因是合成原料不足(如营养不良等)、合成能力降低(如严重肝病)、丢失过多(肾疾病、大面积烧伤等)、分解过多(如甲状腺功能亢进、发热等)。

3. *运输作用*　血浆蛋白质分子表面分布着众多的亲脂性结合位点,脂溶性物质可与其结合而被运输。血浆蛋白还能与易被细胞摄取和易随尿液排出的一些小分子物质结合,防止它们从肾丢失。血浆中的清蛋白能与脂肪酸、Ca^{2+}、胆红素、磺胺等多种物质结合。此外,血浆中还有皮质激素传递蛋白、转铁蛋白、铜蓝蛋白等参与激素、铁、铜的转运。结合状态与游离状态的物质处于动态平衡之中,故可使处于游离状态的这些物质在血中的浓度保持相对稳定。

4. *免疫作用*　血浆中的免疫球蛋白 IgG、IgA、IgM、IgD 和 IgE 又称抗体，在体液免疫中起至关重要的作用。血浆中还有一组协助抗体完成免疫功能的蛋白酶——补体。

5. *催化作用*　血浆中的酶类根据来源和功能分为以下 3 类。

（1）血浆功能酶：主要在血浆发挥催化功能。这类酶绝大多数由肝合成后分泌入血，如凝血及纤溶系统的多种蛋白水解酶等。

（2）外分泌酶：包括胃蛋白酶、胰蛋白酶等，在生理条件下少量逸入血浆。它们的催化活性与血浆正常生理功能无直接关系，但当脏器受损时，血浆中相应的酶含量增加、活性增高，具有临床诊断价值。

（3）细胞酶：存在于细胞和组织内参与物质代谢的酶。正常时，血浆中细胞酶含量甚微，随着细胞的不断更新，这些酶可释放入血，大部分无器官特异性，小部分具有器官特异性，如 LDH 同工酶、转氨酶等，可用于临床酶学检验。

6. *营养作用*　血浆蛋白分解为氨基酸进入氨基酸池，用于组织蛋白质的合成或转变成其他含氮化合物。此外，血浆蛋白质在机体需要时还可分解供能。

7. *凝血、抗凝血和纤溶作用*　血浆中的众多凝血因子、抗凝血及纤溶物质在血液中相互作用、相互制约，保持循环通畅。当血管损伤、血液流出血管时，会发生一系列酶促级联反应，使血液由液体状态转变为凝胶状态，称为血液凝固(blood coagulation)，此是止血的重要环节。血液凝固机制的研究促进了对许多出血性疾病的认识，如血友病的成因，主要是由于血浆中缺乏凝血因子Ⅷ。又如，凝血因子Ⅱ、凝血因子Ⅶ、凝血因子Ⅸ、凝血因子Ⅹ都在肝中合成，它们形成过程需要维生素 K 的参与。缺乏维生素 K 将会出现出血倾向；应用维生素 K 可以改善凝血不良的症状。此外，在临床工作中，可按需要针对凝血过程中的各个环节，采取不同措施，达到延缓凝血或有效止血的目的。例如，手术后为防止出血，可在手术部位施加凝血酶、纤维蛋白等凝血物质，还可用温热的纱布、棉花或明胶海绵按压伤口促凝、止血。

三、血细胞

血细胞分为 3 类：红细胞、白细胞(white blood cell，WBC)和血小板(platelet)。红细胞的平均寿命约 120 d，颗粒白细胞和血小板的生存期限一般不超过 10 d。淋巴细胞的生存期长短不等，从几个小时直到几年。血细胞及血小板的产生来自造血器官，红细胞、有粒白细胞及血小板由红骨髓产生，无粒白细胞则由淋巴结和脾产生。

第二节　血液细胞代谢

一、红细胞代谢

红细胞(erythrocyte 或 red blood cell，RBC)也称红血球，是血液中数量最多的一种血细胞，也是脊椎动物体内通过血液运送氧气的最主要的媒介。哺乳动物成熟的红细胞是无核的，在发育过程中，红细胞需经历原始红细胞、早幼红细胞、中幼红细胞、晚幼红细胞、网状红细胞等阶段，最后才成为成熟红细胞。在细胞发育及成熟过程中，红细胞会发生一系列形态和代谢的改变。

人的红细胞内所含的血红蛋白占血球总量的 30%以上，其随着氧分压的变化与氧结合或分离，在氧分压低的组织，红细胞具有放出多量氧的能力。另外，红细胞内存有碳酸酐酶，催化的最重要的反应是 CO_2 可逆的水合作用，可以维持血液及其他组织中的酸碱平衡，并大大增强了红细胞运送血液 CO_2 的能力。成熟红细胞含有大量的血红蛋白，无线粒体等细胞器，因此其代谢与一般细胞的代谢有较大的差别，以糖无氧氧化为主要供能途径。

(一) 血红蛋白的合成与调节

血红蛋白由珠蛋白(globin)和血红素(heme)两种成分组成。结构上有4个亚基,两个α亚基和两个β亚基,每个亚基都结合一个血红素。血红素是血红蛋白的辅基,因含铁离子而呈红色。此外,血红素还是肌红蛋白、细胞色素、过氧化物酶等的辅基。血红素可在体内多种细胞内合成,而参与血红蛋白组成的血红素主要在骨髓的幼红细胞和网织红细胞中合成。

1. 血红素的合成　基本原料为甘氨酸、琥珀酰 CoA 和 Fe^{2+}。合成的起始和终末阶段均在线粒体内进行,而中间阶段在胞液内进行。

(1) 血红素的合成过程可分为4个阶段。

1) ALA 的合成:在线粒体内,由琥珀酰 CoA 与甘氨酸缩合生成δ-氨基-γ-酮戊酸(δ-aminolevulinic acid,ALA),催化此反应的酶是 ALA 合酶,其辅酶是磷酸吡哆醛,它是血红素合成的限速酶,并受到血红素的反馈调节。

COO⁻—H_2C—CH_2—C(=O)~SCoA + $CH_2NH_3^+$—COO^- —(ALA合酶; $HSCoA+CO_2$)→ COO^-—H_2C—CH_2—C=O—$CH_2NH_3^+$

琹珀酰CoA　　甘氨酸　　δ-氨基-γ-酮戊酸(ALA)

2) 胆色素原的合成:ALA 生成后就从线粒体进入胞液,2分子 ALA 在 ALA 脱水酶(ALA dehydrase)催化下脱水缩合生成1分子胆色素原(prophobilinogen,PBG)。ALA 脱水酶含有巯基,故对铅等重金属的抑制作用十分敏感。

ALA + ALA —(ALA脱水酶; $2H_2O$)→ 胆色素原(PBG)

3) 尿卟啉原与粪卟啉原的合成:在胞液中,4分子胆色素原经尿卟啉原Ⅰ同合酶(UPGⅠ cosynthase)(又称胆色素原脱氨酶)催化,脱氨缩合生成1分子线状四吡咯,线状四吡咯再由尿卟啉原Ⅲ同合酶(UPG Ⅲ cosynthase)催化生成尿卟啉原Ⅲ(uroporphyrinogen Ⅲ,UPG Ⅲ)。这两种酶的关系尚不清楚,但是 UPG Ⅲ同合酶单独存在时并无活性,必须在 UPGⅠ同合酶的协同作用下发挥作用;反之,若无 UPG Ⅲ同合酶时,线状四吡咯化合物不稳定,可自然环化生成 UPGⅠ。UPGⅠ与 UPG Ⅲ的区别是前者第7位侧链为乙酸基(A),第8位为丙酸基(P);而后者却相反,第7位为丙酸基(P),第8位为乙酸基(A)。

在正常生理情况下,UPG Ⅲ的合成是主要途径,UPGⅠ极少。UPG Ⅲ进一步经尿卟啉原Ⅲ脱羧酶催化,使其4个乙酸基(A)侧链脱羧基变为甲基(M),从而生成粪卟啉原Ⅲ(coproporphyrinogen Ⅲ,CPG Ⅲ)。

4) 血红素的生成:胞液中生成的粪卟啉原Ⅲ回到线粒体,经粪卟啉原Ⅲ氧化脱羧酶作用,使其2、4位两个丙酸基(P)氧化脱羧变成乙烯基(V),从而生成原卟啉原Ⅸ(protoporphyrinogen Ⅸ),再由原卟啉原Ⅸ氧化酶催化,使其4个连接吡咯环的甲烯基氧化成甲炔基,则成为原卟啉Ⅸ(protoporphyrin Ⅸ)。

通过亚铁螯合酶(ferrochelatase)的催化,原卟啉Ⅸ和 Fe^{2+} 结合,生成血红素。铅等重金属对亚铁螯合酶有抑制作用。

血红素生成后从线粒体转运到胞液,在骨髓的有核红细胞及网织红细胞中,与珠蛋白结合成为血红蛋白。血红素合成的全过程总结见图15-2。

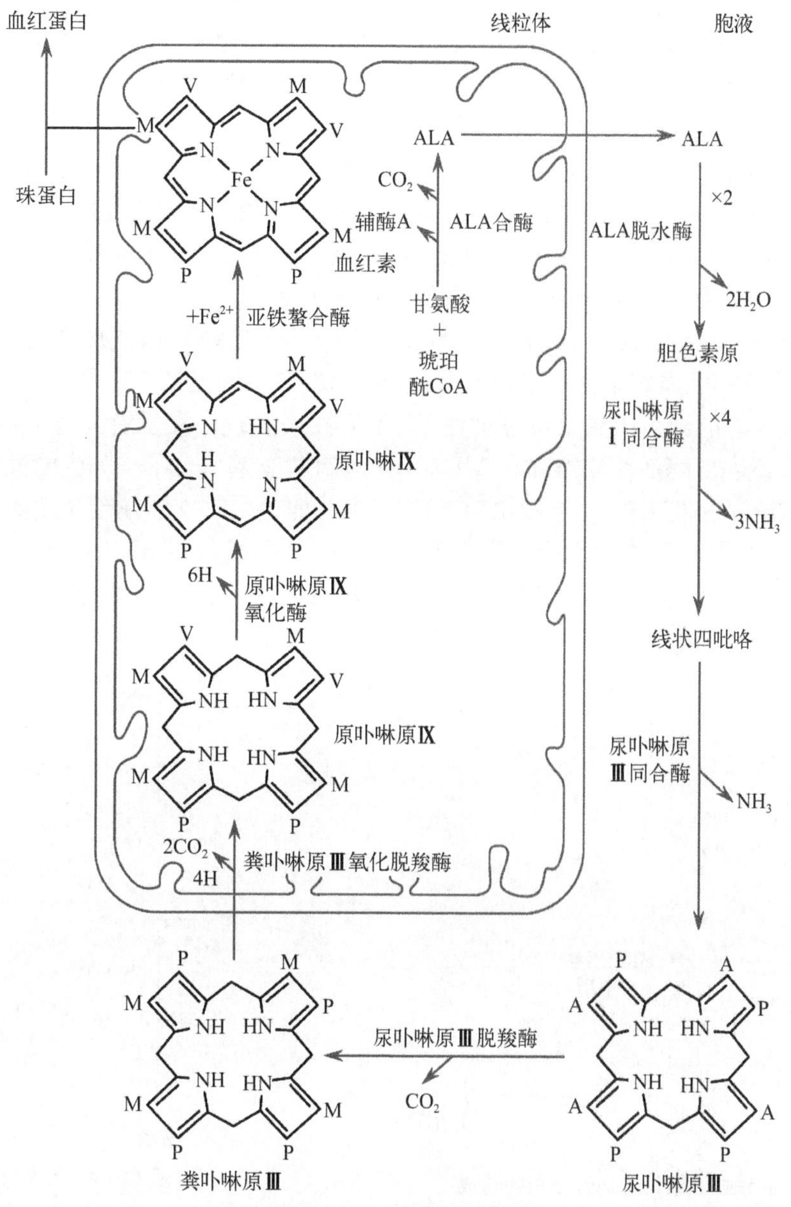

图 15-2　血红素的合成

血红素合成过程的特点可总结如下：血红素合成的原料是甘氨酸、琥珀酰 CoA、Fe^{2+} 等简单小分子。血红素合成的限速酶是 ALA 合酶。血红素合成的起始和终末阶段在线粒体中进行，其他中间步骤在胞液中进行。合成的主要部位是骨髓与肝，成熟红细胞不含线粒体，故不能合成血红素。

（2）血红素合成的调节：血红素的合成受多种因素的调节，其中最主要的调节步骤是 ALA 的合成。

1）ALA 合酶：是血红素合成的限速酶。磷酸吡哆醛是 ALA 合酶的辅基，所以维生素 B_6 缺乏将影响血红素的合成。此外，该酶受血红素的反馈抑制。正常情况下，血红素合成后迅速与珠蛋白结合成血红蛋白，不致有过多的血红素堆积，对 ALA 合酶不再有反馈抑制作用。如果血红素的合成速度大于珠蛋白的合成速度，过多的血红素可以氧化成高铁血红素，对 ALA 合酶具有强烈抑制作用。另外，睾酮在体内的 5－β 还原物能诱导 ALA 合酶，从而促进血红素的生成。许多在肝中进行生物转化的物质均可导致肝 ALA 合酶显著增加，因为这些物质的生物转化作用需要细胞色素 P_{450}，后者的辅基正是铁卟啉化合物。由此，通过肝 ALA 合酶的增加，以适应生物转化的要求。

2）ALA 脱水酶与亚铁螯合酶：对重金属的抑制均非常敏感，因此血红素合成的抑制是某些重金属如铅中毒的重要特征。此外，亚铁螯合酶还需要还原剂（如 GSH），任何还原条件的中断也会抑制血红素的合成。

3) 促红细胞生成素(erythropoietin,EPO):是由 166 个氨基酸残基组成的糖蛋白,分子量为34 kDa。EPO 主要在肾内合成(婴幼儿时期主要由肝合成,成年后主要由肾合成),缺氧时释放入血,运至骨髓,借助一种特异性跨膜载体,EPO 可同原始红细胞相互作用,促使它们增殖和分化,加速有核红细胞的成熟及血红素和血红蛋白的合成。因此,EPO 是红细胞生成的主要调节剂。用于治疗疾病的 EPO 是通过 DNA 重组技术在哺乳动物细胞的培养下产生的。它被用来治疗由慢性肾病所导致的或者由于放疗和化疗导致的贫血症。EPO 作为一种红细胞生成激素刺激剂类兴奋剂,长久以来被用于耐力性比赛。它能使肌肉组织等获取更多氧气,从而使肌肉更有力、工作时间更长。但是,服用该禁药除了违反体育精神外,因为该药可使红细胞增多,血液更黏稠,会引起高血压,从而升高栓塞和脑卒中的风险。

2. 血红蛋白的合成　血红素合成后与珠蛋白结合生成血红蛋白,因此珠蛋白的合成受血红素的调控。血红素的氧化产物高铁血红素能促进血红蛋白的合成,其机制见图 15-3。高铁血红素对蛋白质翻译的起始因子 2(eIF-2)的调节主要是通过抑制 PKA 活性来实现。在没有 cAMP 时,PKA 的 4 个亚基(R_2C_2)结合在一起,不表现酶活性。当有 cAMP 时,其与调节亚基 R 结合,改变其构象,使调节亚基和催化亚基分开,释放出游离的催化亚基,表现出酶活性。PKA 催化 eIF-2 激酶发生磷酸化而被活化,活化的 eIF-2 激酶再进一步催化 eIF-2 发生磷酸化而失活。eIF-2 失活,则蛋白质的翻译起始被抑制,导致珠蛋白的翻译被抑制。而高铁血红素可以抑制上述过程,从而使得 eIF-2 不被磷酸化,保持活性状态,有利于血红蛋白的合成。

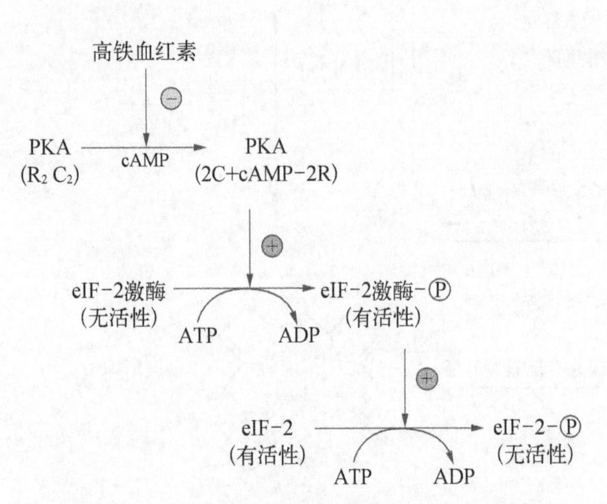

图 15-3　高铁血红素调节血红蛋白的合成
R 为调节亚基;C 为催化亚基

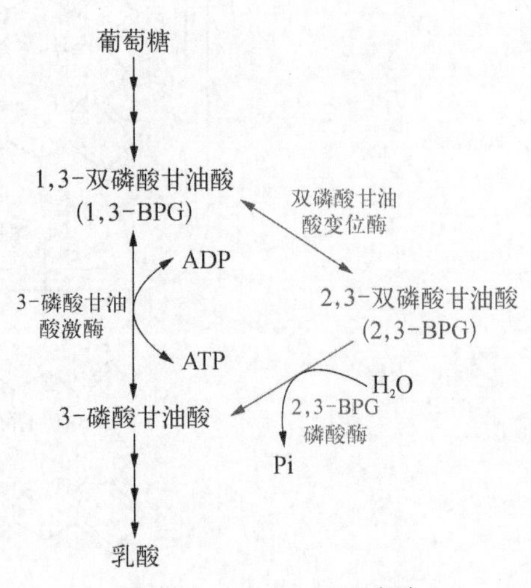

图 15-4　2,3-BPG 支路

(二) 糖代谢

红细胞每日大约从血浆摄取 30 g 葡萄糖,其中 90%～95%经糖无氧氧化和 2,3-BPG 支路进行代谢,5%～10%通过磷酸戊糖途径进行代谢。

1. 糖无氧氧化和 2,3-BPG 支路　糖无氧氧化是红细胞获得能量的唯一途径。糖无氧氧化的基本反应和其他组织相同,但是红细胞内的糖无氧氧化存在一只侧支循环:2,3-BPG 支路(图 15-4)。

正常情况下,2,3-BPG 对双磷酸甘油酸变位酶的抑制作用大于对 3-磷酸甘油酸激酶的抑制作用,所以 2,3-BPG 支路仅占糖酵解的 15%～50%。但是由于 2,3-BPG 磷酸酶的活性较低,2,3-BPG 的生成大于分解,造成红细胞内 2,3-BPG 升高。红细胞内 2,3-BPG 虽然也能供能(2,3-BPG 在转变为乳酸过程中会有 1 分子 ATP 生成),但主要功能是调节血红蛋白的运氧功能。

2. 磷酸戊糖途径　红细胞内磷酸戊糖途径的代谢过程与其他细胞相同,主要功能是产生 $NADPH+H^+$。

3. 红细胞内糖代谢的生理意义

(1) ATP 的功能:糖无氧氧化产生的 ATP 主要用于维持以下几方面的生理活动。① 维持红细胞膜上钠泵(Na^+-K^+-ATPase)的运转;② 维持红细胞膜上钙泵(Ca^{2+}-ATPase)的运转;③ 维持红细胞膜上脂质与血浆脂蛋白中的脂质进行交换；④ 用于葡萄糖的活化，启动糖无氧氧化过程；⑤ 少量 ATP 用于 GSH、NAD^+ 的生物合成。

(2) 2,3-BPG 的功能：2,3-BPG 可以调节血红蛋白的运氧功能。它是一个电负性很高的分子，可与血红蛋白(Hb)结合，结合部位在 Hb 分子 2 个 β 亚基形成的孔穴内。2,3-BPG 的负电基团与孔穴侧壁的带正电的基团形成盐键[图 15-5(本章末二维码)]，从而使 Hb 分子的构象更趋稳定，降低 Hb 与 O_2 的亲和力。当红细胞内 2,3-BPG 浓度升高时有利于 HbO_2 释放 O_2，而 2,3-BPG 浓度下降则有利于 Hb 与 O_2 结合。

双磷酸甘油酸变位酶及 2,3-BPG 磷酸酶受 pH 调节。肺泡毛细血管血液的 pH 高，双磷酸甘油酸变位酶受抑制，而 2,3-BPG 磷酸酶活性强，使红细胞内 2,3-BPG 的浓度降低，有利于 Hb 与 O_2 结合。反之，在外周组织毛细血管中，血液 pH 下降，2,3-BPG 的浓度升高，则利于 HbO_2 释放 O_2，借此调节 O_2 的运输和利用。所以，人体能通过改变红细胞内 2,3-BPG 的浓度来调节对组织的供氧，但 2,3-BPG 的生成是要消耗 1 分子 ATP 的(1,3-双磷酸甘油酸经 2,3-BPG 支路后会少生成 1 分子 ATP)。

(3) NADPH 的功能：NADPH 是红细胞内重要的还原当量，它具有对抗氧化剂，保护细胞膜蛋白、Hb 和酶蛋白等的巯基不被氧化的作用，从而维持红细胞的正常功能。磷酸戊糖途径是红细胞产生 NADPH 的唯一途径。红细胞中的 NADPH 能维持细胞内还原型谷胱甘肽(GSH)的含量(图 15-6)，使红细胞免遭外源性和内源性氧化剂的损害。例如，葡糖-6-磷酸脱氢酶缺乏症是最常见的一种遗传性酶缺乏病，俗称蚕豆病。该病主要是由于葡糖-6-磷酸脱氢酶基因突变，该酶活性降低，磷酸戊糖途径受阻，使得 NADPH 生成减少，最终导致红细胞不能抵抗氧化损伤而遭受破坏，引起溶血性贫血。全世界约 4 亿人罹患此病。我国是本病的高发区之一，呈南高北低的分布，主要分布在长江以南各省，以海南、广东、广西、云南、贵州、四川等省为高发。

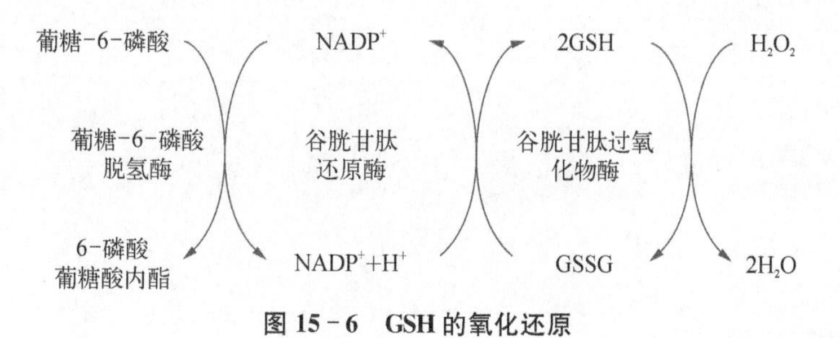

图 15-6 GSH 的氧化还原

另外，由于氧化作用，红细胞内经常产生少量高铁血红蛋白(MHb)，MHb 中的铁为三价，不能携带 O_2。但红细胞内有 NADPH-高铁血红蛋白还原酶，催化 MHb 还原。GSH 和抗坏血酸也能直接还原 MHb。

(三) 脂质代谢

成熟红细胞的脂质几乎都存在于细胞膜。成熟红细胞已不能从头合成脂肪酸，因此红细胞膜脂的不断更新只有通过与血浆脂蛋白进行脂质交换，才能维持其正常的脂质组成、结构和功能。

(四) 铁代谢

1. 铁的生理功能和来源　体内的铁主要用于合成血红素。正常成人男性体内含铁总量 3～4 g，而女性稍低。其中 60%～70%的铁存在于血红蛋白中。食物中每日供应 10 mg 以上的铁，但仅吸收 10%以下。成人每日红细胞衰老破坏释放约 25 mg 的铁，几乎全部可被储存和反复利用。机体每日需铁约 1 mg 用于补充胃肠道黏膜、皮肤、泌尿道脱落细胞所丢失的铁。妇女月经、妊娠及哺乳期，儿童、青少年生长发育阶段需铁量较多。反复出血者可出现缺铁性贫血。

2. 铁的吸收　铁的吸收部位主要在十二指肠及空肠上段。溶解状态的铁易于吸收。影响铁吸收的主要因素有以下几个。

(1) 酸性条件有利于铁的吸收。食物中的铁多数以 Fe^{3+} 状态存在，与有机物紧密结合。当 $pH<4$ 时，Fe^{3+} 能游离出来，并与果糖、维生素 C、柠檬酸、蛋白质降解产物等形成复合物。维生素 C 及半胱氨酸等还可使 Fe^{3+} 还原成易吸收的 Fe^{2+}，所形成的复合物在肠腔中水溶性大而易被吸收，胃酸缺乏时易引起缺铁性贫血。

(2) 血红蛋白及其他铁叶啉蛋白在消化道中分解而释出的血红素，可直接被吸收，并在肠黏膜细胞中释出其中的铁。

(3) 植物中的植酸、磷酸、草酸、鞣酸等能使铁离子形成难溶的沉淀，影响铁的吸收。体内铁储存量降低或造血速度加快时，铁吸收率增加。

3. 铁的运输与储存　肠道中吸收入血的 Fe^{2+} 被铜蓝蛋白氧化成 Fe^{3+}，再与脱铁转铁蛋白(apotransferrin)结合成转铁蛋白(transferrin)，它是铁的运输形式。血浆转铁蛋白将 90%以上的铁运到骨髓，用于血红蛋白的合成，小部分与脱铁铁蛋白(apoferririn)结合成铁蛋白(ferritin)并储存于肝、脾、骨髓等组织。血铁黄素(hemosiderin)也是铁的储存形式，但不如铁蛋白易于动员和利用。

4. 铁缺乏与过量　缺铁性贫血(Iron deficiency anemia)是最常见的铁缺乏症，由于血红素浓度降低，而且红细胞体积变小且形状不规则，呈现明显的小细胞低色素性贫血。患者呈现面色苍白、胃口不佳、头晕、疲倦、畏寒等症状。患者若出现贫血则表示缺铁已经有一段时间了，通常需要高剂量铁补充剂予以治疗。缺铁风险高的人群主要是生育年龄妇女、孕妇、婴幼儿、青春期少年。预防贫血应该摄取含铁丰富的食物。

血铁沉积症或称血色素沉着症(hemochromatosis)是一种遗传性疾病。患者的小肠铁吸收调节异常，铁吸收率比一般人高，随着年纪增长，体内铁会快速累积在肝、骨髓、胰脏等组织。早期病征类似风湿，严重者伤及组织而继发多种并发症，包括肝纤维化、硬化甚至肝癌，胰腺分泌障碍导致糖尿病。目前，由于缺乏预防性的筛检方法，治疗方式为定期放血及服药排铁。

另外，铁叶啉合成代谢异常而导致叶啉或其中间代谢物排出增多，称为叶啉症(porphyria)。叶啉症有先天性和后天性两大类。先天性叶啉症是由某种血红素合成酶系的遗传性缺陷所致；后天性叶啉症则主要指铅中毒或某些药物中毒引起的铁叶啉合成障碍。

二、白细胞代谢

具体见本章末二维码。

(刘　洋)

※ 第十五章数字资源

图 15-5
2,3-BPG 与血红蛋白的结合

白细胞代谢

第十五章
参考文献

微课视频 15-1
血红蛋白的合成

微课视频 15-2
红细胞的糖代谢

第十六章

细胞信号转导

内容提要

细胞信号转导是指细胞对外界环境信号的应答，启动胞内信号级联应答，最终调节基因表达和生理代谢反应的过程。

具有生物活性的外源化学信号分子即为配体(第一信使)，其能够识别并结合受体，启动信号转导途径并产生相应生物化学效应。根据受体存在的部位，受体可分为细胞表面受体(膜受体)和细胞内受体(核受体)两大类。细胞表面受体又分为离子通道型受体、G蛋白偶联型受体和酶联受体。细胞内信号转导过程由小分子化合物(无机离子、脂质衍生物、核苷酸)和信号转导蛋白(G蛋白、衔接蛋白、支架蛋白和酶等)组成。

细胞信号转导过程中，亲水性化学信号分子通常经膜受体的跨膜信号转导将信号传入细胞内，从而调节生理代谢反应或基因表达。膜受体介导的信号转导途径主要包括G蛋白偶联受体介导的信号转导(cAMP-PKA途径、PLC-IP3/DAG-PKC途径)和酶联受体介导的信号转导(Ras-MAPK信号途径、PI3K-AKT途径、TGF-β-Smad途径、cGMP-PKG途径、JAK-STAT途径、NF-κB途径)。而脂溶性信号分子可以透过细胞膜，进入细胞与细胞内受体结合而传递信号。

细胞信号转导由一系列信号途径组成，它们之间是相互协同和相互制约的，形成了高度有序、复杂的信号转导网络，精细调节机体的各种生命活动。

细胞信号转导不但在调控正常生理活动和基因表达上起重要作用，而且与很多疾病的发生发展有关。细胞信号转导异常主要源于3个方面，即细胞外信号分子异常、受体功能紊乱和细胞内信号转导分子的功能失调。

生物体的生命活动受到外界环境的影响，细胞的物质代谢、能量代谢及遗传信息的传递受到环境变化信息的调节控制。细胞对外界环境信号的应答，启动胞内信号级联应答，最终调节基因表达和生理代谢反应的过程，称为细胞信号转导(cellular signal transduction)。细胞信号转导的基本路线为特定的细胞释放信息物质→信息物质经扩散或血循环到达靶细胞→与靶细胞的受体特异性结合→受体对信号进行转换并启动细胞内信使系统→靶细胞产生生物学效应(图16-1)。其中由特定细胞分泌释放的激素(hormone)、神经递质(neurotransmitter)、生长因子(growth factor,GF)和细胞因子(cytokine)等化学信号分子又称为第一信使(first messenger)。

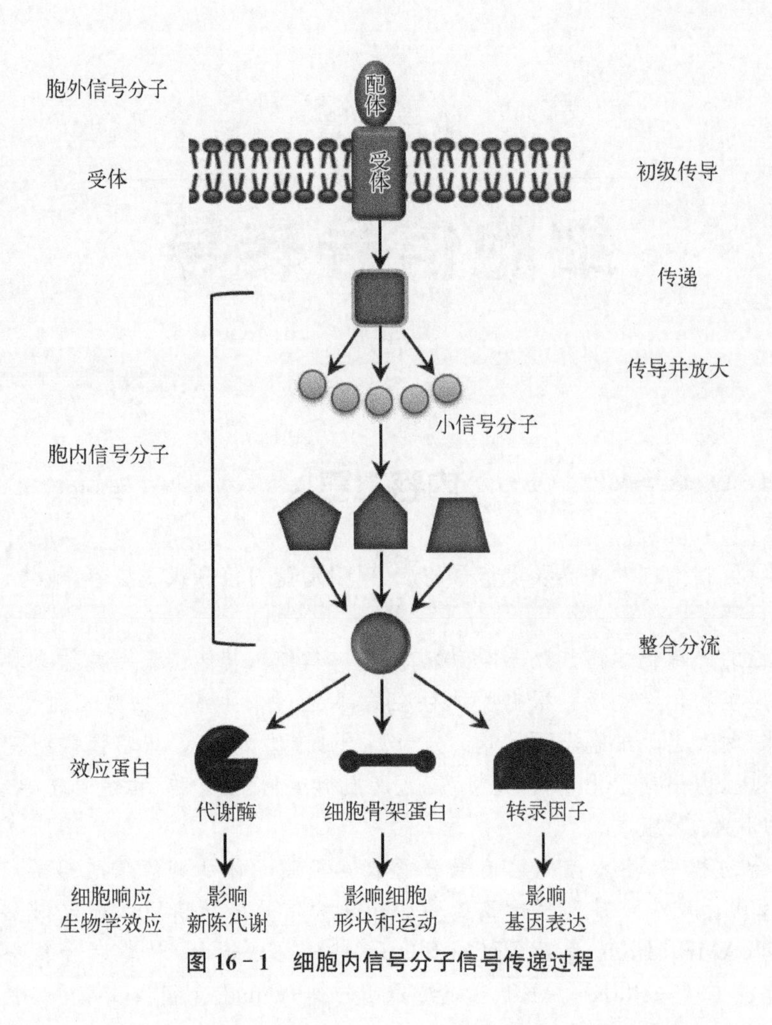

图 16－1　细胞内信号分子信号传递过程

第一节　细胞信号转导的分子基础

一、细胞外信号

细胞可以感受物理信号，但体内细胞所感受的外源信号主要是化学信号。化学信号通信的建立是生物为适应环境而不断变异、进化的结果。单细胞生物可以直接从外界环境接收信息；而多细胞生物中的单个细胞则主要接收来自其他细胞的信号或所处微环境的信息。最原始的通信方式是细胞与细胞间通过孔道进行的直接物质交换或是通过细胞表面分子的相互作用实现信息交流，这种调节方式至今仍是高等动物细胞分化、个体发育及实现整体功能协调、适应的重要方式之一。但是，相距较远细胞间的功能协调则依赖于远距离发挥作用的信号分子。

(一) 可溶性信号分子

多细胞生物中，细胞可以通过分泌化学物质(蛋白质或小分子有机化合物)而发出信号；这些分子作用于靶细胞表面或细胞内的受体，调节靶细胞的功能，从而实现细胞间的信息交流。根据化学性质，信号分子可分为短肽、蛋白质、气体分子(NO、CO)、氨基酸、核苷酸和胆固醇衍生物等；其根据溶解特性分为水溶性化学信号和脂溶性化学信号两大类；而根据在体内的作用距离，则可分为内分泌(endocrine)信号、旁分泌(paracrine)信号和神经递质信号三大类。有些旁分泌信号还能作用于发出信号的细胞自身，称为自分泌(autocrine)信号。

（二）膜结合型信号分子

相邻细胞可通过膜表面分子的特异性识别或互作，并将信号传入靶细胞内。这种细胞通信方式称为膜表面分子接触通信。属于这一类通信的有相邻细胞间黏附因子的相互作用、T 细胞与 B 淋巴细胞表面分子的相互作用等。

二、受体

受体（receptor）是细胞膜或细胞内的一些天然分子，能够识别和结合有生物活性的外源化学信号分子，即配体（ligand），从而启动一系列信号转导，最后产生相应的生物学效应。受体的化学本质为蛋白质，且多为糖蛋白。

细胞间信息物质就是最常见的一类配体。除此之外，某些药物、维生素和毒物也可作为配体。

（一）受体的特征

1. 特异性　配体与受体的结合具有高度的特异性，这种特异性是由两者结构相互识别所决定的。这是配体只能作用某些特定的组织器官并呈现一定的生物学效应的基础。

2. 亲和性　配体与受体结合的亲和力高低一般以其解离常数 K_d 表示。K_d 越小表明亲和力越高。激素的 K_d 值为 10^{-11}～10^{-9}mol/L，所以即使激素的浓度很低，也能与受体结合，引起生物学效应。

3. 饱和性　配体生物学效应的强弱通常与受体结合的配体的量成正比。但是，由于受体的数目有限，当配体浓度升高至一定程度，配体与受体结合呈饱和状态。若能很快达到饱和，表明配体与受体亲和力高，两者的结合称为特异性结合。当配体浓度很高时也不能达到完全饱和，称为非特异性结合，说明二者的亲和力低。

4. 可逆性　配体与受体的结合，绝大多数是通过氢键、离子键、范德瓦耳斯力等非共价键结合，因此二者的结合是可逆的。当生物效应发生后，配体与受体立即解离，受体恢复到原有状态。

5. 产生特定的生理效应　配体与受体结合后，可引起胞内信号分子活性改变，产生特定的生理效应。例如，胰高血糖素与肝细胞膜受体结合后，受体激活偶联的 G 蛋白，通过腺苷酸环化酶产生 cAMP，继而激活 cAMP 依赖性 PKA，从而抑制糖原合酶、激活糖原磷酸化酶，使糖原迅速分解，升高血糖。

（二）受体的分类与结构

根据在细胞中的位置，受体可分为细胞表面受体（cell surface receptor）和细胞内受体（intracellular receptor）。

1. 细胞表面受体　也称膜受体（membrane receptor）或跨膜受体（transmembrane receptor），主要存在于细胞膜上，多为镶嵌糖蛋白。其配体多为水溶性信号分子和其他细胞表面的信号分子。按照信号转导的机制和受体分子结构的不同，细胞表面受体又分为离子通道型受体、G 蛋白偶联受体和酶联受体。

（1）离子通道型受体（ionotropic receptor）：又称配体门控受体（ligand-gated receptor）或配体门控离子通道（ligand-gated ion channel），是由多亚基组成的筒状寡聚体结构，形成阴离子（如 Cl^-）或阳离子（如 Na^+、Ca^{2+}）跨膜通道。受体本身既有信号分子结合位点又是离子通道，故其跨膜信号转导无须中间环节，主要见于可兴奋细胞间的突触信号传递。神经递质通过与受体结合打开或关闭离子通道，改变质膜的离子通透性，从而改变突触后细胞的兴奋性。受体的每个亚基都有细胞外、细胞内和跨膜区 3 个结构域，跨膜区具有 4 个跨膜螺旋。例如，当神经元的烟碱型乙酰胆碱受体（nAChR）与乙酰胆碱结合时，膜通道开放，膜外的阳离子（以 Na^+ 为主）内流，引起突触后膜的去极化。γ-氨基丁酸受体（$GABA_AR$）被 γ-氨基丁酸激活时，即引起 Cl^- 内流，使突触后神经元超级化；离子型谷氨酸受体被谷氨酸激活时，引起 Na^+ 和 Ca^{2+} 内流，使突触后神经元去极化。

（2）G 蛋白偶联型受体（G protein coupled receptor，GPCR）：也称为 7 次跨膜受体或蛇形受体。此类受体分子为单一肽链，含有 7 个疏水结构域，7 次横跨细胞膜，分子的大部分在双层脂膜中。N 端位于细胞外侧，C 端位于细胞内侧；在细胞膜内侧有 1 个 G 蛋白（鸟苷三磷酸结合蛋白）识别的序列。配体与受体结合，受体变构，通过 G 蛋白的介导，激活或抑制效应蛋白质或酶的活性。G 蛋白偶联受体介导许多胞外信号分子的细胞应答，包括蛋白质和多肽类激素（如胰高血糖素）、神经递质、氨基酸和脂肪酸的衍生物等。

（3）酶联受体（enzyme linked receptor）：通常是单次跨膜受体。这类受体有很多，可分为两类。一类是受体本身就是酶,最常见的是具有酪氨酸激酶活性的受体[如表皮生长因子受体(epidermal growth factor receptor,EGFR)、胰岛素受体等],称为受体酪氨酸激酶(receptor tyrosine kinase,RTK),其胞外段与配体结合后则激活其胞内段的酪氨酸蛋白激酶活性,既可导致受体自身磷酸化,又可催化其他底物蛋白的特定酪氨酸残基磷酸化,从而激活胞内信号转导。另外,有的受体具有丝氨酸/苏氨酸蛋白激酶活性、蛋白磷酸酶活性或鸟苷酸环化酶(guanylate cyclase,GC)活性。另一类是受体本身无内在的催化活性(如干扰素受体),而是与酪氨酸蛋白激酶等酶分子相连,受体与配体结合后则激活相连的酶,进而激活胞内信号转导。

2. 细胞内受体　这类受体位于细胞内、细胞质或细胞核,但大多数位于细胞核内,因而称核受体(nuclear receptor)。与膜受体不同的是,作用于核受体的配体必须先穿过细胞膜,才能与受体结合,故这类配体多是亲脂化合物,如糖皮质激素等类固醇激素和维生素 D_3 等。其多为转录因子,生物学效应是调节转录,故又称为转录因子型受体。

三、常见的细胞内信号转导分子

细胞外的信号与受体尤其是膜受体结合后,会通过细胞内一些蛋白质和小分子物质等各种细胞内信号转导分子进行接力传递,最终引发细胞响应。

(一) 小分子化合物

很多细胞外信号分子(第一信使)与受体结合后并不进入细胞内,但间接激活细胞内其他可扩散并能调节信号转导蛋白活性的小分子或离子。这些细胞内信号分子相对于第一信使而言,称为第二信使(second messenger)。

1. 无机离子　如 Ca^{2+} 等。Ca^{2+} 作为细胞内的第二信使参与了若干细胞内的信号转导过程,包括突触传递、受精、分泌、肌肉收缩和胞质分裂等。细胞的肌质网、内质网和线粒体可作为细胞内 Ca^{2+} 的储存库。细胞膜上和内质网膜上依赖 ATP 的钙泵和 Ca^{2+} 通道使细胞质中的 Ca^{2+} 维持在一定的浓度状态,细胞质内 Ca^{2+} 浓度为 0.01～1 μmol/L,比细胞外液中 Ca^{2+} 浓度(约 2.5 mmol/L)低得多。

2. 脂质衍生物　如甘油二酯、神经酰胺(ceramide)等。质膜上磷脂酰肌醇-4,5-二磷酸(phosphatidylinositol 4,5-bisphosphate,PIP_2)经磷脂酶 C 水解成 IP_3 和甘油二酯。甘油二酯是脂溶性分子,生成后仍留在细胞膜内。IP_3 进入胞质内,从而将信息转导至细胞内。IP_3 主要是通过动员细胞内钙而启动 Ca^{2+} 信号系统而发挥作用的。IP_3 的碳骨架结构类似于葡萄糖。

3. 核苷酸　如 cAMP、cGMP 等。cAMP 由活化的腺苷酸环化酶催化 ATP 环化生成。细胞内 cAMP 被特异的磷酸二酯酶水解生成 AMP,使得 cAMP 活性丧失。cGMP 广泛存在于动物各组织中,它是由 GTP 在鸟苷酸环化酶的催化下经环化而生成,经特异的磷酸二酯酶催化降解。cGMP 能激活依赖 cGMP 的蛋白激酶 G(protein kinase,PKG),从而催化相关蛋白或酶类的磷酸化,产生生物学效应。

(二) 信号转导蛋白

信号转导蛋白包括 G 蛋白、衔接蛋白和支架蛋白等。

1. G 蛋白　鸟苷酸结合蛋白(guanine nucleotide-binding protein)也称 GTP 结合蛋白,简称 G 蛋白(G protein)。G 蛋白属于水解酶类的 GTP 酶大家族。G 蛋白是信号转导的重要分子开关蛋白。其上游受体激活后,G 蛋白与 GTP 结合,处于活化形式,可激活下游信号转导分子如腺苷酸环化酶等;同时其内在的 GTP 酶活性又将其结合的 GTP 水解为 GDP,从而将其自身关闭,回到非活化状态,停止激活下游分子。

G 蛋白有两类。第一类是常见的与细胞表面受体偶联的异三聚体 G 蛋白,由 α、β、γ 3 个亚基组成,分子量约为 100 kDa。不同 G 蛋白的 α 亚基不同,是 G 蛋白分类的依据。G 蛋白不是跨膜蛋白,固定于细胞膜内侧,但当受体接收信号后,可与 7 次跨膜受体相结合,将外来的信号转化为传向细胞内的信号,细胞信号转导中常见的 G 蛋白及其功能见表 16-1。第二类是分子量小于 20 kDa 的单体形式的 G 蛋白,特称为小 G 蛋白(small G protein),如 Ras 家族蛋白。

表 16-1　细胞信号转导中常见的 G 蛋白

G 蛋白类型	α 亚基	功　能
G_s	α_s	激活腺苷酸环化酶
G_i	α_i	抑制腺苷酸环化酶
G_q	α_q	激活磷脂酶 C
G_o	α_o	大脑中主要的 G 蛋白，可调节离子通道
G_T	α_T	激活视觉

2. 衔接蛋白和支架蛋白　信号转导途径中的一些环节是由多种分子聚集形成的信号转导复合物(signaling complex)来完成信号传递的。信号转导复合物的形成是一个动态过程，针对不同外源信号，可聚集成不同成分的复合物。信号转导复合物形成的基础是蛋白质相互作用。蛋白质相互作用的结构基础则是各种蛋白质分子中的蛋白质相互作用结构域(protein interaction domain)。这些结构域大部分由 50～100 个氨基酸残基构成。目前已知的结构域已有近 50 种，以下仅举数例。

SH2 结构域(Src homolog 2 domain)：存在于 Src 等激酶及生长因子受体结合蛋白(growth factor receptor-bound protein 2，Grb2)等衔接蛋白，可识别和结合蛋白质分子中磷酸化的酪氨酸及其相邻的 3～6 个氨基酸残基所构成的模体(motif)，即 SH2 结合位点。此位点的序列通常为 pY$xx\gamma$，其中 pY 代表磷酸化酪氨酸，γ 代表疏水氨基酸。

SH3 结构域(Src homolog 3 domain)：存在于 Src 等激酶及 Grb2 等衔接蛋白，识别和结合蛋白质分子中富含脯氨酸的序列(R/KxxPxxP 或 PxxPxR/K)，其中 x 代表任意氨基酸。

pH 结构域(pleckstrin homology domain)：存在于苏氨酸蛋白激酶、酪氨酸蛋白激酶等，可以较高特异性地与磷脂类分子 PIP_2、PIP_3 等结合，介导蛋白质定位于细胞膜上。

衔接蛋白(adaptor protein)或称接头蛋白，是信号转导途径中不同信号转导分子之间的接头分子，通过连接上游信号转导分子和下游信号转导分子而形成信号转导复合物。例如，EGFR 信号转导途径中的衔接蛋白 Grb2 包含 1 个 SH2 结构域和 2 个 SH3 结构域，分别连接上下游分子 EGFR 和下游的鸟嘌呤核苷酸交换因子 SOS。

支架蛋白(scaffold protein)一般是分子量较大的蛋白质，带有多个蛋白质结合域，可结合同一信号转导途径中的多个相关信号转导蛋白，从而将其容纳于一个隔离而稳定的信号转导途径内，以维持信号转导途径的特异性。

(三) 酶类

细胞内的很多信号转导分子都是酶。作为信号转导分子的酶主要有两类，一类是催化生成小分子信使的酶，如腺苷酸环化酶、鸟苷酸环化酶、磷脂酶 C 等；另一类是催化蛋白质翻译后修饰的相关酶类，以蛋白激酶和蛋白磷酸酶系统最为常见。

细胞内很多作为信号转导分子开关的蛋白质通过被磷酸化和去磷酸化修饰而被开启或关闭。蛋白激酶(protein kinase)催化把 ATP 或 GTP 的 γ 位磷酸基转移到底物蛋白质的氨基酸残基上使之发生磷酸化。蛋白磷酸酶(protein phosphatase)则催化靶蛋白或底物蛋白并使其发生去磷酸化。受磷酸化控制的许多分子开关蛋白本身就是蛋白激酶，从而组成磷酸化级联反应：一个被磷酸化而激活的蛋白激酶接着又磷酸化下一个蛋白激酶，如此等等，信号在依次向前传送过程中被不断放大。

蛋白激酶目前已发现至少 800 多种，主要分为两类。第一类是丝氨酸/苏氨酸蛋白激酶(protein serine/threonine kinase，PSTK)，可特异性地催化底物蛋白中丝氨酸和苏氨酸残基并使其发生磷酸化，如 PKA、蛋白激酶 B(protein kinase B，PKB)、蛋白激酶 C(protein kinase C，PKC)和 Ca^{2+}-CaM 依赖性的蛋白激酶。第二类是酪氨酸蛋白激酶(protein tyrosine kinase，PTK)，可特异性地催化酪氨酸残基磷酸化，包括受体酪氨酸蛋白激酶(如 EGFR)和非受体酪氨酸蛋白激酶(如 Src)。还有少数蛋白激酶既可使丝氨酸/苏氨酸残基磷酸化，又可使酪氨酸残基磷酸化，此称为双重特异性激酶(dual-specificity kinase)，如 MEK。

蛋白磷酸酶数量相对较少且特异性相对降低，包括催化丝氨酸/苏氨酸残基去磷酸的丝氨酸/苏氨酸蛋白磷酸酶(protein serine/threonine phosphatase,PSTP),如 PPS1、PP2A、PP2B、PP2C 等,以及催化酪氨酸残基去磷酸的酪氨酸蛋白磷酸酶(protein tyrosine phosphatase,PTP)。同样也有少数双重特异性磷酸酶。

第二节 细胞内主要信号转导途径

不同的信号分子与不同的受体结合,在细胞内启动的不同信号转导途径,导致不同的生物学效应。常见的细胞信号转导途径大致可分为膜受体介导的信号转导途径和细胞内受体介导的信号转导途径,其中以膜受体介导的信号转导途径最为复杂。其常见细胞内信号转导途径分类及其特点参见表 16-2。

表 16-2 常见细胞内信号转导途径分类及其特点

配 体	受体类型	受 体 特 点	细胞信号转导途径
肾上腺素、胰高血糖素	G 蛋白偶联受体	与 Gs 型 G 蛋白偶联	cAMP-PKA 途径
促甲状腺素释放激素和去甲肾上腺素等	G 蛋白偶联受体	与 Gq 型 G 蛋白偶联	PLC-IP_3/DAG-PKC 途径
表皮生长因子、胰岛素等	酶联受体	具有酪氨酸蛋白激酶活性	Ras-MAPK 途径、PI3K-AKJ 途径
TGF-β、BMP 等	酶联受体	具有丝氨酸/苏氨酸蛋白激酶活性	TGF-β-Smad 途径
心房钠尿肽素、NO	酶联受体	具有鸟苷酸环化酶活性	cGMP-PKG 途径
干扰素、白介素等	酶联受体	与酪氨酸蛋白激酶偶联	JAK-STAT 途径
甲状腺素、性激素等	核受体	DNA 结合蛋白	核受体途径

一、膜受体介导的信号转导途径

(一) G 蛋白偶联受体介导的信号转导

肾上腺素、胰高血糖素和多巴胺等激素及神经递质的受体为 G 蛋白偶联受体。G 蛋白偶联受体与细胞外信号分子结合后,并不直接与细胞内侧的效应器作用,而是通过与之偶联的 G 蛋白来调节下游效应器如酶、离子通道等。G 蛋白接受来自信号分子-受体复合物的信息,再传递给效应酶,产生第二信使。

由 G 蛋白偶联受体介导的信号转导途径主要有 cAMP-PKA 途径和 PLC-IP_3/DAG-PKC 途径。

1. cAMP-PKA 途径　该途径以调控靶细胞内 cAMP 浓度的改变和 PKA 活性途径为主要特征,是激素调节物质代谢的主要途径。

(1) cAMP 的合成与分解：胞外信号分子与靶细胞受体结合,通过 Gs 或 Gi 传递给一个共同的腺苷酸环化酶使其激活或钝化。Gs 是激活型受体与腺苷酸环化酶之间的偶联蛋白,Gs 的效应酶是腺苷酸环化酶。当 Gs 处于无活性状态时,它是三聚体状态,α 亚基结合 GDP。配体与受体结合后导致受体构象改变,受体暴露出与 Gs 结合的位点,受体与 Gs 在膜上扩散导致二者结合,形成受体-Gs 复合物,Gs 的 α 亚基构象改变,排斥 GDP,结合 GTP 从而活化,于是 α 亚基与 βγ 亚基解离,同时暴露出与腺苷酸环化酶结合的位点;α 亚基与腺苷酸环化酶结合而使后者活化,催化 ATP 生成 cAMP。然后,α 亚基上的 GTP 酶活性使结合的 GTP 水解为 GDP,α 亚基恢复原来构象,从而与腺苷酸环化酶分离,腺苷酸环化酶活化终止,α 亚基重新与 βγ 亚基复合体结合。

当腺苷酸环化酶被激活时,催化 ATP 生成 cAMP。细胞内微量的 cAMP 在短时间内增加数倍以至数十倍,作为胞内第二信使,cAMP 启动胞内信号转导。胞外刺激信号消失,胞内 cAMP 被特异的 cAMP 磷酸二酯酶催化水解生成 AMP,将信号灭活。由此可见,胞内 cAMP 浓度取决于腺苷酸环化酶和磷酸二酯酶这两种酶活性的高低(图 16-2)。有的信号分子如胰岛素也可通过激活磷酸二酯酶而降低 cAMP 的浓度。

(2) cAMP 激活 PKA：胞内 cAMP 产生后,主要是通过蛋白质磷酸化作用继续传递信息。cAMP 通过激活 PKA 来传递信息。PKA 也称依赖 cAMP 的蛋白激酶(cAMP dependent protein kinase),其全酶由 4 个亚基组成(R_2C_2),包括两个相同的调节亚基(R)和两个相同的催化亚基(C)。R 亚基具有与 cAMP 结合的部位,具有调节功能;C 亚基具有激酶的催化活性(图 16-3)。R 亚基在全酶中对 C 亚基

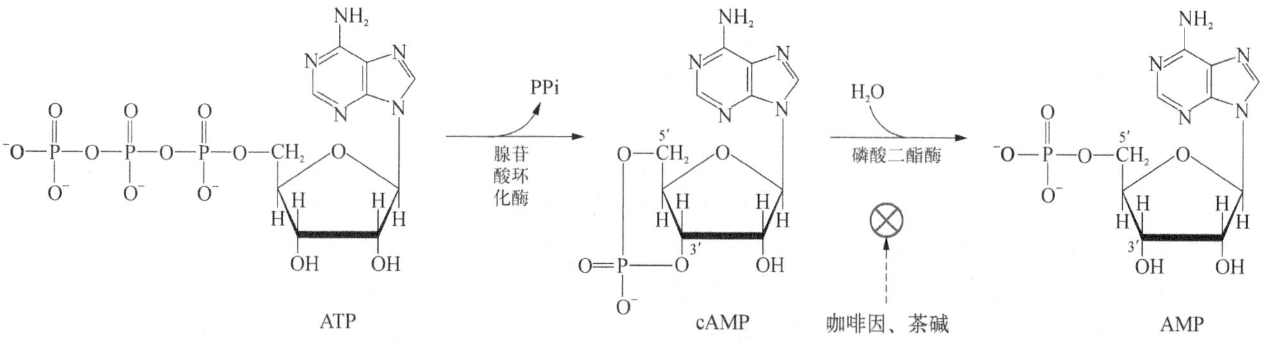

图 16－2　cAMP 的生成与分解

具有抑制作用，因此，全酶（R_2C_2）无酶活性。R 亚基具有两个 cAMP 结合位点，与 cAMP 结合后导致 R 与 C 亚基的解离，使 C 亚基表现出催化活性。PKA 催化其靶蛋白的丝氨酸或苏氨酸残基的羟基磷酸化，其磷酸基由 ATP 供给。蛋白磷酸酶催化磷蛋白脱去磷酸。因此，蛋白质的磷酸化和去磷酸化是可逆的。

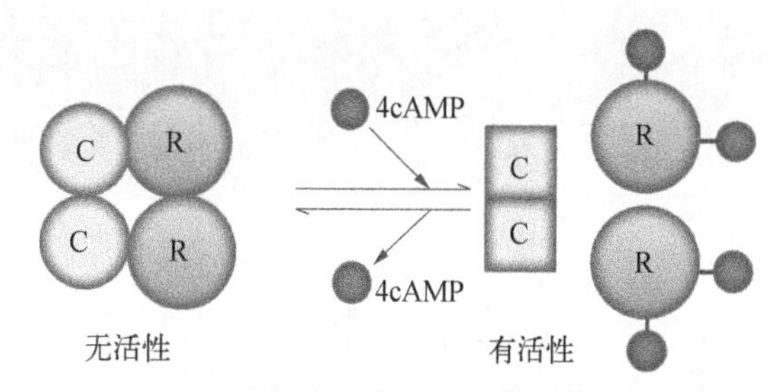

图 16－3　PKA 激活模式图

（3）PKA 的作用：cAMP 通过 PKA 介导的作用，既有快速的生理反应，又涉及缓慢而持久的基因表达的调控。

在糖代谢中，PKA 催化糖原磷酸化酶激酶 b 磷酸化，后者又使糖原磷酸化酶磷酸化，糖原磷酸化酶被激活，催化糖原分解生成葡糖-1-磷酸。与此同时，PKA 催化糖原合酶磷酸化，抑制该酶活性，从而阻断了糖原合成。因此，cAMP 通过 PKA 既促进糖原分解又抑制糖原合成，从而促使血糖浓度升高。在脂代谢中，PKA 对胞内激素敏感甘油三酯脂肪酶进行磷酸化而活化，从而加速脂肪动员。

PKA 还作用于缓慢而持久的基因表达调控。PKA 被激活后，其催化亚基由细胞质进入细胞核内，催化转录因子 cAMP 应答元件结合蛋白（cAMP response element binding protein，CREB）磷酸化，磷酸化的 CREB 能与 DNA 上的顺式作用元件，即 cAMP 应答元件（cAMP response element，CRE）结合，从而启动靶基因的转录（图 16－4）。

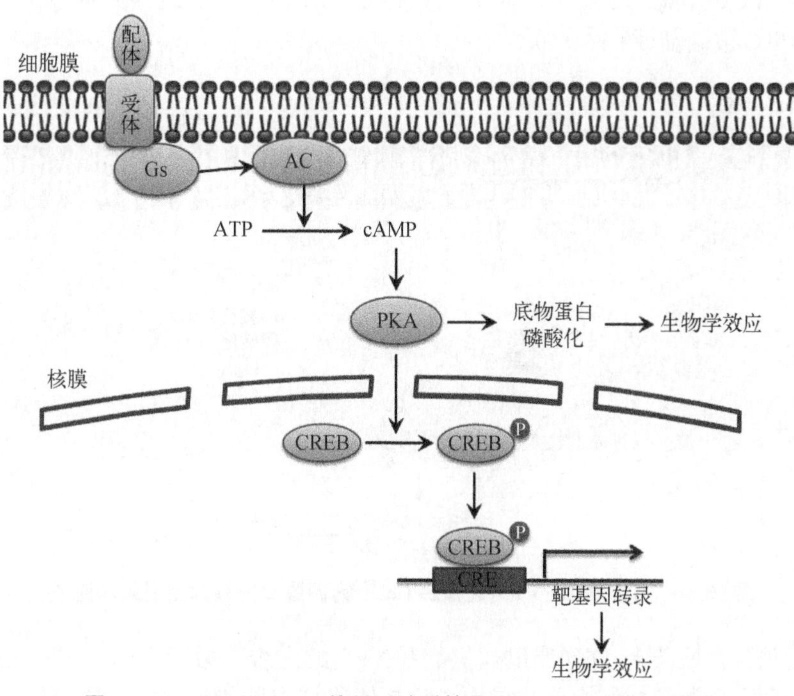

图 16－4　cAMP－PKA 信号系统对转录因子 CREB 活性的调节

2. PLC - IP_3/DAG - PKC 途径(双信使途径)　收缩、运动、分泌和分裂等复杂的生命活动,需有 Ca^{2+} 参与调节。细胞外液的 Ca^{2+} 通过钙通道进入细胞,或者亚细胞器内储存的 Ca^{2+} 释放到细胞质时,都会使细胞质内 Ca^{2+} 水平急剧升高,随之引起某些酶活性和蛋白质功能的改变,从而调节各种生命活动。因而将 Ca^{2+} 也视为细胞内重要的第二信使,其可通过以下途径调控生理反应和基因表达。

(1) Ca^{2+}-磷脂依赖性蛋白激酶途径:近年来有研究表明,体内的跨膜信息传递方式中还有一种以 IP_3 和甘油二酯为第二信使的双信号。该系统可以单独调节细胞内的许多反应,又可以与 cAMP -蛋白激酶系统及酪氨酸蛋白激酶系统相偶联,组成复杂的网络,共同调节细胞的代谢和基因表达。

1) IP_3 和甘油二酯的生物合成和功能:血管紧张素Ⅱ、促甲状腺素释放激素、去甲肾上腺素和抗利尿激素等作用于靶细胞膜上特异性受体后,通过特定的 G 蛋白(Gq)激活磷脂酶 C(phospholipase C,PLC),PLC 则水解膜组分 PIP_2 而生成甘油二酯和 IP_3(图 16 - 5)。

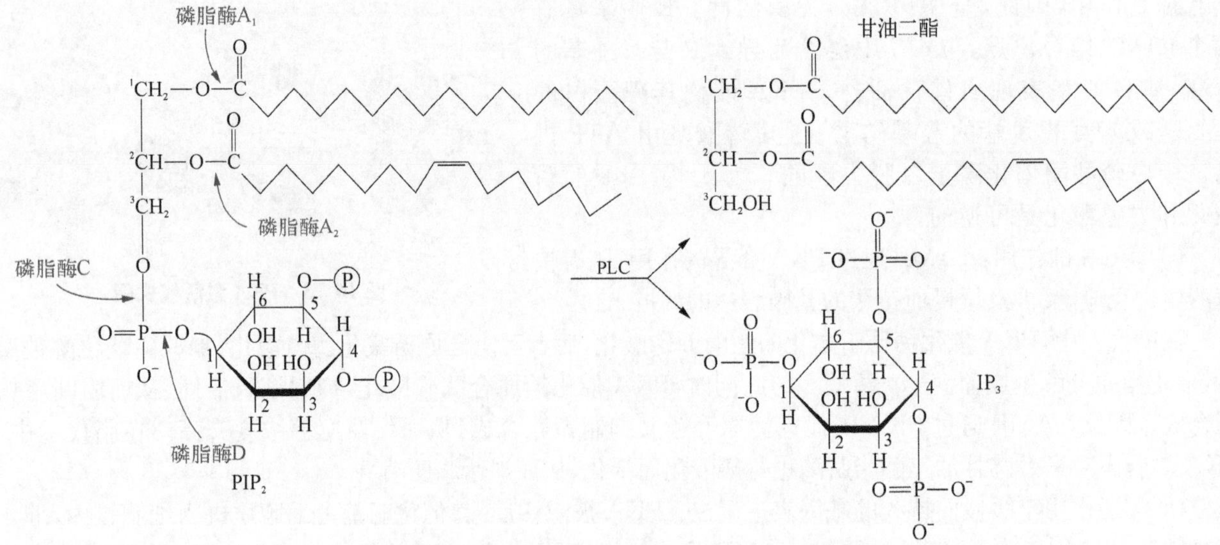

图 16 - 5　PLC 水解 PIP_2 生成甘油二酯和 IP_3

IP_3 生成后,从膜上扩散至细胞质中与内质网和肌质网上的受体结合,促进这些钙储库内的 Ca^{2+} 迅速释放,使细胞质内的 Ca^{2+} 浓度升高。如前所述,Ca^{2+} 能与细胞质内的 PKC 结合并聚集至质膜,在甘油二酯和膜磷脂共同诱导下,PKC 被激活(图 16 - 6)。

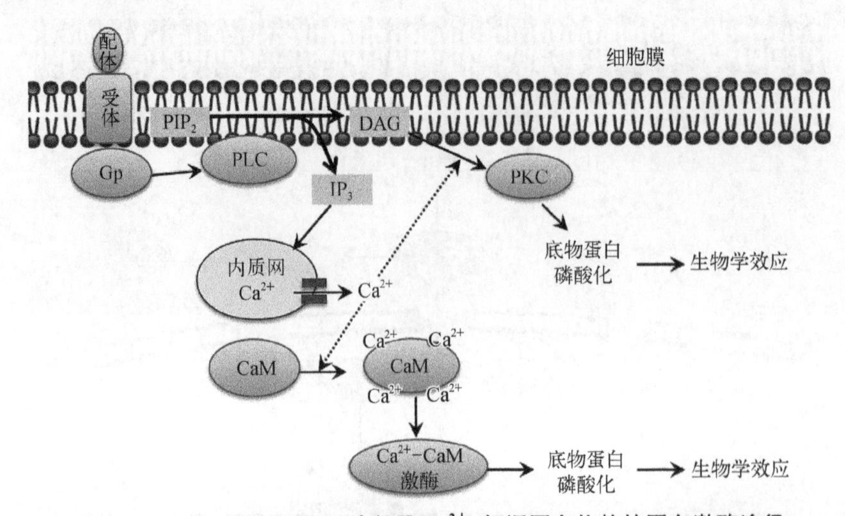

图 16 - 6　IP_3/DAG - PKC 途径及 Ca^{2+}-钙调蛋白依赖的蛋白激酶途径

甘油二酯生成后仍留在质膜上,在磷脂酰丝氨酸和 Ca^{2+} 的配合下激活 PKC。PKC 由一条多肽链组成,含一个催化结构域和两个调节结构域。调节结构域常与催化结构域的活性中心部分贴近或嵌合,一旦 PKC

的调节结构域与甘油二酯、磷脂酰丝氨酸和 Ca^{2+} 结合，PKC 即发生构象改变而暴露出活性中心。

2) PKC 的生理功能：PKC 广泛存在于机体的组织细胞内，目前已发现 12 种 PKC 同工酶，它们对机体的代谢、基因表达、细胞分化和增殖起作用。

A. 代谢：有调节作用，PKC 被激活后可引起一系列靶蛋白的丝氨酸残基和(或)苏氨酸残基发生磷酸化反应。靶蛋白包括质膜受体、膜蛋白和多种酶等。PKC 能催化质膜的 Ca^{2+} 通道磷酸化，促进 Ca^{2+} 流入细胞内，提高细胞质 Ca^{2+} 浓度，PKC 也能催化肌质网的 Ca^{2+} - ATP 酶磷酸化，使钙进入肌质网，降低细胞质的 Ca^{2+} 浓度。由此可见，PKC 能调节多种生理活动，使之处于动态平衡。总之，PKC 通过对靶蛋白的磷酸化反应而改变功能蛋白的活性和性质，影响细胞内信息的传递，启动一系列生理、生化反应。

B. 基因表达：有调节作用，PKC 对基因的活化过程可分为早期反应和晚期反应两个阶段。PKC 能使立早基因的反式作用因子磷酸化，加速立早基因的表达。立早基因多数为细胞原癌基因(如 *c - fos* 基因、AP_1/*jun* 基因)，它们表达的蛋白质寿命短暂(半衰期为 1～2 h)，具有跨越核膜传递信息的功能，因此称为第三信使。第三信使受磷酸化修饰后，最终活化晚期反应基因并导致细胞增生或核型变化。致癌剂佛波酯(phorbol ester)正是作为 PKC 的强激活剂而引起细胞持续增生，诱发癌变。

(2) Ca^{2+}-钙调蛋白依赖性蛋白激酶途径(Ca^{2+} - CaM 激酶途径)：钙调蛋白(calmodulin，CaM)为钙结合蛋白，是细胞内重要的调节蛋白。CaM 是由一条多肽链组成的单体蛋白。人体的 CaM 有 4 个 Ca^{2+} 结合位点，当细胞质的 Ca^{2+} 浓度≥10^{-2} mmol/L时，Ca^{2+} 与 CaM 结合，其构象发生改变而激活依赖 Ca^{2+} - CaM 的蛋白激酶(Ca^{2+}/CaM - dependent protein kinase，CaMK)。

CaMK 的底物谱非常广，可以磷酸化许多蛋白质的丝氨酸和(或)苏氨酸残基，使之激活或失活。CaMK 既能激活腺苷酸环化酶又能激活磷酸二酯酶，即它既加速 cAMP 的生成又加速 cAMP 的降解，使信息迅速传至细胞内，又迅速消失。CaMK 不仅参与调节 PKA 的激活和抑制，还能激活胰岛素受体的酪氨酸蛋白激酶活性。可见，Ca^{2+} - CaM 激酶在细胞的信息传递中起非常重要的作用。

(二) 酶联受体介导的信号转导

如前所述，酶联受体种类很多，故其介导的信号转导途径也有很多种。各种生长因子主要由此发挥作用，调节细胞生长、增殖、分化、存活和迁移等表型，与癌症等疾病关系非常密切。

1. Ras - MAPK 途径　促分裂原活化的蛋白激酶(mitogen-activated protein kinase，MAPK)是一组能被不同的细胞外信号分子激活的丝氨酸/苏氨酸蛋白激酶。MAPK 途径的基本组成是一种从酵母到人类都保守的三级激酶模式，包括 MAPK 激酶激酶(MAP kinase kinase kinase，MAPKKK)、MAPK 激酶(MAP kinase kinase，MAPKK)和 MAPK。MAPKKK 有多种，如 Raf、MEKK 家族、MLK 家族、TAK、ASK 家族等。MAPKK 亦有多种，如 MEK(MAPK/ERK Kinase)家族、MKK 家族等。MAPK 有 3 个亚家族：胞外信号调节激酶(extracellular signal-regulated kinase，ERK)亚家族，包括 ERK1 和 ERK2；p38 MAPK 亚家族，包括 p38α、p38β 等；c - Jun 氨基端激酶(c - Jun N - ter minal kinase，JNK)亚家族，包括 JNK1 和 JNK2 等。

MAPK 途径是酶联受体介导的信号转导中最复杂的途径之一。在不同的细胞中，该途径的成员组成及诱导的细胞应答有所不同。目前了解最清楚的是 Ras - MAPK 途径，表皮生长因子(epidermal growth factor，EGF)、血小板源性生长因子(platelet-derived growth factor，PDGF)等生长因子主要通过该信号途径发挥作用。

下面以 EGF 为例进行介绍。EGF 是一多肽，具有促进创伤后表皮愈合等作用。EGFR 是一典型受体酪氨酸激酶，分子量约 170 kDa。其信号转导过程大致为：① EGF 与 EGFR 结合后，EGFR 形成二聚体，激活 PTK 活性，EGFR 胞内区数个酪氨酸残基在激酶活性作用下发生自身磷酸化。② 磷酸化的 EGFR 产生了可被 SH2 结构域所识别和结合的位点，衔接蛋白 Grb2，其 SH_2 结构域与自身磷酸化的 EGFR 结合，同时其 SH_3 结构又与 SOS(son of sevenless)结合并使 SOS 活化。SOS 是鸟嘌呤核苷酸交换因子(guanine nucleotide exchange factor，GEF)家族成员，是低分子量 G 蛋白的活性调节分子，含有可以被 Grab2 的 SH3 识别和结合的模体结构。③ 活化的 SOS 结合并激活 Ras。Ras 是一种低分子量的 G 蛋白，由一条多肽链构成，相当于 G 蛋白的 α 亚基。它在两个不同构象之间循环，与 GTP 结合时呈激活态，与 GDP 结合时呈无活性态。鸟嘌呤核苷酸交换因子 SOS 使 Ras 释放 GDP，结合 GTP，从而被激活；而 GTP 酶激活蛋白(GTPase activating protein,GAP)则使 Ras 迅速水解 GTP,使其失活。④ 活化的 Ras 引起 MAPK 级联活化。活化的 Ras 作用于其下游分子 Raf,使之活化。Raf 是 MAPK 磷酸化级联反应的第一个分子(属于 MAPKKK),Raf 进而磷酸化激活 MEK(属于 MAPKK),MEK 再磷酸化激活 ERK(属于 MAPK),至此完成了 MAPK 的三级磷酸化及激活过程。⑤ 转录因子磷酸化,活化的 ERK 进入细胞核,使一些转录因子如 Elk1 等磷酸化而被活化,调节与细胞生长有关的基因转录(图 16-7)。

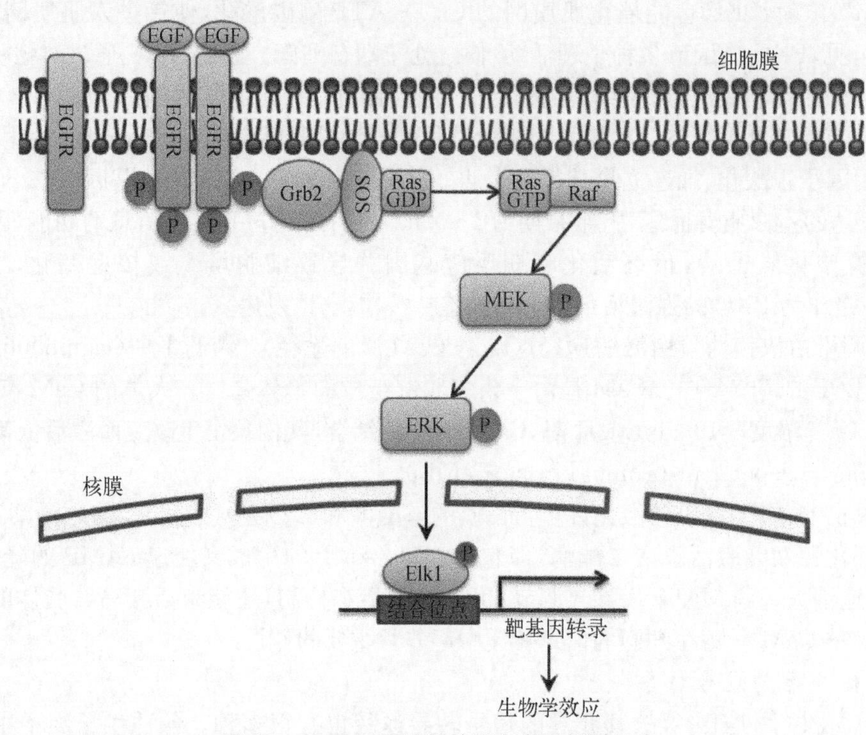

图 16-7　MAPK 途径的蛋白激酶级联反应

Ras-MAPK 途径是 EGFR 的主要信号转导途径。此外,许多受体酪氨酸激酶也可以激活这一信号转导途径,甚至 G 蛋白偶联受体也可以通过一些调节分子作用于这一转导途径。EGFR 的胞内段存在着多个酪氨酸磷酸化位点,因此除 Grb2 外,其还可募集其他含有 SH2 结构域的信号转导分子,激活 PLC-IP_3/DAG-PKC 途径、PI3K 等信号途径,再通过 PKC、PKB 作用于各种转录调节分子。

2. PI3K-AKT 途径　胰岛素、EGF、胰岛素生长因子(insulin-like growth factor,IGF)等可通过该途径发挥作用。胰岛素与其受体结合后,激活其受体酪氨酸激酶活性,使胰岛素受体底物 1(insulin receptor substrate-1,IRS-1)发生磷酸化,后者招募并激活磷脂酰肌醇 3-激酶(phosphatidylinositol 3-kinase, PI3K)。PI3K 由一个调节亚基(p85)和一个催化亚基(p110)组成。调节亚基含有 SH2 和 SH3 结构域,与含有相应结合位点的靶蛋白相作用。催化亚基有 4 种,即 p110α、β、δ、γ。活化的 PI3K 可将 PIP_2 转化为磷脂酰肌醇-3,4,5-三磷酸(PIP_3)。PIP_3 生成后可与 PKB 的 N 端 pH 结构域结合。使 PKB 从细胞质转移到细胞膜上,并在依赖 3-磷酸肌醇的蛋白激酶 1(phosphoinositide dependent kinase-1,PDK1)和依赖 3-磷酸肌醇的蛋白激酶 2(phosphoinositide dependent kinase-2,PDK2)的辅助下,使 PKB 蛋白上的特异位点苏氨酸和丝氨酸残基磷酸化而被激活。PKB 进一步磷酸化调控多种效应分子而发挥其调控细胞代谢、生长、增殖、存活等多种生物学过程,如 Bad 磷酸化失活(抗凋亡/促进细胞生长)、哺乳动物雷帕霉素靶蛋白(mammalian target of rapamycin,mTOR)磷酸化激活(蛋白质合成增加)、葡萄糖转运蛋白-4 磷酸化激活(转移到细胞膜表面使葡萄糖吸收增加)、磷酸果糖激酶-2 磷酸化激活(糖酵解增强)、转录因子 FOXO 磷酸化失活[使磷酸烯醇丙酮酸羧化激酶(PEPCK)转录下调而导致糖异生抑制]等。该途径的活性调节还有一个重要的负性调控因子 PTEN(phosphatase and tensin homolog)。PTEN 是一个 PIP_3 3-磷酸酶,与 PI3K 功能相反,可将 PIP_3 水解转变为 PIP_2,从而减少 PKB 的活化而阻止 PKB 调控的下游信号传导事件。PTEN 功能的丧失与多种恶性肿瘤密切相关(图 16-8)。

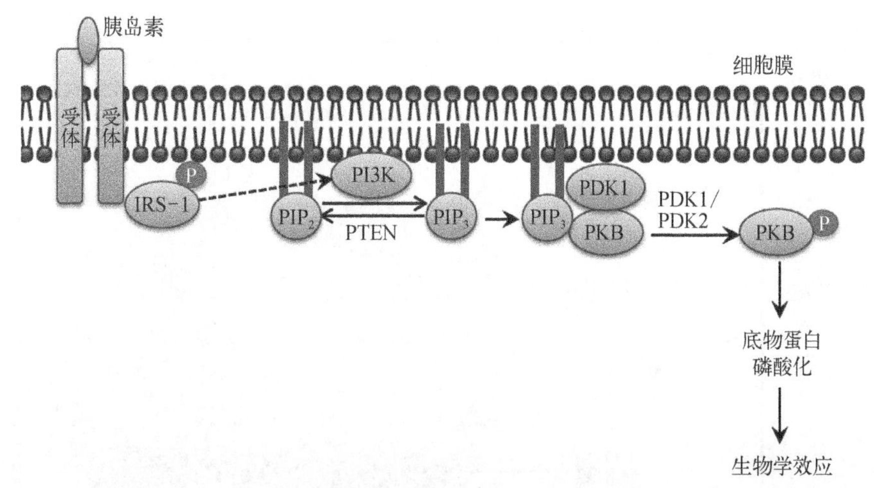

图 16-8　PI3K-PKB 途径

3. TGF-β-Smad 途径、cGMP-PKG 途径、JAK-STAT 途径、NF-κB 途径　具体见本章末二维码。

二、核受体介导的信号转导途径

有些脂溶性小分子，它们可以透过细胞膜，进入细胞与细胞内受体结合而传递信号。类固醇激素（包括糖皮质激素、盐皮质激素、雄激素、雌激素和孕激素）、维 A 酸及维生素 D 等可以穿过细胞膜，进入细胞内与核受体结合，直接调节特异基因转录。

（一）核受体的结构与功能

核受体一般由约 800 个氨基酸残基组成，含有 2 个锌指结构。各种受体的 C 端肽链长度相似，有相当的保守性；而各种受体的 N 端长度不同，保守性差。共同结构特点是有 3 个功能区域：C 端为激素结合区，N 端为基因转录激活区，中部为 DNA 结合区。在非活性受体的 C 端和中部结合一种抑制蛋白，即 HSP，它妨碍了受体与 DNA 的结合；激素与核受体 C 端结合，改变了构象，使抑制蛋白解离下来，从而使受体 DNA 结合区暴露而活化。

（二）核受体分类

核受体根据其结合配体的特性一般可以分为Ⅰ、Ⅱ、Ⅲ共 3 种类型。

Ⅰ型受体的配体为固醇类激素，如糖皮质激素受体等。这类核受体在与配体结合前位于细胞质内，与 HSP 结合，处于静止状态。糖皮质激素进入细胞内与其配体结合后即可使其激活，从而进入细胞核内，作用于 DNA 上糖皮质激素应答元件（glucocorticoid response element，GRE），调控下游靶基因的表达（图 16-9）。

Ⅱ型受体的配体有甲状腺素、维生素 D 及维 A 酸。这类受体在与配体结合前，在核内结合于 DNA 上相应的顺式作用元件，使转录处于阻抑状态。一旦甲状腺素等相应的配体与其受体结合，则使与甲状腺激素应答元件（thyroid hormone response element，TRE）结合的受体活化，解除转录抑制而促进相应基因的表达（图 16-9）。

Ⅲ型受体则为配体未明的一类核受体。像这种尚没有发现或没有特异性配体的受体或受体样分子称为孤儿受体（orphan receptor）。

（三）核受体对基因表达的调控

过去很长一段时期，专家一致认为类固醇激素受体位于细胞质内，与类固醇激素结合后被激活，即分子构象发生变化，从而容易通过核膜孔进入细胞核内，这就是由细胞质到细胞核的“二步模型”。近年研究认为，类固醇激素受体未结合配体前主要存在于细胞核内，但亦有的存在于细胞质中。激素与受体结合，形成活性激素-受体复合物，继而受体二聚化，与 DNA 上的激素应答元件（hormone response element，HRE）结合并调节基因转录。

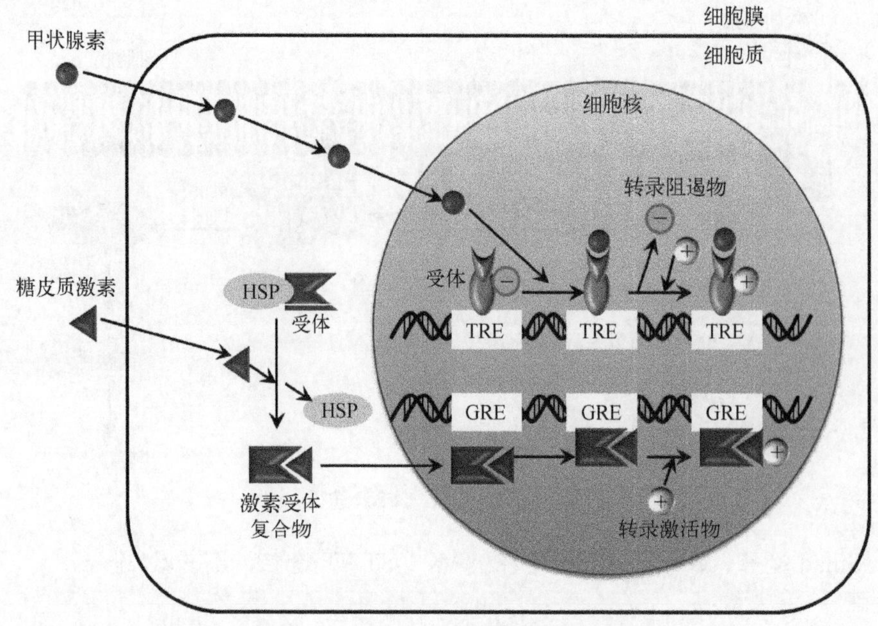

图 16-9 核受体介导的信号转导途径

第三节 细胞信号转导的基本规律

细胞信号转导由一系列信号途径组成，它们之间相互协同和相互制约，从而形成了高度有序的复杂的信号转导网络，精细调节机体的各种生命活动(图 16-10)。

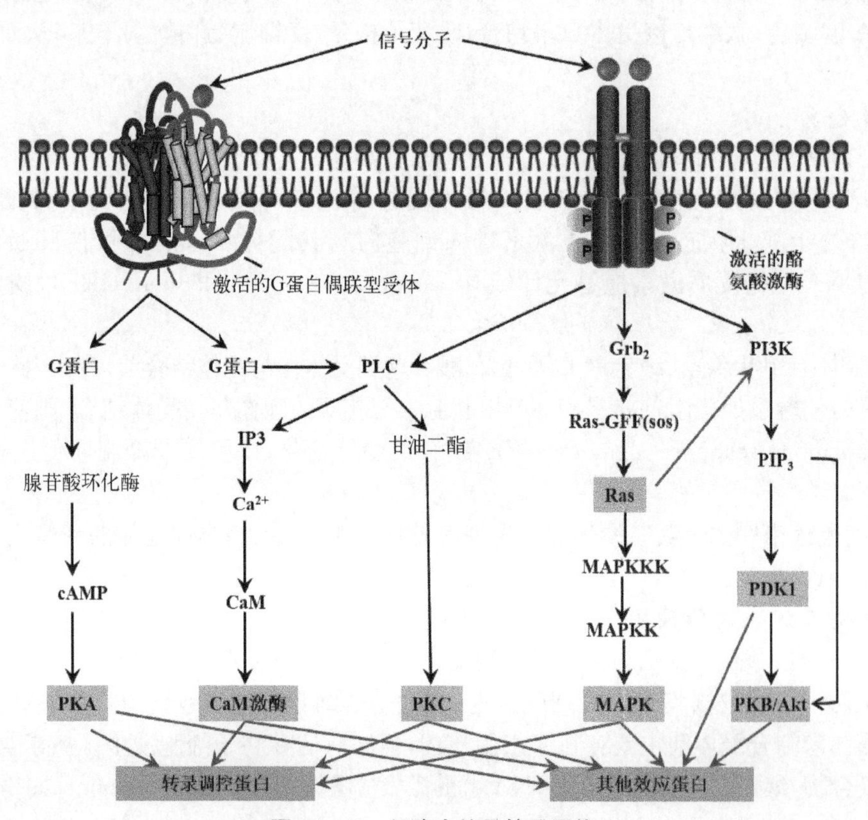

图 16-10 细胞内信号转导网络

一个信号分子可以激活多条信号转导途径。乙酰胆碱既可激活离子通道型受体(N型)又可激活G蛋白偶联型受体(M型)。PDGF可激活Ras-MAPK途径,也可激活PI3K途径。

一条信号转导途径中的成员可参与另一条信号转导途径。例如,G蛋白偶联受体介导的PLC-IP_3/DAG-PKC途径中产生的Ca^{2+}既可以和甘油二酯共同激活PKC,也可以激活CaM,参与Ca^{2+}-钙调蛋白依赖的蛋白激酶途径。

不同的信号可以在信号途径中的不同部位发生聚合和整合,产生相同或相似的生物学效应。例如,G蛋白偶联受体及受体酪氨酸激酶均可激活PI3K信号转导途径;β-肾上腺素、促甲状腺激素和加压素等分别通过其受体激活相同的Gs从而进行跨膜信号转导。

信号途径间既相互协同又相互制约。在MAPK途径中,Raf的激活是活化Ras信号途径、PKC信号途径和产生磷脂酸信号途径共同作用的结果。不同信号途径间能够互相对话,EGF激活其受体,从而激活MAPK途径,MAPK可使雌激素受体的N端转录激活区磷酸化从而使其激活,这说明膜受体与核受体间存在相互对话。第二信使cAMP能激活质膜上电压门控的Ca^{2+}通道,增加细胞内Ca^{2+};而Ca^{2+}能增加腺苷酸环化酶活性,增加细胞内cAMP水平,这表现cAMP和Ca^{2+}两个第二信使间的对话。通过Gs偶联受体激活腺苷酸环化酶,cAMP激活PKA,后者使MAPK途径中的Raf磷酸化而被抑制,从而阻断MAPK途径。

第四节 细胞信号转导异常与疾病

细胞信号转导分子活性的异常改变是许多疾病的分子基础。激素、神经递质、生长因子和细胞因子等胞外信号分子,通过靶细胞受体,在胞内进行信息传递,引起生物学效应,以应答胞外信号的刺激。这些生物学效应包括快速生理反应、迟缓的基因表达和细胞的增殖和分化。众多胞外信号分子所引起的胞内信号转导途径也是多种多样的,但它们并不是孤立的,而是相互联系、相互制约、相互协同的,从而形成胞内信息转导网络。因此,细胞代谢和存活出现问题,无疑也将涉及信号转导系统。人类健康是建立在各种组织器官中细胞正常功能的基础上的,由此可见,细胞信号转导与人类健康和疾病是密切相关的。

一、信号转导异常与疾病的发生

细胞信号转导异常主要表现在两个方面,一是信号不能正常传递,二是信号途径异常地处于持续激活的状态,从而导致细胞功能的异常。引起细胞信号转导异常的原因是多种多样的,基因突变、细菌毒素、自身抗体和应激等均可导致细胞信号转导的异常。细胞信号转导异常可以局限于单一途径,亦可同时或先后累及多条信号转导途径,造成信号转导网络失衡。

细胞信号转导异常的原因和机制很复杂多样,但基本上是源于3方面:胞外信号分子异常、受体异常激活和失活和细胞内信号转导分子的异常激活和失活。

(一)胞外信号分子异常

正常情况下,胞外信号分子水平受到严格调控。生长激素是脑垂体分泌的多肽激素,其功能是促进机体生长。垂体细胞分泌功能失调导致机体过度分泌生长激素;而体内过高生长激素水平可异常激活靶细胞表明生长激素受体,导致骨骼过度生长,使成人引起肢端肥大症、儿童引起巨人症。

(二)受体异常激活和失活

在正常情况下,受体只有在结合外源分子后才能激活,并向细胞内传递信号。但基因突变、基因拷贝数增加或基因融合可导致受体持续激活或失活。例如,EGFR只有在结合EGF后才能激活MAPK途径,但在肺癌等恶性肿瘤中突变的EGFR则不同,其缺乏与配体结合的胞外区,而其胞内区则处于活性状态,因而可不依赖外源信号的存在而持续激活,从而导致细胞恶性转化诱发肿瘤。基因突变可导致遗传性胰岛素受体异常,包括:① 受体合成减少或结构异常的受体在细胞内分解加速导致受体数量减少;② 受体与配体的亲和力降低,如精氨酸735突变为丝氨酸可导致受体与胰岛素亲和力下降;③ 受体PTK活性降低,如甘氨酸

1008 突变为缬氨酸可导致胞内区 PTK 结构域异常,从而使其磷酸化酪氨酸残基的能力减弱。在这些情况下,受体均不能正常传递胰岛素信号。

（三）细胞内信号转导分子的异常激活和失活

细胞内信号转导分子可因各种原因发生功能的改变而异常激活或失活。如果其功能异常激活,可持续向下游传递信号,而不依赖于外源信号及上游信号转导分子被激活。若信号转导分子失活,则导致信号传递的中断,使细胞失去对外源信号的反应性。

细胞内信号转导分子的结构发生改变可导致其激活并维持在活性状态。霍乱(cholera)是由霍乱弧菌引起的烈性肠道传染病。患者起病急骤,可出现剧烈腹泻,常有严重脱水、电解质紊乱和酸中毒,可因循环衰竭而死亡。霍乱弧菌通过分泌活性极强的外毒素——霍乱毒素来干扰细胞内信号转导过程。霍乱毒素选择性催化 Gsα 亚基的精氨酸 201 核糖化,此时 Gsα 仍可与 GTP 结合,但 GTP 酶活性丧失,不能将 GTP 水解成 GDP,从而使 Gsα 处于不可逆性激活状态,不断刺激腺苷酸环化酶生成 cAMP,细胞质中的 cAMP 含量可增加至正常的 100 倍以上,导致小肠上皮细胞膜蛋白构型改变,大量氯离子和水分子持续转运入肠腔,引起严重的腹泻和脱水。

细胞内信号转导分子表达降低或结构改变可导致其失活。胰岛素受体介导的信号转导途径中包括 PI3K - AKT 途径。基因突变可导致 PI3K 的 p85 亚基表达下调或结构改变,使 PI3K 不能正常激活或不能达到正常活性水平,从而不能正常传递胰岛素信号。

二、细胞信号转导分子与疾病治疗

信号转导研究的不断深入和发展,尤其是在疾病过程中信号转导的异常促进了新的疾病诊疗手段的发展。特别是信号转导分子结构功能改变与疾病发生、发展关系的研究为新药的筛选和开发提供了靶点。例如,多种受体激动剂和拮抗剂、离子通道的阻滞剂、蛋白激酶如 PTK、PKC、PKA、p38MAPK 的抑制剂等,它们中的有些在临床应用已取得明确的疗效,有些也已显示出一定的应用前景。例如,帕金森病患者脑中多巴胺浓度降低,可通过补充其前体物质,调整细胞外信息分子水平进行治疗。而一些受体过度激活或抑制引起的疾病,可分别采用受体拮抗剂或受体激动剂达到治疗目的。此外,调节细胞内信使分子或信号转导蛋白水平也是临床上使用较多的方法,如调节胞内钙浓度的钙通道阻滞剂。维持细胞 cAMP 浓度的 β -受体阻滞剂等均在疾病的治疗中应用广泛。由于 85% 与肿瘤相关的原癌基因和癌基因产物是 PTK,且肿瘤发生时 PTK 活性常升高,故肿瘤治疗中常以 PTK 为治疗靶点阻断细胞增殖。目前,已经发现的慢性粒细胞白血病的治疗药物达沙替尼、伊马替尼就是蛋白酪氨酸激酶的抑制剂。在一些全身性炎症反应中,早期应用抑制 NF - κB 活化的药物,则从调节核转录因子的水平出发,控制炎症反应时过程中炎症介质的失控性释放,可阻抑炎症性疾病的发生发展。

（张春冬,杨银峰）

※ 第十六章数字资源

TGF - β - Smad 途径、cGMP - PKG 途径、JAK - STAT 途径、NF - κB 途径

第十六章 参考文献

微课视频 16 - 1 G 蛋白

微课视频 16 - 2 cAMP - PKA 途径

第五篇

分子生物学专题

作为21世纪生命科学前沿的分子生物学，为推动现代医学的革新与迅猛发展做出了重要贡献，引领现代医学进入分子医学时代。分子生物学理论和技术在医学实践中的应用日益广泛，是当代医学生需要掌握的新知识体系。

本篇内容主要涉及基因与疾病、分子生物学技术及其应用、组学发展前沿等，包括癌基因和抑癌基因、常用分子生物学技术、DNA重组和基因工程、基因诊断和基因治疗、组学。

本篇的内容，有些应作为对本科生的基本要求进行讲授，有些则主要供学生自学、讨论或讲座用，读者可根据实际情况使用。在学习方法上，仍应注重基本的名词概念。对技术性内容，重在理解原理和了解用途，操作步骤主要是为理解原理需要，不是学习的重点。

第十七章

癌基因和抑癌基因

内容提要

癌基因是能导致细胞发生恶性转化和诱发癌症的基因。绝大多数癌基因是细胞内正常的原癌基因突变或表达水平异常升高转变而来,某些病毒也携带癌基因。在物理、化学及生物因素的作用下,从原癌基因转变为具有促进细胞恶性转化(癌变)的致癌基因的过程称为原癌基因活化。原癌基因活化主要有基因突变、基因扩增、染色体易位、启动子或增强子获得等机制。生长因子是一类由细胞分泌的、类似于激素的信号分子,主要为肽类或蛋白质类,通过受体跨膜信号转导途径调节细胞的生长与分化,与多种生理及病理状态(如肿瘤、心血管疾病等)有关。不少生长因子已经应用于临床疾病的治疗。原癌基因编码的蛋白质涉及生长因子信号转导的多个环节。抑癌基因也称肿瘤抑制基因,是防止或阻止癌症发生的基因,抑癌基因的部分或全部失活可显著增加癌症发生风险。抑癌基因对细胞增殖起负性调控作用,包括抑制细胞增殖、调控细胞周期检查点、促进凋亡和参与DNA损伤修复等。抑癌基因的失活机制包括基因突变、杂合性丢失和启动子甲基化等。肿瘤的发生发展是多个原癌基因和抑癌基因突变累积的结果,经过起始、启动、促进和癌变几个阶段逐步演化而产生。

正常机体内,各种细胞的新生、生长、增殖、分化、衰老和死亡受到多种基因的严格调节和控制,从而确保正常生命活动的有序进行。肿瘤发生的关键正是这些基因异常所导致的细胞增殖失去控制,这也是癌细胞区别于正常细胞的一个显著特征。与肿瘤发生密切相关的基因可分为3类:① 细胞内正常的原癌基因(proto-oncogene),其作用通常是促进细胞的生长和增殖,阻止细胞分化,抵抗凋亡;② 抑癌基因,也称肿瘤抑制基因(tumor suppressor gene),通常抑制增殖,促进分化,诱发凋亡;③ 基因组维护基因(genome maintenance gene),参与DNA损伤修复,维持基因组完整性(参见第十章DNA的生物合成)。细胞受到各种致癌因素的作用可引起原癌基因或抑癌基因的结构或表达调控异常,从而导致原癌基因活化或抑癌基因失活,直接使细胞生长增殖失控而形成肿瘤。而基因组维护基因的编码产物则不直接抑制细胞增殖,这类基因在致癌因素的作用下发生突变失活后,可导致基因组不稳定,从而间接地通过增加基因突变频率、使原癌基因或抑癌基因突变来引发肿瘤。因此,基因组维护基因也归属于抑癌基因。

本章主要阐述原癌基因、癌基因和抑癌基因的基本概念,并介绍原癌基因激活和抑癌基因失活的机制及其在肿瘤发生发展中的作用。

第一节 癌基因

癌基因(oncogene)是能导致细胞发生恶性转化和诱发癌症的基因。绝大多数癌基因是细胞内正常的原癌基因突变或表达水平异常升高转变而来，某些病毒也携带癌基因。

一、原癌基因

原癌基因及其表达产物是细胞正常生理功能的重要组成部分，原癌基因所编码的蛋白质在正常条件下并不具致癌活性，原癌基因只有经过突变等被活化后才有致癌活性，转变为癌基因。20 世纪 70 年代中期，研究人员提出，肿瘤是由细胞中的原癌基因在致癌因素的作用下激活或突变为癌基因而引起。

原癌基因在进化上高度保守，从单细胞酵母、无脊椎生物到脊椎动物乃至人类的正常细胞都存在着这些基因。原癌基因的表达产物对细胞正常生长、增殖和分化起着精确的调控作用。在某些因素(如放射线、有害化学物质等)作用下，这类基因结构发生异常或表达失控，转变为癌基因，导致细胞生长增殖和分化异常，部分细胞发生恶性转化从而形成肿瘤。

许多原癌基因在结构上具有相似性，功能上亦高度相关。故而可据此将原癌基因和癌基因区分为不同的基因家族，重要的有 *SRC*、*RAS* 和 *MYC* 等基因家族。

SRC 基因家族包括 *SRC* 和 *LCK* 等多个基因。*SRC* 基因最初是在引起肉瘤(sarcoma)的劳斯肉瘤病毒(Rous sarcoma virus，RSV)中发现的，病毒癌基因名为 *v-src*。该基因家族的产物具有酪氨酸激酶活性(参见第十六章　细胞信号转导)，在细胞内常位于膜的内侧部分，接受受体酪氨酸激酶(如 PDGF 受体)的活化信号而激活，促进增殖信号的转导。这些酶因突变而导致的持续活化是其促进肿瘤发生的主要原因。

RAS 基因家族包括 *H-RAS* 基因、*K-RAS* 基因、*N-RAS* 基因等。*H-RAS* 基因和 *K-RAS* 基因最初分别在 Harvey 大鼠肉瘤病毒(Harvey rat sarcoma virus)和 Kirsten 鼠科肉瘤病毒(Kirsten murine sarcoma virus)中克隆，分别称为 *v-Hras* 基因和 *v-Kras* 基因。原癌基因 *K-RAS* 突变是恶性肿瘤中最常见的基因突变之一，在 81%的胰腺癌患者的肿瘤组织可检测到。*RAS* 基因编码低分子量 G 蛋白(参见第十六章细胞信号转导)，在肿瘤中发生突变后，往往造成其 GTP 酶活性丧失，RAS 始终以 GTP 结合形式存在，即处于持续活化状态，导致细胞内的增殖信号途径持续开放。

MYC 基因家族主要包括 *C-MYC* 基因、*N-MYC* 基因和 *L-MYC* 基因。*MYC* 基因最初在禽骨髓细胞瘤病毒(avian myelocytomatosis virus，AMV)被发现，并因而得名为 v-MYC。*MYC* 基因家族编码转录因子，有直接调节其他基因转录的作用。原癌基因 *C-MYC* 编码的 49 kDa 的 MYC 与 MAX 蛋白形成异二聚体，与特异的顺式作用元件结合，活化靶基因的转录。MYC 的靶基因多编码细胞增殖信号分子，故细胞内 MYC 蛋白可促进细胞的增殖。

二、病毒癌基因

一些能引发肿瘤的病毒，称为肿瘤病毒(tumor virus)。肿瘤病毒大多为 RNA 病毒，且目前发现的 RNA 肿瘤病毒都是逆转录病毒，如前述的 RSV、AMV、Harvey 大鼠肉瘤病毒和 Kirsten 鼠科肉瘤病毒等。DNA 肿瘤病毒常见的有人乳头瘤病毒(human papillomavirus，HPV)和乙型肝炎病毒(hepatitis B virus，HBV)等。RNA 肿瘤病毒和 DNA 肿瘤病毒的致癌机制不同。

事实上，癌基因最早发现于 RNA 肿瘤病毒。1910 年，Rous F 首次发现病毒可导致鸡肉瘤，提出病毒导致肿瘤的观点。该病毒后来被命名为 RSV。在深入研究 RSV 的致癌分子机制时，研究人员比较了具备转化和不具备转化特性的 RSV 的基因组，发现了一个特殊的基因 *src*，将这一基因导入正常细胞可使之发生恶性转化。以后又在其他逆转录病毒中陆续发现了一些使宿主患肿瘤的基因。

1976 年，Varmus HE 和 Bishop JM 发现，逆转录病毒 RSV 携带的癌基因 *v-src* 在进化过程中来源于宿主细胞的原癌基因 *C-SRC*，进而提出 RNA 肿瘤病毒携带的癌基因来源于细胞原癌基因。关于其起源进化的分子机制，目前认为，逆转录病毒感染宿主细胞后，在逆转录酶作用下，以病毒 *RNA* 基因组为模板合成双链 DNA 即前病毒 DNA，并整合于宿主细胞基因组的原癌基因附近，在后续的病毒复制和包装过程中，经过复杂而巧妙的删除、剪接、突变、重组等过程，逆转录病毒最终将细胞原癌基因“劫持”并将其改造为具有致癌能力的病毒癌基因，成为新病毒基因组的一部分。

目前已发现的病毒癌基因有几十种。需要注意的是，病毒有致癌能力并不意味着其一定含有病毒癌基因。有致癌特性的逆转录病毒可区分为急性转化逆转录病毒和慢性转化逆转录病毒两类。前者含有癌基因，能迅速在几天内诱发肿瘤，后者则不含有癌基因，而是通过将其基因组插入宿主细胞的原癌基因附近，从而激活原癌基因而诱发肿瘤，故其致癌效应较慢，常需数月甚至数年，有较长的潜伏期。

逆转录病毒的癌基因也可以视为是原癌基因的活化或激活形式，它有利于病毒在肿瘤细胞中的复制，但对病毒复制包装无直接作用，对逆转录病毒基因组不是必需的。与之不同，已知的 DNA 病毒的癌基因则是其基因组不可或缺的部分，对病毒复制是必需的，目前也没有证据表明其有同源的原癌基因，如 *HPV* 基因组中的癌基因 *E6* 和 *E7*。通常可将 RNA 肿瘤病毒的癌基因的名称冠以前缀 *v* -，写为小写斜体，如 *v - src*，而将正常人类细胞中的原癌基因则冠以前缀 *C* -，写为大写斜体，如 *C - SRC*，以示区分。其编码的蛋白质则通常写为正体，如 v - src 和 C - SRC。

三、原癌基因的活化机制

原癌基因在物理、化学及生物因素的作用下发生突变，表达产物的质和量的变化，表达方式在时间及空间上的改变，都有可能使细胞脱离正常的信号控制，获得不受控制的异常增殖能力而发生恶性转化。从正常的原癌基因转变为具有使细胞发生恶性转化的癌基因的过程称为原癌基因的活化，这种转变属于功能获得突变(gain-of-function mutation)。原癌基因活化的机制主要有下述 4 种(图 17 - 1)。

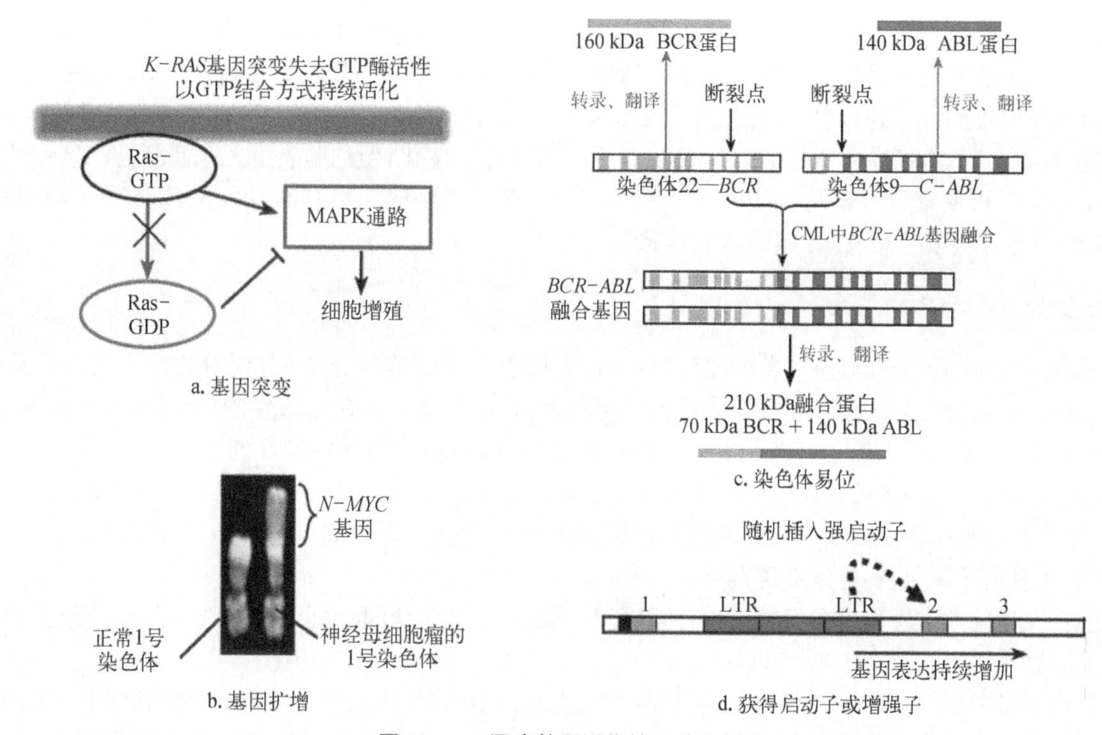

图 17 - 1　原癌基因活化的 4 种机制

(一) 基因突变常导致原癌基因编码的蛋白质的活性持续性激活

各种类型的基因突变如碱基替换、缺失或插入，都有可能激活原癌基因。较为常见和典型的是错义点突变，导致基因编码的蛋白质中的关键氨基酸残基改变，造成突变蛋白质的活性呈现持续性激活。例如，*H - RAS* 中的 GGC，在膀胱癌中突变为 GTC，使得表达产物 RAS 的第 12 位甘氨酸突变为缬氨酸，结果使其不易受 GAP 作用而失活，从而持续处于结合 GTP 的组成性激活状态。

(二) 基因扩增导致原癌基因过量表达

原癌基因可通过基因扩增(gene amplification)使基因拷贝数升高几十甚至上千倍不等，发生扩增的机制目前尚不清楚。基因扩增可致编码产物过量表达，细胞发生转化。例如，小细胞肺癌中 *C - MYC* 基因的扩增和乳腺癌中 *HER2* 基因的扩增都在肿瘤发生发展中具有重要作用。

(三) 染色体易位导致原癌基因表达增强或产生新的融合基因

染色体易位可通过两种机制致癌。第一,染色体易位使原癌基因易位至强的启动子或增强子的附近,导致其转录水平大大提高。例如,人 Burkitt 淋巴瘤细胞中,位于 8 号染色体上的 *C-MYC* 基因移位到 14 号染色体的免疫球蛋白重链基因的增强子附近,使 *C-MYC* 基因在该增强子的控制下过量表达。第二,染色体易位产生新的融合基因。例如,慢性髓细胞性白血病(chronic myelogenous leukemia,CML)中,22 号染色体的 *BCR* 基因与 9 号染色体的 *ABL* 基因发生染色体易位产生 *BCR-ABL* 融合基因,进而表达为 BCR-ABL 融合蛋白,导致 ABL 的酪氨酸蛋白激酶活性持续增高。该易位产生的较小的异常 22 号染色体,最早于 1960 年在美国费城发现,故又称费城染色体(Philadelphia chromosome)或 Ph 染色体(Ph chromosome),是 CML 的标志染色体。

(四) 获得启动子或增强子导致原癌基因表达增强

如前所述,染色体易位可使原癌基因获得增强子而被活化。此外,逆转录病毒的前病毒 DNA 的两个末端是特殊的长末端重复序列(LTR),含有较强的启动子或增强子。如果前病毒 DNA 恰好整合到原癌基因附近或内部,就会导致原癌基因的表达不受原有启动子的正常调控,而成为病毒启动子或增强子的控制对象,从而往往导致该原癌基因的过量表达。例如,鸡的白细胞增生病毒引起的淋巴瘤,就是因为该病毒的 LTR 序列整合到宿主的 *C-MYC* 基因附近,LTR 中的强启动子可使 *C-MYC* 基因的表达比正常高出 30～100 倍。

不同的癌基因有不同的激活方式,一种癌基因也可有几种激活方式。例如,*C-MYC* 基因的激活就有基因扩增和染色体易位等方式,但很少见到 *C-MYC* 基因的点突变;而 *RAS* 基因的激活方式则主要是点突变。

两种或更多的原癌基因活化可有协同作用,抑癌基因的失活也会产生协同作用。在肿瘤细胞中常发现两种或多种细胞癌基因的活化。例如,白血病细胞株 HL-60 中有 *C-MYC* 基因和 *N-RAS* 基因的同时活化。实验也证明,癌基因的协同作用可使细胞更易发生恶性转化。例如,原代培养的大鼠胚胎成纤维细胞传代 50 次左右就会死亡,仅导入重排的 *C-MYC* 基因就可使它永生化,但细胞表型无恶性行为;仅导入活化的突变 *RAS* 基因,可使细胞形态发生改变,但不能无限传代及形成肿瘤。只有同时导入 C-*MYC* 基因和 *N-RAS* 基因,细胞才会发生恶变,并在动物中形成瘤。

四、生长因子与原癌基因

生长因子(growth factor)是一类由细胞分泌的、类似于激素的信号分子,多数为肽类或蛋白质类物质,具有调节细胞生长与分化的作用。在体外培养细胞时,培养基中除了含有氨基酸、维生素和无机盐等一系列必需营养物质外,还必须添加含有多种生长因子的胎牛血清,细胞才能保持良好的生长、增殖状态。生长因子在肿瘤、心血管疾病等多种疾病的发生发展过程中发挥重要作用,不少生长因子已经应用于临床治疗。目前已知,原癌基因编码的蛋白质参与调控细胞生长、增殖和分化等各个环节,与生长因子密切相关。

(一) 生长因子及其主要作用模式

目前已发现的肽类生长因子有数十种,而且还在不断增加。生长因子可以根据其来源进行分类和命名,也可以依据其作用方式分类。

生长因子来源于多种不同组织,其组织来源及功能亦各不相同(表 17-1)。有的生长因子作用的细胞比较单一,如 EPO 及血管内皮生长因子(vascular endothelial growth factor,VEGF),分别主要作用于红细胞系和血管内皮细胞;也有的生长因子作用的细胞谱型比较广,如成纤维细胞生长因子(fibroblast growth factor,FGF)对间充质细胞、内分泌细胞和神经系统细胞都有作用。

表 17-1 常见生长因子举例

生长因子名称	组织来源	功能
表皮生长因子	唾液腺、巨噬细胞、血小板等	促进表皮与上皮细胞的生长,尤其是消化道上皮细胞的增殖
肝细胞生长因子	间质细胞	促进细胞分化和细胞迁移
促红细胞生成素	肾	刺激红细胞生成
胰岛素生长因子	血清	促进硫酸盐掺入软骨组织,对多种组织细胞起胰岛素样作用

续表

生长因子名称	组　织　来　源	功　　能
神经生长因子	颌下腺含量高	营养交感和某些感觉神经元,防止神经元退化
血小板源性生长因子	血小板、平滑肌细胞	促进间质及胶质细胞的生长,促进血管生成
转化生长因子 α	肿瘤细胞、巨噬细胞、神经细胞	作用类似于 EGF,促进细胞向恶性转化
转化生长因子 β	肾、血小板	对某些细胞的增殖起促进和抑制双向作用
血管内皮生长因子	低氧应激细胞	促进血管内皮细胞增殖和新生血管形成

神经生长因子(nerve growth factor,NGF)是最早被发现的生长因子。1948 年,Bueker E 等发现将小鼠肉瘤组织植入胚胎体壁可使移植区神经节增加。随后,Levi-Montolcini R 等发现肉瘤组织的植入不仅可使局部神经节增加,而且可使远隔部位的神经节增加。由此设想,肉瘤组织释放了一种可扩散因子作用于远隔部位。后来证实这种因子就是 NGF,它有刺激神经元生长及神经纤维延长的功能。1959 年 Cohen S 又发现了 EGF。Levi-Montolcini R 和 Cohen S 由于在这一领域的成就荣获了 1986 年诺贝尔生理学或医学奖。

与其他细胞外信号分子一样(参见第十六章细胞信号转导),根据产生细胞与靶细胞间的关系,生长因子的作用模式可分为 3 种: ① 内分泌方式,生长因子从细胞分泌出来后,通过血液运输作用于远端靶细胞,如源于血小板的 PDGF 可作用于结缔组织细胞。② 旁分泌方式,细胞分泌的生长因子作用于邻近的其他类型细胞,对合成、分泌生长因子的自身细胞不发生作用,因为其缺乏相应受体。③ 自分泌方式,生长因子作用于合成及分泌该生长因子的细胞本身。生长因子以后两种的作用方式为主,生长因子经细胞分泌后在胞外运送,最终作用于自身细胞或者其他细胞,传递它们独特的生物学信息。生长因子将组织内的细胞连接成为一个有机整体网络,相互之间进行着持续不断的交流沟通。

(二) 生长因子的功能主要是正调节靶细胞生长

目前,研究者对大部分生长因子的结构与功能已了解得相当清楚。大多数生长因子具有促进靶细胞生长的功能,少数具有负调节功能,还有一些具有正、负双重调节作用。

生长因子的生物学效应主要表现在促进细胞生长、分化、促进个体发育等方面。但是,有些生长因子具有双重调节作用或负调节作用。例如,NGF 对神经系统的生长具有促进作用,但对成纤维细胞的 DNA 合成却有微弱的抑制作用。TGF－β 也是这样,对成纤维细胞有促进生长的作用,但对其他多种细胞具有抑制作用。其具体作用取决于与其他生长因子的相互作用和环境条件。

同一生长因子对不同细胞的作用有所不同,如肝细胞生长因子(hepatocyte growth factor,HGF)对正常肝细胞的生长起促进作用,但对肝癌细胞的增殖则有抑制作用。一种细胞也可受不同生长因子调节,如胚胎时属于间充质细胞的成纤维细胞可被 EGF、IGF 和多种 FGF 所调节,但不被 HGF 调节。还有一些以前认为作用比较单一的生长因子,近来发现对其他细胞也有作用。例如,内皮素(endothelin,ET)除了对内皮细胞有作用外,可能对脑垂体的神经内分泌也有作用。

具有负调节作用的生长因子比较少,人们通常把这种负调节因子(negative growth factor)称为细胞生长抑制因子。抑素(chalone)是最早被确认的生长抑制因子,以后又发现 TGF－β、干扰素(interferon)和肿瘤坏死因子(tumor necrosis factor,TNF)等也具有抑素的某些特征,但它们实际上都是双重调节,只不过以负调节为主。目前对生长抑制因子尚无统一的标准或定义,也没有明确的学说阐明其作用机制,但是其在肿瘤、心血管疾病等疾病防治方面的潜在应用前景是不可否认的。因此对负调节因子的研究,始终是生物医学界的一个热点领域。

(三) 生长因子通过细胞内信号转导而发挥功能

生长因子的作用通过受体介导的细胞信号转导而实现(参见第十六章细胞信号转导)。生长因子的受体多位于靶细胞膜,为一类跨膜蛋白,多数具有蛋白激酶特别是酪氨酸蛋白激酶活性,也有少数具有丝氨酸/苏氨酸蛋白激酶活性。有研究发现,细胞核也存在 EGF 等生长因子的受体样蛋白质。有些生长因子受体(如 EGF 受体)与原癌基因产物有高度同源性。对生长因子受体的研究不但有助于了解细胞的增殖分化,而且对了解肿瘤的发生、发展及治疗也具有重要意义。

大部分生长因子的受体属于受体酪氨酸激酶家族，如 EGF 受体、FGF 受体、PDGF 受体、HGF 受体、VEGF 受体等，胰岛素受体也属于受体酪氨酸激酶。位于膜表面的受体是跨膜受体蛋白质，包含具有酪氨酸激酶活性的胞内结构域。生长因子与这类受体结合后，受体所包含的酪氨酸激酶被活化，使细胞内的相关蛋白质被直接磷酸化。另一些膜上的受体则通过胞内信号传递体系，产生相应的第二信使，后者使蛋白激酶活化，活化的蛋白激酶同样可使细胞内相关蛋白质磷酸化。这些被磷酸化的蛋白质再活化核内的转录因子，引发基因转录，达到调节生长与分化的作用。

原癌基因表达产物有的属于生长因子或生长因子受体；有的属于胞内信号转导分子或核内转录因子。发生突变的原癌基因可能生成上述产物的变异体，后者的生成及过量表达会导致细胞生长、增殖失控，进而引起癌变。

（四）原癌基因编码的蛋白质涉及生长因子信号转导的多个环节

目前已知，原癌基因编码的蛋白质涉及生长因子信号转导的多个环节。原癌基因编码的蛋白质依据它们在细胞信号转导系统中的作用分为 4 类，具体分类及功能见表 17－2。

表 17－2　原癌基因编码的蛋白质分类及功能举例

类　别	癌基因名称	功　　能
细胞外生长因子	*C－SIS*	编码 PDGF 的 β 链，促进细胞增殖和血管形成
	INT－2	编码 FGF 同类物，促进细胞增殖
跨膜生长因子受体	*EGFR*	编码 EGF 受体，促进细胞增殖
	HER2	编码 EGF 受体类似物，促进细胞增殖
	FMS	编码 CSF－1 受体，促进增殖
	KIT	编码 SCF 受体，促进增殖
	TRK	编码 NGF 受体
细胞内信号转导分子	*SRC*、*ABL*	编码 SRC、ABL，与受体结合转导信号
	RAF	编码 RAF，MAPK 途径中的重要分子
	RAS	编码 RAS，MAPK 途径中的重要分子
核内转录因子	*MYC*	编码 MYC，促进增殖相关基因表达
	FOS、*JUN*	编码 FOS、JUN，促进增殖相关基因表达

注：EGFR 为表皮生长因子受体；CSF－1 为集落刺激因子 1；SCF 为干细胞因子。

1. 细胞外生长因子　　生长因子是细胞外增殖信号，它们作用于膜受体，经各种信号途径，如 MAPK 途径等，引发一系列细胞增殖相关基因的转录激活。这些因子的过度表达，势必连续不断作用于相应的受体细胞，造成大量生长信号的持续输入，从而使细胞增殖失控。

已知人的原癌基因 *C－SIS* 编码 PDGF 的 β 链，作用于 PDGF 受体，激活 PLC－IP_3/DAG－PKC 途径（参见第十六章细胞信号转导），促进肿瘤细胞增殖。此外，*C－SIS* 基因表达产物还能促进肿瘤血管的生长，为肿瘤进展提供有利环境。目前，已知与恶性肿瘤发生和发展有关的生长因子有 PDGF、EGF、TGF－β、FGF、IGF－1 等。

2. 跨膜生长因子受体　　第二类原癌基因的产物为跨膜受体，它们接受细胞外的生长信号并将其传入细胞内。跨膜生长因子受体的膜内侧结构域，往往具有酪氨酸特异的蛋白激酶活性。这些受体型酪氨酸激酶通过多种信号转导途径，如 MAPK 途径、PI3K－AKT 途径等，加速增殖信号在细胞内转导。许多恶性肿瘤如非小细胞型肺癌、乳腺癌等均出现 EGF/EGFR 的过度表达，EGF/EGFR 的过度表达或者异常活化常能引起细胞恶性转化，而这与多种肿瘤的发生发展、恶性程度及预后具有密切相关性。另外，EGF 还参与了肿瘤的血管生成作用，因此其过表达或异常活化会促进肿瘤进展。

3. 细胞内信号转导分子　　生长信号到达细胞内后，借助一系列胞内信号转导体系，将接收到的生长信号由细胞内传至细胞核内（参见第十六章细胞信号转导），促进细胞生长。这些转导体系成员多数是原癌基因的产物，或者通过这些基因产物的作用影响第二信使，如 cAMP、甘油二酯、Ca^{2+} 等。作为胞内信号转导分子的癌基因产物包括非受体酪氨酸激酶 SRC 和 ABL 等、丝氨酸/苏氨酸激酶 RAF 等、低分子量 G 蛋白 RAS 等。

4. 核内转录因子　另外一些原癌基因表达的蛋白质属于转录因子，通过与细胞增殖相关的靶基因调控区的顺式作用元件结合，直接促进靶基因的转录。EGF 促肿瘤的一个重要机制就是通过活化 MAPK 途径(参见第十六章细胞信号转导)而使原癌基因 *FOS* 活化，FOS 蛋白增加。FOS 蛋白可与 JUN 蛋白结合形成激活蛋白 1(activator protein，AP－1)，而 AP－1 是一种广泛存在的高度活化的异源二聚体转录因子，能促进肿瘤的发生发展。

五、癌基因与肿瘤治疗

许多人类肿瘤中都存在某些癌基因的过度活化，从而使其在肿瘤的发病机制中扮演着重要的角色，也为治疗肿瘤提供了靶位。此处仅以下述几个基因为例进行简要介绍。

(一) 原癌基因 *BRAF* 是治疗黑素瘤的重要分子靶点

原癌基因 *BRAF* 所编码的蛋白质属于丝氨酸/苏氨酸激酶，是 MAPK 信号途径的重要组成分子，在调控细胞增殖、分化等方面发挥重要作用。人类肿瘤中，*BRAF* 基因存在不同比例的基因突变，其中约 60%的黑素瘤中 *BRAF* 基因发生突变，其第 600 位氨基酸从缬氨酸突变为谷氨酸(V600E)最为常见，导致 BRAF 的持续激活。已有针对这类 V600E 突变的分子靶向药物威罗菲尼用于临床，该药可阻断突变 BRAF 的活性，从而抑制肿瘤生长。

(二) *BCR－ABL* 融合基因是治疗慢性髓细胞性白血病的重要分子靶点

慢性髓细胞性白血病患者的 9 号染色体与 22 号染色体之间发生易位，从而融合产生了癌基因 *BCR－ABL* 融合基因，编码的蛋白质 BCR－ABL 具有持续活化的酪氨酸蛋白激酶活性，能促进细胞增殖，并增加基因组的不稳定性。95%的慢性髓细胞性白血病患者都伴随有 *BCR－ABL* 融合基因的产生，其在一些急性淋巴白血病患者中也有发现。针对 BCR－ABL 融合蛋白的药物伊马替尼 2001 年被 FDA 批准用于临床治疗。

(三) *HER2* 基因是治疗乳腺癌的重要分子靶点

HER2 是 EGFR 家族成员，具有酪氨酸蛋白激酶活性，能激活下游信号途径，从而促进细胞增殖和抑制细胞凋亡。在 30%的乳腺癌中，*HER2* 基因发生扩增或者过度表达，其表达水平与治疗后复发率和不良预后显著相关。针对其过度表达的单克隆抗体药物赫赛汀已在临床使用。

(四) *EGFR* 基因是治疗肺癌的重要分子靶点

EGFR 也是 EGFR 家族成员，具有酪氨酸蛋白激酶活性，通过激活下游信号转导途径而促进细胞增殖和抑制细胞凋亡。在肺癌等恶性肿瘤中，*EGFR* 基因的扩增和突变非常常见。*EGFR* 基因突变在肺腺癌里频率较高，尤其在亚裔非吸烟肺腺癌患者中频率高达约 40%，其 90%以上的突变是第 19 号外显子缺失和第 21 号外显子的 L858R 点突变。针对这两种突变的吉非替尼等第一代 EGFR 靶向药物已用于临床。

第二节　抑 癌 基 因

抑癌基因也称肿瘤抑制基因(tumor suppressor gene)，是防止或阻止癌症发生的基因。与原癌基因活化诱发癌变的作用相反，抑癌基因的部分或全部失活可显著增加癌症发生风险。抑癌基因对细胞增殖起负性调控作用，包括抑制细胞增殖、调控细胞周期检查点、促进凋亡和参与 DNA 损伤修复等。

一、抑癌基因的发现和功能

抑癌基因的发现源于 20 世纪 60 年代 Harris H 的杂交细胞致癌性研究。他将癌细胞株与正常细胞融合得到的杂交细胞接种动物，发现并不产生肿瘤，这提示正常细胞中有能抑制肿瘤发生的基因，即抑癌基因。用化学物质诱发的肿瘤及自发发生的肿瘤的细胞与正常细胞制备杂交细胞也可重复出上述结果，并且与肿瘤的组织起源无关，表明上述结果有普遍意义。将不具致癌性的杂交细胞体外培养传代，可从中分离出具有致癌性的子代细胞。比较两种杂交细胞发现，致癌性的子代杂交细胞丢失了来自正常细胞的一条或几条染色体。将正常人类细胞的单条染色体逐一融合在肿瘤细胞中,也可分离到无致癌性的杂交细胞。这些结果说明细胞中含有各种不同的抑癌基因,分布在不同的染色体上,可以分别抑制不同组织起源的癌细胞的致癌作用。

随着20世纪70年代基因克隆技术的建立,*RB*、*TP53*等一系列抑癌基因得以克隆和鉴定。必须指出,最初在某种肿瘤中发现的抑癌基因,并不意味其与别的肿瘤无关;恰恰相反,在多种组织来源的肿瘤细胞中往往可检测出同一抑癌基因的突变、缺失、重排、表达异常等,这正说明抑癌基因的变异构成某些共同的致癌途径。抑癌基因产物的功能多种多样,目前已鉴定的一些抑癌基因产物及其功能如表17-3。总体来说,抑癌基因对细胞增殖起负性调控作用,其编码产物的功能有抑制细胞增殖、抑制细胞周期进程、调控细胞周期检查点、促进凋亡、参与DNA损伤修复。

表17-3 常见的抑癌基因及其功能

抑癌基因名称	染色体定位	相关肿瘤	编码产物及功能
TP53	17p13.1	多种肿瘤	转录因子p53,细胞周期负调节和诱发凋亡
RB	13q14.2	视网膜母细胞瘤、骨肉瘤	转录因子p105 RB
PTEN	10q23.3	胶质瘤、膀胱癌、前列腺癌、子宫内膜癌	磷脂类信使的去磷酸化,抑制PI3K-AKT途径
P16	9p21	肺癌、乳腺癌、胰腺癌、食道癌、黑素瘤	p16蛋白,细胞周期检查点负调节
P21	6p21	前列腺癌	抑制Cdk1、Cdk2、Cdk4和Cdk6
APC	5q22.2	结肠癌、胃癌等	G蛋白,细胞黏附与信号转导
DCC	18q21	结肠癌	表面糖蛋白(细胞黏附分子)
NF1	7q12.2	神经纤维瘤	GTP酶激活剂
NF2	22q12.2	神经鞘膜瘤、脑膜瘤	连接膜与细胞骨架的蛋白
VHL	3p25.3	小细胞肺癌、宫颈癌、肾癌	转录调节蛋白
WT1	11p13	肾母细胞瘤	转录因子

注:TP53为肿瘤蛋白*p53*基因;*APC*为腺瘤性结肠息肉病基因;*DCC*为结肠癌缺失基因;NF为神经纤维瘤;VHL为VHL肿瘤抑制基因;WT为威尔姆肿瘤。

二、抑癌基因的失活机制

抑癌基因的失活与原癌基因的激活一样,在肿瘤发生中起着非常重要的作用。但癌基因的作用是显性的,而抑癌基因的作用往往是隐性的。原癌基因的两个等位基因只要激活一个就能发挥促癌作用,而抑癌基因则往往需要两个等位基因都失活才会导致其抑癌功能完全丧失。1971年,Knudson A以视网膜母细胞瘤为模型进行统计学分析研究发现,散发性单侧视网膜母细胞瘤的发病需要抑癌基因(即后来命名为*RB*的基因)的两次体细胞突变,从而提出二次打击假说(two-hit hypothesis)。

但也有一些抑癌基因只失活其等位基因中的一个拷贝就会引发肿瘤,即其一个正常的等位基因拷贝不足以完全发挥其抑癌功能,称为单倍体不足型抑癌基因(haploinsufficient tumor suppressor gene),如$p27^{Kip1}$基因。还有一些抑癌基因,如*TP53*基因,当其一个等位基因突变失活后,其表达的p53突变蛋白则能抑制另一个正常等位基因产生的野生型即正常p53蛋白的功能,这种基因突变称为显性负效突变(dominant negative mutation)。

抑癌基因失活的方式常见有以下3种。

(一)基因突变常导致抑癌基因编码的蛋白质功能丧失或降低

抑癌基因发生突变后,会造成其编码的蛋白质功能或活性丧失或降低,进而导致癌变。这种突变属于功能失去突变(loss-of-function mutation)。最典型的例子就是抑癌基因*TP53*的突变,目前已经发现*TP53*基因在一半以上的人类肿瘤中发生了突变。

(二)杂合性丢失导致抑癌基因彻底失活

杂合性(heterozygosity)是指同源染色体在一个或一个以上基因座存在不同的等位基因的状态。杂合性丢失(loss of heterozygosity,LOH)则是指一对杂合的等位基因变成纯合状态的现象。杂合性丢失是肿瘤细胞中常见的异常遗传学现象,发生杂合性丢失的区域也往往就是抑癌基因所在的区域。

杂合性丢失导致抑癌基因失活的经典实例就是抑癌基因 *RB* 的失活。1986 年，将视网膜母细胞瘤的 *RB* 基因成功克隆后就发现，*RB* 等位基因的一个拷贝往往是通过生殖细胞突变遗传给后代，也就是说，此时后代的体细胞中 *RB* 等位基因就呈现为杂合子状态，即一个为突变失活的不具有抑癌功能的 *RB* 等位基因，另一个为仍具有抑癌功能的正常 *RB* 等位基因。而当某些原因导致正常的 *RB* 等位基因丢失即杂合性丢失时，抑癌基因 *RB* 则彻底失活，失去其抑癌作用，从而导致视网膜母细胞瘤。

（三）启动子区甲基化异常导致抑癌基因表达抑制

真核生物基因启动子区域 CpG 岛的甲基化修饰对于调节基因转录活性至关重要，甲基化程度与基因表达呈负相关。很多抑癌基因的启动子区 CpG 岛呈高度甲基化状态，从而导致相应的抑癌基因不表达或低表达。例如，约 70%的散发肾癌患者中存在抑癌基因 *VHL* 启动子区甲基化失活现象；在家族性腺瘤息肉所致的结肠癌中，*APC* 基因启动子区因高度甲基化使转录受到抑制，从而导致 *APC* 基因失活，进而引起 β-连环蛋白在细胞内的积累，促进癌变发生。

三、抑癌基因与肿瘤的发生发展

抑癌基因的失活在肿瘤发生发展中发挥着重要作用，此处以 *RB* 基因、*TP53* 基因、*PTEN* 基因为例，简要介绍抑癌基因的作用机制。

（一）*RB* 基因主要通过负调控细胞周期而发挥其抑癌功能

RB 基因失活不仅与视网膜母细胞瘤及骨肉瘤有关，在许多散发性肿瘤，如 50%～85%的小细胞性肺癌、10%～30%乳腺癌、膀胱癌和前列腺癌中都发现了 *RB* 基因失活。*RB* 基因位于染色体 13q14，有 27 个外显子，mRNA 长 4.7 kb，编码蛋白质的分子量为 105 kDa。

细胞的状态是生长或静止关键由 RB 蛋白的磷酸化状态控制。低磷酸化的 RB 蛋白阻止细胞通过细胞周期的限制点（restriction point），而高磷酸化的 RB 蛋白则允许细胞通过限制点。该限制点以符号“R”表示，是细胞决定进入下一步运转，或保持在 G_1 期，或进入 G_0 期静止状态的关键控制点。RB 蛋白的磷酸化程度受细胞周期中增殖调控蛋白质的直接控制，包括随着细胞周期不同时相的转换，其浓度随之变化的细胞周期蛋白（cyclin）及受到这些蛋白质调节的蛋白激酶，即细胞周期蛋白依赖性激酶（cyclin-dependent kinase，CDK）。在细胞周期的 M 期结束时或 G_0 期，RB 蛋白为去磷酸化状态。在促分裂原或生长因子等刺激下，细胞进入 G_1 期。在 G_1 早期，周期蛋白 D-CDK4 复合物被激活，使 RB 蛋白的一个氨基酸残基位点发生磷酸化，即为低磷酸化状态。去磷酸化和低磷酸化的 RB 蛋白能结合 E2F 家族蛋白如 E2F1，同时募集组蛋白去乙酰化酶，使 E2F 的靶基因处于转录抑制状态。RB 蛋白低磷酸化是其发生高磷酸化的先决条件。在 G_1 晚期，周期蛋白 E-CDK2 复合物被激活，使 RB 蛋白的多个氨基酸残基位点发生磷酸化，即为高磷酸化状态。高磷酸化的 RB 蛋白则不能结合 E2F，从而释放 E2F，E2F 与其靶基因如二氢叶酸还原酶、胸苷激酶的启动子区域结合，同时募集组蛋白乙酰化酶，激活靶基因的转录，这些靶基因的表达产物为 S 期必需，从而使细胞从 G_1 期转换进入 S 期（图 17-2）。

RB 基因功能可通过多种方式丧失。例如，过度的促分裂信号导致周期蛋白 D 表达水平升高；*RB* 基因突变；病毒癌蛋白如 HPV E7 与其结合；细胞癌蛋白如 MYC 使 RB 蛋白磷酸化异常或直接影响 RB 蛋白的活性。*RB* 基因功能丧失后，细胞周期进程失控，细胞异常增殖最终导致癌变。

（二）*TP53* 基因主要通过调控 DNA 损伤应答和诱发细胞凋亡而发挥其抑癌功能

TP53 基因是目前研究最多的，也是迄今发现在人类肿瘤中发生突变最广泛的抑癌基因。50%～60%的人类各系统肿瘤中发现有 *TP53* 基因突变。

人的 *TP53* 基因定位于 17p13，全长 16～20 kb，含有 11 个外显子，可转录 2.8 kb 的 mRNA，编码蛋白为 p53，具有转录因子活性。*TP53* 基因是迄今发现的与人类肿瘤相关性最高的基因。过去一直把它当作一种癌基因，直至 1989 年才知道起癌基因作用的是突变的 p53，后来证实野生型 *p53* 是一种抑癌基因。

TP53 基因的表达产物 p53 蛋白由 393 个氨基酸残基构成，在体内以四聚体形式存在。p53 蛋白属于转录因子，包含有典型的转录激活结构域、DNA 结合结构域、寡聚集构域、富含脯氨酸区和核定位序列等多个结构域或序列，这也是 p53 发挥其生物学功能的分子结构基础。多数 *TP53* 基因突变都发生在编码其 DNA

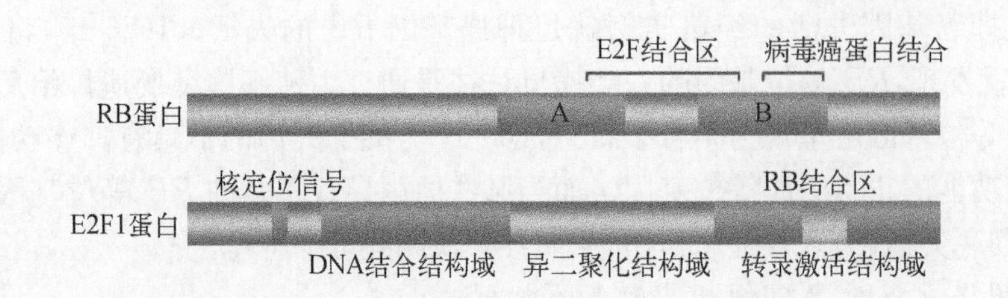

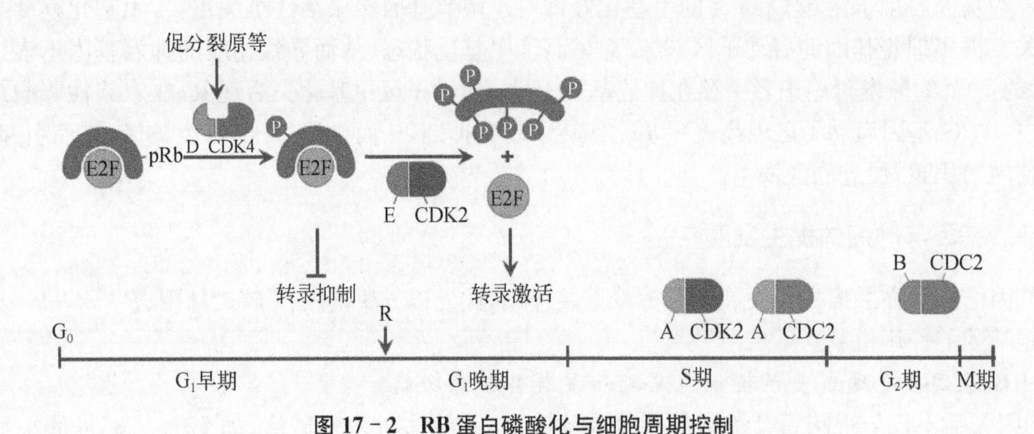

图 17-2 RB 蛋白磷酸化与细胞周期控制

P：磷酸化修饰；图中 A、B、D、E 指代周期蛋白 A、周期蛋白 B、周期蛋白 D、周期蛋白 E

结合结构域的序列中。

正常情况下，细胞中 p53 蛋白含量很低，因其半衰期只有 20～30 min，所以很难检测出来，但在细胞增殖与生长时，细胞中 p53 蛋白的含量可升高 5～100 倍。野生型 p53 蛋白在维持细胞正常生长、抑制恶性增殖中起着重要作用，因而被冠以“基因组卫士”称号。当细胞受电离辐射或化学试剂等作用导致 DNA 损伤时，p53 表达水平迅速升高，同时 p53 蛋白中包含的一些丝氨酸残基被磷酸化修饰而被活化。活化的 p53 从细胞质移位至细胞核内，调控大量下游靶基因的转录而发挥其生物学功能。例如，p53 的靶基因之一 *p21* 可阻止细胞通过 G_1/S 期检查点，使其停滞于 G_1 期；另一靶基因 *GADD45* 的产物是 DNA 修复蛋白。这就使 DNA 受损的细胞不再分裂，并且修复损伤以维持基因组的稳定性。如果修复失败，p53 蛋白就会通过激活一些靶基因如 *BAX* 的转录而启动细胞凋亡，阻止有癌变倾向突变细胞的生成。*p53* 基因突变后，突变型 p53 蛋白功能失活，则 DNA 损伤不能得到有效修复并不断累积，因而导致基因组不稳定，进而导致肿瘤发生(图 17-3)。

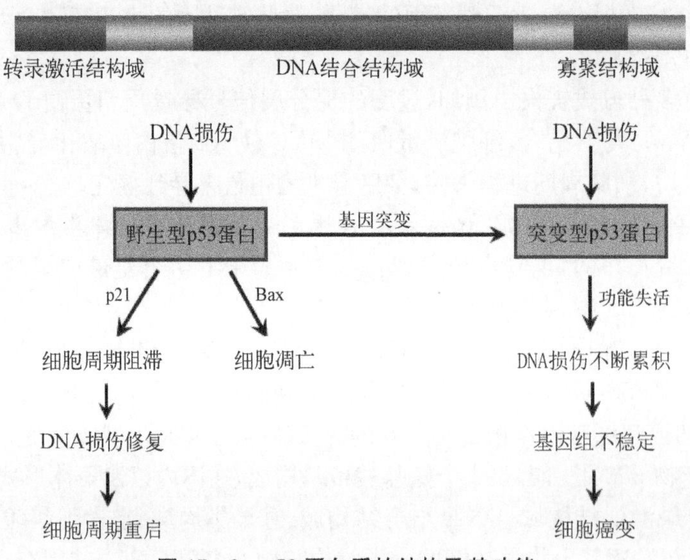

图 17-3 p53 蛋白质的结构及其功能

（三）*PTEN* 基因主要通过抑制 PI3K－AKT 途径而发挥其抑癌功能

磷酸酶及张力蛋白同源基因（phosphatase and tensin homolog gene，*PTEN* 基因）是继 *TP53* 基因后发现的另一个与肿瘤发生关系密切的抑癌基因。人的 *PTEN* 基因定位于 10q23.3，共有 9 个外显子和 8 个内含子，编码 5.15 kb 的 mRNA，PTEN 蛋白由 403 个氨基酸残基组成，分子量约为 56 kDa。PTEN 主要包括 3 个结构功能域：N 端磷酸酶结构区、与膜磷脂结合的 C2 区及包含 PDZ 结合序列和 PEST 序列的 C 端区。

PTEN 基因是发现的第一个具有双特异（dual specificity）磷酸酶活性的抑癌基因，其编码产物 PTEN 具有 PIP_3 3－磷酸酶活性，催化水解 PIP_3 成为 PIP_2，而 PIP_3 是胰岛素、EGF 等生长因子的信号转导分子，从而抑制 PI3K－AKT 途径，起到负性调节细胞生长增殖的作用（参见第十六章细胞信号转导）。

四、癌基因和抑癌基因共同参与肿瘤的发生发展

目前普遍认为，肿瘤的发生发展是多个原癌基因和抑癌基因突变累积的结果，经过起始、启动、促进和癌变几个阶段逐步演化而产生。

（一）肿瘤发生发展涉及多种相关基因的改变

在基因水平上，或通过外界致癌因素，或由于细胞内环境的恶化，突变基因数目增多，基因组变异逐步扩大；在细胞水平上则要经过永生化、分化逆转、转化等多个阶段，细胞周期失控的生长特性逐步得到强化。结果是相关组织从增生、异型变、良性肿瘤、原位癌发展到浸润癌和转移癌。例如，结肠癌的发生发展过程涉及数种基因的变化（图 17－4）。

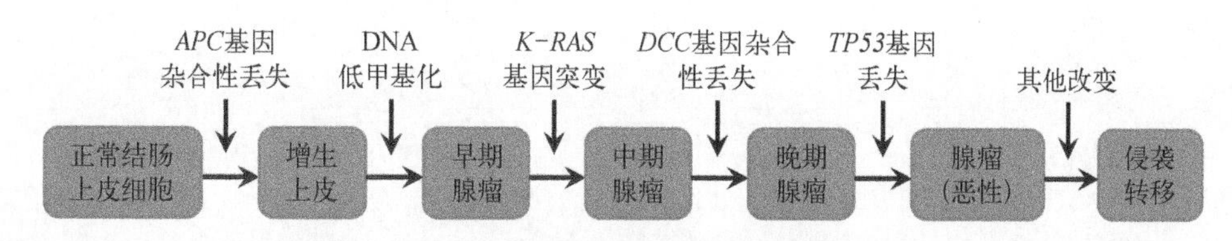

图 17－4　从基因角度认识结肠癌的发生发展

（二）细胞周期和细胞凋亡的分子调控是肿瘤进展的关键

1. *原癌基因和抑癌基因是调控细胞周期进程的重要基因*　细胞周期调控体现在细胞周期驱动和细胞周期监控两个方面，后者的失控与肿瘤发生发展的关系最为密切。细胞周期监控机制由 DNA 损伤感应机制、细胞生长停滞机制、DNA 修复机制和细胞命运决定机制等构成。细胞一旦发生 DNA 损伤或复制错误，将会启动 DNA 损伤应激机制（参见第十章 DNA 的生物合成），经由各种信号转导途径使细胞停止生长，修复损伤的 DNA。如果 DNA 损伤得到完全修复，细胞周期可进入下一个时相，正常完成一个细胞分裂周期；倘若 DNA 损伤修复失败，细胞凋亡机制将被启动，损伤细胞进入凋亡，从而避免 DNA 损伤带到子代细胞，维持了组织细胞基因组的稳定性，避免肿瘤发生的潜在可能。

肿瘤细胞的最基本特征是细胞的失控性增殖，而失控性增殖的根本原因就是细胞周期调控机制的破坏，包括驱动机制和监控机制的破坏。监控机制破坏可发生在损伤感应、生长停滞、DNA 修复和凋亡机制的任何一个环节上，结果将导致细胞基因组不稳定，突变基因数量增加，这些突变的基因往往就是癌基因和抑癌基因。同时，很大一部分的原癌基因和抑癌基因又是细胞周期调控机制的组成部分。因此，在肿瘤发展过程中，监控机制的异常会使细胞周期调控机制进一步恶化，并导致细胞周期驱动机制的破坏，细胞周期的驱动能力异常强化，细胞进入失控性生长状态，从而细胞出现癌变性生长。

2. *原癌基因和抑癌基因还是调控细胞凋亡的重要基因*　细胞除了生长、增殖和分化等之外，还存在细胞死亡现象，如程序性细胞死亡或凋亡。有些抑癌基因的过量表达可诱导细胞发生凋亡，而与细胞生存相关的原癌基因的激活则可抑制凋亡，细胞凋亡异常与肿瘤的发生发展密切相关[图 17－5（本章末二维码）]。现已明确，细胞凋亡在肿瘤发生、胚胎发育、免疫反应、肿瘤免疫逃逸、神经系统发育、组织细胞代谢等过程中起重要作用。

值得注意的是，近年来也有研究发现，一些非编码 RNA，如 miRNA，在肿瘤发生过程中也具有重要作

用。总之,肿瘤分子生物学的进展已经深刻地改变了人们对肿瘤发生和生命现象的认识,并使肿瘤研究从以揭示肿瘤病因和寻找肿瘤治疗方法为目的的单项研究,转变为以研究整个生命现象和全面揭示生命分子机制为目的的综合性系统研究。肿瘤分子生物学必将在整个生命医学研究中发挥越来越重要的作用。

(卜友泉)

※ 第十七章数字资源

图 17-5
促进正常细胞向肿瘤细胞转化的因素

第十七章
参考文献

微课视频 17-1
癌基因的发现

微课视频 17-2
癌基因的活化机制

微课视频 17-3
抑癌基因的发现

微课视频 17-4
抑癌基因的失活机制

第十八章

常用分子生物学技术

内容提要

本章对常用分子生物学技术的原理和应用进行了概要介绍，重点介绍PCR和分子杂交与印迹技术。PCR是一种在体外对特定的DNA片段进行高效扩增的技术，其基本原理类似于DNA的体内复制过程。PCR有多种衍生技术。在传统PCR技术基础上，近年来又建立了用于核酸精确定量分析的定量PCR技术，实现了PCR技术从定性到定量的里程碑式飞跃。PCR技术是一项应用最为广泛和最具生命力的分子生物学技术，广泛用于生物医学基础研究和临床诊断。分子杂交与印迹技术是一类主要建立在核酸分子杂交和印迹技术基础上的定性或半定量分析方法，其种类较多，最常用的是分别用于DNA、RNA和蛋白质检测的Southern印迹、Northern印迹和Western印迹技术。DNA测序技术主要建立在双脱氧链末端终止法的基础上，目前已经实现自动化，并向着高通量的方向发展。生物芯片是一种对基因和蛋白质进行大规模、高通量并行检测的技术，包括基因芯片和蛋白质芯片。蛋白质的分离纯化涉及沉淀、盐析、透析、超滤、电泳、层析、超速离心等多种技术的综合运用。蛋白质的结构分析包括一级结构和空间结构的分析。生物大分子相互作用研究技术包括用于蛋白质-蛋白质相互作用检测的蛋白质免疫共沉淀、GST pull-down与酵母双杂交，以及用于蛋白质-DNA相互作用检测的EMSA和ChIP技术。基因沉默技术包括传统的反义寡核苷酸技术和核酶技术，以及后期开发的RNA干扰技术。基因组编辑技术包括通过蛋白质介导识别特定靶DNA序列的兆核酸酶、ZFN和TALEN技术，以及新开发的由RNA引导识别特定靶DNA序列的CRISPR/Cas技术。转基因与基因敲除等技术是在个体水平上进行分子生物学操作的方法，用以建立遗传修饰动物，在生物医学领域具有重要应用价值。

分子生物学是一门非常注重实验操作的学科，在其发展历史上，几乎每一次重大理论的发现与突破都离不开新技术、新方法的支撑。分子生物学技术也是在分子水平上开展生物医学研究的共同工具，一些技术还广泛用于临床疾病的诊断与治疗等。因此，掌握和了解一些常用的分子生物学技术，不仅有助于进一步加深理解分子生物学的理论知识，而且对于在分子水平上深入认识疾病的发生和发展机制、理解和应用基于分子生物学的诊断和治疗方法极有帮助。

分子生物学技术的种类繁多，但可大致区分为基本技术和延伸拓展类技术两大类。基本技术包括核酸分离纯化、PCR技术、分子杂交与印迹技术、各种分子酶学操作等。延伸拓展类技术包括DNA重组技术（参见第十九章DNA重组和基因工程）、测序技术、生物芯片、转基因动物等，一般都是在基本技术的基础上建立的。只有对这两类技术达到系统掌握后，学习者方能自由娴熟地驾驭和运用这些技术，实现自己的各种研究和应用目标。分子生物学技术的学习也尤其注重理论与实践相结合，只有不断通过理论学习和实际操作的反复融汇，学习者方可切实理解技术本身的奥妙与真谛。

第一节 PCR技术

聚合酶链反应(polymerase chain reaction,PCR)技术,是20世纪80年代发展起来的一种在体外对特定的DNA片段进行高效扩增的技术。应用这一技术可以将特定的微量靶DNA片段于数小时内扩增至十万乃至百万倍。PCR技术的创立对于分子生物学的发展具有不可估量的价值,它以敏感度高、特异性强、产率高、重复性好及快速简便等优点迅速成为分子生物学研究中应用最为广泛的方法,极大地推动了分子生物学本身及整个生物医学的快速发展。PCR技术当之无愧是生物医学领域中的一项革命性技术创举和里程碑。

一、PCR技术的诞生

具体见本章末二维码。

二、PCR的基本原理

PCR技术的建立有效地利用了细胞内DNA复制的机制,尤其是DNA聚合酶的作用特性,它是在体外(试管内)通过酶促反应来对特异性DNA片段进行合成和扩增。

PCR反应体系的基本成分包括5种。① 模板(template):通常是从血液等各种组织或细胞样品中经过分离纯化获得的DNA,含有待扩增的目的基因或DNA片段。② 引物(primer):通常是一对18～22 nt的寡核苷酸片段,分别与待扩增区域DNA的两个末端部分的碱基序列互补,称为上游引物和下游引物,可以限定待扩增的DNA区域。③ 4种dNTP:包括dATP、dTTP、dCTP和dGTP,作为DNA合成的原料。④ 耐热性DNA聚合酶:常用的是分离自水生栖热菌的具有耐热特定DNA聚合酶,称为*Taq* DNA聚合酶或*Taq*酶,最适温度为75～80℃。⑤ 反应buffer:含有Mg^{2+}的buffer,为DNA聚合酶提供最适反应条件。

PCR的基本反应步骤包括变性、退火和延伸3个基本反应。① 变性:反应体系的温度被升高至95℃左右,使模板DNA双链变性解离成为松散的单链。② 退火:即模板DNA与引物的复性,将反应体系的温度降低至适宜温度(约55℃),使反应体系中的上游和下游引物分别与变性的模板DNA单链的相应区域实现复性,通过碱基互补配对规则结合,注意此时上游和下游引物分别结合在待扩增区域的两端。③ 延伸:再次将反应体系的温度升高到耐热DNA聚合酶的最适温度即72℃,使与DNA模板结合的引物在DNA聚合酶的作用下,以dNTP为反应原料,按碱基互补配对与半保留复制规则合成一条与模板DNA链互补的新链。上述3个步骤称为一个循环,需2～4 min,每一循环新合成的DNA片段继续作为下一轮反应的模板,经多次循环(25～40次),1～3 h,即可将引物靶向的特定区域的DNA片段迅速扩增至上千万倍(图18-1)。需要

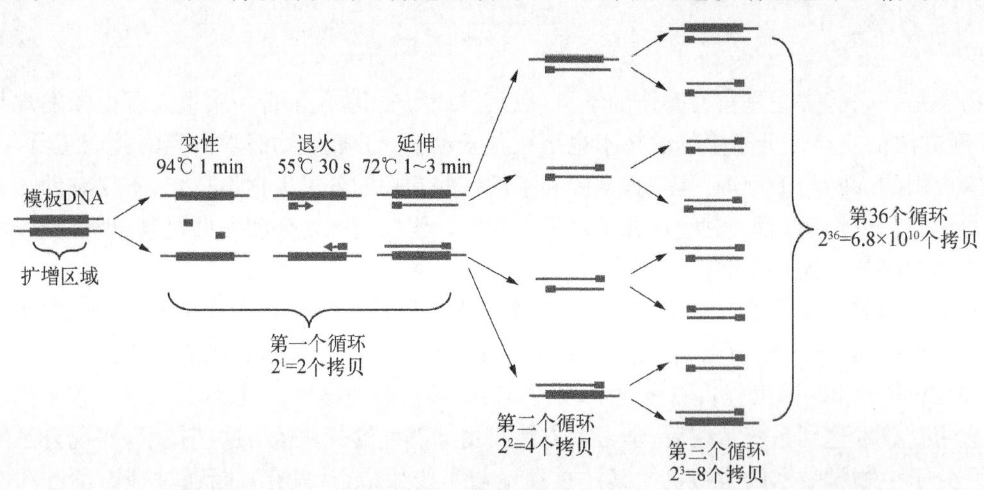

图18-1 PCR的基本原理

注意的是，在扩增的第一个循环中，新合成的DNA单链会长于待扩增区域的DNA片段，但从第二轮循环开始，待扩增区域的DNA片段便开始被大量富集，因此，在最终的扩增产物中，稍长于待扩增区域的产物的量实际上相对总的扩增产物来讲非常少，可以忽略不计。

一般来讲，PCR反应体系的总体积通常控制在10～100 μL。反应体系的各个成分加入相应的PCR反应管后，放置在自动化的PCR仪器上，设定好相应的反应程序，由仪器自动执行完成，非常方便快捷。

三、常见的PCR衍生技术

近年来，PCR技术不断发展，操作也更为精细和自动化。同时，PCR技术也和已有的其他分子生物学技术结合，进而形成多种PCR衍生技术，以满足各种需要和用途。限于篇幅，下面仅介绍几种常用的PCR衍生技术。

（一）逆转录PCR

逆转录PCR（reverse transcription - PCR，RT - PCR），是将RNA的逆转录反应和PCR反应联合应用的一种技术。即首先以RNA为模板，在逆转录酶的作用下合成互补DNA（complementary DNA，cDNA），再以cDNA为模板通过PCR反应来扩增目的基因。由此可见，常规的PCR主要是以DNA为模板来进行扩增，而RT - PCR通过将逆转录和常规的PCR技术联合，即可实现对RNA模板的间接扩增。

RT - PCR技术目前已成为基因定性和定量分析的最常用技术之一。例如，真核基因的cDNA克隆、对真核基因在mRNA水平上的表达分析及临床上对病毒RNA的检测分析等。

（二）巢式PCR

巢式PCR（nested PCR）也称嵌套式PCR，该技术主要使用两对位置不同的引物，分别称为内侧引物和外侧引物，即其中一对引物（内侧引物）在模板上的位置位于另一对引物（外侧引物）扩增区域的内部。也就是说，外侧引物扩增的区域，包含了内侧引物扩增的区域。在做巢式PCR时，一般首先用外侧引物进行PCR反应，然后再以该首轮PCR产物为模板，使用内侧引物进行第二轮PCR反应。

因为巢式PCR的本质在于其使用了两套引物进行了两轮PCR，因此其突出优点在于其检测的灵敏度和特异性大大提高，尤其适用于扩增模板含量较低的样本。

（三）甲基化特异性PCR

甲基化特异性PCR（methylation-specific PCR，MSP），由美国约翰·霍普金斯大学（Johns Hopkins University）医学院的Stephen Baylin和Jim Herman发明，主要用于检测基因组DNA中CpG岛的甲基化状态，具有简便、特异和敏感等优点。

其基本原理是，首先用亚硫酸氢钠处理基因组DNA，亚硫酸氢钠可使CpG岛上未甲基化的胞嘧啶（C）变成尿嘧啶（U），而甲基化的胞嘧啶（C）不变，然后以此亚硫酸氢钠处理的基因组DNA为模板同时进行两组PCR反应，分别使用两对引物，其中一对引物的序列用于扩增甲基化的DNA（模板DNA的CpG岛序列中为甲基化的胞嘧啶），另外一对引物和前一对引物的序列几乎完全相同，用于扩增非甲基化的DNA（模板DNA的CpG岛序列中的碱基胞嘧啶变为尿嘧啶）。因此，可以根据两组引物的扩增结果而判断基因组DNA中包含CpG岛的特定区域是否甲基化。

（四）多重PCR

多重PCR（multiplex PCR）是指在一个PCR反应中同时加入多组引物，同时扩增同一DNA模板或不同DNA模板中的多个区域，通常每对引物所扩增的产物序列长短不一。

因为常规PCR一般只用一对引物扩增DNA模板中的一个区域，因此多重PCR实际上是在一个反应体系中进行多个单一的PCR反应，具有信息量多、省时、节约成本等优点。多重PCR在临床疾病诊断中尤其具有重要的价值，可以利用同一份患者样本对多个致病基因进行检测。

（五）原位PCR

原位PCR（in situ PCR）由Ashley Haase等于1990年建立，它是将PCR技术和原位杂交技术两种技术有机结合起来，充分利用了PCR技术的高效特异敏感与原位杂交的细胞定位特点，从而实现在组织细胞原位检测单拷贝或低拷贝的特定的DNA或RNA序列。

该技术是在福尔马林固定、石蜡包埋的组织切片或细胞涂片上的单个细胞内进行的 PCR 反应,然后用特异性探针进行原位杂交,即可检测出待测 DNA 或 RNA 是否在该组织或细胞中存在。原位 PCR 既能分辨鉴定带有靶序列的细胞,又能标出靶序列在细胞内的位置,对于在分子和细胞水平上研究疾病的发病机制和临床过程及病理的转归有重要的实用价值。

四、定量 PCR

定量 PCR(quantitative PCR,Q-PCR),也称实时 PCR(real-time PCR),或实时定量 PCR(quantitative real-time PCR),是指在 PCR 反应体系中加入荧光基团,通过监测 PCR 反应管内荧光信号的变化来实时监测整个 PCR 反应进程,并由此对反应体系中的模板进行精确定量的方法。因为该技术需要使用荧光染料,故也称实时荧光定量 PCR 或荧光定量 PCR。

定量 PCR 技术于 1996 年由美国 Applied Biosystems 公司推出,作为一种新型的 PCR 技术,定量 PCR 技术不仅彻底克服了常规 PCR 采用终点法定量的缺陷,并具有快速、灵敏度高和避免交叉污染等特点,真正实现了 PCR 技术从定性到定量的飞跃,堪称 PCR 技术史上一个重大的里程碑式发现。该技术目前已经广泛应用于生物医学基础研究中基因表达水平的分析和临床实践中基因诊断等领域。

(一) 定量 PCR 的原理

本质上来讲,PCR 是 DNA 聚合酶催化的酶促反应,因此其同样具有酶促反应动力学的特点。一般来讲,PCR 的反应过程可以大致分为 3 个阶段。

1. 指数扩增期 在早期阶段,PCR 反应体系中各种成分的量非常充足,PCR 产物的量以 2^n 的指数增长方式迅速增加,称为指数扩增期。

2. 非指数扩增期 随着 PCR 反应体系中 dNTP 原料、DNA 聚合酶和引物等的不断消耗,PCR 扩增效率降低,扩增产物量的增加速度有所下降,不再呈指数增长方式,称为非指数扩增期或趋向平台期(leveling off stage)。

3. 平台期 最后反应体系各种原料几近耗尽,PCR 产物的量不再增加,称为平台期。

扩增产物的量主要取决于 3 个因素,包括初始模板 DNA 的量、PCR 扩增效率及循环次数,可用如下数学关系式描述:

$$X_n = X_0(1+E_x)^n \quad \text{(式 18-1)}$$

式中,n 代表循环数;X_n 为第 n 次循环后的产物量;X_0 为初始模板量;E_x 为扩增效率。

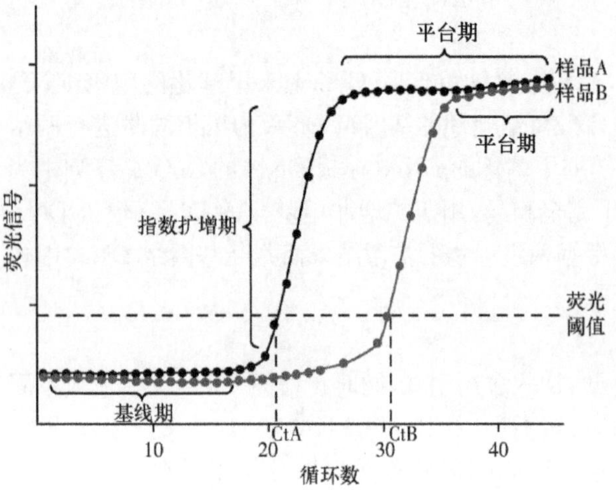

图 18-2 典型的扩增曲线

CtA 指样品 A 的循环阈值,CtB 指样品 B 的循环阈值

在荧光定量 PCR 过程中,由于加入了荧光染料,可通过荧光信号强度变化监测产物量的变化,每经过一个循环,仪器自动收集一次荧光强度信号,PCR 过程完成后,以循环数为横坐标,以荧光信号强度为纵坐标,即可绘制出一条扩增曲线(图 18-2)。该扩增曲线可分为 3 个阶段。① 荧光背景信号阶段(即基线期);② 荧光信号指数扩增阶段(即指数扩增期);③ 平台期。在荧光背景信号阶段,扩增的荧光信号被荧光背景信号所掩盖,故无法判断产物量的变化。在平台期,扩增产物不再呈指数级增加,终产物量与起始模板量之间没有线性关系,故也无法根据最终 PCR 产物的量来计算起始 DNA 的拷贝数。PCR 理论方程只在对数期成立,即只有在荧光信号指数扩增阶段,PCR 产物量的对数值与起始模板量之间存在线性关系。

定量 PCR 理论中,特别引入了循环阈值的概念。循环阈值(cycle threshold,Ct)是指在 PCR 扩增过程中,扩增产物的荧光信号达到设定的荧光阈值时所经历的循环数。而荧光阈值(threshold)一般是以 PCR 反应的前 15 个循环的荧光信号作为荧光本底信号(baseline)，默认设置是 3～15 个循环的荧光信号的标准偏差的 10 倍。通俗地理解，荧光阈值实际上就是荧光信号开始由本底信号进入指数增长阶段的拐点时的荧光信号强度。

根据 PCR 的动力学原理，达到 Ct 值时的产物量为

$$X_{Ct}=X_0(1+E_x)^{Ct} \quad (式 18-2)$$

两边同时取对数，则得

$$\lg X_{Ct}=\lg X_0(1+E_x)^{Ct} \quad (式 18-3)$$

简单运算，则为

$$\lg X_0=-Ct\times\lg(1+E_x)+\lg X_{Ct} \quad (式 18-4)$$

式中，X_{Ct}表示荧光信号达到阈值线时扩增产物的量，阈值线一旦设定后，即可视为一个常数；E_x表示常变数，即 E_x在 PCR 反应中的某一个循环中是一个常数，在不同的循环数中，E_x的数值不同。

由此可以推出：起始模板量的对数值与其 Ct 值呈线性关系，这就是定量 PCR 精确定量的重要依据。起始模板量越多，则 Ct 值越小。

综上，定量 PCR 技术的基本原理就是它将荧光信号强弱与 PCR 扩增情况结合在一起，通过监测 PCR 反应管内荧光信号的变化来实时检测 PCR 反应进行的情况，因为反应管内的荧光信号强度到达设定阈值所经历的循环数即 Ct 值与扩增的起始模板量存在线性对数关系，所以可以对扩增样品中的目的基因的模板量进行准确的绝对和(或)相对定量(图 18－3)。而常规的 PCR 技术只能对 PCR 扩增的终产物进行定量和定性分析，无法对起始模板准确定量，也无法对扩增反应实时监测。

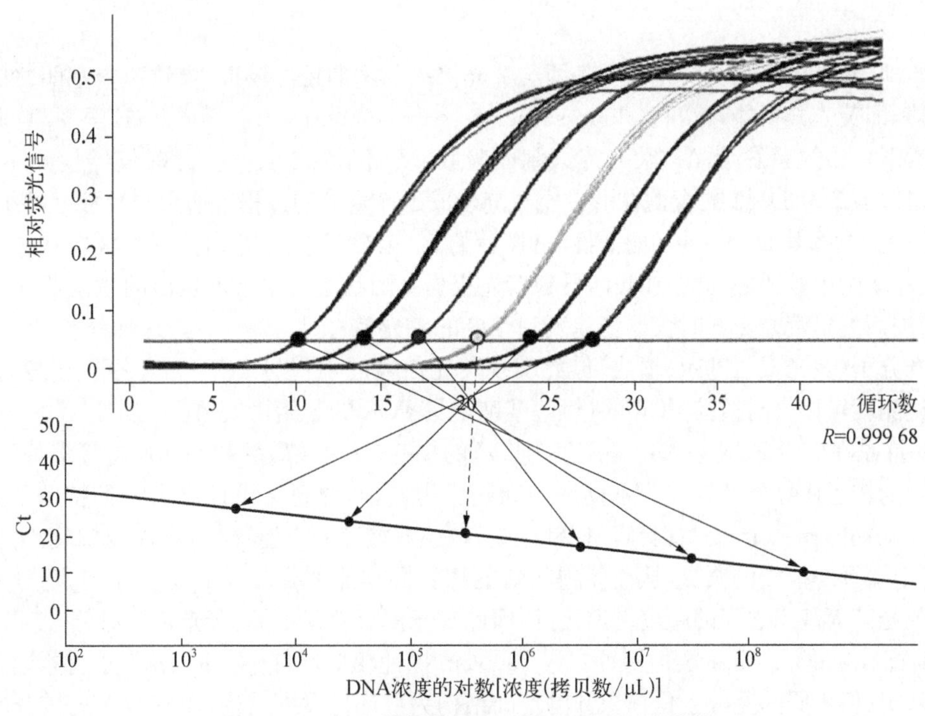

图 18－3　不同模板量的实时荧光 PCR 扩增曲线

(二) 常见的定量 PCR 技术

在实际应用中，一般按照定量 PCR 中是否使用探针，可以区分为不使用探针的非探针类定量 PCR 和使用探针的探针类定量 PCR。

1. 非探针类定量 PCR　也称荧光染料类定量 PCR，该类定量 PCR 方法和常规 PCR 的主要不同之处在于加入了能与双链 DNA 结合的荧光染料，由此来实现对 PCR 过程中产物量的全程监测。

最常用的荧光染料为 SYBR Green，它能结合到 DNA 双螺旋小沟区域。该染料处于游离状态未与 DNA 结合时，荧光信号强度较低，一旦与双链 DNA 结合之后，荧光信号强度大大增强，约为游离状态的 1 000倍，且荧光信号的强度和结合的双链 DNA 的量成正比。因此，可以将其加入 PCR 反应体系中，用来实时监测 PCR 产物量的多少。在 PCR 扩增过程中，随着新合成的双链 DNA 扩增产物的逐渐增多，结合的 SYBR Green 也不断增多，荧光信号就不断增强。荧光信号的检测在每一轮循环的延伸期完成后进行。

该技术的优点在于荧光染料的实验成本低廉、操作简便易行，因此应用非常广泛。然而，由于 SYBR Green 染料能与任何双链 DNA 结合，没有序列特异性，因此，PCR 扩增过程中出现的非特异产物和引物二聚体也是双链 DNA，SYBR Green 也能与之结合而同样发生荧光而被仪器检测到。这也正是该类定量 PCR 特异性和定量精确性稍差的原因。需要指出的是，特异性扩增产物与非特异性扩增产物和引物二聚体的序列不同，故可以通过做溶解曲线分析来对扩增的特异性做出评价。

2. 探针类定量 PCR　与非探针类定量 PCR 方法相比，该类定量 PCR 方法不是通过向反应体系中加入荧光染料产生荧光信号，而是通过使用探针来产生荧光信号。探针除了能产生荧光信号用于监测 PCR 进程之外，其同样能和模板 DNA 的待扩增区域结合，从而大大提高了 PCR 的特异性。因此，与非探针类定量 PCR 相比，探针类定量 PCR 由于在使用引物的同时又使用了探针，故其特异性和定量精确性比前者显著提高；又由于其额外增加了探针合成和标记的技术环节和费用，故其技术操作也相对复杂，实验成本也高。

目前，探针类定量 PCR 中常用的探针包括 TaqMan 探针、双杂交探针和分子信标探针等。

(1) TaqMan 探针：是最早用于定量 PCR 的探针，属于水解类探针，由 Applied Biosystems 公司推出。在 TaqMan 探针法的定量 PCR 反应体系中，包括一对引物和一条 TaqMan 探针。和引物一样，探针也是寡核苷酸，也能与模板 DNA 特异性地结合，且其结合位点在两条引物之间。探针的 5′-端标记荧光报告基团(reporter，R)，3′-端标记荧光淬灭基团(quencher，Q)。常见的用于 5′-端标记的荧光报告基团包括 FAM、HEX 和 VIC 等荧光染料；用于 3′-端标记的荧光淬灭基团包括 TAMRA 荧光染料及 Eclipse 和 BHG 系列非荧光染料。

在反应初始即当探针完整时，荧光报告基团与荧光淬灭基团的距离较近，导致两个基团之间发生非放射性荧光能量转移，即荧光共振能量转移(fluorescence resonance energy transfer，FRET)现象，此时荧光报告基团在激发因素下发出的激发荧光被荧光淬灭基团吸收，从而不发出荧光。此时仪器检测不到荧光信号。而在 PCR 扩增时，当 *Taq* DNA 聚合酶在沿着模板链合成延伸新链的过程中遇到与模板互补结合的探针时，*Taq* DNA 聚合酶会发挥其 5′→3′外切酶活性，从探针的 5′-端对其进行水解，使荧光报告基团与荧光淬灭基团分离，从而破坏了两个基团之间的 FRET，导致荧光报告基团在激发因素下发出的激发荧光不再被荧光淬灭基团所吸收，进而发出荧光。此时仪器将检测到相应的荧光信号(图 18－4)。这样每扩增一次，就对应有一个游离的荧光分子(荧光报告基团)形成，借此实现荧光信号的累积与 PCR 产物的形成完全同步，因此对荧光信号进行检测就可以实时监控 PCR 的过程，准确定量 PCR 的起始拷贝数。

TaqMan 探针是在定量 PCR 技术中应用最为广泛的探针，具有灵敏度和特异性高等多种优势，但也存在探针两端基团距离较远而导致荧光淬灭不彻底的问题。为此，研究者又设计出了一种特殊的新型 TaqMan 探针即 MGB(minor groove binder)探针，该探针的 3′-端还连接了一个能够与 DNA 双螺旋小沟结合的 MGB 基团，可大大稳定探针与模板的杂交，从而使得较短的探针同样能达到较高的 T_m 值，较短的探针也使得荧光报告基团与荧光淬灭基团之间的距离更加接近，因此荧光淬灭效果更好、荧光背景更低，使得信噪比更高。

(2) 分子信标(molecular beacons)探针：与 TaqMan 探针相似，探针的两个末端分别标记有荧光报告基团和荧光淬灭基团，但不同的是分子信标探针的空间结构为茎环样发夹结构，即其两端的核苷酸序列能互补配对，中间区域为环状。当没有目的基因序列存在时，探针会形成发夹样结构，荧光报告基团和荧光淬灭基团靠近，发生 FRET，荧光报告基团发出的荧光会被荧光淬灭基团吸收，此时没有荧光信号。但当目的基因序列存在时，探针会与靶序列结合，发夹结构展开，探针两端的荧光报告基团与荧光淬灭基团分开，荧光报告基团发出的荧光不能被淬灭，此时可以检测到荧光信号。荧光信号的强度同样随反应产物的增加而增加，由此实现对目的基因的定量分析。与一般的线性探针相比，茎环样发夹结构的分子信标探针的检测特异性和灵敏度更高，能够检测靶序列中单个碱基的变化，所以除了定量分析之外，还特别适于基因突变和单核苷酸

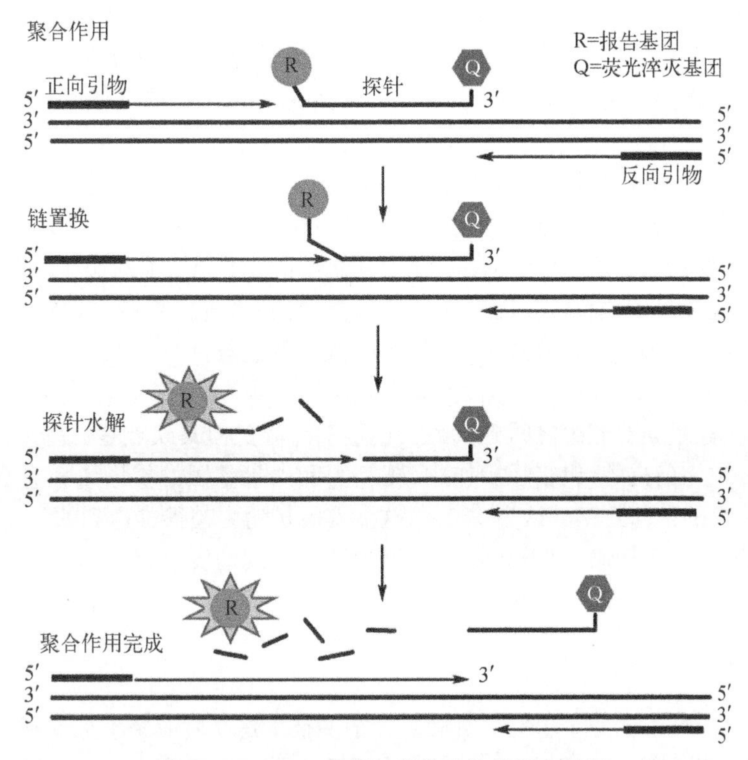

图 18-4　TaqMan 探针的荧光信号发生机制

多态性(single nucleotide polymorphism,SNP)分析。

(3) 双杂交探针：又称 LightCycler 探针或 FRET 探针，为罗氏公司拥有专利的探针。双杂交探针由两条与模板 DNA 互补且相邻的特异探针组成(距离仅间隔 1～5 个碱基)，上游探针的 3′-端标记供体荧光基团，下游探针的 5′-端标记受体荧光基团，并且该下游探针的 3′-端游离羟基还必须用一个磷酸基团封闭以避免 DNA 聚合酶以其作为引物启动 DNA 合成。在 PCR 扩增的退火(复性)步骤中，两条探针将同时结合在模板 DNA 链上，此时供体荧光基团和受体荧光基团距离较近。根据 FRET 原理，此时使用外来光源激发供体荧光基团产生的荧光能量会被受体荧光基团吸收，使后者发出另一种波长的荧光，进而被仪器检测系统检测到。但在 PCR 扩增的变性步骤中，两探针游离，两基团距离远，所以不能检测到由 FRET 导致受体荧光基团产生的相应波长的荧光。因此，使用此类探针的定量 PCR，对荧光信号的检测是在退火后进行。荧光信号的强度与扩增产物量成正比，由此实现定量分析的目的。在该方法中，只有当两条探针都正确结合至目的基因序列时才能检测到荧光，因此该法的特异性更强。但也正是由于使用了两条探针，该法也会导致扩增效率降低和实验成本升高等劣势。

(三) 定量 PCR 的数据分析

1. 绝对定量　如前所述，根据定量 PCR 的动力学分析，其定量的重要依据就是起始模板量的对数值与其 Ct 值呈线性关系，起始模板的拷贝数越多，相应的 Ct 值就越小。因此，可以采用标准曲线法进行绝对定量。具体做法是：首先，将已知含量的标准品稀释成不同浓度梯度的样品，与待测样本同时在荧光定量 PCR 仪上进行扩增；其次，根据标准品的结果以拷贝数的对数为横坐标、以 Ct 值为纵坐标制作标准曲线，再根据待测样本的 Ct 值就可以从标准曲线计算出待测样本的拷贝数(图 18-3)。用于绝对定量的标准品可以是将靶基因扩增片段转入质粒构建而成，也可以是直接将靶基因的扩增产物进行纯化即可。使用标准曲线法进行绝对定量注意考虑以下两点：第一，标准曲线的线性检测范围有时难以覆盖待测样品中可能出现的更高或更低的浓度；第二，标准品与待测样品之间的扩增效率可能有差异，如需要更高的定量精确度，应考虑对两者的扩增效率差异进行校正。

2. 相对定量　与绝对定量而言，相对定量更为简单和方便。常用的相对定量方法有两种。

(1) 双标准曲线法：在绝对定量中，因为标准品中的靶基因拷贝数是已知的，所以只需要构建靶基因的标准曲线。但是,进行相对定量时,因为标准品中的靶基因拷贝数是未知的,所以需要同时构建靶基因和内参基因两条标准曲线。具体做法是:首先,将标准品进行10倍的倍比梯度浓度稀释,同时扩增各标准品和待测样本中的靶基因和内参基因并制作相应的标准曲线;其次,根据两个标准曲线来计算待测样本中靶基因的相对表达量,计算公式为F=(待测样本靶基因浓度/待测样本内参基因浓度)/(对照样本靶基因浓度/对照样本内参基因浓度)。由此可见,通过该法得到的待测样本中靶基因的表达量是相对于对照样本中相应基因的表达量而言的,是一个相对表达或含量值。其中,内参基因通常选用在各组织细胞中表达量相对恒定的管家基因如GAPDH和β-肌动蛋白等,使用内参基因的目的在于对不同样本的操作或取样误差进行校正。

(2) $2^{-\Delta\Delta Ct}$法:也称比较Ct法,该法不需要制作任何标准曲线,直接将待测样本和对照样本中的靶基因和内参基因进行定量PCR反应,计算公式为靶基因的相对表达量$=2^{-\Delta\Delta Ct}$,其中$\Delta\Delta Ct=(Ct_{\text{待测样本靶基因}}-Ct_{\text{待测样本内参基因}})-(Ct_{\text{对照样本靶基因}}-Ct_{\text{对照样本内参基因}})$。该法的优点是简单易行,无须制作标准曲线,且其结果非常直观,能很方便地看出实验组与对照组之间靶基因表达量的差异。但其缺点是:首先,它是以靶基因和内参基因的扩增效率基本一致为前提的,但实际操作中,靶基因和内参基因的扩增效率总会存在一定的偏差;其次,其计算方式是将PCR的扩增效率默认为100%,这在实际扩增中是很难达到的。这些缺点就导致了其准确性低于上述两种方法,但瑕不掩瑜,由于其简便易行和结果直观的突出优点,在准确性要求不是很高的一些基础生物医学研究中得到了尤其广泛的应用。

五、PCR技术的应用

分子生物学发展迅速,所以在分子生物学发展史上很多技术建立后应用不久便成为明日黄花,很快被其他技术所取代。但PCR技术则不然,PCR技术建立后不仅得到了广泛的应用,而且还不断地被众多研究者加以改进和完善,产生了很多PCR衍生技术,进一步扩大了其应用范围。可以说,PCR技术是一项应用最为广泛和最具生命力的分子生物学技术。此处仅从生物医学研究和体外诊断两个方面做简要介绍。

(一) PCR在生物医学研究方面的应用

目前,在从事分子水平操作的生物医学研究实验室,几乎无一例外都要用到PCR技术。研究者可以利用各种各样的PCR技术对DNA或RNA进行扩增,以进行定性和定量分析。

1. *目的基因的获得*　这是对基因进行研究的首要步骤,研究者可以利用PCR技术对基因组DNA中的特定区域进行选择性地扩增并加以分离,也可以利用PCR或RT-PCR技术从包含各种各样DNA或RNA分子的混合核酸样本中将目的DNA或RNA片段进行选择性地扩增并加以分离。起始样本包括各种各样的新鲜的正常或异常的人体组织标本,甚至几千年的化石和木乃伊标本。通过PCR操作获得目的基因片段后,即可进行后续的各种操作,包括用于基因克隆、各种检测如基因的突变分析等。

2. *核酸的定量分析*　即DNA和RNA的定量分析,包括人类及各种微生物的基因组中基因的拷贝数和基因的mRNA表达水平分析等。一般来讲,分析基因组DNA中基因的拷贝数时主要采用常规定量PCR技术,而分析基因的mRNA表达水平时,主要采用半定量RT-PCR或定量RT-PCR技术。

3. *其他*　上述两方面是PCR技术在生物医学研究中的主要应用,但PCR技术实际上还有很多的应用如可以用于基因定点突变操作、探针的标记与制备等。

(二) PCR在体外诊断方面的应用

PCR技术最早之所以受到众多商业公司的追捧就是因为其在诊断方面的应用,如今,随着荧光定量PCR技术的建立与完善,因其定量精确、特异性高的优势,已经广泛地应用到了医学临床诊断、法医刑侦、检验检疫等各个领域。

在临床诊断方面,其主要用于临床疾病早期诊断。PCR技术不仅可以用于先天性单基因遗传病的检测,也可以用于肿瘤等多基因疾病的检测,还可以用于感染性疾病病原体的检测。不仅可以实现对靶标基因进行突变等定性分析,还可以利用定量PCR技术进行精确的定量分析。在器官组织移植时,还可以进行快速的HLA分型。另外,PCR技术还可用于药物疗效观察、预后判断、流行病学调查等。

在法医刑侦方面,通过对犯罪嫌疑人遗留的痕量的精斑、血斑和毛发等样品中的核酸进行选择性地PCR扩增,结合DNA指纹图谱分析,即可快速锁定案件真凶。同样的道理,PCR技术也可以用于亲子鉴定。

在动植物检验检疫领域，对于目前进出境要求检疫的各种动植物传染病及寄生虫病病原体的检测，几乎都有商业化的荧光定量PCR试剂盒可供使用，较之传统的分离培养病原体的方法相比，荧光定量PCR技术更为快捷、灵敏和特异。此外，对于食品、饲料和化妆品等的相关检测，荧光定量PCR技术也发挥了重要作用。

第二节　分子杂交与印迹技术

分子杂交和印迹技术也是目前生物医学研究中最为常用的基本分子生物学技术，在生物医学基础研究及临床诊断应用等方面广泛应用，如用于基因克隆的筛选、基因的定量和定性分析及基因突变的检测等。

一、分子杂交与印迹技术简介

在分子生物学操作上，分子杂交与印迹技术实质上是两个不同的技术，下面首先予以单独介绍，然后介绍其关联和区分。

（一）分子杂交技术

1. 分子杂交的概念　分子杂交在分子生物学上一般即指核酸分子杂交，是指核酸分子在变性后再复性的过程中，来源不同但互补配对的DNA或RNA单链（包括DNA和DNA、DNA和RNA、RNA和RNA）相互结合形成杂合双链的特性或现象。而依据此特性建立的一种对目的核酸分子进行定性和定量分析的技术则称为分子杂交技术，通常是将一种核酸单链用同位素或非同位素标记即形成探针，再与另一种核酸单链进行分子杂交，通过对探针的检测而实现对未知核酸分子的检测和分析。

2. 分子杂交技术的发展与分类　分子杂交技术最早始于Benja min Hall等在1961年的探索，他们将探针与靶序列在溶液中杂交，通过平衡密度梯度离心来分离杂交体，这实际为液相杂交，过程烦琐、费力且不精确。随后，Bolton等于1962年设计了一种简单的固相杂交方法，他将变性DNA固定在琼脂中，DNA不能复性，但能与其他互补核酸序列杂交。这些早期的开拓性工作对分子杂交技术的建立起到了非常重要的作用，但其在早期仍不是一个常用的分子生物学技术。直到20世纪70年代，随着限制性内切酶、印迹技术、核酸自动合成技术的发展和应用，一系列成熟的分子杂交技术才得以建立完善和广泛应用。

分子杂交技术可按作用环境大致分为液相杂交和固相杂交两种类型。

液相杂交所参加反应的核酸和探针都游离在溶液中，是最早建立的分子杂交类型，其主要缺点是杂交后过量的未杂交探针在溶液中除去较为困难，同时误差较高且操作烦琐复杂，因此应用较少。

固相杂交是将参加反应的核酸等分子首先固定在硝酸纤维素滤膜、尼龙膜、乳胶颗粒、磁珠和微孔板等固体支持物上，然后再进行杂交反应。其中以硝酸纤维素滤膜和尼龙膜最为常用，特称为滤膜杂交或膜上印迹杂交。固相杂交后，未杂交的游离探针片段可容易地被漂洗除去，同时固相杂交还具有操作简便、重复性好等优点，故该法最为常用。

固相杂交技术按照操作方法不同可分为原位杂交、印迹杂交、斑点杂交和反向杂交等。原位杂交是用标记探针与细胞或组织切片中的核酸进行杂交，包括有菌落原位杂交和组织原位杂交等方法。现在常用的基因芯片技术，在本质上也属于原位杂交。印迹杂交则包括有Southern印迹杂交、Northern印迹杂交等方法。

（二）印迹技术

1. 基本概念　印迹或转印（blot或blotting）技术是指将核酸或蛋白质等生物大分子通过一定方式转移并固定至尼龙膜等支持载体上的一种方法，该技术类似于用吸墨纸吸收纸张上的墨迹，故称为印迹技术。在实际研究操作中，通常还需首先将待转印的生物分子或样品进行电泳分离后再从胶上转移至印迹膜上，转印完成之后，还要通过多种方法将被转印的物质进行显色以进行各种检测，这些显色检测方法包括染料直接染色或通过和一些标记的抗体或寡核苷酸探针结合而显色。

如果被转印的物质是DNA或RNA，一般使用核酸分子杂交技术进行检测。

如果被转印的物质是蛋白质，一般通过与标记的特异性抗体通过抗原-抗体结合反应而间接显色，故又特称为免疫印迹(immuno-blotting)技术。

2. *常用的转印支持介质* 印迹技术中常用的固相支持载体多为滤膜类支持载体，常用的有尼龙膜、硝酸纤维素膜和 PVDF 膜。

尼龙膜(nylon membrane)具有很强的核酸结合能力，可达 480～600 $\mu g/cm^2$，且可结合短至 10 bp 的核酸片段，多用于核酸分子的转印。经烘烤或紫外线照射后，核酸中的部分嘧啶碱基可与膜上的正电荷结合，与膜结合的探针杂交后还可经碱变性洗脱下来。尼龙膜韧性较好，具有很好的机械强度，可耐受多次重复杂交试验。

硝酸纤维素膜(nitrocellulose membrane)和 PVDF 膜(PVDF membrane)与核酸的结合能力低于尼龙膜。硝酸纤维素膜的韧性较差、较脆、易破碎、不能重复使用，但其优点是无须活化处理，核酸或蛋白质分子的转印均有使用。PVDF 膜具有很强的蛋白质结合能力且韧性好、可以重复使用，尤其适用于蛋白质分子的转印。但 PVDF 膜在使用时需要甲醇浸泡处理以活化其表面的正电荷，以便和带负电荷的蛋白质结合。

3. *转印方法及其分类* 转印通常是将电泳分离后的样品从凝胶转印至合适的支持介质上，按照操作方式或原理不同，常用转印方法主要有毛细管虹吸转移法、电转移法和真空转移法。

毛细管虹吸转移法是容器中的转移缓冲液利用上层吸水纸的毛细管虹吸作用作向上运动，带动凝胶中的生物大分子垂直向上转移到膜上。

电转移法是利用电泳原理，以有孔的海绵和有机玻璃板将凝胶和固化膜夹成“三明治”形状，浸入盛有电泳缓冲液的转移槽中，利用两个平行电极进行电泳，使凝胶中的核酸或蛋白质沿与凝胶平面垂直的方向泳动从凝胶中移出，结合到膜上，形成印迹。电转移法是一种快速、简单、高效的转移法，特别适用毛细管虹吸转移法不理想的大片段分子的转移。常用的电转移法有湿转移和半干转移两种方法，两者的原理相同，只是用于固定胶、膜叠层和施加电场的机械装置不同，湿转移是将胶、膜叠层浸入缓冲液槽然后加电压，半干转移是用浸透缓冲液的多层滤纸代替缓冲液槽，转移时间较湿转快(只需要 15～45 min)。

真空转移法是以滤膜在下、凝胶在上的方式，利用真空泵将转移缓冲液从上层容器中通过凝胶抽到下层真空室中同时带动核酸分子转移到凝胶下面的滤膜上，整个过程只需要 1 h 左右。一般而言，核酸样品多用毛细管虹吸转移法，其是最经典的印迹方式，也可采用真空转移方法，蛋白质样品多采用电转移法进行印迹。

另外，按照转印的分子种类不同，转印方法则可以分为用于 DNA 的 Southern 印迹、用于 RNA 的 Northern 印迹和用于蛋白质的 Western 印迹技术。

埃德温·萨瑟恩(Edwin Southern)于 1975 年最早提出并建立了印迹技术，当时是以 DNA 为样品建立的，故后人以其姓氏将 DNA 的印迹技术命名为 Southern 印迹，后来建立的 RNA 和蛋白质的印迹技术则分别被有趣地称为 Northern 印迹和 Western 印迹技术，甚至还有后来建立的进行翻译后修饰检测的 Eastern 印迹技术等多种印迹技术。

(三) 分子杂交技术与印迹技术的关系

由上可以看出，分子杂交与印迹技术实质上是两个完全不同的技术，但在实际研究工作中，两者密切相关，通常联合使用，所以也很容易混淆，有必要予以区分。

在很多时候，尤其是研究核酸分子的时候，两者往往联合使用。此时为简便起见，通常根据研究者个人习惯或偏好将其简称为分子杂交技术或印迹技术。例如，DNA 的印迹技术因为往往和核酸分子杂交技术联用，所以很多人也称其为 DNA 印迹、DNA 杂交或 DNA 印迹杂交技术。

但有些时候，分子杂交技术或印迹技术又不是联合使用的，这个时候就需要注意术语的正确使用，不能乱用和混淆。例如，蛋白质的印迹技术就不和分子杂交技术联用而是和免疫酶法检测联用，因此不能称为分子杂交技术，只能称为印迹技术，一般称其为蛋白质印迹或 Western 印迹或免疫印迹技术。与此不同，对于分子杂交中的原位杂交技术而言，它又不和印迹技术联用，因此，只能称其为分子杂交技术而不能称为印迹技术。

二、探针的种类及其制备

在核酸分子杂交技术中，探针是一个必不可少的工具。探针(probe)是由放射性同位素或非放射性物质标记的DNA或RNA片段,长度通常为几十甚至上千个核苷酸。探针具有两方面的作用,首先,探针的标记方便了后续的检测;其次,探针往往需要事先设计且其序列已知,可以通过碱基互补配对规则和待检核酸的特定区域结合,因此,可以通过对探针的检测而获取或判断待检核酸样品的相关信息。

(一) 探针的种类

按照标记物的类型,可分为放射性标记探针和非放射性标记探针。

1. 放射性标记探针　是应用最多的一类探针。长期以来,放射性同位素作为传统的探针标记物一直发挥着重要的作用。放射性同位素与相应的元素之间具有完全相同的化学性质,因此不影响碱基配对的特异性和稳定性。其灵敏度极高,在最适条件下,可以检测出样品中少于1 000个分子的核酸。此外,放射性核素的检测具有极高的特异性,假阳性率较低。其主要缺点是存在射线污染,半衰期短,探针必须随用随标记,不能长期存放。目前用于核酸标记的放射性核素主要有^{32}P、^{3}H和^{35}S等,其中^{32}P在核酸分子杂交中应用最多。商品化的^{32}P主要是以标记的各种核糖核苷酸($[^{32}]P$-NTP)和脱氧核糖核苷酸($[^{32}]P$-dNTP)的形式提供,在制备探针时,将$[^{32}P]$dNTP或$[^{32}P]$NTP加到反应液中,就可以获得标记探针。

2. 非放射性标记探针　放射性标记探针在使用中的局限性促使非放射性标记探针得以迅速发展,现在许多实验中已使用非放射性标记探针取代放射性标记探针,这也极大地推动了分子杂交与印迹技术的迅速发展和广泛应用。非放射性标记探针的优点是无放射性污染、稳定性好,标记探针可以保存较长时间,处理方便;主要缺点是灵敏度及特异性有时还不太理想。

目前,常用的非放射性标记物主要有3种。

(1) 生物素:是最早使用的非放射性标记物。生物素是一种小分子水溶性维生素,对亲和素(也称抗生物素蛋白或卵白素)有独特的亲和力,两者能形成稳定复合物。生物素标记的探针和相应的核酸样品杂交后,可通过连接在亲和素上的显色物质(如酶等)进行检测。

(2) 地高辛:地高辛和生物素一样,也是半抗原。其修饰核苷酸的方式与生物素也类似,也是通过一个连接臂和核苷酸分子相连。地高辛标记的探针杂交后的检测原理和方法与生物素标记探针的检测类似。

(3) 荧光素:如罗丹明和FITC等。荧光素标记探针的敏感性与地高辛和生物素相似。近年来,荧光原位杂交技术的迅猛发展使得荧光素标记探针也得到了充分的开发和应用。

(二) 探针的制备

具体见本章末二维码。

三、常用的分子杂交与印迹技术

如前所述,分子杂交与印迹技术的种类多种多样,此处限于篇幅,仅选择常用的几种分子杂交与印迹技术予以介绍,其中重点介绍分别用于DNA、RNA和蛋白质分子检测的Southern印迹、Northern印迹和Western印迹技术(图18-5)。

(一) Southern印迹

Southern印迹(Southern blot或Southern blotting),或称Southern杂交,是由Edwin Southern于1975年建立的用于基因组DNA样品检测的技术。

一般来讲,Southern印迹主要包括如下几个主要过程。

(1) 将带测定的核酸样品通过合适的方法转移并结合到某种固相支持物(如硝酸纤维薄膜或尼龙膜)上,即印迹(blotting)。

(2) 探针的标记与制备。

(3) 固定于固相支持物上的核酸样品与标记的探针在一定的温度和离子强度下退火,即分子杂交过程。

(4) 杂交信号检测与结果分析。

以哺乳动物基因组DNA的检测为例,Southern印迹包括以下基本流程。

1. 待测核酸样品的制备　首先采用合适的方法从相应的组织或细胞样本中提取制备基因组DNA,然后用DNA限制性内切酶消化大分子基因组DNA,以将其切割成大小不同的片段。消化基因组DNA后,加热灭活限制性内切酶,样品即可进行电泳分离,必要时可进行乙醇沉淀,浓缩DNA样品后再进行电泳分离。

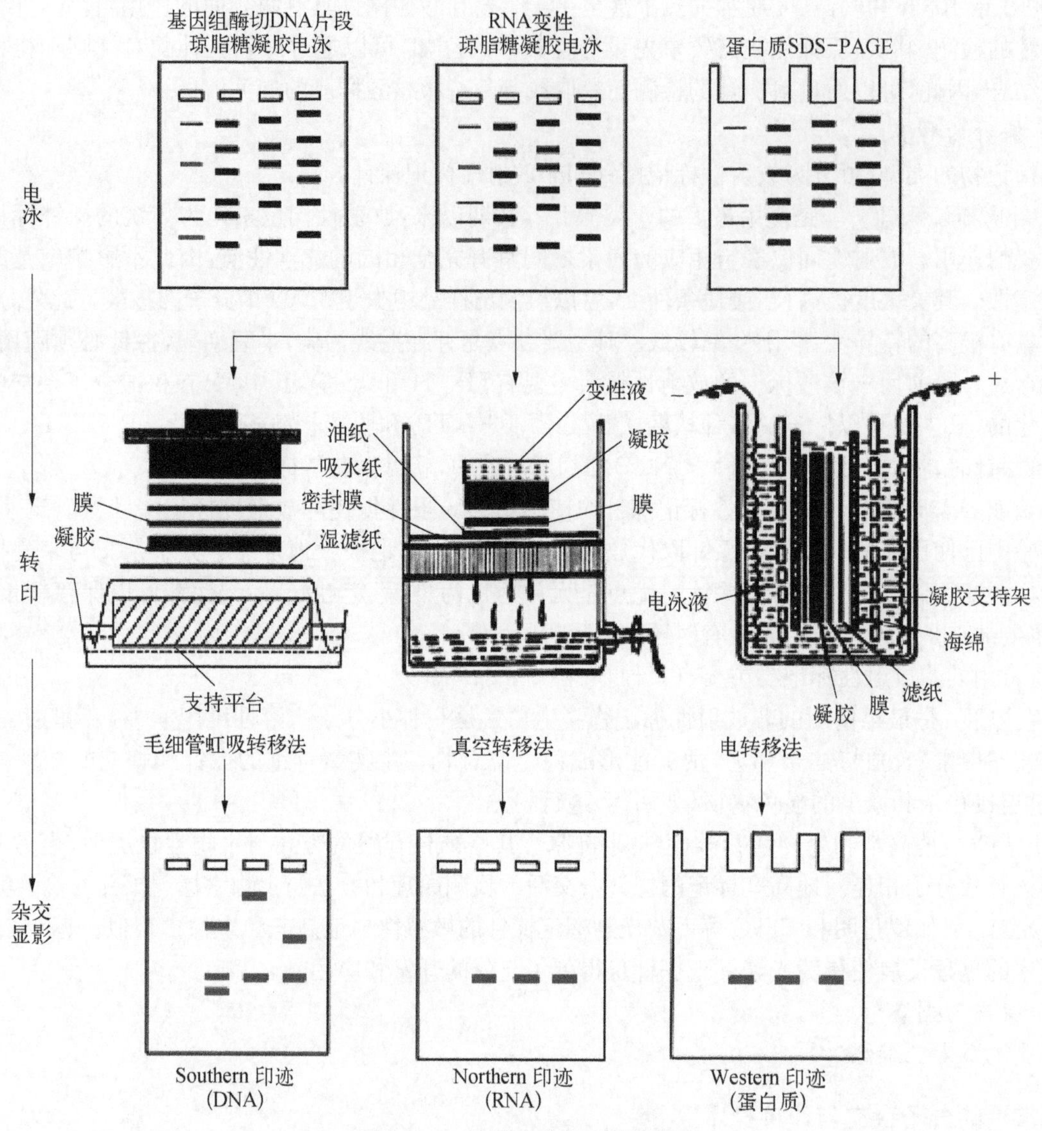

图 18-5 分子杂交与印迹技术

2. DNA 样品的凝胶分离　　主要采用琼脂糖凝胶电泳对经过限制性内切酶消化获得的长短不一的基因组 DNA 片段按照分子量大小进行分离。

通常是在恒定电压下，将 DNA 样品放在 0.8%～1.0%琼脂糖凝胶中进行电泳。为了便于测定待测 DNA 相对分子量的大小，往往同时在样品邻近的泳道中加入已知相对分子量的 DNA 样品，即标准 DNA (DNA marker)进行电泳。标准相对分子量 DNA 可以用放射性同位素等进行标记，这样杂交后的标准 DNA 也能显影出条带。

3. 凝胶中核酸的变性　　对凝胶中的 DNA 进行碱变性，使其形成较短的单链片段，以便于转印操作和与探针杂交。通常是将电泳凝胶浸泡在 0.25 mol/L 的 HCl 溶液进行短暂的脱嘌呤处理后，再移至碱性溶液中浸泡，使 DNA 变形并断裂形成较短的单链 DNA 片段，再用中性 pH 的缓冲液中和凝胶中的缓冲液。这样，DNA 片段经过碱变性作用，可保持单链状态而易于同探针分子发生杂交作用。

4. 转印　　即将凝胶中的单链 DNA 片段转移至固相支持物上。

此过程最重要的是保持各 DNA 片段的相对位置不变。DNA 是沿与凝胶垂直的方向移出并转移至膜上，因此，凝胶中的 DNA 片段虽然在碱变性过程已经变性成单链并已断裂，转移后各个 DNA 片段在膜上的相对位置与在凝胶中的相对位置仍然一样。

5. 探针的标记与制备　　用于 Southern 印迹杂交的探针可以是纯化的 DNA 片段或寡核苷酸片段。探针可以用放射性同位素标记或用地高辛标记。探针标记的方法有随机引物法、缺口平移法和末端转移酶末端标记法，具体参见探针的种类与制备一节的内容。

6. 预杂交　将固定于膜上的DNA片段与探针进行杂交之前，必须先进行一个预杂交的过程。因为能结合DNA片段的膜同样能够结合探针DNA，故在进行杂交前，必须将膜上所有能与DNA结合的位点全部封闭，这就是预杂交的目的。预杂交就是将转印后的膜置于一个浸泡在水浴摇床的封闭塑料袋中进行，袋中装有预杂交液，使预杂交液不断在膜上流动。预杂交液中主要含有鲑鱼精子DNA(该DNA与哺乳动物DNA的同源性极低，不会与DNA探针的DNA杂交)、牛血清等，这些大分子可以封闭膜上所有非特异性吸附位点。

7. 杂交　转印后的膜在预杂交液中温育4～6 h，即可加入标记的探针DNA(探针DNA预先经过热变性成为单链DNA分子)，进行杂交反应。杂交是在相对高离子强度的缓冲盐溶液中进行。杂交过夜，然后在较高温度下用盐溶液洗膜。

8. 洗膜　采用同位素标记的探针或发光剂标记的探针进行杂交还需注意的关键一步就是洗膜。洗膜过程中，要不断震荡，不断用放射性检测仪探测膜上的放射强度。当放射强度指示数值较环境背景高1～2倍时，即可停止洗膜进入下一步。

9. 显影与结果分析　根据探针的标记方法选择合适的显影方法，然后根据杂交信号的相对位置和强弱来判断目标DNA的分子量大小和拷贝数多少。同时还要结合前述使用的限制性内切酶对结果进行解释。因为Southern印迹用途较多，故通常都需要结合实际情况对其结果进行合理解释和判读。

作为分子生物学的经典实验方法，DNA印迹技术已经被广泛应用于生物医学基础研究、遗传病检测、DNA指纹分析等临床诊断工作中。它主要用于基因组DNA的分析，可以检测基因组中某一特定的基因的大小、拷贝数、酶切图谱(反应位点的异同)和它在染色体中的位置。如果一个基因出现丢失或扩增，则相应条带的信号就会减少或增加；如果基因中有突变，则可能会有不同于正常的条带出现。

(二) Northern印迹

继分析DNA的Southern印迹出现后，1977年Alwine等提出一种与此相类似的、用于分析细胞RNA样品中特定mRNA分子大小和丰度的分子杂交技术，为了与Southern印迹相对应，科学家们则将这种RNA印迹方法趣称为Northern印迹(Northern blot或Northern blotting)，而后来的与此原理相似的蛋白质印迹杂交方法则也相应地趣称为Western印迹。

与Southern印迹非常相似，Northern印迹也是首先采用琼脂糖凝胶电泳，将分子量大小不同的RNA分离开来，随后将其原位转移至尼龙膜等固相支持物上，再用放射性(或非放射性)标记的DNA或RNA探针，依据其同源性进行杂交，最后进行放射自显影(或化学显影)，以目标RNA所在位置表示其分子量的大小，而其显影强度则可提示目标RNA在所测样品中的相对含量(即目标RNA的丰度)。

但与Southern印迹不同的是，RNA由于分子小，所以不需要事先进行限制性内切酶处理，可直接应用于电泳；此外，碱性溶液可使RNA水解，因此不进行碱变性，而是采用甲醛等进行变性琼脂糖凝胶电泳。

Northern印迹自出现以来，已得到广泛应用，成为分析mRNA最为常用的经典方法。和定量RT-PCR技术相比，由于Northern印迹因为使用了电泳，因此不仅可以检测目的基因的mRNA表达水平，而且还可以推测mRNA分子量大小及是否有不同剪接体等。

(三) Western印迹

印迹技术不仅可用于核酸分子的检测，也可以用于蛋白质的检测。蛋白质在电泳分离之后也可以转移并固定于膜上，相对应于DNA的Southern印迹和RNA的Northern印迹，该印迹方法则被称为Western印迹(Western blot或Western blotting)。

蛋白质印迹技术的过程与DNA和RNA的印迹技术基本类似，但也有很多不同之处。例如，Western印迹是采用变性聚丙烯酰胺凝胶电泳进行蛋白质分离，利用免疫学的抗原抗体反应来检测被转印的蛋白质，被检测物是蛋白质，“探针”是抗体，“显色”用标记的二抗。因为蛋白质印迹技术涉及利用免疫学的抗原抗体反应来检测被转印的蛋白质，故也被称为免疫印迹技术(immuno-blotting)。

Western印迹包括以下基本步骤。

1. 蛋白质样品的制备　该步骤中,应根据样品的组织来源、细胞类型和待测蛋白质的性质来选择合适的蛋白质样品制备方法。不同来源的组织、细胞、目标蛋白,蛋白质样品的制备方法也不相同。例如,细菌、酵母、组织培养的哺乳动物细胞、哺乳动物组织来源的蛋白质样品制备的方法明显不同,膜蛋白、核蛋白和可溶性蛋白的制备方法也明显不同。蛋白质样品制备好后可用考马斯亮蓝比色法、劳里(Lowry)法、二喹啉甲酸(BCA)比色法等来测定蛋白质浓度。

2. 蛋白质样品的分离　主要采用不连续 SDS-PAGE 即变性聚丙烯酰胺凝胶电泳对蛋白质样品按照分子量大小进行分离。通常同时使用强阴离子去污剂 SDS 与某一还原剂(如巯基乙醇),并通过加热使蛋白质变性解离成单个的亚基后再加样于电泳凝胶上。

3. 转印　将经过电泳分离的蛋白质样品转移到固相膜载体上,固相载体以非共价键形式吸附蛋白质,且能保持电泳分离的多肽类型及其生物学活性不变。

转印方法主要采用电转印法,主要有水浴式电转印即湿转印和半干式转印两种方式。

4. 检测与结果分析　需要注意的是,在进行抗原抗体反应之前,一般需用去脂奶粉等作为封闭剂对固相膜载体和一些无关蛋白质的潜在结合位点进行封闭处理,以降低背景信号和非特异性结合。

然后,以固相载体上的蛋白质或多肽作为抗原,与对应的抗体起免疫反应,再与辣根过氧化物酶标记的第二抗体起反应,最后通过化学发光来检测目的蛋白的有无和所在位置及分子量大小。

作为分子生物学的经典实验方法,该技术已经被广泛应用于分子医学领域用于检测蛋白水平的表达,是当代分析和鉴定蛋白质的最有效的技术之一。这一技术的灵敏度能达到标准的固相放射免疫分析的水平而又无须像免疫沉淀法那样必须对靶蛋白进行放射性标记。此外,蛋白质的电泳分离几乎总在变性条件下进行,因此,也不存在溶解、聚集及靶蛋白与外来蛋白的共沉淀等诸多问题。

(四) 斑点印迹

斑点印迹(dot blot),也称斑点杂交,是先将被测的 DNA 或 RNA 变性后固定在滤膜上然后加入过量的标记好的 DNA 或 RNA 探针进行杂交。该法的特点是耗时短,操作简单,事先不用限制性内切酶消化或凝胶电泳分离核酸样品,可做半定量分析,可在同一张膜上同时进行多个样品的检测;根据斑点杂交的结果,可以推算出杂交阳性的拷贝数。该法的缺点是不能鉴定所测基因的片段大小,而且特异性较差,有一定比例的假阳性。

(五) 反向杂交

与常规的分子杂交技术不同,反向杂交(reverse hybridization)则是用标记的样品核酸与未标记的固化探针 DNA 杂交。这种杂交方法的优点是在一次杂交反应中,可同时检测样品中几种核酸。这种杂交方式主要用于进行中的核酸转录试验和多种病原微生物的检测。

(六) 原位杂交

原位杂交(in situ hybridization)是以特异性探针与细菌、细胞或组织切片中的核酸进行杂交并对其进行检测的一种方法。在杂交过程中不需要改变核酸所在的位置。主要包括用于基因克隆筛选的菌落原位杂交,以及检测基因在细胞内的表达与定位和基因在染色体上定位的组织或细胞原位杂交等方法。

1. 菌落原位杂交技术　是 1975 年由 Grunstein 和 Hogness 建立,主要用于基因克隆中阳性重组子及基因文库的筛选,以期从大量的细菌克隆中鉴定含有目的基因片段的阳性克隆。其基本过程:首先,将细菌菌落从琼脂培养板上转印到硝酸纤维素滤膜上;其次,将滤膜上的菌落裂解以释放出 DNA 并将释放出来的 DNA 烘干固定于膜上,再与放射性标记的探针杂交,放射自显影检测菌落杂交信号,并与平板上的菌落对位,通过对杂交结果的分析确定含有目的基因片段的阳性克隆。

2. 组织或细胞原位杂交　该技术最早应用于 20 世纪 60 年代末期,依据检测物的不同分为细胞内原位杂交和组织切片内原位杂交两种,但无论哪种杂交,都必须经过组织细胞的固定、预杂交、杂交和冲洗等一系列步骤及放射自显影或免疫酶法显色,以显示杂交结果。

在进行组织或细胞原位杂交时,细胞需经适当处理以使其通透性增加,让探针进入细胞内与 DNA 或 RNA 杂交,因此组织原位杂交可以确定探针的互补序列在胞内的空间位置,这一点具有重要的生物学和病理学意义。例如,对致密染色体 DNA 的原位杂交可用于显示特定的序列的位置;对分裂期间核 DNA 的杂交可确定特定核酸序列在染色体上的精确定位;与细胞 RNA 的杂交可精确分析任何一种 RNA 在细胞中和组织中的分布;还可用特异性的细菌、病毒的核酸作为探针对组织、细胞进行杂交,以确定有无病原体的感染等。此外,原位杂交能在成分复杂的组织中进行单一细胞的研究而不受同一组织中其他成分的影响,因此,对于那些细胞数量少且散在于其他组织中的细胞内 DNA 或 RNA 的研究更为方便。原位杂交也不需要从组织中提取核酸,对于组织中含量极低的靶序列有极高的敏感性,并可完整地保持组织和细胞的形态,更能准确地反映出组织细胞的相互关系及功能状态。

总之,该类杂交方法是在组织或细胞内进行 DNA 或 RNA 精确定位和定量的特异性方法之一,它对于研究基因表达的规律、基因定位及病原微生物的检测,有广泛的应用前景。随着方法学的不断发展与完善,检测的灵敏性、特异性及方法的简捷等快速、无害、稳定使其有更为广泛的应用前景,必将极大推动医学及生物学研究。

第三节 DNA 测序技术

DNA 序列测定(DNA sequencing),即其一级结构的测定,是一项常用的分子生物学技术。常规基因克隆的阳性克隆验证、基因的突变检测等均需要进行 DNA 测序,更为重要的是,DNA 测序技术对于基因组学尤其是结构基因组学研究则是一个主要的支撑性技术,DNA 测序技术的发展与进步对于基因组学研究的进程至关重要。

早期的手工测序技术主要是 Frederick Sanger 于 1977 年建立的双脱氧链末端终止法及 Allan Maxam 和 Walter Gilbert 同年建立的化学降解法。后来在双脱氧链末端终止法测序原理的基础上发展了 DNA 全自动测序技术,并研制了相应的 DNA 测序仪,对分子生物学的发展和早期的基因组学研究起到了重要作用,至今仍为常规 DNA 测序的主力军。但随着近年来基因组学的发展,新一代的高通量测序技术得以建立,极大地推动了生命医学尤其是系统生物学和基因组学的研究进程。

一、双脱氧链末端终止法

(一)双脱氧链末端终止法测序的基本原理

双脱氧链末端终止法也称为 Sanger 法,是目前应用最为广泛的方法。该测序技术巧妙地利用了 DNA 复制的原理,它的基本原理是利用 2′,3′-双脱氧核苷酸(ddNTP)来部分代替常规的 2′-脱氧核苷酸(dNTP)作为底物进行 DNA 合成反应。在 DNA 合成时,一旦 ddNTP 掺入合成的 DNA 链中,由于 ddNTP 脱氧核糖的 3′-位碳原子上缺少羟基而不能与下一位核苷酸的 5′-位磷酸基之间形成 3′,5′-磷酸二酯键,从而使得正在延伸的 DNA 链在此 ddNTP 处终止。

一个完整的测序流程通常包括待测 DNA 模板制备、测序反应、凝胶制备、电泳、放射自显影和序列判读分析等几个连续的步骤。在进行测序反应时,通常要使用 4 个独立的反应体系,除了加入待测 DNA 模板、DNA 聚合酶、引物和 dNTP 等共同成分外,要在这 4 个独立的反应体系中分别加入 4 种不同的 ddNTP 底物,依据前述 ddNTP 终止 DNA 合成的原理,测序反应完成后即可得到终止于不同碱基的长度不同的一系列寡核苷酸片段。需要注意的是,还要通过使用 ^{32}P 或 ^{35}S 标记的 dNTP(仅标记一种即可)或引物,以方便后续的检测。然后,采用高分辨率的变性聚丙烯酰胺凝胶电泳,对上述获得的长度不同的一系列寡核苷酸片段进行分离。最后,借助这些片段所携带的 ^{32}P 或 ^{35}S 标记通过放射自显影进行显色,即可方便地判读出模板 DNA 的序列(图 18-6)。在早期阶段,这种基于放射性标记的方法常用于手工测序。

(二)双脱氧链末端终止法测序的自动化

目前,在双脱氧链末端终止法基础上发展起来的全自动激光荧光 DNA 测序技术的应用已十分普遍,它可实现制胶、进样、电泳、检测、数据分析全自动化。这种自动化 DNA 测序技术的基本原理也是双脱氧链末端合成终止法,但在测序过程的多个步骤均进行了技术改进(图 18-6)。首先,它采用毛细管电泳技术取代

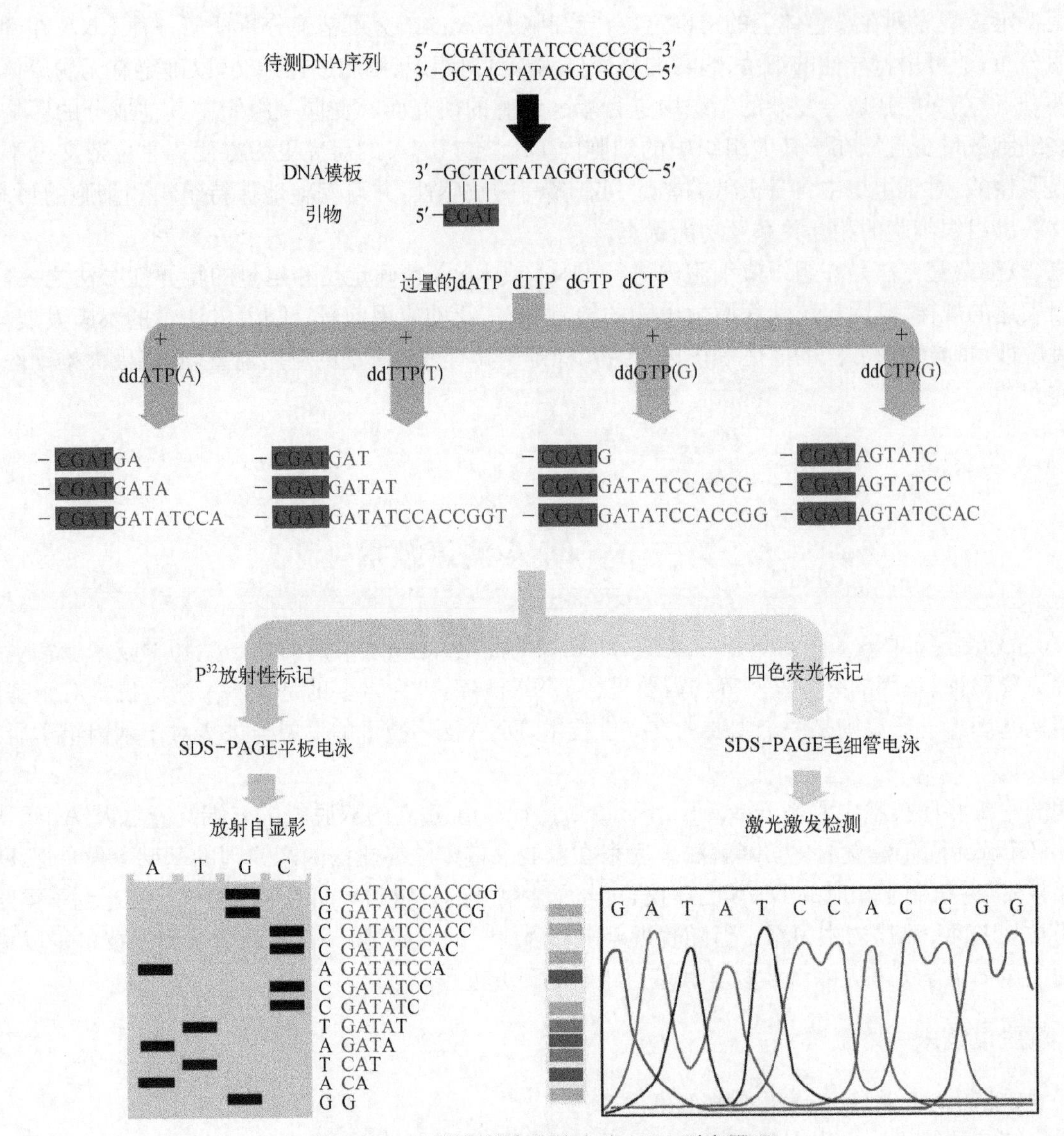

图 18－6 双脱氧链末端终止法 DNA 测序原理

传统的聚丙烯酰胺平板电泳，前者的分辨率更高，大大提高了测序的精确度。其次，它采用 4 种不同的荧光染料分别标记 4 种不同的终止底物 ddNTP，这样测序反应就可以直接在同一个反应体系中进行，生成的测序反应产物则是相差 1 个碱基的 3′-端为 4 种不同荧光染料的单链 DNA 混合物，使得 4 种荧光染料的测序反应产物可在一根毛细管内进行电泳分离检测，从而避免了传统双脱氧链末端终止法手工测序不同泳道间迁移率差异的影响，也大大提高了测序的精确度。最后，它采用激光激发测序反应产物 DNA 片段上的荧光发色基团并进行自动化信号采集分析。当不同大小的携带 4 种不同荧光的测序反应产物经电泳分离后，在依次通过检测窗口时，激光检测器窗口中的摄影机检测器就可对荧光分子逐个进行检测，激光激发的荧光经光栅分光，以区分代表不同碱基信息的不同颜色的荧光，并在摄影机上同步成像，分析软件可自动将不同荧光转变为 DNA 序列，分析结果能以凝胶电泳图谱、荧光吸收峰图或碱基排列顺序等多种形式输出，从而真正实现 DNA 测序的自动化。例如，ABI 公司推出的 3730XL 型全自动基因分析仪拥有 96 道毛细管，添加一次试剂可连续测定 9 600 个样品的序列，这使得 DNA 测序技术真正实现了自动化和高通量。

二、新型的 DNA 测序技术

基于双脱氧链末端终止法测序原理的第一代测序技术，不仅对于最初的人类基因组计划的顺利完成立下了汗马功劳，而且对于目前常规生物医学研究中的常规测序仍发挥着重要作用，但对于大规模的基因组测序，此类测序技术费用极其高昂。

鉴于人类基因组计划完成后，基因组学的迅猛发展，对低成本、大规模、高通量DNA测序技术的呼声也越来越高，有科学家甚至在1 000美元（$1 000 genome）的基础上进一步提出100美元（$100 genome）的个人基因组测序价格目标，因此，大批研究者和商业公司纷纷对此进行研发。这就是随后推出的第二代测序技术即高通量测序技术，鉴于其对传统测序技术的划时代革新，故又被称为下一代测序技术（next generation sequencing），其测序的通量高，使得在短期内对一个物种的转录组和基因组进行细致全貌的分析成为可能，故又被称为深度测序（deep sequencing）。

目前的高通量测序技术主要以Roche公司的454测序仪、美国Illumina公司推出的Solexa基因组分析平台和ABI公司的SOLiD测序仪为代表。相对于传统测序的96道毛细管测序，高通量测序技术一次实验可以读取40万～400万条序列，1 G～14 G的碱基数，这样庞大的测序能力是传统测序仪所不能比拟的，且其测序费用也大幅降低。但它们的共同缺点是读出的每条DNA序列较短，为50～500 bp。此类测序技术除了用于全基因组测序外，也可用于mRNA和miRNA表达谱分析，在小分子RNA研究等方面也具有重要作用。

第四节　生物芯片技术

生物芯片（biochips）技术是以微电子系统技术和生物技术为依托，在固相基质表面构建微型生物化学分析系统，将生命科学研究中的许多不连续过程（如样品制备、生化反应、检测等步骤）在一块普通邮票大小的芯片上集成化、连续化、微型化，以实现对蛋白质、核酸等生物大分子进行准确、快速、高通量检测。常见有基因芯片、蛋白质芯片和组织芯片等。

用于检测的基因芯片、蛋白质芯片通常是指包埋在固相载体（如硅片、玻璃和塑料等）上的高密度DNA、cDNA、寡核苷酸、蛋白质等微阵列芯片，这些微阵列由生物活性物质以点阵的形式有序地固定在固相载体上形成。在一定的条件下进行生化反应，将反应结果用化学荧光法、酶标法、电化学法显示，然后用生物芯片扫描仪或电子信号检测仪采集数据，最后通过专门的计算机软件进行数据分析。芯片实验室是指将样品制备、生化反应及检测分析等过程集约化形成的微型分析系统。

一、基因芯片

基因芯片（gene chip）又称DNA芯片（DNA chip）、DNA微阵列（DNA microarray）或寡核苷酸微芯片（oligonucleotide microchip）等，是Fodor等于1991年基于核酸分子杂交原理建立的一种对DNA进行高通量、大规模、并行分析的技术。其基本原理是将大量寡核苷酸分子固定于支持物上，然后与标记的待测样品进行杂交，通过检测杂交信号的强弱进而对待测样品中的核酸进行定性和定量分析。

基因芯片的基本技术流程大致包括芯片微阵列制备、样品制备、分子杂交、信号检测与分析等步骤。

1. *芯片微阵列制备*　即在玻璃、尼龙膜等支持物表面整齐、有序地固化高密度的、成千上万的不同的寡核苷酸探针。将寡核苷酸探针制备于固相支持物上的策略有两种，一是在固相支持物上直接合成一系列寡核苷酸探针（如光引导原位合成法等）；二是先合成寡核苷酸探针，再按一定的设计方式在固相支持物上点样（如化学喷射法、接触式点涂法等）。

2. *样品制备*　采用合适的方法提取待测样品中的DNA或RNA，并进行适当的酶切、逆转录或扩增处理，并进行荧光标记。

3. *分子杂交*　选择合适的反应条件使样品中含有标记的各种核酸片段与芯片上的探针进行杂交。

4. *信号检测与分析*　由于核酸片段上已标记有荧光素，激发后产生的荧光强度就与样品中所含有的相应核酸片段的量成正比，经激光共聚焦荧光检测系统等扫描后，所获得的信息经专用软件分析处理，即可对待测样品中的核酸进行定性和定量分析。

以传统的双色基因芯片检测两种不同的生物样品基因表达差异的情况为例，需要首先提取到两个不同来源样品的mRNA，然后经逆转录合成cDNA，再用不同的荧光分子(红色和绿色)进行标记，标记的cDNA等量混合后与基因芯片进行杂交，在两组不同的荧光下检测，获得两个不同样品在芯片上的全部杂交信号，进一步通过软件分析处理，即可获得这两种样品中成千上万种基因表达的异同[图18-7(本章末二维码)]。

基因芯片的最大优势在于能够对生物样品的基因进行平行、大规模和高通量的定性和定量分析，包括基因表达谱分析、基因突变检测、基因多态性分析、大规模测序等，具有快速、高效和敏感等多种优点，广泛应用于疾病诊断和治疗、司法鉴定、食品卫生监督、环境检测等许多领域。

二、蛋白质芯片

蛋白质芯片(protein chip)，又称蛋白质微阵列(protein microarray)，与基因芯片原理相似，但芯片上固定的是蛋白质如抗原或抗体等，并且检测的原理是依据蛋白质分子之间、蛋白质与核酸、蛋白质与其他分子的相互作用，目前发展成熟的蛋白质芯片有抗原芯片、抗体芯片及细胞因子芯片等。

蛋白质芯片作为一种新的高通量、平行、自动化、微型化的蛋白质表达、结构和功能分析技术，是蛋白质组学研究的重要手段之一，已广泛应用于蛋白质表达谱、蛋白质功能、蛋白质间相互作用的研究，尤其在寻找疾病生物标志物，用于疾病诊断、治疗及发现新药靶点上有很大的应用前景。

第五节 蛋白质的分离纯化与结构分析

在基础研究和生物制药产业中，需要从各种样品中分离纯化获得某一种单一蛋白质，进而研究其结构与功能或制备生产相应的蛋白质药物。细胞内的蛋白质种类成千上万，要对某一特定蛋白质进行分离纯化，需要依据其特殊的理化性质，综合采用多种方法。

一、蛋白质的沉淀和盐析

蛋白质在溶液中一般含量较低，需要经沉淀进行浓缩，以利进一步分离纯化。

1. *有机溶剂沉淀* 某些有机溶剂如乙醇、丙酮等，能使蛋白质表面水化膜破坏而沉淀，再将其溶解在小体积溶剂中即可获得浓缩的蛋白质溶液。在溶液pH等于等电点时，蛋白质不带电，因此沉淀效果更佳。为保持其结构和生物活性，需要在0～4℃低温下进行丙酮或乙醇沉淀，沉淀后应立即分离，否则蛋白质会发生变性。

2. *盐析* 采用高浓度中性盐溶液破坏蛋白质在水溶液中的稳定因素(破坏蛋白质表面的水化膜并中和其电荷)，使蛋白质颗粒相互聚集而沉淀的现象称为盐析(salting out)。常用的中性盐有硫酸铵、硫酸钠或氯化钠等。各种蛋白质盐析时所需的盐浓度不同，采用不同盐浓度可将蛋白质分别沉淀，称分级沉淀。例如，血清中的球蛋白可在pH 7.0左右的半饱和硫酸铵溶液中析出，而白蛋白需在硫酸铵溶液达到饱和时才能沉淀。用盐析法沉淀的蛋白质不会发生变性。常用该法对各种天然蛋白质进行初步分离。

3. *免疫沉淀* 蛋白质具有抗原性，将某一纯化蛋白质免疫动物可获得抗该蛋白质的特异抗体。利用特异抗体识别相应抗原并形成抗原抗体复合物的性质，可从蛋白质混合溶液中分离获得抗原蛋白。这就是可用于特定蛋白质定性和定量分析的免疫沉淀法。在具体实验中，常将抗体交联至固相化的琼脂糖珠上，再将抗原抗体复合物溶于含十二烷基硫酸钠和二巯基丙醇的缓冲液中加热，使抗原(蛋白质)从抗原抗体复合物分离而得以纯化。

二、透析和超滤法

透析和超滤法主要用于去除蛋白质溶液中的小分子化合物。

利用透析袋将大分子蛋白质与小分子化合物分开的方法称为透析(dialysis)。透析袋是用具有超小微孔的膜(如硝酸纤维素膜)制成,一般只允许分子量为10 kDa以下的化合物通过,大分子蛋白质则留在袋内。将蛋白质溶液装在透析袋内,置于水中,硫酸铵、氯化钠等小分子物质可透过薄膜进入水溶液,由此可对盐析浓缩后的蛋白质溶液进行除盐[图18-8(本章末二维码)]。如果透析袋外放放置吸水剂如聚乙二醇,则袋内水分伴同小分子物质透出袋外,可达到浓缩目的。

应用正压或离心力使蛋白质溶液透过有一定截留分子量的超滤膜,达到浓缩蛋白质溶液的目的,称为超滤法。此法简便且回收率高,是蛋白质溶液浓缩的常用方法。

三、电泳

溶液中带电粒子在电场力作用下向着其所带电荷相反的方向泳动的现象称为电泳(electrophoresis)。蛋白质在高于或低于其等电点的溶液中成为带电颗粒,在电场中能向正极或负极移动。根据上述现象,科学家建立了电泳技术用以分离各种蛋白质。根据支撑物的不同,电泳可分为纤维薄膜电泳、凝胶电泳等。薄膜电泳是将蛋白质溶液点样于薄膜上,薄膜两端分别置正负电极,此时带正电荷的蛋白质向负极泳动;带负电荷的向正极泳动;带电多、分子量小的蛋白质泳动速率快;带电少、分子量大的则泳动慢,于是蛋白质被分离。凝胶电泳的支撑物为琼脂糖或聚丙烯酰胺凝胶。凝胶置于玻璃板上或玻璃管中,凝胶两端分别加上正、负电极,蛋白质即在凝胶中泳动。电泳结束后,用蛋白质显色剂显色,即可看到多条被分离的蛋白质色带。

1. *十二烷基硫酸钠-聚丙烯酰胺凝胶电泳*(sodium dodecylsulfate-polyacrylamide gel electrophoresis, SDS-PAGE) 主要原理是向蛋白质样品加入还原剂(打开蛋白质的二硫键)和过量SDS,SDS是阴离子去垢剂,使蛋白质变性解聚,并与蛋白质结合成带强负电荷的复合物,掩盖了蛋白质之间原有电荷的差异,故在聚丙烯酰胺凝胶中电泳时迁移率主要取决于蛋白质分子大小。SDS-PAGE是分析蛋白质和多肽及测定其分子量等的常用方法。

2. *双向凝胶电泳*(two-dimentional gel electrophoresis, 2-DE) 也称二维凝胶电泳,是根据蛋白质的等电点和分子量大小,分别在凝胶介质二维空间上对蛋白质分子进行等电点聚焦和电泳来分离与纯化蛋白质的技术,是蛋白质组学研究的重要技术(参见第二十一章组学)。

四、层析

层析(chromatography)也称色谱,是基于不同物质在流动相和固定相之间的分配系数不同而将混合组分分离的技术。当待分离蛋白质溶液(流动相)流经固定相时,根据溶液中待分离的蛋白质颗粒大小、电荷多少及亲和力大小等,使待分离的蛋白质组分在两相中反复分配,并以不同速度流经固定相而达到分离蛋白质的目的。层析种类很多,此处仅介绍常用的两种。

1. *凝胶过滤层析*(gel filtration chromatography) 又称分子筛层析(molecular sieve chromatography)或尺寸排阻层析(size exclusion chromatography),主要依据分子大小进行分离。常用的层析介质有葡聚糖凝胶等。层析柱内填满带有小孔的凝胶颗粒,蛋白质溶液加于柱上部,向下流动时,小分子可进入孔内,故在柱中移动速度较慢,滞留时间较长;而大分子则不能进入孔内,移动速度快,故先被洗脱下来。该法常用于蛋白质盐析沉淀后的脱盐,也可用于计算蛋白质的分子量[图18-9(本章末二维码)]。

2. *离子交换层析*(ion exchange chromatography) 主要依据蛋白质所带总电荷进行分离,包括阴离子交换层析和阳离子交换层析。蛋白质是两性电解质,在特定pH时,不同蛋白质电荷量及性质不同,故可通过离子交换层析得以分离。以阴离子交换层析为例,将带正电荷的阴离子交换剂填入层析柱内,溶液中带正电荷的蛋白质分子可直接通过柱子,而带负电的蛋白质分子则被吸附,随后可用不同浓度的阴离子洗脱液(如Cl^-)将结合的蛋白质分子逐级取代洗脱下来[图18-10(本章末二维码)]。

五、超速离心

超速离心(ultracentrifugation)主要用于分离或分析鉴定病毒颗粒、细胞器、蛋白质等生物大分子,既可以用来分离纯化蛋白质,又可以用作测定蛋白质的分子量。蛋白质在高达500 000 g(g为gravity,即地心引力单位)的重力作用下,在溶液中逐渐沉降,直至其浮力(buoyant force)与离心所产生的力相等,此时沉降停止。不同蛋白质其密度与形态各不相同,因此用上述方法可将它们分开。蛋白质在离心力场中的沉降行为用沉降系数(sedimentation coefficient,S)表示,沉降系数(S)使用 Svedberg 单位(1 S=10^{-13} s)。S 与蛋白质的密度和形状相关。

六、蛋白质的一级结构分析

具体见本章末二维码。

七、蛋白质的空间结构分析

具体见本章末二维码。

第六节　生物大分子相互作用研究技术

正如社会中人与人之间有广泛的交流活动、生态系统中不同物种之间相互影响和相互制约,细胞内的各种生物大分子也并非孤立的,而是相互之间存在着广泛的相互作用。而这种生物大分子间的相互作用也正是每个生物大分子发挥其各种生物学功能的基础,即生物大分子要通过和其他生物大分子或小分子相互作用而发挥其作用。因此,研究生物大分子之间的相互作用的方式及其机制,包括蛋白质与蛋白质、蛋白质与核酸之间的相互作用,是理解正常生命活动的基础,也是探讨疾病发生和发展分子机制的一个重要手段。限于篇幅,此处仅对常用的蛋白质与蛋白质、蛋白质与核酸相互作用的研究技术进行简要介绍。

一、蛋白质与蛋白质相互作用研究技术

目前常用的研究蛋白质相互作用的技术包括蛋白质免疫共沉淀、GST pull-down、酵母双杂交、间接免疫荧光、蛋白质组学技术、荧光共振能量转移分析等。

(一)蛋白质免疫共沉淀与 GST pull-down

蛋白质免疫共沉淀(co-immunoprecipitation,Co-IP)是以抗体和抗原之间的特异性作用为基础建立的用于研究蛋白质相互作用的经典方法,是确定两种蛋白质在细胞内生理性相互作用的有效方法。

其基本原理为当细胞在非变性条件下被裂解时,完整细胞内存在的许多蛋白质-蛋白质复合物被保留了下来。如果用某种特定蛋白质的抗体与细胞裂解液温育,使该抗体与该特定蛋白质发生特异性结合,那么与该特定蛋白质在体内结合的其他蛋白质也能同时沉淀下来,最后通过蛋白质免疫印迹技术检测其他蛋白质是否被沉淀下来即可确认其相互作用是否存在。其基本实验流程包括细胞裂解液制备、温育与复合物沉淀、Western 印迹三大步骤。沉淀步骤中通常使用偶联了蛋白质 A 或蛋白质 G 的琼脂糖珠进行,蛋白质 A 或蛋白质 G 是一种能与免疫球蛋白的 Fc 片段特异性结合的细菌表面蛋白。

该技术的突出优点是它在非变性实验条件下进行,这样蛋白质之间的天然相互作用得以最大程度的保留,因此可以比较真实地反映蛋白质之间的相互作用。但需要注意的是,该技术的缺点是它并不能显示蛋白质之间的相互作用是直接还是间接的,因为通过目的蛋白抗体共沉淀下来的实际上可能是一个含有多种蛋白质的复合物,而不仅仅是和目的蛋白直接相互作用的蛋白。

然而,如果要进一步确证蛋白质之间的直接相互作用,则需采用 GST pull-down 技术。该技术是主要是基于亲和层析的原理,它不仅可以证明蛋白质分子之间较为稳定的直接物理结合,还可以更为精细地分析两个蛋白质相结合的具体结构域。其基本原理是首先需要将目的蛋白的基因和一些标签蛋白如 GST 的基因通过 DNA 重组技术操作,串联表达为融合表达蛋白,并将该融合蛋白在体外与相应的细胞裂解液温育,然后利用 GST 与还原型谷胱甘肽的强结合特性,采用偶联了还原型谷胱甘肽的琼脂糖珠将该 GST 融合表达蛋白吸附并沉淀下来(即 pull-down),与目的蛋白结合的蛋白也被同时沉淀下来,接着用特定的洗脱液将该 GST 融合表达蛋白及其结合蛋白从琼脂糖珠上洗脱下来,再采用 Western 印迹等方法检测洗脱液中相互作

用蛋白的存在。最后的 Western 印迹可以采用 GST 的抗体或者相互作用蛋白的抗体，因此在目的蛋白没有合适抗体的时候该实验仍可进行。

（二）酵母双杂交技术

具体见本章末二维码。

二、蛋白质与核酸相互作用研究技术

蛋白质与核酸尤其是 DNA 的相互作用在 DNA 的复制、DNA 的损伤与修复、基因表达及基因表的精确调控等生物学过程中均具有重要作用，因此对蛋白质与核酸相互作用的研究也是分子生物学的一个主要方面。

目前常用的蛋白质与核酸相互作用研究技术包括电泳迁移率变动分析、染色质免疫沉淀、酵母单杂交技术等。

（一）电泳迁移率变动分析

电泳迁移率变动分析（electrophoretic mobility shift assays，EMSA）也称凝胶迁移分析（gel shift assay）或凝胶阻滞分析（gel retardation assay），是一种在体外研究蛋白质与核酸相互作用的技术，是基因转录调控研究的经典方法。这一技术最初用于研究 DNA 结合蛋白和特定 DNA 序列的相互作用，目前也已用于研究 RNA 结合蛋白和特定的 RNA 序列的相互作用。

EMSA 的基本原理为蛋白质与带有标记的核酸（DNA 或 RNA）探针结合形成复合物，这种复合物在电泳时比无蛋白结合的游离探针在凝胶中的泳动速度慢，即表现为相对滞后，据此即可研究蛋白质与核酸的相互作用。

EMSA 的基本实验流程包括探针的合成标记与纯化、细胞核裂解液的制备、探针与蛋白质的结合反应、电泳与检测五大步骤。当检测如转录调控因子一类的 DNA 结合蛋白时，多用细胞核提取液；在检测 RNA 结合蛋白时，可用细胞核或胞质提取液。为尽可能保证蛋白质与核酸均处于天然构象以维持相互结合状态，电泳需在非变性的聚丙烯酰胺凝胶中进行。如果探针采用放射性标记，则可在电泳结束后直接进行放射自显影；如果探针采用非放射性标记如生物素标记，则需在电泳后先将其转印至硝酸纤维薄膜等支持载体上再进行显色。最后，根据标记探针的位置来推测该探针是否与目的蛋白结合，如果探针信号全部集中出现在凝胶的前沿，此即为游离探针，即没有和目的蛋白结合。如果探针信号也在靠近加样孔的地方出现，此即为探针与目的蛋白形成的复合物。为证明所检测到的核酸-蛋白质复合物的特异性，还可以通过加入过量的未标记探针即冷探针进行竞争性结合实验，加入过量未标记的冷探针后，由于冷探针竞争性地抑制了标记探针与目的蛋白的结合，可导致目的蛋白与标记探针复合物的量减少；或者通过加入特异性的目的蛋白的抗体，进一步检测是否能形成更为滞后的核酸-蛋白质-抗体复合物即抗体-目的蛋白-探针三者形成的复合物，此即为超迁移率分析（supershift assay）（图 18 - 11）。

（二）染色质免疫沉淀技术

染色质免疫沉淀（Chromatin immunoprecipitation，ChIP）是一种主要用来研究细胞内基因组 DNA 的某一区域与特定蛋白质（包括组蛋白如 H3 和非组蛋白如各种转录因子）相互作用的技术。如前所述，EMSA 可用于研究 DNA 与蛋白质的体外结合，但这并不能说明这种结合在细胞内也是同样真实存在的。而 ChIP 则可以用来证实 DNA 与蛋白质在细胞内的特异性结合，因此，在研究 DNA 与蛋白质的相互作用时，EMSA 和 ChIP 往往联合使用，互为佐证。

ChIP 的基本原理与流程为在活细胞状态下，用化学交联试剂使非组蛋白与所结合的 DNA 交联固定起来（由于组蛋白与 DNA 结合紧密，故通常无须固定交联；而非组蛋白与 DNA 的亲和力相对较弱，故需要固定交联）；然后裂解细胞，释放染色质，经超声或酶切处理将其随机剪切为一定长度范围的染色质 DNA 片段，一般为 200～1 000 bp；继而利用目的蛋白的特异性抗体通过免疫沉淀方法沉淀蛋白质- DNA 复合物，从而特异性富集与目的蛋白结合的 DNA 片段；随后，通过解交联释放出 DNA 片段，并进行纯化；最后利用 PCR 等技术对所纯化的 DNA 片段进行分析，进而判断目的蛋白是与哪些 DNA 序列在细胞内发生相互作用的（图 18 - 12）。

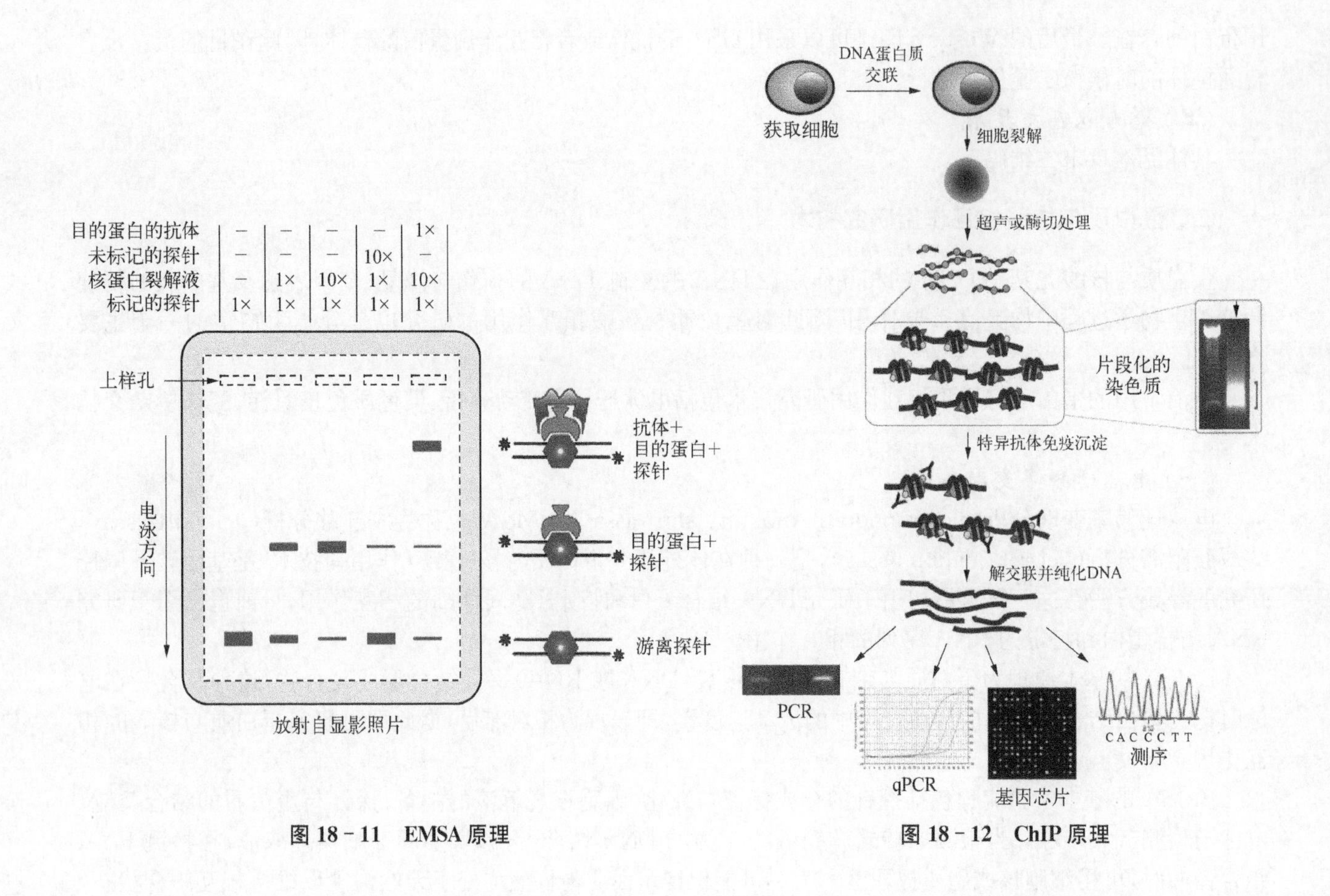

图 18-11 EMSA 原理

图 18-12 ChIP 原理

第七节 基因沉默技术

基因沉默技术泛指能够抑制目的基因表达的一类分子生物学技术,常见的有反义寡核苷酸、核酶和RNA干扰技术等,早期以反义寡核苷酸最为常用,现在以RNA干扰技术最为常用。

一、反义寡核苷酸技术和核酶技术

(一) 反义寡核苷酸技术

反义寡核苷酸(antisense oligonucleotides,ASO)主要指反义寡脱氧核苷酸,长度一般为20 nt左右,进入细胞后可通过碱基互补配对规则与靶mRNA或双链DNA结合而导致基因表达抑制即基因沉默。由此建立的抑制基因表达的技术称为反义寡核苷酸技术。反义寡核苷酸抑制基因表达的机制主要有:① 与靶mRNA互补结合后以位阻效应抑制靶基因的翻译;② 与靶 mRNA 互补结合后诱发 RNase H 降解靶mRNA;③ 也可通过直接与双链DNA结合形成三股螺旋而抑制基因转录。

1967年,Belikova等提出了利用一段反义寡核苷酸来特异性地抑制基因表达的设想。1978年,Paul等利用一段反义DNA寡聚核苷酸成功地抑制了劳斯肉瘤病毒的复制,引起人们的极大关注。

随着20世纪80年代寡核苷酸人工合成技术的建立与广泛应用,反义寡核苷酸的研究与应用快速发展起来,成为当时先进的研究基因功能的重要工具,大批研究者和众多制药公司也竞相开发治疗各种疾病的反义寡核苷酸药物。据不完全统计,至今约有60多种反义寡核苷酸药物被开发,其中绝大多数药物的实际临床试验效果并不令人满意,其中仅一种反义寡核苷酸药物福米韦生(Fomivirsen,商品名为Vitravene)得到美国FDA批准用于艾滋病患者巨细胞病毒性视网膜炎的治疗。

近年来,随着特异性更强、抑制基因表达效率更高的RNA干扰技术的建立和应用,昔日大放异彩的反义寡核苷酸技术也似成明日黄花,逐渐受到研究者和药物公司的冷落。然而,和RNA干扰技术相比,反义寡核苷酸技术仍有很多优势:其技术更为简便易行,且经过较长时间的发展后技术也比较成熟;反义寡脱氧核苷酸更稳定、容易保存和运输。因此,目前仍有一些反义寡核苷酸药物在研发之中。

(二)核酶技术

核酶是一类具有催化活性的RNA分子,可通过碱基配对特异性地水解灭活靶mRNA,故也可以用来抑制基因的表达。迄今发现的核酶从结构上主要分为锤头状核酶和发夹状核酶两大类。目前应用最多的是锤头状核酶,其组成包括中间保守的核苷酸序列(活性中心)和两侧的引导序列。

核酶的发现具有重大的理论和现实意义,不仅革新了传统的酶学概念,加深了人们对于转录后加工修饰机制的认识,还在疾病治疗方面也颇具应用价值,因此在生物化学与分子生物学发展史上也一度引起轰动。但和反义寡核苷酸技术一样,近年来其相关研究日趋减少。因此,很有必要再度理性地认识核酶技术的优点,核酶属于酶,具有酶的高效、专一等特性,这一点应该是反义寡核苷酸技术和RNA干扰技术所不可比拟的。

二、RNA干扰技术

RNA干扰是一种进化上保守的通常由小分子RNA诱发的能介导基因沉默的机制。1998年Andrew Fire和Craig Mello等首次在秀丽线虫的研究中发现,一些小的双链RNA分子能够高效、特异性地诱导同源mRNA的降解,从而关闭基因表达或使其沉默,他们将该现象称为RNA干扰,因其主要发生于转录后水平,故也称为序列特异性转录后基因沉默(post-transcriptional gene silencing,PTGS)。现已证实,RNA干扰现象在生物界广泛存在,在生物进化过程中是高度保守的。同时,在此基础上发展起来的一种简单有效的抑制特定基因表达的基因沉默技术——RNA干扰技术已经成为研究基因功能、基因表达调控、疾病的发病机制与防治及药物筛选的重要手段。

(一)RNA干扰的机制

关于RNA干扰机制的研究,一直在不断完善中。目前认为,主要有两类小分子RNA,即siRNA和miRNA,它们均可以有效地引发RNA干扰现象。一般认为,siRNA主要参与抵御外来病毒性核酸的侵染及抑制转座子基因的表达,在低等和高等真核生物均有存在;miRNA主要参与内源性基因的表达调节,目前主要发现存在于高等真核生物。

经典的siRNA介导的RNA干扰可分为两个阶段,即起始阶段和效应阶段。

1. *起始阶段* 病毒感染等来源的外源性双链RNA(长度约100 nt)进入细胞,在细胞质中,双链RNA与Dicer酶结合,在Dicer酶的核糖核酸酶活性作用下将双链RNA剪切成更短的长度为21~23 nt的双链RNA,称为siRNA。Dicer酶是RNase Ⅲ家族的一个成员,广泛存在于线虫、果蝇、真菌、植物及哺乳动物体内,包含有一个螺旋酶结构域,一个PAZ结构域,两个RNase Ⅲ结构域和一个双链RNA结合结构域。

2. *效应阶段* siRNA与RNA诱导的沉默复合物(RNA-induced silencing complex,RISC)结合,并被解旋酶解开为正义链和反义链两个单链。AGO2是RISC的一个组成蛋白,正义链又称过客链(passenger strand),被剪切而不发挥作用;反义链也称引导链(guide strand),它能与靶mRNA严格互补结合,同时引发RISC对该靶mRNA进行快速剪切,从而引起目的基因的表达沉默(图18-13)。

在线虫中,还发现细胞内的一种RNA指导的RNA聚合酶(RNA-directed RNA polymerase,RdRP),其能够以靶mRNA为模板,合成一些新的siRNA,称次级siRNA(secondary siRNA),这些次级siRNA同样能发挥作用,从而使siRNA的沉默效应得到扩增。

在真核生物中,miRNA也能引起RNA干扰现象。但和siRNA不同,miRNA可以和很多靶mRNA以不完全的碱基互补配对方式结合,主要通过阻止翻译而抑制mRNA的表达,也可引发靶mRNA在细胞质P-body中的降解。在极少数情况下,当miRNA和靶mRNA完全互补配对时,则和siRNA一样,可引起RISC对靶mRNA的剪切(图18-13)。

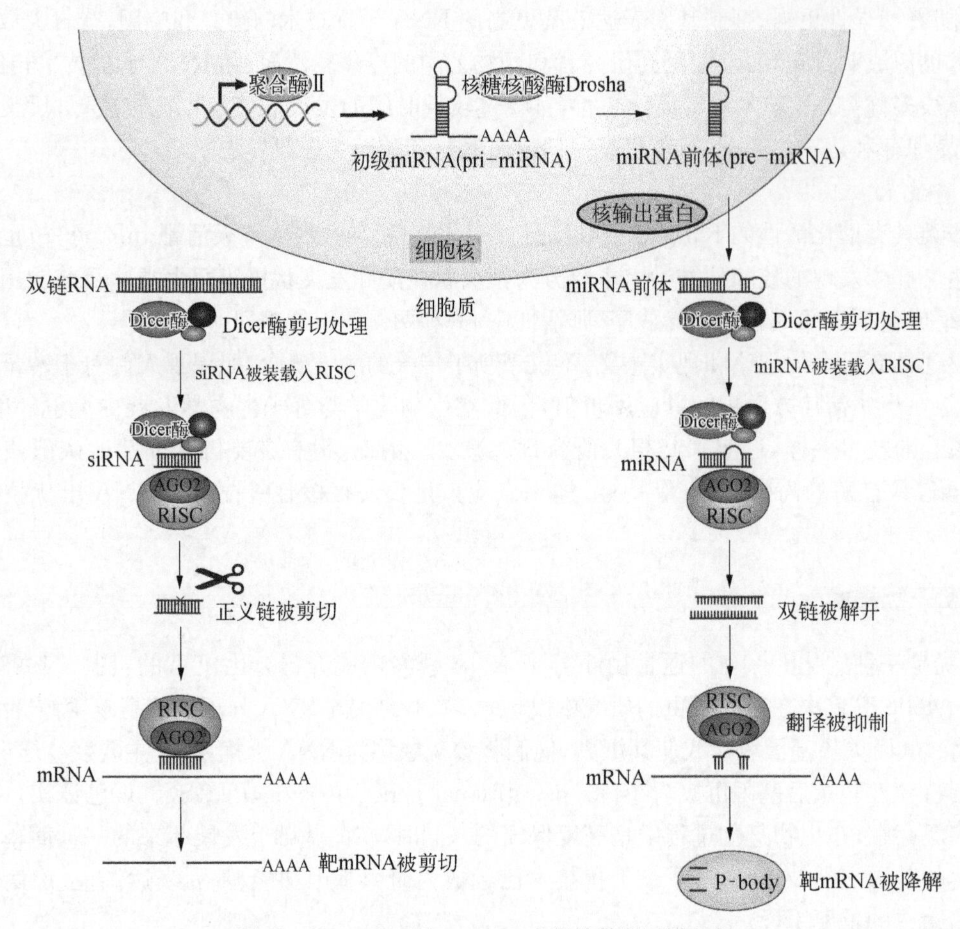

图 18-13 siRNA 和 miRNA 介导的基因沉默机制

(二) RNA 干扰技术及其实施策略

根据 RNA 干扰的机制，科学家们成功地建立了 RNA 干扰技术。即通过一些分子生物学操作，实现对特定基因的表达抑制。

RNA 干扰技术通常采用以下两种实施策略。

1. 体外合成 siRNA　　通常是采用化学合成法来直接合成特定序列的靶向目的基因的 siRNA，然后经过各种转染方法导入细胞或动物体内，从而发挥 siRNA 对目的基因的沉默作用。通常是委托商业公司进行直接合成，因此该策略相对简单易行，但化学合成的成本较高。

2. siRNA 表达载体介导　　一般是首先根据 siRNA 的序列设计一条发夹状的 DNA 序列片段，然后克隆到 siRNA 表达载体的 RNA 聚合酶Ⅲ型启动子和转录终止信号之间。将该载体导入细胞后，细胞内的 RNA 聚合酶Ⅲ即可驱动载体中发夹状 DNA 序列的转录，合成短发夹状 RNA(short hairpin RNA, shRNA)。该 shRNA 即可被细胞内 Dicer 酶切割生成双链 RNA，进而引发目的基因的沉默(图 18-14)。该策略的缺点是操作相对比较复杂，但成本较低。

与以往的反义寡核苷酸等基因沉默技术相比，RNA 干扰技术具有下述两个显著优点。① 特异性好：因为通常设计的 siRNA 序列为 19～23 nt，这个长度理论上来讲可以保证其仅和一种靶 mRNA 完全互补配对，并且 RNA 干扰又只能在 siRNA 序列和靶 mRNA 完全互补配对才发挥作用，因此，RNA 干扰技术的特异性很高。② 基因沉默效率高：常规的反义寡核苷酸介导基因沉默时，是在翻译水平上通过与 mRNA 结合而阻止基因表达，而 RNA 干扰是在转录后水平通过降解 mRNA 而阻止基因表达，一个 siRNA 分子发挥作用后还可以继续去引导其他 mRNA 分子的降解，因此，其沉默效率很高，较好时几乎达到 100%。

但需要指出的是，RNA 干扰技术也并非完美无缺。在实际使用中，会出现不符合研究者预期的副作用，即所谓的“脱靶效应”(off-target effect)。例如，使用的 siRNA 的剂量过高时可导致细胞内 RNA 干扰的饱

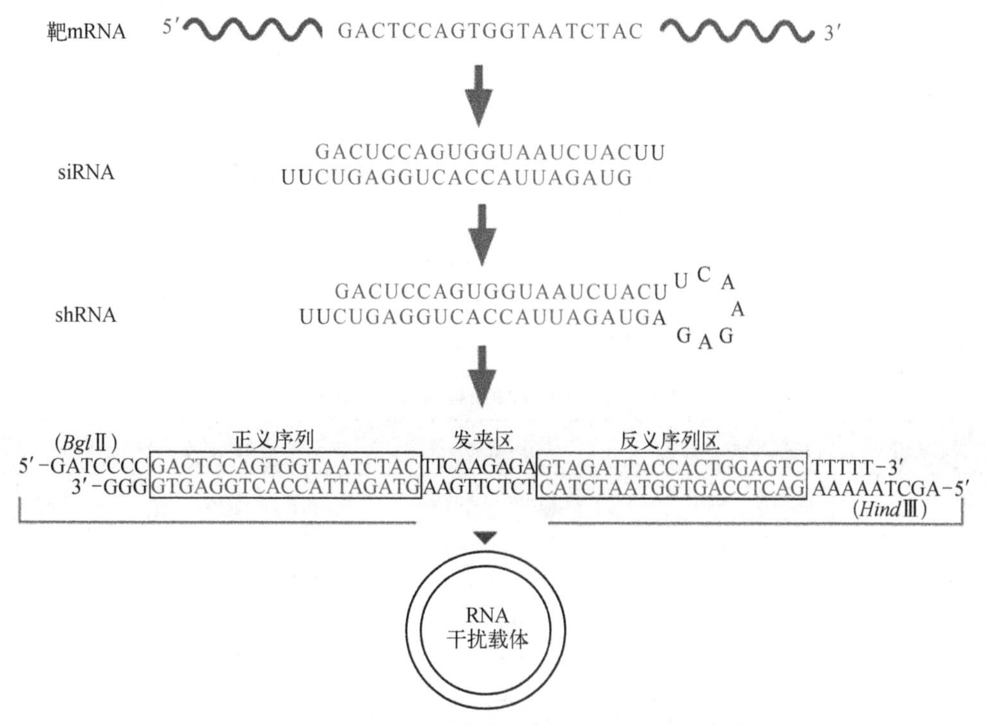

图 18-14　RNA 干扰载体中发夹样序列设计示意图

和效应，进而导致对细胞内其他分子或细胞通路产生影响；细胞还会将导入的 siRNA 识别为外源核酸，从而引发免疫反应；另外，当 siRNA 的序列设计不好而和目的基因之外的 mRNA 部分互补配对时，则可能会通过 miRNA 类似的机制而引起其他基因的表达抑制。

（三）RNA 干扰技术的应用

RNA 干扰技术建立以来，因其沉默基因表达的高效性和高度特异性，使其在生物医学领域得到了非常广泛的应用，尤其在基因功能研究方面发挥了重要作用，在基因治疗等应用领域也显示了良好的应用前景。

1. *基因功能研究*　　在基因功能研究方面，功能失活策略是一个非常重要的研究手段。如前所述，与以往的反义寡核苷酸等基因沉默技术相比，RNA 干扰技术具有特异性好和基因沉默效率高的显著优点。因此，RNA 干扰技术在目前的基因功能研究方面已经成为一个几乎不可或缺的主要研究工具。另外，与基因敲除（gene knockout）技术相比，RNA 干扰技术实际上属于“基因敲减（gene knockdown）”，即部分“knockout”，因此，通过 RNA 干扰技术观测到的基因功能可能更具有价值。目前，RNA 干扰技术不仅在细胞水平上使用，而且也已经用于构建转基因动物模型。

2. *基因治疗应用*　　RNA 干扰技术不仅被广泛地应用于基因功能研究，而且在基因治疗中显示出极大的潜力。通过 RNA 干扰技术特异性地抑制特定基因的表达，无疑是一个很好的治疗策略，这也无疑革新了人们对于药物治疗的认识。常见的感染性疾病、肿瘤等常见病，均可使用 RNA 干扰技术进行治疗。据不完全统计，目前约有 19 个公司正在开发 85 种 siRNA 药物，已有多个 RNA 干扰药物处于不同的临床试验阶段并有望应用于临床。这些药物主要集中在癌症、肿瘤、心血管、眼部、抗病毒、呼吸道、抗菌、糖尿病等方面。但目前 RNA 干扰药物的应用也存在一些技术障碍急需解决，如 siRNA 在体内遭受内源性核糖核酸酶的降解、siRNA 的副作用、缺乏靶向药物传递系统等问题。

第八节　基因组编辑技术

基因组编辑（genome editing）是一种在基因组水平上对某个基因或某些基因的序列进行有目的的定向

改造的遗传操作技术,也称基因组工程(genome engineering),或简称为基因编辑(gene editing)。已经建立的基因组编辑技术主要有 4 种(表 18－1)。其基本原理是利用人工构建或天然的核酸酶,在预定的基因组位置切开 DNA 链,切断的 DNA 链在被细胞内的 DNA 修复系统修复过程中会产生序列的变化,从而达到定向改造基因组的目的。在 DNA 链发生断裂后,细胞主要启动非同源末端连接(NHEJ)或同源重组(HR)两条修复途径(参见第十章 DNA 的生物合成),对 DNA 损伤进行修复。NHEJ 修复途径可使 DNA 链断裂处的碱基序列出现插入或缺失 indel,从而造成移码突变,可导致被编辑的基因破坏失活。同源重组修复途径则需要人为提供一段同源序列,该同源序列可包含拟定向改造的序列位点或拟插入或拟替换的基因,最终经过同源重组修复,DNA 双链断裂处的碱基序列就会被同源序列替代,从而实现基因定点突变、突变基因或缺陷基因纠正、定点转入外源基因等多种基因组改造目的(图 18－15)。

表 18－1　4 种基因组编辑技术的比较

类　别	兆核酸酶技术	ZFN 技术	TALEN 技术	CRISPR/Cas 系统技术
识别模式	蛋白质-DNA	蛋白质-DNA	蛋白质-DNA	RNA－DNA
识别长度(bp)	12～40	(3～6)×3×2	(12～20)×2	20
识别序列特征	回文特征	以 3 bp 为单位	5′前一位为 T	3′序列为 NGG
特异性	高	较高	一般	一般
构建难易	容易	难度大	较容易	容易
细胞毒性	小	大	较小	小
构成	改造的兆核酸酶	锌指＋*Fok* Ⅰ	TALE＋*Fok* Ⅰ	Cas9＋sgRNA
靶向序列(bp)	大于 12	大于 18	大于 30	23
切割类型	双链断裂	双链断裂	双链断裂	双链断裂
技术难度	容易	困难	较容易	非常容易
脱靶效应	较高	较高	较高	低

注:ZFN 为锌指核酸酶;TALEN 为转录激活样效应分子核酸酶;CRISPR/Cas 系统为成簇规律间隔短回文重复序列/Cas 系统;TALE 为转录激活蛋白样效应分子;sgRNA 为单一引导 RNA。

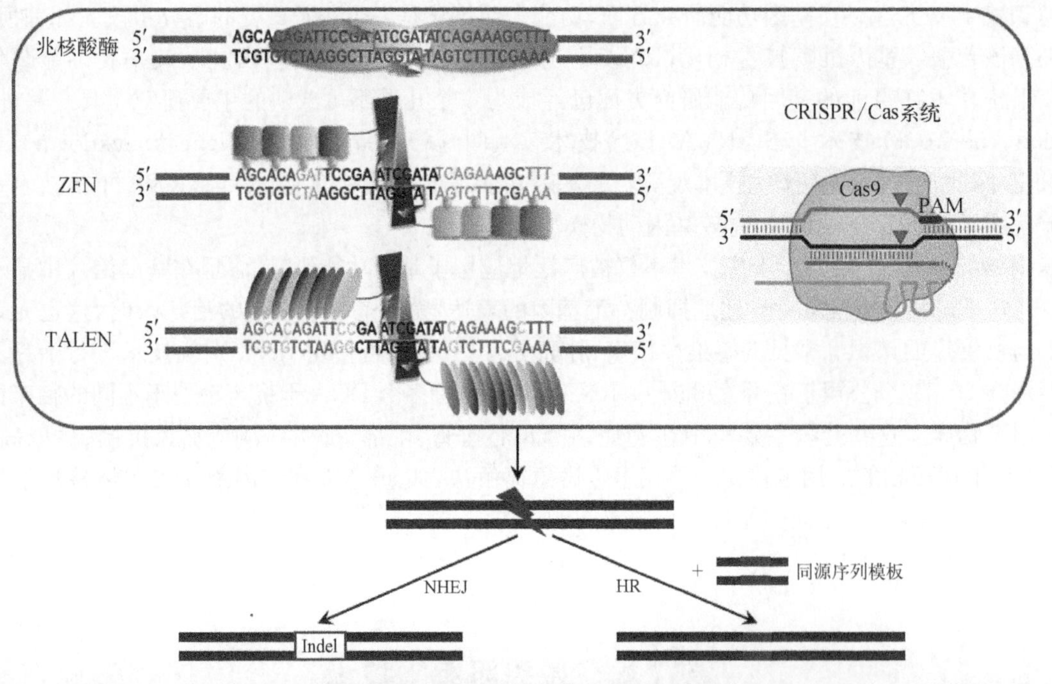

图 18－15　基因组编辑技术的基本原理

图中 ZFN 为锌指核酸酶;TALEN 为转录激活样效应分子核酸酶;CRISPR/Cas 系统为成簇规律间隔短回文重复序列/Cas 系统;HHEJ 为非同源末端连接;HR 为同源重组;Indel 为插入或缺失

一、兆核酸酶技术

兆核酸酶(meganuclease)是一类识别位点序列较长(12～40 bp 的 DNA 双链序列)的内切脱氧核糖核酸酶,存在于一些细菌、古菌、噬菌体、真菌藻类和植物中。其识别序列较长,用它切割一种基因组 DNA,通常只有一个切点,故而特异性高。

目前,已发现有几百种不同的兆核酸酶,可分为两类:一类是内含子内切核酸酶(intron endonuclease);另一类是内含肽内切核酸酶。这两类酶均由转座子序列编码。从结构角度来说,目前常用的兆核酸酶又都属于 LAGLIDADG 家族,都含有高度保守的 LAGLIDADG 九肽序列模体。例如,来自面包酵母线粒体的 Ⅰ-Sce Ⅰ和来自莱茵衣藻叶绿体的Ⅰ-CreⅠ,以及来自一种琉球古菌的Ⅰ-DmoⅠ。其酶蛋白质为同源二聚体,所识别的序列一般具有回文特征。

采用生物技术手段对天然兆核酸酶进行定点突变等改造,可改变其识别的 DNA 序列,获得各种工程化的兆核酸酶。目前,兆核酸酶技术的研发和应用主要集中于某些较大的生物技术公司,已有用于基因治疗的临床基因组编辑实践。

二、ZFN 技术

锌指核酸酶(zinc finger nuclease,ZFN)是一种人工改造的限制性内切核酸酶,由特异性的 DNA 结合结构域和非特异性的 DNA 切割结构域两部分构成。DNA 结合结构域部分是由多个锌指模体结构单元串联而成,每个锌指结构单元可特异识别 3 bp 长的 DNA 序列。非特异性的 DNA 切割结构域则是来自海床黄杆菌限制性内切酶 *Fok* Ⅰ的 C 端 96 个氨基酸残基组成的活性中心结构域。

Fok Ⅰ必须形成二聚体才能切割 DNA。因此,在实际操作中,在拟编辑的基因组靶标位点左右两侧各设计一个 ZFN(分别根据正负链的序列),分别包含 3～6 个串联的锌指结构单元和一个来自 *Fok* Ⅰ的 DNA 切割结构域。锌指结构引导两个 ZFN 同时结合至靶标位点两侧,当其间距为 6～8 bp 时,两个 *Fok* Ⅰ结构域二聚化并切割靶标位点 DNA,从而实现基因组编辑的目的。目前,Sangamo 公司针对 CCR5(HIV 感染所必需的辅助受体)设计的 ZFN 药物已进入三期临床试验阶段。

三、TALEN 技术

转录激活蛋白样效应分子核酸酶(transcription activator-like effector nuclease,TALEN)也是一种人工改造的限制性内切核酸酶,由特异性的 DNA 结合结构域和非特异性的 DNA 切割结构域两部分构成。TALEN 技术与 ZFN 技术非常类似,其 DNA 切割结构域也是来自 *Fok* Ⅰ,不同之处在于其 DNA 结合结构域是采用人工改造的转录激活蛋白样效应分子(transcription activator like effector,TALE)。TALE 来自植物病原菌黄单胞菌。TALEN 技术中同样也需要根据拟编辑的靶标位点两侧的序列设计一对 TALEN,以便两个 *Fok* Ⅰ 切割结构域形成二聚体从而切割靶标位点。

通过对已发现的所有 TALE 蛋白分析发现,TALE 蛋白中 DNA 结合域有 1 个共同的特点,即不同的 TALE 蛋白的 DNA 结合结构域是由数目不同、高度保守的重复单元(monomer)组成,每个重复单元含有 33～35 个氨基酸残基。这些重复单元的氨基酸序列非常保守,除了第 12 和 13 位氨基酸可变外,其他氨基酸都是相同的,这两个氨基酸称为重复可变的双氨基酸残基(repeat variable diresidues,RVD)。TALE 特异识别 DNA 的机制在于,每个 RVD 可以特异识别 DNA 分子的 4 种碱基中的 1 种。目前发现的 5 种 RVD 中,His-Asp 特异识别碱基 C,Asn-Ile 识别碱基 A,Asn-Asn 识别碱基 G 或 A,Asn-甘氨酸识别碱基 T,Asn-丝氨酸可以识别 A/T/G/C 的任一种。因此,TALE 蛋白包含的不同的重复单元及其不同的排列顺序即可决定其识别不同的 DNA 序列。

此外,天然的 TALE 识别序列一般从 T 开始,推测是由 TALE 的 N 端序列来识别的,且 TALE 的结合域一般以半个重复单元结束。因此,TALEN 识别的 DNA 序列包含首端的一个 T 碱基、中间的多个 RVD 识别的碱基、末端半个重复单元识别的一个碱基。TALE 识别 DNA 序列还具有方向性,从 DNA 的 5′-端到 3′-端。

TALEN 技术的发明明显提高了基因组编辑的效率和可操作性,其切割效率可达约 40%。目前,TALEN 技术已被应用到多个物种的基因组编辑中。

四、CRISPR/Cas 系统技术

(一) CRISPR/Cas 系统概述

CRISPR/Cas 系统是在细菌和古菌中发现的适应性免疫系统,用于抵抗噬菌体感染或其他外源核酸入侵。

成簇规律间隔短回文重复序列(Clustered regularly interspaced short palindromic repeats,CRISPR)是存在于细菌和古菌基因组中的由一段富含 AT 的前导序列以及相同的短重复序列(repeat)和来自噬菌体等外源核酸的间隔序列(spacer)相互间隔、重复串联、成簇排列所形成的短片段微阵列,也称 CRISPR 阵列(CRISPR arrays)。重复序列-间隔序列重复单元一般不超过 50 个。典型的短重复序列长度为 28～37 bp,典型的间隔序列长度为 32～38 bp。*Cas* 基因(CRISPR - associated gene,Cas gene)与 CRISPR 阵列相邻,编码具有核酸酶活性的 Cas 蛋白。CRISPR 基因座(CRISPR locus)主要包括 CRISPR 阵列和 *Cas* 基因两部分。

CRISPR/Cas 系统分两类,一类系统包括Ⅰ、Ⅲ和Ⅳ型,采用多个 Cas 蛋白复合物进行靶向切割;二类系统包括Ⅱ、Ⅴ和Ⅵ型,采用单一的 Cas 蛋白进行靶向切割。

CRISPR/Cas 系统适应性免疫机制包括 3 个阶段(图 18 - 16)。① 适应:当噬菌体等入侵时,细菌检测到外源核酸,由 Cas1 - Cas2 复合物将外源 DNA 的一部分序列即原间隔序列(protospacer)整合入细菌的 CRISPR 阵列中,即间隔序列。② 表达:CRISPR 阵列转录成为一段长的 crRNA 前体(pre - CRISPR RNA,pre - crRNA),被 Cas 蛋白或核糖核酸酶加工为成熟的 crRNA(CRISPR RNA),Cas 效应核酸酶与成熟 crRNA 结合形成监视复合物(surveillance complex)。③ 干扰:当噬菌体等再次入侵时,成熟 crRNA 引导 Cas 核酸酶识别同源的噬菌体外源核酸,一旦 crRNA 与靶序列互补结合,Cas 核酸酶即切割外源核酸,实施靶向干扰和免疫。

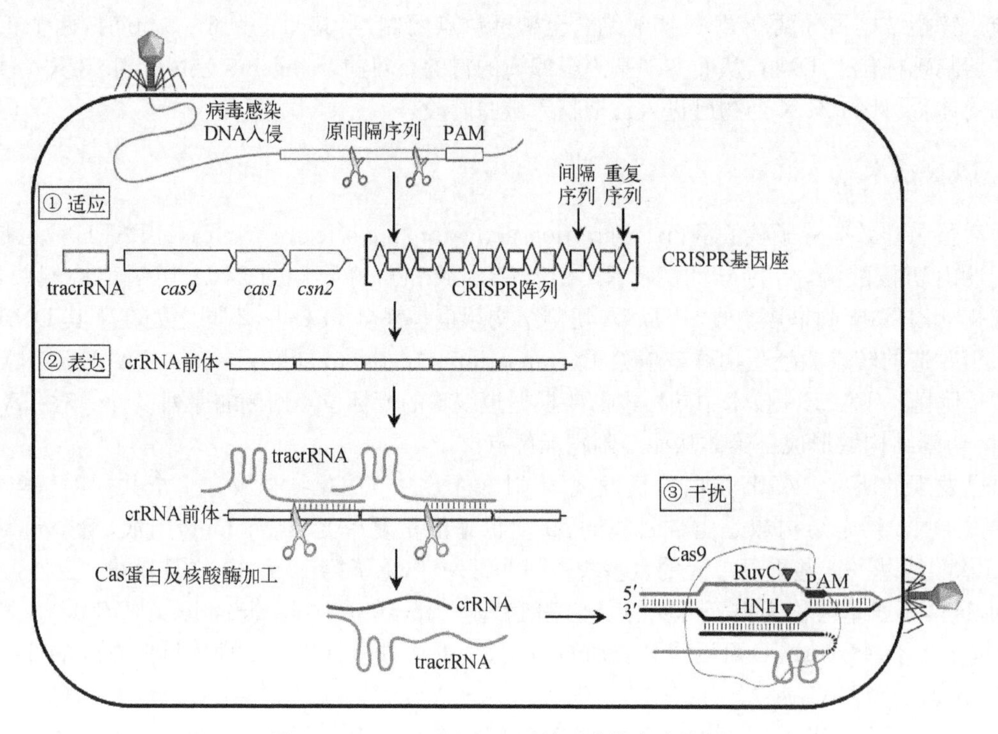

图 18 - 16 CRISPR/Cas 系统适应性免疫机制

tracrRNA 为反式激活 crRNA;PAM 为原间隔序列邻近模体;HNH 和 RuvC 为核酸酶结构域

(二) 常用的 CRISPR/Cas 系统技术

在多种 CRISPR/Cas 系统中,两类系统仅采用一个 Cas 核酸酶进行靶向切割干扰,因此最适合应用于基因组编辑技术。

1. *CRISPR/Cas9 技术*　二类Ⅱ型的 Cas9 应用最早且最为广泛，即 CRISPR/Cas9 技术。使用最多的是来自产脓链球菌的 Cas9(streptococcus pyogenes Cas9，SpCas9)。在 CRISPR - Cas9 系统中，crRNA 前体加工时，需要一种反式激活 crRNA(trans-activating crRNA，tracrRNA)与 crRNA 前体互补结合形成双链 RNA，从而被 Cas9 和 RNase Ⅲ切割，并进一步修剪成为成熟 crRNA。在干扰阶段，必须存在两个条件才可触发激活 Cas9 的核酸酶活性：Cas9 与特定的原间隔序列邻近模体(protospacer adjacent motif，PAM)序列旁的靶 DNA 结合；crRNA 中的间隔序列与靶 DNA 的一条链形成正确碱基配对。Cas9 具有 HNH 和 RuvC 两个核酸酶结构域，分别切割靶 DNA 的两条单链，导致双链 DNA 断裂。Cas9 的上述特性确保了其准确而有效的基因编辑功能。在实际操作中，crRNA 和 tracrRNA 可融合为一个嵌合的单一引导 RNA(single-guide RNA，sgRNA)，从而建立一个仅有 Cas9 和 sgRNA 组成的二组分系统。在实际应用中，通常是分别构建一个 Cas9 表达载体和一个 sgRNA 表达载体导入细胞，或构建一个同时表达 Cas9 和 sgRNA 的表达载体导入细胞即可。如此一来，通过简单地改变 sgRNA 中20 nt的靶向序列即可引导 Cas9 切割不同的靶 DNA 序列，从而使 CRISPR/Cas9 最终成为一种非常高效和简便的基因组编辑工具。

2. *其他*　二类Ⅴ型的 CRISPR/Cas12a(也称 Cpf1)和二类Ⅵ型的 CRISPR/Cas13a(也称 C2c2)近年来也被开发应用。Cas12a 由一个 crRNA 引导，需要 PAM 序列，crRNA 与靶 DNA 链正确互补配对后可激活其仅有的 RuvC 核酸酶活性切割靶 DNA 的两条单链。Cas13a 也仅有一个 crRNA 引导，但不需要 PAM 序列，靶向切割单链 RNA。

（三）CRISPR/Cas 系统技术的应用

CRISPR/Cas 系统技术主要用于各种基因组编辑(如突变破坏基因、突变纠正、定点转入外源基因等)，也可用于调控目的基因的转录。例如，通过定点突变构建无核酸酶活性但仍保留与 sgRNA 和靶 DNA 结合的核酸酶失活型 Cas9(nuclease-deactivated Cas9，dCas9)，并将其与转录抑制蛋白结构域(如 Kox1 的 KRAB 结构域)或转录激活蛋白(如 VP64 和 p65AD)融合，则可用于干扰或激活靶基因的转录，分别称为 CRISPR 干扰(CRISPR interference，CRISPRi)和 CRISPR 激活(CRISPR activation，CRISPRa)。此外，还可将 dCas9 与 GFP 等荧光蛋白融合，用于基因组 DNA 成像。

（四）CRISPR/Cas 系统技术的优势与不足

从本质上来讲，兆核酸酶技术、ZFN 技术和 TALEN 技术的“导航系统”是通过蛋白质介导识别特定的靶 DNA 序列，因此不同的靶向位点需要人工设计制备识别不同序列的重组蛋白质，操作较为复杂和困难。而 CRISPR/Cas 系统技术则是由 RNA 引导识别特定的靶 DNA 序列，仅需改变引导 RNA 的靶向序列即可，操作非常简便，技术门槛低。因此，该技术诞生后迅疾在全球范围内得到了非常广泛的应用，不但用于基因功能研究等基础研究领域，而且也用于人类基因治疗等临床领域。

但 CRISPR/Cas 系统技术用于基因组编辑也仍存在不足：首先，是其仍存在一定的脱靶现象，有研究发现，sgRNA 与 DNA 互补配对时，在某些位置上允许 1 个甚至多个碱基不配对，因此，该技术若应用于临床，仍需改进以降低其脱靶率。其次，Cas9 蛋白对于靶序列的切割还要求其靶序列附近存在 PAM 序列(一般为 NGG)，否则不能触发 Cas9 的核酸酶活性，这也限制了其不能对任意序列进行切割或编辑。

第九节　转基因技术与基因敲除技术

前述的一些分子生物学操作技术主要涉及在分子水平或细胞水平上的操作，而在更高层次上，还可以在个体水平上来进行分子生物学的操作，主要为转基因技术与基因敲除技术，其主要用途在于建立各种各样的遗传修饰动物和在人体上进行基因治疗等，目前以建立遗传修饰动物包括转基因动物和基因敲除动物的技术最为成熟，且其应用也最为广泛。本质上来讲，转基因与基因敲除是在个体水平上进行操作，因此这类技术也涉及基因工程、胚胎工程等技术。这类技术由于相对复杂、成本高、实验条件要求高，一般都是由专门的机构开展此类工作。

转基因技术与转基因动物、基因打靶与基因敲除和基因敲入动物、转基因技术与基因敲除技术的应用相关内容具体见本章末二维码。

(卜友泉)

※ 第十八章数字资源

PCR 技术的诞生

探针的制备

图 18-7
基因芯片分析基本流程

图 18-8
透析的原理

图 18-9
凝胶过滤层析分离蛋白质

图 18-10
阳离子交换树脂工作示意图

蛋白质的一级结构分析

蛋白质的空间结构分析

酵母双杂交技术

转基因技术与转基因动物

基因打靶与基因敲除和基因敲入动物

转基因技术与基因敲除技术的应用

第十八章
参考文献

微课视频 18-1
PCR 技术

微课视频 18-2
荧光定量 PCR 原理

微课视频 18-3
Southern 印迹

第十九章

DNA 重组与基因工程

内容提要

DNA 重组和基因转移是自然界普遍存在的生物学现象，是物种进化或演变的遗传基础。DNA 重组是指发生在 DNA 分子内或 DNA 分子之间碱基序列的交换、重排和转移的现象，是已有遗传物质或遗传信息的重新组合。DNA 重组包括同源重组、位点特异性重组和转座重组 3 种主要方式。基因转移是指基因或遗传信息从一个细胞转移至另一个细胞的现象，通常是指水平基因转移，在原核生物中普遍存在，主要包括转化、接合和转导，近年来在真核生物中也发现了众多例证。

基因工程是在体外应用人工方法进行的 DNA 重组，可产生人类需要的基因产物或者改造、创造新的生物类型。基因工程采用的基本技术称为重组 DNA 技术，又称 DNA 克隆、分子克隆或基因克隆。一个完整的基因工程程序包括制备目的 DNA 和载体、载体与目的 DNA 片段连接、重组 DNA 导入宿主细胞、重组体的筛选和鉴定及克隆基因的扩增和表达及其他研究。进行 DNA 重组操作需要工具酶，包括限制性内切核酸酶、DNA 连接酶、DNA 聚合酶和末端转移酶等。Ⅱ型限制性内切核酸酶在特异的位点识别和切割双链 DNA。载体是携带外源目的 DNA 进入宿主细胞中进行复制和表达的工具。常用的载体是通过改造天然的细菌质粒、噬菌体和病毒 DNA 等构建而成。载体按功能可分为克隆载体和表达载体两种基本类型。目的 DNA 和载体连接之后需导入宿主细胞扩增或表达。宿主细胞包括原核细胞（大肠埃希菌、枯草杆菌等）和真核细胞（酵母、哺乳动物细胞、昆虫细胞及植物细胞等）两类。根据相应的宿主细胞类别选择相应的载体及 DNA 导入方法。为了得到含有目的 DNA 的重组体需进行重组体的筛选和鉴定。常用的方法包括遗传学方法、免疫学方法及分子生物学方法等。筛选出的重组体转化菌经过扩增，即可获得大量的目的 DNA。分离的克隆 cDNA 或目的 DNA 与适当的表达载体连接后可实现克隆基因的表达。基因表达体系分原核表达体系和真核表达体系，两体系各有优缺点。

基因工程作为生物技术的核心，已渗透到生命科学研究的每一学科，在医学领域取得了令人瞩目的成就，广泛应用于生物制药和医学基础研究。

DNA 重组和基因转移是自然界普遍存在的生物学现象，是物种进化或演变的遗传基础。

DNA 重组（DNA recombination）是指发生在 DNA 分子内或 DNA 分子之间碱基序列的交换、重排和转移的现象，是已有遗传物质或遗传信息的重新组合。DNA 重组包括同源重组、位点特异性重组和转座重组 3 种主要方式。生物体通过 DNA 重组，既可以产生新的基因或等位基因的组合，又可创造出新的基因，使种群内遗传物质的多样性提高。DNA 重组还用于 DNA 损伤的修复，某些病毒可利用 DNA 重组将自身的 DNA 整合到宿主细胞的基因组 DNA 中。此外，人们还利用自然界 DNA 重组的原理建立了重组 DNA 技术及基因敲除等多种分子生物学技术。

基因转移（gene transfer）是指基因或遗传信息从一个细胞转移至另一个细胞的现象。通常是指水平基因转移(horizontal gene transfer,HGT),也称横向基因转移或侧向基因转移(lateral gene transfer,LGT),是相对于常规的遗传信息从亲代到子代的代际间垂直传递而提出的。水平基因转移包括不同物种之间、线粒体等细胞器之间及细胞器和细胞核之间所进行的DNA片段的流动。它打破了亲缘关系的界限,使基因能够在不同的物种之间进行交换,是很多物种进化的一个重要因素。基因水平转移现象在原核生物中普遍存在,主要包括转化、接合和转导,在真核生物中近年来也发现了众多例证,说明水平转移是生物界的普遍现象。基因转移很多时候也伴随着DNA重组。人们也利用自然界基因转移的原理建立了多种人工基因转移或基因递送(gene delivery)技术,应用于基因工程等操作。

第一节 自然界的DNA重组和基因转移

一、自然界的DNA重组

(一) 同源重组

同源重组(homologous recombination)指发生在DNA同源序列之间的重组,是最基本的DNA重组方式,它通过链的断裂和再连接,在两个DNA分子同源序列间进行单链或双链片段的交换。若宿主细胞获得的外源DNA与宿主DNA充分同源,那么外源DNA就可以通过同源重组整合进宿主的染色体。同源重组广泛存在于生物界,如真核生物非姐妹染色单体的交换,姐妹染色单体的交换,细菌及某些低等真核生物的转化,细菌的转导、结合及噬菌体的重组等都属于这一类型。同源重组的发生依赖两DNA分子之间序列的相同或相似性,不需要特异DNA序列;在任何位点均可发生重组,但存在重组热点区域;进行的都是较大DNA片段间的交换。

解释DNA重组的模型都必须解释异源双链的形成及往往伴随着两侧DNA重组这一现象。1964年美国学者Robin Holliday提出了著名的Holliday模型,后由David Dressler和Huntington Potter在1976年提出修改,他们证明了Holliday中间体的存在。这是第一个被广泛接受的重组模型,能够解释许多同源重组现象。根据该学说可以把同源重组过程看作是Holliday中间体(一个有交联桥的中间产物)形成和变迁的酶促反应过程。

根据Holliday模型,同源重组的过程可以分为以下几个步骤[图19-1(本章末二维码)]: ① 在减数分裂过程中两条染色单体相互配对(联会);② DNA内切酶在两个染色单体方向相同的单链的相同位置切开一个缺口;③ 游离端的氢键断裂,与互补链分离,形成游离单链;④ 游离单链相互交叉、转移并配对,形成异源双链DNA(heteroduplex,DNA);⑤ DNA连接酶将缺口连接,形成半交叉的Holliday连接(又称Holliday中间体或Holliday结构);⑥ 交叉点不断迁移(branch migration),使更多的核苷酸得到交换;⑦ 交叉点移动形成"十"字形结构(chiform);⑧ "十"字形结构的双臂旋转180°,变成中空的"十"字形结构(Holliday中间体);⑨ 从交叉点横向或纵向切割,随机产生两种不同的解离结果;⑩ 形成两条带缺口的DNA双链,由DNA连接酶连接封闭,形成片段重组体和拼接重组体。片段重组体切开的链与原来断裂的是同一条链,重组体含一异源双链区,其两侧来自同一亲本。拼接重组体切开的链并非原来断裂的链,重组体异源双链区的两侧来自不同亲本DNA。至此,重组完成。

同源重组的发生需要一系列系列酶和重组蛋白(recombinant protein,Rec)的参与,这些重组蛋白都有重要的作用。在大肠埃希菌细胞内,最重要的是Rec A、Rec BCD和Ruv C三种蛋白复合物。Rec A蛋白是催化重组基本反应的酶,可结合单链DNA(single-stranded DNA,ssDNA)并插入双链DNA的同源区,置换同源链。Rec BCD复合物具有外切核酸酶、内切核酸酶和解螺旋酶等3种酶活性;Ruv C蛋白具有内切核酸酶活性,能专一识别Holliday连接点,选择性切开同源重组中间体。类似的蛋白质在其他细菌也存在。

同源重组在自然界中具有十分重要的生物学效应,如维持种群遗传的多样性、染色体瞬间的连接以确保染色单体在减数分裂时能正确分离到子代细胞中、DNA损伤的修复和基因表达调控等。

（二）位点特异性重组

位点特异性重组（site-specific recombination）是指发生在DNA特异性位点上的重组。在很多情况下，它需要重组位点具有较短的同源碱基序列。它可以发生在两个DNA分子之间（导致整合），也可以发生在1个DNA分子内部（导致缺失或倒位）。位点特异性重组的生物学功能包括调节病毒DNA与宿主细胞基因组DNA的整合；调节特定基因表达；调节动物胚胎发育期间程序性的DNA重排，如脊椎动物抗体基因。

位点特异性重组需要位点特异性重组酶参与，用以负责识别重组位点、切割和重新连接DNA。位点特异性重组酶包括酪氨酸重组酶和丝氨酸重组酶两大家族。这两类都依赖活性中心的酪氨酸或丝氨酸残基侧链上的羟基引发对重组点上的3′,5′-磷酸二酯键的亲核攻击，从而导致DNA链的断裂。酪氨酸重组酶家族的成员较多，有140余种，如整合酶、大肠埃希菌XerD蛋白、P1噬菌体的Cre蛋白和酵母FLP蛋白等。

利用这种重组的高度特异性，开发出相应的基因操作技术。例如，大肠埃希菌P1噬菌体重组系统包括两个组分：位点特异性重组酶Cre及其特异性识别和切割的LoxP位点，据此建立的Cre-LoxP系统已广泛用于条件性基因敲除动物的制备，使目的基因在特定组织或特定时间被敲除或激活。

此处介绍3种常见的位点特异性重组（λ噬菌体的位点特异性整合、鼠伤寒沙门菌鞭毛抗原转换时发生的倒位、免疫球蛋白基因的重排），具体见本章末二维码。

（三）转座重组

转座重组（transposition recombination）是指DNA分子上的一段序列从一个位置转移到另一个位置的现象。发生转位的DNA片段被称为转座子（transposon）或可移动的元件（transposable element，TE），有时还被称为跳跃基因（jumping gene）。与同源重组和位点特异性重组不同，转座重组的靶点和转座子之间不需要序列的同源性。接受转座子的靶点大多数是随机的。转座子的插入可改变附近基因的活性。若插入某一基因内部，则可导致基因失活；若插入某一基因的上游，则可能导致基因的激活。此外，在同一基因组内，双拷贝的同一种转座子可以作为同源重组的同源序列。

细菌中的转座子有4类。第一类是插入序列（insertion sequence，IS），是最简单的转座元件，是细菌基因组、质粒和某些噬菌体的正常组分，长0.7～1.8 kb，两端含有10～40 bp的反向重复序列，内部通常含有一个催化转位反应的转座酶（transposase）基因，缺乏抗生素或其他毒性抗性基因。第二类是长为2.5～20 kb，两端含有35～40 bp的反向重复序列，内部结构基因通常不止一个。第三类由两个插入序列和抗生素抗性间隔序列组合而成，插入序列可独立转位，也可与间隔序列一起进行转移。第四类见于Mu噬菌体，含有转座酶基因，通过转座方式将其DNA随机整合至宿主细菌基因组。

真核生物的转座现象最早由Barbara McClintock于20世纪50年代在玉米中发现。现已证明转座是真核生物极为普遍的现象。真核转座子分为两类。第一类为逆转录转座子（retrotransposon），转座过程是DNA→RNA→DNA，包括逆转录反应，需要RNA中间体。逆转录转座子在真核生物基因组中所占比例很高，根据其两端的结构，分为LTR转座子和非LTR转座子，前者的两端含有类似于逆转录病毒基因组RNA经逆转录产生的长末端重复序列（long ter minal repeat，LTR），如人内源性逆转录病毒（ERV）；后者则不含LTR，如人类基因组中的短散在重复序列（SINE）和长散在重复序列（LINE）。第二类为DNA转座子（DNA transposon），转座过程是DNA→DNA，无RNA中间体。

每类转座子又可分为自主型（autonomous）转座子和非自主型（non-autonomous）转座子。自主型转座子编码转座所必需的转座酶（DNA转座子）或逆转录酶（逆转录转座子），能独立地进行转座。非自主型转座子不能编码转座所需的酶或蛋白质，不能独立地进行转座，但含有转座所需的顺式元件，需要自主型转座子的转座酶辅助进行转座。

转座机制主要有两种类型。一种是简单转座，也称为直接转座，或保留型转座（conservative transposition），或非复制型转座，即转座子在原位被剪切下来，再粘贴到新的靶点上，转座子发生位置移动，拷贝数不变。另一种是复制型转座（replicative transposition），即转座子被复制一份，再粘贴到新的靶点上，每转座一次，拷贝数就增加一份。

图 19－2 为细菌的最简单的转座元件即插入序列的复制型转座(具体见本章二维码)。

二、自然界的基因转移

原核细胞(如细菌)可通过细胞间的直接接触(接合)、细胞主动摄取(转化)、噬菌体传递(转导)或细胞融合等方式进行基因的水平转移或重组。

(一) 接合

接合(conjugation)是指细菌的遗传物质在细菌细胞间通过细胞-细胞直接接触或细胞间桥样连接的转移过程。接合一般进行较大片段的 DNA 转移,并在接受细胞(recipient cell)中进行双链化或进一步与拟核 DNA 发生交换、整合,从而使接受细胞获得供体细胞(donor cell)的部分遗传性状。

科学家在 1946 年通过实验证明了细菌的接合现象。致育因子(fertility factor),又称 F 因子或 F 质粒,含细菌性鞭毛蛋白编码基因,控制细菌表面性鞭毛的形成。将携带 F 因子的大肠埃希菌(称 F^+ 大肠埃希菌或雄性大肠埃希菌)与无 F 因子的大肠埃希菌(F^- 大肠埃希菌或雌性大肠埃希菌)在合适条件下混合培养,雌雄两种类型细菌可借由雄性菌表面的性菌毛(pilus)配对,紧接着雄性菌中 F 因子的环形双链 DNA 的一条链被酶切割,产生单链缺口,随后切口的单链 DNA 通过性菌毛连接桥向雌性菌转移,继而在两细胞内分别以单链 DNA 为模板合成互补链。经接合作用获得 F 因子的 F^- 细菌转变成 F^+ 细菌,同时也出现性菌毛等由 F 因子的相应编码基因所控制的遗传性状(图 19－3,见本章末二维码)。这种生殖方式表明细菌也能进行有性生殖,其过程类似低等植物水绵的接合生殖。

在基因工程中,质粒根据是否具有这种 DNA 转移能力,可分为接合型质粒和非接合型质粒。接合型质粒不仅在配对的细胞间发生自我转移,而且还能够转移染色体标记。一旦接合型质粒整合(integration)到染色体上,将引起染色体也发生高频率的转移,如 F 质粒、部分 R 质粒和部分 Col 质粒。非结合型质粒能够自我复制,但不含控制转移的相关基因,这类质粒不能从一个细胞自我转移到另一个细胞。因此,为安全起见,基因工程中应尽可能使用非接合型质粒。

(二) 转化

转化(transformation)是指接受细胞(或细菌)获得供体细胞(或细菌)游离的 DNA 片段,并引起自身遗传改变的过程。受体菌需处于敏化状态,这种敏化状态可以通过自然饥饿、生长密度或实验室诱导而达到。转化现象是英国学者 F. Griffith 于 1928 年研究肺炎双球菌时发现的。目前,已经在流感嗜血杆菌、链球菌及沙门菌等几十种细菌中发现了转化现象,所转化的性状包括荚膜、抗药性、糖发酵特性及营养要求特性等。它们的转化因子都是 DNA。转化分为自然转化和人工转化。通常将不经特殊处理的细胞(细菌)从环境中吸收外来 DNA 的过程称为自然转化;而人工转化是指用一些人工的方法(如通过二价阳离子处理受体菌、改变 pH 和温度等)诱导的转化。在自然转化中细菌直接摄取另一细菌溶解后释放的 DNA 片段并整合到基因组(图 19－4)。细胞溶解后释放的 DNA 一般都较大,不易透过细胞膜,且细胞膜上的 DNA 受体通常处于非活化状态,这是导致自然界的转化效率不高的主要原因。基因工程中则利用人工提取的 DNA 或 cDNA 转化细菌,并对受体菌进行预处理使其处于敏化状态(感受态细胞),从而提高了转化效率。

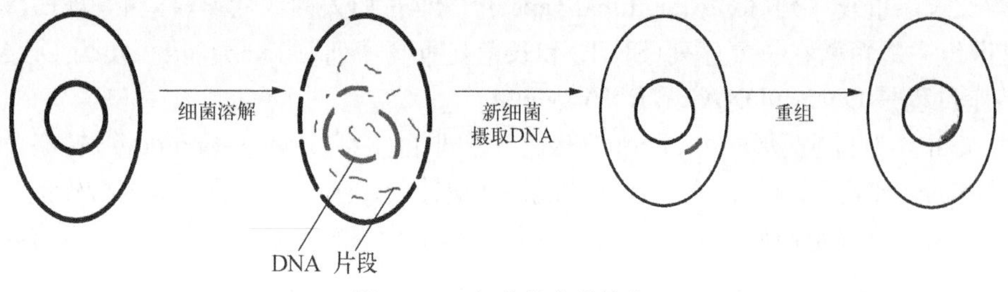

图 19－4 细菌的自然转化

(三) 转导

转导(transduction)是指通过病毒或病毒载体介导将一个宿主的 DNA 转移到另一个宿主细胞中并引起的 DNA 重组现象。以这种方式转移到接受细胞的 DNA 可以与基因组整合,或取代其中一部分,使接受细胞的遗传性状发生改变。自然界中常见的例子是噬菌体感染宿主时所发生的基因转移，包括普遍性转导和局限性转导，后者又称特异性转导(specialized transduction)。

1. *普遍性转导*(generalized transduction) 当噬菌体在供体菌内包装时，供体菌自身的DNA片段被包装入噬菌体颗粒；随后供体菌溶解，释放出来的噬菌体感染受体菌而将所携带的供体菌DNA片段转移至受体菌中，进而与受体菌染色体DNA发生重组。通过普遍性转导噬菌体可以转导供体菌染色体DNA的任何部分到受体菌中(图19-5)。

2. *局限性转导*(restricted transduction) 当噬菌体感染供体菌后，噬菌体DNA以位点特异性重组机制整合于供体菌染色体DNA上；当整合的噬菌体DNA从供体菌染色体DNA上切离时，将位于噬菌体DNA侧翼的供体菌染色体DNA的一部分也一并切下，并包装进噬菌体颗粒中；供体菌裂解，当释放的噬菌体感染受体菌时，供体染色体DNA也一并进入受体菌并整合到受体菌染色体DNA上。通过局限性转导，噬菌体总是携带同样的供体菌DNA片段(位于整合位点侧翼的供体菌DNA片段)到受体菌中。

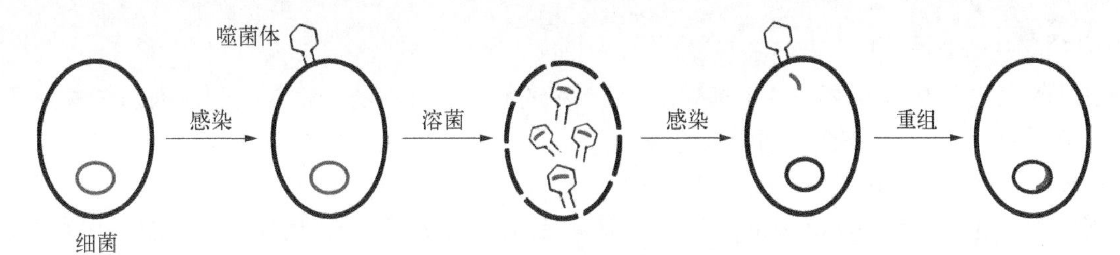

图19-5 噬菌体的普遍性转导

第二节 重组DNA技术

自1972年成功构建第一个重组DNA分子以来，重组DNA技术得到迅速发展。作为分子生物学发展的重要部分，DNA重组及基因工程技术给生命科学带来了革命性的变化，促进了生命科学各学科研究和应用的进步，对推动医学各领域的发展同样起着重要的作用。尽管有着伦理和社会方面的忧虑，但生物技术的巨大进步使人类对未来有了更广阔的想象空间。

一、重组DNA技术相关概念

(一) 克隆、克隆化

所谓克隆(clone)是指通过无性繁殖所产生的与亲代完全相同的子代群体，即来自同一始祖的相同副本或拷贝的集合。这些子代群体可以是分子，也可以是细胞、动物或植物。克隆化(cloning)则指获取同一拷贝的过程，即创立无性繁殖的过程。

(二) 重组DNA技术

重组DNA技术(recombinant DNA technology)是指通过体外操作将不同来源的两个或两个以上DNA分子重新组合，形成新功能DNA分子的方法。其主要操作流程是在体外将目的基因片段与能自主复制的遗传元件(又称载体)连接，形成重组DNA分子，进而在宿主细胞中复制、扩增及克隆化，从而获得该重组DNA分子的大量拷贝。

当克隆即无性繁殖这一名词被借用到同一重组DNA分子的大量扩增和纯化时，DNA克隆、分子克隆或基因克隆术语应运而生，它们表达的是同一个意思，即体外获得单一基因或DNA片段的大量拷贝。故重组DNA技术又称DNA克隆、分子克隆或基因克隆。

(三) 基因工程

基因工程(genetic engineering)又称遗传工程，是在体外应用人工方法进行的DNA重组，可产生人类需要的基因产物或者改造、创造新的生物类型。狭义的基因工程指实验室里的 DNA 重组技术。从广义上讲，基因工程可定义为重组 DNA 技术的产业化设计与应用，包括上游技术和下游技术两大组成部分。上游技术是外源基因的重组、克隆及表达的设计与构建，即重组 DNA 技术；下游技术则涉及含外源基因的重组菌或细胞的大规模培养及外源基因表达产物的分离纯化与鉴定等过程工艺。上游重组 DNA 的设计必须以简化下游操作工艺和装备为指导思想，而下游过程则是上游 DNA 重组蓝图的体现与保证，这是基因工程产业化的基本原则。通过基因工程，人们可以按意愿设计，改造基因或基因组从而改变生物的遗传特性。例如，采用重组 DNA 技术，将外源基因转入大肠埃希菌中表达，使大肠埃希菌能够生产人所需要的产品；或将外源基因转入动物，构建具有新遗传特性的转基因动物；或用基因敲除手段，获得有遗传缺陷的动物等。

从本质上讲，DNA 分子的新组合赋予了基因工程跨越天然物种屏障的能力，克服了固有的生物种间限制，扩大和带来了定向改造生物的可能性，这是基因工程的最大特点。基因工程的要素包括外源 DNA、工具酶、载体分子和宿主细胞等。

二、工具酶

在重组 DNA 技术中，常需要一些工具酶用于 DNA 的操作。常用的主要有限制性内切核酸酶、DNA 聚合酶Ⅰ、DNA 连接酶、末端转移酶及逆转录酶等。

（一）限制性内切核酸酶

限制性内切核酸酶(restriction endonuclease)简称限制性内切酶或限制酶，是一类能够识别双链 DNA 结构中的特异序列，并在识别位点或其周围产生切割作用的核酸水解酶。它们主要存在于细菌中，与甲基化酶(methylase)共同构成细菌的限制-修饰系统(restriction-modification system)，起到限制外源 DNA 的入侵、加强物种遗传稳定性的作用。限制性内切核酸酶能将外源 DNA 分子降解，“限制”其功能；而细菌自身的 DNA 则在特异的甲基化酶催化下发生甲基化修饰而免遭降解。

1. *分类*　目前发现的限制性内切核酸酶有 6 000 多种。其根据酶的组成、所需辅助因子及裂解 DNA 方式不同，分为Ⅰ型、Ⅱ型和Ⅲ型。Ⅰ型限制性内切核酸酶除内切核酸酶活性外还具备甲基化酶、ATP 酶及 DNA 解旋酶活性，能识别专一的核苷酸序列，并在识别点附近切割双链，但切割序列没有专一性；Ⅲ型限制性内切核酸酶除内切核酸酶活性外也具备甲基化酶活性，识别位点严格专一(不是回文序列)，但切点不专一，往往不在识别位点内部。因此这两类酶在重组 DNA 技术中不常用。基因工程中最具实用价值、应用最广泛的是Ⅱ型限制性内切核酸酶。Ⅱ型限制性内切核酸酶由一种亚基组成，切割 DNA 时仅需 Mg^{2+} 作为辅助因子，切割位点位于识别序列的固定位置上，并且其切割 DNA 的特异性最强，故其被广泛用作“分子剪刀”，对 DNA 进行精确切割。

2. *命名原则*　采用 Smith 和 Nathane 提出的属名与种名相结合的命名法。命名时遵循以下原则：① 第一个字母取酶来源的细菌属的词首字母，用大写斜体；第二及第三个字母取细菌种的词首字母，用小写斜体；构成基本名称。② 第四个字母(有时无)，表示分离出这种酶的特定菌株，用大写或小写。若存在变种或品系(株或型)，取其第一个字母小写；若酶存在于质粒上，则需大写字母表示非染色体遗传因子。③ 若从一种菌株分离到几种限制酶，则根据发现和分离的先后顺序用罗马数字Ⅰ、Ⅱ、Ⅲ编号。

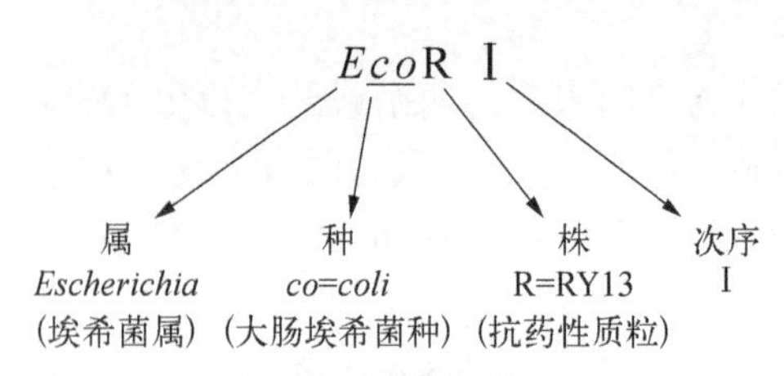

图 19-6　限制酶的命名(*Eco*RⅠ)

例如，*Eco*RⅠ的命名：*E*=*Escherichia*，埃希菌属；*co*=*coli*，大肠埃希菌种；R=RY13，菌株名(抗药性质粒)；Ⅰ=为此菌株中第一个被分离的限制酶(图 19-6)。再如，*Hin*dⅢ 表示在嗜血杆菌属流感菌种(haemophilus influenza)d 株中第三种被分离的限制酶。

3. *作用特点*

(1) 识别序列：大部分Ⅱ型限制性内切核酸酶识别序列为 4～8 bp，以 6 bp 或 4 bp 最常见。识别底物 DNA 中具有反向重复序列特征的回文序列(palindromic sequence)，并在切割位点以内切方式水解双链 DNA 的磷酸二酯键，产生含 5′-磷酸基和 3′-羟基末端的 DNA 片段。例如，*Eco*RⅠ识别和切割序列为 5′-G↓AATTC-3′，箭头所指即为切割位点。

（2）切割方式：不同限制性内切核酸酶切割 DNA 的方式不同，所产生的片段长度和末端性质也不同。有些在识别序列或其附近交叉的位点上，分别切割 DNA 的两条链形成 5′-端突出的黏性末端（cohensive end）（如 *Bam*HⅠ）；或产生 3′-端突出的黏性末端，如 *Pst* Ⅰ（5′-CTGCA↓G-3′）（图 19-7）。还有一些则在识别序列的对称轴上对 DNA 的两条链同时切割，产生无单链末端的平端或称钝性末端（blunt end），如 *Sma* Ⅰ（5′-CCC↓GGG-3′）。

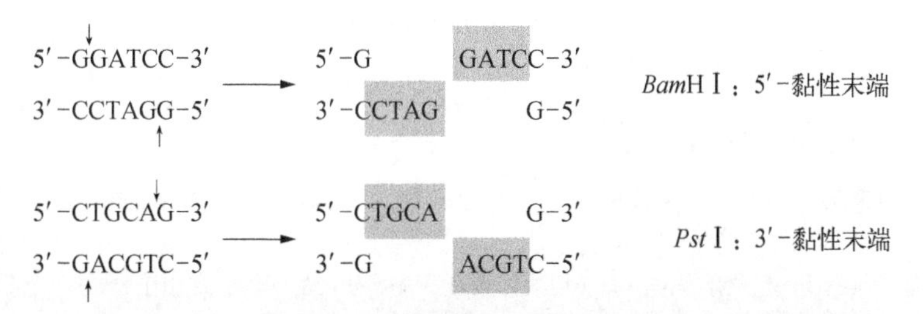

图 19-7 限制性内切核酸酶切割 DNA 片段产生的黏性末端

（3）同尾酶和同切点酶：有些限制性内切核酸酶识别的序列不完全相同，但切割 DNA 双链后可产生相同的单链末端（黏性末端），这样的酶彼此互称为同尾酶（isocaudarner），所产生的相同黏端称为配伍末端（compatible end）。例如，*Bam*H Ⅰ（5′-G↓GATCC-3′）和 *Bgl* Ⅱ（5′-A↓GATCT-3′），由此产生的 DNA 片段可通过配伍末端相互连接，但连接之后通常不能再被两个同尾酶中的任何一个酶识别和切割了，使 DNA 重组有更大的灵活性。

有些限制性内切核酸酶虽然来源不同，但能识别同一序列（切割位点可相同或不同），这样的酶彼此互称为同切点酶（isoschizomer）或异源同工酶。例如，*Bam*HⅠ 和 *Bst* Ⅰ 能识别同一 DNA 序列且切割位点相同（5′-G↓GATCC-3′），这类同切点酶可以互相代用。*Xma* Ⅰ 和 *Sma* Ⅰ 虽能识别相同序列（5′-GGGCCC-3′），但切割位点不同，*Xma* Ⅰ 切割位点为（5′-G↓GGCCC-3′），*Sma* Ⅰ 切割位点为（5′-GGG↓CCC-3′）。

基因工程正是利用不同的限制性内切核酸酶可以特异切割各种 DNA 使之成为具有特定末端片段的这一性质，与连接酶等其他核酸修饰酶共同实施 DNA 体外重组。表 19-1 列举了部分限制性内切核酸酶的识别方式和切割方式。

表 19-1 常用Ⅱ型限制性内切核酸酶的识别序列与切割方式

限制酶	识别序列及切点	末端类型	来源
*Bam*HⅠ	5′-G↓GATCC-3′ 3′-CCTAG↑G-5′	5′-突出黏性末端	*Bacillus amyloliquefaciens* （解淀粉芽孢杆菌）
Bgl Ⅱ	5′-A↓GATCT-3′ 3′-TCTAG↑A-5′	5′-突出黏性末端	*Bacillus globigii* （球芽孢杆菌）
*Eco*RⅠ	5′-G↓AATTC-3′ 3′-CTTAA↑G-5′	5′-突出黏性末端	*Escherichia coli* （大肠埃希菌）
Hind Ⅲ	5′-A↓AGCTT-3′ 3′-TTCGA↑A-5′	5′-突出黏性末端	*Haemophilus infuluenzae Rd* （流感嗜血杆菌）
Kpn Ⅰ	5′-GGTAC↓C-3′ 3′-C↑CATGG-5′	3′-突出黏性末端	*Kiebsiella pneumonia* （肺炎克雷伯杆菌）
Pst Ⅰ	5′-CTGCA↓G-3′ 3′-G↑ACGTC-5′	3′-突出黏性末端	*Providencia stuartti* （普罗威登奇菌）
Sma Ⅰ	5′-CCC↓GGG-3′ 3′-GGG↑CCC-5′	平末端	*Serratia marcescens* （黏质沙雷菌）

（二）其他工具酶

DNA 连接酶（DNA ligase）的作用是连接 DNA 链 3′-羟基末端和另一 DNA 链的 5′-磷酸末端，生成磷酸二酯键，从而把两段相邻的 DNA 链连成完整的链，此催化作用需消耗 ATP。

大肠埃希菌的DNA连接酶(1976年首次发现)能够连接具有互补碱基的黏性末端和平末端;但需NAD^+辅助因子且活性低,不常用。1970年发现的由T4噬菌体基因编码的T4 DNA连接酶,能连接具有互补碱基的黏性末端和平末端,需ATP辅助因子且活性高,是基因工程常用连接酶。

除了限制酶和连接酶外,重组DNA技术操作过程中还必须借助多种工具酶才能达到改造基因的目的,现将一些常用工具酶归纳于19-2。

表19-2 DNA重组技术常用的工具酶

工具酶	主要功能和用途
限制性内切核酸酶	识别和切割双链DNA分子中的特定核苷酸序列
DNA连接酶	催化DNA分子中相邻的5′-磷酸基和3′-羟基末端之间形成磷酸二酯键,使DNA切口封合或使两个DNA分子或片段连接
DNA聚合酶Ⅰ	具有5′→3′聚合酶、3′→5′外切酶活性和5′→3′外切酶活性。常用于合成双链cDNA、缺口平移法标记DNA探针、DNA序列分析和填补3′-端等
Klenow片段	具有5′→3′聚合酶和3′→5′外切酶活性,无5′→3′外切酶活性。常用于3′-端标记、cDNA第二链合成及DNA序列分析等
Taq DNA聚合酶	具有5′→3′聚合酶和5′→3′外切酶活性,无3′→5′外切酶活性。常用于PCR中DNA扩增
逆转录酶	具有RNA指导的DNA聚合酶、DNA指导的DNA聚合酶和3′→5′RNA外切酶活性,无3′→5′DNA外切酶活性。常用于cDNA合成、替代DNA聚合酶Ⅰ进行填补,标记或DNA序列分析
末端转移酶	主要在3′-羟基末端加同聚物尾。常用于加人工黏性末端和3′-端标记等,5′-端效率低
多核苷酸激酶	催化ATP分子的γ-磷酸转移到DNA链的5′-端上。多用于标记探针和测序
碱性磷酸酶	切除5′-端磷酸基,基因工程中用于载体DNA处理,防止自身连接

三、载体

载体(vector)是可以插入外源核酸片段并携带外源核酸进入特定宿主细胞(host cell),进行独立和稳定自我复制的核酸分子。基因工程中广泛应用的载体多来自人工改造的细菌质粒、噬菌体或病毒核酸等。多数载体是DNA分子,少数为RNA。载体携带外源目的DNA进入宿主细胞后,随着宿主细胞的分裂,载体和外源目的DNA将在细胞内复制、扩增,外源目的DNA在合适条件下还可表达为蛋白质产物。

载体的主要功能是运送外源基因高效转入宿主细胞,为外源基因提供复制能力或整合能力,并为外源基因表达提供必要的条件。理想载体的共同特征是:① 至少含有一个复制起始点,在宿主细胞内能稳定高效自主复制。② 具有合适的筛选标记(如抗药性、营养缺陷型、显色反应或形成噬菌斑的能力等),便于重组体的筛选和鉴定。③ 在非必需区内的DNA片段内具有多个限制性内切核酸酶的单一切割位点,即多克隆位点(multiple cloning sites,MCS),便于外源基因插入。④ 具有较小的分子量(一般<10 kb)和较高的拷贝数。小分子量的载体不仅能增加插入外源DNA片段的容量,且转化率高易进行体外操作;高拷贝数利于载体的制备和提高克隆基因的成功率。⑤ 易进入宿主细胞并有较高的遗传稳定性,也容易从宿主细胞中分离纯化出来,便于遗传操作。⑥ 对于表达型载体还应具有与宿主细胞相适应的启动子、增强子及加尾信号等。此外,现代载体一般含有多功能的结构元件,同时兼顾克隆、测序、体外突变、转录和自主复制等。

按照来源不同,载体可以分为质粒、噬菌体、黏性质粒(黏粒)、酵母人工染色体(YAC)及病毒载体等。按照宿主细胞类型不同,载体可分为原核载体、真核载体和穿梭载体。原核载体是以原核细胞为宿主细胞的载体。真核载体是以真核细胞为宿主细胞的载体。穿梭载体是含原核和真核生物的复制子,在原核和真核细胞中均能存在和复制的载体,因而可以运载目的DNA穿梭往返于两种生物之间。载体按照其功能或使用目的,可分为克隆载体和表达载体。克隆载体(cloning vector)是可携带插入的目的DNA进入宿主细胞内并能进行复制扩增的DNA分子。表达载体(expression vector)是能使插入的外源DNA进入宿主细胞并表达为功能产物的载体。

(一) 克隆载体

克隆载体是最简单的载体,仅需具备载体的基本特点(即仅需含有载体复制的基本元件、筛选标记和多克隆位点),主要用于克隆和扩增DNA片段或扩增构建文库。常用的克隆载体通常是在天然质粒、噬菌体和病毒 DNA 基础上经改造而成。

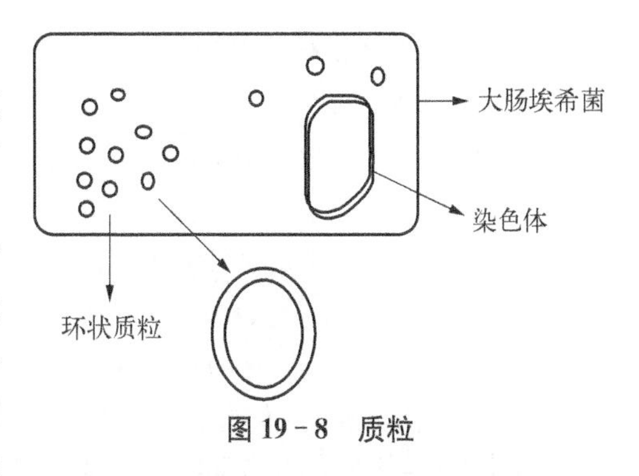

图 19－8　质粒

1. 质粒载体　是以细菌质粒的各种元件为基础组建而成的基因工程载体。质粒(plasmid)是细菌染色体外具有自主复制能力的共价闭环小分子双链 DNA，大小为 1～200 kb(图 19－8)。质粒的复制和遗传独立于细菌染色体，但其复制和转录依赖于宿主所编码的蛋白质和酶。不同质粒分子带有不同的抗药基因和其他遗传标记，会赋予宿主细胞一些遗传性状。其按复制方式可分为两类：① 严紧型质粒(stringent plasmid)，在细菌细胞内的复制受到严格控制，分子量较大，拷贝数较少；② 松弛型质粒(relaxed plasmid)，在细菌细胞内的复制不受严格控制，分子量较小，拷贝数较多。利用严紧型质粒改建的载体称为严紧型载体，主要作为表达载体表达一些其高表达可能使宿主细胞毒害致死的基因。利用松弛型质粒改建的载体称为松弛型载体，其在单位体积培养物中所得到的 DNA 收率更高，因此在基因工程中应用广泛。下面介绍几种代表型质粒载体。

pBR322("p"表示质粒；"BR"表示两位主要构建者姓氏的头一个字母"F. Bilivar 和 R. L. Rodriguez"；"322"表示实验编号)是较早改建的质粒载体(图 19－9)。它具有下述特点：① 有一个复制起始位点(ori)，保证该质粒能在大肠埃希菌中复制；② 分子量较小，能有效克隆 6 kb 大小的外源 DNA 片段；③ 有两个抗生素抗性基因[氨苄西林抗性基因(Amp^r)和四环素抗性基因(Tet^r)]选择标记；④ 有多个单一的限制性酶切位点，其中 3 个单一的酶切位点 *Bam*H Ⅰ、*Hin*d Ⅲ和 *Sal* Ⅰ均在 Tet^r 基因内，*Pst* Ⅰ识别位点在 Amp^r 基因内，当外源基因插入这些抗性位点时，破坏了相应的 Amp^r 或 Tet^r 基因，宿主细胞失去了相应的抗药性，在含相应抗生素的培养基上不能生长，即插入失活；具有较高的拷贝数，而且经氯霉素扩增后，每个细胞可累积 1 000～3 000 kb，为重组 DNA 的制备提供了极大的方便。

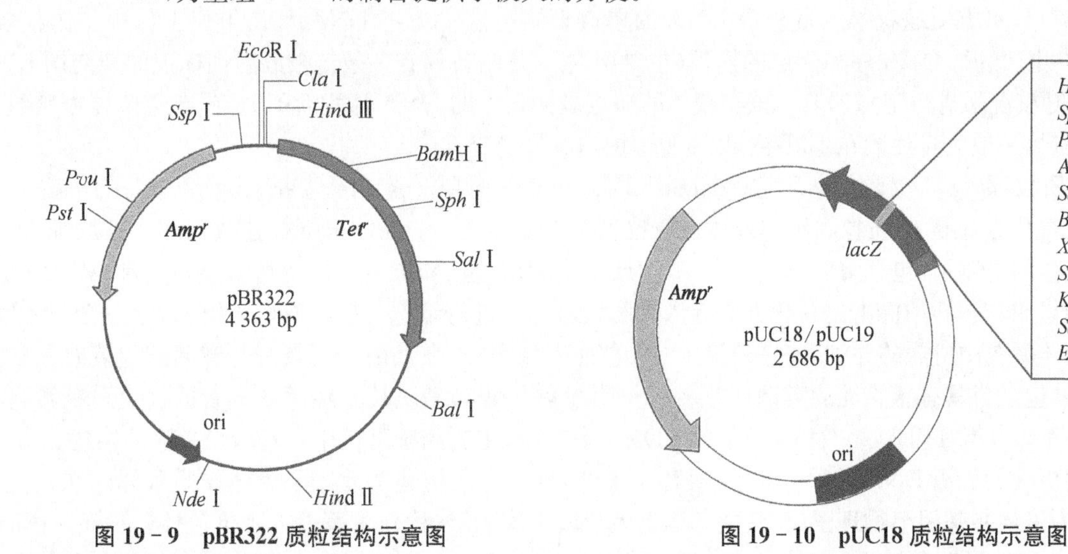

图 19－9　pBR322 质粒结构示意图　　图 19－10　pUC18 质粒结构示意图

pUC 系列质粒载体是在 pBR322 基础上改建而成，是应用最广泛的大肠埃希菌克隆载体。pUC 系列大多数是成对的，如 pUC8/pUC9、pUC18/pUC19(图 19－10)，即每对间含有大致相同的多克隆位点(图 19－10)，但整个多克隆位点反向倒装(故称其为一对)。不同对的 pUC 系列质粒载体的多克隆位点的数目和种类不同。与 pBR322 载体相比，pUC 系列质粒载体分子量更小，拷贝数更高，易测序，特别是含有 *lacZ* 基因，适用于组织化学筛选重组体。

2. 噬菌体 DNA 载体　噬菌体(bacteriophage)是一类感染细菌的病毒，由遗传物质核酸和外壳蛋白组成。噬菌体高效率的感染性和自主复制繁殖性使其 DNA 具备开发成为基因工程载体的潜力。与质粒一样，噬菌体改造后可用于克隆和扩增特定的 DNA 片段，但用噬菌体感染细胞比质粒转化更有效，且噬菌体的克隆容量也明显大于质粒，在基因组或 cDNA 文库构建中优势明显。常用的有以下几种。

(1) λ噬菌体载体：λ噬菌体为温和型噬菌体，有溶原和裂解两种生存策略。其基因组为48.5 kb的线性双链DNA，编码至少61个基因，在分子两端各有12个碱基的互补单链，是天然的黏性末端，称cos位点。基因组中50%的基因对噬菌体的生长和裂解寄生菌是必需的，分布在噬菌体DNA的两端(即为左右臂)；中间是非必需区，当它们被外源基因插入或取代后，并不影响噬菌体的生存，且重组DNA可以随寄主细胞一起复制，在溶原周期中，整合进细菌染色体。较早改建的有λgt系列和EMBL系列。

λgt系列多属于插入型载体，只能容纳较小分子的外源DNA片段(一般10 kb以内)，广泛用于cDNA及小片段DNA的克隆。例如，λgt10载体，在*cI*基因上有*Eco*RⅠ和*Hin*dⅢ单一酶切位点，外源DNA插入后导致*cI*基因失活。*cI*基因失活后噬菌体不能溶原化，产生清晰的噬菌斑，反之，产生浑浊的噬菌斑。利用不同噬菌斑形态作为筛选重组体的标志。而λgt11载体则在非必需区引入了*lacZ*基因，在*lacZ*基因上有*Eco*RⅠ位点，插入失活后利用X-gal法筛选(蓝白斑筛选)重组体。

EMBL系列属于取代型载体，允许外源DNA片段替换非必需DNA片段，可容纳较大分子的外源DNA片段(可达20 kb)，主要用于大片段基因组DNA的克隆。例如，EMBL3载体，其克隆位点*Bam*HⅠ的两侧还设计了*Eco*RⅠ和*Sal*Ⅰ位点，克隆后便于用这两个限制酶将外源DNA片段从重组子上切下来。

(2) M13噬菌体载体：M13噬菌体颗粒外形呈丝状，是一种既不溶原也不裂解宿主细菌的噬菌体。其基因组为一闭环的单链DNA，大小为6 407 bp，可分为10个区和507 bp基因间隔区。其复制起始点在基因间隔区内。但基因间隔区的部分核苷酸序列即使发生突变、缺失或插入外源DNA片段不会影响M13的繁殖和生存，为M13构建克隆载体提供了条件。通过对M13的改造，包括在基因间隔区插入大肠埃希菌*lacZ*基因的调控序列、N端前146个氨基酸的编码序列并设计多克隆位点序列等，已成功地发展出了M13mp噬菌体载体系列。该系列大多是成对的，且有pUC质粒系列的多克隆位点与之对应。重组体可用IPTG-X-gal蓝白斑实验进行筛选。

M13噬菌体载体一大优点是，克隆的外源双链DNA片段，在子代噬菌体便成为单链形式。故用M13mp进行克隆，可方便地获得大量外源DNA的单链形式。这种单链DNA可在下列工作中作为模板：① 双脱氧链终止法进行DNA序列测定的模板(主要用途)；② 制备仅有一条链被放射性标记的杂交用DNA探针；③ 利用寡核苷酸进行定点诱变。该类载体的缺点是插入大的DNA片段后不稳定，在噬菌体繁殖过程中易发生缺失，故一般克隆片段在1 kb内，以300～400 bp最稳定。

(3) 黏性质粒(黏粒)：又称柯斯质粒(cosmid)，"cosmid"一词是"cos site-carrying plasmid"的缩写，意为带有黏性末端位点(cos)的质粒。黏粒载体由质粒和λ噬菌体的cos黏性末端构建成而成。其质粒DNA部分是一个完整的复制子，包括复制起始位点、一个或多个酶切位点和抗生素抗性基因[Amp^r和(或)Tet^r]，因此黏粒也能像质粒一样用标准的转化方法导入大肠埃希菌和进行筛选；其λ噬菌体片段带有一个将DNA包装到λ噬菌体颗粒中所需的序列，该序列除了cos黏性末端之外，在其两端还具有与噬菌体包装有关的短序列，故又能被包装成具有感染性的噬菌体颗粒。很明显黏粒兼具了质粒和噬菌体二者的优点。黏粒自身分子量小(5～7 kb)，但可插入30～45 kb的外源DNA大片段，主要用于真核生物基因组文库的构建。

为了容纳更大的外源DNA片段，除上述载体系统外，科学家还构建了人工染色体作为载体。在人类基因组计划中，为了绘制基因组物理图谱，建立基因组大片段文库，相继构建了酵母人工染色体(yeast artificial chromosome，YAC)和细菌人工染色体(bacterial artificial chromosome，BAC)等载体，用于DNA大片段的克隆。YAC含酵母染色体上必需的端粒、着丝点和复制起始序列，能携带400 kb左右的DNA片段。BAC是以大肠埃希菌性因子F质粒为基础构建的克隆载体，可携带50～300 kb的外源DNA片段。

(二) 表达载体

外源DNA片段与克隆载体重组后导入宿主细胞中只能进行复制扩增，要获得其编码的蛋白质产物必须借助表达载体。所谓表达载体(expression vector)是指一类用于在宿主细胞中表达外源基因的载体。这类载体除了具有克隆载体所具备的特性外，还带有转录和翻译所必需的元件，所以表达载体一般兼具克隆和表达的两种功能。表达载体都可以用作克隆载体，但克隆载体不能用作表达载体。不同的表达系统需要构建不同的表达载体。根据表达所用的宿主细胞不同，表达载体可分为原核表达载体(prokaryotic expression vector)和真核表达载体(eukaryotic expression vector)，它们的主要区别在于为外源基因提供的表达元件，前者适合在原核细胞中表达目的蛋白，后者适合在真核细胞中表达目的蛋白。

1. 原核表达载体

(1) 原核表达载体的基本特点：原核表达载体是从克隆载体发展而来，其基本功能元件见图 19-11。除了含有克隆所需的复制起始点、抗性筛选基因及多克隆位点外，还有供外源目的基因有效转录和翻译的原核表达调控序列，如启动子、转录终止序列、SD 序列和核糖体结合位点等。

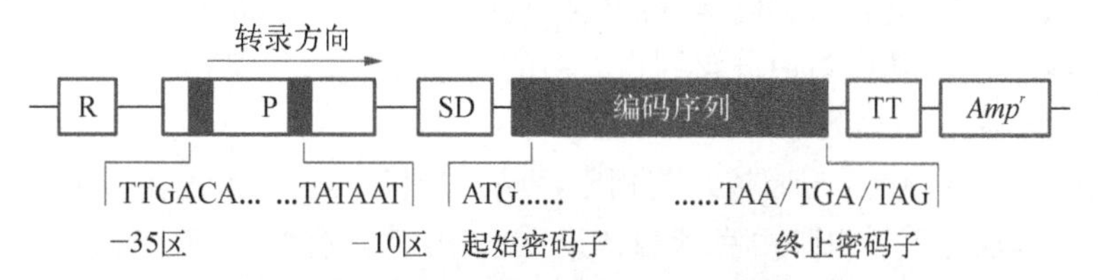

图 19-11 原核表达载体的基本功能元件

R：调节序列；P：启动子；SD：SD 序列；TT：转录终止序列；Amp^r 氨苄西林抗性基因

启动子是启动外源基因表达的必需元件，常用的强启动子有 *lac*(乳糖启动子)、*trp*(色氨酸启动子)、*tac*(乳糖和色氨酸杂合启动子)、P_L 和 P_R(λ 噬菌体的左向或右向启动子)及 T7 噬菌体启动子等。此外，也可使用组成性或诱导性启动子，实现组成性或诱导调控性表达。

原核细胞中，mRNA 上的 SD 序列提供核糖体结合位点。在构建原核载体时，在启动子下游装上大肠埃希菌核糖体结合位点序列(SD 序列)，保证了翻译起始复合物的形成。

转录终止序列可控制转录的 RNA 长度，提高稳定性，避免质粒上异常表达导致质粒稳定性下降。在构建原核表达载体时，为防止外源基因的表达干扰表达系统的稳定性，一般都在多克隆位点下游插入一段很强的 rRNA 的转录终止序列。

(2) 几类常见的大肠埃希菌原核表达载体

1) 融合型表达载体：用于表达融合蛋白。将一段特殊的称为标签(tag)的蛋白质或短肽的基因构建入载体，使之与目的蛋白融合表达可形成融合蛋白(fusion protein)。例如，常用的 pGEX-6P(图 19-12)和 pET28 等。pGEX-6P 载体使用强启动子 *tac*(P_{tac})包含阻遏蛋白编码基因 *lacI* 及其突变启动子 $lacI^q$；标签蛋白质为 GST。GST 蛋白质包含 220 个氨基酸残基，约 26 kDa，是一个常用的融合表达标签，可融合在外源目的蛋白的氨基或羧基端。GST 与其底物 GSH 具有很强的亲和力，故可利用该标签采用亲和层析对 GST 融合表达蛋白进行纯化(参见第十八章常用分子生物学技术)。其他常用的标签还有 MYC、Flag 和 6×His 等。

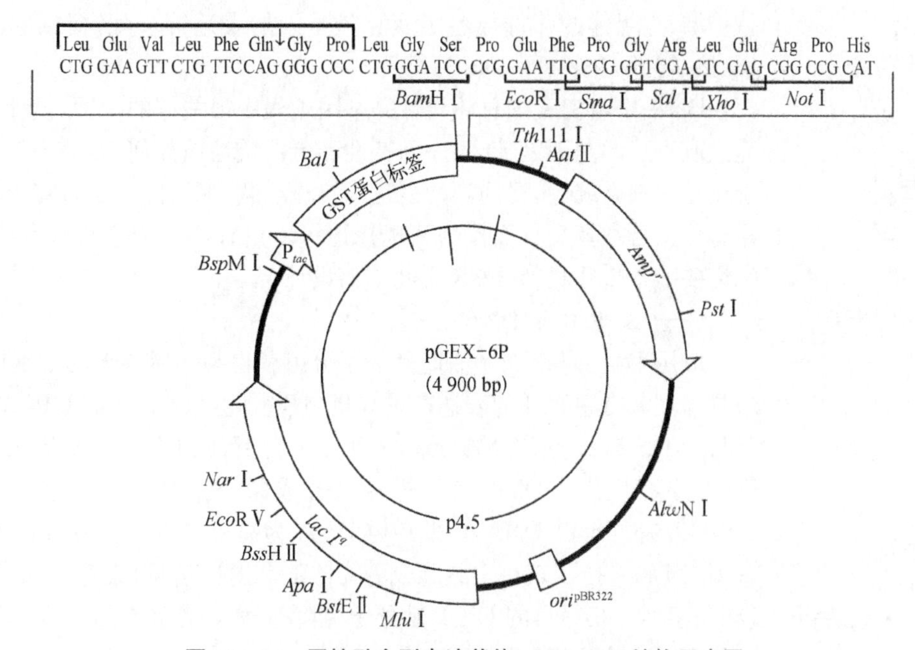

图 19-12 原核融合型表达载体 pGEX-6P 结构示意图

2）非融合型表达载体：该类载体中不包含标签蛋白质或多肽编码序列，外源目的基因以非融合蛋白形式表达。例如，原核表达载体 pKK223 - 3，该载体包括强启动子 tac、SD 序列、多克隆位点和一个强的 rrnB rRNA 转录终止序列。

3）分泌型表达载体：用于外源基因的分泌表达。该类载体的优点是能把在宿主细菌内表达的外源蛋白有效地分泌到周质间隙(periplasmic space)，甚至穿过细胞外膜进入培养基中。除了具有一般表达载体应有的启动子等元件外，这类载体还需含有编码信号肽的序列(通常置于 SD 序列下游)。pIN Ⅲ系列载体是较常用的分泌型表达载体，可使所表达的蛋白分泌到宿主菌的周质间隙中。

2. 真核表达载体用于在真核细胞中表达外源基因

(1) 真核表达载体的基本特点：与原核细胞相比，真核细胞基因表达系统在转录后加工和翻译后修饰等方面具有明显优势。真核表达载体也是由克隆载体发展而来，其含有的原核序列包括大肠埃希菌中起作用的 *ori*、Tet^r 及多克隆位点等，以便于真核表达载体在细菌中复制及阳性克隆筛选。同时，真核表达载体还具有自身的特点，它带有真核表达调控元件，包括启动子、增强子、转录终止序列、poly A 加尾信号等；真核细胞复制起始序列；真核细胞药物抗性基因，用于导入真核细胞后进行阳性克隆的筛选。真核表达载体有多种，其基本功能元件见图 19 - 13。

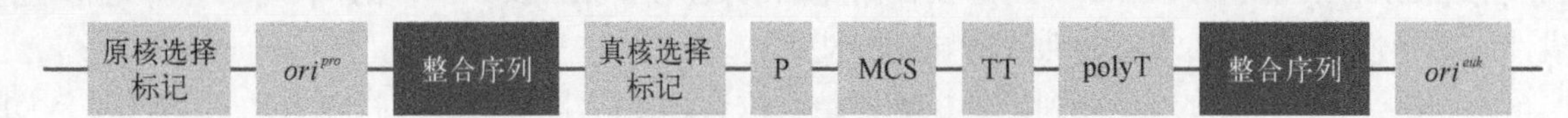

图 19 - 13 真核表达载体的基本功能元件

ori^{pro}：原核复制起始序列；P：启动子；MCS：多克隆位点；TT：转录终止序列；ori^{euk} 真核复制起始序列(注：不是所有真核表达载体都含有整合序列)

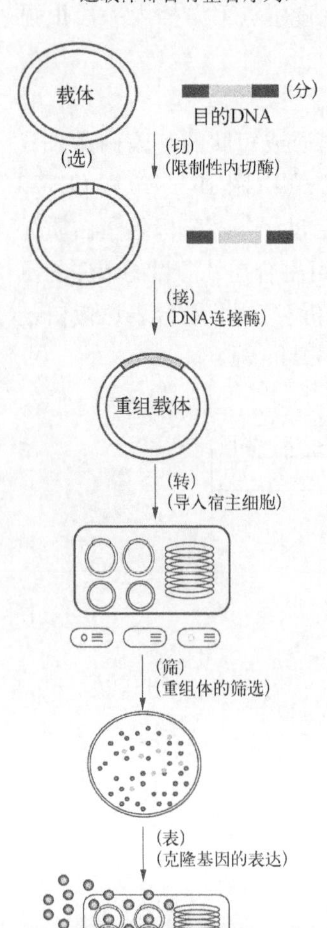

图 19 - 14 体外 DNA 重组的基本过程

(2) 常见的真核表达载体：包括用于酵母细胞的酵母表达载体、用于哺乳动物细胞的病毒表达载体、用于昆虫细胞的杆状病毒表达载体。病毒类表达载体不仅广泛用于生物医学基础研究中向体外培养人类细胞系导入外源基因，还广泛用于基因治疗(参见第二十章基因诊断和基因治疗)。

四、重组 DNA 技术基本原理与过程

重组 DNA 技术是基因工程的核心，其主要过程包括获取目的 DNA、选择与制备合适的基因载体、目的 DNA 与载体的连接、重组 DNA 导入宿主细胞进行扩增、重组体的筛选与鉴定及克隆基因的表达等步骤，概括起来就是分、选、切、接、转、筛和表(图 19 - 14)。

DNA 重组实验的总体设计是基因工程中很关键的步骤，设计者必须明确要克隆或表达的基因是什么、序列特性和蛋白质性质如何、表达系统要选择原核系统还是真核系统、所要用到的表达(或克隆)载体是什么、其多克隆位点及酶切图谱有什么特点及用什么作为筛选标记等。只有搞清楚这些基本信息，实验者才知道要准备哪些材料，PCR 引物如何设计。

(一) 获取目的 DNA

应用重组 DNA 技术有时是为了分离获得某一感兴趣的基因或 DNA 序列，或是为了获得感兴趣的表达产物如蛋白质。这些感兴趣的基因或 DNA 序列就是目的 DNA(target DNA)或称外源 DNA。目的 DNA 主要从 cDNA 和基因组 DNA 分离得到。cDNA 指经逆转录合成的、与 RNA(通常指 mRNA 或病毒 RNA)互补的单链 DNA，以此单链 DNA 为模板经聚合反应可合成双链 cDNA。基因组 DNA 指代表一个细胞或生物体整套遗传信息(染色体和线粒体)的所有 DNA 序列。获得目的 DNA 是分子克隆过程中最重要的一步。目前获得目的 DNA 的方法主要有下列几种。

1. *化学合成法*　如果已知某种基因的核苷酸序列，或根据某种基因产物的氨基酸序列推导出相应的编码核苷酸序列，但由于实验条件（如烈性病原体）或自然条件（如所在国不存在该物种）限制无法获得核酸材料，则可利用DNA合成仪通过化学合成方法人工合成该DNA分子。目前，化学合成的片段长度有一定限制。较长的DNA分子需分段合成，再经退火连接而成。随着技术进步和自动化程度的提高，化学合成法的价格已经大幅降低，但与其他方法比较仍相对比较昂贵。

2. *从基因文库中筛选*　基因文库（gene library）是指通过克隆方法保存在适当宿主中的一群混合DNA分子，所有这些分子中插入片段的总和可代表某种生物的全部基因组序列或全部mRNA序列。因此，基因文库实际上是包含了某一生物体或生物组织样本基因序列的克隆群体。根据序列来源不同，基因文库可分为基因组文库（genomic library）和cDNA文库（cDNA library）。

基因组文库是某种生物体（或组织、细胞）全部基因组DNA序列的随机片段重组DNA克隆的群体。其制备是将基因组DNA用限制性内切核酸酶消化后插入适当载体中，得到含有不同插入片段的克隆载体，这种克隆载体的混合物含有长短不同的基因组片段。该文库以DNA片段的形式储存着某种生物全部基因组的信息，可以用来选取任何一段感兴趣的序列进行复制和研究。文库中纳入的DNA越多、越全，在文库中筛选到目的DNA的可能性就越大。

与基因组文库不同，cDNA文库是某生物在特定发育时期所转录的全部mRNA经逆转录形成的互补DNA（complement DNA，cDNA）片段与某种载体连接而形成的克隆的集合。其制备是以mRNA为模板，利用逆转录酶合成cDNA的第一链，再复制成双链cDNA，然后将所有cDNA片段克隆到适当的载体中，构建成含有不同cDNA片段的克隆载体混合物。由于在同一机体不同的细胞或者同一细胞不同的生长发育阶段及受到不同外界因素的作用，基因表达的种类与数量是不同的，所以构建的cDNA文库有其特定性。

目前，许多组织或细胞的基因组或cDNA文库都可以从商业公司买到。当获得了基因组文库或cDNA文库，可以根据已知的信息合成特异性探针，采用核酸分子杂交的方法从文库中筛选感兴趣的基因片段；也可以设计相应的特异性引物，采用PCR方法从文库中获得目的DNA片段。

3. PCR　是一种在体外利用酶促反应特异性扩增目的DNA片段的技术，是目前在已知目的DNA序列和有核酸（DNA或RNA）材料的情况下，获得目的DNA的最常用、最简便和首选的方法。根据不同的研究目的，既可选择DNA为模板，通过扩增后得到含有内含子和调控序列在内的完整基因；又可选择RNA作为模板，经逆转录成cDNA再扩增得到无内含子、无调控序列，只有结构基因的核苷酸片段。所获得的目的DNA或其中某一特定序列，可用于克隆、酶切分析、建立cDNA文库或标记后作探针用。

4. *其他方法*　除上述方法外，也可采用酵母单杂交系统克隆DNA结合蛋白的编码基因，或用酵母双杂交系统克隆特异性相互作用蛋白质的编码基因。

（二）选择与制备合适的基因载体

外源DNA片段离开染色体不能复制，必须与载体这类具有自我复制能力的DNA分子结合，才能进入宿主细胞复制和表达。依据进行DNA克隆的目的，若想获得目的DNA片段，通常选用克隆载体；若想获得目的DNA片段所编码的蛋白质，需选用表达载体。同时，选择载体时还要考虑目的DNA的大小、宿主细胞的种类和来源及载体中是否有合适的限制性内切核酸酶位点等。

目前，各大生物公司提供了众多人工构建的载体，基本上能够满足克隆基因的各种需要。必要时，尚需对已有载体进行改造。几种常用克隆载体的性质和用途见表19-3。

表19-3　不同克隆载体的克隆容量及适宜宿主细胞

载　体	插入DNA片段大小	宿主细胞
质粒	<10 kb	细菌、酵母
λ噬菌体	<20 kb	细菌
黏粒	<50 kb	细菌
BAC	<400 kb	细菌
YAC	<3 Mb	酵母

注：细菌人工染色体（bacterial artificial chromosome，BAC）；酵母人工染色体（yeast artificial chromosome，YAC）。

(三) 目的DNA与载体的连接

获得目的DNA,选择适宜载体后,需将二者通过酶切产生可供连接的切口,再用DNA连接酶连接在一起,即DNA的体外重组。分析载体与外源DNA上限制性内切核酸酶酶切位点的性质,依据外源DNA片段末端和线性化载体末端的特点可采用不同的连接策略。在设计连接方案和技术路线时,应根据具体情况综合考虑。这里仅就几种连接方式做简要介绍。

1. 黏性末端(黏端)连接　若目的DNA或DNA插入片段与适当的载体存在同源黏端,不但连接效率高,而且具有方向性和准确性,是最方便的克隆途径。黏端连接根据酶切策略不同可有以下几种方式。

(1) 单一相同黏端连接:如果目的DNA序列两端和线性化载体两端为同一限制性内切核酸酶(或同切点酶,或同尾酶)切割,所产生的黏端完全相同。这种单一相同黏端连接时会有3种连接结果(图19-15):载体自身环化(载体自连)、载体与目的DNA连接(重组体)和目的DNA片段自连。所以,单一相同黏端连接要注意以下几种情况:首先,连接产物除重组体外,还有一定数量的载体和目的DNA自身环化分子,这将产生较高的假阳性克隆背景,连接前可用碱性磷酸酶处理线性化载体使之去磷酸化,可抑制载体的自身环化;其次,目的DNA片段可以双向插入载体(正向和反向插入)中,反向插入虽不影响克隆,却影响外源基因的表达;最后,还有多拷贝插入的问题。欲筛选出含有正确插入方向和单拷贝插入片段的重组体,需要将重组体进行限制性酶切分析。

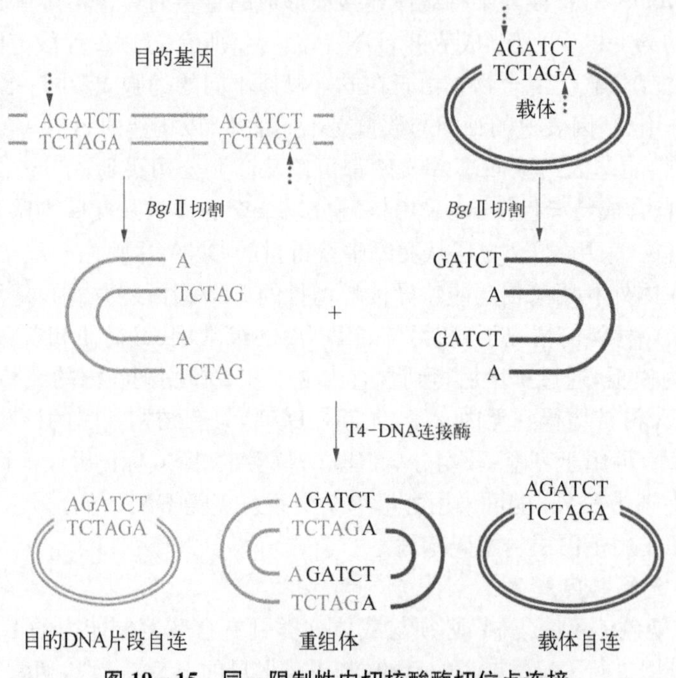

图19-15　同一限制性内切核酸酶切位点连接

(2) 不同黏端:若用两种不同的限制性内切核酸酶(如*Eco*RⅠ和*Bgl*Ⅱ)分别切割目的DNA和载体时,目的DNA和载体的两端均形成两个不同的黏端,两者之间相同的黏端又能互补连接(图19-16)。这不仅有效地减少了载体DNA片段的自身环化,还使目的DNA能定向插入载体中,即所谓的定向克隆,其重组效率和特异性明显提高。

(3) PCR制造黏端:根据载体上酶切位点序列,利用PCR技术可任意将所需要的酶切位点添加到目的DNA的两端。设计目的DNA的5′-端和3′-端序列特异引物时,根据克隆需要在5′-端引入不同的限制性内切核酸酶酶切位点,然后以目的DNA为模板经PCR扩增获得带有引物序列的目的DNA,用相应的限制性内切核酸酶酶切后,便产生与载体上序列一致的黏端,便于随后进行黏端的连接。

(4) 加同聚物尾法:在末端转移酶作用下,目的DNA片段及载体末端加入互补的碱基形成黏端(如poly A与poly T,或poly G与poly C),而后进行黏端连接。这是一种人工提高连接效率的方法,属于黏端连接的一种特殊方式。

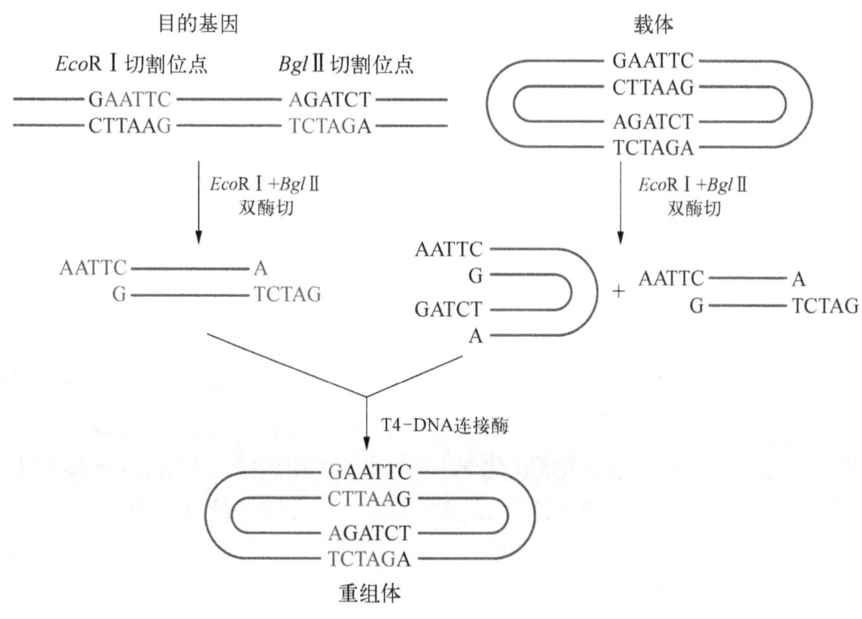

图 19－16　不同限制酶(*EcoR*Ⅰ和 *Bgl*Ⅱ)酶切位点的连接(定向克隆)

(5) 人工接头连接：对平端DNA或载体DNA，可在连接前将磷酸化的接头或适当分子连到平端，使产生新的限制性内切核酸酶酶切位点。再用识别新位点的限制性内切核酸酶酶切接头，产生黏端，而后再进行黏端连接。

2. *平端连接*　不同方式产生的平端DNA片段，除改造成黏端外，还可以在DNA连接酶的作用下直接连接，只是连接效率低。可采用增加连接酶用量、延长连接时间、降低反应温度及增加DNA片段与载体的摩尔比等方法提高连接效率。平端连接同样存在载体分子自身环化、目的DNA双向插入及多拷贝插入的缺点。

3. *黏-平端连接*　目的DNA插入载体还可通过一端为黏端另一端为平端的方式连接，即黏-平端连接。通过这种方式，目的DNA可定向插入载体，也避免了载体分子自身环化。但其连接效率显然低于纯黏端的连接，故一般只作为在目的DNA片段中没有可选择的产生不同黏端的限制性内切核酸酶酶切位点之时的权宜之计。

(四) 重组DNA导入宿主细胞进行扩增

体外重组生成的重组子必须导入合适的宿主细胞中才能进行复制、扩增和表达。导入的宿主细胞包括原核细胞和真核细胞，一般前者既可用于复制扩增，又可用于表达基因；而真核细胞一般只用作基因表达。不是所有的细胞都可作为宿主细胞。宿主细胞一般是有应用价值或理论研究价值的细胞或能摄取外源DNA(基因)并能稳定维持的细胞。宿主细胞要具备一些基本条件：安全性高、便于重组DNA分子的导入、重组DNA分子在宿主细胞内能稳定表达及便于克隆子的筛选等。宿主细胞包括以大肠埃希菌为代表的原核细胞和包括哺乳类动物细胞、酵母、昆虫细胞及植物细胞等的真核细胞。对不同的宿主细胞应采取不同的方法导入DNA，但都以获得尽可能多的转化宿主细菌或细胞为前提。根据构建重组DNA采用的载体不同，导入方法有转化(transformation)、转染(transfection)和感染(infection)等。

1. *重组DNA分子导入原核细胞*　将重组的DNA分子引入细菌(原核细胞)，使其在细菌体内扩增及表达的过程称为转化。实验中注意选择合适的菌株，最常用的是大肠埃希菌。

(1) 氯化钙($CaCl_2$)法：基本原理是在0℃的低温下，用低渗氯化钙溶液处理的处于生长对数期宿主菌，使其细胞壁的通透性增加，菌体膨胀成球形，处于容易接受外源DNA的状态，即感受态细胞(competent cell)；此时转化液中的DNA形成抗脱氧核糖核酸酶的羟基-钙磷酸复合物，黏附于细胞表面，再经42℃短暂热休克后即导入宿主细胞内。这是实验室进行DNA导入的常用方法。此外，采用其他某些导入方法时，也可先用氯化钙溶液处理。

(2) 电击法(electroporation)：又称电穿孔法。该方法最初用于将DNA导入真核细胞，现已广泛用于细菌的转化。将重组 DNA 与预处理的宿主细胞混匀,置于电击杯中电击。在高压脉冲电场的作用下,宿主细胞膜出现瞬间可逆性穿孔,重组 DNA 从微孔中进入,从而将重组 DNA 导入宿主细胞。脉冲过后,微孔复原,在丰富培养基中生长数小时后,细胞增殖,重组 DNA 得到大量复制。该方法的导入效率高,但需特殊仪器设备,成本也较高。一般限于氯化钙法无法完成或构建基因文库等要求高效率导入的情况使用。

(3) 体外包装感染法:以 λ 噬菌体或黏粒为载体构建的重组 DNA 可采用此方法导入大肠埃希菌。将 λ 噬菌体的头部蛋白和尾部蛋白(已商品化)与重组 DNA 混合,组装成完整的噬菌体颗粒,然后感染大肠埃希菌。出于安全考虑,用于体外包装的蛋白质通常分为相互互补的两部分,只有这两部分包装蛋白与重组 λDNA 分子混合后,包装才能有效进行。任何一种蛋白包装液被重组 λDNA 污染后,均不能被包装成有感染力的噬菌体颗粒。

2. *重组 DNA 分子导入真核细胞*　将外源 DNA 直接导入真核细胞(酵母除外)的过程称为转染。以病毒颗粒作为载体将外源 DNA 导入哺乳细胞的过程称为感染。哺乳动物基因转移的效率远低于大肠埃希菌,除了氯化钙法和电击法外,发展了包括物理、化学和生物方法在内的多种基因转移技术。具体根据宿主细胞的种类、性状、来源及克隆基因的目的等选择相应的 DNA 导入宿主细胞的方法。

(1) 磷酸钙- DNA 共沉淀法:将被转染的 DNA 和正在溶液中形成的磷酸钙- DNA 微粒共沉淀,共沉淀复合物颗粒附着在细胞表面,通过内吞作用进入宿主细胞。此法适用于将任何外源 DNA 导入哺乳动物细胞进行瞬时表达或建立外源 DNA 稳定表达的细胞系。

(2) 脂质体介导法:将 DNA 或 RNA 包裹于带正电的脂质体(liposome)内,通过静电作用结合到 DNA 的磷酸骨架上及带负电的细胞膜表面,然后进行融合将外源基因导入。此方法简单高效,且脂质体对细胞生长的影响微乎其微,是目前较常用的转染方法。

(3) 病毒感染法:以病毒(RNA 病毒或 DNA 病毒)为载体构建的重组 DNA,在相应的包装细胞内包装成完整的病毒颗粒,并释放到培养基上清中。这些病毒颗粒可高效感染宿主细胞(哺乳动物细胞),从而实现基因转移。该过程可使病毒单拷贝基因组进入细胞实现克隆基因的持续稳定表达。

(4) 显微注射法:将含外源基因的重组体通过显微注射装置直接注入细胞核中并进行表达,但此法需一定的仪器和操作技巧,常用于转基因动物研究。

(5) 原生质体融合:通过带有多拷贝重组质粒的细菌原生质体与培养的哺乳动物细胞直接融合,细菌内容物转入动物细胞质中,质粒 DNA 被转移到细胞核中。

(6) 聚乙二醇介导的转染法:一般用于转染酵母细胞及其他真菌细胞。细胞用消化细胞壁的酶处理以后变成球形体,在适当浓度的聚乙二醇 6000(PEG 6000)的介导下,将外源 DNA 导入宿主细胞。

(五) 重组体的筛选与鉴定

在转化或转染过程中,并非全部宿主细胞都能获得可遗传的特性。即使转化或转染成功的细胞中也并非都含有目的 DNA。因此,DNA 重组体导入宿主细胞后,还要进行严格的筛选,必须从宿主细胞中筛选出含有目的 DNA 的重组 DNA 细胞,并鉴定重组 DNA 的正确性。

1. *遗传学方法*　如前所述,基因工程所利用的载体已被赋予某种表型或标记;当载体与目的 DNA 重组或重组体导入某种特定的宿主细胞时,载体上的这些表型或标记可发生特征性改变。我们可利用这些表型或标记及其在重组、转化过程中的变化来区分转化子和非转化子、重组子和非重组子及重组子和携带目的 DNA 的重组子。

(1) 根据载体的抗药性标志筛选:这是筛选含有重组 DNA 宿主细胞的主要方法。大多数的载体都带有抗生素的抗药基因,常见的有 Amp^r,Tet^r,Kan^r 等。当带有完整抗药性基因的重组体转化无抗药性细胞后,转化子细菌获得了抗药性,能在含有相应药物的琼脂平板上生长成菌落,而未被转化的宿主细胞不能生长。但是,只带有一种抗药基因的载体组成的重组 DNA,在琼脂平板上生长成菌落是不能被区分重组 DNA 或空载体,需要进一步的鉴定。

(2) 标志补救:若克隆的基因能够在宿主菌表达,且表达产物与宿主菌的营养缺陷互补,就可以利用营养突变菌株进行筛选,这就是标志补救(marker rescue)。例如,以经诱变产生的合成赖氨酸的缺陷型菌株为宿主细胞,当载体分子上含有赖氨酸合成基因时,转化后利用不含赖氨酸(Lys^-)的选择培养基即可筛选转化子。

另一种常用的标志互补筛选是 α-互补。许多载体(如 pUC、pGEM 系列载体等)都带有 *lacZ* 基因的调控序列和 β-半乳糖苷酶(β-galactosidase)氨基端 146 个氨基酸残基(α 片段)的编码序列，在该序列中含有多克隆位点。大肠埃希菌菌株(如 DH5α、JM103 及 JM109 等)带有可编码 β-半乳糖苷酶羧基端序列(ω 片段)的编码信息。在各自独立的情况下，载体和菌株编码的 β-半乳糖苷酶片段都没有活性。载体转化大肠埃希菌后，两者融为一体，可以实现互补，即产生具有完整 β-半乳糖苷酶活性的蛋白，这种现象称为 α-互补(alpha-complementation)。重组实验中，可用异丙基-β-D-硫代半乳糖(IPTG)诱导 *lacZ* 基因表达 β-半乳糖苷酶，该酶能消化 5-溴-4-氯-3-吲哚-β-D-硫代半乳糖(X-gal)产生蓝色产物。若克隆位点有外源 DNA 片段插入时，破坏此酶的 N 端阅读框架，产生无 α-互补功能的 N 端片段，在含有 IPTG/X-gal 的培养基上呈白色，即阳性重组体克隆，此称作蓝白斑筛选(图 19-17)。

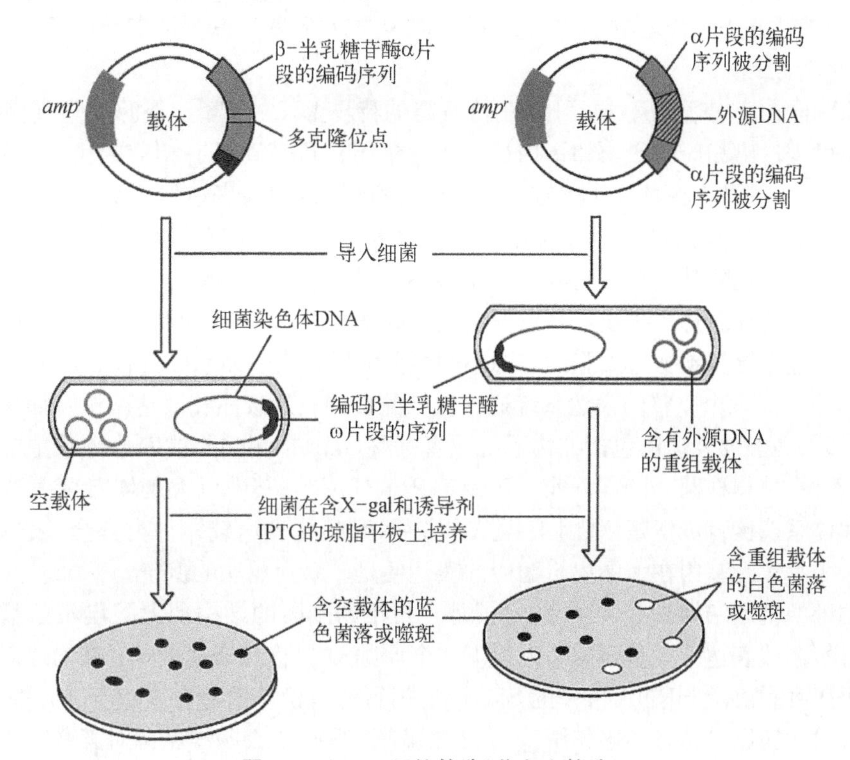

图 19-17　α-互补筛选(蓝白斑筛选)

(3) 噬菌斑筛选：λ 噬菌体置换型载体容纳 DNA 的能力有一定限度，包装能力控制在野生型 λ DNA 长度的 75%～105%(36～51 kb)，这样才能包装成有活性的噬菌体颗粒，在培养基上生长时呈现清晰的噬菌斑。不含外源 DNA 的单一噬菌体载体 DNA 由于长度太短而不能包装成有活性的噬菌体颗粒，故不能感染细菌形成噬菌斑。因此，可初步筛选出带有重组 λ 噬菌体载体的克隆。

2. *分子生物学方法*　DNA 重组的实质是将外源 DNA 片段与载体连接起来得到新的 DNA 分子。重组载体在片段大小、DNA 序列及酶切位点上具有特异性，因此可采用分子生物学方法进行筛选。

(1) 菌落快速裂解、鉴定：是重组 DNA 的初步筛选方法，根据重组 DNA 大小和载体 DNA 大小之间的差别来区分。菌落在培养基平板上挑取并进行裂解，在琼脂糖胶中进行电泳分离，在紫外灯下观察并比较与载体 DNA 片段迁移率，初步判断其是否有外源 DNA 插入。

(2) 限制性内切核酸酶图谱进行分析：当初步确定是带有外源性 DNA 片段的重组体菌落时，则挑选少量菌落进行小量培养。然后进行快速抽提得到重组 DNA，用限制性内切核酸酶进行酶切，凝胶电泳分析是否有外源 DNA 的插入。

(3) PCR 法进行鉴定：根据已知插入的外源性 DNA 片段的序列，设计出相应的引物；也可根据一些载体克隆位点两翼存在恒定的序列，直接以 PCR 对小量抽提得到重组 DNA 为模板进行扩增，通过 PCR 产物的电泳分析可以确定是否有目的 DNA 的插入。利用 PCR 法除了迅速扩增特异的外源性 DNA 片段，还可以利用其产物进行 DNA 序列的直接测序。该法目前应用广泛。

(4) 核酸分子杂交法进行鉴定：核酸分子杂交是核酸分析的重要方法，是鉴定重组DNA的最通用方法。用标记的核酸探针与转移至硝酸纤维素薄膜上的转化子DNA或克隆DNA片段进行分子杂交(如菌落印迹杂交、斑点杂交、原位杂交、Southern印迹及Northern印迹等)，直接选择和鉴定目的DNA。该法操作烦琐、成本较高，目前已经不是首选。

(5) DNA序列分析鉴定：DNA序列分析是最后确定分离的DNA是否是特异的外源性插入DNA的唯一方法，也是最确定的方法。现在DNA序列分析已实现自动化，是一种快速、简便和实用的方法。

3. *免疫学方法*　如果目的DNA能在宿主细胞表达并合成相应的蛋白质，可以用核素或酶标记的特异性抗体检测目的DNA编码的抗原，以确定含目的DNA的阳性克隆。

总之，筛选和鉴定重组体的方法很多，应用时要根据具体情况选择适当的方法，本着先粗后精、简单易行、成本低廉的原则多种方法联合运用，对重组体进行逐步的分析，直至获得所需要的阳性克隆。

(六) 克隆基因的表达

通过外源DNA的重组、克隆及鉴定，可以获得所需的特异DNA克隆。外源克隆基因在某种表达载体及适宜宿主细胞中可表达出相应的产物如蛋白质。表达的蛋白质若要具有相应的生物学活性，需要正确的转录、转录后加工、mRNA翻译及翻译后修饰，这与表达载体的结构和表达体系有关。在蛋白质表达领域，表达体系的建立包括表达载体的构建、宿主细胞的建立及表达产物的分离、纯化等技术。不同的表达系统需要构建不同的表达载体。克隆基因在不同的系统中表达成功的把握性，取决于我们对这些系统中基因表达调控规律的认识程度。选择表达系统通常要根据实验目的来考虑，如表达量高低、目标蛋白的活性及表达产物的纯化方法等。表达系统根据宿主细胞的来源不同可分为原核表达体系和真核表达体系。

1. *原核表达体系*　一个完整的表达系统通常包括配套的表达载体和表达菌株。如果是特殊的诱导表达还包括诱导剂，如果是融合表达还包括纯化系统或者标签(tag)检测。原核表达体系主要以细菌作为宿主细胞，包括大肠埃希菌、枯草杆菌、乳酸菌、沙门菌及苏云金杆菌等，其中以大肠埃希菌表达体系应用最广泛和最成熟。该表达体系遗传背景清楚，基因工程操作方便，商品化表达载体种类齐全，表达效率高。人类胰岛素、生长激素、人干扰素等基因在大肠埃希菌中的表达便是一系列成功的例子。

由于待表达的外源基因结构具有多样性，尤其是真核生物基因的结构和大肠埃希菌基因结构之间存在较大差异，一般来说，高效表达外源基因需考虑以下几个原则。① 优化表达载体：在构建表达载体时对决定转录起始的启动子序列和决定mRNA翻译的SD序列进行优化；设计诱导性表达所需元件，以降低外源基因表达的产物可能会对大肠埃希菌有毒害作用。② 使用高频密码子：大肠埃希菌对某些密码子的使用表现了较大的偏好性，如果外源基因含有过多的偏好性低的稀有密码，则基因表达效率低。此时可通过点突变等方法将外源基因中的稀有密码子转换为在宿主细胞高频出现的同义密码子。③ 提高外源mRNA的稳定性：尽可能减少外切核酸酶可能对外源基因mRNA的降解，或者改变外源基因的mRNA结构，使之不易降解。④ 提高外源基因表达产物的稳定性：常用方法包括将外源基因的表达产物转运到细胞质或培养基中；选用某些蛋白水解酶缺陷株作为宿主菌；对外源蛋白中水解酶敏感的序列进行修饰或改造；在表达某些外源蛋白的同时表达外源蛋白的稳定因子。

当要将真核基因放入原核细胞中表达产生外源蛋白质时，原核系统表现出许多不足：① 没有真核转录后加工的功能，不能进行mRNA的剪接，所以目的基因不能含有内含子，只适合表达克隆的cDNA。② 缺乏真核细胞所特有的翻译后加工修饰系统(如糖基化、磷酸化等)，难以形成正确的二硫键配对和空间构象折叠，产生的蛋白质通常没有生物学活性，因此，只适宜表达翻译后不需要进行加工的真核蛋白，或不进行翻译后加工不影响生物学活性的真核蛋白。③ 细菌本身产生的内毒素等致热源不易去除干净，增加了产品纯化的难度。④ 蛋白的高水平表达常形成包涵体(inclusion bodies)，提取和纯化步骤烦琐，而且蛋白复性较困难，容易出现肽链的错误折叠等问题。

2. *真核表达体系*　真核表达体系复杂多样，常用的有酵母表达体系、昆虫细胞表达体系、植物细胞表达体系和哺乳动物表达体系等。各种表达体系各有优缺点，应根据具体需要进行选择。真核表达体系除与原核体系有相似之处外，一般还常有自己的特点。真核表达载体通常含有选择标记、启动子、增强子、mRNA剪接信号序列、转录和翻译终止序列、多聚腺苷酸加尾信号或染色体整合位点等。

与原核表达体系相比，真核表达体系(特别是哺乳动物细胞表达体系)具有如下优点：① 目的基因即可以是基因组DNA，也可以是cDNA，转录后能进行加工；② 目的基因的表达可受到更严格的调控，能对所表达的蛋白质进行加工修饰，确保二硫键的精确形成；③ 能正确进行糖基化、磷酸化、寡聚体的形成等加工；④ 所表达的目的蛋白不易被降解，且对宿主细胞的影响小；⑤ 可对蛋白进行分泌表达，从而利于蛋白的分离纯化。

真核表达体系也存在诸多不足：宿主细胞繁殖速度慢，培养条件高；蛋白表达水平低；整个操作过程复杂、费时、成本高。

通过原核或真核表达体系得到基因工程菌后，可以探索和研究基因的功能及基因表达调控的机制，克隆基因表达出所编码的蛋白质可用作结构与功能的研究。有些具有特定生物活性的蛋白质在医学和工业上都很有应用价值。要想进一步获得目的基因的大量表达产物，还需进行基因工程菌的发酵培养、目的产物的分离纯化和分析鉴定，一般将此过程称为基因工程的下游阶段。

(七) 利用重组大肠埃希菌生产人胰岛素

利用大肠埃希菌宿主载体系统高效表达外源基因是基因工程应用最广泛最成熟的一项技术。尽管有些生物活性严格依赖于糖基化作用的真核生物功能蛋白无法用重组大肠埃希菌进行生产，仍有100多种异源蛋白通过基因工程大肠埃希菌实现了产业化。

第一个通过基因工程获准生产和应用的药物是人胰岛素。胰岛素是一种调节糖代谢的重要激素(参见第五章糖代谢)。对于胰岛功能完全消失的1型糖尿病患者，不注射胰岛素就无法维持生命。早期用于治疗人糖尿病的胰岛素来源于牛和猪的胰腺，动物胰岛素与人胰岛素很相似，但还是有差异。这些氨基酸序列的差异会导致有些糖尿病患者对动物胰岛素产生的过敏免疫反应，只有来源于人的胰岛素才能避免这些问题。况且，动物来源的胰岛素数量有限，通过基因工程手段可以批量生成人胰岛素，从而为糖尿病患者带来福音。

基因工程不仅能生产人胰岛素，还能改造胰岛素。目前市面上的基因工程人胰岛素和胰岛素类似物主要来源于大肠埃希工程菌和毕赤酵母工程菌。本节以重组人胰岛素为例，简述利用大肠埃希菌生产外源基因表达产物的基本过程。

1. 人胰岛素的结构　人胰岛素的表达过程参见第十二章蛋白质生物合成。人胰岛素在体内有3种存在形式：第一种是前胰岛素原(preproinsulin)，这是胰岛素mRNA转录和翻译后形成的含有104个氨基酸残基的多肽链，这种翻译产物包括信号肽和C肽；第二种是胰岛素原(proinsulin)(图19-18)，这是折叠后的产物，前胰岛素原经过信号肽酶除去信号肽，形成含有C肽的胰岛素原；第三种是胰岛素(insulin)，这是成熟产物，是胰岛素原经过胰蛋白酶和羧肽酶B酶的酶解作用，除去C肽，最终形成成熟的具有降血糖功能的胰岛素。

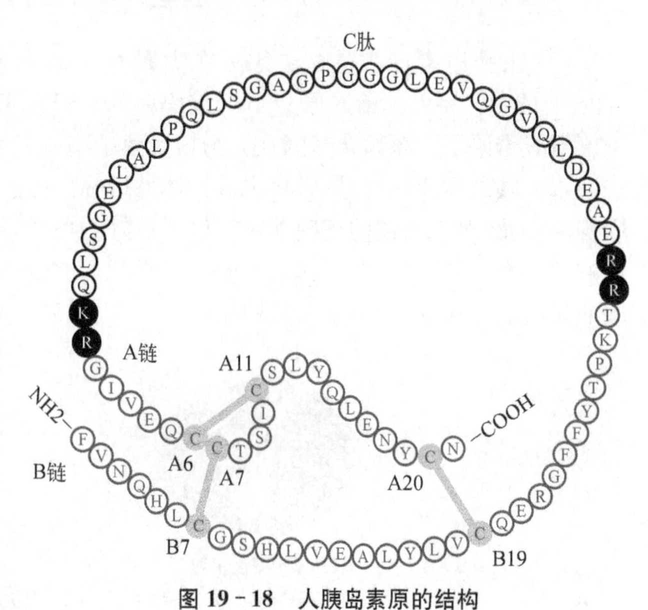

图19-18　人胰岛素原的结构

2. 产人胰岛素大肠埃希菌工程菌的构建策略　大肠埃希菌系统表达量高，但不利于表达胰岛素这类小蛋白，产物易降解，故一般采用融合蛋白形式表达，产物再经过加工形成有活性的胰岛素。长期以来已发展了多种人胰岛素大肠埃希菌工程菌，但是有代表性和实用性的方案主要有下述3种。

(1) A、B链分别表达法：基本原理如图19-19所示。此法分别表达人胰岛素A链和B链，然后进行体外化学折叠，获得具有正确空间构象的人胰岛素。A链和B链的编码区由化学合成，两个双链DNA片段分别克隆在含有P_{tac}启动子和β-半乳糖苷酶基因的表达载体上，后者与胰岛素编码序列形成融合基因，其连接位点处为甲硫氨酸密码子。重组DNA分别转化大肠埃希菌宿主细胞，两种克隆菌分别合成β-半乳糖苷酶-人胰岛素A链和β-半乳糖苷酶-人胰岛素B链两种融合蛋白。经大规模发酵后，从菌体中分离纯化融合蛋白，再用溴化氰(CNBr)在甲硫氨酸残基的C端化学切断融合蛋白，释放出人胰岛素的A链和B链。由于半乳糖苷酶中含有多个甲硫氨酸，溴化氰处理后生成多个小分子多肽，而A链和B链内部均不含甲硫氨酸残基，故不为溴化氰继续降解。A链和B链进一步纯化后，以2∶1的分子比混合，并进行体外化学折叠。由于两条肽链上共存在3对巯基，二硫键的正确配对率较低，通常只有10%～20%。由于产率过低，此法目前已淘汰。

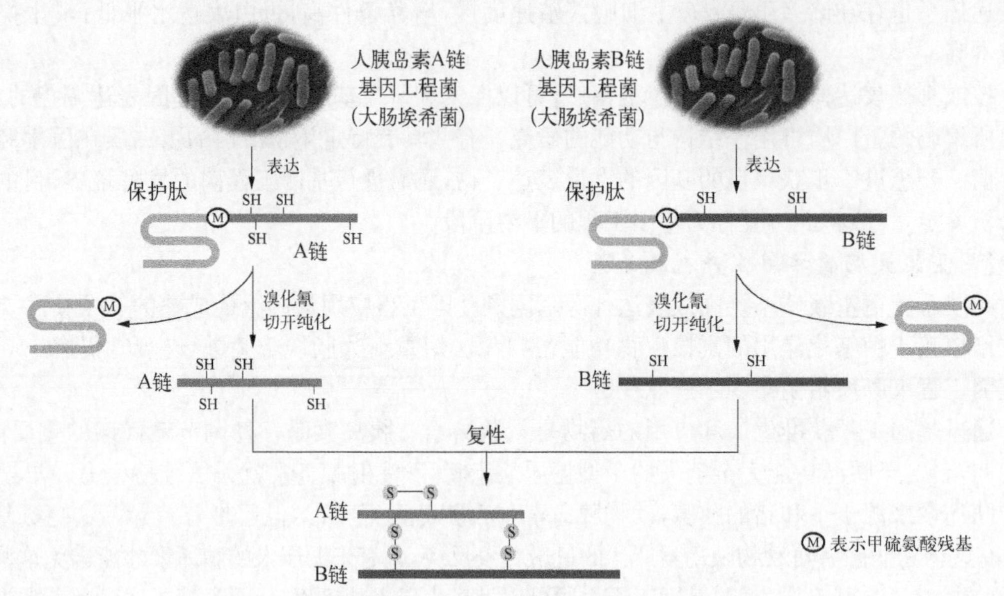

图19-19 重组大肠埃希菌生产人胰岛素(A、B链分别表达法)

(2) 人胰岛素原表达法：此法在大肠埃希菌中表达人胰岛素原，再经后续加工获得成熟人胰岛素(图19-20)。将人胰岛素原cDNA编码序列克隆在半乳糖苷酶基因的下游，两个DNA片段的连接处仍为甲硫氨酸密码子。该杂合基因在大肠埃希菌中高效表达后，分离纯化融合蛋白，并同样采用溴化氰化学裂解法回收人胰岛素原片段，然后将之进行体外折叠。由于C肽的存在，胰岛素原在复性条件下能形成天然的空间构象，为3对二硫键的正确配对提供了良好的条件，使得体外折叠率高达80%以上。为了获得具有生物活性的胰岛素，经折叠后的人胰岛素原分子必须用胰蛋白酶特异性切除C肽。胰蛋白酶的作用位点位于精氨酸或赖氨酸的羧基端，由于天然构象的存在，人胰岛素原链第22位上的精氨酸和第29位上的赖氨酸对胰蛋

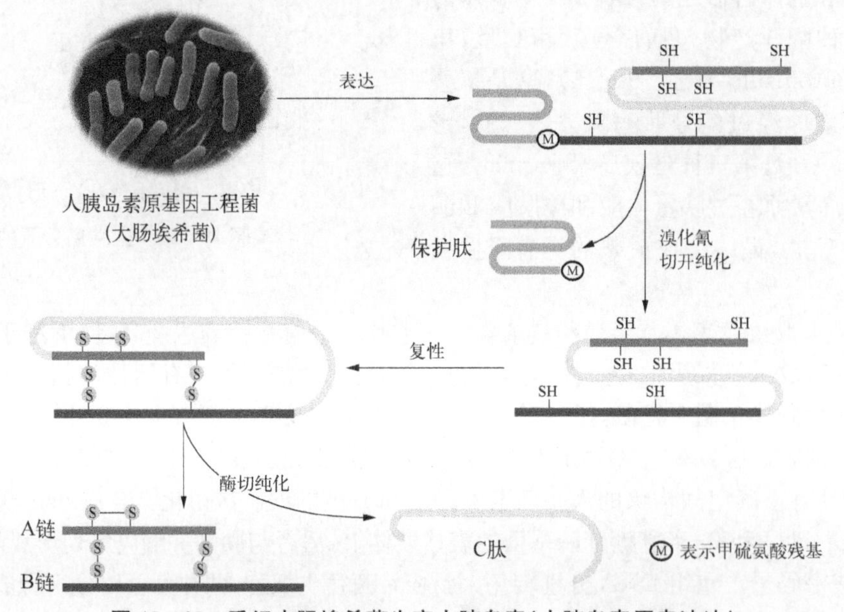

图19-20 重组大肠埃希菌生产人胰岛素(人胰岛素原表达法)

白酶的作用均不敏感。因此用胰蛋白酶处理人胰岛素原后，可获得完整的 A 链和 C 端带有精氨酸的 B 链，也就是说，与人的天然胰岛素相比，这个 B 链多出一个氨基酸，后者须用高浓度的羧肽酶 B 专一性切除。虽然上述工艺路线并不比 A、B 链分别表达更为简捷，而且需要额外使用两种高纯度的酶制剂，但由于其体外折叠成功率相当高，在一定程度上弥补了工艺烦琐的缺陷。

(3) A、B 链同时表达法：基本思路是将人胰岛素的 A 链和 B 链编码序列拼接在一起，然后组装在大肠埃希菌 β-半乳糖苷酶基因的下游。重组子表达出的融合蛋白经溴化氰处理后，分离纯化 A－B 链多肽，然后再根据两条链连接处的氨基酸性质，采用相应的裂解方法获得 A 链和 B 链肽段，最终通过体外化学折叠制备具有活性的重组人胰岛素。与第一种方法相似，其最大的缺陷仍是体外折叠的正确率较低。

上述 3 种工程菌的构建路线均采用胰岛素或胰岛素原编码序列与大肠埃希菌半乳糖苷酶基因拼接的方法，所产生的融合型重组蛋白表达率高且稳定性强，但不能分泌，主要以包涵体的形式存在于细胞内。一种能促进融合蛋白分泌的工程菌构建策略是将胰岛素或胰岛素原编码序列插入表达型质粒 β-内酰胺酶基因的下游，后者所编码的是降解青霉素的酶蛋白，通常能被大肠埃希菌分泌到细胞外。由此构建得到的工程菌同时具备了稳定高效表达可分泌型融合蛋白的优良特性，利于胰岛素的后续分离纯化。

近年来，基因工程菌生产的多种通过定点诱变或改造的性能优良的胰岛素突变体或类似物也大量应用于临床。

第三节　重组 DNA 技术与医学

重组 DNA 技术是分子生物学领域的一个重要的奠基性或核心性技术。重组 DNA 技术广泛应用于医学领域并产生了革命性影响，不仅广泛应用于生物制药，还广泛应用于医学基础研究。

一、重组 DNA 技术广泛应用于生物制药

利用重组 DNA 技术生产有应用价值的药物是当今医药发展的一个重要方向，有望成为 21 世纪的支柱产业之一。该技术一方面可用于改造传统的制药工业，如可改造制药所需要的工程菌种或创建新的工程菌种，从而提高抗生素、维生素及氨基酸等药物的产量；另一方面利用该技术生产有药用价值的重组蛋白质或多肽类药物、基因工程疫苗及基因工程抗体等产品，用于疾病的治疗和预防等。目前上市的该类产品已百种以上，表 19－4 中仅列出部分。

表 19－4　重组 DNA 技术制备的蛋白质/多肽类药物与疫苗举例

名　称	作　用
各种干扰素	抗病毒、抗肿瘤、免疫调节
各种白介素	免疫调节、促进造血
各种集落刺激因子	刺激造血
红细胞生成素	促进红细胞生成，治疗贫血
肿瘤坏死因子	杀伤肿瘤细胞、免疫调节、参与炎症和全身性反应
表皮生长因子	促进细胞分裂、创伤愈合、胃肠道溃疡防治
神经生长因子	促进神经纤维再生
骨形态形成蛋白	骨缺损修复、促进骨折愈合
组织纤溶酶激活剂(t－PA)	溶解血栓、治疗血栓疾病
血凝因子Ⅷ、血凝因子Ⅸ	治疗血友病
生长激素	治疗侏儒症
胰岛素	治疗糖尿病
超氧化物歧化酶	清除自由基、抗组织损伤、抗衰老
人源化单克隆抗体	利用其结合特异性进行诊断、肿瘤靶向治疗
重组乙肝疫苗(HBsAg VLP)	预防乙肝
重组 HPV 疫苗(L1 VLP)	预防 HPV 感染
口服重组 B 亚单位霍乱菌苗	预防霍乱

传统的蛋白质或肽类激素及细胞因子在动物或人体内含量极低,很难通过直接分离纯化获得,故可利用重组 DNA 技术,将相应基因克隆入细菌、酵母等低等生物,使之成为制药工厂生产蛋白质或肽类药物。重组人胰岛素是利用该技术生产的世界上第一个基因工程类药物。

基因工程疫苗是将病原的保护性抗原编码片段克隆入表达载体,用以转染细胞后得到的产物;或者将病原的毒力相关基因删除,使之成为不带毒力相关基因的基因缺失疫苗。例如,将乙肝病毒表面抗原(HBsAg)的基因克隆进入啤酒酵母菌中表达乙肝表面抗原亚单位,制备重组乙肝疫苗(HBsAg VLP)。

用传统细胞融合杂交瘤技术制备的单克隆抗体多数是鼠源性抗体,其用于人体会产生免疫排斥反应,用杂交瘤方法制备人源性抗体又遇到难以克服的困难。采用 DNA 重组技术则可以不经过杂交瘤技术而直接获得特定的人的抗体基因克隆,也可以结合计算机辅助设计将鼠源性抗体基因人源化,表达产生人源化抗体。

此外,还可以采用重组 DNA 技术制备核酸药物和开展人类疾病的基因治疗(参见第二十章基因诊断和基因治疗)。

二、重组 DNA 技术广泛应用于医学基础研究

重组 DNA 技术可用于医学基础研究的很多方面。在采用功能获得或功能失活策略进行人类基因的功能研究时,需要在细胞或动物水平进行基因过表达、基因沉默、基因敲除、基因敲减、基因敲入及基因编辑等各种操作,这些都使用重组 DNA 技术(参见第十八章常用分子生物学技术)。采用重组 DNA 技术还制备各种遗传修饰动物模型,从而建立人类疾病的动物模型及用于器官移植的转基因动物等(参见第十八章常用分子生物学技术)。

(邓小燕)

※ 第十九章数字资源

图 19-1
同源重组的 Holliday 模型

3 种常见的位点特异性重组

图 19-2
细菌插入序列的复制性转座

图 19-3
细菌的接合

第十九章
参考文献

微课视频 19-1
基因文库

微课视频 19-2
限制性内切核酸酶

微课视频 19-3
载体

微课视频 19-4
重组 DNA 技术的基本过程

第二十章

基因诊断和基因治疗

内容提要

基因是遗传信息的基本单位,控制着生物个体的性状表现。除外伤外,几乎所有的疾病都与基因有关系。基因异常包括DNA结构和表达水平的改变。基因诊断是分子诊断学的核心。基因诊断是通过采用分子生物学技术检测DNA或RNA在结构或表达上的变化,从而对疾病做出诊断。基因诊断区别于传统诊断主要在于直接从基因型推断表型。可用于基因诊断的临床样品非常广泛。基因诊断具有特异性高、灵敏度高、可进行快速和早期判断、适用性强、诊断范围广等特点。基因诊断技术可分为定性分析和定量分析两类技术。基因诊断的常用技术包括分子杂交与印迹、PCR、基因芯片、DNA测序和分子构象检测等几类技术。基因诊断已成功应用于遗传性疾病、恶性肿瘤、感染性疾病和法医学鉴定等方面。

基因治疗是指将核酸作为药物导入患者特定靶细胞,使其在体内发挥作用,以最终达到治疗疾病目的的治疗方法。基因治疗针对的分子靶点主要是基因组DNA和mRNA,是以核酸作为药物。基因治疗按靶细胞类型可分为生殖细胞基因治疗和体细胞基因治疗两类。目前临床上已批准的基因治疗方案都属于体细胞基因治疗。体细胞基因治疗根据实施方案基因治疗可分为直接体内基因治疗和间接体内基因治疗。从分子水平上讲,基因治疗有基因修复、基因添加、基因失活、"自杀基因"疗法、基因组编辑等策略。基因治疗的基本程序主要包括:① 选择治疗靶点基因;② 选择基因治疗的靶细胞;③ 核酸药物的制备;④ 核酸药物的传递;⑤ 基因表达及治疗效果检测;⑥ 临床试验的申请与审批。基因治疗目前已应用于单基因遗传病、恶性肿瘤等的治疗。基因治疗经历了曲折的发展历程,目前仍存在诸多问题和挑战,但其在临床疾病治疗中有着极大发展潜力和广阔应用前景。

基因是遗传信息的基本单位,主要通过转录和翻译来表达所携带的遗传信息,从而控制生物个体的性状表现。现代医学研究证明,除外伤外,几乎所有的疾病都与基因有关系。引起人类疾病的原因包括内因和外因两大类。内因主要是指遗传因素,即基因结构、表达状况的改变。其中,基因结构的改变包括点突变、插入、缺失、重排、易位、基因扩增、基因结构多态性变异、前病毒插入等。外因是指外在的环境因素,如病原体的侵入等。

总体而言,人类疾病被分为三大类。一是单基因病,即由单个基因的异常所引起的一类疾病,如珠蛋白生成障碍性贫血、血友病、苯丙酮尿症等。实际上,单基因病是由一对等位基因控制,符合孟德尔遗传方式。细胞核内的基因都位于染色体上,而染色体有常染色体和性染色体之分,基因也有显性基因与隐性基因之别,因此位于不同染色体上的致病基因,其遗传方式是不同的。相应的,单基因病又可分常染色体显性遗传病(如短指症等)、常染色体隐性遗传病(如白化病等)、X伴性显性遗传病(如抗维生素D缺乏病等)、X伴性隐性遗传病(如色盲等)、Y伴性遗传病(如耳郭长毛症等)及线粒体病。二是多基因病,即由多个基因与环境因子共同作用所引起的遗传性疾病。它包括由一个主基因和其他基因加上环境因子共同作用所引起,完全由遗传因素决定的罕见。其遗传方式复杂,在很大程度上与数量遗传相似,很难在一个家族中确定正常个体和患病个体。只有通过对大量临床资料分析后,才能确定某个基因在多基因病发生中的作用。临床常见的多基因病有癌症、高血压、冠心病、糖尿病、先天畸形、消化性溃疡、哮喘、精神分裂症等。三是获得性基因病,即外源性基因侵入机体,在体内通过其编码产物或影响机体相关基因的表达,致使机体产生疾病,如艾滋病等。鉴于此,从基因水平上去探测、分析病因和研究其致病机制则成为可能,将这些研究技术和方法用于临床就是近年出现的基因诊断。另外,基因工程技术的不断发展为人们在分子水平上改造基因结构和影响基因表达提供了可能,这也就是基因治疗的基础。

第一节 基因诊断

一、概述

(一)基因诊断的概念

基因诊断(gene diagnosis)是指通过采用分子生物学技术检测DNA或RNA在结构或表达上的变化,从而对疾病做出诊断。基因诊断区别于传统诊断主要在于直接从基因型推断表型,即越过产物(酶与蛋白质)而直接检测基因做出诊断。

基因诊断是分子诊断学(molecular diagnostics)的核心。分子诊断学是采用分子生物学技术,研究和检测生物大分子(包括DNA、RNA和蛋白质)在结构或表达上的变化,从而为疾病的预防、诊断、治疗和转归提供信息和依据。

(二)基因诊断的样品

可用于基因诊断的临床样品非常广泛,包括血液、组织块、羊水和绒毛、精液、毛发、唾液和尿液等。基因诊断主要检测样品中的DNA和RNA。

以DNA为靶标的基因诊断,主要包括基因组特征性DNA片段(如病原菌DNA、致病基因和疾病相关基因位点、DNA指纹等)的鉴定、基因拷贝数的测定、基因组DNA多态性位点的检验分析、基因组DNA突变的检验分析、基因组DNA中各种调控元件(启动子、沉默子、增强子)的检验分析、基因组DNA甲基化程度的检验分析、线粒体基因组DNA拷贝数测定与突变的检验分析、外周血游离循环DNA的检测等。

以RNA为靶标的基因诊断主要包括RNA病毒基因组序列及其拷贝数检测,基因转录产物mRNA水平的检测、疾病相关的各种非编码RNA如miRNA和lncRNA的检测,外周血游离循环RNA的检测等。

在临床实践中,可根据材料来源和分析目的提取其基因组DNA或各种RNA,后者可经逆转录形成cDNA。RNA分析必须用新鲜样品。在开展胎儿DNA诊断时,除传统的羊水、绒毛和脐带血样品外,也可用母亲外周血检测胎儿DNA。

(三)基因诊断的特点

早期医学诊断是根据患者的临床症状和体征来进行判断,随着检验技术手段的提升,逐步发展为以疾病的表型改变为依据,而大部分疾病的表型改变缺乏特异性,并且往往是在疾病的中晚期才出现,常常不能做出及时准确的诊断。相比之下,基因诊断不依赖疾病表型改变,直接以致病基因、疾病相关基因、外源性病原体基因或其表达产物为诊断对象,具有特异性强、灵敏度高、可进行快速和早期判断、适用性强和诊断范围广等独特优势。

1. 特异性强　基因诊断是以与疾病相关的DNA或RNA(包括患者自身和外源性病原体来源)为检测靶标,而不是疾病表型。因此,基因诊断属于病因诊断,具有高度的特异性。

2. 灵敏度高　基因诊断常用PCR和核酸杂交等技术。PCR技术可对极其微量的少量细胞、一根头发、痕量血迹等样品中的核酸进行特异性高效扩增,而核酸杂交技术则涉及放射性核素或荧光素标记的高灵敏度探针的使用,因此都具有很高的灵敏度。

3. 可进行快速和早期判断　与传统诊断技术相比，基因诊断更为简单与直接，如采用细菌培养技术对感染性疾病做出诊断通常需要数天的时间，而采用基因诊断技术只需数小时。对于遗传病患者，基因诊断不仅可以做出直接的临症诊断，还可以在发病前做出症状前诊断，也可以对有遗传病风险的胎儿/胚胎做出产前/植入前诊断。

4. 适用性强和诊断范围广　采用基因诊断技术不仅可以在基因水平上对大多数疾病进行诊断，还能对有遗传病家族史的致病基因携带者做出预警诊断，也能对有遗传病家族史的胎儿进行产前诊断。基因诊断也可以用于评估个体对肿瘤、心血管疾病、精神疾病、高血压等多基因病的易感性和患病风险，以及进行疾病相关状态的分析，包括疾病的分期分型、发展阶段、抗药性等方面。另外，基因诊断还可以快速检测不易在体外培养和在实验室中培养安全风险较大的病原体，如艾滋病病毒、肝炎病毒等。

二、基因诊断的常用技术

基因诊断技术可分为定性分析和定量分析两类技术。基因分型和检测基因突变属于定性分析，测定基因拷贝数及基因表达产物量则属于定量分析。在检测外源感染性病原体基因时，定性分析可诊断其在人体存在与否，而定量分析则可确定其含量。理论上来讲，所有检测基因表达水平或基因结构的方法都可用于基因诊断，但在临床应用中则还需考虑标本采集和处理要易于操作、检测步骤要简单、结果要稳定可靠等因素。

几种常见突变检测方法及特点见表 20-1。

表 20-1　几种常见突变检测方法及特点

方　法	靶序列(bp)	准确率	特异性	灵敏度	应用领域
测序	>1 000	100	100	10～20	临床、科研
单链构象多态性(SSCP)	50～400	70～100	80～100	5～20	临床、科研
等位基因特异性寡核苷酸分析法(ASO)	限定	100	90～100	5～20	临床、科研
变性高效液相色谱(DHPLC)	50～1 000	95～100	85～100	5～20	临床、科研
基因芯片	限定	95～100	80～100	1～5	临床、科研
等位基因分型	限定	95～100	90～100	0.000 1	临床、科研
PCR-RFLP	限定	100	100	0.01～1	临床、科研

基因诊断的常用技术包括分子杂交与印迹技术、PCR 技术、基因芯片技术、DNA 测序技术和基于分子构象检测的技术等。

(一) 分子杂交与印迹技术

20 世纪 60～80 年代，分子杂交与印迹技术得以建立并迅猛发展，当时尚无法对样本中靶基因进行体外扩增。因此，分子杂交与印迹技术是基因诊断历史早期阶段的主流和核心技术，主要以导致遗传病的基因突变位点为检测靶标。1976 年，著名的美籍华裔科学家简悦威(Yuet Wai Kan)等首先应用液相 DNA 分子杂交技术，成功地进行了 α-珠蛋白生成障碍性贫血的产前诊断，开创了基因诊断的先河。然而，由于存在操作烦琐、自动化程度低、通量低、对样品起始核酸量要求多等限制，单纯的分子杂交与印迹技术在当前临床基因诊断中已应用不多，多数已被 PCR 和测序等技术取代。

1. Southern 印迹　广泛应用于各种基因突变，如缺失、插入、易位等及限制性酶切片段长度多态性(restriction fragment length polymorphism，RFLP)的鉴定。RFLP 是指同一物种的亚种、品系或个体间基因组 DNA 受同一种限制性内切酶作用而形成不同酶切图谱的现象。

例如，镰状细胞贫血的基因诊断早期就是采用 Southern 印迹。镰状细胞贫血的分子机制是由于β-珠蛋白基因发生了突变，导致β链第 6 位谷氨酸(密码子 GAG)变为缬氨酸(密码子 GTG)。包含该密码子的正常 $Hb\beta^{A}$ 位点序列 CCT<u>GAG</u>G 是限制性内切核酸酶 *Mst* Ⅱ 的识别序列(CC↓TNAGG)，其突变序列 CCT<u>GTG</u>G 则不被 *Mst* Ⅱ 识别。这种突变即可通过 RFLP 分析进行检测。在该位点的两侧，还有两个 *Mst* Ⅱ 识别序列。因此，提取正常人和患者的基因组 DNA 后，进行 *Mst* Ⅱ 酶切，再用标记的β-珠蛋白基因探针进行 Southern 印迹，正常人、杂合子和纯合子突变患者 DNA 就会出现不同模式的杂交条带，由此进行基因诊断(图 20-1)。

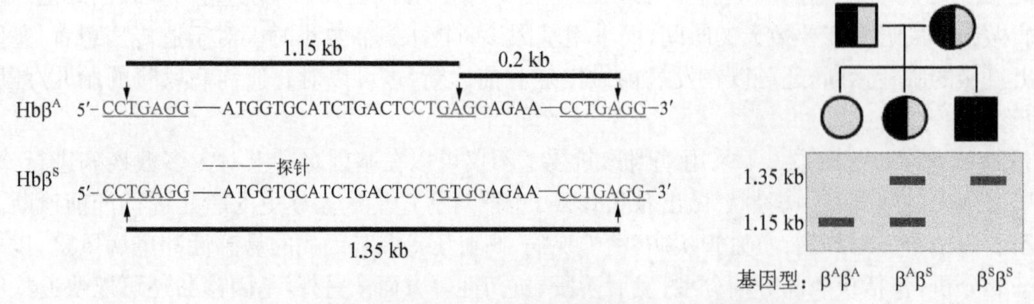

图 20-1 利用 Southern 印迹检测镰状细胞贫血基因突变

对于该突变位点的检测，也可以先通过 PCR 扩增包含该突变位点的区域，将扩增的片段用限制性内切核酸酶 *Mst* Ⅱ消化后，进行电泳分析，可以避免杂交过程。这就是 PCR-RFLP 技术(图 20-2)。它是将 PCR 与 RFLP 分析结合起来的技术，可以快速简便地对已知突变进行基因诊断。其基本原理是在具有 RFLP 多态位点或突变位点的两侧设计引物，进行 PCR 扩增，扩增产物经相应的限制性内切核酸酶酶切，再通过琼脂糖凝胶电泳快速检测酶切片段的大小来判断多态位点或突变位点是否存在及是纯合子或杂合子。

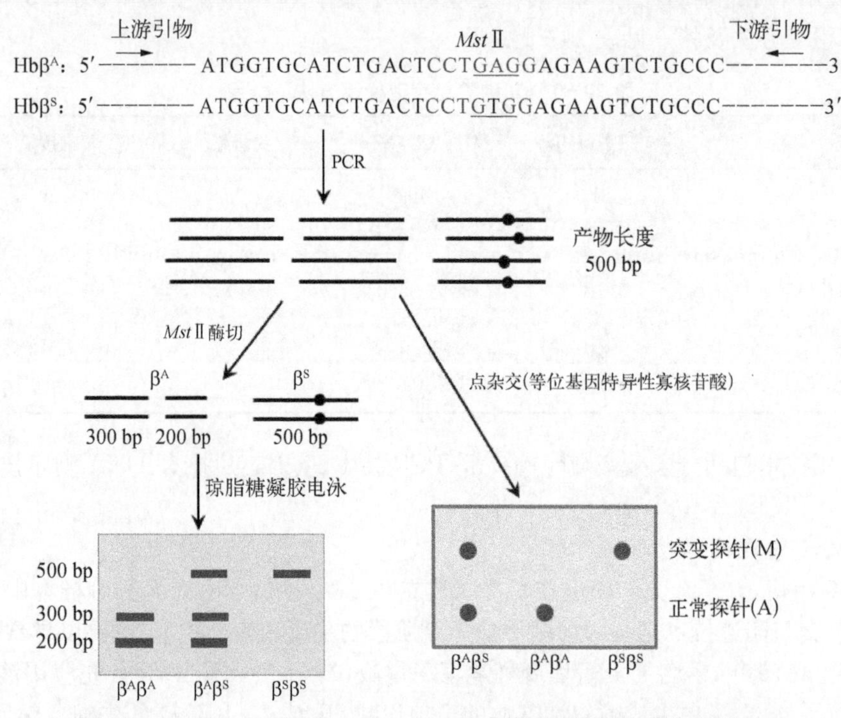

图 20-2 PCR-RFLP 和 PCR-ASO 技术检测镰状细胞贫血基因突变

2. 斑点杂交(dot blot hybridization) 核酸印迹技术具有极高的特异性，但存在操作极为烦琐、检测时间长的缺点。1980 年建立的样本斑点点样固定技术则摆脱了传统 DNA 印迹需要通过凝胶分离技术进行样本固定的缺点。斑点杂交是核酸探针与支持物上的 DNA 或 RNA 样品杂交，以检测样品中是否存在特异的基因或表达产物，该技术可用于基因组中特定基因及其表达产物的定性与定量分析。斑点杂交方法应用于基因诊断，具有简便、快速、灵敏和样品用量少的优点。不足之处在于无法测定目的基因的大小、特异性较低、有一定比例的假阳性。此外，还可以使用等位基因特异性寡核苷酸(allele-specific oligonucleotide，ASO)探针，进行 ASO 斑点杂交，对多态性位点或点突变进行直接检测。

1986 年，Saiki 首次将 PCR 的高灵敏度与 ASO 斑点杂交的高特异性结合起来，建立了 PCR-ASO 斑点杂交技术。其基本原理是，首先使用 PCR 扩增受检者的目标 DNA 片段，然后根据已知的基因突变位点序列，用人工合成对应突变基因异常核苷酸序列的 ASO 探针进行斑点杂交，从而检测受检者是否存在基因突变及是杂合子还是纯合子。如前述的镰状细胞贫血的点突变也可以使用 PCR-ASO 进行诊断(图 20-2)。

为了对同一个样本的多个分子标记同时进行检测，还开发了反向斑点杂交(reverse dot blot，RDB)技术，即将待检样本DNA与固定于膜上的探针进行杂交。采用该技术，可将多种寡核苷酸探针固定于同一膜条上，只需通过1次杂交反应，即可筛查待检样本DNA的数十乃至数百种等位基因，具有操作简单、快速的特点，一度成为基因突变检测、基因分型与病原体筛选最为常用的技术。

3. 荧光原位杂交(Fluorescence in situ hybridization，FISH)技术　源于以核素标记的原位杂交(in situ hybridization，ISH)技术。1977年Rudkin首次使用荧光素标记探针完成了原位杂交的尝试。在20世纪80～90年代，细胞遗传学和非同位素标记技术的发展将FISH技术推向临床诊断的实践应用。FISH技术是将荧光素或生物素等标记的寡聚核苷酸探针与固定在玻片上的细胞或组织中变性的DNA杂交。相比于其他仅针对核酸序列进行检测的基因诊断技术，FISH技术结合了探针的高度特异性与组织学定位的优势，可对细胞或经分离的染色体中特定的正常或异常DNA序列进行定性、定量和定位分析，适用于新鲜、冷冻、石蜡包埋标本及穿刺物和脱落细胞等样品的检测，还可以采用多种荧光素标记同时检测多个靶点。如今，FISH技术已在染色体核型分析，以及基因扩增、基因重排、病原微生物鉴定等多方面中得到广泛应用。

例如，乳腺癌中癌基因*Her2*的检测就是采用FISH技术。在30%的乳腺癌中，*Her2*基因发生扩增或者过度表达，其表达水平与治疗后复发率和不良预后显著相关，是乳腺癌治疗的重要分子靶点(参见第十七章癌基因和抑癌基因)。*Her2*基因位于的17号染色体的多体状态与乳腺癌患者靶向治疗预后也有关。因此，临床上通过*Her2*基因探针和17号染色体着丝粒探针(CEP17)对乳腺癌患者进行基因诊断。

(二) PCR技术

PCR技术是20世纪80年代创建的技术，具有特异性高、灵敏度高、操作简便快捷、适用性强等特点，在临床基因诊断中得到了广泛的应用。目前，我国的基因诊断产品中，PCR技术占比最高且主要用于病原微生物检测和肿瘤基因检测。PCR技术由于能在普通实验室条件下大量扩增靶DNA序列，因此也突破了以往基因诊断中难以获得大量靶DNA的技术瓶颈，故而常与其他技术联用(如前述的PCR-RFLP和PCR-ASO斑点杂交技术)，以克服样品起始核酸量不足的限制。

1. 定量PCR(quantitative PCR，qPCR)技术　于20世纪90年代创建，可对细胞或循环体液中的DNA和RNA的拷贝数(即模板数)进行定量测定，是基因诊断最常用的技术之一。

相比于其他分子诊断检测技术，定量PCR技术具有两项优势：核酸扩增和检测在同一个封闭体系中通过荧光信号进行，杜绝了PCR后开盖处理所带来扩增产物的污染；同时，通过动态监测荧光信号可对低拷贝模板进行定量。正是由于上述技术优势，定量PCR技术已经成为目前临床基因扩增实验室接受程度最高的技术，在各类病毒、细菌等病原微生物的鉴定和基因定量检测、基因多态性分型、基因突变筛查、基因表达水平监控等多种临床实践中得到大量应用。但伴随着定量PCR技术的迅猛发展，有关这项技术的质量管理问题也日益突出，如何消除各类生物学变量所引起的检测变异，减少或抑制实验操作与方法学中的各种干扰因素是定量PCR技术面临的难题。

常用的定量PCR技术有两种(参见第十八章常用分子生物学技术)。第一种是非探针类定量PCR，即荧光染料类定量PCR，其操作简便，但由于仅使用扩增引物的序列启动核酸扩增，其产物特异性无法得到充分保证。虽然在荧光定量PCR反应后可通过熔解曲线对产物的特异性进行检验，但其特异性明显逊于使用荧光探针进行检测，因此双链掺入法并未在临床实践中得到认可。第二种是探针类定量PCR，以使用TaqMan探针的定量PCR技术最为常见，其特异性很高，商品化推广也非常成功，已经成为目前临床使用最为广泛的定量PCR方法，在各种病毒基因定量检测、基因分型、肿瘤相关基因表达检测等方面具有不可替代的地位。

2. 等位基因特异性PCR(allele-specific PCR，AS-PCR)　是指引物设计时将突变与正常等位基因所不同的碱基设计在引物3′-端，根据PCR扩增的有无判断靶序列是否存在单个碱基的改变。该法主要用于对已知点突变的检测，也可用于单核苷酸多态性分析。常规PCR扩增DNA所用的上下游引物与靶序列完全匹配，但AS-PCR则需设计两对引物，其中的两条等位基因特异引物在3′-端的核苷酸不同，一个对野生型等位基因特异，另一个对突变型等位基因特异。与正常基因完全匹配的引物的3′-端碱基与突变等位基因不匹配，如果模板为正常基因，则该引物可引导PCR高效扩增，如果模板为突变基因，则该引物不能引导有效的 PCR 扩增，即对突变基因呈扩增阻遏，因此也称为扩增受阻突变系统(amplification refractory mutation system，ARMS)(图 20-3)。扩增产物通过凝胶电泳或者定量 PCR 可很容易地进行检测，从而确定基因突变或单核苷酸多态性基因型情况。目前，临床诊断主要采用 ARMS 与定量 PCR 技术联用，通过 TaqMan 探针进行检测。例如，癌基因 *EGFR* 的突变检测就是改用该技术。*EGFR* 基因突变在肺腺癌里频率较高，尤其在亚裔非吸烟肺腺癌患者中频率，高达约 40%，是非小细胞肺癌等恶性肿瘤的重要治疗靶点(参见第十七章癌基因和抑癌基因)。遗传性葡糖-6-磷酸脱氢酶缺乏症的葡糖-6-磷酸脱氢酶基因突变(最常见的为 G1376T、G1388A、A95G)目前采用的检测方法也是 AS-PCR 技术。

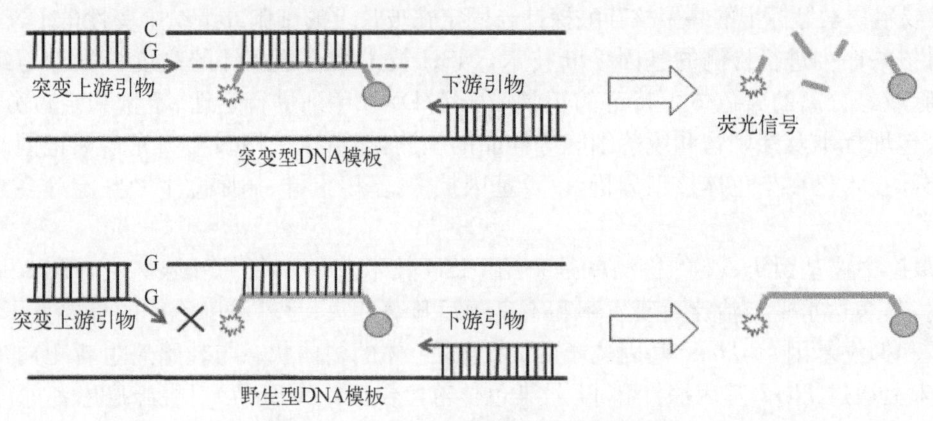

图 20-3　ARMS-PCR 检测基因突变原理

(三) 基因芯片技术

基因芯片技术是一种大规模、高通量的检测技术，具有样品处理能力强、用途广泛、自动化程度高等特点，特别适用于同时检测多个基因、多个位点。目前，已有多款基因芯片被批准用于临床。我国遗传性耳聋基因芯片检测技术已获得实际应用。

(四) DNA 测序技术

分子杂交、定量 PCR 等技术对于核酸的鉴定实际上是一种间接的推断性检测。与之不同，DNA 测序技术则是检测基因结构和突变的最直接、最准确的方法，是基于特定基因序列检测如基因突变检测的金标准。测序技术还可与 PCR 技术结合，不仅可以对特定片段中已知突变和新突变进行鉴定，而且可以对极少样本如单细胞中的基因突变和基因表达进行定性和定量分析。

第一代测序技术以双脱氧核苷酸末端终止法为主要工作原理，其测序速度慢、有效测序片段短、全基因组测序费用高，比较适用于测定单个基因序列和较短的 DNA 序列。但作为经典的测序技术，第一代测序技术仍是临床基因诊断最为常用的测序技术，也是测序技术的金标准。

新的第二代测序技术和第三代测序技术，具有快速、大规模、高通量、低成本等优势。目前已经应用于临床个人基因组测序等，未来有可能成为基因诊断的关键技术，发挥更加重要的作用。

(五) 基于分子构象检测的技术

1. PCR-SSCP 技术　单链构象多态性(single-strand conformation polymorphism，SSCP)是指 DNA 单链分子因碱基差异而使其构象不同的多态现象。PCR-SSCP 技术是基于单链 DNA 构象的差别来检测基因点突变的方法。DNA 经变性形成单链后，在中性条件下单链 DNA 会因其分子内碱基之间的相互作用，形成一定的立体构象。这种构象是由其碱基序列决定的，DNA 分子中碱基变异可导致其构象发生改变。长度相同而构象不同的单链 DNA 在非变性聚丙烯酰胺凝胶电泳中呈现不同的迁移率。PCR-SSCP 技术首先在具有突变位点的 DNA 顺序的两侧设计引物，PCR 扩增出目的 DNA 片段，变性后成为单链 DNA，再进行非变性聚丙烯酰胺凝胶电泳，通过比较受检者与正常对照的迁移差别来分析基因突变。该技术的优点是操作简单、敏感性较高和可同时分析多个样本；缺点是不能确定突变的部位和性质。对于小于 200 bp 的 DNA 片段中的突变几乎可以全部检出，但随着片段长度的增加，其检出率下降。PCR-SSCP 技术必须进行 PCR 后开盖电泳的操作，故现已不常用于临床检测。

2. 变性高效液相色谱(denaturing high performance liquid chromatography，DHPLC)技术　1997年，Oefner和Underhill建立了利用异源双链变性分离变异序列、使用色谱洗脱鉴定的技术，即DHPLC技术。该技术适合于检测单核苷酸多态性、点突变及小片段核苷酸的插入或缺失。DHPLC技术常与PCR技术联用，即PCR-DHPLC技术，其基本原理是利用待测样品DNA在PCR扩增过程的单链产物可以随机与互补链相结合而形成双链的特性，依据最终产物中是否出现异源双链来判断待测样品DNA是否存在突变等序列变异。对于存在一定比例变异序列的核酸双链混合物，其经过变性和复性过程后，体系内将出现两种双链：一种为同源双链，由野生正义链-野生反义链或变异正义链-变异反义链构成的核酸双链；另一种为异源双链，即双链中一条单链为野生型，而另一条为变异型。由于存在部分碱基错配的异源双链DNA与同源双链DNA的解链特征不同，在相同的部分变性条件下，异源双链因存在错配区而更易变性，被色谱柱保留的时间短于同源双链，故先被洗脱下来，从而在色谱图中表现为双峰或多峰的洗脱曲线。该技术使用了较高分析灵敏度的色谱技术进行检测，可快速检出$<5\%$负荷的变异序列。目前，其已成为临床遗传学基因诊断的重要工具，用于Marfan综合征等遗传病的基因诊断或突变筛查。但需注意的是，该技术主要通过异源双链进行序列变异检测，故不能明显区分野生型与变异型的纯合子。

三、基因诊断的应用

(一) 遗传性疾病的基因诊断

遗传性疾病的诊断性检测和症状前检测预警是基因诊断的主要应用领域。对于遗传性单基因病，基因诊断可提供最终确诊依据。与以往的细胞学和生化检查相比，基因诊断耗时少、准确性高。对于一些特定疾病的高风险个体，基因诊断还可实现症状前检测(pre-symptomatic testing)，预测个体发病风险，提供预防依据。基因诊断也可用于遗传筛查和产前诊断。通过遗传筛查检测出的高风险夫妇需给予遗传咨询和婚育指导。

在欧美发达国家，遗传病的基因诊断，尤其是单基因遗传病和某些恶性肿瘤等的诊断，已成为医疗机构的常规项目，并已形成在严格质量管理系统下的商业化服务网络。目前已列入美国华盛顿大学儿童医院和一些著名基因诊断机构，为超过3 000种遗传性疾病提供分子遗传、生化和细胞生物学检测。

(二) 恶性肿瘤的基因诊断

对于多基因疾病的基因诊断，目前主要用于恶性肿瘤。恶性肿瘤的发生发展是一个多因素、多基因参与的过程。基因诊断在恶性肿瘤的早期诊断、人群普查、分期分型、复发与转移监测、疗效和预后判断、个体化治疗等方面具有重要价值。例如，抑癌基因*BRCA1*和*BRCA2*的基因突变可提高个体的乳腺癌发病风险，其基因诊断已成为一些发达国家人群健康监测的项目之一。利用FISH技术检测染色体易位及其融合基因，如*BCR-ABL*融合基因可用于白血病的准确分型与诊断、治疗药物选择、预后评估等。通过DNA测序、定量PCR和FISH等技术检测基因扩增、突变等，能够指导肿瘤靶向治疗，如乳腺癌*Her2*基因扩增与化疗方案选择、*EGFR*基因突变与肺癌靶向酪氨酸激酶抑制剂(如易瑞沙)选择等。通过基因芯片技术检测乳腺癌基因表达谱可进行分子分型及预后评估。

(三) 感染性疾病的基因诊断

针对病原体自身特异性核酸(DNA或RNA)序列，通过分子杂交和基因扩增等手段，鉴定和发现这些外源性基因组、基因或基因片段在人体组织中的存在，从而证实病原体的感染。针对病原体的基因诊断主要采用PCR技术，如组织和血液中SARS病毒、各型肝炎病毒等的检测。样品中痕量病原微生物的迅速侦检、分类及分型还可以使用DNA芯片技术。

基因诊断主要适用于下列情况：① 病原微生物的现场快速检测，确定感染源；② 病毒或致病菌的快速分型，明确致病性或药物敏感性；③ 需要复杂分离培养条件，或目前尚不能体外培养的病原微生物的鉴定。病原体的基因诊断较传统方法有更高的特异性和敏感性，有利于疾病的早期诊治、隔离和人群预防。但基因诊断只能判断病原体的有无和拷贝数的多少，难以检测病原体进入体内后机体的反应及其结果，因此，基因检测并不能完全取代传统的检测方法，它将与免疫学检测等传统技术互补而共存。

以HBV检测为例，可通过定量PCR技术扩增HBV的*S*基因(编码HBsAg)，HBV DNA检测对确诊乙肝患者和评估乙肝治疗效果具有十分重要的作用。例如,了解 HBV 在体内存在的数量,HBV 是否复制,患者传染性强弱;是否有必要服药;患者肝功能异常是否由病毒引起;判断药物治疗的疗效等。临床上以小于 10^3 个拷贝/mL 为检测临界值,可作为 HBV 无复制状态或低水平复制的指标。患者血清中 HBV DNA 大于 10^5 个拷贝/mL,如果谷丙转氨酶水平异常,应考虑接受治疗。患者经干扰素和拉咪呋啶治疗后,HBV DNA 下降到 10^5 个拷贝/mL 以下为对药物完全应答;HBV DNA 拷贝数下降大于 2 个数量级为对药物部分应答;未达上述标准为低应答或无应答。

(四) 基因诊断在法医学中的应用

基因诊断在法医学上的应用,主要是采用 DNA 指纹(DNA fingerprinting)技术进行个体认定,是刑侦样品的鉴定、排查犯罪嫌疑人、亲子鉴定和确定个体间亲缘关系的重要技术手段。

人类个体的多样性取决于基因组 DNA 核苷酸序列的差异,即 DNA 的多态性。其中,微卫星 DNA 和小卫星 DNA 等是重要的多态性标志。这些重复序列在不同个体间的重复单位数目不同,变化很大。但在不同个体中,重复序列两侧 DNA 片段的碱基组成相同,因此可用同一种限制酶,将不同个体的重复序列从其两侧切下来。由于重复单位数目不同,因而获得的酶切片段长度不同。若以 PCR 扩增这些序列,采用相同的引物可以扩增出不同长度的 DNA 片段。针对重复序列人工合成寡核苷酸短片段作为探针,与经过酶切的人基因组 DNA 进行 Southern 印迹,可以得到大小不等的杂交带,而且杂交带的数目和分子量大小具有个体特异性,就像人的指纹一样,故而称为 DNA 指纹。由探针杂交产生的 DNA 指纹具有以下特点:① 一个 DNA 指纹探针可同时检测十几个甚至几十个位点的变异,因而 DNA 指纹更能反映基因组的特异性;② 具有高度特异性,只有同卵双生个体才会有完全相同的指纹;③ 具有稳定的遗传性,通过家系分析表明,DNA 指纹谱中几乎每一条带都能在双亲之一的指纹谱中找到,而产生新带的概率仅为 0.001%～0.004%;④ DNA 指纹图谱具有体细胞稳定性,即从同一个体中不同组织、血液、肌肉、毛发、精液等产生的 DNA 指纹完全一样。因此,DNA 指纹可作为法医学鉴定的有力依据。法医学鉴定主要目的是个人识别和亲子鉴定。例如,假设一对夫妻,生了一对儿女,又领养了一个男孩,妻子还带来与前夫所生的儿子。这一家人的 DNA 指纹如图 20-4 所示。由此图可推断出:A 和 C 是亲生儿女;B 为妻子和其前夫所生;D 为养子。

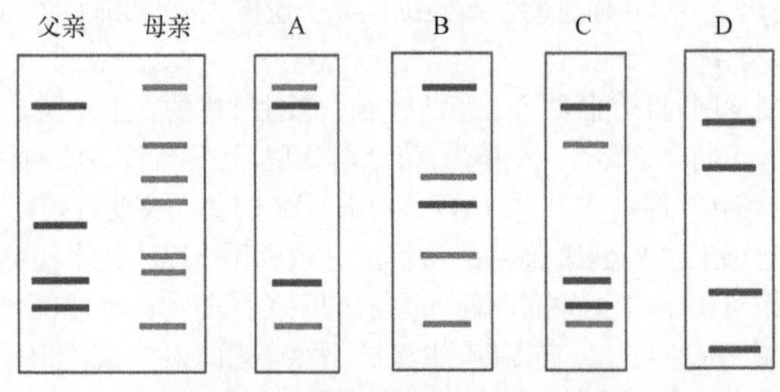

图 20-4 DNA 指纹图谱与亲子鉴定

微卫星 DNA,在法医遗传学和遗传系谱学中常被称为短串联重复(short tandem repeats,STR),是广泛存在于真核基因组中,以 2～6 bp 为重复单位的串联重复序列。STR 具有分布广且均匀、数据大、极高的个体特异性、多态信息含量高和共显性遗传等特点,被广泛应用到品种鉴定、系谱分析、个人身份识别及亲子鉴定等方面。1997 年美国建立联合 DNA 索引系统,该系统由 13 个 STR 基因座组成,后又增加 4 个,成为亲权鉴定中的常用 STR 基因座。通过特异引物(引物末端标记不同的荧光基团)和多重 PCR 技术扩增,将 STR 基因座扩增出来,产物在毛细管电泳过程中通过荧光信号和片段长度进行识别,采集到的荧光信号经过分析比对,转换为基因型数据。同时鉴定的 STR 位点越多,两个来自不同个体的 STR 分型结果相似度就越低。通常,16 个 STR 位点(15 个位于常染色体和一个位于性染色体)足以鉴定个体。目前,PCR-STR 已成为个体识别和亲子鉴定的主导技术。

第二节 基因治疗

一、概述

（一）基因治疗的概念

基因治疗（gene therapy）是指将核酸作为药物导入患者特定靶细胞，使其在体内发挥作用，以最终达到治疗疾病目的的治疗方法。

基因治疗的分子靶点与传统药物治疗不同（图 20－5）。基因治疗针对的分子靶点主要是基因组 DNA 和 mRNA，是以核酸作为药物，称为治疗性核酸（therapeutic nucleic acid）或核酸药物（nucleic acid drug）。其包括编码蛋白质的重组载体、寡核苷酸等。传统药物治疗针对的分子靶点主要是蛋白质（如酶或受体等），采用的药物主要是传统的小分子化学药物（如酶的抑制剂、受体的激动剂或拮抗剂等）和大分子生物制药药物（如治疗性重组蛋白、治疗性单克隆抗体等）。

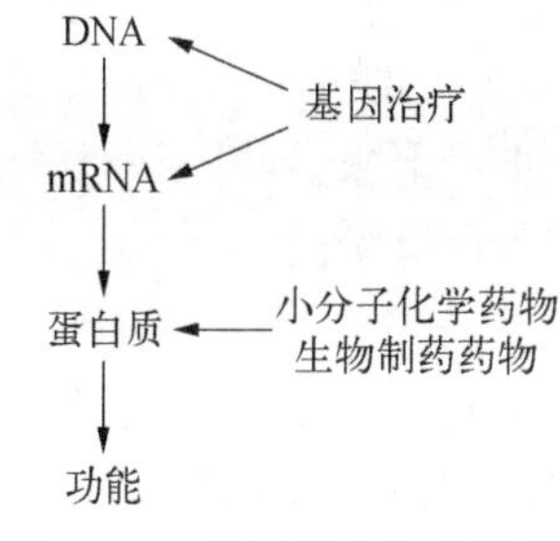

图 20－5 基因治疗与传统药物治疗的分子靶点

基因治疗与常规治疗方法有所不同，一般意义上疾病的治疗大多针对的是因基因异常而导致的蛋白质产物异常及各种症状，而基因治疗则大多针对的是疾病的根源，即异常的基因本身。对于典型的单基因遗传病来讲，与传统的药物治疗相比，基因治疗是真正地从病因（即致病基因）上进行治疗，可以说是最理想的治疗方法。

（二）基因治疗的分类

基因治疗按照靶细胞类型和实施方案等可以进行不同的分类。

1. *按靶细胞类型分类* 可分为生殖细胞基因治疗（germ cell gene therapy）和体细胞基因治疗（somatic cell gene therapy）。广义的生殖细胞基因治疗以精子、卵子和早期胚胎细胞作为治疗对象。由于当前基因治疗技术还不成熟，以及涉及一系列伦理学问题，生殖细胞基因治疗仍属禁区，仅限于以动物为模型的基因治疗研究。在现有的条件下，基因治疗仅限于体细胞。体细胞基因治疗是将核酸导入患者体细胞，以达到治疗疾病的目的，其基因信息不会传至下一代。

2. *根据实施方案或给药途径分类* 可分为直接体内基因治疗（又称体内法）和间接体内基因治疗（又称回体法）（图 20－6）。直接体内基因治疗是将外源基因直接或通过各种载体导入体内有关组织器官（如肝、眼视网膜色素上皮、肌肉、中枢神经系统），使其进入相应的细胞并进行表达。体内基因转移可以是局部（原位）或是全身性的。体内基因转移时，可以使用特异的靶向传递系统或基因特异性调控系统而实现靶向性。

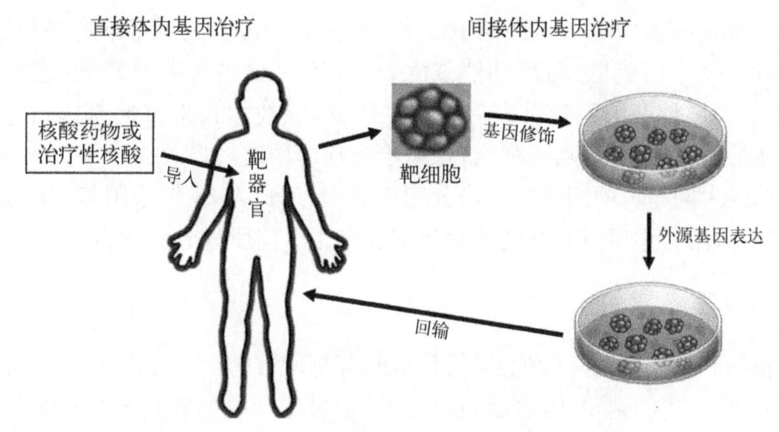

图 20－6 直接体内基因治疗和间接体内基因治疗

直接体内基因治疗方法的优点是操作简便,容易推广,不需要像回体法基因治疗那样对靶细胞进行特殊培养,较为安全。其缺点是靶组织转移效率较低,外源基因稳定整合的水平较低,疗效持续时间短,可能产生免疫排斥等。间接体内基因治疗通常是先将合适的靶细胞(常用造血干细胞和T细胞)从体内取出,在体外增殖,并将外源基因导入细胞内使其高效表达,然后再将这种基因修饰过的靶细胞回输患者体内,使外源基因在体内表达,从而达到治疗疾病的目的。该方案技术体系成熟、比较安全,其效果较易控制且比体内基因疗法更为有效,故在临床试验中常常使用。其缺点是技术相对比较复杂、难度大,不容易推广。

(三) 基因治疗的主要策略

1. 基因修复(gene repair) 包括基因替换和基因矫正。基因替换(gene replacement)是指将正常的目的基因导入特定的细胞,通过体内基因同源重组,以导入的正常目的基因原位替换病变细胞内的致病缺陷基因,使细胞内的DNA完全恢复正常状态。基因矫正(gene correction)是指将致病基因中的异常碱基进行纠正,而正常部分予以保留。这两种方法均是对缺陷基因进行精确地原位修复,不涉及基因组的其他任何改变。理论上来讲,基因修复是最为理想的治疗方法,但由于技术原因,在基因组编辑技术出现以前,主要停留在实验研究阶段。

2. 基因添加(gene addition) 也称基因增强(gene augmentation),是指将正常基因导入病变细胞或其他细胞,不去除异常基因,而是通过基因的非定点整合,使其表达产物补偿缺陷基因的功能或使原有的功能得以加强。目前,基因治疗多采用此种方式。例如,在血友病患者体内导入凝血因子Ⅸ基因,恢复其凝血功能;将编码干扰素和白介素-2等分子的基因导入恶性肿瘤患者体内,可以激活体内免疫细胞的活力,作为抗肿瘤治疗中的辅助治疗。又如,临床上常用的嵌合抗原受体T细胞免疫疗法(Chimeric Antigen Receptor T-Cell Immunotherapy,CAR-T),其基本原理和步骤是先从癌症患者身上分离T细胞,然后用基因工程技术给T细胞加入一个能识别肿瘤细胞并且同时激活T细胞的嵌合抗体,也即制备CAR-T细胞,再体外培养大量扩增CAR-T细胞,把扩增好的CAR-T细胞回输到患者体内。

3. 基因失活 有些疾病是由某一或某些基因的过度表达引起的。基因失活(gene inactivation)也称基因沉默(gene silencing)或基因干扰(gene interference),是指将特定的核酸序列导入细胞内,在转录或翻译水平抑制或阻断某些基因的表达,以达到治疗疾病的目的。其包括早期使用的反义核酸、核酶及RNA干扰等技术。

4. "自杀基因"疗法 是将一些病毒或细菌中存在的所谓"自杀基因"(suicide gene)导入人体靶细胞,这些基因可产生某些特殊的酶,能将对人体原本无毒或低毒的药物前体在人体细胞内转化为细胞毒性物质,从而导致靶细胞的死亡。因正常细胞不含这种外源基因,故不受影响。常用的"自杀基因"有单纯疱疹病毒胸苷激酶(herpes simplex virus thymidine kinase,*HSV-TK*)、大肠埃希菌胞嘧啶脱氨酶(*Escherichia coli* cytosine dea minase,*EC-CD*)等。目前,此种策略已被批准进入临床。广义上来讲,这种基因治疗策略实际上属于基因添加的范畴,"自杀基因"疗法导入的是靶细胞中不存在的外源基因,与致病基因的关系并不十分密切,治疗性基因的导入并不是用于替代或增强缺陷基因的功能,而是赋予了被转染靶细胞一种新的功能或特性。

5. 基因组编辑(genome editing) 也称基因编辑(gene editing),是近年来新兴起的一种分子生物学技术,该技术不仅简单易用,技术门槛低,而且功能强大,可以实现前述的基因修复(包括基因替换和基因矫正)、基因添加、基因失活等多种基因治疗策略和效果。因此,该技术在未来的基因治疗中必将发挥重要作用。但鉴于该技术门槛低且发展迅速、功能强大,如何恰当地应用这一强大的分子生物学技术业已成为科学界乃至人类社会面临的巨大问题。中国研究人员分别于2015年和2018年采用基因组编辑技术对人类生殖细胞进行了基因编辑操作,给科学研究和社会伦理等层面带来了前所未有的冲击。

二、基因治疗的基本程序

基因治疗的具体流程和方法可因疾病种类、治疗策略等有所不同。一般来讲,基因治疗的基本程序主要包括:① 选择治疗靶点基因;② 选择基因治疗的靶细胞;③ 核酸药物的制备;④ 核酸药物的传递;⑤ 基因表达及治疗效果检测;⑥ 临床试验的申请与审批。

（一）治疗靶点基因的选择

在开展基因治疗时，首要问题就是根据疾病的发生机制和治疗策略来选择合适的治疗靶点基因。对于单基因缺陷的遗传病而言，其野生型基因即可被用于基因治疗，可以采用基因添加治疗策略，将原有的正常基因克隆于质粒和病毒载体中，制备相应的治疗性核酸或核酸药物，导入患者体内即可。对于恶性肿瘤，也可以将细胞因子编码基因作为治疗靶点基因。如果疾病是由于基因异常过表达引起，如肿瘤的癌基因，可以选取该过表达基因作为治疗靶点基因，设计制备具有抑制基因表达效应的寡核苷酸药物导入患者体内即可。

（二）靶细胞的选择

基因治疗的靶细胞通常是体细胞。基因治疗的原则仅限于患病的个体，而不能涉及下一代，因此国际上严格限制用人生殖细胞进行基因治疗实验。靶细胞应具有如下特点：① 靶细胞要易于从人体内获取，生命周期较长，以延长基因治疗的效应；② 应易于在体外培养及易受外源性遗传物质转化；③ 离体细胞经转染和培养后回植体内易成活；④ 选择的靶细胞最好具有组织特异性，或治疗基因在某种组织细胞中表达后能够以分泌小泡等形式进入靶细胞。

人类的体细胞有200多种，目前还不能对大多数体细胞进行体外培养，因此能用于基因治疗的体细胞十分有限。目前，能成功用于基因治疗的靶细胞主要有造血干细胞、淋巴细胞、成纤维细胞、肌细胞和肿瘤细胞等。在实际应用中也需根据疾病发生的器官和位置、发生机制等多种因素综合考虑、灵活选用。

1. 造血干细胞（hematopoietic stem cell，HSC） 是骨髓中具有高度自我更新能力的细胞，能进一步分化为其他血细胞，并能保持基因组DNA的稳定。造血干细胞已成为基因治疗最有前途的靶细胞之一。造血干细胞在骨髓中含量很低，因此难以获得足够的数量用于基因治疗。人脐带血细胞是造血干细胞的丰富来源，其在体外增殖能力强，移植后抗宿主反应发生率低，是替代骨髓造血干细胞的理想靶细胞。目前已有脐带血基因治疗的成功病例。

2. 淋巴细胞 参与机体的免疫反应，有较长的寿命及容易从血液中分离和回输，且对目前常用的基因转移方法都有一定的敏感性，适合作为基因治疗的靶细胞。目前，已将一些细胞因子、功能蛋白的编码基因导入外周血淋巴细胞并获得稳定高效的表达，应用于黑色素瘤、免疫缺陷性疾病、血液系统单基因遗传病的基因治疗。

3. 皮肤成纤维细胞 具有易采集、可在体外扩增培养、易于移植等优点，是基因治疗有发展前途的靶细胞。逆转录病毒载体能高效感染原代培养的成纤维细胞，将它再移植回受体动物时，治疗基因可以稳定表达一段时间，并通过血液循环将表达的蛋白质送到其他组织。

4. 肌细胞 有特殊的T管系统与细胞外直接相通，利于注射的质粒DNA经内吞作用进入。而且肌细胞内的溶酶体和脱氧核糖核酸酶含量很低，环状质粒在细胞质中存在而不整合入基因组DNA，能在肌细胞内较长时间保留，因此骨骼肌细胞是基因治疗的很好靶细胞。将裸露的质粒DNA注射入肌组织，重组在质粒上的基因可表达几个月甚至1年之久。

5. 肿瘤细胞 是肿瘤基因治疗中极为重要的靶细胞。肿瘤细胞分裂旺盛，对大多数的基因转移方法都比较敏感，可进行高效的外源性基因转移。因此，无论采用哪一种基因治疗方案，肿瘤细胞都是首选的靶细胞。

此外，也可采用骨髓基质细胞、角质细胞、胶质细胞、心肌细胞及脾细胞作为靶细胞，但由于受到取材及导入外源基因困难等因素影响，还仅限于实验研究。

（三）核酸药物的制备

目前，基因治疗中使用的核酸药物种类较多，可大致区分为长片段的核酸分子和短的核苷酸片段即寡核苷酸。前者主要是重组质粒DNA和重组病毒载体，后者则种类相对繁杂，包括反义寡核苷酸、核酶、脱氧核酶、siRNA等。

1. 重组质粒DNA的制备 重组质粒DNA通常是包含一个编码特定蛋白质的治疗性基因的高分子量双链DNA分子。在分子水平上，质粒DNA分子可以被视为药物前体，一旦被细胞摄取后即可利用胞内的转录和翻译机制而合成具有治疗作用的蛋白质。基因治疗即利用了质粒DNA的这种特性，把治疗性基因导入细胞内进而产生蛋白质而发挥治疗作用。质粒DNA需要在进入细胞质后再进入细胞核才能最终发挥作用。在研究级别重组质粒 DNA 通常可从各种细菌细胞中提取和纯化。但制备工业级别的能够符合药物产品苛刻纯度标准的质粒 DNA 仍然比较困难，相关资料也鲜有发表。用于基因治疗的重组质粒 DNA 的大规模生产方法与重组治疗蛋白的大规模生产非常类似，包括生产微生物（如大肠埃希菌）发酵、细胞收集及裂解、细胞碎片去除、质粒沉淀、色谱纯化、浓缩、制剂和包装。

2. 重组病毒载体的制备　目前用于基因治疗的病毒载体大规模生产的文献报道仍然寥寥可数。因为主要是一些从事基因治疗产品研发的公司在进行这些大规模生产方法的研制，方法的具体细节仍然是商业秘密。但其总体方法和治疗性蛋白的生产也大体一致，包括在合适的动物细胞生物反应器中培养包装细胞、病毒载体接种及病毒繁殖包装、病毒收集浓缩、纯化和制剂。

3. 寡核苷酸药物的制备　根据其分子作用机制不同，寡核苷酸药物可以分为反义寡核苷酸、核酶和脱氧核酶及 siRNA 等。与治疗性重组蛋白和治疗性重组质粒 DNA 及病毒的生产不同，寡核苷酸通常是以直接化学合成的方式生产。寡核苷酸是一种广泛使用的分子生物学试剂，因此其有机合成方法得以不断发展、优化和商业化。其基本合成策略与多肽合成的 Merrifield 法非常类似，最常用的合成方法是磷酰胺酸法，目前已经实现商业化自动合成，能快速和廉价地合成超过 100 个核苷酸长度的寡核苷酸。寡核苷酸可通过高效液相色谱纯化。

(四) 核酸药物的传递

对于传统药物来讲，其给药方式包括口服、静脉注射等。但核酸药物的给药或传递方式则比较特殊，主要涉及两个方面：第一，核酸药物如何导入或转入靶细胞内；第二，核酸药物如何导入人体内。这也是实现有效基因治疗的关键因素。

目前基因治疗的临床实施方案中，通过两种方式将核酸药物导入人体内。一种是间接体内基因治疗，即先将靶细胞从体内取出，在体外培养，将核酸药物导入细胞内，经筛选繁殖扩增后再回输体内。经治疗性基因修饰的细胞可以通过不同的合适方式回输体内以发挥治疗效果。例如，淋巴细胞可经静脉回输入血、皮肤成纤维细胞可经胶原包裹后埋入皮下组织等。另一种是直接体内基因治疗，即将核酸药物直接导入体内有关的组织器官，使其进入相应的细胞发挥治疗效应。

无论是采用间接体内方案还是采用直接体内方案，核酸药物都必须要导入细胞内才能发挥作用。

核酸药物的传递系统已经从实验室逐渐发展成熟并进行临床试验和应用。作为一种理想的核酸药物传递系统，其特性包括高转染效率和高度的靶细胞特异性、低的毒性和免疫原性、生物可降解性及药物制剂稳定性、易于操作等。

基因导入细胞的方法有病毒载体介导的基因转移和非病毒载体介导的基因转移两种。前者是以重组病毒为载体，通过感染将基因导入靶细胞，其特点是基因转移效率高，但安全问题需要重视。后者是用物理或化学法，将治疗基因表达载体导入细胞内或直接导入人体内，操作简单、安全，但是转移效率低。

药物传递系统在实现核酸疗法的治疗潜力上起着至关重要的作用。作为一种理想的核酸药物传递系统，药物传递系统特性包括高转染效率和高度的靶细胞特异性、低的毒性和免疫原性、生物可降解性及药物制剂稳定性。此外，这种理想的核酸药物传递系统还应该是简便易于程式化，并能被修改以用于专门的核酸释放、传递和表达。

1. 病毒载体介导的传递系统　目前，在世界范围内，超过 70%的人类基因治疗临床试验采用病毒作为核酸药物传递系统。病毒载体介导的传递系统在各种疾病如肌肉萎缩和恶性肿瘤的治疗中均取得了重大进展。当前基因治疗中常用的病毒载体有 5 种（表 20－2），分别来源于 γ 逆转录病毒（gamma retrovirus）载体、慢病毒（lentivirus）载体、腺病毒（adenovirus）载体、腺相关病毒（adeno-associated virus，AAV）载体和单纯疱疹病毒（herpes simplex virus，HSV）载体。

表 20－2　常用病毒载体的特点

类　别	γ 逆转录病毒载体	慢病毒载体	腺病毒载体	AAV 载体	HSV 载体
是否整合	整合	整合	非整合	非整合	非整合
基因组大小	8 kb	9 kb	36 kb	5 kb	150～250 kb

续表

类　别	γ逆转录病毒载体	慢病毒载体	腺病毒载体	AAV 载体	HSV 载体
克隆容量	7～8 kb	7～8 kb	8～30 kb	3.5～4 kb	40～150 kb
宿主细胞范围	仅分裂细胞	广泛，分裂和非分裂细胞	广泛，分裂和非分裂细胞	广泛，分裂和非分裂细胞	广泛，偏好神经元
表达持续时间	数天至数月	长(>12 个月)	数天至数月	长(2.5～6 个月)	数天至数月
优　点	整合入宿主基因组，外源基因长期稳定表达	整合入宿主基因组，外源基因长期稳定表达	感染宿主细胞范围广泛；感染效率高；病毒滴度高	非致病性；免疫原性低；病毒滴度高	克隆容量大；感染效率高；病毒滴度高；扩增子载体易操作
缺　点	插入突变致癌；仅感染分裂细胞	插入突变致癌	严重的炎症和免疫反应；基因组大，操作不便	克隆容量低	偶尔出现细胞毒性；可能出现强免疫反应

野生型病毒必须经过改造才能成为容纳和携带外源基因的载体。不同病毒载体的改造原则基本一致。第一，删除病毒基因组中的病毒蛋白编码基因，尤其是潜在的致病基因；第二，保留病毒基因组中对于病毒复制所必需的顺式作用元件，尤其决定病毒基因组包裹至病毒颗粒中的序列即包装信号(ψ)；第三，病毒复制所需的病毒基因则由病毒生产细胞即包装细胞(packaging cell)表达提供，可通过瞬时转染包含这些基因的质粒实现，或者将辅助病毒同时感染包装细胞来表达这些基因，或者通过遗传改造将这些基因直接整合入包装细胞的基因组中。在实际应用中，病毒载体需要先导入体外培养的包装细胞，在其中复制包装成假病毒颗粒，再经浓缩纯化等处理即可用于基因治疗。

(1) 逆转录病毒载体：是目前基因治疗的常用载体。逆转录病毒载体中仅保留长末端重复序列(long ter minal repeat，LTR)和包装信号等 5 个完成复制必需的顺式作用元件，其余非必需的基因组序列及编码病毒蛋白的序列则被删除，被外源基因所取代。病毒结构蛋白 *gag* 基因、*pol* 基因和 *env* 基因由包装载体提供。逆转录病毒基因组中有编码逆转录酶和整合酶的基因，故可介导外源基因整合至宿主细胞基因组中并持续长期表达。但这也会导致插入突变，即插入宿主细胞基因组的原癌基因附近使其激活而发生癌变。

逆转录病毒载体主要包括两种。一是γ逆转录病毒载体，开发于 20 世纪 80 年代，主要源于逆转录病毒科正逆转录病毒亚科的γ逆转录病毒属的莫罗尼鼠白血病病毒(Moloney murine leukemia virus，MoMLV)。二是慢病毒载体，主要源于正逆转录病毒亚科的慢病毒属的Ⅰ型人类免疫缺陷病毒(human i mmunodeficiency virus type 1，HIV－1)。与γ逆转录病毒载体不同，慢病毒载体能介导基因转移至非分裂细胞，但仍无法介导转移至 G_0期静止细胞。与γ逆转录病毒载体相比，它能携带更大和更复杂的基因表达盒，故而更适合用于镰状细胞贫血的基因治疗。此外，其另一优势是优先整合至基因的编码区。而γ逆转录病毒载体则能整合至基因的 5′-端非翻译区，该特性能增加造血干细胞发生致癌插入突变的风险。故慢病毒载体现主要用于造血干细胞，γ逆转录病毒载体目前也仍用于某些 T 细胞改造及造血干细胞基因治疗。

(2) 腺病毒载体：改造自腺病毒科的腺病毒，是一种有包膜的双链 DNA 病毒，可引起人上呼吸道和眼部上皮细胞的感染。野生型腺病毒在自然界分布广泛，自然界存在 100 种以上血清型。重组腺病毒载体大多以非致病的 5 型(Ad5)和 2 型(Ad2)腺病毒为基础。腺病毒载体不会整合到染色体基因组，因此不会引起患者染色体结构的破坏，安全性高；而且对 DNA 包被量大、基因转染效率高；对静止或慢分裂细胞都具有感染作用，适用细胞范围广。腺病毒载体的缺点是基因组较大，载体构建过程较复杂。由于治疗基因不整合到染色体基因组，故易随着细胞分裂或死亡而丢失，不能长期表达。此外，该病毒的免疫原性较强，注射到机体后很快会被机体的免疫系统排斥。第一代和第二代腺病毒载体是分别将病毒早期基因 E1 等删除而构建的复制缺陷型载体，克隆容量约 8 kb，免疫原性较强，外源基因表达时间短。第三代腺病毒载体则缺失了大部分或全部病毒基因，仅保留末端反向重复序列(inverted ter minal repeat，ITR)和包装信号序列，称为无病毒载体(gutless vector)，克隆容量可达 30 kb，免疫原性进一步降低，外源基因持续表达时间更长。

(3) AAV 载体：改造自一种天然复制缺陷型、非致病性、无包膜的细小 DNA 病毒(parvovirus)。野生型 AAV 需要另一病毒如腺病毒或疱疹病毒辅助才能复制。AAV 的所有病毒编码序列被外源基因表达盒代替。AAV 载体的一个限制是不能包装超过 5 kb 的 DNA。而γ逆转录病毒载体或慢病毒载体则能容纳至 8 kb。AAV 载体主要是非整合性的,被转移的 DNA 在细胞内以附加体的形式稳定存在。该特点降低了其整合相关的风险,但也限制了外源基因的长期表达。野生型 AAV 至少有十几种血清型,主要区别在于衣壳蛋白 Cap 不同,故而对不同的组织细胞感染效率不同。在动物模型中,AAV 载体凭借其特异的组织向性(tropism)能有效转导肌肉、肝、视网膜、心肌、中枢神经系统等各种靶组织。早期的 AAV 载体临床试验采用肌内注射,后来转而利用 AAV 肝向性的优势采用静脉注射。AAV 载体的限制主要是抗 AAV 免疫反应,因为很多人携带直接针对 AAV 衣壳的中和抗体和记忆性 T 细胞。

(4) HSV 载体：主要改造自疱疹病毒科的Ⅰ型单纯疱疹病毒(HSV-1)。HSV-1 是一种人类嗜神经病毒,可感染分裂后的神经元细胞。HSV 载体具有克隆容量大、宿主范围广和病毒滴度高等优点,可分为 3 种：一是扩增子载体(amplicon vector),即删除所有病毒基因但仅保留复制和包装信号序列,需要辅助病毒包装,克隆容量高达 150 kb,表达持续时间约数天;二是复制缺陷型载体(replication-defective vector),即删除与复制相关的所有必需和非必需基因,多用于在宿主神经元细胞内长期表达外源性治疗基因,克隆容量高达 40 kb,表达持续时间可达数月;三是条件复制型载体(conditionally replicating vector),即删除非必需基因但保留细胞内复制必需基因,因其具有裂解细胞的特性,主要作为溶瘤病毒(oncolytic virus)来选择性杀伤肿瘤细胞。

2. *非病毒载体介导的传递系统*　虽然病毒性载体介导的药物传递系统是当前的主流,但目前也有 20%～25%的临床试验使用的是非病毒性载体介导的药物传递系统。非病毒性载体介导的核酸药物传递系统能避开病毒性载体的一些问题,因此在某些情况下也是一个很好的选择。非病毒性传递系统的最显著的优点就是无免疫应答、易于操作。常用的非病毒性药物传递系统有两类：即物理方法和化学方法。

(1) 物理方法：主要是机械或电学方法,包括显微注射法、电穿孔法、颗粒轰击法、超声波法等。其中,对于显微注射法来说,因为每次仅操作一个细胞,故而其效率很高,但其精确性是以浪费时间为代价取得的。颗粒轰击法通过颗粒轰击设备如基因枪的方法实现,但因其需要靶组织的直接暴露,因此该法主要局限于真皮、肌肉或黏膜组织。电穿孔法使用高压电流实现核酸药物的传递,该法可导致细胞的大量死亡,故不适用于临床应用。虽然使用物理性方法也取得了很好的转染效率,但此类方法的缺点是很难在临床中实现标准化,费力、不实用且具有损伤性。

(2) 化学方法：包括 DNA-磷酸钙共沉淀法、脂质体法、受体介导的基因转移等,其中脂质体法应用最为广泛。脂质体目前已经成为一种最为通用的核酸药物传递工具。它是一些由磷脂双层包裹而成水性小室组成的小囊泡。围绕着一个核室以同心圆状形成多重双层脂质称为多层脂质体(multilamellar vesicles, MLV)。可通过聚碳酸酯膜拉伸多层脂质体而产生特定尺寸(100～500 nm)的小单层脂质体(small unilamellar vesicles,SUV),也可以通过对多层脂质体或大的小单层脂质体进行超声而产生更小尺寸的小单层脂质体(50～90 nm)。亲水和疏水性的药物均可包裹在脂质体中,如脂质体和药物-脂质复合物已经被用于抗癌药物阿霉素和柔红霉素的传递。

脂质体在用于核酸药物传递时,可将核酸药物包裹在水性中心内,也可将核酸药物和脂质体复合成磷脂层。与病毒载体介导的核酸药物传递系统相比,脂质体具有更为明显的优点。例如,脂质体没有蛋白质成分,故而一般无免疫原性。因为脂质体双层中的磷脂成分种类很多,因此,脂质体传递系统也很容易进行改造以产生符合各种需要的尺寸、表面电荷、组成和形状。一些脂质体的阳离子带电表面还有助于核酸药物的复合物形成和传递。脂质体还保护核酸药物不受核酸酶的降解和提高核酸药物的稳定性。脂质体也可用于一些专门的基因药物传递(如长半衰期、持久和靶向传递)。迄今,各种各样的阳离子、阴离子、人工合成的修饰性脂质及其不同组合物均已经被各种各样的核酸药物的传递。

(五) 基因表达及治疗效果检测

基因治疗的效果检测包括通过体外试验、体内试验(如动物实验),其在分子和细胞水平上采用各种分子生物学技术检测治疗性目的基因在靶细胞及相关器官组织中是否表达、表达产物是否有功能/活性、目的基因是否整合到基因组及整合的位点、靶细胞的形态和(或)生物学行为的改变等,通过毒性试验、免疫学、致癌试验等对其进行安全性评估,以及通过临床试验从临床角度对患者疾病症状的改善、毒副作用等进行疗效检测和药效机制分析。

(六) 基因治疗临床试验的申请和审批

具体见本章末二维码。

三、基因治疗的临床应用

基因治疗作为一门新兴学科,在很短的时间内就从实验室过渡到临床,已被批准的基因治疗方案有200种以上,包括单基因遗传病、恶性肿瘤、感染性疾病、心血管系统疾病等(表20-3)。

表20-3 基因治疗典型应用案例

疾 病	细胞类型	治疗方案	载体/转基因	批准/认定
急性淋巴细胞白血病	T细胞	间接体内	LV CD19(4-1BB)CAR-T	FDA 2017; EMA 2016
弥漫性大B细胞淋巴瘤	T细胞	间接体内	γRV CD19(CD28)CAR-T	FDA 2014
滑膜肉瘤	T细胞	间接体内	LV-NY-ESO-TCR	FDA 2016; EMA 2016
HIV	T细胞	间接体内	ZFN CCR5电转	
β-珠蛋白生成障碍性贫血	造血干细胞	间接体内	LV血红蛋白β	FDA 2015; EMA 2016
镰状细胞贫血	造血干细胞	间接体内	LV血红蛋白β	
ADA缺乏症	造血干细胞	间接体内	LV ADA	FDA 2015
脊髓性肌萎缩	中枢神经系统	直接体内	AAV9-SMN	FDA 2016; EMA 2017
血友病B	肝	直接体内	AAV8-凝血因子Ⅸ	FDA 2014; EMA 2017
血友病A	肝	直接体内	AAV5-凝血因子Ⅷ	EMA 2017
脂蛋白脂肪酶缺陷	肌肉	直接体内	AAV1-LPL	EMA 2012-2017
遗传性视网膜营养不良	视网膜	直接体内	AAV2-RPE65	FDA 2017

注:γRV为γ逆转录病毒;LV为慢病毒;TCR为T细胞受体;HIV为人类免疫缺陷病毒;ZFN为锌指核酸酶;CCR5为C-C模体趋化因子受体5;ADA为腺苷脱氨酶;LPL为脂蛋白脂肪酶。

(一) 单基因遗传病的基因治疗

单基因缺陷引起的遗传病是当前基因治疗的主要对象,如ADA缺乏引起的重症联合免疫缺陷、镰状细胞贫血、β-珠蛋白生成障碍性贫血、囊性纤维化、家族性高胆固醇血症、血友病B(凝血因子Ⅸ缺乏)、血友病A(凝血因子Ⅷ缺乏)等。通常是采用间接体内或直接体内方案把正常的基因导入患者体内,表达正常的功能蛋白。

(二) 恶性肿瘤等疾病的基因治疗

基因治疗最早主要是针对单基因遗传病,近年来也开始应用于恶性肿瘤、感染性疾病、心血管疾病等,尤以恶性肿瘤应用最多。目前,已被克隆的恶性肿瘤相关基因很多,动物模型比较成熟,患者及亲属易接受,所以,恶性肿瘤的基因治疗研究日趋活跃,并取得了显著的成果。到目前为止,世界各国已经批准开展进行的基因治疗方案中,70%以上是针对恶性肿瘤。

与其他疾病相比,肿瘤的基因治疗有更多类型的目的基因和靶细胞可供选择,基因导入的方法也不尽相同,因此治疗策略具有多样性。例如,① 抑制和杀伤肿瘤细胞,包括抑制癌基因(如*K-RAS*)的表达、抗肿瘤血管形成、恢复抑癌基因(如*p53*和*RB*)的功能、自杀疗法等;② 肿瘤细胞的基因修饰,包括导入细胞因子基因、导入*MHC*基因和共刺激分子基因等策略;③ 调节和增强机体的免疫功能,包括CAR-T、将细胞因子基因导入免疫细胞、肿瘤DNA疫苗等策略。

四、基因治疗的发展历史

基因治疗的发展历史虽然很短,但堪称曲折。前事不忘,后事之师。了解其发展历史,对于其长远的健康发展具有重要意义。基因治疗的早期探索、基因治疗的早期快速发展与失败案例、基因治疗的再次兴起相关内容具体见本章末二维码。

五、基因治疗的挑战与前景展望

基因治疗目前仍面临技术、安全、伦理及社会问题等诸多挑战。尽管如此,其应用前景非常广阔。

(一) 基因治疗的技术挑战及安全问题

1. 技术挑战　① 基因导入细胞的效率、基因组编辑的效率仍需进一步提高。② 基因组编辑、反义寡核苷酸、RNA 干扰等技术均存在脱靶效应问题,需进一步改进。③ 导入患者体内的治疗性基因必须在适当的组织细胞内以适当的水平表达,才能达到治疗的目的,但目前基因表达的可控性仍不尽如人意。④ 基因治疗通常都需要治疗性基因在患者体内长期稳定表达,但由于细胞在体内的寿命有限、目的基因的丢失及机体的免疫排斥等,基因的长期稳定表达效果仍不理想。⑤ 遗传性疾病往往是由单基因或少数几个基因异常引起的,其发病机制相对容易研究清楚,故其基因治疗相对容易;而高血压、糖尿病、肿瘤和某些神经系统疾病通常是由多基因和多因素造成,发病机制复杂,难以研究清楚,故其基因治疗的复杂性也相应增加。

2. 安全问题　① 基因治疗导入的外源核酸药物可能会引起内源、外源基因的重组,基因组编辑等技术可能引起脱靶效应,这些都会导致细胞基因突变。② 外源基因产物(包括治疗基因和载体系统)在患者体内大量出现,可能导致严重的免疫反应。③ 目前基因治疗多采用间接体内法,靶细胞经体外长期培养处理后,其生物学特性可能发生改变。

(二) 基因治疗的伦理及社会问题

基因治疗技术尚没成熟,遵从一定的伦理原则非常重要。传统的伦理原则在现阶段对基因治疗仍具有规范作用,但需重新诠释,以适应基因治疗临床应用的特殊性。这些原则包括在实施基因治疗方案前,须向患者说明该治疗方案属试验阶段,以及它可能的有效性及可能发生的风险;同时保证患者有权选择该方案治疗或中止该方案治疗,保证一旦中止治疗能得到其他治疗的权利。另外,治疗时应严格保护患者的隐私。还应遵循优后原则,即只有确认其他治疗方法都无效,在迫不得已的情况下经患者同意方可进行基因治疗。

目前,基因治疗的应用限于以下 3 种情况:① 遗传病治疗,尤其是严重的、现阶段难以治愈的遗传病,以及恶性肿瘤和艾滋病等难治性疾病。② 治疗技术比较成熟,导入基因表达调控手段比较有效,且经动物实验证明治疗有效的疾病。③ 导入基因不会激活有害基因如原癌基因和抑制正常功能基因。

基因治疗至少不应该用于:① 生殖细胞基因治疗,因其基因能够传递扩散至下一代,对人类社会造成广泛影响,因此仍属于禁区。② 促进性优生的目的,如优化、改良、遗传素质提高等。③ 政治或军事目的,即通过改造遗传结构而达到控制某一个体、群体、民族的目的,或用于发展基因战争等。

此外,目前基因治疗研发与给药方式成本较高,从而导致其治疗价格非常昂贵,谁来支付、如何支付也是一个亟待解决的社会问题。

(三) 基因治疗的前景展望

从理论角度讲,对于人类疾病治疗尤其是单基因遗传病等的治疗是一种理想的治疗方法,故其应用前景无疑是非常广阔的。从基因治疗的发展历史可以看出,通过学术界、生物技术和制药公司等产业界、行业监管机构等的共同不断努力,基因治疗目前已经显示出了良好治疗效果,并开始从基于学术界的家庭小作坊转向工业化药物发展的道路。

近年来,基因组编辑技术在基因治疗领域的迅速应用,必将进一步加速基因治疗的发展与革新。此外,近年来基于免疫治疗视角的靶向 T 细胞的基因治疗方案在恶性肿瘤和感染性疾病治疗中显示出了良好治疗效果,也将在未来的基因治疗中发挥重要作用。

(易发平,卜友泉)

※ 第二十章数字资源

基因治疗临床试验的申请和审批

基因治疗的早期探索

基因治疗的早期快速发展与失败案例

基因治疗的再次兴起

第二十章
参考文献

微课视频 20-1
常用的基因诊断技术

微课视频 20-2
基因治疗的分类和策略

第二十一章

组 学

内容提要

组学是一门新的学科，是生命科学中以组学为术语后缀的研究领域的统称。组学是从整体角度对特定生物体中的各种分子进行整体表征和定量分析，由此探索揭示生命活动的规律。

基因组学是研究基因组的结构与功能的科学。人类基因组计划是基因组学第一次在全基因组规模上的成功实践，主要任务是构建人类基因组的4张图，即遗传图、物理图、转录图和序列图，后续计划包括HapMap计划、ENCODE计划、G1K计划和ICGP。基因组学包括结构基因组学、功能基因组学和比较基因组学。基因组学的核心技术在医学领域有广泛应用。

转录物组学是对细胞、组织或生物体内全部转录物的种类和功能进行系统研究的科学，主要技术包括cDNA微阵列芯片、SAGE、MPSS、ChIP-seq、RNA-seq。蛋白质组学是对生物体中所有蛋白质进行大规模研究的科学，研究内容包括蛋白质的组成、结构与功能、蛋白质翻译后修饰、蛋白质复合物、蛋白质-蛋白质相互作用网络等。常用技术包括双向凝胶电泳-质谱联用技术和液相色谱-质谱联用技术，常用色谱-质谱联用技术(如GC-MS和LC-MS)。代谢物组学是研究生物体对病理生理刺激或基因修饰产生的代谢物质的质和量的动态变化的科学。代谢物组学是系统研究特定细胞过程所产生的独特的化学指纹、生物样品中所有小分子代谢物谱的科学。其他组学还包括糖组学、脂质组学等。

系统生物学是研究一个生物系统中所有组成成分(DNA、RNA、蛋白质、小分子等)的构成，以及在特定条件下这些组分间的相互关系，并通过计算生物学建立一个数学模型来定量描述和预测生物功能、表型和行为的科学。

组学(omics)是近年来出现的一门新的学科，是生命科学中以组学(-omics)为术语后缀的研究领域的统称，包括最早出现的基因组学，以及后来的转录物组学、蛋白质组学、代谢物组学等(图21-1，表21-1)。从某种程度来说，组学代表着一种新的研究策略或研究范式，组学是从整体角度对特定生物体中的各种分子进行整体表征和定量分析，由此探索揭示生命活动的规律。目前，几乎所有生命科学的学科都被组学化，产生了各种各样的组学。

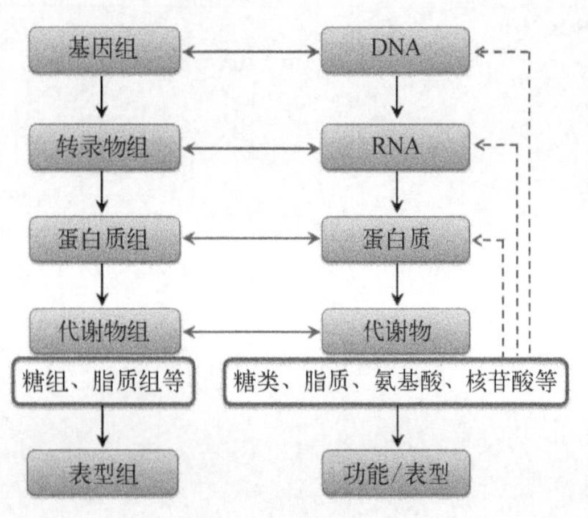

图21-1 常见组学

表21-1 常见组学名称及其分类

分类角度	组学名称
按照物质种类不同	基因组学、转录物组学、蛋白质组学、代谢物组学等
按照学科专业不同	肿瘤基因组学、药物基因组学、营养基因组学等
按照研究目的不同	结构基因组学、功能基因组学、比较基因组学

第一节 基因组学

一、基因组学的概念

从分子生物学的角度来说，基因组(genome)是指一个生物体所有 DNA 分子或所有基因的总和，即其所有遗传信息的总和。该术语由德国植物学家汉斯·温克勒(Hans Winkler)于 1920 年首次提出。基因组学(genomics)就是研究基因组结构与功能的科学。

基因组学有两个最主要的理念：即生命是序列的和生命是数字化的。在这一意义上可以说，基因组学就是把生命科学"序列化"和"数字化"。"基因组学"一词由美国遗传学家汤姆·罗德里克(Tom Roderick)于 1986 年首次提出，随着 1990 年人类基因组计划的启动，基因组学迅猛发展。作为当今最活跃的学科之一，基因组学对生物医学及整个人类社会产生了非常深远的影响。

二、人类基因组计划

作为一项规模宏大，跨国跨学科的科学探索巨型工程，人类基因组计划(human genome project，HGP)是基因组学第一次在全基因组规模上的成功实践，使基因组学真正成为一个成熟的、系统的科学学科。从这个意义上来说，人类基因组计划及后续计划的发展实施就是基因组学的发展史。

(一) 人类基因组计划的讨论和启动

具体见本章末二维码。

(二) 人类基因组计划的目标

构建人类基因组的 4 张图(图 21-2)，即遗传图、物理图、转录图和序列图，是人类基因组计划的主要内容和任务。尽管人类基因组计划的具体任务和时间表几经修改，但整体的 4 项技术目标始终没有改变。其最终技术目标是构建人类基因组的 DNA 全序列图。

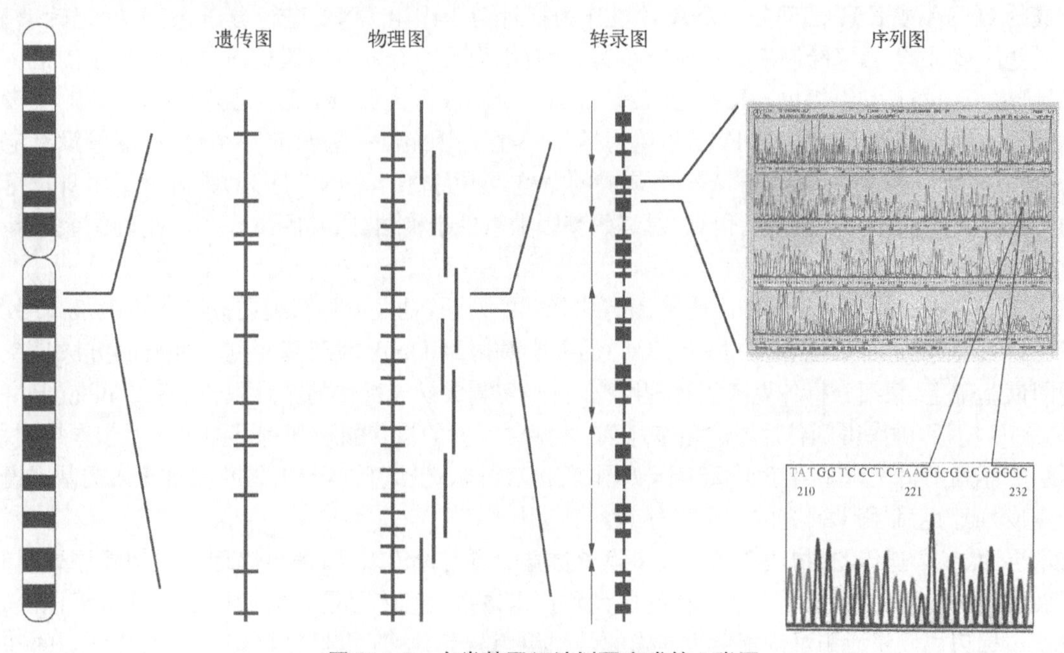

图 21-2 人类基因组计划要完成的 4 张图

1. 遗传图(genetic map) 又称连锁图(linkage map)，是表示基因或 DNA 标记在染色体上相对位置与遗传距离的图谱。遗传距离(genetic distance)通常以基因或 DNA 标记在染色体交换过程中的重组频率

(单位为厘摩,centimorgan,cM)来表示,重组频率值越大,两个位点之间距离越远。一般可由多世代、多个体的家系的遗传重组检测结果来推算。而基因组标记之间的遗传距离以重组频率的积加值来表示。

遗传图的绘制需要应用多态性标记。20 世纪 80 年代中期最早应用的标记是限制性酶切片段长度多态性(restriction fragment length polymorphism,RFLP)。20 世纪 80 年代后期发展的短串联重复序列(short tandem repeat,STR)又称微卫星(microsatellite)标记。人类基因组计划使用的遗传标记就是 STR。使用的家系是法国人类多肽性研究中心(Centre d'Etude du Polymorphisme Humain,CEPH)提供的"CEPH 家系",分析技术主要为 PCR。人类基因组计划最初设定的目标是构建由 3 000 个 STR 组成的、平均图距(两个标记之间的距离)为 1 STR/cM 的全基因组遗传图。遗传图于 1998 年圆满完成并发表,含 8 325 个 STR 标记,平均密度为 2.8 STR/cM。第三代多态性标志即单核苷酸多态性标志,后来被大量使用。

2. 物理图(physical map) 是指以序列标签位点(sequence-tagged site,STS)为物理标记构建的基因组图谱。以 Mb 或 kb 为图距来表示基因组的物理大小或标记图谱间的距离。

人类基因组计划在整个基因组染色体每隔一定距离标上 STS(在基因组中有确定位置,或大致定位的一小段已知序列的特异性单拷贝 DNA 片段,一般长度为 100～300 bp)之后,随机将每条染色体酶切为大小不等的 DNA 片段,以酵母人工染色体(yeast artificial chromosome,YAC)或细菌人工染色体(bacterial artificial chromosomee,BAC)等作为载体构建 YAC 或 BAC 邻接克隆系,确定相邻 STS 间的物理联系,绘制以 Mb、kb、bp 为图距的人类全基因组物理图谱。人类基因组计划当初设定的目标是构建由 3 万个 STS 组成的、平均密度为 10 STS/Mb 全基因组物理图。1998 年 10 月圆满完成并发表了含 5.2 万个 STS 的物理图谱,平均图距约为 60 kb。

物理图有两方面的重要含义：一是构建覆盖全基因组的、以 STS 为物理标记的基因组图谱,它反映的是基因组 DNA 序列两点之间(即两个 STS 的序列片段之间)的实际物理距离,一般以 Mb 或 kb 为单位。二是在此基础上构建首尾重叠、覆盖整个基因组的"重叠克隆群(overlapped clone groups)",这些克隆也就是用于测序的材料。

3. 转录图(transcription map) 是所有编码基因及其他转录序列的转录本(一个基因完整的 cDNA 序列和不完整的表达序列标签)的总和。通过从 cDNA 文库中随机挑取的克隆进行测序所获得的部分 cDNA 的 5′-端或 3′-端序列称为表达序列标签(expressed sequence tags,EST),一般长为 300～500 bp。将 mRNA 逆转录合成的 cDNA 或 EST 的部分 cDNA 片段作为探针与基因组 DNA 进行分子杂交,标记转录基因,绘制出可表达基因转录图,最终绘制出人体所有组织、所有细胞及所有发育阶段的全基因组转录图谱。要注意的是,随机测序不同器官和组织由 mRNA 逆转录得到的 cDNA 多为 EST,既不是完整的转录本,又没有基因组位置的信息。但是,因为绝大多数 EST 是单拷贝序列,在基因组中一般只有一个位置(尽管没有定位),也可以作为 STS 使用。更重要的是,由 EST 组装成的完整或不完整的 cDNA 序列,带有比它本身长得多的这个基因的部分外显子的序列和排列的信息,对编码基因数目的准确估计、基因组序列的正确组装和基因的注释很有价值。

4. 序列图(sequence map) 即人类基因组核苷酸序列图,是人类基因组在分子水平上最高层次、最详尽的物理图,目标是测定总长达 3 000 Mb(3 Gb)的人类基因组 DNA 的碱基序列。其绘制方法是在遗传图谱和物理图谱基础上,精细分析各克隆的物理图谱,将其切割成易于操作的小片段,构建 YAC 或 BAC 文库,得到 DNA 测序模板,测序得到各片段的碱基序列,再根据重叠的核苷酸顺序将已测定序列依次排列,获得人类全基因组的序列图谱。2000 年 6 月 26 日,美国、英国、法国、德国、日本与中国共同宣布人类基因组计划工作草图的完成,成为生命科学研究的一个里程碑。

从技术层面上讲,遗传图、物理图和转录图除了自身的研究价值以外,都可以理解成构建序列图的基础。从科学层面来说,这 4 张图组成了一个完整的研究和技术体系：遗传图是人类遗传学研究多年积累的结晶,所开发的遗传标记可以作为相对位置更为准确的基因组"路标";物理图是以物理标记为"路标"的基因组图谱,所提供的 DNA 克隆是基因组测序的实验材料;转录图可以看作是序列(基因)图的雏形,提供的编码序列对序列组装和基因注释是非常重要的。某种意义上,人类基因组的序列图可以说是以遗传标记、物理标记和转录本为"路标"和"骨架"的、核苷酸水平的物理图。上述人类基因组计划的 4 张图谱被誉为人类"分子水平上的解剖图”，也被称为“生命元素周期表”，为生物医学的进一步发展奠定了基础。

模式生物基因组的研究也是人类基因组计划的重要任务和内容之一。在完成人类基因组的第一张草图的同时，人类基因组计划还完成了大肠埃希菌、酿酒酵母、秀丽线虫、拟南芥、黑腹果蝇、河鲀和小鼠 7 种模式生物基因组序列的测序、组装和注释。这本身对科学和医学具有重要意义，同时鉴于这些模式生物的基因组普遍比人类的小得多(小鼠除外)，便于发展和改进技术。此外，以比较基因组的手段，比较这些生物基因组的演化过程、序列特征和基因分布特点等，对于人类基因组的组装和注释也十分重要。

(三) 人类基因组计划的技术路线

具体见本章末二维码。

(四) 人类基因组计划的完成

2000 年 6 月 26 日，时任美国总统克林顿与英国首相布莱尔分别代表美国和英国，庆祝并隆重宣布人类基因组草图(即工作框架图)这一历史性任务的完成。根据当时的技术标准，草图要覆盖全基因组的 90%以上，碱基的平均准确率为 99%。以当时的技术，测序深度至少要 5×(即所有下机序列的总长度约为基因组估计大小的 5 倍)。

人类基因组精细图(当时也称完成图)于 2003 年完成，经过 13 年的艰苦努力，人类基因组计划的所有目标提前两年圆满完成，正式落下帷幕。根据当时的技术标准，精细图要覆盖全基因组的 99%以上，碱基的平均准确率为 99.99%，测序深度至少要 10×。2003 年 4 月 12 日，中国、法国、德国、日本、英国和美国的政府首脑联合签署“人类基因组计划宣言”(Proclamation of the Human Genome Project)。

2006 年 5 月 18 日，最后的一个人类染色体，也是人类基因组最大的染色体——1 号染色体的精细图发表。

(五) 人类基因组计划的后续计划

延续至今的人类基因组计划诸多后续计划是基因组学发展史的重要部分。人类基因组计划的后续计划特指那些组织上以 IHGSC 的各主要研究中心为主体，思路和策略上延续人类基因组计划(特别是全基因组规模)，技术上以基因组测序和信息学分析为主要的技术平台，原则上坚持人类基因组计划“共需、共有、共为、共享”精神的国际合作计划。HGP 的后续计划主要有 HapMap 计划、DNA 元件百科全书(Encyclopedia of DNA Elements，ENCODE)计划(中国唯一没有参与的大型国际基因组合作计划)、国际千人基因组计划(G1K 计划)和国际癌症基因组计划(International Cancer Genome Project，ICGP)。

基因组学发展的角度，主要标志有“从一个个体的基因组参考序列到人类基因组多样性”的国际 HapMap 计划、“从参考序列到注释人类基因组功能元件”的国际 ENCODE 计划、“从一个个体的参考序列到代表性主要群体的多个体全基因组序列多样性”的 G1K 计划、标志人类基因组学研究进入临床应用的 ICGP 及正在讨论并已分别实施的 G1M 计划(百万人基因组计划)与国际 G100M 计划(一亿人基因组计划的建议)。

1. HapMap 计划　是在人类基因组计划完成精细图的同时，于 2002 年 10 月宣布启动的，因而被称为人类基因组计划的“姐妹计划”。HapMap 计划标志着人类基因组研究“从一个个体的基因组参考序列到人类基因组多样性”的重要里程碑。美国、英国、日本、中国的人类基因组计划主要中心，以及加拿大和尼日利亚的团队一起宣布启动了 HapMap 计划。作为人类基因组计划的“姐妹计划”，HapMap 计划的技术任务是以人类基因组计划产生的和其他来源的候选单核苷酸多态性为基础，以人类三大群体的样本进行分型，鉴定最小等位基因频率(Minor Allele Frequency，MAF)为 5%或以上的单核苷酸多态性。这三大群体的样本中，非洲人和欧洲人各为 30 个“trio(3 人小家系)”，亚洲人为 90 个不相关的随机个体样本。历史原因使亚洲人的样本最终为 45 个中国人和 44 个日本人。

2. ENCODE 计划　ENCODE 旨在开发新的分析软件，详细注释人类基因组中的编码基因和所有其他非编码的 DNA 功能元件。该计划几乎与 HapMap 计划同时开始讨论并在 2003 年正式启动，并与 HapMap 计划相互呼应。ENCODE 首先选择了人类基因组中分别代表“基因密集(gene-rich)”和“基因稀疏(gene-poor)”的 44 个基因组区段(大小为 5 kb～2 Mb，共约 30 Mb)约占人类基因组的 1%，因此前期也称为“1%测序和比较分析计划”，又称为“ENCODE 靶区域(ENCODE targets)”，以当时的双脱氧链末端终止法测序技术进行多个体的深度测序。ENCODE的深入、精细分析主要有3方面：① 结合所有相应cDNA(包括EST)的分析来检出可能遗漏的编码基因，以修改和改进注释结果和注释软件；② 将编码基因表达谱和其他分析结合，来鉴定这些基因的调控序列；③ 通过23种哺乳动物的同源区域的比较基因组分析来检出人类基因组对应区域中的所有DNA功能元件，包括编码基因及其启动子、增强子、沉默子、内含子、复制起点、复制终止位点、转录因子结合位点、甲基化位点、DNase Ⅰ高敏感位点(DNase Ⅰ hypersensitive sites)、染色质修饰和功能未知的、存在于多个物种中的保守序列等在内的所有功能元件，为人类基因组提供一张完整的元件目录，回答为何人类蛋白质编码基因比原先人们的估计要少得多、非编码区域是否都是垃圾DNA等诸多难题。ENCODE相关研究揭示了在人类基因组中至少80%的DNA都是有"目的"或者说是有功能的。

3. G1K计划　是HGP团队基于大规模并行高通量测序(massively parallel high-throughput sequencing，MPH)技术，旨在通过多群体、多个体的全基因组序列分析来研究人类基因组序列多样性的计划。G1K计划标志着人类基因组研究"从一个个体的参考序列到研究人类代表性主要群体的多个个体全基因组序列多样性"的新阶段。G1K计划是由英国、中国和美国(后来美国的三大测序仪制造商相继加入)于2008年5月宣布启动的又一重要的国际合作计划。其预计划主要是测序和分析HapMap计划所用的三大群体(欧洲、非洲、亚洲人群)样本，第一期计划扩大到四大群体(增加了美洲人群)的1 094个样本，鉴定和发表了3 890万个单核苷酸多态性、140万个小插入和缺失(insertion-deletion，InDel)、1.4万个大缺失(large deletions)。第二期计划又扩大到五大群体(增加了中东人群)25个族群的2 500个样本。第一期计划已经完成，代表了人类基因组多样性研究的新近进展。

4. ICGP　是基因组学走向临床医学研究的一个新起点。ICGP的初衷便是杜尔贝科(Dulbecco)在1986年发表的人类基因组计划标书。ICGP是由人类基因组计划重要负责人之一艾瑞克·兰德(Eric Lander)和美国的癌症学家一起发起的。他们向美国国会递交了"癌症基因组计划建议书"。美国NIH连续召开了多次国际研讨会，一开始便邀请中国代表出席。中国代表表示了积极、明确的支持态度并大力呼吁"将美国的计划像人类基因组计划那样变成国际性的合作计划"。2006年，美国NIH由NHGRI和国家癌症研究所(National Cancer Institute，NCI)合作首先启动癌症基因组概图(the cancer genome atlas，TCGA)计划。经过讨论，美国、英国、加拿大、中国等国科学家于2008年4月在加拿大的多伦多举行会议，组成国际癌症基因组协作组(International Cancer Genome Consortium，ICGC)并启动了ICGP。现在已有15个国家的47个中心加入了ICGC。ICGP的主要技术目标是测序和分析50个主要癌症的基因组，每个癌症要分析500个样本，加上来自同一患者的500个正常样本作为对照，一共要分析50 000个基因组。ICGP主要分析癌症样本的体细胞的基因组变异，鉴定与癌症发生有关的单核苷酸多态性和InDel、拷贝数目变异(copy number variation，CNV，包括较大区段的插入和缺失)及易位(translocation)和颠位(inversion)等其他结构变异(structure variation，SV)。特别是鉴别与癌症发生有关的驱动变异(driver variation)及癌症发生带来的继发变异(passenger variation)，绘制第一张人类癌症基因组变异的目录，并开始泛癌种的全基因组分析(pan cancer analysis of whole genomes，PCAWG)的比较分析，以发现不同器官组织中癌症发生的共性和特性。

(六) 人类基因组计划的意义和影响

人类基因组计划作为与美国的"曼哈顿原子弹计划""阿波罗登月计划"并称的20世纪最重要的三大计划之一，在生命科学研究史上具有里程碑式的意义和影响。首先，人类基因组计划是人类自然科学史上第一次影响最大的多国参与的国际合作计划，开辟了国际科研合作的新篇章；人类基因组计划主张的广泛合作和免费分享、倡导的生命伦理原则等已成为人类文明财富的一部分，并充分体现在"共需、共有、共为、共享"的人类基因组计划精神之中。其次，人类基因组计划对科学的最大影响是促进了生命科学几乎所有学科的组学化，并催生了一门新的学科——组学。最后，人类基因组计划的运行过程提供了一个新的技术——测序，测序技术使生命变成了数据；生命和生命科学的数字化也汇入当今世界数字化和大数据的潮流。

三、基因组学的研究内容

如前所述，基因组学主要是研究基因组的结构与功能。因此，根据研究目的和研究内容不同，基因组学研究可以分为3方面：结构基因组学、功能基因组学和比较基因组学。

（一）结构基因组学

结构基因组学（structural genomics）是研究基因组的组织结构、基因组成、基因定位、核苷酸序列等基因组结构信息的学科。人类基因组计划的遗传图、物理图和序列图的分析都属于典型的结构基因组学研究。需要指出的是，除了人类基因组计划采用的结构基因组学研究方法外，近年来，新一代高通量测序技术在结构基因组学研究中发挥了非常重要的作用，极大地提升了研究速度，降低了研究成本。

（二）功能基因组学

功能基因组学（functional genomics）是在结构基因组学研究的基础上，进一步全面地分析基因组中所有基因的功能及其相互作用的学科。结构基因组学主要涉及基因组信息的静态层面，即基因组的结构或序列。而功能基因组学则关注基因组的动态层面，即其功能、表达调控、相互作用等。功能基因组学的研究层面涉及很广，故而又被进一步细化，产生了转录物组学、蛋白质组学等。人类基因组计划的一些后续计划如ENCODE计划等也属于功能基因组学的范畴。

（三）比较基因组学

比较基因组学（comparative genomics）是对不同有机体或不同物种的基因组特征进行比较研究的学科。基因组特征包括DNA序列、基因、基因序列、调控序列等。比较基因组学一方面可为阐明物种进化关系提供依据；另一方面可根据基因的同源性预测相关基因的功能。比较基因组学可在物种间和物种内进行，前者称为种间比较基因组学，后者则称为种内比较基因组学。

种间比较基因组学通过比较不同亲缘关系物种的基因组序列，可以鉴别出编码序列、非编码（调控）序列及特定物种独有的基因序列。而对基因组序列的比对，可以了解不同物种在基因构成、基因顺序和核苷酸组成等方面的异同，从而用于基因定位和基因功能的预测，并为阐明生物系统发生进化关系提供数据。

同种群体内各个个体基因组存在大量的变异和多态性，这种基因组序列的差异构成了不同个体与群体对疾病的易感性和对药物、环境因素等不同反应的分子遗传学基础。例如，单核苷酸多态性最大限度地代表了不同个体之间的遗传差异，鉴别个体间单核苷酸多态性差异可揭示不同个体的疾病易感性和对药物的反应性，有利于判定不同人群对疾病的易感程度并指导个体化用药。

四、基因组学与医学

基因组学对医学的基础研究和临床应用均产生了非常广泛和深远的影响，基因组学的核心技术在医学领域已有非常广泛的应用。

（一）外显子和全外显子组测序——单基因性状与遗传病

生物的单基因性状和人类的孟德尔遗传病（包括染色体病）是基因组学及其技术的应用范例。单基因性状和单基因病大都是由一个蛋白质的氨基酸序列发生变化而引起的，是源于编码基因的核苷酸序列的变异。外显子测序和全外显子组测序（whole exome sequencing）分析有的放矢，技术较为简单，分析较为直接，经济效益较好。要注意的是，同一性状（疾病）可能是与之相关的代谢网络中的不同基因的不同变异（包括结构改变和调控改变）引起的。这一技术适用于经典的染色体病或线粒体病。更为重要的是，全外显子组测序有望仅分析一个或数个遗传方式明确的家系，便有可能鉴定出与性状（疾病）相关的基因变异，而不像经典的连锁分析那样需要很多同质性的家系的累加才能达到期望值。根据致病等位基因所在染色体（常染色体或性染色体）及遗传方式的不同（显性或隐性），人类单基因遗传病分为：① 常染色体遗传病，包括常染色体显性遗传病和常染色体隐性遗传病；② X连锁遗传病，包括X连锁显性遗传病和X连锁隐性遗传病；③ Y连锁遗传病，线粒体基因组缺陷所引起的疾病。因单种遗传病的发病率较低，可归于罕见病（rare disease）。已开发的专用于某种罕见病或单基因遗传病的药物常被称为罕用药（orphan drug）。罕见病是指流行率很低、很少见的疾病。国际确认的罕见病有7 000多种，其中约80%是由基因缺陷导致的，目前只有不到5%的罕见病有治疗方法。因罕见病患病人数少、缺医少药且往往病情严重，所以曾被称为孤儿病（orphan diseases，意为少见病），而曾把治疗罕见病的药物称为孤儿药（orphan drug）。据估计，中国各类罕见病患者超过1 000万人。

不同的国家、地区和组织对罕见病的定义不同：美国 2002 年通过的《罕见病法案》(*Rare Disease of* 2002)，将患病人数低于 20 万，或患病率低于万分之七的疾病或病变定义为罕见病；日本的法律将患病人数低于 5 万，或患病率低于万分之四的疾病定为罕见病；欧盟则将危及生命或慢性渐进性疾病等患病率低于万分之五，需要特殊手段干预的疾病视为罕见病；韩国将患病人数低于 2 万的疾病称为罕见病；中国台湾地区 2000 年通过的"罕见疾病防治及药物法"将罕见病定义为患病率在万分之一以下、具遗传性及诊治困难的疾病；而目前中国尚无对罕见病的官方定义。

(二) 全基因组测序——复杂性状与常见疾病

基因组学的一个重要领域，便是动植物的复杂性状和人类的癌症等常见复杂疾病的研究。全基因组测序(whole genome sequencing)和分析将成为常规技术。人类与其他动植物的大多数性状涉及基因组的多个区域与多个基因及其他功能因子的变异，特别是与"三大网络(基因转录调控网络、代谢网络和信号转导网络)"有关的所有基因及功能因子。无疑，外显子组测序可能丢失的信息是多方面的，正因为如此，全基因组序列分析展示了它的独特优势，可以反映与表型有关的该基因组所有的相关变异，如基因的调控因子、非编码序列变异及所有相关网络。即使是单基因遗传病，也可能与增强子等其他的调控序列有关。全基因组序列分析，结合转录物组和外饰基因组等其他分析，是组学研究的长期战略方向之一。随着测序和分析成本的不断下降，全基因组测序的应用将更为广泛。

2008 年，美国华盛顿大学的 Timothy Ley 发表了第一个癌症基因组的全基因组测序与分析。这一结果预示着第一个癌基因组序列的问世，也开启了癌基因组学研究的大门。该研究小组对一例急性粒细胞白血病中年妇女完成了真正意义的全基因组测序。这项研究表明，患者有 2 个致癌基因是已知与白血病相关的基因，4 个基因及其基因家族成员被发现与癌症发生相关，并发现了癌细胞的 64 个体细胞突变。其中 12 个位于编码基因的内部，另外 52 个突变位于基因组的保守区域或基因表达的调节区(均为非编码区)。这些突变都处于杂合状态，推测这些基因中的一部分突变参与了癌症的发生。

(三) 单细胞测序——基因组异质性

人类基因组学的一大重点是癌症和很多其他复杂疾病的异质性(heterogeneity)的研究，单细胞测序和分析将发挥很大作用。此前的癌症研究都使用取自患者癌组织的样本。实质上，这些样本都混有相当比例的正常细胞，而癌细胞也处于不同时期具有不同的基因组变异。单细胞的全基因组序列分析在这里展示了它独特的优势。此外，对所有人体、其他动植物，特别是直接取自特定生态环境的混合微生物组群样本，单细胞组学分析也将发挥很大的作用。而"下一代"测序技术将可能直接对单细胞进行基因组、转录物组、外饰基因组等组学的综合分析。单细胞测序主要包括细胞分离、DNA 或 RNA 扩增、深度测序、信息分析等几个方面，不久的将来有望取得更大的进展与突破。它还将在"脑计划"等神经系统研究中发挥独特的作用。单细胞测序还可能发现和鉴定生物体新的细胞类型。单细胞测序的技术难点是如何高效率、高保真地扩增 DNA 及 RNA 分子及大幅度地降低成本。

(四) 宏基因组测序——微生物及病原基因组

宏基因组(metagenome)是指特定环境或共生体内所有生物遗传物质的总和。宏基因组学(metagenomics)也称元基因组学，是通过研究特定环境中全部生物遗传物质，探讨该环境中可能存在的全部生物种群，试图克服人工培养技术的局限性，从更复杂层次上认识生命活动规律的学科。

宏基因组学的诞生完全归功于测序和信息分析技术的发展，将对生态微生物组(microbiome)，特别是病原基因组(pathogenome)的研究带来一场新的革命。现在，只有不到千分之一的细菌和百万分之一的病毒物种可以进行纯化培养、鉴定和分析。宏基因组测序可以使用多种类微生物的混合样本甚至包括宿主全基因组的样本，进行测序后再重新组装成完整的微生物全基因组或可读框。近年来，已有几百倍甚至几万倍于现有数量的微生物的基因和可读框被测序和鉴定，这将对认识生命的多样性和解析生命世界的"三大网络"、生态环境的研究和生物产业的发展做出重大的贡献。

宏基因组学的第一个最大的应用成果便是人类常见复杂代谢病的发生与体内(特别是胃肠道)共生的微生物组群相关的研究。在科学上，其颠覆了复杂性状是基因与环境因子共同作用的概念：对环境来说，人类胃肠道和其他体内微生物的基因也是基因，而对经典定义的基因，即人类核与线粒体基因来说，这些微生物却是与基因相互作用的环境因素的一部分。在应用上，改变或调节体内微生物的种类及其比例也成为临床治疗和新药物研发的方向之一。

宏基因组学有望给微生物学带来革命性的变化。宏基因组测序是继显微镜之后，打开微生物世界大门的又一重要工具，特别是对难以分离、培养、纯化的寄生、共生、聚生的微生物类群，包括病原和潜在的病原微生物的研究。

宏基因组学的发展方向也是单细胞（微生物个体）的“组学”综合分析，特别是“三大网络”的阐明，将为合成基因组学提供更多的信息。

（五）微（痕）量 DNA 测序——无创检测、法医鉴定和古 DNA 研究

微（痕）量 DNA 测序为研究生命演化和人类疾病、无创早期精准检测和法医鉴定、古 DNA 研究等提供了新的工具。很多生物样本的 DNA/RNA 含量很低，而且降解很严重，片段很短。MPH 可以分析微量、严重降解的 DNA/RNA。微（痕）量 DNA 测序的第一个最为重要的成功应用是无创产前检测（non-invasive prenatal testing，NIPT）。孕妇外周血中含有胎儿细胞释放的 DNA 片段，测序技术现在已经可以用于早期的产前检测，最为成功的应用是非整倍体如 21-三体综合征等染色体疾病的检测，其也即将应用于单基因遗传病方面。

微（痕）量 DNA 测序第二个重要的应用是体液（血液、尿液、唾液、泪液、精液及阴道黏液等）中的 DNA 和 RNA（特别是 miRNA）分析。其对于癌症和其他疾病的早期检测和复发监控具有巨大的临床应用前景。同时，微（痕）量 DNA 测序将广泛用于法医 DNA 的研究，如在几个指纹上便可以提取到足量的 DNA 用于测序。这对于个体身份鉴定是非常重要的。

微（痕）量 DNA 测序的另一重要的应用是古 DNA 研究。古代样本中的 DNA 含量微少而又严重降解。随着测序技术的发展，更多的“死人死物”将“开口说话”。

第二节　转录物组学

一、转录物组与转录物组学的概念

转录物组（transcriptome）是指一个细胞、组织或生物体的全部转录物即全部 RNA 的总称，包括 mRNA、rRNA、tRNA 及其他非编码 RNA 等。

转录物组学（transcriptomics）则是对细胞、组织或生物体内全部转录物的种类和功能进行系统研究的科学。广义来讲，转录物组学是对转录水平上发生的事件及其相互关系和意义进行整体研究的一门科学。

二、转录物组学的研究内容

转录物组学从 4 个水平上进行研究：① 特定细胞的转录与加工研究，包括转录因子在启动区的组装、乙酰化复合体的招募和作用、组蛋白磷酸化对染色质结构的影响、转录前体 RNA 的加工修饰如可变剪接和 RNA 编辑等；② 转录物由于多样性，应对转录物编制目录（transcript cataloging）以便于归类研究；③ 绘制动态的转录物谱（dynamic transcript profiling）；④ 转录物的调节网络（transcript regulatory networking）。

三、转录物组学的研究技术

（一）cDNA 微阵列芯片技术

cDNA 微阵列芯片技术（参见第十八章常用分子生物学技术）可以大规模、高通量地同时检测成千上万个基因的转录情况，是转录物组学研究及基因组表达谱分析的主要技术。该技术主要适用于不同样本如不同生理或病理条件下的基因差异表达分析。但是，其具有局限性：① 灵敏性和动力学范围不适于检测低丰度的RNA;② 主要用于基因组测序已完成的模式生物,非模式生物的cDNA微阵列的商业化构建不多。

(二) SAGE技术

不同细胞中mRNA种类和数量成千上万,要把它们完全分别测序和计量十分困难。但如果把每种mRNA仅用9 bp长度的短核苷酸序列标签来代表,工作量就能大减。理论上讲,一个9 bp序列标签会有4^9种排列,因此这种标签可分辨$4^9=262\,144$个不同的转录物。基因表达系列分析(serial analysis of gene expression,SAGE)技术的基本原理就是基于上述理念,将细胞中所有的mRNA逆转录为cDNA,用被称为锚定酶(anchoring enzyme,AE)的4 bp限制酶*Nla* Ⅲ酶切,收集cDNA 3′-端部分,连接接头,接头中含有被称为标签酶(tagging enzyme,TE)的*Fok* Ⅰ的识别序列,此酶是Ⅰ型限制酶,它在距识别序列20 bp的位置切割双链DNA呈平末端,然后用标签酶酶切产生连有接头的短片段(9 bp左右),进一步将这些9 bp的短片段序列标签进行克隆扩增测序。最后输入计算机进行处理,就能对上千个mRNA进行分析从而获得mRNA表达谱。SAGE技术不仅适用于对转录物编制目录,也适合对不同组织样本进行转录水平上的基因差异表达分析。

(三) MPSS技术

大规模平行信号测序技术(massively parallel signature sequencing,MPSS)的原理同SAGE技术类似,是以序列测定为基础的高通量基因表达谱分析技术。它是先从cDNA文库中制备具有17 bp的标签,这些标签分别对应代表不同的mRNA,将它们插入载体,载体中带有一段称为条形码标签(barcode-tag)的寡核苷酸与17 bp标签紧接。然后以此载体作为模板将17 bp从其侧翼条形码标签用PCR扩增。同时,另行构建大量抗标签小粒(anti-tag bead),与扩增出的17 bp标签片段进行分子杂交。17 bp的标签的序列分析工作就在大量小粒上同时平行进行,此法每次可评估上百万个转录物。如果转录物是非编码RNA,其方法一样,只是构建非编码RNA-cDNA文库的方法和常规稍有差别。MPSS技术的用途与SAGE技术相同。

(四) ChIP-seq技术

现在已知,特定细胞基因组在特定条件下转录时,大量转录因子或转录调节蛋白参与调节大量靶基因的转录,呈现网络式调节,即转录物调节网络(transcript regulatory networking)。因此,寻找和确定转录因子在基因组DNA上的结合位点也是转录物组学的一个重要研究内容。针对该研究目的的技术主要是基于染色质免疫沉淀技术(ChIP)的ChIP-seq技术(参见第十八章常用分子生物学技术)。

(五) RNA-seq技术

RNA测序(RNA sequencing,RNA-seq)技术是从细胞或组织中提取RNA并进行高通量测序的研究方法。它不仅可以对特定状态下细胞或组织中转录物的种类和表达水平进行分析,还可以分析基因融合、可变剪接、RNA编辑等。

四、转录物组学与医学

通过比较研究正常和疾病条件下或疾病不同阶段基因表达的差异情况,可以为阐明复杂疾病的发生发展机制、筛选新的诊断标志物、鉴定新的药物靶点、发展新的疾病分子分型技术及开展个体化治疗提供理论依据。

例如,外周血转录物谱可作为冠状动脉疾病(coronary artery diseases,CAD)诊断与病程、预后判定的生物标志物。CardioDx发展了基于23个基因表达谱的诊断试剂盒——Corus CAD,其适用于早期阻塞性CAD的诊断。近年研究表明,多种疾病(包括肿瘤)与miRNA密切相关,检测血清中miRNA表达谱可指示某些疾病的发生。目前已有乙肝、心脏疾病(包括急性冠状动脉综合征、急性心肌梗死、高血压、心力衰竭等)、2型糖尿病和肝癌等患者的血清miRNA作为诊断标志物的报道。此外,miRNA还可作为某些疾病治疗的潜在靶点。例如,针对miRNA-182的反义寡聚核苷酸可以用于黑色素瘤肝转移的治疗。

第三节 蛋白质组学

一、蛋白质组和蛋白质组学的概念

“蛋白质组(proteome)”一词,源于蛋白质“protein”与基因组“genome”两个英文单词的组合,由澳大利亚麦考瑞大学(Macquarie University)的马克·威尔金斯(Marc Wilkins)于1994年在意大利举行的第一届国际双向电泳会议首次提出,并于1995年在*Electrophoresis*杂志上正式发表了对支原体蛋白质组研究的成果。蛋白质组的概念有过多次修订,目前认为,蛋白质组是指一个基因组表达的全部蛋白质,或在特定时间和特定条件下存在于一种细胞、亚细胞、组织、体液(如血浆、尿液、脑脊液等)或生物体中所有蛋白质的总和。

蛋白质组学(proteomics)是对生物体中所有蛋白质进行大规模研究的科学,研究内容包括蛋白质的组成、结构与功能、蛋白质翻译后修饰、蛋白质复合物、蛋白质-蛋白质相互作用网络等。

相对于基因组学、转录物组学,蛋白质组学还未达到全景式(即对所有蛋白质)的研究,目前的蛋白质组学研究方法对蛋白质组的覆盖率还很有限(大多物种特别是复杂生物的覆盖率小于50%)。要全面提高蛋白质组学研究对蛋白质组的覆盖率还需有革命性的技术突破。

二、蛋白质组学的研究技术

目前常用的蛋白质组学研究主要有两条技术路线,一是基于双向凝胶电泳(two-dimensional gel electrophoresis,2-DE)分离为核心的研究路线,混合蛋白质首先通过2-DE分离,然后进行胶内酶解,再用质谱(mass spectroscopy,MS)进行鉴定。二是基于液相色谱(liquid chromatography,LC)分离为核心的技术路线,混合蛋白质先进行酶解,经色谱或多维色谱分离后,对肽段进行串联质谱分析以实现蛋白质的鉴定。其中,质谱是研究路线中不可缺少的技术。

(一) 2-DE和MALDI-MS

1. *2-DE分离蛋白质* 2-DE是分离蛋白质最基本的方法,其原理是蛋白质在高压电场作用下先进行等电聚焦(isoelectric focusing,IEF)电泳,利用蛋白质分子的等电点不同使蛋白质得以分离(图21-3);随后进行SDS-PAGE,使依据等电点分离的蛋白质再按分子量大小进行再次分离。目前,2-DE的分辨率可达到10 000个蛋白质点。

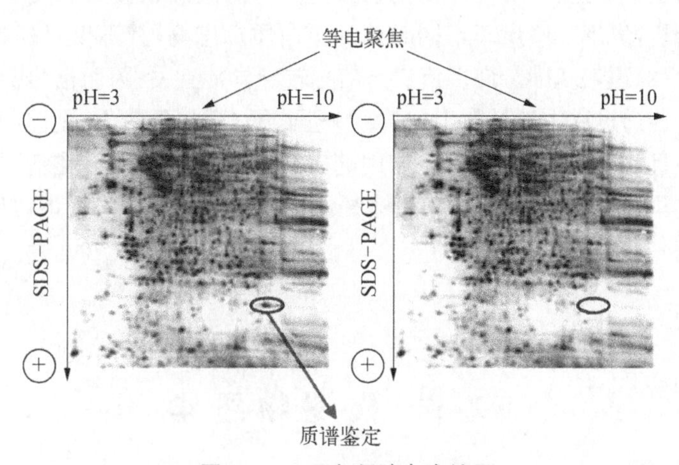

图21-3 双向凝胶电泳结果

2. *MALDI-MS鉴定2-DE胶内蛋白质点* MS是通过测定样品离子的质荷比(m/z)来进行成分和结构分析的方法。2-DE胶内蛋白质点的鉴定常采用基质辅助激光解吸附离子化(matrix-assisted laser

desorption ionization,MALDI)技术。MALDI作为一种离子源,通常用飞行时间(time of flight,TOF)作为质量分析器,所构成的仪器称为MALDI-TOF-MS。MALDI的基本原理是将样品与小分子基质混合共结晶,当用不同波长的激光照射晶体时,基质分子所吸收能量转移至样品分子,形成带电离子并进入MS进行分析,飞行时间与质荷比的平方根$(m/z)^{1/2}$成正比。MALDI-TOF-MS适合微量样品的分析。

利用质谱技术鉴定蛋白质主要通过两种方法:① 肽质量指纹图谱(peptide mass fingerprinting,PMF)和数据库搜索匹配。蛋白质经过酶解成肽段后,获得所有肽段的分子质量,形成一个特异的PMF图谱,通过数据库搜索与比对,便可确定待分析蛋白质分子的性质。② 肽段串联质谱(MS/MS)的信息与数据库搜索匹配。通过MS技术获得蛋白质一段或数段多肽的MS/MS信息(氨基酸序列)并通过数据库检索来鉴定该蛋白质。混合蛋白质酶解后的多肽混合物直接通过(多维)液相色谱分离,然后进入MS进行分析。质谱仪通过选择多个肽段离子进行MS/MS分析,获得有关序列的信息,并通过数据库搜索匹配进行鉴定。

(二) LC-ESI-MS

基于LC-ESI-MS的蛋白质组研究技术通常称为鸟枪法(shotgun)策略。其特点是组合多种蛋白质或肽段分离手段,首选不同的层析技术,实现蛋白质或多肽的高效分离,并与MS/MS技术结合,实现多肽序列的准确鉴定。

1. *层析分离肽混合物* 从组织中提取的目标蛋白质混合物首先进行选择性酶解,获得肽段混合物,然后进行二维液相分离。一维液相分离一般采用强阳离子交换层析,利用肽段所带电荷数差异进行分离;二维分离常常选择纳升反相层析,利用肽段的疏水性差异进行分离。

2. *电喷雾串联质谱鉴定肽段* 在肽段鉴定中,纳升级液相层析(nano-LC)常与电喷雾串联质谱(electrospray ionization,ESI)相连。ESI的基本原理是利用高电场使MS进样端的毛细管柱流出的液滴带电,带电液滴在电场中飞向与其所带电荷相反的电势一侧。液滴在飞行过程中变得细小而呈喷雾状,被分析物离子化成为带单电荷或多电荷的离子,使被分析物得以鉴定。nano-LC-ESI-MS可以实现对复杂肽段混合物的在线分离、柱上富集与同步序列测定,一次分析可以鉴定的蛋白质数目超过1 000个,而结合多维层析分离技术,可以利用鸟枪法一次实验鉴定上万个蛋白质。

三、蛋白质组学与医学

药物作用靶点的发现与验证是新药发现阶段的重点和难点,是制约新药开发速度的瓶颈。近年来,蛋白质组学在药物靶点的发现应用中显示出越来越重要的作用。疾病相关蛋白质组学研究可以发现和鉴定在疾病条件下表达异常的蛋白质,这类蛋白质可作为药物候选靶点。疾病相关蛋白质组学还可对疾病发生的不同阶段进行蛋白质变化分析,发现一些疾病不同时期的蛋白质标志物,其不仅对药物发现具有指导意义,还可形成未来诊断学、治疗学的理论基础。许多疾病与信号转导异常有关,因而信号分子和途径可以作为治疗药物设计的靶点。在信号传递过程中涉及数十或数百个蛋白质分子,蛋白质-蛋白质相互作用发生在细胞内信号传递的所有阶段。而且,这种复杂的蛋白质作用的串联效应可以完全不受基因调节而自发地产生。通过与正常细胞做比较,掌握与疾病细胞中某个信号途径活性增强或丧失有关的蛋白质分子的变化,将为药物设计提供更为合理的靶点。

第四节 代谢物组学

代谢物组学是继基因组学、转录物组学、蛋白质组学后发展起来的一门从生物体代谢产物层面进行研究的组学,这四大组学一起构成了系统生物学。代谢物组学关注的代谢物是处于生命活动调控的末端,是遗传物质的最终产物,因此代谢物组学比基因组学、蛋白质组学更为接近生物体的表型。

一、代谢物组和代谢物组学的概念

代谢物组(metabolome)是生物样品(如细胞、组织、器官或生物体)中所有小分子代谢物(如代谢中间体、激素、其他信号分子和次生代谢物等)的统称。其是细胞过程的终端产物。基因组的下游产物也是最终产物,是一些参与生物体新陈代谢、维持生物体正常功能和生长发育的小分子化合物的集合,主要是相对分子量小于 1 000 Da 的内源性小分子。不同物种的代谢物数量差异较大,这也使代谢物组学的研究,无论是从分析平台,还是从数据处理及其生物学解释等方面均面临诸多挑战。

转录物组和蛋白质组是在基因的转录和转录后的蛋白质翻译与修饰两个水平上研究基因的功能。但是,基因与功能的关系是非常复杂的,还不能用转录物组和蛋白质组来表达生物体的全部功能。生物体内存在着十分完备和精细的调控系统及复杂的新陈代谢网络,它们共同承担着生命活动所需的物质与能量的产生与调节。在这一复杂体系中,既有直接参与物质与能量代谢的糖类、脂质、氨基酸及其中间代谢物,又有对新陈代谢起重要调节作用的物质,如神经递质、激素、细胞信号转导分子、氨基酸及其衍生物、胺类物质等。这些物质在体内形成相互关联的代谢网络,基因突变、饮食、环境等因素都会引起这一网络中某个或某些代谢途径的变化,进而可以反映机体的状态。然而,转录物组和蛋白质组的研究很难涵盖这些非常活跃而且非常重要的生命活性物质。因此,很有必要对生物体或细胞内的所有代谢物即代谢物组进行定量分析,并寻找代谢物与生理病理变化的相对关系。

关于代谢物组的相关研究学科目前国际上存在两个术语,即代谢组学(metabonomics)和代谢物组学(metabolomics)。

20 世纪 80 年代,英国帝国理工大学教授 Jeremy K. Nicholson 研究小组利用核磁共振技术分析大鼠的尿液,发现尿液代谢物的变化与病理变化的关系,并于 1999 年提出了代谢组学的概念,其英文单词来源于“meta”(意为变化)和“nomos”(规则或法则)的组合。现在认为,代谢组学是研究生物体对病理生理刺激或基因修饰产生的代谢物质的质和量的动态变化的科学。

20 世纪 90 年代后期,德国科学家 Oliver Fiehn 在植物代谢分析的基础上提出了代谢物组学的概念,其英文单词来源于“metabolites”(代谢物)和“omics”(组学)的组合。现在认为,代谢物组学是系统研究特定细胞过程所产生的独特的化学指纹、生物样品(如细胞、组织、器官或生物体)中所有小分子代谢物谱的科学。

目前,国际学术界对于这两个术语尚没有达成完全共识,也没有进行刻意区分,两个术语在国际学术交流和论文写作中均在使用。总体来看,代谢物组学的使用频率远高于代谢组学。实际上,从其英文单词的词源来看,代谢物组学与代谢物组术语相对应,故而具有更高的接受度和传播度。

二、代谢物组学的特点和优势

代谢物组学具有以下几方面的特点:① 关注内源化合物;② 对生物体系中的小分子化合物进行定性定量研究;③ 化合物的上调和下调指示了与疾病、毒性、基因修饰或环境因子的影响;④ 内源性化合物的知识可以被用于疾病诊断和药物筛选。

转录物组学和蛋白质组学具有其自身的局限性:① 基因组的变化不一定能够得到表达,因此不一定对生物体产生影响;② 有些蛋白质含量会由于外部条件的变化而升高,但有可能这个蛋白质没有活性,因此也不对生物体产生影响;③ 基因或蛋白质存在功能补偿作用,某个基因或蛋白质的缺失会由于其他基因或者蛋白质的存在而得到补偿,最终反应的净结果为零,因此也不会对生物体产生影响。而代谢物的产生是这一系列事件的最终结果,它能够更准确地反映生物体系的状态。因此,相较于转录物组学和蛋白质组学,代谢物组学具有以下几个方面的优势:① 基因和蛋白表达的有效的微小变化会在代谢物上得到放大,从而使检测更容易;② 代谢物组学的技术不需建立全基因组测序及大量表达序列标签(EST)的数据库;③ 代谢物的种类要远小于基因和蛋白质的数目,每个生物体中代谢产物大约在 10^3 数量级,而细菌基因组中就有几千个基因;④ 因为代谢产物在各个生物体系中都是类似的,所以代谢物组学研究中采用的技术更通用。代谢物组学也有其局限性:不能全面涵盖生物体中所有代谢产物,活的生物体的内在生物学变化,大多实验仪器存在动力学局限性，导致代谢物的化学复杂性。

三、代谢物组学的研究内容

根据研究的对象和目的不同，Oliver Fiehn 对生物体系的代谢产物分析分为 4 个层次。

(1) 代谢物靶标分析(metabolite target analysis)：对某个或某几个特定组分的分析。在这个层次中，需要采取一定的预处理技术，去掉干扰物，以提高检测的灵敏度。

(2) 代谢轮廓分析(metabolic profiling)：对少数预设的一些代谢产物的定量分析。例如，某一类结构、性质相关的化合物(如氨基酸、顺二醇类)或某一代谢途径的所有中间产物或多条代谢途径的标志性组分。进行代谢轮廓分析时，可以充分利用这一类化合物的特有理化性质，在样品的预处理和检测过程中，采用特定的技术来完成。

(3) 代谢物组学：限定条件下的特定生物样品中所有代谢物组分的定性和定量。运用代谢物组学研究时，样品的预处理和检测技术必须满足对所有的代谢物组分具有高灵敏度、高选择性、高通量的要求，并且同时满足基体干扰低的要求。

(4) 代谢物指纹分析(metabolic fingerprinting)：不分离鉴定具体单一组分，而是对样品进行快速分类(如表型的快速鉴定)。

严格地说，只有第三层次才是真正意义上的代谢物组学研究。目前，还没有发展出一种真正的代谢物组学技术可以涵盖所有的代谢物而不管化合物的大小和性质，所以代谢物组学的最终目标还是不可完成的任务。但是，代谢物组学与代谢轮廓分析有着显著的差别，它会设法解析所有的可见峰，并分析尽可能多的代谢物组分。

四、代谢物组学的研究技术

代谢物组学研究流程包括样品的采集和预处理、数据的采集和数据的分析及生物学解释。

样品的采集和预处理是代谢物组学研究的关键步骤。常见的样品有体液、组织、细胞提取物等。因为生物样本的代谢产物变化对分析结果也有较大的影响，所以采集生物样品后应该立即进行生物反应灭活处理，如在液氮或−80℃下冷冻、加有机试剂或酸碱等进行灭活处理。样品在进入数据采集分析仪之前需要进行样品预处理，主要目的是提取样品中待分析的代谢物，并且进行处理使其适合所选数据采集分析仪。样品预处理的方法多种多样，主要依据样品类型、研究者目标和所用的数据采集分析仪类型等来进行选择。例如，对液体样品进行预处理，可以用水或有机溶剂(如甲醇、氯仿等)分别提取极性或非极性代谢产物，也可用合适比例的混合溶剂对不同极性的物质同时进行提取。无论用什么方法进行样品预处理，都应该尽可能地保留和体现样品中代谢物信息。

代谢物组学研究的数据采集平台主要包括核磁共振技术和色谱-质谱联用技术。色谱-质谱联用技术兼备了色谱的高分离度和高通量，质谱的高灵敏度、普适性和特异性。因此，色谱-质谱联用技术是代谢物组学研究最主要的技术分析平台，包括气相色谱和质谱联用(gas chromatography-mass spectrometry，GC－MS)技术，液相色谱和质谱联用(liquid chromatography-mass spectrometry，LC－MS)技术，毛细管电泳和质谱联用(capillary electrophresis-mass spectrometry，CE－MS)技术。目前应用最为广泛的是 GC－MS 技术和 LC－MS 技术(具体见本章末二维码)。

代谢物组学研究产生了海量的数据，数据的分析是代谢物组学研究面临的难点和瓶颈之一。代谢物组数据分析的目的是揭示生物样本关键的生物标志物、代谢节点和代谢途径，帮助解释代谢物组学数据分析的结果。

代谢组学数据经过预处理后，需要对数据建立模式识别模型。该模型建立的方法主要包括无监督分析(un-supervised analysis)和有监督分析(supervised analysis)。无监督分析是指在不对样品进行分组的情况下进行的数据分析方法。该方法由于没有外加任何人为因素，得到的模型反映了数据的原始状态，有利于对数据整体情况进行了解，可以提高模型的准确性。该方法主要包括主成分分析(principal components analysis，PCA)、非线性映射(nonlinear mapping，NLM)和簇类分析(hierarchical cluster analysis，HCA)等。

有监督分析是先对检测样品根据类别进行分组，所以计算机在计算数学模型时就会把各组加以区分，忽略组内的随机差异，突出组间的系统差异。该方法主要包括偏最小二乘投影关联分析(partial least squares project to latent structure，PLS)、偏最小二乘投影判别(partial least squares projection to latent structure-discri minant analysis，PL-SDA)和正交偏最小二乘投影分析方法(orthogonal-PLS，OPLS)。最终通过代谢物组学数据分析，筛选差异代谢物，并寻找生物标志物，进行代谢物网络相关性分析和代谢途径的定位等。

五、代谢物组学与医学

1. *代谢物组学在疾病研究中的应用*　由于机体的病理变化，代谢产物也会产生某种相应的变化。代谢物组学在疾病研究中的应用主要包括病变标志物的发现、疾病的诊断、治疗和愈后的判断。最广泛的应用是发现与疾病诊断、治疗相关的代谢标志物，通过代谢物谱分析获得的相关标志物是疾病的分型、诊断、治疗的基础。目前代谢物组学在疾病研究中的应用较多，如恶性肿瘤的诊断、先天性疾病的诊断、冠心病、高血压和精神系统疾病等。

恶性肿瘤的诊断特别是无症状的早期肿瘤尤其需要借助敏感性高的综合检测手段。研究学者应用核磁共振技术对脑肿瘤组织进行检测，其中对脑肿瘤诊断的准确率达85%，对神经胶质瘤诊断的准确率达62%。早在300多年前先天性疾病尿黑酸的诊断就曾作为一组综合征报道，但是机制不明，现在应用磁共振技术分析患者尿液发现，其中存在大量的尿黑酸，追其根源为体内缺乏尿黑酸氧化酶，使酪氨酸不能彻底氧化分解为延胡索酸和乙酰乙酸，进而中间物尿黑酸大量累积，并从尿液排出。

2. *代谢物组学在药物开发方面的应用*　代谢物组学作为一种系统的研究方法，能在鉴别和确证药理和疾病模型上发挥作用。代谢物组图谱能同时反映代谢网络中多个生物化学途径的成百上千个化合物的波动情况，可以区别不同种属、不同品系动物模型的代谢状态，鉴别与人体疾病状态的差异，帮助寻找人类疾病、药效和毒性的适宜动物模型。许多药物尤其是中草药，对单一某个靶点的作用可能不是特别强烈，但其对机体的作用可能是多靶点、多途径的，采用通常药物筛选的方法往往不能奏效，如果采用代谢物组学技术对其总体作用进行评价，可能会从整体的视角发现新药的真正疗效。

第五节　其他组学

一、糖组学

(一) 糖组和糖组学的概念

糖组(glycome)指一个生物体或细胞中全部糖类的总和，包括简单的糖类和缀合的糖类。在糖缀合物(糖蛋白和糖脂等)中的糖链部分有庞大的信息量。糖组学(glycomics)是从分析和破解一个生物体或细胞全部糖链所含信息入手，研究糖链的分子结构、表达调控、功能多样性及与疾病的关系的学科。糖组学是基因组学和蛋白质组学等的后续和延伸，也是糖生物学的一个分支。

糖组学对糖组(主要针对糖蛋白)进行的全面分析研究包括结构和功能两方面，故又可分为结构糖组学(structural glycomics)和功能糖组学(functional glycomics)。糖组学研究主要涉及：① 什么基因编码糖蛋白，即基因信息；② 可能糖基化位点中实际被糖基化的位点，即糖基化位点信息；③ 聚糖结构，即结构信息；④ 糖基化功能，即功能信息。

(二) 糖组学的主要研究技术

1. *色谱分离与质谱鉴定技术*　是糖组学研究的核心技术，被广泛应用于糖蛋白的系统分析。通过与蛋白质组数据库结合使用，这种方法能系统地鉴定可能的糖蛋白和糖基化位点。

具体策略包括如下几个步骤：① 凝集素亲和层析-1(用于糖蛋白分离)，依据待分离糖蛋白的聚糖类型单独或串联使用不同的凝集素，凝集素亲和层析亦称为糖捕获(glyco-catch)法。② 蛋白质消化，将分离得到的糖蛋白用蛋白酶Ⅰ消化以生成糖肽。③ 凝集素亲和层析-2(用于糖肽分离)，采用与步骤①相同的凝集素柱从消化液中捕集目的糖肽。④ 高效液相色谱纯化糖肽。⑤ 序列分析、质谱和解离常数测定。⑥ 数据库搜索和聚糖结构分析以获得相关遗传和糖基化信息。然后使用不同的凝集素柱进行第二和第三次循环，捕集其他类型的糖肽，以对某个细胞进行较全面的糖组学研究。

2. 糖微阵列技术　是生物芯片中的一种，是将带有氨基的各种聚糖共价连接在包被有化学反应活性表面的玻璃芯片上，一块芯片上可排列 200 种以上的不同糖结构，几乎涵盖了全部末端糖的主要类型。糖微阵列技术可广泛用于糖结合蛋白的糖组分析，以对生物个体产生的全部蛋白聚糖结构进行系统鉴定与表征。但目前可用于微阵列的糖数量还非常有限，糖微阵列技术有待进一步的发展。

3. 糖链生物信息学分析　糖蛋白糖链研究的信息处理、归纳分析及糖链结构检索都要借助生物信息学来进行。通常采用功能糖组学联合会(Consortium for Functional Glycomics，CFG)、京都基因与基因组百科全书(Kyoto Encyclopedia of Genes and Genomes，KEGG)的聚糖数据库及复合糖结构数据库(The Complex Carbohydrate Structure Database，CCSD)等。

(三) 糖组学与医学

生物界丰富多样的聚糖类型覆盖了有机体所有细胞，它们不仅决定细胞的类型和状态，也参与细胞许多生物学行为。目前，糖组学在肿瘤中的研究较多。已报道有多种血清糖蛋白可作为肾细胞癌、乳腺癌、结直肠癌等的标记物；糖基化修饰改变普遍存在于肿瘤的发生发展过程中，对于深入研究肿瘤的发生机制及诊断治疗有重要价值；糖基化差异也可用于构建特异的多糖类癌症疫苗。糖组学的研究目前还处于起步阶段，阻碍其迅速发展的原因主要是糖链本身结构的复杂性和研究技术的限制。

二、脂质组学

(一) 脂质组和脂质组学的概念

脂质组(lipidome)指细胞中全部脂质的总和。脂质组学(lipidomics)是大规模研究生物系统(如细胞、组织、血浆等)中所有脂质组成、通路和网络的学科。其包括成千上万脂质分子的鉴定、定量分析、功能分析、脂质与其他脂质、蛋白质等相互作用研究，以及细胞脂质的动态变化、生理和病理过程中动态变化分析。脂质组学也是代谢物组学的重要组成部分。

(二) 脂质组学的主要研究步骤

1. 样品分离　脂质主要从细胞、血浆、组织等样品中提取。脂质物质在结构上有共同特点，即有极性的头部和非极性的尾部。所以，脂质采用三氯甲烷、甲醇及其他有机溶剂的混合提取液，能够较好地溶出样本中的脂质物质。

2. 脂质鉴定　分析的物质包括脂肪酸、磷脂、神经鞘磷脂、甘油三酯和类固醇等。常规的技术有薄层色谱(TLC)、GC-MS 技术、电喷雾质谱(ESI/MS)、LC-MS 技术、高效液相色谱-芯片-质谱联用(HPLC-Chip/MS)、超高效液相色谱-质谱联用(UPLC-MS)、超高效液相色谱-傅里叶变换质谱联用(UPLC/FT-MS)等。

3. 数据库检索　随着脂质组学的迅速发展，相关数据库也逐步建立。国际上最大的脂质数据库 LIPID MAPS(http://www.lipidmaps.org/)由美国国立综合医学科学研究所(National Institute of General Medical Sciences，NIGMS)组织构建，它包含了脂质分子的结构信息、质谱信息、分类信息、实验设计等。数据库包含了游离脂肪酸、胆固醇、甘油三酯、磷脂等八大类共 40 673 种脂质的结构信息(截至 2017 年1 月)。

(三) 脂质组学与医学

脂质代谢与多种疾病的发生发展密切相关，如糖尿病、肥胖病、癌症等。通过脂质组学研究，可弄清楚在特定生理和病理状态下脂质的整体变化，对于研究疾病的发生机制，寻找疾病相关的脂生物标志物，开发新的诊断和治疗方法具有重要意义。有研究人员分析了卵巢癌患者血清中各种胆固醇及脂蛋白的含量变化，结果表明，以 Apo AⅠ和游离胆固醇为诊断指标排除卵巢瘤的正确率高达 95.5%。另有研究报道，溶血磷脂酸能够作为早期诊断卵巢癌及术后随访的生物标志物。

第六节 系统生物学

一、生物系统的特性

生物系统是一个复杂、动态的系统，包括不同的组分及它们之间的相互作用。生物系统的主要特性有如下几个方面。

(一) 涌现性

涌现性(emergence)是指一个系统自动形成些新的系统特性，这些特性不能从其组成部分的特性中预测出来。也就是说，系统作为一个整体，可以产生各个组成部分所没有的新功能，即整体大于各个组成部分的简单加和。

(二) 稳健性

稳健性(robustness)是指生物系统能够抵抗内部和外部干扰，并维持其功能的一种特性。理解生物系统的稳健性是深刻理解生命现象的一个基础。需要指出的是，稳健性与稳定性(stability)或体内稳态(homeostasis)的概念相近，但又有所不同。稳健性是一个更广泛的概念，它主要是指维持系统功能的稳定性；而稳定性或者体内稳态是指维持系统状态的稳定性即稳定态(steady state)。一个稳健的系统可以有几个不同的稳定态，只要在不同的稳定态下，该系统都能维持它的功能，称为系统的稳健性；一个系统可以在不同稳定态之间变化，但仍维持了系统的功能，这也称为系统的稳健性。例如，细胞在极端环境如热休克状态下，产生新的蛋白如 HSP 来维持细胞活性，使细胞进入一个新的稳定状态；又如，细菌在抗生素作用下产生抗药性和艾滋病病毒应付机体免疫状态及综合疗法的突变。生物网络具有负反馈和多通路生物途径等，因此系统具有一定的稳健性。

(三) 无标度性

生物系统的网络结构还具有无标度网络结构的特性，即少数大的枢纽(hub)和多数小的链路(link)。

网络包括随机网络(random network)和无标度网络(scale free network)。对一个网络最简单的定量尺度是节点度分布(degree distribution)。节点的节点度(degree)是指与某一节点直接连接的邻居节点的数量。平均节点度是指一个节点直接连接的邻居节点的平均数。对随机网络来说，它的平均节点度遵循一个简单的参数。例如，一个简单的渔网，每个节点具有同样的平均节点度，即与其他节点的链路数目相同。相反，无标度网络是指在网络中某些节点与其他节点有很多相连的链路，但是大多数节点与其他节点的链路很少。有很多链路的节点被称为集散节点，其常有几十至几百个与其他节点连接的链路。无标度网络的例子有因特网、电力网、运输系统、人类社会和人体细胞代谢网络等。近期的研究表明，复杂生物网络如酵母、线虫、果蝇的蛋白相互作用网络也是无标度网络。计算机模拟实验证明，无标度网络比随机网络具有更强的稳健性。

生物系统是由各种分子(基因、蛋白、小分子等)组成的复杂网络系统。传统的生物系统研究通常是指对单个分子或不同分子组成的生物通径的研究。但在生物系统中，不同分子和不同通径是存在相互作用的，即构成网络。因此，可以说，决定生物系统特性和结果的是网络，而不是单个分子或生物通径。单纯用还原论法来研究生物学问题，找出各个基因及每个基因单独的相互关系是不可能理解生命现象的。要真正理解生命现象，就必须了解各个不同组成部分的相互关系及它们的动态关系，也就是它们之间所形成的网络结构，即用网络系统学的方法来研究生命现象。

二、系统生物学的产生及概念

系统生物学中系统的概念或整体的概念或哲学观，最早可以追溯到公元前 300 年的亚里士多德及中国古代的《易经》和传统的中医学。

18世纪中晚期,生理学之父克劳德·伯纳德(Claude Bernard)提出的内环境稳态(homeostasis)理论是指一个生命有机体需要很多动态的、平衡的调节(包括正反馈和负反馈等),来维持其内环境达到一个稳定的、恒定的状态。

20世纪50年代,诺伯特·维纳(Nobert Wiener)提出"控制论",路德维希·冯·贝塔朗菲(Ludwig von Bertalanffy)提出"一般系统理论"。研究人员开始把生物看作一个系统,与数学和计算机技术结合共同研究生命规律。

系统生物学真正的起源是在20世纪90年代后期,人类基因组的完成及高通量技术的产生使系统生物学真正实现发展。同时,计算科学计算能力的不断提高也促进了系统生物学的发展。美国科学家莱诺伊·胡德(Leroy E. Hood)等于1999年创建了世界上第一个系生物学研究所,系统生物学开始引起了广泛的关注。美国、日本、德国、韩国和中国等都相继建立了相关的研究机构,提出了研究计划。

2004年,Leroy Hood在谈论系统生物学的概念时指出:系统生物学(systems biology)是研究一个生物系统中所有组成成分(DNA、RNA、蛋白质、小分子等)的构成,以及在特定条件下这些组分间的相互关系,并通过计算生物学建立一个数学模型来定量描述和预测生物功能、表型和行为的科学。

三、系统生物学的研究内容

系统生物学的研究可分为两方面内容。

(一)实验系统生物学

实验系统生物学是通过众多组学尤其是基因组学、转录物组学、蛋白质组学、代谢物组学、糖组学、相互作用组学等,采用高通量组学研究技术,在整体和动态研究水平上积累数据并在挖掘数据时发现新规律、新知识,提出新概念。这些实验室内的研究通常也称为"湿"(wet)实验。

(二)计算系统生物学

计算系统生物学是利用计算生物学建立生物模型。系统生物学的最终目标就是建立对一个系统可准确预测的模型。由于一个真实系统很复杂,将系统的内在联系和它与外界的关系抽象为数学模型是当今使用最广泛的系统描述方法。系统生物学的该部分研究内容就是根据被研究的真实系统的模型,利用计算机进行实验研究。这是一种建立在系统科学、系统识别、控制理论和计算机等属于控制工程基础上的综合性实验科学技术。这些计算机模拟和理论分析则被称为"干"(dry)实验。

四、系统生物学与医学

作为一门新兴的、正在不断发展的交叉学科,系统生物学不仅将对生物学本身更深刻地解释生命现象起到非常重要的作用,还将对医学、农业、生物技术等领域也发挥革命性的推动作用。系统生物学使生命科学由描述式的科学转变为定量描述和预测的科学,改变了21世纪医学科学的研究策略与方法,必将对现代医学科学的发展起到巨大的推动作用。当前系统生物学理论与技术已经在预测医学(predictive medicine)、预防医学(preventive medicine)和个性化医学(personalized medicine)中得到初步应用。例如,应用代谢物组学的生物指纹预测冠心病患者的危险程度和肿瘤的诊断及治疗过程的监控;应用基因多态性图谱预测患者对药物的应答,包括毒副作用和疗效。未来的治疗可能不再依赖于单一药物,而是使用一组药物(系统药物)的协调作用来控制病变细胞的代谢状态,以减少药物的副作用,维持疾病治疗的最大效果。

(陈全梅,雷云龙,卜友泉)

※ 第二十一章数字资源

人类基因组计划的讨论和启动

人类基因组计划的技术路线

GC－MS 技术和 LC－MS 技术

第二十一章
参考文献

微课视频
人类基因组计划